SAP® Analysis for Microsoft Office

SAP PRESS ist eine gemeinschaftliche Initiative von SAP SE und der Rheinwerk Verlag GmbH. Unser Ziel ist es, Ihnen als Anwendern qualifiziertes SAP-Wissen zur Verfügung zu stellen. SAP PRESS vereint das Know-how der SAP und die verlegerische Kompetenz von Rheinwerk. Die Bücher bieten Ihnen Expertenwissen zu technischen wie auch zu betriebswirtschaftlichen SAP-Themen.

Damit Sie nach weiteren Titeln Ihres Interessengebiets nicht lange suchen müssen, haben wir eine kleine Auswahl zusammengestellt.

Abassin Sidiq
SAP Analytics Cloud. Das Praxishandbuch
540 Seiten, 3., aktualisierte und erweiterte Auflage 2024, gebunden
ISBN 978-3-8362-9610-6
www.sap-press.de/5732

Alexander Kästner et al.
SAP Data Warehouse Cloud. Das umfassende Handbuch
715 Seiten, 2023, gebunden
ISBN 978-3-8362-9043-2
www.sap-press.de/5541

Holger Handel
Unternehmensplanung mit SAP Analytics Cloud
470 Seiten, 2021, gebunden
ISBN 978-3-8362-7944-4
www.sap-press.de/5208

Denis Reis
Unternehmensplanung mit SAP BPC
533 Seiten, 2018, gebunden
ISBN 978-3-8362-6480-8
www.sap-press.de/4704

Denis Reis

SAP® Analysis for Microsoft Office

Das Praxishandbuch

Liebe Leserin, lieber Leser,

SAP-Landschaften sind komplex, und wir alle wissen, wie schnell sich Technologien und Anforderungen in der IT-Welt ändern. Genau da setzt SAP PRESS an: mit Büchern, die nicht nur Theorie vermitteln, sondern konkret im Alltag helfen.

In diesem Buch finden Sie direkt umsetzbare Ratschläge, praktische Beispiele und Lösungen für drängende Herausforderungen. Unsere Autor*innen sind Profis, die wissen, wo der Schuh drückt – und wie man Probleme effizient löst. Mit ihrer Erfahrung an Ihrer Seite können Sie Ihre SAP-Projekte gezielter angehen, fundiertere Entscheidungen treffen und die vielen Facetten von SAP besser meistern.

Ob Sie gerade erst beginnen oder schon lange im SAP-Umfeld tätig sind: Wir sind davon überzeugt, dass dieses Buch Ihnen hilfreiche Anleitungen und Tipps an die Hand gibt, um Ihre täglichen Aufgaben und Projekte erfolgreich zu meistern.

Wir freuen uns stets über Lob, aber auch über kritische Anmerkungen, die uns helfen, unsere Bücher zu verbessern. Zögern Sie also nicht, sich bei mir zu melden; Ihr Feedback ist jederzeit willkommen.

Wir wünschen Ihnen viele Aha-Momente und eine erfolgreiche Umsetzung mit diesem Buch!

Ihre Eva Tripp
Lektorat SAP PRESS

eva.tripp@rheinwerk-verlag.de
www.rheinwerk-verlag.de
Rheinwerk Verlag · Rheinwerkallee 4 · 53227 Bonn

Auf einen Blick

Wir hoffen, dass Sie Freude an diesem Buch haben und sich Ihre Erwartungen erfüllen. Ihre Anregungen und Kommentare sind uns jederzeit willkommen. Bitte bewerten Sie doch das Buch auf unserer Website unter **www.rheinwerk-verlag.de/feedback**.

An diesem Buch haben viele mitgewirkt, insbesondere:

Lektorat Eva Tripp
Korrektorat Annika Holtmannspötter, Münster
Herstellung Nadine Preyl
Typografie und Layout Vera Brauner
Einbandgestaltung Bastian Illerhaus
Coverbilder shutterstock: 1060387190 © AngieYeoh, 2159023877 © Jacob Lund; iStock: 538015587 © artvea
Satz SatzPro, Krefeld
Druck Beltz Grafische Betriebe, Bad Langensalza

Dieses Buch wurde gesetzt aus der TheAntiquaB (9,35/13,7 pt) in FrameMaker.
Gedruckt wurde es mit mineralölfreien Farben auf chlorfrei gebleichtem, FSC®-zertifiziertem Offsetpapier (90 g/m²).
Hergestellt in Deutschland.

Bibliografische Information der Deutschen Nationalbibliothek:
Die Deutsche Nationalbibliothek verzeichnet diese Publikation in der Deutschen Nationalbibliografie; detaillierte bibliografische Daten sind im Internet über *http://dnb.dnb.de* abrufbar.

ISBN 978-3-8362-9778-3

2., aktualisierte und erweiterte Auflage 2024

Informationen zu unserem Verlag und Kontaktmöglichkeiten finden Sie auf unserer Verlagswebsite **www.rheinwerk-verlag.de**. Dort können Sie sich auch umfassend über unser aktuelles Programm informieren und unsere Bücher und E-Books bestellen.

Inhalt

8 Berichte formatieren 315

9 Mit Hilfsmitteln und Werkzeugen arbeiten 367

11 Makros verwenden 441

Einleitung

Daten sind für jedes Unternehmen überlebenswichtig. Sie befähigen die Unternehmen dazu, bessere Entscheidungen zu treffen, die Effizienz zu steigern und neue Möglichkeiten zu erkennen. Allerdings bringt das schiere Ansammeln von ungeheuren Datenmengen noch keine Vorteile. Daten sind erst dann nützlich, wenn sie effektiv analysiert werden können.

SAP Analysis for Office hat sich mit den Jahren als leistungsstarkes Werkzeug bewährt, mit dem Sie Daten aus SAP-Systemen in Microsoft Excel analysieren können. Im Zeitalter der datengesteuerten Entscheidungsfindung erlaubt SAP Analysis for Microsoft Office es Ihnen, interaktive Berichte zu erstellen, um Trends und Muster in Ihren Daten zu erkennen. Dank der in SAP Analysis for Microsoft Office verwendeten Oberfläche von Microsoft Excel können Sie auch ad hoc komplexe Berechnungen durchführen, die auf einer konsolidierten Datenbasis aus SAP-Quellsystemen basieren.

SAP Analysis for Microsoft Office ermöglicht es Ihnen, tiefere Einblicke in Ihre Geschäftsprozesse zu gewinnen, dynamische Diagramme zu erstellen und Ihre analytischen Arbeitsabläufe zu optimieren – innerhalb der vertrauten und benutzerfreundlichen Excel-Oberfläche. Somit schließt es nahtlos die Lücke zwischen Excel und SAP-Datenquellen und ermöglicht Ihnen den einfachen und effizienten Zugriff auf Geschäftsdaten.

Ziel des Buches

In diesem Buch lernen Sie die Funktionsweise von SAP Analysis for Microsoft Office von Grund auf kennen. Das Buch soll Sie dazu befähigen, die Analysen, die Sie in Ihrem beruflichen Alltag benötigen, selbstbestimmt durchzuführen. Leider sehe ich allzu oft in Projekten, dass Anwenderinnen und Anwender unzureichende Schulung erhalten, nicht richtig mit SAP Analysis for Microsoft Office umgehen können und sich folglich »durchmogeln« müssen. Dies ist schade, denn SAP Analysis for Microsoft Office stellt ein mächtiges Werkzeug dar. Mit diesem Buch möchte ich Sie in die Lage versetzen, die für Sie wichtigen Erkenntnisse aus Ihren Daten zu gewinnen.

Funktionen, die Sie im Projektalltag brauchen

Das Buch fokussiert sich auf die wesentlichen Funktionen, also auf das, was Sie in Ihrem Alltag wirklich brauchen. Es richtet sich vor allem an Sie, die Sie täglich mit Berichten arbeiten. Auch als Mitarbeitende in IT-Abteilungen, die für die Erstellung von Berichten verantwortlich sind, erhalten Sie wertvolle Einblicke. Als Mitglied der Fachabteilungen finden Sie in ausführlichen Schritt-für-Schritt-Anleitungen Unterstützung bei der Erfüllung Ihrer täglichen Aufgaben. Wenn Sie in einer IT-Abteilung arbeiten, lernen Sie Funktionen kennen, die Sie bei der Arbeit mit SAP Analysis for Microsoft Office unterstützen – z. B. für die Parametrisierung von Werkzeugen und für die Fehleranalyse. Wenn Sie in der Projektleitung oder der Beratung tätig sind und die Funktionen von SAP Analysis kennen müssen, sind Sie nach der Arbeit mit diesem Buch ebenfalls startklar für den Projektalltag.

Einfacher Einstieg

Für die Arbeit mit diesem Buch benötigen Sie keine besonderen Vorkenntnisse. Um die Barriere für den Einstieg möglichst gering zu halten, bemühe ich mich um eine einfache und unkomplizierte Sprache. Wo es möglich ist, vermeide ich technische Begriffe, um Ihnen das Textverständnis zu erleichtern und eine leichte Umsetzung des Lernstoffes in der Praxis zu ermöglichen. Darüber hinaus finden Sie am Ende des Buches ein Glossar zur technischen Terminologie. Falls Sie also beim Lesen des Buches über einen unbekannten Begriff stolpern, können Sie ihn ganz einfach nachschlagen.

Wie Sie mit diesem Buch arbeiten

Da die größten Lernerfolge für gewöhnlich über praxisnahe Erfahrungen erzielt werden, gibt es in diesem Buch viele praktische Anleitungen. Dabei führe ich Sie Schritt für Schritt durch die Umsetzung und gebe Ihnen wertvolle Tipps aus der Praxis.

Praxisnahe Anleitungen

Sie können die Anleitungen aus diesem Buch mit einem beliebigen Bericht auf dem Entwicklungssystem Ihres Unternehmens nachspielen. Falls Sie keinen Zugang zu einem SAP-System haben, werden Sie dennoch durch die vielen Screenshots unterstützt. Dabei achte ich darauf, auch bei den einfachsten Beispielen keinen Schritt auszulassen.

Beim Schreiben des Buches habe ich mich bemüht, auf sämtliche Aspekte von SAP Analysis for Microsoft Office einzugehen, die für Ihre Arbeit wichtig sein können. Gleichzeitig möchte ich schnelle Lernerfolge ermöglichen und weitergehendes Interesse bei Ihnen wecken. Daher ist das Buch in die folgenden Kapitel gegliedert:

Grundlagen

Zunächst lernen Sie in **Kapitel 1**, »Ihre erste Arbeitsmappe in SAP Analysis for Microsoft Office anlegen«, die Grundlagen kennen. Sie erfahren, wie Sie neue Datenquellen in Ihre Arbeitsmappe einfügen und diese speichern können. Dieses Kapitel und Kapitel 2 sollen Sie schnell in die Lage versetzen, selbstständig mit SAP Analysis for Microsoft Office zu arbeiten. In diesen Kapiteln lernen Sie die Grundlagen kennen, während die späteren Kapitel mehr in die Tiefe gehen.

In **Kapitel 2**, »In Berichten navigieren«, lernen Sie, sich in Berichten zurechtzufinden. Nachdem Sie das Kapitel durchgearbeitet haben, können Sie selbst Daten analysieren, ohne auf die Hilfe Ihrer IT-Abteilung angewiesen zu sein.

Hilfreiche Funktionen

In **Kapitel 3**, »Mit Eingabeaufforderungen arbeiten«, zeige ich Ihnen, wie Sie Ihre Berichte mithilfe von Eingabeaufforderungen gezielt einschränken können. Dabei gebe ich Ihnen jede Menge Tipps und Tricks an die Hand, die Ihre tägliche Arbeit erleichtern.

In **Kapitel 4**, »Daten aufbereiten«, vertiefen wir die in Kapitel 2 bereits angesprochene Möglichkeit, Daten zu filtern. Darüber hinaus erkläre ich Ihnen, wie Sie die Daten für Ihre Analysen optimal aufbereiten.

In **Kapitel 5**, »Daten organisieren«, zeige ich Ihnen, wie Sie mithilfe zusätzlicher Berechnungen neue Erkenntnisse aus Ihrer Analyse gewinnen können. Über die Bericht-Bericht-Schnittstelle können Sie außerdem in andere Berichte abspringen, die weitere Informationen erhalten. Die so gewonnenen Erkenntnisse können Sie über Kommentare mit anderen teilen.

Kapitel 6, »Mit Planungsapplikationen arbeiten«, widmet sich der Planung. In diesem Kapitel lernen Sie, wie Sie SAP Analysis for Microsoft Office mit Planungsapplikationen verwenden und Ihre Arbeitsmappen richtig parametrisieren.

In **Kapitel 7**, »Berichte gestalten«, lernen Sie viele neue zusätzliche Funktionen kennen, mit denen Sie Ihre Berichte erweitern können. Darüber hinaus gehe ich auf die wichtigsten Einstellungen ein.

Sie können die Darstellung Ihrer Berichte auf vielfältige Weise anpassen. In **Kapitel 8**, »Berichte formatieren«, zeige ich Ihnen, welche Möglichkeiten Sie haben, um Ihre Berichte entsprechend Ihren Anforderungen zu gestalten.

In **Kapitel 9**, »Mit Hilfsmitteln und Werkzeugen arbeiten«, stelle ich Ihnen hilfreiche Werkzeuge vor, die Ihre Arbeit mit SAP Analysis for Microsoft Office erleichtern. So lernen Sie, wie Sie Webanwendungen auf Basis der Arbeitsmappe erstellen, mit Views arbeiten, alte BEx-Analyzer-Arbeitsmappen wiederverwerten und vieles mehr.

Fortgeschrittene Funktionen

In **Kapitel 10**, »Mit Formeln arbeiten«, stelle ich fortgeschrittene Funktionen vor, die Sie in Ihren Formeln verwenden können. So können Sie Ihre Arbeitsmappen individuell gestalten und die Navigation für Benutzer erleichtern.

In **Kapitel 11**, »Makros verwenden«, dringen wir weiter in die Tiefe vor und erweitern unsere Möglichkeiten mit Makros. Mithilfe von Makros können Sie Ihre Arbeitsmappen noch benutzerfreundlicher gestalten, indem Sie individuelle Logik implementieren.

Kapitel 12, »SAP Analysis for Microsoft Office konfigurieren«, widmet sich der Konfiguration von SAP Analysis for Microsoft Office. Sie können das Aussehen der Benutzeroberfläche individualisieren und eine Reihe von Einstellungen anpassen. In diesem Kapitel lernen Sie, wie es geht.

Wie bei jedem anderen Programm kann es auch bei der Arbeit mit SAP Analysis for Microsoft Office leider einmal zu Fehlern kommen. In **Kapitel 13**, »Problemanalyse«, zeige ich Ihnen, wie Sie Fehlerursachen aufspüren und beheben.

Überblick über die Funktionen von SAP Analysis for Microsoft Office

Damit Sie sich im Hinblick auf Ihre Arbeit mit SAP Analysis for Microsoft Office bereits einen ersten Überblick über die spezifischen Elemente verschaffen können, ist in Abbildung 1 die Registerkarte **Analysis** und in Abbildung 3 die Registerkarte **Analysis Design** abgebildet. Die folgenden Kapitel gehen im Detail auf die verschiedenen Menübandbereiche und ihre jeweiligen Funktionen ein.

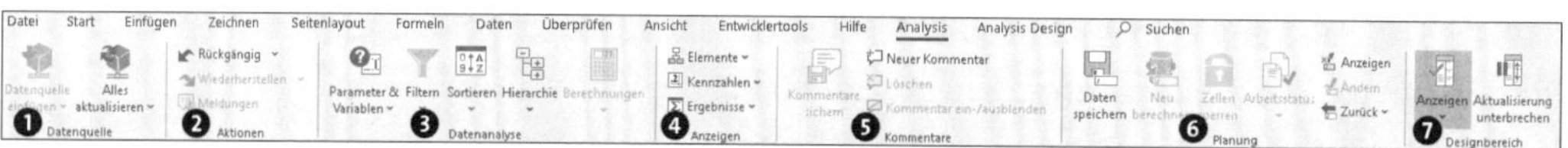

Abbildung 1 Übersicht über die Registerkarte »Analysis«

Registerkarte »Analysis«

Die Registerkarte **Analysis** enthält standardmäßig die Menübandbereiche **Datenquelle**, **Aktionen**, **Datenanalyse**, **Anzeigen**, **Kommentare**, **Planung** und **Designbereich**. Die Funktionen im Bereich **Datenquelle** ❶ werden in Kapitel 1 und Kapitel 2 behandelt. In Kapitel 2 erläutere ich auch die Funktionen im Bereich **Aktionen** ❷. Die Möglichkeiten, die Ihnen im Bereich **Datenanalyse** ❸ zur Verfügung stehen, besprechen wir in Kapitel 3, Kapitel 4 und Kapitel 5 ausführlich. Den Bereich **Anzeigen** ❹ sehen wir uns in Kapitel 4 näher an, und in Kapitel 5 stelle ich Ihnen den Bereich **Kommentare** ❺ vor. Falls Sie SAP Analysis for Microsoft Office im Planungskontext verwenden, ist der Bereich **Planung** ❻ für Sie besonders interessant, den wir in Kapitel 6 behandeln.

Designbereich

Wie Sie den Designbereich (einblendbar über die Auswahl **Anzeigen** im Menübandbereich **Designbereich** ❼) zur Navigation in Berichten verwenden, erkläre ich Ihnen bereits in Kapitel 2, da er für viele Analyseszenarien wichtig ist. Wenn Sie den Designbereich einblenden, wird die Sicht **Analysis** mit den Registerkarten **Analyse**, **Informationen**, **Komponenten**, **Designregeln** und **Kommentare** im rechten Bildschirmbereich angezeigt (siehe Abbildung 2). In Kapitel 7 schauen wir uns schließlich die Einstellungen genauer an, die Sie im **Designbereich** vornehmen können.

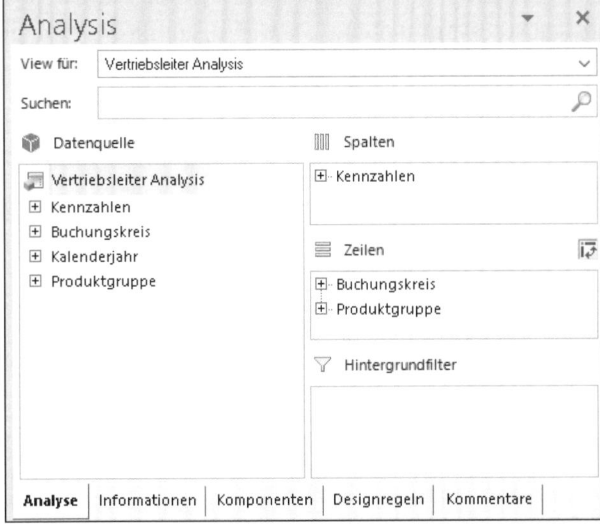

Abbildung 2 Eingeblendeter Designbereich

Registerkarte »Analysis Design«

Die Registerkarte **Analysis Design** (siehe Abbildung 3) enthält standardmäßig die Menübandbereiche **Einfügen**, **Aktionen**, **Format**, **Aufbauen**, **Werkzeuge**, **Anzeigen** und **Designbereich**. Dabei entsprechen die Bereiche **Aktionen** ❷ und **Designbereich** ❼ den Bereichen der Registerkarte **Analysis**.

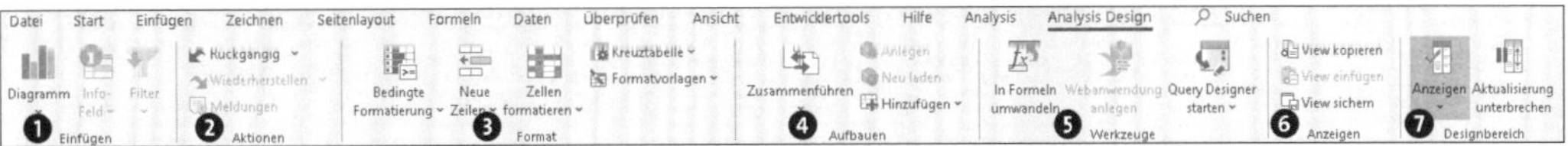

Abbildung 3 Überblick über die Registerkarte »Analysis Design«

Die Funktionen des Bereichs **Einfügen** ❶ werden in Kapitel 8 zusammen mit den Funktionen des Bereichs **Format** ❸ erläutert. Den Bereich **Aufbauen** ❹ stelle ich Ihnen in Kapitel 7 vor, und in Kapitel 9 erläutere ich die Funktionen der Bereiche **Werkzeuge** ❺ und **Anzeigen** ❻.

Aufbau des Buches

Ich empfehle Ihnen, das Buch Kapitel für Kapitel zu lesen, da die einzelnen Kapitel aufeinander aufbauen. Nichtsdestotrotz können Sie, wenn Sie an einzelnen Themengebieten interessiert sind, direkt zu dem entsprechenden Kapitel springen.

Rollen im Unternehmen

Entsprechend Ihrer Rolle im Unternehmen sind einzelne Kapitel besonders hervorzuheben. So sollten Sie als Mitglied der Fachabteilung in jedem Fall Kapitel 1 bis Kapitel 3 durchlesen. Diese vermitteln Ihnen die Fähigkeiten, die Sie benötigen, um selbstbestimmt die für Sie wichtigen Informationen aus Ihren Berichten zu ziehen.

Wenn Sie bereits Vorkenntnisse haben, sollten Sie außerdem Kapitel 4 und Kapitel 5 durcharbeiten. Diese versetzen Sie in die Lage, neue Erkenntnisse aus Ihrer Analyse zu gewinnen.

Falls Sie SAP Analysis for Microsoft Office im Planungskontext verwenden, ist Kapitel 6 besonders wichtig für Sie. Dort erhalten Sie einen Überblick über alle Funktionen, die Sie im Zusammenhang mit Planungsanwendungen benötigen.

Wenn Sie für andere Anwenderinnen und Anwender Arbeitsmappen entwerfen, arbeiten Sie Kapitel 7 bis Kapitel 9 durch. Dort erfahren Sie, wie Sie Ihre Berichte gestalten und für ein einheitliches Aussehen sorgen können. Dabei lernen Sie auch nützliche Hilfsmittel und Werkzeuge kennen, die Sie bei Ihrer Arbeit unterstützen.

Technisch versierten Personen und Mitarbeitenden aus IT-Abteilungen lege ich Kapitel 10 und Kapitel 11 nahe. Dort lernen Sie, wie Sie Ihre Anwendungen mithilfe von Formeln und Makros noch individueller und benutzerfreundlicher gestalten können.

Wenn Sie in der Administration tätig sind, sollten Sie auch die Kapitel 12 und Kapitel 13 kennen: In diesen lernen Sie die zentralen Parameter kennen und können im Fall der Fälle Fehlern auf die Schliche kommen.

Infokästen im Buch

Um die Themen bestmöglich zu vermitteln, werden nicht nur viele Abbildungen, sondern auch Kästen mit weiterführenden Informationen verwendet. Diese sind mit verschiedenen Icons markiert:

- Kästen mit diesem Icon geben Ihnen *Empfehlungen* zu Einstellungen oder *Tipps* aus der Berufspraxis.

[»]

- Dieses Symbol weist Sie auf *Besonderheiten* hin, die Sie beachten sollten. Es *warnt* Sie außerdem vor häufig gemachten Fehlern oder Problemen.

Neuerungen in der 2. Auflage

SAP Analysis for Microsoft Office wird kontinuierlich weiterentwickelt und verbessert. Seit der 1. Auflage dieses Buches sind mehrere Neuerungen hinzugekommen, die ich Ihnen nicht vorenthalten möchte. Die 2. Auflage deckt folgende Zusatzfunktionen ab:

SAP Analytics Cloud und SAP Datasphere

Zum einen wird neben SAP Analytics Cloud auch SAP Datasphere (ehemals SAP Data Warehouse Cloud) und S/4HANA Cloud als Datenquellen unterstützt. Darüber hinaus können Arbeitsmappen auch auf SAP Analytics Cloud gespeichert werden. Kapitel 1, »Ihre erste Arbeitsmappe in SAP Analysis for Microsoft Office anlegen«, wurde dementsprechend angepasst.

Verbesserte Navigation in Berichten

Zum anderen wurde die Navigation in Berichten weiter verbessert und die Möglichkeiten, Daten zu filtern, erweitert. Diese Neuerungen sind Bestandteil von Kapitel 2, »In Berichten navigieren«, sowie Kapitel 4, »Daten aufbereiten«. Darüber hinaus wurde das Kapitel 6, »Mit Planungsapplikationen arbeiten«, mit einem Abschnitt über die Registerkarte Versionen für SAP Analytics Cloud erweitert.

Neue Konfigurationsmöglichkeiten

Kennzeichnend für die aktuelle Version von SAP Analysis for Microsoft Office sind die zusätzlichen Einstellungen und Konfigurationsmöglichkeiten, die es Ihnen erlauben, das ohnehin flexible Werkzeug noch mehr an Ihre individuellen Bedürfnisse und Kundenanforderungen anzupassen. Diese werden im Kapitel 7, »Berichte gestalten«, und im Kapitel 12, »SAP Analysis for Microsoft Office konfigurieren«, sowie in Anhang A, »Einstellungen für das Add-in SAP Analysis for Microsoft Office«, und Anhang B, »Einstellungen für das Plug-in SAP Analysis for Microsoft Office«, beschrieben.

Neue Formeln und API-Methoden

Neben den Einstellungen wurden auch Formeln und API-Methoden, die Sie in Ihren Makros verwenden können, erweitert. Diese finden Sie im Kapitel 10, »Mit Formeln arbeiten«, und im Kapitel 11, »Makros verwenden«. Zudem wurde für die Arbeit mit Cloud-basierten Datenquellen das HTTP-Sitzungs-Tracing hinzugefügt. Die Funktionsweise wird im Kapitel 13, »Problemanalyse«, erläutert.

Darüber hinaus wurden auch weitere kleine Verbesserungen, die Ihnen die Arbeit erleichtern, in das Buch aufgenommen – etwa neue Tastenkürzel und erweiterte Formatierungsoptionen. Ich wünsche Ihnen viel Spaß beim Lesen und hoffe, dass Sie mithilfe dieses Buches das beste Ihren Daten herausholen.

Ihr Denis Reis

Kapitel 1
Ihre erste Arbeitsmappe in SAP Analysis for Microsoft Office anlegen

In diesem Kapitel erfahren Sie, wie Sie eine neue Datenquelle in Ihre Arbeitsmappe einfügen, wie Sie diese speichern, den Namen anpassen und die Mappe wieder löschen. Kurzum lernen Sie die Grundlagen für die Arbeit mit SAP Analysis for Microsoft Office kennen.

Dieses Kapitel und Kapitel 2, »In Berichten navigieren«, sollen Sie schnell in die Lage versetzen, selbstständig mit SAP Analysis for Microsoft Office zu arbeiten. In diesen Kapiteln lernen Sie die Grundlagen kennen, während die späteren Kapitel mehr in die Tiefe gehen.

So erläutere ich zunächst in Abschnitt 1.1, »Datenquelle als Basis der Analyse«, den Begriff der *Datenquelle*. Danach zeige ich Ihnen in Abschnitt 1.2, »Datenquelle in eine Arbeitsmappe einfügen«, wie Sie eine neue Datenquelle in eine *Arbeitsmappe* einfügen. Dabei kann es sich um eine Query, einen InfoProvider oder sogar einen SAP-HANA-View handeln. Die Datenquelle stellt die Basis Ihrer Auswertung dar. Anschließend lernen Sie in Abschnitt 1.3, »Arbeitsmappe speichern«, wie Sie die angelegte Arbeitsmappe speichern. Das hat den Vorteil, dass Sie bei anschließenden Arbeitsvorgängen darauf zurückgreifen können. Bei repetitiven Arbeitsmappen können Sie außerdem viel Zeit sparen, indem Sie eine sogenannte *Standardarbeitsmappe* definieren. Diese behandeln wir in Abschnitt 1.4, »Standardarbeitsmappe definieren«. So können Sie mit wenig Aufwand ein einheitliches Aussehen Ihrer Berichte erreichen. In Abschnitt 1.5, »Gespeicherte Arbeitsmappe öffnen«, lernen Sie, wie Sie die zuvor angelegte Arbeitsmappe im System wiederfinden und öffnen. In Abschnitt 1.6, »Namen einer Arbeitsmappe anpassen«, zeige ich Ihnen, wie Sie bei Bedarf den Namen einer gespeicherten Arbeitsmappe ändern können. Darüber hinaus lernen Sie in Abschnitt 1.7, »Arbeitsmappe löschen«, wie Sie die Arbeitsmappe wieder aus dem System entfernen.

1.1 Datenquelle als Basis der Analyse

Arten von Datenquellen

Wie der Name schon sagt, dienen Datenquellen in SAP Analysis for Microsoft Office als Quellen für die Analyse Ihrer Daten. Sie stellen die Basis Ihrer Anwendung dar. Als Datenquellen können Sie mit dem BEx Query Designer oder den BW Modeling Tools erstellte Queries, Query Views und InfoProvider, wie z. B. InfoCubes, und MultiProvider bzw. Advanced-DataStore-Objekte (ADSO) und CompositeProvider nutzen. Diese Datenquellen werden in einem SAP-BW-System gespeichert (SAP Business Warehouse, gemeint ist im Folgenden auch SAP BW/4HANA). Darüber hinaus können Sie auch Datenquellen aus einem SAP HANA oder S/4HANA Cloud System einsetzen und sogar Modelle aus SAP Analytics Cloud sowie SAP Datasphere einbinden.

Datenquellen kenntlich machen

Wie beschrieben, können Sie in einer Arbeitsmappe mehrere Kreuztabellen mit Daten aus verschiedenen Quellen und Systemen einfügen. In diesem Fall ist es hilfreich, Info-Felder mit Informationen zur Datenquelle und zum Filterstatus hinzuzufügen, um Missverständnisse zu vermeiden. Das ist vor allem sinnvoll, wenn die Arbeitsmappe von verschiedenen Benutzern verwendet wird.

Darüber hinaus können Sie auch eine eigene Datenquelle mit lokalen Daten anlegen. Diese können Sie anschließend in derselben Arbeitsmappe analysieren (siehe Abschnitt 7.1, »Berichte mit lokalen Daten erweitern«).

Selbstverständlich können Sie auch eingabebereite Queries als Datenquelle nutzen (siehe Kapitel 6, »Mit Planungsapplikationen arbeiten«). So können Sie SAP Analysis for Microsoft Office für die Umsetzung eines Planungsszenarios nutzen. Dabei können Sie Planungsdaten manuell eingeben oder auch Planungsdaten automatisch mithilfe von Planungsfunktionen und Planungssequenzen der integrierten Planung von SAP BW bzw. SAP Business Planning and Consolidation (SAP BPC) generieren. In meinem Buch »Unternehmensplanung mit SAP BPC« (SAP PRESS 2018) gehe ich im Detail auf die Planung mit SAP Analysis for Microsoft Office ein.

Daten einer Datenquelle darstellen

Die in diesen Datenquellen enthaltenen Informationen werden in Ihrer Arbeitsmappe in Form einer *Kreuztabelle* angezeigt. Es ist möglich, mehrere Kreuztabellen zu einem Arbeitsblatt oder einer Arbeitsmappe hinzuzufügen – wobei die Daten der Kreuztabellen aus derselben Datenquelle oder verschiedenen Quellen stammen können. Sie können sogar Datenquellen aus verschiedenen Systemen in einer Arbeitsmappe zusammenfügen.

Datenquelle wählen

Um eine Kreuztabelle mit Daten zu Ihrer Arbeitsmappe hinzuzufügen, wählen Sie eine Datenquelle Ihres SAP-BW-Systems aus. Sie können verschiedene Plattformen verwenden: eine SAP-NetWeaver-Plattform, eine SAP-BusinessObjects-Business-Intelligence-Plattform (kurz SAP-BusinessObjects-BI-Plattform) oder auch SAP Analytics Cloud. Für die Beispiele in diesem Buch verwende ich durchgängig eine SAP-NetWeaver-Plattform. Die Ausführungen können Sie jedoch lückenlos auf andere Plattformen übertragen.

[«]

Berechtigungen für den Zugriff auf Datenquellen

Beachten Sie, dass Sie für die verschiedenen Plattformen jeweils andere Berechtigungen benötigen. So ermächtigt Sie der Zugriff auf eine SAP-NetWeaver-Plattform nicht, auf Datenquellen einer SAP-BusinessObjects-BI-Plattform zuzugreifen. Ferner benötigen Sie auch Berechtigungen für die BW-Systeme, die Sie nutzen. Informationen zur Berechtigungskonfiguration für SAP Analysis for Microsoft Office erhalten Sie in meinem Buch »SAP BI Berechtigungen sind einfach – das Wesentliche auf den Punkt gebracht« (CreateSpace Independent Publishing Platform 2018).

Datenquelle einfügen

Die Datenquelle kann in eine einfache Arbeitsmappe oder auch eine voreingestellte Standardarbeitsmappe eingefügt werden. In dieser Standardarbeitsmappe können Sie Einstellungen definieren, wie z. B. bestimmte Formatierungsregeln, die standardmäßig auf alle neuen Arbeitsmappen angewendet werden. Wenn Sie eine voreingestellte Arbeitsmappe nutzen, werden beim Hinzufügen einer neuen Datenquelle die Formatvorlagen, die Formatierung und die Einstellungen verwendet, die Sie in der Standardarbeitsmappe definiert haben (siehe Abschnitt 1.4, »Standardarbeitsmappe definieren«).

Nachdem Sie eine Datenquelle eingefügt haben, können Sie die Arbeitsmappe entweder auf der SAP-BusinessObjects-BI-Plattform, SAP-NetWeaver-Plattform oder SAP Analytics Cloud speichern (siehe Abschnitt 1.3, »Arbeitsmappe speichern«). Bereits gespeicherte Arbeitsmappen können von diesen Plattformen aus geöffnet werden (siehe Abschnitt 1.5, »Gespeicherte Arbeitsmappe öffnen«). Sie können selbstverständlich auch auf den genannten Plattformen umbenannt oder gelöscht werden (siehe Abschnitt 1.6, »Namen einer Arbeitsmappe anpassen«, und Abschnitt 1.7, »Arbeitsmappe löschen«).

Falls Sie eine Datenquelle aus einer mit dem BEx Analyzer angelegten Arbeitsmappe mit SAP Analysis for Microsoft Office nutzen möchten, können

Sie diese konvertieren. Dies beschreibe ich in Abschnitt 9.3, »Mit BEx Analyzer erstellte Arbeitsmappe konvertieren«, im Detail.

1.2 Datenquelle in eine Arbeitsmappe einfügen

Um eine neue Arbeitsmappe mit einer Datenquelle zu erstellen, muss SAP Analysis for Microsoft Office lokal auf Ihrem Computer installiert werden. Dabei können Sie entweder eine Verbindung direkt zu einem SAP-BW-System herstellen oder auch eine Verbindung zu einer SAP-BusinessObjects-BI-Plattform nutzen, um Datenquellen einzufügen. Darüber hinaus können auch Verbindungen zu SAP HANA, SAP S/4HANA Cloud, SAP Analytics Cloud und SAP Datasphere (ehemals SAP Data Warehouse Cloud) genutzt werden.

[+]

Neue Verbindungen hinzufügen

Um eine neue Verbindung anzulegen, führen Sie im Dialog **Datenquelle auswählen** einen Rechtklick auf den Ordner **Verbindungen** aus (siehe Abbildung 1.1). Anschließend können Sie die gewünschte Verbindungsart auswählen.

Abbildung 1.1 Neue Verbindung anlegen

Die Voraussetzung hierfür ist, dass bei der Einstellung **Bevorzugte Plattform** (siehe Abbildung 1.7) die Option **Auswählbar** gesetzt ist.

Dabei können SAP Business Warehouse (BW), SAP-BusinessObjects-BI-Plattform und SAP Analytics Cloud genutzt werden, um Arbeitsmappen zu speichern und gemeinsam mit anderen Anwendern zu nutzen.

Wie bereits erwähnt, verwende ich in diesem Buch durchgängig die SAP-NetWeaver-Plattform für Beispiele. Sie können die Vorgehensweise jedoch lückenlos übertragen.

1.2.1 Datenquelle über Registerkarte »Analysis« einfügen

Zelle zum Einfügen wählen

Um eine Datenquelle einzufügen, selektieren Sie zunächst eine Zelle der Arbeitsmappe, in die die Kreuztabelle mit den Daten eingefügt werden soll, z. B. die Zelle B3. Wechseln Sie anschließend auf die Registerkarte **Analysis**, und klicken Sie im Menübandbereich **Datenquelle** auf die Auswahl **Datenquelle einfügen** ❶ (siehe Abbildung 1.2).

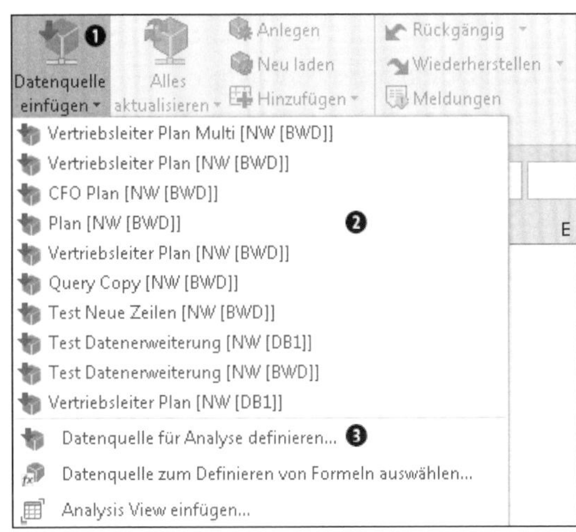

Abbildung 1.2 Neue Datenquelle einfügen

Bereits verwendete Datenquelle wählen

Wenn Sie bereits Datenquellen verwendet haben, werden diese in einer Liste dargestellt ❷. Sie können sie mit einem Klick auswählen und in Ihr Arbeitsblatt einfügen. Das beschleunigt Ihre Arbeit, denn die Suche nach einer bestimmten Datenquelle fällt weg.

Bereits verwendete Datenquellen eindeutig identifizieren

In der Liste der bereits verwendeten Datenquellen sind zunächst nur die Beschreibung und das System sichtbar. Das Problem hieran: Diese Beschreibungen sind nicht eindeutig. So können z. B. unterschiedliche Queries mit derselben Beschreibung in einem System existieren. Wenn Sie die Maus über den Namen der Datenquelle halten, wird dagegen auch der technische Name der Datenquelle angezeigt (siehe Abbildung 1.3). Dieser ist, im Gegensatz zur Beschreibung, eindeutig. Das heißt, dass es nur eine Query mit diesem Namen gibt.

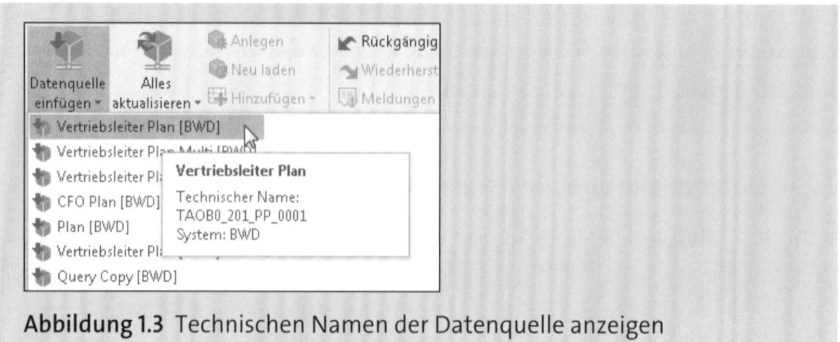

Abbildung 1.3 Technischen Namen der Datenquelle anzeigen

Datenquelle für Analyse definieren

Falls Sie noch keine Datenquellen hinzugefügt haben oder die gewünschte Datenquelle nicht in der Liste finden, können Sie den Eintrag **Datenquelle für Analyse definieren** ❸ (siehe Abbildung 1.2) auswählen.

Nun öffnet sich standardmäßig der Dialog zur Anmeldung an der SAP-BusinessObjects-BI-Plattform (siehe Abbildung 1.4). Falls Sie eine solche nutzen, nehmen Sie Eingaben im Feld **Benutzer**, im Feld **Kennwort** sowie im Feld **URL des Web-Services** vor, um sich anzumelden. Wenn Sie SAP NetWeaver als Plattform verwenden, wählen Sie den Button **Überspringen**.

Abbildung 1.4 Anmeldung an SAP BusinessObjects BI

[+]

Anmeldung an der SAP-BusinessObjects-BI-Plattform automatisch überspringen

Der Dialog zur Anmeldung an der SAP-BusinessObjects-BI-Plattform wird jedes Mal angezeigt, auch wenn Sie das System nicht nutzen. Dies ist jedoch selten sinnvoll, da nur die wenigsten Unternehmen die Plattform im Einsatz haben.

Daher ist es hilfreich, SAP NetWeaver als Standardplattform zu setzen und so die Anmeldung an der SAP-BusinessObjects-BI-Plattform auszublenden. Wechseln Sie dazu auf die Registerkarte **Datei**, die Sie in der oberen linken Ecke Ihres Bildschirms finden. Wählen Sie anschließend den Eintrag **Analysis** aus der Liste aus, wie in Abbildung 1.5 dargestellt.

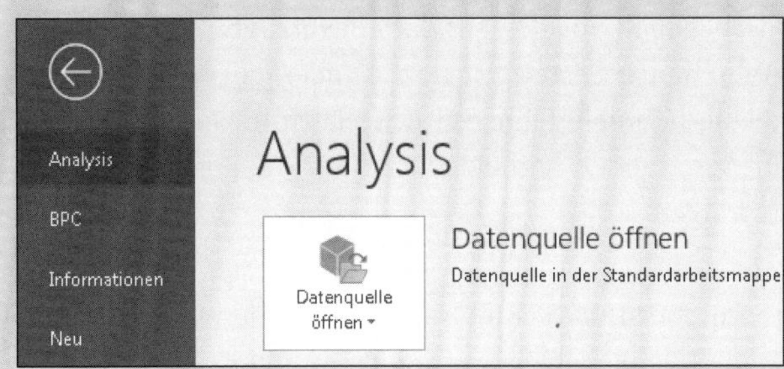

Abbildung 1.5 Eintrag »Analysis« auf der Registerkarte »Datei«

Klicken Sie anschließend auf die Auswahl **Analysis anpassen**, und selektieren Sie den Eintrag **Optionen** (siehe Abbildung 1.6).

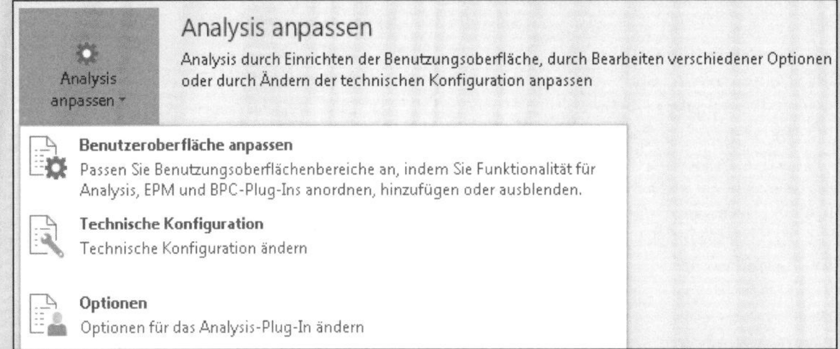

Abbildung 1.6 Optionen für SAP Analysis for Microsoft Office anpassen

Nun öffnet sich der Dialog mit den Optionen für SAP Analysis for Microsoft Office. Wechseln Sie auf die Registerkarte **Plattform** (siehe Abbildung 1.7).

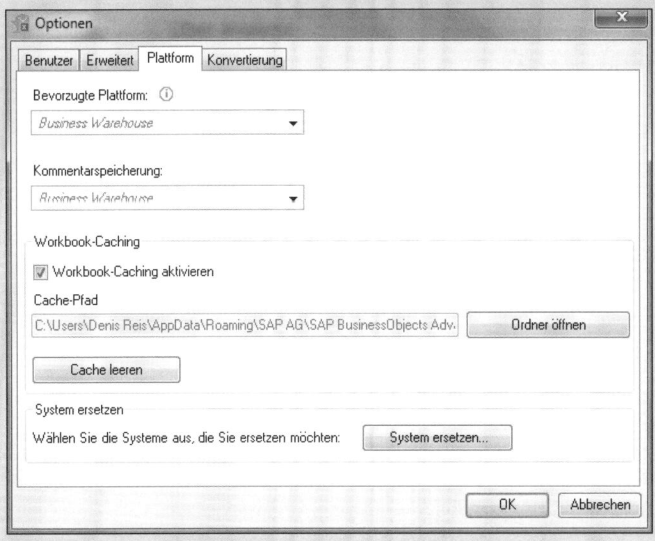

Abbildung 1.7 Bevorzugte Plattform definieren

Selektieren Sie anschließend aus der Auswahl **Bevorzugte Plattform** den Eintrag **Business Warehouse**. Bestätigen Sie die Änderungen mit dem Button **OK**. Nun wird standardmäßig Ihre SAP-BW-Plattform verwendet, und Sie müssen nicht jedes Mal den Anmeldedialog der SAP-BusinessObjects-BI-Plattform überspringen.

SAP-BW-System auswählen

Jetzt wird eine Liste mit SAP-BW-Systemen angezeigt (siehe Abbildung 1.8). Wählen Sie das für Sie relevante System aus ❶, und klicken Sie anschließend auf den Button **Weiter** ❷.

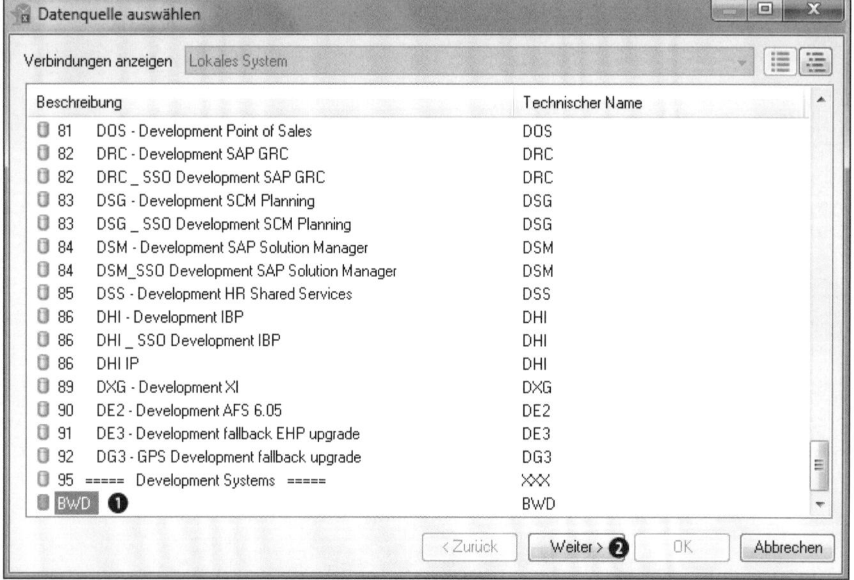

Abbildung 1.8 Liste mit SAP-BW-Systemen

Es wird der Dialog **Am System anmelden BWD** gezeigt (siehe Abbildung 1.9).

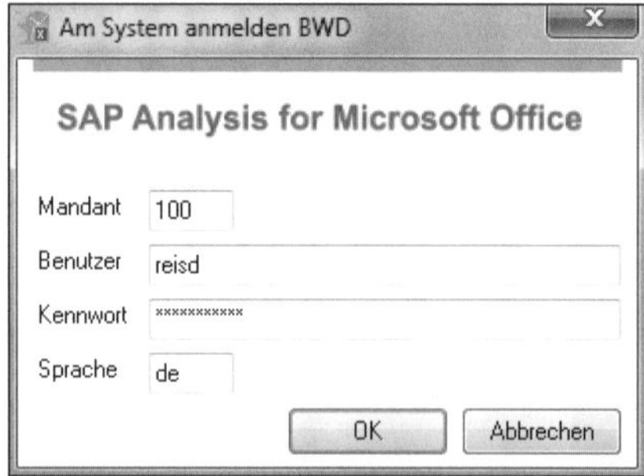

Abbildung 1.9 Anmeldung am ausgewählten SAP-BW-System

Geben Sie im Feld **Benutzer** Ihren Benutzernamen sowie im Feld **Kennwort** das Kennwort ein, und bestätigen Sie mit dem Button **OK**. Optional können Sie im Feld **Sprache** auch eine gewünschte Sprache angeben.

[«]

Kennwort ändern

Falls Sie sich mit einem initialen Kennwort anmelden oder Ihr Kennwort nicht mehr gültig ist, öffnet sich automatisch der Dialog zum Ändern des Kennworts. Sie müssen sich in diesen Fällen nicht mehr über das SAP GUI anmelden, wie es bei früheren Versionen von SAP Analysis for Microsoft Office der Fall war.

Nach Datenquelle suchen

Sie gelangen nun zum Dialog **Datenquelle auswählen** (siehe Abbildung 1.10). Für die Wahl einer Datenquelle stehen Ihnen die Registerkarten ❶ **Bereich** (in diesem Fall die InfoArea), **Rolle**, **Arbeitsbereiche** oder **Umgebungen** (SAP BPC) zur Verfügung. Alternativ können Sie auf der Registerkarte **Suche** nach einer bestimmten Datenquelle suchen. Dabei können Sie über eine Auswahlliste ❷ wählen, ob anhand der Beschreibung, des technischen Namens oder anhand von beidem gesucht werden soll.

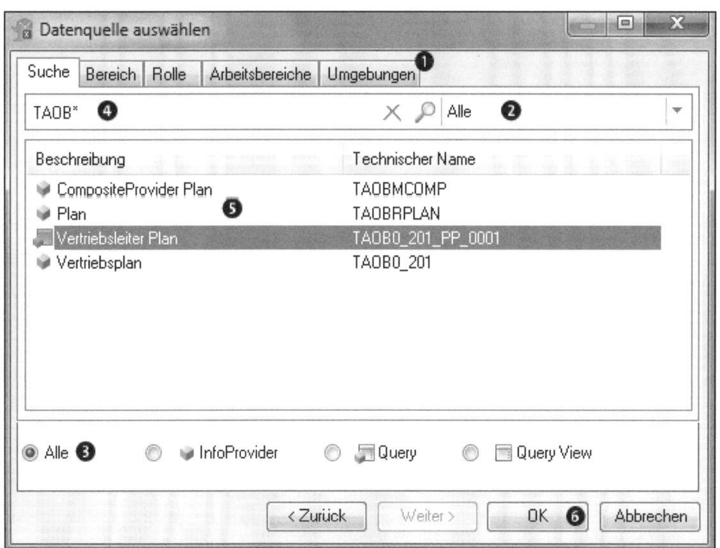

Abbildung 1.10 Datenquelle auswählen

Fernen können Sie auch den Typ der Datenquelle einschränken ❸. So können Sie z. B. definieren, dass nur der Typ **InfoProvider**, **Query** oder **Query View** durchsucht wird. Sie können aber auch alle möglichen Kombinationen für die Suche verwenden.

Geben Sie anschließend einen Suchbegriff in die Suchleiste ein ❹. Klicken Sie danach auf den Button [🔍] (**Suchen**), oder betätigen Sie die [↵]-Taste, um die Suche zu starten.

[+]

Wildcard-Suche

SAP Analysis for Microsoft Office unterstützt die Suche mit Platzhaltern (*Wildcard-Suche*). So können Sie nach der Zeichenfolge * (Asterisk bzw. Sternchen) eingeben, um nach Datenquellen zu suchen, die mit einer bestimmten Zeichenfolge beginnen.

Wenn Sie z. B. TAOB* in die Suchleiste angeben, sucht das System nach allen Datenquellen, die mit TAOB anfangen. Als Ergebnis werden in diesem Beispiel die InfoProvider TAOBMCOMP, TAOBRPLAN, TAOBO_201 und die Query TABO_201_PP_0001 geliefert.

Daten der ausgewählten Datenquelle einfügen

Die Ergebnisse werden mit der Beschreibung und dem technischen Namen des jeweiligen Objekts angezeigt ❺. Selektieren Sie die gewünschte Datenquelle, und bestätigen Sie Ihre Auswahl mit dem Button **OK** ❻. In die Arbeitsmappe wird eine neue Kreuztabelle mit den Daten der ausgewählten Datenquelle eingefügt.

[»]

Formatvorlagen verwenden

Standardmäßig wird die SAP-Vorlage **SAP Blue** für die Darstellung der Kreuztabelle verwendet. Die Formatvorlage bestimmt z. B. die Größe der Schrift sowie die Hintergrundfarbe von Zellen. Sie können die Darstellung der Daten anpassen, indem Sie eine der mitgelieferten Vorlagen auswählen. Selektieren Sie dazu auf der Registerkarte **Analysis Design** im Bereich **Format** die Auswahl **Formatvorlagen**, und wählen Sie anschließend den Eintrag **Formatvorlagen-Satz übernehmen** (siehe Abbildung 1.11). Hier können Sie nun zwischen verschiedenen Formatvorlagen wählen. Alternativ können Sie auch jede Zelle individuell anpassen oder eigene Formatvorlagen definieren. Nähere Informationen finden Sie in Kapitel 8, »Berichte formatieren«.

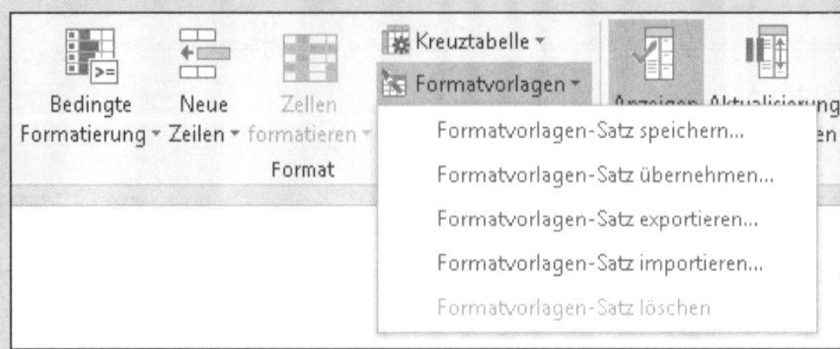

Abbildung 1.11 Formatvorlagen auswählen

Daten analysieren

Nun können Sie die Daten analysieren (siehe Kapitel 2, »In Berichten navigieren«) bzw. die Darstellung entsprechend Ihren Bedürfnissen anpassen (siehe Kapitel 8, »Berichte formatieren«). Sie können Ihre Arbeitsmappe auch um andere Komponenten anreichern – z. B. um Diagramme zur Visualisierung.

[+]

Schneller zur gewünschten Darstellung

Sie können die Funktion **Aktualisierung unterbrechen** im Menübandbereich **Designbereich** (Registerkarte **Analysis**) aktivieren, bevor Sie eine Datenquelle einfügen (siehe Abbildung 1.12).

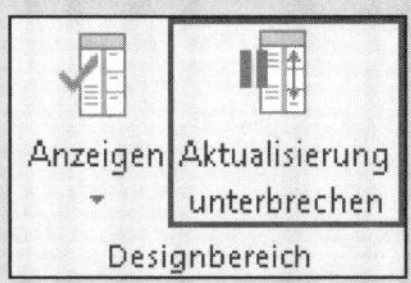

Abbildung 1.12 Aktualisierung unterbrechen

So können Sie z. B. eine Auswertung über die Registerkarte **Analyse** im Designbereich ohne Ladezeiten vornehmen. Hierbei können Sie z. B. Spalten, Zeilen und Filter so anpassen, dass nur ein für Sie relevanter Ausschnitt der in der Datenquelle enthaltenen Daten dargestellt wird (siehe Abbildung 1.13). Anstatt zunächst die gesamte Datenmenge zu laden und anschließend zu Ihrem Bereich zu navigieren, werden von Anfang an nur gewünschte Informationen geladen. So wird die Kreuztabelle mit der von Ihnen definierten Analyse nur hinzugefügt, wenn Sie die Funktion **Aktualisierung unterbrechen** wieder deaktivieren.

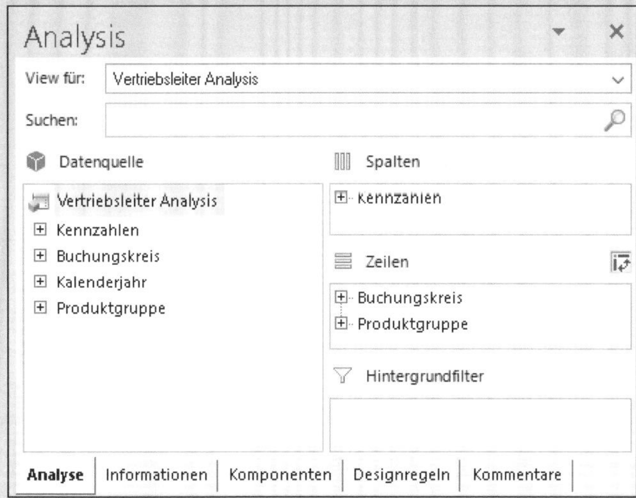

Abbildung 1.13 Auswertung anpassen

1.2.2 Datenquelle über Registerkarte »Datei« einfügen

Ein anderer Weg, um eine Datenquelle einzufügen, führt über die Registerkarte **Datei**. Selektieren Sie den Eintrag **Analysis**, und klicken Sie anschließend auf die Auswahl **Datenquelle öffnen**. In der Liste können Sie den Eintrag **Liste zuletzt verwendeter Datenquellen** nutzen, um bereits verwendete Datenquellen anzuzeigen. Wenn die gewünschte Datenquelle nicht in der Liste erscheint, wählen Sie den Eintrag **Datenquelle öffnen** (siehe Abbildung 1.14).

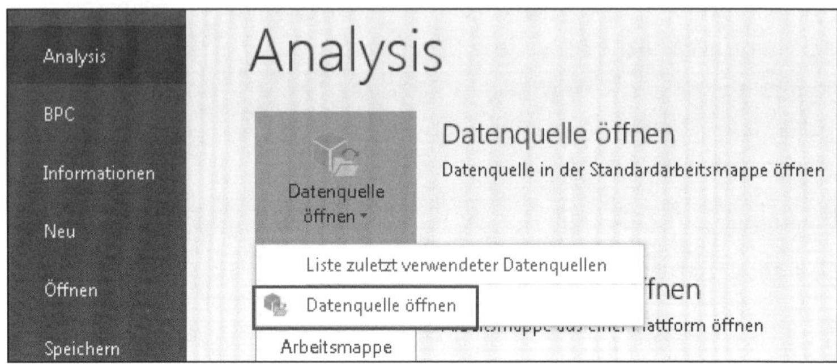

Abbildung 1.14 Datenquelle öffnen

Datenquelle auswählen

Anschließend müssen Sie sich, wie bereits in Abschnitt 1.2.1, »Datenquelle über Registerkarte »Analysis« einfügen«, beschrieben, an einem System anmelden und die gewünschte Datenquelle auswählen – die entsprechenden Daten werden in die Arbeitsmappe eingefügt (siehe Abbildung 1.15).

		Menge	Umsatz	Preis
Buchungskreis	**Produktgruppe**	ST	EUR	EUR / ST
Reis Telefone DE	Smartphone Plus	100,000	10.000,00	100,00
	Tablet Mini	200,000	40.000,00	200,00
	Ergebnis	300,000	50.000,00	166,67
Gesamtergebnis		300,000	50.000,00	166,67

Abbildung 1.15 Eingefügte Datenquelle

Beachten Sie, dass dieser Weg für die Arbeit mit sogenannten *Standardarbeitsmappen* gedacht ist. Wie Sie eine Standardmappe definieren, erfahren Sie im gleichnamigen Abschnitt 1.4. Wenn keine Standardarbeitsmappe definiert wurde, werden beim Öffnen der Datenquelle die Standardeinstellungen verwendet. Dabei wird die Kreuztabelle ab Zelle A1 in Ihr Arbeitsblatt eingefügt. Außerdem wird für die Formatierung die als Standard definierte Formatvorlage verwendet.

1.3 Arbeitsmappe speichern

Von Ihnen erstellte Arbeitsmappen können auf Ihrer SAP-BusinessObjects-BI-Plattform, SAP-BW-Plattform, SAP Analytics Cloud oder als lokale Datei gespeichert werden. Dabei wird die Arbeitsmappe mit dem aktuellen Navigationszustand (siehe Kapitel 2, »In Berichten navigieren«) und den gesetzten Eigenschaften (siehe Abschnitt 7.4, »Wichtige Einstellungen«) gespeichert. Die Eigenschaften der Arbeitsmappe werden auf der Registerkarte **Komponenten** im Designbereich gesetzt.

[«]

Arbeitsmappe auf einer SAP-BusinessObjects-BI-Plattform speichern

Wenn Sie die SAP-BusinessObjects-BI-Plattform ab Version 4.1 nutzen, wird die Arbeitsmappe als Analysis-Arbeitsmappe gespeichert. Wenn Sie Version 4.0 oder niedriger im Einsatz haben, wird die Arbeitsmappe als Microsoft-Excel-Objekt abgelegt.

Beachten Sie bitte, dass ab der Version 2.8 SP17 von SAP Analysis for Microsoft Office eine SAP-BusinessObjects-BI-Plattform 4.3 SP0 oder höher nötig ist.

1.3.1 Speichereinstellungen wählen

Um eine Arbeitsmappe auf einer Plattform zu speichern, gehen Sie wie folgt vor: Wechseln Sie auf die Registerkarte **Datei**, und wählen Sie den Eintrag **Analysis** aus ❶ (siehe Abbildung 1.16).

Speicherort wählen

Anschließend klicken Sie auf die Auswahl **Arbeitsmappe speichern** ❷. Wenn in Ihrer Installation von SAP Analysis for Microsoft Office mehrere Plattformen aktiv sind, sehen Sie nun mehrere Icons zum Speichern der Arbeitsmappe – eins für jede Plattform. Haben Sie, wie in Abschnitt 1.2, »Datenquelle in eine Arbeitsmappe einfügen«, beschrieben, eine bevorzugte Plattform definiert, wird nur diese Plattform angezeigt. Wählen Sie die gewünschte Plattform aus ❸.

Im sich öffnenden Dialog können Sie den gewünschten Ablageort weiter spezifizieren (siehe Abbildung 1.17). Ihnen steht eine Registerkarte mit eigenen Dokumenten (**MyDocuments**) und eine mit von Ihnen angelegten Berechtigungsrollen (**Role**) zur Verfügung. Letzteres Thema behandle ich in meinem Buch »SAP BI Berechtigungen sind einfach – das Wesentliche auf den Punkt gebracht« (CreateSpace Independent Publishing Platform 2018) detaillierter.

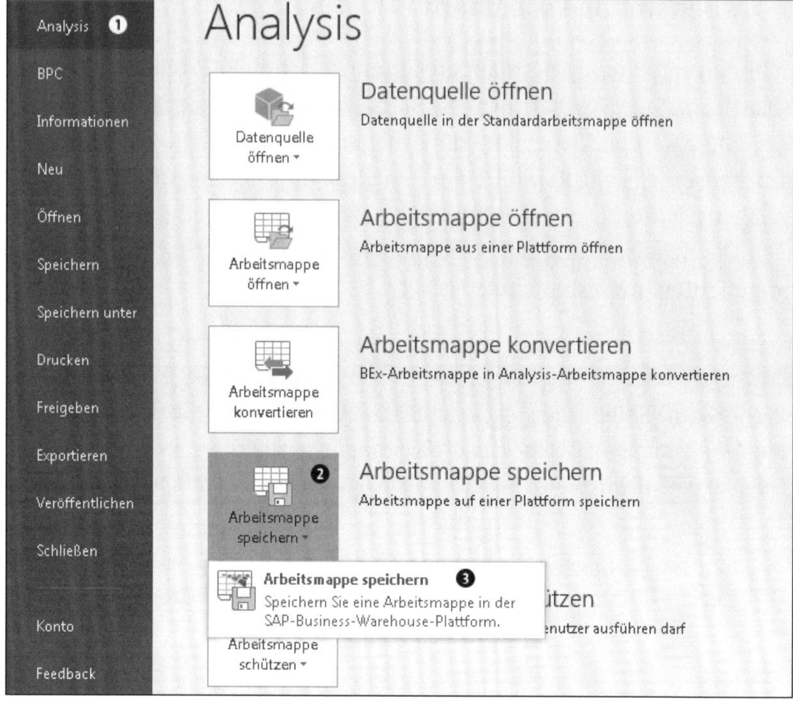

Abbildung 1.16 Arbeitsmappe speichern

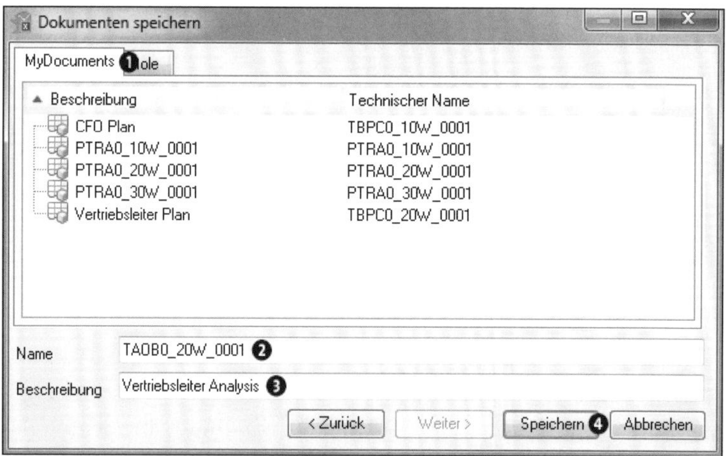

Abbildung 1.17 Ablageort auswählen

[+]

Dokumentenliste aktualisieren

Um die Liste angezeigter Dokumente zu aktualisieren, wählen Sie im Kontextmenü (Rechtsklick) **Aktualisieren**, oder Sie verwenden die Taste [F5].

Speicherangaben machen

Auf der Registerkarte **MyDocuments** ❶ sehen Sie bereits gespeicherte Arbeitsmappen. Neben der Beschreibung wird auch der technische Name angezeigt. Um Ihre Arbeitsmappe zu speichern, geben Sie im Feld **Name** ❷ den technischen Namen der Mappe ein. Vergeben Sie anschließend im Feld **Beschreibung** ❸ eine aussagekräftige Bezeichnung. Wenn Sie keine Beschreibung angeben, wird standardmäßig der technische Name als Beschreibung verwendet. Klicken Sie schließlich auf den Button **Speichern** ❹, um die Änderungen zu übernehmen und Ihre Arbeitsmappe auf der gewählten Plattform zu speichern. Nachdem die Arbeitsmappe erfolgreich gespeichert worden ist, erscheint in der unteren linken Ecke Ihres Bildschirms eine entsprechende Erfolgsmeldung (siehe Abbildung 1.18). Jetzt können Sie die Mappe schließen, ohne dass etwas verloren geht. Sie und auch andere Benutzer können diese Arbeitsmappe nun öffnen und für Analysen nutzen.

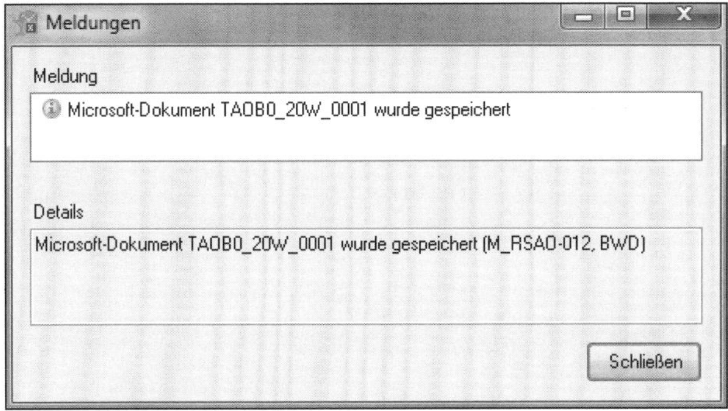

Abbildung 1.18 Erfolgreich gespeicherte Arbeitsmappe

[+]

Arbeitsmappe lokal speichern

Wenn Sie Ihre Arbeitsmappe lokal speichern möchten, nutzen Sie einfach die Microsoft-Excel-Funktionalität **Datei • Speichern unter**.

1.3.2 Daten vor dem Speichern entfernen

Standardmäßig werden zuletzt abgerufene Merkmalskombinationen inklusive Kennzahlwerten in der Arbeitsmappe gespeichert. Dies kann aus Datenschutzgründen unerwünscht sein. Um zu verhindern, dass verwendete Daten beim erneuten Öffnen der Arbeitsmappe sichtbar sind, gehen Sie wie folgt vor.

Designbereich anzeigen

Öffnen Sie auf der Registerkarte **Analysis** im Menübandbereich **Designbereich** die Auswahl **Anzeigen**, und selektieren Sie den Eintrag **Designbereich anzeigen** (siehe Abbildung 1.19).

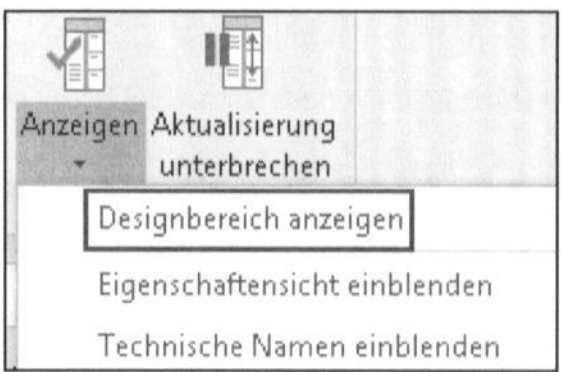

Abbildung 1.19 Designbereich anzeigen

Daten vor dem Speichern entfernen

Wechseln Sie in der sich öffnenden Sicht **Analysis** (Designbereich) unten auf die Registerkarte **Komponenten**, und setzen Sie im Bereich **Allgemein** das Häkchen neben der Einstellung **Daten vor dem Speichern entfernen** (siehe Abbildung 1.20).

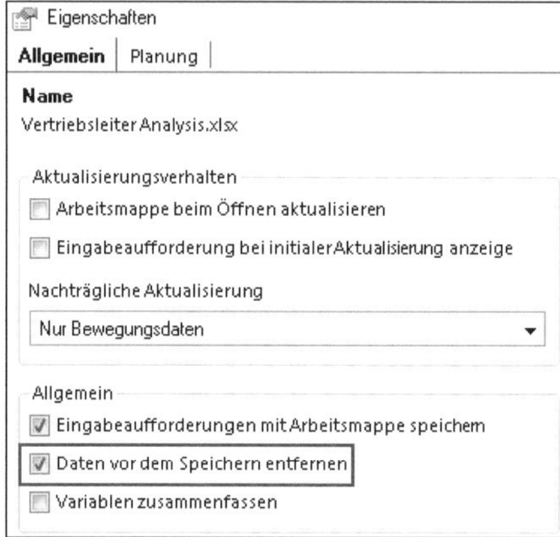

Abbildung 1.20 Daten vor dem Speichern entfernen

Speichern Sie anschließend die Arbeitsmappe erneut. Wenn Sie nun beim nächsten Mal die Arbeitsmappe öffnen, werden zunächst keine Daten angezeigt. Es erscheint die in Abbildung 1.21 dargestellte Meldung mit der Aufforderung, die Datenanzeige zu aktualisieren.

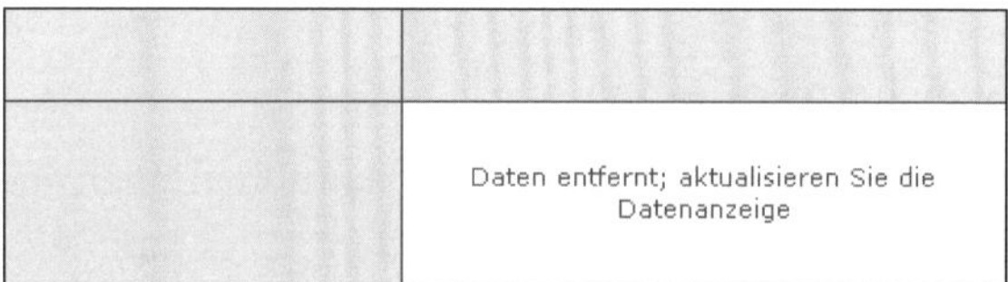

Abbildung 1.21 Keine Anzeige von Daten nach dem Öffnen

[+]

Einstellung zum Entfernen von Daten zentral setzen

Als Administrator können Sie die Einstellung `RemoveDataBeforeSaving` in der Konfigurationsdatei zentral auf `True` setzen (siehe Abschnitt 12.3,

»Technische Konfiguration«). Damit wird diese Einstellung automatisch in allen Arbeitsmappen gesetzt.

Darüber hinaus können Sie die Konfigurationsebene auf `PerMachine` setzen. Danach kann der Benutzer diese Einstellung nicht mehr ändern, da das Kontrollkästchen ausgegraut ist (siehe Abbildung 1.22).

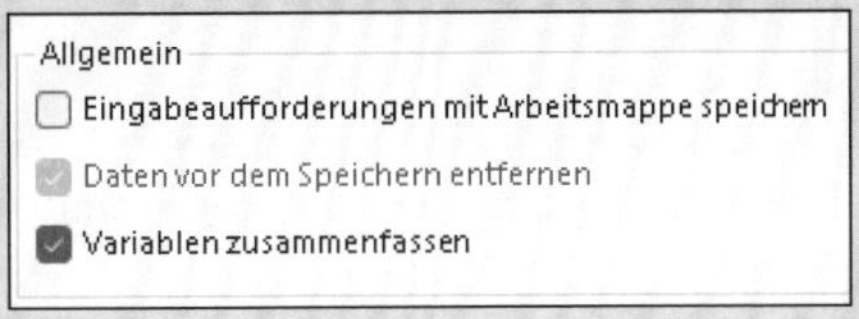

Abbildung 1.22 Einstellung kann nicht verändert werden

Freitextzellen beachten

Beachten Sie außerdem, dass alle Microsoft-Excel-Dokumente *Freitextzellen* enthalten – normale Excel-Zellen, die Sie auch aus Ihrer Arbeit mit Microsoft Excel kennen. Auf diese Freitextzellen ist die in SAP Analysis for Microsoft Office gesetzte Einstellung nicht bezogen. Sie sollten daher zum Schutz der Privatsphäre und aus Datenschutzgründen vermeiden, persönliche Daten in diesen Zellen zu speichern.

1.4 Standardarbeitsmappe definieren

Wie bereits in Abschnitt 1.2, »Datenquelle in eine Arbeitsmappe einfügen«, erwähnt, können Sie eine Arbeitsmappe als Standardarbeitsmappe definieren. Dadurch werden beim Öffnen einer Dateiquelle (über den Pfad **Datei • Analysis • Datenquelle öffnen**) die in dieser Arbeitsmappe definierten Formatvorlagen, die Formatierung und Einstellungen verwendet. Wenn Sie Ihre Standardarbeitsmappe auf einem Netzwerklaufwerk ablegen, können auch andere Benutzer sie nutzen.

Arbeitsmappe mit Datenquelle anlegen

Um eine Standardarbeitsmappe zu definieren, gehen Sie wie folgt vor: Erstellen Sie zunächst, wie in Abschnitt 1.2, »Datenquelle in eine Arbeitsmappe einfügen«, beschrieben, eine Arbeitsmappe und fügen Sie eine Datenquelle ein. Legen Sie nun die gewünschten Formatvorlagen, Formatierungen und die Arbeitsmappeneinstellungen fest, die in der Standardarbeitsmappe verwendet werden sollen. Sie können darüber hinaus andere Elemente wie Diagramme (siehe Abschnitt 8.4, »Arbeitsmappe um Diagramme, Info-Felder und Filter erweitern«) oder Formeln (siehe Kapitel 10, »Mit Formeln arbeiten«) für die Datenquelle einfügen.

[»]

Standardarbeitsmappe mit mehreren Datenquellen anlegen

Ihre Standardarbeitsmappe kann mehr als eine Datenquelle enthalten. Allerdings werden nur die Elemente und Einstellungen der ersten Datenquelle als Referenz genutzt, wenn Sie Ihre Standardarbeitsmappe als Vorlage verwenden. Alle anderen Datenquellen bleiben unverändert erhalten.

In unserem Beispiel habe ich die Einstellung **Daten vor dem Speichern entfernen** (siehe Abschnitt 1.3, »Arbeitsmappe speichern«) aktiviert – und zusätzlich störende Gitternetzlinien entfernt (über die Registerkarte **Ansicht** im Menübandbereich **Anzeigen**). Speichern Sie die Arbeitsmappe lokal auf Ihrem Computer oder auf einem Netzwerklaufwerk.

Speicherort festlegen

Als Nächstes müssen wir den Speicherort der Standardarbeitsmappe in den Einstellungen festlegen. Wechseln Sie dazu auf die Registerkarte **Datei**, und wählen Sie den Eintrag **Analysis** aus. Selektieren Sie anschließend die Auswahl **Analysis anpassen**, und wählen Sie aus der Liste den Eintrag **Optionen** (siehe Abbildung 1.23).

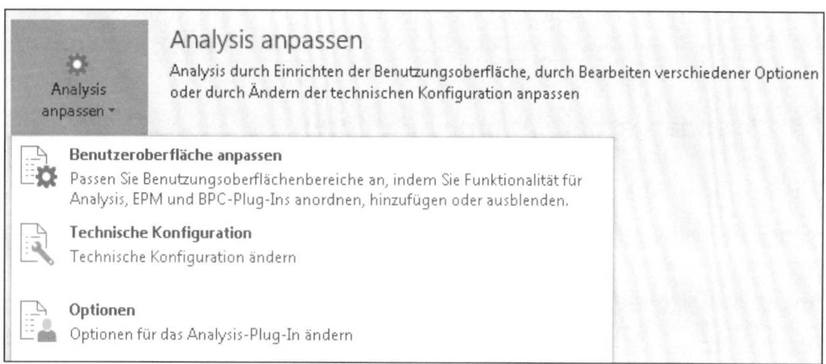

Abbildung 1.23 Benutzereinstellungen aufrufen

Es öffnet sich der Dialog mit den Einstellungsoptionen, wie es in Abbildung 1.24 zu sehen ist. Wählen Sie auf der Registerkarte **Benutzer** unter **Standardort für Arbeitsmappe** (in diesem Fall ist die deutsche Übersetzung leicht irreführend: Gemeint ist der Speicherort für die Standardarbeitsmappe) Ihre gespeicherte Arbeitsmappe aus ❶. Bestätigen Sie Ihre Auswahl mit dem Button **OK** ❷. Die ausgewählte Arbeitsmappe wird als Standardarbeitsmappe definiert.

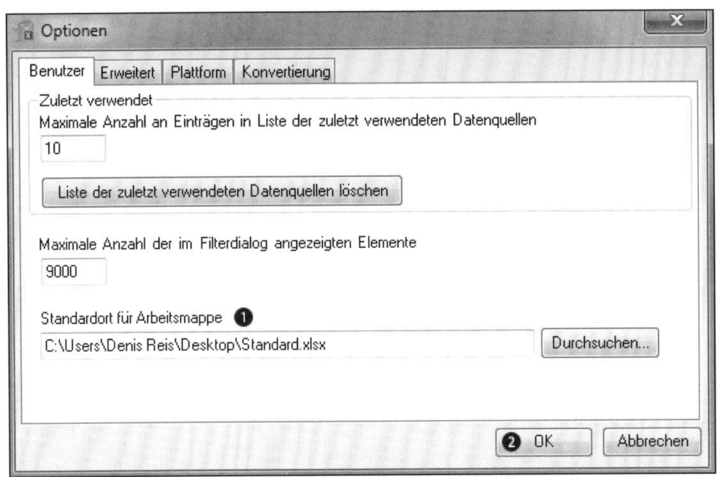

Abbildung 1.24 Speicherort für Standardarbeitsmappe festlegen

Öffnen Sie als Nächstes eine neue Datenquelle über den Pfad **Datei • Analysis • Datenquelle öffnen**. Die neue Datenquelle wird auf derselben Position eingefügt wie die Datenquelle in Ihrer Standardarbeitsmappe. Dabei werden auch alle anderen Elemente, wie z. B. Diagramme oder Formeln, mit den Daten der neu ausgewählten Datenquelle angezeigt. Wie Sie in Abbildung 1.25 sehen, enthält auch die neue Arbeitsmappe keine Gitternetzlinien. Es werden also die in der Standardarbeitsmappe definierten Formatierungen verwendet.

Neue Datenquelle öffnen

	A	B	C	D
1				
2				
3				Menge
4		**Buchungskreis**		ST
5		1000	Reis Telefone DE	300,000
6		2000	Reis Telephones USA	380,000
7		**Gesamtergebnis**		**680,000**
8				

Abbildung 1.25 Arbeitsmappe mit neuer Datenquelle – ebenfalls ohne Gitternetzlinien

Darüber hinaus werden auch andere Einstellungen der Vorlage übernommen. Wie Sie in Abbildung 1.26 sehen, ist auch in der neuen Arbeitsmappe die Einstellung **Daten vor dem Speichern entfernen** aktiv.

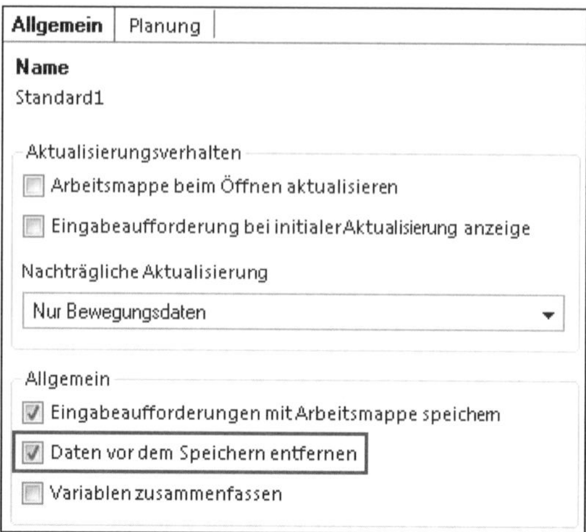

Abbildung 1.26 Einstellungen der Vorlage anwenden

Diese Funktion ermöglicht es Ihnen, in kürzester Zeit mehrere Arbeitsmappen mit identischem Aussehen (z. B. Ihrem Corporate Design) zu erstellen, die Berichte für verschiedene Aufgabenstellungen anzeigen.

1.5 Gespeicherte Arbeitsmappe öffnen

Nachdem Sie gelernt haben, wie Sie eine Analysis-Arbeitsmappe speichern, zeige ich Ihnen, wie Sie diese erneut öffnen. Beim Öffnen der Arbeitsmappe wird der Navigationszustand angezeigt, der mit der Arbeitsmappe gespeichert wurde. Darüber hinaus werden automatisch die Einstellungen angewendet, die Sie mit der Arbeitsmappe gespeichert haben. Diese Einstellungen können Sie über die Registerkarte **Komponenten** im Designbereich einsehen. In Abschnitt 7.4, »Wichtige Einstellungen«, gehe ich näher auf die einzelnen Einstellungen ein. Nach dem Öffnen der Arbeitsmappe können Sie durch die Daten navigieren (siehe Kapitel 2, »In Berichten navigieren«) und verschiedene Sichten auf die Daten für Ihre Analyse erstellen. Selbstverständlich können Sie auch Ihre Arbeitsmappe um neue Datenquellen oder Komponenten erweitern.

Gespeicherte Arbeitsmappe wählen

Um eine Analysis-Arbeitsmappe zu öffnen, wechseln Sie auf die Registerkarte **Datei** und wählen den Eintrag **Analysis** ❶ (siehe Abbildung 1.27). In der Auswahl **Arbeitsmappe öffnen** ❷ klicken Sie auf den Eintrag **Menüeinträge laden** ❸. Nun können Sie aus einer Liste zuvor geöffneter Arbeitsmappen wählen. Wenn die gewünschte Mappe nicht dabei ist, öffnen Sie sie vom Server ❹. Wenn in Ihrer Installation von SAP Analysis for Microsoft Office alle Plattformen aktiviert sind, sehen Sie mehrere Icons zum Öffnen einer

Arbeitsmappe. Pro Plattform wird ein Icon angezeigt. Wenn Sie, wie in Abschnitt 1.2, »Datenquelle in eine Arbeitsmappe einfügen«, beschrieben, eine bevorzugte Plattform definiert haben, wird nur diese angezeigt.

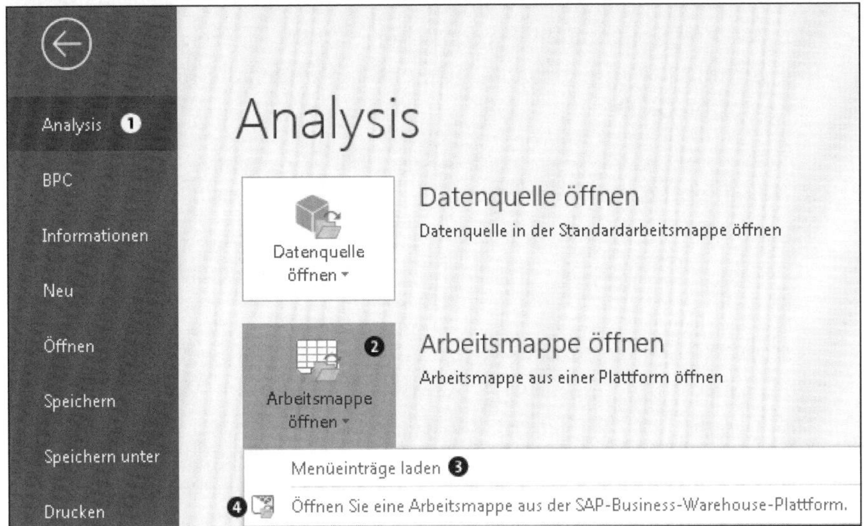

Abbildung 1.27 Arbeitsmappe öffnen

Melden Sie sich im nächsten Schritt an der ausgewählten Plattform und am entsprechenden System an. Anschließend können Sie die gewünschte Arbeitsmappe auswählen. Sie können nach dem Namen der Arbeitsmappe suchen oder aus der Verzeichnisstruktur wählen (siehe Abbildung 1.28).

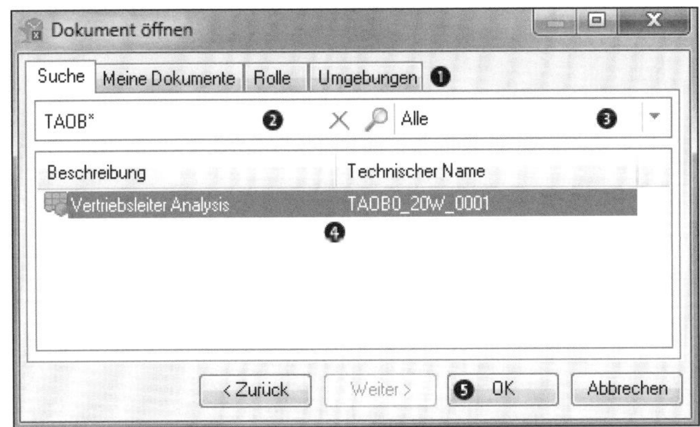

Abbildung 1.28 Nach der Arbeitsmappe suchen

Nach bestimmter Arbeitsmappe suchen

Dabei können Sie in eigenen Dokumenten, Berechtigungsrollen oder BPC-Umgebungen suchen ❶. Auf der Registerkarte **Suche** können Sie nach der gewünschten Mappe suchen. Geben Sie dazu den Namen der Arbeitsmappe in die Suchleiste ein ❷. Sie können differenzieren, ob nach der Beschreibung, nach dem technischen Namen oder nach beidem gesucht werden soll ❸. Klicken Sie auf den Button (**Suchen**), oder betätigen Sie die ↵-Taste, um die Suche zu starten. Anschließend wird das Ergebnis mit der Beschreibung und dem technischen Namen angezeigt ❹. Wählen Sie die gewünschte Arbeitsmappe aus, und bestätigen Sie Ihre Auswahl mit dem Button **OK** ❺.

[+]

Dokumentenliste aktualisieren

Sie können die Liste der angezeigten Dokumente aktualisieren, indem Sie die Taste F5 drücken oder im Kontextmenü **Aktualisieren** wählen.

Datenquelle aktualisieren

Ihre Arbeitsmappe wird nun in SAP Analysis for Microsoft Office geöffnet. Klicken Sie auf den Button (**Alles aktualisieren**) im Menübandbereich **Datenquelle**, um den Bericht zu aktualisieren. Die Daten werden dadurch neu geladen, und Sie können mit Ihrer Analyse beginnen.

Daten automatisch aktualisieren

Sie können auf der Registerkarte **Komponenten** im Designbereich die Einstellung **Arbeitsmappe beim Öffnen aktualisieren** aktivieren, damit die Aktualisierung automatisch erfolgt (siehe Abbildung 1.29). So müssen Sie die Datenquellen nicht jedes Mal manuell aktualisieren. Darüber hinaus können Sie die Option **Eingabeaufforderung bei initialer Aktualisierung anzeigen** wählen, um eventuell vorhandene Variablen beim Aufruf der Arbeitsmappe durch den Benutzer befüllen zu lassen.

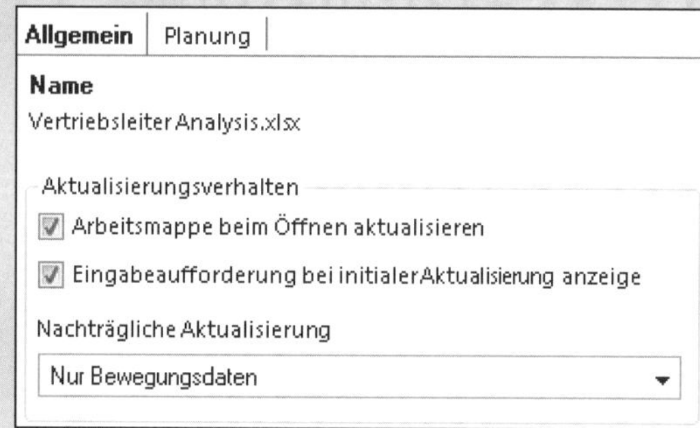

Abbildung 1.29 Datenquellen automatisch aktualisieren

1.6 Namen einer Arbeitsmappe anpassen

Sie können gespeicherte Arbeitsmappen auch umbenennen. Folgen Sie dafür dem Pfad **Datei • Analysis • Arbeitsmappe öffnen**. Melden Sie sich am System an, und suchen Sie nach der gewünschten Mappe (siehe Abschnitt 1.5, »Gespeicherte Arbeitsmappe öffnen«).

Selektieren Sie anschließend die Arbeitsmappe, die Sie umbenennen möchten. Öffnen Sie mit einem Rechtsklick das Kontextmenü, und wählen Sie den Eintrag **Umbenennen** aus (siehe Abbildung 1.30).

Abbildung 1.30 Arbeitsmappe umbenennen

Technischen Namen ändern

Nun können Sie einen neuen Namen für die Arbeitsmappe eingeben, wie in Abbildung 1.31 dargestellt. Beachten Sie, dass der technische Name der Arbeitsmappe nicht verändert werden kann. Wenn Sie dies möchten, müssen Sie eine neue Arbeitsmappe anlegen und anschließend die alte Arbeitsmappe löschen.

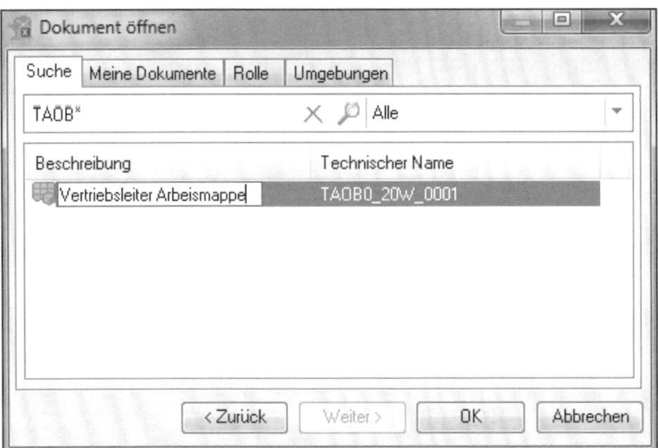

Abbildung 1.31 Beschreibung der Mappe anpassen

Schließlich erscheint in der unteren linken Ecke Ihres Bildschirms die Meldung, dass die Arbeitsmappe erfolgreich gespeichert wurde. Damit ist die Arbeitsmappe umbenannt. Sie und andere Benutzer können sie unter neuem Namen erneut öffnen und mit der Analyse fortfahren.

1.7 Arbeitsmappe löschen

Wenn Sie eine Arbeitsmappe permanent aus Ihrem System entfernen möchten, können Sie sie löschen. Folgen Sie dafür dem Pfad **Datei • Analysis • Arbeitsmappe öffnen**. Melden Sie sich am System an, und suchen Sie nach der gewünschten Mappe, wie in Abschnitt 1.5, »Gespeicherte Arbeitsmappe öffnen«, beschrieben.

Selektieren Sie anschließend die Arbeitsmappe, die Sie löschen möchten. Öffnen Sie das Kontextmenü mit der rechten Maustaste, und wählen Sie den Eintrag **Löschen** (siehe Abbildung 1.32).

Abbildung 1.32 Arbeitsmappe löschen

Arbeitsmappe unwiderruflich löschen

Es erscheint eine Warnmeldung, dass das Dokument unwiderruflich gelöscht wird. Wenn das Ihr Ziel ist, wählen Sie **Ja** – die Arbeitsmappe wird gelöscht. Andernfalls können Sie den Vorgang mit **Nein** abbrechen.

1.8 Zusammenfassung

Sie kennen nun die grundlegenden Funktionalitäten von SAP Analysis for Microsoft Office. Sie verstehen, was man unter einer Datenquelle versteht, Sie können neue Datenquellen anbinden und in einer Arbeitsmappe speichern. Mit anderen Worten: Sie können Ihre ersten Analyse-Anwendungen erstellen.

Darüber hinaus haben Sie gelernt, wie Sie Standardarbeitsmappen definieren, um repetitive Arbeitsschritte wie Formatierungen und das Setzen von Einstellungen zu vermeiden. Sie finden ohne Schwierigkeiten Ihre Arbeitsmappen im System wieder und können diese bei Bedarf umbenennen. Wenn eine Arbeitsmappe nicht mehr benötigt wird, können Sie sie aus dem System entfernen.

Ganz nebenbei haben Sie auch schon unterschiedliche Einstellungen kennengelernt und Einblicke in die Möglichkeiten des Customizings erhalten. In den folgenden Kapiteln führe ich beides weiter aus. Zunächst wollen wir jedoch mit den Grundlagen fortfahren. In Kapitel 2, »In Berichten navigieren«, lernen Sie, wie Sie in Ihren Analysis-Berichten navigieren, um möglichst viele Erkenntnisse aus Ihrer Analyse zu gewinnen.

Kapitel 2
In Berichten navigieren

In diesem Kapitel zeige ich Ihnen, wie Sie in SAP Analysis for Microsoft Office navigieren. Zunächst lernen Sie, wie Sie Ihre Datenquellen aktualisieren. Anschließend erfahren Sie, wie Sie sich in Berichten zurechtfinden.

Self-Service-Werkzeug

Der Begriff *Self-Service Business Intelligence* ist in aller Munde. Der Benutzer soll in die Lage versetzt werden, die notwendigen Informationen selbst zu beschaffen. Bei Bedarf sollen zusätzliche Daten für die Analyse sofort verfügbar sein, und zwar ohne die Hilfe der IT-Abteilung, die mehrere Tage benötigt, um vorhandene Berichte anpassen zu können.

Die wenigsten wissen jedoch, dass Sie SAP Analysis for Microsoft Office als Self-Service-Werkzeug nutzen können, um auf einfachem Weg Erkenntnisse aus Daten zu gewinnen. In diesem Kapitel stelle ich die Grundlagen der Navigation in SAP Analysis for Microsoft Office vor. Nachdem Sie das Kapitel durchgearbeitet haben, können Sie als Anwender selbstbestimmt Daten analysieren, ohne auf die Hilfe der IT angewiesen zu sein.

Es ist wichtig, dass Sie immer mit aktuellen Daten arbeiten. Daher lernen Sie in Abschnitt 2.1, »Mit aktuellen Daten arbeiten«, wie Sie Ihre Datenquellen aktualisieren. Dabei gebe ich Ihnen Tipps, wie Sie die Arbeitsmappen gestalten können, sodass eine manuelle Aktualisierung überflüssig wird. Zudem zeige ich Ihnen, wie Sie eine Datenquelle zurücksetzen, um die neuesten Änderungen zu übernehmen.

Anschließend erläutere ich Ihnen in Abschnitt 2.2, »Daten analysieren«, die Navigation in Berichten. Dabei erfahren Sie, wie Sie den Designbereich zu Analysezwecken nutzen und Berichte um weitere Merkmale erweitern können, um detaillierte Einblicke in Daten zu erhalten. Da es auch nützlich sein kann, Daten auf aggregierter Ebene zu betrachten, um einen Überblick zu erhalten, gehe ich auch hierauf kurz ein und erläutere, wie Sie individuelle Sichten auf Ihre Daten gestalten und Hintergrundfilter einrichten können. Schließlich zeige ich Ihnen, wie Sie die Navigation möglichst performant gestalten. So verlieren Sie keine wertvolle Zeit, weil Sie auf das Abrufen der Daten warten müssen, sondern können sich auf die Analyse fokussieren.

Im Anschluss daran erläutere ich in Abschnitt 2.2.8, »Navigationsschritte rückgängig machen«, wie Sie bei Bedarf zu einem früheren Navigationsschritt zurückkehren können. In Abschnitt 2.2.9, »Meldungen anzeigen«, erhalten Sie schließlich einen Überblick über die Informations-, Warnungs- oder Fehlermeldungen in SAP Analysis for Microsoft Office. In Abschnitt 2.2.10, »Informationen über eine Datenquelle abrufen«, erfahren Sie, wie Sie detaillierte Informationen zur gesamten Arbeitsmappe oder zu einzelnen Datenquellen einsehen können. Darüber hinaus erhalten Sie auch Informationen zu aktuell zur Verfügung stehenden Filtern und Variablen.

2.1 Mit aktuellen Daten arbeiten

Um sicherzustellen, dass Sie bei Ihrer Analyse immer mit den aktuellsten Daten arbeiten, können Sie die Datenquellen aktualisieren. In den nachfolgenden Abschnitten erläutere ich die verschiedenen Möglichkeiten und gebe auch Tipps für eine sinnvolle Gestaltung der Arbeitsmappen.

Alle Datenquellen aktualisieren

Als erste Möglichkeit steht Ihnen in SAP Analysis for Microsoft Office die Auswahl **Alles aktualisieren** zur Verfügung. Diese finden Sie auf der Registerkarte **Analysis** im Menüband im Bereich **Datenquelle** (siehe Abbildung 2.1). Mit ihr lassen sich alle Datenquellen in der Arbeitsmappe aktualisieren. Dabei werden alle Queries mit den entsprechenden Daten vom Server aktualisiert, und Ihre Kreuztabelle wird neu angezeigt.

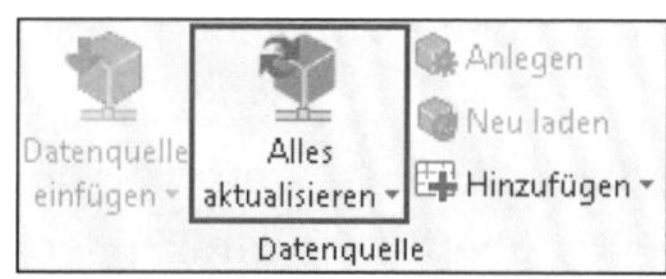

Abbildung 2.1 Alle Datenquellen aktualisieren

Arbeitsmappe beim Öffnen aktualisieren

Durch die Einstellung **Arbeitsmappe beim Öffnen aktualisieren** können Sie sicherstellen, dass die Inhalte Ihrer Arbeitsmappe bei jedem Öffnen automatisch aktualisiert werden. Setzen Sie dazu das Häkchen neben **Arbeitsmappe beim Öffnen aktualisieren**. Sie finden die Einstellung im Designbereich (Menüpfad **Anzeigen • Designbereich anzeigen**) im Bereich **Aktualisierungsverhalten** der Registerkarte **Komponenten**. Nähere Informationen erhalten Sie in Abschnitt 7.4, »Wichtige Einstellungen«.

Einzelne Datenquellen aktualisieren

Statt der gesamten Arbeitsmappe können Sie auch nur ausgewählte Datenquellen aktualisieren. Dies kann aus Performancegründen sinnvoll sein, z. B. wenn eine Arbeitsmappe sehr viele Queries enthält.

Um die Daten in einer Query Ihrer Wahl zu aktualisieren, wählen Sie eine Zelle innerhalb der Kreuztabelle aus. Damit wird die entsprechende Datenquelle ausgewählt. Öffnen Sie anschließend die Liste der Auswahl **Alles aktualisieren** ❶, wie in Abbildung 2.2 dargestellt.

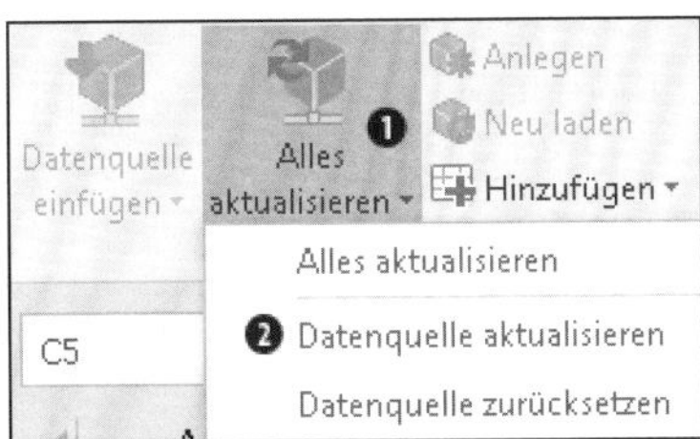

Abbildung 2.2 Datenquelle aktualisieren

Aus der Liste wählen Sie den Eintrag **Datenquelle aktualisieren** ❷ aus. Die ausgewählte Datenquelle wird mit den entsprechenden Daten vom Server aktualisiert, und die Kreuztabelle wird neu angezeigt.

Datenquelle zurücksetzen

Im Alltag ändern sich nicht nur Ihre Daten, sondern auch die Struktur von Queries. Neue Dimensionen werden hinzugefügt oder die Definition der Kennzahlen verändert. Wenn Änderungen an einer Query vorgenommen wurden, werden diese zunächst nicht in SAP Analysis for Microsoft Office reflektiert.

Um die aktuellste Version der Query aufzurufen, können Sie den Eintrag **Datenquelle zurücksetzen** wählen. Diese Funktion kommt vor allem beim Testen von neuen Entwicklungen zum Einsatz.

Um eine Query Ihrer Wahl zu aktualisieren, wählen Sie eine Zelle innerhalb Ihrer Kreuztabelle aus – damit selektieren Sie die jeweilige Datenquelle. Öffnen Sie anschließend die Liste der Auswahl **Alles aktualisieren** ❶, wie es in Abbildung 2.3 gezeigt wird.

Abbildung 2.3 Datenquelle zurücksetzen

Wählen Sie anschließend den Eintrag **Datenquelle zurücksetzen** aus der Liste ❷. Die aktuelle Version der Query wird nun abgerufen und angezeigt. Beachten Sie, dass dabei der Navigationszustand der Query auf den initialen Zustand, der im *Query Designer* definiert wurde, zurückgesetzt wird. Die von Ihnen als Benutzer durchgeführten Navigationsschritte, wie z. B. der definierte Aufriss, gehen dabei verloren.

[+]

Datenquelle beim Öffnen der Arbeitsmappe zurücksetzen

In den Eigenschaften der Datenquelle (Registerkarte **Komponenten** im Designbereich) können Sie in der Auswahl **Verhalten beim Öffnen der Arbeitsmappe** den Eintrag **Zurücksetzen** aus der Dropdown-Liste auswählen (siehe Abbildung 2.4). Dadurch wird der im Query Designer definierte initiale Zustand der Query angezeigt, wenn Sie eine Arbeitsmappe erneut öffnen.

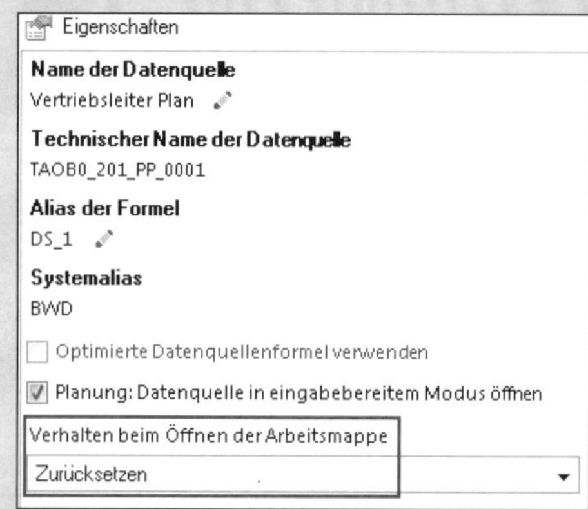

Abbildung 2.4 Datenquelle automatisch zurücksetzen

In der Folge können Sie jedoch einen Navigationszustand nicht mit der Arbeitsmappe speichern, da er jedes Mal durch den initialen Zustand ersetzt wird. Diese Einstellung ist in der anfänglichen Phase eines Projekts sinnvoll, in der häufig Änderungen auftreten und Queries regelmäßig angepasst werden. Weitere Informationen zu Datenquelleneigenschaften finden Sie in Abschnitt 7.4, »Wichtige Einstellungen«.

2.2 Daten analysieren

Nachfolgend möchte ich Ihnen auch einige Tipps zur Navigation in SAP Analysis for Microsoft Office geben und dazu, wie Sie Ihre Daten gezielt analysieren. Zur erweiterten Analyse und um weitere Erkenntnisse aus den Daten zu gewinnen, kann es z. B. hilfreich sein, den Aufriss der Query um zusätzliche Merkmale, wie Buchungskreis oder Kalenderjahr, zu erweitern. Diese Merkmale werden als *freie Merkmale* bezeichnet. Ich zeige Ihnen aber auch, wie Sie Daten wieder aggregieren können, um eine schnelle Übersicht zu erhalten. Da es bei der Analyse von Daten außerdem wichtig ist, bestimmte Daten zu filtern, um sich auf das wirklich Wichtige fokussieren zu können, gehe ich auch hierauf ein. Schließlich gebe ich Ihnen einen Tipp, wie Sie die Datenanalyse möglichst performant gestalten.

2.2.1 Designbereich

Mit dem Designbereich von SAP Analysis for Microsoft Office können Sie neue Ansichten auf Ihre Daten generieren und Informationen zu den verwendeten Datenquellen finden. Für die Datenanalyse sind insbesondere die Registerkarten **Analyse** (siehe Abschnitt 2.2.2, »Registerkarte ›Analyse‹«) und **Informationen** (siehe Abschnitt 2.2.10, »Informationen über eine Datenquelle abrufen«) relevant.

Designbereich anzeigen

Sie können den Designbereich als zusätzliches Element auf der Benutzeroberfläche ein- und ausblenden, indem Sie auf der Registerkarte **Analysis** im Menübandbereich **Designbereich** auf die Auswahl **Anzeigen** klicken (siehe Abbildung 2.5). Alternativ können Sie den Eintrag **Designbereich anzeigen** aus der Liste auswählen, wenn Sie auf den Button ▾ (**Aufklappen**) klicken.

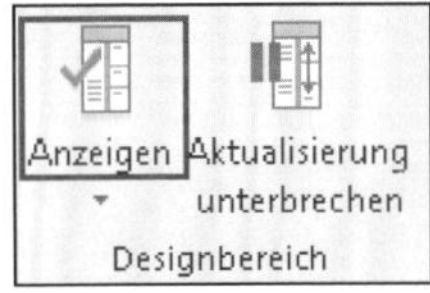

Abbildung 2.5 Designbereich anzeigen

Größe und Position ändern

Es ist möglich, die Größe und die Position des Designbereichs in Microsoft Excel zu ändern. Diese Änderungen im Designbereich bleiben bestehen, auch wenn Sie SAP Analysis for Microsoft Office schließen oder den Designbereich aus- und wieder einblenden.

2.2.2 Registerkarte »Analyse«

Auf der Registerkarte **Analyse** im Designbereich sehen Sie die für eine Datenquelle verfügbaren Felder – diese sind durch die Struktur der Datenquelle bestimmt. Außerdem sehen Sie, welche Felder für die Anzeige der Daten der Datenquelle in den Spalten und Zeilen der Kreuztabelle aktuell verwendet werden. Ein Beispiel ist in Abbildung 2.6 dargestellt.

Datenquelle auswählen

Enthält Ihre Arbeitsmappe mehrere Datenquellen, können Sie über die Liste der Auswahl **View für** ❶ einen Eintrag auswählen, und die angezeigten Informationen passen sich automatisch an. Alternativ können Sie die gewünschte Datenquelle auch einfach über eine beliebige Zelle in der Kreuztabelle auswählen.

Bei größeren Datenquellen, die sehr viele Felder enthalten, ist es hilfreich, die Suchfunktion zu nutzen ❷. Im Eingabefeld **Suchen** können Sie einen numerischen String oder einen Zeichen-String eingeben und die Suche mit der [↵]-Taste oder über den Button (**Suchen**) starten. Anschließend werden die Suchergebnisse hervorgehoben (❸ und ❹). Um die Suchanfrage zu löschen, drücken Sie auf den Button (**Löschen**).

Felder der Datenquelle suchen

Dabei werden in den Bereichen **Spalten**, **Zeilen** und **Hintergrundfilter** die relevanten Knoten automatisch aufgeklappt, sodass Sie die Ergebnisse einsehen können. Die Knoten im Bereich **Datenquelle** werden nicht automatisch aufgeklappt. Dies geschieht aus Performancegründen. Wenn Sie die Knoten jedoch manuell aufklappen, können Sie die (hervorgehobenen) Ergebnisse sehen. Beim manuellen Aufklappen der Knoten werden die Daten geladen – zudem werden die Knoten bei der nächsten Suche automatisch aufgeklappt.

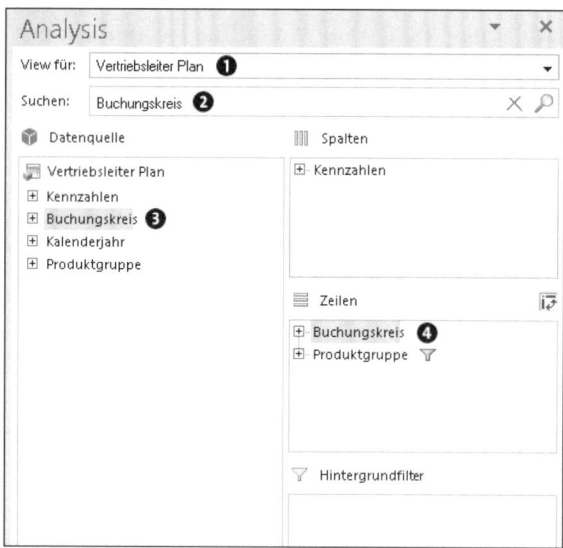

Abbildung 2.6 Aufbau der Analysesicht zu einer Datenquelle

Technische Namen einblenden

Standardmäßig werden auf der Registerkarte **Analyse** nur die Beschreibungen der in der jeweiligen Datenquelle enthaltenen Merkmale, wie z. B. Buchungskreis oder Kalenderjahr, angezeigt. Sie können aber auch technische Namen der Merkmale anzeigen. Klappen Sie dazu die Liste der Auswahl **An-**

zeigen auf (siehe Abbildung 2.7, ❶), indem Sie auf den Button [▾] (**Aufklappen**) im unteren Bereich der Auswahl klicken. Setzen Sie anschließend das Häkchen neben **Technischen Namen einblenden** ❷.

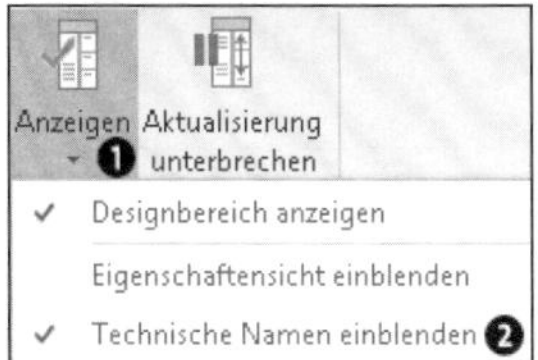

Abbildung 2.7 Technische Namen einblenden

Wie Sie in Abbildung 2.8 sehen können, werden nun die technischen Namen der Merkmale in eckigen Klammern angezeigt. Dies ermöglicht eine klare Differenzierung der Merkmale, wenn Sie mit einer Datenquelle arbeiten, die viele Merkmale mit einer ähnlichen Beschreibung enthält. Um die technischen Namen wieder zu verstecken, entfernen Sie das gesetzte Häkchen.

Abbildung 2.8 Technische Namen der Felder anzeigen

Eigenschaftensicht einblenden

Neben den technischen Namen können Sie auch Eigenschaften auf der Registerkarte **Analyse** einblenden. Klappen Sie dazu die Liste der Auswahl **Anzeigen** auf (siehe Abbildung 2.9), indem Sie wieder auf den Pfeil klicken. Setzen Sie anschließend das Häkchen neben **Eigenschaftensicht einblenden**.

Abbildung 2.9 Eigenschaftensicht einblenden

Es öffnet sich nun neben der Analysesicht ein weiterer Bereich **Eigenschaften** der als Kreuztabelle angezeigten Datenquelle (siehe Abbildung 2.10).

Hier werden zunächst unter **Allgemein** ❶ die Beschreibung und der technische Name der Datenquelle in den Feldern **Beschreibung** und **Technischer Name** angezeigt. Diese Informationen können auch der Registerkarte **Informationen** entnommen werden (siehe Abschnitt 2.2.10, »Informationen über eine Datenquelle abrufen«).

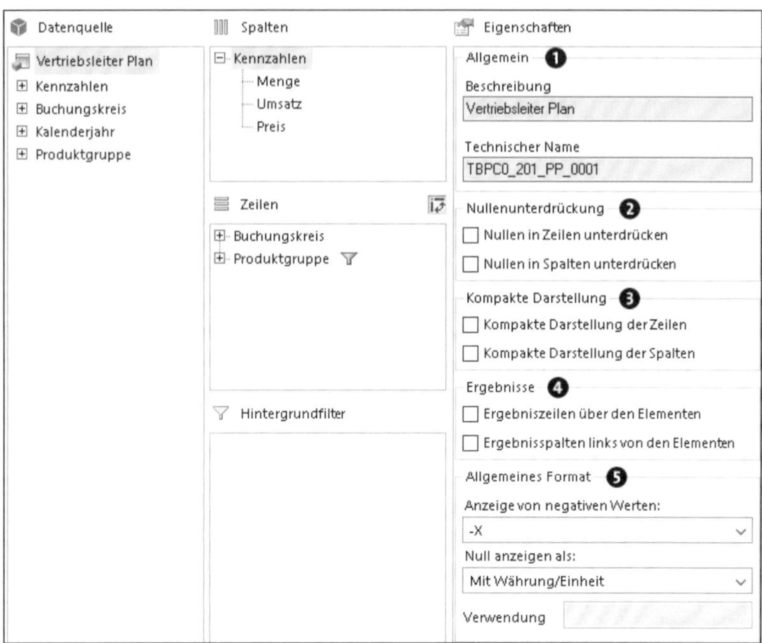

Abbildung 2.10 Anzeige der Eigenschaften der Kreuztabelle

Darüber hinaus können Sie im Bereich **Nullenunterdrückung** ❷ (auch erreichbar über die Auswahl **Filtern** im Bereich **Datenanalyse**, siehe Abschnitt 4.1, »Daten filtern«) und im Bereich **Kompakte Darstellung** ❸ eine solche einstellen (auch erreichbar über die Auswahl **Hierarchie** im Bereich **Datenanalyse**, siehe Abschnitt 4.3, »Hierarchien handhaben«).

Schließlich können Sie unter **Eigenschaften** im Bereich **Ergebnisse** ❹ die Darstellung der Ergebnisse anpassen (auch erreichbar über die Auswahl **Ergebnisse** im Bereich **Anzeigen**, siehe Abschnitt 4.4, »Darstellung von Elementen, Kennzahlen und Ergebnissen anpassen«) sowie die allgemeine Formatierung im Bereich **Allgemeines Format** ❺ einstellen (auch erreichbar über den Eintrag **Allgemeines Format** in der Auswahl **Kennzahlen** im Bereich **Anzeigen**, siehe Abschnitt 4.4, »Darstellung von Elementen, Kennzahlen und Ergebnissen anpassen«).

Wenn Sie in der Eigenschaftensicht eine Kennzahlengruppe auswählen, ändert sich der Bereich **Eigenschaften** (siehe Abbildung 2.11).

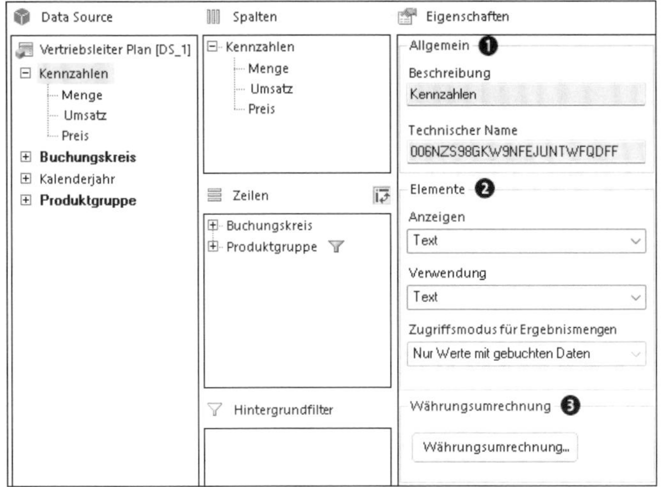

Abbildung 2.11 Eigenschaften der Kennzahlgruppe

Unter **Allgemein** ❶ können Sie die Beschreibung sowie den technischen Namen der Kennzahlgruppe einsehen. Im Bereich **Elemente** ❷ können Sie die Darstellung der Kennzahlen anpassen. So können Sie mithilfe der Eigenschaft **Anzeigen** festlegen, ob die Kennzahlen als Text, Schlüssel, Text und Schlüssel oder Schlüssel und Text dargestellt werden. Falls die Kennzahl als Text angezeigt wird, können Sie unter **Verwendung** auswählen, ob normaler Text oder Langtext für die Darstellung verwendet wird. Die Eigenschaft **Zugriffsmodus für Ergebnismengen** dagegen kann nicht verändert werden. Sie spiegelt die für Dimensionen gesetzte Einstellung wider (siehe auch Abschnitt 4.4, »Darstellung von Elementen, Kennzahlen und Ergebnissen anpassen«). Im Bereich **Währungsumrechnung** ❸ können Sie die Währung für die Kennzahlen des Berichts umrechnen (auch erreichbar über den Eintrag **Währungsumrechnung** in der Auswahl **Kennzahlen** im Bereich **Anzeigen**, siehe Abschnitt 4.4, »Darstellung von Elementen, Kennzahlen und Ergebnissen anpassen«).

Die Kennzahlengruppe besteht in der Regel aus mehreren Kennzahlen. Wenn Sie eine Kennzahl selektieren, können Sie die Eigenschaften dieser Kennzahl festlegen (siehe Abbildung 2.12). Unter dem Abschnitt **Allgemein** ❶ können Sie die Beschreibung und den technischen Namen der Kennzahl einsehen. Bei Bedarf können Sie die Beschreibung der Kennzahl auch ändern. Unter **Skalierungsfaktor** ❷ können Sie die Kennzahl skalieren, was besonders bei großen Werten im Millionenbereich hilfreich ist. Schließlich können Sie über die Eigenschaft **Dezimalstellen** ❸ die Anzahl der angezeigten Dezimalstellen anpassen. Diese Einstellungen sind auch über den Eintrag **Zahlenformat** in der Auswahl **Kennzahlen** im Bereich **Anzeigen** erreichbar (siehe Abschnitt 4.4, »Darstellung von Elementen, Kennzahlen und Ergebnissen anpassen«).

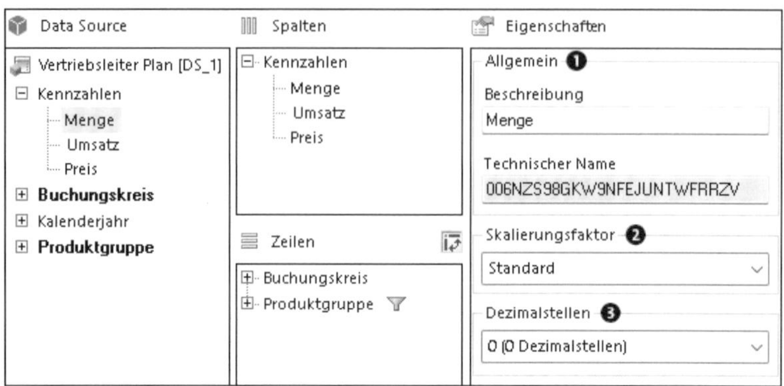

Abbildung 2.12 Eigenschaften einer Kennzahl

Bei der Auswahl einer Dimension werden deren Eigenschaften angezeigt (siehe Abbildung 2.13).

Abbildung 2.13 Eigenschaften einer Dimension

Unter **Allgemein** ❶ sehen Sie die Beschreibung und den technischen Namen der ausgewählten Dimension. Die Beschreibung der Dimension kann nach Wunsch angepasst werden. Im Bereich **Elemente** ❷ können Sie die Darstellung der Dimension konfigurieren. Darüber hinaus können Sie über die Eigenschaft **Verwendung** festlegen, ob Standardtext, Kurztext, mittellanger Text oder Langtext für die Darstellung von Beschreibungen verwendet wird. Beide Einstellungen sind auch über die Auswahl **Elemente** im Bereich **Anzeigen** erreichbar (siehe Abschnitt 4.4, »Darstellung von Elementen, Kennzahlen und Ergebnissen anpassen«).

Ferner können Sie den **Zugriffsmodus für Ergebnismengen** definieren (auch erreichbar über den Eintrag **Zugriffsmodus** in der Auswahl **Elemente** im Bereich **Anzeigen**, siehe Abschnitt 4.4, »Darstellung von Elementen, Kennzahlen und Ergebnissen anpassen«). Darüber können Sie steuern, welche Werte im Bericht angezeigt werden. Falls Sie eine Query als DataSource verwenden, müssen Sie beachten, dass letztendlich die in der darunterliegenden Query festgelegten Filter entscheidend sind. Auch wenn Sie die Option **Werte in Stammdaten** auswählen, können maximal nur die im Filter definierten Werte angezeigt werden. Über die Eigenschaft **Zugriffsmodus filtern** können Sie die Quelle für Filterelemente auswählen. Diese Eigenschaft kann alternativ auch im Filterdialog gesetzt werden (siehe Abschnitt 2.2.6, »Mit Hintergrundfiltern arbeiten«).

[«]

Zugriffsmodus anzeigen

Sie können die den Zugriffsmodus betreffenden Eigenschaften nur dann festlegen, wenn Sie in den erweiterten Optionen die Einstellung **Zugriffsmodus für Elementanzeige anzeigen** aktivieren (siehe Abbildung 2.14). Standardmäßig ist sie deaktiviert.

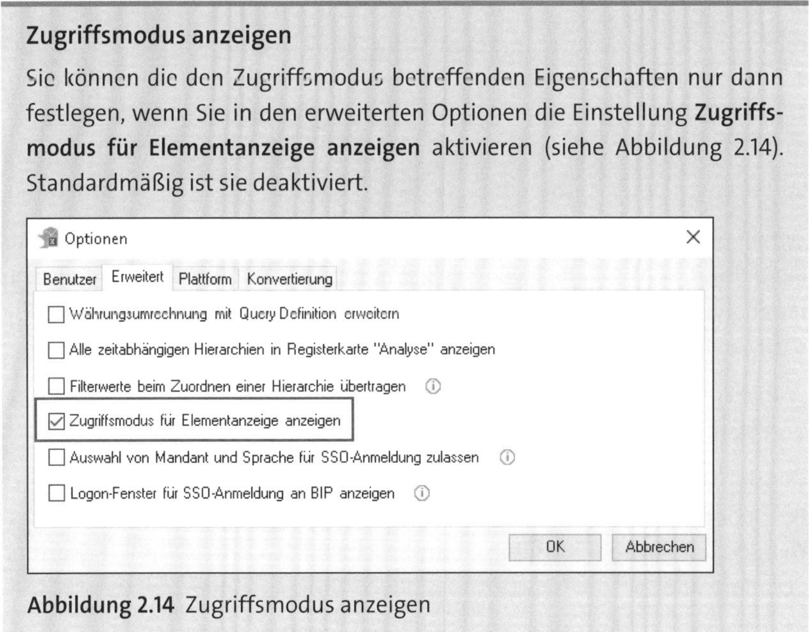

Abbildung 2.14 Zugriffsmodus anzeigen

Alternativ können Sie im Dialog **Technische Konfiguration** das Ankreuzfeld zu `AllowChangingAccessMode` (Änderung des Zugriffsmodus zulassen) auswählen (siehe Abbildung 2.15). Weitere Information finden Sie in Kapitel 12, »SAP Analysis for Microsoft Office konfigurieren«.

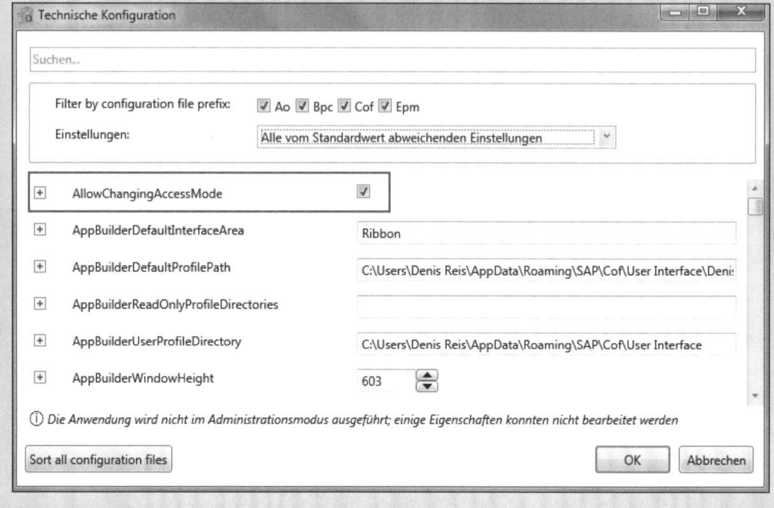

Abbildung 2.15 Zugriffsmodus einschalten

Im Bereich **Ergebnisse** ❸ in Abbildung 2.13 können Sie definieren, ob die Zeilen **Gesamtergebnis** und **Ergebnis** im Bericht angezeigt werden (auch erreichbar über die Auswahl **Ergebnisse** im Bereich **Anzeigen**, siehe Abschnitt 4.4, »Darstellung von Elementen, Kennzahlen und Ergebnissen anpassen«). Schließlich können Sie im Bereich **Sortieren** ❹ in Abbildung 2.13 die Sortierung der Dimensionswerte festlegen (auch erreichbar über die Auswahl **Sortieren** im Bereich **Datenanalyse**, siehe Abschnitt 4.2, »Daten sortieren«).

Der Bereich **Eigenschaften** bietet zwar die wichtigsten Einstellungen auf einen Blick, nimmt dabei jedoch viel Platz ein und erschwert damit die Datenanalyse. Um die Eigenschaftensicht wieder zu verstecken, entfernen Sie das gesetzte Häkchen.

Aufbau der Analysesicht im Detail

Wie in Abbildung 2.16 hervorgehoben, ist die Analysesicht in vier Bereiche unterteilt: **Datenquelle** ❶, **Spalten** ❷, **Zeilen** ❸ und **Hintergrundfilter** ❹.

Der Bereich **Spalten** enthält alle Felder, die aktuell in den Spalten angezeigt werden, der Bereich **Zeilen** die Felder, die in den Zeilen angezeigt werden. Der Bereich **Hintergrundfilter** stellt alle Felder dar, die als Hintergrundfilter definiert sind.

Wie der Name schon sagt, stellt der Bereich **Datenquelle** die ausgewählte Datenquelle dar. Dabei ist der Name der ausgewählten Datenquelle, z. B.

Vertriebsleiter Plan, in der Überschrift für diesen Bereich zu finden. So sehen Sie sofort, ob Sie die gewünschte Datenquelle ausgewählt haben. Im Bereich **Datenquelle** finden Sie zudem alle Felder der Datenquelle: **Kennzahlen, Merkmale, Attribute** und **Hierarchien**.

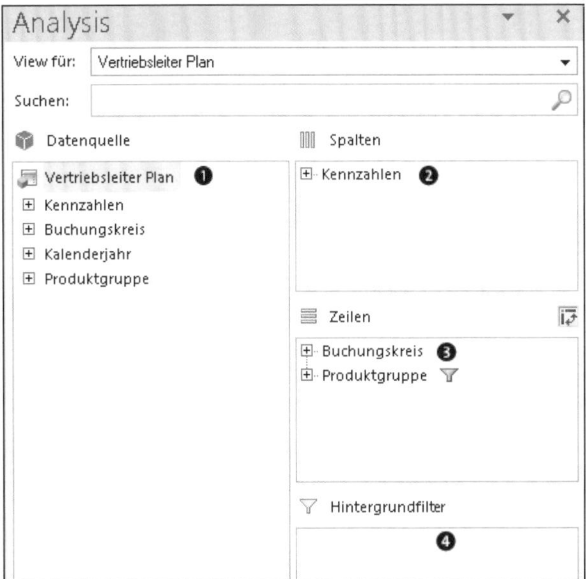

Abbildung 2.16 Bereiche der Registerkarte »Analyse«

Felder der Kreuztabelle hinzufügen

Aus dem Bereich **Datenquelle** können Sie ein Feld per Drag & Drop in einen anderen Bereich, z. B. nach **Spalten, Zeilen** oder **Hintergrundfilter**, verschieben – und es so Ihrer Kreuztabelle hinzufügen. Sie können aber auch das Kontextmenü verwenden, um Felder zu verschieben. In Abbildung 2.17 sehen Sie ein Beispiel. So können Sie z. B. das Merkmal **Buchungskreis** aus dem Bereich **Datenquelle** den Zeilen der Kreuztabelle hinzufügen.

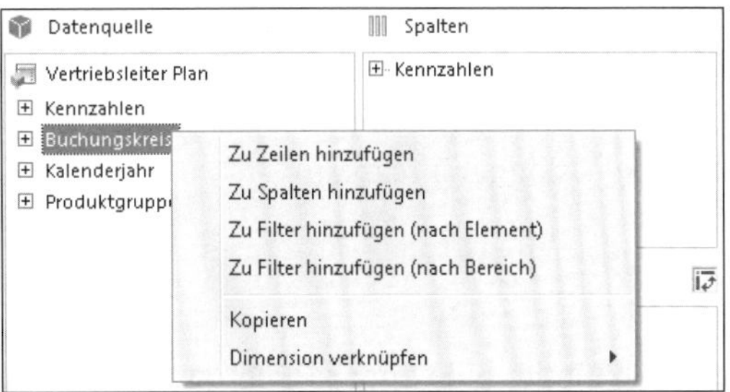

Abbildung 2.17 Navigation über das Kontextmenü

Wenn ein Feld in einen anderen Bereich verschoben wird, wird sein Name in beiden Bereichen angezeigt: im Datenquellenbereich und im jeweiligen

Kreuztabellenbereich, wie z. B. **Zeilen** oder **Spalten**. Dabei werden Attribut- und Hierarchiefelder, die einem Kreuztabellenbereich hinzugefügt wurden, im Datenquellenbereich fett angezeigt (siehe Abbildung 2.18).

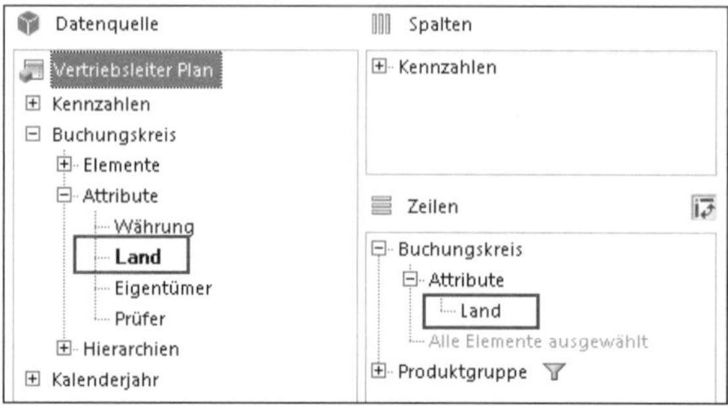

Abbildung 2.18 Hinzugefügte Felder hervorheben

Mit versteckten Merkmalen arbeiten

Im Query Designer können Sie ein Merkmal so definieren, dass dieses nicht angezeigt wird. (Im BEx Query Designer erfolgt dies z. B. über den Pfad **Darstellung • Wertedarstellung • Darstellen als** und in den Eclipse-basierten BW Modeling Tools über den Pfad **Sheet-Definition • Wertausgabeformat • Anzeigen als**.) Diese Dimensionen werden im Bereich **Datenquelle** in grauer Schrift dargestellt (siehe Abbildung 2.19).

Abbildung 2.19 Verstecktes Merkmal

Sie können diese Merkmale der Kreuztabelle zwar als Filter hinzufügen, sie werden jedoch in der Kreuztabelle nicht als Felder angezeigt – sie beeinflussen lediglich die Daten und damit das Ergebnis der Kreuztabelle. Wenn Sie möchten, dass ein verstecktes Merkmal in der Kreuztabelle angezeigt wird, müssen Sie die Definition im Query Designer anpassen.

2.2.3 Datenanalyse erweitern

Um Ihre Datenanalyse zu verfeinern oder eine andere Sicht auf die Daten einzunehmen, können Sie per Drag & Drop weitere Zeilen und Spalten zur Kreuztabelle hinzufügen. Arbeiten Sie z. B. mit einer Query, die die Umsätze auf der Ebene des Buchungskreises anzeigt (siehe Abbildung 2.20), und möchten Sie sehen, welche Produktgruppen den meisten Umsatz generieren, können Sie die Query um dieses Merkmal erweitern. Das in diesem Fall relevante Merkmal **Produktgruppe** ist nicht Bestandteil des initialen Aufrisses, der beim Starten der Query angezeigt wird, aber es ist als sogenanntes *freies Merkmal* verfügbar.

Vertriebsleiter Plan

	Menge	Umsatz	Preis
Buchungskreis	ST	EUR	EUR / ST
Reis Telefone DE	850,000	123.333,33	145,10
Reis Telephones USA	380,000	56.000,00	147,37
Gesamtergebnis	**1.230,000**	**179.333,33**	**145,80**

Abbildung 2.20 Übersicht über Umsätze der Buchungskreise

Freies Merkmal hinzufügen

Um die freien Merkmale zum Aufriss hinzuzufügen, zeigen Sie den Designbereich an ❶, und wechseln auf die Registerkarte **Analyse**. Sie gelangen zum in Abbildung 2.21 gezeigten Bild. Hier können Sie eines der freien Merkmale der Datenquelle ❷ in den Bereich **Zeilen** bzw. **Spalten** ziehen.

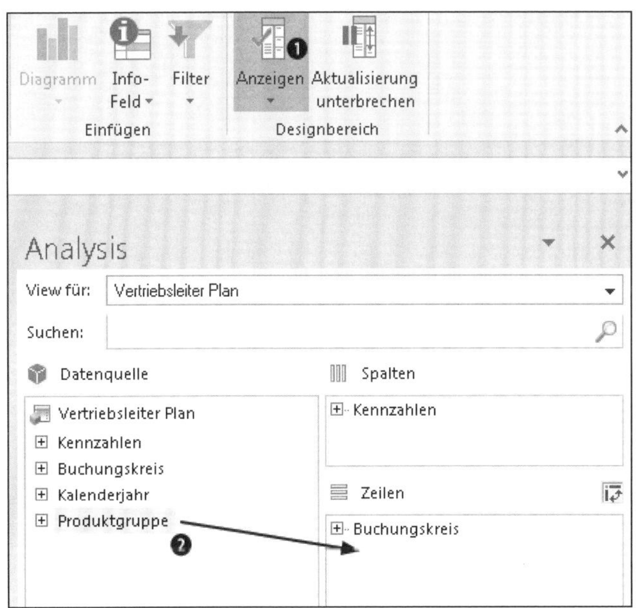

Abbildung 2.21 Freie Merkmale hinzufügen

Alternativ können Sie das Kontextmenü verwenden. Führen Sie einfach einen Rechtsklick auf das gewünschte Merkmal im Bereich **Datenquelle** aus, und wählen Sie eine der gewünschten Aktionen, wie in Abbildung 2.22 dargestellt.

Eine weitere Möglichkeit besteht darin, das betreffende Merkmal einfach an die gewünschte Stelle in der Query selbst zu ziehen. Das Feld wird in diesem

Fall automatisch zum entsprechenden Bereich auf der Registerkarte **Analyse** hinzugefügt.

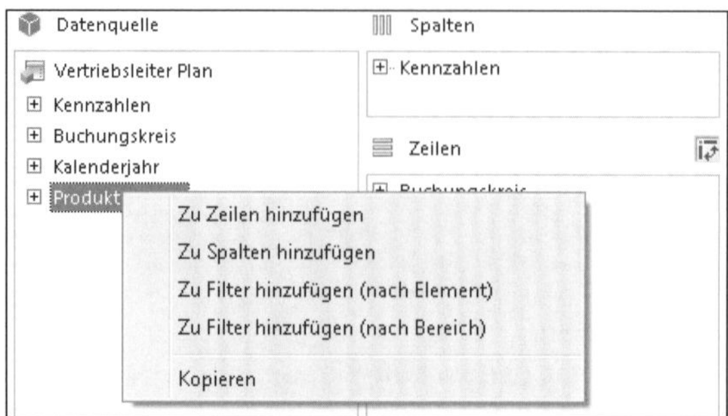

Abbildung 2.22 Kontextmenü zur Navigation

Erweiterte Kreuztabelle

Danach wird die Kreuztabelle aktualisiert und der veränderte Aufriss angezeigt. In Abbildung 2.23 sehen Sie das Ergebnis. Sie können nun die detaillierte Analyse über die Produktgruppen der einzelnen Buchungskreise durchführen.

Vertriebsleiter Plan

		Menge	Umsatz	Preis
Buchungskreis	**Produktgruppe**	ST	EUR	EUR / ST
Reis Telefone DE	Smartphone Mini	200,000	15.000,00	75,00
	Smartphone Plus	100,000	10.000,00	100,00
	Tablet Mini	200,000	40.000,00	200,00
	Tablet Plus	300,000	50.000,00	166,67
	Ergebnis	**800,000**	**115.000,00**	**143,75**
Reis Telephones USA	Smartphone Plus	200,000	20.000,00	100,00
	Tablet Mini	180,000	36.000,00	200,00
	Ergebnis	**380,000**	**56.000,00**	**147,37**
Gesamtergebnis		**1.180,000**	**171.000,00**	**144,92**

Abbildung 2.23 Umsätze pro Produktgruppe

Puffer zwischen Kreuztabellen einplanen

Wenn Sie neue Merkmale zum Aufriss hinzufügen, vergrößert sich der Bereich der Kreuztabelle, da mehr Daten angezeigt werden.

Steht dabei eine andere Kreuztabelle im Weg, wird diese nicht automatisch verschoben, sondern die erweiterte Kreuztabelle wird einfach abgeschnitten. Es erscheint dabei die in Abbildung 2.24 dargestellte Meldung, dass sich die Komponenten überschneiden.

Daher sollten Sie bei der Gestaltung der Arbeitsmappen genügend Abstand zwischen den einzelnen Kreuztabellen lassen. Am einfachsten ist es, wenn Sie mehrere leere Zeilen bzw. Spalten als Puffer nutzen. Anschließend können Sie die Breite der Zeilen bzw. der Spalten auf null setzen.

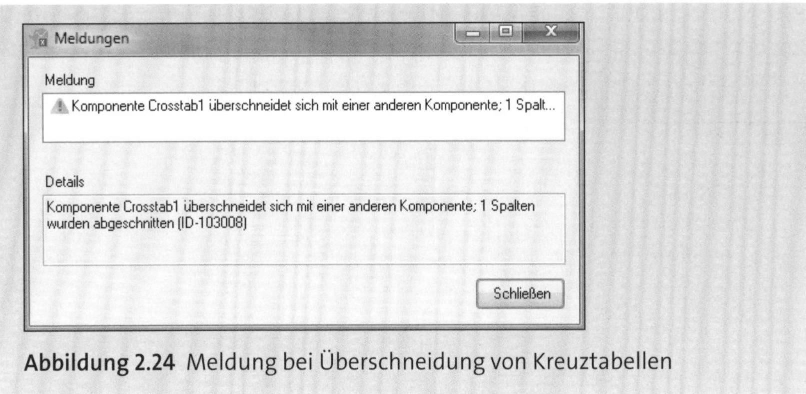

Abbildung 2.24 Meldung bei Überschneidung von Kreuztabellen

2.2.4 Daten bei der Analyse aggregieren

Umgekehrt können Sie auch Merkmale aus der Kreuztabelle entfernen, um einen guten Überblick zu erhalten. Interessiert sich z. B. ein Manager wenig für die einzelnen Produktgruppen (siehe Abbildung 2.23), sondern möchte einen Überblick über die Umsätze der einzelnen Buchungskreise erhalten, kann er nur die für ihn relevanten Felder auswählen.

Merkmal entfernen

Um ein Merkmal aus dem Aufriss zu entfernen, zeigen Sie den Designbereich an und wechseln auf die Registerkarte **Analyse**. Nun gelangen Sie zur Analysesicht, wie sie in Abbildung 2.25 zu sehen ist. Hier können Sie das Merkmal ❶ (z. B. Produktgruppe) per Drag & Drop in den Bereich **Datenquelle** ❷ ziehen.

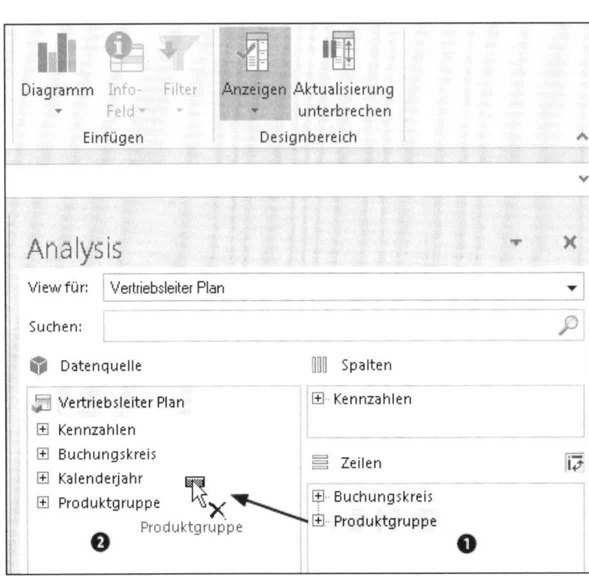

Abbildung 2.25 Merkmal »Produktgruppe« aus dem Aufriss entfernen

Alternativ können Sie das Kontextmenü verwenden. Führen Sie dazu einen Rechtsklick auf das Merkmal aus, und wählen Sie den Eintrag **Entfernen** aus dem Kontextmenü, wie in Abbildung 2.26 dargestellt.

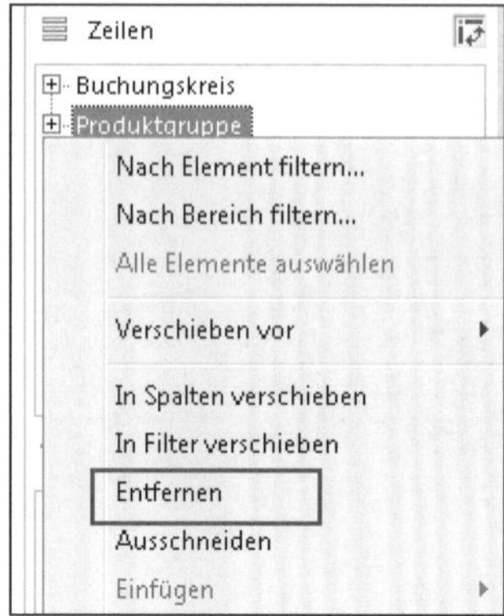

Abbildung 2.26 Merkmale über das Kontextmenü entfernen

Darüber hinaus können Sie ein Merkmal auch per Drag & Drop aus der Kreuztabelle entfernen. Wählen Sie dazu den Rand der Zelle mit der Überschrift des Merkmals aus. Es erscheint das Kreuz-Icon, wie in Abbildung 2.27 gezeigt. Nun können Sie das Merkmal mit der gedrückten Maustaste per Drag & Drop auf die Registerkarte **Analyse** ziehen.

Vertriebsleiter Plan

		Menge	Umsatz	Preis
Buchungskreis	**Produktgruppe**	ST	EUR	EUR / ST
Reis Telefone DE	Smartphone Mini	200,000	15.000,00	75,00
	Smartphone Plus	100,000	10.000,00	100,00
	Tablet Mini	200,000	40.000,00	200,00
	Tablet Plus	300,000	50.000,00	166,67
Gesamtergebnis		800,000	115.000,00	143,75

Abbildung 2.27 Merkmal per Drag & Drop aus der Kreuztabelle entfernen

Auf wesentliche Werte beschränkte Kreuztabelle

Wenn ein Merkmal aus dem Aufriss entfernt wird, werden die Daten automatisch aggregiert. In unserem Fall wird die Summe der einzelnen Produktgruppen angezeigt. In Abbildung 2.28 sehen Sie ein Beispiel.

Vertriebsleiter Plan

	Menge	Umsatz	Preis
Buchungskreis	ST	EUR	EUR / ST
Reis Telefone DE	850,000	123.333,33	145,10
Reis Telephones USA	380,000	56.000,00	147,37
Gesamtergebnis	**1.230,000**	**179.333,33**	**145,80**

Abbildung 2.28 Automatisch aggregierte Werte

2.2.5 Datenanalyse anpassen

Selbstverständlich können Sie verschiedene Perspektiven bei Ihrer Analyse einnehmen. In unserem Beispiel haben wir bis jetzt die Umsätze der Produktgruppen pro Buchungskreis betrachtet (siehe Abbildung 2.29).

Vertriebsleiter Plan

		Menge	Umsatz	Preis
Buchungskreis	**Produktgruppe**	ST	EUR	EUR / ST
Reis Telefone DE	Smartphone Mini	200,000	15.000,00	75,00
	Smartphone Plus	100,000	10.000,00	100,00
	Tablet Mini	200,000	40.000,00	200,00
	Tablet Plus	300,000	50.000,00	166,67
	Ergebnis	**800,000**	**115.000,00**	**143,75**
Reis Telephones USA	Smartphone Plus	200,000	20.000,00	100,00
	Tablet Mini	180,000	36.000,00	200,00
	Ergebnis	**380,000**	**56.000,00**	**147,37**
Gesamtergebnis		**1.180,000**	**171.000,00**	**144,92**

Abbildung 2.29 Umsätze der Produktgruppen pro Buchungskreis

Nun interessiert es uns, wie sich die einzelnen Produktgruppen pro Buchungskreis verkaufen. Dazu vertauschen wir die Reihenfolge der Merkmale **Produktgruppe** und **Buchungskreis** in der Kreuztabelle.

Zum einen können Sie das Merkmal Produktgruppe im Designbereich per Drag & Drop vor das Merkmal Buchungskreis ziehen. Markieren Sie es dazu, und halten Sie die Maustaste gedrückt, während Sie es an die gewünschte Stelle ziehen (siehe Abbildung 2.30).

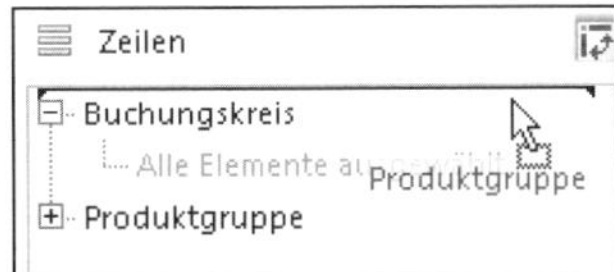

Abbildung 2.30 Reihenfolge im Designbereich vertauschen

Ein anderer Weg führt über das Kontextmenü. Führen Sie einen Rechtsklick auf das Merkmal Produktgruppe aus ❶, wie in Abbildung 2.31 dargestellt. Wählen Sie anschließend nacheinander die Einträge **Verschieben vor** und **Buchungskreis** ❷ aus dem Kontextmenü.

Sie können die Reihenfolge der Merkmale auch direkt innerhalb der Kreuztabelle ändern. Wählen Sie dazu den Rand der Zelle mit der Überschrift des Merkmals aus. Es erscheint ein Kreuz-Icon. Nun können Sie das Merkmal mit der gedrückten Maustaste per Drag & Drop an die gewünschte Stelle in der Kreuztabelle ziehen (siehe Abbildung 2.32).

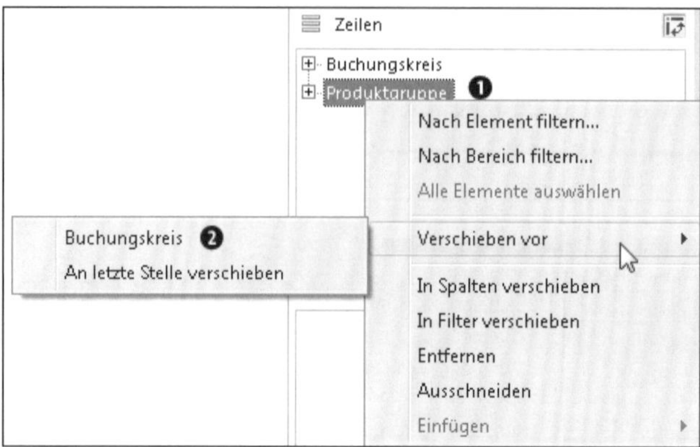

Abbildung 2.31 Verschieben über das Kontextmenü

Vertriebsleiter Plan

		Menge	Umsatz	Preis
Buchungskreis	**Produktgruppe**	ST	EUR	EUR / ST
Reis Telefone DE	Smartphone Mini	200,000	15.000,00	75,00
	Smartphone Plus	100,000	10.000,00	100,00
	Tablet Mini	200,000	40.000,00	200,00
	Tablet Plus	300,000	50.000,00	166,67
Reis Telephones USA	Smartphone Plus	200,000	20.000,00	100,00
	Tablet Mini	180,000	36.000,00	200,00
Gesamtergebnis		1.180,000	171.000,00	144,92

Abbildung 2.32 Reihenfolge in der Kreuztabelle vertauschen

[+]

Reihenfolge von einzelnen Werten per Drag & Drop vertauschen

Dasselbe Prinzip, wie soeben beschrieben, können Sie nutzen, um die Reihenfolge einzelner Werte innerhalb eines Merkmals zu ändern. So können Sie z. B. den Wert Tablet Mini unter Smartphone Mini ziehen, um die Auswertung anzupassen.

Spalten verschieben

Sie können die Reihenfolge der Merkmale nicht nur innerhalb einer Zeile vertauschen, sondern auch Spalten verschieben. Insbesondere bei Zeitangaben wie Jahr oder Monat ergeben sich dadurch hilfreiche Visualisierungsvarianten.

So können Sie z. B., wie in Abbildung 2.33 dargestellt, das Merkmal Buchungskreis in die Spalte über die Kennzahlen ziehen. Dadurch werden die verkauften Mengen und die entsprechenden Umsätze pro Buchungskreis in separaten Spalten dargestellt.

Vertriebsleiter Plan

		Menge	Umsatz	Preis
Buchungskreis	**Produktgruppe**	ST	EUR	EUR / ST
Reis Telefone DE	Smartphone Mini	200,000	15.000,00	75,00
	Smartphone Plus	100,000	10.000,00	100,00
	Tablet Mini	200,000	40.000,00	200,00
	Tablet Plus	300,000	50.000,00	166,67
	Ergebnis	800,000	115.000,00	143,75
Reis Telephones USA	Smartphone Plus	200,000	20.000,00	100,00
	Tablet Mini	180,000	36.000,00	200,00
	Ergebnis	380,000	56.000,00	147,37
Gesamtergebnis		1.180,000	171.000,00	144,92

Abbildung 2.33 Merkmal zu Spalte hinzufügen

Sie können in diesem Beispiel das Merkmal unter die Überschriften der Kennzahlen ziehen. Dadurch werden die Mengen pro Buchungskreis angezeigt, dann die Umsätze pro Buchungskreis usw. (siehe Abbildung 2.34).

Vertriebsleiter Plan

	Menge		
Buchungskreis	Reis Telefone DE	Reis Telephones USA	**Gesamtergebnis**
Produktgruppe	ST	ST	**ST**
Smartphone Mini	200,000		200,000
Smartphone Plus	100,000	200,000	300,000
Tablet Mini	200,000	180,000	380,000
Tablet Plus	300,000		300,000
Gesamtergebnis	800,000	380,000	1.180,000

Abbildung 2.34 Daten eines Merkmals nebeneinander anzeigen

Achsen vertauschen

Sie können aber auch für Ihre Auswertung die Zeilen und Spalten komplett vertauschen. Nutzen Sie dazu den Button (**Achsen vertauschen**) neben dem Bereich **Zeilen** (siehe Abbildung 2.35).

Abbildung 2.35 Achsen vertauschen

2.2.6 Mit Hintergrundfiltern arbeiten

Auf der Registerkarte **Analyse** können Sie auch Filter anlegen oder ändern. Ein Filter schränkt die angezeigten Daten auf eine Teilmenge ein. Mithilfe eines Filters können Sie individuelle Sichten auf Ihre Daten anlegen. Dabei funktionieren die Filter additiv, sodass jeder zusätzliche auf bereits vorhandenen Filtern aufsetzt und die Teilmenge von Daten weiter reduziert.

Filterarten

Grundsätzlich können Sie zwischen zwei Arten von Filtern unterscheiden. So können Sie die zur Anzeige in der Kreuztabelle ausgewählten Dimensionen auf die Daten einschränken, die Sie benötigen (diese Art von Filter wird in Abschnitt 4.1, »Daten filtern«, behandelt). Sie können aber auch Elemente zum Filtern auswählen, die nicht in der Kreuztabelle angezeigt werden sollen. Diese in der Kreuztabelle nicht sichtbaren Filter werden *Hintergrundfilter* genannt. In unserem Beispiel mit den Merkmalen Buchungskreis und Produktgruppe enthält die Datenquelle z. B. die Umsätze der Jahre 2018, 2019 und 2020. Wenn wir nur an den Umsätzen des Jahres 2019 interessiert sind, können wir die Dimension Jahr als Hintergrundfilter hinzufügen, um nach dem Jahr 2019 zu filtern. So zeigt die Analyse die Daten für das Jahr 2019 an, aber die Dimension Jahr selbst ist in der Kreuztabelle nicht sichtbar.

Nach Elementen filtern

Sie haben die Möglichkeit, nach einzelnen *Elementen* (Merkmalswerten) oder anhand eines *Bereichs* (Intervall von Merkmalswerten) zu filtern. Um die Anzeige auf bestimmte Merkmalswerte einzuschränken, können Sie den Filter verwenden. Führen Sie im Designbereich einen Rechtsklick auf das jeweilige Merkmal aus, und wählen Sie **Zu Filter hinzufügen (nach Element)** aus dem Kontextmenü aus (siehe Abbildung 2.36).

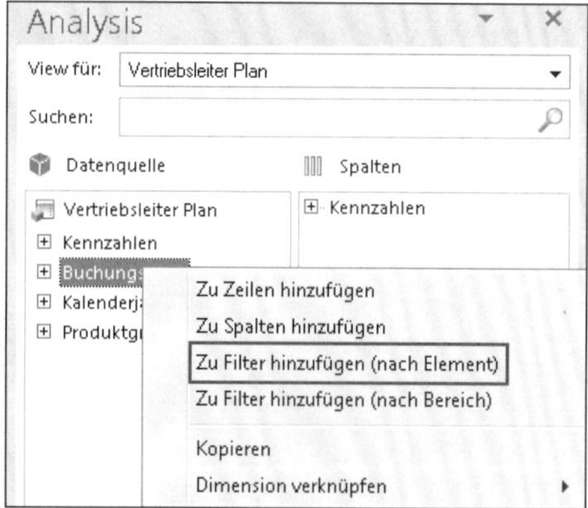

Abbildung 2.36 Filter nach Element definieren

Filterelemente auswählen

Es erscheint ein Pop-up-Fenster, in dem Sie die Werte selektieren können, auf die Sie einschränken wollen (siehe Abbildung 2.37). Standardmäßig sind alle Elemente ausgewählt. Um die Auswahl für ein bestimmtes Element aufzuheben, entfernen Sie das entsprechende Häkchen. Um die Auswahl für alle Elemente aufzuheben, entfernen Sie das Häkchen neben **Alle auswählen** ❶. Wenn Sie z. B. nur den Buchungskreis Reis Telefone DE (1000) anzeigen wollen, selektieren Sie anschließend diesen Wert. Dabei können Sie entweder auf das Kontrollkästchen neben dem Wert oder auf den Wert selbst klicken.

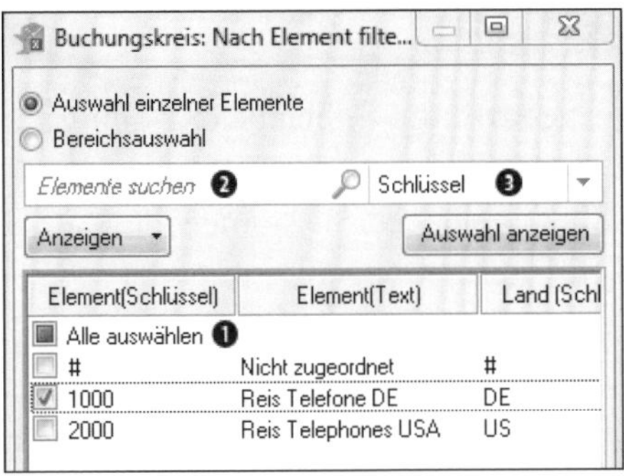

Abbildung 2.37 Ausgewählte Elemente anzeigen

Nach Filterelementen suchen

Wenn Sie nach einem bestimmten Element suchen möchten, geben Sie im Feld **Elemente suchen** ❷ einen Suchbegriff ein. Über die Auswahlliste daneben können Sie wählen, ob anhand eines Schlüssels oder eines Textes gesucht werden soll ❸. Die dem Suchbegriff entsprechenden Elemente werden in der Liste angezeigt und können ausgewählt werden.

Über die Auswahl **Anzeigen** (siehe Abbildung 2.38) können Sie bestimmen, wie die Elemente in der Liste angezeigt werden sollen. Sie können zwischen der Darstellung als **Schlüssel**, **Text**, **Text und Schlüssel** sowie **Schlüssel und Text** wählen.

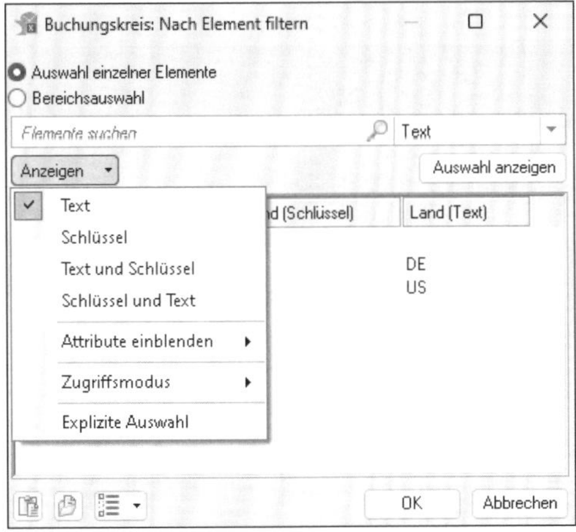

Abbildung 2.38 Anzeige der Elemente anpassen

Kein definierter Text

Wenn für eine Merkmalsausprägung kein Text definiert wurde, wird der Schlüssel als Text angezeigt. Diese Einträge werden im Filterdialog als Erstes angezeigt. Obwohl der Schlüssel als Text dargestellt wird, ist die Textsuche nicht möglich, wenn kein Text definiert wurde – die Ergebnisliste ist leer.

Außerdem können Sie über den Eintrag **Attribute einblenden** Attribute anzeigen, die für dieses Element zur Verfügung stehen. Ein Buchungskreis könnte z. B. Land und Währung als Attribute haben. Sie können diese Attribute auswählen, um sie in der Elementliste anzuzeigen.

Nach Attributwerten filtern

Um die Anzeige anhand von bestimmten *Attributwerten* einzuschränken, können Sie folgenden Trick nutzen: Wählen Sie das gewünschte Attribut aus der Dropdown-Liste neben dem Suchfeld aus ❶, wie in Abbildung 2.39 dargestellt. Geben Sie anschließend den Attributwert in das Suchfeld ein ❷. Wenn Sie z. B. alle Buchungskreise auswählen möchten, die zum Land Deutschland gehören, geben Sie DE in das Suchfeld ein. In den Ergebnissen erscheinen nur die Elemente, die diesem Attributwert entsprechen.

Sie können diese auswählen, indem Sie das Häkchen neben **Suchergebnisse auswählen** setzen ❸.

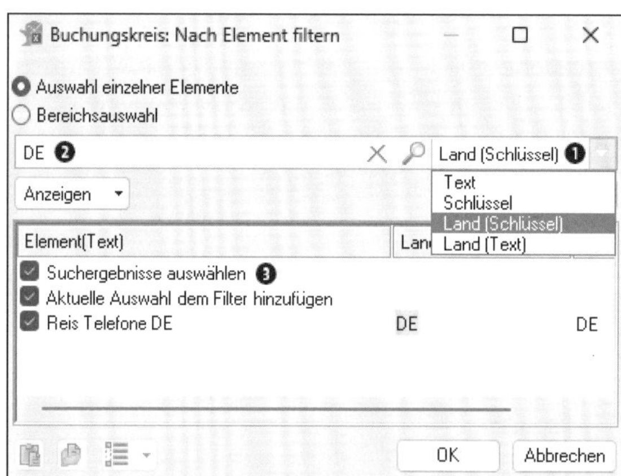

Abbildung 2.39 Anzeige auf bestimmte Attribute einschränken

Quelle für Filterelemente auswählen

In der Liste der Auswahl **Anzeigen** können Sie auch den Eintrag **Zugriffsmodus** auswählen (siehe Abbildung 2.40). Hierüber legen Sie fest, welche Elemente zur Auswahl stehen sollen. Die für den Zugriffsmodus verfügbaren Einträge unterscheiden sich nach ihrer Datenquelle: SAP Business Warehouse (SAP BW), SAP-HANA-Analysesichten oder SAP-HANA-Berechnungssichten.

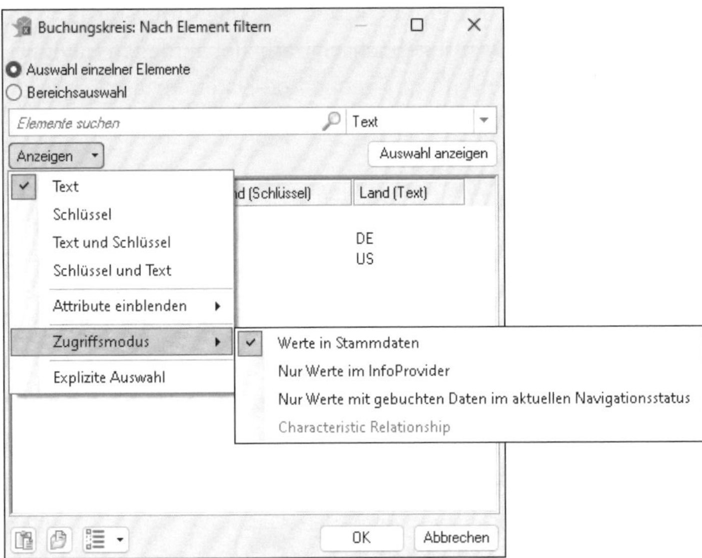

Abbildung 2.40 Zugriffsmodus definieren

Nach Elementen aus SAP-BW-Datenquellen filtern

Bei den SAP-BW-Datenquellen stehen Ihnen folgende Einträge zur Auswahl: **Werte in Stammdaten**, **Nur Werte im InfoProvider**, **Nur Werte mit gebuchten Daten im aktuellen Navigationsstatus** und **Characteristic Relationship** (Merkmalsbeziehungen).

- **Werte in Stammdaten**
  Wenn Sie diesen Eintrag wählen, können Sie aus allen Elementen des Merkmals wählen, unabhängig davon, ob für diese Daten gebucht wurden. Sie können also auch Werte auswählen, für die keine Daten existieren. Zunächst mag dieser Eintrag unsinnig erscheinen. Bedenken Sie aber, dass Sie den Filter mit der Arbeitsmappe speichern und so nach Daten filtern können, die in der Zukunft hinzukommen.
- **Nur Werte im InfoProvider**
  Falls Sie dagegen den Eintrag **Nur Werte im InfoProvider** auswählen, sehen Sie nur Elemente mit tatsächlich gebuchten Daten. Andere, theoretisch verfügbare Elemente werden ausgeblendet.
- **Characteristic Relationship**
  Wenn dieser Eintrag aktiv ist, sind nur die gemäß der aktiven Merkmalsbeziehungen gültigen Werte auswählbar. Mithilfe von Merkmalsbeziehungen können Sie Regeln definieren, um zulässige Kombinationen von Merkmalswerten zu überprüfen. Weiterführende Informationen zur

Funktionsweise von Merkmalsbeziehungen finden Sie in meinem Buch »Unternehmensplanung mit SAP BPC« (SAP PRESS 2018).

- **Nur Werte mit gebuchten Daten im aktuellen Navigationsstatus**
  Über den Eintrag **Nur Werte mit gebuchten Daten im aktuellen Navigationsstatus** können Sie Elemente mit gebuchten Daten anzeigen, die im aktuellen Navigationsstatus verfügbar sind. Diese Einstellung erkläre ich im Folgenden anhand eines Beispiels.

Beispiel

Betrachten Sie die Query in Abbildung 2.41. Diese zeigt die Umsätze pro Produktgruppe in verschiedenen Buchungskreisen an. Während der Buchungskreis Reis Telefone DE vier verschiedene Produktgruppen vertreibt, konzentriert sich der Buchungskreis Reis Telephones USA auf zwei Produktgruppen.

Vertriebsleiter Plan

		Menge	Umsatz	Preis
Buchungskreis	**Produktgruppe**	ST	EUR	EUR / ST
Reis Telefone DE	Smartphone Mini	200,000	15.000,00	75,00
	Smartphone Plus	100,000	10.000,00	100,00
	Tablet Mini	200,000	40.000,00	200,00
	Tablet Plus	300,000	50.000,00	166,67
	Ergebnis	800,000	115.000,00	143,75
Reis Telephones USA	Smartphone Plus	200,000	20.000,00	100,00
	Tablet Mini	180,000	36.000,00	200,00
	Ergebnis	380,000	56.000,00	147,37
Gesamtergebnis		1.180,000	171.000,00	144,92

Abbildung 2.41 Ausgangs-Query mit zwei Buchungskreisen

Wenn wir nun einen Filter für die Dimension Produktgruppe anlegen wollen, stehen mit dem Eintrag **Nur Werte mit gebuchten Daten im aktuellen Navigationsstatus** zunächst alle Produktgruppen zur Auswahl (siehe Abbildung 2.42).

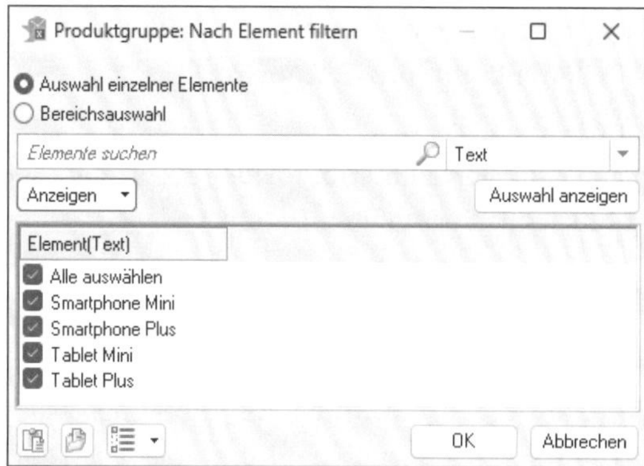

Abbildung 2.42 Alle Produktgruppen stehen zur Auswahl.

Als Nächstes schränken wir den Bericht auf den Buchungskreis Reis Telephones USA ein. Wie Sie in Abbildung 2.43 sehen können, vertreibt dieser Buchungskreis nur die Produktgruppen Smartphone Plus und Tablet Mini.

Vertriebsleiter Plan

		Menge	Umsatz	Preis
Buchungskreis	**Produktgruppe**	ST	EUR	EUR / ST
Reis Telephones USA	Smartphone Plus	200,000	20.000,00	100,00
	Tablet Mini	180,000	36.000,00	200,00
	Ergebnis	380,000	56.000,00	147,37
Gesamtergebnis		380,000	56.000,00	147,37

Abbildung 2.43 Nach dem Buchungskreis USA gefilterter Bericht

Wenn Sie nun einen Filter für die Dimension Produktgruppen anlegen wollen, stehen nur diese zwei Produktgruppen zur Auswahl. Die Produktgruppen Smartphone Mini und Tablet Plus fehlen, denn diese existieren im Zusammenhang mit dem Buchungskreis USA nicht (siehe Abbildung 2.44). Die Auswahl passt sich also dem aktuellen Navigationszustand an.

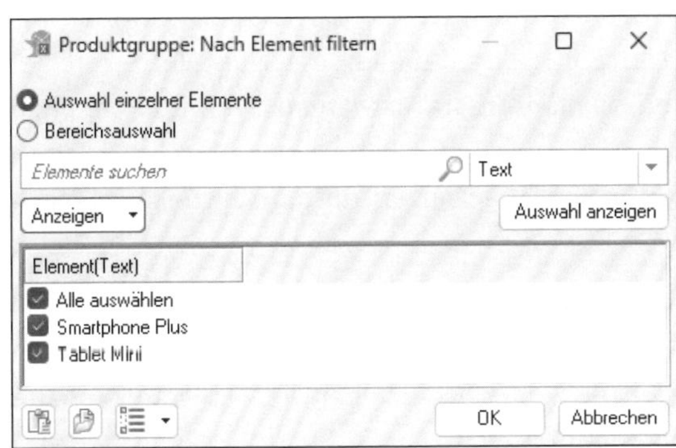

Abbildung 2.44 Anzeige von nur zwei Produktgruppen

[«]

Zugriffsmodus einblenden

Die Auswahl **Zugriffsmodus** ist nur verfügbar, wenn Sie in den erweiterten Optionen die Einstellung **Zugriffsmodus für Elementanzeige anzeigen** aktivieren. Standardmäßig ist sie deaktiviert.

Wie Sie mit dem Zugriffsmodus umgehen, können Sie in Abschnitt 2.2.2, »Registerkarte ›Analyse‹«, nachlesen (siehe Abbildung 2.14).

Nach Elementen aus der SAP-HANA-Analysesicht filtern

Wenn Sie eine SAP-HANA-Analysesicht als Datenquelle nutzen, stehen Ihnen in der Auswahl **Zugriffsmodus** die folgenden Einträge zur Verfügung: **Werte in Stammdaten**, **Werte in Faktentabelle**, **Nur Werte mit gebuchten**

Daten im aktuellen Navigationsstatus und **Nur Werte für vorhandene Attributkombinationen in Stammdaten**.

- **Werte in Stammdaten**
  Wählen Sie diesen Eintrag, um alle Elemente einer Dimension anzuzeigen, unabhängig davon, ob gebuchte Daten existieren oder nicht.
- **Werte in Faktentabelle**
  Der Eintrag **Werte in Faktentabelle** funktioniert analog zum Eintrag **Nur Werte im InfoProvider** bei einer SAP-BW-Datenquelle. Es werden nur Elemente mit tatsächlich gebuchten Daten angezeigt.
- **Nur Werte mit gebuchten Daten im aktuellen Navigationsstatus**
  Es werden nur Elemente mit gebuchten Daten angezeigt, die dem aktuellen Navigationsstatus entsprechen.
- **Nur Werte für vorhandene Attributkombinationen in Stammdaten**
  Wählen Sie diesen Eintrag, um alle Elemente für vorhandene Attributkombinationen anzuzeigen.

Nach Elementen aus SAP-HANA-Berechnungssicht filtern

Im Falle einer SAP-HANA-Berechnungssicht als Datenquelle können Sie zwischen den Einträgen **Werte in Faktentabelle** oder **Nur Werte mit gebuchten Daten im aktuellen Navigationsstatus** wählen. Während der erste Eintrag alle Elemente mit gebuchten Daten anzeigt, können Sie im zweiten Fall die Elemente mit gebuchten Daten anzeigen, die dem aktuellen Navigationsstatus entsprechen.

Mit der Option »Explizite Auswahl« arbeiten

Schließlich können Sie über die Auswahl **Anzeigen** den Eintrag **Explizite Auswahl** aktivieren (siehe Abbildung 2.45).

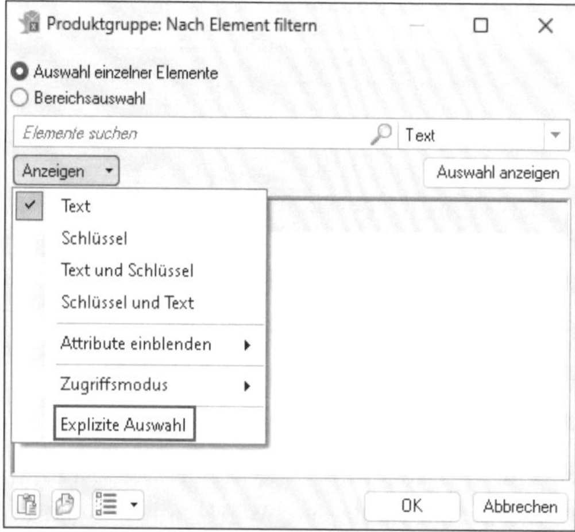

Abbildung 2.45 Explizite Auswahl aktivieren

Explizite Auswahl – standardmäßig deaktiviert

Diese Einstellung ist bei berechtigungsrelevanten Merkmalen nützlich. Angenommen ein Benutzer ist nur für die Buchungskreise Reis Telefone Deutschland und Reis Telephones USA berechtigt. Wählt er nun das Ankreuzfeld **Alle auswählen** und ist die Einstellung **Explizite Auswahl** deaktiviert, wird kein Filter angewendet und entsprechend bei der Abfrage der Daten nichts ausgeschlossen (siehe Abbildung 2.46).

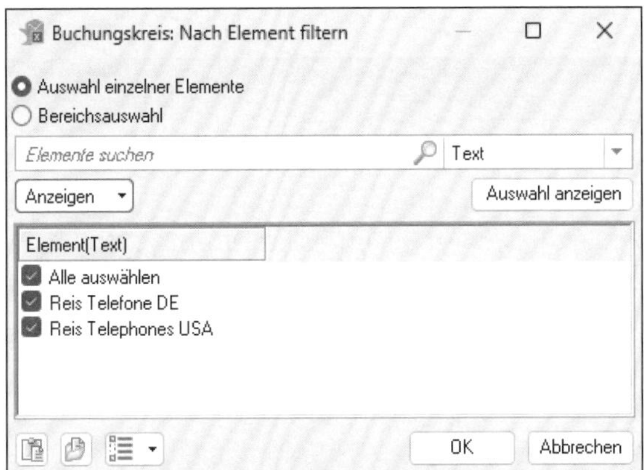

Abbildung 2.46 Alle Elemente auswählen

Die anschließende Berechtigungsprüfung schlägt nun jedoch fehl (siehe Abbildung 2.47), was für den Benutzer irritierend sein kann. Grund für die Fehlermeldung ist, dass das System versucht, alles (technisch: über den Asterisk *) zu selektieren, da kein Filter eingestellt ist. Der Benutzer ist jedoch nur für eine Teilmenge berechtigt, nämlich die zwei Buchungskreise. Nach der Regel »All or Nothing« werden in diesem Fall überhaupt keine Daten angezeigt. Die Funktionsweise von Berechtigungen ist in meinem Buch »SAP BI Berechtigungen sind einfach – das Wesentliche auf den Punkt gebracht« (CreateSpace Independent Publishing Platform 2018) im Detail erklärt.

CFO Plan

Benutzer hat keine Berechtigung

Abbildung 2.47 Berechtigungsprüfung schlägt fehl

Explizite Auswahl – aktiviert

Wenn die explizite Auswahl aktiv ist, wird der Bericht gemäß den einzelnen Elementen gefiltert. Wenn Sie in diesem Fall **Alle auswählen** anklicken, werden die zwei einzelnen Buchungskreise ausgewählt und als Filter verwendet. Im Filterdialog können Sie anhand eines Informations-Icons erkennen, dass die explizite Auswahl aktiv ist (siehe Abbildung 2.48).

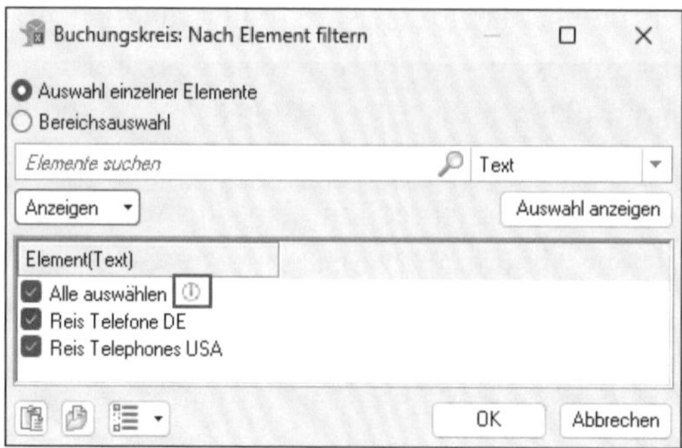

Abbildung 2.48 Filterdialog mit expliziter Auswahl

In diesem Fall werden explizit diese zwei Buchungskreise vom System angefordert. Da der Benutzer auch für diese beiden Buchungskreise berechtigt ist, verläuft die Berechtigungsprüfung erfolgreich. Wie Sie in Abbildung 2.49 sehen können, wird der Bericht angezeigt.

CFO Plan

	Menge	Umsatz	Preis
Buchungskreis	ST	EUR	EUR / ST
Reis Telefone DE	800,000	115.000,00	143,75
Reis Telephones USA	380,000	56.000,00	147,37
Gesamtergebnis	**1.180,000**	**171.000,00**	**144,92**

Abbildung 2.49 Bericht anzeigen

Auswahl anpassen

Sie können die Einstellung **Explizite Auswahl** mit der Arbeitsmappe speichern. Beachten Sie aber, dass Sie die Auswahl manuell anpassen müssen, wenn sich Ihre Berechtigungen ändern. Wenn Sie für zusätzliche Ausprägungen, in unserem Fall für zusätzliche Buchungskreise, berechtigt werden, werden diese nicht automatisch ausgewählt.

Über den Button **Auswahl anzeigen** können Sie die Anzeige auf die aktuell ausgewählten Elemente einschränken (siehe Abbildung 2.50).

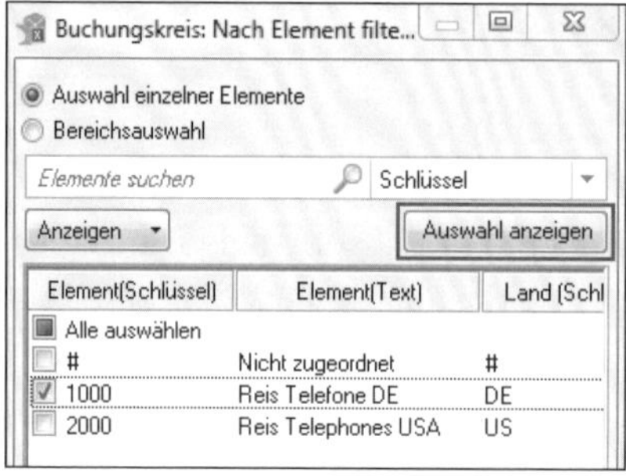

Abbildung 2.50 Darstellung auf ausgewählte Elemente einschränken

Dabei verändert sich die Beschreibung des Buttons zu **Alle anzeigen**. Drücken Sie erneut auf den Button, um wieder alle Elemente anzuzeigen.

Filterwerte über Zwischenablage einfügen

Zusätzliche Elemente, die Sie zum Filtern verwenden möchten, können Sie über die Zwischenablage einfügen. Nutzen Sie dazu den Button **Aus Zwischenablage kopieren** unten links im Filterdialog. Wenn die kopierten Elemente aus der Zwischenablage eingefügt wurden, werden sie automatisch in der Elementliste ausgewählt. Die Kopie aus einer Datei heraus funktioniert analog. Nutzen Sie dazu den Button **Aus Datei einfügen**. Bestätigen Sie Ihre Auswahl mit dem Button **OK**. Danach wird das Merkmal in den Bereich **Hintergrundfilter** verschoben, und es werden nur die entsprechenden Werte in der Query angezeigt.

[«]

Filterelemente aus Zwischenablage kopieren

Elemente, die Sie kopieren möchten, können entweder als Text oder als Schlüssel angezeigt werden. Wenn Sie eine Liste mit Elementen kopieren, können Sie folgende Trennzeichen verwenden:

- : (Doppelpunkt)
- ; (Semikolon)
- | (Verkettungszeichen)
- `\t` (Tabulator)
- `\r\n` (neue Zeile)

Filterwerte anzeigen

Wenn Sie Merkmale in Ihrer Query über einen Plus-Button aufklappen, können Sie die als Filter definierten Werte einsehen.

Nach Bereich filtern

Über den Eintrag **Zu Filter hinzufügen (nach Bereich)** können Sie statt einzelner Werte auch ein Intervall für den Hintergrundfilter definieren (siehe Abbildung 2.51).

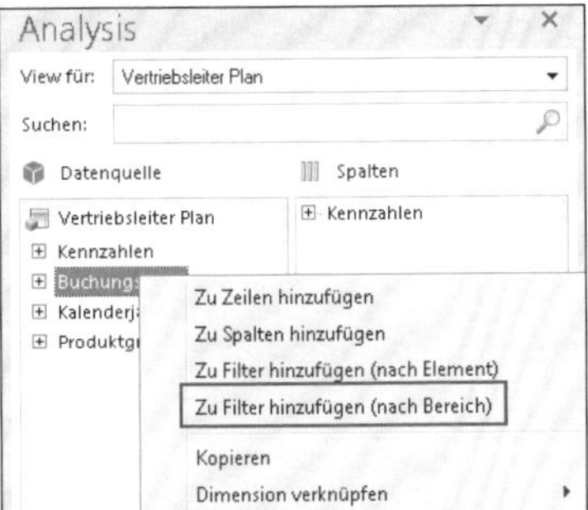

Abbildung 2.51 Filter nach Bereich definieren

Operator definieren

Es öffnet sich der in Abbildung 2.52 dargestellte Eingabedialog. Hier steht Ihnen eine Reihe Kriterien zur Verfügung. Als Erstes können Sie den *Operator* ❶ für Ihren Filter definieren. Dabei stehen Ihnen folgende Operatoren zur Verfügung:

- = (gleich)
- != (ungleich)
- >= (größer als oder gleich)
- > (größer als)
- < (kleiner als)
- <= (kleiner als oder gleich)
- [ ] (zwischen)
- ![ ] (nicht zwischen)

Intervall festlegen

Anschließend können Sie die Grenzbereiche für das Intervall festsetzen ❷. Diese können Sie entweder direkt in die Eingabeleiste eintippen oder über den Button (**Eingabehilfe**) auswählen. Klicken Sie anschließend auf den Button **Hinzufügen** ❸, um die Eingaben zu übernehmen.

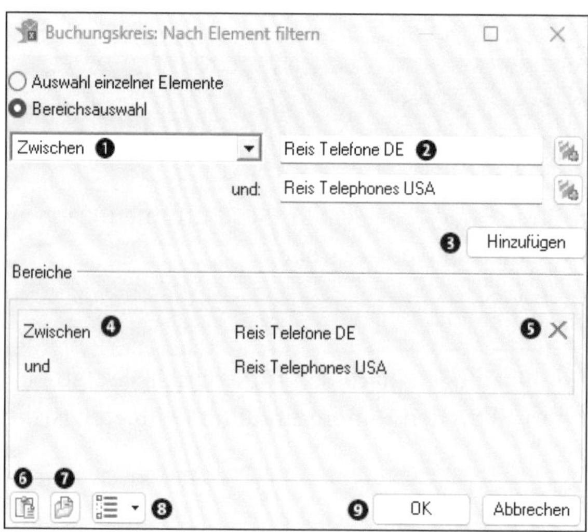

Abbildung 2.52 Bereichsauswahl für den Filter definieren

Die definierte Auswahl erscheint nun im unteren Bereich des Dialogs ❹. Hier sehen Sie alle definierten Filterwerte. Es ist möglich, mehrere Filterwerte zu definieren. Um einen definierten Bereich wieder zu löschen, klicken Sie auf den Button (**Löschen**) ❺.

Um Filterwerte zu definieren, können Sie diese auch aus der Zwischenablage einfügen. Klicken Sie dazu auf den Button (**Aus Zwischenablage**

kopieren) ❻. Alternativ können Sie auch Filterwerte über den Button [icon] (**Aus Datei einfügen**) ❼ aus einer Datei einlesen.

Tastenkürzel zum Filtern von Daten

Beim Filtern von Daten können Sie auch folgende Tastenkombinationen zur Navigation im Filterdialog verwenden:

Tastenkombination	Funktion
[Strg] + [F]	Zum Suchfeld springen. Der Mauszeiger wird in das Suchfeld gesetzt, in das Sie einen Suchbegriff eingeben können.
[Esc]	Entfernt den Mauszeiger aus dem Suchfeld. Wenn der Mauszeiger nicht im Suchfeld platziert ist, wird der Filterdialog geschlossen.
[Strg] + [V]	Werte aus Zwischenablage einfügen.
[Strg] + [⇧] + [V]	Werte aus Datei einfügen.

Tabelle 2.1 Tastenkombinationen zur Navigation im Filterdialog

Über die Einfügeoptionen [icon] ❽ können Sie das Verhalten der Applikation granularer steuern (siehe Abbildung 2.53). Wählen Sie zunächst eine der beiden Optionen aus, und fügen Sie anschließend die Werte aus der Zwischenablage oder Datei hinzu.

Standardmäßig überschreiben die kopierten Werte die bereits bestehende Auswahl. Falls Sie jedoch die Option **Eingefügte Werte der Auswahl anhängen** wählen, bleiben die bereits ausgewählten Filterwerte erhalten, und die neuen Werte werden zusätzlich hinzugefügt.

Mit der Option **Als ausgeschlossene Werte einfügen** können Sie Werte einfügen, die Sie von der Auswahl ausschließen möchten. Beachten Sie bitte dabei, dass die Werte als Schlüssel und nicht als Text eingefügt werden müssen.

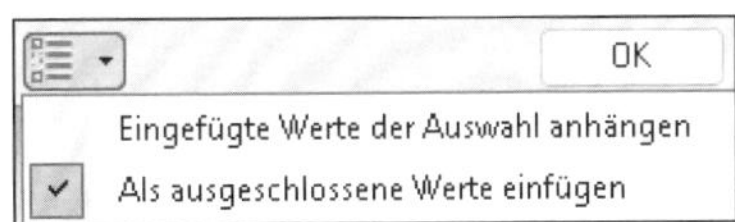

Abbildung 2.53 Einfügeoptionen

Klicken Sie anschließend auf den Button **OK** ❾, um den Filter anzuwenden (siehe Abbildung 2.52).

Erlaubte Trennzeichen

Wenn Sie eine Liste mit Werten kopieren, sind die folgenden Trennzeichen zwischen den Werten erlaubt:

: (Doppelpunkt)

; (Semikolon)

| (Verkettungszeichen)

`\t` (Tabulator)

`\r\n` (neue Zeile)

Filterwerte per Drag & Drop auswählen

Eine weitere Möglichkeit, um den Bericht nach bestimmten Werten zu filtern, besteht darin, die einzelnen Werte per Drag & Drop in den Bereich **Hintergrundfilter** zu ziehen. Klappen Sie dazu den Baum **Elemente** unter dem Merkmal auf, und markieren Sie den Wert, auf den Sie die Auswertung einschränken wollen. Ziehen Sie dieses Element anschließend mit gedrückter Maustaste in den Bereich **Hintergrundfilter**, wie in Abbildung 2.54 dargestellt, und lassen Sie die Maustaste los.

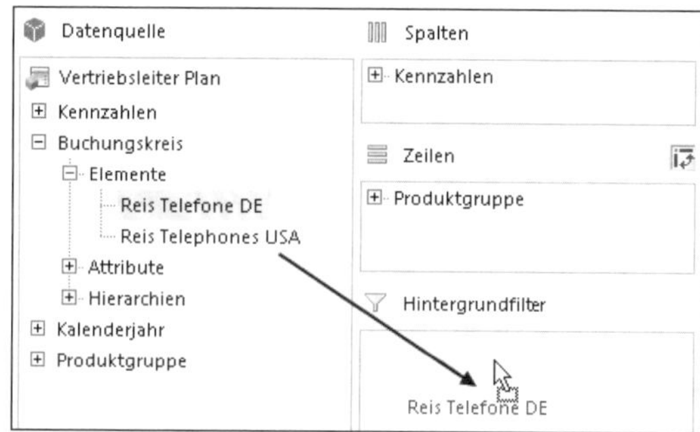

Abbildung 2.54 Hintergrundfilter per Drag & Drop definieren

Selbstverständlich können Sie auch in dieser Ansicht das Kontextmenü nutzen, um einen Hintergrundfilter einzurichten. Markieren Sie das gewünschte Element, und wählen Sie **Zu Filter hinzufügen (nach Element)** aus dem Kontextmenü aus (siehe Abbildung 2.55).

Mehrere Elemente zu Filter hinzufügen

Markieren Sie mehrere Elemente mit gedrückter [Strg]-Taste, und nutzen Sie das Kontextmenü, um mehrere Werte gleichzeitig zum Filter hinzuzufügen. Darüber hinaus können Sie auch die [⇧]-Taste (Shift) nutzen, um einen Bereich an Elementen auszuwählen. Markieren Sie mit der gedrückten [⇧]-Taste (Shift) das erste und das letzte Element. Alle Elemente dazwischen werden automatisch ausgewählt. Nutzen Sie anschließend das Kontextmenü, um den Filter zu definieren.

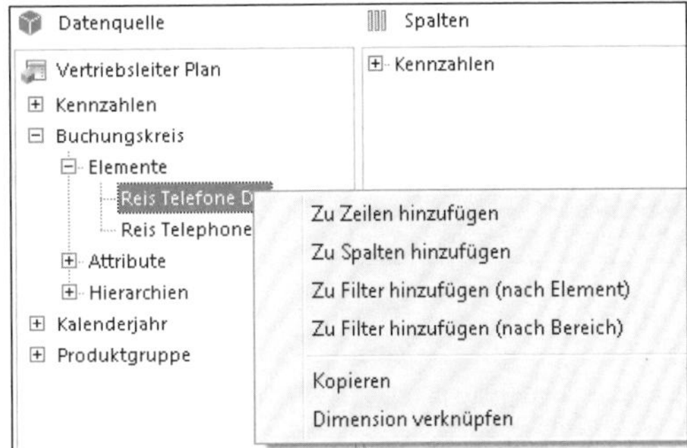

Abbildung 2.55 Einzelne Elemente zu Filter hinzufügen

Filter anpassen

Sobald Sie den Hintergrundfilter definiert haben, können Sie das Kontextmenü nutzen, um den Filter anzupassen (siehe Abbildung 2.56). Den bestehenden Filter können Sie z. B. über die Einträge **Nach Element filtern** und **Nach Bereich filtern** einstellen. Wenn Sie den Eintrag **Alle Elemente auswählen** nutzen, wird der Filter aufgelöst. Denn wenn alle Elemente ausgewählt werden, besteht keine Einschränkung mehr. Außerdem können Sie den Filter über den Eintrag **Entfernen** löschen. Danach sind ebenfalls wieder alle Werte im Bericht berücksichtigt.

Über die Einträge **In Zeilen verschieben** bzw. **In Spalten verschieben** können Sie den Filterwert auch in den Zeilen bzw. Spalten des Berichts anzeigen. Für diesen Zweck eignet sich auch der Eintrag **Ausschneiden**, mit dem sich der Wert in Zeilen oder Spalten einfügen lässt.

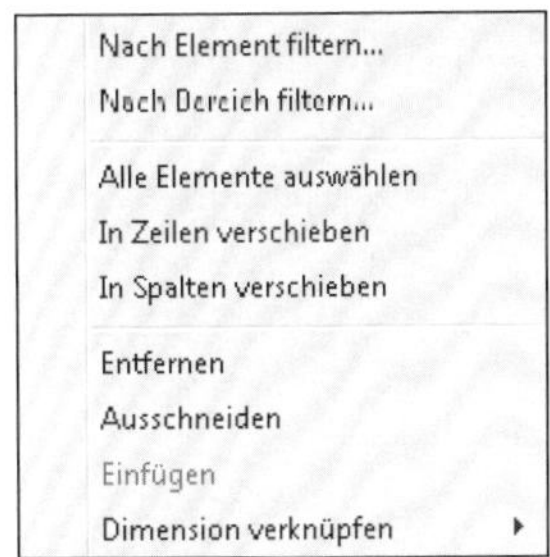

Abbildung 2.56 Kontextmenü des Hintergrundfilters

Dimension verknüpfen

Der Eintrag **Dimension verknüpfen** bietet interessante Möglichkeiten. Wenn Sie mit einer Arbeitsmappe arbeiten, die mehrere Datenquellen enthält, können Sie den Filter einer Datenquelle auch auf die anderen Filter anwenden. Falls Sie z. B. nach demselben Buchungskreis filtern möchten, wählen Sie die Einträge **Dimension verknüpfen** und **mit Buchungskreis von DS_2** aus dem Kontextmenü (siehe Abbildung 2.57).

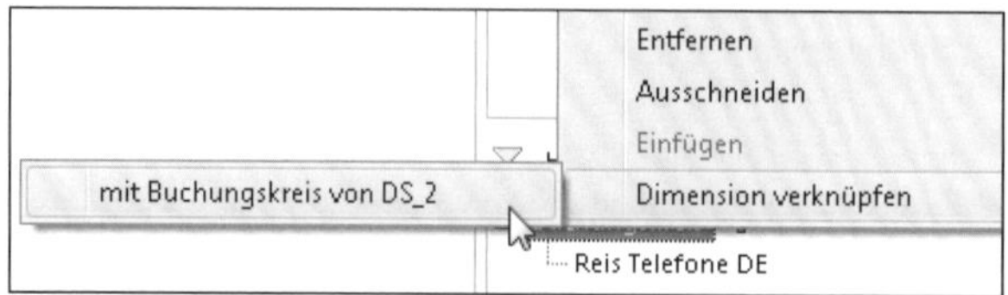

Abbildung 2.57 Dimension verknüpfen

Nach Zeilen- und Spaltenmerkmal filtern

Das Filtern ist nicht nur im Hintergrundfilter möglich. Sie können auch das Merkmal in den Zeilen bzw. Spalten belassen und nach bestimmten Werten filtern. Führen Sie dazu einen Rechtsklick auf das gewünschte Merkmal aus, und wählen Sie anschließend **Nach Element filtern** oder **Nach Bereich filtern** aus dem Kontextmenü, wie in Abbildung 2.58 dargestellt. Wenn für ein Merkmal ein Filter definiert wurde, wird ein Filter-Icon neben dem Merkmal angezeigt. Den so angelegten Filter können Sie entfernen, indem Sie den Eintrag **Alle Elemente auswählen** im Kontextmenü anklicken.

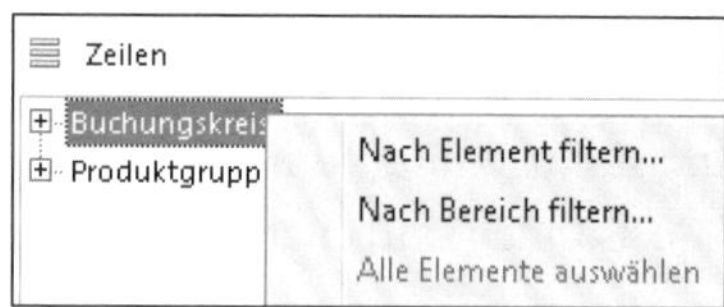

Abbildung 2.58 Nach Zeilenmerkmal filtern

[+]

Schnelles Filtern

Sie können am schnellsten auf einen bestimmten Merkmalswert einschränken, indem Sie im Bericht einen Doppelklick darauf ausführen. Wenn Sie z. B. nur der Buchungskreis Reis Telefone DE interessiert, klicken Sie zweimal auf die Zelle Reis Telefone DE, und es wird automatisch ein Filter angelegt.

2.2.7 Aktualisierung unterbrechen

Jedes Mal, wenn Sie den Aufriss Ihrer Kreuztabelle verändern, wird die Anzeige aktualisiert und die Werte neu berechnet. Dies kann bei sehr vielen Werten einige Zeit in Anspruch nehmen. Falls Sie mehrere Merkmale nacheinander dem Aufriss hinzufügen oder parallel einige Merkmale aus dem

Aufriss entfernen wollen, empfiehlt es sich, die Neuberechnung zu pausieren. Nutzen Sie dazu die in Abbildung 2.59 dargestellte Funktion **Aktualisierung unterbrechen**, um die automatische Aktualisierung zu deaktivieren.

Anschließend können Sie eine neue Ansicht auf Ihre Daten in mehreren Navigationsschritten anlegen. So können Sie neue Merkmale in Zeilen oder Spalten einfügen, Kennzahlen anpassen oder Hintergrundfilter einrichten. Wenn Sie die Funktion **Aktualisierung unterbrechen** erneut auswählen, wird die Aktualisierung wieder aktiviert. Dabei werden alle zuvor festgelegten Navigationsschritte auf einmal ausgeführt.

Abbildung 2.59 Aktualisierung unterbrechen

Ausgegraute Funktionen

Beachten Sie jedoch, dass viele Funktionen des Bereichs **Datenanalyse** nicht zur Verfügung stehen, wenn die Funktion **Aktualisierung unterbrechen** aktiv ist (siehe Abbildung 2.60).

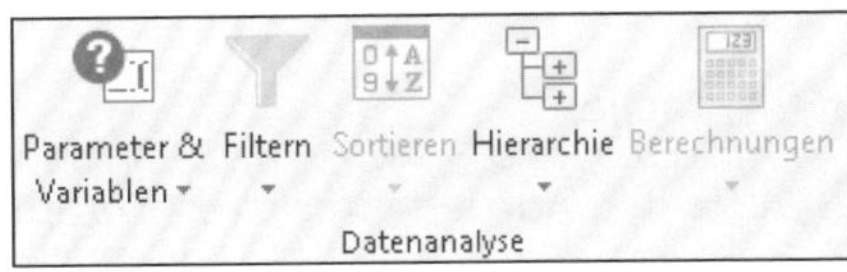

Abbildung 2.60 Nicht verfügbare Funktionen im Bereich »Datenanalyse«

Diese Einschränkungen sind jedoch in der Regel für Ihre Arbeit nicht gravierend, da Sie ohnehin meist die Registerkarte **Analyse** verwenden, wenn die automatische Aktualisierung deaktiviert ist. Außerdem können Sie weiterhin das Kontextmenü nutzen, in dem Ihnen z. B. folgende Funktionen zur Verfügung stehen:

- Merkmalsanzeige definieren (siehe Abschnitt 4.4.1, »Darstellung von Elementen anpassen«)
- Zahlenformat anpassen (siehe Abschnitt 4.4.2, »Darstellung von Kennzahlen anpassen«)
- Summen in Kreuztabelle anzeigen oder ausblenden (siehe Abschnitt 4.4.3, »Darstellung von Ergebnissen anpassen«)
- Berechnung von Summen definieren (siehe Abschnitt 4.4.3, »Darstellung von Ergebnissen anpassen«)
- neue Kennzahl anhand vorhandener Kennzahlen berechnen oder hinzufügen (siehe Abschnitt 5.1, »Neue Kennzahlen berechnen«)

In Abbildung 2.61 sehen Sie beispielhaft das Kontextmenü für eine Kennzahl.

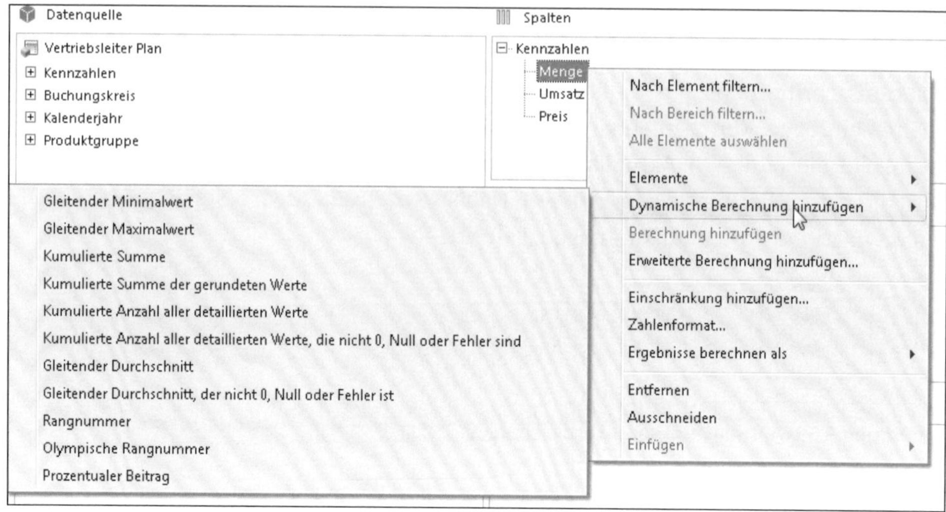

Abbildung 2.61 Über das Kontextmenü in der Registerkarte »Analyse« verfügbare Funktionen

2.2.8 Navigationsschritte rückgängig machen

Während Ihrer Datenanalyse verändern Sie den Aufriss, filtern bestimmte Daten heraus, sortieren und führen neue Berechnungen durch. Dabei ist es möglich, diese Navigationsschritte rückgängig zu machen oder bei Bedarf zu wiederholen.

Nutzen Sie die Funktionen **Rückgängig** bzw. **Wiederherstellen** im Bereich **Aktionen**, um Schritte, die Sie in SAP Analysis for Microsoft Office ausgeführt haben, rückgängig zu machen oder wiederherzustellen (siehe Abbildung 2.62).

Abbildung 2.62 Aktionen rückgängig machen

Über **Rückgängig** wird der letzte Schritt von SAP Analysis for Office rückgängig gemacht. Mit der Funktion **Wiederherstellen** wird der letzte rückgängig gemachte Schritt wiederholt. Sie haben auch die Möglichkeit, über den Button [▾] (**Aufklappen**) neben der jeweiligen Funktion eine Liste von ausgeführten Schritten anzuzeigen. In Abbildung 2.63 sehen Sie ein Beispiel. So können Sie schnell zu einem bestimmten Navigationszustand springen.

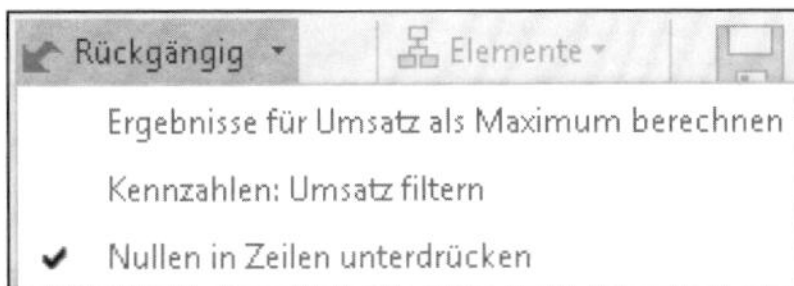

Abbildung 2.63 Ausgeführte Schritte anzeigen

2.2.9 Meldungen anzeigen

Bei Ihrer Arbeit mit SAP Analysis for Microsoft Office werden Sie mit einer Reihe von Meldungen konfrontiert. Im Idealfall informieren Sie diese über eine erfolgreiche Ausführung der gewünschten Aktion. Leider können bei der Arbeit mit SAP Analysis for Microsoft Office jedoch auch Fehler auftreten. Diese werden Ihnen in einer Fehlermeldung angezeigt. Über die Funktion **Meldungen** in der Gruppe **Aktionen** können Sie sich einen Dialog mit Informations-, Warn- oder Fehlermeldungen anzeigen lassen. So können Sie die letzte der angezeigten Meldungen noch einmal im Detail studieren (siehe Abbildung 2.64).

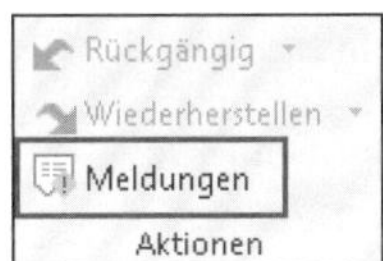

Abbildung 2.64 Meldung anzeigen

Dabei variiert das angezeigte Meldungs-Icon je nach Art der Meldung, wodurch Sie auf einen Blick erkennen können, ob es sich um eine Informations-, Warn- oder Fehlermeldung handelt. Abbildung 2.65 zeigt die Icons, die Meldungen mit Informationen (blau), Warnmeldungen (gelb) und Fehlermeldungen (rot) anzeigen (von links nach rechts).

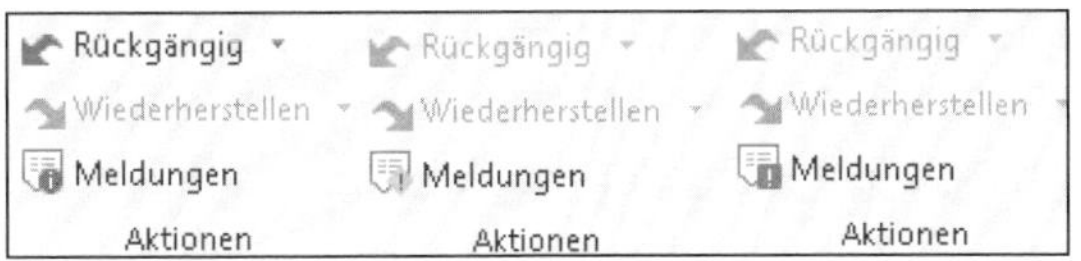

Abbildung 2.65 Meldungs-Icons nach Art der Meldungen

2.2.10 Informationen über eine Datenquelle abrufen

Über die Registerkarte **Informationen** können Sie detaillierte Informationen zu einer Datenquelle oder der gesamten Arbeitsmappe einsehen. Darüber hinaus erhalten Sie Informationen zu den gerade gesetzten Filtern und Variablen.

Mit Tastenkürzeln im Designbereich navigieren

Um schneller zwischen den Registerkarten zu wechseln, können Sie folgende Tastenkombinationen zur Navigation im Designbereich verwenden:

Tastenkombination	Funktion
Strg + ⇧ + Alt + A	Designbereich öffnen.
Strg + ⇧ + Alt + X	Designbereich schließen.
⇆	Das nächste Element in der ausgewählten Registerkarte selektieren.
⇧ + ⇆	Das vorherige Element in der ausgewählten Registerkarte selektieren.
Strg + ⇧ + Alt + 1	Zur Registerkarte **Analyse** springen.
Strg + ⇧ + Alt + 2	Zur Registerkarte **Informationen** springen.
Strg + ⇧ + Alt + 3	Zur Registerkarte **Komponenten** springen.
Strg + ⇧ + Alt + 4	Zur Registerkarte **Designregeln** springen.
Strg + ⇧ + Alt + 5	Zur Registerkarte **Versionen** springen. Diese Registerkarte wird in Zusammenhang mit SAP Analytics Cloud verwendet. Wenn die Registerkarte **Versionen** nicht verfügbar ist, wird die Registerkarte **Kommentare** ausgewählt.
Strg + ⇧ + Alt + 6	Zur Registerkarte **Kommentare** springen.
Strg + ⇧ + Alt + P	**Eigenschaftensicht** in der Registerkarte **Analyse** einblenden.

Tabelle 2.2 Tastenkombinationen zur Navigation im Designbereich

Informationen zur Arbeitsmappe abrufen

Über die in Abbildung 2.66 dargestellte Liste der Auswahl **Informationen zu:** können Sie entweder eine der eingefügten Datenquellen oder die gesamte Arbeitsmappe (Workbook) auswählen. Anschließend werden für das ausgewählte Objekt Informationsfelder als Textelemente angezeigt. Wenn Sie **Workbook** auswählen, werden der Name der Arbeitsmappe ❶ sowie der Ersteller ❷ angezeigt.

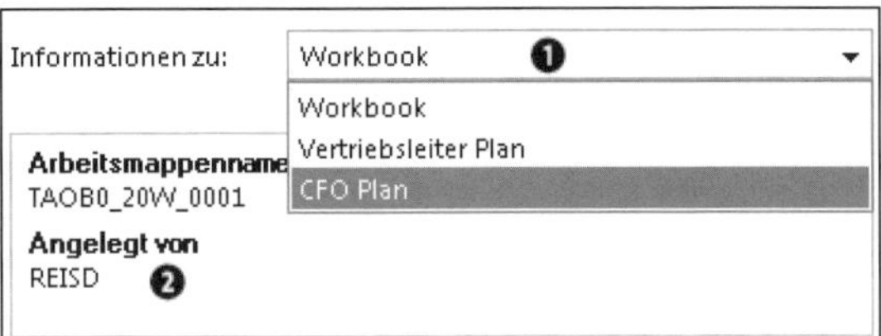

Abbildung 2.66 Informationen auswählen

Variablen einsehen

Darunter können Sie die in der Arbeitsmappe verwendeten Variablen einsehen. Diese sind in Abbildung 2.67 zu sehen.

Abbildung 2.67 Variablen der Arbeitsmappe

Weitere Informationen

Außerdem wird im Bereich **Informationen** der angemeldete Benutzer, der Zeitpunkt der letzten Aktualisierung sowie der Zeitpunkt der letzten Änderung angezeigt. Diese sind in Abbildung 2.68 beispielhaft dargestellt.

Abbildung 2.68 Allgemeine Informationen

Informationen zu einer Datenquelle abrufen

Wenn Sie zu den Informationen zu einer Datenquelle wechseln, werden der Name der Datenquelle, der Stichtag sowie der Zeitpunkt der letzten Datenaktualisierung angezeigt (siehe Abbildung 2.69).

Informationen zu: Vertriebsleiter Plan

Name der Datenquelle
Vertriebsleiter Plan
Stichtag
Sonntag, 3. März 2019
Letzte Datenaktualisierung
Sonntag, 3. März 2019 06:09:28

Abbildung 2.69 Informationen zur Datenquelle

Darüber hinaus sehen Sie auch den Filter, der für diese Datenquelle definiert wurde (Abbildung 2.70 zeigt ein Beispiel). Dieser Filter enthält einerseits die Elemente, die während der Navigation im Bericht festgelegt wurden. Es werden aber auch die im Query Designer definierten Filter, die vom Benutzer nicht änderbar sind, angezeigt. Die Filterinformationen werden mit jedem Navigationsschritt aktualisiert. Welche Möglichkeiten Sie beim Filtern haben, erfahren Sie in Abschnitt 2.2.6, »Mit Hintergrundfiltern arbeiten«, und in Abschnitt 4.1, »Daten filtern«.

Abbildung 2.70 Filter der Datenquelle

Außerdem sehen Sie im Bereich **Informationen** den technischen Namen der Query ❶ sowie den technischen Namen des InfoProviders ❷ (siehe Abbildung 2.71). Neben dem technischen Namen wird auch die Beschreibung des InfoProviders ❸ angezeigt.

Ferner können Sie sehen, wer diese Datenquelle angelegt ❹ bzw. geändert ❺ hat. Daneben sehen Sie den Zeitpunkt der letzten Änderung ❻. Schließlich werden der Name des verwendeten Systems ❼ sowie der angemeldete Benutzer ❽ angezeigt.

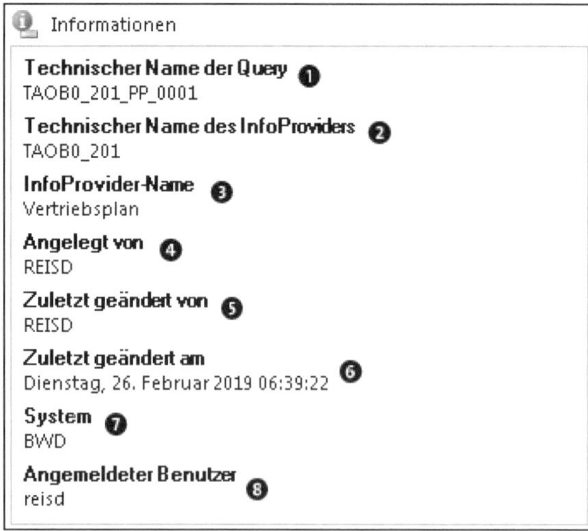

Abbildung 2.71 Für eine Datenquelle verfügbare Informationen

[+]

Informationsfelder in der Arbeitsmappe verwenden

Die in der Registerkarte **Informationen** angezeigten Felder können per Drag & Drop einer Arbeitsmappe hinzugefügt werden. Dies ist hilfreich, wenn Sie z. B. neben dem Bericht die ausgewählten Eingabeaufforderungen anzeigen möchten. Um ein Informationsfeld in die Arbeitsmappe zu übernehmen, wählen Sie es aus und ziehen es mit gedrückter Maustaste an die gewünschte Stelle, wie in Abbildung 2.72 dargestellt.

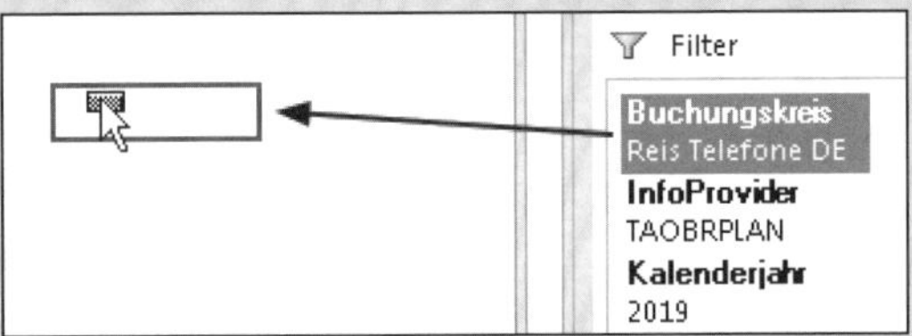

Abbildung 2.72 Informationsfeld in die Arbeitsmappe einfügen

Lassen Sie anschließend die Maustaste los. Wie Sie in Abbildung 2.73 sehen können, erstellt das System automatisch die Beschreibung des Informationsfeldes und die Ausprägung – sogenannte *SAP-Formeln*. Diese behandeln wir in Kapitel 10, »Mit Formeln arbeiten«.

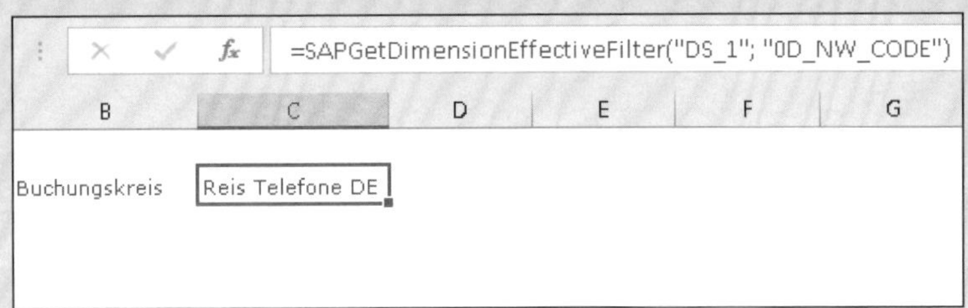

Abbildung 2.73 Automatisch erstellte Formel

2.3 Zusammenfassung

Nachdem Sie dieses Kapitel durchgearbeitet haben, können Sie aktuelle Daten abrufen und individuelle Berichte zusammenstellen. Bei Bedarf können Sie Daten filtern und sortieren, um so neue Erkenntnisse aus Ihrer Analyse zu gewinnen. Ferner haben Sie gelernt, Navigationsschritte rückgängig zu machen und Meldungen anzuzeigen. Schließlich können Sie auch vorhandene Informationen über die verwendeten Datenquellen abrufen. Im nächsten Kapitel zeige ich Ihnen, wie Sie Eingabeaufforderungen einsetzen, um Ihre Analyse von Anfang an gezielt einzuschränken.

Kapitel 3
Mit Eingabeaufforderungen arbeiten

Da Sie sich nun in SAP-Analysis-for-Microsoft-Office-Berichten problemlos zurechtfinden, zeige ich Ihnen in diesem Kapitel, wie Sie Ihre Berichte mithilfe von Eingabeaufforderungen gezielt einschränken können. Dabei gebe ich Ihnen jede Menge Tipps und Tricks an die Hand.

In diesem Kapitel möchte ich Ihnen Tipps zu *Eingabeaufforderungen* geben. Eingabeaufforderungen beziehen sich auf *Variablen*, die im Query Designer definiert werden und als Parameter für die jeweilige Query dienen. Diese Variablen fungieren als Platzhalter für Elemente, Hierarchien, Hierarchieknoten, Formelelemente und Texte. Wenn Sie eine Query als Datenquelle in ein Arbeitsblatt einfügen, werden die Variablen mit Werten gefüllt, die Sie über den Dialog **Eingabeaufforderungen** festlegen. Ein Beispiel finden Sie in Abbildung 3.1.

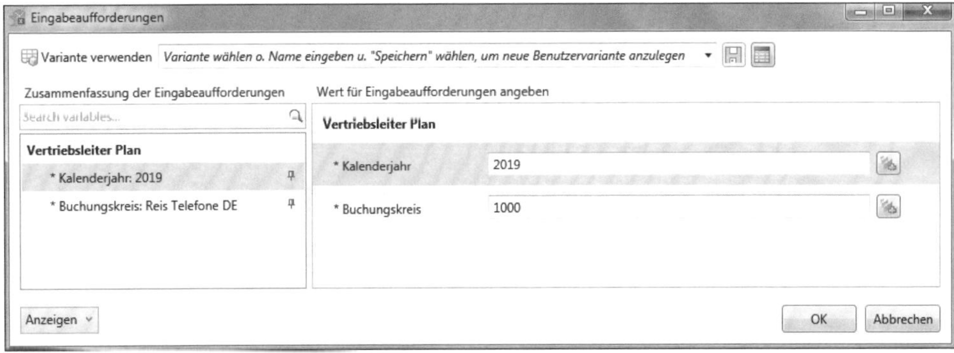

Abbildung 3.1 Eingabeaufforderungen zur Definition von Variablen mit Werten

Variablen für Eingabeaufforderungen definieren

Eine Variable kann nur dann im Dialog **Eingabeaufforderungen** bearbeitet werden, wenn sie als eingabebereit definiert und im Query Designer auf manuelle Eingabe gesetzt wurde. Eine Variable kann im Query Designer als *Pflichtvariable* oder als *optionale Variable* definiert werden. Während bei Pflichtvariablen ein Wert unbedingt definiert werden muss, kann die Eingabe bei einer optionalen Variablen übersprungen werden.

Dialog »Eingabeaufforderungen« aufrufen

Wenn Sie eine Query mit Variablen in ein Arbeitsblatt einfügen, wird der Dialog **Eingabeaufforderungen** automatisch angezeigt. Sie können den Dialog auch manuell über die Auswahl **Parameter & Variablen** (Registerkarte **Analysis**, Menübandbereich **Datenanalyse**) aufrufen, um die Variablenwerte zu ändern (siehe Abbildung 3.2). Wenn die Query keine eingabebereiten Variablen enthält, wird der Dialog deaktiviert und die Auswahl **Parameter & Variablen** ausgegraut.

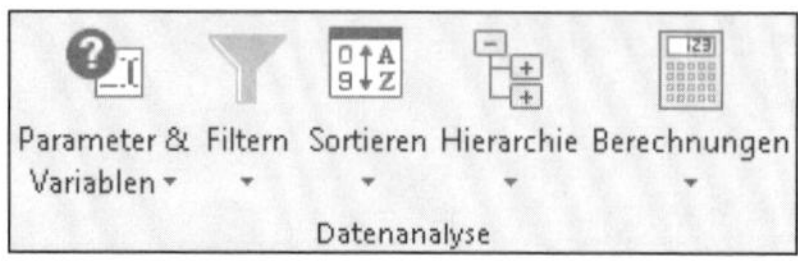

Abbildung 3.2 Eingabeaufforderungen aufrufen

Eingabeaufforderungen und Variablen des Query Designers

Die im Query Designer definierten eingabebereiten Variablen werden in SAP Analysis for Microsoft Office als *Eingabeaufforderungen* bezeichnet. Nachfolgend verwende auch ich den Begriff für diese Variablen. Allerdings kann eine Query auch andere Variablentypen enthalten, wie z. B. Customer-Exit-Variablen, die nicht eingabebereit sind. Diese werden im Hintergrund vom System verarbeitet und sind im Dialog **Eingabeaufforderungen** nicht sichtbar.

Sie können alle Variablen und Variablenwerte, die in einer Query enthalten sind, einsehen, wenn Sie im Designbereich die Registerkarte **Informationen** auswählen. Im Bereich **Filter** sehen Sie sämtliche Einschränkungen der Query. Ein Beispiel ist in Abbildung 3.3 dargestellt. Weitere Informationen erhalten Sie in Abschnitt 2.2.10, »Informationen über eine Datenquelle abrufen«.

Abbildung 3.3 Anzeige aller Variablenwerte im Filter

Einstellungen für Eingabeaufforderungen

Sie können für eine Arbeitsmappe Einstellungen festlegen (**Anzeigen • Designbereich anzeigen • Komponenten**) und dadurch bestimmen, wie sich der Dialog **Eingabeaufforderungen** und die definierten Werte in der Arbeitsmappe verhalten. In Abbildung 3.4 sehen Sie die möglichen Einstellungen. Sie können z. B. einstellen, dass die Eingabeaufforderungen bei der ersten Aktualisierung der Daten angezeigt werden. Falls Ihre Arbeitsmappe mehrere Datenquellen mit identischen Variablen enthält, bietet es sich an, diese über die Einstellung **Variablen zusammenfassen** zu bündeln. So muss der Benutzer diese Variable nur einmal angeben.

Daneben können Sie einstellen, dass die ausgewählten Variablenwerte zusammen mit der Arbeitsmappe gespeichert werden. Wenn Sie die Arbeitsmappe erneut öffnen, werden die Daten entsprechend den zuvor definierten Werten angezeigt. Selbstverständlich können Sie in diesem Fall auch den Dialog **Eingabeaufforderungen** öffnen und die Variablenwerte anpassen.

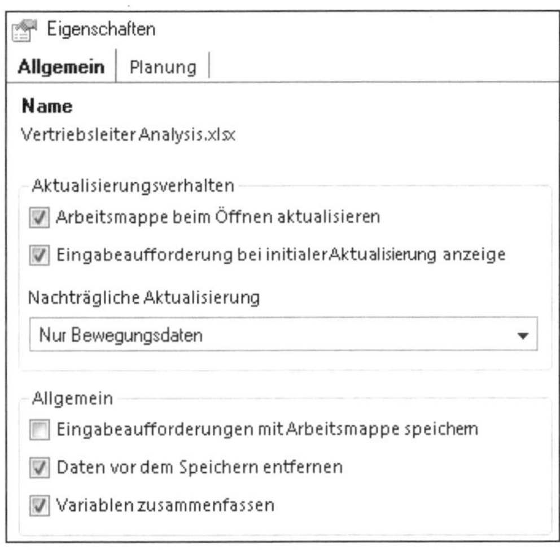

Abbildung 3.4 Verhalten von Eingabeaufforderungen beeinflussen

Allerdings empfehle ich diese Option nicht, wenn mehrere Benutzer auf dieselbe Arbeitsmappe zugreifen. Denn diese benötigen in der Regel unterschiedliche Variablenwerte. In diesem Fall eignet sich die Verwendung von Varianten (siehe Abschnitt 3.2, »Varianten für Eingabeaufforderungen verwenden«) besser.

In den nachfolgenden Abschnitten zeige ich Ihnen, wie Sie Ihre Variablenauswahl speichern und den Zugriffsmodus steuern. Darüber hinaus lernen Sie weitere Funktionen kennen, die bei der Arbeit mit Eingabeaufforderungen nützlich sind.

3.1 Dialog »Eingabeaufforderungen«

Zusammenfassung der Eingabeaufforderungen

Wenn Sie den Dialog **Eingabeaufforderungen** öffnen, erhalten Sie im Bereich **Zusammenfassung der Eingabeaufforderungen** eine Liste aller in der Query verfügbaren Eingabeaufforderungen ❶. Daneben sind die ausgewählten Werte dargestellt. In Abbildung 3.5 sehen Sie ein Beispiel. In der Suchleiste ❷ können Sie außerdem nach dem Namen einer Variablen suchen. Danach wird nur die jeweilige Variable inklusive des ausgewählten Wertes angezeigt. Diese Funktion ist nützlich, wenn Sie eine Arbeitsmappe mit besonders vielen Variablen nutzen.

Wert für Eingabeaufforderungen angeben

Im Bereich **Wert für Eingabeaufforderungen angeben** ❸ können Sie die einzelnen Eingabeaufforderungen öffnen ❹, um Werte auszuwählen. Dabei werden verpflichtende Eingabeaufforderungen mit einem Sternchen markiert ❺. Falls im Query Designer Standardwerte für Eingabeaufforderungen definiert sind, werden diese als bereits ausgewählt angezeigt.

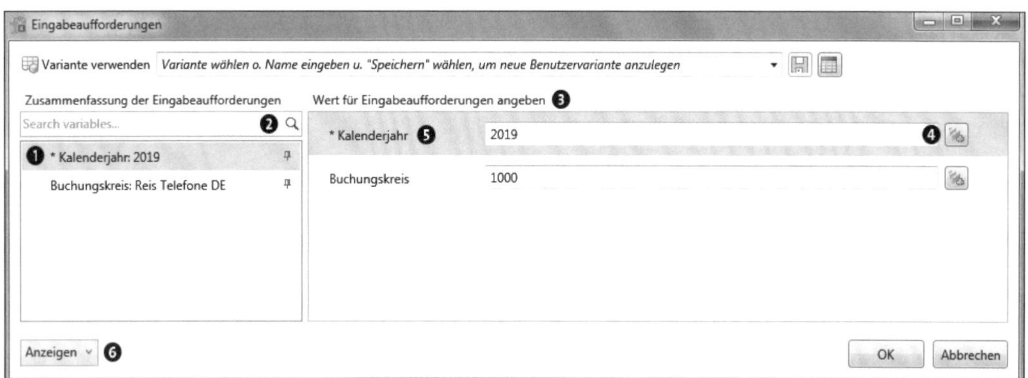

Abbildung 3.5 Übersicht über den Dialog »Eingabeaufforderungen«

Variablen zusammenfassen

Eine Arbeitsmappe kann mehrere Datenquellen mit verschiedenen Eingabeaufforderungen enthalten. Dabei werden Eingabeaufforderungen für jede Datenquelle getrennt angezeigt, wie in Abbildung 3.6 dargestellt. So können Sie für dieselbe Eingabeaufforderung, in unserem Beispiel das Kalenderjahr, verschiedene Werte angeben.

Sie können aber auch die Eingabeaufforderungen in einer Arbeitsmappe zusammenfassen, wodurch der im Dialog ausgewählte Wert, wie z. B. Kalenderjahr, für alle Datenquellen gilt. Setzen Sie dazu auf der Registerkarte **Komponenten** im Designbereich ein Häkchen neben die Einstellung **Variablen zusammenfassen** (siehe Abschnitt 7.4, »Wichtige Einstellungen«).

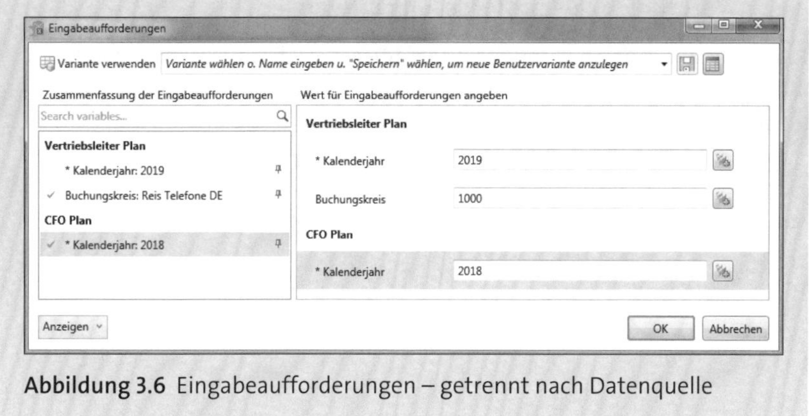

Abbildung 3.6 Eingabeaufforderungen – getrennt nach Datenquelle

Anzeigeoptionen

Darüber hinaus können Sie in der Auswahl **Anzeigen** ❻ in Abbildung 3.5 auswählen, ob im Bereich **Wert für Eingabeaufforderungen angeben** alle Eingabeaufforderungen, keine Eingabeaufforderungen oder nur Pflichtangaben angezeigt werden sollen (siehe Abbildung 3.7).

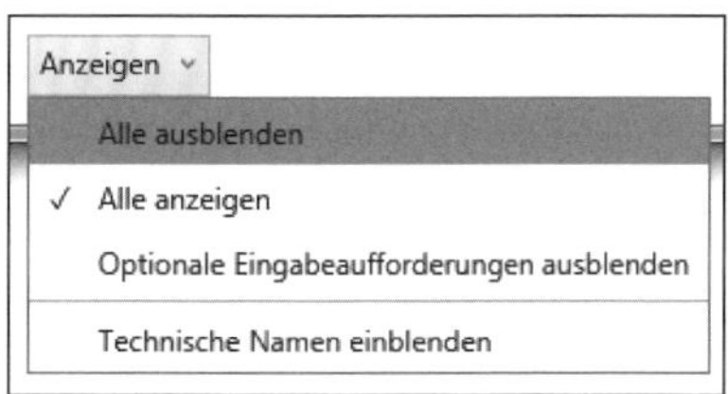

Abbildung 3.7 Anzeigeoptionen

Wenn Sie den Eintrag **Alle ausblenden** wählen, werden alle Eingabeaufforderungen versteckt. Wenn Sie den Eintrag **Alle anzeigen** wählen, sind alle Eingabeaufforderungen sichtbar. Dabei handelt es sich um die Standardeinstellung. Sie können den Eintrag **Optionale Eingabeaufforderungen ausblenden** wählen, um nur die obligatorischen Eingabeaufforderungen anzuzeigen. Die optionalen Eingabeaufforderungen werden dabei ausgeblendet. Darüber hinaus können Sie über den Eintrag **Technische Namen einblenden** die technischen Namen der verwendeten Variablen anzeigen – ein Beispiel sehen Sie in Abbildung 3.8. Diese Einstellung ist nützlich, um schnell die in der Datenquelle verwendete Variable eindeutig zu identifizieren.

Abbildung 3.8 Technische Namen der Variablen anzeigen

3.1.1 Wert für Eingabeaufforderung auswählen

Um einen Wert für die Eingabeaufforderung zu definieren, können Sie entweder den Wert manuell in die Eingabeleiste ❶ eingeben oder den Button (**Eingabehilfe**), auch *Wertehilfe* genannt, nutzen ❷ (siehe Abbildung 3.9).

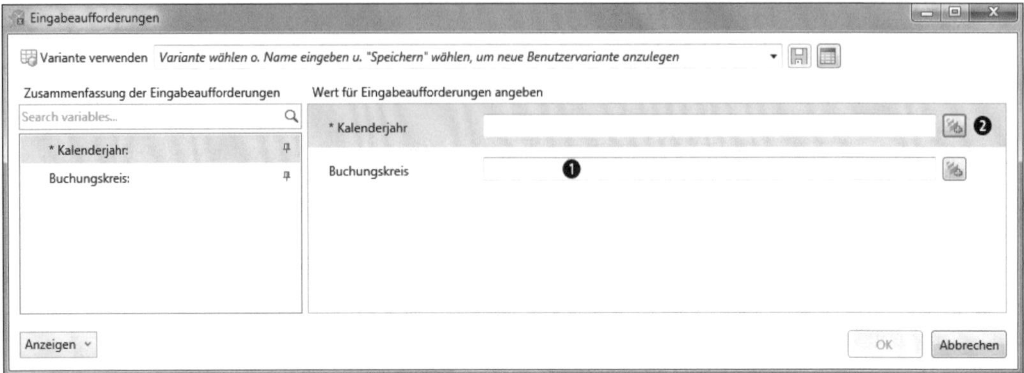

Abbildung 3.9 Eingabeaufforderungen definieren

Mit Eingabehilfe arbeiten

Wenn Sie die Eingabehilfe öffnen, sind zunächst keine Werte ausgewählt. Sie sehen die zur Auswahl stehenden Elemente mit Schlüssel ❶ und Text ❷, wie in Abbildung 3.10 dargestellt. Wenn für das InfoObject Attribute definiert sind, sehen Sie diese daneben ❸. So können Sie z. B. sehen, zu welchem Land der jeweilige Buchungskreis gehört.

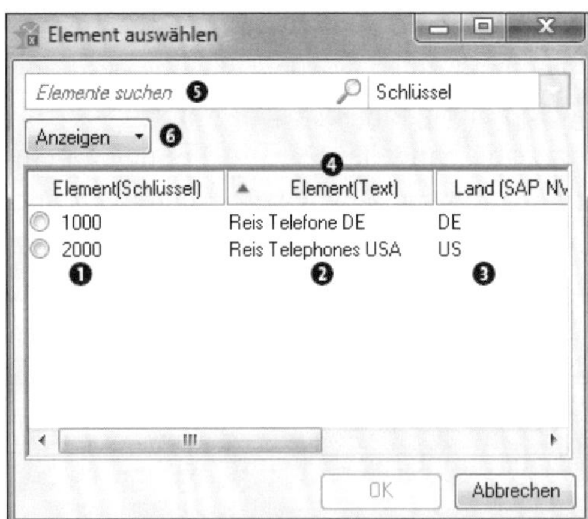

Abbildung 3.10 Eingabehilfe

Über einen Klick auf die Spaltenüberschrift können Sie die Werte sortieren ❹. Wenn Sie wiederholt auf die Spaltenüberschrift klicken, ändert sich die

Sortierfolge von absteigend zu aufsteigend. Sie können nach Schlüssel, Text oder den vorhandenen Attributen sortieren.

Sie können die Elemente direkt aus der Liste auswählen oder die Suche ❺ nutzen. Die Suche ist in Abschnitt 2.2.6, »Mit Hintergrundfiltern arbeiten«, detaillierter beschrieben.

Über die Auswahl **Anzeigen** ❻ können Sie außerdem definieren, ob die Elemente in der Liste mit Schlüssel, Text oder beidem angezeigt werden. Hierbei öffnet sich die in Abbildung 3.11 dargestellte Auswahlliste. Sie können zwischen den Einträgen **Text**, **Schlüssel**, **Text und Schlüssel** sowie **Schlüssel und Text** auswählen.

Abbildung 3.11 Darstellung der Werte anpassen

Nachdem Sie einen Wert ausgewählt haben, klicken Sie auf den Button **OK**, um die Auswahl zu bestätigen und die ausgewählten Werte in Ihre Daten zu übernehmen. Anschließend überprüft das System alle Werte der Eingabeaufforderung. Wenn die Überprüfung erfolgreich ist, wird der Bericht entsprechend Ihrer Auswahl angezeigt.

Attribute der Eingabehilfe auswählen

Darüber hinaus können Sie bestimmen, welche Attribute in der Wertehilfe angezeigt werden. Klicken Sie dazu auf **Anzeigen**, und wählen Sie anschließend den Eintrag **Attribute einblenden** (siehe Abbildung 3.12). Nun werden alle für das InfoObject definierten Attribute angezeigt. Über einen Klick auf ein Attribut können Sie dieses zur Anzeige hinzufügen. Die ausgewählten Attribute werden mit einem Häkchen markiert. Über einen erneuten Klick wird das Attribut wieder abgewählt.

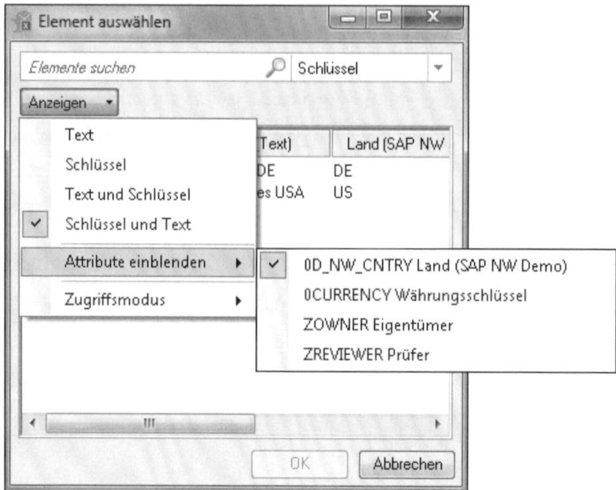

Abbildung 3.12 Angezeigte Attribute definieren

Alle Werte aus Stammdaten anzeigen

Oft ist in den Einstellungen einer Query standardmäßig definiert, dass nur die im InfoProvider verfügbaren Werte zur Auswahl stehen. Dies ist sinnvoll, damit Benutzern keine Auswahlmöglichkeiten suggeriert werden, bei denen sie keine Ergebnisse erhalten. Es gibt jedoch Anwendungsszenarien, bei denen Werte ausgewählt werden sollen, die noch nicht im InfoProvider existieren – z. B. zu Beginn eines Planungszyklus.

Um alle in den Stammdaten verfügbaren Werte anzuzeigen, öffnen Sie in der Wertehilfe die Auswahl **Anzeigen** ❶. Selektieren Sie anschließend unter **Zugriffsmodus** den Eintrag **Werte in Stammdaten** ❷ (siehe Abbildung 3.13).

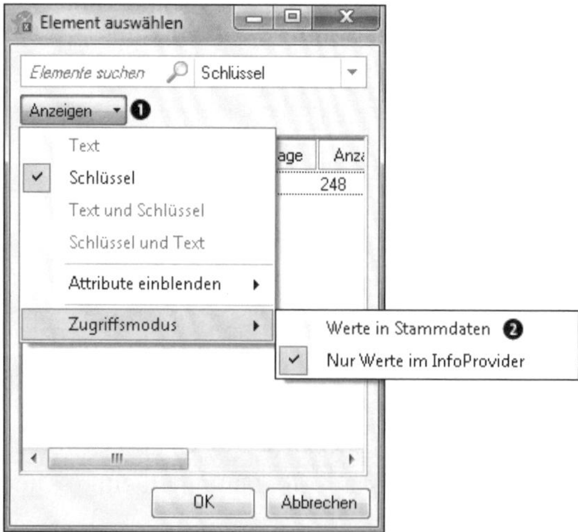

Abbildung 3.13 Werte in den Stammdaten anzeigen

[«]

3

Zugriffsmodus einblenden

Die Auswahl **Zugriffsmodus** ist nur verfügbar, wenn Sie in den erweiterten Optionen die Einstellung **Zugriffsmodus für Elementanzeige anzeigen** aktivieren. Alternativ können Sie im Dialog **Technische Konfiguration** das Ankreuzfeld vor `AllowChangingAccessMode` (Änderung des Zugriffsmodus zulassen) auswählen. Standardmäßig ist diese Einstellung deaktiviert. Weitere Informationen finden Sie in Kapitel 12, »SAP Analysis for Microsoft Office konfigurieren«.

Suchfunktion nutzen

Falls Sie die genaue Bezeichnung eines Wertes nicht kennen, können Sie die Suchfunktion in der Wertehilfe nutzen ❶. Dabei können Sie nach Schlüssel oder Text suchen ❷ (siehe Abbildung 3.14). Sie können auch die Attribute (siehe Abschnitt 2.2.6, »Mit Hintergrundfiltern arbeiten«) für Ihre Suche nutzen. So können Sie z. B. nach einem bestimmten Land suchen, und es werden alle Buchungskreise angezeigt, die zu diesem Land gehören.

Abbildung 3.14 Suchfunktion

3.1.2 Mehrere Einzelwerte auswählen

Wenn Sie eine Variable nutzen, die mehrere Einzelwerte (z. B. mehrere Buchungskreise) repräsentiert, können Sie mehrere Elemente als Werte für die Eingabeaufforderung auswählen. Hierbei können Sie mehrere Zeilen über den Plus-Button (**Zeile hinzufügen**) ❶ erzeugen. Nutzen Sie anschließend den Button (**Eingabehilfe einblenden**) ❷, um Werte auszuwählen (siehe das Beispiel in Abbildung 3.15).

Alternativ können Sie Werte auch wieder manuell eingeben. Um ein ausgewähltes Element zu entfernen, verwenden Sie den Button (**Löschen**).

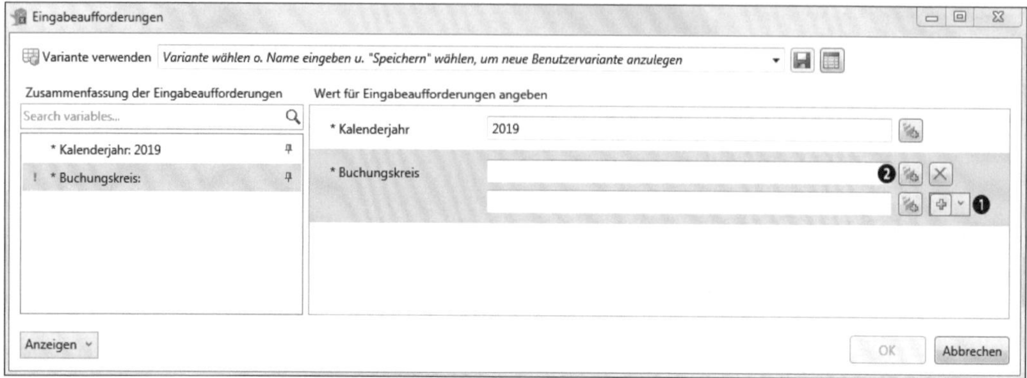

Abbildung 3.15 Neue Zeilen für die Variableneingabe erzeugen

Elementfilter nutzen

Anstatt die Variablenwerte einzeln einzugeben, können Sie auch mehrere Werte über *Elementfilter* auswählen. Klicken Sie dazu auf den Pfeil neben dem Button (**Zeile hinzufügen**) ❶, und wählen Sie den Eintrag **Zeilen über die Elementfilter hinzufügen** aus ❷ (siehe Abbildung 3.16).

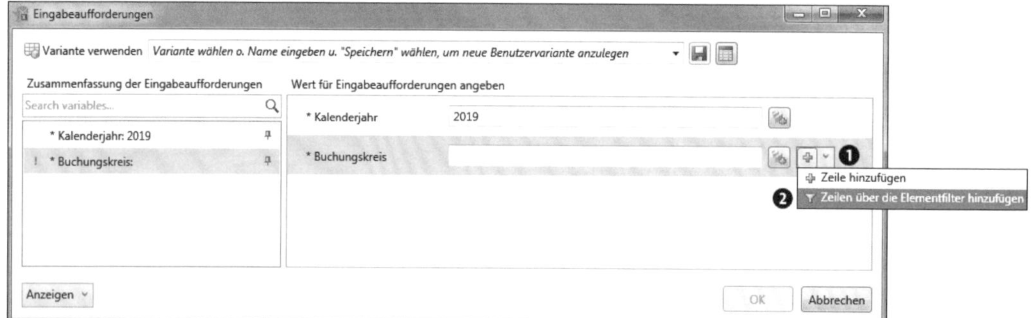

Abbildung 3.16 Zeilen über die Elementfilter hinzufügen

Sie gelangen nun zu dem in Abbildung 3.17 dargestellten Bild. Hier können Sie die gewünschten Werte auswählen, indem Sie neben ihnen Häkchen setzen ❶. Darüber hinaus haben Sie die Möglichkeit, über den Button (**Aus Zwischenablage kopieren**) Werte aus der Zwischenablage in den Filterdialog einzufügen ❷. So können Sie einen einzelnen Wert oder eine Liste von Werten, die Sie einfügen möchten, in die Zwischenablage kopieren und die Auswahl über den Button (**Aus Zwischenablage kopieren**) einfügen. Dabei können die Werte, die Sie kopieren möchten, in der Liste entweder als Text oder als Schlüssel angezeigt werden. Das Einfügen aus einer Datei ❸ funktioniert analog. Über einen Klick auf den Button (**Einfügeoptio-**

nen) können Sie die Art und Weise, wie die Werte eingefügt werden, beeinflussen ❹. Dabei stehen Ihnen zwei Optionen zur Verfügung: **Eingefügte Werte der Auswahl anhängen** oder **Als ausgeschlossene Werte einfügen**.

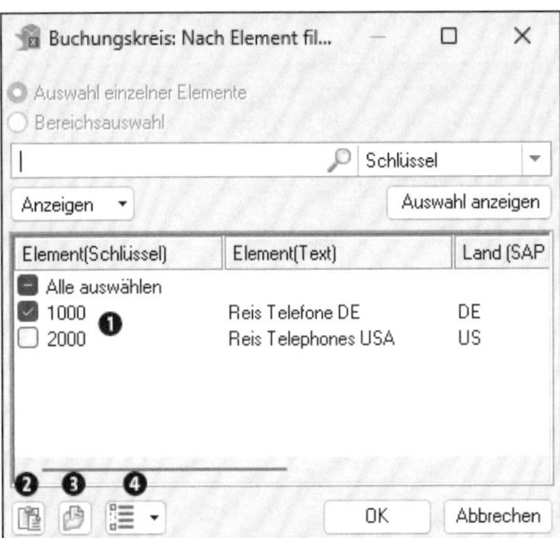

Abbildung 3.17 Filterauswahl

Um eine dieser Optionen zu nutzen, selektieren Sie diese und fügen Sie anschließend die Werte ein. Wenn Sie die Option **Eingefügte Werte der Auswahl anhängen** auswählen, werden die eingefügten Werte an die bereits im Filterdialog ausgewählten angehängt, anstatt diese zu überschreiben.

Mit der Option **Als ausgeschlossene Werte einfügen** können Sie Werte einfügen, die Sie von der Auswahl ausschließen möchten. Um diese Option zu nutzen, muss es sich bei der Variable allerdings um eine Variable vom Typ Auswahloption handeln (siehe Abschnitt 3.1.4, »Eingabeaufforderung als Auswahloption«). Darüber hinaus müssen die Werte als Schlüssel und nicht als Text eingefügt werden.

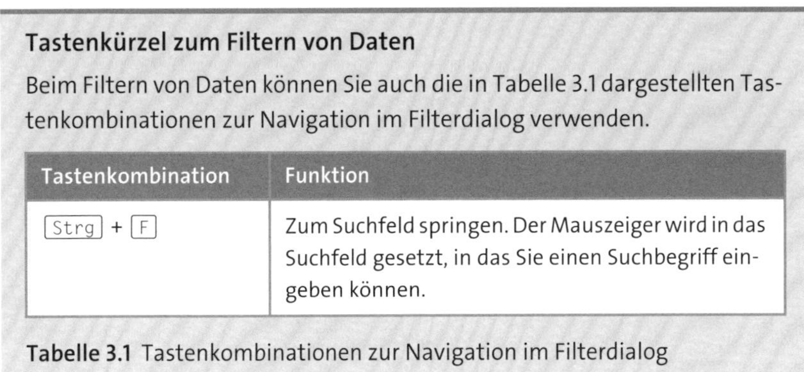

[+]

Tastenkürzel zum Filtern von Daten

Beim Filtern von Daten können Sie auch die in Tabelle 3.1 dargestellten Tastenkombinationen zur Navigation im Filterdialog verwenden.

Tastenkombination	Funktion
Strg + F	Zum Suchfeld springen. Der Mauszeiger wird in das Suchfeld gesetzt, in das Sie einen Suchbegriff eingeben können.

Tabelle 3.1 Tastenkombinationen zur Navigation im Filterdialog

Tastenkombination	Funktion
Esc	Entfernt den Mauszeiger aus dem Suchfeld. Wenn der Mauszeiger nicht im Suchfeld platziert ist, wird der Filterdialog geschlossen.
Strg + V	Werte aus Zwischenablage einfügen.
Strg + ⇧ + V	Werte aus Datei einfügen

Tabelle 3.1 Tastenkombinationen zur Navigation im Filterdialog (Forts.)

[»]

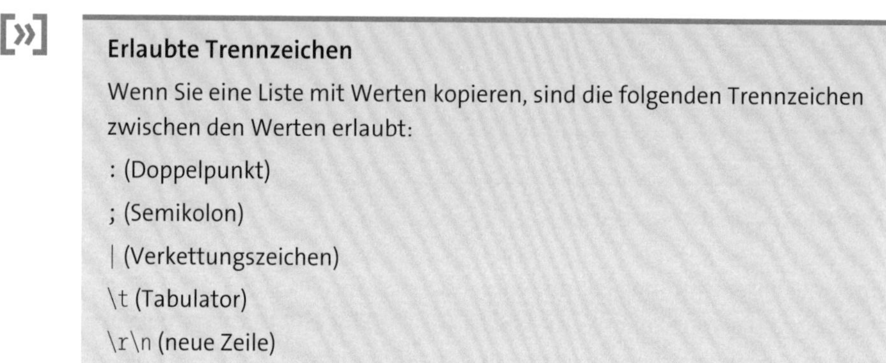

Erlaubte Trennzeichen

Wenn Sie eine Liste mit Werten kopieren, sind die folgenden Trennzeichen zwischen den Werten erlaubt:

: (Doppelpunkt)

; (Semikolon)

| (Verkettungszeichen)

`\t` (Tabulator)

`\r\n` (neue Zeile)

Mit expliziter Auswahl arbeiten

Wenn Sie beim Elementfilter alle Elemente auswählen möchten und ein Häkchen neben **Alle auswählen** setzen, wie in Abbildung 3.18 dargestellt, passiert zunächst nichts.

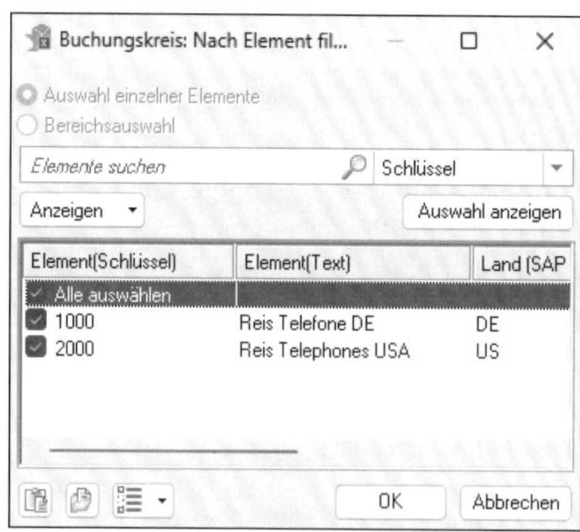

Abbildung 3.18 Alle Elemente auswählen

Das liegt daran, dass dieser Dialog wie ein Filter (siehe Abschnitt 2.2.6, »Mit Hintergrundfiltern arbeiten«) funktioniert. Wenn auf alle Elemente eingeschränkt wird, wird gleichzeitig auf keins der Elemente eingeschränkt – schließlich sollen alle Elemente angezeigt werden.

Es existieren jedoch Szenarien, bei denen alle Werte über die Eingabeaufforderung ausgewählt werden müssen. Dies ist insbesondere bei verpflichtenden Variablen der Fall.

[+]

Optionale Variablen nutzen

Sie können das Problem der Auswahl aller Elemente umgehen, indem Sie optionale Variablen nutzen. Wird dabei kein Element ausgewählt, werden automatisch alle Elemente angezeigt.

Dieses Verhalten von SAP Analysis für Microsoft Office mag irritierend wirken, vor allem wenn man früher mit dem BEx Web Application Designer oder dem BEx Analyzer gearbeitet hat. Bei diesen Tools wählte das System immer alle Elemente aus, wenn es gewünscht war. Abhilfe schafft die ab Version 2.3 von SAP Analysis for Microsoft Office verfügbare Funktion **Explizite Auswahl**, die Sie schon in Abschnitt 2.2.6, »Mit Hintergrundfiltern arbeiten«, kennengelernt haben. Diese können Sie über die Liste der Auswahl **Anzeigen** aktivieren, wie es in Abbildung 3.21 dargestellt ist.

[«]

Version von SAP Analysis für Microsoft Office anzeigen

Um festzustellen, mit welcher Version von SAP Analysis für Microsoft Office Sie arbeiten, wechseln Sie zur Registerkarte **Datei**, und wählen Sie **Analysis** aus. Nun können Sie die Funktion **Über Analysis** nutzen, um die aktuell installierte Version anzuzeigen (siehe Abbildung 3.19).

Abbildung 3.19 Installierte Version von SAP Analysis for Microsoft Office anzeigen

Die aktuell installierte Version wird im Bereich unten links angezeigt ❶. Die jeweilige Version der einzelnen Plug-ins können Sie über den Button **Plug-Ins** ❷ in Erfahrung bringen (siehe Abbildung 3.20).

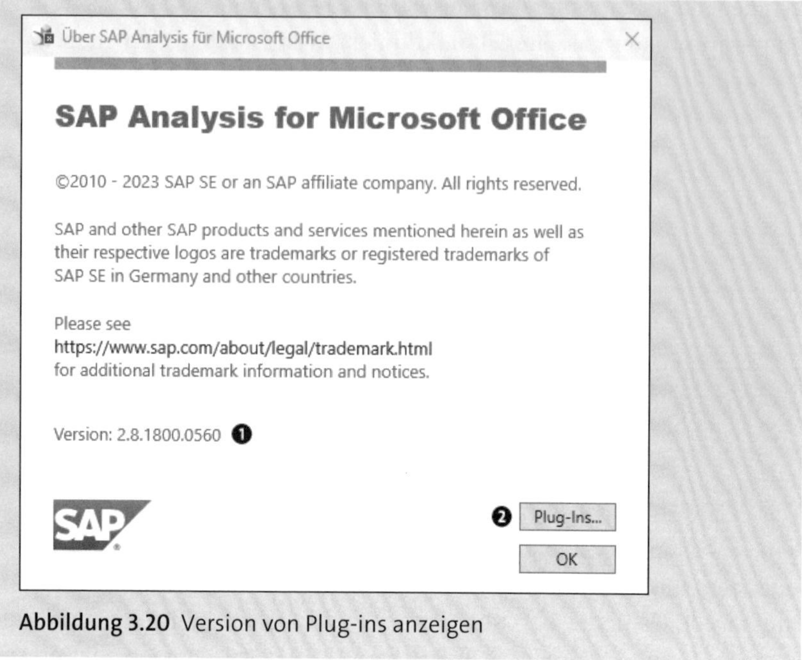

Abbildung 3.20 Version von Plug-ins anzeigen

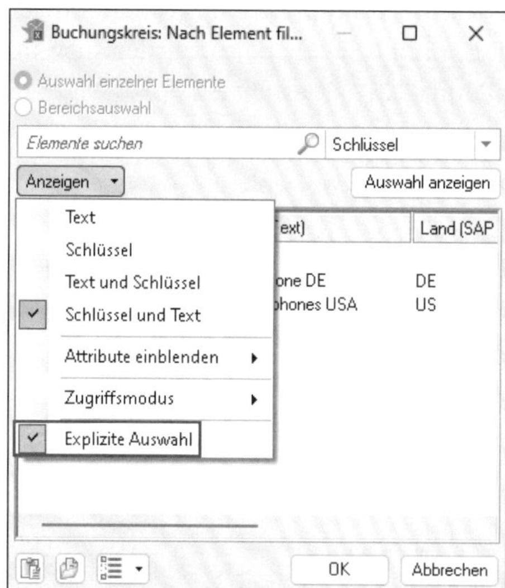

Abbildung 3.21 Explizite Auswahl einschalten

Wenn die Einstellung **Explizite Auswahl** aktiv ist, werden Elemente einzeln ausgewählt. Klicken Sie auf **Alle auswählen**, werden die Elemente, in unserem Beispiel die beiden Buchungskreise, einzeln ausgewählt. Über den Button **OK** können Sie sie nun den Eingabeaufforderungen hinzufügen. Dass die Einstellung **Explizite Auswahl** aktiv ist, erkennen Sie am Informations-Icon neben dem Ankreuzfeld **Alle auswählen** (siehe Abbildung 3.22).

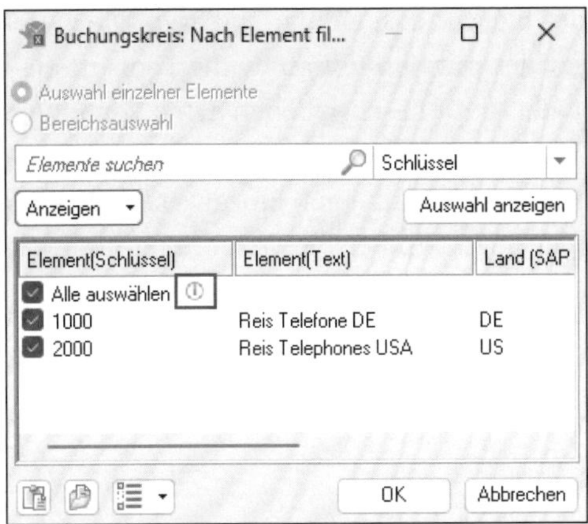

Abbildung 3.22 Explizite Auswahl aktiv

Wenn die Einstellung **Explizite Auswahl** deaktiviert ist, wird bei der Auswahl **Alle auswählen** erneut kein Filter angewandt.

3.1.3 Wertebereich auswählen

Eingabeaufforderungen können auch als *Wertebereich* modelliert werden, sodass Sie ein Start- und ein Endelement festlegen können. Durch das entstehende Intervall definieren Sie z. B., dass Ihr Bericht die Jahre 2018 bis 2020 enthält (siehe Abbildung 3.23).

Bei der Arbeit mit einem Wertebereich können Sie, wie gewohnt, die Werte manuell eingeben oder die Wertehilfe nutzen.

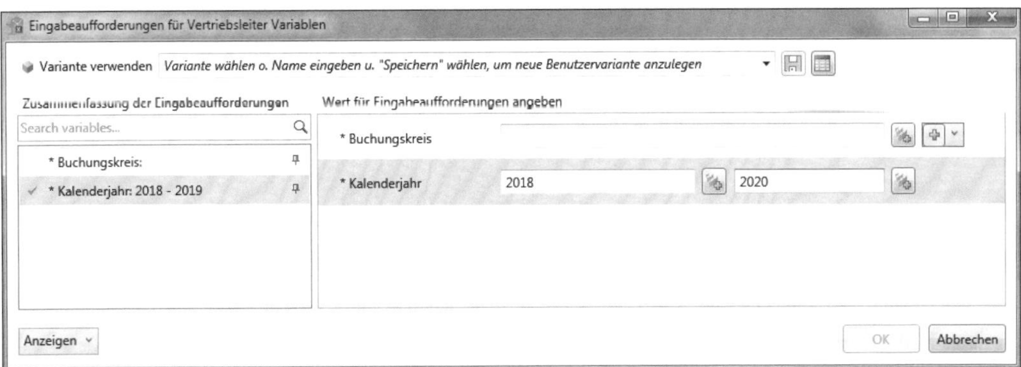

Abbildung 3.23 Wertebereich auswählen

3.1.4 Eingabeaufforderung als Auswahloption

Eine andere Form der Eingabeaufforderung ist die *Auswahloption*. Sie wird durch die verwendete Variable definiert und ist ein Variablentyp. Die Variable wird im BEx Query Designer oder mit den BW Modeling Tools modelliert. Die Auswahloption vereint alle zuvor beschriebenen Arten von Eingabeaufforderungen: Einzelwert, mehrere Einzelwerte und Wertebereich – wobei Sie gleichzeitig einen Wertebereich und einen Einzelwert oder auch mehrere Einzelwerte auswählen können. Ein Beispiel ist in Abbildung 3.24 dargestellt.

Bei der Auswahloption können Sie einen *Operator* ❶ nutzen, um eine Auswahl für das jeweilige Merkmal zu definieren. Folgende Operatoren stehen Ihnen zur Verfügung:

- = (gleich)
- != (ungleich)
- >= (größer als oder gleich)
- > (größer als)
- < (kleiner als)
- <= (kleiner als oder gleich)
- [ ] (zwischen)
- ![ ] (nicht zwischen)

Sie können, wie bei der Eingabeaufforderung mit mehreren Einzelwerten, mehrere Werte für ein Merkmal auswählen. Nutzen Sie dazu den Button (**Zeile hinzufügen**) ❷, mit dem Sie eine neue Zeile hinzufügen können. Um eine Auswahl wieder zu entfernen, nutzen Sie den Button (**Löschen**) ❸.

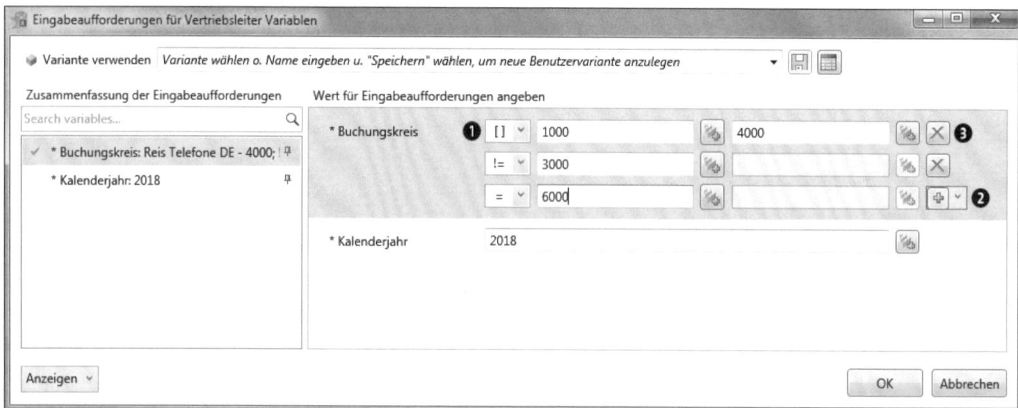

Abbildung 3.24 Alle Auswahlmöglichkeiten verfügbar

3.1.5 Mit Hierarchievariablen arbeiten

Wenn Sie in Ihrer Query eine *Hierarchievariable* definiert haben, können Sie diese auch für Ihre Eingabeaufforderungen verwenden. Wählen Sie die gewünschte Hierarchie aus der Liste aus, um sie als Wert für die Eingabeaufforderung zu definieren (siehe Abbildung 3.25). In diesem Beispiel existieren mehrere Hierarchien für das Merkmal Produktgruppe. Der Benutzer kann entscheiden, welche Hierarchie für die Anzeige der Daten verwendet werden soll.

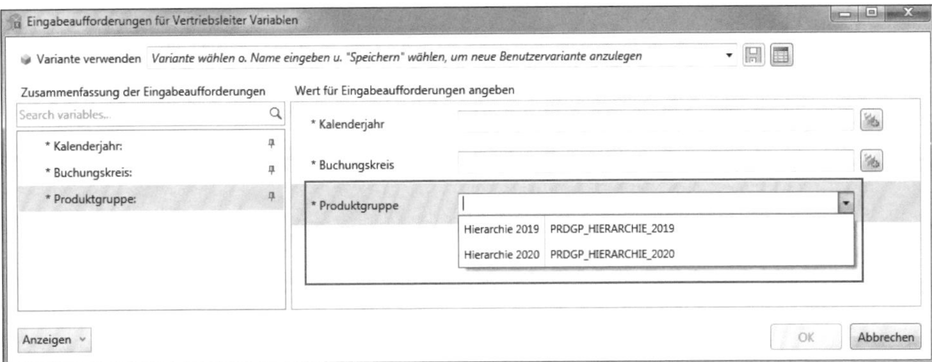

Abbildung 3.25 Hierarchie definieren

Hierarchieknoten auswählen

Wenn Sie Merkmale mit Hierarchien auswählen, können Sie festlegen, ob die Elemente der gesamten Hierarchie oder nur die Merkmale einer bestimmten Ebene ausgewählt werden sollen ❶. Die Auswahl erfolgt über die in Abbildung 3.26 gezeigte Liste ❷.

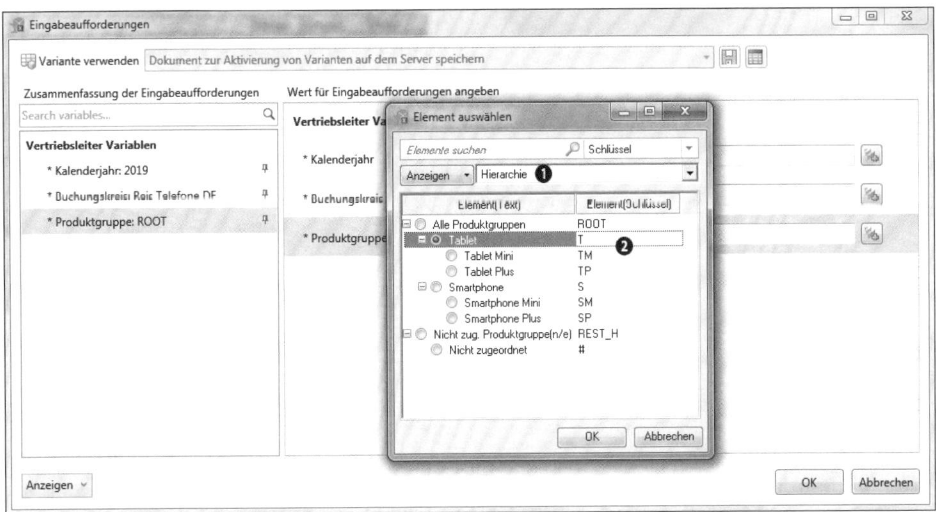

Abbildung 3.26 Gewünschte Elemente der Hierarchie auswählen

Mehrere Hierarchieknoten auswählen

Wenn die Variable für die Hierarchieknoten als Einzelwert definiert wurde, können Sie nur einen Hierarchieknoten als Wert für die Eingabeaufforderung auswählen. Wird hingegen in der Query eine Variable für einen mehrfachen Wert verwendet, können Sie mehrere Hierarchieknoten auf einmal als Werte für die Eingabeaufforderung auswählen. Ein Beispiel ist in Abbildung 3.27 zu sehen.

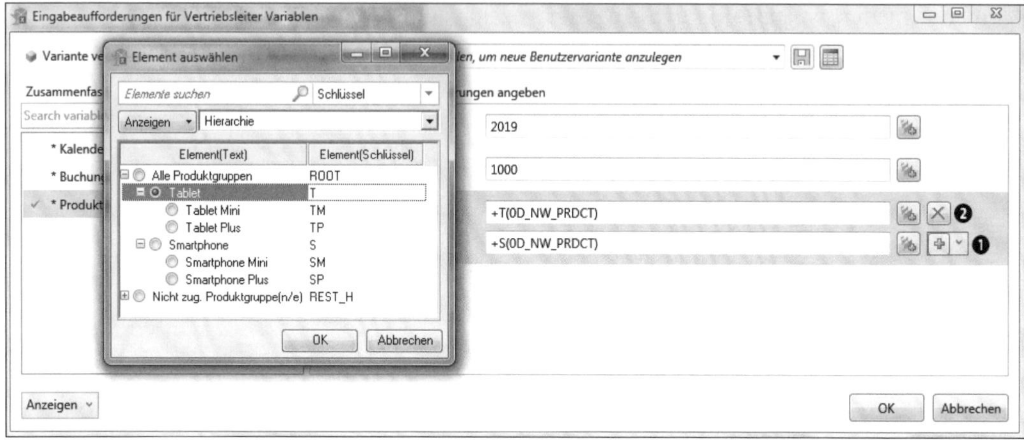

Abbildung 3.27 Mehrere Hierarchieknoten auswählen

Über den Button (**Zeile hinzufügen**) fügen Sie eine neue Zeile für zusätzliche Werte hinzu ❶. Mit (**Löschen**) entfernen Sie ein bereits ausgewähltes Element ❷.

[+]

Mehrere Hierarchieknoten gleichzeitig auswählen

Sie können über den Button (**Filtern**) (siehe Abschnitt 4.1, »Daten filtern«) auch mehrere Werte gleichzeitig aus der Liste auswählen. Ein Beispiel ist in Abbildung 3.28 dargestellt.

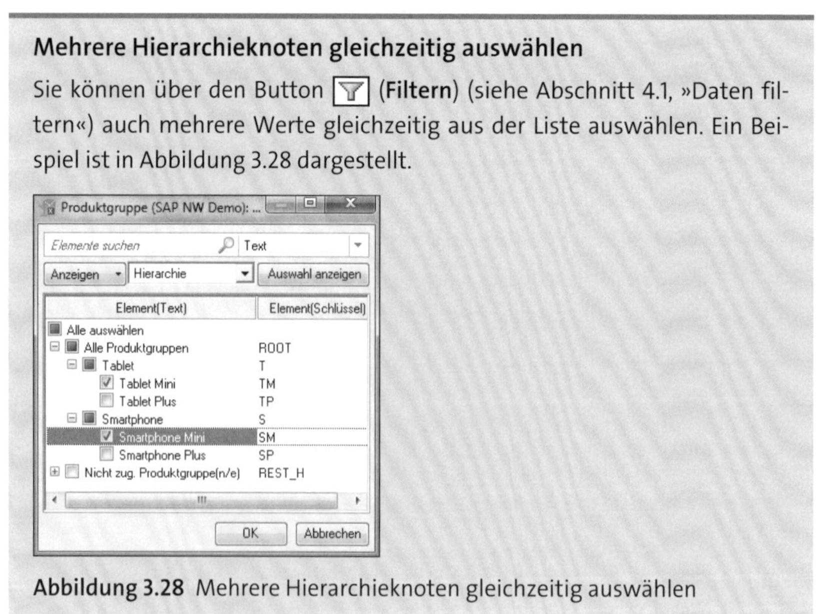

Abbildung 3.28 Mehrere Hierarchieknoten gleichzeitig auswählen

3.1.6 Mit Formelvariablen arbeiten

Wenn Ihre Query Formeln mit Variablen enthält, kann die Eingabeaufforderung auch dazu genutzt werden, diese zu parametrisieren. Geben Sie dazu einen numerischen Wert in die Eingabeaufforderung ein. Der numerische Wert wird anschließend für Kennzahlenberechnungen verwendet, die im Query Designer definiert sind.

Ein Beispiel ist in Abbildung 3.29 zu sehen. Hier wird ein Prozentsatz angegeben, der die im Bericht angezeigten Umsätze entsprechend erhöht. Dies kann für die Darstellung verschiedener Szenarien erforderlich sein.

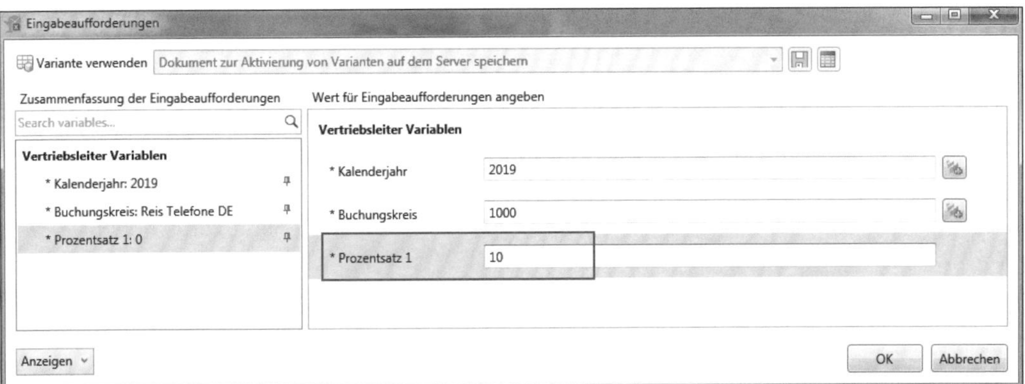

Abbildung 3.29 Prozentsatz definieren

3.1.7 Texte als Eingabeaufforderung

Schließlich können Sie die Eingabeaufforderungen dazu nutzen, einen Text einzugeben. So können Sie Beschreibungen zu Spalten oder Zeilenköpfen zuordnen oder die Bezeichnung einer berechneten Kennzahl ändern (siehe Abbildung 3.30).

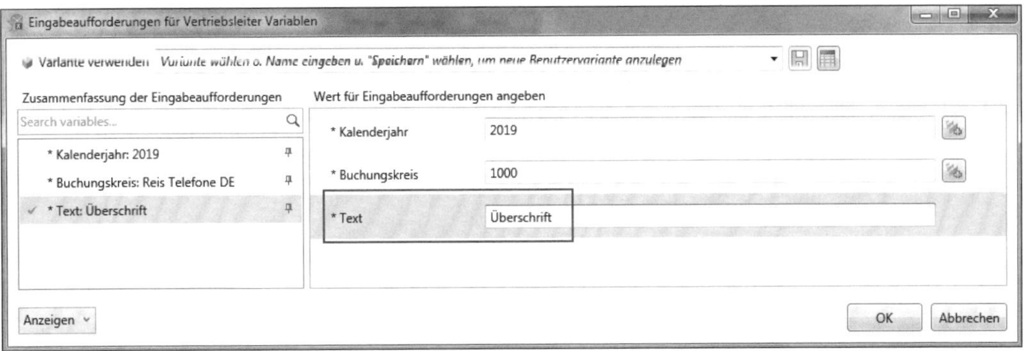

Abbildung 3.30 Möglichkeit zur Texteingabe

Die in der Eingabeaufforderung definierten Werte können Sie als Variante für eine Query oder für die Arbeitsmappe bzw. Präsentation speichern und wiederverwenden. Wie das funktioniert, erläutere ich Ihnen im nächsten Abschnitt.

3.2 Varianten für Eingabeaufforderungen verwenden

Sobald Sie die Werte für eine Eingabeaufforderung definiert haben, können Sie diese Werte als *Variante* speichern (siehe Abbildung 3.31). Dabei können Sie eine Variante entweder für eine Query oder für ein Dokument (Arbeitsmappe oder Präsentation) speichern. Die Varianten eines Dokuments können Werte für die Eingabeaufforderungen verschiedener Datenquellen enthalten, die Bestandteile dieses Dokuments sind. Die Varianten können als *benutzerspezifische Variante* oder auch als *globale Variante* angelegt werden. Während die benutzerspezifische Variante nur für Ihren Benutzer sichtbar ist, kann die globale Variante von allen Benutzern verwendet werden.

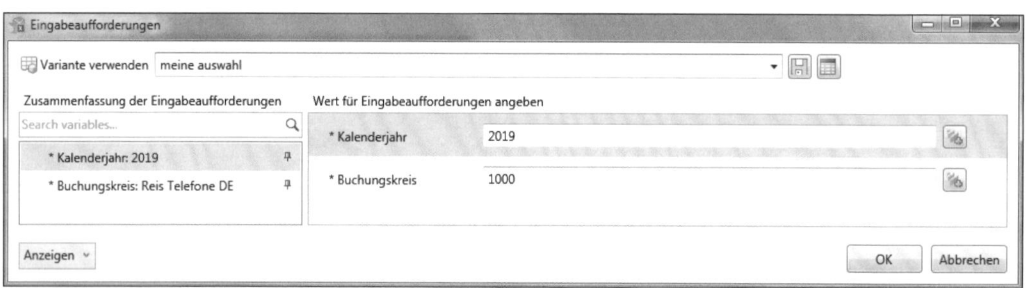

Abbildung 3.31 Ausgewählte Werte als Variante speichern

Varianten anpassen

Wenn Sie die Arbeitsmappe oder die Query das nächste Mal öffnen, können Sie Ihre benutzerspezifischen Varianten und alle globalen Varianten verwenden. Sie können eine bestehende Variante anpassen, indem Sie andere Werte in der Eingabeaufforderung auswählen und die Variante erneut speichern. Darüber hinaus können Sie bestehende Varianten auch löschen.

[»]

Varianten und Berechtigungen

Damit ein Benutzer eine Variante anlegen kann, muss für ihn das Berechtigungsobjekt `S_RS_PARAM` auf dem SAP-NetWeaver-Server gepflegt worden sein. Weiterführende Informationen zu Berechtigungen finden Sie in meinem Buch »SAP BI Berechtigungen sind einfach – das Wesentliche auf den Punkt gebracht« (CreateSpace Independent Publishing Platform 2018).

Mehrere Varianten für eine Eingabeaufforderung

Es ist möglich, mehrere Varianten für dieselbe Eingabeaufforderung anzulegen. So können Sie unterschiedliche Werte für die Eingabeaufforderung auswählen und einen Datensatz aus verschiedenen Perspektiven analysieren. Allerdings kann immer nur eine Variante auf einmal aktiv sein. Es ist nicht möglich, die Werte aus verschiedenen Varianten zu kombinieren.

3.2.1 Benutzerspezifische Variante anlegen

Damit Sie die Variableneingabe nicht jedes Mal wiederholen müssen, können Sie Ihre Auswahl als Variante speichern.

Definieren Sie hierzu zunächst die Werte der Eingabeaufforderung. Geben Sie anschließend einen Namen der Variante in das Eingabefeld **Variante verwenden** ein ❶, und speichern Sie die Variante anschließend über den Button (**Speichern**) ❷ (siehe Abbildung 3.32). Nun kann die Variante in der Liste ausgewählt werden.

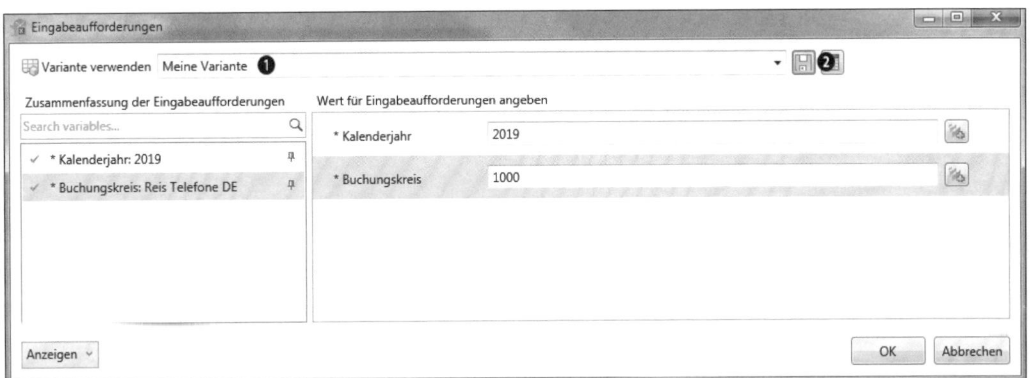

Abbildung 3.32 Variante anlegen

3.2.2 Globale Variante anlegen

Im vorangehenden Abschnitt haben Sie gelernt, wie Sie eine Variante anlegen. Standardmäßig wird die spezifizierte Variablenauswahl als benutzerspezifische Variante gespeichert. Das heißt, dass diese nur für den jeweiligen Benutzer sichtbar ist.

Wenn Sie möchten, dass auch andere Anwender die von Ihnen gespeicherte Variablenauswahl sehen und nutzen können, müssen Sie eine globale Variante anlegen. Diese ist im gesamten System sichtbar, wie es sich aus der Bezeichnung *global* ableiten lässt.

Globale Varianten auf der SAP-BusinessObjects-BI-Plattform

Wenn Sie eine SAP-BusinessObjects-BI-Plattform verwenden, müssen Sie in der Central Management Console in der Auswahl **Variants Support** den Eintrag **User and Global** auswählen, um globale Varianten einsetzen zu können. Diese Einstellung finden Sie im Bereich **Analysis Runtime**.

Um eine globale Variante anzulegen, müssen Sie den Typ der benutzerspezifischen Variante ändern. Öffnen Sie dazu den Dialog **Eingabeaufforderungen**, und wählen Sie den Button (**Varianteneinstellungen anzeigen**) (siehe Abbildung 3.33).

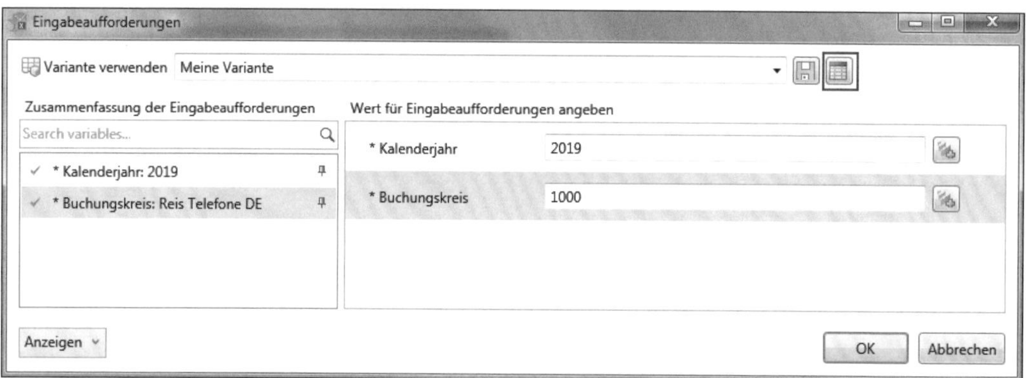

Abbildung 3.33 Varianteneinstellungen anzeigen

Nun öffnet sich ein neues Fenster **Varianteneinstellungen**. Hier werden die verfügbaren Varianten mit ihrem Namen, Typ und dem technischen Namen angezeigt. Ein Beispiel ist in Abbildung 3.34 zu sehen.

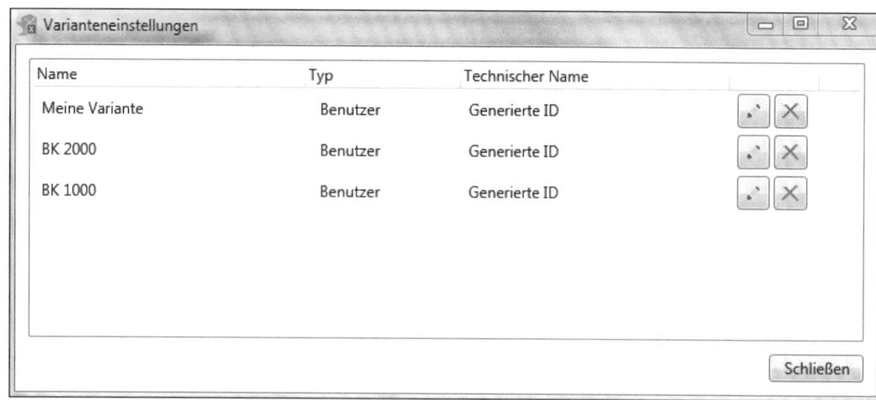

Abbildung 3.34 Varianteneinstellungen

Wählen Sie die benutzerspezifische Variante aus, die Sie ändern möchten, und klicken Sie auf den Button (**Ändern**) neben der Variante. Wählen Sie anschließend in der Spalte **Typ** die Auswahl **Global** für die Variante aus ❶, wie in Abbildung 3.35 gezeigt. Geben Sie anschließend einen technischen Namen ein ❷. Bestätigen Sie die Varianteneinstellung über (**Weiter**) ❸, um die Änderungen zu übernehmen. Wenn Sie die Änderungen rückgängig machen möchten, wählen Sie (**Abbrechen**) ❹.

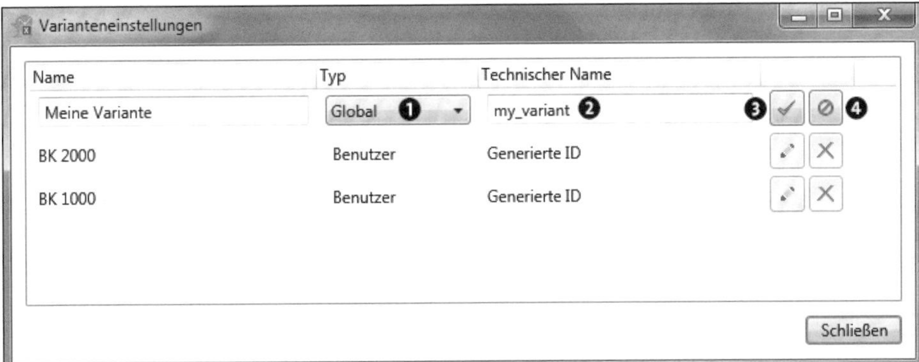

Abbildung 3.35 Den Typ der Variante ändern

Die Variante wird als globale Variante gespeichert (siehe Abbildung 3.36). Damit kann sie von allen Benutzern verwendet werden. Sie können den Dialog **Varianteneinstellungen** nun über den Button **Schließen** verlassen.

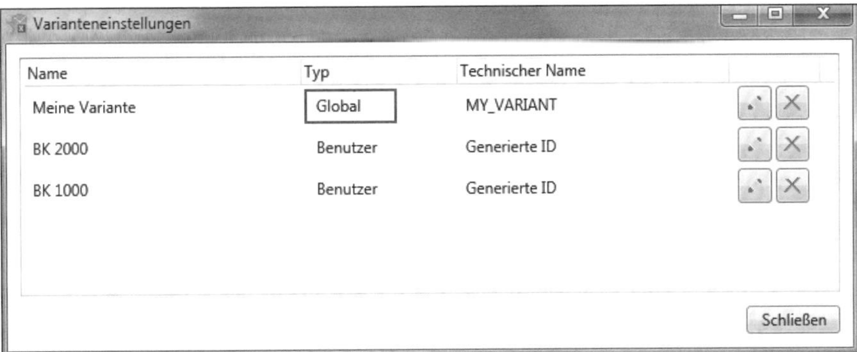

Abbildung 3.36 Einstellung »globale Variante«

Wie Sie in Abbildung 3.37 sehen können, wird die globale Variante im Dialog **Eingabeaufforderungen** räumlich von den benutzerspezifischen Varianten getrennt.

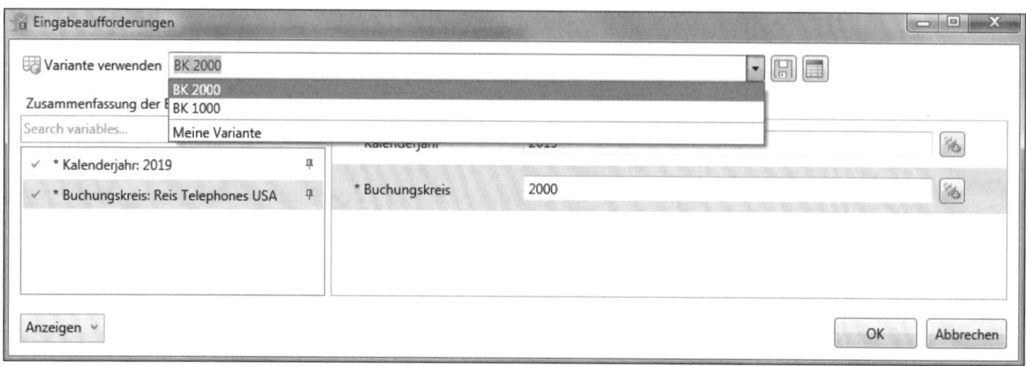

Abbildung 3.37 Globale und benutzerspezifische Varianten

3.2.3 Modi für das Arbeiten mit Varianten

Varianten können Sie im Dialog **Eingabeaufforderungen** anlegen und bearbeiten. Es existieren zwei verschiedene Modi für das Arbeiten mit Varianten. Der *Modus für Dokumente* arbeitet mit *Dokumentenvarianten*, während der *Modus für Datenquellen* mit den *Query-Varianten* arbeitet. Durch ein Icon im Dialog für Eingabeaufforderungen (links neben der Variante) wird angezeigt, welcher Modus gerade aktiv ist (siehe Abbildung 3.38).

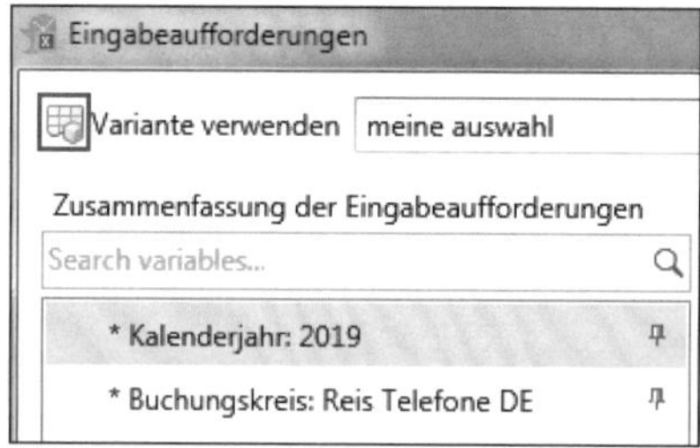

Abbildung 3.38 Anzeige des aktiven Modus

Der aktive Modus hängt von Ihrer Auswahl für die Arbeitsmappeneigenschaft **Variablen zusammenfassen** auf der Registerkarte **Komponenten** im Designbereich ab und davon, wie Sie den Dialog für die Eingabeaufforderung öffnen. Nachfolgend gehe ich detaillierter auf die verschiedenen Modi ein.

Mit dem Modus für Dokumente arbeiten

Der Modus für Dokumente wird durch das Icon im Dialog **Eingabeaufforderungen** angezeigt. In diesem Modus sehen Sie alle Varianten für die jeweilige Arbeitsmappe bzw. die Präsentation. Wenn Sie eine neue Variante definieren, wird diese in dem jeweiligen Dokument abgespeichert. Für das Arbeiten mit Dokumentenvarianten gelten einige Voraussetzungen.

Voraussetzungen

Zunächst muss die Arbeitsmappe bereits auf dem SAP-Server gespeichert sein. Darüber hinaus muss die Arbeitsmappeneigenschaft **Variablen zusammenfassen** ausgewählt sein. Um diese Eigenschaft zu aktivieren, wechseln Sie in den Designbereich (über **Designbereich • Anzeigen**) und wählen dort die Registerkarte **Komponenten** aus. Selektieren Sie die Arbeitsmappe, und setzen Sie ein Häkchen neben die Eigenschaft **Variablen zusammenfassen**, wie in Abbildung 3.39 dargestellt.

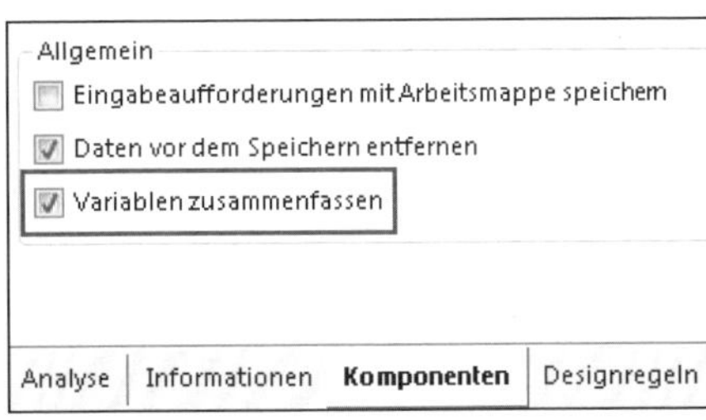

Abbildung 3.39 Aktivierte Einstellung »Variablen zusammenfassen«

Anschließend können Sie den Dialog für die Eingabeaufforderung im Bereich **Datenanalyse** öffnen. Wie Sie in Abbildung 3.40 sehen, ist in diesem Fall der Eintrag **Eingabeaufforderung für Datenquelle** in der Auswahl **Parameter & Variablen** ausgegraut.

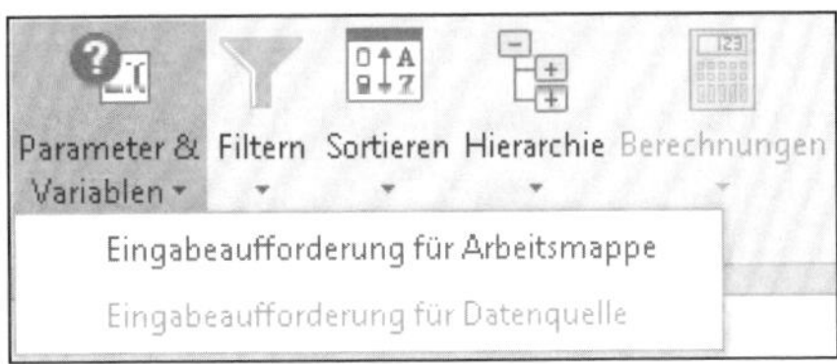

Abbildung 3.40 Eingabeaufforderung öffnen

Mit dem Modus für Datenquellen arbeiten

Der Modus für Datenquellen wird durch das Icon im Dialog **Eingabeaufforderungen** symbolisiert. In diesem Modus sehen Sie alle Varianten für die ausgewählte Query. Wenn Sie eine neue Variante anlegen, wird sie immer in dieser Query abgespeichert. Für die Query-Varianten gelten ebenfalls Voraussetzungen, die ich im Folgenden vorstelle.

Voraussetzungen

Zunächst darf die Arbeitsmappeneigenschaft **Variablen zusammenfassen** nicht aktiv sein, wie in Abbildung 3.41 gezeigt.

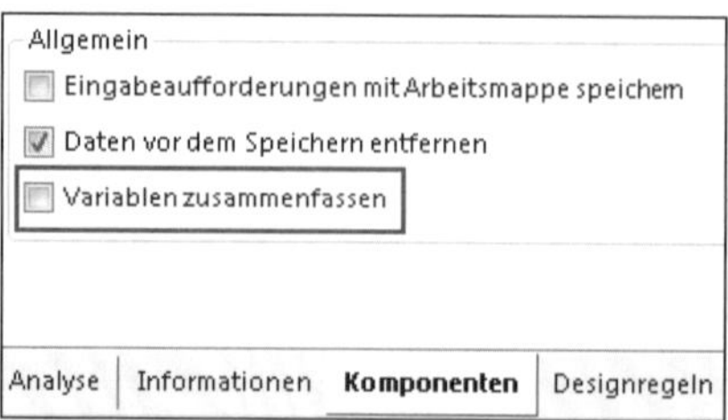

Abbildung 3.41 Deaktivierte Einstellung »Variablen zusammenfassen«

Anschließend können Sie die Query selektieren und den Eintrag **Eingabeaufforderung für Datenquelle** aus der Liste der Auswahl **Parameter & Variablen** auswählen (siehe Abbildung 3.42). Diese Option ist nur verfügbar, wenn die Arbeitsmappeneigenschaft **Variablen zusammenfassen** nicht aktiv und eine Query markiert ist. Ansonsten ist dieser Eintrag ausgegraut, wie es in Abbildung 3.40 zu sehen ist.

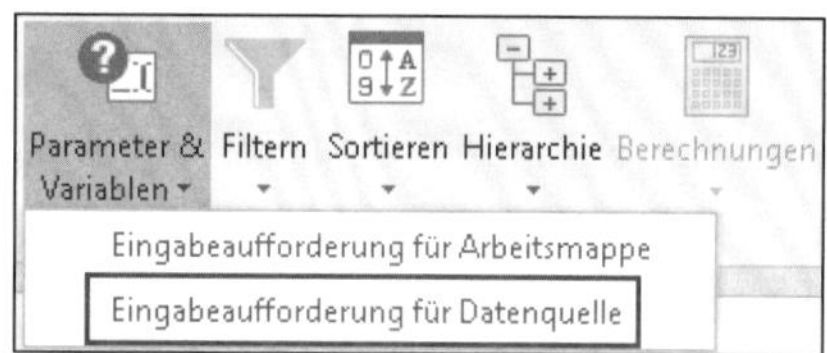

Abbildung 3.42 Eingabeaufforderung für Datenquelle öffnen

3.2.4 Variante verwenden

Um eine gespeicherte Variante zu verwenden, öffnen Sie den Dialog **Eingabeaufforderungen**. Nun können Sie die Variante in der Liste auswählen ❶. Dabei werden zuerst die benutzerspezifischen Varianten aufgelistet. Die globalen Varianten werden durch einen Balken getrennt aufgelistet, wie es in Abbildung 3.43 zu sehen ist.

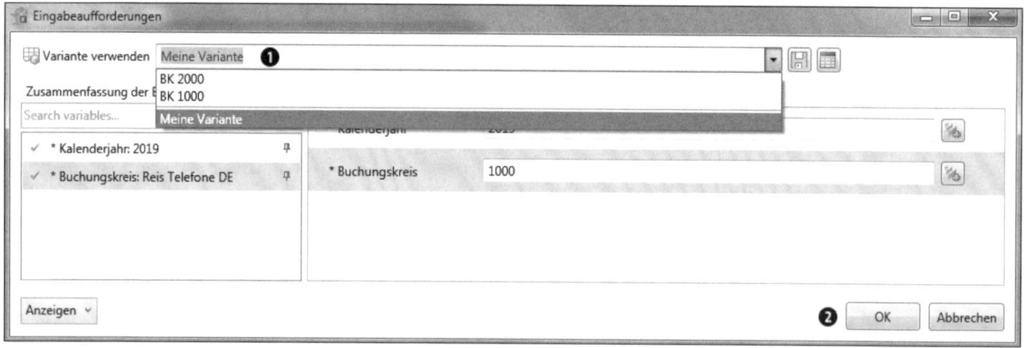

Abbildung 3.43 Variante anwenden

Nachdem Sie eine Variante ausgewählt haben, werden alle Eingabeaufforderungen mit entsprechenden Werten gefüllt. Wählen Sie den Button **OK** ❷, um die Auswahl zu bestätigen. Als Ergebnis wird die ausgewählte Variante auf die Query bzw. die gesamte Arbeitsmappe angewandt, und die Daten der Kreuztabellen werden entsprechend angezeigt.

3.2.5 Variante anpassen

Es ist möglich, eine vorhandene Variante zu ändern. Dabei können Sie die Werte der Eingabeaufforderung oder den Namen der Variante anpassen.

Um eine Variante anzupassen, öffnen Sie zunächst den Dialog **Eingabeaufforderungen**. Wählen Sie anschließend die gewünschte Variante in der Liste aus ❶. In Abbildung 3.44 sehen Sie ein Beispiel.

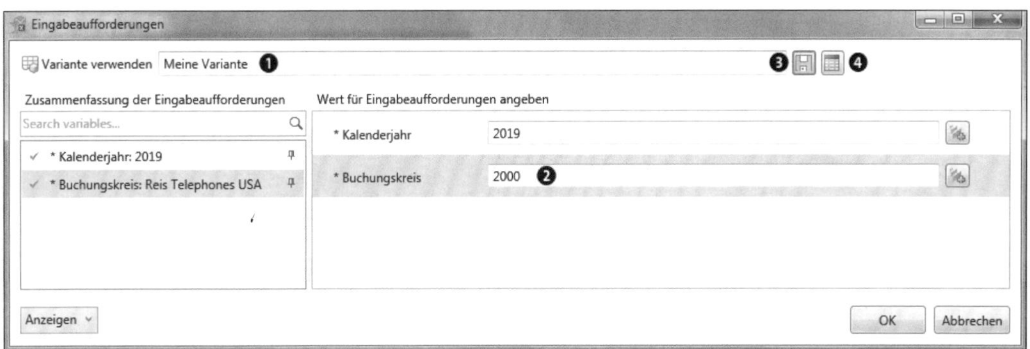

Abbildung 3.44 Variante ändern

Ändern Sie nun die Werte der Eingabeaufforderungen für diese Variante ❷, und klicken Sie auf (**Speichern**) ❸. Es erscheint eine Abfrage, ob Sie die Variante wirklich überschreiben möchten. Bestätigen Sie diese mit dem Button **OK**. Die Variante wird nun mit den neu definierten Werten der Eingabeaufforderung gespeichert.

Um den Namen der Variante zu ändern, wählen Sie den Button (**Varianteneinstellungen anzeigen**) ❹. Es öffnet sich das Fenster **Varianteneinstellungen** (siehe Abbildung 3.45). Wählen Sie den Button (**Ändern**).

Anschließend können Sie in der Spalte **Name** die Beschreibung der Variante anpassen. Klicken Sie anschließend auf (**Weiter**), um die Änderung zu übernehmen und den Namen der Variante zu ändern. Wenn Sie die Änderung nicht übernehmen wollen, wählen Sie (**Abbrechen**).

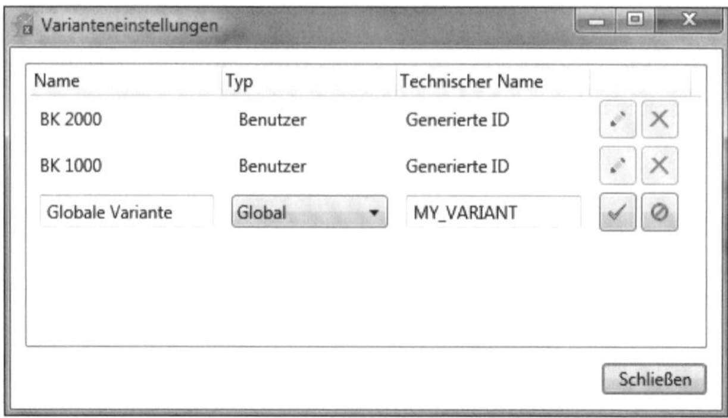

Abbildung 3.45 Namen der Variante ändern

3.2.6 Variante löschen

Wenn Sie eine Variante nicht mehr verwenden möchten, können Sie diese löschen. Öffnen Sie dazu den Dialog **Eingabeaufforderungen**, und wählen Sie (**Varianteneinstellungen anzeigen**) ❶. Wie Sie in Abbildung 3.46 sehen, öffnet sich der Dialog **Varianteneinstellungen**. In diesem sind alle verfügbaren Varianten aufgelistet. Klicken Sie neben der Variante, die Sie löschen möchten, auf den Button (**Varianteneinstellung löschen**) ❷.

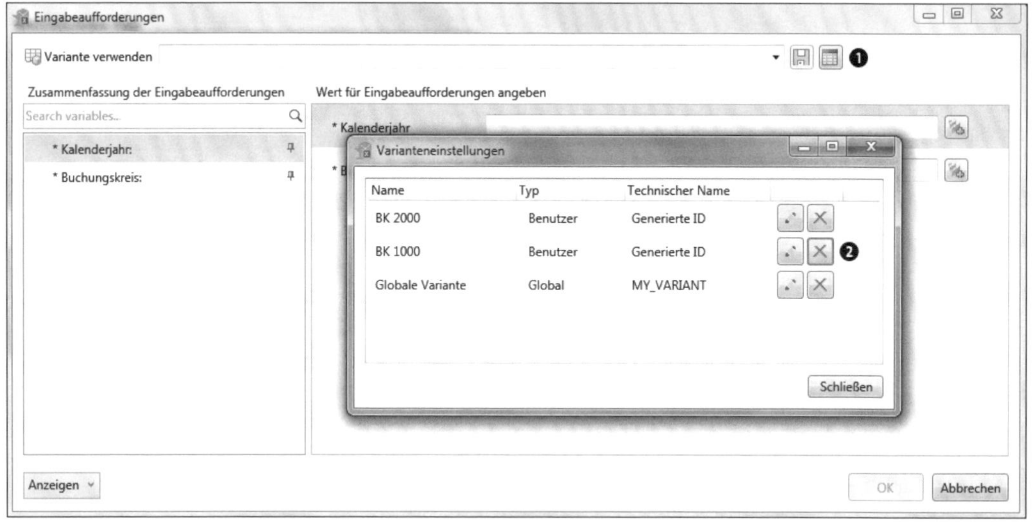

Abbildung 3.46 Variante löschen

Es erscheint die Abfrage, ob Sie die ausgewählte Variante wirklich löschen wollen – bestätigen Sie diese mit **Ja**. Die Variante wird nun vollständig aus dem System entfernt. Wählen Sie anschließend **Schließen**, um den Dialog **Varianteneinstellungen** zu verlassen.

3.3 Ausgewählte Werte einsehen

Nachdem Sie Werte für Eingabeaufforderungen bestimmt haben, werden die Daten im Arbeitsblatt entsprechend Ihrer Auswahl angezeigt. Sie können die definierten Werte einsehen, indem Sie im Designbereich (**Designbereich • Anzeigen**) die Registerkarte **Informationen** auswählen.

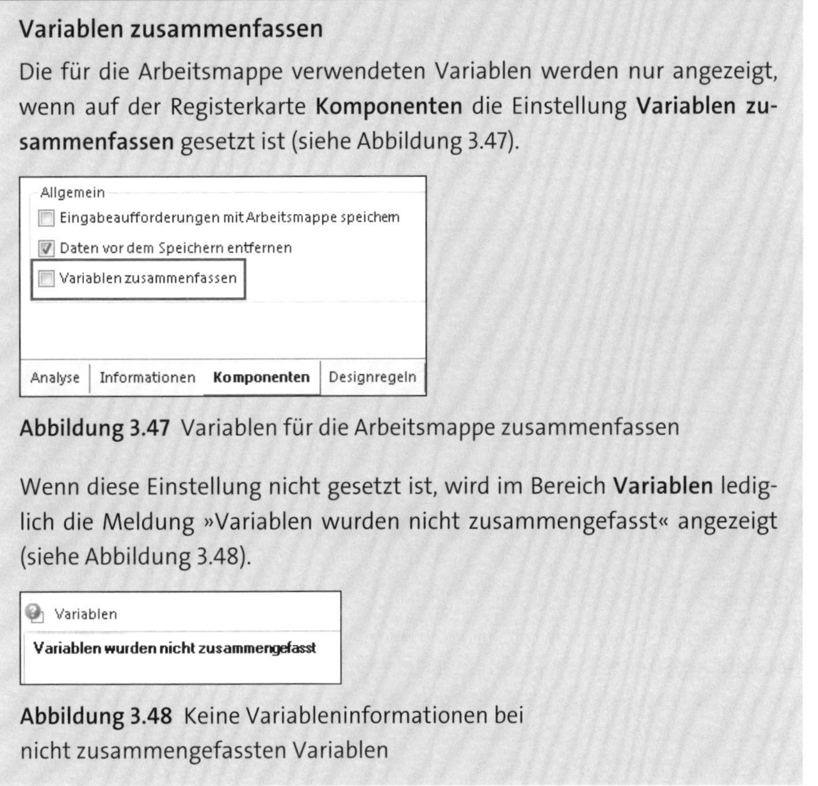

Variablen zusammenfassen

Die für die Arbeitsmappe verwendeten Variablen werden nur angezeigt, wenn auf der Registerkarte **Komponenten** die Einstellung **Variablen zusammenfassen** gesetzt ist (siehe Abbildung 3.47).

Abbildung 3.47 Variablen für die Arbeitsmappe zusammenfassen

Wenn diese Einstellung nicht gesetzt ist, wird im Bereich **Variablen** lediglich die Meldung »Variablen wurden nicht zusammengefasst« angezeigt (siehe Abbildung 3.48).

Abbildung 3.48 Keine Variableninformationen bei nicht zusammengefassten Variablen

Wenn Variablen für die Arbeitsmappe zusammengefasst wurden (Einstellung der Registerkarte **Komponenten**), werden nun unter **Variablen** die ausgewählten Eingabeaufforderungen angezeigt ❶ (siehe Abbildung 3.49).

Angezeigte Informationen auswählen

Über die Auswahl **Informationen zu:** ❷ können Sie wählen, ob die Informationen zu der Arbeitsmappe (Workbook) oder zu den einzelnen Datenquellen angezeigt werden sollen.

Wenn Sie zu einer Datenquelle wechseln (❶, siehe Abbildung 3.50), finden Sie die von Ihnen gewählten Werte im Bereich **Filter** ❷. Dabei werden, neben den Eingabeaufforderungen, sämtliche Einschränkungen für die jeweilige Query angezeigt. So ist in unserem Beispiel neben dem Buchungskreis und dem Kalenderjahr auch der InfoProvider sichtbar.

Abbildung 3.49 Definierte Eingabeaufforderungen anzeigen

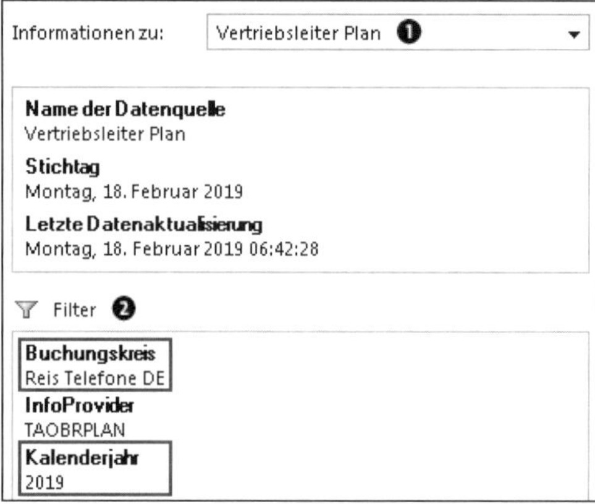

Abbildung 3.50 Filter der Datenquelle einsehen

Variablen sichtbar machen

Sie können auch die vom Benutzer ausgewählten Eingabeaufforderungen mithilfe einer SAP-Formel direkt im Arbeitsblatt sichtbar machen. Wie das geht, erfahren Sie in Abschnitt 10.2.14, »SAPGetVariable«.

Die von Ihnen ausgewählten Werte der Eingabeaufforderung können mit der Arbeitsmappe zusammen gespeichert werden. Diese stehen dann anderen Benutzern oder in anderen Sitzungen zur Verfügung. Wechseln Sie dazu im Designbereich (**Designbereich • Anzeigen**) auf die Registerkarte **Komponenten** ❶ (siehe Abbildung 3.51), und setzen Sie im Bereich **Allgemein** ein Häkchen neben die Einstellung **Eingabeaufforderungen mit Arbeitsmappe speichern** ❷.

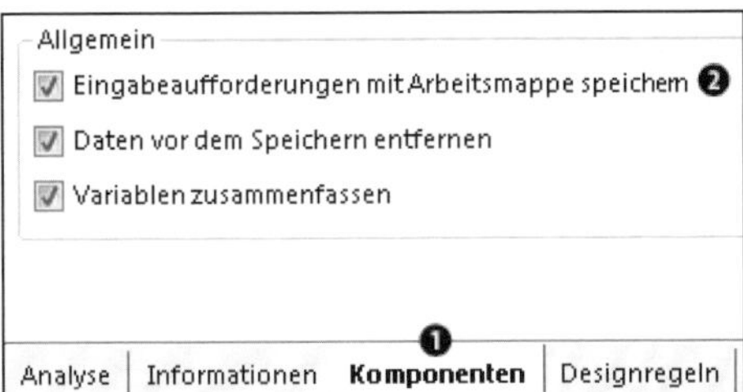

Abbildung 3.51 Eingabeaufforderungen speichern

Wenn Sie die Werte der Eingabeaufforderungen während einer Analyse ändern möchten, können Sie den Dialog für die Eingabeaufforderungen erneut öffnen. Klicken Sie dazu auf die Auswahl **Parameter & Variablen** im Bereich **Datenanalyse** (siehe Abbildung 3.52).

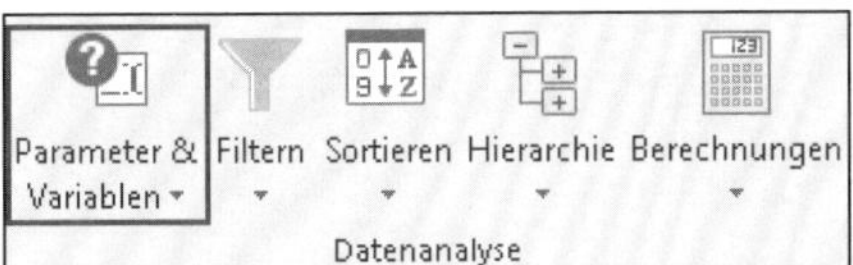

Abbildung 3.52 Eingabeaufforderungen ändern

3.4 Zusammenfassung

In diesem Kapitel haben Sie Tipps und Tricks für den Umgang mit Eingabeaufforderungen erhalten. Dadurch können Sie nun effizienter arbeiten, da Sie so manche versteckte Funktionalität verwenden können. Darüber hinaus können Sie Varianten einsetzen, um einmal definierte Eingaben wiederzuverwenden. Schließlich haben Sie gelernt, wie Sie ausgewählte Werte einsehen können. Im nächsten Kapitel erfahren Sie, wie Sie Daten für Ihre Analyse aufbereiten können. Ich zeige Ihnen, wie Sie Daten filtern, sortieren und die Darstellung anpassen.

4

Kapitel 4
Daten aufbereiten

In diesem Kapitel vertiefen wir nicht nur die in Kapitel 2 bereits angesprochene Möglichkeit, Daten zu filtern, sondern ich erkläre Ihnen auch, wie Sie Daten sortieren und hierarchisch darstellen können, um sie für Ihre Analysen optimal aufzubereiten.

In Abschnitt 2.2.6, »Mit Hintergrundfiltern arbeiten«, haben Sie bereits die Funktionsweise von *Filtern* kennengelernt. Mithilfe dieser können Sie Kriterien festlegen, über die in Ihrem Bericht angezeigte Daten auf eine Teilmenge eingeschränkt werden. Dadurch können Sie neue, spezifischere Sichten auf verfügbare Daten anlegen. So können Sie z. B. nur den für Sie relevanten Buchungskreis betrachten. Die Funktionsweise von Filtern ist additiv, d. h., dass jeder zusätzliche Filter auf den aktuellen Filter aufsetzt und dadurch die Teilmenge von Daten weiter reduziert.

Arten von Filtern

Man unterscheidet generell zwischen zwei Typen von Filtern. Zum einen können Sie die Datenmenge in Ihrer Analyse auf bestimmte Elemente einschränken. Diese bleiben bei der Analyse weiterhin sichtbar. Andererseits können Sie Elemente definieren, die als Filter im Hintergrund der Analyse fungieren. Wenn Sie z. B. die Umsätze der letzten drei Jahre analysieren und dabei nur die ersten drei Monate jedes Jahres sehen möchten, können Sie die anderen Monate von der Analyse ausschließen.

In Analysen berücksichtigte Elemente

Beachten Sie, dass Elemente, die Sie aus Ihrer Analyse entfernt haben, von der Analyse ausgeschlossen bleiben, bis Sie die Filterkriterien ändern oder wieder hinzufügen. Der Filter wirkt sich auf die Ergebnisse und Zwischenergebnisse Ihrer Analyse aus. In den Ergebnissen werden nur die Werte der angezeigten Elemente berücksichtigt.

Sie können auch nach ausgewählten Kennzahlen filtern und so bestimmen, welche Kennzahlenwerte in Ihrem Bericht angezeigt werden. So können Sie z. B. definieren, dass nur die ersten drei Produktgruppen mit dem höchsten Umsatz angezeigt werden (siehe Abschnitt 4.1.3, »Kennzahlen filtern«) oder

Zeilen und Spalten herausfiltern, die nur Nullen enthalten (siehe Abschnitt 4.1.4, »Nullen unterdrücken«).

Neben dem Filtern gehört auch das *Sortieren* von Daten zu jeder Datenanalyse (siehe Abschnitt 4.2, »Daten sortieren«). Durch das Sortieren und Darstellen der Daten in verschiedenen Sichten können Sie neue Erkenntnisse gewinnen und Ihre Daten besser verstehen. Zudem können Sie so schneller auf die Daten zugreifen, die Sie für Ihre Entscheidungen benötigen.

Auch die hierarchische Darstellung von Daten trägt zur besseren Übersicht bei. In Abschnitt 4.3, »Hierarchien handhaben«, zeige ich Ihnen, wie Sie Merkmale mit Hierarchien verwenden und in Hierarchien navigieren können. Auch Merkmale, die keine Hierarchien enthalten, können hierarchisch dargestellt werden. Wie das geht, erfahren Sie in Abschnitt 4.3.3, »Merkmale hierarchisch darstellen«.

Bei der Datenanalyse werden Elemente, Kennzahlen und Ergebnisse standardmäßig entsprechend den Einstellungen in der Query angezeigt. Sie können die Anzeige jedoch auch entsprechend Ihren Bedürfnissen anpassen. In Abschnitt 4.4, »Darstellung von Elementen, Kennzahlen und Ergebnissen anpassen«, zeige ich Ihnen, wie Sie die Darstellung von Elementen, Kennzahlen und Ergebnissen anpassen.

4.1 Daten filtern

Filter einrichten

In Abschnitt 2.2.6, »Mit Hintergrundfiltern arbeiten«, haben Sie gelernt, wie Sie einen Filter über die Registerkarte **Analyse** im Designbereich einrichten. Alternativ zum dort beschriebenen Eintrag **Zu Filter hinzufügen** können Sie auch direkt in der Kreuztabelle einen Rechtsklick auf das einzuschränkende Merkmal ausführen. Wählen Sie anschließend den Eintrag **Nach Element filtern** aus dem Kontextmenü aus (siehe Abbildung 4.1).

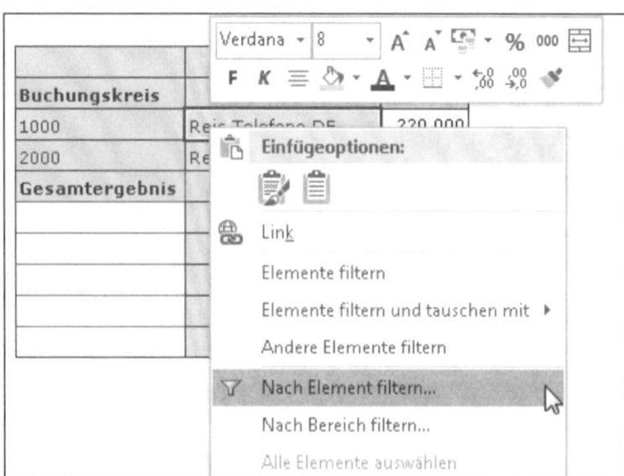

Abbildung 4.1 Nach Element oder Bereich filtern

Wenn Sie ein Intervall für den Filter einrichten wollen, wählen Sie den Eintrag **Nach Bereich filtern** aus. Es öffnet sich nun der aus Abschnitt 2.2.6, »Mit Hintergrundfiltern arbeiten«, bekannte Dialog. Spezifizieren Sie anschließend die Werte, auf die Sie einschränken wollen.

Anzahl der im Filterdialog angezeigten Elemente anpassen

Die Anzahl der Elemente, die im Filterdialog angezeigt werden, kann über die Benutzereinstellungen angepasst werden. Um diese Einstellung vorzunehmen, klicken Sie auf die Registerkarte **Datei** und wählen Sie **Analysis**. Folgen Sie anschließend dem Pfad **Analysis anpassen • Optionen**. Auf der Registerkarte **Benutzer** finden Sie die Einstellung **Maximale Anzahl der im Filterdialog angezeigten Elemente** (siehe Abbildung 4.2). Weitere Informationen finden Sie in Kapitel 12, »SAP Analysis for Microsoft Office konfigurieren«.

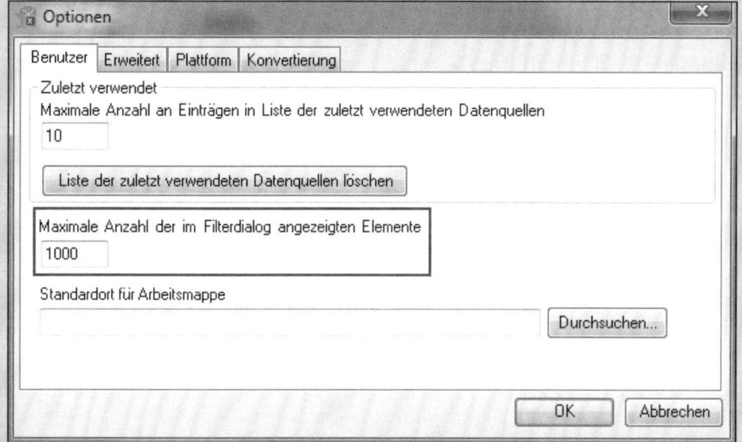

Abbildung 4.2 Maximale Anzahl der Elemente im Filterdialog einstellen

Wenn die Anzahl der Elemente einer Dimension die in den Benutzereinstellungen festgelegte maximale Anzahl übersteigt, öffnet sich statt des gewohnten Filterdialogs der Dialog für Massendaten. Abbildung 4.3 zeigt ein Beispiel, in dem Sie nur die bereits ausgewählten Elemente sehen ❶. Sie können jedoch zusätzliche Elemente über die Eingabehilfe ❷ hinzufügen. Darüber hinaus ist weiterhin die Übernahme aus der Zwischenablage oder aus einer Datei möglich ❸.

Sie können in der Eingabehilfe ❶ (siehe Abbildung 4.4) weiterhin die Suchfunktion nutzen, um nicht angezeigte Elemente auszuwählen ❷.

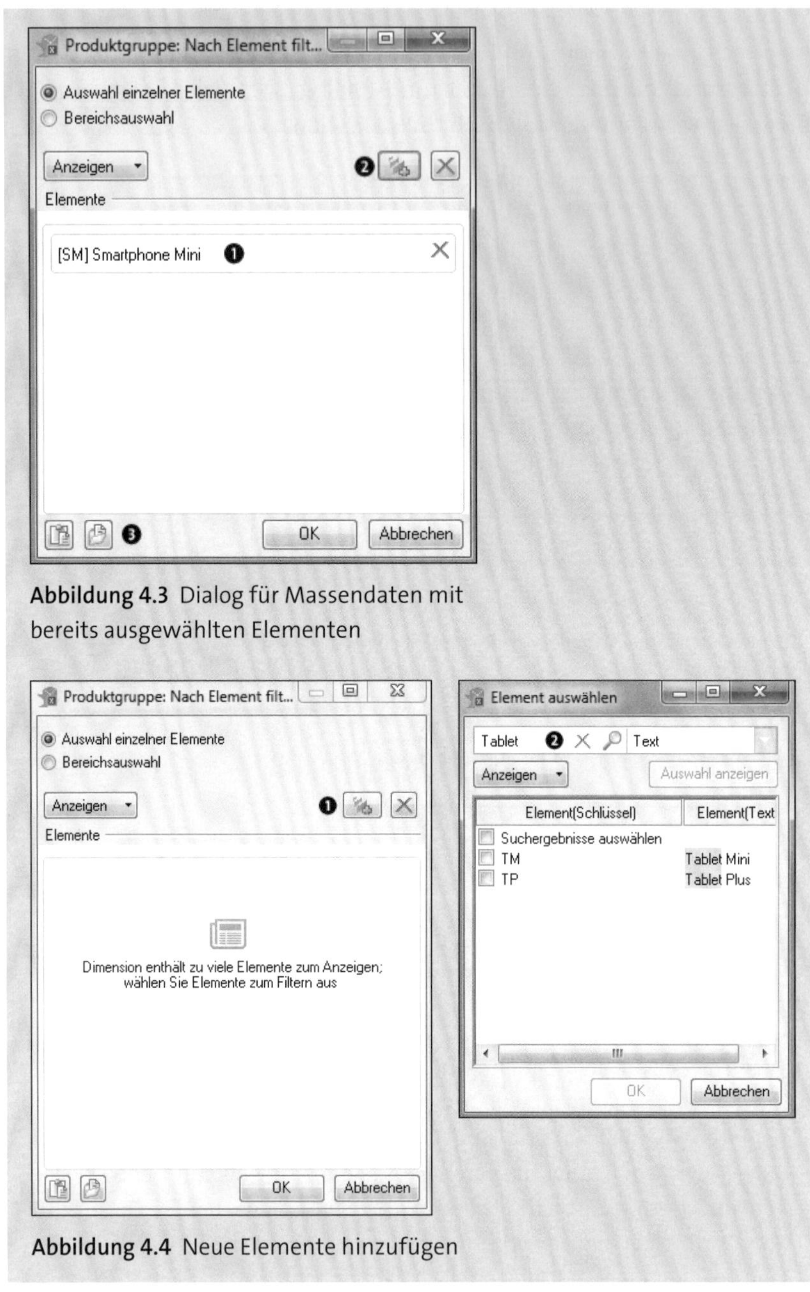

Abbildung 4.3 Dialog für Massendaten mit bereits ausgewählten Elementen

Abbildung 4.4 Neue Elemente hinzufügen

Neben dem Kontextmenü können Sie auch das Menüband von SAP Analysis for Microsoft Office nutzen, um einen Filter einzurichten (siehe Abbildung 4.5). Die Einträge **Nach Element filtern** und **Nach Bereich filtern** stehen im Bereich **Datenanalyse** zur Verfügung und funktionieren analog.

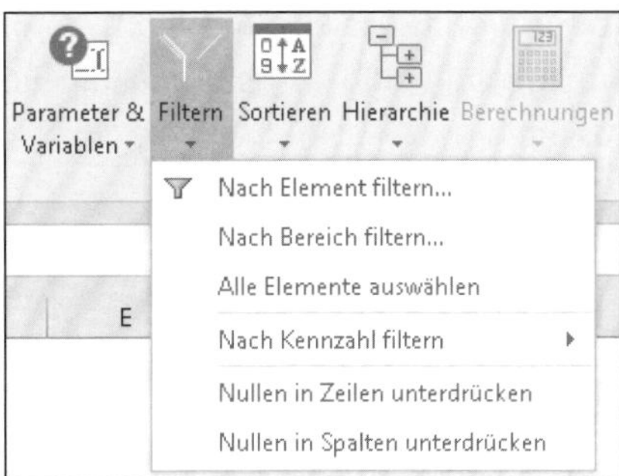

Abbildung 4.5 Auswahl »Filtern« im Menüband der Registerkarte »Analysis«

4.1.1 Elemente filtern

Wenn Sie Ihre Kreuztabelle auf einen bestimmten Wert einschränken wollen, können Sie einen Rechtsklick auf die jeweilige Zelle ausführen und anschließend den Eintrag **Elemente filtern** aus dem Kontextmenü auswählen. Ein Beispiel sehen Sie in Abbildung 4.6.

Schneller geht es, wenn Sie in der Kreuztabelle auf den einzuschränkenden Wert doppelklicken. So erfolgt ebenfalls die Einschränkung auf diesen Wert.

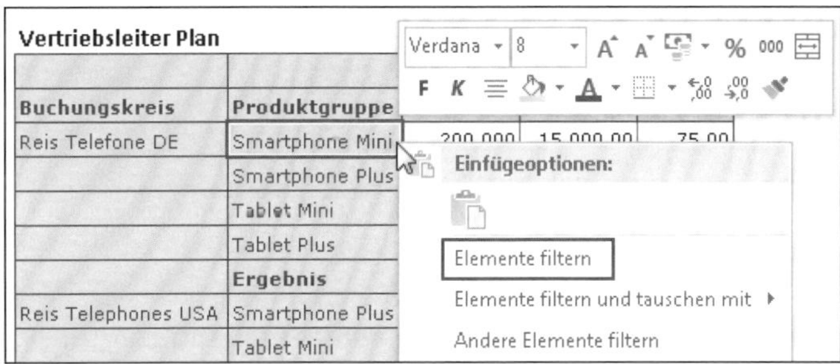

Abbildung 4.6 Option »Elemente filtern«

Um mehrere Werte auszuwählen, halten Sie bei der Auswahl der Werte die Taste [Strg] oder [⇧] gedrückt. Während Sie mit [⇧] alle Werte zwischen der ersten und zweiten Auswahl selektieren, können Sie mit [Strg] auch nicht zusammenhängende Werte auswählen.

Elemente filtern und tauschen

Darüber hinaus steht Ihnen die Auswahl **Elemente filtern und tauschen mit** zur Verfügung (siehe Abbildung 4.7). Hierbei können Sie eines der in der Datenquelle verfügbaren freien Merkmale auswählen (siehe Abschnitt 2.2.3, »Datenanalyse erweitern«). Das Merkmal mit dem ausgewählten Wert wird dann automatisch zum Bereich **Hintergrundfilter** (siehe Abschnitt 2.2.6, »Mit Hintergrundfiltern arbeiten«) hinzugefügt und in der Kreuztabelle durch das gewählte Merkmal ausgetauscht.

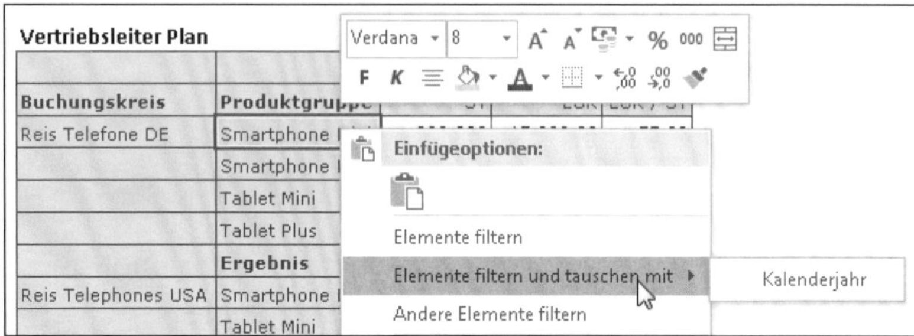

Abbildung 4.7 Option »Elemente filtern und tauschen mit«

Beispiel für »Elemente filtern und tauschen mit«

In unserem Beispiel fügen wir die Produktgruppe Smartphone Mini zum Hintergrundfilter hinzu. An ihrer Stelle lassen wir das Kalenderjahr anzeigen. Das Ergebnis ist in Abbildung 4.8 dargestellt – der Umsatz für die Produktgruppe Smartphone Mini ist nun pro Kalenderjahr sichtbar.

Vertriebsleiter Plan

		Menge	Umsatz	Preis
Buchungskreis	**Kalenderjahr**	ST	EUR	EUR / ST
Reis Telefone DE	2019	200,000	15.000,00	75,00
	Ergebnis	200,000	15.000,00	75,00
Gesamtergebnis		200,000	15.000,00	75,00

Abbildung 4.8 Entsprechend der Filterauswahl angezeigte Daten

Elemente ausschließen

Schließlich können Sie den Eintrag **Andere Elemente filtern** nutzen, um bestimmte Werte aus Ihrer Analyse auszuschließen (siehe Abbildung 4.9). Dabei wird ein **Hintergrundfilter** mit dem Wert =! (ungleich) angelegt. Es werden also alle Werte außer dem ausgewählten angezeigt.

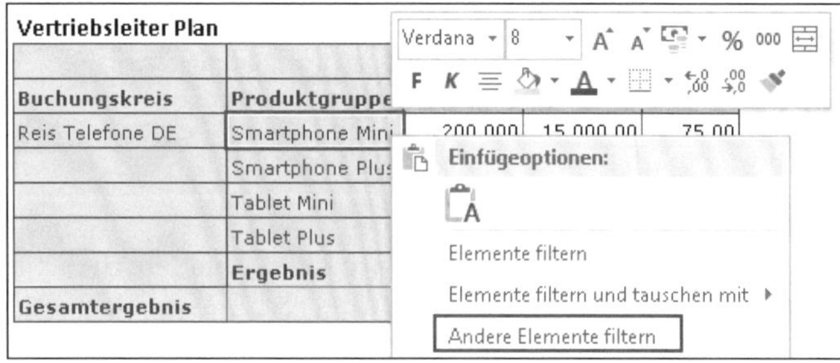

Abbildung 4.9 Werte von Analyse ausschließen

Beispiel für »Andere Elemente filtern«

In unserem Beispiel werden anschließend alle Produktgruppen außer Smartphone Mini angezeigt. Das Ergebnis ist in Abbildung 4.10 zu sehen.

Vertriebsleiter Plan

		Menge	Umsatz	Preis
Buchungskreis	**Produktgruppe**	ST	EUR	EUR / ST
Reis Telefone DE	Smartphone Plus	100,000	10.000,00	100,00
	Tablet Mini	200,000	40.000,00	200,00
	Tablet Plus	300,000	50.000,00	166,67
	Ergebnis	**600,000**	**100.000,00**	**166,67**
Gesamtergebnis		**600,000**	**100.000,00**	**166,67**

Abbildung 4.10 Alle Produktgruppen außer der ausgewählten anzeigen

Falls Sie mehrere Werte herausfiltern möchten, halten Sie bei der Auswahl der Werte die Taste [Strg] oder [⇧] gedrückt.

[+]

Werte per Drag & Drop ausschließen

Sie können einzelne Elemente ausschließen, indem Sie diese per Drag & Drop aus der Kreuztabelle ziehen. Klicken Sie dazu auf den grünen Rand der jeweiligen Zelle, und halten Sie die Maustaste gedrückt (siehe Abbildung 4.11).

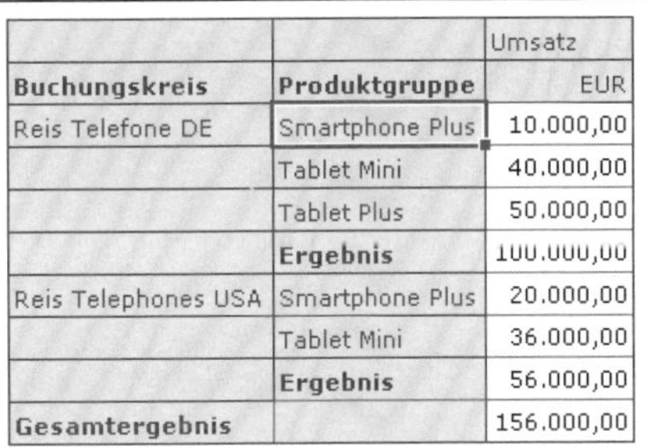

		Umsatz
Buchungskreis	**Produktgruppe**	EUR
Reis Telefone DE	Smartphone Plus	10.000,00
	Tablet Mini	40.000,00
	Tablet Plus	50.000,00
	Ergebnis	100.000,00
Reis Telephones USA	Smartphone Plus	20.000,00
	Tablet Mini	36.000,00
	Ergebnis	56.000,00
Gesamtergebnis		156.000,00

Abbildung 4.11 Werte per Drag & Drop ausschließen

Filter von Elementen entfernen

Um einen definierten Filter wieder zu entfernen, können Sie den Eintrag **Alle Elemente auswählen** verwenden. Wählen Sie zunächst in der Kreuztabelle eine Zelle aus, die zur Dimension gehört und für die Sie den Filter entfernen möchten. Selektieren Sie nun den Eintrag **Alle Elemente auswählen** aus dem Kontextmenü, wie in Abbildung 4.12 dargestellt. Anschließend werden alle Elemente der ausgewählten Dimension in der Kreuztabelle angezeigt.

Sie können den Eintrag **Alle Elemente auswählen** auch über das Menüband von SAP Analysis for Microsoft Office auswählen. Wählen Sie dafür im Bereich **Datenanalyse** in der Auswahl **Filter** den Eintrag **Alle Elemente auswählen** (siehe Abbildung 4.13).

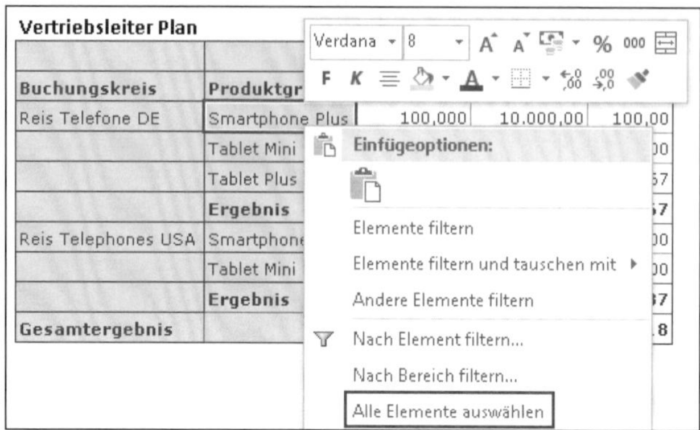

Abbildung 4.12 Filter über die Auswahl aller Elemente entfernen

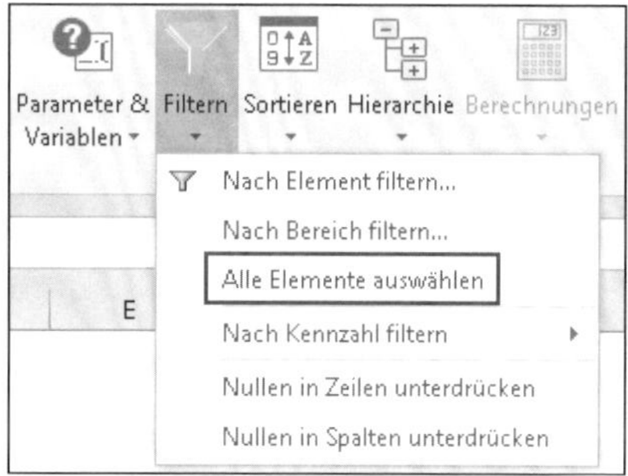

Abbildung 4.13 Auswahl »Filtern« im Menüband der Registerkarte »Analysis«

4.1.2 Daten in Hierarchien filtern

Auch wenn die von Ihnen verwendete Datenquelle Hierarchien enthält, können Sie weiterhin Ihre Filter einsetzen. Allerdings verändert sich dann die Menüführung ein wenig.

Nach Elementen filtern

Um einen Filter anzulegen, markieren Sie eine Zelle der Kreuztabelle, die zur Hierarchie gehört. Verwenden Sie anschließend die Auswahl **Filtern** und darin den Eintrag **Nach Element filtern** aus dem Menüband von SAP Analysis for Microsoft Office (siehe Abbildung 4.14). Alternativ können Sie auch den Weg über das Kontextmenü der Kreuztabelle oder des Merkmals im Designbereich wählen.

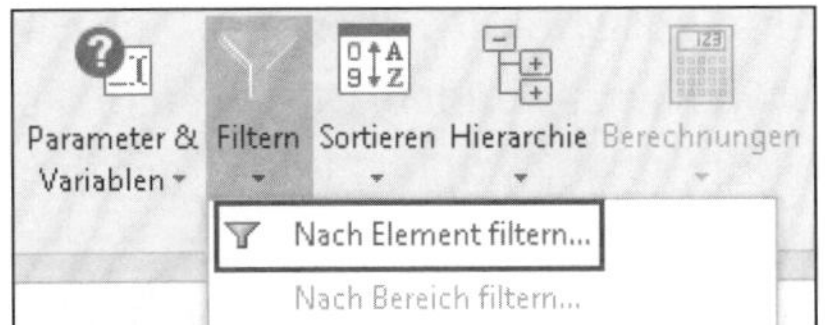

Abbildung 4.14 Filter anlegen

Nun wird der Dialog **Nach Element filtern** für Hierarchien angezeigt. In Abbildung 4.15 sehen Sie ein Beispiel.

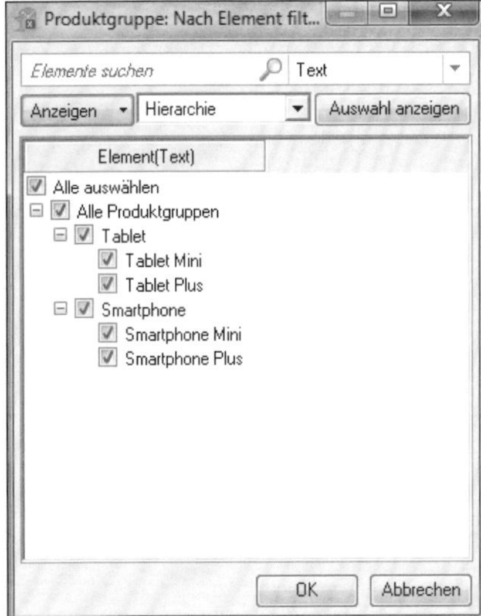

Abbildung 4.15 Filterdialog für Hierarchien

Elemente zum Filtern auswählen

Hier können Sie die Elemente auswählen, die Sie zum Filtern verwenden möchten. Standardmäßig sind anfangs alle Elemente in der Elementliste ausgewählt. Entfernen Sie das entsprechende Ankreuzfeld, um die Auswahl für ein Element aufzuheben. Auch können Sie das Ankreuzfeld bei **Alle auswählen** entfernen, um die Auswahl für alle Elemente aufzuheben. Danach können Sie einzelne Elemente aus der Liste auswählen.

Sie können auch nach Elementen suchen, indem Sie einen Suchbegriff im Eingabefeld (**Elemente suchen**) eintragen. Über die Liste rechts daneben können Sie zudem auswählen, ob nach einem Text oder Schlüssel gesucht werden soll.

Außerdem können Sie den Button **Auswahl anzeigen** nutzen, um nur die ausgewählten Elemente anzuzeigen. Dabei ändert sich die Beschreibung des Buttons zu **Alle anzeigen**. Drücken Sie den Button erneut, wenn Sie möchten, dass alle Elemente angezeigt werden.

Nachdem Sie die gewünschten Elemente ausgewählt haben, drücken Sie den Button **OK**, um den Filter auf Ihre Daten anzuwenden. Die Daten in der Kreuztabelle werden nun entsprechend Ihrer Auswahl gefiltert. Der Filter kann zusammen mit der Arbeitsmappe gespeichert werden und steht anderen Benutzern sowie in anderen Sitzungen zur Verfügung. Auch können Sie vorhandene Filter erneut öffnen und anpassen.

Anzeige von Filterelementen ändern

Über die Auswahl **Anzeigen** können Sie zudem steuern, in welcher Form die Elemente angezeigt werden (siehe Abbildung 4.16). So können Sie zwischen den Einträgen **Text**, **Schlüssel**, **Text und Schlüssel** sowie **Schlüssel und Text** wählen.

Abbildung 4.16 Anzeige von Elementen anpassen

Attribute und Zugriffsmodus wählen

Über den Eintrag **Attribute einblenden** werden die Attribute angezeigt, die für die Elemente in Ihrer Hierarchie zur Verfügung stehen. Ein Buchungskreis könnte z. B. Land und Währung als Attribute haben. Sie können diese Attribute auswählen, um sie in der Elementliste anzuzeigen. Diese zusätzlichen Informationen helfen Ihnen gegebenenfalls bei der Auswahl des Filters. Außerdem können Sie den Eintrag **Zugriffsmodus** (siehe Abschnitt 2.2.6, »Mit Hintergrundfiltern arbeiten«) wählen.

Darstellung von Filterelementen ändern

Über das Auswahlfeld rechts neben **Anzeigen** können Sie die Darstellung der Elemente steuern. Wenn **Hierarchie** ausgewählt ist, werden die Elemente ihrer Hierarchie entsprechend aufgelistet. Die Option **Blätter** können Sie verwenden, wenn Sie möchten, dass alle Elemente für alle Ebenen in einer flachen Sicht aufgelistet werden – ein Beispiel finden Sie in Abbildung 4.17.

Abbildung 4.17 Flache Darstellung von Blättern

Wenn die Auswahl für einen Knoten in der Hierarchie aufgehoben wird, wird auch die Auswahl der untergeordneten Elemente des Knotens automatisch aufgehoben. Dabei sind die übergeordneten Elemente des Knotens immer noch ausgewählt, aber die Hintergrundfarbe des Ankreuzfeldes verändert sich (siehe Abbildung 4.18). Dies zeigt an, dass nicht alle untergeordneten Elemente des Knotens zum Filtern verwendet werden.

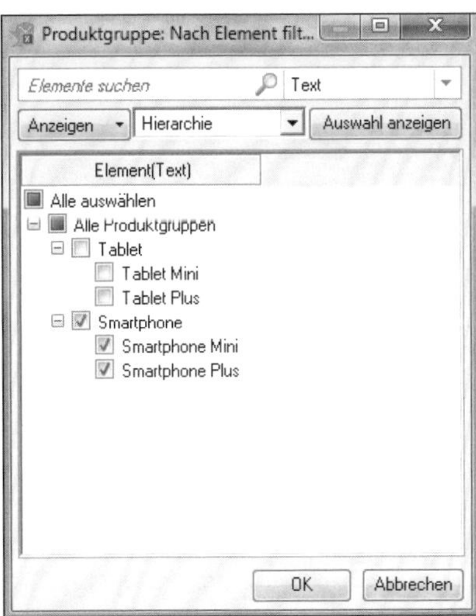

Abbildung 4.18 Auswahl von Knoten

Abhängigkeit auflösen

Standardmäßig werden bei Hierarchien alle zugehörigen Blätter ausgewählt, wenn ein Knoten zum Filtern selektiert wird. Sind alle Blätter unter einem Knoten ausgewählt, wird umgekehrt auch der darüberliegende Knoten automatisch ausgewählt.

Dieses Verhalten kann über die Einstellung `DoSelectorHierarchyExplicitSelection` in der technischen Konfiguration beeinflusst werden (**Datei • Analysis • Analysis anpassen • Technische Konfiguration**). Standardmäßig ist dieser Parameter auf `False` gesetzt. Wenn Sie den Parameter zu `True` ändern, wie in Abbildung 4.19 dargestellt, verhält sich die Selektion für Hierarchien anders.

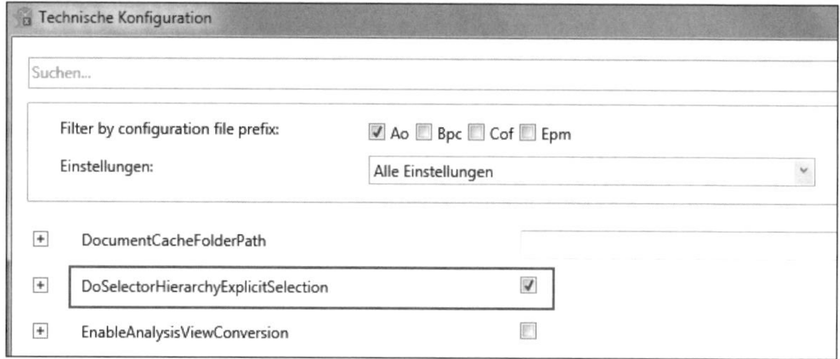

Abbildung 4.19 Einstellung in der technischen Konfiguration

Zwar werden weiterhin alle Blätter selektiert, wenn Sie einen Knoten auswählen, Sie können aber alle Blätter auswählen, ohne dass dadurch der Knoten automatisch selektiert wird (siehe Abbildung 4.20).

Abbildung 4.20 Keine automatische Auswahl des Knotens

4.1.3 Kennzahlen filtern

Neben Filtern für Merkmale und Hierarchien können Sie auch Filter für Kennzahlen anlegen. Zunächst können Sie einzelne Kennzahlen anzeigen oder verstecken. Darüber hinaus können Sie auch Kennzahlwerte in Bezug auf eine Merkmalskombination filtern. Dabei können Sie *Regeln* zum Filtern der Daten definieren, um die Analyse auf den gewünschten Umfang einzuschränken. Es ist möglich, mehrere Regeln für eine Kennzahl anzuwenden.

Mit Regeln arbeiten

Sie können Regeln definieren, um eine Rangliste zu erhalten oder eine Liste mit Daten, die einen bestimmten Schwellenwert überschreiten. In einer Rangliste werden dabei alle Einträge der aktuell dargestellten Daten überprüft. Deren Beziehung zueinander entscheidet, welche Einträge angezeigt werden. So können Sie z. B. definieren, dass nur die höchsten drei Umsätze angezeigt werden. In einer Schwellenwertliste werden Einträge dagegen unabhängig von den anderen Einträgen betrachtet. Es wird gefiltert, wenn ein Wert den Kriterien der jeweiligen Regel entspricht. So können Sie z. B. festlegen, dass nur Umsätze größer als 30.000 EUR angezeigt werden.

Darüber hinaus können Sie entscheiden, ob die Filterdefinition auf ein ausgewähltes Merkmal, auf alle Merkmale oder auf das detaillierteste Merkmal in Ihrer Analyse angewendet wird.

[«]

Kennzahlenfilter und Analyseergebnisse

Beachten Sie, dass die angewendeten Filter für Kennzahlen keine Auswirkung auf die Ergebnisse und Zwischenergebnisse der Analyse haben. Im Ergebnis wird die tatsächliche Summe angezeigt, unabhängig vom Filter. So haben wir z. B. eine Regel definiert, um nur Produktgruppen mit der Menge größer als 300 anzuzeigen. Dies trifft auf nur eine Produktgruppe zu. In Abbildung 4.21 sehen wir aber weiterhin die Summe über alle Produktgruppen als Ergebnis.

Vertriebsleiter Plan

		Menge	Umsatz	Preis
Buchungskreis	**Produktgruppe**	ST	EUR	EUR / ST
Reis Telefone DE	Tablet Plus	300,000	50.000,00	166,67
	Ergebnis	**800,000**	**115.000,00**	**143,75**
Gesamtergebnis		**800,000**	**115.000,00**	**143,75**

Abbildung 4.21 Filter ohne Einfluss auf Ergebnisse

Der Filter von Kennzahlen passt sich dynamisch an. Wenn Sie die Sicht auf Ihre Daten anpassen, wird auch der Filter angepasst. So haben Sie z. B. einen Filter erstellt, um die drei umsatzstärksten Produktgruppen anzuzeigen.

Zunächst werden drei Elemente in der Analyse angezeigt. Wenn nun Elemente hinzugefügt werden, die zuvor nicht in der Analyse enthalten waren, können neu hinzugefügte Elemente – den Kriterien des Filters entsprechend – zuvor angezeigte Elemente ersetzen.

Kennzahlen anzeigen und verstecken

Sie können Kennzahlen anzeigen oder auch verstecken. Führen Sie zum Anzeigen einen Rechtsklick auf der Spalte mit den Kennzahlen aus, und selektieren Sie den Eintrag **Nach Element filtern**. Wählen Sie anschließend die Kennzahlen aus, die Sie anzeigen möchten (siehe Abbildung 4.22). Um alle Merkmale anzuzeigen, setzen Sie das Häkchen neben **Alle auswählen**.

Abbildung 4.22 Kennzahlen anzeigen oder verstecken

Alternativ können Sie auch den Weg über das Menüband von SAP Analysis for Microsoft Office wählen. Klicken Sie dazu auf die Auswahl **Filtern** und anschließen auf den Eintrag **Nach Element filtern** (siehe Abbildung 4.23).

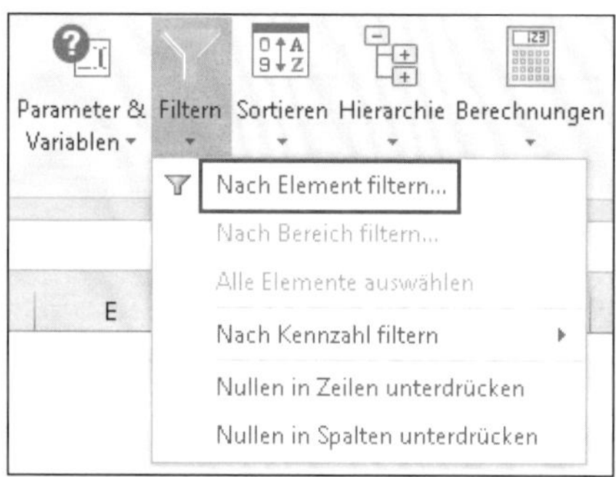

Abbildung 4.23 Nach Kennzahl als Element filtern

Daten nach Kennzahl filtern

Es gibt drei verschiedene Wege, um Daten nach einer Kennzahl zu filtern: Sie können entscheiden, ob die Filterdefinition auf ein ausgewähltes Merkmal, auf alle Merkmale oder auf das detaillierteste Merkmal in Ihrer Analyse angewendet wird.

Kennzahlenfilter für ausgewählte Dimension definieren

Zunächst können Sie den Kennzahlenfilter auf eine von Ihnen ausgewählte Dimension anwenden. Wählen Sie dazu zunächst eine Zelle, die zu dieser Dimension gehört, in der Kreuztabelle aus. Wählen Sie anschließend im Menüband die Auswahl **Filtern** und danach die Einträge **Nach Kennzahl filtern** und **Bearbeiten** (siehe Abbildung 4.24).

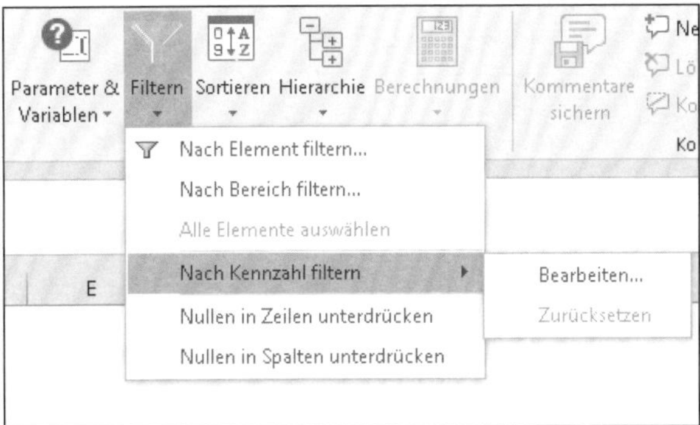

Abbildung 4.24 Kennzahlenfilter auf ausgewählte Dimension anwenden

Betrachten wir zu Veranschaulichung das folgende Beispiel: In einem Bericht werden die Verkaufszahlen (Menge) pro Buchungskreis und Produktgruppe angezeigt (siehe Abbildung 4.25).

Vertriebsleiter Plan

		Menge	Umsatz	Preis
Buchungskreis	**Produktgruppe**	ST	EUR	EUR / ST
Reis Telefone DE	Smartphone Mini	200,000	15.000,00	75,00
	Smartphone Plus	100,000	10.000,00	100,00
	Tablet Mini	200,000	40.000,00	200,00
	Tablet Plus	300,000	50.000,00	166,67
	Ergebnis	**800,000**	**115.000,00**	**143,75**
Reis Telephones USA	Smartphone Plus	200,000	20.000,00	100,00
	Tablet Mini	180,000	36.000,00	200,00
	Ergebnis	**380,000**	**56.000,00**	**147,37**
Gesamtergebnis		**1.180,000**	**171.000,00**	**144,92**

Abbildung 4.25 Beispielbericht mit Verkaufsmengen

Regel definieren Nun wählen wir die Produktgruppe aus und definieren, dass pro Buchungskreis die Produktgruppe angezeigt werden soll, die die höchsten Verkaufszahlen hat (siehe Abbildung 4.26).

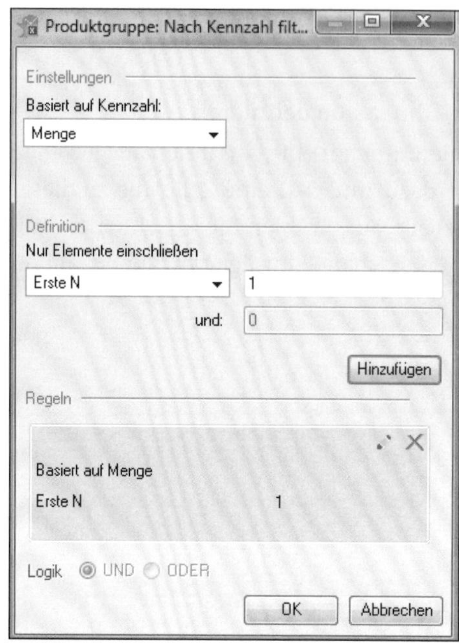

Abbildung 4.26 Regel definieren

Ergebnisse Das Ergebnis der Filterung sehen Sie in Abbildung 4.27.

Vertriebsleiter Plan

		Menge	Umsatz	Preis
Buchungskreis	**Produktgruppe**	ST	EUR	EUR / ST
Reis Telefone DE	Tablet Plus	300,000	50.000,00	166,67
	Ergebnis	**800,000**	**115.000,00**	**143,75**
Reis Telephones USA	Smartphone Plus	200,000	20.000,00	100,00
	Ergebnis	**380,000**	**56.000,00**	**147,37**
Gesamtergebnis		**1.180,000**	**171.000,00**	**144,92**

Abbildung 4.27 Produktgruppen mit den höchsten Verkaufszahlen anzeigen

Beachten Sie, dass weiterhin beide Buchungskreise angezeigt werden. Wählen wir dagegen die Dimension **Buchungskreis** aus und wenden dieselbe Regel an, wird nur ein Buchungskreis angezeigt. Wie Sie in Abbildung 4.28 sehen können, handelt es sich dabei um den Buchungskreis mit den insgesamt höchsten Verkaufszahlen.

Vertriebsleiter Plan

		Menge	Umsatz	Preis
Buchungskreis	**Produktgruppe**	ST	EUR	EUR / ST
Reis Telefone DE	Smartphone Mini	200,000	15.000,00	75,00
	Smartphone Plus	100,000	10.000,00	100,00
	Tablet Mini	200,000	40.000,00	200,00
	Tablet Plus	300,000	50.000,00	166,67
	Ergebnis	**800,000**	**115.000,00**	**143,75**
Gesamtergebnis		**1.180,000**	**171.000,00**	**144,92**

Abbildung 4.28 Buchungskreis mit den höchsten Verkaufszahlen anzeigen

Kennzahlenfilter für alle Dimension definieren

Eine andere Möglichkeit, um Daten nach einer Kennzahl zu filtern, besteht darin, einen Filter für alle Dimension zu definieren. Selektieren Sie hierzu eine Zelle, die zu einer Kennzahl in der Kreuztabelle gehört. Selektieren Sie dann die Auswahl **Filtern** und der Reihe nach die Einträge **Nach Kennzahl filtern, Alle Dimensionen unabhängig** und **Bearbeiten** aus dem Bereich **Datenanalyse** aus (siehe Abbildung 4.29).

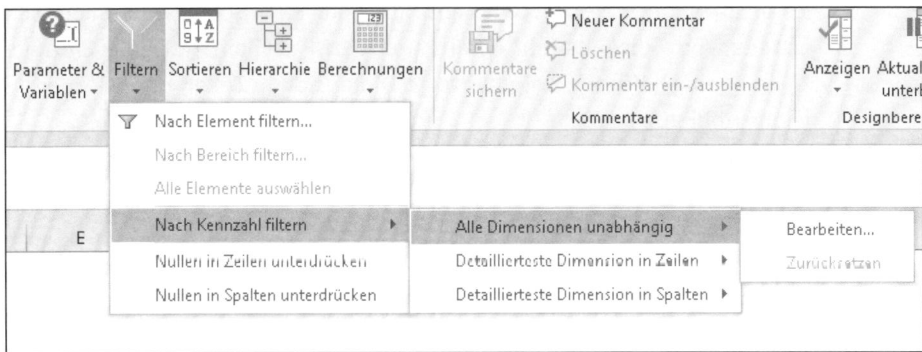

Abbildung 4.29 Alle Dimensionen unabhängig filtern

Filterrichtung

Die Filterung verläuft bei dieser Option von der aggregierten Dimension hin zur detaillierteren Dimension. Entsprechend wird im in Abbildung 4.30 gezeigten Beispiel der Filter zuerst auf die Dimension Buchungskreis angewendet und anschließend auf die Dimension Produktgruppe.

In unserem Beispiel wird zuerst der Buchungskreis **Reis Telefone DE** ausgewählt und anschließend die Produktgruppe **Tablet Plus**. Als Ergebnis wird die höchste Verkaufsmenge angezeigt.

Vertriebsleiter Plan

		Menge	Umsatz	Preis
Buchungskreis	**Produktgruppe**	ST	EUR	EUR / ST
Reis Telefone DE	Smartphone Mini	200,000	15.000,00	75,00
	Smartphone Plus	100,000	10.000,00	100,00
	Tablet Mini	200,000	40.000,00	200,00
	Tablet Plus	300,000	50.000,00	166,67
	Ergebnis	**800,000**	**115.000,00**	**143,75**
Reis Telephones USA	Smartphone Plus	200,000	20.000,00	100,00
	Tablet Mini	180,000	36.000,00	200,00
	Ergebnis	**380,000**	**56.000,00**	**147,37**
Gesamtergebnis		**1.180,000**	**171.000,00**	**144,92**

Abbildung 4.30 Anwendung des Filters auf alle Dimensionen – von links nach rechts

Kennzahlenfilter für detaillierteste Dimension definieren

Auf detaillierteste Dimension in Zeilen filtern

Darüber hinaus besteht die Möglichkeit, einen Kennzahlenfilter auf die detaillierteste Dimension in den Zeilen einer Tabelle anzuwenden. Um einen solchen Filter anzulegen, selektieren Sie zunächst eine Zelle, die zu einer Kennzahl in Ihrer Kreuztabelle gehört. Wählen Sie anschließend im Bereich **Datenanalyse** die Auswahl **Filtern** und darin nacheinander die Einträge **Nach Kennzahl filtern**, **Detaillierteste Dimension in Zeilen** und **Bearbeiten** (siehe Abbildung 4.31).

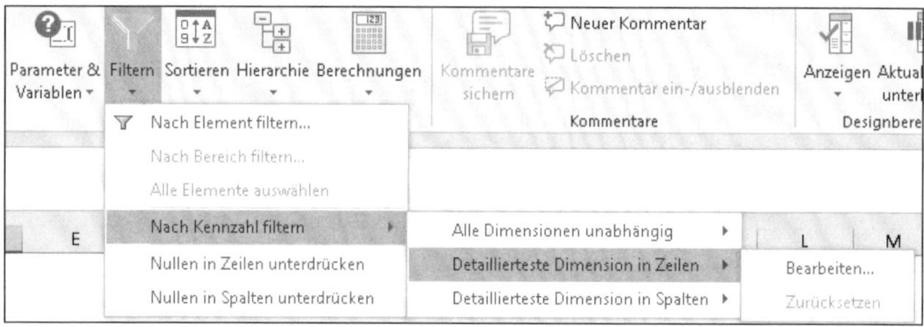

Abbildung 4.31 Filter auf die detaillierteste Dimension in Zeilen anwenden

Im in Abbildung 4.30 dargestellten Beispiel wird der Filter nun auf die Dimension Produktgruppe angewendet und die beste Produktgruppe pro Buchungskreis angezeigt. Diese Option eignet sich optimal zum Filtern von Schwellenwerten.

Auf detaillierteste Dimension in Spalten filtern

Schließlich haben Sie die Möglichkeit, auf die detaillierteste Dimension in Ihren Spalten zu filtern. Selektieren Sie dazu eine Zelle, die zu einer Kennzahl der Kreuztabelle gehört, und selektieren Sie anschließend die Auswahl **Filtern** und darin nacheinander die Einträge **Nach Kennzahl filtern**, **Detaillierteste Dimension in Spalten** und **Bearbeiten** (siehe Abbildung 4.32).

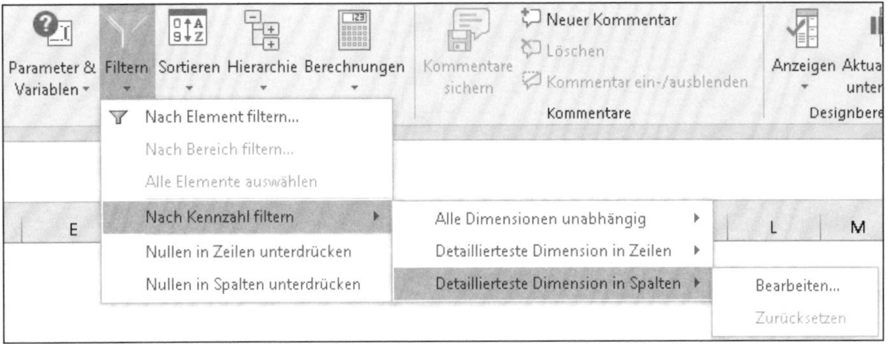

Abbildung 4.32 Filter auf die detaillierteste Dimension in Spalten anwenden

Bei dieser Option wird, wenn die Dimension Buchungskreis in der zweiten und Produktgruppe in der dritten Spalte steht, der Filter auf die Dimension Produktgruppe angewendet (siehe Abbildung 4.33).

Vertriebsleiter Plan

	Buchungskreis	Reis Telefone DE		
	Produktgruppe	Smartphone Mini	Smartphone Plus	Tablet Mini
Menge	ST	200,000	100,000	200,000
Umsatz	EUR	15.000,00	10.000,00	40.000,00
Preis	EUR / ST	75,00	100,00	200,00

Abbildung 4.33 Beispiel-Query mit Dimensionen in den Spalten

Ebenso wie die Filtermöglichkeit **Detaillierteste Dimension in Zeilen** wird diese Option zum Filtern von Schwellenwerten empfohlen.

Regeln für Kennzahlenfilter definieren

Nachdem Sie sich für eine Option entschieden haben, wird der Dialog **Nach Kennzahl filtern** angezeigt (siehe Abbildung 4.34).

> **Dialog »Nach Kennzahl filtern« öffnen**
>
> Sie können den Dialog **Nach Kennzahl filtern** auch über das Kontextmenü der Kreuztabelle oder des Designbereichs öffnen.

In der Liste der Auswahl **Basiert auf Kennzahl** ❶ können Sie die Kennzahl auswählen, für die der Filter gültig sein soll. Im Bereich **Definition** ❷ bestimmen Sie den *Operator* und den Wert für die Filterregel. Operatoren dienen dazu, für einen definierten Schwellenwert eine Liste mit Daten zu generieren oder eine Rangliste von Daten zu erstellen.

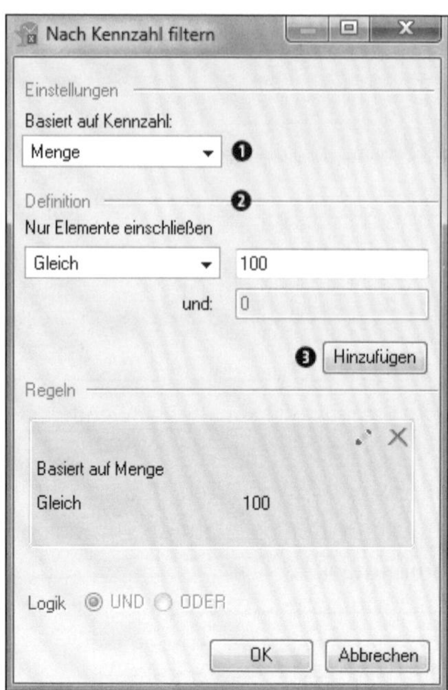

Abbildung 4.34 Regeln für Filter definieren

Operator wählen

Zum Festlegen von *Schwellenwerten* können Sie folgende Operatoren verwenden:

- **Zwischen/Nicht zwischen**
  Sie definieren einen Wertebereich, der in die Liste eingeschlossen oder aus der Liste ausgeschlossen wird.
- **Größer als/Kleiner als**
  Sie bestimmen einen spezifischen Wert, um Elemente anzuzeigen, die im Vergleich zu diesem Wert größer oder kleiner sind.
- **Größer gleich/Kleiner gleich**
  Sie legen einen spezifischen Wert fest, um Elemente anzuzeigen, die im Vergleich mit diesem Wert größer gleich oder kleiner gleich sind.
- **Gleich**
  Sie definieren einen spezifischen Wert, um Elemente anzuzeigen, die mit diesem gleich sind.

Zum Definieren einer *Rangliste* können Sie folgende Operatoren verwenden:

- **Erste N/Letzte N**
  Für diese Operatoren müssen Sie als Wert eine ganze positive Zahl eingeben. Die Rangliste wird anhand der definierten Zahl erstellt. So können

Sie z. B. eine Liste der drei Kunden mit dem größten Umsatz erstellen, indem Sie in der Filterdefinition eine Regel für **Erste 3** anlegen.

- **Erste %/Letzte %**
  Sie bestimmen eine Zahl zwischen 0 und 100. Dabei können Sie auch Gleitkommazahlen wie 13,37 nutzen. Die Rangliste wird anhand der angegebenen Prozentzahlen geordnet. Sie können z. B. eine Regel für **Erste 80 %** anlegen, um Produktgruppen anzuzeigen, die für 80 % des Gesamterlöses verantwortlich sind.
- **Erste N Summe/Letzte N Summe**
  Diese Operatoren können genutzt werden, um eine Liste der Produktgruppen zu erstellen, deren gemeinsame Umsätze eine bestimmte Summe ergeben. Dabei wird die Rangliste anhand des definierten Gesamtwertes geordnet. Für diese Operatoren können Sie auch Gleitkommazahlen wie 13,37 nutzen.

  Nehmen wir an, Sie möchten eine Liste der Produktgruppen mit dem höchsten Umsatz erhalten, deren gemeinsame Umsätze 50.000 EUR ergeben. In diesem Fall legen Sie eine Regel **Erste Summe** an. Dabei werden zuerst alle Umsätze in absteigender Reihenfolge sortiert. Anschließend werden die Ergebnisse berechnet, bis der Schwellenwert von 50.000 EUR überschritten wird. Wenn der letzte Wert, der zum Erreichen dieser 50.000 EUR benötigt wird, dazu führt, dass die Summe von 50.000 EUR überschritten wird, wird der Wert trotzdem in die Liste aufgenommen. In diesem Fall ist das Ergebnis größer als 50.000 EUR. Alle anderen Produktgruppen mit einem geringeren Umsatz werden nicht mehr angezeigt.

Neue Regel erstellen

Nachdem Sie einen Operator und einen Wert bestimmt haben, wählen Sie den Button **Hinzufügen** ❸ in Abbildung 4.34, um eine neue Regel zu erstellen.

Wie Sie in Abbildung 4.35 sehen können, werden die erstellten Regeln zum Bereich **Regeln** hinzugefügt. Wenn Sie mehrere Regeln erstellt haben, können Sie bestimmen, welcher **Logik** die Regeln folgen sollen. Wenn Sie möchten, dass alle Regeln gleichzeitig angewendet werden, wählen Sie den Button **UND**, und wenn nur eine der Regeln angewendet werden soll, wählen Sie den Button **ODER**.

Klicken Sie schließlich auf den Button **OK**, um den Filter anzuwenden. Die Daten im Bericht werden nun entsprechend Ihrer Definition gefiltert. Sie können den Filter mit der Arbeitsmappe speichern, damit er anderen Benutzern und in anderen Sitzungen zur Verfügung steht. Auch können Sie bereits definierte Filter erneut öffnen und bearbeiten.

Abbildung 4.35 Definierte Regeln

Filter für Kennzahl ändern

Nachdem Sie einen Filter definiert haben, können Sie diesen bei Bedarf anpassen. Wie Sie es in den vorangegangenen Abschnitten gesehen haben, existieren vier Möglichkeiten, um einen Filter für Kennzahlen anzulegen. Um einen Filter zu ändern, müssen Sie dieselben Einträge auswählen, die Sie zum Definieren des Filters verwendet haben, z. B. in der Auswahl **Filtern** die Einträge **Nach Kennzahl filtern**, **Detaillierteste Dimension in Zeilen** und **Bearbeiten**, wie es in Abbildung 4.31 gezeigt wird. Diesmal ist der Eintrag **Zurücksetzen** jedoch nicht mehr ausgegraut – auf diese Funktion gehen wir im nächsten Abschnitt ein.

[+]

Kontextmenü nutzen

Sie können auch das Kontextmenü der Kreuztabelle verwenden, um vorhandene Filter anzupassen.

Regel ändern

In Abbildung 4.36 sehen Sie nun noch einmal den Dialog **Nach Kennzahl filtern**. Im Bereich **Regeln** sind alle zuvor definierten Filter aufgelistet. Wählen Sie neben der Regel, die Sie anpassen möchten, den Button [Symbol] (**Regel bearbeiten**).

Der Dialog ändert sich, und Sie können die Definition der Regel editieren (siehe Abbildung 4.37). Passen Sie die Definition der Regel an, und wählen Sie anschließend den Button [Symbol] (**Regel bestätigen**), um die Änderungen zu übernehmen. Wenn Sie die Änderungen zurücksetzen möchten, wählen Sie den Button (**Abbrechen**).

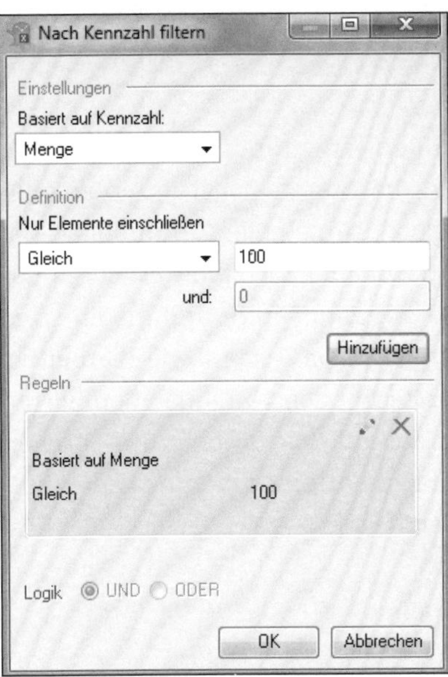

Abbildung 4.36 Regel anpassen

Abbildung 4.37 Regel neu definieren

Klicken Sie anschließend auf den Button **OK**, um die angepasste Regel auf Ihre Daten anzuwenden. Nun werden die Daten im Bericht gemäß der neuen Filterregel angezeigt.

Filter für Kennzahl löschen

Wenn Sie einen Filter für eine Kennzahl entfernen möchten, gibt es zwei Möglichkeiten: Sie können entweder eine bestimmte Regel entfernen oder alle verfügbaren Regeln auf einmal löschen. Um eine bestimmte Regel zu entfernen, müssen Sie denselben Weg gehen, den Sie zum Definieren des Filters beschritten haben, z. B. über die Auswahl **Filtern** und die Einträge **Nach Kennzahl filtern**, **Detaillierteste Dimension in Zeilen** sowie **Bearbeiten**. Im Bereich **Regeln** sehen Sie nun eine Liste mit den von Ihnen definierten Regeln (siehe Abbildung 4.38). Klicken Sie auf den Button zum Löschen einer Regel ☒ (**Löschen**), um einen Filter zu entfernen. Wenn Sie den Button **OK** drücken, werden die verbliebenen Regeln angewendet.

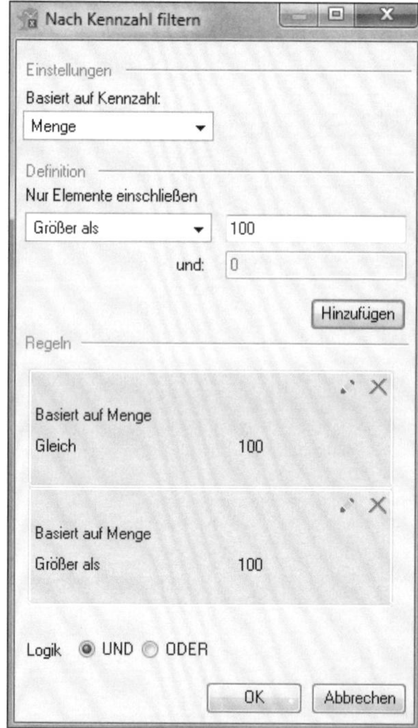

Abbildung 4.38 Einen Filter entfernen

Alle Filter zurücksetzen

Wenn Sie alle Filter auf einmal löschen wollen, wählen Sie die Option **Zurücksetzen**, z. B. über die Auswahl **Filtern** und die Einträge **Nach Kennzahl filtern**, **Detaillierteste Dimension in Zeilen** und **Zurücksetzen**. Dabei werden alle Filter entfernt, und die Daten in der Kreuztabelle werden ohne Filter angezeigt.

Kontextmenü nutzen

Sie können auch wieder das Kontextmenü der Kreuztabelle verwenden, um alle Filter zu löschen.

4.1.4 Nullen unterdrücken

Zeilen mit Nullen ausblenden

Es ist möglich, Zeilen und Spalten mit Nullen auszublenden und bei Bedarf wieder einzublenden. Betrachten wir Abbildung 4.39: Die Produktgruppe Smartphone Mini hat keinerlei Umsätze vorzuweisen. Die zugehörige Zeile enthält ausschließlich Nullen. Wenn solche Informationen für unsere Analyse irrelevant sind, können wir die entsprechenden Zeilen ausblenden.

Vertriebsleiter Plan

		Menge	Umsatz
Buchungskreis	**Produktgruppe**	ST	EUR
Reis Telefone DE	Smartphone Mini	0,000	0,00
	Smartphone Plus	100,000	10.000,00
	Tablet Mini	200,000	40.000,00
	Tablet Plus	300,000	50.000,00
	Ergebnis	600,000	100.000,00
Reis Telephones USA	Smartphone Plus	200,000	20.000,00
	Tablet Mini	180,000	36.000,00
	Ergebnis	380,000	56.000,00
Gesamtergebnis		980,000	156.000,00

Abbildung 4.39 Anzeige der nicht verkauften Produktgruppe Smartphone Mini

Selektieren Sie dazu eine beliebige Zelle in der Kreuztabelle, um die Datenquelle auszuwählen. Wählen Sie anschließend die Auswahl **Filtern** und darin den Eintrag **Nullen in Zeilen unterdrücken** (siehe Abbildung 4.40). Wenn die Unterdrückung der Nullen aktiv ist, wird neben dem Eintrag ein Häkchen angezeigt.

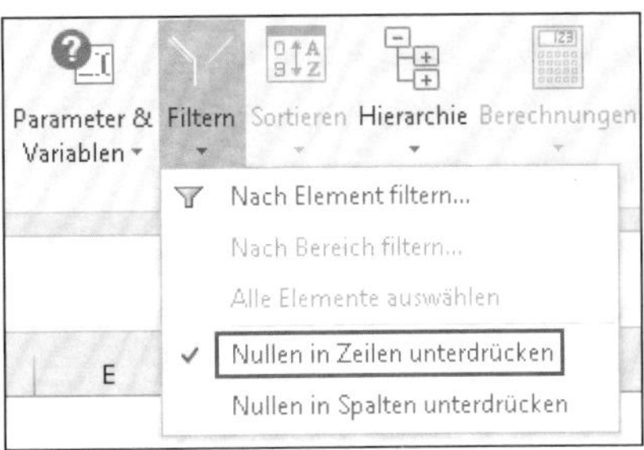

Abbildung 4.40 Nullen in Zeilen unterdrücken

Nun werden alle Zeilen, die ausschließlich Nullen enthalten, entfernt. Das Ergebnis sehen Sie in Abbildung 4.41. Die Produktgruppe ohne Umsätze, Smartphone Mini, wurde entfernt, und der Bericht ist nun übersichtlicher.

Vertriebsleiter Plan

		Menge	Umsatz
Buchungskreis	**Produktgruppe**	ST	EUR
Reis Telefone DE	Smartphone Plus	100,000	10.000,00
	Tablet Mini	200,000	40.000,00
	Tablet Plus	300,000	50.000,00
	Ergebnis	600,000	100.000,00
Reis Telephones USA	Smartphone Plus	200,000	20.000,00
	Tablet Mini	180,000	36.000,00
	Ergebnis	380,000	56.000,00
Gesamtergebnis		980,000	156.000,00

Abbildung 4.41 Keine Anzeige von leeren Zeilen

Spalten mit Nullen ausblenden

Auch wenn es Spalten gibt, in denen nur Nullen angezeigt werden – z. B. weil es in einem Jahr für einen Buchungskreis keine Umsätze gab – können Sie diese ausblenden. Wählen Sie dazu erneut im Bereich **Datenanalyse** die Auswahl **Filtern** und diesmal den Eintrag **Nullen in Spalten unterdrücken**. Ist die Unterdrückung der Nullen in Spalten aktiv, wird neben dem Eintrag wieder ein Häkchen angezeigt.

Ausgeblendete Zeilen oder Spalten wieder anzeigen

Wenn Sie die ausgeblendeten Zeilen oder Spalten wieder anzeigen möchten, wählen Sie noch einmal die Auswahl **Filtern** und darin den Eintrag **Nullen in Zeilen unterdrücken** bzw. die Auswahl **Filtern** und den Eintrag **Nullen in Spalten unterdrücken**. Dann werden wieder alle Daten angezeigt.

Schließlich können Sie auch definieren, *wie* Nullen in der Kreuztabelle angezeigt werden, wenn sie nicht ausgeblendet sind (siehe Abschnitt 4.4.3, »Darstellung von Ergebnissen anpassen«).

Es kann vorkommen, dass die Nullen nicht unterdrückt werden, wenn die Funktion **Nullen in Zeilen unterdrücken** bzw. **Nullen in Spalten unterdrücken** zum ersten Mal ausgeführt wird. Nur wenn Sie ein zweites Mal darauf klicken, wird die Nullunterdrückung aktiv.

Dieses Verhalten tritt bei Queries mit Strukturen auf und ist kein Fehler. Der Grund liegt in den Einstellungen der Query. Es gibt hier zwei Einstellungen hinsichtlich der Nullunterdrückung.

Nullunterdrückung auf Query-Ebene

Die erste Einstellung wird auf der Ebene der Query gesetzt und ist auf der Registerkarte **Allgemein** zu finden. In Abbildung 4.42 sehen Sie die Einstellung in den BW Modeling Tools. Diese Einstellung legt fest, ob eine Nullunterdrückung generell aktiv ist oder nicht. Hier können Sie auch bestimmen, ob für die Nullunterdrückung nur der Ergebniswert oder alle Werte null betragen müssen.

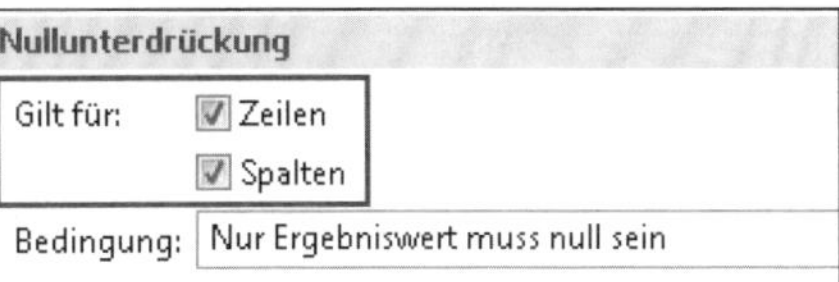

Abbildung 4.42 Nullunterdrückung auf der Query-Ebene aktivieren

Im BEx Query Designer wird die Einstellung in den Query-Eigenschaften (**Zeilen/Spalten**) gesetzt (siehe Abbildung 4.43).

Nullen unterdrücken

Nullen unterdrücken

- Nicht unterdrücken
- Aktiv
- Aktiv (alle Werte = 0)

Auswirkung auf

- Zeilen
- Spalten
- Zeilen und Spalten

10	10	0	20
~~10~~	~~-10~~	~~0~~	~~0~~
~~0~~	~~0~~	~~0~~	~~0~~
20	0	0	20

Abbildung 4.43 Erste Einstellung im BEx Query Designer

Nullunterdrückung für Struktur

Die zweite Einstellung kann pro Struktur gesetzt werden (siehe Abbildung 4.44) und befindet sich unter dem Reiter **Datenblatt-Definition**. Diese Einstellung regelt das Verhalten der jeweiligen Struktur hinsichtlich der Nullunterdrückung. Wenn Sie eine Einstellung für die Unterdrückung von Zeilen oder Spalten mit Nullen vorgenommen haben, wird diese Einstellung nicht automatisch an die Strukturen übertragen. Die Nullunterdrückung auf der Ebene der Struktur ist nur dann aktiv, wenn alle Werte null betragen.

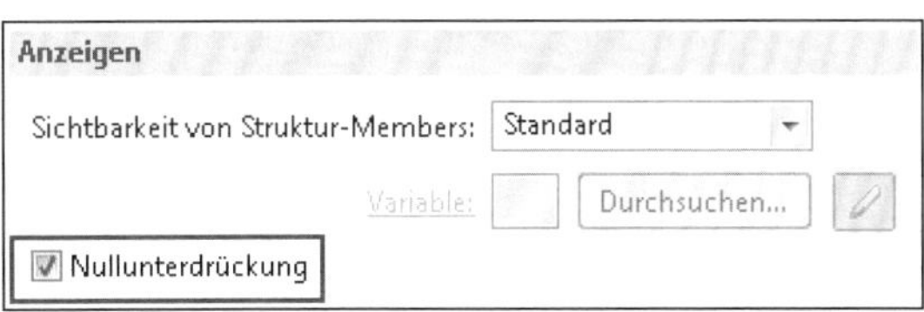

Abbildung 4.44 Nullunterdrückung für Struktur aktivieren

Im BEx Query Designer wird die Einstellung für die Struktur auf der Registerkarte **Darstellung** gesetzt (siehe Abbildung 4.45).

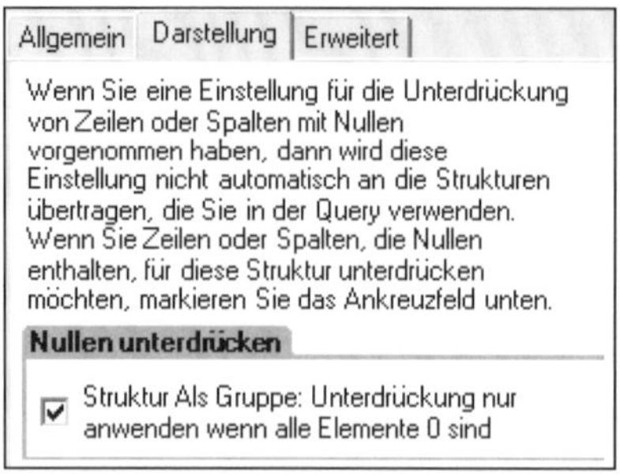

Allgemein | Darstellung | Erweitert

Wenn Sie eine Einstellung für die Unterdrückung von Zeilen oder Spalten mit Nullen vorgenommen haben, dann wird diese Einstellung nicht automatisch an die Strukturen übertragen, die Sie in der Query verwenden. Wenn Sie Zeilen oder Spalten, die Nullen enthalten, für diese Struktur unterdrücken möchten, markieren Sie das Ankreuzfeld unten.

Nullen unterdrücken

☑ Struktur Als Gruppe: Unterdrückung nur anwenden wenn alle Elemente 0 sind

Abbildung 4.45 Zweite Einstellung im BEx Query Designer

In der Query existieren verschiedene Konfigurationsmöglichkeiten, die für die Achsen gesetzt werden können – insbesondere dann, wenn die Query zwei Strukturen enthält. So kann für eine Struktur die Nullunterdrückung aktiv sein und für die andere nicht.

Nullunterdrückung in SAP Analysis for Microsoft Office

Um die Benutzeroberfläche, auch *User Interface* (UI) genannt, nicht zu überfrachten, existieren in SAP Analysis for Microsoft Office jedoch nur zwei Möglichkeiten für die Nullunterdrückung. Sie können diese nur für eine Achse jeweils aus- bzw. einschalten. Dies entspricht folgenden Query-Einstellungen: **Allgemeine Einstellung: An** und **Struktur Einstellung: Aus** bzw. allgemeine Einstellung sowie Struktureinstellung aus. Das UI von SAP Analysis for Microsoft Office bildet also nicht alle Konfigurationsmöglichkeiten der Query ab.

Aufgrund der Umschaltfunktion (*Toggle*) des Eintrags **Nullen in Zeilen unterdrücken** bzw. **Nullen in Spalten unterdrücken** wird beim ersten Aktivieren die Einstellung **Allgemeine Einstellung: An** und **Struktur Einstellung: An** in der Query auf **Allgemeine Einstellung: Aus** und **Struktur Einstellung: Aus** gesetzt. Die Nullunterdrückung wird also eigentlich ausgeschaltet.

Dies hat in der Vergangenheit oft für Verwirrung bei den Benutzern gesorgt. Um Missverständnisse zu vermeiden, erscheint in SAP Analysis for Microsoft Office ab Version 2.3 eine Nachricht, die auf dieses Verhalten hinweist (siehe Abbildung 4.46).

Erst nach dem zweiten Aktivieren werden die Einstellungen auf **Allgemeine Einstellung: An** und **Struktur Einstellung: Aus** gesetzt und die Nullen unterdrückt. Beachten Sie, dass diese Einschränkung keinen Einfluss auf die initiale Darstellung der Daten nimmt. Diese werden gemäß den Einstellungen in der Query prozessiert.

Weitere Informationen finden Sie in den SAP-Hinweisen 2366950 und 2500698.

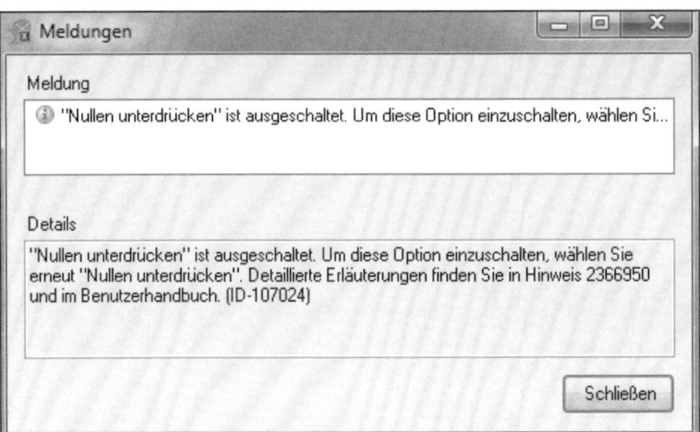

Abbildung 4.46 Aufforderung zum erneuten Einschalten der Option »Nullen unterdrücken«

4.1.5 Mit Query-Bedingungen arbeiten

Sie können im BEx Query Designer oder in den Eclipse-basierten BW Modeling Tools *Bedingungen* definieren, die einem Filter nach Kennzahl entsprechen. Die Funktionsweise dieses Filters wird in Abschnitt 4.1.3, »Kennzahlen filtern«, ausführlich erläutert. Ein Beispiel ist in Abbildung 4.47 zu sehen. Im Bericht werden die Daten dann entsprechend den Bedingungen gefiltert. Es ist auch möglich, mehrere Bedingungen für eine Query zu definieren.

Abbildung 4.47 Definierte Query-Bedingung

BEx-Bedingungen aktivieren und deaktivieren

Wenn Sie eine Query mit Bedingungen in SAP Analysis for Microsoft Office einfügen, können Sie die Bedingungen als BEx-Bedingungen aktivieren und deaktivieren. Wenn Sie eine Bedingung aktivieren möchten, verwenden Sie die Auswahl **Filter** und darin den Eintrag **BEx-Bedingungen** (Bereich **Datenanalyse**) und anschließend die Bedingung, die Sie aktivieren möchten (siehe Abbildung 4.48). Danach werden die in der Kreuztabelle angezeigten Daten entsprechend den Bedingungen geändert.

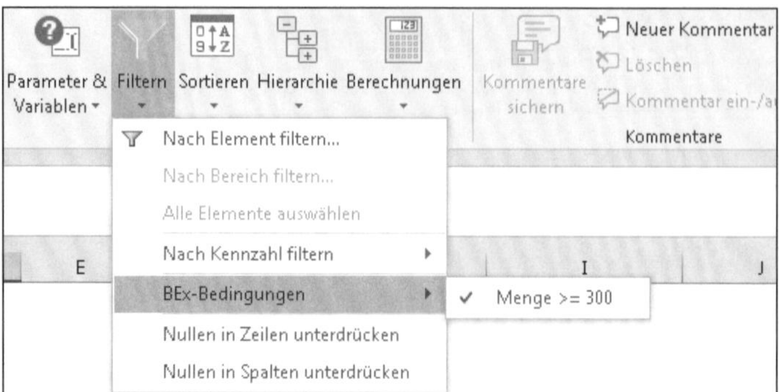

Abbildung 4.48 Aktive BEx-Bedingung

Um eine Bedingung zu deaktivieren, verwenden Sie die Auswahl **Filter** und darin den Eintrag **BEx-Bedingungen** und entfernen das Häkchen neben der Bedingung, die Sie deaktivieren möchten. Anschließend wird die Kreuztabelle ohne diesen Filter angezeigt.

Aktive Bedingungen werden auch auf der Registerkarte **Informationen** im Designbereich angezeigt. Ein Beispiel ist in Abbildung 4.49 zu sehen.

Abbildung 4.49 Aktive BEx-Bedingungen im Filterbereich

Formel nutzen

Sie können auch die Formel `SAPListOfMeasureFilters` nutzen, um eine Liste mit allen Dimensionsfiltern, einschließlich BEx-Bedingungen, anzuzeigen (siehe Abschnitt 10.2.16, »SAPListOfMeasureFilters«).

4.2 Daten sortieren

Das Sortieren von Daten gehört zu jeder Datenanalyse. Durch das Sortieren und das Darstellen der Daten in verschiedenen Sichten können Sie neue Erkenntnisse gewinnen und Ihre Daten besser verstehen. Darüber hinaus können Sie so schneller auf die Daten zugreifen, die Sie für Ihre Entscheidungen benötigen.

Möglichkeiten des Sortierens

Beim Sortieren stehen Ihnen zwei Möglichkeiten zur Verfügung: Sie können Ihre Daten entweder *nach Elementen* (A bis Z und umgekehrt) oder *nach Kennzahlen* (von klein nach groß und umgekehrt) sortieren. Das Sortieren nach Elementen stellen wir in Abschnitt 4.2.1, »Elemente sortieren«, vor, das Sortieren nach Kennzahlen in Abschnitt 4.2.2, »Kennzahlen sortieren«. Wenn Sie die Daten nach einer Kennzahl, z. B. Umsatz, von klein nach groß sortieren, wirkt sich diese Sortierung auch auf alle anderen Zellen der Kreuztabelle aus. Diese werden an die Sortierung angepasst. So bleiben die Metadateninformationen in der Kreuztabelle korrekt.

Es stehen Ihnen grundsätzlich drei Einträge in der Auswahl **Sortieren** zur Verfügung:

- **Aufsteigend sortieren**
  Wenn Sie die aufsteigende Sortierung wählen, werden die Elemente alphabetisch von A bis Z sortiert. Die Kennzahlen werden dabei vom kleinsten zum größten Wert sortiert.
- **Absteigend sortieren**
  Bei dieser Option werden die Elemente alphabetisch von Z nach A sortiert. Für Kennzahlen hat die absteigende Sortierung zur Folge, dass die Daten vom größten zum kleinsten Wert sortiert werden.
- **Hierarchien aufbrechen**
  Standardmäßig werden die Daten innerhalb der Hierarchieebenen der Kreuztabelle sortiert. Dabei werden übergeordnete Elemente der Reihenfolge nach sortiert. Die untergeordneten Elemente werden unter den übergeordneten Elementen in eigener Reihenfolge sortiert. Ein Beispiel ist in Abbildung 4.50 zu sehen. Hier werden die Daten anhand der Kennzahl **Menge** aufsteigend sortiert.

	Menge	Umsatz	Preis
Produktgruppe	ST	EUR	EUR / ST
[-] Alle Produktgruppen	1.180,000	171.000,00	144,92
[-] Smartphone	500,000	45.000,00	90,00
Smartphone Mini	200,000	15.000,00	75,00
Smartphone Plus	300,000	30.000,00	100,00
[-] Tablet	680,000	126.000,00	185,29
Tablet Plus	300,000	50.000,00	166,67
Tablet Mini	380,000	76.000,00	200,00

Abbildung 4.50 Aufsteigende Sortierung nach Menge

Wenn die Sortierung über die gesamte Hierarchie hinweg erfolgen soll, können Sie den Eintrag **Hierarchien aufbrechen** nutzen. Das Ergebnis sieht dann wie in Abbildung 4.51 aus.

	Menge	Umsatz	Preis
Produktgruppe	ST	EUR	EUR / ST
Smartphone Mini	200,000	15.000,00	75,00
Smartphone Plus	300,000	30.000,00	100,00
Tablet Plus	300,000	50.000,00	166,67
Tablet Mini	380,000	76.000,00	200,00
Smartphone	500,000	45.000,00	90,00
Tablet	680,000	126.000,00	185,29
Alle Produktgruppen	1.180,000	171.000,00	144,92

Abbildung 4.51 Aufsteigende Sortierung mit aufgebrochener Hierarchie

4.2.1 Elemente sortieren

In SAP Analysis for Microsoft Office haben Sie die Möglichkeit, Elemente zu sortieren. Durch das Sortieren können Sie Ihre Daten besser verstehen und so schneller auf die Daten zugreifen, die Sie für Ihre Entscheidungen benötigen. Dabei stehen Ihnen, wie gesagt, mehrere Sortierungsoptionen zur Verfügung, die in Abbildung 4.52 zu sehen sind. Wenn Sie den Eintrag **Aufsteigend sortieren** wählen, werden die Elemente alphabetisch von A bis Z sortiert. Wählen Sie den Eintrag **Absteigend sortieren**, werden die Elemente alphabetisch von Z bis A sortiert.

Um Elemente zu sortieren, wählen Sie in der Kreuztabelle eine Zelle aus, die zu der Dimension gehört, die Sie zum Sortieren verwenden möchten. Wählen Sie anschließend in der Auswahl **Sortieren** den gewünschten Eintrag aus. Die Sortierung wird daraufhin auf die Kreuztabelle angewendet.

Abbildung 4.52 Sortierungsoptionen

Kontextmenü nutzen

Sie können die Sortierung auch im Kontextmenü der Kreuztabelle über die Einträge **Aufsteigend sortieren** oder **Absteigend sortieren** auswählen.

Weitere Sortieroptionen

Über den Eintrag **Weitere Sortieroptionen** haben Sie die Möglichkeit, die Sortierung weiter zu verfeinern. Der Dialog für weitere Sortieroptionen ist in Abbildung 4.53 dargestellt. Hier können Sie noch einmal auswählen, ob die Daten aufsteigend oder absteigend sortiert werden sollen ❶. Außerdem können Sie den *Objekttyp* für die Sortierung bestimmen ❷. Standardmäßig ist der Eintrag **Standard (Dimensionselemente nach erster Darstellungsart)** aktiviert. Bei deren Verwendung werden die Elemente nach der ersten Darstellungsart der ausgewählten Dimension sortiert. Ist z. B. die Darstellung der Dimension auf **Schlüssel und Text** eingestellt, wird der Schlüssel für die Sortierung genutzt. Auf die weiteren möglichen Optionen gehe ich im Folgenden näher ein.

Schließlich können Sie bestimmen, ob Hierarchien aufgebrochen werden sollen oder nicht (siehe Abschnitt 4.2, »Daten sortieren«). Wenn Sie die Elemente über Hierarchien hinweg sortieren möchten, wählen Sie den Eintrag **Hierarchien aufbrechen** ❸. Allerdings stehen nach dem Sortieren die in der Kreuztabelle vorhandenen Hierarchien nicht mehr zur Verfügung.

Abbildung 4.53 Weitere Sortieroptionen

Nach Elementanzeigeart sortieren

Neben der Standardeinstellung können Sie auch selbst bestimmen, welche Anzeigeart für die Sortierung genutzt werden soll. So können Sie festlegen, ob nach Schlüssel oder Text sortiert werden soll. Wählen Sie dazu unter **Sortieren nach** den Eintrag **Elementanzeigeart** aus (siehe Abbildung 4.54).

Abbildung 4.54 Anzeigeart für Sortierung bestimmen

Anschließend können Sie eine der Elementanzeigearten in der unter **Anzeigen** erscheinenden Liste auswählen. Dabei stehen Ihnen die Einträge **Kurztext**, **Mittellanger Text**, **Text**, **Schlüssel (intern)** und **Schlüssel** als Optionen zur Verfügung.

Nach Attributen sortieren

Darüber hinaus können Sie auch nach den Attributen eines Merkmals sortieren. Wählen Sie dazu in der Auswahl **Sortieren nach** den Eintrag **Attribut** aus (siehe Abbildung 4.55). Anschließend können Sie das gewünschte Attribut auswählen, nach dem die Sortierung erfolgen soll ❶ – z. B. die Produktkategorie der Produktgruppe. Ferner können Sie die Anzeigeart (Text oder Schlüssel) für die Sortierung bestimmen ❷.

Abbildung 4.55 Attribut als Objekttyp für die Sortierung auswählen

Nach Kennzahl sortieren

Schließlich können Sie auch bestimmen, dass die Sortierung auf eine bestimmte Kennzahl und nicht auf die Dimension angewendet wird. Wählen Sie dazu den Eintrag **Kennzahl** aus, wie es in Abbildung 4.56 zu sehen ist.

Abbildung 4.56 Kennzahl für die Sortierung verwenden

Anschließend können Sie eine der verfügbaren Kennzahlen in der unten erscheinenden Liste auswählen. Beachten Sie, dass bei diesem Objekttyp die

Sortierung für die Werte der ausgewählten Kennzahl und nicht mehr für die der Dimension erfolgt.

4.2.2 Kennzahlen sortieren

Neben den Elementen können Sie auch Werte von Kennzahlen sortieren, um einen besseren Überblick bei Ihrer Datenanalyse zu erhalten. Wählen Sie dazu eine Zelle aus, die zu der Kennzahl gehört, die Sie sortieren möchten. Wählen Sie anschließend unter **Sortieren** die gewünschte Sortierreihenfolge aus (siehe noch einmal Abbildung 4.52).

Weitere Sortieroptionen

Auch diesmal können Sie über den Eintrag **Weitere Sortieroptionen** auswählen, ob die Werte über Hierarchien hinweg sortiert werden sollen. Wenn die Sortierung über die gesamte Hierarchie hinweg erfolgen soll, wählen Sie die Option **Hierarchien aufbrechen**. In der Standardeinstellung ist diese Option nicht ausgewählt (siehe Abbildung 4.57). Beachten Sie erneut, dass anschließend die in der Kreuztabelle vorhandenen Hierarchien nicht mehr zur Verfügung stehen.

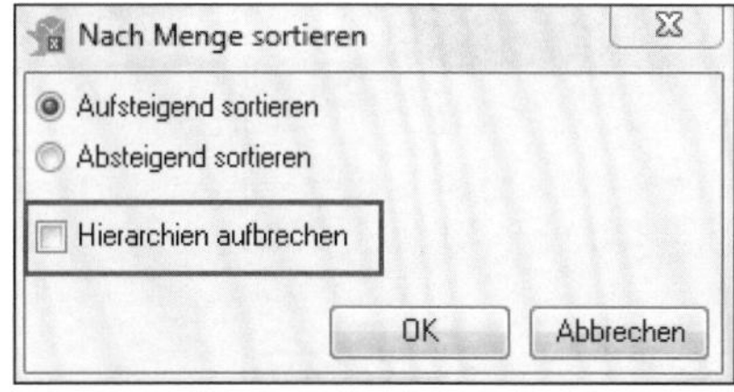

Abbildung 4.57 Hierarchien aufbrechen

Kontextmenü nutzen

Im Falle des Sortierens nach Kennzahlen sind weitere Sortieroptionen sehr übersichtlich. Wenn Sie die Option **Hierarchien aufbrechen** nicht nutzen möchten, können Sie die Sortieroptionen **Aufsteigend sortieren** und **Absteigend sortieren** auch direkt über das Kontextmenü der Kreuztabelle aufrufen.

4.3 Hierarchien handhaben

Es existieren zwei Möglichkeiten, um in Ihrer Analyse mit einer hierarchischen Darstellung zu arbeiten: Sie können Dimensionen mit Hierarchien verwenden oder Dimensionen ohne Hierarchien hierarchisch anzeigen lassen. Den Unterschied zwischen den beiden Möglichkeiten erläutere ich in den nächsten Abschnitten.

4.3.1 Merkmale mit Hierarchien verwenden

Merkmalshierarchie

Technisch gesehen werden Hierarchien für Dimensionen in der Datenmodellierung von SAP Business Warehouse (kurz SAP BW) angelegt. Diese Art der Hierarchie wird als *Merkmalshierarchie* bezeichnet. Eine Dimension kann mehrere Hierarchien enthalten. Die Dimensionselemente werden in einer Hierarchie in einer Baumstruktur dargestellt. In Abbildung 4.58 sehen Sie eine Hierarchie der Produktgruppen, die in einer Produktkategorie zusammengefasst sind.

Hierarchie

Details... | Textknoten als Nachbar anlegen | Merkmalsknoten als Kind

Hierarchie 2019	InfoObject	Knotenname
Alle Produktgruppen	0HIER_NODE	ROOT
Tablet	0D_NW_PRDCT	T
Tablet Mini	0D_NW_PRDGP	TM
Tablet Plus	0D_NW_PRDGP	TP
Smartphone	0D_NW_PRDCT	S
Smartphone Mini	0D_NW_PRDGP	SM
Smartphone Plus	0D_NW_PRDGP	SP

Abbildung 4.58 Hierarchie von Produktgruppen

Versionen definieren

Sie können für eine Dimension verschiedene Varianten einer Hierarchie als *Versionen* definieren ❶ (siehe Abbildung 4.60). In SAP Analysis for Microsoft Office wird die jeweilige Hierarchie in Klammern hinter dem Hierarchienamen angezeigt (siehe Abbildung 4.59).

Zeitabhängige Varianten definieren

Sie können außerdem in SAP BW verschiedene Varianten einer Hierarchie definieren, die für einen bestimmten Zeitraum gültig sind. Wählen Sie hierzu die Einstellung **Zeitabhängig** ❷ (siehe Abbildung 4.60).

Abbildung 4.59 Hierarchiebezeichnung im Designbereich

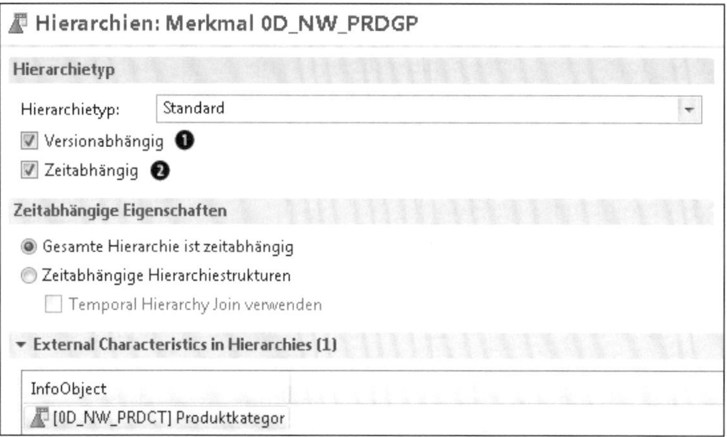

Abbildung 4.60 Einstellungen für eine Hierarchie

In SAP Analysis for Microsoft Office können Sie über erweiterte Einstellungen (**Datei • Analysis • Analysis anpassen • Technische Konfiguration**) steuern, ob alle zeitabhängigen Hierarchien für eine Dimension im Designbereich verfügbar sein sollen oder nur die Hierarchie für den gewählten Zeitraum (siehe Abbildung 4.61). Das Gültigkeitsdatum für zeitabhängige Hierarchien wird im Designbereich hinter dem Hierarchienamen in Klammern angezeigt.

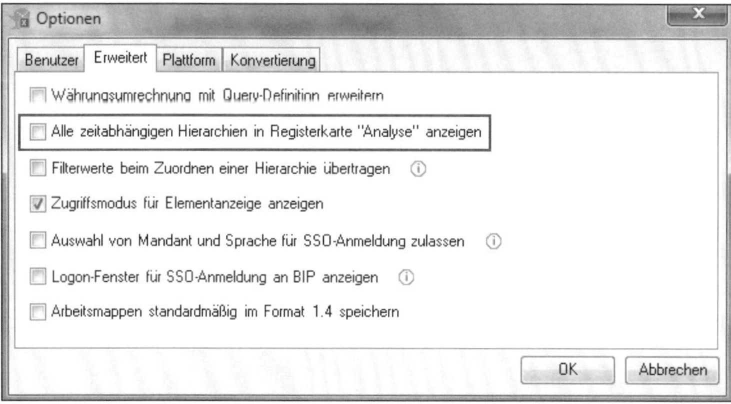

Abbildung 4.61 Erweiterte Einstellungen für zeitabhängige Hierarchien

[«]

Dimensionen mit Hierarchien

Beachten Sie, dass sich Dimensionen mit Hierarchien beim Filtern und Sortieren anders verhalten als Dimensionen ohne Hierarchien (siehe Abschnitt 4.1.2, »Daten in Hierarchien filtern«, und Abschnitt 4.2, »Daten sortieren«).

Darüber hinaus ist es wichtig zu wissen, dass verschiedene Formatvorlagen zum Anzeigen von Hierarchieebenen existieren (siehe Abschnitt 8.3, »Mit Formatvorlagen arbeiten«).

4.3.2 In Hierarchien navigieren

Im Folgenden erläutere ich die Navigationsmöglichkeiten in Berichten mit Hierarchien anhand einer Beispiel-Query – diese ist in Abbildung 4.62 dargestellt. Wenn Sie eine Dimension verwenden, die eine Hierarchie enthält, können Sie verschiedene Sichten definieren. So können Sie die Elemente der Dimension z. B. auch in einer flachen Darstellung anzeigen lassen.

	Menge	Umsatz	Preis
Produktgruppe	ST	EUR	EUR / ST
[-] Alle Produktgruppen	800,000	115.000,00	143,75
[-] Smartphone	300,000	25.000,00	83,33
Smartphone Plus	100,000	10.000,00	100,00
Smartphone Mini	200,000	15.000,00	75,00
[-] Tablet	500,000	90.000,00	180,00
Tablet Mini	200,000	40.000,00	200,00
Tablet Plus	300,000	50.000,00	166,67

Abbildung 4.62 Beispiel-Query mit einer Hierarchie

Hierarchieebenen anzeigen

Standardmäßig werden Hierarchien im zugeklappten Zustand dargestellt (siehe Abbildung 4.63).

	Menge	Umsatz	Preis
Produktgruppe	ST	EUR	EUR / ST
[-] Alle Produktgruppen	800,000	115.000,00	143,75
[+] Smartphone	300,000	25.000,00	83,33
[+] Tablet	500,000	90.000,00	180,00

Abbildung 4.63 Zugeklappte Hierarchie

Knoten aufklappen

Um einen Knoten aufzuklappen, können Sie diesen auswählen und über die Auswahl **Hierarchie** und den Eintrag **Aufklappen** expandieren (siehe Abbildung 4.64). Der gewählte Knoten wird nun bis zur nächsten Ebene aufgeklappt. Alternativ können Sie auch auf den Button [+] in der Kreuztabelle klicken. Wenn ein Knoten aufgeklappt ist, ändert sich der Eintrag auf **Zuklappen** bzw. der Button auf [-].

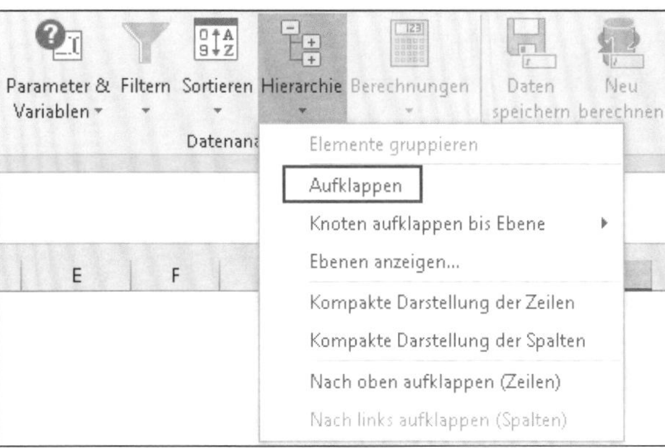

Abbildung 4.64 Knoten einer Hierarchie aufklappen

[+]

Hierarchie standardmäßig aufklappen

Sie können festlegen, bis zu welcher Stufe die Hierarchie standardmäßig aufgeklappt werden soll. Sie finden diese Einstellung in den BW Modeling Tools unter **Sheet-Definition • Eigenschaften • Hierarchie • Bereich Knotenanzeige**. Unter **Expandieren bis Stufe** können Sie definieren, wie tief die einzelnen Knoten der Hierarchie aufgeklappt werden sollen (siehe Abbildung 4.65).

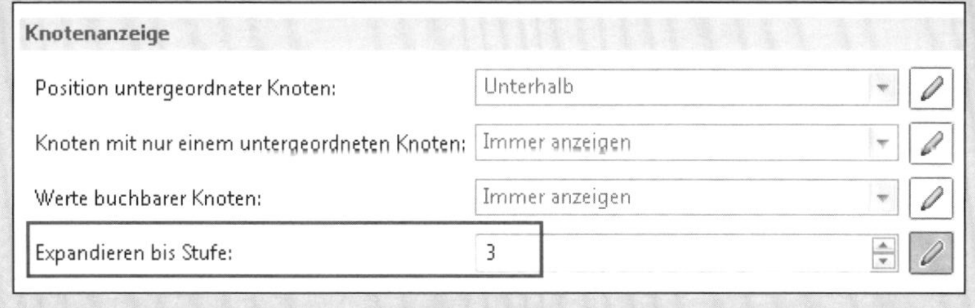

Abbildung 4.65 Hierarchie standardmäßig aufklappen

Alle Knoten gleichzeitig auf- oder zuklappen

Sie können auch alle Knoten gleichzeitig auf- oder zuklappen. Markieren Sie dazu in der Kreuztabelle die Zelle mit dem Namen der Dimension, die die Hierarchie enthält. In unserem Beispiel ist es die Produktgruppe. Klicken Sie anschließend im Bereich **Datenanalyse** auf die Auswahl **Hierarchie**, und wählen Sie den Eintrag **Aufklappen bis Ebene**. Sie erhalten nun eine Übersicht über alle Ebenen der Hierarchie. In Abbildung 4.66 sehen Sie ein Beispiel.

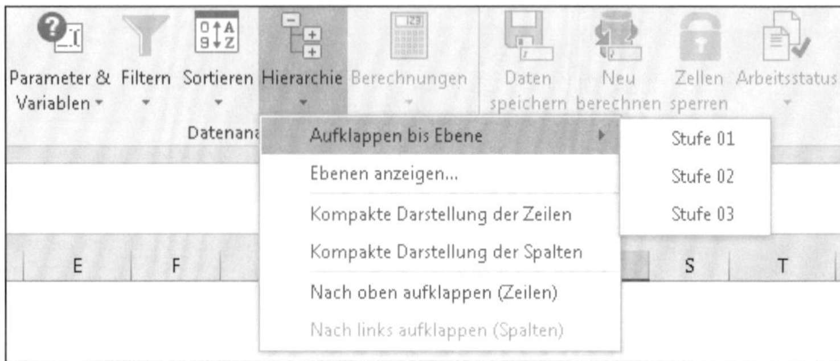

Abbildung 4.66 Alle Knoten aufklappen

Dabei hängt die Anzahl der verfügbaren Ebenen von der Hierarchie ab. Wenn Sie eine Stufe auswählen, werden die Ebenen in der Kreuztabelle entsprechend Ihrer Auswahl aufgeklappt. Wählen Sie die letzte Stufe aus, um alle Ebenen aufzuklappen. Um hingegen alle Ebenen zuzuklappen, wählen Sie die erste Stufe aus.

Nur relevante Ebenen anzeigen

Sie können die Ebenen der Hierarchie auch nutzen, um in Ihrer Analyse nur für Sie relevante Werte anzuzeigen. Wählen Sie dazu in der Kreuztabelle eine Elementzeile der Dimension aus und anschließend die Auswahl **Hierarchie** und darin den Eintrag **Ebenen anzeigen** (siehe Abbildung 4.67).

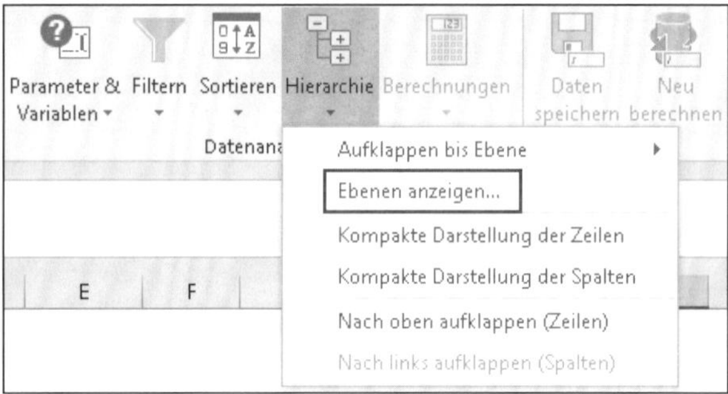

Abbildung 4.67 Ebenen anzeigen

Nun können Sie Ebenen auswählen, die in Ihrer Analyse angezeigt werden sollen. Bestätigen Sie Ihre Auswahl anschließend mit dem Button **OK** (siehe Abbildung 4.68). Die von Ihnen ausgewählten Ebenen werden nun in der Kreuztabelle angezeigt. Dabei ist das Gesamtergebnis nicht von der Auswahl betroffen, denn die Blattebene steht immer zur Verfügung und kann nicht von der Auswahl ausgeschlossen werden.

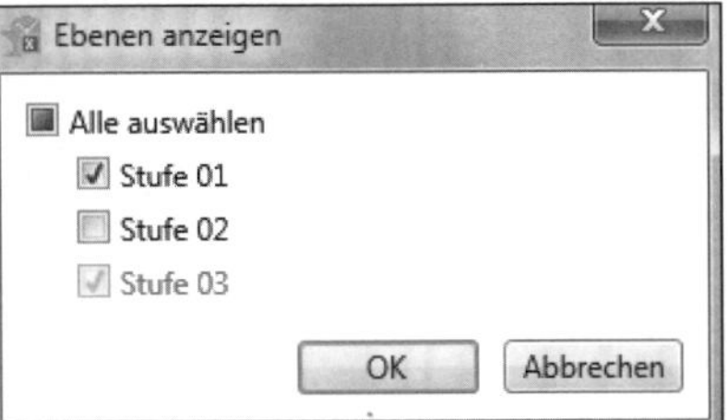

Abbildung 4.68 Ebenen auswählen

Darstellung der Hierarchieebenen ändern

Standardmäßig wird eine Hierarchie von der übergeordneten zur untergeordneten Ebene dargestellt. Sie können diese Darstellung ändern, indem Sie den Knoten der ersten Ebene markieren und anschließend die Auswahl **Hierarchie** und darin den Eintrag **Nach oben aufklappen (Zeilen)** auswählen (siehe Abbildung 4.69). Für Hierarchien, die sich in Spalten befinden, gilt der Eintrag **Nach links aufklappen (Spalten)**.

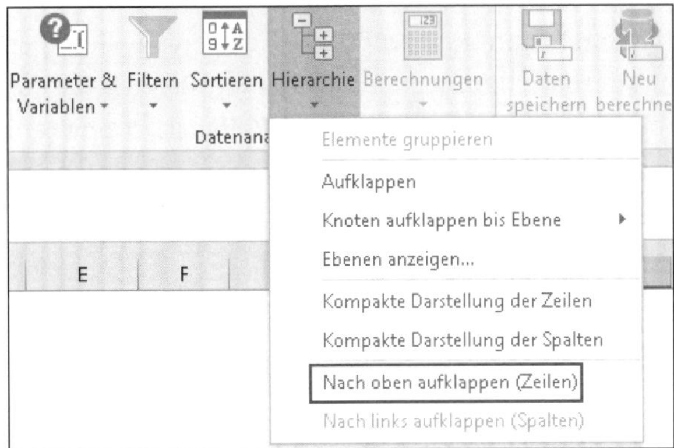

Abbildung 4.69 Hierarchie nach oben aufklappen

Nun wird die Hierarchie von der untergeordneten zur übergeordneten Ebene angezeigt. In diesem Fall befindet sich in der Kreuztabelle der übergeordnete unter dem untergeordneten Knoten. Darüber hinaus werden die Knoten nach oben aufgeklappt. In Abbildung 4.70 finden Sie ein Beispiel.

	Menge	Umsatz	Preis
Produktgruppe	ST	EUR	EUR / ST
Smartphone Plus	100,000	10.000,00	100,00
Smartphone Mini	200,000	15.000,00	75,00
[-] Smartphone	300,000	25.000,00	83,33
[+] Tablet	500,000	90.000,00	180,00
[-] Alle Produktgruppen	800,000	115.000,00	143,75

Abbildung 4.70 Angepasste Darstellung der Hierarchie

Angezeigte Hierarchie ändern

Die jeweils aktive Hierarchie wird im Bereich **Datenquelle** des Designbereichs fett angezeigt (siehe Abbildung 4.71). Daneben sind weitere Hierarchien aufgelistet. Zu jedem Zeitpunkt kann immer nur eine Hierarchie aktiv sein.

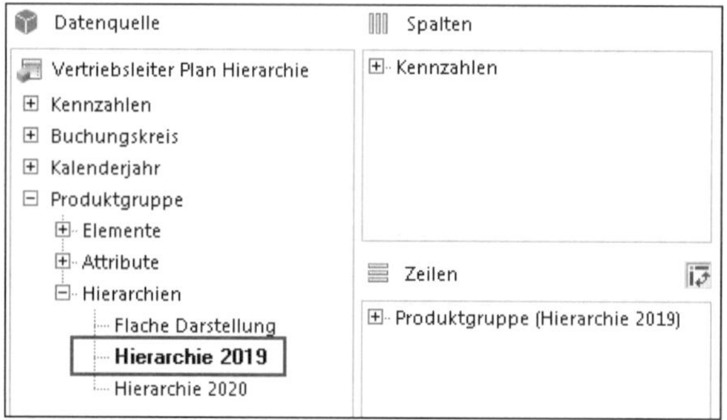

Abbildung 4.71 Aktive Hierarchie – fett hervorgehoben

Wenn Sie eine andere Hierarchie anzeigen möchten, können Sie diese per Doppelklick aktivieren. Alternativ können Sie sie auch im Bereich **Datenquelle** auswählen und per Drag & Drop in den Bereich **Zeilen** (bzw. **Spalten**) verschieben. Daraufhin werden die Daten in der Kreuztabelle entsprechend der neuen Hierarchie angepasst. Die neue Hierarchie, die nun aktiv ist, wird erneut im Bereich **Datenquelle** fett hervorgehoben.

Darstellung von Hierarchien ändern

Auch können Sie zur flachen Darstellung wechseln, indem Sie auf den Knoten **Flache Darstellung** im Bereich **Datenquelle** des Designbereichs doppelklicken (siehe Abbildung 4.72). Alternativ können Sie den Knoten per Drag & Drop in den Bereich **Zeilen** ziehen.

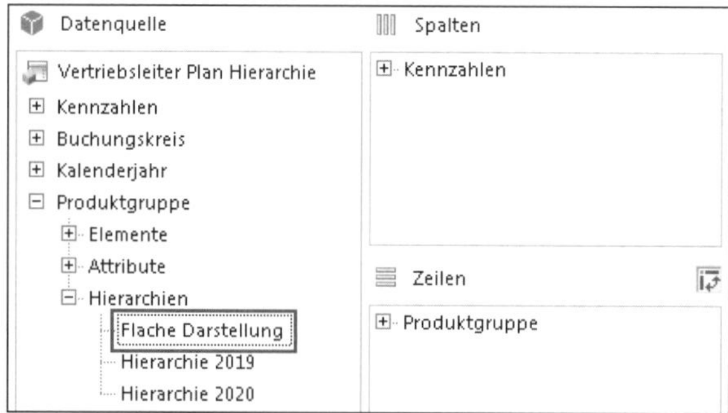

Abbildung 4.72 Flache Darstellung auswählen

Flache Darstellung wählen

Dadurch wird die Hierarchie aus der Dimension entfernt. Die Elemente der Dimension werden jetzt in einer flachen Darstellung angezeigt. In Abbildung 4.73 sehen Sie ein Beispiel.

	Menge	Umsatz	Preis
Produktgruppe	ST	EUR	EUR / ST
Smartphone Mini	200,000	15.000,00	75,00
Smartphone Plus	100,000	10.000,00	100,00
Tablet Mini	200,000	40.000,00	200,00
Tablet Plus	300,000	50.000,00	166,67
Gesamtergebnis	**800,000**	**115.000,00**	**143,75**

Abbildung 4.73 Anzeige der Kreuztabelle ohne Hierarchie

Es gibt einen weiteren Weg, um zwischen der hierarchischen und der flachen Darstellung zu wechseln. Rufen Sie hierzu im Bereich **Zeilen** das Kontextmenü für die Hierarchie auf. Wählen Sie anschließend den Eintrag **Nur Hierarchie [Name der Hierarchie] für Filter verwenden** aus (siehe Abbildung 4.74). Bei der Bezeichnung handelt es sich offenbar um einen Übersetzungsfehler des englischen »Only use hierarchy for filter«. Eigentlich sollte es wohl »Hierarchie [Name der Hierarchie] nur für Filter verwenden« heißen.

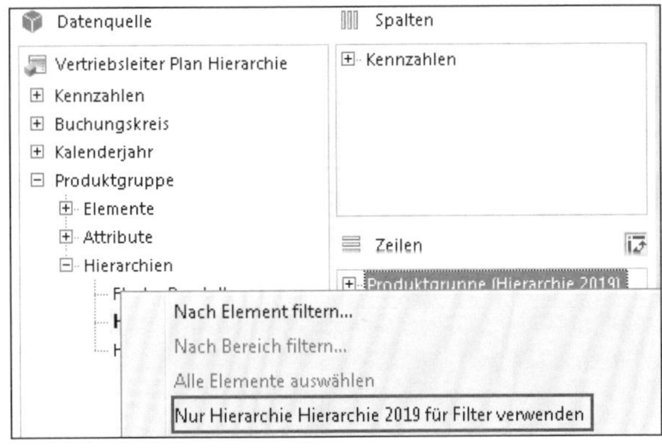

Abbildung 4.74 Hierarchie nur für Filter verwenden

Hierarchie weiterhin beim Filtern verwenden

Wenn Sie diesen Eintrag auswählen, werden in der Kreuztabelle die Elemente der Dimension in einer flachen Darstellung angezeigt. Dabei werden die Hierarchieinformationen aus dem Designbereich entfernt. Wenn Sie jedoch für die Dimension den Filterdialog öffnen, kann die Hierarchie weiterhin beim Filtern verwendet werden (siehe Abbildung 4.75).

Wenn Sie wieder zur hierarchischen Darstellung wechseln möchten, wählen Sie erneut den Eintrag **Nur Hierarchie [Name der Hierarchie] für Filter verwenden** im Kontextmenü aus. Dadurch wird die Hierarchie in der Darstellung wieder aktiviert.

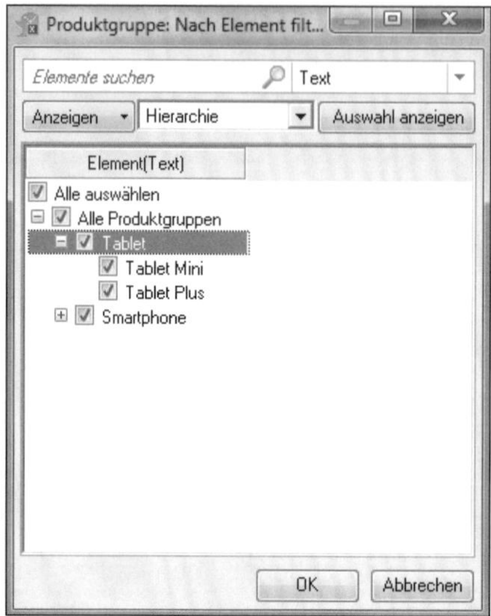

Abbildung 4.75 Weiterhin für Filter verfügbare Hierarchie

Attribute zur Hierarchie hinzufügen

Wenn Ihre Dimension über Attribute verfügt, können auch diese zur Hierarchie hinzugefügt werden. Wählen Sie dazu das gewünschte Attribut im Bereich **Datenquelle** aus, und verschieben Sie es per Drag & Drop in den Bereich **Zeilen**. Alternativ können Sie auf das jeweilige Attribut doppelklicken. Aktive Attribute werden im Bereich **Datenquelle** fett angezeigt (siehe Abbildung 4.76). Dabei können, im Gegensatz zu Hierarchien, mehrere Attribute gleichzeitig aktiv sein.

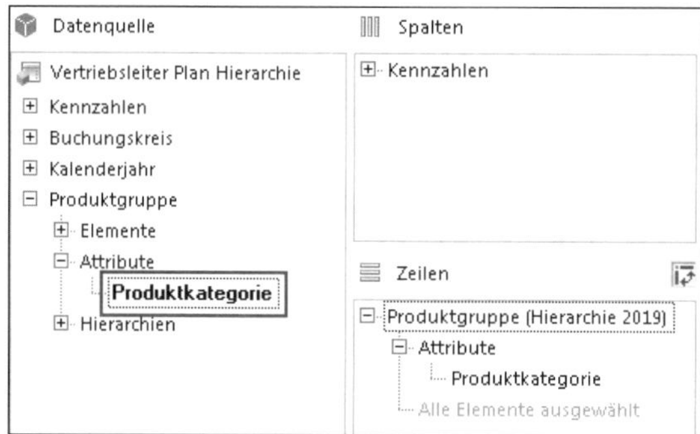

Abbildung 4.76 Aktive Attribute – fett hervorgehoben

4.3.3 Merkmale hierarchisch darstellen

Sie können auch Dimensionen, die technisch keine Hierarchie enthalten, hierarchisch darstellen. In einer Kreuztabelle können Sie zwischen einer flachen Darstellung oder einer Anzeige als Hierarchie wählen. Standardmäßig ist die flache Darstellung ausgewählt. Sie können bei Bedarf aber einzelne Elemente gruppieren und die Anzeige in eine hierarchische Darstellung ändern. Darüber hinaus können Sie auch Dimensionen mit Hierarchien als einzelne Dimension verwenden und mit anderen Dimensionen zu einer hierarchischen Darstellung kombinieren.

Betrachten wir die in Abbildung 4.77 dargestellte Kreuztabelle. Diese stellt die Umsätze einzelner Produktgruppen pro Buchungskreis dar.

		Menge	Umsatz
Buchungskreis	**Produktgruppe**	ST	EUR
Reis Telefone DE	Smartphone Mini	200,000	15.000,00
	Smartphone Plus	100,000	10.000,00
	Tablet Mini	200,000	40.000,00
	Tablet Plus	300,000	50.000,00
	Ergebnis	800,000	115.000,00
Gesamtergebnis		800,000	115.000,00

Abbildung 4.77 Umsätze einzelner Produktgruppen

Zeilen kompakt darstellen

Diese Information kann auch in Form einer Hierarchie dargestellt werden. Markieren Sie dazu eine Zelle der Kreuztabelle, und verwenden Sie die Auswahl **Hierarchie** sowie den Eintrag **Kompakte Darstellung der Zeilen** (siehe Abbildung 4.78).

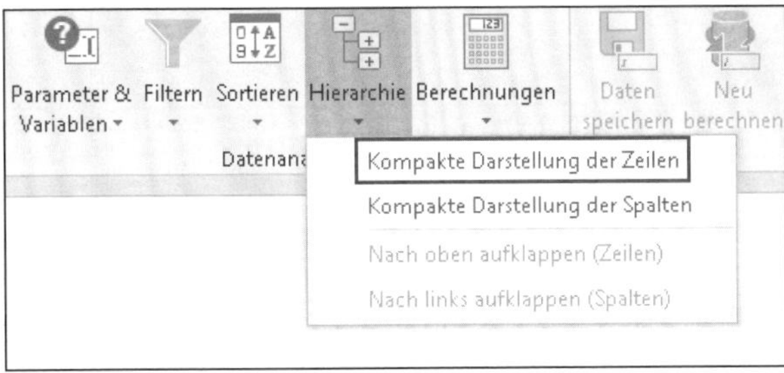

Abbildung 4.78 Kompakte Darstellung von Zeilen

Dimensionen als Hierarchie anzeigen

Um Dimensionen als Hierarchie anzeigen zu lassen, benötigen Sie mindestens zwei Dimensionen im Bereich **Zeilen** des Designbereichs. Dimensionen können auch in den Bereich **Spalten** verschoben werden. Für Dimensionen in den Spalten gilt dasselbe Prinzip: Es müssen mindestens zwei Dimensionen vorhanden sein.

Wie Sie es in Abbildung 4.79 sehen können, werden die Dimensionen der Kreuztabelle nun als Hierarchie angezeigt. Dabei dient die erste Dimension im Bereich **Zeilen** als erste Ebene der Hierarchie.

	Menge	Umsatz
Buchungskreis	ST	EUR
Gesamtergebnis	800,000	115.000,00
[-] Reis Telefone DE	800,000	115.000,00
Smartphone Mini	200,000	15.000,00
Smartphone Plus	100,000	10.000,00
Tablet Mini	200,000	40.000,00
Tablet Plus	300,000	50.000,00

Abbildung 4.79 Kreuztabelle in hierarchischer Darstellung

In hierarchischen Darstellungen navigieren

Knoten auf- und zuklappen

Knoten mit dem Button [+] (**Aufklappen**) enthalten Unterknoten. Sie können alle Knoten auf- und zuklappen. Markieren Sie dazu in der Kreuztabelle die Zelle mit dem Dimensionsnamen (z. B. Buchungskreis), und selektieren Sie die Auswahl **Hierarchie** und darin den Eintrag **Bis Dimension aufklappen**. Wählen Sie anschließend die gewünschte Dimension (siehe Abbildung 4.80). Hierbei hängt die Anzahl der verfügbaren Dimensionen von der Anzahl der Dimensionen im Bereich **Zeilen** ab.

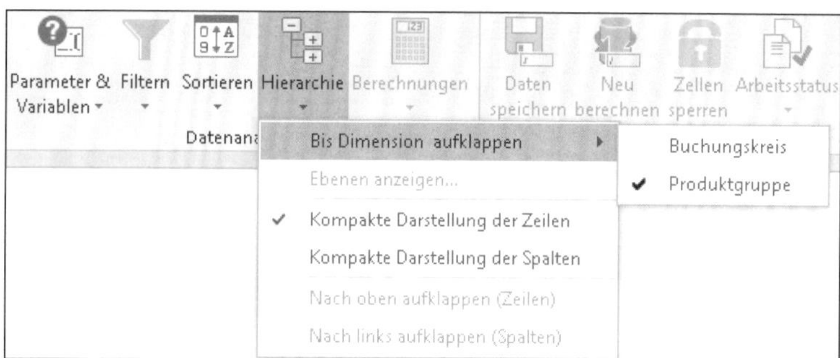

Abbildung 4.80 Alle Knoten aufklappen

Die Hierarchie in der Kreuztabelle wird nun entsprechend Ihrer Auswahl aufgeklappt. Um die Hierarchie wieder zuzuklappen, wählen Sie die erste Dimension aus.

Natürlich können Sie auch einzelne Knoten auf- und zuklappen. Markieren Sie zunächst eine Knotenzelle in der Kreuztabelle – in unserem Beispiel aus Abbildung 4.79 Reis Telefone DE. Selektieren Sie anschließend **Hierarchie** sowie darin den Eintrag **Dimension [Name der Dimension] aufklappen** aus dem Bereich **Datenanalyse** (siehe Abbildung 4.81).

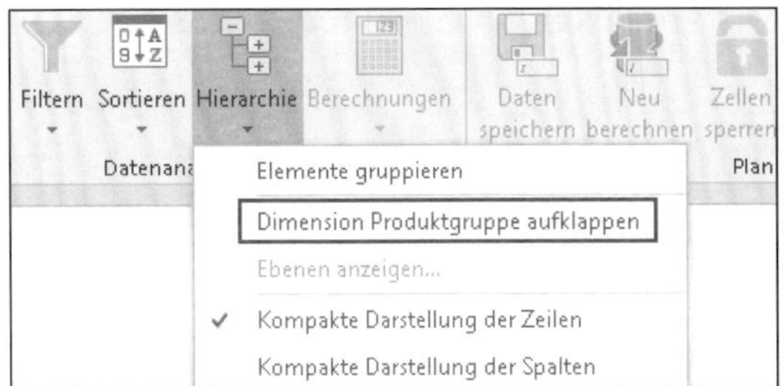

Abbildung 4.81 Dimension aufklappen

Nun wird der ausgewählte Knoten bis zur nächsten Dimension aufgeklappt. Dabei ändert sich der Eintrag auf **Zuklappen**. Um alle Unterknoten eines ausgewählten Knotens zuzuklappen, selektieren Sie die Auswahl **Hierarchie** und darin den Eintrag **Zuklappen**.

Darstellung ändern

Standardmäßig fungiert die erste Dimension im Designbereich als erste Ebene der Hierarchie. Die Reihenfolge der Dimensionen im Bereich **Zeilen** bestimmt also ihre Ebene in der Hierarchie. Sie können jedoch die Reihenfolge der Dimensionen in der Hierarchie anpassen, indem Sie Dimensionen im Bereich **Zeilen** per Drag & Drop nach oben oder unten verschieben (siehe Abbildung 4.82). Dabei werden in der Kreuztabelle die Ebenen in der Hierarchie sofort geändert.

Abbildung 4.82 Reihenfolge der Dimensionen anpassen

Sie können auch wieder zu einer flachen Darstellung der Dimensionen wechseln. Markieren Sie zunächst eine Zelle in der Kreuztabelle. Entfernen Sie anschließend das Häkchen neben **Kompakte Darstellung der Zeilen**, indem Sie erneut die Auswahl **Hierarchie** und darin den Eintrag **Kompakte Darstellung der Zeilen** verwenden. Die Dimensionen der Kreuztabelle werden wieder nebeneinander angezeigt.

Elemente gruppieren

Eine andere Möglichkeit, um eine quasi-hierarchische Darstellung zu erreichen, besteht darin, Elemente zu gruppieren. Nachfolgend erläutere ich diese Funktion anhand eines Beispiels. Betrachten Sie hierzu Abbildung 4.83 – diese stellt einzelne Produktgruppen dar. Um Ihre Analyse besser zu untergliedern, können Sie die Produktgruppen zu Produktkategorien zusammenfassen.

	Menge	Umsatz
Produktgruppe	ST	EUR
Smartphone Mini	200,000	15.000,00
Smartphone Plus	100,000	10.000,00
Tablet Mini	200,000	40.000,00
Tablet Plus	300,000	50.000,00
Gesamtergebnis	800,000	115.000,00

Abbildung 4.83 Umsatz pro Produktgruppe

Markieren Sie dazu die Produktgruppen, die Sie zusammenfassen möchten, z. B. Smartphone Mini und Smartphone Plus, wie in Abbildung 4.84 dargestellt.

	Menge	Umsatz
Produktgruppe	ST	EUR
Smartphone Mini	200,000	15.000,00
Smartphone Plus	100,000	10.000,00
Tablet Mini	0,000	40.000,00
Tablet Plus	300,000	50.000,00
Gesamtergebnis	800,000	115.000,00

Abbildung 4.84 Produktgruppen auswählen

[»]

Gruppierbare Elemente

Die Gruppierung ist nur bei Elementen von Dimensionen aus SAP-BW-Systemen möglich. Dabei muss das SAP-BW-System auf Version 7.50 SP6 oder höher laufen. Es ist nicht möglich, Elemente von SAP-HANA-Datenquellen zu gruppieren.

Selektieren Sie anschließend die Auswahl **Hierarchie** und darin den Eintrag **Elemente gruppieren** (siehe Abbildung 4.85).

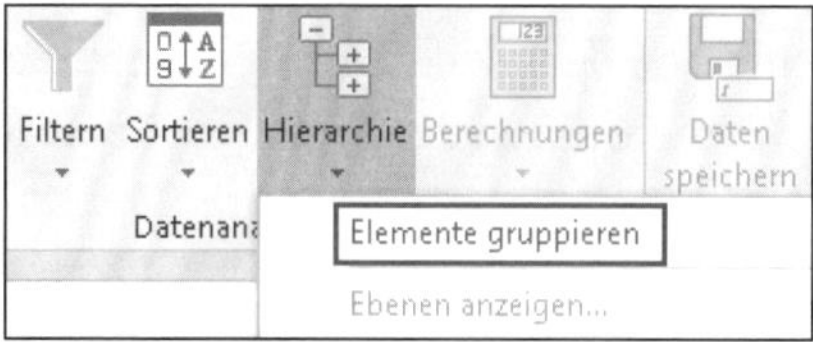

Abbildung 4.85 Elemente gruppieren

Nun öffnet sich ein neuer Dialog. Geben Sie eine Überschrift für die neue Gruppe ein, und bestätigen Sie mit dem Button **OK**. Die ausgewählten Produktgruppen werden zu einer Kategorie zusammengefasst (siehe Abbildung 4.86).

Gruppen hinzufügen und zusammenfassen

Die Gruppe zeigt dabei die Summe der darunterliegenden Elemente an und kann wie eine Hierarchie navigiert werden (siehe Abschnitt 4.3.2, »In Hierarchien navigieren«). Sie können weitere Gruppen hinzufügen und diese wiederum zu höheren Gruppen zusammenfassen.

	Menge	Umsatz
Produktgruppe	ST	EUR
Gesamtergebnis	800,000	115.000,00
[-] Smartphone	300,000	25.000,00
Smartphone Mini	200,000	15.000,00
Smartphone Plus	100,000	10.000,00
Tablet Mini	200,000	40.000,00
Tablet Plus	300,000	50.000,00

Abbildung 4.86 Gruppierte Produktgruppen

Im Designbereich wird die Gruppe auch als benutzerdefinierte Hierarchie angezeigt (siehe Abbildung 4.87). Die benutzerdefinierten Hierarchien verhalten sich im Wesentlichen wie die in SAP BW definierten Hierarchien.

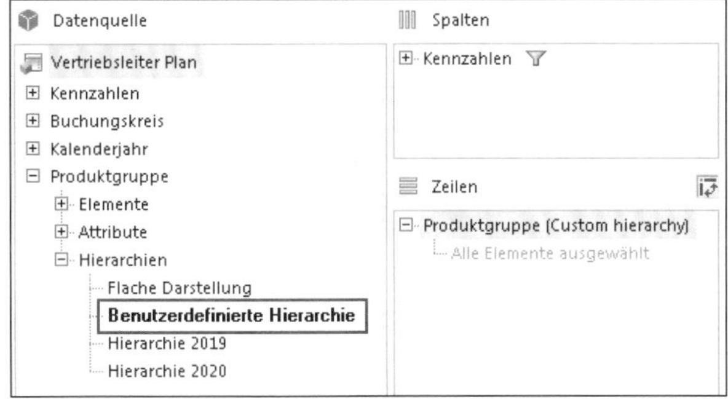

Abbildung 4.87 Benutzerdefinierte Hierarchie

Elemente hinzufügen und entfernen

Über Drag & Drop können Sie Elemente zur Hierarchie hinzufügen oder aus ihr entfernen. Klicken Sie dazu auf den grünen Rand einer Zelle, und halten Sie die Maustaste gedrückt – wie in Abbildung 4.88 dargestellt.

	Menge	Umsatz
Produktgruppe	ST	EUR
Gesamtergebnis	800,000	115.000,00
[-] Smartphone	300,000	25.000,00
Smartphone Mini	200,000	15.000,00
Smartphone Plus	100,000	10.000,00
Tablet Mini	200,000	40.000,00
Tablet Plus	300,000	50.000,00

Abbildung 4.88 Elemente per Drag & Drop hinzufügen

Sie können neue Elemente an beliebiger Position in der Hierarchie hinzufügen. Wenn Sie dem Knoten selbst ein Element hinzufügen, wird dieser am Ende der Hierarchie hinzugefügt.

Namen der Gruppe ändern

Darüber hinaus können Sie den Namen der Gruppe ändern. Markieren Sie dazu die Gruppe, und wählen Sie **Gruppe umbenennen** aus dem Kontextmenü (siehe Abbildung 4.89). Ein neuer Dialog erscheint, in dem Sie einen neuen Namen für die Gruppe eingeben können.

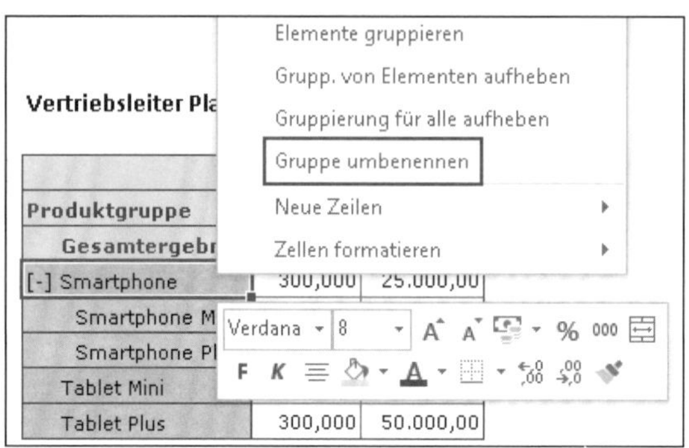

Abbildung 4.89 Gruppe umbenennen

Gruppierung auflösen

Um wieder zu einer flachen Ansicht zu wechseln, können Sie die Gruppierung aufheben. Um einen einzelnen Knoten aufzulösen, selektieren Sie die Auswahl **Hierarchie** und darin den Eintrag **Grupp. von Elementen aufheben** (siehe Abbildung 4.90). Um die gesamte benutzerdefinierte Hierarchie aufzulösen, selektieren Sie die Auswahl **Hierarchie** und darin den Eintrag **Gruppierung für alle aufheben**.

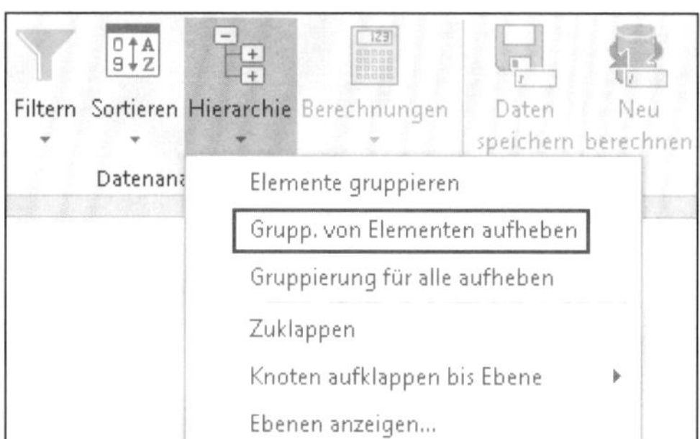

Abbildung 4.90 Gruppierung aufheben

Die Kreuztabelle wird nun wieder in einer flachen Darstellung angezeigt. Die benutzerdefinierte Hierarchie wird gelöscht und auch nicht mehr im Designbereich angezeigt.

4.4 Darstellung von Elementen, Kennzahlen und Ergebnissen anpassen

Wenn Sie eine neue Kreuztabelle einfügen, werden Elemente, Kennzahlen und Ergebnisse entsprechend den in der Query definierten Einstellungen angezeigt. Sie können die Anzeige jedoch auch entsprechend Ihren Bedürfnissen anpassen.

4.4.1 Darstellung von Elementen anpassen

Elemente der Kreuztabelle können als Schlüssel, Text oder Schlüssel und Text angezeigt werden. Darüber hinaus können Sie für Texte definieren, welcher Text angezeigt werden soll.

Schlüssel, Text und Kurztext einer Dimension und ihrer Elemente werden beim Anlegen von Stammdaten in SAP BW festgelegt. In der Query-Definition können Sie die Elementanzeige bestimmen, die standardmäßig verwendet wird. In SAP Analysis for Microsoft Office können Sie darüber hinaus die Elementanzeige für jede Dimension individuell bestimmen.

Technische Schlüssel anzeigen

Wenn Sie die technischen Schlüssel anzeigen wollen, selektieren Sie in Ihrer Kreuztabelle die Zelle eines Elements der gewünschten Dimension. Wählen Sie anschließend im Bereich **Anzeigen** die Auswahl **Elemente** aus. Es wird die in Abbildung 4.91 dargestellte Liste angezeigt. Hier können Sie auswählen, ob Sie nur den Text oder den Schlüssel des Elements anzeigen wollen ❶. Sie können auch Text und Schlüssel oder Schlüssel und Text anzeigen lassen. Während Beschreibungen doppelt vorkommen können, sind technische Namen eindeutig.

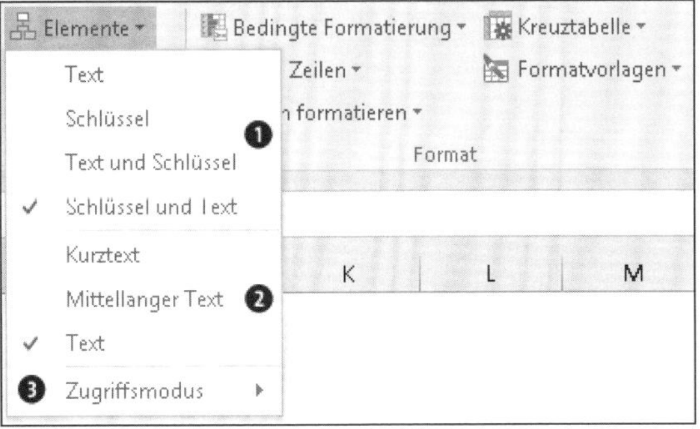

Abbildung 4.91 Darstellung von Elementen anpassen

Textlängen bestimmen

Darüber hinaus können Sie auswählen, ob ein Kurztext oder ein mittellanger Text (je nach Einstellung des InfoObjects selbst sowie der verfügbaren Stammdaten) angezeigt werden sollen ❷. Dieselben Auswahlmöglichkeiten haben Sie, wenn Sie einen Rechtsklick auf das Merkmal in der Query ausführen und die Auswahl **Elemente** auswählen.

[»]

Elementanzeige und Summen

Die Definition der Elementanzeige hat keine Auswirkung auf die Summen und Zwischensummen in der Kreuztabelle.

Angezeigte Elemente auswählen

Auch können Sie den Zugriffsmodus der Dimension auswählen (Auswahl **Zugriffsmodus**) ❸. So legen Sie fest, welche Elemente in der Kreuztabelle angezeigt werden. Ihnen stehen drei Einträge zur Verfügung:

- **Standard**
  Die Elemente der Kreuztabelle werden entsprechend den Einstellungen der Query angezeigt.
- **Nur Werte mit gebuchten Daten**
  Es werden nur Elemente mit tatsächlich vorhandenen Daten angezeigt.
- **Werte in Stammdaten**
  Alle Elemente werden angezeigt, unabhängig davon, ob tatsächlich gebuchte Daten vorhanden sind.

Zugriffsmodus einblenden

Die Auswahl **Zugriffsmodus** ist nur verfügbar, wenn Sie in den erweiterten Optionen die Einstellung **Zugriffsmodus für Elementanzeige anzeigen** aktivieren. Alternativ können Sie im Dialog **Technische Konfiguration** das Häkchen bei `AllowChangingAccessMode` (Änderung des Zugriffsmodus zulassen) setzen (siehe Abbildung 4.92).

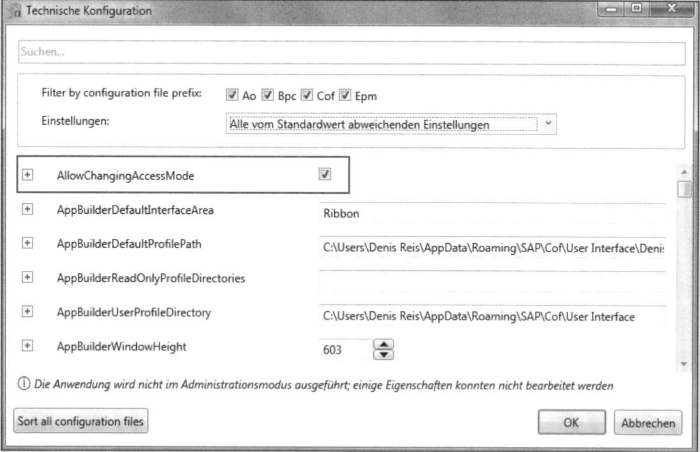

Abbildung 4.92 Zugriffsmodus einschalten

Standardmäßig ist diese Option deaktiviert. Weitere Information finden Sie in Kapitel 12, »SAP Analysis for Microsoft Office konfigurieren«.

Für SAP-HANA-Datenquellen ist die Option **Zugriffsmodus** nicht verfügbar.

4.4.2 Darstellung von Kennzahlen anpassen

Sie können für jede Kennzahl in Ihrer Auswertung ein individuelles Zahlenformat angeben. So können Sie den *Skalierungsfaktor* und die verwendeten Dezimalstellen festlegen. Mithilfe eines Skalierungsfaktors können Sie die Darstellung der Kennzahlen anpassen. So kann z. B. 1.000 als 1 (*1000) dargestellt werden.

Außerdem können Sie für alle Kennzahlen auf einmal bestimmen, ob die Skalierungsfaktoren im Bericht angezeigt werden sollen. Falls die betreffende Kennzahl über eine Währung als Einheit verfügt, können Sie die aktuelle Währung in die von Ihnen gewünschte Währung umrechnen lassen. Schließlich können Sie definieren, wie Nullen und negative Werte in der Kreuztabelle angezeigt werden.

Zahlenformat definieren

Um das Zahlenformat zu definieren, selektieren Sie zunächst eine Zelle der Kennzahl, die Sie anpassen möchten. Selektieren Sie anschließend im Menüband die Auswahl **Kennzahlen** und darin den Eintrag **Zahlenformat** (siehe Abbildung 4.93).

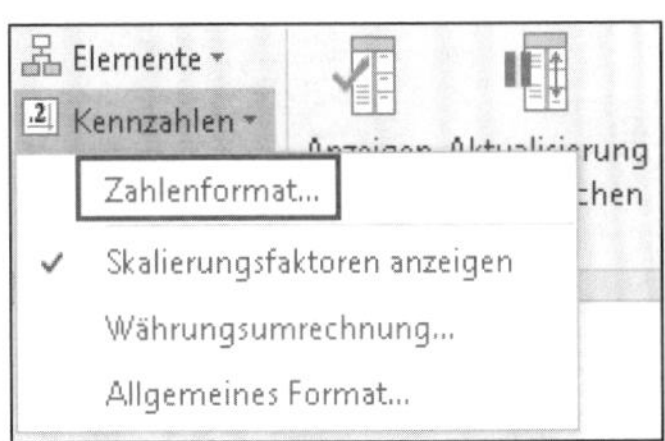

Abbildung 4.93 Zahlenformat anpassen

Es erscheint nun der in Abbildung 4.94 dargestellte Dialog **Zahlenformat**. Hier können Sie im Feld **Skalierungsfaktor** den Skalierungsfaktor und im Feld **Dezimalstellen** die Anzahl der Dezimalstellen festlegen, die Sie für die Kennzahlenanzeige verwenden möchten. Über das Ankreuzfeld legen Sie fest, ob der Skalierungsfaktor und die Einheit im Kopf der Spalte oder in der Kreuztabelle angezeigt werden sollen. Während der **Skalierungsfaktor** und die **Dezimalstellen** individuell pro Kennzahl definiert werden, gilt diese Einstellung für alle Kennzahlen der Kreuztabelle. Klicken Sie anschließend auf den Button **OK**, um die Änderungen zu übernehmen. Die Datenzellen der Kennzahl werden nun entsprechend Ihrer Definition angezeigt.

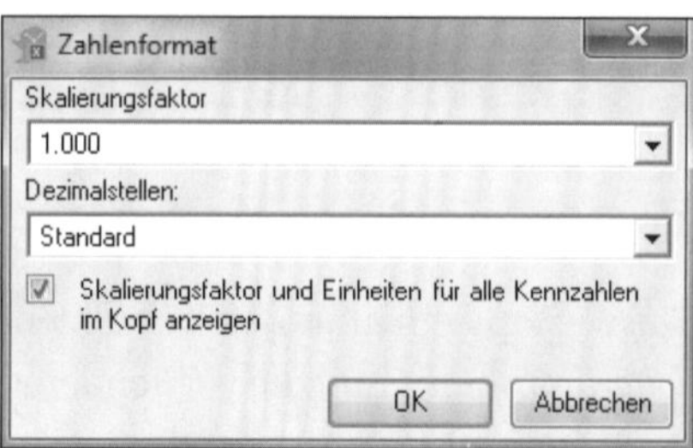

Abbildung 4.94 Dialog »Zahlenformat«

Einheiten in Zellen anzeigen

Wenn Sie möchten, dass die Einheit in den Zellen dargestellt wird, entfernen Sie das Häkchen neben dem Ankreuzfeld **Skalierungsfaktor und Einheiten für alle Kennzahlen im Kopf anzeigen**. In diesem Fall wird die Einheit neben dem jeweiligen Betrag angezeigt, wie in Abbildung 4.95 dargestellt.

Buchungskreis	**Produktgruppe**	Menge	Umsatz
Reis Telefone DE	Smartphone Mini	200,000 ST	15.000,00 EUR
	Smartphone Plus	100,000 ST	10.000,00 EUR
	Tablet Mini	200,000 ST	40.000,00 EUR
	Tablet Plus	300,000 ST	50.000,00 EUR
	Ergebnis	800,000 ST	115.000,00 EUR
Reis Telephones USA	Smartphone Plus	200,000 ST	20.000,00 EUR
	Tablet Mini	180,000 ST	36.000,00 EUR
	Ergebnis	380,000 ST	56.000,00 EUR
Gesamtergebnis		1.180,000 ST	171.000,00 EUR

Abbildung 4.95 Einheiten in Zellen anzeigen

[»]

Skalierungsfaktor in der Query festlegen

Der Skalierungsfaktor kann auch in der Query selbst festgelegt werden. Wechseln Sie dazu in den BW Modeling Tools in die Sheet-Definition, und selektieren Sie die jeweilige Kennzahl (siehe Abbildung 4.96).

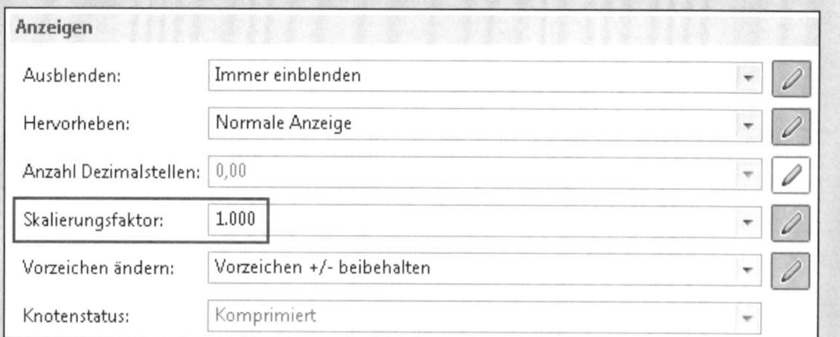

Abbildung 4.96 Skalierungsfaktor in der Query-Definition festlegen

Falls Sie den BEx Query Designer verwenden, finden Sie die Einstellung auf der Registerkarte **Darstellung** bei den Eigenschaften der Kennzahl.

Skalierungsfaktor ein- und ausblenden

Normalerweise wird der Skalierungsfaktor, z. B. *1000, im Kopf der Kennzahl angezeigt (siehe Abbildung 4.97). Beachten Sie dabei, dass eine im BEx Query Designer vorgenommene Einstellung zum Anzeigen von Skalierungsfaktoren für Kennzahlen (Registerkarte **Darstellung** in den Query-Eigenschaften) in SAP Analysis for Microsoft Office nicht berücksichtigt wird. Um festzulegen, ob Skalierungsfaktoren ein- oder ausgeblendet werden, wird nur die Einstellung in SAP Analysis for Microsoft Office berücksichtigt.

		Menge	Umsatz
Buchungskreis	**Produktgruppe**	ST	* 1.000 EUR
Reis Telefone DE	Smartphone Mini	200,00	15,00
	Smartphone Plus	100,00	10,00
	Tablet Mini	200,00	40,00
	Tablet Plus	300,00	50,00
	Ergebnis	800,00	115,00
Reis Telephones USA	Smartphone Plus	200,00	20,00
	Tablet Mini	180,00	36,00
	Ergebnis	380,00	56,00
Gesamtergebnis		1.180,00	171,00

Abbildung 4.97 Skalierung im Kopf der Kennzahl anzeigen

Wenn die Einstellung aktiv ist, wird ein Häkchen neben dem Eintrag **Skalierungsfaktoren anzeigen** in der Auswahl **Kennzahlen** angezeigt (siehe Abbildung 4.98). Wenn Sie diese Anzeige deaktivieren möchten, wählen Sie den Eintrag erneut aus.

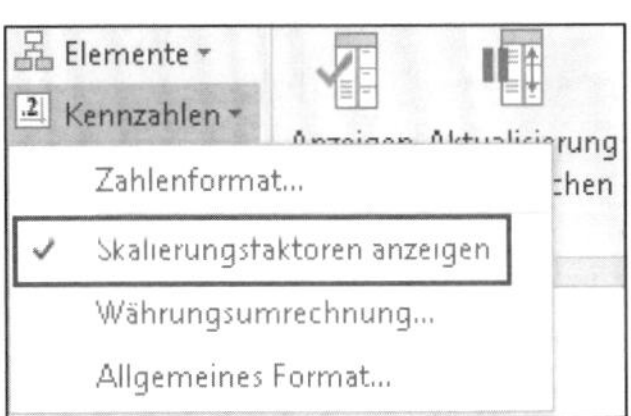

Abbildung 4.98 Anzeige der Skalierungsfaktoren aktiv

Währungsumrechnung durchführen

Darüber hinaus können Sie die Währung für die Kennzahlen eines Berichts umrechnen. Selektieren Sie dazu eine Zelle der Kreuztabelle. Selektieren Sie anschließend den Eintrag **Währungsumrechnung** in der Auswahl **Kennzahlen** (siehe Abbildung 4.99).

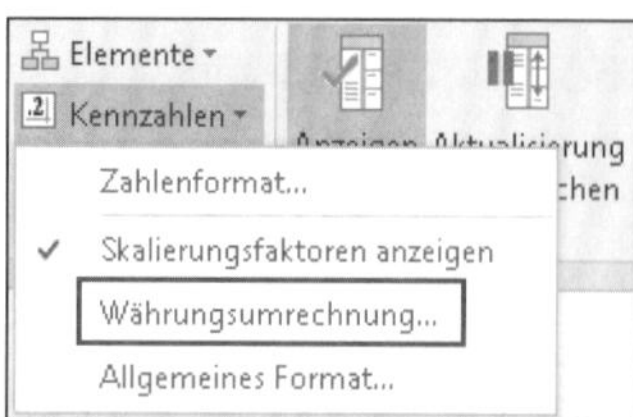

Abbildung 4.99 Währungsumrechnung durchführen

Zielwährung und Umrechnungsart festlegen

Es erscheint der in Abbildung 4.100 dargestellte Dialog **Währungsumrechnung**. Hier können Sie im Feld **Zielwährung** die Zielwährung und im Feld **Art der Währungsumrechnung** die Währungsumrechnungsart bestimmen.

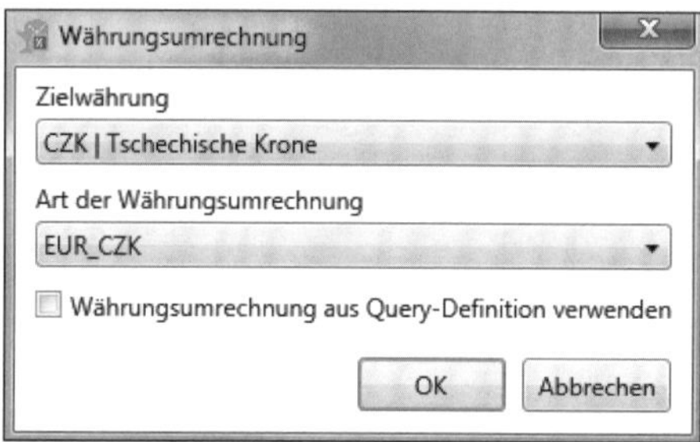

Abbildung 4.100 Parameter der Währungsumrechnung festlegen

Beachten Sie, dass die Auswahloptionen in den Listen von **Zielwährung** und **Art der Währungsumrechnung** voneinander abhängig sind. Das System zeigt jeweils nur die Umrechnungsarten an, die für diese Währung vorhanden sind. Um alle Umrechnungsarten anzuzeigen, wählen Sie die Standardeinstellung **Originalwährung anzeigen** aus der Auswahlliste von **Zielwährung** aus. Wenn Sie umgekehrt eine bestimmte Umrechnungsart auswählen, bietet das System nur die für diese Umrechnungsart gültigen Währungen an. Wenn Sie anschließend auf den Button **OK** klicken, werden alle Kennzahlen, die über eine Währung verfügen, in die ausgewählte Währung umgerechnet.

Art der Währungsumrechnung

Eine Währungsumrechnungsart definiert alle für die Umrechnung benötigten Parameter, also den Kurs, die Quell- sowie die Zielwährung und den Zeitbezug der Umrechnung. So können nebeneinander unterschiedliche Kurstypen gültig sein, wie z. B. Geld-, Brief- oder Mittelkurs. Darüber hinaus bestimmt die Währungsumrechnungsart die Quell- und Zielwährung. Diese können z. B. aus den vorhandenen Datensätzen ermittelt oder als feste Einheit definiert werden. Ferner kann der Zeitbezug für die Währungsumrechnung entweder fest oder variabel sein. Die Arten der Währungsumrechnung werden in SAP BW angelegt. Über Transaktion RSCUR (Währungsumrechnungsart) können Sie eine neue Währungsumrechnungsart anlegen oder bereits bestehende Umrechnungsarten bearbeiten.

Umrechnung aus Query-Definition verwenden

Sie können auch bestimmen, dass die Währungsumrechnung auf der Definition im BEx Query Designer oder in den BW Modeling Tools basieren soll. Wählen Sie dazu das Ankreuzfeld **Währungsumrechnung aus Query-Definition verwenden**.

Beachten Sie dabei, dass die Währung, die Sie in der Query-Definition angeben, von der Währung im InfoProvider abweichen kann. So kann z. B. im InfoProvider die Währung USD verwendet werden. In der Query-Definition wird die Währung von USD in EUR umgerechnet. Möchten Sie nun während Ihrer Analyse die Währung in GBP umrechnen, basiert die Währungsumrechnung bei ausgewähltem Ankreuzfeld auf EUR. Ist das Ankreuzfeld nicht ausgewählt, basiert sie auf USD.

[«]

Währungsumrechnung aus Query-Definition verwenden

Das Ankreuzfeld steht nur zur Verfügung, wenn die Einstellung `BexAdvancedMode` in der technischen Konfiguration auf `True` gesetzt ist. (**Datei • Analysis • Analysis anpassen • Technische Konfiguration**, siehe Abbildung 4.101). Standardmäßig ist dieser Wert auf `False` gesetzt. Das heißt, das Ankreuzfeld ist standardmäßig nicht verfügbar.

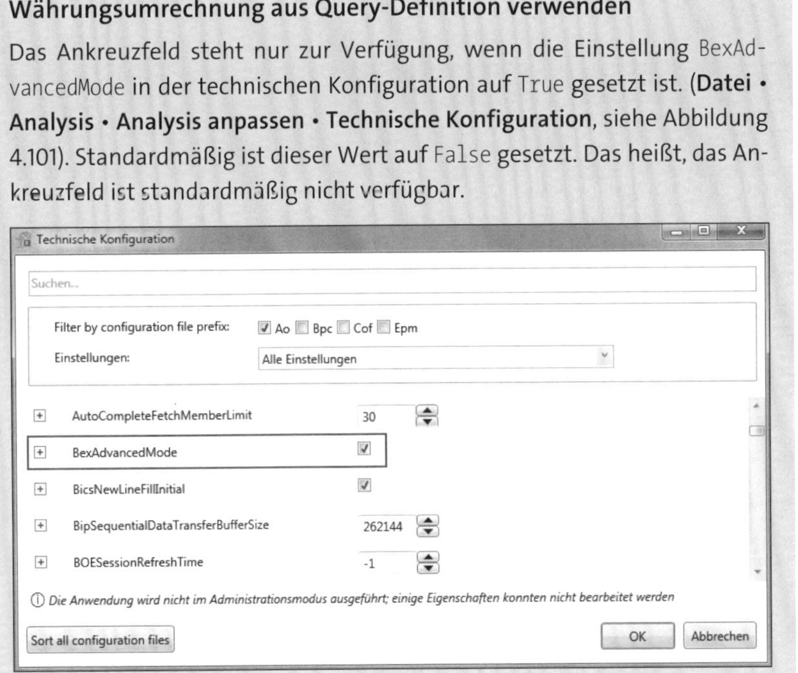

Abbildung 4.101 Option »Währungsumrechnung aus Query-Definition verwenden« einschalten

Anzeige von Nullen und negativen Werten anpassen

Schließlich können Sie auch die Anzeige von Nullen und negativen Werten in Ihrem Bericht definieren. Markieren Sie dazu zunächst eine Zelle der Kreuztabelle. Wählen Sie anschließend den Eintrag **Allgemeines Format** aus der Auswahlliste von **Kennzahlen** (siehe Abbildung 4.102).

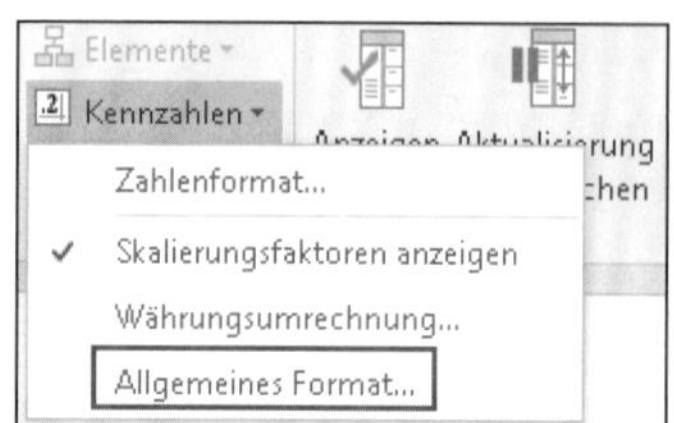

Abbildung 4.102 Allgemeine Formatierung festlegen

Anzeige negativer Werte anpassen

Es erscheint der in Abbildung 4.103 dargestellte Dialog **Allgemeines Format**. Hier können Sie zunächst die **Anzeige von negativen Werten** anpassen ❶. Dabei stehen Ihnen die folgenden Formatierungen zur Auswahl:

- -X
- X-
- (X)

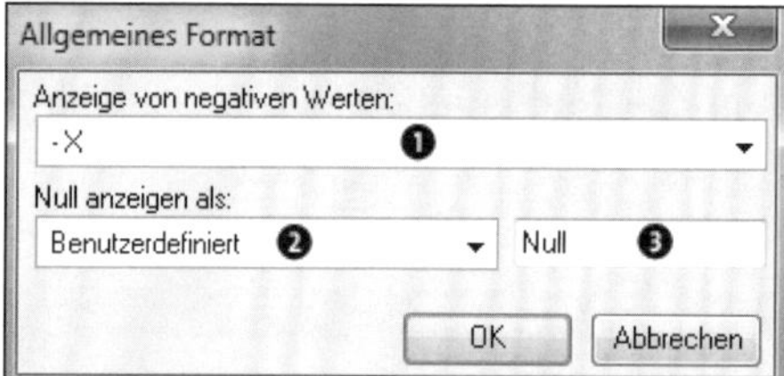

Abbildung 4.103 Anzeige von Nullen und negativen Werten definieren

Anzeige von Nullen anpassen

Darüber hinaus können Sie die Anzeige von Nullen einstellen. Wählen Sie dazu aus der Auswahl **Null anzeigen als:** ❷ einen der folgenden Einträge aus:

- **Mit Währung/Einheit**
- **Ohne Währung/Einheit**
- **Leere Zeile**
- **Benutzerdefiniert**

Wählen Sie den Eintrag **Benutzerdefiniert**, können Sie einen Text angeben, der in den Zellen angezeigt wird ❸. Sie könnten auch eine Zahl angeben, was jedoch leicht zu Missverständnissen führen kann.

Nachdem Sie Ihre Angaben mit dem Button **OK** bestätigt haben, werden alle Kennzahlen Ihrer Definition entsprechend angezeigt.

Nullen unterdrücken

Sie können Nullen auch komplett unterdrücken, wenn es Zeilen oder Spalten gibt, die nur Nullen enthalten. In Abschnitt 4.1.4, »Nullen unterdrücken«, zeige ich Ihnen, wie es geht.

4.4.3 Darstellung von Ergebnissen anpassen

Neben Elementen und Kennzahlen können Sie auch die Darstellung von Ergebnissen individuell anpassen. So können Sie festlegen, ob Summen überhaupt angezeigt werden sollen. Wenn ja, können Sie definieren, wo diese in der Kreuztabelle positioniert werden. Darüber hinaus können Sie steuern, wie die Ergebnisse berechnet werden.

Ergebnisse ein- und ausblenden

Zunächst können Sie die Darstellung von Summen steuern. Dabei können Sie die Summenzeile ganz verstecken (Eintrag **Ergebnisse ausblenden**) oder immer anzeigen (Eintrag **Ergebnisse anzeigen**) lassen. Darüber hinaus haben Sie auch die Möglichkeit, Summen nur dann anzuzeigen, wenn mehr als ein Wert existiert, den es zu summieren gilt (Eintrag **Ergebnisse bei nur einem Element ausblenden**). Ergebnisse, die nur aus einem Element bestehen, werden dann ausgeblendet.

Einstellungen für Summenzeile anpassen

Die gewünschte Einstellung können Sie über die Auswahl **Ergebnisse** im Bereich **Anzeigen** vornehmen (siehe Abbildung 4.104). Markieren Sie zuvor die Zelle in der Kreuztabelle, deren Anzeige Sie anpassen möchten. Alternativ finden Sie auch diese Einstellungen über einen Rechtsklick in der Query unter der Auswahl **Ergebnisse**.

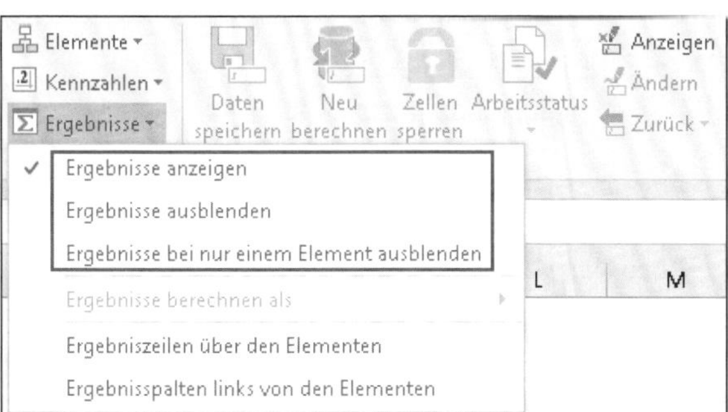

Abbildung 4.104 Optionen zur Anzeige von Summenzeilen

Position der Summenzeile definieren

Ferner können Sie auch die Position der Summenzeile festlegen. Standardmäßig werden die Ergebnisse in den Zeilen unter den Elementen und in den Spalten rechts von den Elementen angezeigt.

Markieren Sie für eine Änderung der Positionierung zunächst eine Zelle der Kreuztabelle. Selektieren Sie anschließend die Auswahl **Ergebnisse** und darin den Eintrag **Ergebniszeilen über den Elementen** oder den Eintrag **Ergebnisspalte links von den Elementen** (siehe Abbildung 4.105).

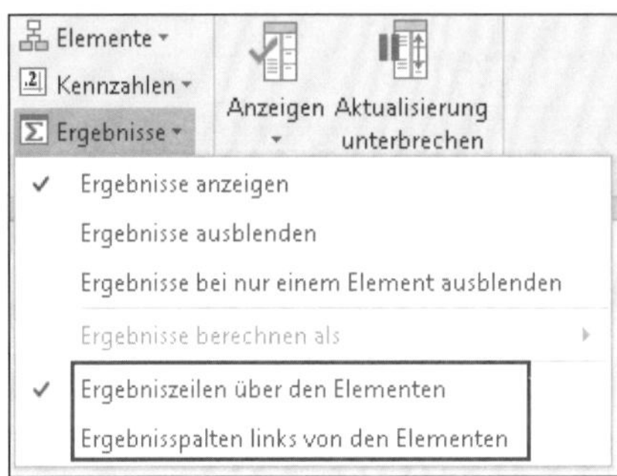

Abbildung 4.105 Position der Ergebnisse festlegen

Summenzeile über Elementen platzieren

Im ersten Fall wird die Summenzeile nun über den Elementen platziert, wie in Abbildung 4.106 dargestellt. Um die Position wieder zurückzusetzen, wählen Sie den Eintrag erneut aus.

		Menge	Umsatz
Buchungskreis	**Produktgruppe**	ST	EUR
Gesamtergebnis		1.180,00	171.000,00
Reis Telefone DE	**Ergebnis**	800,00	115.000,00
	Smartphone Mini	200,00	15.000,00
	Smartphone Plus	100,00	10.000,00
	Tablet Mini	200,00	40.000,00
	Tablet Plus	300,00	50.000,00
Reis Telephones USA	**Ergebnis**	380,00	56.000,00
	Smartphone Plus	200,00	20.000,00
	Tablet Mini	180,00	36.000,00

Abbildung 4.106 Ergebnisanzeige über Elementen

Ergebnis definieren

Standardmäßig werden Ergebnisse entsprechend der Query-Definition angezeigt. Sie können die Berechnung von Ergebnissen jedoch in SAP Analysis for Microsoft Office beeinflussen. So können Sie sich z. B. den höchsten Wert eines Bereichs als Gesamtergebnis anzeigen lassen.

Um eine neue Berechnung durchzuführen, selektieren Sie zuerst eine Kennzahlenüberschrift, z. B. Umsatz. Wählen Sie anschließend den Eintrag **Ergebnisse berechnen als** aus der Auswahl **Ergebnisse** (siehe Abbildung 4.107). Für die Berechnung stehen Ihnen verschiedene Optionen zur Verfügung, die ich Ihnen im Folgenden vorstelle.

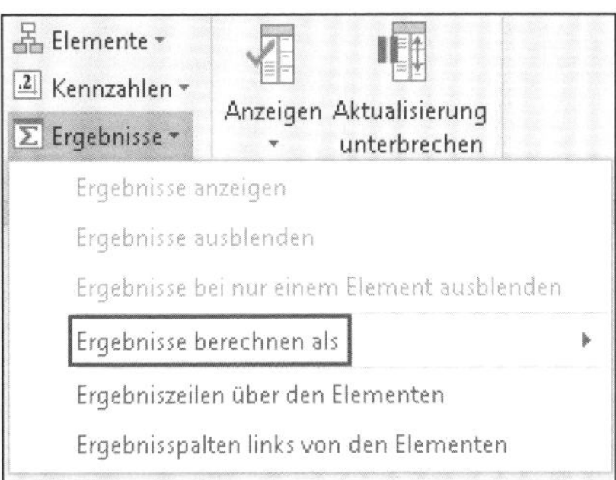

Abbildung 4.107 Berechnung von Ergebnissen definieren

Bestimmtes Ergebnis anzeigen lassen

Minimum anzeigen

Bei der Option **Minimum** wird der kleinste Wert eines Bereichs als Ergebnis angezeigt. Sobald Sie eine der Optionen auswählen, werden die Ergebnisse entsprechend Ihrer Definition berechnet. So wird z. B. in Abbildung 4.108 der niedrigste Umsatz im jeweiligen Bereich, also pro Produktgruppe und Buchungskreis, angezeigt.

		Umsatz
Buchungskreis	**Produktgruppe**	EUR
Reis Telefone DE	Smartphone Mini	15.000,00
	Smartphone Plus	10.000,00
	Tablet Mini	40.000,00
	Tablet Plus	50.000,00
	Ergebnis	**10.000,00**
Reis Telephones USA	Smartphone Plus	20.000,00
	Tablet Mini	36.000,00
	Ergebnis	**20.000,00**
Gesamtergebnis		**10.000,00**

Abbildung 4.108 Darstellung des kleinsten Umsatzes als Ergebnis

Maximum anzeigen

Bei der Option **Maximum** wird dagegen der höchste Wert des entsprechenden Bereichs als Ergebnis angezeigt (siehe Abbildung 4.109).

		Umsatz
Buchungskreis	**Produktgruppe**	EUR
Reis Telefone DE	Smartphone Mini	15.000,00
	Smartphone Plus	10.000,00
	Tablet Mini	40.000,00
	Tablet Plus	50.000,00
	Ergebnis	**50.000,00**
Reis Telephones USA	Smartphone Plus	20.000,00
	Tablet Mini	36.000,00
	Ergebnis	**36.000,00**
Gesamtergebnis		**50.000,00**

Abbildung 4.109 Darstellung des größten Umsatzes als Ergebnis

Mittelwert anzeigen

Bei der Option **Median** wird der Mittelwert der Werte als Ergebnis angezeigt (siehe Abbildung 4.110). Dabei sortiert das System die Werte intern aufsteigend. Befinden sich fünf Werte in einer Liste, wird der dritte Wert als Ergebnis angezeigt. Es kann sich aber auch eine gerade Anzahl von Werten in der Liste befinden, z. B. sechs. In diesem Fall addiert das System die beiden Werte in der Mitte der Liste, in diesem Beispiel den dritten und vierten Wert. Anschließend wird diese Summe durch zwei geteilt. Als Ergebnis wird der daraus resultierende Wert angezeigt.

		Umsatz
Buchungskreis	**Produktgruppe**	EUR
Reis Telefone DE	Smartphone Mini	15.000,00
	Smartphone Plus	0,00
	Tablet Mini	40.000,00
	Tablet Plus	50.000,00
	Ergebnis	**27.500,00**
Reis Telephones USA	Smartphone Plus	20.000,00
	Tablet Mini	36.000,00
	Ergebnis	**28.000,00**
Gesamtergebnis		**28.000,00**

Abbildung 4.110 Darstellung des Mittelwertes als Ergebnis

Nullen, leere Werte oder fehlerhafte Werte ignorieren

Die Option **Median der detaillierten Werte, die nicht 0, Null oder Fehler sind** zeigt ebenfalls den Mittelwert an. Allerdings werden bei dieser Option Werte mit einer Null, leere Werte und fehlerhafte Werte ausgeschlossen. Ein Beispiel ist in Abbildung 4.111 zu sehen.

Anzahl der Werte eines Bereichs anzeigen

Bei der Option **Gesamtanzahl der detaillierten Werte** wird die Anzahl der Werte für den entsprechenden Bereich als Ergebnis angezeigt (siehe Abbildung 4.112).

		Umsatz
Buchungskreis	**Produktgruppe**	EUR
Reis Telefone DE	Smartphone Mini	15.000,00
	Smartphone Plus	0,00
	Tablet Mini	40.000,00
	Tablet Plus	50.000,00
	Ergebnis	**40.000,00**
Reis Telephones USA	Smartphone Plus	20.000,00
	Tablet Mini	36.000,00
	Ergebnis	**28.000,00**
Gesamtergebnis		**36.000,00**

Abbildung 4.111 Kein Mitzählen von Nullen

Buchungskreis	**Produktgruppe**	Umsatz
Reis Telefone DE	Smartphone Mini	15.000,00 EUR
	Smartphone Plus	0,00 EUR
	Tablet Mini	40.000,00 EUR
	Tablet Plus	50.000,00 EUR
	Ergebnis	**4**
Reis Telephones USA	Smartphone Plus	20.000,00 EUR
	Tablet Mini	36.000,00 EUR
	Ergebnis	**2**
Gesamtergebnis		**6**

Abbildung 4.112 Darstellung der Anzahl der Werte als Ergebnis

Die Option **Gesamtanzahl der detaillierten Werte, die nicht 0, Null oder Fehler sind** ist der Option **Gesamtanzahl der detaillierten Werte** ähnlich, allerdings werden bei der Berechnung Nullen, leere Werte oder fehlerhafte Werte nicht berücksichtigt. In Abbildung 4.113 sehen Sie ein Beispiel.

Buchungskreis	**Produktgruppe**	Umsatz
Reis Telefone DE	Smartphone Mini	15.000,00 EUR
	Smartphone Plus	0,00 EUR
	Tablet Mini	40.000,00 EUR
	Tablet Plus	50.000,00 EUR
	Ergebnis	**3**
Reis Telephones USA	Smartphone Plus	20.000,00 EUR
	Tablet Mini	36.000,00 EUR
	Ergebnis	**2**
Gesamtergebnis		**5**

Abbildung 4.113 Kein Mitzählen von Nullen

Gesamtergebnis berechnen

Summe aller Werte berechnen

Bei der Option **Summe** wird die Summe aller Werte als Ergebnis des entsprechenden Bereichs angezeigt (siehe Abbildung 4.114).

		Umsatz
Buchungskreis	**Produktgruppe**	EUR
Reis Telefone DE	Smartphone Mini	15.000,00
	Smartphone Plus	10.000,00
	Tablet Mini	40.000,00
	Tablet Plus	50.000,00
	Ergebnis	**115.000,00**
Reis Telephones USA	Smartphone Plus	20.000,00
	Tablet Mini	36.000,00
	Ergebnis	**56.000,00**
Gesamtergebnis		**171.000,00**

Abbildung 4.114 Berechnung der Summe aller Werte als Ergebnis

Summe gerundeter Werte berechnen

Wenn Sie einen Skalierungsfaktor verwenden, ist es sinnvoll, das Ergebnis als **Summe der gerundeten Werte** zu berechnen. Andernfalls können die Ergebnisse stark abweichen. Dies ist insbesondere bei hohen Skalierungsfaktoren der Fall. In Abbildung 4.115 ist ein Beispiel zu sehen.

14,999

B	C	D
		Umsatz
Buchungskreis	**Produktgruppe**	* 1.000 EUR
Reis Telefone DE	Smartphone Mini	15,00
	Smartphone Plus	10,00
	Tablet Mini	40,00
	Tablet Plus	50,00
	Ergebnis	**115,00**
Reis Telephones USA	Smartphone Plus	20,00
	Tablet Mini	36,00
	Ergebnis	**56,00**
Gesamtergebnis		**171,00**

Abbildung 4.115 Anzeige der Summe gerundeter Werte

Standardabweichung berechnen

Wenn Sie die Option **Standardabweichung** auswählen, wird die Streuung der Werte um den Mittelwert als Ergebnis angezeigt. Die Standardabweichung wird als Quadratwurzel der Varianz berechnet. Je verstreuter die Daten sind, desto höher ist die Abweichung (siehe Abbildung 4.116).

Buchungskreis	**Produktgruppe**	Umsatz
Reis Telefone DE	Smartphone Mini	15.000,00 EUR
	Smartphone Plus	10.000,00 EUR
	Tablet Mini	40.000,00 EUR
	Tablet Plus	50.000,00 EUR
	Ergebnis	**19.311,05**
Reis Telephones USA	Smartphone Plus	20.000,00 EUR
	Tablet Mini	36.000,00 EUR
	Ergebnis	**11.313,71**
Gesamtergebnis		**15.795,57**

Abbildung 4.116 Berechnung der Standardabweichung als Ergebnis

Durchschnitt berechnen

Bei der Option **Durchschnitt** wird der Durchschnitt aller Werte als Ergebnis angezeigt. Dabei wird die Summe durch die Gesamtanzahl der Werte dividiert. In Abbildung 4.117 sehen Sie ein Beispiel.

		Umsatz
Buchungskreis	**Produktgruppe**	EUR
Reis Telefone DE	Smartphone Mini	15.000,00
	Smartphone Plus	0,00
	Tablet Mini	40.000,00
	Tablet Plus	50.000,00
	Ergebnis	**26.250,00**
Reis Telephones USA	Smartphone Plus	20.000,00
	Tablet Mini	36.000,00
	Ergebnis	**28.000,00**
Gesamtergebnis		**26.833,33**

Abbildung 4.117 Berechnung des Durchschnitts aller Werte als Ergebnis

Die Option **Durchschnitt aller detaillierten Werte, die nicht 0, Null oder Fehler sind** berechnet ebenfalls den Durchschnitt. Allerdings werden dabei erneut Werte, die leer, null oder fehlerhaft sind, nicht gezählt (siehe Abbildung 4.118).

		Umsatz
Buchungskreis	**Produktgruppe**	EUR
Reis Telefone DE	Smartphone Mini	15.000,00
	Smartphone Plus	0,00
	Tablet Mini	40.000,00
	Tablet Plus	50.000,00
	Ergebnis	**35.000,00**
Reis Telephones USA	Smartphone Plus	20.000,00
	Tablet Mini	36.000,00
	Ergebnis	**28.000,00**
Gesamtergebnis		**32.200,00**

Abbildung 4.118 Kein Mitzählen von Nullen

Varianz berechnen

Wenn Sie die Option **Varianz** auswählen, wird als Ergebnis die Varianz angezeigt, wie in Abbildung 4.119 dargestellt. Sie wird als Quadrat der Standardabweichung berechnet.

		Umsatz
Buchungskreis	**Produktgruppe**	EUR
Reis Telefone DE	Smartphone Mini	15.000,00
	Smartphone Plus	10.000,00
	Tablet Mini	40.000,00
	Tablet Plus	50.000,00
	Ergebnis	**372.916.666,67**
Reis Telephones USA	Smartphone Plus	20.000,00
	Tablet Mini	36.000,00
	Ergebnis	**128.000.000,00**
Gesamtergebnis		**249.500.000,00**

Abbildung 4.119 Berechnung der Varianz als Ergebnis

Gesamtergebnis ausblenden und zurücksetzen

Sie können das Gesamtergebnis auch verstecken, indem Sie die Option **Ausblenden** auswählen. In diesem Fall wird anstatt eines Ergebnisses eine leere Zeile angezeigt. Schließlich werden über die Option **Standard** wieder die in der Query definierten Ergebnisse angezeigt.

4.5 Zusammenfassung

Nachdem Sie dieses Kapitel durchgearbeitet haben, wissen Sie mehr über die Navigation mit SAP Analysis for Microsoft Office als die meisten Benutzer. Sie können Daten filtern und sortieren, um so neue Erkenntnisse aus Ihrer Analyse zu gewinnen. Außerdem können Sie jetzt mit Hierarchien arbeiten und die Darstellung von Elementen, Kennzahlen sowie Ergebnissen anpassen.

Im nächsten Kapitel zeige ich Ihnen, wie Sie auf der Basis von bestehenden Werten neue Kennzahlen berechnen können. Darüber hinaus zeige ich Ihnen, wie Sie mithilfe der Bericht-Bericht-Schnittstelle bei Ihrer Analyse in andere Berichte abspringen können. Auf diese Weise können Sie sich nähere Informationen zu bestimmten Daten anzeigen lassen.

Kapitel 5
Daten organisieren

Nachdem Sie in Kapitel 4 gelernt haben, in welcher Form Sie Daten für Ihre Analysen aufbereiten können, erfahren Sie in diesem Kapitel, welche Möglichkeiten Sie haben, um Ihre Daten weitergehend zu organisieren. Lernen Sie verschiedene Verfahren zur Kennzahlenberechnung kennen, und definieren Sie Absprungziele zu weiteren Informationen.

In SAP Analysis for Microsoft Office können Sie nicht nur bereits vorhandene Kennzahlen auswerten. Auf Basis der in Ihrer Kreuztabelle bereits verfügbaren Kennzahlen können Sie auch neue Kennzahlen berechnen. So können Sie neue Erkenntnisse aus Ihrer Analyse gewinnen. In Abschnitt 5.1, »Neue Kennzahlen berechnen«, erkläre ich alle vier zur Verfügung stehenden Möglichkeiten im Detail. Ich zeige Ihnen, wie Sie neben einfachen Berechnungen wie Addieren oder Dividieren auch komplexe Formeln mit logischen Ausdrücken anlegen können. Darüber hinaus lernen Sie, was es mit den sogenannten *dynamischen Berechnungen* auf sich hat. Schließlich zeige ich Ihnen, wie Sie bereits vorhandene Kennzahlen weiter einschränken können.

Ferner lernen Sie in Abschnitt 5.2, »Kommentare anlegen«, wie Sie Ihre Analyse um Kommentare erweitern. Diese stehen auch anderen Benutzern zur Verfügung. So können Sie wertvolle Erkenntnisse mit anderen teilen.

In Abschnitt 5.3, »Bericht-Bericht-Schnittstelle verwenden«, zeige ich Ihnen, wie Sie die Bericht-Bericht-Schnittstelle nutzen können, um vom aktuellen Bericht in andere Berichte abzuspringen, die weitere Informationen enthalten. So können Sie sofort mehr Tiefe in Ihre Analyse bringen.

5.1 Neue Kennzahlen berechnen

Auf Basis der in Ihrer Kreuztabelle bereits verfügbaren Kennzahlen können Sie neue *Kennzahlen* berechnen. So können Sie neue Erkenntnisse aus Ihrer Analyse gewinnen. Dabei wird zwischen vier Arten von Berechnungen unterschieden: einfache, dynamische, erweiterte und einschränkende Berechnungen.

Einfache Berechnungen

Für *einfache Berechnungen* verwenden Sie mindestens zwei verfügbare Kennzahlen als Operanden und einen Operator, um eine neue Kennzahl zu erhalten. Die neue Kennzahl kann z. B. die Summe der beiden alten Kennzahlen darstellen.

Dynamische Berechnungen

Auch über *dynamische Berechnungen* können Sie eine neue Kennzahl anlegen. Dabei verwenden Sie eine bereits verfügbare Kennzahl als Operand. So können Sie z. B. eine neue Kennzahl hinzufügen, die die Rangnummer der Buchungskreise abhängig vom Umsatz anzeigt. Der Umsatz pro Buchungskreis fungiert hier als Operand (siehe Abbildung 5.1). Wenn Sie anschließend neue Buchungskreise hinzufügen oder Buchungskreise herausfiltern, passt sich die Rangnummer dynamisch an. Daher werden diese Berechnungen als dynamische Berechnungen bezeichnet.

		Umsatz	Rangnummer: Umsatz
Buchungskreis	**Produktgruppe**	EUR	
Reis Telefone DE	Smartphone Plus	10.000,00	3
	Tablet Mini	40.000,00	2
	Tablet Plus	50.000,00	1
	Ergebnis	100.000,00	1
Reis Telephones USA	Smartphone Plus	20.000,00	2
	Tablet Mini	36.000,00	1
	Ergebnis	56.000,00	2
Gesamtergebnis		156.000,00	1

Abbildung 5.1 Rangnummern der Umsätze anzeigen

Voraussetzungen für neue Berechnungen

Kennzahlen, die als Basis für Berechnungen genutzt werden, müssen über einen eindeutigen Namen in der Datenquelle verfügen. Falls sich mehrere Kennzahlen mit dem gleichen Namen in der Datenquelle befinden, können diese nicht für Berechnungen genutzt werden. Wenn eine dieser Kennzahlen ausgewählt wird, ist die Option **Berechnungen** im Menü ausgegraut. Daher empfehle ich, Kennzahlen mit unterschiedlichen Namen anzulegen.

Erweiterte Berechnungen

Darüber hinaus können Sie sogenannte *erweiterte Berechnungen* anlegen. Für erweiterte Berechnungen steht ein Editor zur Verfügung, mit dem Sie Formeln anlegen können. Dabei können Sie die verfügbaren Kennzahlen und mathematische Funktionen nutzen, um neue Kennzahlen zu erzeugen. So können Sie z. B. aus Umsatz und Menge den Durchschnittspreis berechnen (siehe Abbildung 5.2).

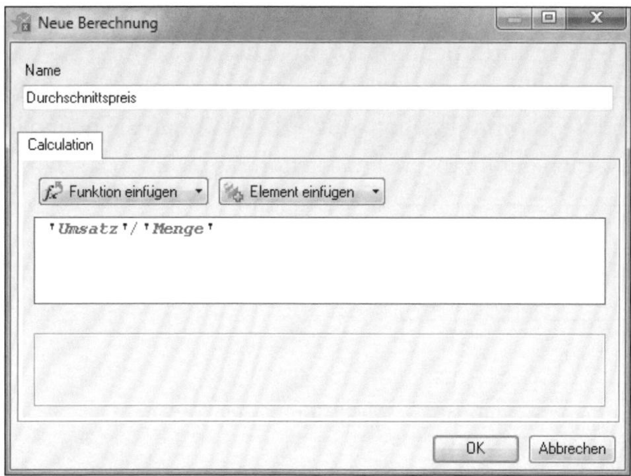

Abbildung 5.2 Erweiterte Berechnung anlegen

Einschränkungen

Schließlich können Sie eine neue Kennzahl anlegen, indem Sie bestehende Kennzahlen weiter einschränken. Technisch gesehen ähneln diese Kennzahlen den aus dem BEx Query Designer und aus den BW Modeling Tools bekannten Strukturen. Um eine neue eingeschränkte Kennzahl anzulegen, verwenden Sie eine verfügbare Kennzahl und Ausprägungen von einer oder mehreren Dimensionen. So können Sie z. B. den Umsatz auf ein bestimmtes Jahr einschränken, um diesen in der Kreuztabelle anzuzeigen. Ein Beispiel ist in Abbildung 5.3 zu sehen.

Abbildung 5.3 Einschränkung des angezeigten Umsatzes anlegen

Die neu angelegten Kennzahlen werden in der Kreuztabelle und im Designbereich angezeigt (siehe Abbildung 5.4). Im Designbereich können Sie die

Reihenfolge der Kennzahlen anpassen, ihre Namen ändern oder bestehende Kennzahlen wieder entfernen. In der Kreuztabelle können Sie die Reihenfolge der Kennzahlen über Drag & Drop ändern, indem Sie eine Kennzahl vor die andere Kennzahl ziehen. Außerdem können Sie über das Kontextmenü den Namen der Kennzahl ändern und Kennzahlen löschen.

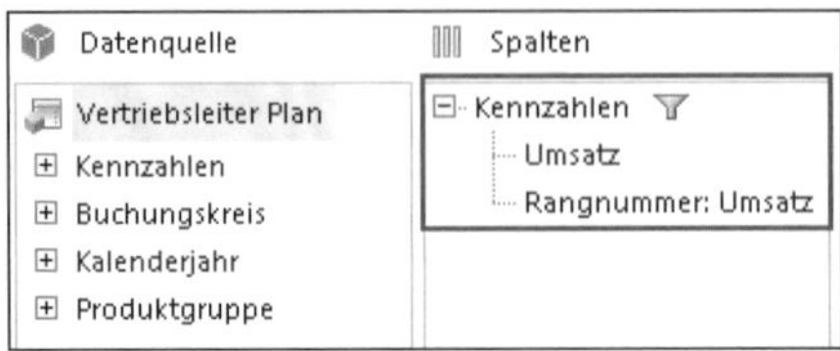

Abbildung 5.4 Neu angelegte Kennzahlen im Designbereich anzeigen

5.1.1 Einfache Berechnungen anlegen

Operanden wählen

Um eine neue Berechnung anzulegen, müssen Sie zunächst die Kennzahlen auswählen, die Sie verwenden möchten. Sie können die Kennzahlen einfach in der Kreuztabelle markieren oder die Strg-Taste zur Auswahl nutzen. Die erste Kennzahl, die Sie auswählen, dient als erster Operand. Verwenden Sie die Strg-Taste, um die nächste Kennzahl als zweiten Operanden hinzuzufügen. Sie können auch mehr als zwei Operanden für Ihre Berechnung auswählen.

Wählen Sie anschließend den Eintrag **Berechnung hinzufügen** in der Auswahl **Berechnungen** aus dem Menüband. In der sich öffnenden Liste können Sie den gewünschten Operator auswählen (siehe Abbildung 5.5).

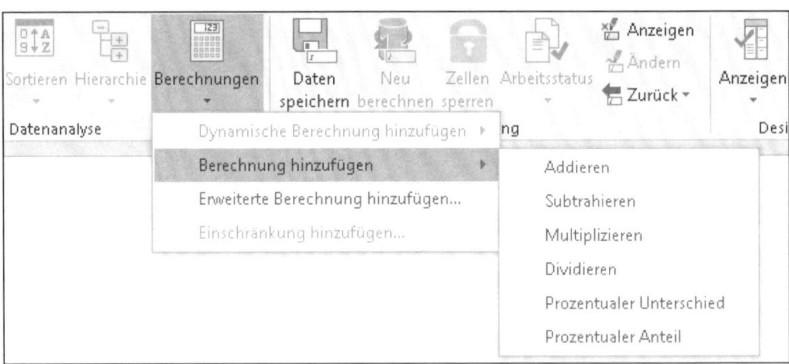

Abbildung 5.5 Einfach Berechnung hinzufügen

Operator wählen

Ihnen stehen folgende Operatoren zur Verfügung:

- **Addieren**
- **Subtrahieren**

- **Multiplizieren**
- **Dividieren**
- **Prozentualer Unterschied**
- **Prozentualer Anteil**

Während die ersten vier Operatoren selbsterklärend sind, möchte ich nachfolgend den Unterschied zwischen den Operatoren **Prozentualer Unterschied** und **Prozentualer Anteil** erläutern.

Operator »Prozentualer Unterschied«

Der Operator **Prozentualer Unterschied** berechnet den Unterschied von Operand 1 und Operand 2 in Prozent. Wenn z. B. der Umsatz im Jahr 2020 (Operand 1) 8.000 EUR beträgt und der Umsatz im Jahr 2019 (Operand 2) 2.000 EUR, zeigt der prozentuale Unterschied zwischen 2020 und 2019 den Wert 300 % an (siehe Abbildung 5.6). Das liegt daran, dass der Unterschied 6.000 EUR beträgt und 6.000 EUR 300 % von 2.000 EUR sind.

	Umsatz 2019	Umsatz 2020	Umsatz 2020 % Umsatz 2019
Produktgruppe	EUR	EUR	%
Smartphone Mini	2.000,00	8.000,00	300,00000
Smartphone Plus	10.000,00	10.000,00	0,00000
Tablet Mini	40.000,00	40.000,00	0,00000
Tablet Plus	50.000,00	50.000,00	0,00000
Gesamtergebnis	102.000,00	108.000,00	**5,88235**

Abbildung 5.6 Prozentualen Unterschied anzeigen

Wenn der Wert von Operand 2 höher ist als der von Operand 1, ist das Ergebnis negativ. Zum Beispiel könnte der Umsatz, der im Jahr 2019 (Operand 2) noch 8.000 EUR betrug, im Jahr 2020 (Operand 1) auf 2.000 EUR gefallen sein. (Auch wenn Sie im obigen Beispiel den Umsatz aus dem Jahr 2019 mit dem Umsatz des Jahres 2020 vergleichen, d. h. die Operanden vertauschen, fällt das Ergebnis negativ aus. Sie merken also, wie wichtig die Reihenfolge der ausgewählten Operanden ist.) In diesem Fall zeigt die neue Kennzahl den Wert –75 %, wie es in Abbildung 5.7 zu sehen ist. Die Differenz beträgt nämlich -6.000 EUR, und das sind –75 % von 8.000 EUR.

	Umsatz 2019	Umsatz 2020	Umsatz 2020 % Umsatz 2019
Produktgruppe	EUR	EUR	%
Smartphone Mini	8.000,00	2.000,00	-75,00000
Smartphone Plus	10.000,00	10.000,00	0,00000
Tablet Mini	40.000,00	40.000,00	0,00000
Tablet Plus	50.000,00	50.000,00	0,00000
Gesamtergebnis	108.000,00	102.000,00	**-5,55556**

Abbildung 5.7 Negativen prozentualen Unterschied anzeigen

Operator »Prozentualer Anteil«

Der Operator **Prozentualer Anteil** berechnet hingegen den Anteil von Operand 1 im Vergleich zu Operand 2. Wenn z. B. der Umsatz im Jahr 2020 (Operand 1) 2.000 EUR betrug und im Jahr 2019 (Operand 2) 8.000 EUR, dann beträgt der prozentuale Anteil 25 % (siehe Abbildung 5.8) – denn 2.000 EUR sind 25 % von 8.000 EUR.

	Umsatz 2019	Umsatz 2020	Umsatz 2020 %_A Umsatz 2019
Produktgruppe	EUR	EUR	%
Smartphone Mini	8.000,00	2.000,00	25,00000
Smartphone Plus	10.000,00	10.000,00	100,00000
Tablet Mini	40.000,00	40.000,00	100,00000
Tablet Plus	50.000,00	50.000,00	100,00000
Gesamtergebnis	108.000,00	102.000,00	**94,44444**

Abbildung 5.8 Prozentualen Anteil anzeigen

Um eine neue Kennzahl zu berechnen, markieren Sie eine bestehende Kennzahl, z. B. die Kennzahl **Umsatz**. Dadurch bestimmen Sie den ersten Operanden. Markieren Sie anschließend mit gedrückter Strg-Taste eine weitere Kennzahl, z. B. die Kennzahl **Menge**, und wählen Sie einen Operator aus. In Abbildung 5.9 haben wir **Dividieren** als Operator gewählt und erhalten dadurch den Durchschnittspreis als neue Kennzahl. Wie Sie sehen, wird diese direkt in die Kreuztabelle eingefügt.

		Menge	Umsatz	Umsatz / Menge
Buchungskreis	**Produktgruppe**	ST	EUR	EUR / ST
Reis Telefone DE	Smartphone Mini	200,000	15.000,00	75,00
	Smartphone Plus	100,000	10.000,00	100,00
	Tablet Mini	200,000	40.000,00	200,00
	Tablet Plus	300,000	50.000,00	166,67
	Ergebnis	800,000	115.000,00	**143,75**
Reis Telephones USA	Smartphone Plus	200,000	20.000,00	100,00
	Tablet Mini	180,000	36.000,00	200,00
	Ergebnis	380,000	56.000,00	**147,37**
Gesamtergebnis		1.180,000	171.000,00	**144,92**

Abbildung 5.9 Kreuztabelle mit hinzugefügter neuer Kennzahl

[»]

Kennzahl mit umgekehrten Vorzeichen

In der Query-Definition können Sie die Vorzeichen für eine Kennzahl umkehren (siehe Abbildung 5.10). Diese Einstellung finden Sie unter **Sheet-Definition**, wenn Sie die Eigenschaften der Kennzahl auswählen.

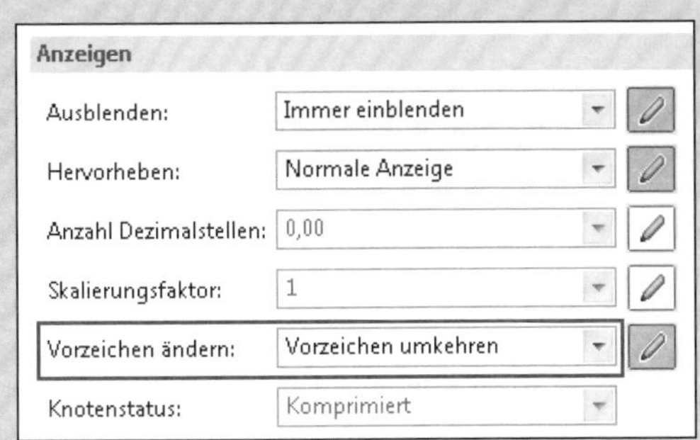

Abbildung 5.10 Vorzeichen für eine Kennzahl umkehren

Wenn der Kennzahlwert 8.000 EUR beträgt, wird dieser als –8.000 angezeigt (siehe Abbildung 5.11). Für Berechnungen wird ebenfalls der Wert –8.000 verwendet, also immer der, der angezeigt wird.

	Umsatz 2019	Umsatz 2020	Umsatz 2020 + Umsatz 2019
Produktgruppe	EUR	EUR	EUR
Smartphone Mini	-8.000,00	2.000,00	-6.000,00
Smartphone Plus	-10.000,00	10.000,00	0,00
Tablet Mini	-40.000,00	40.000,00	0,00
Tablet Plus	-50.000,00	50.000,00	0,00
Gesamtergebnis	-108.000,00	102.000,00	**-6.000,00**

Abbildung 5.11 Bei Berechnungen berücksichtigter Vorzeichenwechsel

Dies wird z. B. deutlich, wenn Sie sich die detaillierte Definition der Berechnung (über **Bearbeiten** im Kontextmenü) in Abbildung 5.12 ansehen.

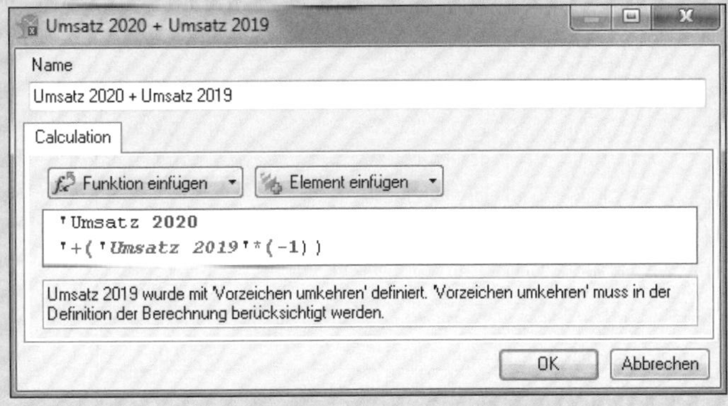

Abbildung 5.12 Detaillierte Ansicht der Berechnung

5.1.2 Dynamische Berechnung hinzufügen

Neben einfachen Berechnungen können Sie auch dynamische Berechnungen zu Ihrer Kreuztabelle hinzufügen, um neue Erkenntnisse aus den Daten zu gewinnen. Um eine neue dynamische Berechnung hinzuzufügen, selektieren Sie die Überschriften der Kennzahlen, die Sie verwenden möchten. Wählen Sie anschließend in der Auswahl **Berechnungen** den Eintrag **Dynamische Berechnung hinzufügen** (siehe Abbildung 5.13).

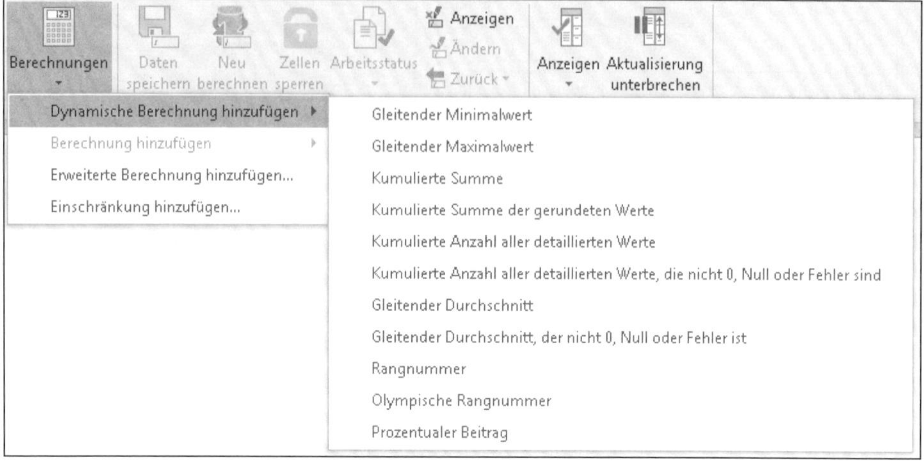

Abbildung 5.13 Dynamische Berechnung hinzufügen

Erneut stehen Ihnen verschiedene Operatoren zur Verfügung, die ich Ihnen im Folgenden vorstelle.

Operator »Gleitender Minimalwert«

Der Operator **Gleitender Minimalwert** zeigt den kleinsten bis zu diesem Punkt verfügbaren Wert an. In Abbildung 5.14 ist ein Beispiel zu sehen.

		Umsatz	Gleitender Minimalwert: Umsatz
Buchungskreis	**Produktgruppe**	EUR	EUR
Reis Telefone DE	Smartphone Mini	15.000,00	15.000,00
	Smartphone Plus	10.000,00	10.000,00
	Tablet Mini	40.000,00	10.000,00
	Tablet Plus	50.000,00	10.000,00
	Ergebnis	115.000,00	**115.000,00**
Reis Telephones USA	Smartphone Plus	20.000,00	20.000,00
	Tablet Mini	36.000,00	20.000,00
	Ergebnis	56.000,00	**56.000,00**
Gesamtergebnis		171.000,00	**171.000,00**

Abbildung 5.14 Gleitender Minimalwert

Die neue Kennzahl beginnt in der ersten Zeile mit demselben Wert wie die Basiskennzahl. Falls die Basiskennzahl in der zweiten Zeile einen höheren Wert als in der ersten Zeile enthält, wird der Wert der ersten Zeile in der zweiten Zeile der neuen Kennzahl wiederholt. Andernfalls wird der Wert der zweiten Zeile übernommen.

Der Operator **Gleitender Maximalwert** zeigt hingegen den höchsten bis zur jeweiligen Zeile verfügbaren Wert an. Ein Beispiel ist in Abbildung 5.15 dargestellt.

Operator »Gleitender Maximalwert«

		Umsatz	Gleitender Maximalwert: Umsatz
Buchungskreis	**Produktgruppe**	EUR	EUR
Reis Telefone DE	Smartphone Mini	15.000,00	15.000,00
	Smartphone Plus	10.000,00	15.000,00
	Tablet Mini	40.000,00	40.000,00
	Tablet Plus	50.000,00	50.000,00
	Ergebnis	115.000,00	**115.000,00**
Reis Telephones USA	Smartphone Plus	20.000,00	20.000,00
	Tablet Mini	36.000,00	36.000,00
	Ergebnis	56.000,00	**115.000,00**
Gesamtergebnis		171.000,00	**171.000,00**

Abbildung 5.15 Gleitender Maximalwert

Die Kennzahl, die aus dem Operator **Kumulierte Summe** resultiert, entspricht der Summe aller bis zur jeweiligen Zeile verfügbaren Werte. Betrachten Sie Abbildung 5.16: Die vierte Zeile der neuen Kennzahl (bei Tablet Plus) zeigt die Summe der ersten vier Zeilen an.

Operator »Kumulierte Summe«

		Umsatz	Kumulierte Summe: Umsatz
Buchungskreis	**Produktgruppe**	EUR	EUR
Reis Telefone DE	Smartphone Mini	15.000,00	15.000,00
	Smartphone Plus	10.000,00	25.000,00
	Tablet Mini	40.000,00	65.000,00
	Tablet Plus	50.000,00	115.000,00
	Ergebnis	115.000,00	**115.000,00**
Reis Telephones USA	Smartphone Plus	20.000,00	20.000,00
	Tablet Mini	36.000,00	56.000,00
	Ergebnis	56.000,00	**171.000,00**
Gesamtergebnis		171.000,00	**171.000,00**

Abbildung 5.16 Kumulierte Summe

Der Operator **Kumulierte Summe der gerundeten Werte** funktioniert nach demselben Prinzip wie der Operator **Kumulierte Summe**, arbeitet jedoch mit gerundeten Werten. Die neue Kennzahl zeigt in diesem Fall die Summe aller bis zu diesem Punkt gerundeten Werte an.

Bei der Auswahl des Eintrags **Kumulierte Anzahl aller detaillierten Werte** werden die Werte pro Kennzahl gezählt und nummeriert. Hierbei wird für den ersten Wert mit 1 begonnen. Wenn es vier Zeilen mit Werten gibt, die zum Ergebnis beitragen, zeigt die neue Kennzahl die Zahlen 1 bis 4 für diese vier Werte an. Dabei dürfen die Werte auch null sein. Ein Beispiel für diese Kennzahl ist in Abbildung 5.17 zu sehen.

Operator »Kumulierte Anzahl«

		Umsatz	Kumulierte Anzahl aller detaillierten Werte: Umsatz
Buchungskreis	**Produktgruppe**	EUR	
Reis Telefone DE	Smartphone Mini	15.000,00	1
	Smartphone Plus	10.000,00	2
	Tablet Mini	40.000,00	3
	Tablet Plus	50.000,00	4
	Ergebnis	115.000,00	1
Reis Telephones USA	Smartphone Plus	20.000,00	1
	Tablet Mini	36.000,00	2
	Ergebnis	56.000,00	2
Gesamtergebnis		171.000,00	1

Abbildung 5.17 Kumulierte Anzahl aller detaillierten Werte

Die Einstellung **Kumulierte Anzahl aller detaillierten Werte, die nicht 0, Null oder Fehler sind** funktioniert ähnlich. Allerdings werden in diesem Fall leere Werte, Werte mit einer Null oder Werte, die einen Fehler anzeigen, ausgeschlossen. Die Werte pro Kennzahl werden gezählt und nummeriert, wobei für den ersten Wert erneut mit 1 begonnen wird. Bei Werten, die gleich null sind, wird die letzte Zahl wiederholt (siehe Abbildung 5.18).

		Umsatz	Kumulierte Anzahl aller detaillierten Werte, die nicht 0, Null oder Fehler sind: Umsatz
Buchungskreis	**Produktgruppe**	EUR	
Reis Telefone DE	Smartphone Mini	15.000,00	1
	Smartphone Plus	0,00	1
	Tablet Mini	40.000,00	2
	Tablet Plus	50.000,00	3
	Ergebnis	105.000,00	1
Reis Telephones USA	Smartphone Plus	20.000,00	1
	Tablet Mini	36.000,00	2
	Ergebnis	56.000,00	2
Gesamtergebnis		161.000,00	1

Abbildung 5.18 Kumulierte Anzahl aller detaillierten Werte, die nicht 0, Null oder Fehler sind

Operator »Gleitender Durchschnitt«

Bei der Auswahl des Eintrags **Gleitender Durchschnitt** wird der Durchschnitt aller Werte bis zu diesem Punkt berechnet. So wird z. B. in der zweiten Zeile der neuen Kennzahl der Durchschnitt der Werte von der ersten und zweiten Zeile der Basiskennzahl berechnet. Diese Berechnung wird dann fortgesetzt. Ein Beispiel ist in Abbildung 5.19 zu sehen.

Die Einstellung **Gleitender Durchschnitt, der nicht 0, Null oder Fehler ist** berechnet ebenfalls den Durchschnitt aller bis zu dem jeweiligen Punkt verfügbaren Werte. Allerdings werden bei dieser Option leere Werte, Werte mit einer Null oder Werte, die einen Fehler anzeigen, von der Berechnung ausgeschlossen (siehe Abbildung 5.20).

		Umsatz	Gleitender Durchschnitt: Umsatz
Buchungskreis	**Produktgruppe**	EUR	EUR
Reis Telefone DE	Smartphone Mini	15.000,00	15.000,00
	Smartphone Plus	10.000,00	12.500,00
	Tablet Mini	40.000,00	21.666,67
	Tablet Plus	50.000,00	28.750,00
	Ergebnis	115.000,00	**115.000,00**
Reis Telephones USA	Smartphone Plus	20.000,00	20.000,00
	Tablet Mini	36.000,00	28.000,00
	Ergebnis	56.000,00	**85.500,00**
Gesamtergebnis		171.000,00	**171.000,00**

Abbildung 5.19 Gleitender Durchschnitt

		Umsatz	Gleitender Durchschnitt, der nicht 0, Null oder Fehler ist: Umsatz
Buchungskreis	**Produktgruppe**	EUR	EUR
Reis Telefone DE	Smartphone Mini	15.000,00	15.000,00
	Smartphone Plus	0,00	15.000,00
	Tablet Mini	40.000,00	27.500,00
	Tablet Plus	50.000,00	35.000,00
	Ergebnis	105.000,00	**105.000,00**
Reis Telephones USA	Smartphone Plus	20.000,00	20.000,00
	Tablet Mini	36.000,00	28.000,00
	Ergebnis	56.000,00	**80.500,00**
Gesamtergebnis		161.000,00	**161.000,00**

Abbildung 5.20 Gleitender Durchschnitt, der nicht 0, Null oder Fehler ist

Operator »Rangnummer«

Über die Auswahl des Eintrags **Rangnummer** wird eine neue Kennzahl mit einer Rangnummer für jeden Wert der Basiskennzahl angezeigt. Dabei hat der höchste Wert der Basiskennzahl die Rangnummer 1. Wenn ein Wert häufiger als einmal auftritt, werden die Werte zu derselben Rangnummer zugeordnet. Falls z. B. zwei identische Werte mit der Rangnummer 2 vorhanden sind, hat der nächstkleinere Wert die Rangnummer 3. Ein Beispiel ist in Abbildung 5.21 zu sehen.

		Umsatz	Rangnummer: Umsatz
Buchungskreis	**Produktgruppe**	EUR	
Reis Telefone DE	Smartphone Mini	15.000,00	3
	Smartphone Plus	40.000,00	2
	Tablet Mini	40.000,00	2
	Tablet Plus	50.000,00	1
	Ergebnis	145.000,00	1
Reis Telephones USA	Smartphone Plus	20.000,00	2
	Tablet Mini	36.000,00	1
	Ergebnis	56.000,00	2
Gesamtergebnis		201.000,00	1

Abbildung 5.21 Rangnummer

Bei der Auswahl des Eintrags **Olympische Rangnummer** kommt nicht die Standard-, sondern die olympische Rangliste zum Einsatz. Kommt in einer olympischen Rangliste ein Wert häufiger als einmal vor, hat der nächstkleinere Wert nicht die um eins erhöhte Rangnummer, sondern die Rangnummer, die die Anzahl der vorherigen Werte (einschließlich des aktuellen Wertes) einbezieht. Falls z. B. zwei identische Werte mit der Rangnummer 2 vorhanden sind, hat der nächstkleinere Wert nicht die Rangnummer 3, sondern die Rangnummer 4 (siehe Abbildung 5.22).

		Umsatz	Olympische Rangnummer: Umsatz
Buchungskreis	**Produktgruppe**	EUR	
Reis Telefone DE	Smartphone Mini	15.000,00	4
	Smartphone Plus	40.000,00	2
	Tablet Mini	40.000,00	2
	Tablet Plus	50.000,00	1
	Ergebnis	145.000,00	1
Reis Telephones USA	Smartphone Plus	20.000,00	2
	Tablet Mini	36.000,00	1
	Ergebnis	56.000,00	2
Gesamtergebnis		201.000,00	1

Abbildung 5.22 Olympische Rangnummer

Operator »Prozentualer Beitrag«

Über den Eintrag **Prozentualer Beitrag** wird der prozentuale Beitrag eines Wertes der Basiskennzahl zum Gesamtergebnis berechnet (siehe Abbildung 5.23).

		Umsatz	Prozentualer Beitrag: Umsatz
Buchungskreis	**Produktgruppe**	EUR	%
Reis Telefone DE	Smartphone Mini	15.000,00	10,345
	Smartphone Plus	40.000,00	27,586
	Tablet Mini	40.000,00	27,586
	Tablet Plus	50.000,00	34,483
	Ergebnis	145.000,00	**72,139**
Reis Telephones USA	Smartphone Plus	20.000,00	35,714
	Tablet Mini	36.000,00	64,286
	Ergebnis	56.000,00	**27,861**
Gesamtergebnis		201.000,00	**100,000**

Abbildung 5.23 Prozentualer Beitrag

5.1.3 Erweiterte Berechnung hinzufügen

Über den Eintrag **Erweiterte Berechnung hinzufügen** können Sie individuell gestaltete, fortgeschrittene Berechnungen vornehmen. Dafür steht Ihnen ein Editor zur Verfügung, mit dem Sie Formeln anlegen können. Bei der Erzeugung neuer Kennzahlen können Sie mit den in Ihrer Kreuztabelle verfügbaren Kennzahlen und mit mathematischen Funktionen arbeiten.

Neben mathematischen Funktionen stehen Ihnen auch Datenfunktionen, Prozentfunktionen sowie boolesche Operatoren zur Verfügung.

Um eine neue Formel anzulegen, markieren Sie zunächst die Überschrift einer Kennzahl und wählen den Eintrag **Erweiterte Berechnung hinzufügen** in der Auswahl **Berechnungen** aus dem Menübandbereich **Datenanalyse** aus (siehe Abbildung 5.24).

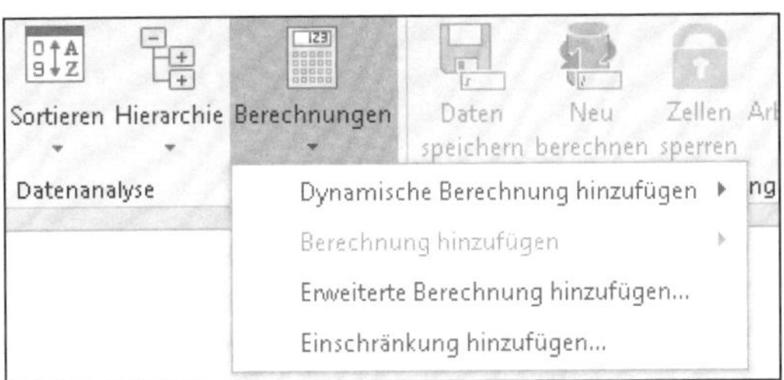

Abbildung 5.24 Erweiterte Berechnung hinzufügen

Operand wählen

Nun erscheint der in Abbildung 5.25 dargestellte Dialog für die neue Berechnung. Hier können Sie eine Formel definieren. Vergeben Sie zunächst einen Namen für die neue Berechnung im Feld **Name** ❶. Dieser Name dient später auch als Bezeichnung der neuen Kennzahl. Über die Auswahl **Element einfügen** ❷ können Sie die vorhandenen Kennzahlen als Operanden auswählen.

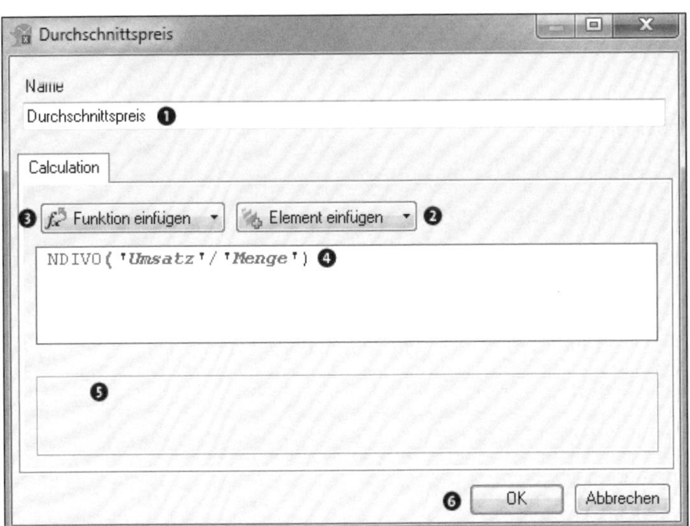

Abbildung 5.25 Neue Berechnung definieren

Operator wählen

Über die Auswahl **Funktion einfügen** ❸ wählen Sie den Operator aus. Dabei stehen Ihnen folgende Funktionen zur Verfügung.

- **Mathematische Funktionen**
  - Addition
  - Division
  - Multiplikation
  - Subtraktion
  - Potenzfunktion
  - Logarithmus
  - Rest bei ganzzahliger Division
  - Einstiegsknoten
  - Logarithmus zur Basis 10
  - Absolutwert
  - kleinster ganzzahliger Wert, der größer ist als Operand
  - ganzzahlige Division
  - größter ganzzahliger Wert, der kleiner ist als Operand
  - Dezimalteil des Operanden
  - Maximum
  - Maximum von 0 und Operand
  - Minimum
  - Minimum von 0 und Operand
  - ganzzahliger Wert des Operanden
  - Hoch
- **Datenfunktionen**
  - Wert ohne Dimension (einheitenlos)
  - Wert als Datum verarbeiten
  - Wert als Zeit verarbeiten
  - NOERR(x) – Ist gleich 0 bei undefinierten Berechnungen, sonst x
  - NDIV0(x) – Ist gleich 0 bei Division durch 0, sonst x
- **Prozentfunktionen**
  - prozentuale Abweichung
  - prozentualer Anteil
- **Boolesche Operatoren**
  - logisches UND
  - logisches ODER
  - logisches EXKLUSIV-ODER

- logisches NICHT
- wenn...dann...sonst
- gleich
- größer als
- größer als oder gleich
- kleiner als
- kleiner als oder gleich

Alternativ können Sie die Befehle auch in das Berechnungsfeld ❹ eintippen. Verwenden Sie dabei für die Namen der Kennzahlen Hochkommata ', z. B. 'Menge'.

5

[+]

Auswahlhilfe aktivieren

Über die Tastenkombination [Strg] + Leertaste können Sie im Berechnungsfeld die Auswahlhilfe aktivieren. So können Sie bequem benötigte Operanden und Operatoren auswählen (siehe Abbildung 5.26).

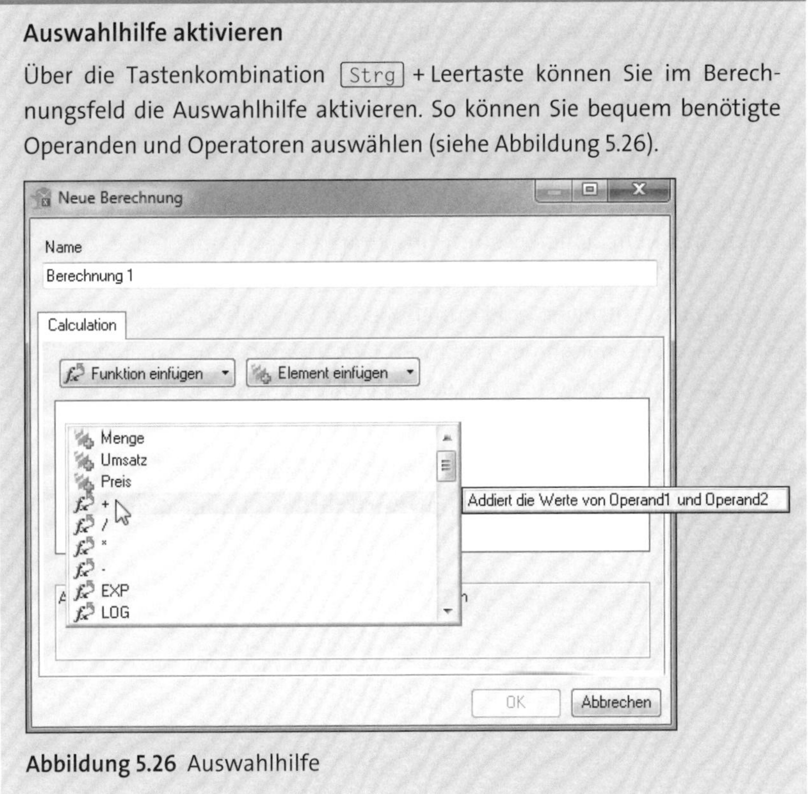

Abbildung 5.26 Auswahlhilfe

Prüfung der Formel

Falls die Berechnung Fehler aufweist, erscheint im Nachrichtenfeld ❺ eine Fehlermeldung (siehe Abbildung 5.25). Ist Ihre Formel dagegen konsistent, wird der Button **OK** aktiv ❻, und Sie können die neue Kennzahl speichern.

Die neue Kennzahl **Durchschnittspreis** wird nun zu der Kreuztabelle hinzugefügt (siehe Abbildung 5.27). Außerdem erscheint die Kennzahl auch im Designbereich und kann angepasst oder gelöscht werden.

		Menge	Umsatz	Durchschnittspreis
Buchungskreis	**Produktgruppe**	ST	EUR	EUR / ST
Reis Telefone DE	Smartphone Mini	200,000	15.000,00	75,00
	Smartphone Plus	100,000	10.000,00	100,00
	Tablet Mini	200,000	40.000,00	200,00
	Tablet Plus	300,000	50.000,00	166,67
	Ergebnis	800,000	115.000,00	**143,75**
Reis Telephones USA	Smartphone Plus	200,000	20.000,00	100,00
	Tablet Mini	180,000	36.000,00	200,00
	Ergebnis	380,000	56.000,00	**147,37**
Gesamtergebnis		1.180,000	171.000,00	**144,92**

Abbildung 5.27 Zur Kreuztabelle hinzugefügte neue Kennzahl (Durchschnittspreis)

5.1.4 Einschränkung hinzufügen

Sie können neue Kennzahlen schließlich auch erzeugen, indem Sie bereits vorhandene Kennzahlen weiter einschränken. So können Sie z. B. eine Kennzahl auf einen bestimmten Monat einschränken, um diesen in der Kreuztabelle anzuzeigen. So können Sie die Ergebnisse einzelner Monate im Verhältnis zu denen des gesamten Jahres darstellen. Dabei kann auch eine eingeschränkte Kennzahl als Basis dienen, also noch weiter eingeschränkt werden.

Um eine neue eingeschränkte Kennzahl anzulegen, wählen Sie den Eintrag **Einschränkungen hinzufügen** aus der Auswahl **Berechnungen** aus (siehe Abbildung 5.28).

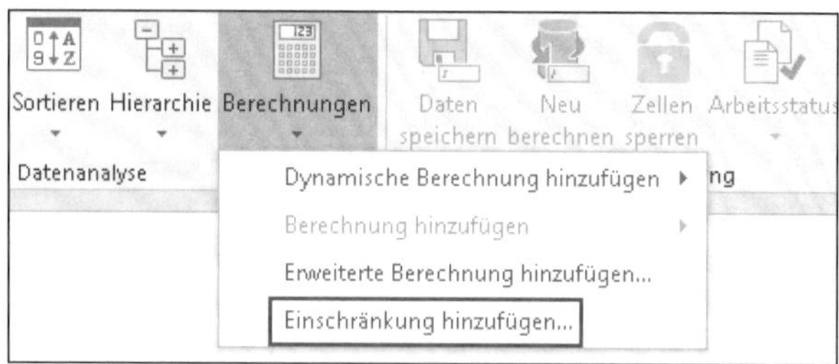

Abbildung 5.28 Einschränkung hinzufügen

Nun erscheint der in Abbildung 5.29 dargestellte Dialog **Neue Einschränkung**. Hier können Sie Ihre Einschränkung definieren.

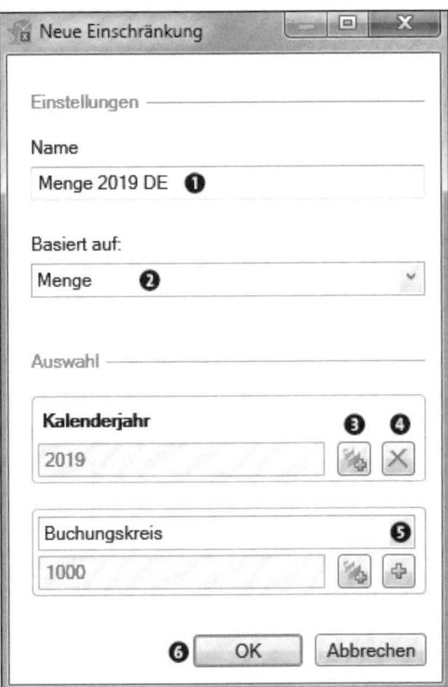

Abbildung 5.29 Neue Einschränkung definieren

Vergeben Sie zunächst einen Namen für die Einschränkung ❶. Dieser erscheint auch als Bezeichnung der neuen eingeschränkten Kennzahl in der Kreuztabelle.

Operand wählen

Wählen Sie anschließend die Kennzahl, die eingeschränkt werden soll, aus der Liste aus ❷. Anschließend können Sie im Bereich **Auswahl** die Dimension für die Einschränkung auswählen. Spezifizieren Sie danach über den Button (**Eingabehilfe**) den Wert der Dimension, der für die Einschränkung verwendet wird ❸. Es öffnet sich der aus Abschnitt 4.1, »Daten filtern«, bekannte Dialog, aus dem Sie Werte auswählen können.

Dimensionen für Einschränkung wählen

Sie können mehrere Dimensionen für die Einschränkung nutzen. Verwenden Sie den Button (**Zeile hinzufügen**), um eine neue Dimension hinzuzufügen ❺. Darüber hinaus können Sie nicht mehr benötigte Dimensionen über den Button (**Zeile löschen**) wieder entfernen ❹. Drücken Sie anschließend den **OK**-Button ❻, um die neue Einschränkung zu speichern. Die neue Kennzahl wird nun zu der Kreuztabelle und zum Designbereich hinzugefügt (siehe Abbildung 5.30).

		Menge	Menge 2019 DE
Buchungskreis	**Produktgruppe**	ST	ST
Reis Telefone DE	Smartphone Mini	200,000	200,000
	Smartphone Plus	100,000	100,000
	Tablet Mini	200,000	200,000
	Tablet Plus	300,000	300,000
	Ergebnis	800,000	800,000
Reis Telephones USA	Smartphone Plus	200,000	
	Tablet Mini	180,000	
	Ergebnis	380,000	
Gesamtergebnis		1.180,000	800,000

Abbildung 5.30 Eingeschränkte Kennzahl – hier Menge des deutschen Buchungskreises

5.2 Kommentare anlegen

Sie können über die Microsoft-Excel-Funktion einen Kommentar mit Hinweisen zu einer Zelle hinzufügen. Auch ist es möglich, den Text in den Kommentaren zu bearbeiten oder Kommentare zu löschen. Darüber hinaus können Sie auch das Textfeld des Kommentars in Ihrer Analyse ein- bzw. ausblenden.

5.2.1 Eigenschaften von Kommentaren

Ein Kommentar steht so lange zur Verfügung, bis er explizit gelöscht wird. In Abbildung 5.31 sehen Sie ein Beispiel für eine kommentierte Zelle. Wenn Sie einen Kommentar zu einer Zelle hinzufügen und den Aufriss anschließend ändern, ist die Zelle mit dem Kommentar im neuen Navigationsstatus nicht sichtbar. Sobald Sie den Navigationszustand aber so ändern, dass die Zelle mit dem Kommentar wieder in der Kreuztabelle sichtbar ist, steht auch der Kommentar wieder zur Verfügung.

		Menge	Umsatz	Preis
Buchungskreis	**Produktgruppe**	ST	EUR	EUR / ST
Reis Telefone DE	Smartphone Plus	100,000	[illegible]	[illegible]
	Tablet Mini	200,000	[illegible]	
	Ergebnis	300,000	[illegible]	
Gesamtergebnis		300,000	[illegible]	

Denis Reis:
Tablets sind der neue Trend

Abbildung 5.31 Kommentierte Datenzellen

Verknüpfung von Kommentaren

Das liegt daran, dass Kommentare mit der Selektion, also dem Kontext der Zelle verknüpft sind. Hierbei enthält die Selektion alle ausgewählten Werte für das jeweilige Merkmal, wie z. B. Werte von Eingabeaufforderungen,

Filter und Hintergrundfilter. Wenn es sich bei der Auswahl um eine Einzelelementauswahl handelt, wie z. B. einen Einzelwert in einer Eingabeaufforderung, legt SAP Analysis for Microsoft Office für jede Dimension diese Einzelelementauswahl ab. Für jede andere Auswahl wird die Information abgespeichert, dass für diese Dimension keine Einzelelementauswahl vorliegt. Ein Kommentar, der an eine Summenzelle Ihrer Dimension angehängt wird, wird ebenfalls behandelt, als würde bei ihm keine Einzelelementauswahl vorliegen. Ein Kommentar ist dann in einer Zelle sichtbar, wenn die Zelle für alle Dimensionen die passende Einzelelementauswahl hat oder wenn sowohl der Kommentar als auch die Zelle nicht mit einer Einzelelementauswahl verknüpft sind.

Datenquelle aktualisieren

Bevor Sie einen Kommentar zur Datenzelle hinzufügen, müssen Sie die Datenquelle aktualisieren. Dies können Sie manuell über den Button **Alles aktualisieren** tun (siehe Abschnitt 2.1, »Mit aktuellen Daten arbeiten«) oder automatisch über die Einstellung **Arbeitsmappe beim Öffnen aktualisieren** (siehe Abschnitt 7.4.1, »Aktualisierungsverhalten festlegen«).

Beispiel 1

Zum besseren Verständnis eignet sich folgendes Beispiel. Angenommen, wir kommentieren die Verkaufszahlen der Produktgruppe Tablet Mini (siehe Abbildung 5.31). In diesem Fall liegt eine eindeutige Einzelelementauswahl vor. Anschließend entfernen wir die Dimension Produktgruppe aus dem Aufriss. Im Bericht werden nun die aggregierten Werte des entsprechenden Buchungskreises dargestellt (siehe Abbildung 5.32). Der Kommentar ist nicht sichtbar, da auch die kommentierte Zelle des Buchungskreises nicht sichtbar ist. Eine eindeutige Zuordnung der Kommentarzelle ist nicht möglich. Wenn Sie aber die Dimension Produktgruppe erneut zum Aufriss hinzufügen, erscheint auch der Kommentar wieder.

	Menge	Umsatz	Preis
Buchungskreis	ST	EUR	EUR / ST
Reis Telefone DE	300,000	50.000,00	166,67
Gesamtergebnis	300,000	50.000,00	166,67

Abbildung 5.32 Im aggregierten Zustand nicht sichtbarer Kommentar

Kommentare zu Merkmalswerten oder Kopfzellen

Wenn Sie Dimensionswerte, wie z. B. Smartphone Plus, oder Kopfzellen, wie z. B. Produktgruppe, kommentieren, werden die Kommentare nach dem Verändern des Navigationszustandes entfernt.

Beispiel 2

Betrachten wir ein anderes Beispiel: In diesem Fall legen wir einen Kommentar auf der Summenzeile an (siehe Abbildung 5.33). Dieser Kommentar ist per Definition nicht mit einer Einzelelementauswahl verknüpft.

		Menge	Umsatz	Preis
Buchungskreis	**Produktgruppe**	ST	EUR	EUR / ST
Reis Telefone DE	Smartphone Plus	100,000	10.000,00	100,00
	Tablet Mini	200,000	4	
	Ergebnis	300,000	5	
Gesamtergebnis		300,000	5	

Denis Reis:
Insgesamt läuft es rund

Abbildung 5.33 Kommentar auf der Summenzeile

Anschließend entfernen wir die Dimension Produktgruppe aus dem Aufriss. Da der Kommentar in diesem Fall nicht mit einer Einzelelementauswahl verknüpft ist, ist er auch im aggregierten Zustand, also auf Ebene des Buchungskreises sichtbar (siehe Abbildung 5.34).

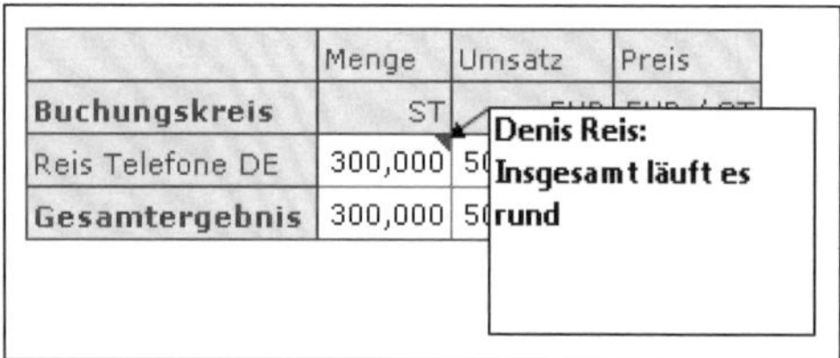

	Menge	Umsatz	Preis
Buchungskreis	ST		
Reis Telefone DE	300,000	5	
Gesamtergebnis	300,000	5	

Denis Reis:
Insgesamt läuft es rund

Abbildung 5.34 Im aggregierten Zustand sichtbarer Kommentar

[»]

Kommentare in Präsentationen nicht sichtbar

Wenn Sie eine Präsentation in Microsoft PowerPoint anlegen, die eine Kreuztabelle mit Kommentaren enthält, stehen die Kommentare in der Präsentation nicht zur Verfügung.

5.2.2 Kommentare erstellen

Neuen Kommentar anlegen

Bevor Sie einen neuen Kommentar anlegen, sollten Sie sicherstellen, dass die Datenquelle bereits aktualisiert wurde. Markieren Sie anschließend die Zelle, zu der Sie einen Kommentar hinzufügen möchten. Klicken Sie anschließend in der Registerkarte **Analysis** im Bereich **Kommentare** auf **Neuer Kommentar** (siehe Abbildung 5.35).

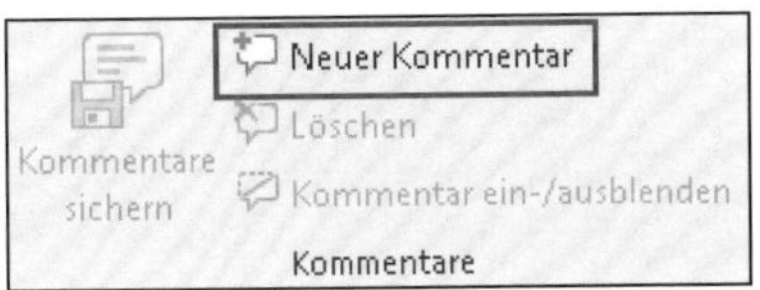

Abbildung 5.35 Neuen Kommentar anlegen

Alternativ können Sie das Kontextmenü nutzen. Wählen Sie dabei den Eintrag **Kommentar einfügen** aus (siehe Abbildung 5.36).

		Meng		
Buchungskreis	**Produktgruppe**			
Reis Telefone DE	Smartphone Plus	100,0		
	Tablet Mini	200,000	40.000,00	200,00
	Ergebnis	300,0		
Gesamtergebnis		300,0		

Verdana 8 % 000

F K

Einfügeoptionen:

Kommentar einfügen

Nach Kennzahl filtern

Aufsteigend sortieren

Absteigend sortieren

Abbildung 5.36 Kommentar über das Kontextmenü einfügen

Geben Sie anschließend im Textfeld für den Kommentar Ihren Kommentar ein. Das kleine rote Dreieck in der Ecke der Zelle zeigt an, dass die Zelle über einen Kommentar verfügt.

Kommentar bearbeiten

Wenn Sie einen bereits vorhandenen Kommentar bearbeiten möchten, wählen Sie im Bereich **Kommentare** die Funktion **Kommentar bearbeiten** (siehe Abbildung 5.37).

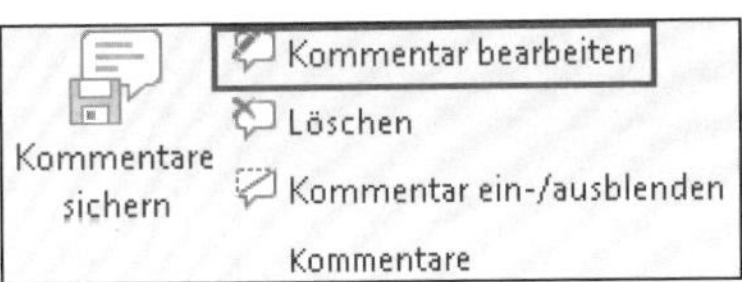

Abbildung 5.37 Kommentar bearbeiten

Alternativ können Sie den Kommentar auch über das Kontextmenü der Zelle bearbeiten. Wählen Sie dazu den Eintrag **Kommentar bearbeiten** aus (siehe Abbildung 5.38).

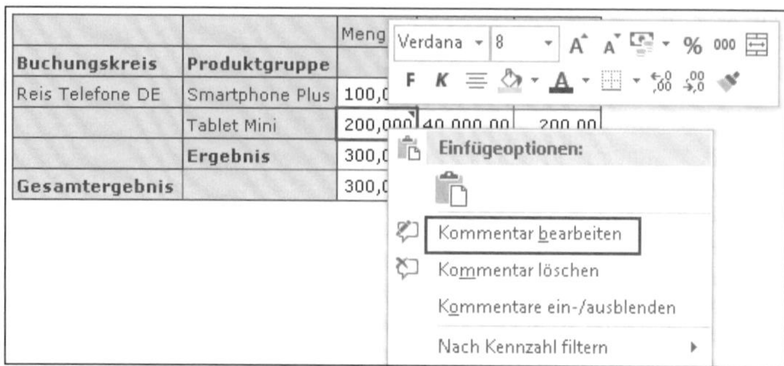

Abbildung 5.38 Kommentar über das Kontextmenü bearbeiten

Kommentar dauerhaft einblenden

Wenn Sie möchten, dass ein Kommentar angezeigt bleibt, klicken Sie auf **Kommentar ein-/ausblenden** (siehe Abbildung 5.39). Das Textfeld für den Kommentar wird nun dauerhaft in Ihrem Arbeitsblatt angezeigt. Sie können das Textfeld per Drag & Drop an eine andere Position verschieben. Wenn Sie Kommentare wieder ausblenden möchten, klicken Sie erneut auf diese Funktion.

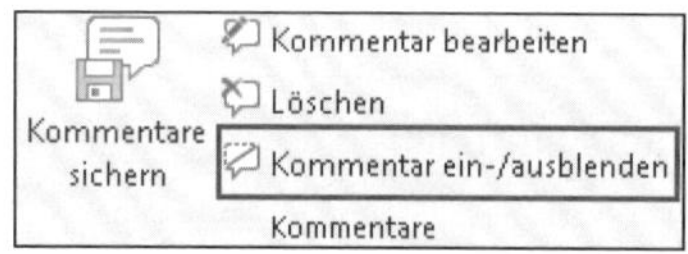

Abbildung 5.39 Kommentare dauerhaft einblenden

Auch hier können Sie das Kontextmenü nutzen, um Kommentare ein- bzw. auszublenden. Wählen Sie dabei den Eintrag **Kommentare ein-/ausblenden** (siehe Abbildung 5.40).

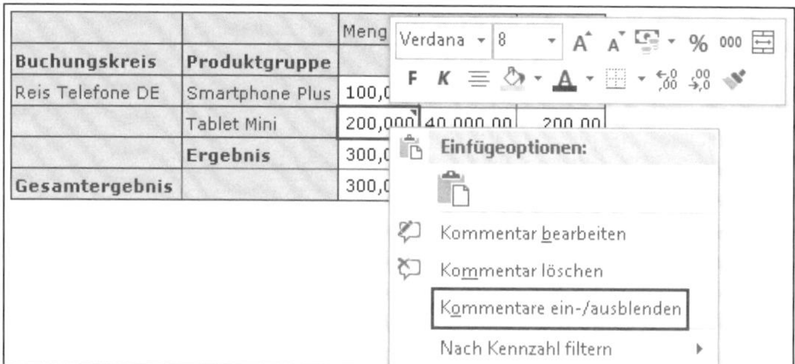

Abbildung 5.40 Kommentare über das Kontextmenü ein- und ausblenden

Kommentar permanent löschen

Falls Sie einen bereits vorhandenen Kommentar permanent löschen möchten, markieren Sie die Zelle mit dem Kommentar und klicken auf die Funktion **Löschen** im Bereich **Kommentare** (siehe Abbildung 5.41).

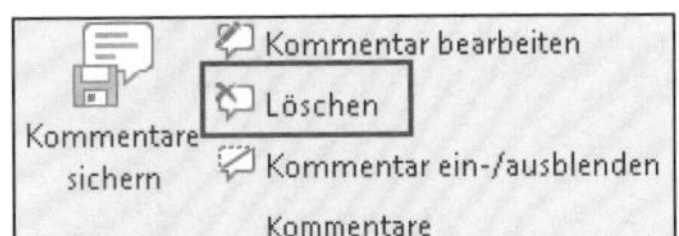

Abbildung 5.41 Kommentare löschen

Wenn Sie lieber das Kontextmenü nutzen möchten, heißt dort der entsprechende Eintrag **Kommentar löschen** (siehe Abbildung 5.42).

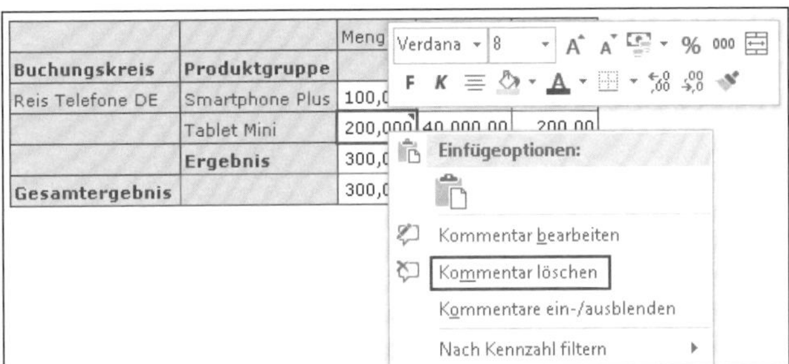

Abbildung 5.42 Kommentar über das Kontextmenü entfernen

5.2.3 Kommentare speichern

Speicherort wählen

Insgesamt existieren drei Möglichkeiten, um Kommentare zu speichern. So können Sie die Kommentare entweder lokal in der Arbeitsmappe speichern, auf einer Business-Intelligence-Plattform oder in SAP BW/4HANA.

Sie können die Kommentare auch lokal mit der Arbeitsmappe speichern. Dafür müssen Sie jedoch entsprechende Berechtigungen besitzen, um die Arbeitsmappe speichern zu können – dies wird auf einem Produktivsystem wohl eher nicht der Fall sein. Bei einer Anwendung mit vielen Benutzern wäre diese Option zudem ungünstig, da sie zu unerwünschten Änderungen an Berichten führen kann.

Kommentare auf BI-Plattform speichern

Wenn Sie eine Business-Intelligence-Plattform im Einsatz haben, können Sie auch diese zum Speichern von Kommentaren nutzen. Wählen Sie sie dafür in der Auswahl **Bevorzugte Plattform** für die Kommentarspeicherung aus. Sie finden die entsprechende Einstellung, wenn Sie zur Registerkarte **Datei** wechseln. Folgen Sie anschließend dem Pfad **Analysis • Analysis anpassen • Optionen**, und wechseln Sie auf die Registerkarte **Plattform**. Über die Auswahl **Kommentarspeicherung** können Sie Ihre Business-Intelligence-Plattform als Speicherort wählen (siehe Abbildung 5.43). Anschließend werden Ihre Kommentare auf dieser gespeichert.

Um einen Kommentar zu speichern, klicken Sie im Bereich **Kommentare** auf **Kommentare sichern** (siehe Abbildung 5.44).

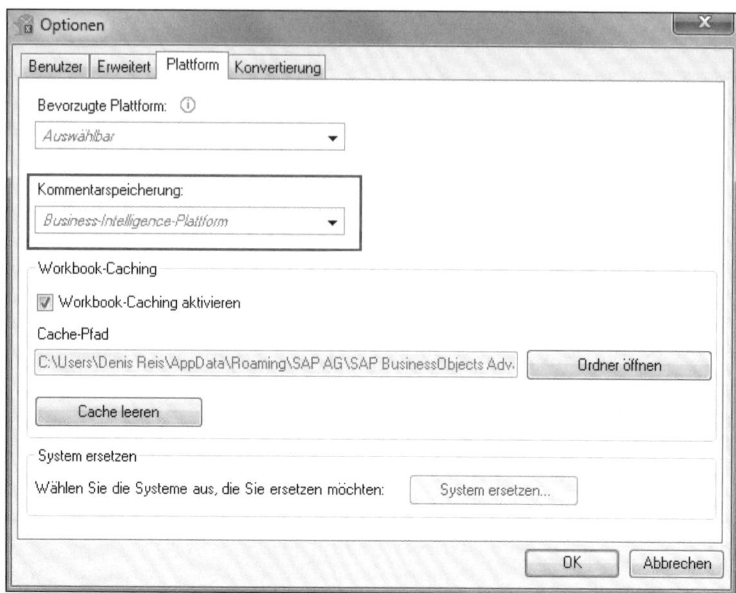

Abbildung 5.43 Einstellungen zum Speicherort von Kommentaren

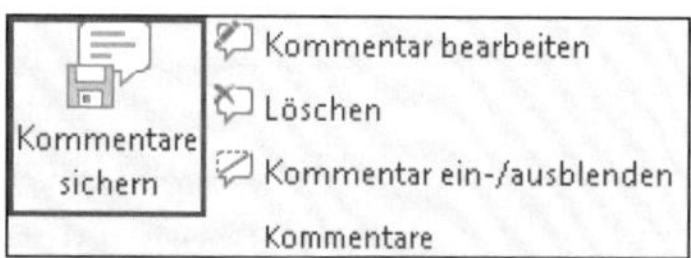

Abbildung 5.44 Kommentare sichern

Kommentare werden pro Arbeitsmappe gespeichert. Wenn eine Arbeitsmappe geöffnet wird, werden gespeicherte Kommentare automatisch von der Business-Intelligence-Plattform geladen. Sie können den Kontext des Kommentars, also die Datenquelle und den Kontext der Zelle (siehe Abschnitt 5.2.1, »Eigenschaften von Kommentaren«), auf der Registerkarte **Kommentare** im Designbereich einsehen (siehe Abbildung 5.45).

Abbildung 5.45 Kontext eines Kommentars

Kommentare in SAP BW/4HANA speichern

Wenn Sie SAP BW/4HANA im Einsatz haben, können Sie Kommentare in einem DocumentStore-Objekt ablegen. Dabei werden die Kommentare pro Arbeitsmappe und Datenquelle gespeichert. Diese werden automatisch geladen, wenn die Arbeitsmappe geöffnet oder die Datenquelle eingefügt wird.

Um Kommentare in SAP BW/4HANA speichern zu können, müssen Sie zunächst ein Objekt vom Typ **DocumentStore** anlegen. Diesem Objekt werden anschließend InfoProvider zugeordnet, für die die Kommentare gespeichert werden sollen. Anschließend müssen Sie in den BW Modeling Tools das DocumentStore-Objekt den einzelnen Queries über die Registerkarte **Laufzeiteigenschaften** zuordnen. Weitere Informationen finden Sie in der Dokumentation zu SAP BW/4HANA.

Optional können Sie im Designbereich auf der Ebene der Datenquelle über die Registerkarte **Komponenten** in der Auswahl **Dokumentenablage** ❶ ein anderes DocumentStore-Objekt auswählen (siehe Abbildung 5.46).

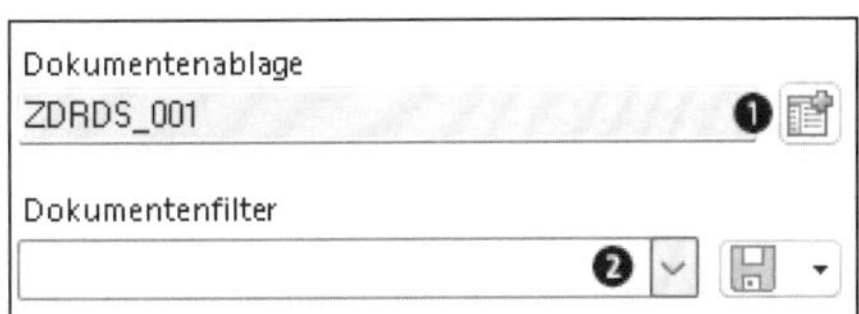

Abbildung 5.46 Dokumentenablage festlegen

Dokumentenfilter anlegen

Über **Dokumentenfilter** ❷ können Sie außerdem einen Filter anlegen. Wenn Sie einen Filter für die Datenquelle anlegen, werden alle Kommentare angezeigt, die für diese Datenquelle angelegt wurden, unabhängig von der Arbeitsmappe. Wenn Sie hingegen einen Filter für die Arbeitsmappe anlegen, werden nur die Kommentare angezeigt, die in dieser spezifischen Arbeitsmappe angelegt wurden.

Gespeicherte Filter und Kommentare administrieren

Sie können in SAP BW/4HANA den Report RSDOC_DELETE_TAGGED_DOCS nutzen, um angelegte Kommentare und Dokumentenfilter zu löschen. Darüber hinaus können Sie in den BW Modeling Tools über den DocumentStore-Editor die angelegten Kommentare einsehen, Selektionen prüfen oder Kommentare löschen.

5.3 Bericht-Bericht-Schnittstelle verwenden

Sie können in SAP Analysis for Microsoft Office die *Bericht-Bericht-Schnittstelle* (BBS) nutzen, um von einem Analysis-Bericht zu einem anderen Ziel abzuspringen. Dabei wird die BBS verwendet, um von einer ausgeführten Query (die als Sender fungiert) zu einem anderen Bericht (Empfänger) zu springen, der weitere oder detailliertere Informationen enthält. So können Sie als Benutzer weiterreichende Informationen sammeln.

Absprungziele

Einerseits können Sie aus Ihrem Bericht zu Zielen im SAP-BW-System abspringen – z. B. zu einem anderen Bericht oder einer anderen Arbeitsmappe. Andererseits können Sie aber auch zu Webadressen wie Google, zu ABAP-Transaktionen oder ABAP-Reports, zu BEx-Web-Applikationen, zu SAP-Crystal-Reports und vielem mehr abspringen.

[»]

Absprungziel definieren

Die Ziele von ausgeführten Queries werden über eine Sender-/Empfängerzuordnung in der SAP-BW-Berichtsschnittstelle definiert. Nutzen Sie dazu Transaktion RSBBS (Pflege der SAP-BW-Sender/-Empfänger). In Abbildung 5.47 sehen Sie ein Beispiel für die Definition eines Absprungs in eine Analysis-Arbeitsmappe.

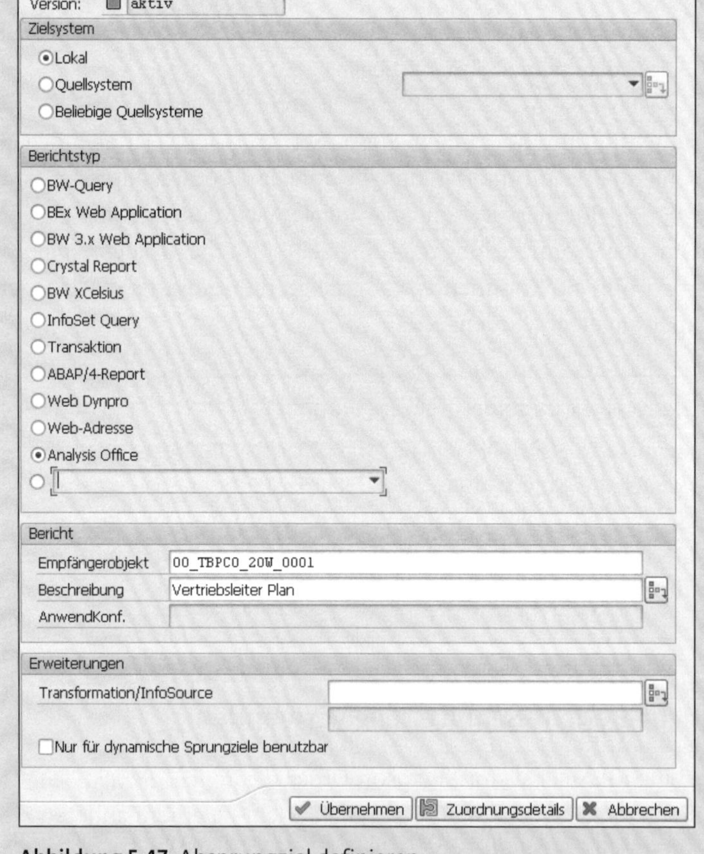

Abbildung 5.47 Absprungziel definieren

Weitere Informationen zur Bericht-Bericht-Schnittstelle erhalten Sie in der SAP-BW-Dokumentation unter **OLAP Engine • Bericht-Bericht-Schnittstelle verwenden**.

Zu definiertem Ziel springen

Wenn Sie im SAP-BW-System ein Absprungziel gepflegt haben, können Sie im Kontextmenü **Springen** ❶ wählen, um die Ziele der ausgeführten Sender-Query aufzurufen ❷ (siehe Abbildung 5.48).

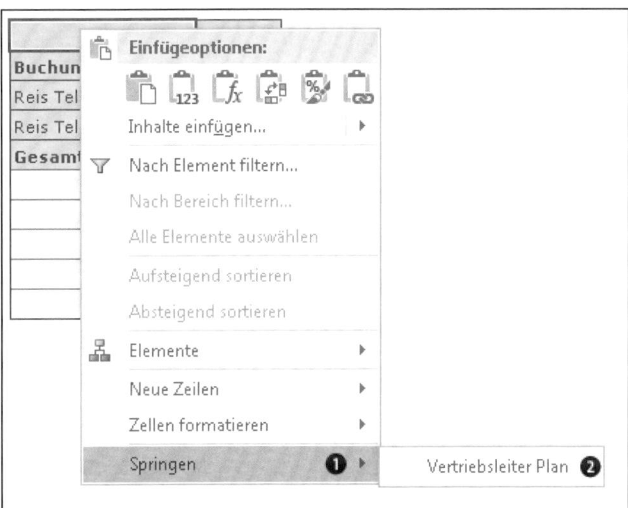

Abbildung 5.48 Zu einem anderen Bericht springen

In unserem Beispiel wollen wir vom Bericht eines CFO (Chief Financial Officer) zum Plan eines Vertriebsleiters springen. Letzterer enthält Informationen auf einer detaillierteren Ebene, die wir für unsere Analyse benötigen. Wenn wir die Einträge **Springen** und **Vertriebsleiter Plan** aus dem Kontextmenü auswählen, wird eine neue Arbeitsmappe geöffnet, und wir können den Plan des Vertriebsleiters einsehen (siehe Abbildung 5.49).

		Menge	Umsatz	Preis
Buchungskreis	**Produktgruppe**	ST	EUR	EUR / ST
Reis Telefone DE	Smartphone Plus	100,000	10.000,00	100,00
	Tablet Mini	200,000	40.000,00	200,00
Gesamtergebnis		**300,000**	**50.000,00**	**166,67**

Abbildung 5.49 Absprungziel – Plan des Vertriebsleiters

5.4 Zusammenfassung

Nachdem Sie nun das vorliegende Kapitel durchgearbeitet haben, können Sie individuelle Berichte erschaffen, indem Sie neue Kennzahl berechnen. Sie können Ihre Erkenntnisse auch über Kommentare mit anderen teilen. Außerdem können Sie zu anderen Berichten abspringen, um detaillierte Informationen abzurufen. Mit diesen Kenntnissen sind Sie optimal für die Nutzung von SAP Analysis for Microsoft Office als Analysewerkzeug gerüstet. Im nächsten Kapitel lernen Sie, wie Sie SAP Analysis for Microsoft Office im Planungsumfeld nutzen können. Dabei stelle ich planungsspezifische Funktionen vor.

Kapitel 6
Mit Planungsapplikationen arbeiten

SAP Analysis for Microsoft Office kann nicht nur für Berichte, sondern auch für die Planung genutzt werden. Lernen Sie in diesem Kapitel, wie Sie SAP Analysis for Microsoft Office mit Planungsapplikationen verwenden und Ihre Arbeitsmappen richtig parametrisieren.

SAP Analysis for Microsoft Office ist vor allem als Werkzeug für die Datenanalyse bekannt. Allerdings stehen Ihnen auch vielfältige Planungsfunktionen zur Verfügung, die ich Ihnen in diesem Kapitel vorstelle. In Abschnitt 6.2, »Daten manuell planen«, bis Abschnitt 6.4, »Änderungs- und Anzeigemodus verwenden«, erhalten Sie zunächst einen Überblick über alle Funktionen, die Sie im Zusammenhang mit Planungsanwendungen benötigen. Anschließend lernen Sie in Abschnitt 6.5, »Planungsrelevante Einstellungen kennen«, die planungsrelevanten Parameter kennen.

Da auch in diesem Kapitel SAP Analysis for Microsoft Office als Werkzeug im Vordergrund steht, setze ich Kenntnisse von *SAP BW Integrated Planning* (SAP BW-IP) bzw. *SAP Business Planning and Consolidation* (SAP BPC) voraus. Falls Sie sich mit dem Thema Planung detaillierter auseinandersetzen möchten, empfehle ich Ihnen mein Buch »Unternehmensplanung mit SAP BPC« (SAP PRESS 2018).

Mit SAP Analysis for Microsoft Office können Sie nicht nur Daten analysieren, sondern auch Geschäftsdaten, basierend auf den aktuellen Daten, planen. Nachfolgend stelle ich Ihnen die zentralen Funktionen der Planung vor. Sie können Planungsdaten manuell eingeben (siehe Abschnitt 6.2, »Daten manuell planen«) oder auch Planungsfunktionen und -sequenzen der integrierten Planung von SAP BW bzw. SAP BPC nutzen, um Planungsdaten zu generieren (siehe Abschnitt 6.3, »Mit Planungsfunktionen und -sequenzen arbeiten«).

Menübandbereich für die Planung

In Microsoft Excel stehen die Planungsfunktionen in einem eigenen Bereich im Menüband zur Verfügung (**Planung**). Sie können in den Benutzereinstellungen definieren, ob der Planungsbereich angezeigt werden soll. Standardmäßig ist er versteckt – in Abschnitt 6.1, »Menüband für die Planung einblenden«, zeige ich Ihnen, wie Sie ihn einblenden. Anschließend stehen Ihnen alle planungsrelevanten Funktionen zur Verfügung.

Planungsfunktionen nutzen

Um die Planungsfunktionen nutzen zu können, benötigen Sie eine SAP-BW-Query als Datenquelle, die im Query Designer als eingabebereit definiert wurde.

In als eingabebereit definierten Datenquellen stehen Ihnen zwei verschiedene Modi zur Verfügung: der *Anzeigemodus* und der *Änderungsmodus* (siehe Abschnitt 6.4, »Änderungs- und Anzeigemodus verwenden«). Darüber hinaus können Sie ausgewählte Zellen der Kreuztabelle für Änderungen sperren und entsperren. Wie das geht, zeige ich Ihnen in Abschnitt 6.4.1, »Eingabebereite Zellen sperren«.

Neuberechnung von Planungsdaten

Nachdem Sie die Planungsdaten eingegeben haben, können Sie die Daten neu berechnen lassen oder die Eingaben speichern. Lassen Sie die Planungsdaten neu berechnen, werden alle geänderten Werte in den Planungspuffer übertragen und auf Konsistenz hin geprüft. Tritt hierbei kein Fehler auf, stehen die geänderten Daten zur Verfügung und können in allen anderen Komponenten der Arbeitsmappe verwendet werden. Dabei werden auch sämtliche Formeln und berechnete Kennzahlen aktualisiert. In Abschnitt 6.4.2, »Planungsdaten neu berechnen«, stelle ich diese Funktion vor.

Speichern und rückgängig machen

Allerdings werden die neu berechneten Daten nicht direkt im InfoProvider gespeichert. Erst wenn Sie die Planungsdaten tatsächlich speichern, werden dort alle übertragenen und geänderten Werte abgelegt. Das Speichern von Planungsdaten behandle ich in Abschnitt 6.4.4, »Planungsdaten speichern«.

Sie können Änderungen an Planungsdaten auch rückgängig machen. Hierbei können Sie entweder zum letzten gespeicherten Status oder zum letzten konsistenten Client-Status zurückkehren. Den Unterschied zwischen den beiden Status erläutere ich in Abschnitt 6.4.3, »Änderungen an Planungsdaten rückgängig machen«.

Arbeitsstatus

Wenn Sie SAP BPC verwenden, können Sie den *Arbeitsstatus* nutzen, um den Fortschritt im Planungsprozess zu kennzeichnen und geplante Werte vor Änderungen zu schützen. In Abschnitt 6.4.5, »Arbeitsstatus setzen«, zeige ich Ihnen, wie Sie den Arbeitsstatus in SAP Analysis for Microsoft Office setzen.

6.1 Menüband für die Planung einblenden

Wie bereits gesagt, ist der Planungsbereich standardmäßig versteckt – daher müssen wir ihn zunächst einblenden, wenn wir ihn verwenden wollen.

Um den Bereich für die Planung anzuzeigen, wechseln Sie auf die Registerkarte **Datei** und wählen **Analysis** aus den Einträgen links aus ❶. Hier sehen Sie eine Übersicht über die Analysis-Funktionen und -Einstellungen. Klicken Sie auf **Analysis anpassen** ❷, und wählen Sie dann **Benutzeroberfläche anpassen** (siehe Abbildung 6.1).

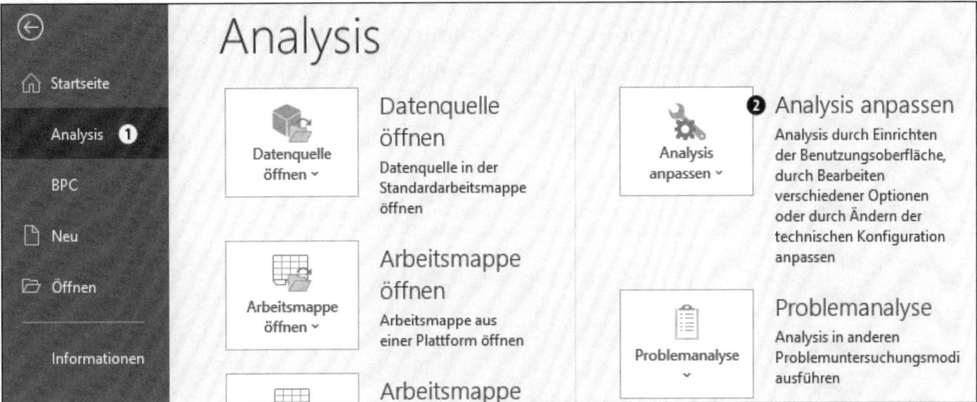

Abbildung 6.1 Menü von SAP Analysis for Microsoft Office

Neues Profil anlegen

Sie gelangen nun zur in Abbildung 6.2 dargestellten Oberfläche. Initial ist das Standardprofil als Profil gesetzt ❶.

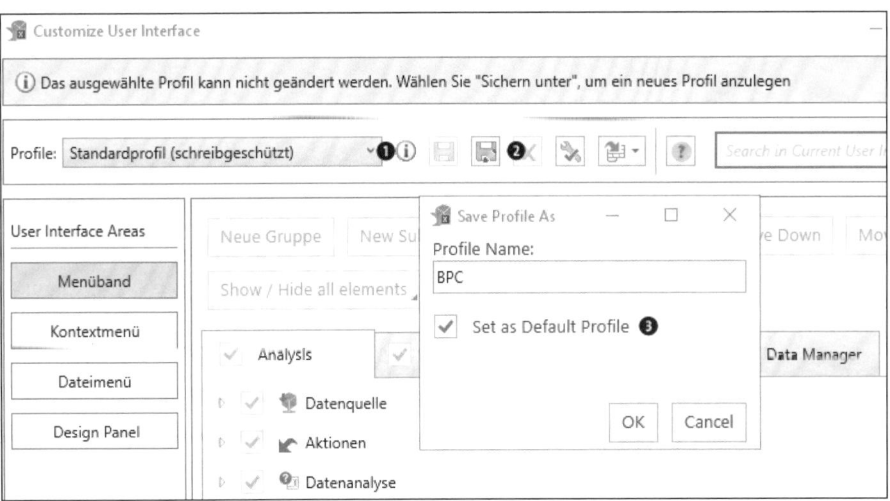

Abbildung 6.2 Neues Profil anlegen

Bei diesem ist der Bereich für die Planung versteckt. Das Standardprofil kann nicht geändert werden. Legen Sie daher über den Button **Speichern unter** ❷ ein neues Profil an. Setzen Sie dabei das Häkchen neben **Set as Default Profile** ❸, um von jetzt an das benutzerdefinierte Profil zu verwenden.

Profil bearbeiten Selektieren Sie den Eintrag **Menüband** ❹, wechseln Sie auf die Registerkarte **Analysis** ❺, und setzen Sie anschließend das Häkchen neben **Planung** ❻ (siehe Abbildung 6.3). Nun sind die für die Planung notwendigen Funktionen verfügbar: Sie können Planungsdaten speichern, Berechnungen durchführen, vom Anzeige- in den Änderungsmodus wechseln und vieles mehr. Speichern Sie über den Button **Speichern unter** ❼ das neu angelegte Profil, damit die Änderungen übernommen werden. Abschließend müssen Sie Microsoft Excel neu starten, damit die Änderungen angewendet werden können.

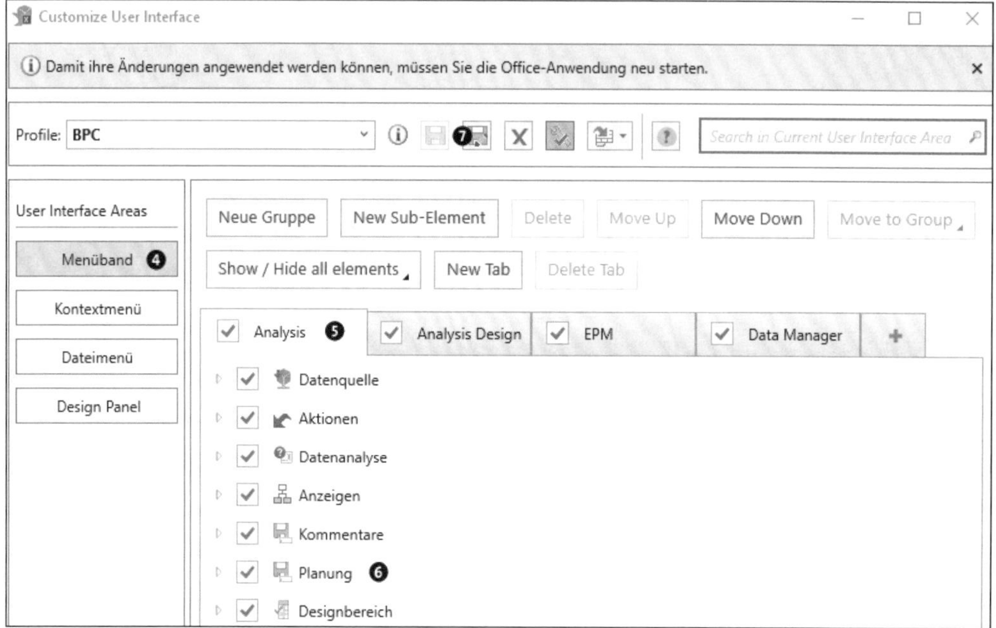

Abbildung 6.3 Profil bearbeiten

6.2 Daten manuell planen

Die erste Möglichkeit, um einen Plan zu erstellen, besteht darin, die Planungsdaten manuell in die Kreuztabelle einzutragen. Sie können entweder die Werte in den vorhandenen Datenzellen der Kreuztabelle ändern oder auch neue Zeilen zur Kreuztabelle hinzufügen.

6.2.1 Vorhandene Datenzellen ändern

Modus überprüfen Wenn Sie Daten in eine als eingabebereit definierte Datenquelle eingeben möchten, muss sich die Kreuztabelle im Änderungsmodus befinden. In diesem Modus werden schreibgeschützte Zellen der Datenquelle in einer anderen Hintergrundfarbe dargestellt – als Zellen mit Daten, die Sie bearbeiten können (siehe Abbildung 6.4). Wenn Sie in den Anzeigemodus wechseln (siehe Abschnitt 6.4, »Änderungs- und Anzeigemodus verwenden«), ist die unterschiedliche Visualisierung von eingabebereiten und schreibgeschützten Zellen nicht gegeben.

		Menge	Umsatz
Buchungskreis	**Produktgruppe**	ST	EUR
Reis Telefone DE	Smartphone Mini	200,00	15.000,00
	Smartphone Plus	100,00	10.000,00
	Tablet Mini	200,00	40.000,00
	Tablet Plus	300,00	50.000,00
	Ergebnis	800,00	115.000,00
Reis Telephones USA	Smartphone Plus	200,00	20.000,00
	Tablet Mini	180,00	36.000,00
	Ergebnis	380,00	56.000,00
Gesamtergebnis		1.180,00	171.000,00

Abbildung 6.4 Eingabebereite Query

Planungsdaten eingeben

Sie können nun Planungsdaten manuell in die eingabebereiten Datenzellen der Kreuztabelle eintragen. Dabei wird das Format des eingegebenen Wertes sofort ausgewertet. So können Sie z. B. für eine als Gleitkommazahl definierte Kennzahl keine Buchstaben eingeben. Ist das Format nicht gültig, wird eine Meldung angezeigt. In Abbildung 6.5 sehen Sie ein Beispiel.

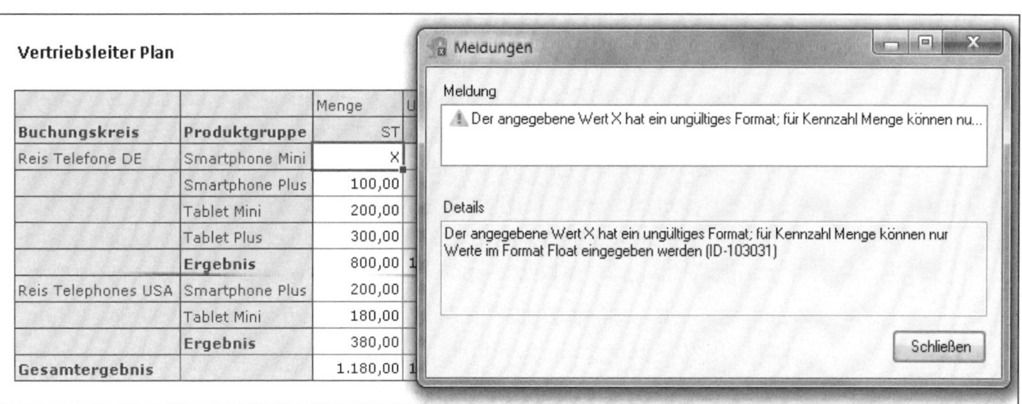

Abbildung 6.5 Fehlermeldung bei ungültigem Format

Neue Werte übernehmen

Um die neuen Werte in die Kreuztabelle zu übernehmen, nutzen Sie die Funktion **Neu berechnen**. Diese erläutere ich in Abschnitt 6.4.2, »Planungsdaten neu berechnen«, noch einmal genauer. Bei der Übernahme wird auch die Konsistenz der neuen Werte überprüft. So wird z. B. geprüft, ob die Merkmalskombinationen gemäß den Merkmalsbeziehungen erlaubt sind.

Sie können alle Änderungen rückgängig machen, die nicht gespeichert sind. Wie das geht, beschreibe ich in Abschnitt 6.4.3, »Änderungen an Planungsdaten rückgängig machen«. Wenn Sie mit den geänderten Daten zufrieden sind, wählen Sie **Speichern**, um die Planungsdaten im System zu speichern (siehe Abschnitt 6.4.4, »Planungsdaten speichern«).

[+]

Datenquelle wird nicht im Änderungsmodus angezeigt

Wenn eine Datenquelle nicht im Änderungsmodus angezeigt wird, überprüfen Sie zunächst, ob eine Verbindung zum richtigen *Planungssystem*, also zu dem System zum Speichern von Daten hergestellt ist (siehe Abbildung 6.6). Diese Einstellung finden Sie auf der Registerkarte **Komponenten** im Designbereich, wenn Sie die Arbeitsmappe selektieren und unter **Eigenschaften** zur Registerkarte **Planung** wechseln.

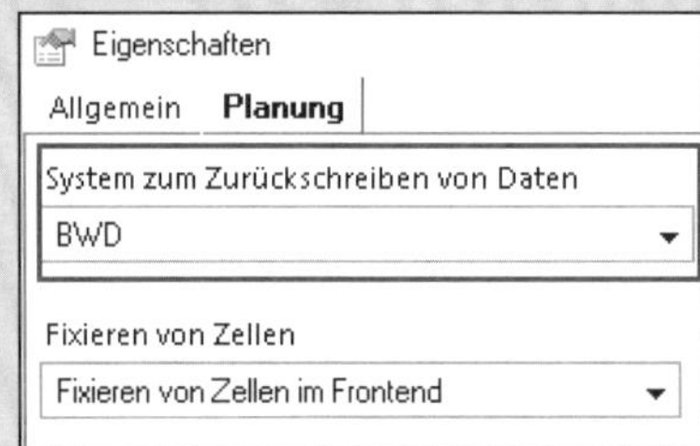

Abbildung 6.6 Planungssystem überprüfen

Standardmäßig ist als Planungssystem das erste System ausgewählt, zu dem Sie nach dem Öffnen Ihrer Arbeitsmappe eine Verbindung hergestellt haben. Enthält Ihre Arbeitsmappe Objekte aus unterschiedlichen Systemen, können Sie in der Auswahl **System zum Zurückschreiben von Daten** eines dieser Systeme als Planungssystem auswählen. Beachten Sie aber, dass die Änderung des Planungssystems erst nach dem Schließen und erneuten Öffnen der Arbeitsmappe übernommen wird.

Prüfen Sie anschließend auf der Ebene der Datenquelle, ob die Einstellung **Planung: Datenquelle in eingabebereiten Modus öffnen** ausgewählt ist (siehe Abbildung 6.7). Erst wenn diese Option gesetzt ist, wird die eingabebereite Datenquelle im Änderungsmodus geöffnet.

Sie können auch die Eigenschaft `IsDataSourceEditable` der API-Methode (Application Programming Interface) `SAPGetProperty` nutzen, um zu überprüfen, ob eine Datenquelle eingabebereit ist. Weitere Informationen erhalten Sie in Kapitel 11, »Makros verwenden«.

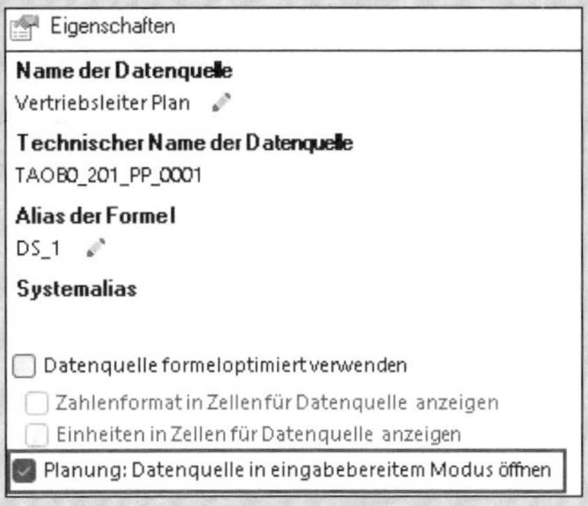

Abbildung 6.7 Datenquelle in eingabebereitem Modus öffnen

Möglicherweise ist die Datenquelle durch einen anderen Benutzer gesperrt. In diesem Fall wird nach dem Öffnen eine entsprechende Meldung mit dem Namen des Benutzers angezeigt.

Wenn die Einstellung **Für die initiale Aktualisierung für alle Datenquellen in den Änderungsmodus wechseln** nicht gesetzt ist, wird die Kreuztabelle beim Öffnen der Arbeitsmappe initial im Anzeigemodus dargestellt. Sie können jedoch in den Änderungsmodus wechseln (siehe Abschnitt 6.4, »Änderungs- und Anzeigemodus verwenden«). Wenn Sie möchten, dass alle Kreuztabellen automatisch im Änderungsmodus angezeigt werden, selektieren Sie diese Option (siehe Abbildung 6.8). Sie finden diese Einstellung auf der Registerkarte **Komponenten** des Designbereichs. Markieren Sie die Arbeitsmappen, und wählen Sie anschließend die Registerkarte **Planung** im Bereich **Eigenschaften** aus.

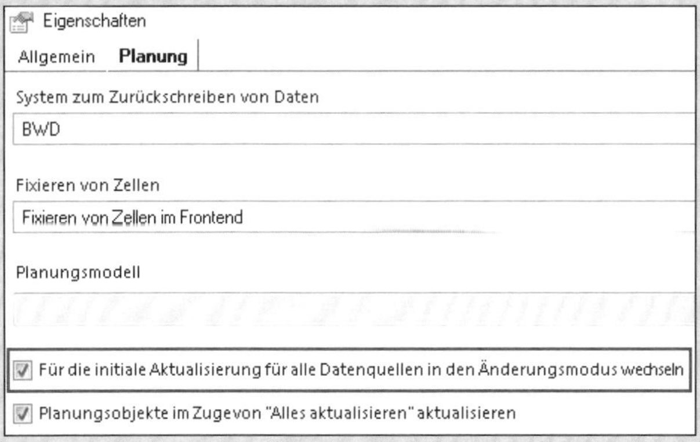

Abbildung 6.8 Datenquellen automatisch im Änderungsmodus darstellen

Wenn nichts hilft, müssen die Query-Einstellungen und die Modellierung überprüft werden. Hilfestellung zur richtigen Modellierung finden Sie in meinem Buch »Unternehmensplanung mit SAP BPC« (SAP PRESS 2018).

6.2.2 Neue Zeilen hinzufügen

Planungsdaten können Sie nicht nur in bereits vorhandene Datenzellen eingeben, sondern auch in neue Zeilen. So können Sie neue Kombinationen für Planungswerte erzeugen.

Anzahl angezeigter neuer Zeilen

Auf der Registerkarte **Komponenten** im Designbereich können Sie festlegen, wie viele neue Zeilen für Planungsdaten Sie hinzufügen möchten. Wie das geht, zeige ich in Abschnitt 6.5.7, »Anzahl an neuen Zeilen definieren«. Die neuen Zeilen für die Planung werden am Ende der Kreuztabelle eingefügt. Im Anzeigemodus (siehe Abschnitt 6.4, »Änderungs- und Anzeigemodus verwenden«) sind sie nicht sichtbar.

Neue Planungsdaten eingeben

Um neue Planungswerte zu definieren, können Sie diese direkt in die leere Zelle eingeben ❶ (siehe Abbildung 6.9). Alternativ können Sie die Wertehilfe nutzen ❷ (über den Button ⓘ oder die F4-Taste).

		Menge	Umsatz
Buchungskreis	**Produktgruppe**	ST	EUR
Reis Telephones USA	Smartphone Plus	200,00	20.000,00
	Tablet Mini	180,00	36.000,00
	Ergebnis	380,00	56.000,00
Gesamtergebnis		380,00	56.000,00
Reis Telefone DE	Laptop ❶	? ❷	

Abbildung 6.9 Neue Planwerte eingeben

Mit Wertehilfe und Werterkennung arbeiten

Ab SAP BW 7.5 SP8 oder SAP BW/4HANA SP4 und SAP Analysis for Microsoft Office 2.5 SP1 können Sie die Tastenkombination Strg + Leertaste nutzen, um die Werterkennung zu aktivieren. Wenn Sie z. B. »Lap« eingeben, wie es in Abbildung 6.10 zu sehen ist, und anschließend die Tasten Strg + Leertaste drücken, wird der Wert auf »Laptop« ergänzt.

		Menge	Umsatz
Buchungskreis	**Produktgruppe**	ST	EUR
Reis Telephones USA	Smartphone Plus	200,00	20.000,00
	Tablet Mini	180,00	36.000,00
	Ergebnis	380,00	56.000,00
Gesamtergebnis		380,00	56.000,00
Reis Telefone DE	Lap	?	

Abbildung 6.10 Automatische Ergänzung von Werten

Falls mehrere Elemente infrage kommen, wird ein Fenster mit der Auswahl angeboten (siehe Abbildung 6.11).

		Menge	Umsatz
Buchungskreis	**Produktgruppe**	ST	EUR
Reis Telephones USA	Smartphone Plus	200,00	20.000,00
	Tablet Mini	180,00	36.000,00
	Ergebnis	380,00	56.000,00
Gesamtergebnis		380,00	56.000,00
Reis Telefone DE	T		

Element(Text)
Tablet Mini
Tablet Plus

Abbildung 6.11 Mögliche Elemente anzeigen

Darüber hinaus können Sie auch die Resultate der Wertehilfe über die Eingabe in die Zelle vorfiltern. Wenn Sie z. B. »Tab*« eingeben und den Button [?] betätigen, sehen Sie alle Elemente, die mit »Tab« beginnen (siehe Abbildung 6.12).

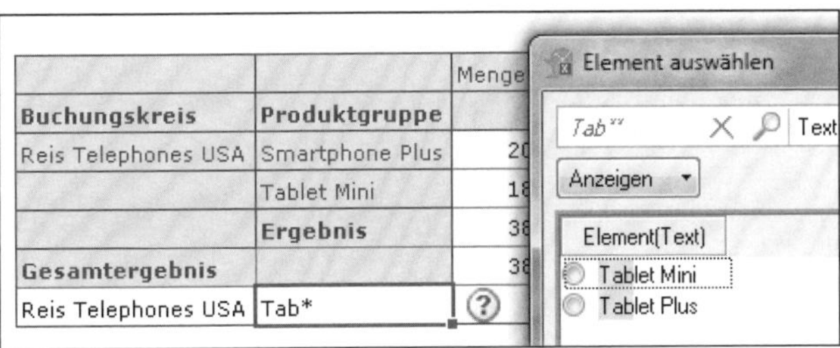

Abbildung 6.12 Vorausgewählte Elemente

Wenn der eingegebene Wert nicht in den Stammdaten existiert, wird dies über einen dicken, roten Rahmen der Zelle angezeigt (siehe Abbildung 6.13).

		Menge	Umsatz
Buchungskreis	**Produktgruppe**	ST	EUR
Reis Telephones USA	Smartphone Plus	200,00	20.000,00
	Tablet Mini	180,00	36.000,00
	Ergebnis	380,00	56.000,00
Gesamtergebnis		380,00	56.000,00
Reis Telefone DE	Laptops		

Abbildung 6.13 Ungültiger Wert

Automatische Prüfung neuer Zeilen einrichten

Ab Version SAP BW/4HANA SP8 und SAP BW 7.50 SP12 können Sie einstellen, wann eine automatische Prüfung neuer Zeilen erfolgen soll. Hierbei können auch *Merkmalsbeziehungen* überprüft werden. Mithilfe von Merkmalsbeziehungen können Sie entsprechend festlegen, welche Kombinationen von Merkmalswerten Sie innerhalb Ihrer Planungsapplikation zulassen. Darüber hinaus können Sie die korrekten Werte automatisch ableiten.

Neue Zeilenvalidierung aktivieren

Mit der Funktion **Neue Zeilenvalidierung** können Sie Benutzereingaben überprüfen lassen, ohne die Daten im Planungspuffer zu verändern. Dies steigert die Performance erheblich. Um die neue Zeilenvalidierung zu aktivieren, müssen Sie den Service zunächst im Backend aktivieren. Setzen Sie dazu in Tabelle `RSADMIN` den Parameter `BICS_NEW_LINE_CHECK_ENABLED = X`.

Um den Parameter zu setzen, rufen Sie Transaktion SE38 (ABAP Editor) auf. Wählen Sie das Programm `SAP_RSADMIN_MAINTAIN` aus, und klicken Sie auf (**Ausführen**), bzw. betätigen Sie die [F8]-Taste (siehe Abbildung 6.14).

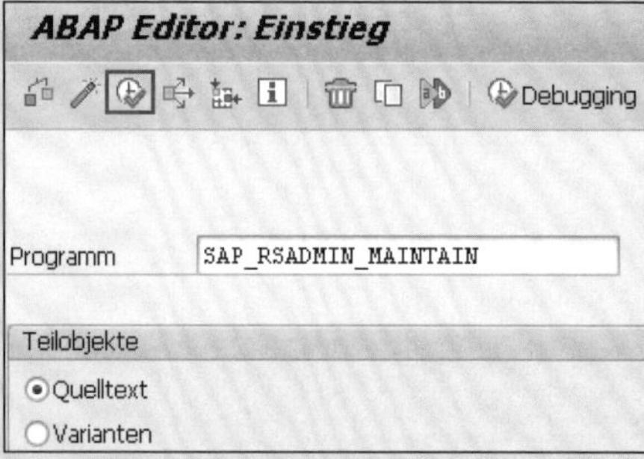

Abbildung 6.14 Programm zur Pflege der Parameter starten

Geben Sie »BICS_NEW_LINE_CHECK_ENABLED« als **OBJECT** ❶ ein und »X« als **VALUE** ❷ (siehe Abbildung 6.15). Wählen Sie anschließend den Button **INSERT** aus ❸, und klicken Sie auf **Ausführen** ❹, oder nutzen Sie die [F8]-Taste.

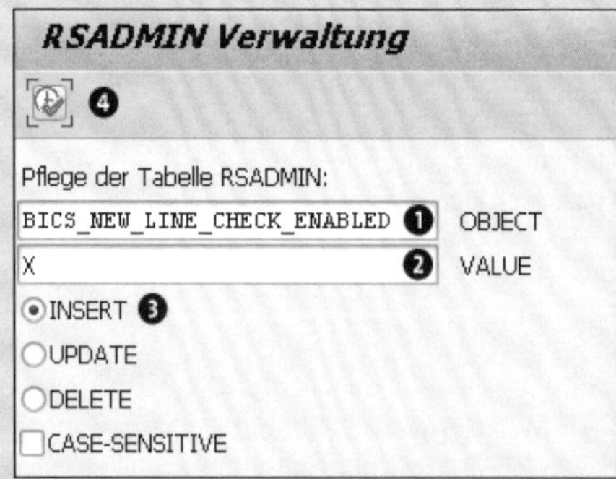

Abbildung 6.15 Bildschirm »RSADMIN Verwaltung«

Wann eine Prüfung erfolgen soll, legen Sie in der Einstellung **Planung: Neue Zeilenvalidierung** fest (siehe Abbildung 6.16). Rufen Sie zunächst den Designbereich auf, und wechseln Sie auf die Registerkarte **Komponenten**. Selektieren Sie anschließend die jeweilige Kreuztabelle ❶. Im Bereich **Eigenschaften** finden Sie eine Liste mit den möglichen Optionen ❷:

- None
  Es erfolgt keine automatische Überprüfung. Die Werte werden nur geprüft, wenn Sie den Eintrag **Neue Zeilen prüfen** aus dem Kontextmenü wählen oder die Funktion **Neu Berechnen** (siehe Abschnitt 6.4.2, »Planungsdaten neu berechnen«) nutzen. Dies verbessert die Performance, verzögert aber die Fehlererkennung.
- Members
  Die automatische Überprüfung wird immer dann ausgeführt, wenn ein Wert geändert wurde.
- Lines
  Die automatische Überprüfung erfolgt, wenn eine Zeile geändert wird.

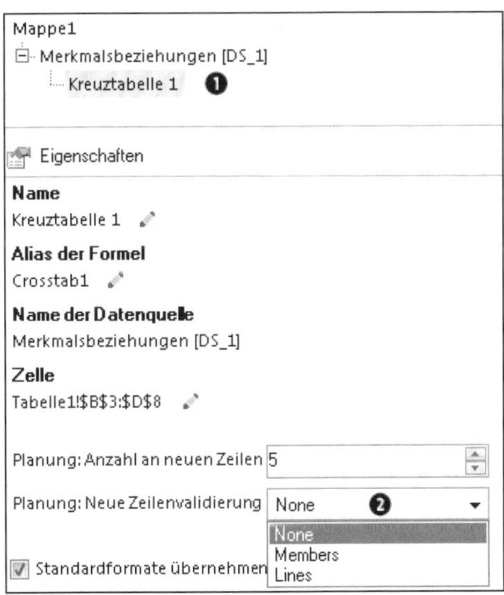

Abbildung 6.16 Neue Zeilenvalidierung einstellen

Neue Zeilenvalidierung

Sie können die Funktion **Neue Zeilenvalidierung** bei Bedarf ausschalten. In diesem Fall ist die Auswahlliste ausgegraut, und der Benutzer hat keine Möglichkeit, den Zeitpunkt der Prüfung festzulegen (siehe Abbildung 6.17). Die Prüfung wird sofort nach der Eingabe von Werten ausgeführt.

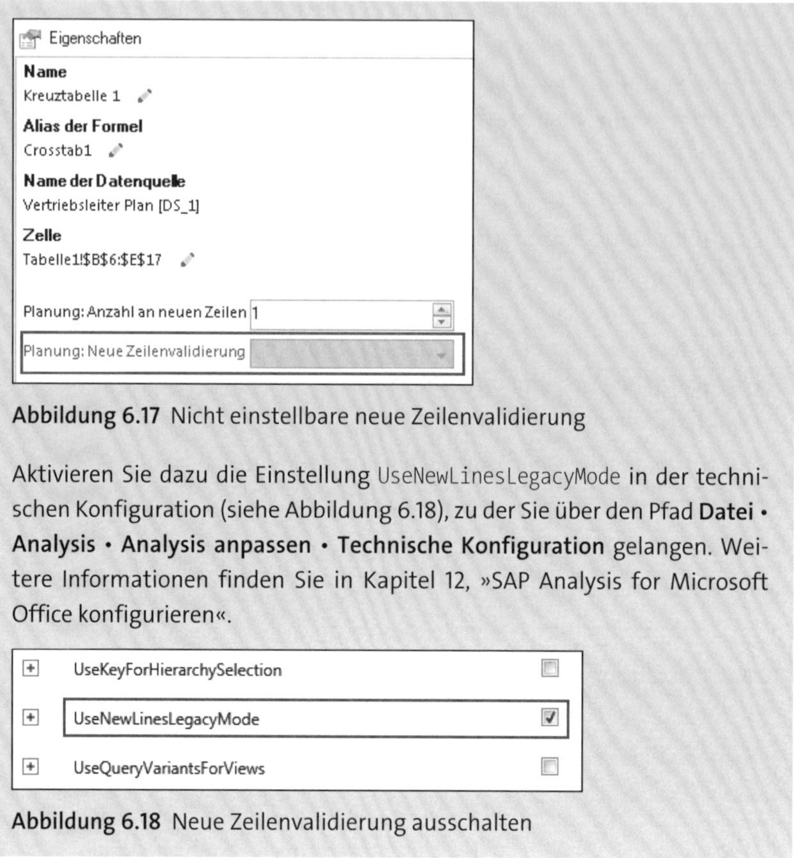

Abbildung 6.17 Nicht einstellbare neue Zeilenvalidierung

Aktivieren Sie dazu die Einstellung `UseNewLinesLegacyMode` in der technischen Konfiguration (siehe Abbildung 6.18), zu der Sie über den Pfad **Datei • Analysis • Analysis anpassen • Technische Konfiguration** gelangen. Weitere Informationen finden Sie in Kapitel 12, »SAP Analysis for Microsoft Office konfigurieren«.

Abbildung 6.18 Neue Zeilenvalidierung ausschalten

Mit Werten ohne Stammdaten arbeiten

Standardmäßig werden Werte, die sich nicht in den Stammdaten befinden, als fehlerhaft behandelt. Dies wird durch einen dicken roten Rahmen angezeigt (siehe Abbildung 6.19).

Gesellschaft	Umsatz
5000	500

Abbildung 6.19 Planung nicht möglich

Dimension ohne Stammdaten modellieren

Sie können jedoch Dimensionen in der Planung verwenden, die ohne Stammdaten modelliert sind. Dies legen Sie in den Eigenschaften des InfoObjects fest (siehe Abbildung 6.20).

Abbildung 6.20 InfoObject ohne Stammdaten modellieren

SID-Tabelle vor der Werteeingabe

Für entsprechend konfigurierte Dimensionen können Sie neue Werte anlegen, ohne dass diese in der Stammdaten-ID-Tabelle (kurz *SID-Tabelle*) existieren. In Abbildung 6.21 sehen Sie die aktuellen Werte der SID-Tabelle. Die Gesellschaft 5000 ist nicht darunter.

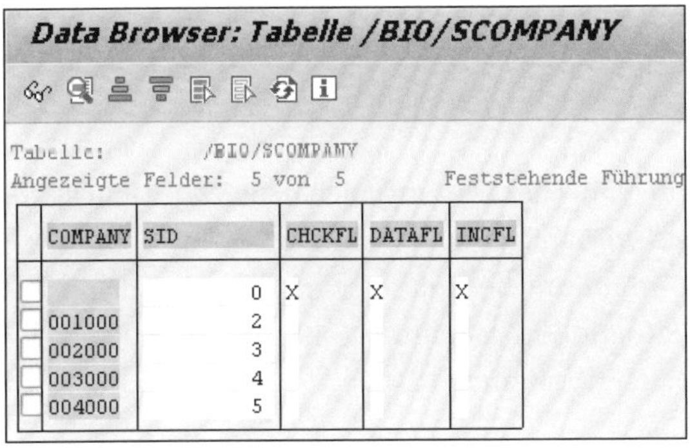

COMPANY	SID	CHCKFL	DATAFL	INCFL
	0	X	X	X
001000	2			
002000	3			
003000	4			
004000	5			

Abbildung 6.21 Keine SID für die Gesellschaft 5000 vorhanden

Planung für Werte ohne Stammdaten erlauben

Wenn Sie dem Benutzer erlauben wollen, noch nicht in der SID-Tabelle existierende Werte in die neue Zeile einzutragen, pflegen Sie den Parameter `PLAN_ALLOW_NOT_EXIST_MEM = X` in Tabelle `RSADMIN`. Rufen Sie dazu Transaktion SE38 (ABAP Editor) auf. Wählen Sie das Programm `SAP_RSADMIN_MAINTAIN` aus, und klicken Sie auf (**Ausführen**), bzw. betätigen Sie die F8-Taste (siehe Abbildung 6.22).

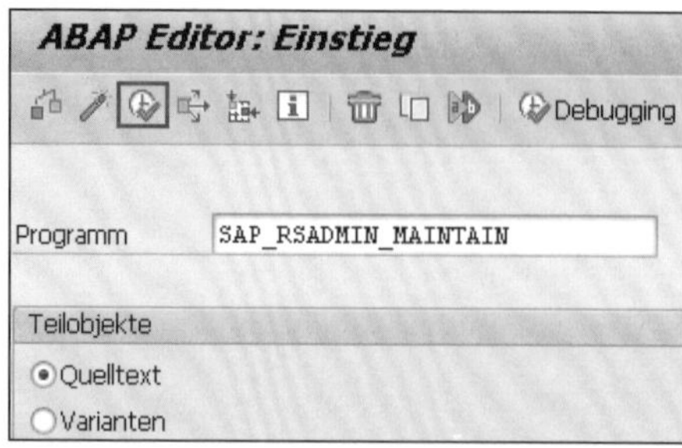

Abbildung 6.22 Programm zur Pflege der Parameter starten

Geben Sie »PLAN_ALLOW_NOT_EXIST_MEM« in das Feld **OBJECT** und »X« in das Feld **VALUE** ein (siehe Abbildung 6.23). Wählen Sie dann den Button **INSERT**, und klicken Sie auf **Ausführen**, oder nutzen Sie die [F8]-Taste.

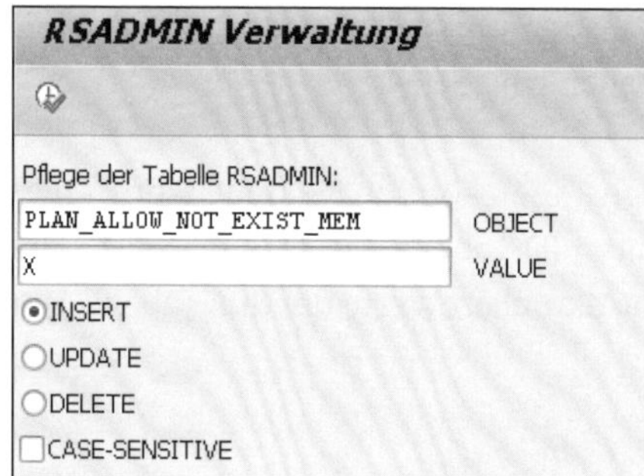

Abbildung 6.23 Planung für Werte ohne SID erlauben

Anschließend können Benutzer bei der Planung auch neue Werte eingeben, die nicht in der SID-Tabelle vorhanden sind – ohne dass eine Fehlermeldung in Form einer roten Umrandung der Zelle erscheint. So können die Benutzer, im Gegensatz zur Situation in Abbildung 6.19, die Umsätze für die Gesellschaft 5000 planen (siehe Abbildung 6.24).

	Umsatz
Gesellschaft	EUR
5000	500,00
Gesamtergebnis	**500,00**

Abbildung 6.24 Neue Werte eingeben

SID-Tabelle nach der Werteeingabe

Dabei werden auch Einträge in der SID-Tabelle aktualisiert (siehe Abbildung 6.25). Für die Gesellschaft 5000 wird eine neue SID erzeugt. Beachten Sie, dass dies nur InfoObjects ohne Stammdaten betrifft. Bei InfoObjects mit Stammdaten wird die Prüfung immer durchgeführt und kann nicht ausgeschaltet werden. Der Benutzer muss also gemäß den Stammdaten gültige Werte eintragen oder diese aus der Wertehilfe auswählen.

Data Browser: Tabelle /BIO/SCOMPANY

Tabelle: /BIO/SCOMPANY
Angezeigte Felder: 5 von 5 Feststehende Führung

COMPANY	SID	CHCKFL	DATAFL	INCFL
	0	X	X	X
001000	2			
002000	3			
003000	4			
004000	5			
005000	6			

Abbildung 6.25 SID-Tabelle aktualisieren

SAP BW/4HANA als Plattform

Wenn Sie SAP BW/4HANA nutzen, hat der Parameter `PLAN_ALLOW_NOT_EXIST_MEM` keine Wirkung. Nutzen Sie stattdessen den Parameter `BICS_NEW_MASTER_DATA = X`. Dieser Parameter ist ab Version SP08 verfügbar und wird, wie oben beschrieben, in Tabelle `RSADMIN` gepflegt.

Mit SAP BW/4HANA ist es in diesem Fall auch möglich, neue Werte (also neue SIDs) zur Laufzeit zu generieren, auch wenn das InfoObject mit Stammdaten modelliert ist. Bei den früheren Releases war dies nur bei InfoObjects ohne Stammdaten möglich, äquivalent zur SAP-BW-Plattform.

Mit SAP BW/4HANA können Sie auch bestehende Stammdaten und Attribute in SAP Analysis for Microsoft Office ändern. Dazu müssen beim InfoObject die Eigenschaften **Als InfoProvider nutzbar** und **Planungsmodus aktiv** gesetzt sein. Um hinzugefügte oder veränderte Stammdaten in SAP Analysis for Microsoft Office anschließend zu aktualisieren, nutzen Sie die Funktion **Datenquelle zurücksetzen** oder das API `SAPExecuteCommand` mit dem Parameter `Restart`. Möchten Sie den aktuellen Navigationsstatus beibehalten, können Sie das API `SAPLogOff` mit dem Parameter `True` verwenden. Weitere Informationen zu den APIs erhalten Sie in Kapitel 11, »Makros verwenden«.

Mit doppelten Wertkombinationen arbeiten

Wenn Sie in SAP Analysis for Microsoft Office eine neue Zeile eingeben, die bereits existierende Kombinationen von Merkmalswerten enthält, verhält sich das System je nach verwendetem InfoProvider unterschiedlich.

Doppelte Kombination im InfoCube

Wenn Sie z. B. einen InfoCube oder ein InfoCube-ähnliches Advanced-Data-Store-Objekt (ADSO) als InfoProvider verwenden, werden die Werte summiert. Betrachten wir das in Abbildung 6.26 dargestellte Beispiel. Hier wird eine neue Zeile hinzugefügt, die einen Wert für die Kombination Buchungskreis Deutschland und Produktgruppe Smartphone Mini enthält. Diese Merkmalskombination existiert jedoch bereits mit einem Planungswert.

		Umsatz
Buchungskreis	**Produktgruppe**	EUR
Reis Telefone DE	Smartphone Mini	100,00
	Ergebnis	**100,00**
Gesamtergebnis		**100,00**
Reis Telefone DE	Smartphone Mini	50

Abbildung 6.26 Bereits existierende Kombination hinzufügen

Nachdem Sie dieselbe Merkmalskombination in die neue Zeile eingegeben haben, werden die Planwerte daher summiert (siehe Abbildung 6.27).

		Umsatz
Buchungskreis	**Produktgruppe**	EUR
Reis Telefone DE	Smartphone Mini	150,00
	Ergebnis	**150,00**
Gesamtergebnis		**150,00**

Abbildung 6.27 Aggregierte Planwerte

Doppelte Kombination im DataStore-Objekt

Wenn Sie jedoch ein DataStore-Objekt (DSO) oder ein ADSO mit direkter Fortschreibung als InfoProvider verwenden, kann in demselben Szenario die neue Zeile nicht hinzugefügt werden. Stattdessen erscheint die in Abbildung 6.28 dargestellte Warnmeldung, dass die neue Zeile bereits existiert.

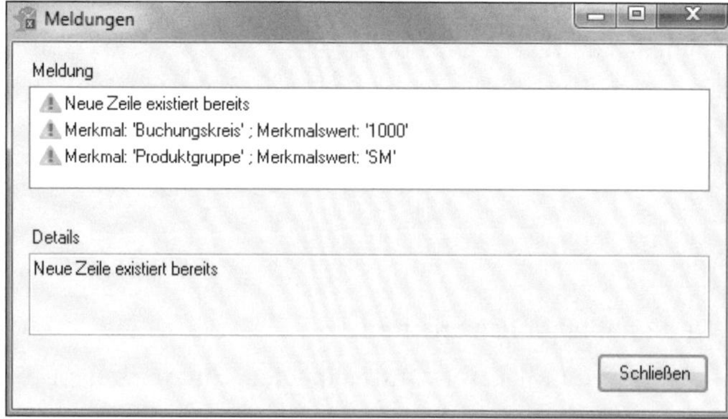

Abbildung 6.28 Warnmeldung über bereits existierende Zeile

Delta- und After-Image-Verfahren

Dieses Verhalten ist technisch bedingt. InfoCubes und InfoCube-ähnliche ADSOs basieren auf dem *Delta-Verfahren*, bei dem die Datensätze aggregiert werden. Daher überprüft das System nicht standardmäßig, ob doppelte Zeilen vorhanden sind. DSOs und ADSOs mit direkter Fortschreibung basieren hingegen auf dem *After-Image-Verfahren*, das den Zustand nach der Änderung liefert. Bei diesem prüft das System auf doppelte Zeilen.

Diese Prüfung kann bei DSOs und ADSOs auf direkter Fortschreibung nicht ausgeschaltet werden. Wenn die Aggregationsebene auf einem MultiProvider oder CompositeProvider basiert, der zumindest ein DSO oder ADSO auf direkter Fortschreibung enthält, wird die Überprüfung durchgeführt – selbst wenn Sie in der Query über das Merkmal `0INFOPROV` nur auf InfoCubes oder InfoCube-ähnliche ADSOs einschränken.

[«]

Einstellungen der Query

Beachten Sie, dass, wenn Sie in der Query die Option **Neue Zeilen auf jeder Ebene** einschalten (siehe Abbildung 6.29), die Überprüfung auf doppelte Zeilen immer durchgeführt wird – unabhängig vom verwendeten InfoProvider.

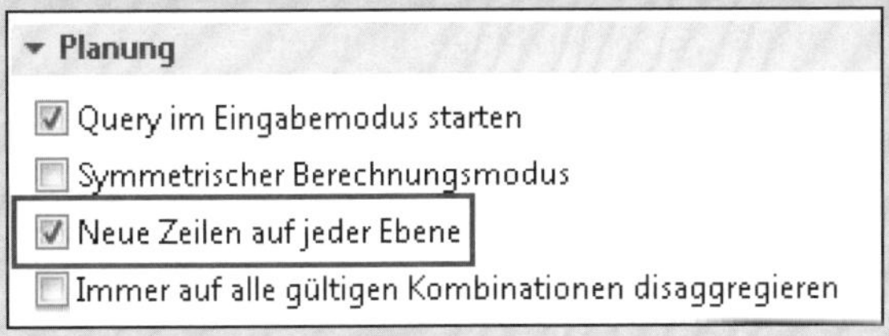

▾ Planung
- [x] Query im Eingabemodus starten
- [ ] Symmetrischer Berechnungsmodus
- [x] Neue Zeilen auf jeder Ebene
- [ ] Immer auf alle gültigen Kombinationen disaggregieren

Abbildung 6.29 Neue Zeilen auf jeder Ebene aktivieren

Prüfung aktivieren

Während Sie die Überprüfung für DSOs nicht ausschalten können, können Sie die Prüfung bei Bedarf für InfoCubes oder InfoCube-ähnliche ADSOs einschalten. Dies kann z. B. sinnvoll sein, wenn Sie mit inversen Formeln arbeiten. Inverse Formeln werden in der neuen Zeile kalkuliert. Anschließend werden die Werte aggregiert und neu berechnet. Dieses Verhalten kann zu unerwarteten Ergebnissen führen. Um die Prüfung auf doppelte Zeilen einzuschalten, setzen Sie in Tabelle `RSADMIN` den Parameter `RSPLS_PQ_MODE_FOR_NEW_LINES = C`.

[«]

Prüfung auf doppelte Zeilen aktivieren

Um den Parameter `RSPLS_PQ_MODE_FOR_NEW_LINES` zu setzen, rufen Sie Transaktion SE38 (ABAP Editor) auf. Wählen Sie das Programm `SAP_`

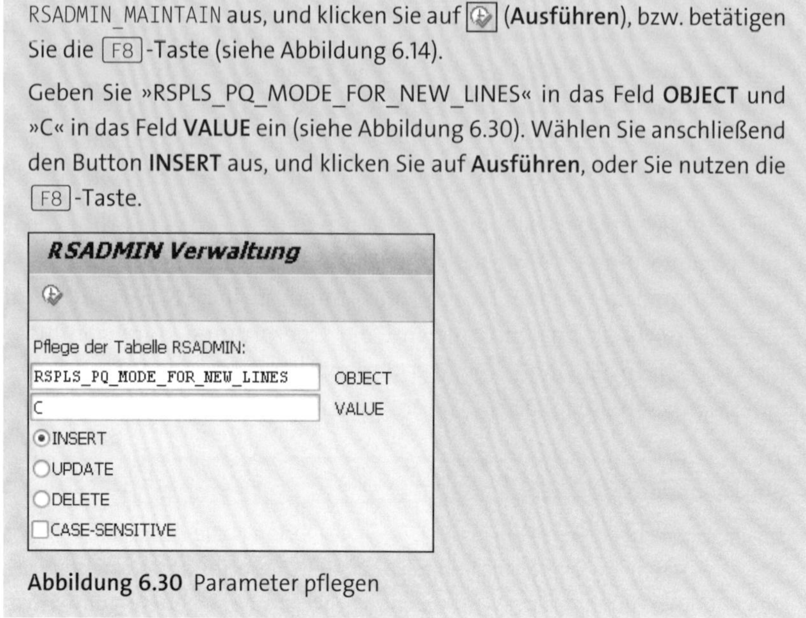

RSADMIN_MAINTAIN aus, und klicken Sie auf (Ausführen) (**Ausführen**), bzw. betätigen Sie die F8-Taste (siehe Abbildung 6.14).

Geben Sie »RSPLS_PQ_MODE_FOR_NEW_LINES« in das Feld **OBJECT** und »C« in das Feld **VALUE** ein (siehe Abbildung 6.30). Wählen Sie anschließend den Button **INSERT** aus, und klicken Sie auf **Ausführen**, oder Sie nutzen die F8-Taste.

Abbildung 6.30 Parameter pflegen

Neue Wertkombinationen aus Zwischenablage einfügen

Sie können auch mehrere neue Wertkombinationen aus der Zwischenablage einfügen. Dabei sind mehr neue Zeilen möglich, als Sie in den Einstellungen des Designbereichs (siehe Abschnitt 6.5.7, »Anzahl an neuen Zeilen definieren«) konfiguriert haben (siehe Abbildung 6.31).

		Umsatz
Buchungskreis	**Produktgruppe**	EUR
Reis Telefone DE	Smartphone Mini	100,00
	Ergebnis	**100,00**
Gesamtergebnis		**100,00**
Reis Telefone DE	Smartphone Plu:	200
Reis Telefone DE	Tablet Plus	300
Reis Telefone DE	Tablet Mini	400

Abbildung 6.31 Neue Kombinationen aus der Zwischenablage einfügen

In diesem Fall ergänzt SAP Analysis for Microsoft Office vorübergehend die Anzahl der neuen Zeilen, und die Werte werden in die Kreuztabelle eingefügt (siehe Abbildung 6.32). So können Sie mehrere neue Zeilen einfügen, ohne die Einstellungen jedes Mal anpassen zu müssen.

		Umsatz
Buchungskreis	**Produktgruppe**	EUR
Reis Telefone DE	Smartphone Mini	100,00
	Smartphone Plus	200,00
	Tablet Mini	400,00
	Tablet Plus	300,00
	Ergebnis	**1.000,00**
Gesamtergebnis		**1.000,00**

Abbildung 6.32 Erfolgreich eingefügte Werte

Werte anderer Dimensionen ableiten

Wenn Sie die Funktion **Neue Zeilenvalidierung** nutzen, können Sie darüber hinaus Werte anderer Dimensionen ableiten. Im folgenden Beispiel verwenden wir die Dimensionen Produktkategorie und Produktgruppe in der Kreuztabelle (siehe Abbildung 6.33).

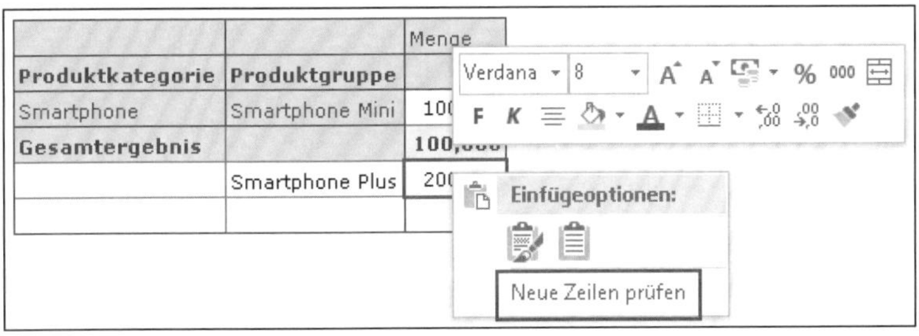

		Menge
Produktkategorie	**Produktgruppe**	
Smartphone	Smartphone Mini	10[illegible]
Gesamtergebnis		**100,[illegible]**
	Smartphone Plus	20[illegible]

Verdana 8
Einfügeoptionen:
Neue Zeilen prüfen

Abbildung 6.33 Neue Zeilen prüfen

Geben Sie einen Wert für die Produktgruppe und eine Kennzahl ein, können Sie über den Eintrag **Neue Zeilen prüfen** im Kontextmenü automatisch den Wert für die Produktkategorie ableiten. Das Ergebnis ist in Abbildung 6.34 zu sehen.

		Menge
Produktkategorie	**Produktgruppe**	ST
Smartphone	Smartphone Mini	100,000
Gesamtergebnis		**100,000**
Smartphone	Smartphone Plus	200,000

Abbildung 6.34 Abgeleitete Produktkategorie

Die Ableitung erfolgt automatisch, wenn Sie den Button (**Neu berechnen**) im Menüband von SAP Analysis for Microsoft Office verwenden (Bereich **Planung**, siehe Abschnitt 6.4.2, »Planungsdaten neu berechnen«).

Allerdings erfolgt die Ableitung nur, wenn entsprechende Merkmalsbeziehungen im SAP-BW-System gepflegt sind und neben dem Parameter BICS_NEW_LINE_CHECK_ENABLED in Tabelle RSADMIN auch der Parameter BICS_NEW_LINE_SID_NOT_EXIST = X gesetzt ist.

Ableitung aktivieren

Um den Parameter BICS_NEW_LINE_SID_NOT_EXIST zu setzen, rufen Sie erneut Transaktion SE38 (ABAP Editor) auf. Wählen Sie das Programm SAP_RSADMIN_MAINTAIN aus, und klicken Sie auf (**Ausführen**), bzw. betätigen Sie die F8-Taste (siehe Abbildung 6.14).

Geben Sie »BICS_NEW_LINE_SID_NOT_EXIST« in das Feld **OBJECT** ein und »X« in das Feld **VALUE** (siehe Abbildung 6.35). Wählen Sie anschließend den Button **INSERT** aus, und klicken Sie auf **Ausführen**, oder nutzen Sie die F8-Taste.

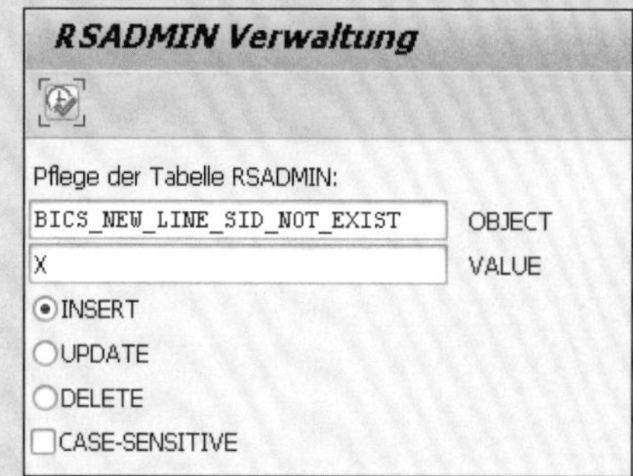

Abbildung 6.35 Ableitung aktivieren

Initiale Werte ableiten

Wenn keine Merkmalsbeziehungen definiert sind, können Sie mithilfe des Parameters BICS_NEW_LINE_FILL_INITIAL = X die Zellen mit initialen Werten (#, nicht zugeordnet) füllen. Diese Einstellung ist aber oft wenig sinnvoll, da sie zu unerwünschten Planungswerten führen kann. So besteht im in Abbildung 6.36 gezeigten Beispiel das Problem, dass ein nicht existierender Buchungskreis keine Smartphones verkaufen wird.

		Umsatz
Buchungskreis	**Produktgruppe**	EUR
Reis Telefone DE	Smartphone Mini	100,00
Gesamtergebnis		**100,00**
Nicht zugeordnet	Smartphone Plus	200,00

Abbildung 6.36 Inkonsistente Werte bei Ableitung initialer Werte

[«]

Ableitung initialer Werte aktivieren

Um den Parameter BICS_NEW_LINE_FILL_INITIAL zu setzen, rufen Sie Transaktion SE38 (ABAP Editor) auf. Wählen Sie das Programm SAP_RSADMIN_MAINTAIN aus, und klicken Sie auf [Ausführen-Symbol] (**Ausführen**), bzw. betätigen Sie die [F8]-Taste (siehe Abbildung 6.14).

Geben Sie »BICS_NEW_LINE_FILL_INITIAL« in das Feld **OBJECT** und »X« in das Feld **VALUE** ein (siehe Abbildung 6.37). Wählen Sie anschließend den Button **INSERT** aus, und klicken Sie auf **Ausführen**, oder nutzen Sie die [F8]-Taste.

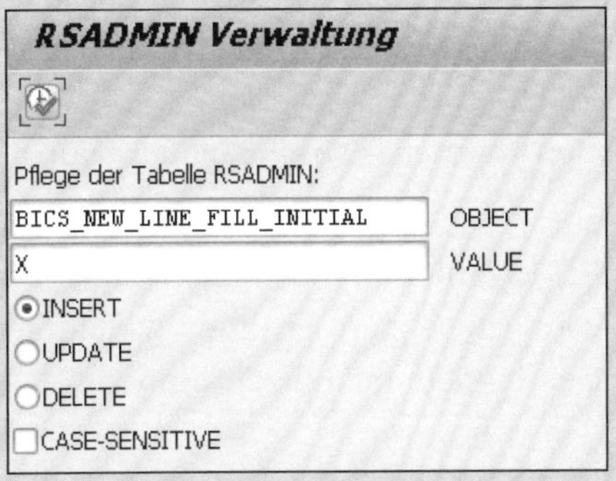

RSADMIN Verwaltung

Pflege der Tabelle RSADMIN:

BICS_NEW_LINE_FILL_INITIAL	OBJECT
X	VALUE

(•) INSERT
( ) UPDATE
( ) DELETE
[ ] CASE-SENSITIVE

Abbildung 6.37 Ableitung initialer Werte erlauben

Ohne Funktion »Neue Zeilenvalidierung« arbeiten

Falls Sie mit einer älteren Installation arbeiten und die Funktion **Neue Zeilenvalidierung** nicht nutzen können, oder wenn keine Merkmalsbeziehungen definiert sind, müssen Sie die vollständige Kombination an Merkmalswerten für eine Zeile angeben. In unserem Beispiel gibt es in der Kreuztabelle die Dimensionen Produktgruppe und Produktkategorie. Wenn Sie nun einen Planungswert für die Produktgruppe Smartphone Mini angeben, müssen Sie auch das entsprechende Element für die Produktkategorie Smartphone definieren. Ein Beispiel ist in Abbildung 6.38 zu sehen. Bei älteren Versionen von SAP BW wird dabei die Prüfung hinsichtlich des richtigen Formats und vorhandener Stammdaten sofort ausgeführt.

		Menge
Produktkategorie	**Produktgruppe**	ST
Smartphone	Smartphone Mini	100,000
Gesamtergebnis		**100,000**
Smartphone	Smartphone Plus	200,000

Abbildung 6.38 Alle Werte einer Zeile definieren

Wenn Sie möchten, können Sie die noch nicht gespeicherten Änderungen rückgängig machen. Einzelheiten dazu finden Sie in Abschnitt 6.4.3, »Änderungen an Planungsdaten rückgängig machen«. Wählen Sie **Speichern**, um die Planungsdaten im System zu speichern. Diese Funktion beschreibe ich in Abschnitt 6.4.4, »Planungsdaten speichern«, noch einmal im Detail.

6.3 Mit Planungsfunktionen und -sequenzen arbeiten

Neben der Möglichkeit, Planungsdaten manuell einzutragen, können Sie auch Planungsfunktionen bzw. -sequenzen verwenden, um Planungsdaten zu generieren. *Planungsfunktionen* dienen im Rahmen der Planung zur systemgestützten Bearbeitung bzw. Erzeugung von Daten. *Planungssequenzen* bündeln mehrere Planungsfunktionen und stellen so eine Sequenz von Planungsfunktionen dar.

Planungsobjekte erstellen

Beide *Planungsobjekte* werden in SAP BW mit dem Planning Modeler bzw. den BW Modeling Tools erstellt. Nachfolgend erkläre ich Ihnen, wie Sie diese in SAP Analysis for Microsoft Office einbinden und nutzen können.

6.3.1 Planungsfunktionen einbinden

Mithilfe von Planungsfunktionen können Sie Plandaten verändern oder auch erzeugen. In der SAP-BW-Komponente Integrated Planning existieren verschiedene Arten von Planungsfunktionen, die sich hinsichtlich Komplexität und Funktion unterscheiden lassen. Dabei liefert SAP standardmäßig eine Reihe von vorgefertigten Funktionen, wie z. B. das Kopieren, das Umwerten oder auch die Prognose, um den Aufbau von Planungsapplikationen zu erleichtern.

[»]

Werte aus einer Datei hochladen

Sie können mithilfe einer Planungsfunktion auch Planwerte aus einer Datei hochladen. Nutzen Sie dazu die mit Version SAP BW/4HANA SP8 oder SAP BW 7.5 SP12 verfügbare Planungsfunktion `0RSPL_FILE_UPLOAD_A0`.

Planungsfunktion einbinden

Um eine Planungsfunktion in Ihre Arbeitsmappe einzubinden, rufen Sie den Designbereich auf und wechseln anschließend auf die Registerkarte **Komponenten**. Selektieren Sie den obersten Knoten ❶, und führen Sie einen Rechtsklick aus, um das Kontextmenü aufzurufen. Wählen Sie im sich öffnenden Kontextmenü aus Abbildung 6.39 den Eintrag **Planungsfunktion verwenden** aus ❷.

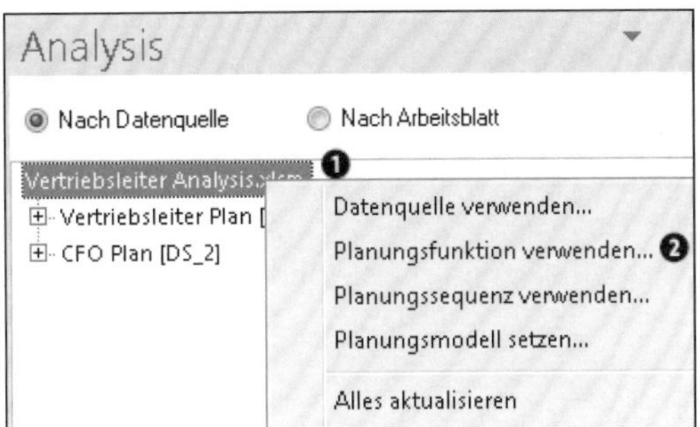

Abbildung 6.39 Planungsfunktion einbinden

Planungsfunktion auswählen

Es öffnet sich ein neues Fenster **Planungsfunktion öffnen** (siehe Abbildung 6.40). Hier können Sie nach der gewünschten Planungsfunktion suchen ❶. Dabei können Sie auswählen, ob nach der Beschreibung, dem technischen Namen oder beidem gesucht werden soll ❷. Die Ergebnisse werden im Bereich unter der Suchleiste angezeigt ❸. Wählen Sie eine Planungsfunktion aus, und bestätigen Sie Ihre Auswahl mit **OK** ❹.

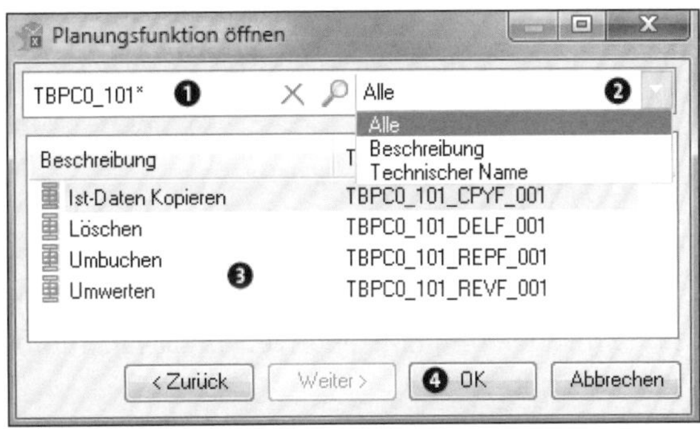

Abbildung 6.40 Planungsfunktion auswählen

Wie Sie es in Abbildung 6.41 sehen können, wird nun in der Registerkarte **Komponenten** unter der Arbeitsmappe der Knoten **Planning Objects** hinzugefügt. Alle Planungsobjekte, also Planungsfunktionen und -sequenzen, werden diesem Knoten zugeordnet.

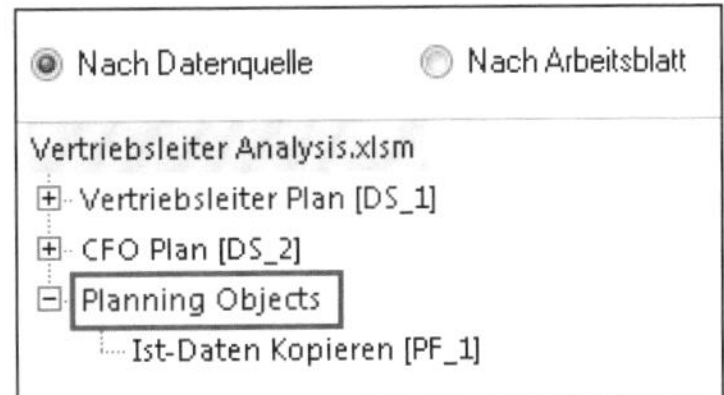

Abbildung 6.41 Knoten »Planning Objects« – gebündelte Planungsfunktionen und -sequenzen

Planungssystem überprüfen

Prüfen Sie sicherheitshalber, ob eine Verbindung zum richtigen Planungssystem hergestellt ist. Sie finden das System auf der Registerkarte **Komponenten** im Designbereich. Selektieren Sie die Arbeitsmappe, und wechseln Sie anschließend auf die Registerkarte **Planung** (siehe Abbildung 6.42).

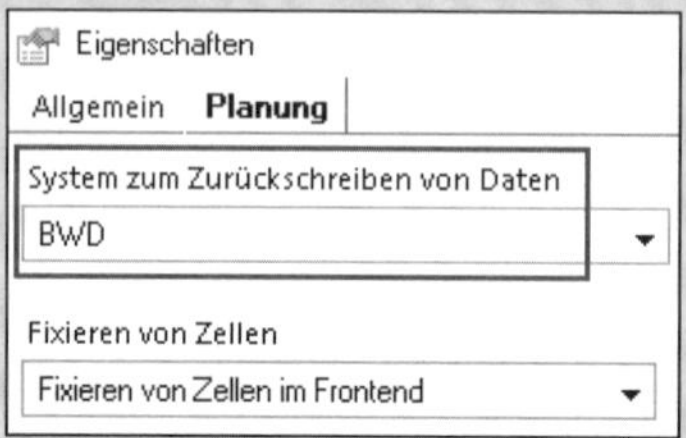

Abbildung 6.42 Planungssystem überprüfen

Standardmäßig wird als Planungssystem das erste System definiert, zu dem Sie nach dem Öffnen einer Arbeitsmappe eine Verbindung herstellen. Wenn Ihre Arbeitsmappe Objekte aus verschiedenen Systemen enthält, können Sie in der Liste eines dieser Systeme als Planungssystem auswählen. Beachten Sie, dass die Änderung des Planungssystems erst nach dem Schließen und erneuten Öffnen der Arbeitsmappe übernommen wird.

Planungsfunktionen konfigurieren

Wenn Sie die eingefügte Planungsfunktion markieren, können Sie die Eigenschaften dieser Funktion einsehen und Einstellungen anpassen. In Abbildung 6.43 sehen Sie eine Übersicht.

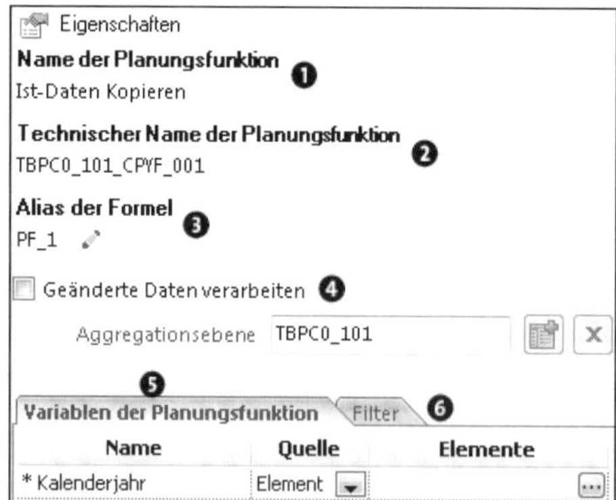

Abbildung 6.43 Eigenschaften der Planungsfunktion

Neben der Beschreibung der Planungsfunktion ❶ finden Sie hier auch den technischen Namen ❷. Außerdem wird der Alias der Planungsfunktion angezeigt ❸. Dieser wird z. B. in Makros verwendet – nähere Details hierzu finden Sie in Kapitel 11, »Makros verwenden«.

Darüber hinaus können Sie definieren, ob die Planungsfunktion nur geänderte Daten verarbeiten soll ❹. Enthält Ihre Planungsfunktion Variablen, können Sie bestimmen, wie der Wert der Variablen gefüllt werden soll ❺, und schließlich können Sie den Filter festlegen, auf dem die Planungsfunktion ausgeführt wird ❻.

Geänderte Daten verarbeiten

Wenn Sie das Häkchen neben **Geänderte Daten verarbeiten** setzen, verarbeitet die Planungsfunktion nur Daten, die vom Benutzer in der aktuellen Sitzung seit dem letzten Speichern geändert wurden. Hierbei können Sie definieren, welche Aggregationsebene als Filter zum Bestimmen der geänderten Daten verwendet werden soll. Standardmäßig ist die Aggregationsebene der Planungsfunktion selbst ausgewählt.

Aggregationsebene festlegen

Über den Button (**Aggregationsebene auswählen**) können Sie eine andere Aggregationsebene festlegen. Über (**Aggregationsebene entfernen**) können Sie die Auswahl in den Standard zurücksetzen. Beachten Sie, dass eine Aggregationsebene nur für Planungsfunktionen ausgewählt werden kann. Für Planungssequenzen kann die Aggregationsebene nicht individuell festgelegt werden.

Variablen der Planungsfunktion definieren

Auf der Registerkarte **Variablen der Planungsfunktion** können Sie die Variablenwerte definieren. Variablen dienen als Platzhalter für Elemente, Hierarchien und Zahlen. Sie können im SAP-BW-System über den Bex Query Designer, den Planning Modeler oder über die BW Modeling Tools definiert werden. Dabei sind alle Variablenwerte lokal im Planungsobjekt gültig. Wenn Sie z. B. Daten für zwei verschiedene Jahre planen möchten, können Sie dieselbe Planungsfunktion zweimal in eine Arbeitsmappe einfügen und für die Dimension Jahr verschiedene Werte eingeben.

In Abbildung 6.44 sehen Sie ein Beispiel. In der ersten Spalte ist der **Name** der Variablen dargestellt.

Name	Quelle	Elemente
* Kalenderjahr	Elemente (Elemente / Zelle / Anzeige)	…

Abbildung 6.44 Variablen der Planungsfunktion

In unserem Beispiel sehen Sie die Variable für das Kalenderjahr. Das Sternchen deutet darauf hin, dass die Variable verpflichtend ist. Sie müssen also einen Wert an die Variable übergeben. Variablen ohne Sternchen sind optional.

Quelle festlegen

In der Spalte **Quelle** legen Sie fest, wie die Variable gefüllt wird, also woher der Wert für die Variable stammen soll. Dabei stehen Ihnen verschiedene Optionen zur Verfügung.

Wenn Sie Elemente als Quelle definieren, können Sie über den Button [...] (**Eingabehilfe**) in der Spalte **Elemente** den Wert der Variable direkt bestimmen, z. B. das Jahr 2020.

Wählen Sie dagegen den Eintrag **Zelle** aus, können Sie in der Spalte **Elemente** die Zelle definieren, die den Wert für die Variable enthält. Der Wert in dieser Zelle kann konstant sein oder auch variabel in die Zelle geschrieben werden. Wenn z. B. der Anwender beim Start der Planungsapplikation ein Jahr über die Eingabeaufforderung auswählt, können Sie diesen Wert auslesen und an die Planungsfunktion weitergeben.

[+]

Variablenwerte auslesen und übergeben

Betrachten wir das folgende Beispiel: In einer Query verwenden Sie die Variable 0CALYEAR_CMSYA_001, die beim Start mit einem Wert befüllt wird. Um diesen Wert auszulesen, verwenden Sie die Formel SAPGetVariable in SAP Analysis for Microsoft Office. Eine Übersicht über alle zur Verfügung stehenden Formeln finden Sie in Kapitel 10, »Mit Formeln arbeiten«. Geben Sie also, wie es in Abbildung 6.45 zu sehen ist, in die Zelle B1 die folgende Formel ein:

```
=SAPGetVariable("DS_1";"0CALYEAR_CMSYA_001";"VALUEASKEY")
```

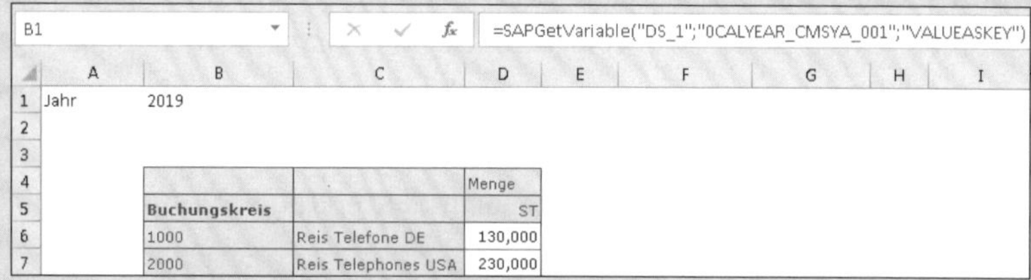

Abbildung 6.45 Variable mithilfe einer Formel auslesen

Damit lesen Sie den Wert der Variable 0CALYEAR_CMSYA_001, die sich in der Datenquelle DS_1 (unsere Query) befindet, und geben diese als Schlüssel aus. In unserem Fall wird das zuvor ausgewählte Jahr 2019 ausgegeben (siehe Abbildung 6.46).

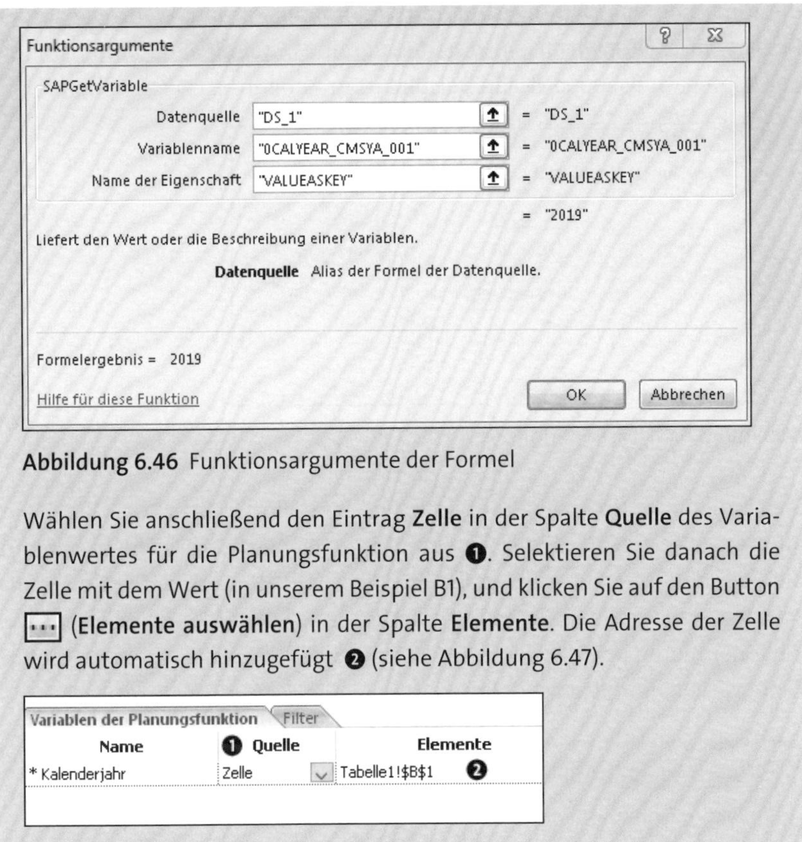

Abbildung 6.46 Funktionsargumente der Formel

Wählen Sie anschließend den Eintrag **Zelle** in der Spalte **Quelle** des Variablenwertes für die Planungsfunktion aus ❶. Selektieren Sie danach die Zelle mit dem Wert (in unserem Beispiel B1), und klicken Sie auf den Button [...] (**Elemente auswählen**) in der Spalte **Elemente**. Die Adresse der Zelle wird automatisch hinzugefügt ❷ (siehe Abbildung 6.47).

Abbildung 6.47 Zelle als Quelle für den Variablenwert auswählen

Wenn unter **Quelle** der Eintrag **Anzeige** dargestellt wird, kann der Benutzer die Werte für diese Variable nicht in SAP Analysis for Microsoft Office festlegen. Die Werte für eine solche Variable werden im Backend über ein Customer-Exit oder die Methode `SAPSetPlanParameter` (siehe Kapitel 11, »Makros verwenden«) bestimmt und können nicht vom Benutzer geändert werden.

[+]

Variablenwerte vor Manipulationen schützen

Nutzen Sie im Projektalltag ein separates, verstecktes und passwortgeschütztes Arbeitsblatt, um die Variablenwerte auszulesen. So beugen Sie möglichen Manipulationen vor.

Filter definieren

Auf der Registerkarte **Filter** definieren Sie den Filter der Planungsfunktion. Dieser regelt den Schreibzugriff und dient als Einschränkung für die Daten, die innerhalb der Planungsfunktion verarbeitet werden. Wenn Sie zu der Registerkarte **Filter** wechseln, erhalten Sie eine Liste mit allen Dimensionen der Aggregationsebene ❶. Ein Beispiel ist in Abbildung 6.48 zu sehen.

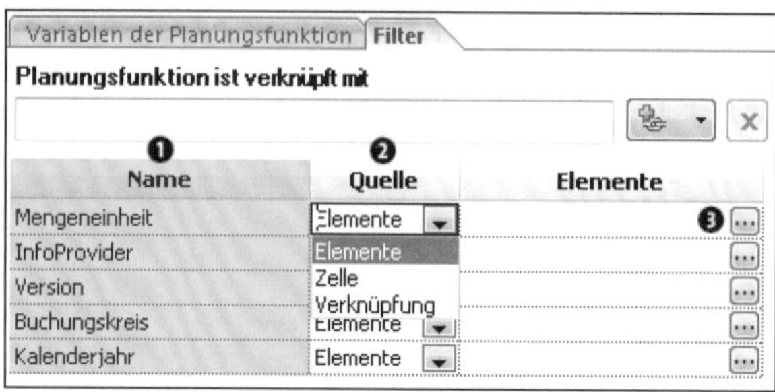

Abbildung 6.48 Filter definieren

Sie können pro Dimension individuell in der Spalte **Quelle** ❷ die Quelle der Filterwerte festlegen. Wenn Sie den Eintrag **Elemente** auswählen, können Sie über den Button [...] (**Eingabehilfe**) in der Spalte **Elemente** ❸ den entsprechenden Wert definieren. Alternativ können Sie für die Quelle **Zelle** die Zelle definieren, die den jeweiligen Wert enthält. Für die Quelle **Verknüpfung** werden die aktuellen Filterwerte in der Datenquelle verwendet.

[»]

Filterwerte über API definieren

Für Dimensionen mit der Quelle **Verknüpfung** können Sie ebenfalls die API-Methode `SAPSetFilter` verwenden, um die Filterwerte zu definieren. Nähere Informationen erhalten Sie in Kapitel 11, »Makros verwenden«.

Filter verknüpfen

Ich empfehle Ihnen jedoch, den Filter der Planungsfunktion mit dem Filter der Query zu verknüpfen. Dadurch sind die Filter immer konsistent. Wählen Sie dazu über den Button [Filter-Button] (**Filter auswählen**) die Datenquelle aus, die Sie als Filter nutzen möchten (siehe Abbildung 6.49).

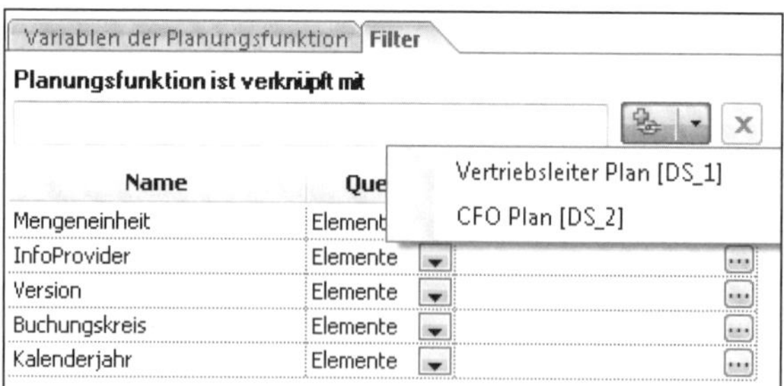

Abbildung 6.49 Datenquelle auswählen

Die Planungsfunktion wird nun auf dem Filter der Query ausgeführt. Da der Filter den Schreibzugriff regelt, kann die Planungsfunktion also nur die Werte für das Kalenderjahr 2019, Version 100, Buchungskreise 1000 und 2000, die Mengeneinheit ST und # sowie den InfoProvider TAOBRPLAN ändern. Diese Werte sind im Filter der Query definiert. Die Filterauswahl ist in Abbildung 6.50 zu sehen.

Variablen der Planungsfunktion | **Filter**

Planungsfunktion ist verknüpft mit

Vertriebsleiter Plan

Name	Quelle	Elemente
Mengeneinheit	Verknüpfung	#; ST
InfoProvider	Verknüpfung	TAOBRPLAN
Version	Verknüpfung	100
Buchungskreis	Verknüpfung	1000; 2000
Kalenderjahr	Verknüpfung	2019

Abbildung 6.50 Automatisch gefüllte Filterwerte

Filter ändern und entfernen

Über den Button [X] (**Filter entfernen**) können Sie die Verknüpfung wieder entfernen. Sie können auch die Filterdefinition jederzeit anpassen. So können Sie z. B. nach der Verknüpfung mit einer Datenquelle den Eintrag in der Spalte **Quelle** von **Verknüpfung** auf **Element** ändern und die Elemente definieren, die als Filter verwendet werden sollen.

Planungsfunktion ausführen

Um eine Planungsfunktion auszuführen, selektieren Sie diese und führen einen Rechtsklick aus. Im angezeigten Kontextmenü klicken Sie anschließend auf **Planungsfunktion ausführen** (siehe Abbildung 6.51). Wenn Sie die Planungsfunktion aus der Arbeitsmappe entfernen möchten, wählen Sie **Löschen** aus dem Kontextmenü.

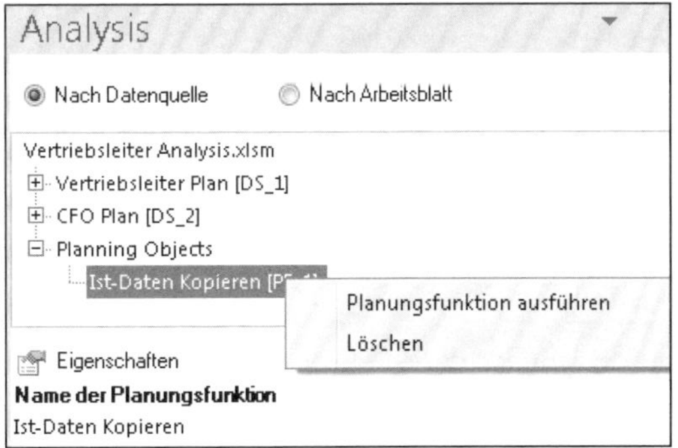

Abbildung 6.51 Planungsfunktion ausführen oder löschen

Planungsfunktion über ein Makro starten

Es bietet sich an, Planungsfunktionen über ein Makro auszuführen. So können Sie Planungsfunktionen auch über eigens erstellte Buttons starten, was z. B. ein regelmäßiges Speichern erleichtert. Um die Planungsfunktion über ein Makro zu starten, verwenden Sie die API-Methode `SAPExecutePlanningFunction`. Weitere Informationen finden Sie in Kapitel 11, »Makros verwenden«.

Beim Ausführen der Planungsfunktion werden die geänderten Daten automatisch neu berechnet. Sie können noch nicht gespeicherte Änderungen rückgängig machen. Einzelheiten dazu finden Sie in Abschnitt 6.4.3, »Änderungen an Planungsdaten rückgängig machen«. Wählen Sie **Speichern**, um die Planungsdaten im System zu speichern. Diese Funktion beschreibe ich genauer in Abschnitt 6.4.4, »Planungsdaten speichern«.

6.3.2 Planungssequenzen einbinden

Neben den Planungsfunktionen können Sie auch Planungssequenzen in SAP Analysis for Microsoft Office nutzen. Mithilfe von Planungssequenzen können Sie mehrere Planungsfunktionen gruppieren und hintereinander ausführen. Dabei können Sie die Reihenfolge nach Bedarf anpassen.

Planungssequenz einbinden

Um die Planungssequenz in die Arbeitsmappe in SAP Analysis for Microsoft Office einzubinden, gehen Sie wie bei einer Planungsfunktion vor. Beachten Sie aber, dass bei einer Planungssequenz lediglich die Variablen weitergegeben werden. Im Gegensatz zu einer Planungsfunktion gibt es keine Registerkarte für den Filter. Dieser wird in der Planungssequenz selbst festgelegt. Dabei kann der Filter je nach Schritt variieren. Das heißt, dass verschiedene Planungsfunktionen mit unterschiedlichen Filtern ausgeführt werden können.

Wenn Sie eine Planungssequenz zu Ihrer Arbeitsmappe hinzufügen möchten, können Sie dies über das Kontextmenü der Arbeitsmappe tun (oberste Ebene im Designbereich). Alternativ können Sie das Kontextmenü des Knotens **Planning Objects** nutzen (siehe Abbildung 6.52). Wählen Sie hier den Eintrag **Planungssequenz verwenden**.

Planungssequenz auswählen

Analog zu Planungsfunktionen erscheint eine Suchmaske, in der Sie die gewünschte Planungssequenz auswählen können (siehe Abbildung 6.53).

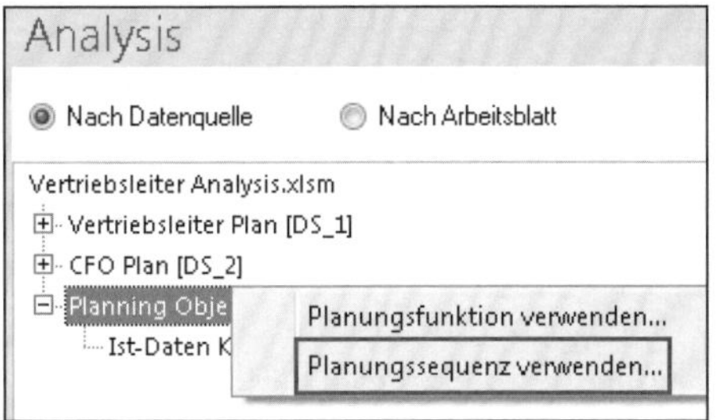

Abbildung 6.52 Planungssequenz verwenden

Planungssequenz öffnen
TBPC*
Alle
Beschreibung | Technischer Name
Manuelle Dateineingabe | TBPC0_00S_001
Vertriebsplan | TBPC0_20S_001
< Zurück | Weiter > | OK | Abbrechen

Abbildung 6.53 Planungssequenz öffnen

Planungssequenz konfigurieren

Nachdem Sie die Planungssequenz in die Arbeitsmappe eingefügt haben, können Sie die Eigenschaften anpassen. Ein Beispiel ist in Abbildung 6.54 zu sehen. So werden im Bereich **Eigenschaften** zunächst der **Name der Planungssequenz** sowie der technische Name dargestellt. Darüber hinaus sehen Sie den **Alias der Formel**. Dieser wird bei der Arbeit mit Makros verwendet und kann bei Bedarf angepasst werden.

Eigenschaften
Name der Planungssequenz
Vertriebsplan
Technischer Name der Planungssequenz
TBPC0_20S_001
Alias der Formel
PS_1
Geänderte Daten verarbeiten
Aggregationsebene | Wie für jeden Schritt festgelegt

Abbildung 6.54 Eigenschaften der Planungssequenz

Wenn Sie das Häkchen neben **Geänderte Daten verarbeiten** setzen, werden nur die Daten verarbeitet, die vom Benutzer in der aktuellen Sitzung seit dem letzten Speichern geändert wurden. Im Gegensatz zu Planungsfunktionen können Sie jedoch bei Planungssequenzen keine individuelle Aggregationsebene auswählen. Diese werden im jeweiligen Schritt der Planungsfunktion zugeordnet.

Variablen der Planungssequenz definieren

Schließlich können Sie die **Variablen der Planungssequenz** bestimmen. In Abbildung 6.55 finden Sie ein Beispiel. In der Spalte **Name** sind die Variablen der Planungssequenz aufgelistet. Ein Sternchen neben dem Namen deutet darauf hin, dass es sich um eine verpflichtende Variable handelt. Diese Variablen müssen auf jeden Fall mit einem Wert befüllt werden – andere Variablen ohne Sternchen sind optional.

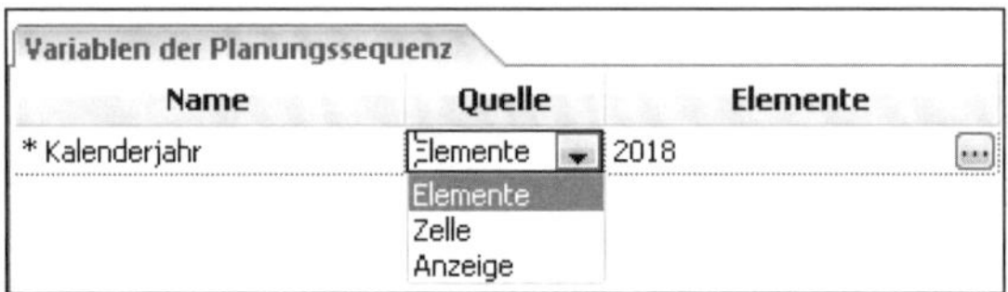

Abbildung 6.55 Variablen der Planungssequenz

Wie der Wert an die Variable übergeben wird, legen Sie in der Spalte **Quelle** fest. Dabei stehen Ihnen wieder drei Einträge zur Verfügung. Wenn Sie den Eintrag **Elemente** wählen und somit Elemente als Quelle definieren, können Sie über den Button [...] (**Eingabehilfe**) in der Spalte **Elemente** den Wert der Variable direkt bestimmen, z. B. das Jahr 2018.

Wenn Sie dagegen den Eintrag **Zelle** auswählen, können Sie in der Spalte **Elemente** die Zelle definieren, die den Wert für die Variable enthält, z. B. Zelle B1. Der Wert in dieser Zelle kann konstant sein oder auch variabel in die Zelle geschrieben werden. Wenn z. B. der Anwender beim Start der Planungsapplikation ein Jahr über die Eingabeaufforderung auswählt, können Sie diesen Wert mithilfe einer Formel auslesen und an die Planungsfunktion weitergeben. Wie das geht, zeige ich Ihnen in Kapitel 10, »Mit Formeln arbeiten«.

Wenn unter **Quelle** der Eintrag **Anzeige** dargestellt wird, kann der Benutzer die Werte für diese Variable nicht in SAP Analysis for Microsoft Office festlegen. Der Wert für diese Variable wird im Backend über ein Customer-Exit oder die Methode `SAPSetPlanParameter` bestimmt (siehe Kapitel 11, »Makros verwenden«) und kann nicht vom Benutzer geändert werden.

Planungssequenz ausführen

Um eine Planungssequenz auszuführen, öffnen Sie über einen Rechtsklick das Kontextmenü der jeweiligen Sequenz. Wählen Sie anschließend den Eintrag **Planungssequenz ausführen** (siehe Abbildung 6.56). Wenn Sie die Planungssequenz aus der Arbeitsmappe entfernen möchten, wählen Sie den Eintrag **Löschen** aus dem Kontextmenü.

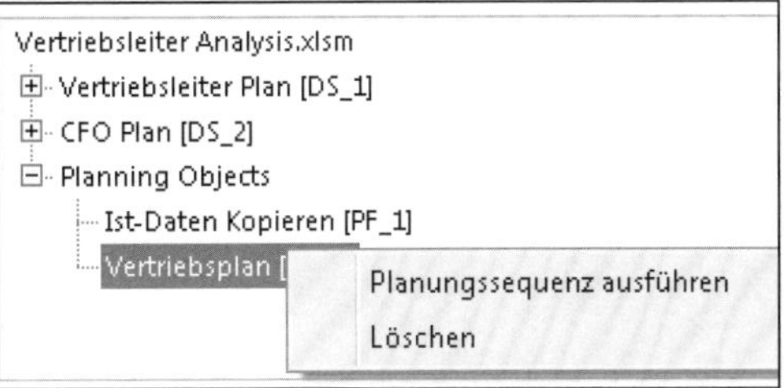

Abbildung 6.56 Planungssequenz ausführen

[+]

Planungssequenz über ein Makro ausführen

Mehr Flexibilität und Benutzerfreundlichkeit bietet die Ausführung von Planungssequenzen über ein Makro. Nutzen Sie dazu das API `SAPExecutePlanningSequence`. Weitere Informationen erhalten Sie in Kapitel 11, »Makros verwenden«.

Nach der Ausführung der Planungssequenz werden die Daten entsprechend den definierten Schritten berechnet. Sie können die noch nicht gespeicherten Änderungen rückgängig machen. Einzelheiten dazu finden Sie in Abschnitt 6.4.3, »Änderungen an Planungsdaten rückgängig machen«. Wählen Sie **Speichern**, um die Planungsdaten im System zu speichern. Diese Funktion beschreibe ich genauer in Abschnitt 6.4.4, »Planungsdaten speichern«.

6.4 Änderungs- und Anzeigemodus verwenden

Wenn Sie mit eingabebereiten Queries arbeiten, stehen Ihnen zwei verschiedene Modi zur Verfügung: der Änderungsmodus und der Anzeigemodus (siehe Abbildung 6.57). Sie können vom Änderungsmodus zum Anzeigemodus wechseln und umgekehrt. Der Änderungsmodus wird verwendet, um die Planungsdaten einzugeben und um die geänderten Daten im SAP-System neu zu berechnen oder zu speichern. Beachten Sie, dass, wenn ein Benutzer mit einer eingabebereiten Query im Änderungsmodus arbeitet, die Selektionen dieser Query für alle anderen Benutzer gesperrt werden. So wird vermieden, dass die gerade geplanten Werte von einem anderen Benutzer parallel überschrieben werden. Wenn der Benutzer jedoch in den Anzeigemodus wechselt, kann ein anderer Benutzer mit dieser Query im Änderungsmodus arbeiten.

Abbildung 6.57 Anzeige- und Änderungsmodus

Ob die Query initial im Änderungsmodus gestartet wird, hängt von den Einstellungen in der Query (im Bereich **Query-Eigenschaften** auf der Registerkarte **Planung**) sowie von den Einstellungen in der Arbeitsmappe (im Designbereich auf der Registerkarte **Komponenten**) ab.

Änderungsmodus Im Änderungsmodus werden neue Zeilen für die Planung am Ende der Kreuztabelle hinzugefügt, und die eingabebereiten Zellen werden mit unterschiedlichen Hintergrundfarben angezeigt. Diese können Sie bei Bedarf anpassen. Wie das geht, zeige ich Ihnen in Abschnitt 8.1, »Formatierung anpassen«.

Anzahl der neuen Zeilen

Wie viele neue Zeilen angezeigt werden sollen, kann auf der Registerkarte **Komponenten** für die Kreuztabelle festgelegt werden. Die Eigenschaften der Kreuztabelle werden als Unterpunkte der jeweiligen Datenquelle dargestellt (siehe Abschnitt 6.5.7, »Anzahl an neuen Zeilen definieren«).

Dabei enthält SAP Analysis for Microsoft Office *Standardformatvorlagen* für die Visualisierung der Zellen (`SAPEditableDataCell`, `SAPEditiableDataTotalCell`, `SAPReadonlyDataCell` sowie `SAPReadonlyDataTotalCell`). Bei Bedarf können Sie die Formatvorlagen ändern, um das Erscheinungsbild an eigene Bedürfnisse anzupassen. Weitere Informationen zu den Formatvorlagen erhalten Sie in Kapitel 8, »Berichte formatieren«.

Anzeigemodus Um in den Anzeigemodus zu wechseln, klicken Sie auf den Button **Anzeigen**. Falls Sie vorher Daten geändert haben, öffnet sich eine Abfrage, ob Sie Ihre Änderungen vor dem Wechsel in den Anzeigemodus speichern möchten. Um Ihre Änderungen zu speichern, wählen Sie **Ja**. Um die Änderungen zu verwerfen, wählen Sie **Nein**. Danach wird die Query im Anzeigemodus dargestellt. Dabei ist die unterschiedliche Visualisierung von eingabebereiten und schreibgeschützten Zellen nicht mehr sichtbar. Darüber hinaus werden auch neue Zeilen am Ende der Query nicht mehr angezeigt. Die Query im Anzeigemodus kann parallel von einem anderen Benutzer im Änderungsmodus verwendet werden.

Modus mit einem Makro wechseln

Sie können den Befehl `PlanDataToDisplayMode` aus der API-Methode `SAPExecuteCommand` verwenden, um in den Anzeigemodus zu wechseln. Zum Wechseln in den Änderungsmodus können Sie den Befehl `PlanDataToChangeMode` derselben Methode nutzen.

Um wieder in den Änderungsmodus zu wechseln, klicken Sie auf den Button **Ändern**. Dadurch werden alle Datenquellen, die als eingabebereit definiert sind, im Änderungsmodus angezeigt. Dabei wird die unterschiedliche Visualisierung von eingabebereiten und schreibgeschützten Zellen wieder angewendet. Außerdem werden neue Zeilen am Ende der Kreuztabellen hinzugefügt.

Gesperrte Datenquelle

Wenn eine Datenquelle durch einen anderen Benutzer gesperrt ist, wird eine entsprechende Meldung angezeigt (siehe Abbildung 6.58).

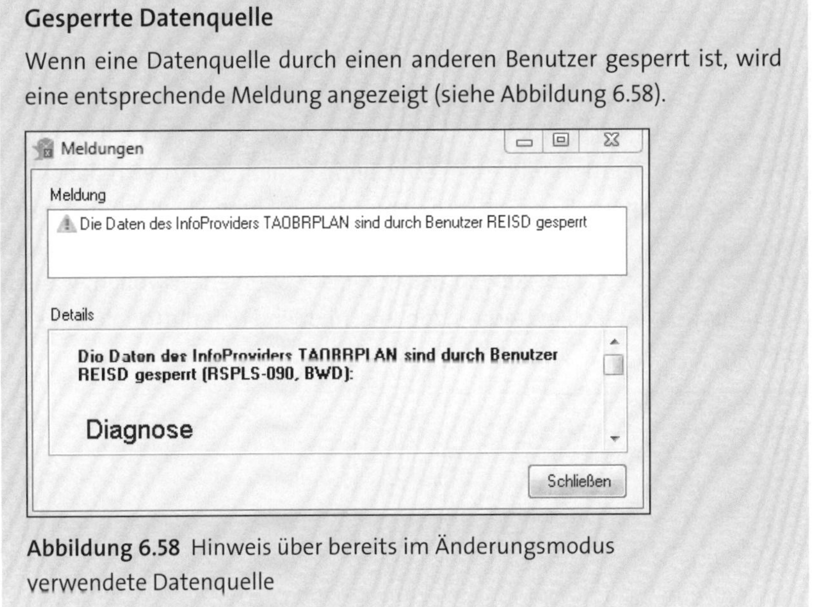

Abbildung 6.58 Hinweis über bereits im Änderungsmodus verwendete Datenquelle

6.4.1 Eingabebereite Zellen sperren

Initial eingabebereite Zellen können Sie über den Button **Zellen sperren** vor Änderungen schützen (siehe Abbildung 6.59). So kann die gesperrte Zelle nicht manuell geändert werden. Dadurch können Sie z. B. in der Disaggregation bestimmte Werte von der Verteilung ausnehmen oder die Reihenfolge der Berechnungen von inversen Formeln ändern. Wenn eine Planungsfunktion oder eine Planungssequenz ausgeführt wird, werden gesperrte Zellen automatisch entsperrt.

Abbildung 6.59 Zellen sperren

Zellen sperren

Um Zellen zu sperren, markieren Sie diese und wählen im Bereich **Planung** die Funktion **Zellen sperren**. Die ausgewählten Zellen müssen eingabebereit sein und dürfen seit der letzten Neuberechnung nicht mehr geändert worden sein. Falls Sie eine Mischung aus eingabebereiten und bereits gesperrten Zellen auswählen, werden alle Zellen gesperrt.

Kontextmenü nutzen

Sie können auch das Kontextmenü nutzen, um Zellen zu sperren und zu entsperren.

Zellen entsperren

Die gesperrten Zellen werden durch eine andere Formatvorlage (siehe Kapitel 8, »Berichte formatieren«) visuell von den eingabebereiten Zellen unterschieden. Wie Sie in Abbildung 6.60 sehen können, ändert sich dabei der Button **Zellen sperren** auf **Zellen entsperren**. Beachten Sie, dass die Sperre nur in der aktuellen Sitzung des Benutzers gültig ist und nicht in der Datenbank abgelegt wird. Falls Sie die Zellen wieder entsperren wollen, wählen Sie die gesperrten Zellen und nutzen anschließend den Button **Zellen entsperren**.

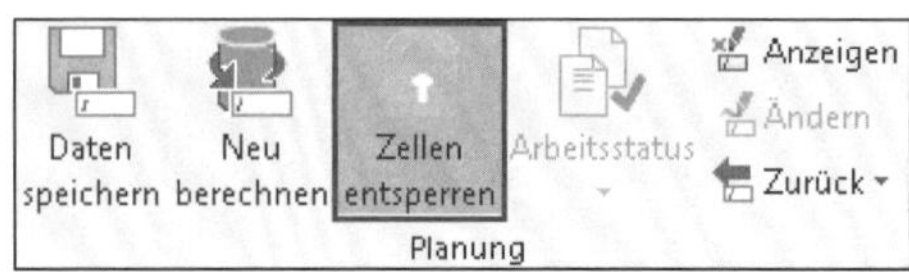

Abbildung 6.60 Zellen entsperren

Eingabebereite Excel-Zellen

Beachten Sie, dass die Zellen von Microsoft Excel immer eingabebereit sind. So können Sie sogar in die gesperrten Zellen Werte eingeben. Diese Eingaben werden jedoch nicht in der Datenbank gespeichert und haben daher keinen Einfluss auf Ihre Planung.

Zellen im Frontend fixieren

Es existieren zwei Möglichkeiten, um Sperren zu setzen. In der Registerkarte **Komponenten** können Sie auf der Ebene der Arbeitsmappe definieren, ob die Zellen im Frontend oder Backend gesperrt werden sollen. Selektieren

Sie dazu die Registerkarte **Planung** im Bereich **Eigenschaften** (siehe Abbildung 6.61).

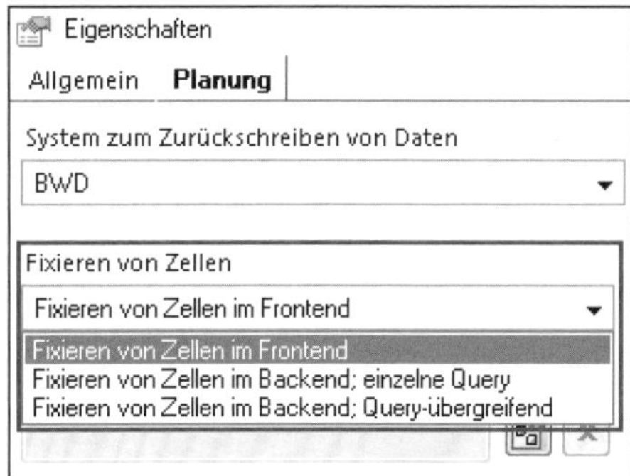

Abbildung 6.61 Einstellung zum Fixieren von Zellen festlegen

Wenn Sie den Eintrag **Fixieren von Zellen im Frontend** wählen, werden die Sperren für die aktuelle Kreuztabelle zur Laufzeit verwaltet. Die Zellensperren bleiben in Kraft, solange keine wesentlichen Änderungen an der Kreuztabelle vorgenommen werden.

- **Aktionen, bei denen im Frontend gesetzte Sperren intakt bleiben**
  - Kreuztabelle sortieren
  - Hierarchieknoten auf- oder zuklappen
  - Anzeigeoptionen für Dimensionen (wie z. B. Schlüssel oder Text) verändern
- **Aktionen, bei denen im Frontend gesetzte Sperren entfernt werden**
  - neue Dimensionen oder Kennzahlen zur Kreuztabelle hinzufügen
  - bereits bestehende Dimensionen entfernen
  - Variablenwerte über die Eingabeaufforderungen ändern
  - neuen Filter setzen
  - Zeilen und Spalten vertauschen
  - hierarchische Anzeige aktivieren
  - Nullunterdrückung aktivieren
  - Planungsfunktion oder -sequenz ausführen

Zellen im Backend fixieren

Wenn Sie den Eintrag **Fixieren von Zellen im Backend** wählen, können Sie unterscheiden, ob die Sperren für eine einzelne Query oder Query-übergreifend gesetzt werden sollen. Bei dieser Einstellung werden die Sperren im Backend verwaltet. So ist es möglich, die Sperren bei mehreren Navigationszuständen länger aufrechtzuerhalten. Darüber hinaus wird durch das Backend auch das Query-übergreifende Sperren von Zellen ermöglicht. Dabei werden die in einer Kreuztabelle gesperrten Zellen auch in anderen Kreuztabellen der Arbeitsmappe als gesperrt angezeigt und entsprechend behandelt. Diese Option ist besonders bei Arbeitsmappen mit mehreren Blättern geeignet, wenn die einzelnen Kreuztabellen zwar eng miteinander verknüpft sind, jedoch verschiedene Aspekte der Planungsanwendung abdecken.

Wenn Sie sich für das Sperren im Backend entscheiden, bleiben die Zellensperren ebenfalls bei vielen Aktionen aktiv. Im Gegensatz zum Fixieren im Frontend können Sie bei der Auswahl des Eintrags **Fixieren von Zellen im Backend** auch Zeilen- und Spaltenachsen vertauschen oder Filter setzen, ohne dass Zellensperren aufgehoben werden. Des Weiteren bleiben die Sperren bei folgenden Aktionen aktiv:

- **Aktionen, bei denen im Backend gesetzte Sperren intakt bleiben**
  - Anzeigeeigenschaften (wie z. B. Schlüssel oder Text) einer Dimension verändern
  - Attribute einer Dimension anzeigen
  - Kreuztabelle sortieren
  - Knoten einer Hierarchie auf- und zuklappen
  - Zeilen und Spalten vertauschen
  - Filter setzen
  - neue Dimensionen hinzufügen (mit einer Einschränkung: Es muss sich um einen tiefsten Punkt rechts in den Zeilen und den weitesten Punkt in den Spalten handeln.)
  - bestehende Dimensionen entfernen (mit einer Einschränkung: Es muss sich um einen tiefsten Punkt rechts in den Zeilen und den weitesten Punkt in den Spalten handeln.)

[»]

Versteckte Zellen

Beachten Sie, dass bei manchen der oben aufgelisteten Operationen die gesperrten Zellen ausgeblendet werden könnten. Dies entsperrt die Zellen nicht – sie bleiben weiterhin gesperrt, und die Sperren werden bei der Kalkulation von inversen Formeln oder während der Disaggregation berücksichtigt.

Auch wenn Sie Zellen im Backend fixieren, werden Sperren in einigen Fällen aufgehoben.

- **Aktionen, bei denen im Backend gesetzte Sperren entfernt werden**
  - Reihenfolge der Dimension vertauschen
  - Dimension in eine andere Achse (z. B. von Zeilen in die Spalten) verschieben
  - Hierarchien ein- oder ausschalten
  - Variablen über den Dialog **Eingabeaufforderungen** verändern
  - Planungsfunktion oder -sequenz ausführen

6.4.2 Planungsdaten neu berechnen

Wenn Sie Planungsdaten eingeben oder ändern, wird die Funktion **Neu berechnen** eingeblendet (siehe Abbildung 6.62). Lösen Sie über diese Funktion eine Neuberechnung aus, werden zunächst alle geänderten Werte auf Konsistenz wie das richtige Format, SID sowie Korrektheit hinsichtlich Merkmalsbeziehungen geprüft. Erweisen sich die geänderten Dateneinträge als richtig, stehen die neu berechneten Daten zur Verfügung. Dabei werden eventuelle Formelberechnungen ausgeführt und Summen aktualisiert. Die neuen Werte sind danach in allen Komponenten der Arbeitsmappe sichtbar. Beachten Sie, dass alle Queries in der Arbeitsmappe neu berechnet werden.

Abbildung 6.62 Planungsdaten neu berechnen

Planungsdaten über Makro neu berechnen

Sie können auch den Befehl `PlanDataTransfer` aus der API-Methode `SAPExecuteCommand` verwenden, um Planungsdaten neu zu berechnen. Weitere Informationen erhalten Sie in Kapitel 11, »Makros verwenden«.

6.4.3 Änderungen an Planungsdaten rückgängig machen

Letzter gespeicherter Status

Wenn Sie mit den neu berechneten Werten nicht zufrieden sind, können Sie die Änderungen über die Auswahl **Zurück** rückgängig machen. Diese Auswahl befindet sich in der unteren rechten Ecke des Bereichs **Planung** und ist in Abbildung 6.63 zu sehen. Es stehen Ihnen zwei Möglichkeiten zur

Verfügung. Wenn Sie den Eintrag **Zum letzten gespeicherten Status** aus der Auswahlliste wählen, machen Sie alle Änderungen an den Daten seit dem letzten Speichern rückgängig – dabei werden alle Änderungen an den Queries der jeweiligen Arbeitsmappe rückgängig gemacht.

Abbildung 6.63 Änderungen rückgängig machen

Änderungen an Planungsdaten über Makro rückgängig machen

Zum Zurücksetzen der Planungsdaten auf den letzten *gespeicherten* Status können Sie auch den Befehl `PlanDataReset` der API-Methode `SAPExecuteCommand` verwenden. Weitere Informationen erhalten Sie in Kapitel 11, »Makros verwenden«.

Letzter konsistenter Client-Status

Alternativ können Sie den Eintrag **Zum letzten konsistenten Client-Status** auswählen. Dabei werden alle Änderungen an Ihren Daten seit der letzten erfolgreichen Neuberechnung rückgängig gemacht. Auch bei dieser Option sind alle Queries der Arbeitsmappe von der Rücksetzung betroffen.

Planungsdaten über Makro zurücksetzen

Zum Zurücksetzen der Planungsdaten auf den letzten *konsistenten* Status können Sie auch den Befehl `PlanDataClientReset` der API-Methode `SAPExecuteCommand` verwenden. Weitere Informationen erhalten Sie in Kapitel 11, »Makros verwenden«.

6.4.4 Planungsdaten speichern

Wenn Sie mit Ihren Änderungen zufrieden sind, können Sie Ihre Planung abschließen, indem Sie die geplanten Werte über die Funktion **Daten speichern** sichern (siehe Abbildung 6.64). Dabei werden die Daten zunächst auf Konsistenz wie das richtige Format, SID sowie Korrektheit hinsichtlich der Merkmalsbeziehungen geprüft. Wenn alle geänderten Dateneinträge richtig sind, werden die Daten gespeichert. Zusätzlich erscheint eine Meldung, dass die Werte erfolgreich gespeichert wurden. Beachten Sie, dass die Daten von allen Queries der Arbeitsmappe gespeichert werden.

Abbildung 6.64 Daten speichern

Planungsdaten über Makro speichern

Sie können die Planungsdaten auch über den Befehl `PlanDataSave` aus der API-Methode `SAPExecuteCommand` speichern. Weitere Informationen erhalten Sie in Kapitel 11, »Makros verwenden«.

6.4.5 Arbeitsstatus setzen

Der Arbeitsstatus wird dazu verwendet, geplante Werte vor nachträglichen Änderungen zu schützen. Dabei werden die Schreibrechte eines Benutzers übersteuert. So können verschiedene Status festgelegt werden, wie z. B. **Gesperrt**, **Vorgelegt** oder **Genehmigt**, mit denen sich die Eingabemöglichkeit für bestimmte Datenbereiche steuern lässt. Der Arbeitsstatus erlaubt Benutzern also, ihrer aktuellen Ansicht einen Status zuzuweisen und so ihre Daten zur Prüfung, Genehmigung oder endgültig zu sperren. Dies kann z. B. hilfreich sein, wenn im Planungsprozess bestimmte Daten nicht mehr verändert werden dürfen, damit nachfolgende Schritte auf konsistenter Datenbasis erfolgen und korrekt ablaufen können oder eine Planungsperiode abgeschlossen werden kann.

Funktion »Arbeitsstatus« konfigurieren

Um einen Arbeitsstatus setzen zu können, müssen Sie im Web Admin Tool von SAP BPC die entsprechende Konfiguration vornehmen. Darüber hinaus müssen in den Stammdaten des SAP-BW-Systems Verantwortlichkeiten gepflegt sein. In meinem Buch »Unternehmensplanung mit SAP BPC« (SAP PRESS 2018) behandle ich das Thema ausführlich.

Arbeitsstatus setzen

Wenn Sie mit Arbeitsstatus arbeiten, können Sie über die Auswahl **Arbeitsstatus** den aktuellen Status, z. B. **Eingereicht** oder **Gesperrt**, verändern. In Abbildung 6.65 ist ein Beispiel dargestellt. So haben Sie die Möglichkeit zu steuern, wer Planwerte eintragen bzw. ändern darf. Darüber hinaus können Sie einen Arbeitsfluss mit Genehmigungsprozessen abbilden.

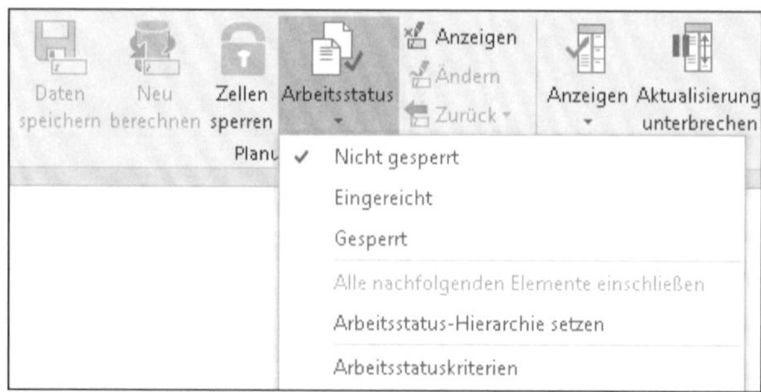

Abbildung 6.65 Arbeitsstatus setzen

Über den Eintrag **Arbeitsstatus-Hierarchie setzen** können Sie die Hierarchie für die in SAP BPC definierte Dimension anwenden. Dadurch verändert sich der Aufriss der Query entsprechend der Hierarchie.

Arbeitsstatus-kriterien einsehen

Zusätzlich haben Sie die Möglichkeit, über den Eintrag **Arbeitsstatuskriterien** die aktuelle Auswahl für die im Arbeitsstatus verwendeten Merkmale einzusehen. Dabei öffnet sich ein neuer Dialog mit den Kriterien (siehe Abbildung 6.66). Ein Arbeitsstatus kann nur gesetzt werden, wenn alle Kriterien erfüllt sind.

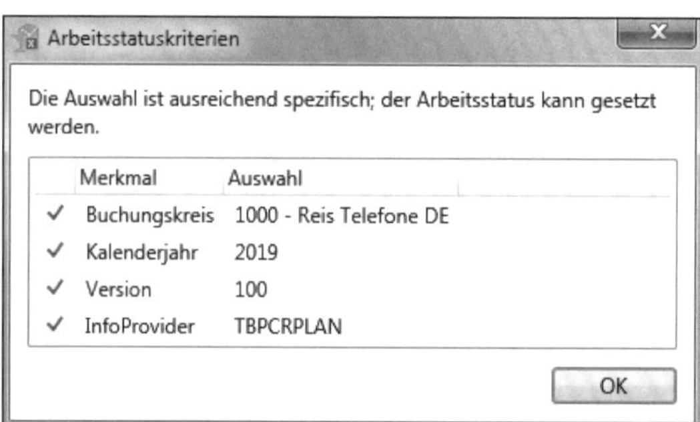

Abbildung 6.66 Arbeitsstatuskriterien

Alle nachfolgenden Elemente einschließen

Einem Manager steht z. B. der Eintrag **Alle nachfolgenden Elemente einschließen** zur Verfügung (siehe Abbildung 6.67). Wenn diese Option aktiviert wird, kann er als Eigentümer des übergeordneten Knotens den Arbeitsstatus aller untergeordneten Elemente setzen.

Ein Manager hat also die Möglichkeit, den Arbeitsstatus nicht nur für das aktuell ausgewählte Merkmal, sondern auch für alle in der Hierarchie darunterliegenden Merkmale zu verändern. Wenn der Eintrag **Alle nachfolgenden Elemente einschließen** nicht verwendet wird, wird der Arbeitsstatus jeweils für ein einzelnes spezifisches Element gesetzt. Ist diese Option jedoch aktiv, kann der Arbeitsstatus für mehrere Elemente gleichzeitig gesetzt werden.

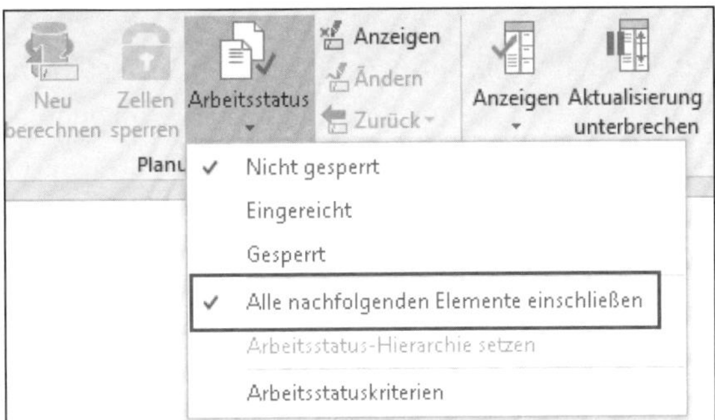

Abbildung 6.67 Alle nachfolgenden Elemente einschließen

6.5 Planungsrelevante Einstellungen kennen

In diesem Abschnitt fasse ich alle planungsrelevanten Einstellungen zusammen, die Sie auf der Registerkarte **Komponenten** im Designbereich tätigen können. Wenn Sie SAP Analysis for Microsoft Office im Planungskontext nutzen, haben Sie so alle relevanten Einstellungen auf einen Blick. Anwendungsübergreifende Einstellungen behandele ich anschließend in Abschnitt 7.4 »Wichtige Einstellungen«.

Auf Ebene der Arbeitsmappe konfigurieren

Auf der Ebene der *Arbeitsmappe* können Sie über die Registerkarte **Planung** das Verhalten Ihrer Planungsapplikation anpassen (siehe Abbildung 6.68). So können Sie das System zum Zurückschreiben von Daten bestimmen (siehe den gleichnamigen Abschnitt 6.5.1) und die Fixierung von Zellen anpassen (siehe Abschnitt 6.5.2, »Fixierung von Zeilen festlegen«).

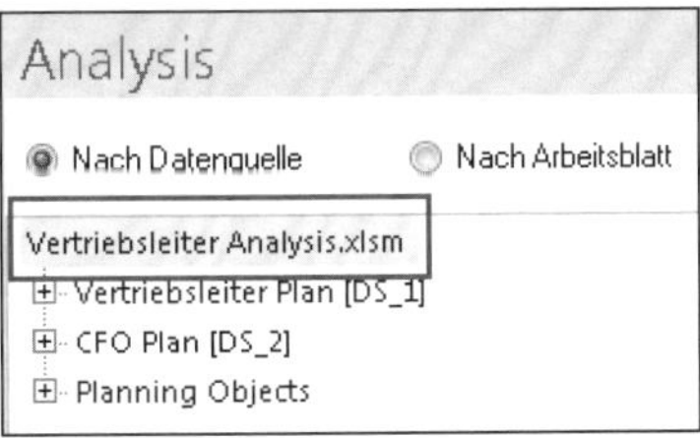

Abbildung 6.68 Planungsapplikation auf Ebene der Arbeitsmappe anpassen

Wenn Sie SAP Business Planning and Consolidation (SAP BPC) verwenden, können Sie außerdem ein *Planungsmodell* festlegen (siehe Abschnitt 6.5.3, »Planungsmodell definieren«). Dies ist notwendig, um den Arbeitsstatus setzen zu können. Darüber hinaus können Sie das Aktualisierungsverhalten der Planungs-Queries (siehe Abschnitt 6.5.4, »Automatisch in den Änderungsmodus wechseln«) und der Planungsobjekte (siehe Abschnitt 6.5.5, »Planungsobjekte aktualisieren«) anpassen.

Auf Ebene der Datenquelle konfigurieren

Auf der Ebene der *Datenquelle* (siehe Abbildung 6.69) können Sie festlegen, ob die Datenquelle in eingabebereitem Modus geöffnet werden soll oder lediglich als Bericht angezeigt wird (siehe Abschnitt 6.5.6, »Datenquelle in eingabebereitem Modus öffnen«).

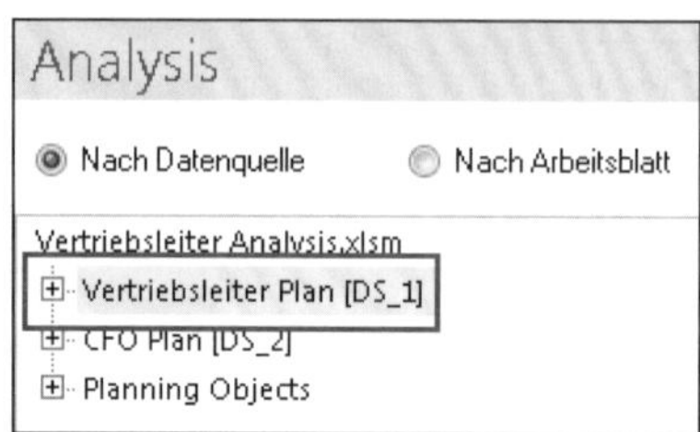

Abbildung 6.69 Eingabebereiten Modus auf Ebene der Datenquelle festlegen

Auf Ebene der Kreuztabelle konfigurieren

Auf der Ebene der *Kreuztabelle* (siehe Abbildung 6.70) legen Sie das Verhalten von neuen Zeilen fest. So können Sie bestimmen, wie viele neue Zeilen angezeigt werden (siehe Abschnitt 6.5.7, »Anzahl an neuen Zeilen definieren«). Außerdem können Sie den Modus der Zeilenvalidierung definieren (siehe Abschnitt 6.5.8, »Regeln für die neue Zeilenvalidierung bestimmen«).

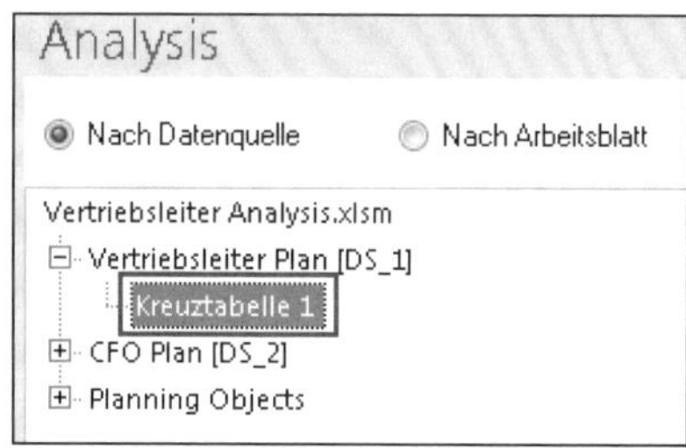

Abbildung 6.70 Verhalten neuer Zeilen auf Ebene der Kreuztabelle festlegen

6.5.1 System zum Zurückschreiben von Daten bestimmen

Wenn Sie die Arbeitsmappe selektieren, können Sie das Planungssystem auf der Registerkarte **Planung** im Bereich **Eigenschaften** der Registerkarte **Komponenten** festlegen (siehe Abbildung 6.71). Das ausgewählte Planungssystem wird unter **System zum Zurückschreiben von Daten** angezeigt. Bei einer leeren Arbeitsmappe ist diese Eigenschaft leer. Sobald die erste Datenquelle eingefügt wird, wird auch das entsprechende System als Planungssystem angezeigt.

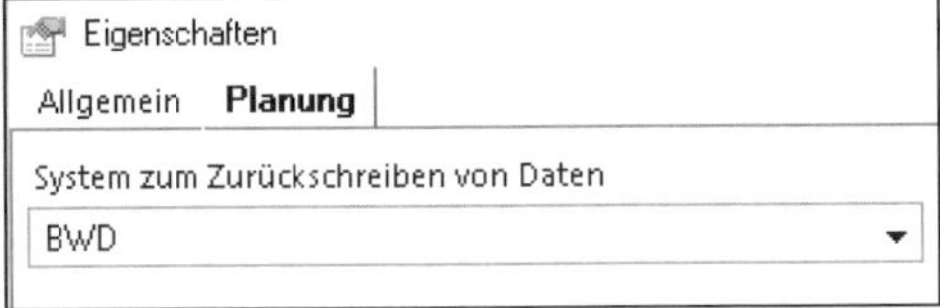

Abbildung 6.71 Planungssystem auswählen

Falls Sie Datenquellen aus verschiedenen Systemen einfügen, wird das System der zuerst eingefügten Datenquelle als das Planungssystem festgelegt. Sie können dieses ändern, indem Sie ein anderes System aus der Liste auswählen. Allerdings greift die Änderung erst, wenn Sie die Arbeitsmappe schließen und erneut öffnen. Ändern Sie das Planungssystem in der Arbeitsmappe. Bevor eine Verbindung mit einem Server hergestellt ist, werden die geänderten Eigenschaften hingegen in dem Moment sichtbar, in dem die Verbindung zum Server hergestellt wird. In diesem Fall müssen Sie die Arbeitsmappe nicht schließen und erneut öffnen.

6.5.2 Fixierung von Zeilen festlegen

auf der Registerkarte **Komponenten** können Sie auf Ebene der Arbeitsmappe bestimmen, ob die Zellen im Frontend oder Backend gesperrt werden. Nutzen Sie dazu die Auswahlliste auf der Registerkarte **Planung** (siehe Abbildung 6.72).

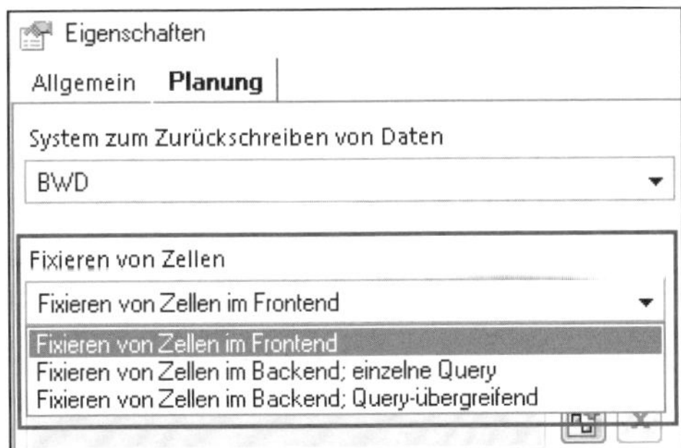

Abbildung 6.72 Modus für das Fixieren von Zellen auswählen

Die Zellensperren schützen die Daten der Kreuztabelle vor manuellen Änderungen. Dabei handelt es sich um eine zeitlich begrenzte Sperre, die nur in der aktuellen Benutzersitzung gültig ist. Die gesperrten Zellen werden in einem anderen Format dargestellt.

Im Frontend fixieren

Bei der Auswahl des Eintrags **Fixieren von Zellen im Frontend** werden die Sperren für die aktuelle Kreuztabelle zur Laufzeit verwaltet. Hierbei bleiben die Zellensperren in Kraft, solange keine wesentlichen Änderungen an der Kreuztabelle vorgenommen werden (siehe Abschnitt 6.4.1, »Eingabebereite Zellen sperren«).

Im Backend fixieren

Bei der Auswahl des Eintrags **Fixieren von Zellen im Backend** können Sie unterscheiden, ob die Sperren für eine einzelne Query oder Query-übergreifend gesetzt werden. Hierbei werden die Sperren im Backend verwaltet. Dadurch ist es möglich, die Sperren bei mehreren Navigationsschritten länger aufrechtzuerhalten. Durch die Verwaltung im Backend wird auch das Query-übergreifende Sperren von Zellen ermöglicht. In diesem Fall werden die in einer Kreuztabelle gesperrten Zellen auch in anderen Kreuztabellen der Arbeitsmappe als gesperrt angezeigt. Sie können diese Option bei Arbeitsmappen mit mehreren Arbeitsblättern nutzen, die Kreuztabellen enthalten, die zwar eng miteinander verknüpft sind, jedoch verschiedene Aspekte der Planungsanwendung reflektieren (siehe Abschnitt 6.4.1, »Eingabebereite Zellen sperren«).

6.5.3 Planungsmodell definieren

Wenn Sie SAP BPC zusammen mit SAP Analysis for Microsoft Office verwenden, müssen Sie ein Planungsmodell definieren. Nur dann sind SAP-BPC-spezifische Funktionen wie der Arbeitsstatus (siehe Abschnitt 6.4.5, »Arbeitsstatus setzen«) nutzbar. Das Planungsmodell wird in der Registerkarte **Komponenten** auf der Ebene der Arbeitsmappe definiert. Wechseln Sie dazu auf die Registerkarte **Planung** (siehe Abbildung 6.73).

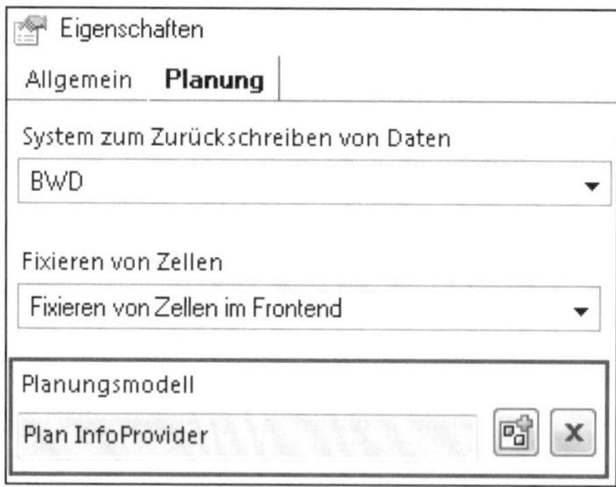

Abbildung 6.73 Planungsmodell festlegen

Planungsmodell suchen

Verwenden Sie den Button (**Planungsmodell auswählen**), um das gewünschte Modell zu selektieren. Es öffnet sich der in Abbildung 6.74 dargestellte Dialog **Planungsmodell öffnen**. Auf der Registerkarte **Suche** können Sie nun nach einem Planungsmodell suchen. Dabei können Sie auswählen, ob Sie nach der Beschreibung, dem technischen Namen oder beidem suchen wollen.

Abbildung 6.74 Planungsmodell suchen

Wenn Sie auf die Registerkarte **Umgebungen** wechseln, sehen Sie eine Liste mit allen im System definierten SAP-BPC-Umgebungen (siehe Abbildung 6.75). Hier können Sie das gewünschte Planungsmodell in der jeweiligen Umgebung auswählen.

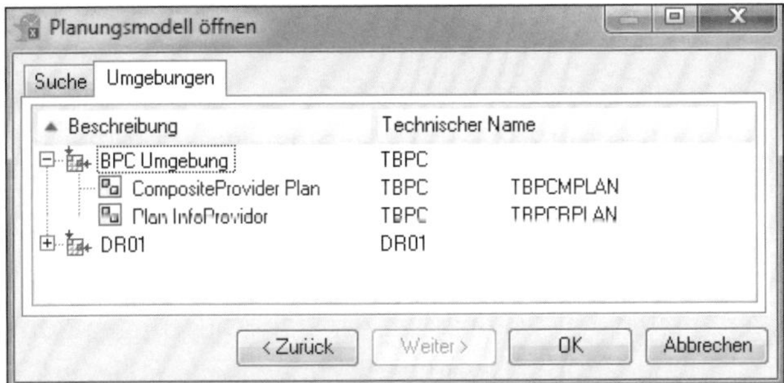

Abbildung 6.75 Planungsmodell nach Umgebung auswählen

Beachten Sie, dass Änderungen am Planungssystem erst nach dem erneuten Öffnen der Arbeitsmappe greifen. Falls Sie ein vorher definiertes Modell wieder löschen wollen, nutzen Sie den Button [X] (**Planungsmodell entfernen**).

6.5.4 Automatisch in den Änderungsmodus wechseln

Standardmäßig werden eingabebereite Kreuztabellen im Anzeigemodus dargestellt. Erst wenn Sie über den Button **Ändern** (siehe Abschnitt 6.4, »Änderungs- und Anzeigemodus verwenden«) in den Änderungsmodus wechseln, können Sie Planungswerte eintragen. Sie können jedoch mit der

Einstellung **Für die initiale Aktualisierung für alle Datenquellen in den Änderungsmodus wechseln** nach der ersten Aktualisierung automatisch in den Änderungsmodus wechseln (siehe Abbildung 6.76). Sie finden diese Einstellung im Designbereich auf der Registerkarte **Komponenten** auf der Ebene der Arbeitsmappe. Wechseln Sie anschließend auf die Registerkarte **Planung**.

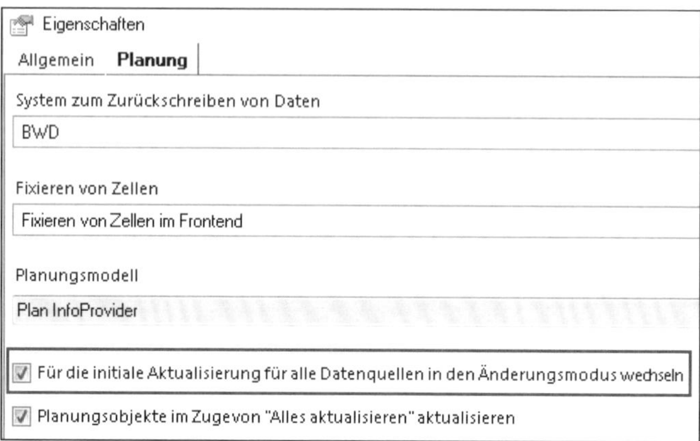

Abbildung 6.76 Automatischen Wechsel in den Änderungsmodus einstellen

Aktualisierung starten

Die Aktualisierung kann dabei durch den Benutzer manuell über den Button **Alles aktualisieren** gestartet werden (siehe Abschnitt 2.1, »Mit aktuellen Daten arbeiten«). Alternativ kann die Aktualisierung auch automatisch beim Öffnen der Arbeitsmappe über die Einstellung **Arbeitsmappe beim Öffnen aktualisieren** erfolgen (siehe Abschnitt 7.4.1, »Aktualisierungsverhalten festlegen«). Dabei werden, wie der sehr lange Name schon sagt, alle eingabebereiten Datenquellen der Arbeitsmappe in den Änderungsmodus versetzt. Sie können nicht bestimmte Datenquellen davon ausschließen.

[»]

Datenquelle im Anzeigemodus öffnen

Sie können im Bex Query Designer oder in den BW Modeling Tools als eingabebereit definierte Queries auch nur im Anzeigemodus einbinden. Entfernen Sie dazu auf der Ebene der Datenquelle das Häkchen neben der Einstellung **Planung: Datenquelle in eingabebereitem Modus öffnen** (siehe Abschnitt 7.4.1, »Aktualisierungsverhalten festlegen«). In diesem Fall greift die Einstellung **Für die initiale Aktualisierung für alle Datenquellen in den Änderungsmodus wechseln** nicht. Allerdings können Sie auch nicht manuell in den Änderungsmodus wechseln. Die Kreuztabelle wird immer nur als ein Bericht dargestellt, bis Sie das Häkchen neben der Einstellung **Planung: Datenquelle in eingabebereitem Modus öffnen** setzen.

6.5.5 Planungsobjekte aktualisieren

Sie können festlegen, dass Planungsobjekte (also Planungsfunktionen oder -sequenzen) aktualisiert werden, wenn eine Aktualisierung über den Button **Alles aktualisieren** (siehe Abschnitt 2.1, »Mit aktuellen Daten arbeiten«) erfolgt. Damit bleiben die Definitionen der Planungsobjekte stets auf dem neuesten Stand.

Alles aktualisieren

Nutzen Sie dazu die Einstellung **Planungsobjekte im Zuge von »Alles aktualisieren« aktualisieren** (siehe Abbildung 6.77). Sie finden diese Einstellung auf der Ebene der Arbeitsmappe auf der Registerkarte **Komponenten**. Die Einstellung ist standardmäßig aktiviert, wenn Sie eine neue Arbeitsmappe anlegen.

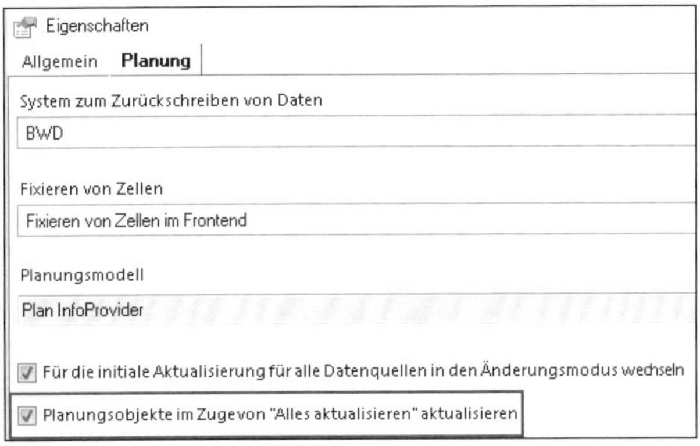

Abbildung 6.77 Planungsobjekte aktualisieren

6.5.6 Datenquelle in eingabebereitem Modus öffnen

Wenn Sie sich auf Ebene der Datenquelle befinden, finden Sie die Einstellung **Planung: Datenquelle in eingabebereitem Modus öffnen** (siehe Abbildung 6.78).

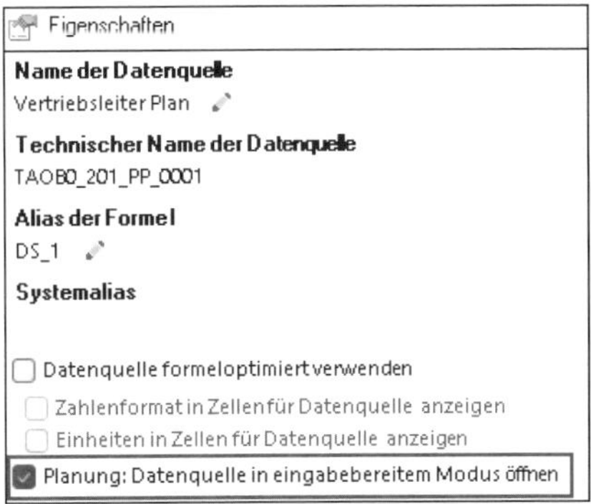

Abbildung 6.78 Datenquelle in eingabebereitem Modus öffnen

Wählen Sie dieses Ankreuzfeld aus, können Sie direkt Planungsdaten in die Datenquelle eingeben. Wenn das Häkchen nicht gesetzt ist, können Sie so lange keine Planungsdaten eingeben und speichern, bis Sie das Ankreuzfeld ausgewählt haben.

6.5.7 Anzahl an neuen Zeilen definieren

Auf der Ebene der Kreuztabelle können Sie festlegen, wie viele neue Zeilen für Planungsdaten unterhalb der jeweiligen Kreuztabelle anzeigt werden. Sie finden diese Einstellung auf der Registerkarte **Komponenten** des Designbereichs (siehe Abbildung 6.79).

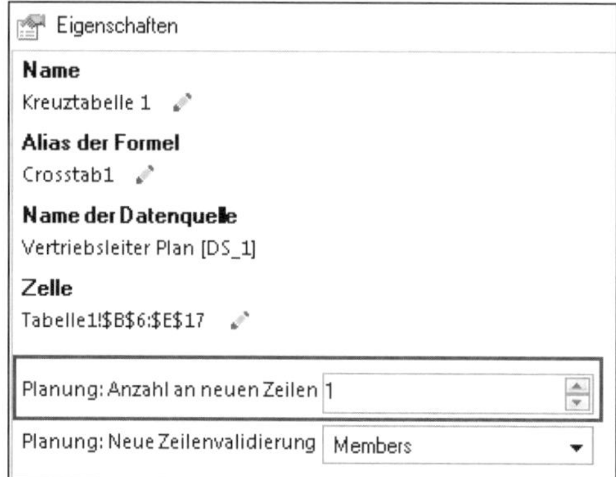

Abbildung 6.79 Angezeigte Anzahl an neuen Zeilen festlegen

Die neuen Zeilen sind nur im Änderungsmodus sichtbar. Standardmäßig werden fünf neue Zeilen angezeigt. Theoretisch können über 1.000 neue Zeilen angezeigt werden. Jedoch erfolgt das Rendering der neuen Zeilen auf Kosten der Performance. Bedenken Sie, dass Benutzer auch neue Zeilen in die Kreuztabelle kopieren können, wobei die Zeilenanzahl dann automatisch angepasst wird. Insgesamt ist es daher ratsam, in den Einstellungen eine kleine Anzahl an neuen Zeilen zu wählen.

6.5.8 Regeln für die neue Zeilenvalidierung bestimmen

Über die Registerkarte **Komponenten** legen Sie auch fest, wann die Überprüfung neuer Zeilen erfolgt. Nutzen Sie dazu die Auswahlliste von **Planung: Neue Zeilenvalidierung** (siehe Abbildung 6.80). Die Optionen werden in Abschnitt 6.2.2, »Neue Zeilen hinzufügen«, detaillierter erläutert.

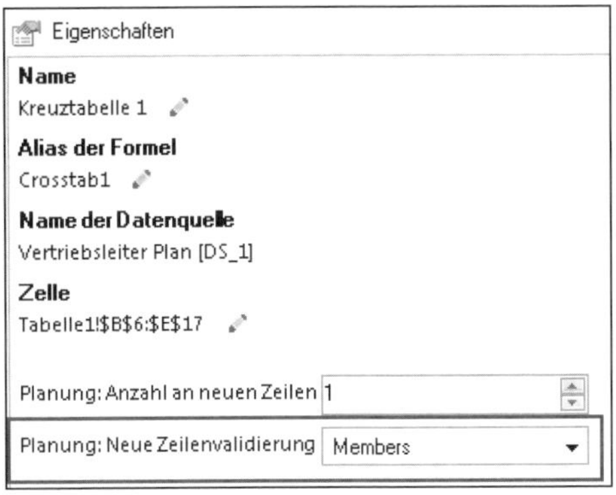

Eigenschaften
Name
Kreuztabelle 1
Alias der Formel
Crosstab1
Name der Datenquelle
Vertriebsleiter Plan [DS_1]
Zelle
Tabelle1!$B$6:$E$17
Planung: Anzahl an neuen Zeilen 1
Planung: Neue Zeilenvalidierung Members

Abbildung 6.80 Einstellungen für die neue Zeilenvalidierung

6.5.9 Registerkarte »Versionen« für SAP Analytics Cloud

SAP Analysis for Microsoft Office kann in Verbindung mit SAP Analytics Cloud verwendet werden. Während die Navigation zum größten Teil ähnlich erfolgt, ist die Handhabung bei der Planung anders. SAP Analytics Cloud verfolgt ein besonderes Versionenkonzept, das Sie im Folgenden kurz kennenlernen.

SAP Analytics Cloud ermöglicht es Ihnen, mit mehreren Planungsversionen zu arbeiten. Um die Menge der Versionen überschaubar zu halten, bietet SAP Analytics Cloud verschiedene Kategorien an: z. B. Budget, Planung, Prognose und rollierende Prognose. Diese Kategorien wiederum können mehrere Versionen enthalten. Darüber hinaus unterscheidet SAP Analytics Cloud zwischen öffentlichen und privaten Versionen. Wie der Name andeutet, sind die innerhalb einer öffentlichen Version gespeicherten Werte für andere Benutzer sichtbar. Wenn Sie nicht beabsichtigen, Ihre Planwerte und Simulationen zu veröffentlichen, können Sie zunächst in einer privaten Version arbeiten. Die in einer privaten Version gespeicherten Werte sind nur für Sie sichtbar. Sie haben allerdings die Möglichkeit, private Versionen mit anderen Benutzern zu teilen. Weitere Informationen zu dem Versionenkonzept von SAP Analytics Cloud finden Sie im Buch »Unternehmensplanung mit SAP Analytics Cloud« von Holger Handel (Rheinwerk Verlag 2021).

Auf der Registerkarte **Versionen** können Sie bestehende Versionen verwalten und neue Versionen anlegen. Darüber hinaus können Sie die Eigenschaften und Historie einer Version einsehen. Diese Registerkarte ist nur dann im Designbereich sichtbar, wenn SAP-Analytics-Cloud-Modell als Datenquelle dient. Ein Beispiel ist in der Abbildung 6.81 zu sehen.

Falls Ihre Arbeitsmappe mehrere Datenquellen enthält, können Sie über die Dropdown-Liste neben dem Feld **Versionen für:** ❶ die gewünschte Datenquelle auswählen, um die jeweiligen Versionen anzuzeigen.

Mithilfe der Eigenschaft **Kategorie** ❷ können Sie die Versionen anschließend nach Kategorien filtern. Wenn die Option **Alle** ausgewählt ist, werden alle Versionen angezeigt, unabhängig von der Kategorie. Über die Dropdown-Liste können Sie auf eine einzelne Kategorie einschränken, z. B. Planung oder Prognose. Nach der Auswahl einer Kategorie werden nur die Versionen dieser Kategorie angezeigt.

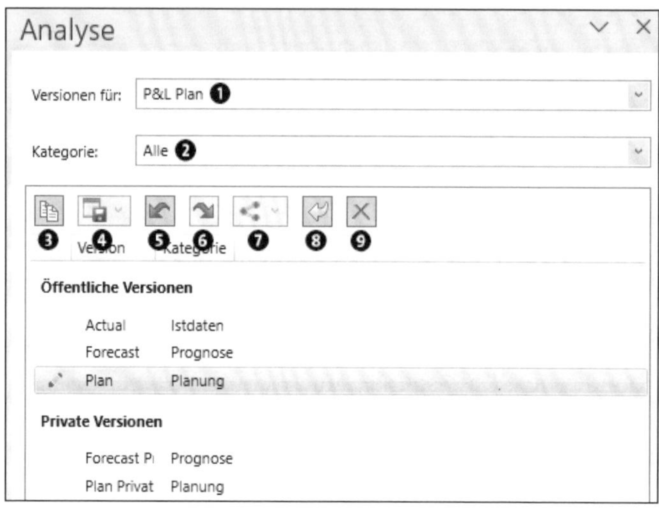

Abbildung 6.81 Administration der Versionen

Nachdem Sie die Datenquelle und Kategorie festgelegt haben, können Sie über den Button (**Version kopieren**) ❸ die Daten der ausgewählten Version in eine neue private Version kopieren. Vergeben Sie dazu, wie auf der Abbildung 6.82 dargestellt, zunächst einen Versionsnamen ❶. Wählen Sie anschließend die gewünschte Kategorie, z. B. Budget, Prognose oder Planung, aus ❷. Bestätigen Sie danach Ihre Eingaben mit **OK** ❸.

Daten in private Version kopieren
Versionsname:
Private Version ❶
Kategorie:
Planung ❷
❸ OK
Abbrechen

Abbildung 6.82 Neue private Version anlegen

Nun können Sie mit der neuen privaten Version arbeiten. Sie können Planungsdaten für die neue Version eingeben, neu berechnen und speichern.

Mit einem Klick auf den Button (**Version sichern**) ❹ können Sie die Daten einer privaten Version veröffentlichen. Dabei stehen Ihnen zwei Möglichkeiten zur Auswahl: **Speichern** und **Speichern unter**. Bei der ersten Option werden die Daten veröffentlicht und mit der ausgewählten öffentlichen Version zusammengeführt (siehe Abbildung 6.83).

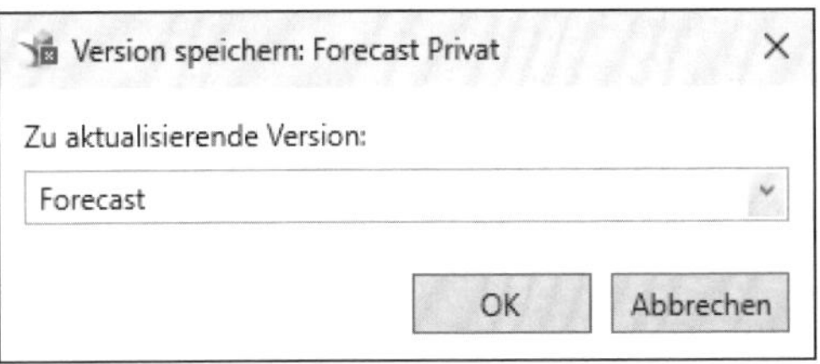

Abbildung 6.83 Öffentliche Version aktualisieren

Wenn Sie die Option **Speichern unter** wählen, können Sie die private Version als eine neue öffentliche Version ablegen. Dabei können Sie den Versionsnamen sowie die Kategorie festlegen. Ein Beispiel ist in Abbildung 6.84 dargestellt.

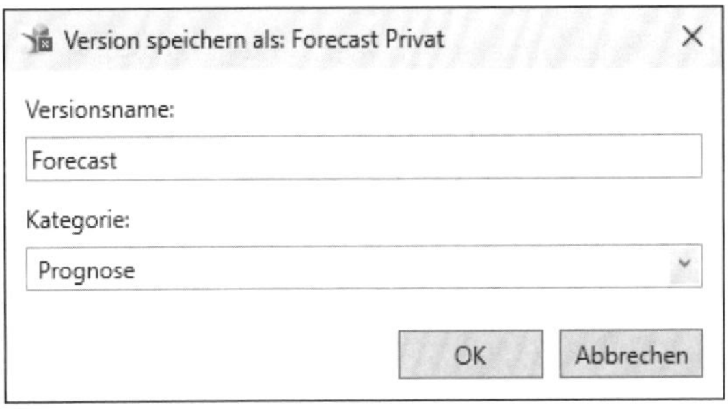

Abbildung 6.84 Neue öffentliche Version erstellen

Wenn Sie mit privaten Versionen arbeiten, können Sie diese vor der Veröffentlichung mit anderen Benutzern teilen. Nutzen Sie dazu den Button (**Version teilen**) ❼. Anschließend können Sie auswählen, ob Sie nur Lesezugriff (**Als »Schreibgeschützt« teilen**) oder Lese- und/oder Schreibzugriff (**Als »Lesen und Schreiben« teilen**) gewähren möchten. Über die Auswahloption **Freigabe aufheben** können Sie die Zugriffsrechte widerrufen (siehe Abbildung 6.85).

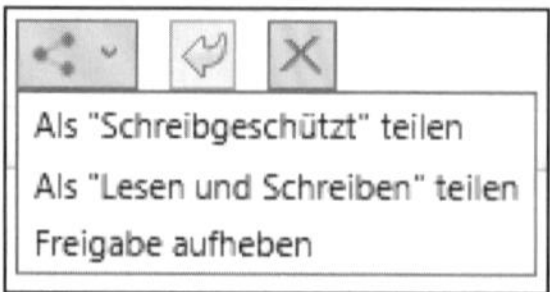

Abbildung 6.85 Private Version teilen

Darüber hinaus können Sie über die Buttons (**Rückgängig machen**) ❺ und (**Wiederherstellen**) ❻ die Änderungen, die Sie in privaten und öffentlichen Versionen gemacht haben, rückwirkend machen oder wiederherstellen. Bei einer öffentlichen Version können Sie außerdem den Button (**Änderungen zurücksetzen**) ❽ nutzen, um alle Änderungen zu löschen und zum letzten gespeicherten Stand zurückzukehren. Möchten Sie eine Version und alle zugehörigen Daten komplett löschen, können Sie den Button (**Version löschen**) ❾ nutzen.

[»]

Eigenschaften der Planung

Wenn ein SAP Analytics Cloud Modell für die Planung verwendet wird, zeigt das Feld **System zum Zurückschreiben von Daten** (siehe Abschnitt 6.5.1, »System zum Zurückschreiben von Daten bestimmen«) SAP Analytics Cloud als Planungssystem an. Die Zellfixierung (siehe Abschnitt 6.5.2, »Fixierung von Zeilen festlegen«) ist immer auf die Option **Fixieren von Zellen im Frontend** gesetzt und kann nicht verändert werden. Ein Beispiel ist in Abbildung 6.86 zu sehen.

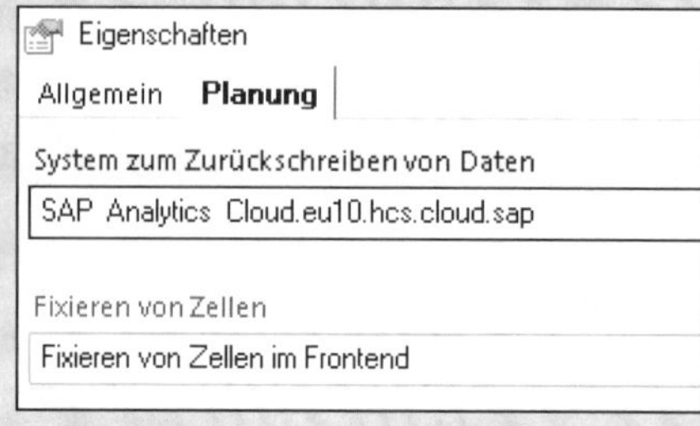

Abbildung 6.86 Planungseigenschaften

Im unteren Bereich der Registerkarte **Versionen** befindet sich die **Eigenschaften** Sektion. Hier finden Sie allgemeine Informationen und die Historie der ausgewählten Version. Der Abschnitt ist in zwei Registerkarten unterteilt: **Allgemein** und **Historie**.

Unter **Allgemein** finden Sie Informationen wie **Name**, **Kategorie** (z. B. Budget, Prognose oder Planung) und **Typ** (privat bzw. öffentlich) der ausgewählten Version. Bei privaten Versionen können Sie außerdem einsehen, wann die Version angelegt und mit wem diese geteilt wurde (siehe Abbildung 6.87).

Eigenschaften

Allgemein | Historie

Name
Forecast Privat

Kategorie
Prognose

Typ
Privat

Angelegt
Sonntag, 18. Juni 2023 04:25:08

Geteilt mit
DRS (Lesen und schreiben)

Abbildung 6.87 Eigenschaften der ausgewählten Version

Die Registerkarte **Historie** beinhaltet eine Liste der für diese Version ausgeführten Schritte. Die Schritte werden aufsteigend dargestellt, d. h., der erste Schritt befindet sich zuunterst in der Liste. Indem Sie auf einen Schritt doppelklicken, können Sie zu diesem Planungsstand springen. Wenn Sie die Buttons (**Rückgängig machen**) oder (**Wiederherstellen**) klicken, wird der entsprechende Schritt in der Historie farblich hervorgehoben. So werden Sie bei der Orientierung unterstützt. Falls Sie sich entschließen, über den Button (**Änderungen zurücksetzen**) zum letzten gespeicherten Stand zurückzukehren, werden alle Schritte in der Registerkarte **Historie** gelöscht.

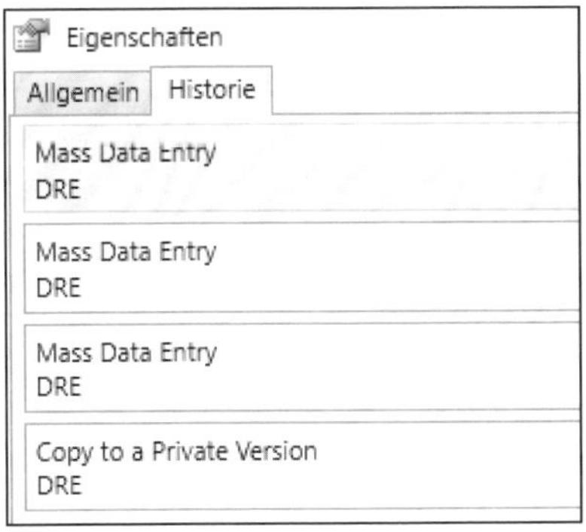

Eigenschaften

Allgemein | Historie

Mass Data Entry
DRE

Mass Data Entry
DRE

Mass Data Entry
DRE

Copy to a Private Version
DRE

Abbildung 6.88 Historie der Planungsschritte

6.6 Zusammenfassung

Nun kennen Sie alle wichtigen Funktionen für die Planung. Sie bewegen sich selbstbewusst in den Planungsanwendungen und können vielleicht sogar Ihrem Systemadministrator Tipps geben, welche Parameter er setzen muss, um neue Funktionen freizuschalten. Außerdem können Sie auch Ihre eigenen Arbeitsmappen richtig parametrisieren und kennen alle planungsrelevanten Einstellungen. Darüber hinaus können Sie die Versionen von SAP Analytics Cloud administrieren.

Da Sie nun die Funktionen des Menübandbereichs für die Planung kennengelernt haben und in den Planungsanwendungen sicher navigieren können, sind Sie bereit für den Planungsalltag. Im nächsten Kapitel lernen Sie, wie Sie Ihre Arbeitsmappen in SAP Analysis for Microsoft Office ansprechender und funktioneller gestalten können.

Kapitel 7
Berichte gestalten

Sie können Ihre Arbeitsmappen in SAP Analysis for Microsoft Office höchst individuell gestalten. In diesem Kapitel lernen Sie, wie Sie Ihre Berichte erweitern. Darüber hinaus gehe ich auf die wichtigsten Einstellungen ein.

Nachdem Sie die ersten Kapitel durchgearbeitet haben, kennen Sie bereits die Grundlagen der Arbeit in SAP Analysis for Microsoft Office. Sie können eine neue Datenquelle einbinden und die darin enthaltenen Daten analysieren, um für Sie wichtige Erkenntnisse zu gewinnen. Darüber hinaus bewegen Sie sich selbstbewusst in Planungsanwendungen und kennen alle planungsrelevanten Funktionen sowie die entsprechenden Parameter. In diesem Kapitel gehen wir mehr in die Tiefe, wobei Sie viele neue zusätzliche Funktionen kennenlernen, mit denen Sie Ihre Berichte erweitern können.

So lernen Sie in Abschnitt 7.1, »Berichte mit lokalen Daten erweitern«, wie Sie eigene Daten hochladen und in Berichte einbinden. In Abschnitt 7.2, »Dimensionen verschiedener Berichte verknüpfen«, erkläre ich Ihnen, wie Sie Dimensionen vereinen, um so berichtsübergreifend zu navigieren. Außerdem zeige ich Ihnen in Abschnitt 7.3, »Berichte zusammenführen«, wie Sie mehrere Berichte zu einem Bericht gruppieren.

Abschließend erfahren Sie in Abschnitt 7.4, »Wichtige Einstellungen«, wie Sie das Aktualisierungsverhalten festlegen, allgemeine Einstellungen anpassen sowie Eigenschaften der Datenquelle und Kreuztabelle definieren.

7.1 Berichte mit lokalen Daten erweitern

BW Workspaces

Sie können Ihre Berichte mithilfe eines *BW Workspace* erweitern. Dabei handelt es sich um einen speziellen Arbeitsbereich, in dem neue Modelle erstellt werden können. Diese basieren auf einem zentralen *InfoProvider* aus dem SAP-BW-System und können mit lokalen Daten angereichert werden. Ziel der BW Workspace ist, die Lücke zwischen zentralen Anforderungen und individuell benötigter Flexibilität zu überbrücken.

In der Regel basieren Ihre Berichte auf InfoProvidern und werden als Queries modelliert. Wenn Sie neue Felder hinzufügen möchten, müssen Sie

InfoProvider und Queries im SAP-BW-Backend anpassen. BW Workspaces ermöglichen es Ihnen, schnell auf neue Analyseanforderungen zu reagieren. So können Sie neue Felder zu einem Bericht hinzufügen, ohne die Modellierung der Objekte im SAP-BW-System ändern zu müssen.

[»]

BW Workspaces verwenden

Um BW Workspaces verwenden zu können, müssen Sie eine SAP-HANA-Datenbank oder einen SAP Business Warehouse Accelerator (SAP BWA) im Einsatz haben.

Die BW Workspaces werden im Backend angelegt und stellen eine Reihe von InfoProvidern bereit. Um mit BW Workspaces arbeiten zu können, müssen Benutzer über die notwendigen Berechtigungen verfügen. Durch das Hochladen von lokalen Daten können Sie einen *lokalen Provider* innerhalb eines BW Workspace anlegen. Anschließend können Sie Ihre eigenen Daten in den lokalen Providern mit den Daten aus SAP BW verbinden.

Falls nötig, können Sie durch das erneute Laden von Daten in einen lokalen Provider die Daten aktualisieren. So können Sie schnell auf neue oder geänderte Anforderungen reagieren. Die Daten in den zentralen InfoProvidern werden bei jedem Aktualisieren automatisch auf den neuesten Stand gebracht und können mit den Daten des BW Workspace verbunden werden.

[»]

BW Workspaces anlegen

Nutzen Sie Transaktion RSWSP (Workspace Einzelbearbeitung) bzw. RSWSPW (Workspace Massenbearbeitung), um Workspaces anzulegen. Weitere Informationen zum Anlegen von BW Workspaces sowie zu den benötigten Berechtigungen finden Sie in der Dokumentation zu SAP Business Warehouse (SAP BW).

Mit lokalen InfoProvidern arbeiten

Nachfolgend zeige ich Ihnen in Abschnitt 7.1.1, »Einen lokalen Provider anlegen«, wie Sie eigene Daten in einen lokalen Provider hochladen können. In Abschnitt 7.1.2, »Daten in lokalem Provider aktualisieren«, lernen Sie, wie Sie diese aktuell halten. Anschließend gehe ich in Abschnitt 7.1.3, »Lokale Provider in Berichte einbinden«, darauf ein, wie Sie die hochgeladenen Daten in vorhandene Berichte einbinden.

7.1.1 Einen lokalen Provider anlegen

In SAP Analysis for Microsoft Office können Sie einen lokalen Provider anlegen, um Ihre Daten hochzuladen. Anschließend können Sie diese wie gewohnt analysieren (siehe Kapitel 2, »In Berichten navigieren«). Darüber hinaus können Sie den lokalen Provider mit vorhandenen Berichten verknüpfen, um neue Sichten auf die Daten zu realisieren.

Im nachfolgenden Beispiel zeige ich Ihnen, wie Sie einen lokalen Provider anlegen. In dem in Abbildung 7.1 dargestellten Bericht sind die Umsätze pro Produktgruppe sichtbar. Wir legen eine lokale Dimension für die Kategorie an, um die Produktgruppen zu organisieren.

		Umsatz
Produktgruppe		EUR
SM	Smartphone Mini	23.000,00
SP	Smartphone Plus	40.000,00
TM	Tablet Mini	116.000,00
TP	Tablet Plus	100.000,00
Gesamtergebnis		**279.000,00**

Abbildung 7.1 Beispiel – Umsätze pro Produktgruppe

Da wir später die Daten aus dem lokalen Provider mit den bereits vorhandenen Daten kombinieren möchten, benötigen wir die Schlüssel des bereits existierenden InfoObjects Produktgruppe. Um sicherzustellen, dass wir die richtigen Schlüssel verwenden, kopieren wir einfach die Spalte **Produktgruppe** und fügen die Werte in einen leeren Bereich des Arbeitsblattes ein. Anschließend schreiben wir die dazugehörigen Kategorien in die Spalte daneben (siehe Abbildung 7.2).

Produktgruppe	**Kategorie**
SM	Smartphone
SP	Smartphone
TM	Tablet
TP	Tablet

Abbildung 7.2 InfoObject und Kategorien notieren

Lokalen InfoProvider anlegen

Markieren Sie nun den gesamten Bereich, inklusive der Überschriften, und klicken Sie im Bereich **Aufbauen** auf **Anlegen** (siehe Abbildung 7.3). Damit wird ein lokaler InfoProvider angelegt, und Ihre Daten werden in diesen geladen.

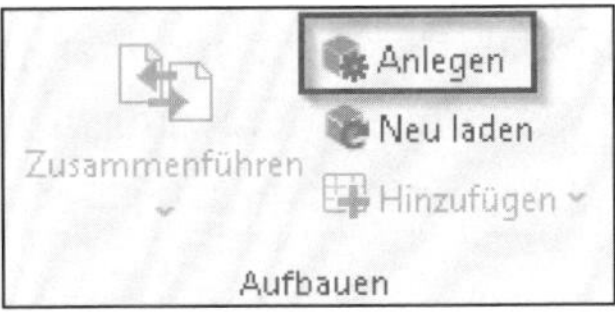

Abbildung 7.3 Lokalen InfoProvider anlegen

Zielverbindung auswählen

Anschließend müssen Sie eine Zielverbindung auswählen. Neue lokale Provider werden einem Arbeitsbereich hinzugefügt. Wählen Sie daher das SAP-BW-System aus, das den Arbeitsbereich enthält, in dem Sie Ihren lokalen Provider anlegen möchten. Anschließend können Sie den gewünschten Zielarbeitsbereich bestimmen (siehe Abbildung 7.4). Bestätigen Sie Ihre Auswahl mit **Weiter**.

Abbildung 7.4 Zielarbeitsbereich auswählen

Eigenschaften des lokalen Providers bestimmen

Sie gelangen nun in den Dialog **Datenquelle anlegen: Details** (siehe Abbildung 7.5). Hier legen Sie die Eigenschaften des lokalen Providers fest. Sie können z. B. die Beschreibung des lokalen Providers im Feld **Beschreibung** ❶ anpassen. Standardmäßig dient die Überschrift der ersten Spalte als Beschreibung. Bei Bedarf können Sie auch den technischen Namen für den lokalen Provider im Feld **Technischer Name** ❷ verändern.

Technischer Name des lokalen Providers

Der erste Teil des technischen Namens ist von System vorgegeben und enthält das Element @3 sowie das Präfix des Arbeitsbereichs. Dieser Teil kann nicht verändert werden.

Außerdem können Sie den Spaltennamen in der Spalte **Spaltenname** ❸ anpassen. Dieser ist durch die Einträge in der ersten Zeile des hochgeladenen Bereichs vorgegeben. Sie können den Namen in diesem Schritt ändern. Wenn Sie jedoch den Namen ändern, sollten Sie auch die Einträge in Ihrer Microsoft-Excel-Datei ändern, die als Quelle dient, um die Daten später erneut laden zu können.

Wenn eine Spalte Ihres Datenbereichs Kennzahldaten enthält, markieren Sie das Ankreuzfeld in der Spalte **Kennzahl** ❹. Der Typ der Kennzahl wird automatisch erkannt und vom System festgelegt. Sie können diesen jedoch manuell ändern.

Abbildung 7.5 Datenquelle anlegen

Typ wählen

Standardmäßig ist in der Spalte **Typ (optional)** ❺ der Eintrag **Dimension** vorausgewählt. Sie können den Typ jedoch manuell anpassen. Dabei können Sie für *Dimensionen* einen der folgenden Typen auswählen:

- **Uhrzeit**
- **Datum**
- **Dimension**
- **Text**
- **Text mit fixer Feldlänge**

Da wir den lokalen Provider später dazu verwenden möchten, die Daten unserer Berichte anzureichern, wählen wir für die Produktgruppe den Eintrag **Dimension** in der Spalte **Typ (optional)** aus. Nur so ist eine eindeutige Zuordnung der Kategorien möglich.

Wenn es sich um eine *Kennzahl* handelt, können Sie zwischen folgenden Typen wählen:

- **Ganze Zahl**
- **Dezimalzahl**
- **Gleitpunktzahl**
- **Kennzahl**

Wenn Sie die Daten aus dem lokalen Provider mit den Daten aus dem globalen Provider kombinieren möchten, wählen Sie in der Spalte **Typ (optional)** den Eintrag **Kennzahl** aus.

InfoObject auswählen

Wenn Sie **Dimension** oder **Kennzahl** als Typ ausgewählt haben, können Sie in der Spalte **Typdetails (optional)** ❻ das entsprechende InfoObject auswählen. Dies ist notwendig, damit die hochgeladenen Daten korrekt verknüpft werden, wenn Sie die Daten des lokalen Providers einem Bericht hinzufügen. Wenn Sie den Eintrag **Dimension** gewählt haben, erhalten Sie über den Button [...] (**Eingabehilfe**) eine Übersicht aller Dimensionen des Arbeitsbereichs und können das entsprechende Objekt auswählen (siehe Abbildung 7.6).

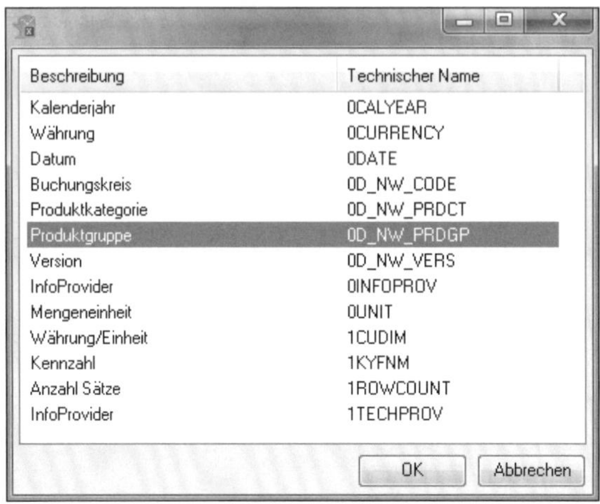

Abbildung 7.6 Liste aller Dimensionen des Arbeitsbereichs

Haben Sie den Eintrag **Kennzahl** als Typ ausgewählt, erhalten Sie eine Liste aller Kennzahlen, die im Arbeitsbereich zur Verfügung stehen. Wenn Sie **Text mit fixer Feldlänge** als Typ ausgewählt haben, können Sie unter **Typdetails** die Feldlänge bestimmen (siehe Abbildung 7.7). Nachdem Sie die gewünschten Einstellungen getätigt haben, klicken Sie auf den Button **Weiter**.

Abbildung 7.7 Feldlänge bei Kennzahlen festlegen

Lokale Provider-Query einfügen

Anschließend können Sie auswählen, ob der neue lokale Provider nach dessen Anlage in ein neues oder in das aktuelle Arbeitsblatt eingefügt werden soll. Bei letzterer Option können Sie auch den Bereich im Arbeitsblatt bestimmen (siehe Abbildung 7.8). Auch können Sie auswählen, dass der neue lokale Provider nach dessen Anlage in kein Arbeitsblatt eingefügt wird. Dann wird der Provider im Hintergrund erstellt. Wählen Sie anschließend **OK**, um den lokalen Provider anzulegen.

Abbildung 7.8 Lokale Provider-Query einfügen

Nun wird der lokale Provider im Arbeitsbereich angelegt. Gleichzeitig wird der gerade angelegte lokale Provider als Datenquelle der Arbeitsmappe hinzugefügt (siehe Abbildung 7.9).

Kategorie	**Produktgruppe**	Anzahl Sätze
Smartphone	Smartphone Mini	1
	Smartphone Plus	1
	Ergebnis	2
Tablet	Tablet Mini	1
	Tablet Plus	1
	Ergebnis	2
Gesamtergebnis		4

Abbildung 7.9 Eingefügter lokaler Provider

Sie können die Daten des lokalen Providers wie gewohnt analysieren. Dafür können Sie auch z. B. die Dimension Produktgruppe aus dem Aufriss entfernen. Dann sehen Sie, dass jede Kategorie zwei Einträge enthält (siehe Abbildung 7.10).

Kategorie	Anzahl Sätze
Smartphone	2
Tablet	2
Gesamtergebnis	4

Abbildung 7.10 Bericht anpassen

7.1.2 Daten in lokalem Provider aktualisieren

Daten aktualisieren

Sie können Daten in einem lokalen Provider neu laden, um diesen zu aktualisieren. Öffnen Sie dazu die Microsoft-Excel-Datei, die die Daten enthält, die Sie in einen lokalen Provider hochladen möchten. Markieren Sie anschließend die Zellen, die Sie neu laden möchten.

Daten in einem lokalen Provider neu laden

Der ausgewählte Bereich muss über dieselbe Anzahl an Spalten verfügen, die Sie verwendet haben, um den lokalen Provider anzulegen. Außerdem müssen auch die Spaltentitel übereinstimmen. In unserem Beispiel haben wir die Kategorie der Produktgruppe Tablet Mini (TM) von Tablet auf Smartphone geändert. Der Grund könnte sein, dass die Tablets so klein sind, dass sie zukünftig als Smartphones vertrieben werden sollen oder dass die Tablets angesichts immer größer werdender Smartphones nun in diese Kategorie fallen.

Um den ausgewählten Datenbereich hochzuladen, drücken Sie auf **Neu laden** im Bereich **Aufbauen** (siehe Abbildung 7.11).

Abbildung 7.11 Daten in lokalem Provider aktualisieren

Zu aktualisierenden InfoProvider wählen

Wählen Sie im nächsten Schritt das SAP-BW-System aus, das den lokalen Provider enthält, den Sie aktualisieren möchten. Wählen Sie anschließend den Arbeitsbereich, den Sie vorher verwendet haben und nun neu beladen möchten (siehe Abbildung 7.12). Bestätigen Sie Ihre Auswahl mit dem Button **Weiter**.

Abbildung 7.12 Zu aktualisierenden Arbeitsbereich auswählen

Die Arbeitsbereiche können mehrere lokale Provider enthalten. Diese werden im nächsten Dialog dargestellt. Wählen Sie den lokalen Provider aus, den Sie neu laden möchten, und klicken Sie auf den Button **Weiter** (siehe Abbildung 7.13).

Abbildung 7.13 Lokalen Provider auswählen

> **Bereiche der Aktualisierung**
> Wenn die Spalten zum erneuten Laden nicht mit den Spalten im ausgewählten lokalen Provider übereinstimmen, wird eine Fehlermeldung angezeigt, und Sie können die Aktualisierung nicht fortsetzen.

Lokale Provider-Query einfügen

Schließlich können Sie wieder auswählen, ob der aktualisierte lokale Provider nach dem erneuten Laden der Daten in das aktuelle oder in ein neues Arbeitsblatt eingefügt werden soll. Sie können die Aktualisierung auch nur im Hintergrund stattfinden lassen und den Provider in kein Arbeitsblatt einfügen (siehe Abbildung 7.8).

Wenn Sie auf **OK** klicken, wird der lokale Provider mit den neu geladenen Daten aktualisiert. Wie Sie in Abbildung 7.14 sehen, ist die Produktgruppe Tablet Mini nun der Kategorie Smartphones zugeordnet.

Kategorie	**Produktgruppe**	Anzahl Sätze
Smartphone	Smartphone Mini	1
	Smartphone Plus	1
	Tablet Mini	1
	Ergebnis	3
Tablet	Tablet Plus	1
Gesamtergebnis		4

Abbildung 7.14 Produktgruppe neu zuordnen

7.1.3 Lokale Provider in Berichte einbinden

In den vorangehenden Abschnitten haben Sie gelernt, wie Sie lokale Daten hochladen und aktualisieren. Diese können Sie, wie gewohnt, zur Analyse nutzen. Sie können die Daten aus einem lokalen Provider jedoch auch mit den Daten in bereits bestehenden Berichten kombinieren, um Ihre Analyse zu erweitern. Dabei können Sie alle zentralen InfoProvider aus SAP BW verwenden, die einem Arbeitsbereich zugeordnet sind, sowie Ihre eigenen Daten, die in diesem Arbeitsbereich in lokalen Providern abgelegt sind. In diesem Abschnitt zeige ich Ihnen, wie das geht.

Öffnen Sie zunächst die Query, die Sie durch einen lokalen Provider erweitern möchten. Die Query für unser Beispiel ist in Abbildung 7.15 zu sehen. Selektieren Sie anschließend eine Zelle der Kreuztabelle.

	Umsatz
Produktgruppe	EUR
Smartphone Mini	23.000,00
Smartphone Plus	40.000,00
Tablet Mini	116.000,00
Tablet Plus	100.000,00
Gesamtergebnis	**279.000,00**

Abbildung 7.15 Beispiel – Umsätze pro Produktgruppe

Query durch einen lokalen Provider erweitern

Die Query, die Sie erweitern möchten, und der lokale Provider müssen zu demselben Arbeitsbereich gehören.

Daten für Erweiterung wählen

Öffnen Sie anschließend im Bereich **Aufbauen** die Auswahl **Hinzufügen**, wie es in Abbildung 7.16 zu sehen ist. Wählen Sie den Eintrag **Dimensionen** aus, wenn Sie den Bericht um zusätzliche Dimensionen erweitern möchten. Wenn Sie einer Query Kennzahldaten hinzufügen möchten, wählen Sie **Datensätze** aus.

Abbildung 7.16 Bericht um zusätzliche Daten erweitern

Arbeitsbereich auswählen

Im nächsten Schritt müssen Sie noch den Arbeitsbereich auswählen, der die jeweiligen Daten enthält (siehe Abbildung 7.17). Bestätigen Sie Ihre Auswahl mit dem Button **Weiter**.

Abbildung 7.17 Arbeitsbereich auswählen

Lokalen Provider auswählen

Anschließend wird eine Liste mit den verfügbaren lokalen Providern angezeigt (siehe Abbildung 7.18). Wählen Sie den gewünschten Provider aus ❶. Sie können angeben, ob die lokalen Provider für alle Dimensionen in der Query aufgelistet werden sollen oder nur für eine Dimension, die Sie in der Liste ❷ auswählen. Klicken Sie anschließend auf den Button **Weiter**.

Abbildung 7.18 Lokalen Provider auswählen

CompositeProvider einrichten

Um die Daten aus beiden Quellen zu vereinen, wird im Hintergrund ein zusammengesetzter Provider (*CompositeProvider*) angelegt. Im Dialog **Dimensionen hinzufügen: Details** können Sie eine Beschreibung sowie den technischen Namen des Providers ❶ und der Datenquelle ❷, also die Query des zusammengesetzten Providers anpassen (siehe Abbildung 7.19). Hierbei hat der technische Name des zusammengesetzten Providers dasselbe vordefinierte Präfix wie der lokale Provider. Der technische Name der Datenquelle bzw. der Query beginnt mit dem vordefinierten Präfix, das sich aus dem Element $ und dem Präfix des Arbeitsbereichs zusammensetzt.

Abbildung 7.19 Beschreibung und technischen Namen anpassen

[+]

Übersicht über zusammengesetzte Provider

Die zusammengesetzten Provider werden im Arbeitsbereich auf der Registerkarte **Lokale CompositeProvider** aufgelistet. Sie können die Übersicht über Transaktion RSWSP (Workspace Einzelbearbeitung) einsehen.

Im nächsten Dialog können Sie wieder auswählen, ob die neue Query in das aktuelle, in ein neues oder zunächst in kein Arbeitsblatt eingefügt werden soll. Wählen Sie anschließend **OK**, um den zusammengesetzten Provider anzulegen.

Im Hintergrund wird der zusammengesetzte Provider im Arbeitsbereich angelegt. Sie können diesen in Ihrer Arbeitsmappe nutzen, um die Daten zu analysieren. Wie Sie in Abbildung 7.20 sehen, wird die Produktgruppe um die Dimension Kategorie erweitert.

Sie können im erweiterten Bericht wie gewohnt navigieren. So können Sie z. B. das Merkmal Produktgruppe aus dem Aufriss entfernen, um die Umsätze pro Kategorie zu analysieren.

		Umsatz
Produktgruppe	**Kategorie**	EUR
Smartphone Mini	Smartphone	23.000,00
Smartphone Plus	Smartphone	40.000,00
Tablet Mini	Tablet	116.000,00
Tablet Plus	Tablet	100.000,00
Gesamtergebnis		**279.000,00**

Abbildung 7.20 Erweitertes Beispiel – Kategorie der Produktgruppe anzeigen

[+]

Feldverbindungen der CompositeProvider anzeigen

Sie können die grafische Ansicht im *BW Workspace Designer* (Transaktion RSWSP) nutzen, um die Feldverbindungen zu überprüfen (siehe Abbildung 7.21). Markieren Sie dazu auf der Registerkarte **Lokale CompositeProvider** den jeweiligen Provider, und wählen Sie **Objekt anzeigen** aus dem Kontextmenü. Alternativ können Sie auch auf einen Provider doppelklicken.

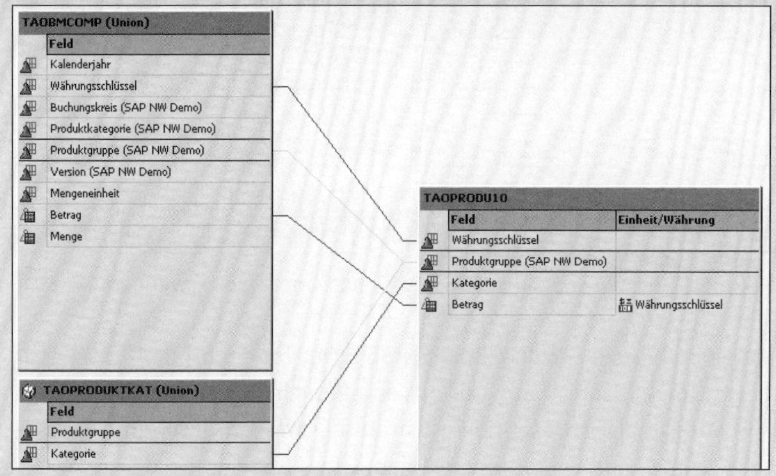

Abbildung 7.21 Feldverbindungen des CompositeProviders anzeigen

7.2 Dimensionen verschiedener Berichte verknüpfen

SAP Analysis for Microsoft Office bietet Ihnen die Möglichkeit, Dimensionen mehrerer Berichte (mindestens zwei) zu verknüpfen. Dadurch werden die Dimensionen in verschiedenen Berichten wie eine behandelt. Wenn Sie z. B. Werte in einer Dimension filtern oder innerhalb der Hierarchie navigieren, wird derselbe Navigationszustand auch in verknüpften Berichten reflektiert.

Masterdimension und abhängige Dimension

Bei der Verknüpfung wird zwischen einer *Masterdimension* und einer *abhängigen Dimension* unterschieden. Als Masterdimension wird die Dimension betrachtet, von der aus Sie die Verknüpfung starten. Nach der Verknüpfung ist die dimensionsbezogene Navigation, z. B. das Filtern, nur in der Masterdimension möglich.

7.2.1 Dimensionen verknüpfen

Beispielhaft betrachten wir ein Arbeitsblatt, in dem zwei verschiedene Berichte mit denselben Dimensionen vorhanden sind (siehe Abbildung 7.22). Um in den Berichten gleichzeitig navigieren zu können, verknüpfen wir die Dimension Produktgruppe. Dies können wir auf drei Wegen tun.

		Menge
Buchungskreis	**Produktgruppe**	ST
Reis Telefone DE	Smartphone Mini	300,000
	Smartphone Plus	100,000
	Tablet Mini	200,000
	Tablet Plus	400,000
	Ergebnis	1.000,000
Reis Telephones USA	Smartphone Plus	200,000
	Tablet Mini	180,000
	Ergebnis	380,000
Gesamtergebnis		1.380,000

		Umsatz
Buchungskreis	**Produktgruppe**	EUR
Reis Telefone DE	Smartphone Mini	20.000,00
	Smartphone Plus	10.000,00
	Tablet Mini	40.000,00
	Tablet Plus	30.000,00
	Ergebnis	100.000,00
Reis Telephones USA	Smartphone Plus	20.000,00
	Tablet Mini	36.000,00
	Ergebnis	56.000,00
Gesamtergebnis		156.000,00

Abbildung 7.22 Zwei Berichte, die die gleiche Dimension verwenden

Über die Registerkarte »Analysis Design« verknüpfen

Zum einen können Sie eine Dimension bzw. einen Wert der Dimension in der Kreuztabelle selektieren und anschließend im Bereich **Aufbauen** der Registerkarte **Analysis Design** die Auswahl **Zusammenführen** und darin den Eintrag **Dimension verknüpfen** wählen. Hier können Sie die Datenquellen, also die Berichte auswählen, mit denen die Verknüpfung erfolgen soll (siehe Abbildung 7.23).

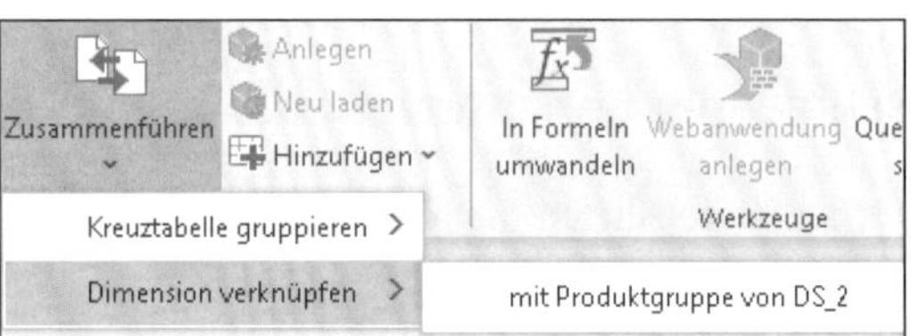

Abbildung 7.23 Dimensionen verknüpfen

Wenn Sie nun in der Mastertabelle nach der Produktgruppe Smartphone Plus filtern, wird der Filter auch auf die zweite Kreuztabelle angewendet (siehe Abbildung 7.24).

		Menge
Buchungskreis	**Produktgruppe**	ST
Reis Telefone DE	Smartphone Plus	100,000
	Ergebnis	100,000
Reis Telephones USA	Smartphone Plus	200,000
	Ergebnis	200,000
Gesamtergebnis		300,000

		Umsatz
Buchungskreis	**Produktgruppe**	EUR
Reis Telefone DE	Smartphone Plus	10.000,00
	Ergebnis	10.000,00
Reis Telephones USA	Smartphone Plus	20.000,00
	Ergebnis	20.000,00
Gesamtergebnis		30.000,00

Abbildung 7.24 Tabellenübergreifender Filter

Über Kontextmenü verknüpfen

Alternativ können Sie auch das Kontextmenü der Kreuztabelle nutzen, um eine Verknüpfung anzulegen. Markieren Sie dazu die Dimension bzw. eine Ausprägung der Dimension, und wählen Sie den Eintrag **Dimensionen verknüpfen** aus dem Kontextmenü. Anschließend können Sie die Berichte auswählen, mit denen Sie die Dimension verknüpfen möchten (siehe Abbildung 7.25).

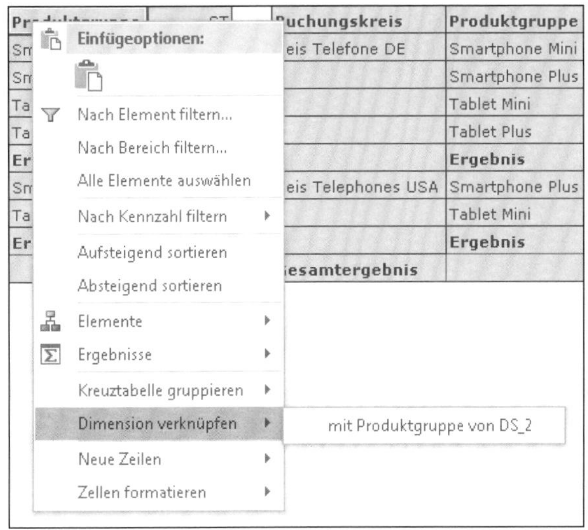

Abbildung 7.25 Verknüpfung über das Kontextmenü anlegen

Über die Registerkarte »Analyse« verknüpfen

Der dritte Weg führt über die Registerkarte **Analyse** im Designbereich. Markieren Sie dort die gewünschte Dimension, und wählen Sie den Eintrag **Dimension verknüpfen** aus dem Kontextmenü. Anschließend können Sie den Bericht auswählen, mit dem die Verknüpfung erfolgen soll (siehe Abbildung 7.26).

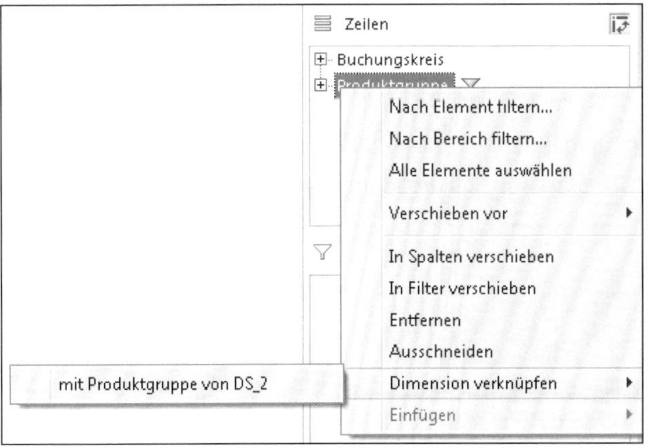

Abbildung 7.26 Verknüpfung auf der Registerkarte »Analyse« anlegen

Nach der Verknüpfung werden die Dimensionen auf der Registerkarte **Analyse** anhand verschiedener Icons unterschieden. Die Masterdimension wird mit dem Icon gekennzeichnet, wie es in Abbildung 7.27 zu sehen ist, während die abhängige Dimension das Icon erhält.

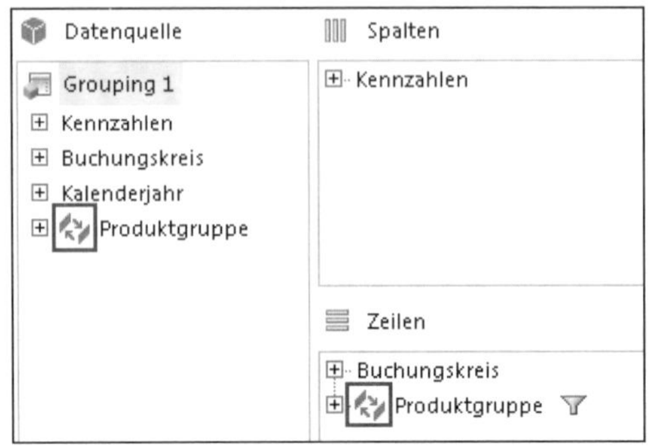

Abbildung 7.27 Masterdimension kennzeichnen

7.2.2 Verknüpfung der Dimensionen aufheben

Verknüpfung in Masterdimension aufheben

Wenn Sie die Verknüpfung der Dimensionen wieder aufheben möchten, können Sie ebenfalls verschiedene Wege wählen: Zum einen können Sie das Menüband nutzen. Markieren Sie die *Masterdimension*, und wählen Sie den Eintrag **Dimension verknüpfen** in der Auswahl **Zusammenführen**. Entfernen Sie anschließend das Häkchen neben der Datenquelle, bei der Sie die Verknüpfung aufheben möchten (siehe Abbildung 7.28).

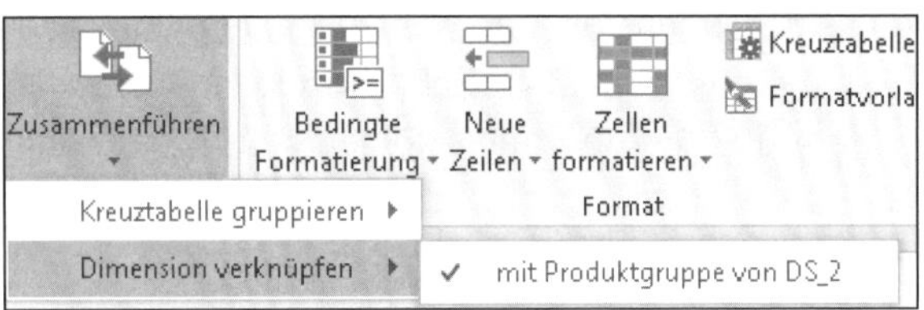

Abbildung 7.28 Verknüpfung aufheben

Abhängige Dimension trennen

Wenn Sie die *abhängige Dimension* markieren, wählen Sie den Eintrag **Dimension trennen** in der Auswahl **Zusammenführen** (siehe Abbildung 7.29).

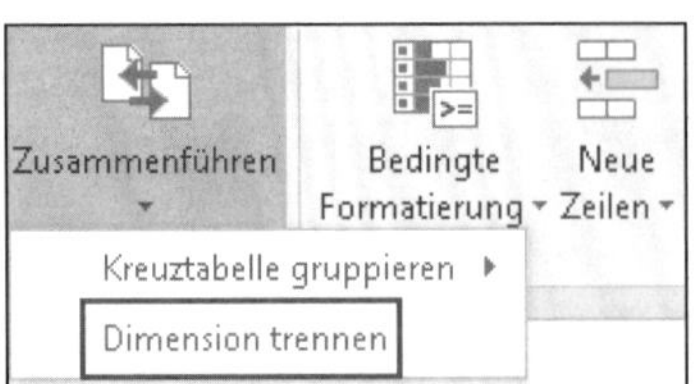

Abbildung 7.29 Dimension trennen

Kontextmenü nutzen

Auch können Sie das Kontextmenü nutzen. Wenn Sie die Masterdimension markieren, wählen Sie den Eintrag **Dimension verknüpfen** aus dem Kontextmenü. Anschließend können Sie das Häkchen neben den Datenquellen entfernen, die nicht mehr verknüpft sein sollen (siehe Abbildung 7.30).

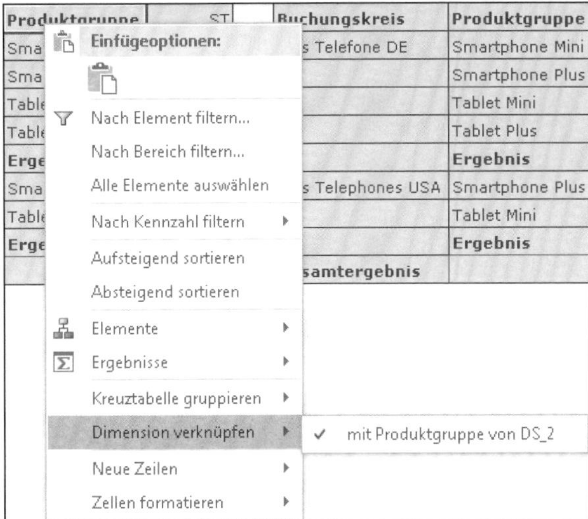

Abbildung 7.30 Verknüpfung über das Kontextmenü der Masterdimension entfernen

Wenn Sie das Kontextmenü der abhängigen Dimension nutzen möchten, wählen Sie den Eintrag **Dimension trennen** aus (siehe Abbildung 7.31).

Abbildung 7.31 Dimension über das Kontextmenü trennen

Verknüpfung über die Registerkarte »Analyse« aufheben

Schließlich können Sie die Verknüpfung auch über die Registerkarte **Analyse** im Designbereich entfernen. Markieren Sie dazu die Masterdimension, und wählen Sie **Dimension verknüpfen** aus dem Kontextmenü. Entfernen

Sie anschließend das Häkchen neben der Datenquelle, die nicht mehr verknüpft werden soll. In Abbildung 7.32 sehen Sie ein Beispiel.

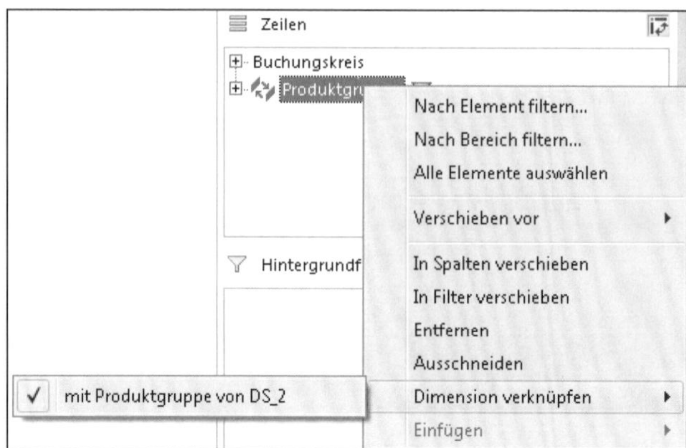

Abbildung 7.32 Verknüpfung der Masterdimension über die Registerkarte »Analyse« aufheben

Im Falle der abhängigen Dimension wählen Sie den Eintrag **Dimension trennen** aus dem Kontextmenü (siehe Abbildung 7.33).

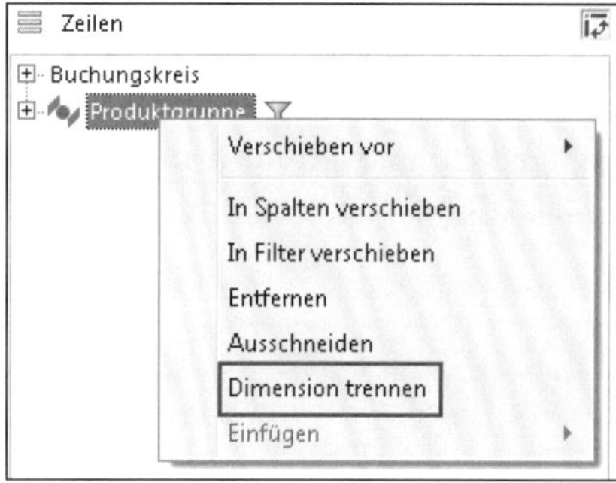

Abbildung 7.33 Abhängige Dimension über die Registerkarte »Analyse« trennen

Danach wird die Verknüpfung zwischen den Dimensionen aufgehoben. Die Dimensionen verhalten sich wieder wie zwei getrennte Einheiten. Die Veränderung des Navigationszustands, z. B. des Filters, in der ehemaligen Masterdimension hat keinen Einfluss mehr auf andere Dimensionen.

7.3 Berichte zusammenführen

Sie können in SAP Analysis for Microsoft Office nicht nur einzelne Dimensionen verknüpfen, sondern auch mehrere Berichte gruppieren, sodass sie wie ein Bericht aussehen. Dabei können Sie in den zusammengeführten Berichten wie in einem Bericht navigieren. Diese Funktion eröffnet Ihnen neue Möglichkeiten in der Datenanalyse.

Mastertabelle und abhängige Tabelle

Wenn Sie zwei Berichte gruppieren, werden sie in der Arbeitsmappe zusammengeführt, sodass kein leerer Raum zwischen den beiden Berichten besteht. Dabei bildet die Zeilenachse die gemeinsame Achse des gruppierten Berichts. Die Kreuztabelle, von der aus Sie die Gruppierung ausführen, dient als *Mastertabelle* und bestimmt die Struktur des gemeinsamen Berichts. Die *abhängige Tabelle* stellt dabei die zusätzlichen Achsen bereit.

Beachten Sie, dass nur die Zeilen eine gemeinsame Achse bilden können. Daher müssen die Kreuztabellen eine ähnliche Zeilenstruktur aufweisen, damit die Gruppierung sinnvoll durchführbar wird. Wenn Sie eine Struktur mit Selektionen verwenden, muss diese als globale Struktur gespeichert werden. Sie können wieder mehrere, mindestens jedoch zwei Berichte gruppieren.

In Abbildung 7.34 sehen Sie ein Beispiel für einen zusammengeführten Bericht. Dieser ist optisch nicht von einem gewöhnlichen Bericht zu unterscheiden, hat jedoch einige Einschränkungen in der Funktion.

		Menge	Umsatz
Buchungskreis	**Produktgruppe**	ST	EUR
Reis Telefone DE	Smartphone Mini	300,000	20.000,00
	Smartphone Plus	100,000	10.000,00
	Tablet Mini	200,000	40.000,00
	Tablet Plus	400,000	30.000,00
	Ergebnis	1.000,000	100.000,00
Reis Telephones USA	Smartphone Plus	200,000	20.000,00
	Tablet Mini	180,000	36.000,00
	Ergebnis	380,000	56.000,00
Gesamtergebnis		1.380,000	156.000,00

Abbildung 7.34 Zusammengeführter Bericht

Einschränkungen

So können Sie nur in der Mastertabelle neue Dimensionen hinzufügen oder bereits vorhandene Dimensionen aus dem Aufriss entfernen. Außerdem ist das Filtern von Dimensionen nur in der Mastertabelle möglich.

Darüber hinaus können bei eingabebereiten Kreuztabellen keine neuen Zeilen hinzugefügt werden. Leider können Sie auf der Basis der gruppierten Kreuztabelle auch keine Diagramme einfügen (siehe Abschnitt 8.4.1, »Dynamisches Diagramm einfügen«). Wenn Sie für Ihre abhängige Kreuztabelle eine bedingte Formatierung angelegt haben (siehe Abschnitt 8.1.1, »Mit bedingter Formatierung arbeiten«), wird diese in der gemeinsamen Achse nicht angezeigt.

Außerdem ist die Verknüpfung über Systeme hinweg oder von verschiedenen Dimensionen nicht möglich. Wenn z. B. die erste Kreuztabelle eine bestimmte Dimension enthält und die zweite Kreuztabelle dasselbe InfoObject als Navigationsattribut mit einem anderen technischen Namen, ist keine Verknüpfung möglich. Auch können Sie keine Spaltenachsen verknüpfen.

Einstellungen ändern

Die abhängigen Tabellen übernehmen bei der Gruppierung die Einstellungen der Mastertabelle. Wenn Sie die Einstellungen in der Mastertabelle anpassen, gelten diese automatisch auch für alle abhängigen Kreuztabellen. Auch der jeweilige Navigationszustand wird übernommen.

Wenn Sie z. B. in der Mastertabelle die Darstellungsoption **Kompakte Darstellung der Zeilen** auswählen, wird diese auch auf die abhängige Kreuztabelle angewendet. Auch nach der Aufhebung der Gruppierung bleiben diese Einstellungen bestehen.

7.3.1 Berichte gruppieren

Zur Verdeutlichung demonstriere ich die Funktion anhand eines Beispiels. Betrachten Sie Abbildung 7.35. Die Arbeitsmappe verfügt über zwei Berichte, einen für die abgesetzte Menge und einen für die erzielten Umsätze der jeweiligen Produktgruppen pro Buchungskreis. Während sich die Kennzahlen der Berichte unterscheiden, sind die Dimensionen in den Zeilenachsen identisch. Daher eignen sich diese Berichte perfekt, um sie in einem Bericht zusammenzuführen.

		Menge
Buchungskreis	**Produktgruppe**	ST
Reis Telefone DE	Smartphone Mini	300,000
	Smartphone Plus	100,000
	Tablet Mini	200,000
	Tablet Plus	400,000
	Ergebnis	1.000,000
Reis Telephones USA	Smartphone Plus	200,000
	Tablet Mini	180,000
	Ergebnis	380,000
Gesamtergebnis		1.380,000

		Umsatz
Buchungskreis	**Produktgruppe**	EUR
Reis Telefone DE	Smartphone Mini	20.000,00
	Smartphone Plus	10.000,00
	Tablet Mini	40.000,00
	Tablet Plus	30.000,00
	Ergebnis	100.000,00
Reis Telephones USA	Smartphone Plus	20.000,00
	Tablet Mini	36.000,00
	Ergebnis	56.000,00
Gesamtergebnis		156.000,00

Abbildung 7.35 Zu zusammenführende Berichte

Um die Berichte zusammenzuführen, markieren Sie zunächst eine Zelle in dem Bericht, der als Master dienen soll. Gehen Sie anschließend im Bereich

Aufbauen der Registerkarte **Analysis Design** auf die Auswahl **Kreuztabelle gruppieren**, und selektieren Sie die Kreuztabelle, die Sie anhängen möchten (siehe Abbildung 7.36).

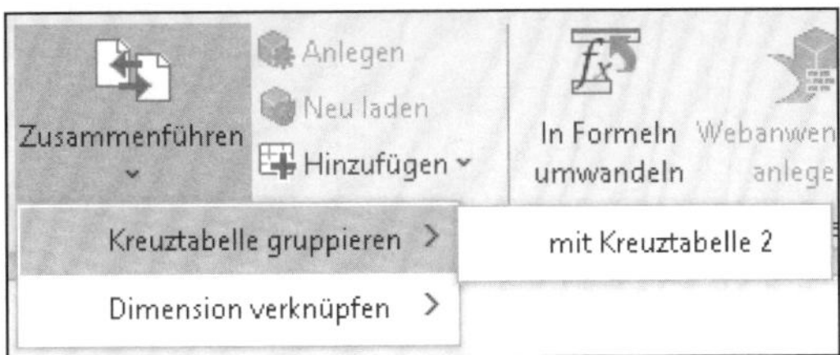

Abbildung 7.36 Kreuztabelle gruppieren

Über Kontextmenü gruppieren

Alternativ können Sie auch das Kontextmenü nutzen. Wählen Sie hier den Eintrag **Kreuztabelle gruppieren** aus, und selektieren Sie die Kreuztabelle, mit der Sie die bereits ausgewählte Kreuztabelle gruppieren möchten (siehe Abbildung 7.37).

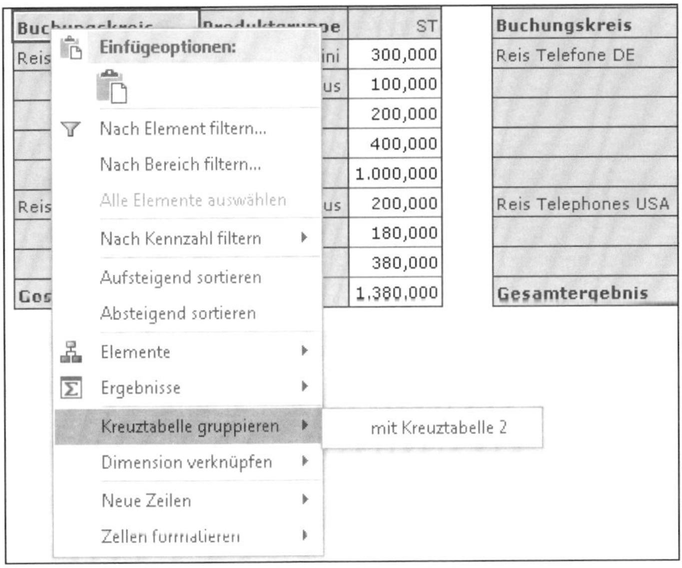

Abbildung 7.37 Über das Kontextmenü gruppieren

Registerkarte »Komponenten« verwenden

Schließlich können Sie auch den Weg über den Designbereich wählen. Rufen Sie dazu die Registerkarte **Komponenten** auf, und selektieren Sie die gewünschte Kreuztabelle. Wählen Sie anschließend den Eintrag **Kreuztabelle gruppieren** aus dem Kontextmenü (siehe Abbildung 7.38).

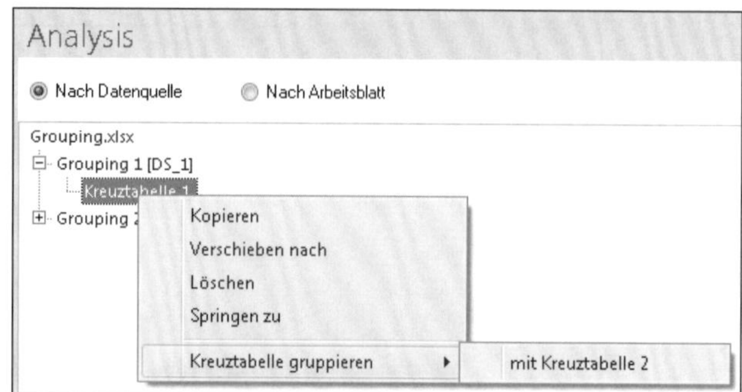

Abbildung 7.38 Über den Designbereich gruppieren

Die Kreuztabellen werden in einem Bericht zusammengeführt (siehe Abbildung 7.39). Dieser kann, wie gewohnt, zur Datenanalyse genutzt werden.

		Menge	Umsatz
Buchungskreis	**Produktgruppe**	ST	EUR
Reis Telefone DE	Smartphone Mini	300,000	20.000,00
	Smartphone Plus	100,000	10.000,00
	Tablet Mini	200,000	40.000,00
	Tablet Plus	400,000	30.000,00
	Ergebnis	1.000,000	100.000,00
Reis Telephones USA	Smartphone Plus	200,000	20.000,00
	Tablet Mini	180,000	36.000,00
	Ergebnis	380,000	56.000,00
Gesamtergebnis		1.380,000	156.000,00

Abbildung 7.39 Zusammengeführte Berichte

[+]

Name der Kreuztabelle

Alle Kreuztabellen verfügen über einen Namen, wie z. B. `SAPCrosstab1`, `SAPCrosstab2` usw., über den Sie die Kreuztabellen in Ihren Visual-Basic-for-Applications-Makros (VBA-Makros) ansteuern können. Der Name der gruppierten Kreuztabelle lautet dann `SAPContainer1`.

Auf der Registerkarte **Komponenten** des Designbereichs sind die Kreuztabellen mit verschiedenen Icons gekennzeichnet (siehe Abbildung 7.40). Die Mastertabelle ist über das Icon zu erkennen, während die abhängigen Kreuztabellen mit dem Icon gekennzeichnet sind.

Einstellungen ändern

Die Einstellungen für die gruppierte Kreuztabelle können nur über die Mastertabelle erfolgen und gelten für alle Kreuztabellen des zusammengeführten Berichts. In den abhängigen Kreuztabellen können keine Einstellungen verändert werden. Wie Sie in Abbildung 7.41 sehen können, sind sämtliche Optionen ausgegraut.

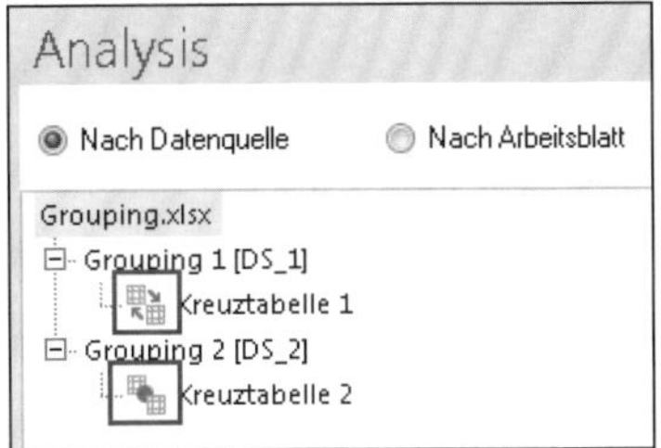

Abbildung 7.40 Gruppierte Kreuztabellen kennzeichnen

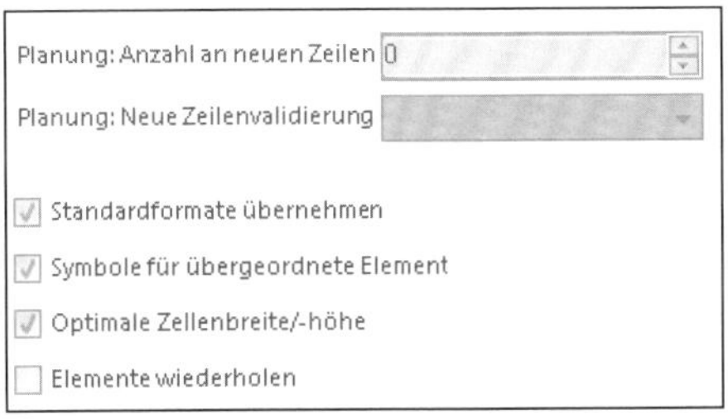

Planung: Anzahl an neuen Zeilen 0
Planung: Neue Zeilenvalidierung
Standardformate übernehmen
Symbole für übergeordnete Element
Optimale Zellenbreite/-höhe
Elemente wiederholen

Abbildung 7.41 Keine Einstellungsänderung in abhängiger Kreuztabelle möglich

Wenn Sie die Mastertabelle über den Eintrag **Verschieben nach** an eine andere Position im Arbeitsblatt bewegen, wird dabei die gesamte gruppierte Kreuztabelle verschoben. Die gruppierte Tabelle verhält sich also wie ein einziger Bericht (siehe Abbildung 7.42).

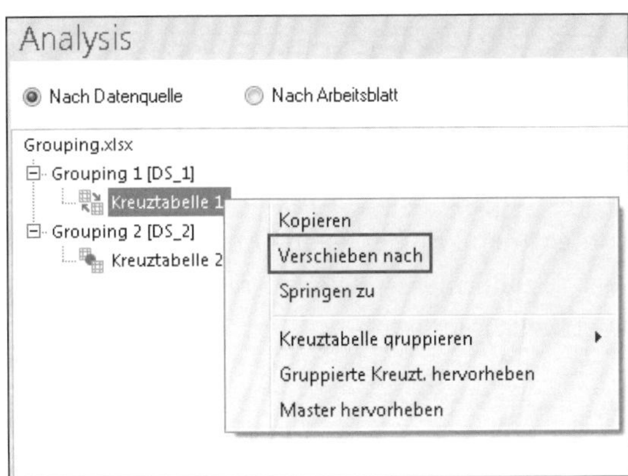

Abbildung 7.42 Position der Mastertabelle ändern

Tabellen hervorheben

Über die Registerkarte **Komponenten** können Sie außerdem die einzelnen Tabellen im Arbeitsblatt hervorheben. Dies erleichtert die Orientierung in Arbeitsblättern mit vielen Berichten. Nutzen Sie dazu das Kontextmenü der jeweiligen Kreuztabelle. Wählen Sie bei der Mastertabelle den Eintrag **Master hervorheben** (siehe Abbildung 7.43).

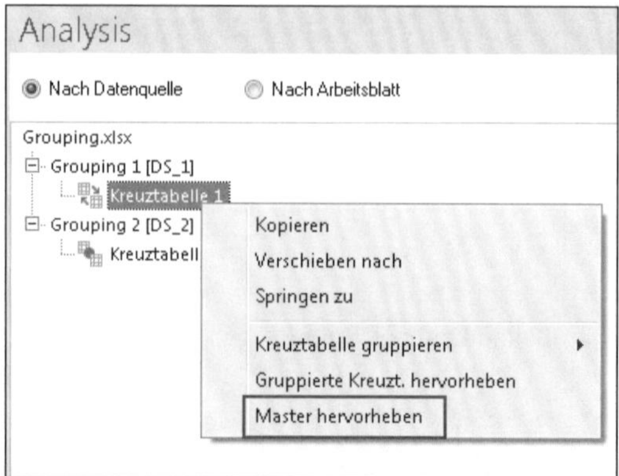

Abbildung 7.43 Mastertabelle hervorheben

Dadurch wird die Mastertabelle im Arbeitsblatt hervorgehoben. In Abbildung 7.44 sehen Sie ein Beispiel.

		Menge	Umsatz
Buchungskreis	**Produktgruppe**	ST	EUR
Reis Telefone DE	Smartphone Mini	300,000	20.000,00
	Smartphone Plus	100,000	10.000,00
	Tablet Mini	200,000	40.000,00
	Tablet Plus	400,000	30.000,00
	Ergebnis	1.000,000	100.000,00
Reis Telephones USA	Smartphone Plus	200,000	20.000,00
	Tablet Mini	180,000	36.000,00
	Ergebnis	380,000	56.000,00
Gesamtergebnis		1.380,000	156.000,00

Abbildung 7.44 Mastertabelle durch Markierung hervorheben

Analog können Sie zur Hervorhebung abhängiger Tabellen den Eintrag **Abhängige hervorheben** im Kontextmenü nutzen (siehe Abbildung 7.45). Darüber hinaus können Sie über den Eintrag **Gruppierte Kreuzt. hervorheben** die gesamte gruppierte Kreuztabelle markieren.

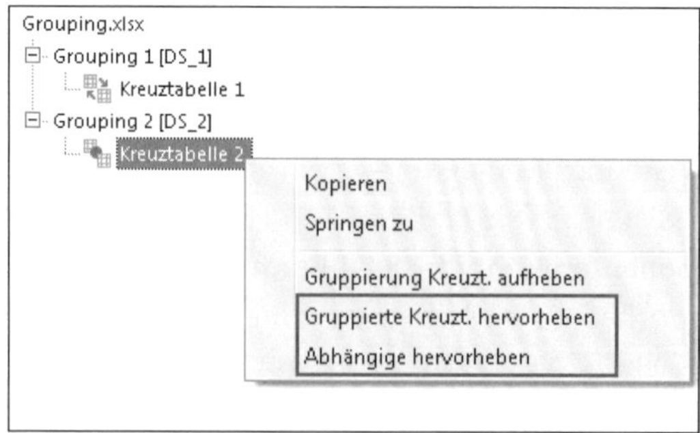

Abbildung 7.45 Abhängige Kreuztabelle hervorheben

7.3.2 Gruppierung aufheben

Um die Gruppierung von Kreuztabellen wieder aufzuheben, können Sie zum einen das Menüband nutzen. Selektieren Sie die Mastertabelle, und wählen Sie den Eintrag **Kreuztabelle gruppieren** in der Auswahl **Zusammenführen** (siehe Abbildung 7.46). Entfernen Sie anschließend das Häkchen neben der Kreuztabelle, die Sie aus der Gruppierung entfernen möchten.

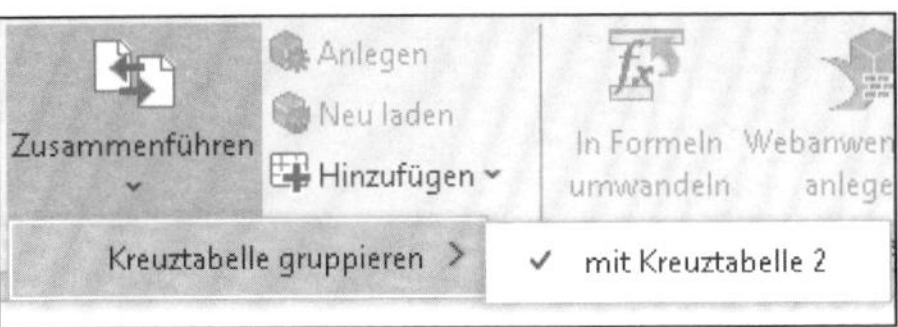

Abbildung 7.46 Gruppierung aufheben

Alternativ können Sie die abhängige Kreuztabelle auswählen und die Gruppierung über den Eintrag **Gruppierung Kreuzt. aufheben** in der Auswahl **Zusammenführen** entfernen (siehe Abbildung 7.47).

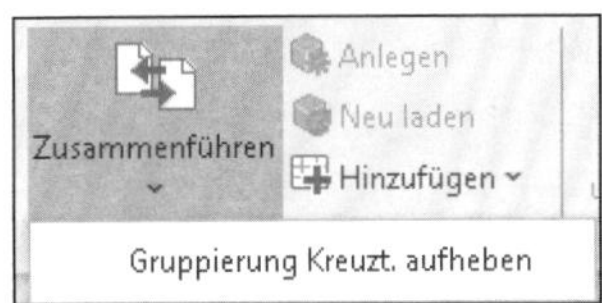

Abbildung 7.47 Abhängige Tabelle aus der Gruppierung entfernen

Über Kontextmenü trennen

Auch können Sie eine Dimension in der Mastertabelle selbst markieren und den Weg über das Kontextmenü wählen. In Abbildung 7.48 sehen Sie ein Beispiel.

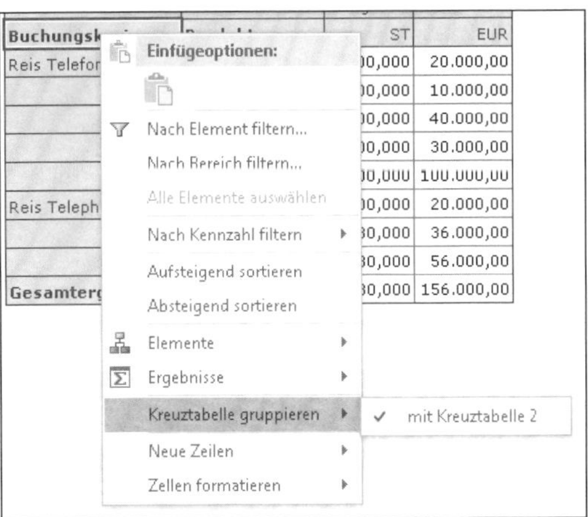

Abbildung 7.48 Gruppierung über das Kontextmenü der Mastertabelle aufheben

Bei der abhängigen Kreuztabelle können Sie den Eintrag **Gruppierung Kreuzt. aufheben** im Kontextmenü nutzen (siehe Abbildung 7.49).

		Menge	Ums
Buchungskreis	**Produktgruppe**	ST	
Reis Telefone DE	Smartphone Mini	300,000	20
	Smartphone Plus	100,000	10
	Tablet Mini	200,000	40
	Tablet Plus	400,000	30
	Ergebnis	1.000,000	100
Reis Telephones USA	Smartphone Plus	200,000	20
	Tablet Mini	180,000	36
	Ergebnis	380,000	56
Gesamtergebnis		1.380,000	156

Einfügeoptionen:
Kommentar einfügen
Nach Kennzahl filtern
Einschränkung hinzufügen...
Zahlenformat...
Gruppierung Kreuzt. aufheben
Zellen formatieren

Abbildung 7.49 Gruppierung über das Kontextmenü der abhängigen Tabelle aufheben

Registerkarte »Komponenten« verwenden

Selbstverständlich können Sie auch die Registerkarte **Komponenten** im Designbereich nutzen. Markieren Sie die Mastertabelle, und entfernen Sie im Kontextmenü zu **Kreuztabelle gruppieren** das Häkchen neben der Tabelle, bei der Sie die Gruppierung aufheben möchten (siehe Abbildung 7.50).

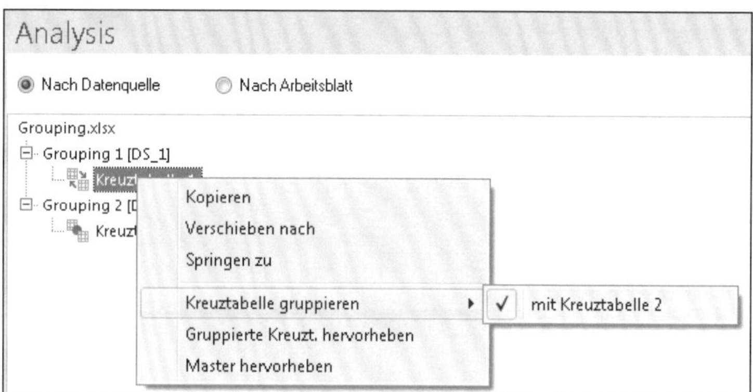

Abbildung 7.50 Gruppierung der Mastertabelle über die Registerkarte »Komponenten« anpassen

Bei der abhängigen Kreuztabelle wählen Sie den Eintrag **Gruppierung Kreuzt. aufheben** aus dem Kontextmenü (siehe Abbildung 7.51).

Nachdem Sie die Gruppierung aufgehoben haben, werden die Kreuztabellen nicht an die ursprüngliche Position gebracht, sondern nebeneinander dargestellt. Dabei hat jede Kreuztabelle wieder eine eigene Zeilenachse. Ein Beispiel ist in Abbildung 7.52 zu sehen.

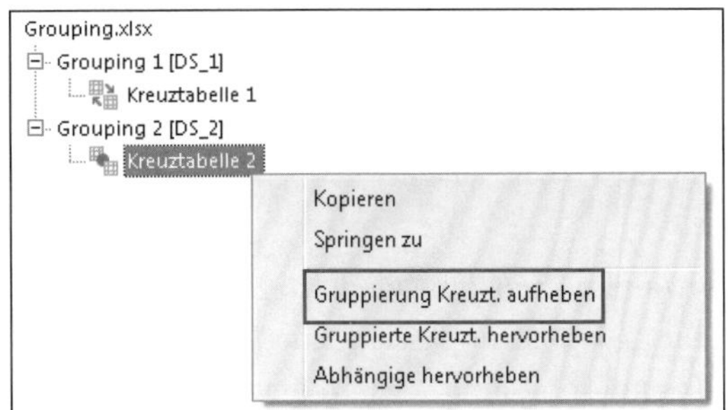

Abbildung 7.51 Gruppierung der abhängigen Tabelle über die Registerkarte »Komponenten« aufheben

		Menge			Umsatz
Buchungskreis	**Produktgruppe**	ST	**Buchungskreis**	**Produktgruppe**	EUR
Reis Telefone DE	Smartphone Mini	300,000	Reis Telefone DE	Smartphone Mini	20.000,00
	Smartphone Plus	100,000		Smartphone Plus	10.000,00
	Tablet Mini	200,000		Tablet Mini	40.000,00
	Tablet Plus	400,000		Tablet Plus	30.000,00
	Ergebnis	1.000,000		**Ergebnis**	100.000,00
Reis Telephones USA	Smartphone Plus	200,000	Reis Telephones USA	Smartphone Plus	20.000,00
	Tablet Mini	180,000		Tablet Mini	36.000,00
	Ergebnis	380,000		**Ergebnis**	56.000,00
Gesamtergebnis		1.380,000	**Gesamtergebnis**		156.000,00

Abbildung 7.52 Aufgehobene Gruppierung

Beachten Sie jedoch, dass die Dimensionen der beiden Kreuztabellen weiterhin verknüpft sind. Wenn gewünscht, müssen Sie die Verknüpfung manuell aufheben (siehe Abschnitt 7.2.2, »Verknüpfung der Dimensionen aufheben«).

7.4 Wichtige Einstellungen

In diesem Kapitel stelle ich die Einstellungen für Arbeitsmappen, Datenquellen und Kreuztabellen vor, die Sie über die Registerkarte **Komponenten** des Designbereichs vornehmen können. So gehe ich in Abschnitt 7.4.1, »Aktualisierungsverhalten festlegen«, zunächst auf das Aktualisierungsverhalten der Arbeitsmappe ein. In Abschnitt 7.4.2, »Allgemeine Einstellungen anpassen«, erläutere ich die allgemeinen Einstellungen bezüglich der Eingabeaufforderungen und Speicherung der Arbeitsmappe. Anschließend stelle ich in Abschnitt 7.4.3, »Eigenschaften der Datenquelle festlegen«, die Parameter der Datenquellen vor und zeige Ihnen in Abschnitt 7.4.4, »Eigenschaften der Kreuztabelle festlegen«, wie Sie die Eigenschaften der Kreuztabellen anpassen können.

[+]

Planungsrelevante Einstellungen

Einstellungen für Planungsapplikationen werden in Abschnitt 6.5, »Planungsrelevante Einstellungen kennen«, behandelt.

Standardmäßig werden die einzelnen Kreuztabellen nach Datenquellen geordnet. Sie können die Darstellung jedoch anpassen, indem Sie den Button **Nach Arbeitsblatt** anklicken (siehe Abbildung 7.53). In diesem Fall werden die Kreuztabellen nach Arbeitsblättern geordnet.

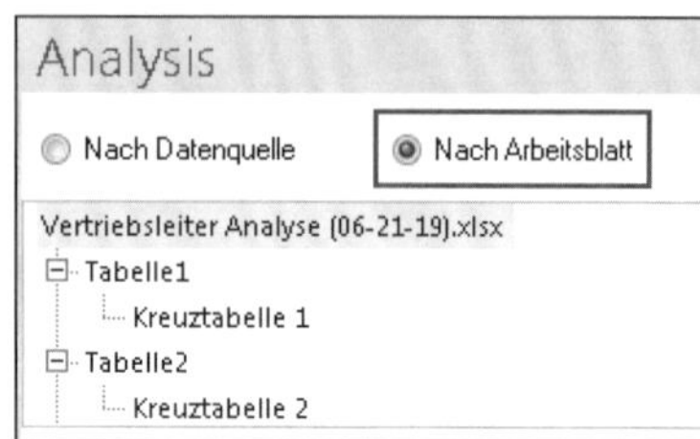

Abbildung 7.53 Komponenten nach dem Arbeitsblatt darstellen

7.4.1 Aktualisierungsverhalten festlegen

Sie können auf der Ebene der Arbeitsmappe ❶ das Aktualisierungsverhalten einstellen ❷ (siehe Abbildung 7.54). Wechseln Sie dazu über **Designbereich • Anzeigen** auf die Registerkarte **Komponenten**.

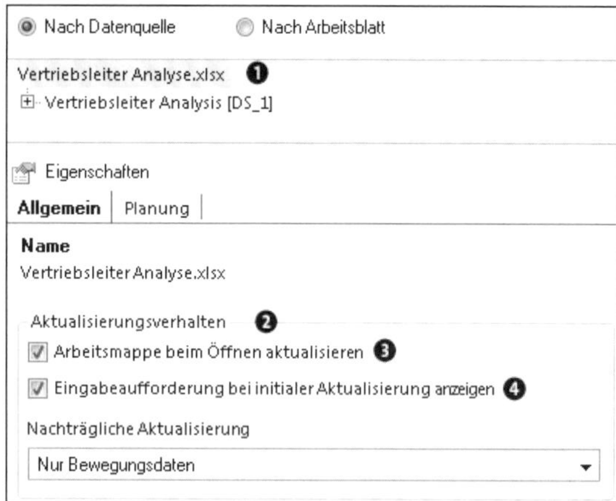

Abbildung 7.54 Aktualisierungsverhalten steuern

Arbeitsmappe beim Öffnen aktualisieren

So können Sie über die Einstellung **Arbeitsmappe beim Öffnen aktualisieren** ❸ festlegen, dass die Datenquellen in der Arbeitsmappe bei jedem Öffnen automatisch aktualisiert werden. Falls diese Option nicht aktiv ist, werden die Daten in der Arbeitsmappe nicht automatisch aktualisiert. In diesem Fall müssen Sie die Datenquellen manuell über die Auswahl **Alles aktualisieren** (siehe Abschnitt 2.1, »Mit aktuellen Daten arbeiten«) erneuern.

Über die Einstellung **Eingabeaufforderung bei initialer Aktualisierung anzeigen** ❹ können Sie zudem festlegen, dass der Dialog für Eingabeaufforderungen bei jeder Aktualisierung angezeigt wird. Eine Arbeitsmappe wird aktualisiert, wenn Sie **Alles aktualisieren** nutzen, die Einstellung **Arbeitsmappe beim Öffnen aktualisieren** aktiviert haben und die Arbeitsmappe öffnen oder wenn Sie eine neue Datenquelle hinzufügen.

Der Dialog für Eingabeaufforderungen wird bei entsprechend gesetztem Häkchen auch dann angezeigt, wenn die Query nur optionale Variablen enthält. Wurden bereits Werte mit der Arbeitsmappe gespeichert (siehe hierzu Abschnitt 3.3, »Ausgewählte Werte einsehen«, in dem die Einstellung **Eingabeaufforderungen mit Arbeitsmappe speichern** vorgestellt wird), werden diese als vorausgewählte Werte angezeigt. Sie können sie entweder bestätigen oder bei Bedarf anpassen.

Ist die Einstellung **Eingabeaufforderung bei initialer Aktualisierung anzeigen** nicht aktiv, prüft das System, ob die Arbeitsmappe Pflichtvariablen enthält, für die keine Werte definiert sind. Wenn keine Werte verfügbar sind, wird der Dialog für Eingabeaufforderungen angezeigt. Wenn Werte vorhanden sind, werden die Daten der Arbeitsmappe sofort angezeigt.

Nachträgliche Aktualisierung einstellen

Über die Auswahl **Nachträgliche Aktualisierung** können Sie das Systemverhalten bei der Nutzung von **Alles aktualisieren** definieren. Dabei stehen Ihnen die Einträge **Nur Bewegungsdaten** und **Abmelden und erneut verbinden zur Auswahl** zur Verfügung (siehe Abbildung 7.55).

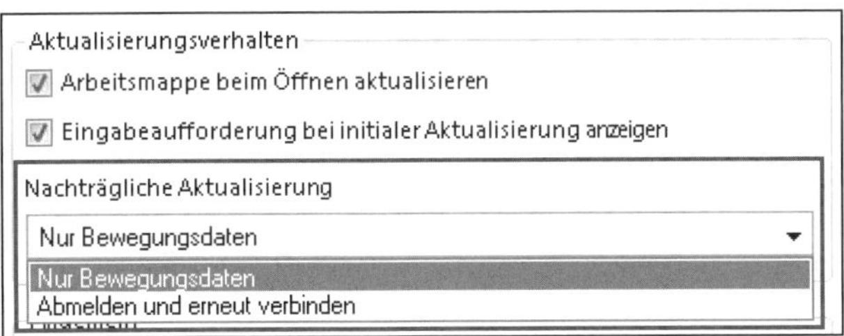

Abbildung 7.55 Nachträgliche Aktualisierung einstellen

Standardmäßig ist der Eintrag **Nur Bewegungsdaten** ausgewählt. Wenn hierbei die Datenquellen der Arbeitsmappe offline sind und Sie **Alles aktualisieren** wählen, wird eine Verbindung zur Datenquelle hergestellt. Wenn

Sie erneut auf **Alles aktualisieren** drücken, werden nur die Bewegungsdaten aktualisiert.

Bei der Anwahl des Eintrags **Abmelden und erneut verbinden** verhält sich das System anders. Wenn die Datenquellen der Arbeitsmappe offline sind und Sie **Alles aktualisieren** wählen, wird zunächst ebenfalls eine Verbindung zur Datenquelle hergestellt. Anders als bei der ersten Option wird beim erneuten Klick auf **Alles aktualisieren** jedoch die Verbindung zur Datenquelle getrennt. Anschließend erfolgt eine erneute Anmeldung. Dabei werden neben den Bewegungsdaten auch die Stammdaten aktualisiert. Wenn die Arbeitsmappe mehrere Datenquellen enthält, von denen einige offline sind, wird die Verbindung nur zu den bereits verbundenen Datenquellen getrennt und erneut hergestellt.

Abmelden und erneut verbinden

Dasselbe Verhalten kann mithilfe der API-Methode `SAPLogOff` erreicht werden. Weitere Informationen zu Formeln erhalten Sie in Kapitel 11, »Makros verwenden«.

7.4.2 Allgemeine Einstellungen anpassen

Sie können auf der Ebene der Arbeitsmappe jedoch nicht nur das Aktualisierungsverhalten einstellen, sondern auch festlegen, ob Eingabeaufforderungen mit der Arbeitsmappe gespeichert, Daten vor dem Speichern entfernt und Variablen zusammengefasst werden sollen (siehe Abbildung 7.56). Den Dialog öffnen Sie erneut über die Registerkarte **Komponenten** (die Sie über **Designbereich • Anzeigen** einblenden).

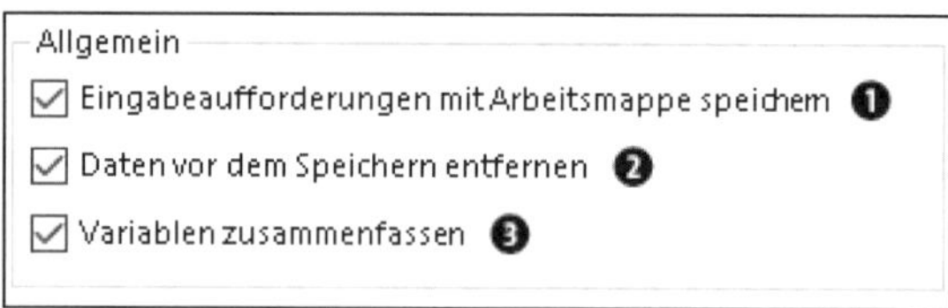

Abbildung 7.56 Allgemeine Einstellungen anpassen

Eingabeaufforderungen speichern

Sie können von Ihnen definierte Werte der Eingabeaufforderung mit der Arbeitsmappe speichern, indem Sie im Bereich **Allgemein** das Häkchen neben der Einstellung **Eingabeaufforderungen mit Arbeitsmappe speichern** ❶ setzen. Die gespeicherten Werte stehen anschließend anderen Benutzern oder in anderen Sitzungen zur Verfügung. Sie können die Werte anpassen, indem Sie den Dialog für Eingabeaufforderungen über die Auswahl **Parameter & Variablen** im Bereich **Datenanalyse** manuell aufrufen.

Bei Anwendungen mit vielen Benutzern ist diese Einstellung nicht empfehlenswert, da es zu Missverständnissen bei der Werteauswahl und bei Berechtigungen kommen kann. Wenn diese Eigenschaft deaktiviert ist, werden die in der Eingabeaufforderung ausgewählten Werte nicht mit der Arbeitsmappe gespeichert.

Daten vor dem Speichern entfernen

Standardmäßig werden die zuletzt abgerufenen Informationen in der Arbeitsmappe gespeichert. Dies kann aus Datenschutzgründen unerwünscht sein. Wenn Sie das Häkchen neben der Einstellung **Daten vor dem Speichern entfernen** ❷ setzen, wird die Arbeitsmappe ohne Daten gespeichert (siehe Abbildung 7.56).

Beim erneuten Öffnen der Arbeitsmappe sind zunächst keine Daten sichtbar – Sie müssen sie manuell über **Alles aktualisieren** abrufen.

Variablen zusammenfassen

Eine Arbeitsmappe kann mehrere Datenquellen mit verschiedenen Eingabeaufforderungen enthalten. Dabei werden Eingabeaufforderungen für jede Datenquelle getrennt angezeigt (siehe Abbildung 7.57). So können Sie für dieselbe Eingabeaufforderung, in unserem Beispiel das Kalenderjahr, verschiedene Werte angeben.

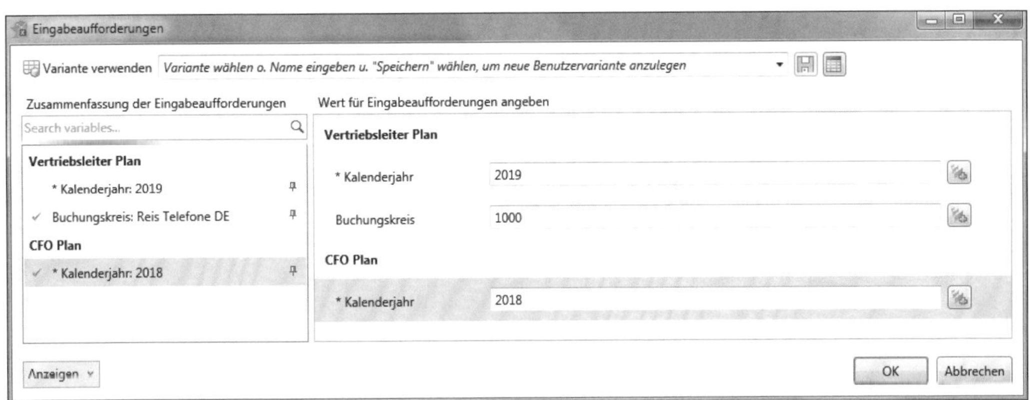

Abbildung 7.57 Nach Datenquellen getrennte Eingabeaufforderungen

Sie können aber auch die Eingabeaufforderungen in einer Arbeitsmappe zusammenfassen. Hierbei gilt der im Dialog ausgewählte Wert, wie z. B. Kalenderjahr, für alle Datenquellen. Setzen Sie dazu auf der Registerkarte **Komponenten** im Designbereich das Häkchen neben der Einstellung **Variablen zusammenfassen** ❸ (siehe Abbildung 7.56).

Jedes Mal, wenn Sie diese Eigenschaft in den Arbeitsmappen verändern, werden die verknüpften Datenquellen neu gestartet. Daher erscheint der

Dialog zu den Eingabeaufforderungen automatisch, damit Sie die Werte definieren können, bevor die Datenquellen aktualisiert werden.

[»]

Einfluss auf API-Methoden

Die Einstellung **Variablen zusammenfassen** hat Einfluss auf die Parametrisierung der folgenden Funktionen:

- `SAPListOfVariables`
- `SAPCallMemberSelector`
- `SAPSetVariable`

So müssen z. B. Parameter für die Datenquelle expliziert spezifiziert werden, wenn die Variablen nicht zusammengefasst sind. Weitere Informationen entnehmen Sie Kapitel 11, »Makros verwenden«.

7.4.3 Eigenschaften der Datenquelle festlegen

Auf der Ebene der Datenquelle ❶ können Sie die Eigenschaften der Datenquelle einsehen und bei Bedarf anpassen. So sehen Sie über **Designbereich • Anzeigen** auf der Registerkarte **Komponenten** den technischen Namen der Datenquelle sowie die Beschreibung ❷. Letztere kann verändert werden. Daneben wird der Alias der Datenquelle ❸ angezeigt. Dieser wird für die Definition von Formeln verwendet (siehe Kapitel 10, »Mit Formeln arbeiten«), um die Datenquelle eindeutig identifizieren zu können. Bei Bedarf kann der Alias angepasst werden. Unter **Systemalias** wird die Kennung des verwendeten SAP-Systems angezeigt (siehe Abbildung 7.58).

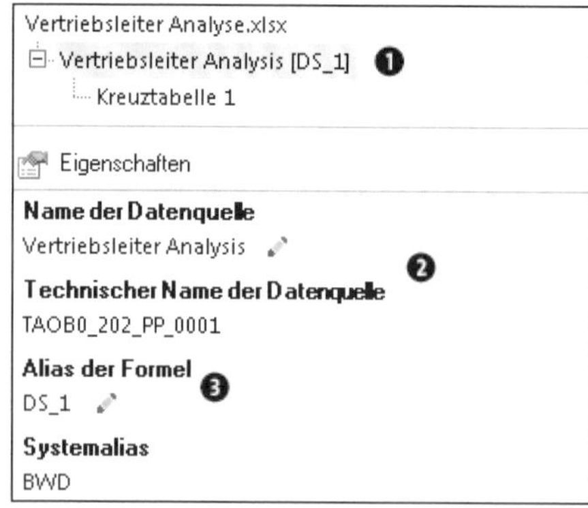

Abbildung 7.58 Eigenschaften der Datenquelle festlegen

Datenquellen im formeloptimierten Modus verwenden

Ab Version 2.7 von SAP Analysis for Microsoft Office können Datenquellen im *formeloptimierten Modus* eingefügt werden. In diesem Modus wird keine Kreuztabelle zum Arbeitsblatt hinzugefügt. Sie können eigene Formeln definieren und so flexible Berichte erstellen. Weitere Informationen erhalten Sie in Kapitel 10, »Mit Formeln arbeiten«. Um den formeloptimierten Modus zu verwenden, selektieren Sie in der Auswahl **Datenquelle einfügen** den Eintrag **Datenquelle zum Definieren von Formeln auswählen**.

Sie können auf der Ebene der Datenquelle die Einstellung **Datenquelle formeloptimiert verwenden** nutzen, um zwischen dem formeloptimierten Modus und dem gewohnten Analysemodus zu wechseln (siehe Abbildung 7.59).

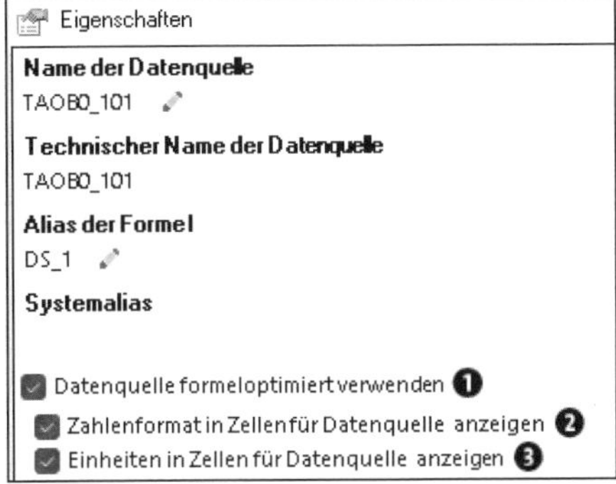

Abbildung 7.59 Datenquelle formeloptimiert verwenden

Beachten Sie, dass im formeloptimierten Modus keine Kreuztabelle zur Datenquelle hinzugefügt werden kann. Wie Sie in Abbildung 7.60 sehen, ist der entsprechende Eintrag im Kontextmenü nicht vorhanden. Darüber hinaus können keine Zeilen und Spalten auf der Registerkarte **Analyse** definiert werden. Wenn das Häkchen neben **Datenquelle formeloptimiert verwenden** ❶ entfernt und der formeloptimierte Modus deaktiviert wird, kann eine Kreuztabelle hinzugefügt und über die Registerkarte **Analyse** gestaltet werden. Wird das Häkchen gesetzt, nachdem eine Kreuztabelle eingefügt worden ist, wird die Kreuztabelle automatisch gelöscht.

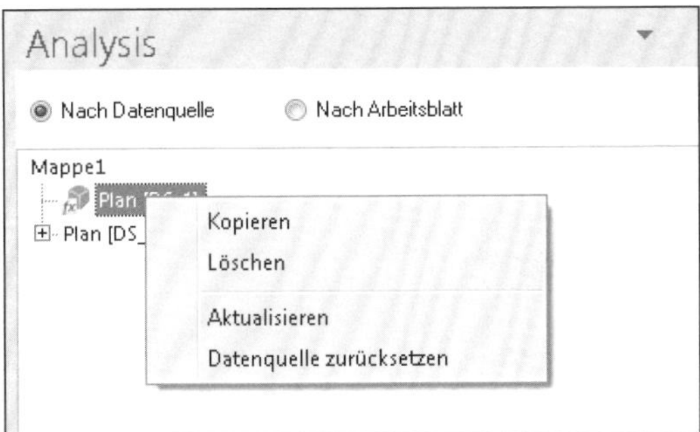

Abbildung 7.60 Keine Möglichkeit, Kreuztabelle einzufügen

Mit den Einstellungen **Zahlenformat in Zellen für Datenquelle anzeigen** und **Einheiten in Zellen für Datenquelle anzeigen** können Sie die Formatierung der Formelergebnisse anpassen. Wenn Sie die Einstellung **Zahlenformat in Zellen für Datenquelle anzeigen** ❷ aktivieren, werden in den Zellen Tausendertrennzeichen und Dezimalstellen angezeigt. Mit der Einstellung **Einheiten in Zellen für Datenquelle anzeigen** ❸ aktivieren Sie die Anzeige von Währungen und Einheiten. Ein Beispiel ist in Abbildung 7.61 dargestellt.

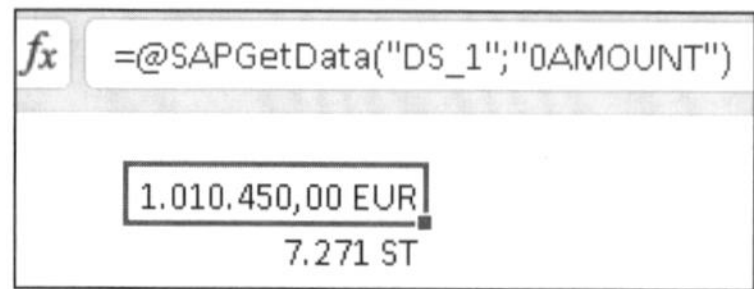

Abbildung 7.61 Dezimalstellen und Einheiten anzeigen

Formatierung von Formelergebnissen zentral steuern

In der Administration können Sie die Einstellung `ApplyNumberFormatsForFormula` nutzen, um die Darstellung von Formelergebnissen zentral zu steuern (siehe Abschnitt 12.3, »Technische Konfiguration«). Dabei haben Sie die Auswahl zwischen mehreren Optionen: `Off`, `OnWithDecimalPlacesAndUnits`, `OnWithDecimalPlaces` und `OnWithUnits`.

Verhalten beim Öffnen der Arbeitsmappe

Auf der Ebene der Datenquelle können Sie auch das **Verhalten beim Öffnen der Arbeitsmappe** steuern. Wie Sie in Abbildung 7.62 sehen können, stehen Ihnen hierbei drei Einträge zur Verfügung:

- **Standardaktualisierungsverhalten**
- **Zurücksetzen**
- **Zurücksetzen und Designregeln löschen** (die Übersetzung **Designregeln zurücksetzen und löschen** ist hier irreführend)

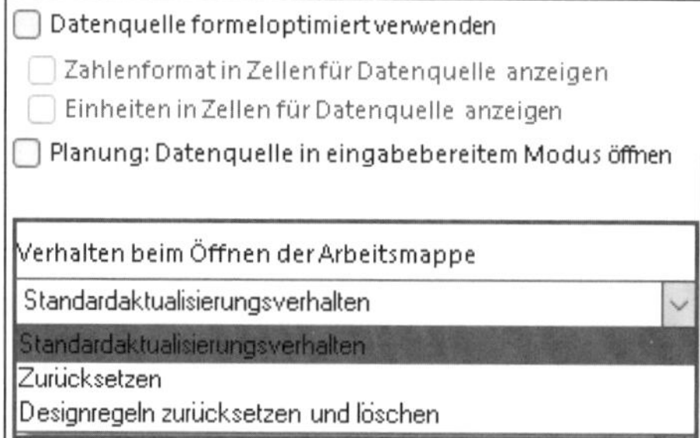

Abbildung 7.62 Verhalten beim Öffnen der Arbeitsmappe festlegen

Bei der Auswahl des Eintrags **Standardaktualisierungsverhalten** wird die Arbeitsmappe gemäß der Einstellung **Arbeitsmappe beim Öffnen aktualisieren** (siehe Abschnitt 7.4.1, »Aktualisierungsverhalten festlegen«) aktualisiert bzw. nicht aktualisiert.

Wenn Sie den Eintrag **Zurücksetzen** wählen, wird beim Öffnen der Arbeitsmappe der im Backend (z. B. im Query Designer) definierte initiale Zustand der Datenquelle angezeigt. Der jeweilige Navigationsstand wird also immer wieder zurückgesetzt. Daher können Sie bei dieser Einstellung nicht den Navigationszustand mit der Arbeitsmappe speichern.

Bei der Auswahl des Eintrags **Designregeln zurücksetzen und löschen** (bzw. korrekt wäre Zurücksetzen und Designregeln löschen) wird beim Öffnen ebenfalls der ursprüngliche Zustand der Datenquelle wiederhergestellt. Darüber hinaus werden auch sämtliche definierten *Designregeln* (siehe Abschnitt 8.1, »Formatierung anpassen«) gelöscht und stehen nicht mehr zur Verfügung. Mithilfe von Designeregeln können Sie die Formatierung der Kreuztabelle anpassen.

Dokumentenablage und -filter spezifizieren

Wenn Sie SAP BW/4HANA, BW 7.50 ab SP 23 oder BW 7.57 im Einsatz haben, können Sie für Kommentare die Dokumentenablage und den Dokumentenfilter auf der Ebene der Datenquelle spezifizieren. Wählen Sie dazu unter **Dokumentenablage** das jeweilige DocumentStore-Objekt aus. Über **Dokumentenfilter** können Sie außerdem einen Filter anlegen. Wenn Sie einen Filter für die Datenquelle anlegen, werden alle Kommentare angezeigt, die für diese Datenquelle angelegt wurden, unabhängig von der Arbeitsmappe. Wenn Sie hingegen einen Filter für die Arbeitsmappe anlegen, werden nur die Kommentare angezeigt, die in dieser spezifischen Arbeitsmappe angelegt wurden.

7.4.4 Eigenschaften der Kreuztabelle festlegen

Auf der Ebene der Kreuztabelle ❶ können Sie neben den Eigenschaften der Kreuztabelle auch einige Einstellungen bezüglich der Formatierung anpassen (siehe Abbildung 7.63).

So können Sie im Feld **Name** den Namen ❷ sowie im Feld **Alias der Formel** den Alias ❸ der Kreuztabelle ändern. Der Alias wird bei der Arbeit mit Formeln genutzt, um die Kreuztabelle eindeutig zu identifizieren. Daneben wird auch der Name der Datenquelle im gleichnamigen Feld dargestellt. Unter **Zelle** ❹ wird der Bereich der Kreuztabelle im Arbeitsblatt definiert. Sie können die Kreuztabelle verschieben, indem Sie auf den Button (**Zelle bearbeiten**) klicken.

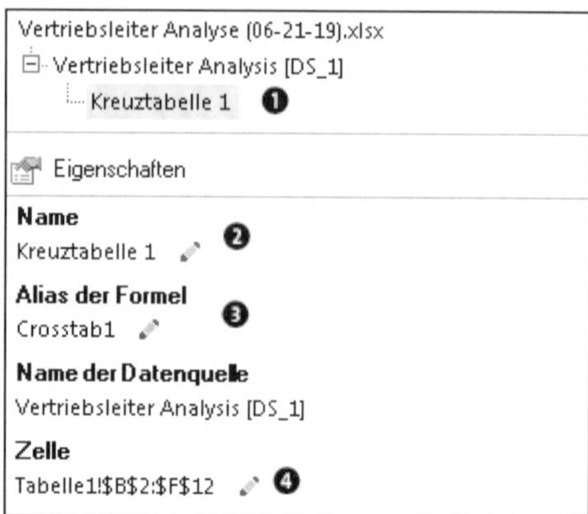

Abbildung 7.63 Eigenschaften der Kreuztabelle festlegen

Formatierungseinstellungen anpassen

Daneben können Sie einige Einstellungen bezüglich der Formatierung vornehmen (siehe Abbildung 7.64). Diese stimmen mit den Einstellungen in der Auswahl **Kreuztabelle** (Menübandbereich **Format**) überein.

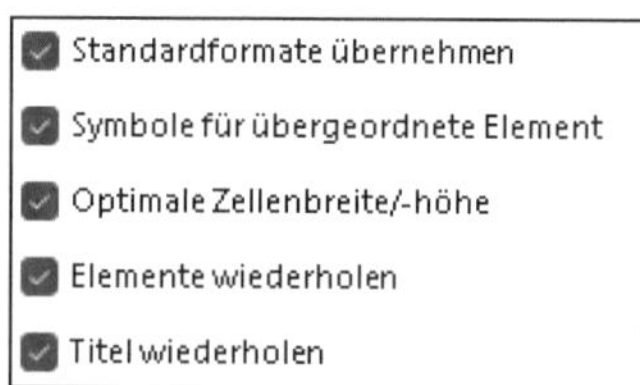

Abbildung 7.64 Formatierungseinstellungen anpassen

So können Sie über die Option **Standardformate übernehmen** festlegen, ob die Standardformatierung bei jedem Navigationsschritt wiederhergestellt werden soll. Über die Einstellung **Symbole für übergeordnete Element** können Sie in Hierarchien Icons für übergeordnete Knoten ausblenden. Darüber hinaus können Sie über die Einstellung **Optimale Zellenbreite/-höhe** festlegen, dass die einzelnen Elemente der Kreuztabelle immer mit der optimalen Zellenbreite und -höhe angezeigt werden. Außerdem können Sie über die Option **Elemente wiederholen** die Bezeichnung für einzelne Elemente in jeder Zeile darstellen. Schließlich können Sie die Option **Titel wiederholen** nutzen, um Überschriften der Dimensionen zu wiederholen, z. B. wenn diese als Schlüssel und Text angezeigt werden (siehe Abschnitt 8.1.6, »Weitere Formatierungsoptionen«).

Die Eigenschaften der Kreuztabelle werden auch bei einer Kopie der Kreuztabelle übernommen (siehe Abbildung 7.65). Nach einer Kopie entsprechen die Eigenschaften der neuen Kreuztabelle dem zugrunde liegenden Objekt und nicht den Standardwerten, die beim Einfügen einer Datenquelle gesetzt werden.

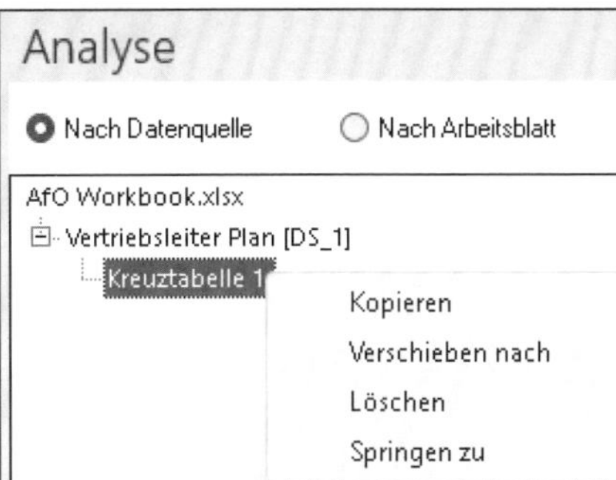

Abbildung 7.65 Kreuztabelle kopieren

Neben den beschriebenen Formatierungseinstellungen wird auch die Einstellung **Planung: Anzahl an neuen Zeilen** übernommen. Diese wird im Abschnitt 6.5, »Planungsrelevante Einstellungen kennen«, beschrieben.

7.5 Zusammenfassung

In diesem Kapitel haben Sie gelernt, lokale Provider anzulegen und Daten hochzuladen. Sie wissen, wie Sie diese Daten aktualisieren und in vorhandene Berichte einbinden können. Sie können Dimensionen zwischen verschiedenen Berichten verknüpfen und so berichtsübergreifend navigieren. Darüber hinaus können Sie mehrere Berichte zu einem Bericht zusammenführen.

Über die Einstellungen im Designbereich können Sie auch das Aktualisierungsverhalten anpassen, allgemeine Einstellungen der Arbeitsmappe steuern sowie die Eigenschaften der Datenquellen und Kreuztabellen ändern.

Kapitel 8
Berichte formatieren

Im vorangehenden Kapitel 7 haben Sie gelernt, wie Sie Ihre Arbeitsmappen in SAP Analysis for Microsoft Office individuell gestalten. In diesem Kapitel zeige ich Ihnen, welche Möglichkeiten Sie haben, um Ihre Berichte entsprechend Ihren Anforderungen zu formatieren.

Sie können die Darstellung Ihrer Berichte auf vielfältige Weise anpassen. So können Sie z. B. eine *bedingte Formatierung* definieren, um wichtige Werte oder unerwartete Ergebnisse visuell hervorzuheben. In Abschnitt 8.1, »Formatierung anpassen«, lernen Sie, welche Möglichkeiten Sie haben, um die Formatierung Ihrer Berichte anzupassen.

Dabei können Sie auch mit sogenannten *Designregeln* einzelne Elemente Ihrer Kreuztabelle anpassen. Die über Designregeln vorgenommenen Anpassungen bleiben auch nach der Aktualisierung der Kreuztabelle erhalten. In Abschnitt 8.2, »Designregeln administrieren«, zeige ich Ihnen, wie Sie Designregeln verwalten.

Mit SAP Analysis for Microsoft Office stehen Ihnen auch eine Reihe von *Formatvorlagen-Sätzen* zur Verfügung. Sie können bestehende Formatvorlagen ändern oder Ihre eigenen Formatvorlagen anlegen. Wie das geht, erfahren Sie in Abschnitt 8.3, »Mit Formatvorlagen arbeiten«.

Schließlich zeige ich Ihnen in diesem Kapitel auch, wie Sie Arbeitsmappen um Diagramme, Info-Felder (Informationsfelder) und Filter erweitern. So können Sie Ihre Daten visuell ansprechend aufbereiten (siehe Abschnitt 8.4, »Arbeitsmappe um Diagramme, Info-Felder und Filter erweitern«).

8.1 Formatierung anpassen

Neben den bereits erwähnten Möglichkeiten, eine bedingte Formatierung zu definieren (siehe Abschnitt 8.1.1, »Mit bedingter Formatierung arbeiten«) und mithilfe von Designregeln einzelne Elemente Ihrer Kreuztabelle anzupassen (siehe Abschnitt 8.1.2, »Zellen formatieren«, und Abschnitt 8.1.3, »Neue Zeilen und Spalten hinzufügen«), können Sie auch eigene Formeln anlegen (siehe Abschnitt 8.1.5, »Formeln zu neuen Zeilen hinzufügen«).

Welche Funktionen Ihnen SAP Analysis for Microsoft Office darüber hinaus bietet, um die Formatierung Ihrer Berichte anzupassen, erfahren Sie in den folgenden Abschnitten.

8.1.1 Mit bedingter Formatierung arbeiten

Sie können in SAP Analysis for Microsoft Office mithilfe von bedingter Formatierung wichtige Werte oder unerwartete Ergebnisse in Ihren Berichten hervorheben. Dabei können Sie Regeln definieren, um die Daten mit verschiedenen Farben oder Symbolen zu markieren. So können Sie z. B. sofort erkennen, in welchen Bereichen Umsätze hinter den Erwartungen zurückbleiben oder welche Produkte gerade besonders gefragt sind.

Sie können mehrere Regeln pro bedingte Formatierung definieren und die Anwendung der Regeln priorisieren. Darüber hinaus können Sie auch mehrere bedingte Formatierungen anlegen und bei Bedarf ein- und ausschalten. Selbstverständlich können Sie diese auch nachträglich anpassen oder löschen.

Unterschied zu Microsoft Excel

Im Gegensatz zu der bedingten Formatierung, die Ihnen Microsoft Excel ermöglicht, passt sich die Funktion von SAP Analysis for Microsoft Office immer an Ihren aktuellen Navigationszustand an. Die bedingte Formatierung wird zusammen mit der Arbeitsmappe gespeichert und steht auch anderen Benutzern oder in anderen Sitzungen zur Verfügung. In Abbildung 8.1 sehen Sie ein Beispiel für eine bedingte Formatierung.

		Menge	Umsatz	Preis
Buchungskreis	**Produktgruppe**	ST	EUR	EUR / ST
Reis Telefone DE	Smartphone Mini	300,000	20.000,00	66,67
	Smartphone Plus	◆ 100,000	10.000,00	100,00
	Tablet Mini	200,000	40.000,00	200,00
	Tablet Plus	400,000	30.000,00	75,00
	Ergebnis	**1.000,000**	**100.000,00**	**100,00**
Reis Telephones USA	Smartphone Plus	200,000	20.000,00	100,00
	Tablet Mini	◆ 180,000	36.000,00	200,00
	Ergebnis	**380,000**	**56.000,00**	**147,37**
Gesamtergebnis		**1.380,000**	**156.000,00**	**113,04**

Abbildung 8.1 Bedingte Formatierung

Bedingte Formatierung anlegen

Um eine neue bedingte Formatierung anzulegen, klicken Sie im Bereich **Format** auf die Auswahl **Bedingte Formatierung**. Wählen Sie anschließend den Eintrag **Neu** aus der Liste aus (siehe Abbildung 8.2).

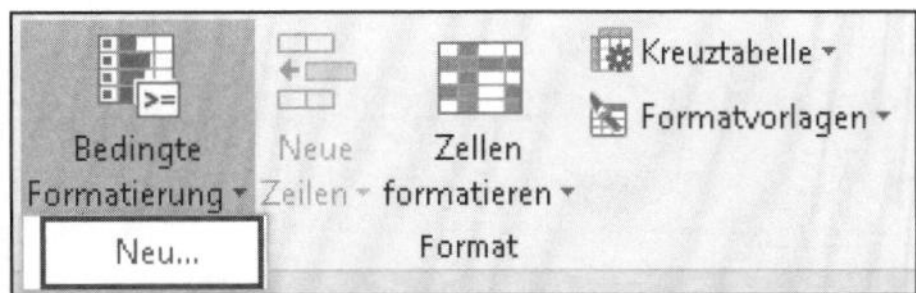

Abbildung 8.2 Neue bedingte Formatierung anlegen

Dialog »Neue bedingte Formatierung«

Es öffnet sich der in Abbildung 8.3 dargestellte Dialog **Neue bedingte Formatierung**. Hier können Sie die Regeln Ihrer bedingten Formatierung festlegen. Vergeben Sie im Feld **Name** ❶ eine aussagekräftige Beschreibung für das neue bedingte Format. In der Liste der Auswahl **Basiert auf** ❷ können Sie die Kennzahl wählen, auf die Sie die Formatierung anwenden möchten.

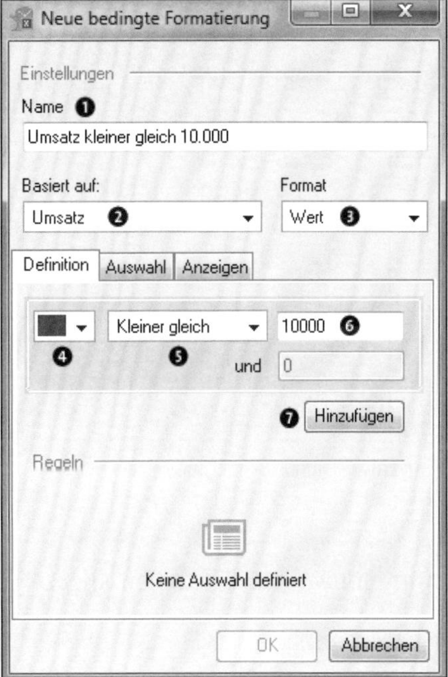

Abbildung 8.3 Bedingte Formatierung definieren

Über die Liste der Auswahl **Format** ❸ können Sie die Formatvorlage bestimmen, die zum Hervorheben von Werten verwendet wird. Hierbei stehen Ihnen folgende Formatvorlagen zur Verfügung:

- **Hintergrund**
  Der Hintergrund der Zellen wird eingefärbt.
- **Wert**
  Der Wert in den Zellen wird eingefärbt.

- **Statussymbol**
  Ein Symbol wird neben dem Wert in den Zellen eingefügt (siehe Abbildung 8.4).

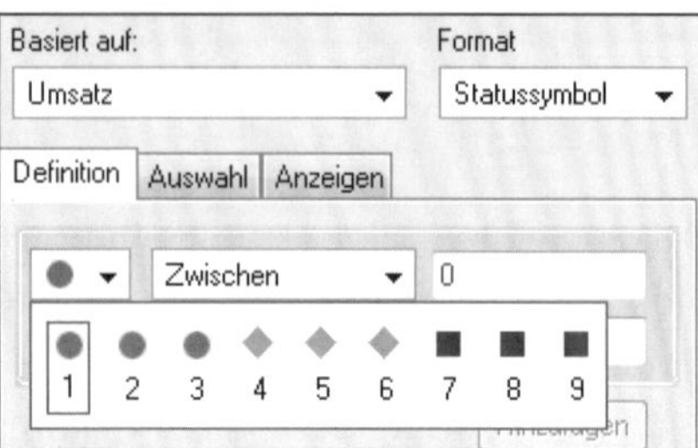

Abbildung 8.4 Zur Auswahl stehende Statussymbole

- **Trend aufsteigend**
  Ein farbiger Pfeil (von unten nach oben) wird in den Zellen angezeigt (siehe Abbildung 8.5).

Abbildung 8.5 Aufsteigenden Trend anzeigen

- **Trend absteigend**
  Ein farbiger Pfeil (von oben nach unten) wird in den Zellen angezeigt (siehe Abbildung 8.6).

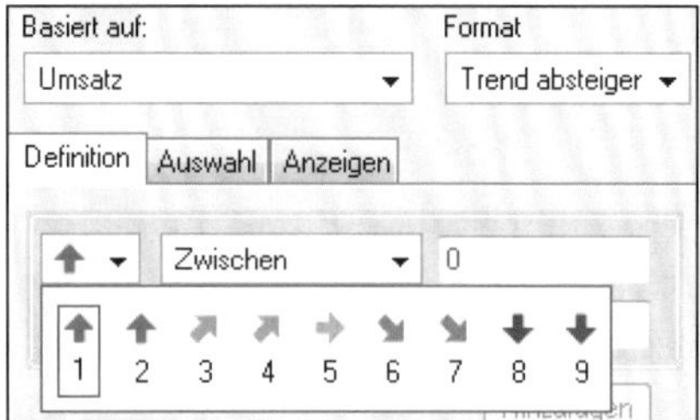

Abbildung 8.6 Absteigenden Trend anzeigen

- **Trend grau**
  Ein grauer Pfeil von unten nach oben wird in den Zellen angezeigt.

Operator auswählen

Jede Formatvorlage besteht aus neun Elementen. Die Zahlen 1 bis 9 unter der Farbe repräsentieren die Priorität der Regel. Wählen Sie die gewünschte Farbe aus, die für die hervorgehobenen Werte gelten soll ❹. Anschließend müssen Sie einen Operator auswählen ❺. Es stehen folgende Operatoren zur Auswahl:

- [] (zwischen)
- ![] (nicht zwischen)
- > (größer als)
- >= (größer gleich)
- < (kleiner als)
- <= (kleiner gleich)
- = (gleich)
- != (ungleich)

Geben Sie anschließend einen Wert oder einen Wertebereich als Schwellenwert an ❻ (siehe Abbildung 8.3). Über den Button **Hinzufügen** ❼ wird die neue Regel anschließend erstellt (siehe Abbildung 8.7).

Abbildung 8.7 Übersicht über definierte Regeln

Regeln priorisieren

Die definierten Regeln werden im Bereich **Regeln** angezeigt (siehe Abbildung 8.7). Die Zahlen 1 bis 9 in der Formatvorlage dienen dazu, die Priorität der Regel zu bestimmen. Wenn Sie mehrere Regeln mit derselben Definition anlegen, entscheidet die Priorität, welche Regel angewandt wird. Dabei ist 9 die höchste und 1 die niedrigste Priorität.

Wenn Sie also, wie es in Abbildung 8.7 der Fall ist, zwei Regeln definieren, entscheidet die Priorität, entsprechend welcher Regel die Werte eingefärbt werden. Sollen z. B. Umsätze, die kleiner oder gleich 10.000 EUR sind, gleichzeitig in Rot und in Grün dargestellt werden, entsteht ein Konflikt. Hat die Regel, der zufolge die Werte rot eingefärbt werden sollen, nun mit 9 die höhere Priorität, erscheinen die Werte entsprechend Ihrer Vorgabe in Rot (siehe Abbildung 8.8).

		Menge	Umsatz	Preis
Buchungskreis	**Produktgruppe**	ST	EUR	EUR / ST
Reis Telefone DE	Smartphone Mini	300,000	20.000,00	66,67
	Smartphone Plus	100,000	**10.000,00**	100,00
	Tablet Mini	200,000	40.000,00	200,00
	Tablet Plus	400,000	30.000,00	75,00
	Ergebnis	**1.000,000**	**100.000,00**	**100,00**
Reis Telephones USA	Smartphone Plus	200,000	20.000,00	100,00
	Tablet Mini	180,000	36.000,00	200,00
	Ergebnis	**380,000**	**56.000,00**	**147,37**
Gesamtergebnis		**1.380,000**	**156.000,00**	**113,04**

Abbildung 8.8 Konkurrierende Regeln – Regel mit höchster Priorität wird angewandt

Anwendung der Formatierung festlegen

Auf der Registerkarte **Auswahl** können Sie für jedes Merkmal festlegen, wie die bedingte Formatierung angewendet werden soll. Ein Beispiel ist in Abbildung 8.9 zu sehen. So können Sie über die Auswahlliste ❶ definieren, ob die Anwendung für alles, also für alle Elemente und Ergebnisse (Eintrag **alle Elemente und Ergebnis**), nur auf Ergebnisse (Eintrag **Ergebnisse**) oder auf bestimmte Elemente (Eintrag **Elemente**) erfolgen soll.

Standardmäßig ist der Eintrag **Alle Elemente und Ergebnis** ausgewählt. Das heißt, es werden sowohl die Werte der einzelnen Elemente als auch das Ergebnis daraufhin überprüft, ob der von Ihnen bestimmte Schwellenwert erreicht ist. Wenn Sie nur die Summen hervorheben möchten, die unter (oder auch über) einem bestimmten Schwellwert liegen, wählen Sie die Option **Ergebnisse**. In diesem Fall werden die einzelnen Elemente nicht mehr hervorgehoben.

Sie können aber auch einzelne Werte gesondert prüfen. Wenn Sie z. B. die Umsätze unter 10.000 EUR nur in Deutschland hervorheben möchten, nicht aber in den USA, wählen Sie den Eintrag **Elemente** aus. Anschließend können Sie den Buchungskreis Deutschland über den Button (**Wertehilfe**) auswählen ❷. So können Sie die Prüfung auch auf bestimmte Kalenderjahre oder Produktgruppen begrenzen, um schnell und präzise Erkenntnisse aus Ihrer Datenanalyse zu gewinnen.

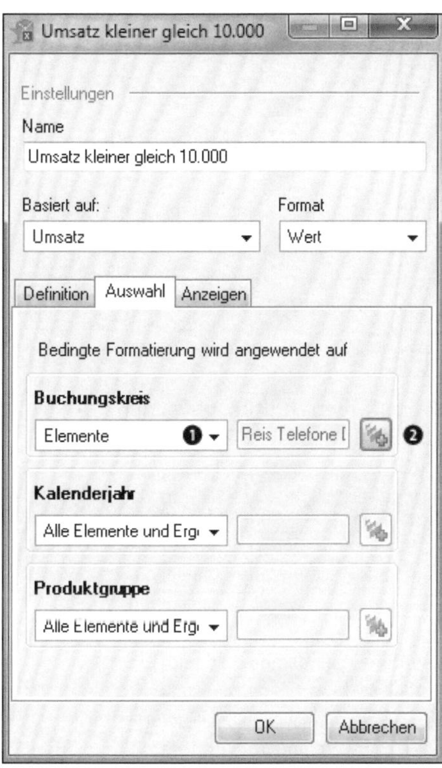

Abbildung 8.9 Anwendung der bedingten Formatierung festlegen

Außerdem können Sie auf der Registerkarte **Anzeigen** die Visualisierung der bedingten Formatierung anpassen. Im Bereich **Bedingte Formatierung anwenden auf:** können Sie festlegen, dass nicht nur die jeweiligen Datenzellen, sondern auch die Zeilen- und/oder Spaltenköpfe hervorgehoben werden sollen (siehe Abbildung 8.10).

So können Sie einen schnelleren Überblick über die Ausreißer gewinnen und diese schneller lokalisieren. Ein Beispiel ist in Abbildung 8.11 zu sehen.

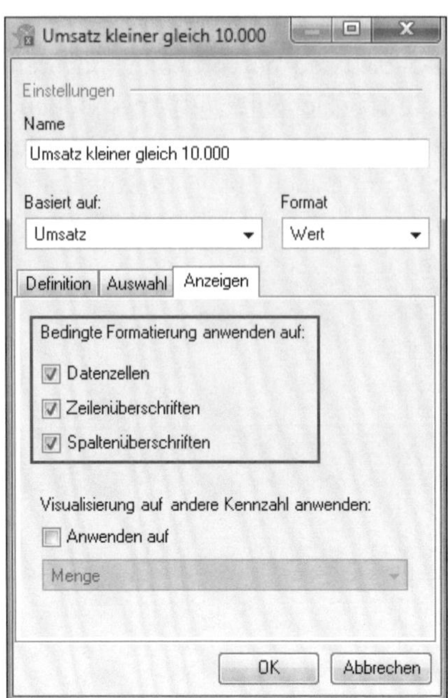

Abbildung 8.10 Bedingte Formatierung auf Überschriften anwenden

		Menge	**Umsatz**	Preis
Buchungskreis	**Produktgruppe**	ST	EUR	EUR / ST
Reis Telefone DE	Smartphone Mini	300,000	20.000,00	66,67
	Smartphone Plus	100,000	**10.000,00**	100,00
	Tablet Mini	200,000	40.000,00	200,00
	Tablet Plus	400,000	30.000,00	75,00
	Ergebnis	**1.000,000**	**100.000,00**	**100,00**
Reis Telephones USA	Smartphone Plus	200,000	20.000,00	100,00
	Tablet Mini	180,000	36.000,00	200,00
	Ergebnis	**380,000**	**56.000,00**	**147,37**
Gesamtergebnis		**1.380,000**	**156.000,00**	**113,04**

Abbildung 8.11 Hervorhebung von Zeile und Spalte eines Wertes

Formatierung auf andere Kennzahl anwenden

Darüber hinaus haben Sie die Möglichkeit, die Visualisierung auf eine andere Kennzahl anzuwenden. So können Sie bestimmen, dass die bedingte Formatierung, die für eine Kennzahl (in unserem Beispiel Umsatz) definiert wurde, auf eine andere Kennzahl (z. B. Menge) angewendet wird.

Setzen Sie dazu das Häkchen neben **Anwenden auf ❶**, und wählen Sie über die Auswahlliste ❷ die Kennzahl aus, auf die Sie die Formatierung anwenden möchten (siehe Abbildung 8.12).

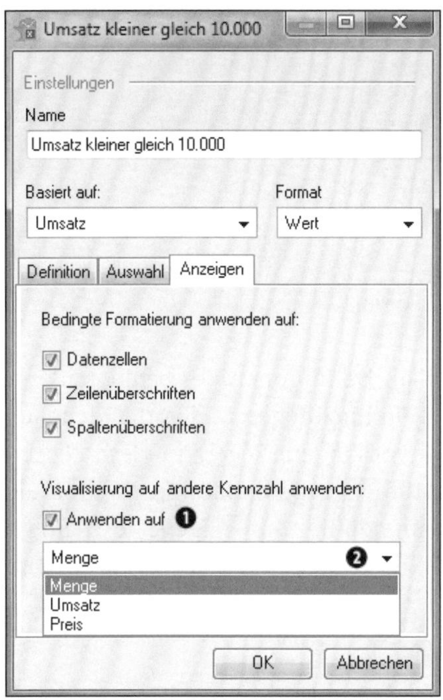

Abbildung 8.12 Visualisierung auf andere Kennzahl anwenden

In diesem Fall wird die Menge dort hervorgehoben, wo der Umsatz unter oder gleich 10.000 EUR liegt (siehe Abbildung 8.13).

		Menge	Umsatz	Preis
Buchungskreis	**Produktgruppe**	ST	EUR	EUR / ST
Reis Telefone DE	Smartphone Mini	300,000	20.000,00	66,67
	Smartphone Plus	**100,000**	10.000,00	100,00
	Tablet Mini	200,000	40.000,00	200,00
	Tablet Plus	400,000	30.000,00	75,00
	Ergebnis	**1.000,000**	**100.000,00**	**100,00**
Reis Telephones USA	Smartphone Plus	200,000	20.000,00	100,00
	Tablet Mini	180,000	36.000,00	200,00
	Ergebnis	**380,000**	**56.000,00**	**147,37**
Gesamtergebnis		**1.380,000**	**156.000,00**	**113,04**

Abbildung 8.13 Hervorhebung einer anderen Kennzahl (hier Menge)

Bedingte Formatierung ändern

Nachdem Sie eine bedingte Formatierung angelegt haben, können Sie diese nachträglich anpassen. Selektieren Sie dazu im Bereich **Format** der Registerkarte **Analysis Design** über die Auswahl **Bedingte Formatierung** den Namen der bedingten Formatierung, und wählen Sie den Eintrag **Bearbeiten** (siehe Abbildung 8.14).

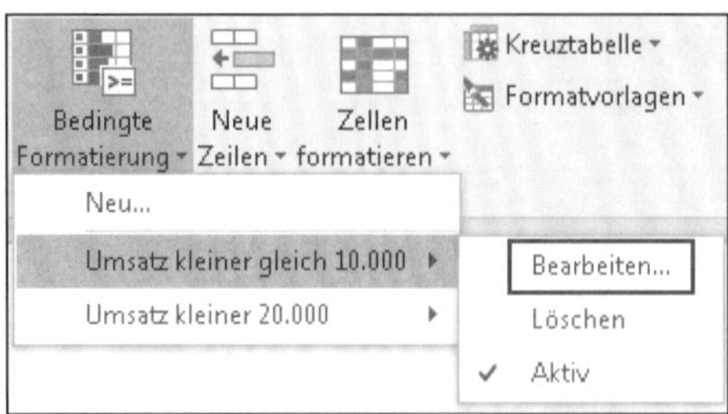

Abbildung 8.14 Bedingte Formatierung bearbeiten

Regel ändern oder löschen

Anschließend können Sie die aktuellen Definitionen des bedingten Formats anpassen. Sie können neue Regeln hinzufügen und vorhandene Regeln bearbeiten oder löschen. Um eine vorhandene Regel zu ändern, klicken Sie in der jeweiligen Regel auf den Button (**Regel ändern**) ❶. Wenn Sie die Regel löschen möchten, klicken Sie auf den Button (**Regel löschen**) ❷. Um die Änderungen zu übernehmen, klicken Sie anschließend auf den **OK**-Button ❸ (siehe Abbildung 8.15).

Abbildung 8.15 Bedingte Formatierung anpassen

Wenn Sie eine Regel ändern, können Sie die Farbe der Hervorhebung und die Priorität sowie den Operator und den Schwellenwert neu definieren. In

Abbildung 8.16 sehen Sie ein Beispiel. Nachdem Sie die Änderungen vorgenommen haben, übernehmen Sie diese mit dem Button (**Regel bestätigen**). Alternativ können Sie die Änderungen über den Button (**Abbrechen**) verwerfen.

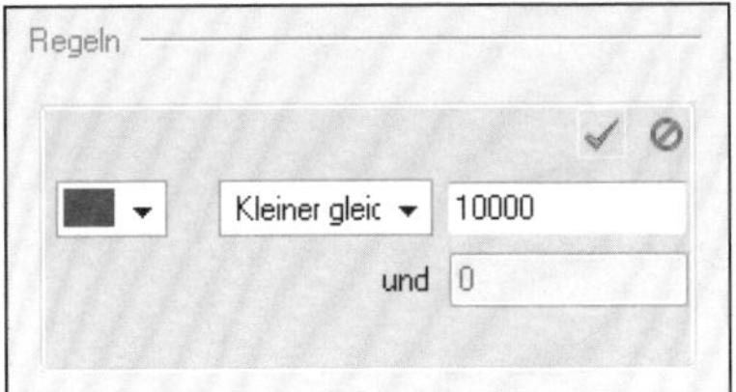

Abbildung 8.16 Regel anpassen

Bedingte Formatierung ausschalten

Bei Bedarf können Sie angelegte bedingte Formatierungen auch deaktivieren. Selektieren Sie dazu über die Auswahl **Bedingte Formatierung** die gewünschte Formatierung, und entfernen Sie das Häkchen neben dem Eintrag **Aktiv** (siehe Abbildung 8.17).

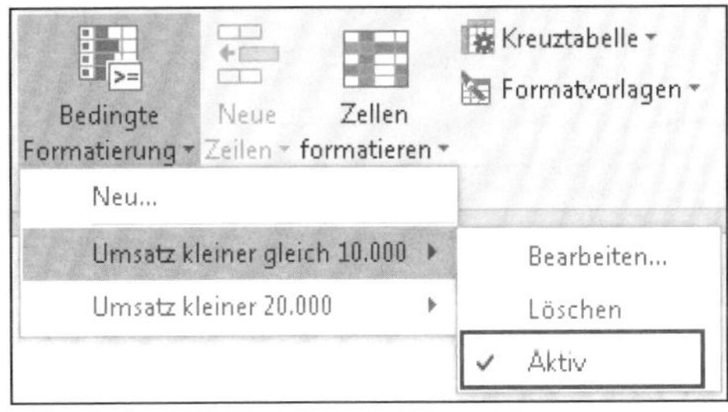

Abbildung 8.17 Bedingte Formatierung ausschalten

Formatierung wieder einschalten

Anschließend wird die bedingte Formatierung ausgeschaltet, und die Werte werden nicht mehr im Bericht hervorgehoben. Um die Formatierung wieder einzuschalten, setzen Sie einfach das Häkchen neben dem Eintrag **Aktiv**.

Bedingte Formatierung löschen

Wenn Sie eine bedingte Formatierung nicht nur deaktivieren, sondern komplett entfernen möchten, gehen Sie wie folgt vor. Selektieren Sie über die Auswahl **Bedingte Formatierung** den Namen des bedingten Formats, und wählen Sie anschließend den Eintrag **Löschen** (siehe Abbildung 8.18). Die Formatierung wird aus der Arbeitsmappe entfernt und steht nicht mehr zur Verfügung.

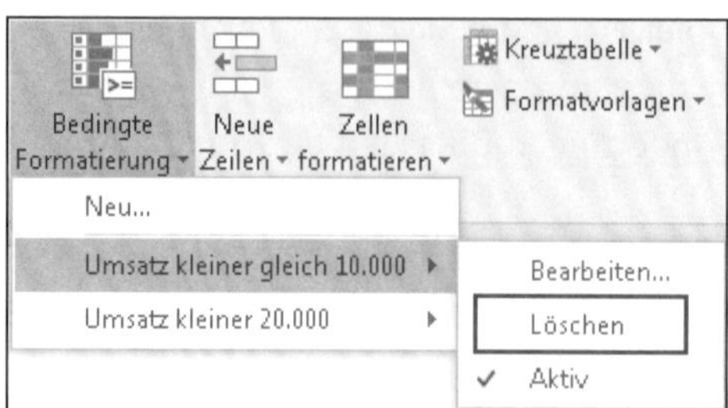

Abbildung 8.18 Bedingte Formatierung löschen

8.1.2 Zellen formatieren

Einzelne Zellen manuell hervorheben

Auch können Sie einzelne Zellen manuell hervorheben, indem Sie ein anderes Format auf die Zelle anwenden. Dabei können Sie zwischen den standardmäßig ausgelieferten Zellenformatvorlagen von Microsoft Excel und SAP wählen. Sie können aber auch eigenhändig definierte Zellenformatvorlagen verwenden. In Abbildung 8.19 sehen Sie ein Beispiel für formatierte Zeilen.

		Menge	Umsatz	Preis
Buchungskreis	**Produktgruppe**	ST	EUR	EUR / ST
Reis Telefone DE	Smartphone Mini	300,000	20.000,00	66,67
	Smartphone Plus	100,000	10.000,00	100,00
	Tablet Mini	200,000	40.000,00	200,00
	Tablet Plus	400,000	30.000,00	75,00
	Ergebnis	**1.000,000**	**100.000,00**	**100,00**
Reis Telephones USA	Smartphone Plus	200,000	20.000,00	100,00
	Tablet Mini	180,000	36.000,00	200,00
	Ergebnis	**380,000**	**56.000,00**	**147,37**
Gesamtergebnis		**1.380,000**	**156.000,00**	**113,04**

Abbildung 8.19 Hervorhebung einzelner Elemente durch Formatierung

[»]

Aktualisierung unterbrechen

Sie können die Funktion **Zellen formatieren** nicht anwenden, wenn **Aktualisierung unterbrechen** aktiv ist.

Neues Format anwenden

Um eine neue Formatierung zu verwenden, markieren Sie zunächst die gewünschte Zelle in der Kreuztabelle. Es ist nicht möglich, mehrere Zellen gleichzeitig zu formatieren. Wählen Sie anschließend im Bereich **Format** in der Auswahl **Zellen formatieren** den Eintrag **Neues Format** (siehe Abbildung 8.20).

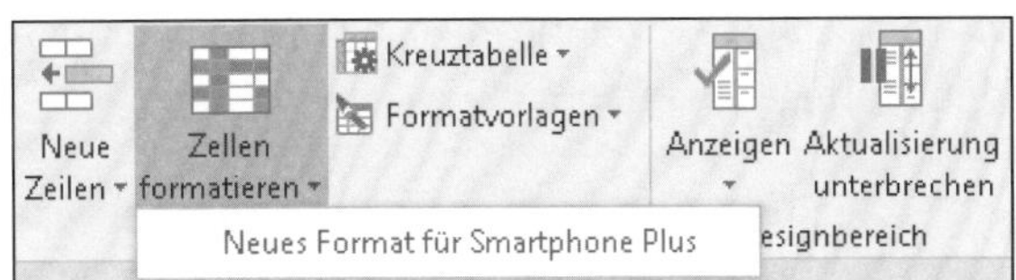

Abbildung 8.20 Neues Format anwenden

Umfang der Formatierung festlegen

Über den Dialog **Format** können Sie den Umfang der Formatierung festlegen (siehe Abbildung 8.21). Im Bereich **Kontext** sehen Sie das gerade ausgewählte Element ❶. Über die Auswahl **Umfang** ❷ können Sie den Bereich, auf den die Formatierung angewendet wird, bestimmen. Über die Auswahl **Format** ❸ können Sie aus den bereits definierten Zellenformatvorlagen wählen. Alternativ können Sie über den Button **Neues Format anlegen** ❹ eine neue Formatvorlage definieren. Über den Button **OK** ❺ wird die Formatierung angewendet.

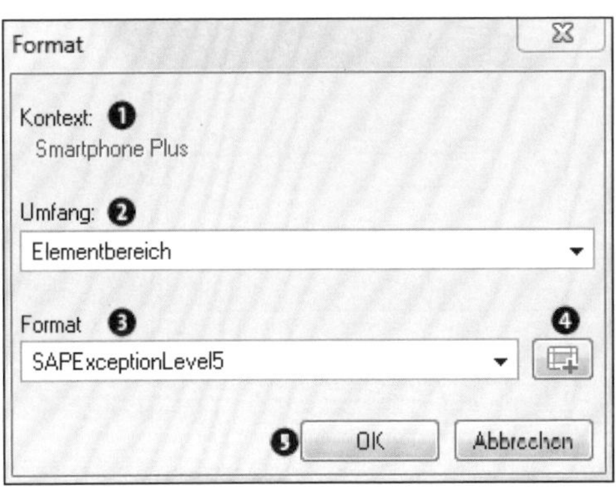

Abbildung 8.21 Umfang der Formatierung festlegen

Optionen bei Merkmalsüberschriften

Je nach ausgewählter Zelle stehen Ihnen verschiedene Einträge für die Auswahl **Umfang** zur Verfügung. Wenn Sie die Überschrift eines *Merkmals* (z. B. Produktgruppe) auswählen, stehen Ihnen die folgenden Einträge zur Auswahl zur Verfügung:

- **Dimensionskopf**
  Hierbei wird die Formatierung nur auf die Überschrift angewendet.
- **Dimensionskopf und -elemente**
  Die Formatierung wird auf die Überschrift und alle Elemente der jeweiligen Dimension angewendet, z. B. Smartphone Plus, Smartphone Mini, Tablet Plus usw., im Falle der Produktgruppe.
- **Dimension Members**
  Die Formatierung wird auf alle Elemente der Dimension, nicht jedoch auf die Überschrift angewendet.

Optionen bei Merkmalswerten

Wenn Sie einen *Merkmalswert* (z. B. Smartphone Plus) auswählen, können Sie zwischen den folgenden Einträgen wählen:

- **Elementbereich**
  Die Formatierung wird auf das ausgewählte Element angewendet.
- **Elementbereich und -daten**
  Die Formatierung wird auf das ausgewählte Element und die dazugehörigen Daten derselben Achse angewendet. Ein Beispiel ist in Abbildung 8.22 zu sehen. Dort werden der Merkmalswert Smartphone Plus und die dazugehörigen Kennzahlwerte hervorgehoben.
- **Neue Zellendaten**
  In diesem Fall werden nur die zugehörigen Daten, z. B. Kennzahlwerte des jeweiligen Merkmalwertes formatiert, jedoch nicht der Merkmalswert selbst.

		Menge	Umsatz	Preis
Buchungskreis	**Produktgruppe**	ST	EUR	EUR / ST
Reis Telefone DE	Smartphone Mini	300,000	20.000,00	66,67
	Smartphone Plus	**100,000**	**10.000,00**	**100,00**
	Tablet Mini	200,000	40.000,00	200,00
	Tablet Plus	400,000	30.000,00	75,00
	Ergebnis	**1.000,000**	**100.000,00**	**100,00**
Reis Telephones USA	**Smartphone Plus**	**200,000**	**20.000,00**	**100,00**
	Tablet Mini	180,000	36.000,00	200,00
	Ergebnis	**380,000**	**56.000,00**	**147,37**
Gesamtergebnis		**1.380,000**	**156.000,00**	**113,04**

Abbildung 8.22 Formatierung von Bereich und Daten eines Merkmalswertes

Optionen bei Datenzellen

Wenn Sie eine *Datenzelle*, also eine Zelle mit Kennzahlwerten auswählen, stehen Ihnen folgende Einträge zur Auswahl:

- **Data Cell**
  Die Formatierung wird auf die ausgewählte Zelle angewendet.
- **Zeilenelemente**
  Die Formatierung wird auf den Merkmalswert (z. B. Smartphone Plus) in der Zeile der ausgewählten Datenzelle angewendet.
- **Zeilenelemente und -daten**
  Die Formatierung wird auf den Merkmalswert sowie die dazugehörigen Daten, also Kennzahlwerte in derselben Zeile angewendet.
- **Zeilendaten**
  Die Formatierung wird nur auf die Kennzahlwerte der jeweiligen Zeile, jedoch nicht auf den Merkmalswert angewendet.

- **Spaltenelemente**
  Die Formatierung wird auf die Überschrift der jeweiligen Spalte angewendet.
- **Spaltenelemente und -daten**
  Die Formatierung wird auf die Überschrift der Spalte sowie auf alle Daten der Spalte, also auf die gesamte Spalte angewendet.
- **Spaltendaten**
  Die Formatierung wird auf die Daten der Spalte, jedoch nicht auf den Spaltenkopf angewendet.

Optionen bei Ergebniszellen

Darüber hinaus haben Sie auch die Möglichkeit, die *Ergebniszellen* zu formatieren. Dabei stehen Ihnen folgende Optionen zu Auswahl:

- **Ergebniselementkopf**
  Hierbei wird die Formatierung nur auf die Überschrift selbst, also auf das Ergebnis angewendet.
- **Ergebniselementkopf und -daten**
  Die Formatierung wird auf das Ergebnis sowie Summen der Kennzahlwerte in derselben Zeile angewendet. In Abbildung 8.23 sehen Sie ein Beispiel.
- **Ergebniselementdaten**
  Die Formatierung wird auf die Summen der Kennzahlwerte, jedoch nicht auf die Überschrift **Ergebnis** angewendet.

		Menge	Umsatz	Preis
Buchungskreis	**Produktgruppe**	ST	EUR	EUR / ST
Reis Telefone DE	Smartphone Mini	300,000	15.000,00	50,00
	Smartphone Plus	500,000	50.000,00	100,00
	Tablet Mini	200,000	40.000,00	200,00
	Tablet Plus	400,000	30.000,00	75,00
	Ergebnis	1.400,000	135.000,00	96,43
Reis Telephones USA	Smartphone Plus	2.000,000	200.000,00	100,00
	Tablet Mini	180,000	36.000,00	200,00
	Ergebnis	2.180,000	236.000,00	108,26
Gesamtergebnis		**3.580,000**	**371.000,00**	**103,63**

Abbildung 8.23 Ergebniszeile hervorheben

Nachdem ein neues Format angelegt worden ist, werden die ausgewählten Zellen sofort formatiert. Wenn mehrere Formate für dieselbe Zelle definiert wurden, wird standardmäßig das zuletzt definierte Format angewendet. Sie können die Priorität der Formate jedoch auf der Registerkarte **Designregeln** anpassen (siehe Abschnitt 8.2, »Designregeln administrieren«).

Format anpassen

Wenn Sie Änderungen an der Definition eines Formats durchführen wollen, selektieren Sie eine entsprechend formatierte Zelle. Wählen Sie anschließend unter **Zellen formatieren** das definierte Format aus. Klicken Sie danach auf **Ändern** (siehe Abbildung 8.24). Es erscheint der Dialog **Format**, und Sie können die Formatierung anpassen.

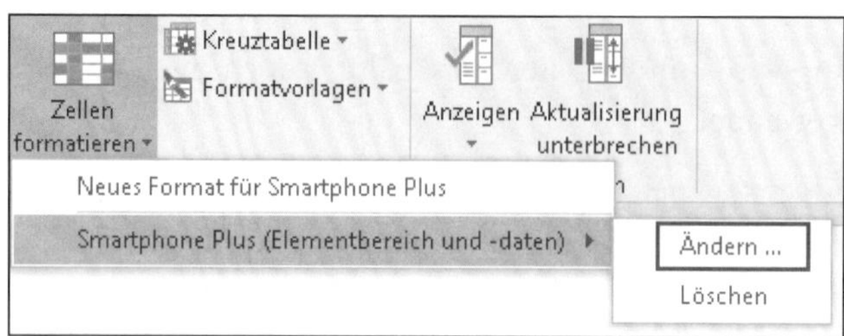

Abbildung 8.24 Bestehendes Format ändern

Format löschen

Um ein bestehendes Format zu löschen, selektieren Sie erneut eine entsprechend formatierte Zelle. Wählen Sie danach über die Auswahl **Zellen formatieren** das bestehende Format aus, und klicken Sie anschließend auf den Eintrag **Löschen** (Abbildung 8.25).

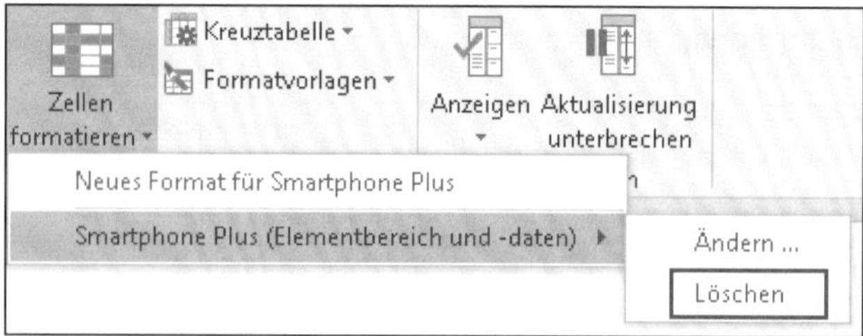

Abbildung 8.25 Bestehendes Format löschen

Formate in Designregeln verwalten

Neue Formate werden als Formate in der Auswahl **Regeltyp** der Registerkarte **Designregeln** im Designbereich hinzugefügt (siehe Abbildung 8.26). Auch hier können Sie definierte Formate ändern, deaktivieren bzw. aktivieren, löschen und in ihrer Priorität anpassen.

Formate anpassen

Über den Bereich **Eigenschaften** können Sie die Formatierung einer Zelle anpassen (siehe Abbildung 8.27). So können in den beiden Auswahlfeldern **Umfang** und **Format** erneut Einträge selektiert werden. Außerdem kann über den Button (**Neues Format anlegen**) eine neue Zellenformatvorlage erstellt werden.

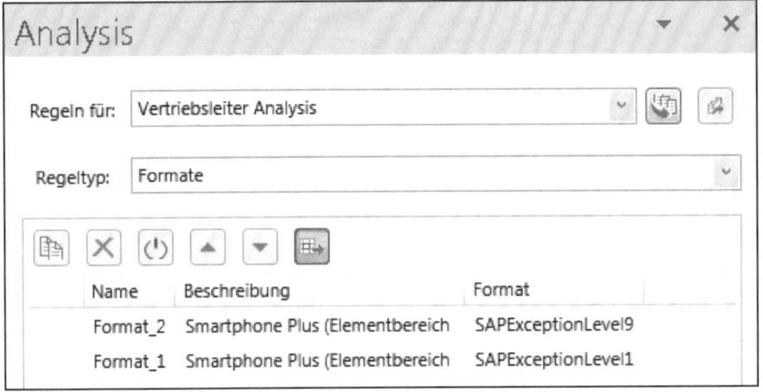

Abbildung 8.26 Regeltyp »Formate«

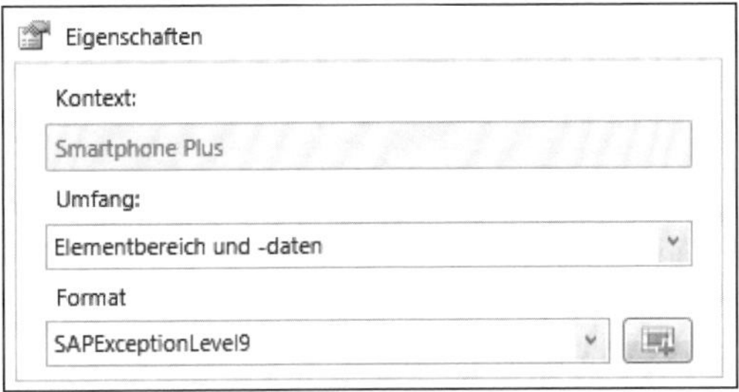

Abbildung 8.27 Eigenschaften eines Formats

Über den Button (**Regel deaktivieren**) kann eine Formatierung ausgeblendet werden. Falls Sie die Formatierung dauerhaft entfernen möchten, wählen Sie den Button (**Regel löschen**).

[+]

Designregeln löschen

Sie können alle Designregeln entfernen, indem Sie die Datenquelle zurücksetzen (siehe Abschnitt 2.1, »Mit aktuellen Daten arbeiten«). Wenn dabei für die Datenquelle Designregeln vorhanden sind, erscheint ein Fenster, in dem Sie gefragt werden, ob Sie diese beibehalten möchten. Sie können alle Designregeln löschen, indem Sie **Nein** auswählen.

Standardmäßig wird das zuletzt definierte Format auf eine ausgewählte Zelle angewendet. Über die Pfeiltasten können Sie die Reihenfolge der Regeln ändern – dann wird das jeweils oben stehende Format angewendet (siehe Abbildung 8.28).

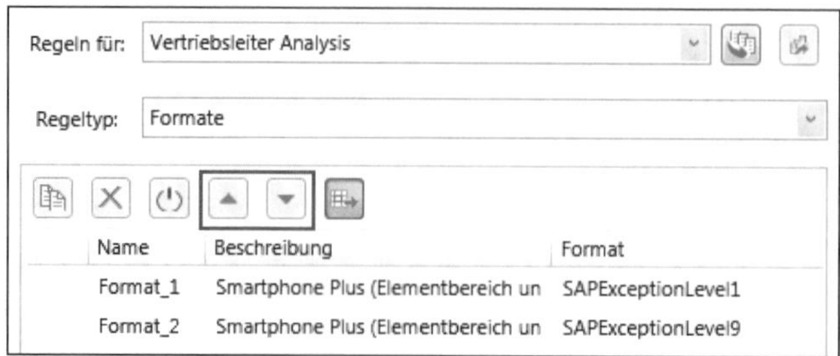

Abbildung 8.28 Reihenfolge der Regeln – entscheidend für angewendete Formatierung

8.1.3 Neue Zeilen und Spalten hinzufügen

Sie können in SAP Analysis for Microsoft Office der Kreuztabelle neue Zeilen und Spalten hinzufügen. Diese können genutzt werden, um Berichte für eine einfachere Analyse visuell in separate Bereiche zu trennen (siehe Abbildung 8.29). Dabei können Sie die Breite der Spalten bzw. die Höhe der Zeilen anpassen.

		Menge	Umsatz	Preis
Buchungskreis	**Produktgruppe**	ST	EUR	EUR / ST
Reis Telefone DE	Smartphone Mini	300,000	20.000,00	66,67
	Smartphone Plus	100,000	10.000,00	100,00
	Tablet Mini	200,000	40.000,00	200,00
	Tablet Plus	400,000	30.000,00	75,00
	Ergebnis	**1.000,000**	**100.000,00**	**100,00**
Reis Telephones USA				
	Smartphone Plus	200,000	20.000,00	100,00
	Tablet Mini	180,000	36.000,00	200,00
	Ergebnis	**380,000**	**56.000,00**	**147,37**
Gesamtergebnis		**1.380,000**	**156.000,00**	**113,04**

Abbildung 8.29 Merkmalswerte durch neue Zeilen hervorheben

Optionen beim Hinzufügen neuer Zeilen und Spalten

Neue Zeilen oder Spalten können zu den folgenden Elementen der Kreuztabelle hinzugefügt werden:

- im Kopfbereich (Der Kopfbereich umfasst den Bereich vom linken Rand der Kreuztabelle bis hin zu den Daten. Sie können eine neue Zeile unter der Kopfzeile sowie eine neue Spalte links neben den Überschriften hinzufügen.)
- vor und nach jedem Merkmal

- vor und nach jedem Wert eines Merkmals (Wenn ein Merkmalswert mehrmals in der Kreuztabelle vorkommt, wird die Zeile an jeder Stelle eingefügt.)
- vor und nach jeder Merkmalsgruppe (alle Werte eines Merkmals)
- vor und nach einer Kombination von Werten verschiedener Merkmale
- vor und nach einer Kennzahl
- vor und nach einer Ergebniszeile

Sie können zwar neue Zeilen zu den Kennzahlen hinzufügen, allerdings nicht, wenn eine Zelle mit Kennzahlwerten ausgewählt ist. Das heißt, Sie müssen entweder die Überschrift der Kennzahl oder den zugehörigen Merkmalswert auswählen.

Eine neue Zeile ist an das ausgewählte Element gebunden. Wenn Sie, nachdem Sie eine neue Zeile hinzugefügt haben, den Aufriss so verändern, dass das Element nicht mehr sichtbar ist, ist auch die neue Zeile nicht mehr sichtbar. Die Zeile ist jedoch nicht gelöscht. Sie wird wieder sichtbar, sobald das entsprechende Element wieder eingeblendet wird.

Sie können neue Zeilen zu allen Werten eines Merkmals, also zu einer Merkmalsgruppe hinzufügen. Wenn Sie anschließend einzelne Werte aus dem Aufriss entfernen, sind die neuen Zeilen weiterhin sichtbar.

Zeile oder Spalte hinzufügen

Um eine neue Zeile oder Spalte hinzuzufügen, selektieren Sie einen gewünschten Bereich in der Kreuztabelle. Klicken Sie danach im Bereich **Format** auf die Auswahl **Neue Zeilen** (siehe Abbildung 8.30). Anschließend können Sie aus der Liste den gewünschten Eintrag auswählen.

Abbildung 8.30 Neue Zeilen hinzufügen

Anschließend wird die neue Zeile oder Spalte an entsprechender Stelle der Kreuztabelle hinzugefügt. Sie passt sich automatisch jedem Navigationszustand an.

Zeilenhöhe anpassen

Bei Bedarf können Sie die Höhe neuer Zeilen flexibel anpassen. Selektieren Sie dazu eine Zeile, und wählen Sie den Eintrag **Zeilenhöhe** in der Auswahl **Neue Zeilen** (siehe Abbildung 8.31).

Abbildung 8.31 Zeilenhöhe über das Menüband anpassen

Alternativ können Sie den Weg über das Kontextmenü wählen. Markieren Sie eine Zelle in der Kreuztabelle, und wählen Sie über einen Rechtsklick den Eintrag **Zeilenhöhe** in der Auswahl **Neue Zeilen** (siehe Abbildung 8.32).

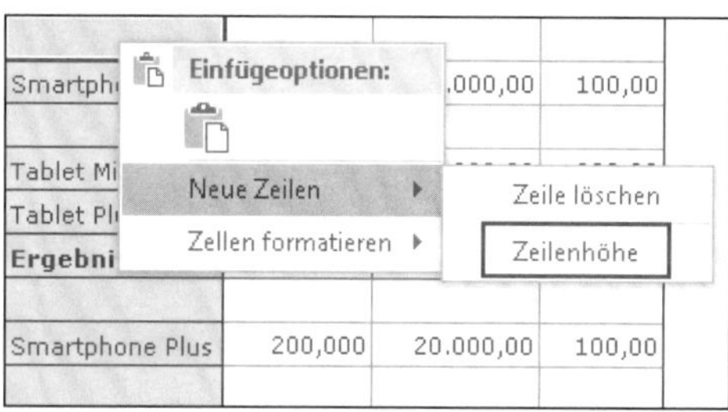

Abbildung 8.32 Zeilenhöhe über das Kontextmenü anpassen

Anschließend können Sie die Zeile über Anklicken des Buttons **Zeilenhöhe fixieren an** auf der gewünschten Höhe fixieren (siehe Abbildung 8.33).

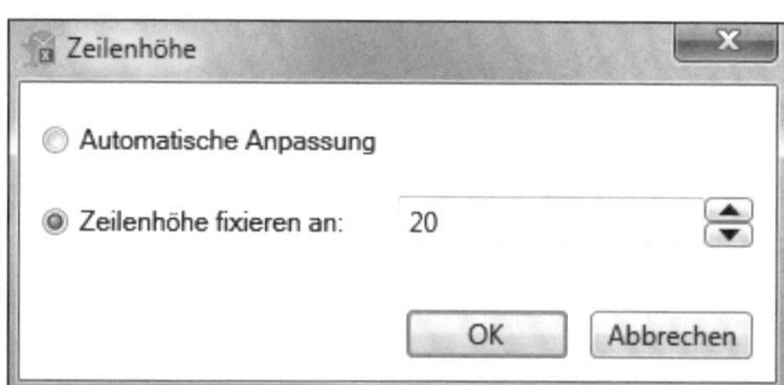

Abbildung 8.33 Zeilenhöhe fixieren

Neue Zeilen oder Spalten formatieren

Sie können das Format neuer Zeilen bzw. Spalten anpassen, um sie noch besser visuell hervorzuheben. Selektieren Sie dazu eine neue Zeile bzw. Spalte in der Kreuztabelle, und wählen Sie den Eintrag **Zellen formatieren** aus dem Kontextmenü (siehe Abbildung 8.34).

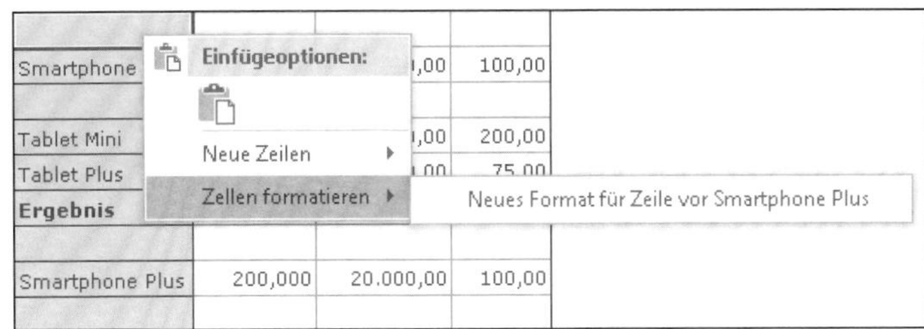

Abbildung 8.34 Neue Zeile formatieren

Alternativ können Sie die Auswahl **Zellen formatieren** im Bereich **Format** nutzen (siehe Abbildung 8.35).

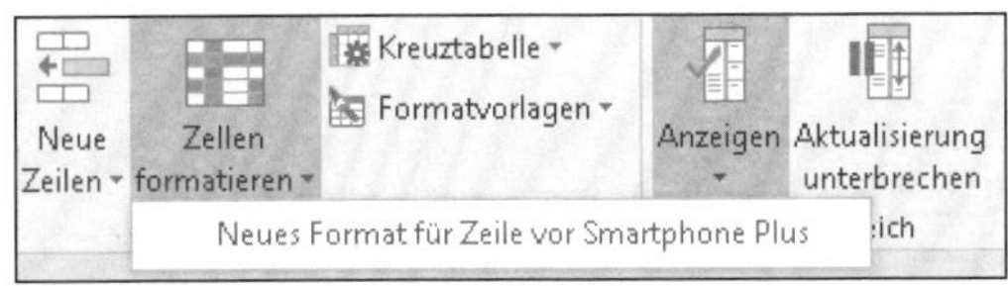

Abbildung 8.35 Neues Format für Zeile festlegen

Funktionen kombinieren

Wählen Sie anschließend das gewünschte Format aus, und übernehmen Sie die Änderungen. Das neue Format wird nun angewendet. So können Sie die Funktionen **Neue Zeilen** und **Zellen formatieren** (siehe Abschnitt 8.1.2, »Zellen formatieren«) kombinieren, um die gewünschten Elemente noch leichter im Blick zu behalten. In Abbildung 8.36 sehen Sie ein Beispiel.

		Menge	Umsatz	Preis
Buchungskreis	**Produktgruppe**	ST	EUR	EUR / ST
Reis Telefone DE	Smartphone Mini	300,000	20.000,00	66,67
	Smartphone Plus	100,000	10.000,00	100,00
	Tablet Mini	200,000	40.000,00	200,00
	Tablet Plus	400,000	30.000,00	75,00
	Ergebnis	**1.000,000**	**100.000,00**	**100,00**
Reis Telephones USA				
	Smartphone Plus	200,000	20.000,00	100,00
	Tablet Mini	180,000	36.000,00	200,00
	Ergebnis	**380,000**	**56.000,00**	**147,37**
Gesamtergebnis		**1.380,000**	**156.000,00**	**113,04**

Abbildung 8.36 Kombination neuer Zeilen und hervorgehobener Zellen

Neue Zeile löschen

Wenn Sie eine neue Zeile löschen möchten, selektieren Sie diese und wählen im Bereich **Format** über die Auswahl **Neue Zeilen** den Eintrag **Zeile löschen** (siehe Abbildung 8.37).

Abbildung 8.37 Zeile löschen

Auch können Sie wieder das Kontextmenü nutzen. Selektieren Sie die entsprechende Zeile, und wählen Sie anschließend den Eintrag **Zeile löschen** in der Auswahl **Neue Zeilen** (siehe Abbildung 8.38).

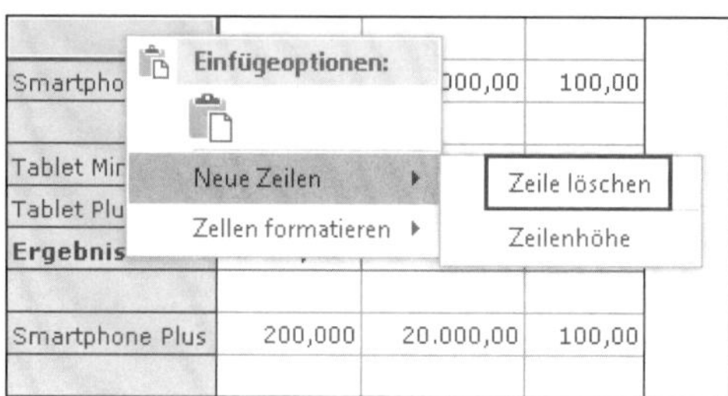

Abbildung 8.38 Zeile über das Kontextmenü löschen

Neue Zeilen in Designregeln verwalten

Wenn Sie eine neue Zeile zur Kreuztabelle hinzufügen, wird diese auch als **Regeltyp** auf der Registerkarte **Designregeln** des Designbereichs hinzugefügt (siehe Abbildung 8.39).

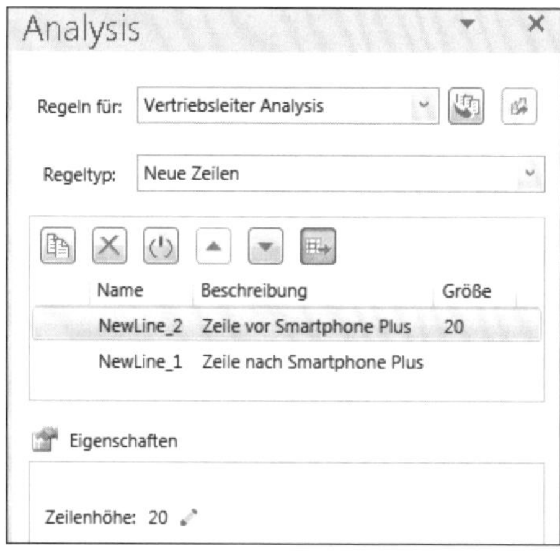

Abbildung 8.39 Zeilendefinition über Designregeln anpassen

Zeilen anpassen

Hier können Sie Ihre neuen Zeilen verwalten. So können Sie z. B. eine Regel über den Button (**Regel kopieren**) kopieren, um zwei neue Zeilen hinzufügen. Darüber hinaus können Sie im Bereich **Eigenschaften** über den Button (**Ändern**) die Zeilenhöhe anpassen.

Bei Bedarf können Sie einzelne Regeln deaktivieren und wieder aktivieren. Nutzen Sie dazu den Button (**Regel deaktivieren**). Wenn Sie eine Zeile dauerhaft entfernen möchten, wählen Sie den Button (**Regel löschen**).

Datenquelle zurücksetzen

Wenn Sie eine Datenquelle zurücksetzen, können Sie entscheiden, ob Ihre Designregeln und somit neue Zeilen beibehalten werden sollen. Wenn Sie die Option **Nein** wählen, werden die neuen Zeilen gelöscht.

8.1.4 Texte zu neuen Zeilen hinzufügen

Sie können Texte zu neuen Zeilen hinzufügen, um z. B. Kommentare zu einer Hervorhebung abzugeben. Der Text ist an die neue Zeile gebunden und bleibt auch bei der Veränderung des Navigationszustands erhalten. Wenn die neue Zeile aufgrund des aktuellen Aufrisses nicht sichtbar ist, wird der Text nicht gelöscht – er erscheint wieder mit der neuen Zeile.

Text hinzufügen

Um einen neuen Text zu erfassen, selektieren Sie die gewünschte Zelle einer neuen Zeile und geben den Text ein. Der Text wird nun der neuen Zeile hinzugefügt. Eine Zeile kann mehrfach in der Kreuztabelle vorkommen, z. B. wenn sie an einen Merkmalswert angehangt ist, der mehrfach in der Tabelle vorkommt (siehe Abschnitt 8.1.3, »Neue Zeilen und Spalten hinzufügen«). In diesem Fall wird der Text jeder dieser Zeilen hinzugefügt. In Abbildung 8.40 sehen Sie hierzu ein Beispiel.

		Menge	Umsatz	Preis
Buchungskreis	**Produktgruppe**	ST	EUR	EUR / ST
Reis Telefone DE	Smartphone Mini	300,000	20.000,00	66,67
	Unser Hoffnungsträger:			
	Smartphone Plus	100,000	10.000,00	100,00
	Tablet Mini	200,000	40.000,00	200,00
	Tablet Plus	400,000	30.000,00	75,00
	Ergebnis	**1.000,000**	**100.000,00**	**100,00**
Reis Telephones USA	Unser Hoffnungsträger:			
	Smartphone Plus	200,000	20.000,00	100,00
	Tablet Mini	180,000	36.000,00	200,00
	Ergebnis	**380,000**	**56.000,00**	**147,37**
Gesamtergebnis		**1.380,000**	**156.000,00**	**113,04**

Abbildung 8.40 Text wird an beiden Stellen hinzugefügt

Anzeige von Texten anpassen

Die Anzeige des Textes stimmt dabei mit der ausgewählten Anzeige des Merkmals überein. Wenn das Merkmal als Text dargestellt ist, wird auch der Kommentar in der neuen Zeile als Text hinterlegt. Wenn Sie die Anzeigeoption zu **Schlüssel** ändern, ist der Kommentar nicht sichtbar. Sie können jedoch einen neuen Kommentar hinzufügen, der zu dem Schlüssel des Merkmals abgelegt wird.

Auf der Registerkarte **Designregeln** im Designbereich sehen Sie in der Spalte **Beschreibung** das jeweilige Element, mit dem der Text verknüpft ist (siehe Abbildung 8.41). Dabei werden die Zeile vor Smartphone Plus und die Zeile vor SP (technischer Schlüssel von Smartphone Plus) als getrennte Einheiten betrachtet, obwohl es sich um dasselbe Element handelt. Daher können sie auch verschiedene Texte tragen.

	Name	Beschreibung	Text
	Text_1	Zeile vor Smartphone Plus (Neue Zeil	Kommentar zum Text
◇	Text_2	Zeile vor SP (Neue Zeilenelemente)	Kommentar zum Schlüssel

Abbildung 8.41 In den Designregeln einsehbare Texte

Wenn Sie **Schlüssel und Text** bzw. **Text und Schlüssel** als Anzeige auswählen, sind beide Kommentare in der Kreuztabelle sichtbar (siehe Abbildung 8.42).

Buchungskreis	**Produktgruppe**	
Reis Telefone DE	SM	Smartphone Mini
	Kommentar zum Schlüssel	Kommentar zum Text
	SP	Smartphone Plus
	TM	Tablet Mini
	TP	Tablet Plus

Abbildung 8.42 Schlüssel und Text anzeigen

Texte in Designregeln verwalten

Hinzugefügte Texte werden als Regeltypen abgelegt (siehe das Auswahlfeld **Regeltyp**). Sie können die angelegten Texte auf der Registerkarte **Designregeln** des Designbereichs über den Button (**Ausblenden**) ausblenden oder über den Button (**Löschen**) entfernen (siehe Abbildung 8.43).

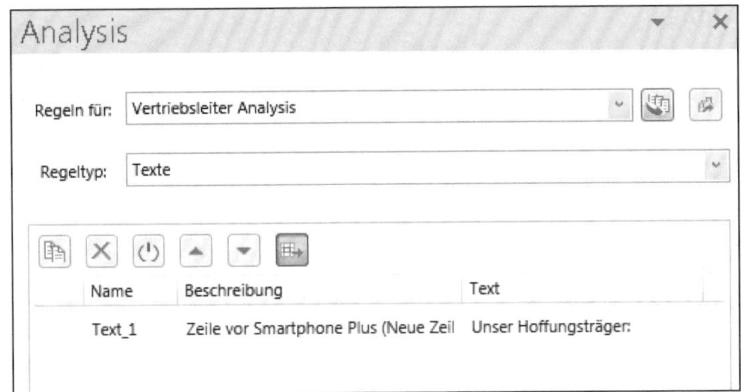

Abbildung 8.43 Administration der Texte in den Designregeln

8.1.5 Formeln zu neuen Zeilen hinzufügen

Sie können nicht nur Texte, sondern auch Formeln in die neu hinzugefügten Zeilen bzw. Spalten einfügen. So können Sie vordefinierte Berichte um individuelle Berechnungen erweitern und z. B. aus den Kennzahlen **Umsatz** und **Menge** den Preis errechnen. Ein Beispiel für einen durch Formeln um individuelle Berechnungen erweiterten Bericht ist in Abbildung 8.44 zu sehen.

		Menge	Umsatz	Preis
Buchungskreis	**Produktgruppe**	ST	EUR	
Reis Telefone DE	Smartphone Mini	300,000	20.000,00	66,67
	Smartphone Plus	100,000	10.000,00	100,00
	Tablet Mini	200,000	40.000,00	200,00
	Tablet Plus	400,000	30.000,00	75,00
	Ergebnis	**1.000,000**	**100.000,00**	**100,00**
Reis Telephones USA	Smartphone Plus	200,000	20.000,00	100,00
	Tablet Mini	180,000	36.000,00	200,00
	Ergebnis	**380,000**	**56.000,00**	**147,37**
Gesamtergebnis		**1.380,000**	**156.000,00**	**113,04**

Abbildung 8.44 Durch Formeln um individuelle Berechnungen erweiterter Bericht

Sie können eine Formel für einzelne Merkmalswerte, wie z. B. Smartphone Plus, oder für die gesamte Spalte, z. B. die neue Spalte neben Umsatz, definieren. Die Formel wird dabei an die jeweilige Spalte angehängt. Wird anschließend die Spalte mit der Kennzahl **Umsatz** verschoben, verschiebt sich auch die Formel.

Formel hinzufügen

Um eine Formel zu definieren, selektieren Sie die gewünschte Zelle. Geben Sie anschließend die Formel in die Zelle ein. Dabei können Sie eine oder mehrere Zellen in der Formel verwenden. Sie können aber auch Zellen außerhalb der Kreuztabelle selektieren oder Referenzfunktionen wie VLOOKUP (SVERWEIS) nutzen. Bei der Formeldefinition können Sie relative und absolute ($) Referenzen verwenden. In Abbildung 8.45 sehen Sie ein Beispiel für die Berechnung des Preises anhand des Umsatzes und der Menge.

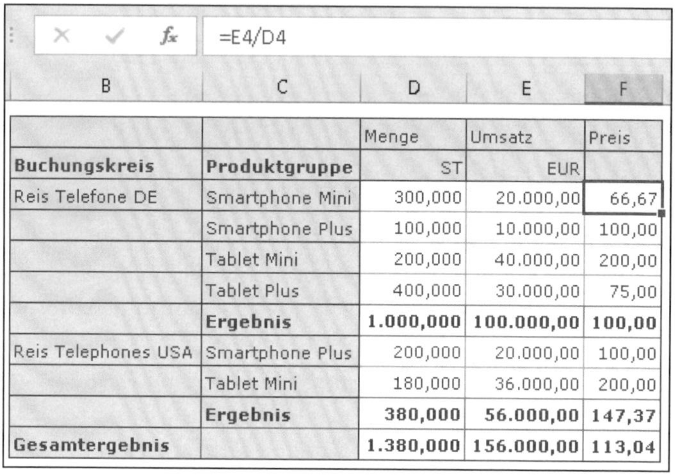

=E4/D4

B	C	D	E	F
		Menge	Umsatz	Preis
Buchungskreis	**Produktgruppe**	ST	EUR	
Reis Telefone DE	Smartphone Mini	300,000	20.000,00	66,67
	Smartphone Plus	100,000	10.000,00	100,00
	Tablet Mini	200,000	40.000,00	200,00
	Tablet Plus	400,000	30.000,00	75,00
	Ergebnis	**1.000,000**	**100.000,00**	**100,00**
Reis Telephones USA	Smartphone Plus	200,000	20.000,00	100,00
	Tablet Mini	180,000	36.000,00	200,00
	Ergebnis	**380,000**	**56.000,00**	**147,37**
Gesamtergebnis		**1.380,000**	**156.000,00**	**113,04**

Abbildung 8.45 Berechnung des Preises anhand des Umsatzes und der Menge

Ergebnis interpretieren

Wenn Sie die Formel für einen Zellenbereich definieren, können Sie anschließend einen oder mehrere Elemente aus dem Bereich entfernen. Die Formel wird die Daten der weiterhin verfügbaren Elemente für die Berechnung nutzen. Falls Sie die Formel für einzelne Zellen bestimmen und diese aus dem Aufriss entfernt werden, liefert die Formel NA als Ergebnis. Wenn Sie z. B. die Kennzahl **Menge** ausblenden, zeigt die Formel für den Preis NA als Ergebnis an.

Formeln über Designregeln verwalten

Die von Ihnen definierten Formeln werden als Regeltyp Formeln auf der Registerkarte **Designregeln** administriert (siehe Abbildung 8.46). Dort können Sie die Formel, wie gewohnt, über den Button (**Regel deaktivieren**) ausblenden. Über den Button (**Regel löschen**) können Sie die Formel dauerhaft entfernen.

Formel anpassen

Im Bereich **Eigenschaften** können Sie über das Feld **Ort der Formel** den Ort, an dem die Formel angezeigt wird, verändern und die Formeldefinition anpassen (siehe Abbildung 8.47).

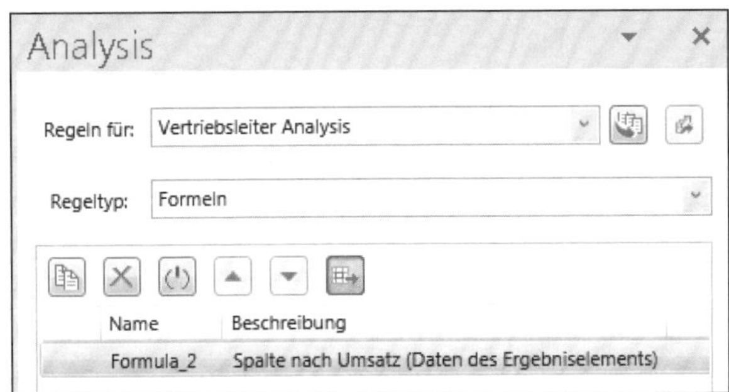

Abbildung 8.46 Administration der Formeln in den Designregeln

Eigenschaften
Formelzeile:
Spalte nach Umsatz
Ort der Formel:
Datenzellen aus Spalte nach Umsatz (Data Cell)
Formeldefinition:
Zelle 1 / Zelle 2
Zelle 1: Umsatz
Zelle 2: Menge

Abbildung 8.47 Formel anpassen

Unter **Formelzeile** wird die neue Zeile (bzw. Spalte) dargestellt, die die Formel beherbergt. Über den Button (**Eingabehilfe**) neben der Auswahl **Ort der Formel** können Sie die Formel an einen anderen Platz in der Kreuztabelle verschieben.

Ort der Formel anpassen

So können Sie z. B. die definierte Formel von **Spalte nach Umsatz** nach **Spalte nach Menge** verschieben (siehe Abbildung 8.48).

Definition der Formel anpassen

In der Auswahl **Formeldefinition** können Sie darüber hinaus die Definition der Formel anpassen (siehe Abbildung 8.49). So können Sie über den Button (**Formeln in der Kreuztabelle anzeigen**) ❶ die Formeln in der Kreuztabelle einblenden – ein Beispiel ist in Abbildung 8.50 zu sehen – und dadurch genau bestimmen, wo eine Formel verwendet wird. Darüber hinaus können Sie über den Button (**Eingabehilfe**) ❷ die Formeloperanden austauschen.

Abbildung 8.48 Ort der Formel anpassen

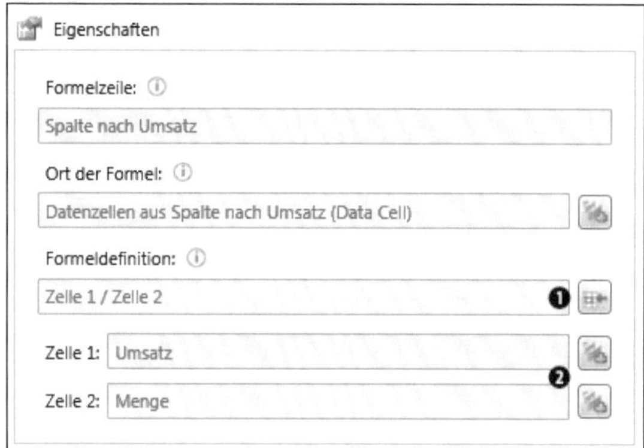

Abbildung 8.49 Formeldefinition anpassen

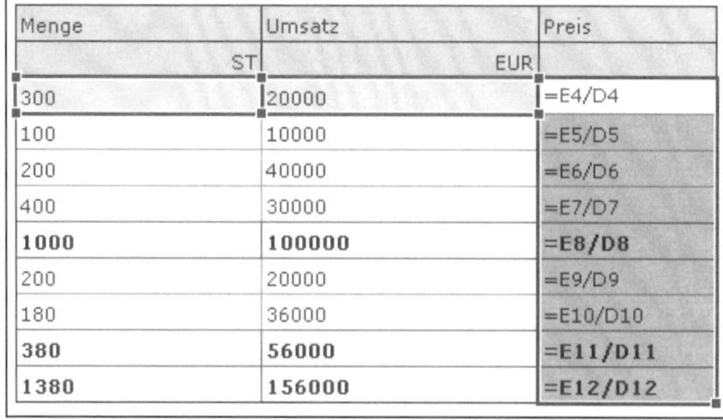

Menge	Umsatz	Preis
ST	EUR	
300	20000	=E4/D4
100	10000	=E5/D5
200	40000	=E6/D6
400	30000	=E7/D7
1000	**100000**	**=E8/D8**
200	20000	=E9/D9
180	36000	=E10/D10
380	**56000**	**=E11/D11**
1380	**156000**	**=E12/D12**

Abbildung 8.50 Formeln in der Kreuztabelle anzeigen

8.1.6 Weitere Formatierungsoptionen

Elemente wiederholen

Standardmäßig wird die Anzeige von Werten gruppiert. So werden z. B. die Produktgruppen pro Buchungskreis angezeigt, und bei der zweiten Produktgruppe bleibt die Zeile links leer. Diese Standarddarstellung ist in Abbildung 8.51 zu sehen.

		Menge	Umsatz	Preis
Buchungskreis	**Produktgruppe**	ST	EUR	EUR / ST
Reis Telefone DE	Smartphone Mini	300,000	15.000,00	50,00
	Smartphone Plus	500,000	50.000,00	100,00
	Tablet Mini	200,000	40.000,00	200,00
	Tablet Plus	400,000	30.000,00	75,00
	Ergebnis	**1.400,000**	**135.000,00**	**96,43**
Reis Telephones USA	Smartphone Plus	2.000,000	200.000,00	100,00
	Tablet Mini	180,000	36.000,00	200,00
	Ergebnis	**2.180,000**	**236.000,00**	**108,26**
Gesamtergebnis		**3.580,000**	**371.000,00**	**103,63**

Abbildung 8.51 Standardmäßige Gruppierung angezeigter Werte

Falls Sie möchten, dass der Buchungskreis in jeder Zeile dargestellt wird, wählen Sie im Bereich **Format** die Auswahl **Kreuztabelle**. Selektieren Sie anschließend aus der Liste den Eintrag **Elemente wiederholen** (siehe Abbildung 8.52).

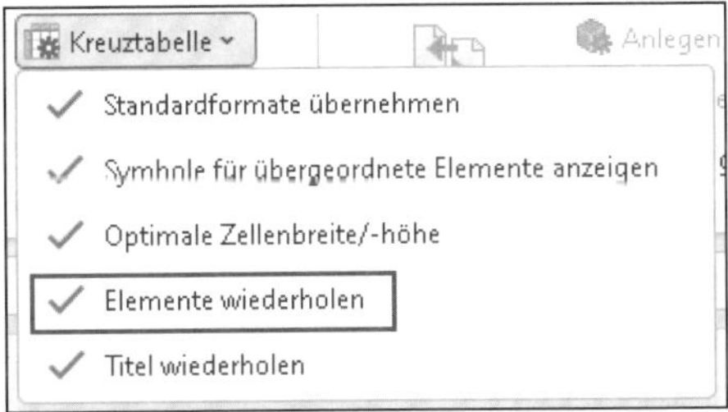

Abbildung 8.52 Elemente wiederholen

Wie Sie in Abbildung 8.53 sehen können, werden nun die Buchungskreise in jeder Zeile dargestellt. Alternativ können Sie diese Einstellung auch im Designbereich auf der Registerkarte **Komponenten** für die jeweilige Query (Kreuztabelle) vornehmen.

Mit den Überschriften der Dimensionen verhält es sich ähnlich. Falls Dimensionen als Schlüssel und Text dargestellt werden, ist die Überschrift nur in der Zelle über dem Schlüssel sichtbar (siehe Abbildung 8.54).

Wenn die Überschrift auch über dem Text erscheint, wählen Sie im Bereich **Format** die Auswahl **Kreuztabelle**. Selektieren Sie anschließend aus der Liste den Eintrag **Titel wiederholen** (siehe Abbildung 8.55).

		Menge	Umsatz	Preis
Buchungskreis	**Produktgruppe**	ST	EUR	EUR / ST
Reis Telefone DE	Smartphone Mini	300,000	15.000,00	50,00
Reis Telefone DE	Smartphone Plus	500,000	50.000,00	100,00
Reis Telefone DE	Tablet Mini	200,000	40.000,00	200,00
Reis Telefone DE	Tablet Plus	400,000	30.000,00	75,00
Reis Telefone DE	**Ergebnis**	**1.400,000**	**135.000,00**	**96,43**
Reis Telephones USA	Smartphone Plus	2.000,000	200.000,00	100,00
Reis Telephones USA	Tablet Mini	180,000	36.000,00	200,00
Reis Telephones USA	**Ergebnis**	**2.180,000**	**236.000,00**	**108,26**
Gesamtergebnis		**3.580,000**	**371.000,00**	**103,63**

Abbildung 8.53 Bezeichnung des Buchungskreises in jeder Zeile

			Menge	Umsatz	Preis
Buchungskreis		**Produktgruppe**	ST	EUR	EUR / ST
1000	Reis Telefone DE	Smartphone Mini	300,000	15.000,00	50,00
		Smartphone Plus	500,000	50.000,00	100,00
		Tablet Mini	200,000	40.000,00	200,00
		Tablet Plus	400,000	30.000,00	75,00
		Ergebnis	**1.400,000**	**135.000,00**	**96,43**
2000	Reis Telephones USA	Smartphone Plus	2.000,000	200.000,00	100,00
		Tablet Mini	180,000	36.000,00	200,00
		Ergebnis	**2.180,000**	**236.000,00**	**108,26**
Gesamtergebnis			**3.580,000**	**371.000,00**	**103,63**

Abbildung 8.54 Titel Buchungskreis nur in der ersten Spalte

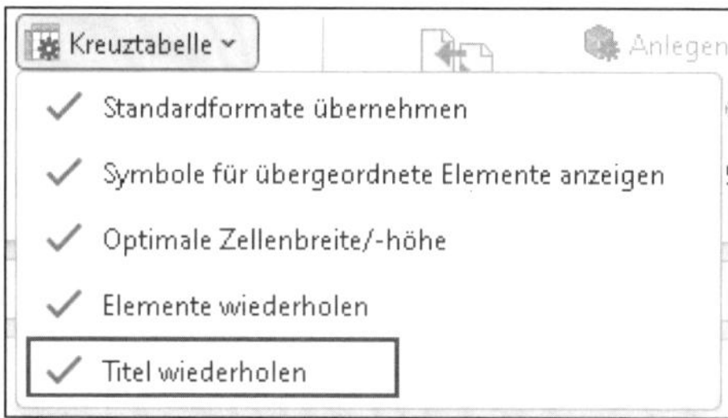

Abbildung 8.55 Titel wiederholen

Nun wird die Überschrift in jeder Spalte dargestellt (siehe Abbildung 8.56). Auch diese Einstellung kann im Designbereich auf der Registerkarte **Komponenten** für die jeweilige Query (Kreuztabelle) vorgenommen werden.

Optimale Zellenbreite und -höhe festlegen

Sie können festlegen, dass die einzelnen Elemente der Kreuztabelle immer mit der optimalen Zellenbreite und -höhe angezeigt werden. Selektieren Sie dazu im Bereich **Format** die Auswahl **Kreuztabelle**. Setzen Sie anschließend das Häkchen neben dem Eintrag **Optimale Zellenbreite/-höhe** (siehe Abbildung 8.57).

			Menge	Umsatz	Preis
Buchungskreis	**Buchungskreis**	**Produktgruppe**	ST	EUR	EUR / ST
1000	Reis Telefone DE	Smartphone Mini	300,000	15.000,00	50,00
		Smartphone Plus	500,000	50.000,00	100,00
		Tablet Mini	200,000	40.000,00	200,00
		Tablet Plus	400,000	30.000,00	75,00
		Ergebnis	**1.400,000**	**135.000,00**	**96,43**
2000	Reis Telephones USA	Smartphone Plus	2.000,000	200.000,00	100,00
		Tablet Mini	180,000	36.000,00	200,00
		Ergebnis	**2.180,000**	**236.000,00**	**108,26**
Gesamtergebnis			**3.580,000**	**371.000,00**	**103,63**

Abbildung 8.56 Titel Buchungskreis in jeder Spalte

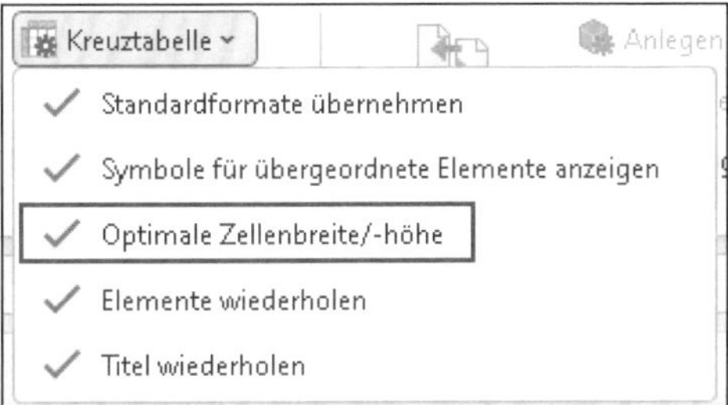

Abbildung 8.57 Optimale Zellenbreite und -höhe anwenden

Symbole ausblenden

Standardmäßig sind in Hierarchien Symbole für übergeordnete Knoten einer Hierarchie sichtbar. In Abbildung 8.58 sehen Sie ein Beispiel.

	Menge	Umsatz	Preis
Buchungskreis	ST	EUR	EUR / ST
Gesamtergebnis	**1.380,000**	**156.000,00**	**113,04**
[-] Reis Telefone DE	1.000,000	100.000,00	100,00
Smartphone Mini	300,000	20.000,00	66,67
Smartphone Plus	100,000	10.000,00	100,00
Tablet Mini	200,000	40.000,00	200,00
Tablet Plus	400,000	30.000,00	75,00
[+] Reis Telephones USA	380,000	56.000,00	147,37

Abbildung 8.58 Symbol für Hierarchieelemente sichtbar

Bei Bedarf können Sie diese Symbole ausblenden. Selektieren Sie dazu im Bereich **Format** die Auswahl **Kreuztabelle**. Entfernen Sie anschließend das Häkchen neben dem Eintrag **Symbole für übergeordnete Elemente anzeigen** (siehe Abbildung 8.59).

Danach werden die Symbole für übergeordnete Hierarchieelemente nicht mehr in der Kreuztabelle angezeigt (siehe Abbildung 8.60).

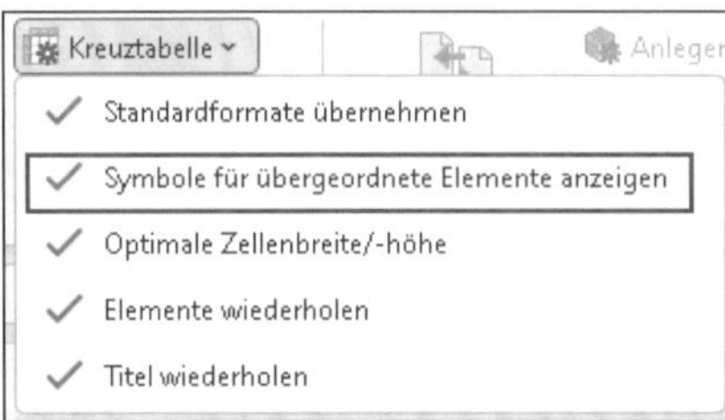

Abbildung 8.59 Symbole ausblenden

	Menge	Umsatz	Preis
Buchungskreis	ST	EUR	EUR / ST
Gesamtergebnis	**1.380,000**	**156.000,00**	**113,04**
Reis Telefone DE	1.000,000	100.000,00	100,00
Smartphone Mini	300,000	20.000,00	66,67
Smartphone Plus	100,000	10.000,00	100,00
Tablet Mini	200,000	40.000,00	200,00
Tablet Plus	400,000	30.000,00	75,00
Reis Telephones USA	380,000	56.000,00	147,37

Abbildung 8.60 Ausgeblendete Symbole für Hierarchieelemente

Standardformatierung nicht wiederherstellen

Normalerweise wird bei jedem Navigationsschritt die Standardformatierung wiederhergestellt, d. h, wenn Sie einen Merkmalswert, wie z. B. Smartphone Mini, fett formatieren, wird beim nächsten Navigationsschritt die Formatierung zurückgesetzt.

Falls dies nicht erwünscht ist, können Sie über die Auswahl **Kreuztabelle** im Bereich **Format** das Häkchen neben dem Eintrag **Standardformate übernehmen** entfernen (siehe Abbildung 8.61). In diesem Fall bleibt die geänderte Formatierung auch bei einer Veränderung des Navigationszustands erhalten.

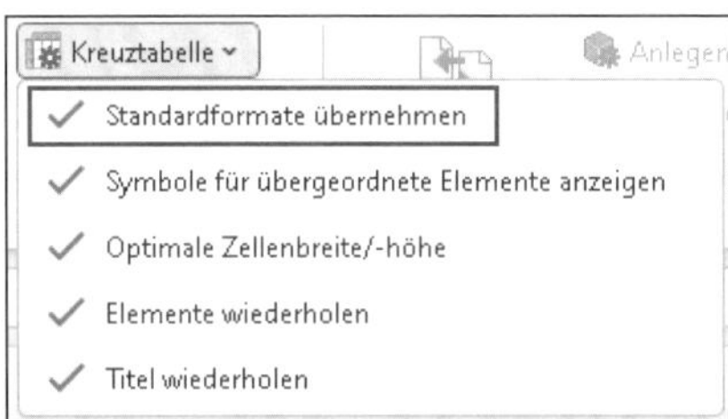

Abbildung 8.61 Anwendung der Standardformate deaktivieren

8.2 Designregeln administrieren

Bei allen Anpassungen, die Sie an der Formatierung vornehmen, wie z. B. das Hinzufügen neuer Zeilen, Formeln oder Texte oder auch die Formatierung der Zellen, werden Designregeln angelegt. Diese werden auf der Registerkarte **Designregeln** des Designbereichs angezeigt. In Abbildung 8.62 sehen Sie einige Beispiele.

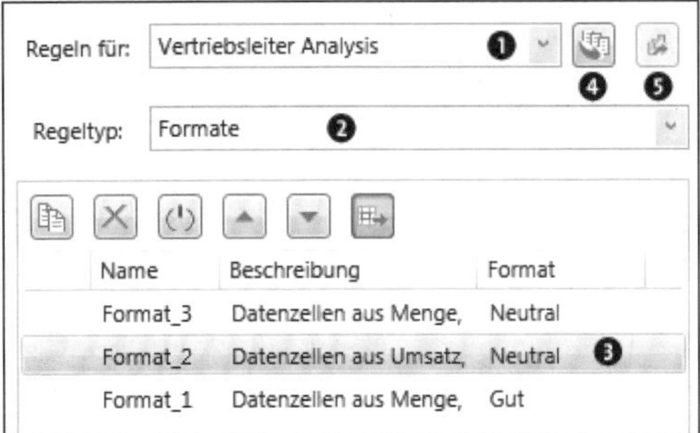

Abbildung 8.62 Übersicht über Designregeln

Regeltypen

Dabei werden die Regeln pro Datenquelle entsprechend ihrem *Regeltyp* aufgelistet. Über die Auswahl **Regeln für** ❶ können Sie die jeweilige Datenquelle selektieren. Wenn die Arbeitsmappe nur eine Datenquelle enthält, ist diese vorausgewählt. In der Auswahl **Regeltyp** ❷ können Sie den jeweiligen Regeltyp auswählen. Dabei stehen folgende Typen zur Verfügung:

- **Formate**
- **Neue Zeilen**
- **Texte**
- **Formeln**

Sie können die einzelnen Regeln bearbeiten, indem Sie eine Regel auswählen ❸ und die Details im Bereich **Eigenschaften** ändern. Bei den Eigenschaften für Formate und neue Zeilen handelt es sich um dieselben wie in den entsprechenden Dialogen zum Erstellen dieser Regeln. Die Eigenschaften für Formeln bieten hingegen detailliertere Optionen zum Neudefinieren der Formeln. Weite Informationen zu den Eigenschaften des jeweiligen Regeltyps finden Sie in Abschnitt 8.1, »Formatierung anpassen«.

Designregeln kopieren

Sie können die Designregeln einer Datenquelle in eine andere Datenquelle kopieren. Klicken Sie dazu auf den Button (**Alle Regeln in die Zwischenablage kopieren**) ❹ neben der Datenquelle. Selektieren Sie anschließend eine andere Datenquelle, und klicken Sie auf (**Alle Regeln aus der Zwischenablage einfügen**) ❺. Danach werden die Regeln zu der jeweiligen Datenquelle hinzugefügt. Nach dem Kopiervorgang sind die Regeln nicht miteinander verbunden. Wenn Sie die ursprüngliche Regel bearbeiten, wird die kopierte Regel nicht automatisch geändert.

Designregeln verwalten

Die Regeln einer ausgewählten Datenquelle werden in der Liste unter dem jeweiligen Regeltyp angezeigt. Diese Liste wird automatisch beim Erzeugen einer Designregel erstellt. Für jede Regel werden ein Name (Spalte **Name**) und eine Beschreibung (Spalte **Beschreibung**) dargestellt. Daneben wird eine regeltypspezifische Information angezeigt. So wird für den Regeltyp **Neue Zeilen** die Größe der Zeile, für den Regeltyp **Formate** das definierte Format und für den Regeltyp **Texte** der jeweilige Text dargestellt (siehe Abbildung 8.63).

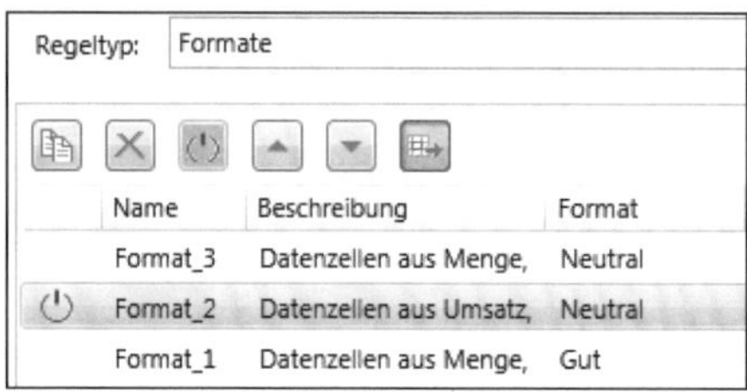

Abbildung 8.63 Regeln administrieren

Sie können eine Regel auswählen und über den Button (**Regel kopieren**) duplizieren. Die neu kopierte Regel wird in die Liste mit derselben Beschreibung wie die ursprüngliche Regel hinzugefügt – jedoch mit einem anderen Namen. Über den Button (**Regel löschen**) können Sie eine ausgewählte Regel vollständig entfernen.

Außerdem können Sie eine ausgewählte Regel über den Button (**Regel deaktivieren**) deaktivieren. Danach wird die Regel nicht mehr angewendet, und es wird der Button (**Regel aktivieren**) vor dem Regelnamen angezeigt. Über ein erneutes Betätigen dieses Buttons können Sie die Regel wieder aktivieren.

Darüber hinaus können Sie über die Buttons (**Regel nach oben verschieben**) und (**Regel nach unten verschieben**) die Priorität der Regeln ändern. Wenn Sie den Button (**Regeln basierend auf Kreuztabellenauswahl markieren**) betätigen und anschließend in der Kreuztabelle eine Zelle auswählen, die eine Regel enthält, wird diese in der Liste hervorgehoben.

8.3 Mit Formatvorlagen arbeiten

SAP liefert mit SAP Analysis for Microsoft Office eine Reihe von Formatvorlagen-Sätzen aus. Diese stellen eine Sammlung an Formatvorlagen für Microsoft Excel dar und werden dazu verwendet, die Zellen einer Kreuztabelle zu formatieren. Wenn Sie eine neue Kreuztabelle in die Arbeitsmappe einfügen, werden die Formatvorlagen im aktuellen Formatvorlagen-Satz angewendet.

8.3.1 Formatvorlage erstellen

Mit Standardformatvorlagen arbeiten

Sie können eigene Formatvorlagen-Sätze erstellen, indem Sie bestehende Formatvorlagen anpassen und in einem neuen Formatvorlagen-Satz speichern. In Tabelle 8.1 finden Sie eine Übersicht über die zur Verfügung stehenden Formatvorlagen und ihre Auswirkung auf die Formatierung.

Name der Formatvorlage	Beschreibung
`SAPDimensionCell`	Format für Kopfzeilen von Merkmalen
`SAPMemberCell`	Format für Elementzellen nicht hierarchischer Dimensionen
`SAPHierarchyCell`	Format für gerade Ebenen (0, 2, ...) der hierarchischer Elementzellen
`SAPHierarchyOddCell`	Format für ungerade Ebenen (1, 3, ...) der hierarchischer Elementzellen
`SAPMemberTotalCell`	Format für Zellen von Elementergebnissen
`SAPDataCell`	Format für Datenzellen
`SAPDataTotalCell`	Format für Zellen von Datenergebnissen
`SAPExceptionLevel1-9`	Format für Zellen mit bedingter Formatierung
`SAPEmphasized`	Format für hervorgehobene Datenzellen (wird in der Query-Definition festgelegt)
`SAPEmphasizedTotal`	Format für hervorgehobene Ergebniszellen
`SAPBorder`	Format für Rahmen um die Kreuztabelle und zwischen Kopf/Element und Datenzellen. Dabei wird das Format für den linken Rahmen übernommen. Nachdem Sie dieses Format angepasst haben, müssen Sie im Menüband von SAP Analysis for Microsoft Office die Funktion **Alle aktualisieren** nutzen, um die Änderungen zu übernehmen.
`SAPEditableDataCell`	Format für eingabebereite Datenzellen im Änderungsmodus der Planung

Tabelle 8.1 Standardformatvorlagen

Name der Formatvorlage	Beschreibung
SAPEditableDataTotalCell	Format für eingabebereite Summenzellen im Änderungsmodus der Planung
SAPReadonlyDataCell	Format für schreibgeschützte Datenzellen im Änderungsmodus der Planung
SAPReadonlyDataTotalCell	Format für schreibgeschützte Summenzellen im Änderungsmodus der Planung
SAPLockedDataCell	Format für gesperrte Datenzellen im Änderungsmodus der Planung
SAPLockedDataTotalCell	Format für gesperrte Summenzellen im Änderungsmodus der Planung

Tabelle 8.1 Standardformatvorlagen (Forts.)

Standardformatvorlage ändern

Um eine Formatvorlage zu ändern, wechseln Sie auf die Registerkarte **Start**. Wählen Sie hier im Bereich **Formatvorlagen** aus der Auswahl **Zellenformatvorlagen** die gewünschte Vorlage, und selektieren Sie den Eintrag **Ändern** aus der Liste (siehe Abbildung 8.64). Anschließend können Sie die Vorlage anpassen.

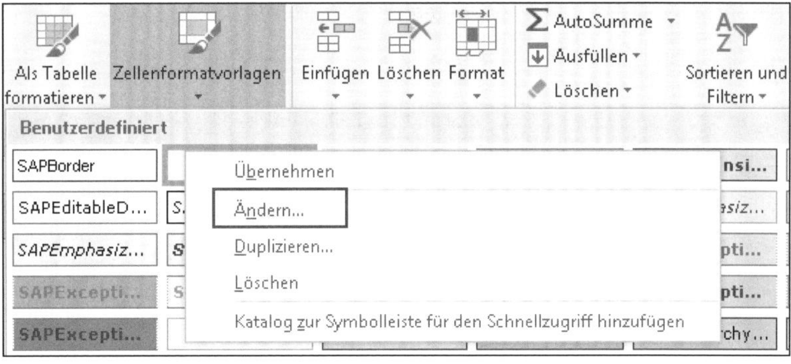

Abbildung 8.64 Formatvorlage ändern

Eigene Formatvorlage definieren

Neben den in Tabelle 8.1 beschriebenen Standardformatvorlagen können Sie auch eigene Formatvorlagen definieren, um die Darstellung Ihrer Daten in der Kreuztabelle weiter zu differenzieren. So ist es möglich, die Formatierung der Spalten und Hierarchieebenen anzupassen. In Tabelle 8.2 finden Sie eine Übersicht über benutzerdefinierte Formatvorlagen und ihre Auswirkung auf die Formatierung.

Beispiele

Die Darstellung von Zeilen- und Spaltenüberschriften wird z. B. standardmäßig über die Formatvorlage SAPMemberCell gesteuert. Wenn Sie Spaltenüberschriften anders darstellen möchten, können Sie die Formatvorlage SAPMemberCell kopieren, in SAPMemberCellX umbenennen und die Formatdefinition anpassen. Nachdem Sie die Anzeige über **Alles aktualisieren** aktualisiert haben, werden die Zellen der Merkmalswerte in den Spaltenüberschriften im neu definierten Format angezeigt. Die Elementzellen in den Zeilen werden hingegen weiterhin so angezeigt, wie es in der Formatvorlage SAPMemberCell definiert ist.

Betrachten wir ein anderes Beispiel. Standardmäßig werden Hierarchien über die Formatvorlagen SAPHierarchyCell und SAPHierarchyCellOdd formatiert. So haben die Hierarchieebenen abwechselnde Darstellungen für gerade und ungerade Ebenen. Sie können für diese aber auch unterschiedliche Formatierungen definieren. Legen Sie dazu die Formatvorlagen SAPHierarchyCell0, SAPHierarchyCell1 und SAPHierarchyCell2 usw. an. Das System ignoriert danach die Standardformatvorlagen und wendet die definierten Formatvorlagen für die jeweiligen Ebenen an. Sie können Formatvorlagen für bis zu zehn Ebenen definieren. Wenn Sie jedoch nur Formatvorlagen für die ersten drei Hierarchieebenen definiert haben (SAPHierarchyCell0, SAPHierarchyCell1 und SAPHierarchyCell2), werden alle Ebenen danach mit der Formatvorlage der letzten definierten Ebene (in diesem Beispiel SAPHierarchyCell2) angezeigt.

Name der Formatvorlage	Beschreibung
SAPMemberCellX	Format für Elementzellen in Spalten (überschreibt SAPMemberCell)
SAPMemberTotalCellX	Format für Zellen von Elementergebnissen in Spalten (überschreibt SAPMemberTotalCell)
SAPHierarchyCellX	Format für gerade Ebenen (0, 2, ...) der hierarchischen Elementzellen in Spalten (überschreibt SAPHierarchyCell)
SAPHierarchyOddCellX	Format für ungerade Ebenen (1, 3, ...) der hierarchischen Elementzellen in Spalten (überschreibt SAPHierarchyOddCell)
SAPHierarchyCell0-9	Format für hierarchische Elementzellen auf einer bestimmten Ebene (überschreibt SAPHierarchyCell und SAPHierarchyOddCell)

Tabelle 8.2 Benutzerdefinierte Formatvorlagen

Name der Formatvorlage	Beschreibung
SAPHierarchieCell0-9X	Format für hierarchische Elementzellen auf einer bestimmten Ebene in Spalten (überschreibt SAPHierarchyCellX und SAPHierarchyOddCellX)

Tabelle 8.2 Benutzerdefinierte Formatvorlagen (Forts.)

Benutzerdefinierte Formatvorlage anlegen

Um eine benutzerdefinierte Formatvorlage anzulegen, wechseln Sie auf die Registerkarte **Start**. Selektieren Sie im Bereich **Formatvorlagen** über die Auswahl **Zellenformatvorlagen** die gewünschte Formatvorlage, z. B. **SAPMemberCell**. Wählen Sie anschließend den Eintrag **Duplizieren** (siehe Abbildung 8.65).

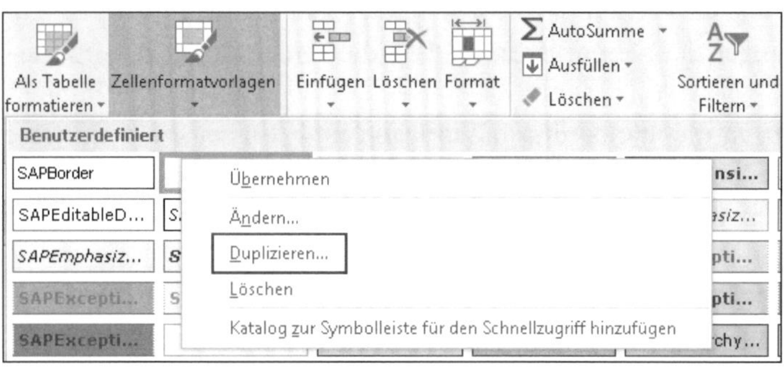

Abbildung 8.65 Formatvorlage kopieren

Geben Sie im sich öffnenden Dialog einen der in Tabelle 8.2 vorgegebenen Namen als den Namen der Formatvorlage ein, z. B. SAPMemberCellX. Über den Button **Formatieren** können Sie anschließend die gewünschte Formatierung festlegen (siehe Abbildung 8.66).

Abbildung 8.66 Benutzerdefinierte Formatvorlage eingeben

Formatvorlage speichern

Um die angepassten (bzw. neu definierten) Formatvorlagen in einem Formatvorlagen-Satz zu speichern, wechseln Sie auf die Registerkarte **Analysis Design**. Klicken Sie im Bereich **Format** auf die Auswahl **Formatvorlagen**. Wählen Sie anschließend den Eintrag **Formatvorlagen-Satz speichern** aus (siehe Abbildung 8.67).

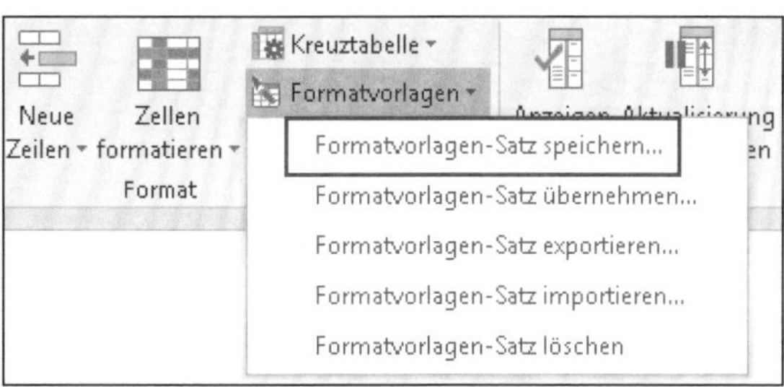

Abbildung 8.67 Formatvorlagen-Satz speichern

Formatvorlagen-Satz als Standard festlegen

Vergeben Sie anschließend einen Namen für den neuen Formatvorlagen-Satz. Wählen Sie das Ankreuzfeld **Als Standard festlegen**, wenn der neue Formatvorlagen-Satz standardmäßig in Ihren Arbeitsmappen angewendet werden soll. Der Standardsatz wird dann verwendet, wenn Sie eine neue Arbeitsmappe öffnen und eine Datenquelle einfügen. Bestätigen Sie anschließend mit dem Button **OK** (siehe Abbildung 8.68).

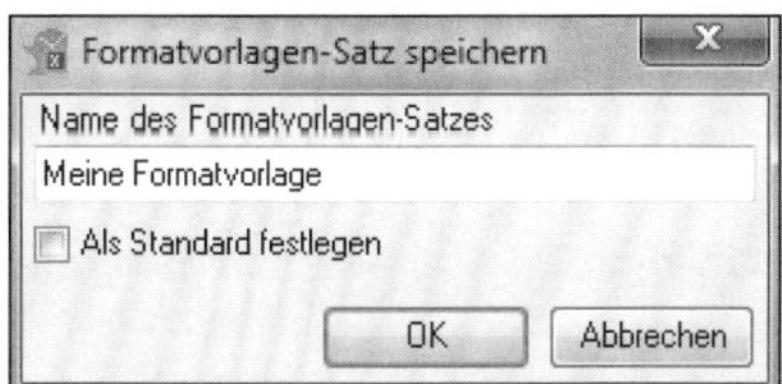

Abbildung 8.68 Namen des Formatvorlagen-Satzes definieren

Nun wird der neue Formatvorlagen-Satz angelegt und steht Ihnen in der Liste der Formatvorlagen-Sätze zur Verfügung, die auf eine Arbeitsmappe angewendet werden können (siehe Abschnitt 8.3.2, »Formatvorlage anwenden«). Sie können den von Ihnen definierten Formatvorlagen-Satz auch anderen Benutzern zur Verfügung stellen (siehe Abschnitt 8.3.3, »Formatvorlage exportieren«).

8.3.2 Formatvorlage anwenden

Sie können einen der standardmäßig ausgelieferten Formatvorlagen-Sätze oder eigens definierte Formatvorlagen-Sätze auf eine Arbeitsmappe anwenden. Dabei wird die Darstellung anhand der in diesem Satz definierten Formatvorlagen angepasst. Um eine Formatierung aus einem Formatvorlagen-Satz zu übernehmen, wählen Sie im Bereich **Format** aus der Auswahlliste von **Formatvorlagen** den Eintrag **Formatvorlagen-Satz übernehmen** (siehe Abbildung 8.69).

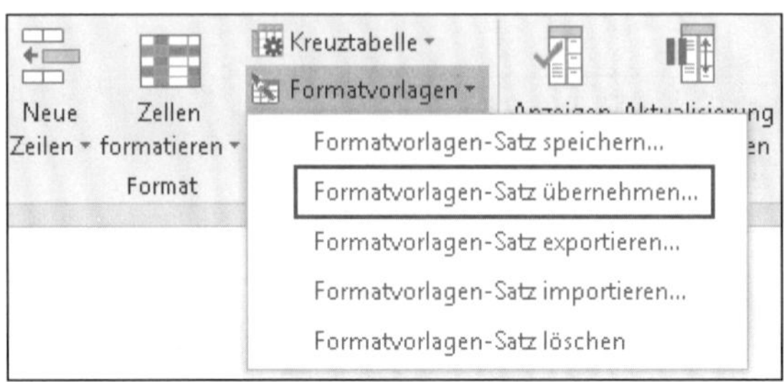

Abbildung 8.69 Formatvorlagen-Satz auf die Arbeitsmappe anwenden

Formatvorlagen-Satz auswählen

Im sich öffnenden Dialog können Sie aus der Liste den Formatvorlagen-Satz auswählen, den Sie anwenden möchten (siehe Abbildung 8.70). Wenn Sie diesen Satz als Standard definieren möchten, setzen Sie das Häkchen neben **Als Standard festlegen**. Standardsätze werden standardmäßig angewendet, wenn Sie eine Datenquelle in eine neue Arbeitsmappe einfügen.

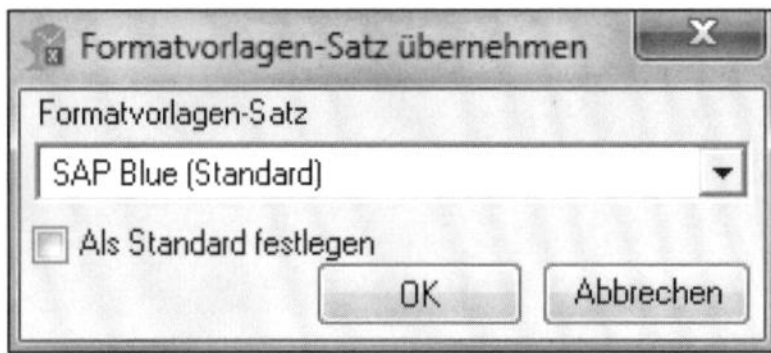

Abbildung 8.70 Formatvorlagen-Satz auswählen

Wenn Sie Ihre Auswahl mit dem Button **OK** bestätigen, wird der Formatvorlagen-Satz auf alle Kreuztabellen in Ihrer Arbeitsmappe angewendet.

8.3.3 Formatvorlage exportieren

Sie können den von Ihnen definierten Formatvorlagensatz mit anderen Benutzern teilen, indem Sie ihn exportieren. Andere Benutzer können den Formatvorlagensatz dann importieren (siehe Abschnitt 8.3.4, »Formatvorlage importieren«) und für ihre Analyse verwenden.

Um den aktuell angewendeten Formatvorlagensatz zu exportieren, wählen Sie den Eintrag **Formatvorlagen-Satz exportieren** in der Auswahl **Formatvorlagen** (siehe Abbildung 8.71).

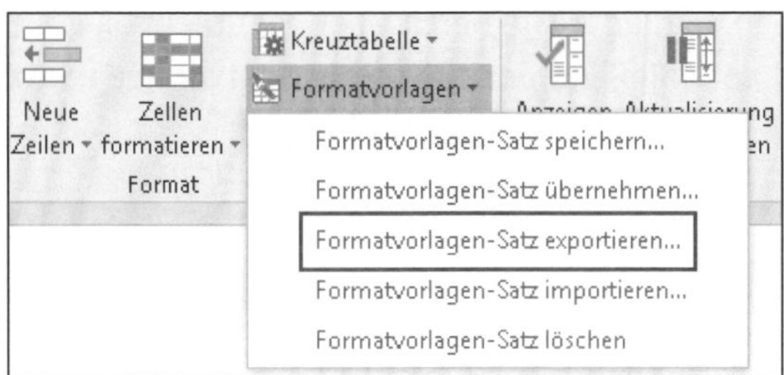

Abbildung 8.71 Formatvorlagen-Satz exportieren

XML-Datei anlegen

8

Speichern Sie anschließend den Formatvorlagen-Satz im XML-Format. Wenn Sie den Satz auf ein gemeinsam genutztes Verzeichnis im Netzwerk exportieren, können andere Benutzer bequem darauf zugreifen. Die XML-Datei enthält die Zellenformatvorlagen der von SAP standardmäßig ausgelieferten Formatvorlagen-Sätze sowie den aktuell verwendeten Formatvorlagen-Satz.

8.3.4 Formatvorlage importieren

Um einen Formatvorlagen-Satz zu importieren, wählen Sie im Bereich **Format** aus der Auswahl **Formatvorlagen** den Eintrag **Formatvorlagen-Satz importieren** (siehe Abbildung 8.72).

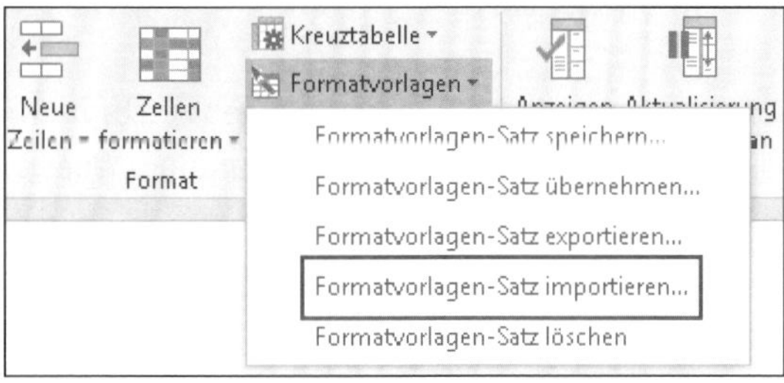

Abbildung 8.72 Formatvorlagen-Satz importieren

XML-Datei auswählen

Wählen Sie anschließend die XML-Datei aus, die die Formatvorlagen enthält, und klicken Sie auf **Öffnen**. Die Formatvorlagen-Sätze werden importiert und stehen Ihnen zur Verfügung.

8.3.5 Formatvorlage löschen

Bei Bedarf können Sie einen benutzerdefinierten Formatvorlagen-Satz auch löschen. Die mit SAP Analysis for Microsoft Office installierten Standardformatvorlagen-Sätze können nicht gelöscht werden. Um einen Formatvorlagen-Satz zu löschen, wählen Sie im Bereich **Format** erneut die Auswahl **Formatvorlagen** und anschließend den Eintrag **Formatvorlagen-Satz löschen** (siehe Abbildung 8.73).

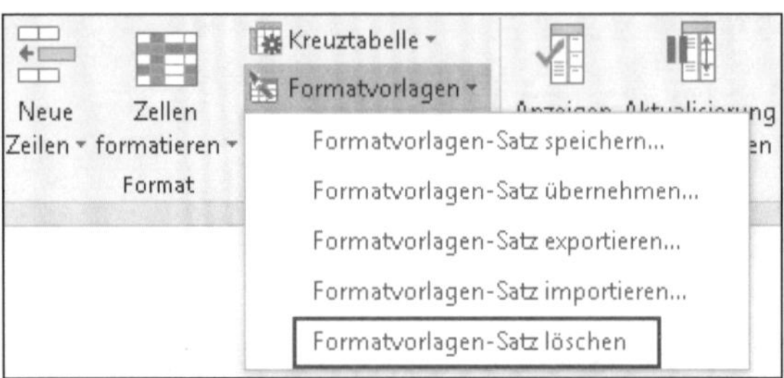

Abbildung 8.73 Formatvorlagen-Satz löschen

Wählen Sie im sich öffnenden Dialog den **Formatvorlagen-Satz** aus, den Sie löschen möchten (siehe Abbildung 8.74). Bestätigen Sie Ihre Auswahl mit dem Button **OK**.

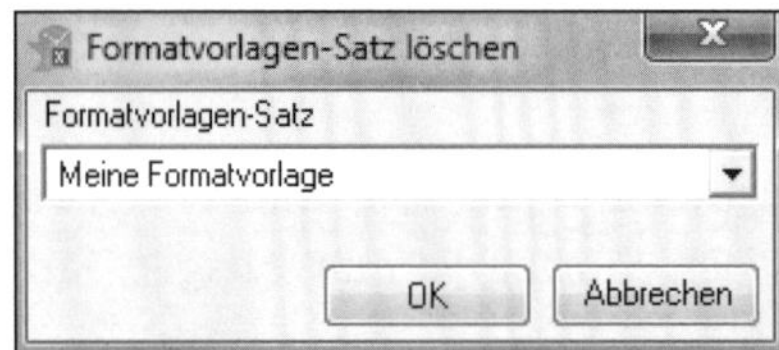

Abbildung 8.74 Zu löschenden Satz auswählen

Anschließend wird der Formatvorlagen-Satz gelöscht und steht nicht mehr in der Liste der Formatvorlagen-Sätze zur Verfügung, die auf eine Arbeitsmappe angewendet werden können.

8.4 Arbeitsmappe um Diagramme, Info-Felder und Filter erweitern

Ergänzend zu den Kreuztabellen, die die Daten für Ihre Analysen liefern, können Sie Diagramme, Info-Felder und Filter zu Ihrer Arbeitsmappe hinzufügen. Diagramme visualisieren die Daten in der Kreuztabelle grafisch. Dabei können Sie zwischen *dynamischen Diagrammen* und *Wasserfalldiagrammen* wählen. Nähere Informationen erhalten Sie in Abschnitt 8.4.1, »Dynamisches Diagramm einfügen«, und Abschnitt 8.4.2, »Wasserfalldiagramm einfügen«. Info-Felder stellen Metadateninformationen zu den einzelnen Kreuztabellen zur Verfügung (siehe Abschnitt 8.4.3, »Info-Felder einfügen«). Filter ermöglichen es Benutzern, auf einfache Art und Weise die

Daten einzuschränken. In Abschnitt 8.4.4, »Filterkomponenten einfügen«, gehe ich detailliert auf ihre Funktionsweise ein.

8.4.1 Dynamisches Diagramm einfügen

Zusätzlich zu den Kreuztabellen können Sie Diagramme zur Arbeitsmappe hinzufügen. Diagramme bereiten die in einer Kreuztabelle enthaltenen Informationen grafisch auf.

Um ein Diagramm hinzuzufügen, wählen Sie zunächst eine beliebige Zelle der Kreuztabelle aus, die Sie in einem Diagramm darstellen möchten. Klicken Sie anschließend im Bereich **Einfügen** auf die Auswahl **Diagramm**, und wählen Sie den Eintrag **Diagramm einfügen** (siehe Abbildung 8.75).

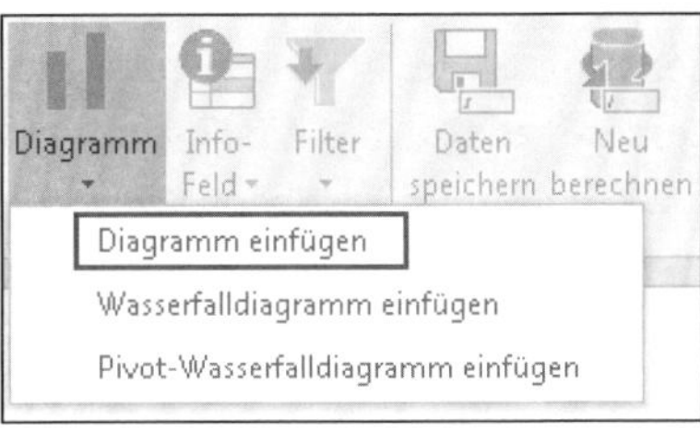

Abbildung 8.75 Diagramm einfügen

Diagramm verschieben

Das Diagramm wird nun dem Arbeitsblatt hinzugefügt. Sie können das Diagramm per Drag & Drop im Arbeitsblatt verschieben. Um das Diagramm in ein anderes Arbeitsblatt der Arbeitsmappe zu verschieben, wählen Sie über die Registerkarte **Analysis** in der Auswahl **Anzeigen** (Menubandbereich **Designbereich**) den Eintrag **Designbereich anzeigen** und wechseln Sie hier auf die Registerkarte **Komponenten**.

Klappen Sie den Bereich unterhalb Ihrer Kreuztabelle auf, und wählen Sie das Diagramm aus, das Sie verschieben möchten. Wählen Sie anschließend **Verschieben nach** aus dem Kontextmenü (siehe Abbildung 8.76).

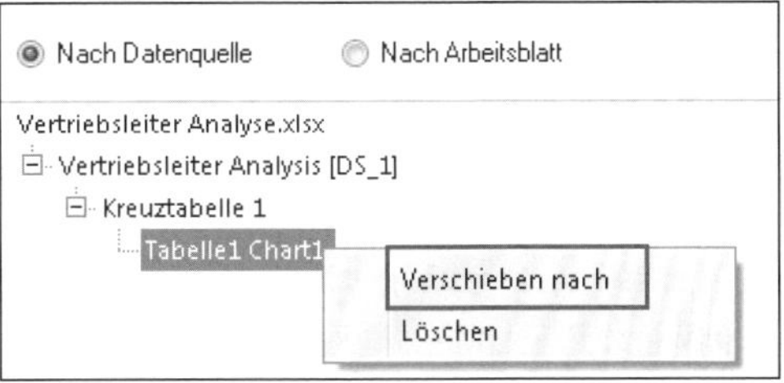

Abbildung 8.76 Diagramm verschieben

Im sich öffnenden Dialog können Sie über die Liste das Arbeitsblatt auswählen, das das Diagramm tragen soll. Bestätigen Sie Ihre Auswahl mit dem Button **OK**, um das Diagramm zu verschieben (siehe Abbildung 8.77).

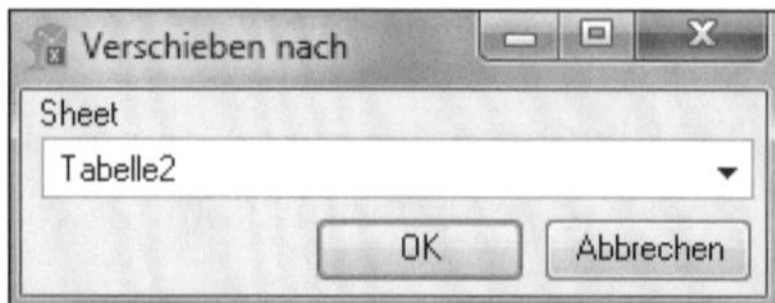

Abbildung 8.77 Neues Arbeitsblatt für das Diagramm wählen

Diagramm anpassen

Wenn Sie ein Diagramm einfügen, werden die Daten der gesamten Kreuztabelle als Diagramm dargestellt. Sie können die Filterfunktion von Microsoft Excel ❸ nutzen, um nur eine Teilmenge der Daten darzustellen. Darüber hinaus können Sie Diagrammelemente wie Titel oder Datenbeschriftungen hinzufügen, entfernen oder ändern ❶. Über die Formatvorlagen können Sie ein Farbschema für das Diagramm festlegen ❷ (siehe Abbildung 8.78).

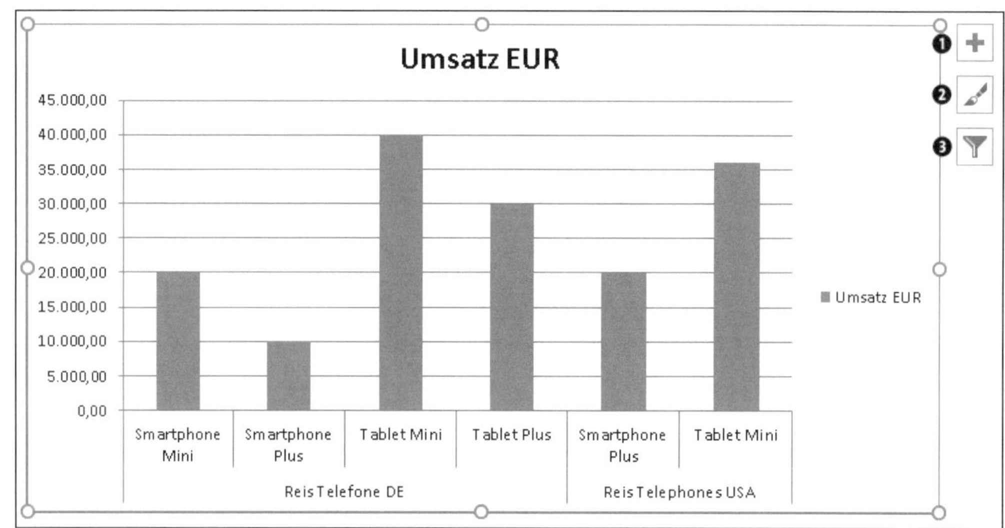

Abbildung 8.78 Diagrammoptionen verwenden

Diagrammtools verwenden

Neben den Diagrammoptionen bieten die Registerkarten **Entwurf** und **Format** unter **Diagrammtools** viele weitere Anpassungsmöglichkeiten. Dort können Sie z. B. den Diagrammtyp (wie z. B. Säulen-, Balken- oder Liniendiagramm) ändern oder den Datenbereich für das Diagramm neu definieren (siehe Abbildung 8.79).

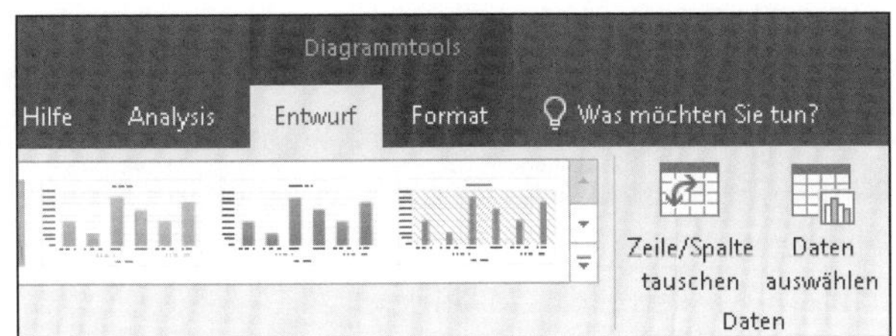

Abbildung 8.79 Diagrammtools von Microsoft Excel

Diagramme von SAP Analysis for Microsoft Office

Während Sie die Microsoft-Excel-Funktionen wie gewohnt nutzen können, bieten die Diagramme von SAP Analysis for Microsoft Office einen entscheidenden Vorteil gegenüber den gewöhnlichen Microsoft-Excel-Diagrammen. So wird das Diagramm automatisch aktualisiert, wenn Sie die Daten in der Kreuztabelle durch Navigationsschritte (wie Filtern oder Entfernen von Merkmalen aus dem Aufriss) ändern. Ein Beispiel ist in Abbildung 8.80 zu sehen. Dort wurde die Kreuztabelle nach dem Buchungskreis Reis Telephones USA gefiltert.

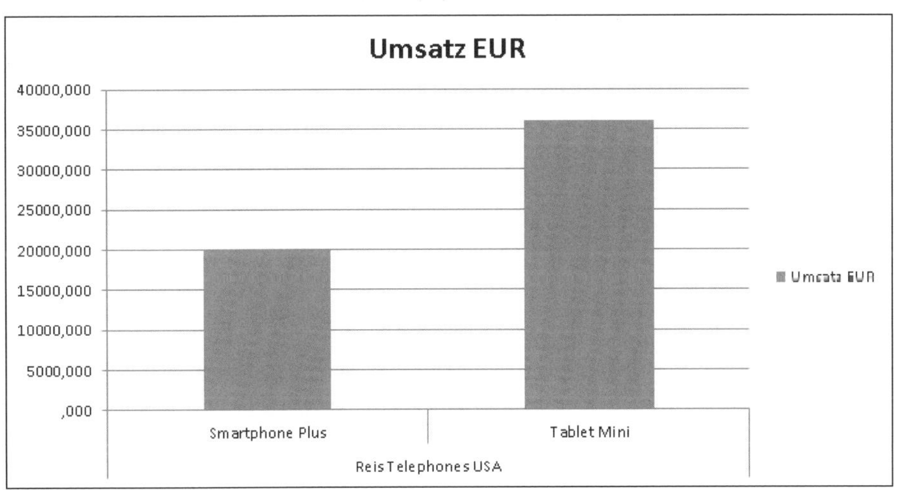

Abbildung 8.80 Automatisch an Aufriss der Kreuztabelle angepasstes Diagramm

8.4.2 Wasserfalldiagramm einfügen

Bei einem Wasserfalldiagramm handelt es sich um eine spezielle Art des Balkendiagramms. Dieses wird dazu verwendet, um anzuzeigen, wie sich ein Anfangswert durch eine Reihe von aufeinanderfolgenden positiven und negativen Werten entwickelt. Dabei werden die Start- und Endwerte als Summen angezeigt. Die einzelnen Zwischenwerte werden nicht als Zwischensummen, sondern als Deltawerte angezeigt.

SAP Analysis for Microsoft Office bildet die Werte der ersten Kennzahl in der Kreuztabelle von oben nach unten und Zelle für Zelle ab. Hierbei werden die Ergebniszeilen der Kreuztabelle immer ignoriert. Während die Start- und Endspalte jeweils in Grau angezeigt werden, werden negative Deltawerte in Rot und positive Deltawerte in Grün dargestellt. In Abbildung 8.81 sehen Sie ein Beispiel für ein Wasserfalldiagramm.

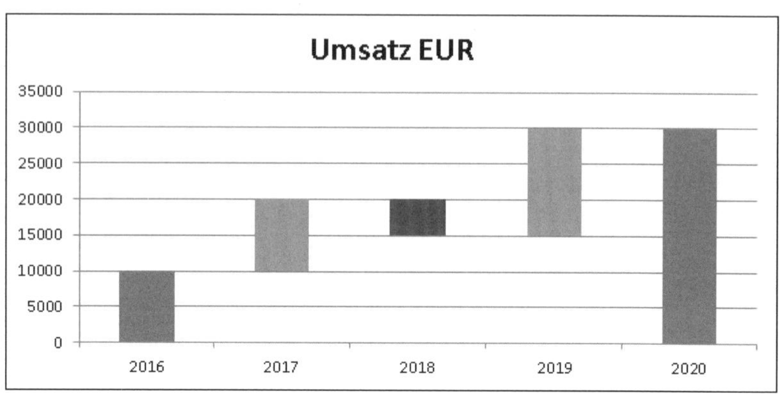

Abbildung 8.81 Wasserfalldiagramm

[»]

> **Wasserfalldiagramm und Hierarchien**
>
> Es ist möglich, ein Wasserfalldiagramm auch für eine Query mit Hierarchien einzufügen. Dabei sollten die Hierarchieknoten nach oben aufgeklappt werden. Aufgeklappte Knoten werden als Spalten angezeigt und in Grau dargestellt.

Wasserfalldiagramme richtig einsetzen

Damit das Wasserfalldiagramm aussagekräftig ist, muss die als Basis dienende Kreuztabelle bestimmte Anforderungen erfüllen:

- Es sollte nur ein Merkmal im Aufriss enthalten sein.
- Die erste Datenzeile sollte die gewünschte Startspalte im Wasserfalldiagramm sein.
- Die letzte Datenzeile sollte die gewünschte Endspalte im Wasserfalldiagramm sein.
- Die dazwischenliegenden Datenzeilen sollten Deltawerte darstellen, die die Änderungen zwischen der Start- und Endspalte anzeigen.

Wasserfalldiagramm einfügen

Um ein Wasserfalldiagramm in Ihre Arbeitsmappe einzufügen, selektieren Sie eine beliebige Zelle der Kreuztabelle, die Sie in einem Wasserfalldiagramm darstellen möchten. Wählen Sie anschließend im Bereich **Einfügen** die Auswahl **Diagramm**. Selektieren Sie danach den Eintrag **Wasserfalldia-**

gramm einfügen, um ein vertikales Wasserfalldiagramm einzufügen (siehe Abbildung 8.82).

Um ein horizontales Wasserfalldiagramm einzufügen, wählen Sie den Eintrag **Pivot-Wasserfalldiagramm einfügen**. In Abbildung 8.83 sehen Sie ein Beispiel für ein horizontales Wasserfalldiagramm.

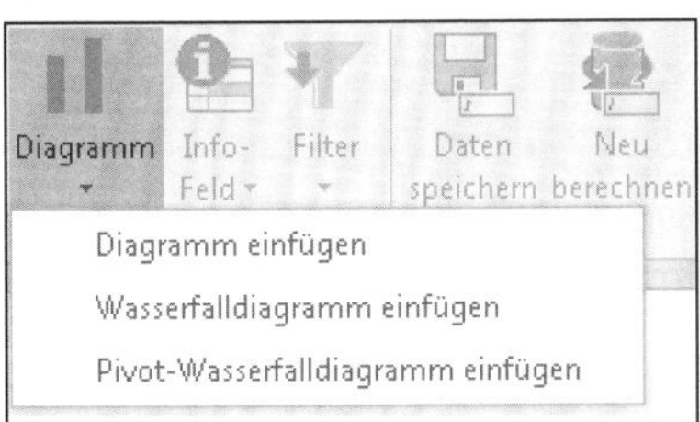

Abbildung 8.82 Wasserfalldiagramm einfügen

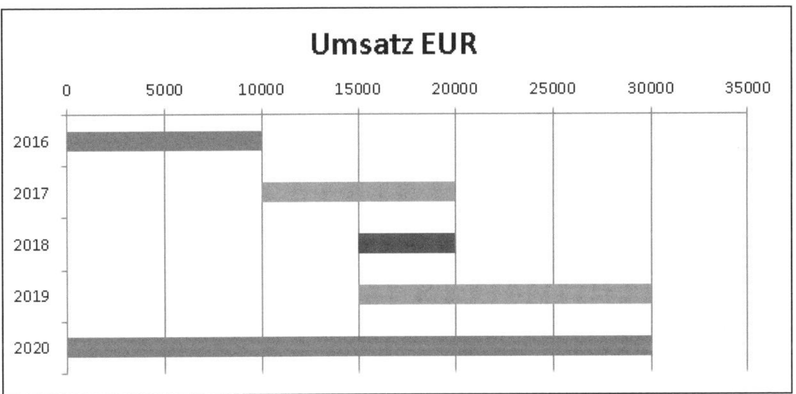

Abbildung 8.83 Horizontales Wasserfalldiagramm

Das Wasserfalldiagramm verwendet die Daten der ersten Kennzahl in der Kreuztabelle. Wenn Sie die Daten in der Kreuztabelle ändern, z. B. durch das Aufklappen eines Hierarchieknotens, wird das Diagramm automatisch angepasst.

Diagramm verschieben

Das Verschieben von Wasserfalldiagrammen funktioniert genauso wie bei dynamischen Diagrammen (siehe Abschnitt 8.4.1, »Dynamisches Diagramm einfügen«).

8.4.3 Info-Felder einfügen

Sie können in Ihren Arbeitsmappen *Info-Felder* einfügen, um zusätzliche Informationen zu den angezeigten Daten bereitzustellen. Ein Beispiel ist in Abbildung 8.84 zu sehen.

Letzte Datenaktualisierung	Mittwoch, Mai 15, 2019 8:55:35 AM
Name der Datenquelle	Vertriebsleiter Analysis
Stichtag	Mittwoch, Mai 15, 2019
Kalenderjahr	2019
Planung: Stichtag	15.05.2019

Abbildung 8.84 Info-Felder

Um ein Info-Feld einzufügen, selektieren Sie zunächst eine leere Zelle, in die Sie es einfügen möchten. Klicken Sie anschließend im Bereich **Einfügen** auf die Auswahl **Info-Feld**, und wählen Sie einen der aufgelisteten Einträge aus (siehe Abbildung 8.85).

Abbildung 8.85 Info-Feld einfügen

Arten von Info-Feldern

Sie können zwischen den folgenden Einträgen auswählen:

- **Name der Datenquelle** (wenn Sie mehr als eine Datenquelle verwenden, werden Sie aufgefordert, eine Datenquelle auszuwählen)
- **Letzte Datenaktualisierung** (zeigt den Zeitpunkt der letzten Datenaktualisierung an)
- **Stichtag** (zeigt den geltenden Stichtag an)
- **Effektive Filter** (zeigt die momentan geltenden Filterwerte an, wobei die Anzeige automatisch aktualisiert wird)
- **Variablen** (liefert eine Liste aller Variablen, wobei die Anzeige automatisch aktualisiert wird)

[»]

Effektive Filter in Planungsapplikationen

Verwenden Sie die über die Auswahl **Info-Feld** hinzugefügte Variablenübersicht nicht dazu, die Variablen an Planungsfunktionen oder -sequenzen zu übergeben. Die Reihenfolge der angezeigten Variablen kann variieren, was zu Fehlern führt. Verwenden Sie stattdessen den Befehl SAPGet

Variable. Weitere Informationen zu den Formeln finden Sie in Kapitel 10, »Mit Formeln arbeiten«.

Nachdem Sie einen Eintrag ausgewählt haben, wird das entsprechende Info-Feld zum Arbeitsblatt hinzugefügt. Wenn Sie andere Info-Felder einfügen möchten, können Sie diese per Drag & Drop aus der Registerkarte **Informationen** im Designbereich einfügen. Wählen Sie dazu oben auf der Registerkarte die Datenquelle aus, und ziehen Sie das gewünschte Feld in das Arbeitsblatt, um die Information als Info-Feld anzuzeigen. Für dynamische Info-Felder wie Variablen und Filterwerte sollten Sie allerdings die Option über das Menü verwenden. Nähere Informationen erhalten Sie in Abschnitt 2.2.10, »Informationen über eine Datenquelle abrufen«.

[«]

Info-Felder und Formeln

Für die Info-Felder werden automatisch Formeln mit Beschriftung und Quellinformationen angelegt. Dabei werden die Formeln `SAPGetInfoLabel` und `SAPGetSourceInfo` verwendet. Weitere Informationen hierzu finden Sie in Kapitel 10, »Mit Formeln arbeiten«.

8.4.4 Filterkomponenten einfügen

Neben Info-Feldern können Sie auch Filterkomponenten einfügen, um Benutzern das Filtern zu erleichtern. So lässt sich schnell die Sicht auf die angezeigten Daten ändern, z. B. in Bezug auf unterschiedliche Zeiträume. Ein Beispiel für eine solche Filterkomponente sehen Sie in Abbildung 8.86.

Abbildung 8.86 Filterkomponente im Arbeitsblatt

Um einen Filter hinzuzufügen, selektieren Sie zunächst eine leere Zelle, in die Sie die Filterkomponente einfügen möchten. Klicken Sie danach in der Menügruppe **Einfügen** auf die Auswahl **Filter**, und wählen Sie eines der aufgelisteten Merkmale, um eine Filterkomponente für dieses Merkmal einzufügen (siehe Abbildung 8.87).

Anschließend werden der Name der Dimension und die Formel der Filterkomponente in die Arbeitsmappe eingefügt. Sie können bei Bedarf die Formatierungsoptionen von Microsoft Excel nutzen, um die Zellen der Filterkomponente zu formatieren.

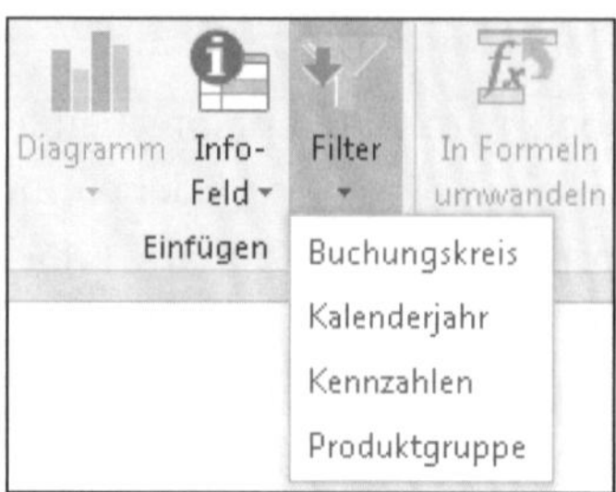

Abbildung 8.87 Filter einfügen

Filterkomponenten und Formeln

Beim Hinzufügen von Filterkomponenten werden automatisch Formeln (`SAPGetDimensionInfo` und `SAPSetFilterComponent`) in der Arbeitsmappe angelegt. Bei Bedarf können Sie die Formel `SAPSetFilterComponent` anpassen, um z. B. nur einen Merkmalswert auszuwählen. Sie können durch das Anpassen der Parameter aber auch eine Bereichsauswahl ermöglichen. Weitere Informationen zu den Formeln finden Sie in Kapitel 10, »Mit Formeln arbeiten«.

Filter definieren

Um einen Filter zu definieren, wählen Sie einfach den Button (**Filtern**) neben einer Filterkomponente aus. Es öffnet sich ein neues Fenster, in dem Sie die Filterauswahl vornehmen können. Ein Beispiel ist in Abbildung 8.88 zu sehen.

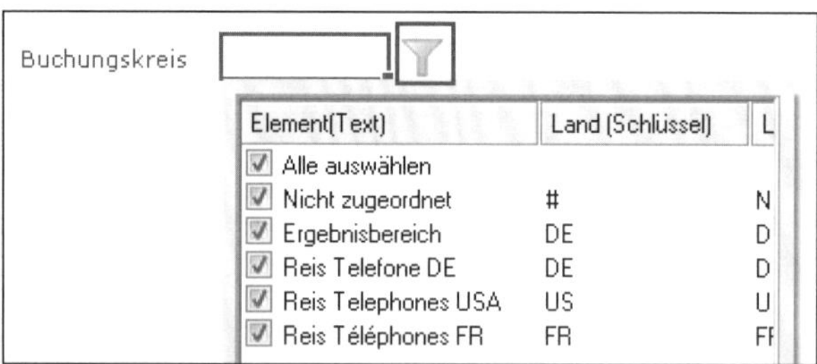

Abbildung 8.88 Filter definieren

Filterkomponente anpassen

Anschließend werden alle Kreuztabellen, die dieses Merkmal im aktuellen Arbeitsblatt enthalten, anhand der Filterauswahl eingeschränkt. Wenn dies nicht erwünscht ist, können Sie die Filterkomponente anpassen. Auf der Registerkarte **Komponenten** im Designbereich können Sie die Filterkomponente auswählen ❶ und festlegen, welche Tabellen gefiltert werden sollen ❷ (siehe Abbildung 8.89).

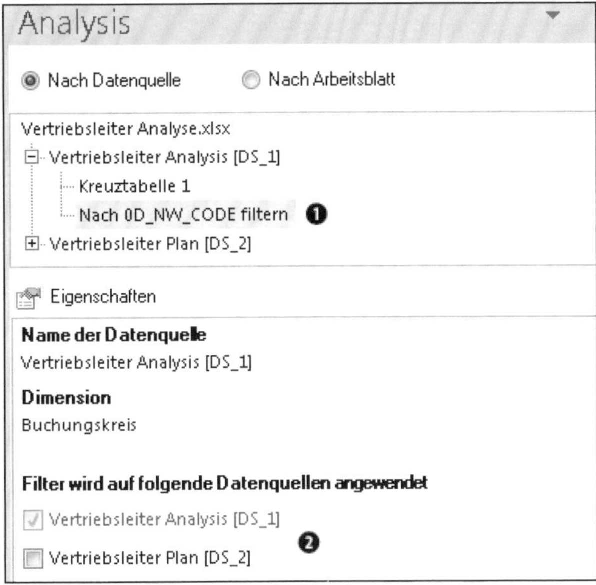

Abbildung 8.89 Filterkomponente anpassen

8.5 Zusammenfassung

Nun sind Sie ein echter Experte, wenn es um die Formatierung von Berichten geht. Sie können bedingte Formatierungen definieren und einzelne Zellen formatieren. Sie können neue Zeilen hinzufügen und diese um Texte oder Formeln erweitern. Die dabei angelegten Designregeln können Sie zielsicher anpassen. Sie wissen auch, wie Sie bei Bedarf Merkmalswerte wiederholen, die optimale Zellenbreite festlegen, Symbole für übergeordnete Merkmalswerte ausblenden und Standardformate anwenden können.

Darüber hinaus können Sie eigene Formatvorlagen erstellen, nutzen und mit anderen Benutzern teilen. Neben der Anpassung der Berichte wissen Sie auch, wie Sie die darin enthaltenen Daten visuell aufbereiten und die Arbeitsmappe um Diagramme, Info-Felder und Filter erweitern können.

Im nächsten Kapitel stelle ich Ihnen nützliche Werkzeuge vor, die Ihre Arbeit mit SAP Analysis for Microsoft Office erleichtern.

Kapitel 9

Mit Hilfsmitteln und Werkzeugen arbeiten

In den beiden vorangehenden Kapiteln haben Sie gelernt, wie Sie Berichte mit SAP Analysis for Microsoft Office gestalten und formatieren können. In diesem Kapitel gehe ich noch einmal auf nützliche Werkzeuge ein, die Ihnen die Arbeit mit SAP Analysis for Microsoft Office erleichtern.

In diesem Kapitel stelle ich Ihnen viele hilfreiche Werkzeuge vor. Sie lernen Zellen der Kreuztabelle in Formeln umzuwandeln, Webanwendungen auf Basis der Arbeitsmappe zu erstellen, Query Designer aus der Arbeitsmappe aufzurufen (siehe Abschnitt 9.1, »Werkzeuge einsetzen«) und mit Views zu arbeiten (siehe Abschnitt 9.2, »Mit Views arbeiten«).

Danach lernen Sie in Abschnitt 9.3, »Mit BEx Analyzer erstellte Arbeitsmappe konvertieren«, wie Sie alte BEx-Analyzer-Arbeitsmappen wiederverwerten können. Dabei zeige ich Ihnen die relevanten Konvertierungseinstellungen und stelle das Konvertierungsprotokoll vor. Schließlich zeige ich Ihnen in Abschnitt 9.4, »Arbeitsmappe schützen«, wie Sie Arbeitsmappen vor Änderungen schützen können.

9.1 Werkzeuge einsetzen

Auf der Registerkarte **Analysis Design** stehen Ihnen im Menüband im Bereich **Werkzeuge** viele nützliche Werkzeuge zur Verfügung. So können Sie Zellen der Kreuztabelle in Formeln umwandeln, um die Analysetabelle detaillierter bearbeiten und mit vorhandenen Daten weitere Berechnungen durchführen zu können. In Abschnitt 9.1.1 zeige ich Ihnen, wie es geht. Weiterführende Informationen zu Formeln erhalten Sie in Kapitel 10, »Mit Formeln arbeiten«. Außerdem können Sie auf der Grundlage der Analysis-Arbeitsmappe eine Webanwendung anlegen. Im gleichnamigen Abschnitt 9.1.2 lernen Sie die Details zu dieser Funktion kennen. Darüber hinaus können Sie direkt aus der Arbeitsmappe den Query Designer starten (siehe Abschnitt 9.1.3). Dies ist besonders beim Entwickeln und Testen von neuen Berichten nützlich.

9.1.1 Zellen einer Kreuztabelle in Formeln umwandeln

Es ist möglich, alle Zellen einer Kreuztabelle in einem Schritt in Formeln umzuwandeln. Dabei werden die Kreuztabellenobjekte gelöscht und die Zellen als Formeln definiert. Die jeweiligen Formeln der Zellen sehen Sie in der Bearbeitungsleiste (siehe Abbildung 9.1). Sie können die Analysetabelle mit den Formatierungs- und Formelfunktionen von Microsoft Excel bearbeiten und mit den Daten weitere Berechnungen durchführen.

=SAPGetMember("DS_1"; "0D_NW_PRDGP=SM"; "Text")

B	C	D	E	F
	Kennzahlen	Menge	Umsatz	Preis
Buchungskreis	**Produktgruppe**	ST	EUR	EUR / ST
Reis Telefone DE	Smartphone Mini	300,000	15.000,00	50,00
Reis Telefone DE	Smartphone Plus	500,000	50.000,00	100,00
Reis Telefone DE	Tablet Mini	200,000	40.000,00	200,00
Reis Telefone DE	Tablet Plus	400,000	30.000,00	75,00
Reis Telefone DE	**Ergebnis**	**1.400,000**	**135.000,00**	**96,43**
Gesamtergebnis	**Gesamtergebni**	**1.400,000**	**135.000,00**	**96,43**

Abbildung 9.1 Als Formel dargestellte Tabelle

Einschränkungen im Formelmodus

Beachten Sie, dass das Wechseln in den Formelmodus einige Einschränkungen mit sich bringt. So ist die Navigation durch Drag & Drop nicht mehr möglich. Außerdem ist das Kontextmenü in der Kreuztabelle nicht mehr verfügbar. Beim Wechseln in den Formelmodus werden nur die aktuell angezeigten Zellen der Kreuztabelle in Formeln umgewandelt. Daher werden Zellen in einer Hierarchie, die aktuell nicht aufgeklappt sind, nicht als Formel dargestellt. Es wird nur der jeweils oberste Knoten umgewandelt. Ein Beispiel ist in Abbildung 9.2 zu sehen.

=SAPGetData("DS_1";"547R3ZIH6AI5P686GSVOVYI62";"0D_NW_CODE=2000";
"0D_NW_PRDGP=TOTAL")

B	C	D	E
Kennzahlen	Menge	Umsatz	Preis
Buchungskreis	ST	EUR	EUR / ST
Gesamtergebnis	**1.780,000**	**191.000,00**	**107,30**
Reis Telefone DE	1.400,000	135.000,00	96,43
Smartphone Mini	300,000	15.000,00	50,00
Smartphone Plus	500,000	50.000,00	100,00
Tablet Mini	200,000	40.000,00	200,00
Tablet Plus	400,000	30.000,00	75,00
Reis Telephones USA	380,000	56.000,00	147,37

Abbildung 9.2 Darstellung nur aufgeklappter Hierarchieelemente als Formeln

Formatierungsfunktionen nutzen

Im Formelmodus können Sie alle Formatierungsfunktionen von Microsoft Excel nutzen. Dabei wird die individuelle Formatierung der Daten bei einer Aktualisierung nicht durch die Standardformatierung der Kreuztabelle überschrieben, weil die Kreuztabelle selbst beim Umwandeln entfernt wurde. Wenn Sie z. B. Zwischenergebnisse in der Tabelle farblich hervorheben und anschließend Merkmalswerte in dieser Tabelle filtern, werden nur die Daten für diese Werte vom Server abgerufen, nicht aber die Standardformatierung (siehe Abbildung 9.3). Die von Ihnen angewandte, individuelle Formatierung wird beibehalten.

	Kennzahlen	Menge	Umsatz	Preis
Buchungskreis	**Produktgruppe**	ST	EUR	EUR / ST
Reis Telefone DE	Smartphone Mini			
Reis Telefone DE	Smartphone Plus	500,000	50.000,00	100,00
Reis Telefone DE	Tablet Mini			
Reis Telefone DE	Tablet Plus			
Reis Telefone DE	**Ergebnis**	**500,000**	**50.000,00**	**100,00**
Reis Telephones USA	Smartphone Plus	200,000	20.000,00	100,00
Reis Telephones USA	Tablet Mini			
Reis Telephones USA	**Ergebnis**	**200,000**	**20.000,00**	**100,00**
Gesamtergebnis	**Gesamtergebni**	**700,000**	**70.000,00**	**100,00**

Abbildung 9.3 Beim Filtern intakt gebliebene Formatierung

So können Sie verschiedene Funktionen zum Ändern des Layouts nutzen. Sie können z. B. die Schrift- und Hintergrundfarbe anpassen, um Zellen hervorzuheben. Darüber hinaus können Sie Leerzeichen einfügen, um die Anzeige lesbarer zu gestalten.

Sie können die umgewandelte Tabelle auch nutzen, um weitere Berechnungen auf Basis der vorhandenen Daten durchzuführen. So können Sie Formeln von Zellen in andere Zellen außerhalb der Tabelle kopieren und dadurch unabhängig von der ursprünglichen Tabelle arbeiten. Außerdem können Sie weitere Zwischenergebnisse berechnen. Wenn Ihre Arbeitsmappe zwei Kreuztabellen enthält, die auf verschiedenen Providern basieren, können Sie die Daten beider Provider für Ihre Berechnungen kombinieren.

Dabei können Sie Teile der Tabelle oder einzelne Zellen an eine andere Stelle kopieren, um Werte gegenüberzustellen. Sie können Zellen auch in mehreren Berechnungen verwenden. Außerdem können Sie Elemente von Formeln mit anderen Elementen überschreiben, um die benötigten Daten schnell vom SAP-BW-Server abzurufen. Wenn z. B. die Formel `=SAPGetData("DS_1";"547R3ZIH6AI5P686GSVOVYOHM";"0D_NW_CODE=1000")` den Umsatz für den Buchungskreis 1000 anzeigt, können Sie 1000 durch 2000 ersetzen, um schnell den Umsatz für den Buchungskreis 2000 anzuzeigen. Voraussetzung hierfür ist, dass der InfoProvider diese Daten enthält und sie nicht herausgefiltert werden.

Verwendete Formeln

Im Formelmodus werden folgende Funktionen verwendet, um die Zellen einer Tabelle darzustellen: `SAPGetData`, `SAPGetMember`, `SAPGetDimensionInfo` und `SAPGetUniformScaling`. Weitere Informationen zu den Formeln finden Sie in Kapitel 10, »Mit Formeln arbeiten«.

Kreuztabelle in Formeln umwandeln

Um eine Kreuztabelle in Formeln umzuwandeln, selektieren Sie zunächst die gewünschte Kreuztabelle. Wählen Sie anschließend im Bereich **Werkzeuge** der Registerkarte **Analysis Design** die Funktion **In Formeln umwandeln** (siehe Abbildung 9.4).

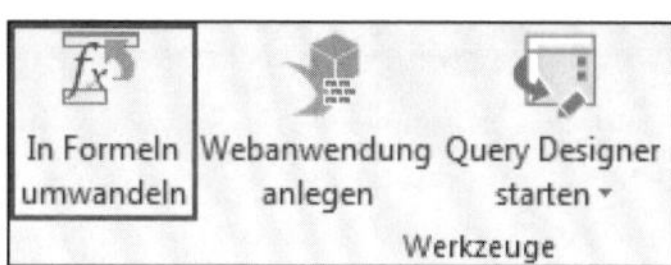

Abbildung 9.4 Funktion »In Formeln umwandeln«

Alle aktuell angezeigten Zellen der Kreuztabelle werden nun mit den Funktionen `SAPGetData`, `SAPGetMember`, `SAPGetDimensionInfo` und `SAPGetUniformScaling` in Formeln umgewandelt. Dabei werden Texte, die normalerweise nicht angezeigt werden, weil sie mehrfach in einer Spalte bzw. Zeile auftauchen, automatisch in jeder Zelle wiederholt, um gültige Formeln zu erzeugen. Das Kreuztabellenobjekt wird beim Umwandeln gelöscht.

Kreuztabelle wiederherstellen

Solange Sie die Daten in der umgewandelten Kreuztabelle nicht geändert haben, z. B. durch Löschen einzelner Formeln, können Sie die Kreuztabelle wiederherstellen. Nutzen Sie dazu die Funktion **Rückgängig** im Bereich **Aktionen** (siehe Abbildung 9.5).

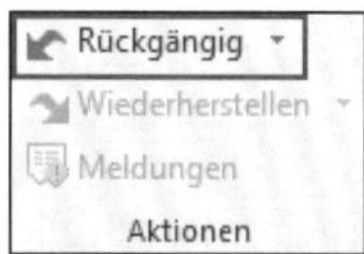

Abbildung 9.5 Änderungen rückgängig machen

9.1.2 Webanwendung anlegen

Sie können Ihre Arbeitsmappe auch als Grundlage für eine Webanwendung im SAP Design Studio oder im SAP Lumira Designer nutzen. Dabei werden Ihre Kreuztabellen, Filter und Diagramme an die Webanwendung übertragen. Folgende Diagrammtypen werden unterstützt: Kuchen-, Linien-, Flächen-, Balken-, Netz-, Blasen- und Punktdiagramme.

Um eine Webanwendung anzulegen, selektieren Sie zunächst das Arbeitsblatt mit den Komponenten, die Sie an das SAP Design Studio bzw. den SAP Lumira Designer übertragen möchten. Wählen Sie anschließend im Bereich **Werkzeuge** die Funktion **Webanwendung anlegen**, wie in Abbildung 9.6 gezeigt.

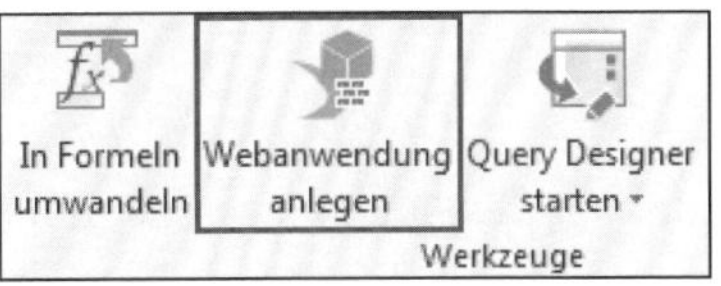

Abbildung 9.6 Webanwendung anlegen

Benutzeroberfläche anpassen

Wenn Sie die Funktion **Webanwendung anlegen** nicht sehen können, müssen Sie sie zunächst einblenden. Wählen Sie dafür **Datei • Analysis anpassen • Benutzeroberfläche anpassen**. Weitere Informationen erhalten Sie in Abschnitt 12.1, »Benutzeroberfläche anpassen«.

Komponenten aus Analysis verwenden

Melden Sie sich danach im SAP Design Studio bzw. SAP Lumira Designer an. Die Komponenten werden aus SAP Analysis for Microsoft Office übertragen und können anschließend angepasst werden.

9.1.3 Query Designer starten

Sie können von SAP Analysis for Microsoft Office aus direkt in die BW Modeling Tools oder den BEx Query Designer abspringen, um Ihre angezeigte Query zu bearbeiten. Dies ist vor allem beim Testen sehr nützlich, um schnell kleine Korrekturen vornehmen oder die Definition der Query überprüfen zu können. Wenn Sie hier Änderungen vorgenommen haben, werden diese über die Funktion **Datenquelle zurücksetzen** im Menübandbereich **Datenquelle** der Registerkarte **Analysis** in der Arbeitsmappe direkt reflektiert.

Voraussetzungen

Um diese Funktion nutzen zu können, muss mindestens die Version 7.40 SP16 oder 7.50 SP5 der BW Modeling Tools installiert sein. Für den BEx Query Designer gilt die Mindestversion 7.20 SP10 oder 7.30 SP3.

Query bearbeiten

Um Ihre Query zu bearbeiten, selektieren Sie zunächst eine beliebige Zelle in der Kreuztabelle. Wählen Sie anschließend die Funktion **Query Designer starten** aus dem Bereich **Werkzeuge** der Registerkarte **Analysis Design** (siehe Abbildung 9.7).

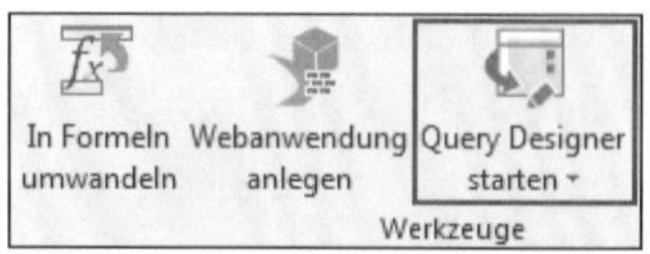

Abbildung 9.7 Query bearbeiten

Absprungsziel wählen

Je nach Ihrem System werden dabei entweder der BEx Query Designer oder die BW Modeling Tools gestartet. Wenn Sie explizit eins der Werkzeuge auswählen möchten, können Sie die Auswahlliste über den Pfeil öffnen und zwischen den Einträgen **BW-Modellierungstools** und **BEx Query Designer** wählen.

[»]

Benutzeroberfläche anpassen

Wenn Sie die Funktion **Query Designer starten** nicht sehen können, müssen Sie diese zunächst einblenden. Wählen Sie dafür **Datei • Analysis anpassen • Benutzeroberfläche anpassen**. Weitere Informationen erhalten Sie in Abschnitt 12.1, »Benutzeroberfläche anpassen«.

Melden Sie sich in Ihrem gewählten Query Designer an, und passen Sie die Query an. Speichern Sie anschließend die Änderungen. Wechseln Sie danach in SAP Analysis for Microsoft Office, und aktualisieren Sie die Kreuztabelle über **Datenquelle zurücksetzen**. Nun werden die vorgenommenen Änderungen in der Kreuztabelle reflektiert.

9.2 Mit Views arbeiten

Sie können den Navigationszustand einer Kreuztabelle als sogenannten *View* kopieren, an anderer Stelle einfügen oder auch permanent speichern. So können Sie eine für Sie relevante Analyse erstellen, die sich auf eine breite Datenbasis stützt. In diesem Abschnitt zeige ich Ihnen, wie Sie mit Views arbeiten.

9.2.1 View kopieren

Sie können eine Kreuztabelle kopieren und anschließend an einer anderen Stelle in SAP Analysis for Microsoft Office einfügen. Um eine Kreuztabelle zu kopieren, wählen Sie zunächst eine beliebige Zelle innerhalb der Kreuztabelle aus. Klicken Sie anschließend im Bereich **Anzeigen** der Registerkarte **Analysis Design** auf **View kopieren** (siehe Abbildung 9.8).

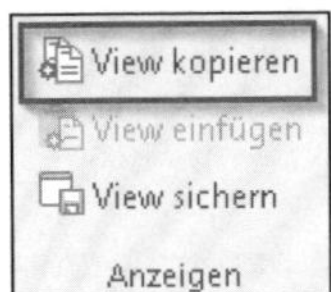

Abbildung 9.8 View kopieren

9.2.2 View einfügen

Um den kopierten View wieder einzufügen, selektieren Sie eine leere Zeile und klicken im Bereich **Anzeigen** auf **View einfügen**, wie in Abbildung 9.9 dargestellt.

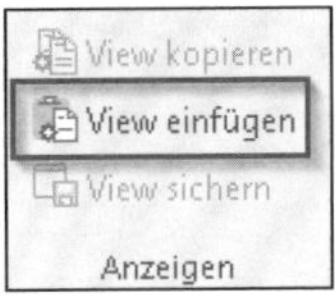

Abbildung 9.9 View einfügen

Im View navigieren

Dadurch wird der aktuelle Navigationsstand der kopierten Datenquelle angezeigt. Der View existiert dabei unabhängig vom Original. Wenn Sie in der ursprünglichen Kreuztabelle navigieren, bleibt die Kopie unverändert. Dasselbe gilt auch umgekehrt: Sie können den Aufriss in der Kopie verändern, ohne dass das Original beeinflusst wird.

Beachten Sie, dass die Einstellungen der Datenquelle, die auf der Registerkarte **Komponenten** angepasst werden können (siehe Abschnitt 7.4, »Wichtige Einstellungen«), beim Kopiervorgang nicht übernommen werden. Für die Kopie werden die Standardeinstellungen angewendet und nicht die Einstellungen des Originals. Einzige Ausnahme bildet die Anzahl der neuen Zeilen in der Planung (siehe Abschnitt 6.5.7, »Anzahl an neuen Zeilen definieren«).

9.2.3 View sichern

Sie können einen Navigationszustand auch permanent speichern und in anderen Arbeitsmappen verwenden. Wählen Sie dazu im Bereich **Anzeigen** die Funktion **View sichern** (siehe Abbildung 9.10).

Abbildung 9.10 View sichern

View für Query speichern

Es öffnet sich der in Abbildung 9.11 dargestellte Dialog. Wenn bereits Views vorhanden sind, die auf derselben Query basieren, werden diese aufgelistet. Geben Sie einen technischen Namen (**Name**) ❶ und eine sprechende **Beschreibung** ❷ ein. Wenn Sie auch die ausgewählten Werte der Variablen übernehmen möchten, setzen Sie ein Häkchen neben **Variablenwerte speichern** ❸. Diese Option ist nur verfügbar, wenn Ihre Datenquelle Variablen enthält. Klicken Sie anschließend auf den Button **Speichern** ❹, um den View zu sichern.

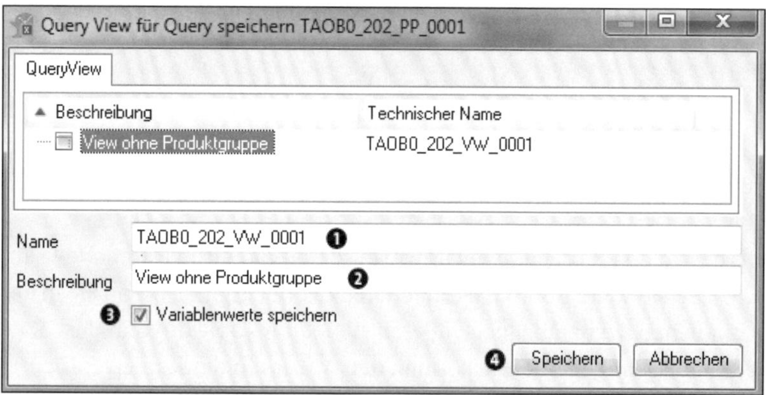

Abbildung 9.11 View für Query speichern

[»]

View auf BI-Plattform speichern

Wenn Sie mit einer Business-Intelligence-Plattform verbunden sind, wird der View als Analyse-View abgelegt.

View einfügen

Anschließend können Sie den View über **Datenquelle einfügen** (siehe Abschnitt 1.2, »Datenquelle in eine Arbeitsmappe einfügen«) in die Arbeitsmappe einfügen. Selektieren Sie den Button **Query View** im Dialog **Datenquelle auswählen** (siehe Abbildung 9.12).

Beachten Sie, dass die Einstellungen der Datenquelle, die auf der Registerkarte **Komponenten** angepasst werden können (siehe Abschnitt 7.4, »Wichtige Einstellungen«), beim Kopiervorgang nicht übernommen werden. Für die Kopie werden die Standardeinstellungen angewendet und nicht die Einstellungen des Originals. Die einzige Ausnahme bildet die Anzahl der neuen Zeilen bei der Planung.

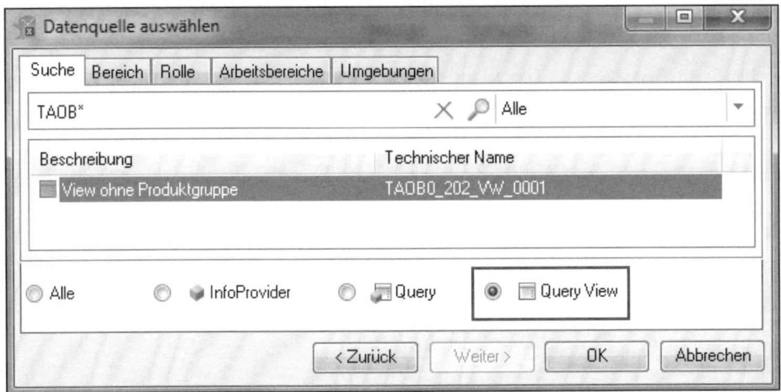

Abbildung 9.12 View als Datenquelle nutzen

Gespeicherten View löschen

Sie können einen gespeicherten View wieder vom System entfernen. Nutzen Sie dazu das Kontextmenü des jeweiligen Views im Dialog **Query View für Query speichern**, und wählen Sie den Eintrag **Löschen** aus (siehe Abbildung 9.13).

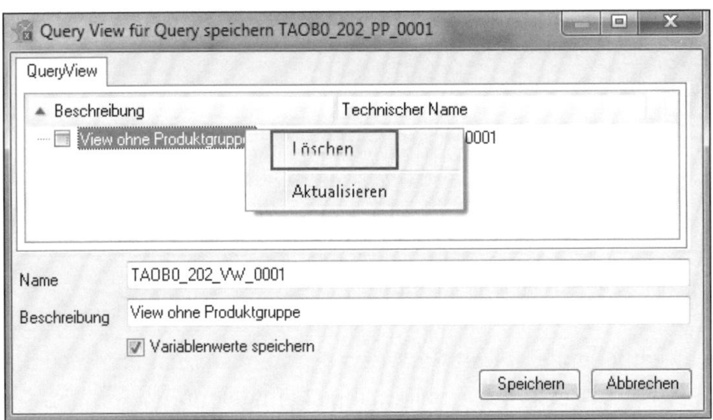

Abbildung 9.13 View löschen

9.3 Mit BEx Analyzer erstellte Arbeitsmappe konvertieren

Inzwischen wissen Sie bereits, wie Sie Arbeitsmappen in SAP Analysis for Microsoft Office von Grund auf neu erstellen können. Sie können aber auch bereits vorhandene, mit dem BEx Analyzer 3.5 oder 7.0 angelegte Arbeitsmappen in eine Analysis-Arbeitsmappe umwandeln. Wie das geht, lernen Sie in Abschnitt 9.3.1, »Arbeitsmappe konvertieren«. Welche BEx-Objekte dabei konvertiert werden sollen, definieren Sie in den Konvertierungseinstellungen. Die möglichen Optionen erkläre ich in Abschnitt 9.3.2, »Konvertierungseinstellungen«. Darüber hinaus können Sie angeben, ob für die Konvertierung ein Protokoll erstellt werden soll. Auf das Konvertierungsprotokoll gehe ich in Abschnitt 9.3.3, »Konvertierungsprotokoll«, näher ein.

9.3.1 Arbeitsmappe konvertieren

Um eine mit dem BEx Analyzer erstellte Arbeitsmappe zu konvertieren, folgen Sie dem Pfad **Datei • Analysis** ❶ und wählen anschließend **Arbeitsmappe konvertieren** ❷ (siehe Abbildung 9.14).

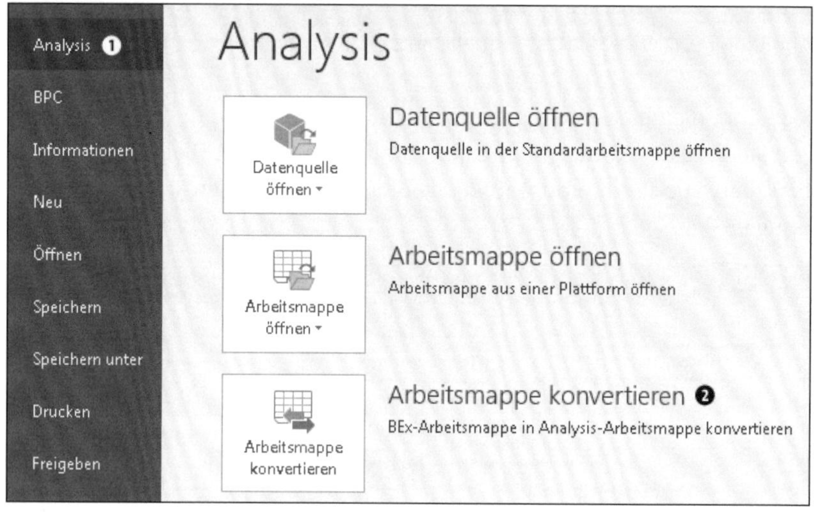

Abbildung 9.14 Arbeitsmappe konvertieren

Arbeitsmappe auswählen

Wählen Sie anschließend das SAP-NetWeaver-System aus, auf dem sich die mit dem BEx Analyzer erstellte Arbeitsmappe befindet, und bestätigen Sie die Auswahl mit dem Button **Weiter**. Geben Sie Ihren Benutzernamen und Ihr Kennwort ein, mit dem Sie sich am System anmelden. Danach können Sie nach der Beschreibung oder dem technischen Namen der gewünschten Arbeitsmappe suchen oder sie direkt über den entsprechenden Ordner auswählen. BEx-Analyzer-Arbeitsmappen werden in der Liste mit dem Icon aufgeführt. In Abbildung 9.15 sehen Sie ein Beispiel.

Nachdem Sie Ihre Auswahl mit dem Button **OK** bestätigt haben, beginnt die Konvertierung. Dabei werden die BEx-Analyzer-Objekte in Analysis-Objekte umgewandelt.

Abbildung 9.15 BEx-Analyzer-Arbeitsmappe auswählen

Konvertierbare BEx-Analyzer-Objekte

Tabelle 9.1 gibt Ihnen eine Übersicht über konvertierbare BEx-Analyzer-Objekte mit dem entsprechenden Pendant in SAP Analysis for Microsoft Office.

BEx-Analyzer-Objekt	SAP-Analysis-for-MS-Office-Objekt
Arbeitsmappe	Arbeitsmappe
Datenprovider-Funktionen	Datenquelle
Gitternetz	Kreuztabelle
Chart	Diagramm
Liste der Filter	Formeln `SAPGetDimension EffectiveFilter` und `SAPGetDimensionInfo`
Box mit Auswahlliste	Filter mit Einzelelementauswahl
Box mit Auswahlliste, die Query-Views anzeigt	keine Konvertierung
Checkbox-Gruppe	Filter mit Mehrelementauswahl
Auswahl-Button	Filter mit Einzelelementauswahl
Text	Info-Felder und Formeln
Meldung	Formel `SAPListOfMessages`
im Objekt »Drucktaste« verwendete Planungsobjekte	Planungsobjekte
Drucktaste	keine Konvertierung

Tabelle 9.1 Liste konvertierbarer Objekte

BEx-Analyzer-Objekt	SAP-Analysis-for-MS-Office-Objekt
Formatvorlagen	Formatvorlagen werden nicht konvertiert. Die konvertierte Arbeitsmappe wird im Standard-Formatvorlagen-Satz von SAP Analysis for Microsoft Office angezeigt.
Liste der Bedingungen	Die Liste wird nicht konvertiert. Die Bedingungen sind als *BEx-Bedingungen* in SAP Analysis for Microsoft Office verfügbar und können über das Menü aktiviert und deaktiviert werden.
Liste der Ausnahmen	Die Liste wird nicht konvertiert. Die Ausnahmen sind als *bedingte Formatierung* in SAP Analysis for Microsoft Office verfügbar und können über das Menü aktiviert und deaktiviert werden.
VBA-API (Application Programming Interface)	Benutzerspezifischer Code wird nicht konvertiert, ist jedoch nach der Konvertierung in der Arbeitsmappe verfügbar.
Navigationsbereich	Es erfolgt keine Konvertierung. Verwenden Sie den Designbereich der Registerkarte **Analysis**.

Tabelle 9.1 Liste konvertierbarer Objekte (Forts.)

Nach der Konvertierung wird die Arbeitsmappe in SAP Analysis for Microsoft Office geöffnet. Sie können sie als neue Arbeitsmappe speichern und mit Ihrer Analyse beginnen.

9.3.2 Konvertierungseinstellungen

Sie können spezifizieren, welche BEx-Analyzer-Objekte umgewandelt werden sollen und ob ein *Konvertierungsprotokoll* angelegt werden soll. Wechseln Sie dazu in die Einstellungen, indem Sie über **Datei • Analysis** gehen. Wählen Sie anschließend unter **Analysis anpassen** den Eintrag **Optionen** (siehe Abbildung 9.16).

Auf der Registerkarte **Konvertierung** ❶ können Sie anschließend die im Folgenden vorgestellten Einstellungen vornehmen (siehe Abbildung 9.17).

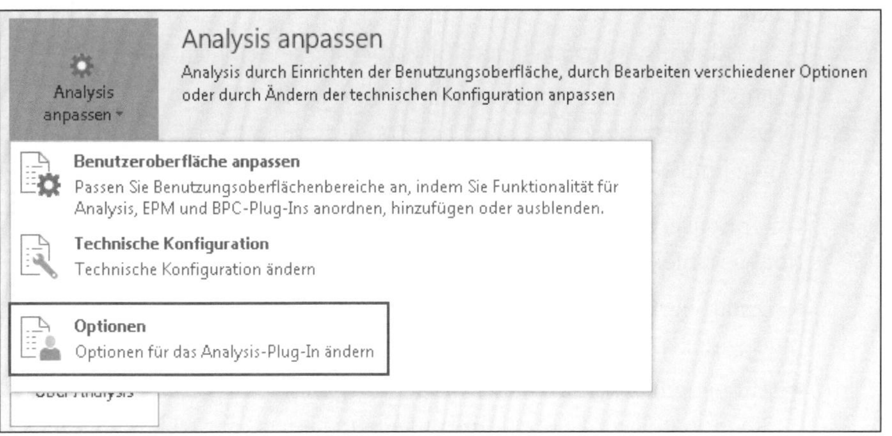

Abbildung 9.16 Optionen für SAP Analysis for Microsoft Office anpassen

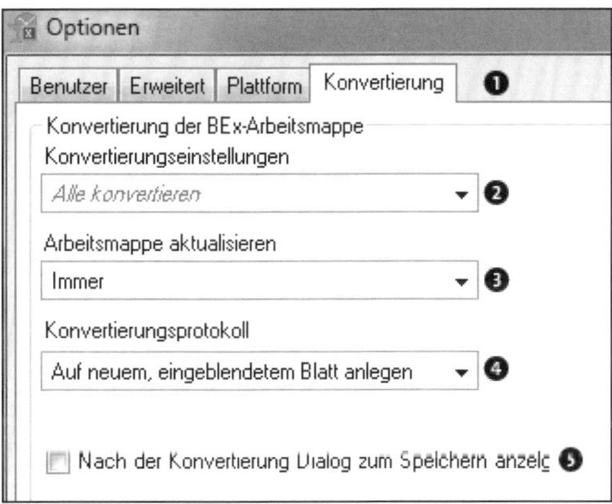

Abbildung 9.17 Konvertierungseinstellungen

Konvertierungseinstellungen wählen

Unter **Konvertierungseinstellungen** ❷ können Sie zwischen den folgenden Einträgen auswählen:

- **Alle konvertieren**
  Alle Objekte der Arbeitsmappe werden konvertiert.
- **Datenquellen und Kreuztabellen konvertieren**
  Datenquellen und Kreuztabellen werden konvertiert.
- **Nur Datenquellen konvertieren**
  Nur Datenquellen werden konvertiert.

Aktualisierungseinstellungen wählen

Unter **Arbeitsmappe aktualisieren** ❸ können Sie unter den folgenden Einstellungen wählen:

- **Immer**
  Die Arbeitsmappe wird nach der Konvertierung aktualisiert.

- **Nie**
  Die Aktualisierung nach der Konvertierung finden nicht statt.
- **Einstellungen der Arbeitsmappe verwenden**
  Die Arbeitsmappe wird nach der Konvertierung gemäß den Einstellungen im BEx Analyzer aktualisiert.

Konvertierungsprotokoll einstellen

Unter **Konvertierungsprotokoll** ❹ können Sie zwischen den folgenden Optionen wählen:

- **Deaktiviert**
  Es wird kein Protokoll angelegt.
- **Auf neuem, eingeblendetem Blatt anlegen**
  Ein Protokoll wird erstellt und auf einem neuen Arbeitsblatt angezeigt.
- **Auf neuem, ausgeblendetem Blatt anlegen**
  Ein Protokoll wird erstellt, jedoch ist das Arbeitsblatt standardmäßig ausgeblendet.

Schließlich können Sie über die Einstellung **Nach der Konvertierung Dialog zum Sichern anzeigen** ❺ steuern, ob nach der Konvertierung automatisch der Dialog zum Sichern angezeigt werden soll.

9.3.3 Konvertierungsprotokoll

Im Konvertierungsprotokoll wird der Konvertierungsstatus aller Objekte einer BEx-Analyzer-Arbeitsmappe dargestellt. In den Einstellungen (siehe Abschnitt 9.3.2, »Konvertierungseinstellungen«) können Sie festlegen, ob während der Konvertierung ein Protokoll erstellt werden soll und ob es als sichtbares oder verstecktes Arbeitsblatt der Arbeitsmappe hinzugefügt werden soll. In Abbildung 9.18 sehen Sie ein Beispiel.

Aufbau des Konvertierungsprotokolls

Im oberen Bereich finden Sie eine Meldung, ob die Konvertierung erfolgreich durchlaufen wurde oder nicht ❶. Darunter werden die ID ❷ der BEx-Analyzer-Arbeitsmappe sowie die ausgewählten Konvertierungseinstellungen ❸ angezeigt. In den Einstellungen (siehe Abschnitt 9.3.2, »Konvertierungseinstellungen«) haben Sie Möglichkeit auszuwählen, ob alle Objekte, Datenquellen und Kreuztabellen oder ausschließlich Datenquellen konvertiert werden sollen.

Anschließend werden die Objekte der BEx-Analyzer-Arbeitsmappe zusammen mit dem Konvertierungsstatus aufgelistet. Es wird jeweils eine Liste für Data Provider, eine für Planungsobjekte und eine für alle anderen Objekte der Arbeitsmappe erzeugt. Die Liste besteht aus mehreren Spalten.

Konvertierungsprotokoll

Konvertierung abgeschlossen ❶

BEx-Arbeitsmappen-ID: ❷
QJT3S6NLBQ1IEFD2RZZIR97CA

Verwendete Konvertierungseinstellungen:
Alle konvertieren ❸

Data Provider:

Status	Typ	Text	Alias	Meldung
Konvertiert	DATAPROVIDER	Vertriebsleiter BEx	DP_1	

Objekte:

Status ❹	Typ ❺	Name ❻	Data Provider ❼	Meldung ❽	Arbeitsblattbereich ❾
Konvertiert	GRID	GRID_1	DP_1		Tabelle1!B2:J6

Abbildung 9.18 Konvertierungsprotokoll

Zunächst wird in der Spalte **Status** ❹ der Status angezeigt. Dabei sind folgende Status möglich: **Konvertiert**, **Nicht konvertiert** und **Ignoriert**. Daneben wird in der Spalte **Typ** ❺ der Typ des Objekts dargestellt, z. B. `DATAPROVIDER`, `GRID` oder `NAVIGATION_PANE`. In der Spalte **Text** bzw. **Name** ❻ werden die Beschreibung bzw. der technische Name des Objekts angezeigt. Daneben wird in der Spalte **Data Provider** ❼ bzw. **Alias** der Alias des Data Providers angezeigt. Wenn der Konvertierungsstatus **Nicht konvertiert** oder **Ignoriert** lautet, wird in der Spalte **Meldung** ❽ eine Meldung angezeigt. So wird z. B. beim Status **Ignoriert** die Meldung »Objekt wurde aufgrund der aktuellen Konvertierungseinstellungen nicht konvertiert« ausgegeben. Schließlich wird in der Spalte **Arbeitsblattbereich** ❾ der Bereich des Objekts angezeigt. Sie können auf den Hyperlink klicken, um zu dem Objekt in der Arbeitsmappe zu gelangen.

9.4 Arbeitsmappe schützen

In SAP Analysis for Microsoft Office können Sie die komplette Arbeitsmappe oder einzelne Arbeitsblätter schützen. Im Gegensatz zum Schutz von Arbeitsmappen in Microsoft Office erlaubt es der Schutz über SAP Analysis for Microsoft Office, weiterhin in Berichten zu navigieren, wenn er aktiv ist.

9.4.1 Schutz aktivieren

Um den Schutz zu definieren, wählen Sie die Registerkarte **Datei** und anschließend den Eintrag **Analysis** aus. Danach können Sie die Auswahl **Arbeitsmappe schützen** wählen. Neben der Arbeitsmappe können Sie auch das aktuelle Arbeitsblatt schützen. Wählen Sie dazu aus der Liste den Eintrag **Akt. Arbeitsblatt schützen** aus (siehe Abbildung 9.19).

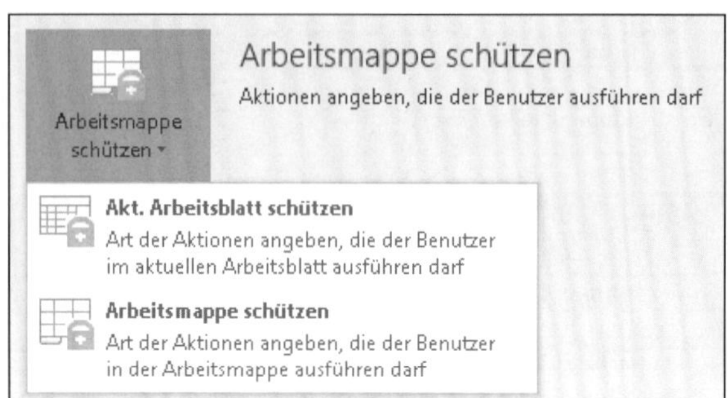

Abbildung 9.19 Arbeitsmappe schützen

Es öffnet sich der Dialog **Arbeitsmappenschutz** bzw. **Arbeitsblattschutz** (siehe Abbildung 9.20). Hier können Sie die Aktionen festlegen, die Benutzer trotz des Schutzes ausführen dürfen.

Abbildung 9.20 Arbeitsmappenschutz einrichten

Schutz einrichten

Um einen Schutz einzurichten, geben Sie zunächst im Feld **Schutzkennwort** ❶ ein Schutzkennwort ein und bestätigen es anschließend ❷. In der Liste **Alle Benutzer des Arbeitsblatts dürfen** ❸ können Sie die Aktivitäten definieren, die Benutzer ausführen können, während der Schutz aktiv ist. Wenn Sie z. B. **Zellen formatieren** auswählen, dürfen alle Benutzer die Formatierung der Zellen verändern. Sie müssen dazu den Schutz der Arbeitsmappe bzw. des Arbeitsblatts nicht aufheben. Bestätigen Sie anschließend Ihre Eingabe mit dem Button **OK**, um den Schutz zu aktivieren.

9.4.2 Schutz aufheben

Um einen eingerichteten Schutz aufzuheben, wählen Sie auf der Registerkarte **Datei** unter **Analysis** erneut **Arbeitsmappe schützen** oder **Akt. Arbeitsblatt schützen** aus und geben das von Ihnen definierte Kennwort ein.

[«]

Integrierter Microsoft-Excel-Schutz

Auch können Sie den integrierten Mechanismus von Microsoft Excel zum Schutz der Arbeitsmappe bzw. des Arbeitsblatts verwenden. Allerdings ist in diesem Fall keine Navigation in so geschützten Berichten möglich.

Es ist nicht möglich, dieselbe Arbeitsmappe bzw. dasselbe Blatt über SAP Analysis for Microsoft Office und Microsoft Excel zu schützen. Sie können jedoch bestimmte Arbeitsblätter über SAP Analysis for Microsoft Office und andere über Microsoft-Excel-Funktionen sperren.

9.5 Zusammenfassung

Nachdem Sie dieses Kapitel gelesen haben, kennen Sie nützliche Werkzeuge, die Ihnen helfen, Formeln zu verwenden, um auf Sie zugeschnittene Berichte zu erstellen. Sie können Arbeitsmappen aus SAP Analysis for Microsoft Office als Vorlagen für Webanwendungen nutzen und den Query Designer aus der Arbeitsmappe heraus starten. Außerdem haben Sie gelernt, wie Sie Views kopieren, einfügen und dauerhaft speichern können.

Anstatt neue Arbeitsmappen von Grund auf neu erstellen zu müssen, können Sie alte BEx-Analyzer-Arbeitsmappen recyceln und dadurch beim Umstieg auf SAP Analysis for Microsoft Office einiges an Zeit und Aufwand sparen. Sie beherrschen die relevanten Konvertierungseinstellungen und können das Konvertierungsprotokoll lesen.

Schließlich haben Sie gelernt, wie Sie Ihre Arbeitsmappe oder einzelne Arbeitsblätter vor Änderungen schützen können. So können Sie einzelne Aktionen erlauben und auch den Schutz wieder aufheben.

Im nächsten Kapitel lernen Sie, wie Sie die Arbeitsmappen um Formeln erweitern und Ihre Berichte dadurch noch flexibler und benutzerfreundlicher gestalten können.

Kapitel 10
Mit Formeln arbeiten

SAP Analysis for Microsoft Office enthält standardmäßig eine Menge Funktionen, die Sie in Ihren Formeln verwenden können. So können Sie Ihre Arbeitsmappen individuell gestalten und die Navigation für Benutzer erleichtern.

10

In SAP Analysis for Microsoft Office können Sie zwar die Standardfunktionen von Microsoft Excel verwenden, um Formeln zu erstellen – aber auch SAP Analysis for Microsoft Office selbst enthält eine Menge Funktionen, die Sie zum Erstellen von Formeln verwenden können. So können Sie Daten und Metadaten verwendeter Datenquellen in Ihre Analyse einbeziehen. Sie können z. B. Info-Felder zu den Eigenschaften der Datenquelle erzeugen, Kennzahlenfilter anlegen oder eine Liste der Variablen einer Datenquelle anzeigen. Darüber hinaus können Sie über die Funktion `SAPGetData` zusätzliche Kennzahlenwerte für bestimmte Merkmalswerte abrufen.

Eine Analysis-Formel besteht aus einer Funktion sowie Referenzen zur Datenquelle, zu Kennzahlen und Merkmalen. Dabei können Sie entweder die Beschreibung (Text) oder den technischen Namen (Schlüssel) eines Objekts als Referenz verwenden. Sie können auch, wie aus Microsoft Excel gewohnt, Zellenwerte, wie z. B. B10, als Referenz verwenden. Die Beschreibung bzw. der Text der Kennzahlen, Dimensionen und ihrer Elemente sind einfacher zu lesen. Allerdings sollten Sie den technischen Namen bzw. Schlüssel verwenden, wenn Ihre Arbeitsbücher in mehrsprachigen Szenarien eingesetzt werden oder Texte in den Metadaten doppelt vorkommen.

In diesem Kapitel werden sämtliche Formeln im Detail erklärt. Nachdem Sie das Kapitel durchgearbeitet haben, können Sie Ihre Arbeitsmappen noch individueller und benutzerfreundlicher gestalten.

10.1 Im formeloptimierten Modus arbeiten

Formeloptimierter Modus

Ab SAP Analysis for Microsoft Office 2.7 können Datenquellen im *formeloptimierten Modus* eingefügt werden. Nutzen Sie dazu im Menübandbereich **Datenquelle** aus der Auswahlliste von **Datenquelle einfügen** den Eintrag

Datenquelle zum Definieren von Formeln auswählen. In diesem Modus wird keine Kreuztabelle zum Arbeitsblatt hinzugefügt. Sie können eigene Formeln definieren und so flexible Berichte erstellen.

Systemvoraussetzungen

Voraussetzung für die Verwendung von Datenquellen im formeloptimierten Modus ist die Verwendung von SAP BW/4HANA SP9 oder SAP BW 7.50 SP13 als BW-System. Weitere Informationen zu unterstützten BW-Versionen finden Sie in SAP-Hinweis 2656100. Beachten Sie, dass Hierarchieknoten derzeit nicht unterstützt werden.

Datenquelle wählen

Als Datenquellen können Advanced-DataStore-Objekte (ADSO), InfoCubes und Queries verwendet werden. Die Queries müssen über eine Kennzahlenstruktur verfügen und können eingeschränkte Kennzahlen oder berechnete Kennzahlen enthalten. Queries mit zwei Kennzahlenstrukturen, Bedingungen, Ausnahmen oder Formeln werden allerdings nicht unterstützt.

Um eine Datenquelle im formeloptimierten Modus einzufügen, wählen Sie auf der Registerkarte **Analysis** im Bereich **Datenquelle** die Auswahl **Datenquelle einfügen** und aus der Liste den Eintrag **Datenquelle zum Definieren von Formeln auswählen** (siehe Abbildung 10.1). Melden Sie sich anschließend an dem jeweiligen System an, und selektieren Sie die gewünschte Datenquelle.

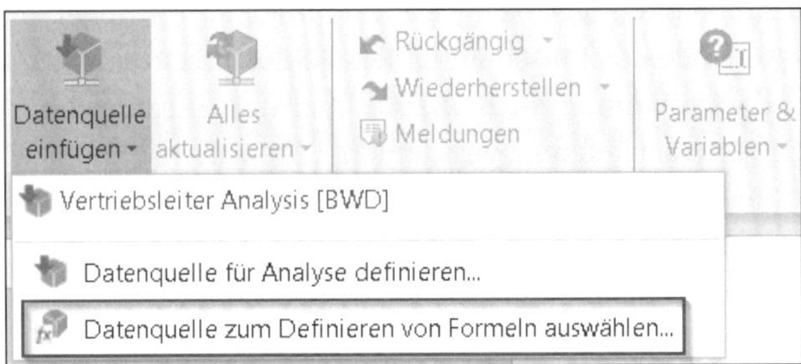

Abbildung 10.1 Datenquelle im formeloptimierten Modus einfügen

Beachten Sie, dass im formeloptimierten Modus keine Kreuztabelle zur Datenquelle hinzugefügt werden kann. Darüber hinaus können keine Zeilen und Spalten auf der Registerkarte **Analyse** definiert werden. So können Sie den von Ihnen gewünschten Bericht von Grund auf neu aufbauen. Dazu verwenden Sie die in diesem Kapitel vorgestellten Funktion, wie z. B. `SAPGetData` (siehe Abschnitt 10.2.1, »SAPGetData«) und `SAPSelectMember` (siehe Abschnitt 10.2.2, »SAPSelectMember«).

[+]

Zwischen formeloptimiertem und Analysemodus wechseln

Sie können auf Ebene der Datenquelle die Einstellung **Datenquelle formeloptimiert verwenden** nutzen, um zwischen dem formeloptimierten Modus und dem Analysemodus zu wechseln. Weitere Informationen erhalten Sie in Abschnitt 7.4.3, »Eigenschaften der Datenquelle festlegen«.

In der Liste der kürzlich geöffneten Datenquellen – Funktion **Datenquelle einfügen** im Menübandbereich **Datenquelle** – werden verschiedene Icons für Datenquellen verwendet, die im Analysemodus geöffnet wurden, und für Datenquellen, die im formeloptimierten Modus geöffnet wurden. So können Sie eine Datenquelle direkt aus der Liste im gewünschten Modus öffnen.

10

[+]

Fehlerbehandlung im formeloptimierten Modus

Wenn Sie beim Arbeiten im formeloptimierten Modus auf Probleme stoßen, können Sie die parallele Formelbearbeitung in Microsoft Excel ausschalten. Öffnen Sie dazu über **Datei • Optionen** die Excel-Optionen. Wählen Sie anschließend den Eintrag **Erweitert** ❶ aus, und entfernen Sie im Bereich **Formeln** das Häkchen neben der Einstellung **Multithreadberechnung aktivieren** ❷ (siehe Abbildung 10.2).

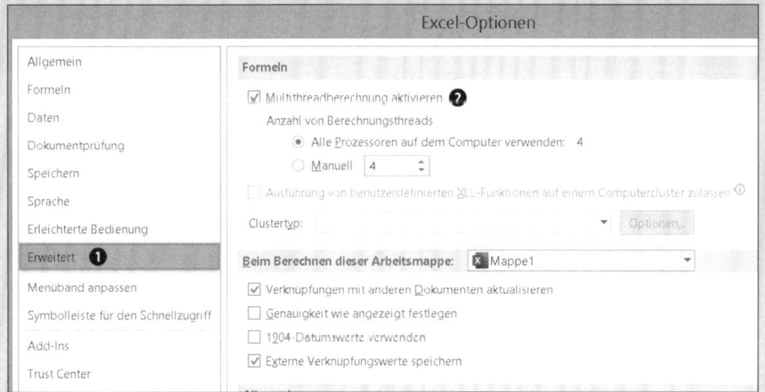

Abbildung 10.2 Multithreadberechnung deaktivieren

Wenn es sich bei dem problematischen Wert um eine Zahl handelt, prüfen Sie, ob das Problem durch das Formatieren als Text behoben werden kann. Sie können eine Zahl als Text formatieren, indem Sie beispielsweise ein Apostroph vor der Zahl einfügen.

10.2 Formeln anlegen

Um eine Formel anzulegen, selektieren Sie zunächst die Zelle, in die Sie die Formel eingeben möchten. Klicken Sie anschließend in der Bearbeitungsleiste auf **Funktion einfügen** (siehe Abbildung 10.3).

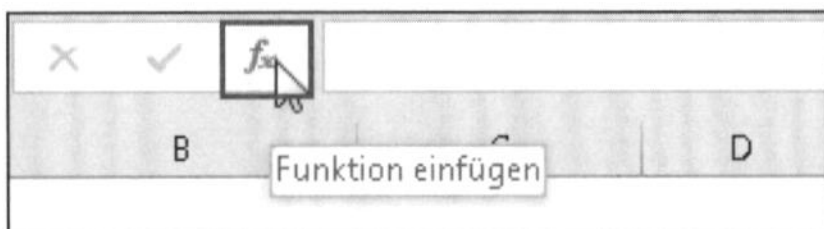

Abbildung 10.3 Funktion einfügen

Kategorie auswählen

Wählen Sie im sich öffnenden Dialog **Funktion einfügen** den Eintrag **Analysis** als Kategorie aus ❶ (siehe Abbildung 10.4). Es erscheint eine Liste mit vordefinierten Funktionen ❷. Wählen Sie die gewünschte Funktion aus, z. B. `SAPGetData`, und bestätigen Sie Ihre Auswahl mit dem Button **OK** ❸.

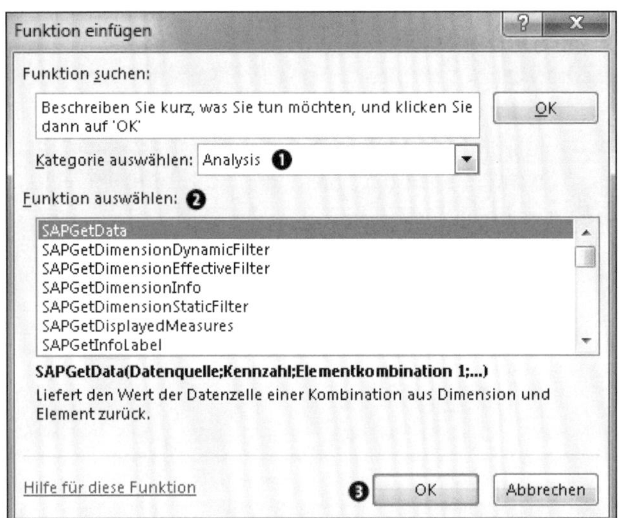

Abbildung 10.4 Kategorie »Analysis« mit vordefinierten Funktionen

Funktionsargumente festlegen

Geben Sie anschließend die *Argumente* ❶ der jeweiligen Funktion in die Felder ein (siehe Abbildung 10.5). Um den Wert einer Zelle als Argument zu verwenden, nutzen Sie den Button [↑] (**Dialog reduzieren**) ❷. Dadurch wird der Dialog **Funktionsargumente** ausgeblendet, und Sie können die gewünschte Zelle aus dem Arbeitsblatt auswählen. Klicken Sie anschließend auf [↓] (**Dialog erweitern**), um weitere Argumente einzugeben. Alternativ können Sie die Zelle natürlich direkt in das Eingabefeld eintippen. Unter **Formelergebnis** ❸ sehen Sie die Vorschau des Ergebnisses. Nachdem Sie alle Argumente eingegeben haben, bestätigen Sie mit dem Button **OK** ❹.

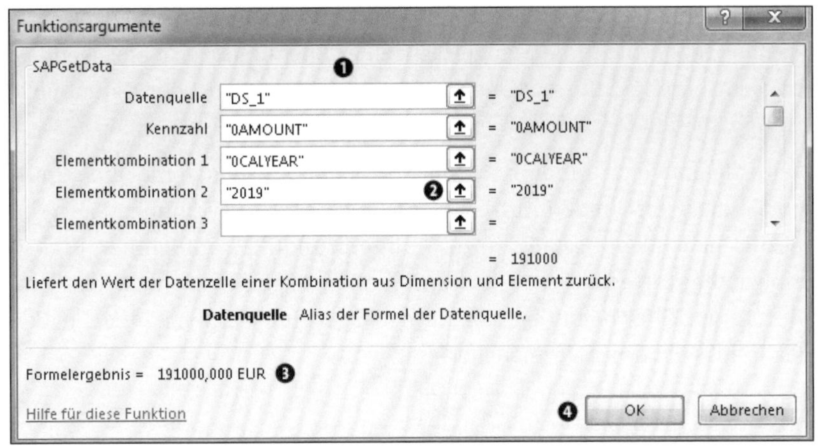

Abbildung 10.5 Funktionsargumente festlegen

Formelergebnis

Anschließend wird das Formelergebnis im Arbeitsblatt angezeigt. In Abbildung 10.6 sehen Sie ein Beispiel. Nach einiger Zeit kennen Sie die Syntax der Formeln auswendig und brauchen den Weg über den Dialog **Funktion einfügen** nicht mehr zu gehen. Sie können die Formel dann direkt in die Bearbeitungsleiste eingeben. Wenn dabei `#RFR` in der Zelle erscheint, müssen Sie eine Aktualisierung über die Funktion **Alles aktualisieren** im Bereich **Datenquelle** vornehmen. Wird hingegen `#WERT!` angezeigt, konnte kein Wert ermittelt werden.

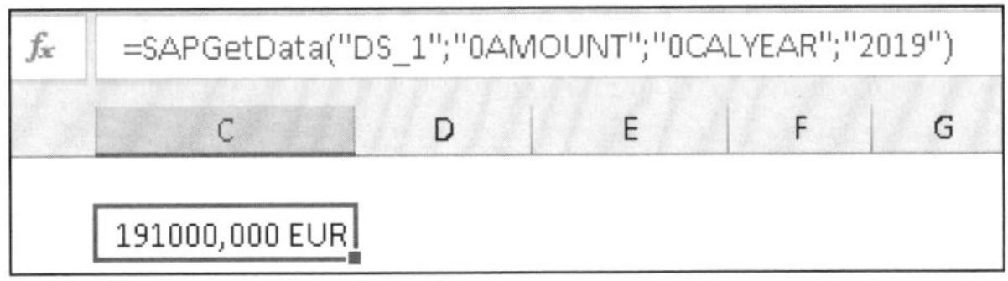

Abbildung 10.6 Formelergebnis

10.2.1 SAPGetData

Die Funktion `SAPGetData` liefert den Wert einer Kennzahl für eine spezifische Kombination aus Merkmal und Merkmalswert. Dabei kann die Formel nur Werte für Kombinationen zurückliefern, die im aktuellen Navigationszustand angezeigt werden. Das heißt, die Elemente müssen in Zeilen oder Spalten verwendet werden. Auch Werte, die im Hintergrundfilter enthalten sind, werden implizit verwendet.

Beispiel

Betrachten wir das in Abbildung 10.7 dargestellte Beispiel. Wenn die Datenquelle im aktuellen Navigationszustand das Merkmal Kalenderjahr in den Zeilen und die Kennzahl Menge in den Spalten enthält, können Sie eine Formel anlegen, die die Menge für ein bestimmtes Kalenderjahr anzeigt. Sie können jedoch nicht die Mengen einzelner Buchungskreise anzeigen lassen, selbst wenn Informationen zu Buchungskreisen in der Datenquelle verfügbar sind.

Wenn Sie die Werte für einzelne Buchungskreise anzeigen möchten, müssen Sie diese erst in den Aufriss aufnehmen. Alternativ können Sie einen spezifischen Buchungskreis in den Hintergrundfilter aufnehmen und so implizit die Werte für diesen Buchungskreis anzeigen. Obwohl die Werte im Hintergrundfilter nicht über die Formel abgerufen werden können, haben sie Einfluss auf das angezeigte Resultat.

	Betrag	Menge
Kalenderjahr	EUR	ST
2018	-5.000,00	100,000
2019	191.000,00	1.780,000
2020	32.020,00	2.020,000
Gesamtergebnis	**218.020,00**	**3.900,000**

Abbildung 10.7 Im Aufriss nicht sichtbarer Buchungskreis

[»]

Formeloptimierter Modus

Die beschriebene Einschränkung gilt nicht, wenn Sie Datenquellen im formeloptimierten Modus verwenden. In diesem Fall existiert überhaupt keine Kreuztabelle, und Sie können auf alle Dimensionen der Datenquelle zugreifen.

Datenquelle angeben

Die Formel `SAPGetData` setzt sich aus drei Parametern zusammen: **Datenquelle**, **Kennzahl** und **Elementkombination**. Geben Sie die folgenden Argumente ein.

Als **Datenquelle** geben Sie den Alias der Formel ein. Diesen können Sie auf der Registerkarte **Komponenten** im Designbereich anpassen (siehe Abbildung 10.8).

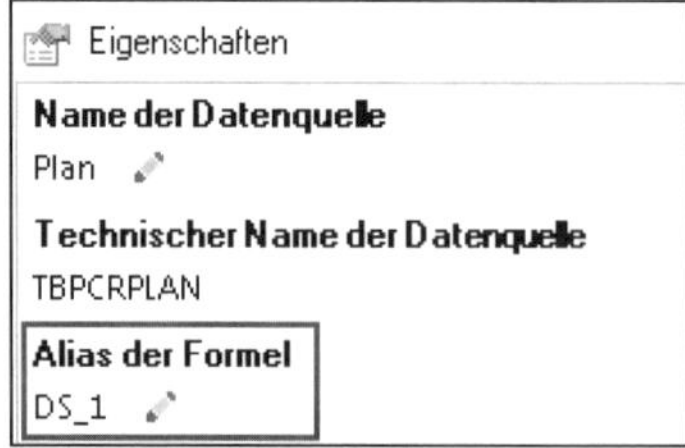

Abbildung 10.8 Alias der Formel anpassen

Kennzahl angeben

Als Kennzahl können Sie die Beschreibung der Kennzahl, z. B. die Menge oder den technischen Namen, hier `0QUANTITY`, eingeben. Wenn Sie z. B. `=SAPGetData("DS_1";"0QUANTITY")` eingeben, wird die gesamte Summe der Kennzahl `0QUANTITY`, also der Menge der Datenquelle `DS_1` zurückgeliefert. Diese können Sie weiter differenzieren, indem Sie die Elementkombinationen angeben.

Technischen Namen einer Kennzahl definieren

Falls Sie eine Query als Datenquelle verwenden, können Sie den technischen Namen der Kennzahl auf der Registerkarte **Datenblatt-Definition** unter **Eigenschaften • Allgemein** festlegen (siehe Abbildung 10.9).

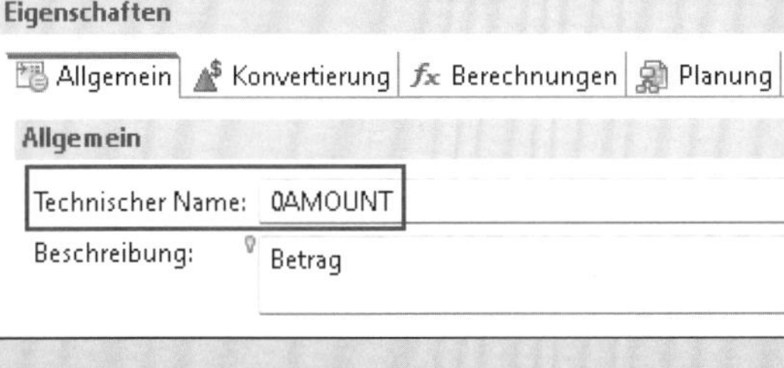

Abbildung 10.9 Technischen Namen einer Kennzahl festlegen

Elementkombination angeben

Hierbei gibt es mehrere Möglichkeiten. So können Sie zum einen die Elementkombination als Argument definieren (siehe Abbildung 10.10). Die Syntax lautet in diesem Fall wie folgt:

```
=SAPGetData("DS_1";"0QUANTITY";"0CALYEAR=2019;0D_NW_CODE=1000")
```

Dabei wird die Menge des Jahres 2019 für den Buchungskreis 1000 abgerufen.

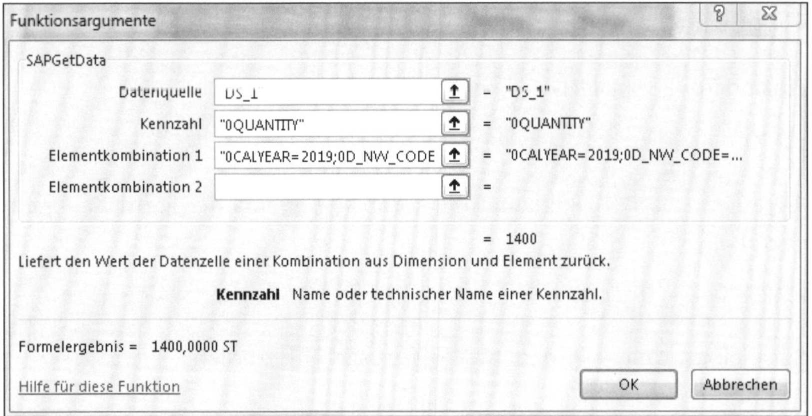

Abbildung 10.10 Elementkombination definieren

Sie können in der Elementkombination auch auf Zellen verweisen (siehe Abbildung 10.11). Wenn dabei die Zelle E1 das Jahr 2019 enthält, wird die Menge für das Jahr 2019 angezeigt. Wenn Sie den Wert in der Zelle E1 mit 2020 tauschen, wird die Menge für das Jahr 2020 abgebildet. Die Syntax lautet in diesem Fall wie folgt:

```
=SAPGetData("DS_1";"0QUANTITY";"0CALYEAR";E1;"0D_NW_CODE";"1000")
```

Sie können bei diesem Ansatz auch Dimensionen von Elementen trennen, um eine noch bessere Übersicht zu erhalten:

```
=SAPGetData("DS_1";"0QUANTITY";"0CALYEAR";"2019";"0D_NW_CODE";"1000")
```

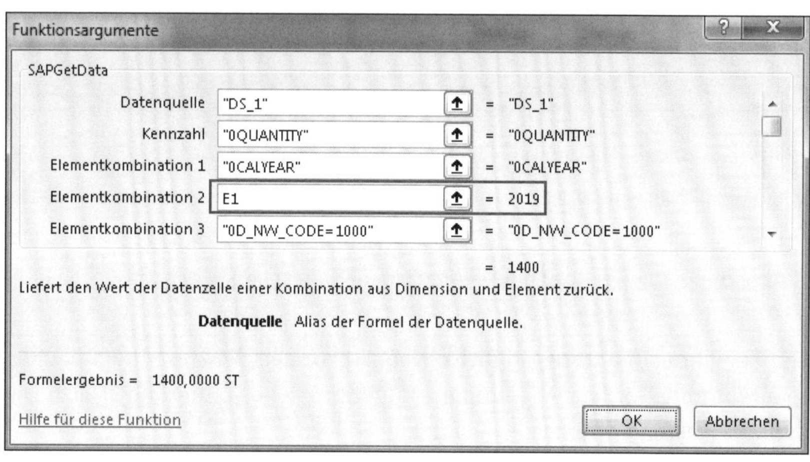

Abbildung 10.11 Verweis auf eine Zelle

Schließlich können Sie die beiden Ansätze auch kombinieren. Ein Beispiel ist:

```
=SAPGetData("DS_1";"0QUANTITY";"0CALYEAR";E1;"0D_NW_CODE=1000")
```

Ein anderes Beispiel ist:

```
=SAPGetData("DS_1";"0QUANTITY";"0CALYEAR=2019";"0D_NW_CODE=1000")
```

Parametrisierbare Formel SAPGetData

Allgemein ausgedrückt, lautet die komplette Syntax der Formel entsprechend:

```
=SAPGetData("[Datenquelle]";"[Kennzahl]";"[Elementkombination]")
```

Beispielhaft könnte sie dann wie folgt ausgeführt werden:

```
=SAPGetData("DS_1";"0QUANTITY";"0D_NW_CODE=1000")
```

Die Syntax kann mithilfe der Formel `SAPSelectMember` vereinfacht werden. Außerdem wird dadurch die Arbeit mit der Arbeitsmappe benutzerfreundlicher. Diese Formel stelle ich Ihnen im nächsten Abschnitt vor.

10.2.2 SAPSelectMember

Die Funktion `SAPSelectMember` erlaubt es Benutzern, ein Element einer Dimension über die Wertehilfe auszuwählen und anzuzeigen. Dadurch kann die Syntax der Formel `SAPGetData` vereinfacht werden. Außerdem kann so das Layout benutzerfreundlicher gestaltet werden.

Argumente angeben

Die Funktion verfügt über die fünf Parameter **Datenquelle**, **Element**, **Dimension**, **Elementanzeige** und **Auswahlmodus** (siehe Abbildung 10.12).

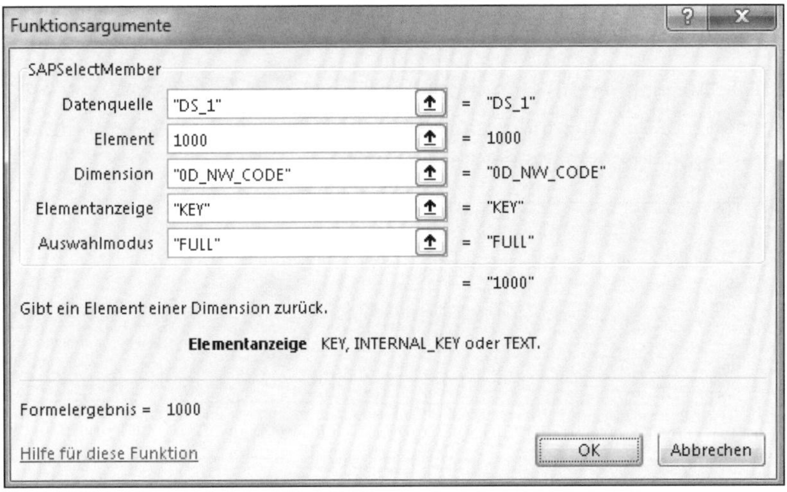

Abbildung 10.12 Argumente der Funktion SAPSelectMember festlegen

Geben Sie unter **Datenquelle** den Alias der Formel ein. Diesen können Sie beim Konfigurieren der Datenquelle auf der Registerkarte **Komponenten** des Designbereichs anpassen.

Unter **Element** können Sie den technischen Namen des Elements angeben, das vorausgewählt werden soll. Dieses Feld können Sie auch leer lassen. In diesem Fall wird das Feld durch das über die Wertehilfe ausgewählte Element automatisch gefüllt.

In das Feld **Dimension** müssen Sie den technischen Namen der Dimension eingeben, deren Elemente Sie auswählen möchten.

Über das Feld **Elementanzeige** können Sie steuern, wie die Elemente in der Arbeitsmappe angezeigt werden. Bei der Eingabe von `TEXT` wird die Beschreibung, bei der Verwendung von KEY der externe Schlüssel und beim Eintrag von INTERNAL_KEY der interne Schlüssel angezeigt.

Auswahldialog definieren

Über das Feld **Auswahlmodus** können Sie festlegen, wie der Auswahldialog aussehen und ob neben der Zelle die Wertehilfe angezeigt werden soll. Als Eigenschaften können SIMPLE, FULL oder NONE definiert werden. Bei SIMPLE und FULL wird neben der Zelle die Wertehilfe angezeigt (siehe Abbildung 10.13). Bei NONE ist die Wertehilfe nicht verfügbar.

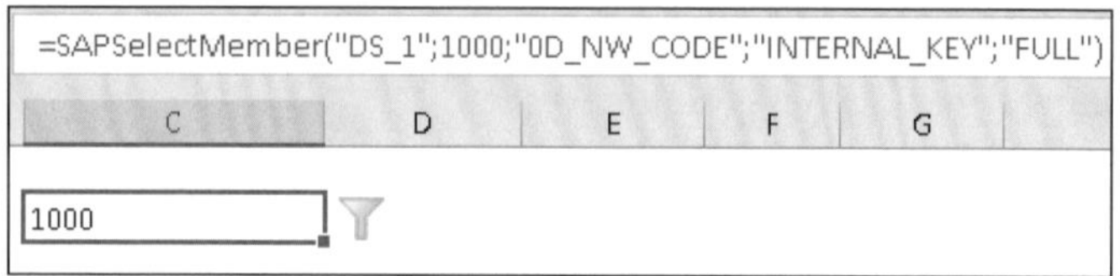

Abbildung 10.13 Wertehilfe anzeigen

Das Feld **Auswahlmodus** ist optional. Standardmäßig wird der Wert SIMPLE verwendet. In diesem Modus sind im Auswahldialog nur die Elemente der Dimension sichtbar (siehe Abbildung 10.14).

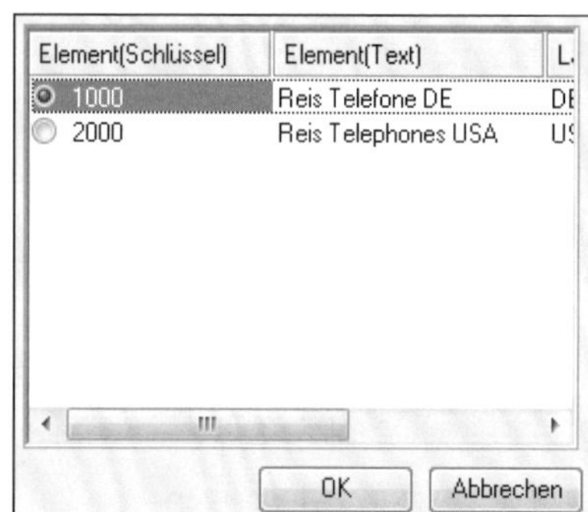

Abbildung 10.14 Einfacher Auswahldialog

Auswahldialog im FULL-Modus öffnen

Im FULL-Modus wird die vollständige Version des Filterdialogs geöffnet. Dabei können Sie nach Elementen suchen, die Anzeige anpassen (z. B. von Text zu Schlüssel), Attribute einblenden und den Zugriffsmodus verändern. In Abbildung 10.15 sehen Sie ein Beispiel. Die Syntax für die Formel lautet:

```
=SAPSelectMember("DS_1";1000;"0D_NW_CODE";"KEY";"FULL")
```

Dabei wird die vollständige Version des Filterdialogs für das Merkmal Buchungskreis (InfoObject 0D_NW_CODE) geöffnet. Das Element 1000 ist vorausgewählt, und die ausgewählten Elemente werden als Schlüssel angezeigt.

Abbildung 10.15 Auswahldialog im FULL-Modus

Vereinfachte Syntax der Formel SAPGetData

Sie können die Funktion `SAPSelectMember` nutzen, um die Syntax der Formel `SAPGetData` zu vereinfachen. Da die Metadaten im Hintergrund übergeben werden, reicht es, in der Formel `SAPGetData` auf die Zelle zu referenzieren, die die Formel `SAPSelectMember` trägt. Dabei sieht die vereinfachte Syntax wie folgt aus:

```
=SAPGetData("[Alias der Datenquelle]";"[Kennzahl]"; _
[Referenz auf die SAPSelectMember Zelle])
```

Beispielhaft könnte sie dann wie folgt ausgeführt werden:

```
=SAPGetData("DS_1";"0QUANTITY";D1)
```

Mehrere SAPSelect-Member-Formeln verketten

Dabei können Sie auch mehrere `SAPSelectMember`-Formeln für unterschiedliche Dimensionen verketten, um die Abfrage der Werte spezifischer zu gestalten. In Abbildung 10.16 finden Sie ein Beispiel. Dabei werden der Buchungskreis und das Kalenderjahr über die `SAPSelectMember`-Formel vom Benutzer ausgewählt. Die `SAPGetData`-Formel zeigt die Menge für die ausgewählte Elementkombination an.

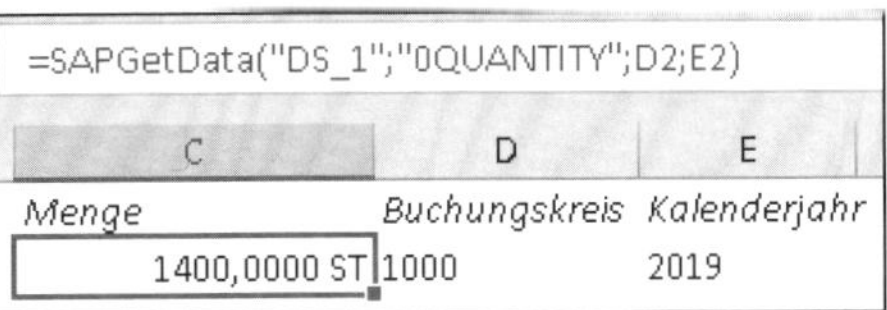

Abbildung 10.16 Kombination aus mehreren Formeln anlegen

Zwecks besserer Lesbarkeit können Sie auch die Dimensionen in die Syntax aufnehmen, z. B.:

```
=SAPGetData("DS_1";"0QUANTITY";"0D_NW_CODE";D2;"0CALYEAR";E2)
```

Parametrisierbare Formel

Zum Abschluss noch einmal die vollständige Syntax der Formel:

```
=SAPSelectMember("[Datenquelle]"; "[Element]";"[Dimension]"; _
"[Elementanzeige]";"[Auswahlmodus]")
```

Beispielhaft könnte sie dann wie folgt ausgeführt werden:

```
=SAPSelectMember("DS_1";1000;"0D_NW_CODE";"KEY";"FULL")
```

10.2.3 SAPGetUniformScaling

Die Funktion `SAPGetUniformScaling` liefert Informationen zur Einheit und Skalierung einer Kennzahl bei einer spezifischen Elementkombination. Dabei kann die Formel nur Werte für Kombinationen zurückliefern, die im aktuellen Navigationszustand angezeigt werden. Das heißt, die Elemente müssen in Zeilen oder Spalten verwendet werden. Auch Werte, die im Hintergrundfilter enthalten sind, werden implizit verwendet. In Abschnitt 10.2.1, »SAPGetData«, erkläre ich dieses Verhalten ausführlich.

Argumente angeben

Die Formel `SAPGetUniformScaling` setzt sich aus den drei Parametern **Datenquelle**, **Kennzahl** und **Elementkombination** zusammen (siehe Abbildung 10.17).

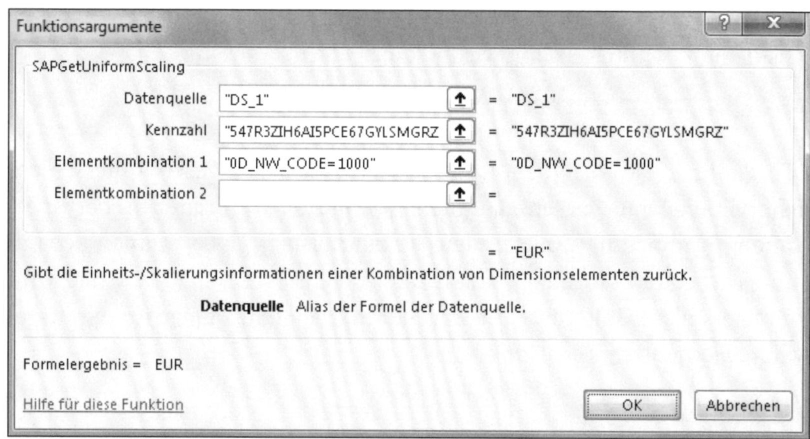

Abbildung 10.17 Argumente der Formel SAPGetUniformScaling bestimmen

Geben Sie im Feld **Datenquelle** den Alias der Formel ein. Diesen können Sie beim Konfigurieren der Datenquelle auf der Registerkarte **Komponenten** des Designbereichs anpassen.

In das Feld **Kennzahl** können Sie die Beschreibung der Kennzahl, z. B. Umsatz, oder die technische ID eingeben. Diese können Sie unter dem Eintrag

Technischer Name im Bereich **Eigenschaften** der Registerkarte **Analyse** einsehen, einblendbar im **Designbereich** über **Anzeigen • Eigenschaftensicht einblenden** (siehe Abbildung 10.18). Weitere Informationen erhalten Sie in Abschnitt 2.2.2, »Registerkarte ›Analyse‹«. Alternativ können Sie den technischen Namen in der Kreuztabelle einblenden, indem Sie den Schlüssel anzeigen (siehe Abschnitt 4.4.1, »Darstellung von Elementen anpassen«). Wenn Sie im Query Designer einen technischen Namen für die Selektion definiert haben, kann auch dieser genutzt werden.

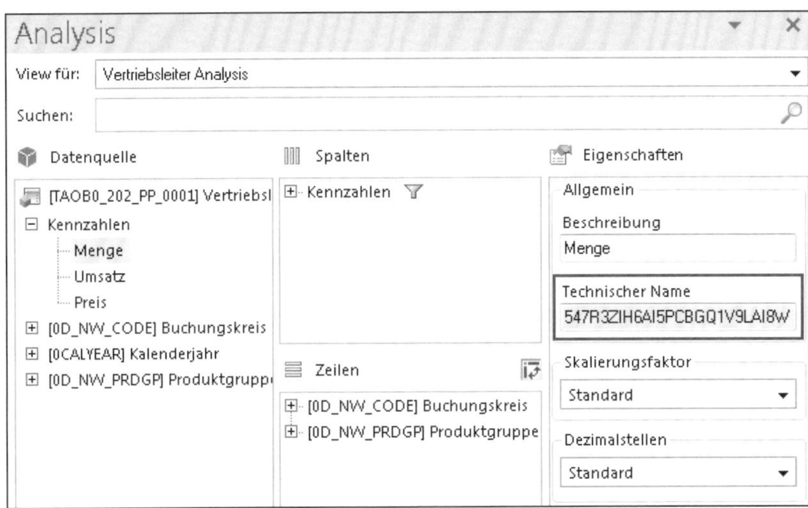

Abbildung 10.18 Technischer Name der Kennzahl

Anschließend müssen Sie die Elementkombination bestimmen. Hierbei können Sie, wie bei der Formel `SAPGetData` (siehe Abschnitt 10.2.1, »SAPGetData«), die Kombination in einem Argument definieren, z. B.:

```
=SAPGetUniformScaling("DS_1";"Umsatz";"0D_NW_CODE=1000")
```

Formel SAPSelectMember einbinden

Sie können aber auch mehrere Argumente als Elementkombination angeben und Verweise auf Zellen verwenden. Dabei können Sie auch die Formel `SAPSelectMember` einbinden, z. B.:

```
=SAPGetUniformScaling("DS_1";"Umsatz";"0D_NW_CODE";E1)
```

In Abbildung 10.19 ist ein Beispiel zu sehen. Hier wird die Einheit der Kennzahl **Umsatz**, also die Währung für den Buchungskreis 1000 angezeigt. In unserem Fall handelt es sich um EUR. Wird der Buchungskreis 1000 durch 2000 ersetzt, werden US-Dollar angezeigt.

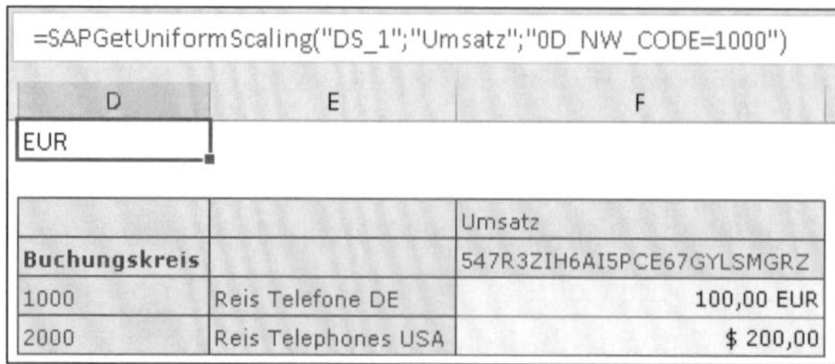

Abbildung 10.19 Währung des Buchungskreises anzeigen

Skalierung einer Kennzahl anzeigen

Falls eine Skalierung der Kennzahlwerte eingestellt ist, wird auch diese angezeigt (siehe Abbildung 10.20). Wenn Sie nur die Skalierung einer Kennzahl ausgeben möchten, müssen Sie keine Elementkombination angeben. So zeigt z. B. folgende Formel die Skalierung der Kennzahl Umsatz an:

```
=SAPGetUniformScaling("DS_1";"Umsatz")
```

=SAPGetUniformScaling("DS_1";"Umsatz";"0D_NW_CODE=2000")

D	E	F
* 100 $		

		Umsatz
		547R3ZIH6AI5PCE67GYLSMGRZ
Buchungskreis		* 100
1000	Reis Telefone DE	1,00 EUR
2000	Reis Telephones USA	$ 2,00

Abbildung 10.20 Aktive Skalierung

Parametrisierbare Formel

Nachfolgend finden Sie noch einmal die vollständige Syntax der Formel:

```
=SAPGetUniformScaling("[Datenquelle]";"[Kennzahl]"; _
"[Elementkombination]")
```

Eine beispielhafte Ausführung ist:

```
=SAPGetUniformScaling("DS_1";"547R3ZIH6AI5PCE67GYLSMGRZ"; _
"0D_NW_CODE=1000")
```

Eine andere beispielhafte Ausführung ist:

```
=SAPGetUniformScaling("DS_1";"Umsatz";"0D_NW_CODE=1000")
```

10.2.4 SAPGetDimensionDynamicFilter

Die Funktion `SAPGetDimensionDynamicFilter` liefert vom Benutzer während der Navigation festgelegte Filterwerte zurück. Diese werden als *dynamische*

Filter bezeichnet. Das Gegenteil davon bilden die sogenannten *statischen Filter*, die in der Query definiert werden und nicht vom Benutzer verändert werden können.

Argumente angeben

Die Formel setzt sich aus den Parametern **Datenquelle**, **Dimension** und **Elementanzeige** zusammen (siehe Abbildung 10.21).

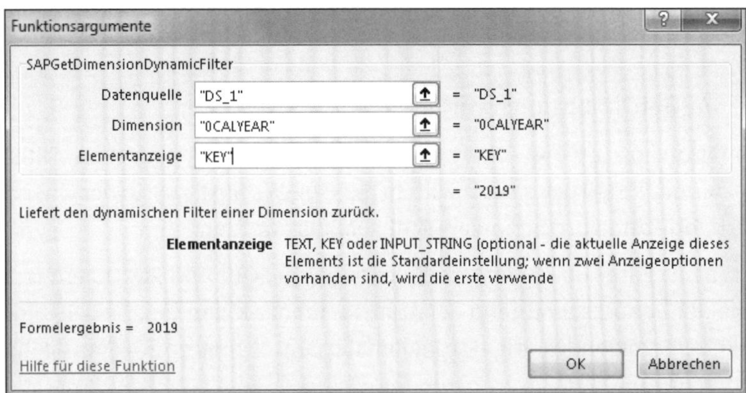

Abbildung 10.21 Argumente der Formel SAPGetDimensionDnymicFilter

Im Feld **Datenquelle** geben Sie den Alias der Formel an, z. B. DS_1. Geben Sie anschließend den technischen Namen der Dimension im Feld **Dimension** an, z. B. 0CALYEAR für das Kalenderjahr. Über das Feld **Elementanzeige** können Sie festlegen, wie die gefilterten Elemente angezeigt werden. Dabei stehen Ihnen die Optionen TEXT, KEY oder INPUT_STRING zur Verfügung. Wenn Sie TEXT wählen, wird die Beschreibung der Elemente angezeigt. Bei KEY wird der technische Schlüssel angezeigt. Die Option INPUT_STRING liefert einen Eingabe-String zurück. Außerdem können Sie INPUT_STRING_AS_ARRAY verwenden, wenn die Formel über ein VBA-Makro aufgerufen wird. Dabei wird der Eingabe-String als String-Array zurückgegeben.

Wenn Sie z. B. während der Navigation im Bericht auf die Jahre 2019 und 2020 gefiltert haben, zeigt folgende Formel diese Jahre als technische Schlüssel an (siehe Abbildung 10.22):

```
=SAPGetDimensionDynamicFilter("DS_1";"0CALYEAR";"KEY")
```

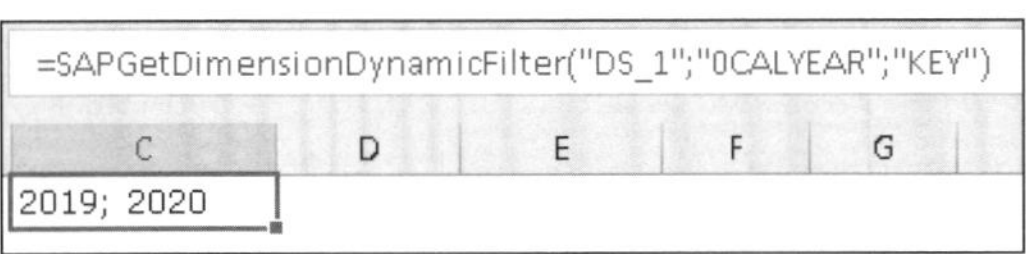

Abbildung 10.22 Die bei der Navigation gefilterten Jahre als technische Schlüssel zurückgeben

Parametrisierbare Formel

Die vollständige Syntax der Formel `SAPGetDimensionDynamicFilter` lautet:

```
=SAPGetDimensionDynamicFilter("[Datenquelle]";"[Dimension]"; _
"[Elementanzeige]")
```

Eine beispielhafte Ausführung sieht wie folgt aus:

```
=SAPGetDimensionDynamicFilter("DS_1";"0D_NW_CODE";"TEXT")
```

10.2.5 SAPGetDimensionStaticFilter

Die Funktion `SAPGetDimensionStaticFilter` liefert den statischen Filter einer Datenquelle zurück. Dieser wird in der Quelle selbst, z. B. in der Query, definiert und kann vom Benutzer nicht geändert werden.

Wenn z. B. im Filter der Query die Kalenderjahre 2019 und 2020 definiert sind und der Benutzer während der Analyse auf das Kalenderjahr 2019 einschränkt, zeigt folgende Formel trotzdem die Jahre 2019 und 2020 an (siehe Abbildung 10.23):

```
=SAPGetDimensionStaticFilter("DS_1";"0CALYEAR";"KEY")
```

Die Funktion `SAPGetDimensionDynamicFilter` würde in diesem Fall 2019 als Resultat anzeigen. Allerdings liefert die Funktion `SAPGetDimensionDynamicFilter` überhaupt keinen Wert zurück, wenn der Benutzer keine Filterung vornimmt.

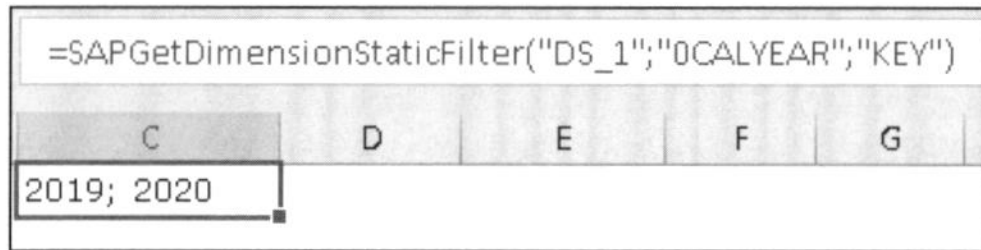

Abbildung 10.23 Statischen Filter der Query anzeigen

Argumente angeben

Die Funktion `SAPGetDimensionStaticFilter` setzt sich aus den Parametern **Datenquelle**, **Dimension** und **Elementanzeige** zusammen. Im Feld **Datenquelle** geben Sie den Alias der Formel an, z. B. `DS_1`. Geben Sie anschließend den technischen Namen im Feld **Dimension** an, z. B. `0CALYEAR` für das Kalenderjahr. Über das Feld **Elementanzeige** können Sie festlegen, wie die gefilterten Elemente angezeigt werden. Dabei stehen Ihnen die Optionen `TEXT`, `KEY` oder `INPUT_STRING` zur Verfügung. Wenn Sie `TEXT` wählen, wird die Beschreibung der Elemente angezeigt. Bei `KEY` wird der technische Schlüssel angezeigt. Die Option `INPUT_STRING` liefert einen Eingabe-String zurück. Außerdem können Sie `INPUT_STRING_AS_ARRAY` verwenden, wenn die Formel über VBA aufgerufen wird. Dabei wird der Eingabe-String als String-Array zurückgegeben.

Mit folgender Formel wird also der statische Filter der Datenquelle DS_1 für das Merkmal Kalenderjahr 0CALYEAR als technischer Schlüssel angezeigt:

```
=SAPGetDimensionStaticFilter("DS_1";"0CALYEAR";"KEY")
```

Parametrisierbare Formel

Die vollständige Syntax der Formel SAPGetDimensionStaticFilter lautet:

```
=SAPGetDimensionStaticFilter("[Datenquelle]";"[Dimension]"; _
"[Elementanzeige]")
```

Eine beispielhafte Ausführung ist:

```
=SAPGetDimensionStaticFilter("DS_1";"0D_NW_CODE";"TEXT")
```

10.2.6 SAPGetDimensionEffectiveFilter

Die Funktion SAPGetDimensionEffectiveFilter liefert den aktuell gültigen Filter einer Dimension zurück. Dabei werden sowohl dynamische Filter, die vom Benutzer definiert werden, als auch statische Filter, die in der Quelle definiert werden, berücksichtigt.

Wenn z. B. im Filter der Query die Jahre 2019 und 2020 definiert sind und der Benutzer den Bericht nur auf das Jahr 2019 einschränkt, liefert folgende Formel das Jahr 2019 als Ergebnis zurück (siehe Abbildung 10.24):

```
=SAPGetDimensionEffectiveFilter("DS_1";"0CALYEAR";"KEY")
```

Würde der Benutzer den Bericht nicht weiter einschränken, würden die Jahre 2019 und 2020 angezeigt.

=SAPGetDimensionEffectiveFilter("DS_1";"0CALYEAR";"KEY")				
C	D	E	F	G
2019				

Abbildung 10.24 Aktuell gültigen Filterwert anzeigen

Argumente angeben

Die Funktion SAPGetDimensionEffectiveFilter setzt sich aus den Parametern **Datenquelle**, **Dimension** und **Elementanzeige** zusammen. Im Feld **Datenquelle** geben Sie den Alias der Formel an, z. B. DS_1. Geben Sie anschließend den technischen Namen im Feld **Dimension** an, z. B. 0CALYEAR für das Kalenderjahr. Über das Feld **Elementanzeige** können Sie festlegen, wie die gefilterten Elemente angezeigt werden. Dabei stehen Ihnen die Optionen TEXT, KEY oder INPUT_STRING zur Verfügung. Wenn Sie TEXT wählen, wird die Beschreibung der Elemente angezeigt. Bei KEY wird der technische Schlüssel angezeigt. Die Option INPUT_STRING liefert einen Eingabe-String zurück. Außerdem können Sie INPUT_STRING_AS_ARRAY verwenden, wenn die Formel über VBA aufgerufen wird. Dabei wird der Eingabe-String als String-Array zurückgegeben.

Mit folgender Formel wird also der aktuell gültige Filter der Datenquelle DS_1 für das Merkmal Kalenderjahr (0CALYEAR) als technischer Schlüssel angezeigt:

```
=SAPGetDimensionEffectiveFilter("DS_1";"0CALYEAR";"KEY")
```

Parametrisierbare Formel

Die vollständige Syntax der Formel SAPGetDimensionEffectiveFilter lautet:

```
=SAPGetDimensionEffectiveFilter("[Datenquelle]";"[Dimension]"; _
"[Elementanzeige]")
```

Eine beispielhafte Ausführung ist:

```
=SAPGetDimensionEffectiveFilter("DS_1";"0D_NW_CODE";"TEXT")
```

10.2.7 SAPGetDimensionInfo

Die Funktion SAPGetDimensionInfo liefert den Namen bzw. die Beschreibung einer Dimension oder den Namen der aktiven Hierarchie in der Anmeldesprache des Benutzers zurück. Außerdem können Sie auch den Namen eines Attributs auslesen. Darüber hinaus können Sie mithilfe dieser Funktion bestimmen, ob es sich bei einer Struktur um eine Merkmals- oder Kennzahlstruktur handelt.

Argumente angeben

Die Funktion setzt sich aus den vier Parametern **Datenquelle**, **Dimension**, **Name der Eigenschaft** und **Attribut** zusammen, wobei das letzte Argument nur zum Auslesen der Attribute verwendet wird (siehe Abbildung 10.25).

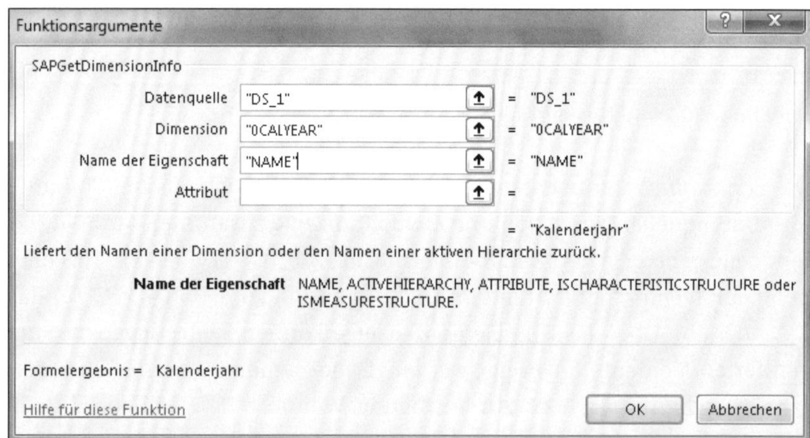

Abbildung 10.25 Argumente der Funktion SAPGetDimensionInfo

Im Feld **Datenquelle** geben Sie den Alias der Formel der jeweiligen Datenquelle an. Sie können den Alias beim Konfigurieren der Datenquelle auf der Registerkarte **Komponenten** im Designbereich anpassen. Im Feld **Dimension** geben Sie den technischen Namen der Dimension bzw. der Struktur an.

Namen der Eigenschaft wählen

In dem Feld **Name der Eigenschaft** stehen folgende Einträge zur Auswahl:

- NAME
  Dieser Eintrag liefert den Namen bzw. die Beschreibung der Dimension oder der Struktur zurück.
- ACTIVEHIERARCHY
  Dieser Eintrag zeigt den Namen der aktiven Hierarchie an.
- ATTRIBUTE
  Dieser Eintrag zeigt die Beschreibung des im Feld **Attribut** definierten Attributs an.
- ISCHARACTERISTICSTRUCTURE
  Dieser Eintrag prüft, ob es sich bei der Struktur um eine Merkmalsstruktur handelt. Dabei wird entweder `WAHR` oder `FALSCH` ausgegeben.
- ISMEASURESTRUCTURE
  Dieser Eintrag prüft, ob es sich bei der Struktur um eine Kennzahlstruktur handelt. Dabei wird entweder `WAHR` oder `FALSCH` ausgegeben.

Wenn Sie `ATTRIBUTE` im Feld **Name der Eigenschaft** definiert haben, müssen Sie im Feld **Attribut** den technischen Namen des Attributs angeben.

Beispiele

Betrachten wir ein paar Beispiele zur Verdeutlichung. Wenn Sie folgende Formel nutzen, wird die Beschreibung der Dimension `0D_NW_PRDGP`, also der Produktgruppe ausgegeben (siehe Abbildung 10.26):

```
=SAPGetDimensionInfo("DS_1";"0D_NW_PRDGP";"NAME")
```

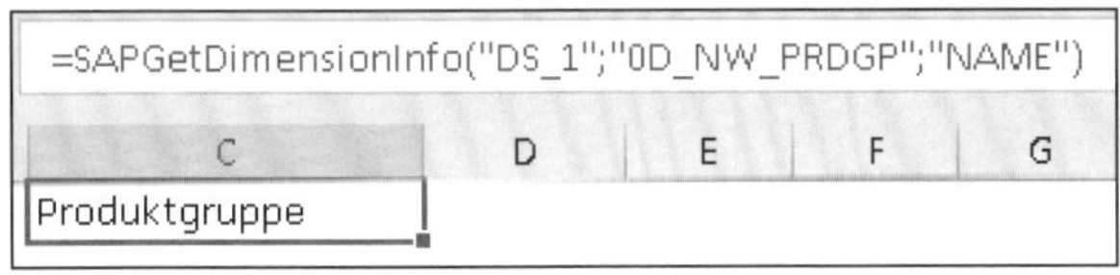

Abbildung 10.26 Beschreibung des Merkmals anzeigen

Um die Beschreibung des Attributs der Produktgruppe, die Produktkategorie, auszugeben, nutzen Sie die folgende Syntax (siehe Abbildung 10.27):

```
=SAPGetDimensionInfo("DS_1";"0D_NW_PRDGP";"ATTRIBUTE";"0D_NW_PRDCT")
```

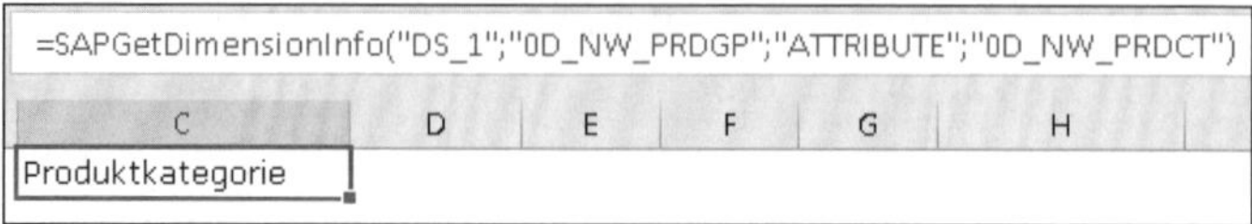

Abbildung 10.27 Beschreibung des Attributs anzeigen

Die Beschreibung der aktiven Hierarchie des jeweiligen Merkmals erhalten Sie über den Feldwert ACTIVEHIERARCHY (siehe Abbildung 10.28):

```
=SAPGetDimensionInfo("DS_1";"0D_NW_CODE";"ACTIVEHIERARCHY")
```

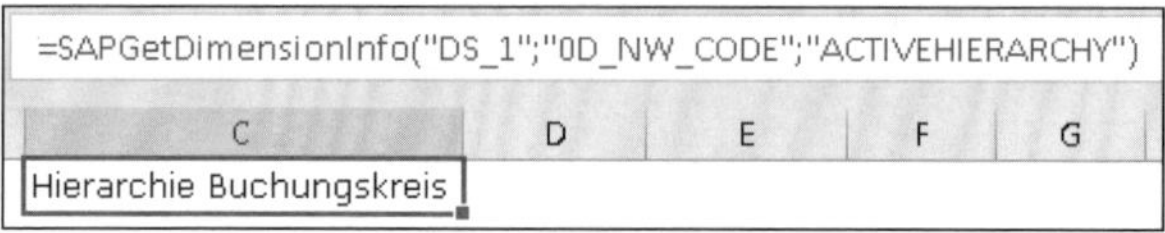

Abbildung 10.28 Beschreibung der aktiven Hierarchie anzeigen

Um zu überprüfen, ob die Struktur Merkmale enthält, verwenden Sie folgende Syntax (siehe Abbildung 10.29):

```
=SAPGetDimensionInfo("DS_2"; _
"547R3ZIH6AI5PCBG157LYXVID";"ISCHARACTERISTICSTRUCTURE")
```

Abbildung 10.29 Geprüfte Merkmalsstruktur

Parametrisierbare Formel

Die vollständige Syntax der Formel lautet:

```
=SAPGetDimensionInfo("[Datenquelle]";"[Dimension]"; _
"[Name der Eigenschaft]";"[Attribut]")
```

Ausgeführt sieht sie z. B. wie folgt aus:

```
=SAPGetDimensionInfo("DS_1";"0D_NW_PRDGP";"ATTRIBUTE";"0D_NW_PRDCT")
```

10.2.8 SAPGetInfoLabel

Die Funktion SAPGetInfoLabel liefert die sprachabhängige Beschriftung eines Info-Feldes zurück. Hierbei ist die Spracheinstellung von Microsoft Excel entscheidend. Die Namen entsprechen den Info-Feldern, die für die Arbeitsmappe und Datenquelle auf der Registerkarte **Informationen** im Designbereich angezeigt werden.

So gibt z. B. folgende Formel »Arbeitsmappe« auf Deutsch aus (siehe Abbildung 10.30), während bei der englischen Version »Workbook Name« erscheint:

```
=SAPGetInfoLabel("WorkbookName")
```

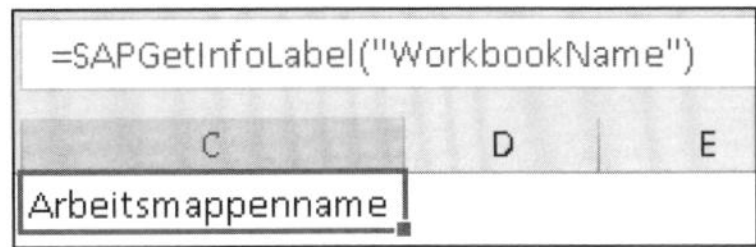

Abbildung 10.30 Beschreibung des Info-Feldes auf Deutsch anzeigen

Beachten Sie, dass diese Funktion lediglich die Beschriftungen der Info-Felder, also z. B. »Arbeitsmappenname«, anzeigt. Die Werte selbst, also z. B. `TAOBO_20W_0001` für den Namen der Arbeitsmappe, können mithilfe der Funktionen `SAPGetWorkbookInfo` (siehe Abschnitt 10.2.9, »SAPGetWorkbook-Info«) und `SAPGetSourceInfo` (siehe Abschnitt 10.2.10, »SAPGetSourceInfo«) eingefügt werden.

Argument angeben

Die Formel verfügt über einen einzigen Parameter, **Name der Eigenschaft**, (siehe Abbildung 10.31). Dieser Parameter repräsentiert den Namen des Info-Feldes.

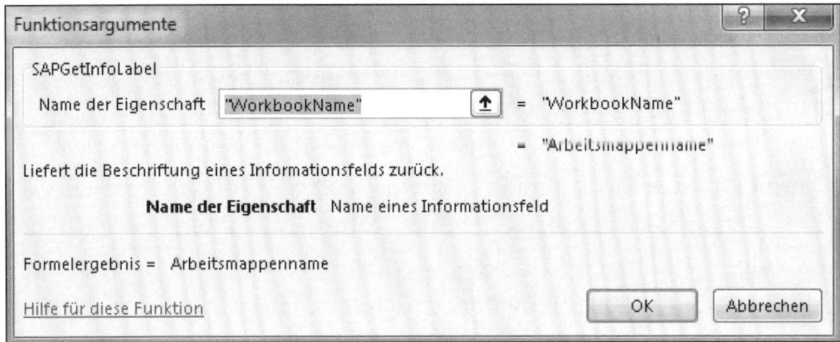

Abbildung 10.31 Name des Info-Feldes angeben

Für Info-Felder, die Eigenschaften der *Arbeitsmappen* darstellen, können Sie folgende Parameterwerte nutzen:

- `WorkbookName`
- `CreatedBy`
- `CreatedAt`
- `LastChangedAt`
- `LastRefreshedAt`
- `LogonUser`

Für Info-Felder, die Eigenschaften der *Datenquelle* darstellen, können Sie folgende Parameterwerte einsetzen:

- DataSourceName
- LastDataUpdate
- LastDataUpdateMaximum
- KeyDate
- QueryTechName
- QueryCreatedBy
- QueryLastChangedBy
- QueryLastChangedAt
- QueryLastRefreshedAt
- InfoProviderTechName
- InfoProviderName
- System
- LogonUser

Während alle anderen Parameterwerte selbsterklärend sind, bedürfen die Parameterwerte LastDataUpdate und LastDataUpdateMaximum näherer Erläuterung. Der Wert LastDataUpdate liefert das Datum der letzten Aktualisierung aller InfoProvider, die im CompositeProvider enthalten sind. LastDataUpdateMaximum dagegen liefert das Datum der letzten Aktualisierung eines (beliebigen) InfoProviders innerhalb des CompositeProviders. Wenn z. B. ein CompositeProvider drei InfoProvider enthält, zeigt LastDataUpdate das Datum an, an dem alle drei InfoProvider zuletzt erfolgreich aktualisiert wurden. LastDataUpdateMaximum zeigt das Datum an, an dem ein einzelner InfoProvider zum letzten Mal aktualisiert wurde. Vor allem im Planungsumfeld, wo ein CompositeProvider typischerweise aus Plan- und Actuals-InfoProvidern besteht, sollten Sie daher den Parameterwert LastDataUpdateMaximum nutzen.

[+]

Info-Felder in der Arbeitsmappe verwenden

Die auf der Registerkarte **Informationen** angezeigten Felder können auch ganz einfach per Drag & Drop der Arbeitsmappe hinzugefügt werden. Um ein Info-Feld in die Arbeitsmappe zu übernehmen, wählen Sie es aus und ziehen es mit gedrückter Maustaste an die gewünschte Stelle (siehe Abbildung 10.32).

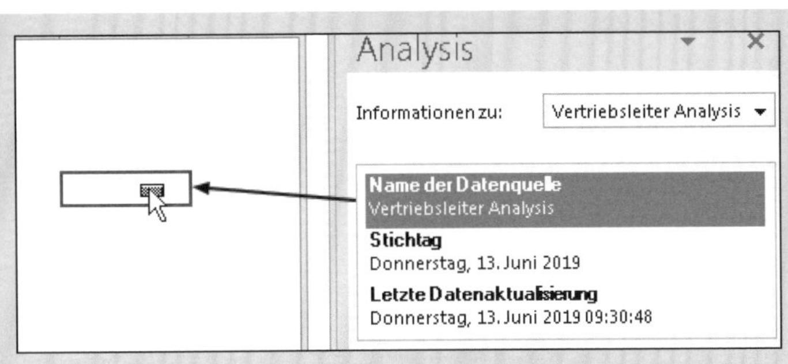

Abbildung 10.32 Info-Feld in die Arbeitsmappe einfügen

Lassen Sie anschließend die Maustaste los. Wie Sie es in Abbildung 10.33 sehen können, erstellt das System automatisch die Formeln für die Beschreibung des Info-Feldes und die Ausprägung.

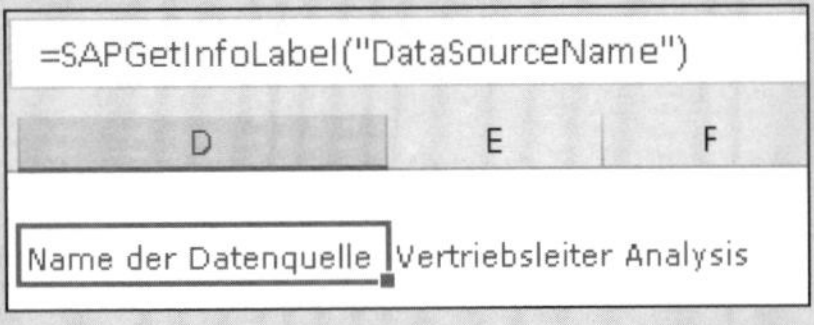

Abbildung 10.33 Automatisch erstellte Formel

Die vollständige Syntax der Formel lautet:

Parametrisierbare Formel

```
=SAPGetInfoLabel("[Name der Eigenschaft]")
```

Eine beispielhafte Ausführung ist:

```
=SAPGetInfoLabel("WorkbookName")
```

10.2.9 SAPGetWorkbookInfo

Die Funktion `SAPGetWorkbookInfo` gibt den Wert des Info-Feldes für die aktuelle Arbeitsmappe zurück. Die Beschriftung des Info-Feldes selbst wird über die Funktion `SAPGetInfoLabel` eingefügt. Die Namen entsprechen den Info-Feldern, die für die Arbeitsmappe auf der Registerkarte **Informationen** im Designbereich angezeigt werden.

Argument angeben

Auch diese Formel besteht aus einem einzigen Parameter: **Name der Eigenschaft** (siehe Abbildung 10.34).

Dabei können Sie folgende Argumente nutzen:

- `WorkbookName`
- `WorkbookDescription`
- `CreatedBy`

- CreatedAt
- LastChangedAt
- LastRefreshedAt
- LogonUser
- PlanningEnvironment
- PlanningModel

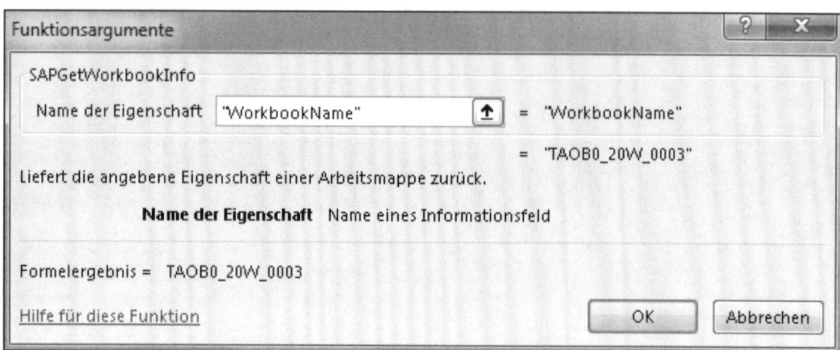

Abbildung 10.34 Argument der Funktion GetWorkbookInfo

So liefert z. B. folgende Formel die Beschreibung der Arbeitsmappe zurück:

```
=SAPGetWorkbookInfo("WorkbookDescription")
```

Den technischen Namen der Arbeitsmappe erhalten Sie hingegen über folgende Formel:

```
=SAPGetWorkbookInfo("WorkbookName")
```

Info-Felder in der Arbeitsmappe verwenden

Die auf der Registerkarte **Informationen** angezeigten Felder können ebenfalls ganz einfach per Drag & Drop der Arbeitsmappe hinzugefügt werden. Um ein Info-Feld in die Arbeitsmappe zu übernehmen, wählen Sie es aus und ziehen es mit gedrückter Maustaste an die gewünschte Stelle (siehe Abbildung 10.35).

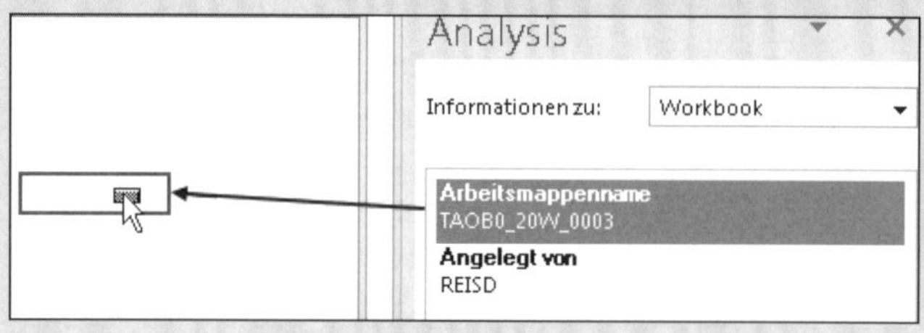

Abbildung 10.35 Info-Feld hinzufügen

Lassen Sie anschließend die Maustaste los. Wie Sie in Abbildung 10.36 sehen, erstellt das System automatisch die Formel für die Ausprägung sowie die Beschreibung des Info-Feldes.

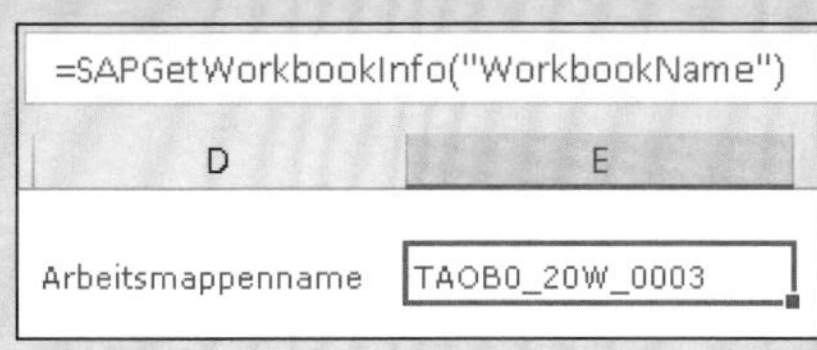

Abbildung 10.36 Automatisch hinzugefügter Name des Workbooks

Die vollständige Syntax der Formel lautet:

Parametrisierbare Formel


```
=SAPGetWorkbookInfo("[Name der Eigenschaft]")
```

Eine beispielhafte Ausführung sieht wie folgt aus:

```
=SAPGetWorkbookInfo("WorkbookDescription")
```

10.2.10 SAPGetSourceInfo

Die Funktion SAPGetSourceInfo liefert den Wert des Info-Feldes einer Datenquelle zurück. Die Bezeichnung des Info-Feldes selbst wird über die Funktion SAPGetInfoLabel eingefügt. Die Namen entsprechen den Info-Feldern, die für die Datenquelle auf der Registerkarte **Informationen** im Designbereich angezeigt werden.

Argumente angeben

Die Formel besteht aus zwei Parametern: **Datenquelle** und **Name der Eigenschaft** (siehe Abbildung 10.37). So zeigt z. B. folgende Formel die Beschreibung der Datenquelle an:

```
=SAPGetSourceInfo("DS_1"; "DataSourceName")
```

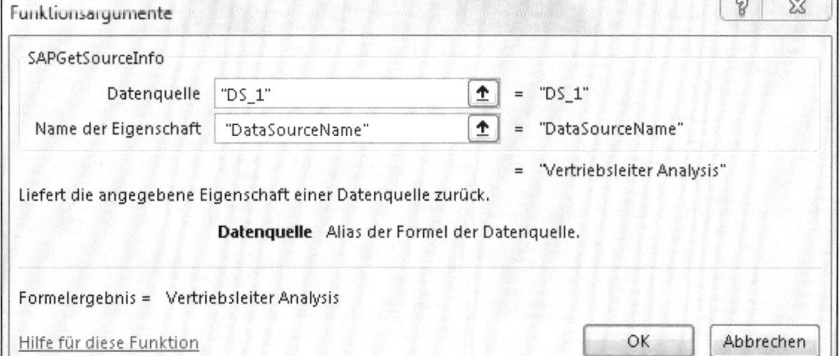

Abbildung 10.37 Funktionsargumente der Funktion SAPGetSourceInfo

Geben Sie in das Feld **Datenquelle** den Alias der Formel ein. Diesen können Sie beim Konfigurieren der Datenquelle auf der Registerkarte **Komponenten** des Designbereichs anpassen.

Namen der Eigenschaft wählen

Für den Parameter **Name der Eigenschaft** können Sie die folgenden Werte verwenden:

- `DataSourceName`
- `LastDataUpdate`
- `LastDataUpdateMaximum`
- `KeyDate`
- `QueryTechName`
- `QueryCreatedBy`
- `QueryLastChangedBy`
- `QueryLastChangedAt`
- `QueryLastRefreshedAt`
- `InfoProviderTechName`
- `InfoProviderName`
- `System`
- `LogonUser`
- `LogonLanguage`

`LastDataUpdate` liefert das Datum der letzten Aktualisierung aller InfoProvider, die im CompositeProvider enthalten sind. Dagegen liefert `LastDataUpdateMaximum` das Datum der letzten Aktualisierung eines (beliebigen) InfoProviders.

[+]

Info-Felder in der Arbeitsmappe verwenden

Die auf der Registerkarte **Informationen** angezeigten Felder können auch ganz einfach per Drag & Drop der Arbeitsmappe hinzugefügt werden. Um ein Info-Feld in die Arbeitsmappe zu übernehmen, wählen Sie es aus und ziehen es mit gedrückter Maustaste an die gewünschte Stelle (siehe Abbildung 10.38).

Lassen Sie anschließend die Maustaste los. Wie Sie in Abbildung 10.39 sehen, erstellt das System automatisch die Formeln für die Beschreibung des Info-Feldes und die Ausprägung.

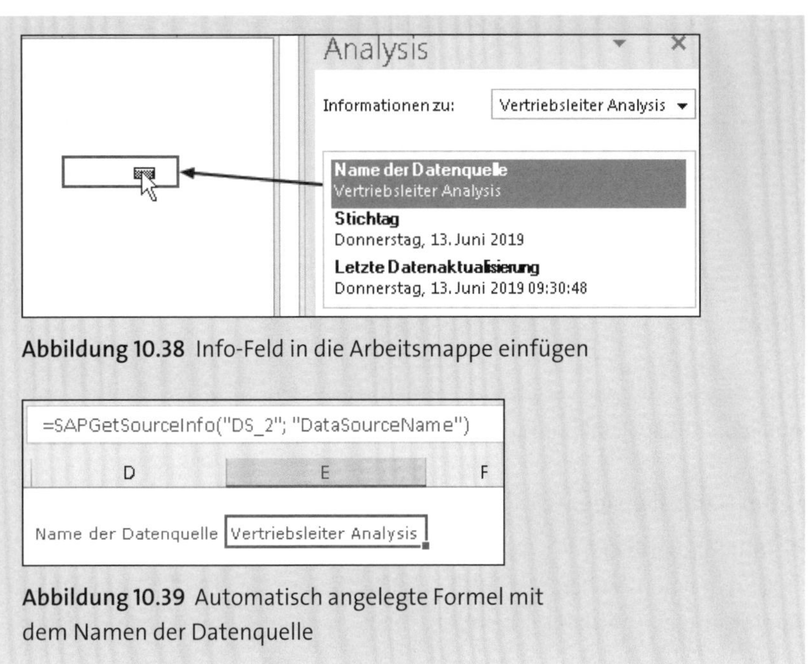

Abbildung 10.38 Info-Feld in die Arbeitsmappe einfügen

Abbildung 10.39 Automatisch angelegte Formel mit dem Namen der Datenquelle

Parametrisierbare Formel

Die vollständige Syntax der Formel lautet:

```
=SAPGetSourceInfo("[Datenquelle]"; "[Name der Eigenschaft]")
```

Eine Ausführung könnte wie folgt aussehen:

```
=SAPGetSourceInfo("DS_1"; "DataSourceName")
```

10.2.11 SAPGetMeasureInfo

Die Formel `SAPGetMeasureInfo` liefert die Eigenschaft einer Kennzahl zurück. So können Sie in Erfahrung bringen, ob die Kennzahl eingeschränkt ist. Gleichzeitig können Sie die Selektion der eingeschränkten Kennzahl sowie das Basis-InfoObject der Kennzahl ausgeben.

Argumente angeben

Die Formel setzt sich aus drei Parametern zusammen: **Datenquelle**, **Kennzahl** und **Name der Eigenschaft** (siehe Abbildung 10.40).

Geben Sie in das Feld **Datenquelle** den Alias der Formel ein. Diesen können Sie beim Konfigurieren der Datenquelle auf der Registerkarte **Komponenten** des Designbereichs anpassen.

In das Feld **Kennzahl** wird der technische Name der Kennzahl eingegeben. Dabei handelt es sich um die ID der Selektion. Wie Sie diese abrufen, ist in Abschnitt 10.2.3, »SAPGetUniformScaling«, detailliert beschrieben.

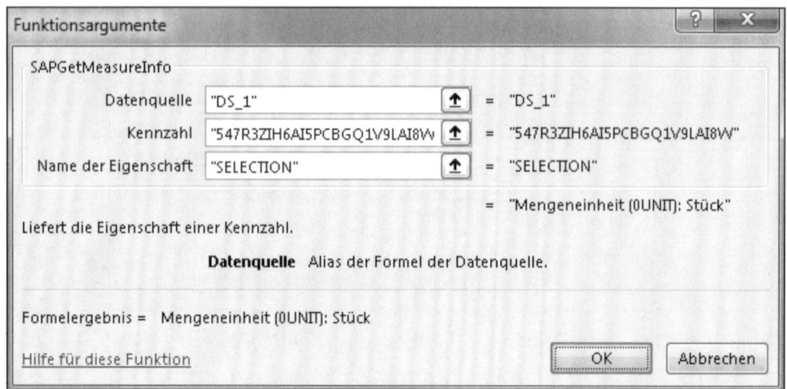

Abbildung 10.40 Funktionsargumente

Namen der Eigenschaft wählen

Unter **Name der Eigenschaft** können Sie folgende Eigenschaften wählen:

- **ISRESTRICTED**
  Gibt den booleschen Wert `WAHR` zurück, wenn es sich bei der Kennzahl um eine eingeschränkte Kennzahl handelt. Andernfalls wird `FALSCH` ausgegeben.
- **SELECTION**
  Gibt die Selektion hinter der eingeschränkten Kennzahl zurück. In Abbildung 10.41 sehen Sie ein Beispiel. Wenn keine Selektion existiert, wird eine leere Zeichenkette ausgegeben.
- **BASEINFOOBJECT**
  Liefert das Basis-InfoObject, z. B. `0QUANTITY` für Menge, zurück.

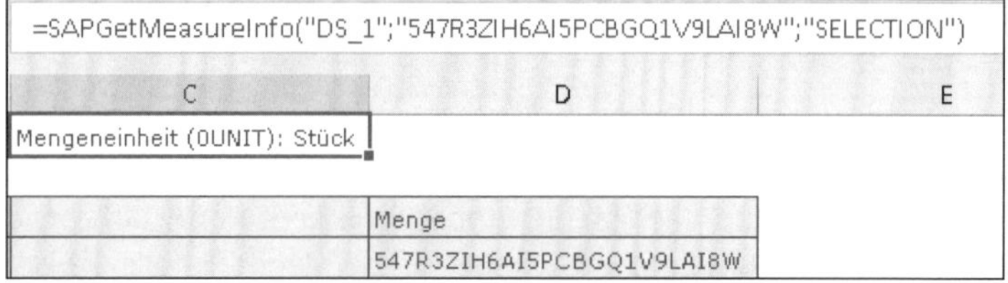

Abbildung 10.41 Einschränkungen der Selektion ausgeben

Parametrisierbare Formel

Die Syntax, um die Selektion hinter der Kennzahl zu erfahren, lautet also wie folgt:

```
=SAPGetMeasureInfo("[Datenquelle]";"[Kennzahl]"; _
"[Name der Eigenschaft]")
```

Eine beispielhafte Ausführung ist:

```
=SAPGetMeasureInfo("DS_1";"547R3ZIH6AI5PCBGQ1V9LAI8W";"SELECTION")
```

10.2.12 SAPGetDisplayedMeasures

Die Funktion `SAPGetDisplayedMeasures` liefert eine Liste mit den Beschreibungen aller Kennzahlen zurück, die in der Analyse angezeigt werden. Das Ergebnis der Formel ändert sich also, wenn Sie die Darstellung auf eine bestimmte Kennzahl einschränken oder neue Kennzahlen hinzufügen.

Argument angeben

Die Formel besteht aus nur einem Parameter: **Datenquelle**. In Abbildung 10.42 sehen Sie ein Beispiel. Hierbei wird der Alias der Formel verwendet. Diesen können Sie beim Konfigurieren der Datenquelle auf der Registerkarte **Komponenten** des Designbereichs anpassen.

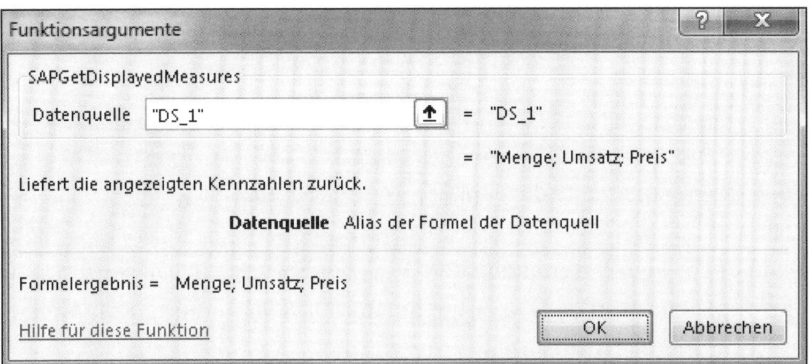

Abbildung 10.42 Parameter der Funktion SAPGetDisplayedMeasures

Parametrisierbare Formel

Die Syntax für die Formel `SAPGetDisplayedMeasures` lautet:

```
=SAPGetDisplayedMeasures("[Datenquelle]")
```

Eine beispielhafte Ausführung ist:

```
=SAPGetDisplayedMeasures("DS_1")
```

In Abbildung 10.43 sehen Sie das zurückgelieferte Ergebnis.

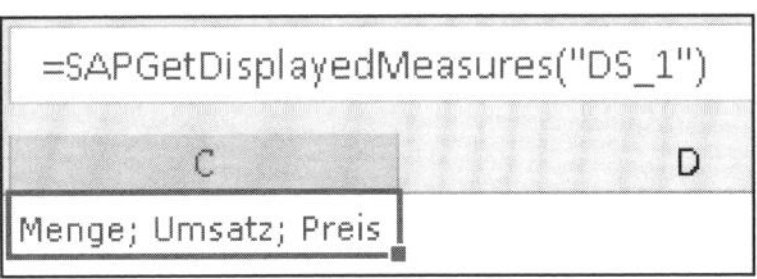

Abbildung 10.43 Angezeigte Kennzahlen ausgeben

10.2.13 SAPGetMember

Die Funktion `SAPGetMember` gibt ein Element der spezifizierten Dimension als Text oder Schlüssel zurück.

Argumente angeben

Die Formel setzt sich aus drei Parametern zusammen: **Datenquelle**, **Dimensionselement** und **Elementanzeige** (siehe Abbildung 10.44).

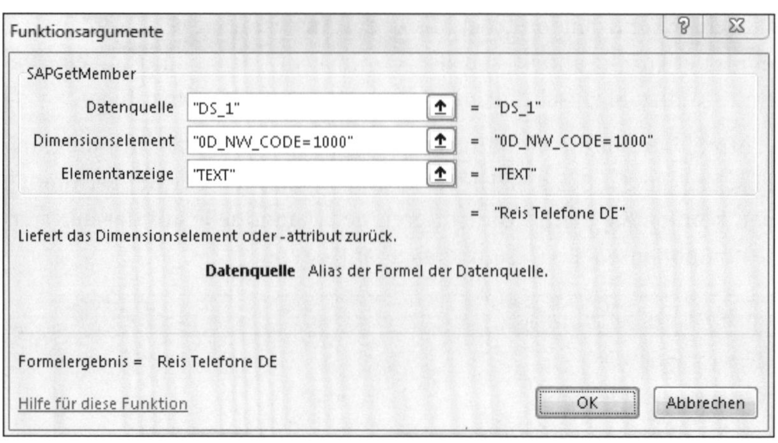

Abbildung 10.44 Argumente der Funktion SAPGetMember

Geben Sie in das Feld **Datenquelle** den Alias der Formel ein. Diesen können Sie beim Konfigurieren der Datenquelle auf der Registerkarte **Komponenten** des Designbereichs anpassen.

Im Feld **Dimensionselement** geben Sie den technischen Namen der Dimension an und ordnen einen Elementschlüssel zu, z. B. "0D_NW_CODE=1000".

In das Feld **Elementanzeige** können Sie TEXT, KEY oder INTERNAL_KEY eingeben, um festzulegen, wie die Ausgabe erfolgen soll. Bei TEXT wird die Beschreibung, bei KEY der externe Schlüssel und bei INTERNAL_KEY der interne Schlüssel angezeigt.

Parametrisierbare Formel

Die gesamte Syntax lautet also:

```
=SAPGetMember("[Datenquelle]";"[Dimensionselement]"; _
"[Elementanzeige]")
```

Ausgeführt sieht sie z. B. wie folgt aus:

```
=SAPGetMember("DS_1";"0D_NW_CODE=1000";"TEXT")
```

In Abbildung 10.45 sehen Sie das ausgegebene Ergebnis der Formel.

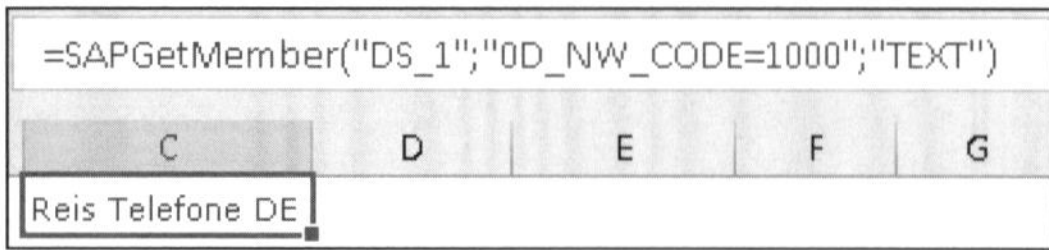

Abbildung 10.45 Beschreibung des Buchungskreises 1000 anzeigen

[«]

Interner und externer Schlüssel

Meistens stimmt der interne Schlüssel mit dem externen Schlüssel überein. Daher spielt es in der Regel keine Rolle, ob Sie `KEY` oder `INTERNAL_KEY` als Parameterwert nutzen.

Bei Zeitmerkmalen oder Merkmalen mit einer Konvertierungsroutine unterscheiden sich die beiden Parameterwerte jedoch. So lautet z. B. der interne Schlüssel für den Kalendertag `0CALDAY` 20180308, während der externe Schlüssel 08.03.2018 lautet.

Daher gibt der Wert 20180308 die folgende Formel zurück:

```
=SAPGetMember("DS_1";"0CALDAY=20180308";"INTERNAL_KEY")
```

Der Wert 08.03.2018 gibt hingegen folgende Formel zurück:

```
=SAPGetMember("DS_1";"0CALDAY=20180308";"KEY")
```


10.2.14 SAPGetVariable

Die Funktion `SAPGetVariable` liefert die Eigenschaften einer Variablen. So können z. B. der aktuelle Wert, die Beschreibung und das darunterliegende InfoObject abgefragt werden.

Argumente angeben

Die Formel setzt sich aus den Parametern **Datenquelle**, **Variablenname** und **Name der Eigenschaft** zusammen (siehe Abbildung 10.46).

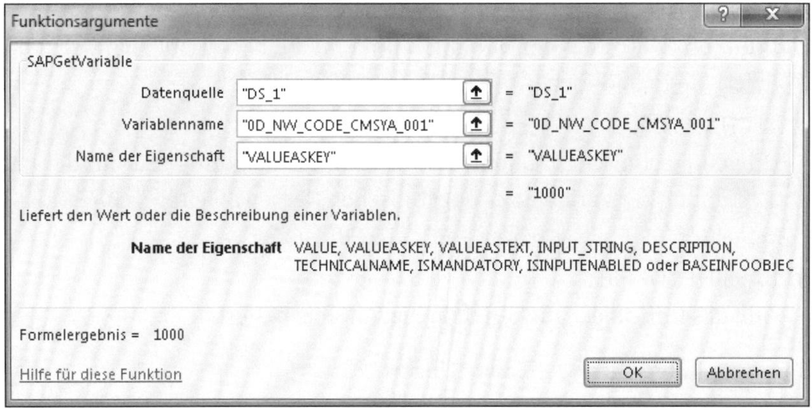

Abbildung 10.46 Argumente der Funktion SAPGetVariable bestimmen

Geben Sie in das Feld **Datenquelle** den Alias der Formel ein. Diesen können Sie beim Konfigurieren der Datenquelle auf der Registerkarte **Komponenten** des Designbereichs anpassen.

Im Feld **Variablenname** können Sie die Beschreibung oder den technischen Namen der Variable angeben. Ich empfehle, zwecks Eindeutigkeit immer den technischen Namen zu verwenden.

Namen der Eigenschaft wählen

Im Feld **Name der Eigenschaft** können Sie die Eigenschaft eingeben, die Sie auslesen möchten. Dabei stehen Ihnen folgende Einträge zur Verfügung:

- VALUE
  Zeigt den aktuellen Wert der Variable an.
- VALUEASKEY
  Zeigt den aktuellen Wert der Variable als Schlüssel an.
- VALUEASTEXT
  Zeigt den aktuellen Wert der Variable als Text an.
- INPUT_STRING
  Zeigt den aktuellen Wert der Variable als Eingabe-String an.
- INPUT_STRING_AS_ARRAY
  Gibt den Eingabe-String als String-Array aus. Diese Eigenschaft kann nur verwendet werden, wenn die Formel über VBA aufgerufen wird.
- DESCRIPTION
  Zeigt die Beschreibung der Variable an.
- ISINPUTENABLED
  Prüft, ob die Variable eingabebereit ist und liefert einen booleschen Wert (`WAHR` oder `FALSCH`).
- ISMANDATORY
  Prüft, ob es sich bei der Variablen um eine Pflichtvariable handelt und liefert einen booleschen Wert (`WAHR` oder `FALSCH`).
- TECHNICALNAME
  Gibt den technischen Namen der Variable aus. So können Sie aus der Beschreibung der Variablen den technischen Namen ableiten, z. B. `=SAPGetVariable("DS_1";"Buchungskreis";"TECHNICALNAME")`.
- BASEINFOOBJECT
  Gibt das InfoObject aus, auf dem die Variable basiert.

Parametrisierbare Formel

Die komplette Syntax der Formel lautet:

```
=SAPGetVariable("[Datenquelle]";"[Variablenname]"; _
"[Name der Eigenschaft]")
```

Eine beispielhafte Ausführung ist:

```
=SAPGetVariable("DS_1";"0D_NW_CODE_CMSYA_001";"VALUEASKEY")
```

In Abbildung 10.47 sehen Sie ein Beispiel für ein entsprechendes Ergebnis.

Abbildung 10.47 Schlüssel des aktuellen Variablenwertes ausgeben

10.2.15 SAPGetMeasureFilter

Die Funktion `SAPGetMeasureFilter` liefert eine Liste aller gefilterten Kennzahlen mit den definierten Regeln zurück. In Abbildung 10.48 sehen Sie ein Beispiel. Die Filter und dazugehörigen Regeln werden über die Einträge **Nach Kennzahl filtern • Alle Dimensionen unabhängig** angelegt (auf der Registerkarte **Analysis** im Bereich **Datenanalyse** unter der Auswahl **Filtern** – siehe Abschnitt 4.1.3, »Kennzahlen filtern«). Wenn Sie einen neuen Filter zu einer Kennzahl hinzufügen oder einen vorhandenen Filter entfernen, wird das Ergebnis der Formel automatisch aktualisiert.

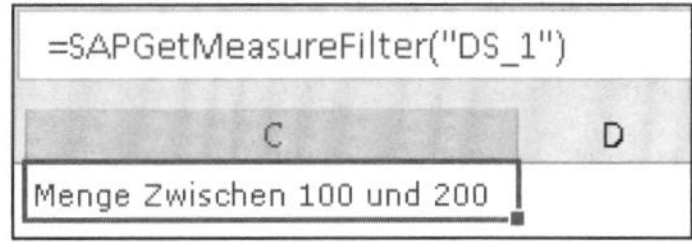

Abbildung 10.48 Definierte Filter anzeigen

Argument angeben

Die Formel besteht aus nur einem Parameter, der **Datenquelle** (siehe Abbildung 10.49). Hierbei wird der Alias der Formel verwendet. Diesen können Sie beim Konfigurieren der Datenquelle auf der Registerkarte **Komponenten** des Designbereichs anpassen.

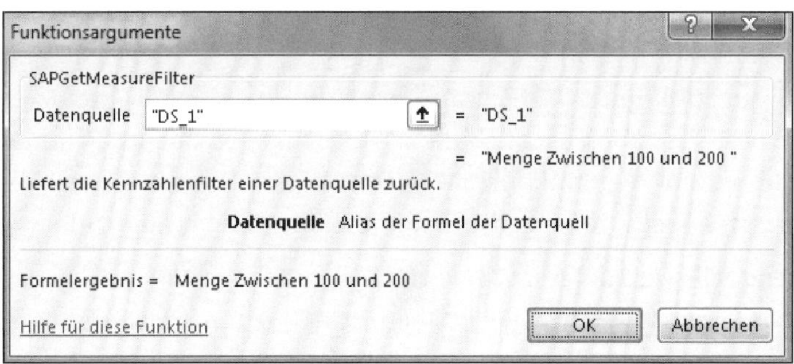

Abbildung 10.49 Parameter der Funktion SAPGetMeasureFilter

Parametrisierbare Formel

Die vollständige Syntax der Formel lautet:

```
=SAPGetMeasureFilter("[Datenquelle]")
```

Eine beispielhafte Ausführung ist:

```
=SAPGetMeasureFilter("DS_1")
```

Mehr Informationen anzeigen

Ab SAP Analysis for Microsoft Office 1.4 SP7 können Sie die Funktion SAPListOfMeasureFillters verwenden, um eine Liste aller gefilterten Kennzahlen anzuzeigen. Diese Funktion gibt detailliertere Informationen zurück und berücksichtigt auch im Query Designer definierte Bedingungen.

10.2.16 SAPListOfMeasureFilters

Bei der Funktion SAPListofMeasureFilters handelt es sich um eine umfangreichere Version der Funktion SAPGetMeasureFilter. Diese liefert eine Liste aller gefilterten Kennzahlen mit den definierten Regeln zurück, inklusive der im Query Designer definierten Bedingungen. Die Liste enthält zwei Spalten: Die erste Spalte zeigt den Filtertyp an, und die zweite Spalte enthält die Werte. In Abbildung 10.50 sehen Sie ein Beispiel. Dabei ist der Filtertyp nicht mehr auf die Einstellung **Alle Dimensionen unabhängig** beschränkt, sondern beinhaltet auch die Optionen **Detaillierteste Dimension in Zeilen** und **Detaillierteste Dimension in Spalten** (siehe Abschnitt 4.1.3, »Kennzahlen filtern«).

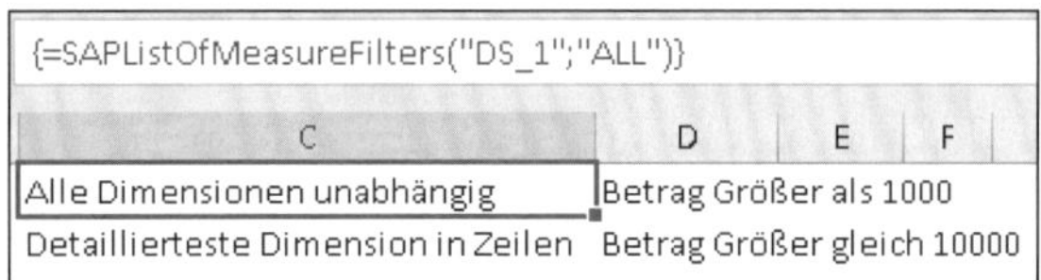

Abbildung 10.50 Liste mit Filtertyp samt definierter Werte

Argumente angeben

Im Vergleich zur Funktion SAPGetMeasureFilter, die nur aus dem Parameter **Datenquelle** besteht, haben Sie auch mehr Möglichkeiten bei der Parametrisierung. So besteht die Funktion SAPListOfMeasureFilters aus den drei Parametern **Datenquelle**, **Anzeigen** und **Name** (siehe Abbildung 10.51).

Im Feld **Datenquelle** wird der Alias der Formel angegeben, z. B. DS_1. Über das Argument des Parameters **Anzeigen** können Sie definieren, welche Filter in der Arbeitsmappe angezeigt werden. Dabei können Sie zwischen den Optionen ALL, DIMENSION, MEASURE oder BEX wählen. Die Option ALL gibt eine Liste aller Kennzahlfilter aus. Die Option DIMENSION gibt eine Liste der Kennzahlfilter aus, die über eine Dimension definiert wurden (über einen Rechtsklick auf die Dimension, Eintrag **Nach Kennzahl filtern**). Über das Feld **Name** können Sie die Ausgabe auf eine bestimmte Dimension einschränken. Geben Sie dazu den technischen Namen der Dimension ein. Die vollständige Syntax lautet dabei:

```
=SAPListOfMeasureFilters("DS_1";"DIMENSION";"0D_NW_CODE")
```

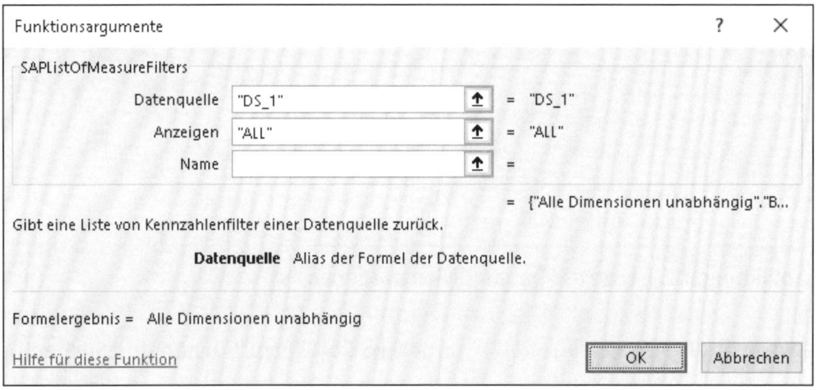

Abbildung 10.51 Argumente der Funktion SAPListOfMeasureFilters

Das Ergebnis ist in Abbildung 10.52 zu sehen.

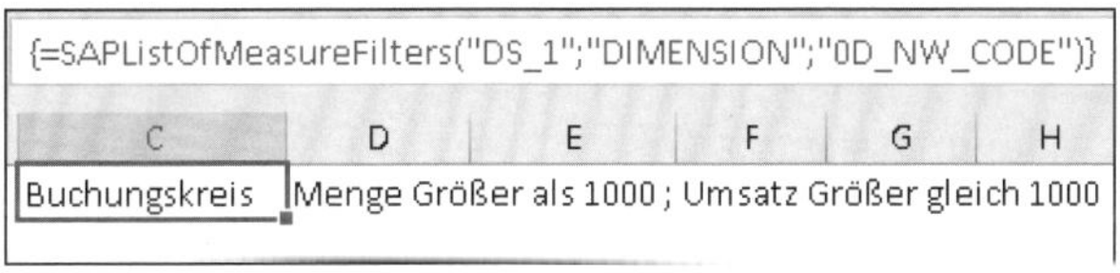

Abbildung 10.52 Kennzahlfilter für die Dimension Buchungskreis anzeigen

Wenn Sie im Feld **Anzeigen** den Wert `MEASURE` eingeben, wird eine Liste mit Filtern für die Datenzellen generiert. Dabei wird auch der Filtertyp ausgegeben: **Alle Dimensionen unabhängig**, **Detaillierteste Dimension in Zeilen** oder **Detaillierteste Dimension in Spalten**. Die Option `BEX` gibt eine Liste mit im Query Designer definierten Bedingungen aus. Dabei ist es unabhängig, ob die Bedingung im BEx Query Designer oder über die BW Modeling Tools definiert wurde.

Parametrisierbare Formel

Die vollständige Syntax der Formel `SAPListOfMeasureFilters` lautet:

```
=SAPListOfMeasureFilters("[Datenquelle]";"[Anzeigen]";"[Name]")
```

Ausgeführt sieht sie z. B. so aus:

```
=SAPListOfMeasureFilters("DS_1";"DIMENSION";"0D_NW_CODE")
```

10.2.17 SAPListOf

Die Funktion `SAPListOf` liefert eine Liste der verfügbaren Objekte für einen bestimmten Objekttyp zurück. So können Sie z. B. die Liste aller Datenquellen ausgeben, wie in Abbildung 10.53 dargestellt. Dabei können Sie die Liste spezifizieren, indem Sie bestimmte Suchbegriffe definieren. Bei der Ausgabe wird eine Liste mit mehreren Spalten erstellt, wie Alias und Beschreibung. Bei Kreuztabellen wird außerdem der Alias der Datenquelle angezeigt.

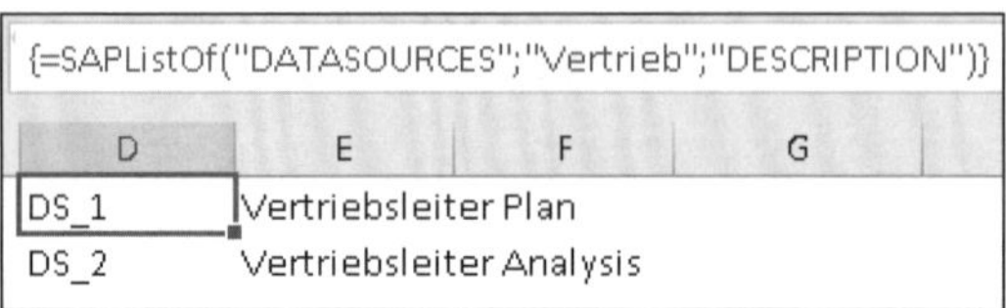

Abbildung 10.53 Liste der Datenquellen ausgeben

Argumente angeben

Die Formel setzt sich aus den Parametern **Objekttyp**, **Suchen** und **Suchen in** zusammen (siehe Abbildung 10.54). Im Feld **Objekttyp** können Sie die folgenden Typen eingeben:

- `DATASOURCES` – Datenquellen
- `CROSSTABS` – Kreuztabellen
- `PLANNINGFUNCTIONS` – Planungsfunktionen
- `PLANNINGSEQUENCES` – Planungssequenzen
- `CUSTOMAPPLCONTEXT` – liefert den im BAdI `RSAO_GET_INITIAL_APPL_CONTEXT` definierten String. So können Sie bestimmte Parameter zentral aus dem Backend an die Analysis-Anwendung übergeben. In Abschnitt 11.4.15, »SAPExecuteCommand«, finden Sie ein Beispiel.

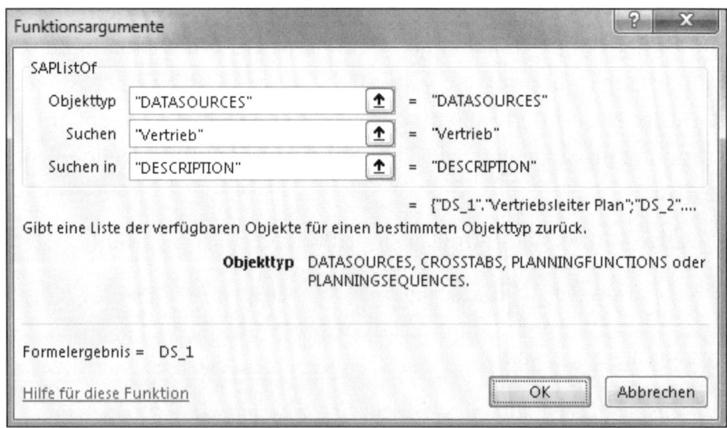

Abbildung 10.54 Argumente der SAPListOf-Funktion definieren

In das Feld **Suchen** können Sie einen Suchbegriff eingeben. Beachten Sie dabei die Groß- und Kleinschreibung. Wenn kein Suchbegriff eingegeben wird, werden alle verfügbaren Objekte des Objekttyps aufgelistet.

Über das Feld **Suchen in** können Sie festlegen, ob in `ALIAS` oder `DESCRIPTION` (Beschreibung) gesucht werden soll. Dieser Parameter ist optional. Standardmäßig wird über den Alias gesucht.

Beispiele

So liefert z. B. folgende Formel eine Liste der Datenquellen, die die Zeichenkette »Vertrieb« in der Beschreibung enthalten. Das Ergebnis ist in Abbildung 10.53 zu sehen:

```
=SAPListOf("DATASOURCES";"Vertrieb";"DESCRIPTION")
```

Folgende Formel liefert eine Liste mit drei Spalten: System-ID, Zeilennummer und Inhalt. In der dritten Spalte wird der über das BAdI `RSAO_GET_INITIAL_APPL_CONTEXT` definierte String ausgegeben. In Abbildung 10.55 finden Sie ein Beispiel.

```
=SAPListOf("CUSTOMAPPLCONTEXT")
```

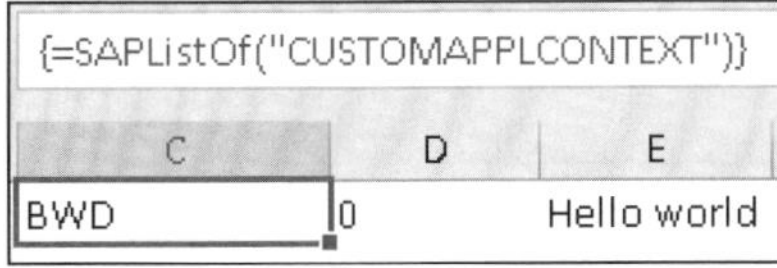

Abbildung 10.55 Im Backend definierten String ausgeben

[+]

Funktionsbereich auslesen

Sie können den Funktionsbereich des BAdIs `RSAO_GET_INITIAL_APPL_CONTEXT` über die Formel `SetFunctionalArea` auslesen (siehe hierzu Abschnitt 11.4.15, »SAPExecuteCommand«).

Parametrisierbare Formel

Die vollständige Syntax der Formel lautet:

```
=SAPListOf("[Objekttyp]";"[Suchen]";"[Suchen in]")
```

Ausgeführt werden kann sie z. B. wie folgt:

```
=SAPListOf("DATASOURCES";"Vertrieb";"DESCRIPTION")
```

10.2.18 SAPListOfDimensions

Die Funktion `SAPListOfDimensions` liefert eine Liste der Dimensionen zurück. Dabei können Sie spezifizieren, ob Dimensionen einem definierten

Suchbegriff entsprechen sollen. Alternativ können Sie festlegen, dass nur in Zeilen, Spalten oder als Hintergrundfilter verwendete Dimensionen ausgegeben werden. Sie können aber auch alle Dimensionen mit ihrem aktuellen Navigationszustand anzeigen.

Argumente angeben

Die Formel besteht aus den drei Parametern **Datenquelle**, **Suchen in** und **Suchen** (siehe Abbildung 10.56). Im Feld **Datenquelle** können Sie den Alias der Datenquelle oder der Planungsfunktion angeben. Diesen können Sie beim Konfigurieren der Datenquelle auf der Registerkarte **Komponenten** des Designbereichs anpassen.

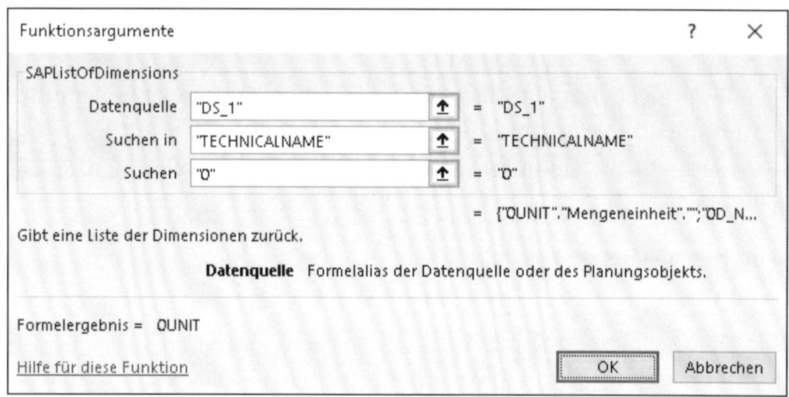

Abbildung 10.56 Argumente der Funktion SAPListOfDimensions

Feld »Suchen in«

Über das Feld **Suchen in** können Sie bestimmen, wo die Suche ausgeführt werden soll. Dabei stehen Ihnen die Einträge `TECHNICALNAME` (technischer Name), `DESCRIPTION` (Beschreibung) oder `AXIS` (Achse) zur Verfügung. Die Standardeinstellung ist `TECHNICALNAME`.

Feld »Suchen«

In das Feld **Suchen** können Sie einen Suchbegriff eingeben, wenn Sie im Feld **Suchen in** die Option `TECHNICALNAME` oder `DESCRIPTION` ausgewählt haben. Beachten Sie, dass bei der Suche die Groß- und Kleinschreibung relevant ist. Wenn Sie keinen Suchbegriff eingeben, werden alle verfügbaren Dimensionen dargestellt. In Abbildung 10.57 sehen Sie ein Beispiel. Hier wird nach Dimensionen gesucht, die eine 0 im technischen Namen enthalten (alle von SAP ausgelieferten Objekte fangen mit einer 0 an). Die Syntax lautet dabei:

```
=SAPListOfDimensions("DS_1";"TECHNICALNAME";"0")
```

Wenn Sie im Feld **Suchen in** `AXIS` eingegeben haben, können Sie im Feld **Suchen** über den Achsentyp die Suche weiter verfeinern und festlegen, welche Dimensionen angezeigt werden. Falls der ausgewählte Achsentyp in der aktuellen Analyse keine Dimensionen enthält, ist die Liste leer.

{=SAPListOfDimensions("DS_1";"TECHNICALNAME";"0")}

C	D	E	F
0UNIT	Mengeneinheit		
0D_NW_VERS	Version		
0D_NW_PRDGP	Produktgruppe		
0D_NW_PRDCT	Produktkategorie		
0D_NW_CODE	Buchungskreis	ROWS	
0CURRENCY	Währung		
0CALYEAR	Kalenderjahr	ROWS	
0MEASURES0000	Kennzahlen	COLUMNS	

Abbildung 10.57 Dimensionen, die eine 0 im technischen Namen enthalten, ausgeben

Wenn Sie `ROWS` eingeben, werden Dimensionen aufgelistet, die in der aktuellen Analyse in Zeilen verwendet werden (siehe Abbildung 10.58). Wenn Sie `COLUMNS` eingeben, werden die Dimensionen angezeigt, die in den Spalten verwendet werden.

{=SAPListOfDimensions("DS_1";"AXIS";"ROWS")}

C	D	E	F
0D_NW_CODE	Buchungskreis	ROWS	
0CALYEAR	Kalenderjahr	ROWS	

Abbildung 10.58 In den Zeilen angezeigte Dimensionen ausgeben

Daneben können Sie den Parameterwert `FILTER` nutzen, um die Dimensionen aufzulisten, die als Hintergrundfilter definiert sind. Über den Parameterwert `ALL` können Sie alle verfügbaren Dimensionen mit ihrem jeweiligen Navigationszustand anzeigen (siehe Abbildung 10.59). Für Dimensionen, die nicht in der aktuellen Analyse verwendet werden, bleibt der Navigationszustand in der dritten Spalte leer.

{=SAPListOfDimensions("DS_11";"AXIS";"ALL")}

C	D	E	F
547R3ZIH6AI5PC	Kennzahlen	COLUMNS	
0D_NW_CODE	Buchungskreis	ROWS	
0CALYEAR	Kalenderjahr		
0D_NW_PRDGP	Produktgruppe	FILTER	

Abbildung 10.59 Alle Dimensionen mit Navigationszustand anzeigen

Planungsfunktionen

Sie können die Formel `SAPListofDimensions` auch für Planungsfunktionen verwenden. Geben Sie dabei den Alias der Planungsfunktion für den Parameter **Datenquelle** ein. Die Formel liefert eine Liste der Dimensionen zurück, die auf der Aggregationsebene der Planungsfunktion definiert sind.

Dabei wird als Achsentyp immer ROW verwendet (siehe Abbildung 10.60). Im Beispiel wird auf Aggregationsebene der Planungsfunktion PF_1 nach Dimensionen gesucht, die 0D im technischen Namen enthalten.

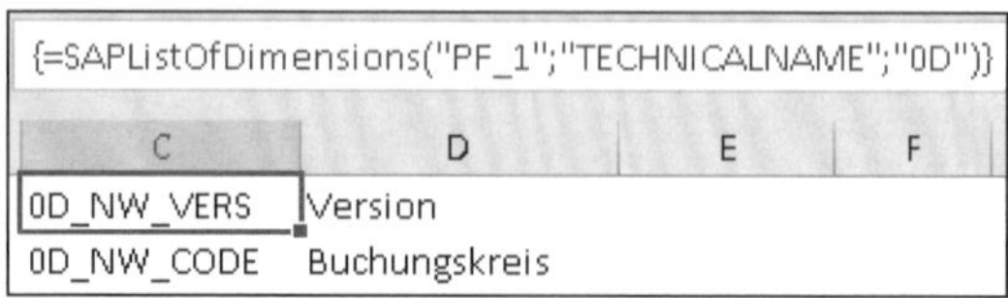

Abbildung 10.60 Formel für Planungsfunktionen verwenden

Die vollständige Syntax der Formel lautet:

Parametrisierte Formel

```
=SAPListOfDimensions("[Datenquelle]";"[Suchen in]";"[Suchen]")
```

Eine beispielhafte Ausführung ist:

```
=SAPListOfDimensions("DS_1";"AXIS";"ALL")
```

10.2.19 SAPListOfDynamicFilters

Die Funktion SAPListOfDynamicFilters liefert eine Liste aller von einem Benutzer während der Navigation festgelegten Filterwerte zurück. Diese werden als dynamische Filter bezeichnet. Das Gegenteil davon bilden die statischen Filter, die in der Query definiert werden und nicht vom Benutzer verändert werden können.

Argumente angeben

Die Formel setzt sich aus den Parametern **Datenquelle** und **Elementanzeige** zusammen (siehe Abbildung 10.61). Für das Argument des Parameters **Datenquelle** wird der Alias der Formel verwendet. Diesen können Sie beim Konfigurieren der Datenquelle auf der Registerkarte **Komponenten** des Designbereichs anpassen.

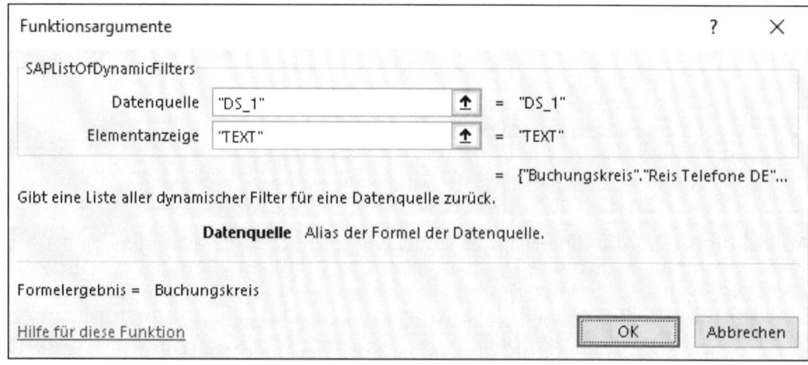

Abbildung 10.61 Argumente der Funktion SAPListOfDynamicFilters

Über das Argument des Parameters **Elementanzeige** können Sie festlegen, wie die gefilterten Elemente angezeigt werden. Dabei stehen Ihnen die Einträge `TEXT`, `KEY` oder `INPUT_STRING` zur Verfügung. Dieser Parameter ist optional. Standardmäßig wird die aktuelle Anzeige des Elements genutzt. Wenn zwei Anzeigeoptionen vorhanden sind, wird die erste Anzeigeoption verwendet.

Parametrisierbare Formel

Die vollständige Syntax der Formel `SAPListOfDynamicFilters` lautet:

```
=SAPListOfDynamicFilters("[Datenquelle]";"[Elementanzeige]")
```

Sie lässt sich z. B. wie folgt ausführen:

```
=SAPListOfDynamicFilters("DS_1";"TEXT")
```


Dabei werden alle vom Benutzer festgelegten Filter (z. B. über **Nach Element filtern**) aufgelistet (siehe Abbildung 10.62).

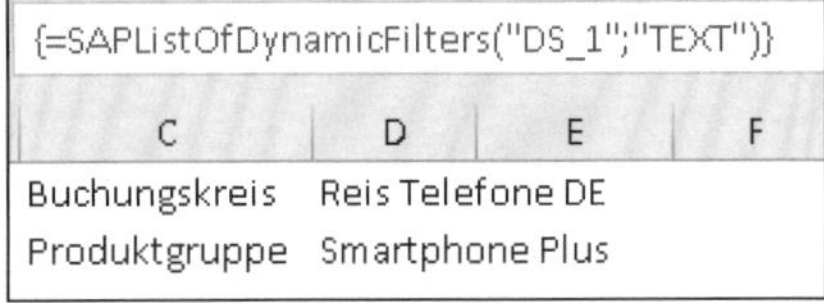
{=SAPListOfDynamicFilters("DS_1";"TEXT")}

C	D	E	F
Buchungskreis	Reis Telefone DE		
Produktgruppe	Smartphone Plus		

Abbildung 10.62 Dynamischen Filter auflisten

10.2.20 SAPListOfStaticFilters

Die Funktion `SAPListOfStaticFilters` liefert eine Liste aller statischen Filter einer Datenquelle zurück. Der statische Filter wird in der Quelle selbst, z. B. in der Query, definiert und kann vom Benutzer nicht geändert werden.

Argumente angeben

Die Formel setzt sich aus den Parametern **Datenquelle** und **Elementanzeige** zusammen (siehe Abbildung 10.63).

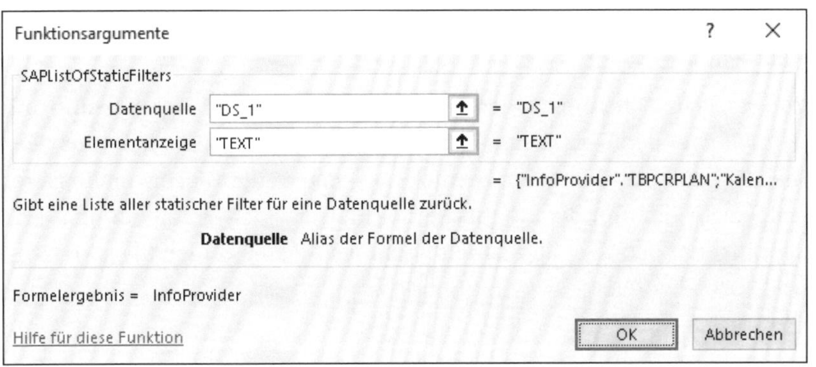

Abbildung 10.63 Argumente der Funktion SAPListOfStaticFilters

Im Feld **Datenquelle** wird der Alias der Formel angegeben, z. B. `DS_1`. Diesen können Sie bei Bedarf auf der Registerkarte **Komponenten** des Designbereichs anpassen.

Über das Argument des Parameters **Elementanzeige** können Sie festlegen, wie die gefilterten Elemente angezeigt werden. Dabei stehen Ihnen die Einträge `TEXT`, `KEY` oder `INPUT_STRING` zur Verfügung. Dieser Parameter ist optional. Standardmäßig wird die aktuelle Anzeige des Elements genutzt. Wenn zwei Anzeigeoptionen vorhanden sind, wird die erste verwendet.

Parametrisierbare Formel

Die komplette Syntax der Formel lautet:

```
=SAPListOfStaticFilters("[Datenquelle]";"[Elementanzeige]")
```

Eine beispielhafte Ausführung ist:

```
=SAPListOfStaticFilters("DS_1";"TEXT")
```

Dabei wird eine Liste mit allen in der Query definierten Filtern ausgegeben. In Abbildung 10.64 sehen Sie ein Beispiel.

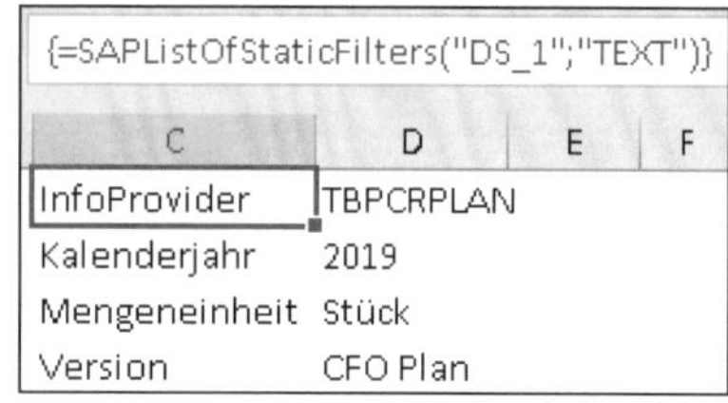

Abbildung 10.64 Liste der statischen Filter ausgeben

10.2.21 SAPListOfEffectiveFilters

Die Funktion `SAPListOfEffectiveFilters` gibt eine Liste der aktuell gültigen Filter aus. Dabei werden sowohl dynamische Filter, die vom Benutzer definiert werden, als auch statische Filter, die in der Quelle definiert werden, berücksichtigt.

Wenn z. B. im Filter einer Query die Jahre 2019 und 2020 definiert sind und der Benutzer den Bericht nur auf das Jahr 2019 einschränkt, liefert die Formel das Jahr 2019 als Ergebnis zurück. Daneben werden auch vom Benutzer festgelegte Filter für die Produktgruppe angezeigt (siehe Abbildung 10.65). Schränkt der Benutzer den Bericht nicht weiter ein, werden die Jahre 2019 und 2020 angezeigt.

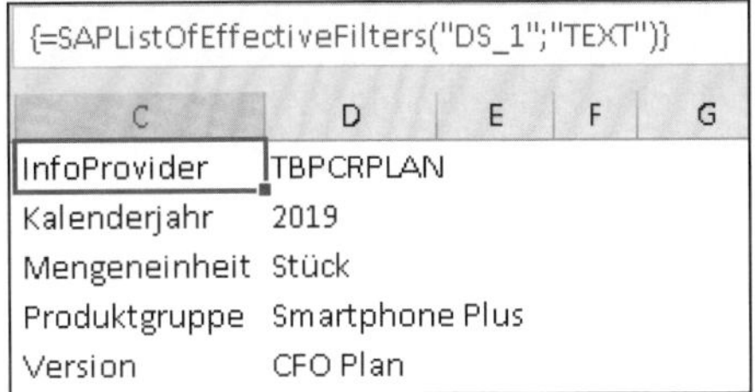

Abbildung 10.65 Alle aktiven Filter ausgeben

Argumente angeben

Die Formel `SAPListOfEffectiveFilters` setzt sich aus den Parametern **Datenquelle** und **Elementanzeige** zusammen (siehe Abbildung 10.66). Für das Argument des Parameters **Datenquelle** wird der Alias der Formel verwendet. Diesen können Sie beim Konfigurieren der Datenquelle auf der Registerkarte **Komponenten** des Designbereichs anpassen.

10

Über das Argument des Parameters **Elementanzeige** können Sie festlegen, wie die gefilterten Elemente angezeigt werden. Dabei stehen Ihnen die Einträge `TEXT`, `KEY` oder `INPUT_STRING` zur Verfügung. Dieser Parameter ist optional. Standardmäßig wird die aktuelle Anzeige des Elements genutzt. Wenn zwei Anzeigeoptionen vorhanden sind, wird die erste Option verwendet.

Funktionsargumente ? ×

SAPListOfEffectiveFilters

Datenquelle "DS_1" = "DS_1"

Elementanzeige "TEXT" = "TEXT"

= {"InfoProvider";"TBPCRPLAN";"Kalen...

Gibt eine Liste aller aktuell auf der Datenquelle aktiver Filter zurück.

Datenquelle Alias der Formel der Datenquelle.

Formelergebnis = InfoProvider

Hilfe für diese Funktion OK Abbrechen

Abbildung 10.66 Parameter der Funktion SAPListOfEffectiveFilters

Parametrisierbare Formel

Die komplette Syntax der Formel `SAPListOfEffectiveFilters` lautet:

```
=SAPListOfEffectiveFilters("[Datenquelle]";"[Elementanzeige]")
```

Ausgeführt werden kann sie z. B. wie folgt:

```
=SAPListOfEffectiveFilters("DS_1";"TEXT")
```

10.2.22 SAPListOfMembers

Die Funktion `SAPListOfMembers` liefert eine Liste der Merkmalswerte einer Dimension oder Eingabeaufforderung. Dabei enthält jeder Listeneintrag den Schlüssel, den Text sowie den Schlüssel als Filter-String. Der Schlüssel als Filter-String unterscheidet sich vom Schlüssel, wenn das Element mit einer anderen Dimension verknüpft ist (sogenanntes *Compounding*). In Abbildung 10.67 sehen Sie ein Beispiel, das die Stammdaten des Merkmals Buchungskreis anzeigt, die mit »Reis« anfangen.

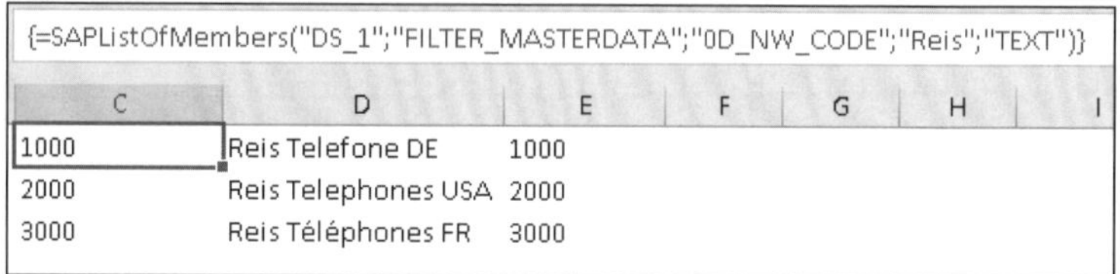

Abbildung 10.67 Stammdaten einer Dimension auflisten

[»]

Merkmale mit Hierarchien

Werte von Merkmalen mit Hierarchien lassen sich mit dieser Funktion nicht auflisten.

Argumente angeben

Die Formel `SAPListOfMembers` besteht aus den sechs Parametern **Datenquelle**, **Quelle**, **Name**, **Suchen**, **Suchen in** und **Anzahl** (siehe Abbildung 10.68).

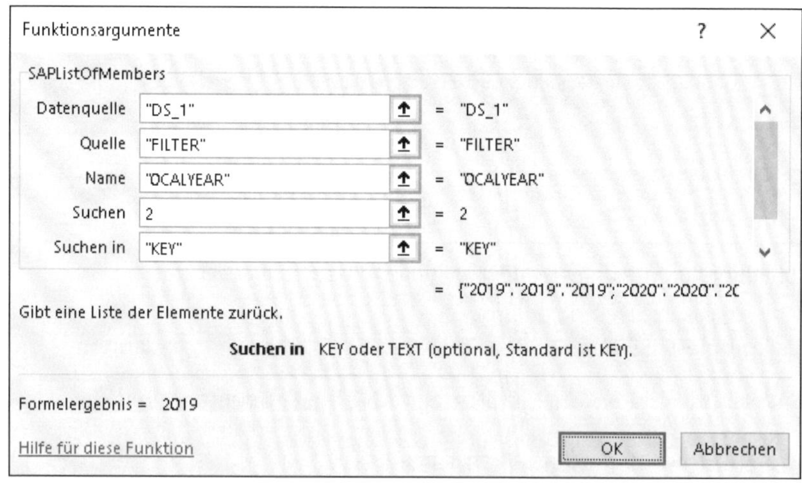

Abbildung 10.68 Argumente der Funktion SAPListOfMembers

Geben Sie in das Feld **Datenquelle** den Alias der Formel ein. Diesen können Sie beim Konfigurieren der Datenquelle auf der Registerkarte **Komponen-**

ten des Designbereichs anpassen. Sie müssen ihn definieren, unabhängig davon, ob die Variablen in der vorliegenden Arbeitsmappe zusammengeführt wurden.

Im Feld **Quelle** können Sie die folgenden Werte eingeben: `PROMPT`, `FILTER`, `FILTER_MASTERDATA` und `PLAN_PARAMETER`. Wählen Sie `PROMPT`, um eine Liste der Elemente einer Eingabeaufforderung zu erhalten (siehe Abbildung 10.69).

{=SAPListOfMembers("DS_1";"PROMPT";"0CALYEAR_CMMYA_001";2;"KEY";2)}

C	D	E	F	G	H	I
2016	2016	2016				
2017	2017	2017				

Abbildung 10.69 Liste der Elemente einer Eingabeaufforderung

Wenn Sie im Feld **Quelle** den Wert `FILTER` eingeben, erhalten Sie eine Liste der Werte des spezifizierten Merkmals. Die Option `FILTER_MASTERDATA` gibt eine Liste der Stammdatenwerte des ausgewählten Merkmals aus (siehe Abbildung 10.67). Über `PLAN_PARAMETER` erhalten Sie eine Liste der Werte einer Variablen in einem Planungsobjekt (Planungsfunktion oder Planungssequenz). Geben Sie im Feld **Name** den technischen Namen der Dimension oder der Eingabeaufforderung ein, deren Elemente aufgelistet werden sollen.

Über das Feld **Suchen** können Sie die Liste der Elemente einschränken, indem Sie einen Suchbegriff eingeben. Dieser Parameter ist optional. Über den Parameter **Suchen in** können Sie festlegen, ob die Suche über `KEY` (Schlüssel) oder `TEXT` (Beschreibung) erfolgen soll. Dies ist ein optionaler Parameter. Die Standardeinstellung ist `KEY`.

Über das Feld **Anzahl** können Sie außerdem die Anzahl der Elemente, die über die Formel zurückgegeben werden sollen, verkleinern oder vergrößern. Als Standard gilt der in der Benutzereinstellung angegebene Wert **Maximale Anzahl der im Filterdialog angezeigten Elemente**, siehe Abschnitt 12.2, »Dialog ›Optionen‹«.

Parametrisierbare Formel

Die vollständige Syntax der Formel lautet:

```
=SAPListOfMembers("[Datenquelle]";"[Quelle]";"[Name]";"[Suchen]"; _
"[Suchen in]")
```

Eine beispielhafte Ausführung ist:

```
=SAPListOfMembers("DS_1";"FILTER_MASTERDATA"; _
"0D_NW_CODE";"Reis";"TEXT")
```

Bei dieser wird eine Liste der Buchungskreise ausgegeben, die den Begriff »Reis« in der Beschreibung enthalten.

10.2.23 SAPListOfMessages

Die Funktion `SAPListOfMessages` gibt die Meldungen Ihres Arbeitsblattes aus. Dabei können Sie mithilfe eines Schweregrads festlegen, welche Meldungen angezeigt werden sollen.

Argumente angeben

Die Formel setzt sich aus den Parametern **Schweregrad** und **Details anzeigen** zusammen (siehe Abbildung 10.70).

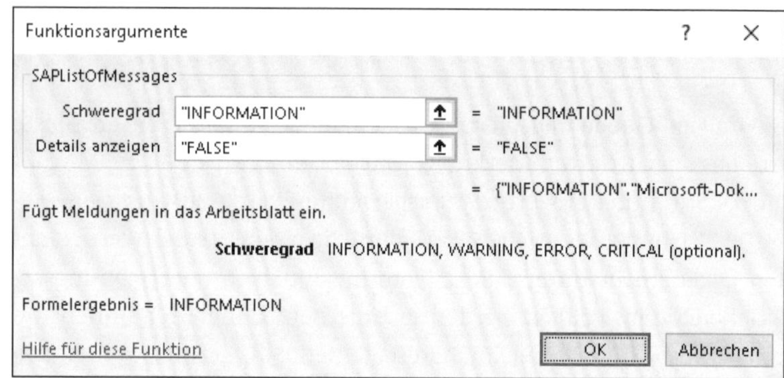

Abbildung 10.70 Argumente der Funktion SAPListOfMessages

Schweregrad bestimmen

In das Feld **Schweregrad** können Sie einen der folgenden Schweregrade eingeben: `INFORMATION`, `WARNING`, `ERROR` und `CRITICAL`. Dabei ist `INFORMATION` die harmloseste Kategorie, während `CRITICAL` die schwerwiegendste ist. Definieren Sie einen Schweregrad, werden alle Meldungen ab diesem Schweregrad angezeigt. Wenn Sie z. B. `WARNING` auswählen, werden Meldungen mit den Schweregraden `WARNING`, `ERROR` und `CRITICAL` angezeigt. Wählen Sie `INFORMATION` aus oder definieren keinen Schweregrad, werden alle Meldungen angezeigt. In Abbildung 10.71 sehen Sie ein Beispiel.

Abbildung 10.71 Nachrichten eines Arbeitsblattes anzeigen

Detailgrad bestimmen

Über den Parameter **Details anzeigen** können Sie festlegen, wie detailliert die Ausgabe der Meldungen erfolgen soll. Wenn Sie `FALSE` eingeben, werden die Meldungen mit Schweregrad und Text angezeigt. Wenn Sie `TRUE` eingeben, werden zusätzliche Informationen wie Meldungsklasse, ID und Variablen dargestellt (siehe Abbildung 10.72). Die Überschriften wurden von mir zur Verdeutlichung hinzugefügt.

Message ID	Text	Nachrichtenklasse	ID	Schweregrad	Variable	System ID
2	Microsoft-Dokumer	M_RSAO	M_RSAO-012	INFORMATION	TAOB0_20W_0003	BWD

Abbildung 10.72 Detaillierte Ausgabe

Dabei steht **Message ID** für die eindeutige Kennung der Nachricht, die für den aktuellen Nachrichtendialog gültig ist. Wenn dieselbe Nachricht zu einem späteren Zeitpunkt erneut angezeigt wird, hat sie eine andere Nachrichten-ID. In der Spalte **Text** wird der Kurztext der Meldung angezeigt. Wenn die Meldung aus dem Backend von SAP BW stammt, wird in der Spalte **Nachrichtenklasse** die Klasse der Nachricht angezeigt, z. B. `M_RSAO`. In der Spalte **ID** wird für Nachrichten aus SAP Analysis for Microsoft Office die Benachrichtigungs-ID angezeigt. Bei Nachrichten aus dem SAP-BW-Backend wird eine Verkettung der Nachrichtenklasse und der Nachrichtennummer angezeigt. So bedeutet z. B. der Wert `M_RSAO-012`, dass es sich um die Nachrichtennummer 012 aus der Nachrichtenklasse `M_RSAO` handelt. Diese finden Sie über Transaktion SE91 (Nachrichtenpflege), siehe Abbildung 10.73.

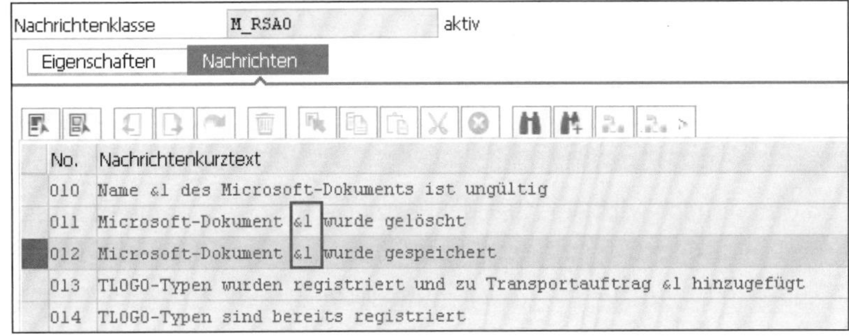

Abbildung 10.73 Nachricht in Transaktion SE91 anzeigen

In der Spalte **Schweregrad** wird der Schweregrad der Nachricht, also `INFORMATION`, `WARNING`, `ERROR` und `CRITICAL` angezeigt. Wenn die Nachricht aus dem SAP-BW-Backend stammt, werden in der Spalte **Variable** die in der Nachricht verwendeten Variablen angezeigt. In einer Nachricht können bis zu vier Variablen verwendet werden. In Abbildung 10.73 ist zu sehen, dass in der Nachricht eine Variable verwendet wird (&1). Der Wert dieser Variable wird in der Spalte **Variable** angezeigt. Wenn die Nachricht aus dem SAP-BW-Backend stammt, wird außerdem in der Spalte **System ID** die System-ID ausgegeben.

Parametrisierbare Formel

Die vollständige Syntax der Formel lautet:

```
=SAPListOfMessages("[Schweregrad]";"[Details anzeigen]")
```

Ausgeführt werden kann sie z. B. folgendermaßen:

```
=SAPListOfMessages("INFORMATION";"FALSE")
```

10.2.24 SAPListOfVariables

Die Funktion `SAPListOfVariables` liefert eine Liste aller Variablen einer Datenquelle oder eines Planungsobjekts zurück.

Argumente angeben

Die Formel setzt sich aus den Parametern **Datenquelle**, **Elementanzeige** und **Anzeigen** zusammen (siehe Abbildung 10.74).

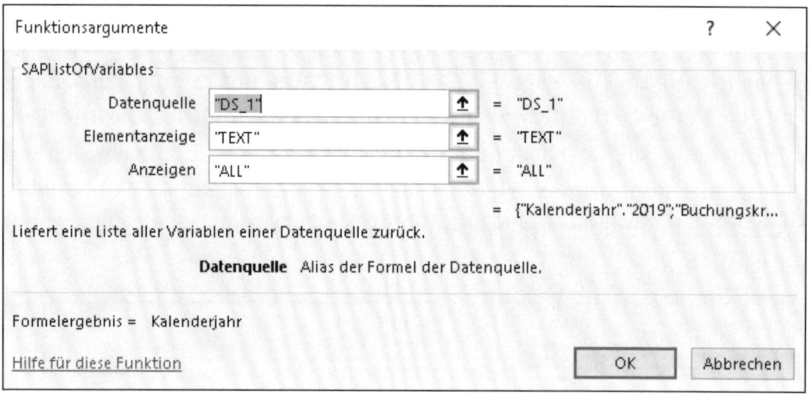

Abbildung 10.74 Argumente der Funktion SAPListOfVariables

Im Feld **Datenquelle** wird der Alias der Formel, z. B. `DS_1`, oder der Alias der Planungsfunktion, z. B. `PS_1`, angegeben. Sie können den Alias beim Konfigurieren der Datenquelle oder des Planungsobjekts auf der Registerkarte **Komponenten** im Designbereich anpassen.

Wenn die Variablen in der Arbeitsmappe nicht zusammengefasst sind, müssen Sie den Parameter **Datenquelle** definieren. Falls die Variablen in der Arbeitsmappe zusammengefasst sind, können Sie zwar diesen Parameter definieren, müssen es aber nicht.

Über das Argument des Parameters **Elementanzeige** können Sie definieren, wie die Variablen dargestellt werden. Dabei stehen Ihnen die Optionen `TEXT`, `KEY` oder `INPUT_STRING` zur Verfügung. Dieser Parameter ist optional. Standardmäßig wird die aktuell für die Elemente ausgewählte Anzeige verwendet. Wenn zwei Optionen ausgewählt sind (z. B. **Schlüssel und Text**), wird die erste angewandt (in diesem Fall **Schlüssel**).

Über das Argument des Parameters **Anzeigen** können Sie festlegen, welche Variablen angezeigt werden. Dabei stehen Ihnen folgende Optionen zur Auswahl: `ALL`, `PROMPTS`, `ALL_FILLED`, `PROMPTS_FILLED` und `PLAN_PARAMETER`. Wenn Sie den Wert `ALL` eingeben, werden alle Variablen, sowohl gefüllte als auch nicht gefüllte, angezeigt – und zwar einschließlich der Variablen, die auf dem Dialog der Eingabeaufforderungen nicht sichtbar sind. In Abbildung 10.75 sehen Sie ein Beispiel. Dabei wird auch die Standard-SAP-Variable **Planung: Stichtag** angezeigt, obwohl der Benutzer sie nicht sehen kann.

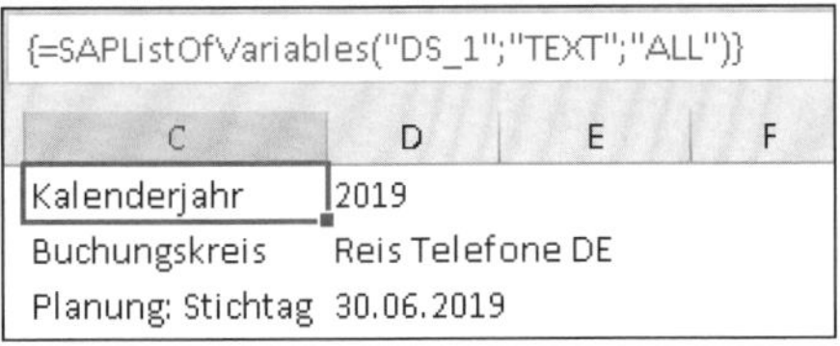

Abbildung 10.75 Alle Variablen auflisten

[«]

Variablen nicht an Planungsobjekte übergeben

Verwenden Sie die Funktion `SAPListOfVariables` nicht, um Variablen an Planungsobjekte wie Planungsfunktionen und Planungssequenzen zu übergeben! Je nach Benutzer kann die Reihenfolge der Variablen variieren und so zu Fehlern bei der Ausführung führen.

Wenn Sie im Feld **Anzeigen** den Wert `PROMPTS` eingeben, werden alle Variablen (gefüllt und ungefüllt) angezeigt, die auf dem Dialog der Eingabeaufforderung sichtbar sind. Entscheiden Sie sich für den Wert `ALL_FILLED`, werden alle gefüllten Variablen aufgelistet, einschließlich der Variablen, die im Dialog der Eingabeaufforderung nicht sichtbar sind. Über den Parameterwert `PROMPTS_FILLED` können Sie sich nur die gefüllten Variablen anzeigen lassen, die im Dialog der Eingabeaufforderung sichtbar sind. Schließlich können Sie die Option `PLAN_PARAMETER` nutzen, um alle Variablen (gefüllt und ungefüllt) eines Planungsobjekts anzeigen zu lassen. Der Parameter **Anzeigen** ist optional. Standardmäßig wird die Einstellung `PROMPTS_FILLED` verwendet.

Parametrisierbare Formel

Die vollständige Syntax der Formel lautet:

```
=SAPListOfVariables("[Datenquelle]";"[Elementanzeige]";"[Anzeigen]")
```

Eine beispielhafte Ausführung ist:

```
=SAPListOfVariables("DS_1";"TEXT";"ALL")
```

10.2.25 SAPSetFilterComponent

Die Funktion `SAPSetFilterComponent` legt eine Filterkomponente an, über die Benutzer Elemente zum Filtern auswählen können. Hierbei kann auf das Filter-Icon geklickt werden, um die Filterdefinition über einen Dialog zu ändern (siehe Abbildung 10.76).

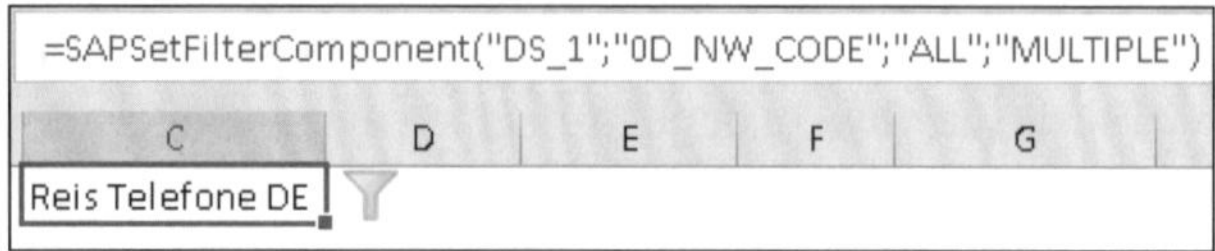

Abbildung 10.76 Elemente über Filter-Icon definierbar

Argumente angeben

Die Formel besteht aus den vier Parametern **Datenquelle**, **Name der Dimension**, **Zieldatenquelle** und **Auswahltyp** (siehe Abbildung 10.77). Im Feld **Datenquelle** geben Sie den Alias der Formel an. Sie können den Alias beim Konfigurieren der Datenquelle auf der Registerkarte **Komponenten** im Designbereich festlegen.

Geben Sie anschließend unter **Name der Dimension** den technischen Namen der Dimension ein, die Sie als Filter verwenden möchten. Über den Parameter **Zieldatenquelle** können Sie die Datenquelle auswählen, auf die sich die Einstellung auswirken soll. Dabei können Sie entweder `ALL` auswählen, damit auf alle Datenquellen gefiltert wird, oder eine Liste der Formelalias für Datenquellen eingeben.

Über den Parameter **Auswahltyp** können Sie das Erscheinungsbild des Filterdialogs festlegen. Dabei stehen Ihnen die Einträge `SINGLE`, `MULTIPLE`, `MEMBERSELECTOR`, `MEMBERSELECTORBYRANGE`, `LOWERBOUNDARY` und `UPPERBOUNDARY` zur Verfügung.

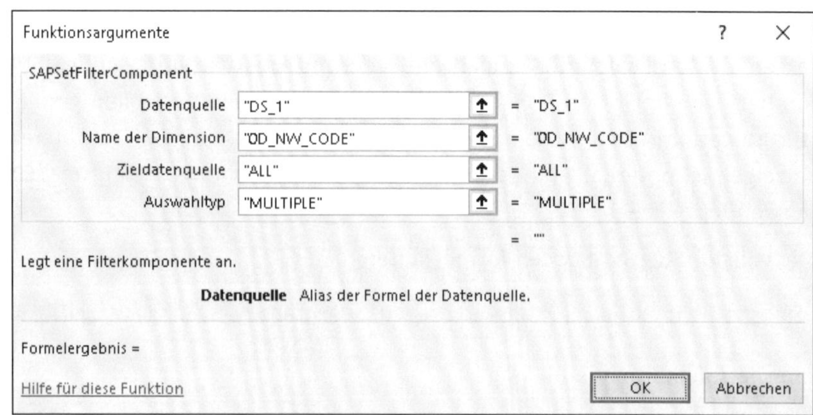

Abbildung 10.77 Parameter der Funktion SAPSetFilterComponent

Wenn Sie SINGLE auswählen, kann der Benutzer nur ein Element zum Filtern auswählen. Außerdem steht nur ein stark vereinfachter Filterdialog zur Verfügung. In Abbildung 10.78 sehen Sie ein Beispiel.

Verereinfachten Filterdialog verwenden

Abbildung 10.78 Nur ein Element auswählbar

Wenn Sie sich für den Wert MUTLIPLE entscheiden, kann der Benutzer mehrere Elemente zum Filtern auswählen – weiterhin im vereinfachten Filterdialog. Dies ist die Standardeinstellung.

Vollständigen Filterdialog verwenden

Über den Parameterwert MEMBERSELECTOR steht Ihnen die vollständige Version des Filterdialogs zur Verfügung. Hier können Sie nach Elementen suchen und über die Auswahl **Anzeigen** die Anzeige anpassen (z. B. von Text zu Schlüssel), Attribute einblenden sowie den Zugriffsmodus verändern (siehe Abbildung 10.79).

Abbildung 10.79 Filter über vollständigen Filterdialog setzen

Mit dem Parameterwert MEMBERSELECTOR können Sie über **Bereichsauswahl** auch ein Intervall als Filter definieren (siehe Abbildung 10.80). Möchten Sie dies als Standard einsetzen, verwenden Sie den Parameterwert MEMBERSELECTORBYRANGE.

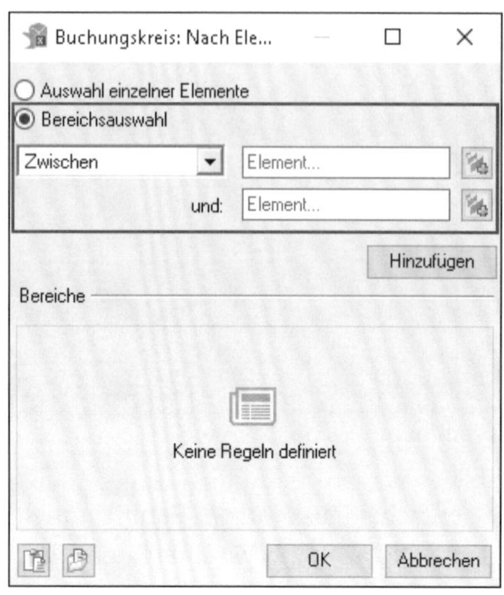

Abbildung 10.80 Intervall als Filter definieren

Darüber hinaus können Sie auch die Parameterwerte LOWERBOUNDARY und UPPERBOUNDARY nutzen, um eine Unter- bzw. Obergrenze für ein Intervall festzulegen.

Parametrisierbare Formel

Die vollständige Syntax der Formel lautet:

```
=SAPSetFilterComponent("[Datenquelle]";"[Name der Dimension]"; _
"[Zieldatenquelle]";"[Auswahltyp]")
```

Ausgeführt sieht sie z. B. wie folgt aus:

```
=SAPSetFilterComponent("DS_1";"0D_NW_CODE";"ALL";"MEMBERSELECTOR")
```

10.2.26 SAPSetData

Sie können SAP-Formeln nicht nur zum Anzeigen von Daten verwenden – mit der Funktion SAPSetData können Sie auch Plandaten fortschreiben. Dabei können Sie die Planwerte entweder direkt in die Formel eingeben oder auf eine andere Zelle verweisen. In Abbildung 10.81 sehen Sie ein Beispiel: Hier wird die geplante Menge für den Buchungskreis 1000, Reis Telefone DE, über die Zelle C1 verändert.

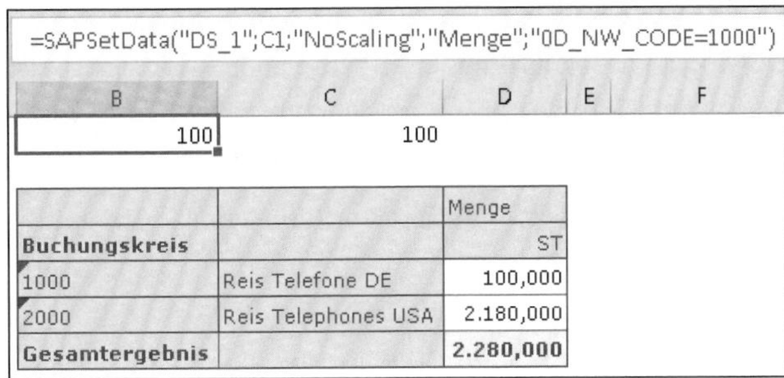

		Menge
Buchungskreis		ST
1000	Reis Telefone DE	100,000
2000	Reis Telephones USA	2.180,000
Gesamtergebnis		**2.280,000**

Abbildung 10.81 Funktion SAPSetData zur Planung nutzen

Beachten Sie bei der Arbeit mit dieser Formel folgende Einschränkungen:

- Wenn Sie für den Planwert auf eine Zelle verweisen, darf diese nicht Teil der Kreuztabelle in SAP Analysis for Microsoft Office sein.
- Sie können über die Formel keine neuen Planwerte (über neue Zeilen) hinzufügen, sondern nur bereits vorhandene Kombinationen anpassen.

Hierbei müssen Sie alle im Aufriss vorhandenen Dimensionen definieren. Werte im Filter müssen Sie nicht in die Formel einfügen.

Argumente angeben

Die Formel besteht aus den fünf Parametern **Datenquelle**, **Neuer Wert**, **Option**, **Kennzahl** und **Elementkombination** (siehe Abbildung 10.82). Geben Sie im Feld **Datenquelle** den Alias der Formel ein.

Abbildung 10.82 Argumente der Funktion SAPSetData

Diesen können Sie beim Konfigurieren der Datenquelle auf der Registerkarte **Komponenten** des Designbereichs anpassen. Geben Sie anschließend im Feld **Neuer Wert** den gewünschten Planwert ein. Sie können den Planwert direkt als Teil der Formel definieren oder auf eine Zelle im Arbeitsblatt verweisen. Wenn Sie für den Planwert auf eine Zelle verweisen, darf diese nicht Teil der Kreuztabelle in SAP Analysis for Microsoft Office sein.

Optionen verwenden

Darüber hinaus können Sie über Optionen das Verhalten der Formel definieren. Geben Sie diese in das Feld **Option** ein. Wenn Sie mehr als eine Option in einer Formel verwenden, trennen Sie die Werte durch Semikolons. Dieser Parameter ist optional. Wenn Sie für die Formel keine Option definieren wollen, können Sie den Parameter frei lassen.

SAP Analysis for Microsoft Office stellt die Optionen `SetOnly` und `NoScaling` bereit. Wenn Sie den Eintrag `SetOnly` wählen, passt die Formel die Werte in der referenzierten Zelle nicht an, wenn die Planwerte durch eine Planungsfunktion verändert wurden. Standardmäßig ist das der Fall. Wenn Sie z. B. in die referenzierte Zelle den Wert 100 eingeben und durch eine Umwertungsfunktion um 10 % erhöhen, verändert sich der Wert in der Zelle auch um 10 %, also auf 110. Verwenden Sie die Option `SetOnly`, bleibt der ursprüngliche Wert, also 100, in der Zelle stehen (siehe Abbildung 10.83).

Wenn Sie die Option `NoScaling` nutzen, wird der Skalierungsfaktor der Datenzelle in der Kreuztabelle beim Fortschreiben des Wertes nicht berücksichtigt. Betrachten wir das folgende Beispiel: Der Skalierungsfaktor für die Kennzahl **Menge** ist auf 100 gesetzt. Wenn in der Datenzelle der Wert 1 angezeigt wird, ist der echte Wert 100. Wenn Sie diesen Wert auf 300 ändern möchten, können Sie über die Formel den Wert 3 fortschreiben, oder Sie planen den Wert 300 mit der Option `NoScaling`. Aufgrund des Skalierungsfaktors zeigt die Datenzelle den Wert 3 an (siehe Abbildung 10.84).

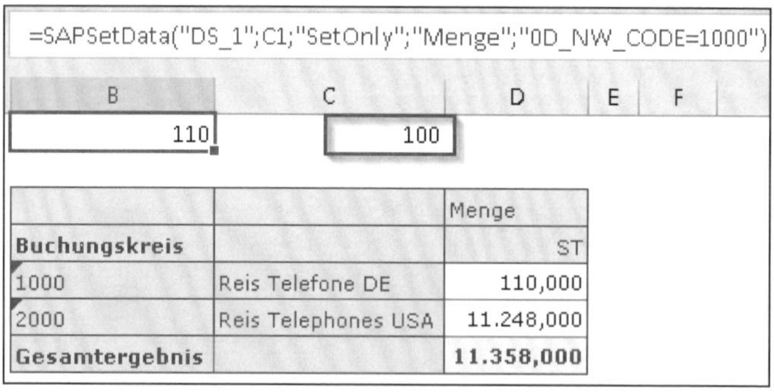

```
=SAPSetData("DS_1";C1;"SetOnly";"Menge";"0D_NW_CODE=1000")
```

B	C	D	E	F
110	100			

		Menge
Buchungskreis		ST
1000	Reis Telefone DE	110,000
2000	Reis Telephones USA	11.248,000
Gesamtergebnis		**11.358,000**

Abbildung 10.83 SetOnly – der ursprüngliche Wert bleibt erhalten

Nachdem Sie den Parameter **Option** gesetzt haben, tragen Sie im Feld **Kennzahl** die Beschreibung der Kennzahl, z. B. Menge, oder die kryptische ID der

Kennzahl ein, die Sie unter **Eigenschaften** im Designbereich einsehen können (siehe Abschnitt 10.2.3, »SAPGetUniformScaling«). Anschließend können Sie im Feld **Elementkombination** die gewünschte Elementkombination eintragen. Dabei sind sämtliche Methoden erlaubt, die Sie aus Abschnitt 10.2.1, »SAPGetData«, und Abschnitt 10.2.2, »SAPSelectMember«, kennen.

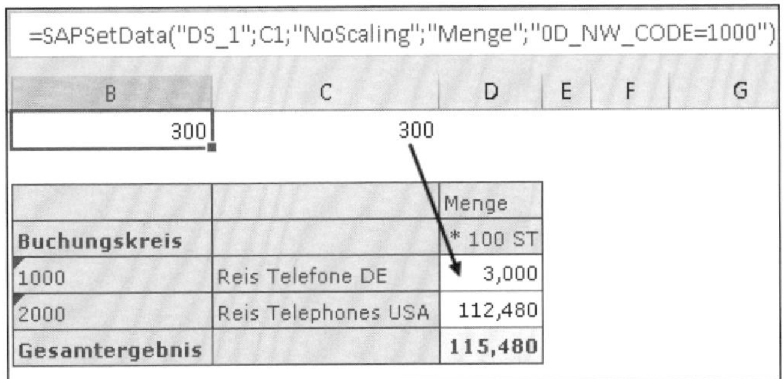

Abbildung 10.84 Skalierung wird nicht berücksichtigt

Parametrisierbare Formel

Die vollständige Syntax der Formel lautet:

```
=SAPSetData("[Datenquelle]";[Neuer Wert];"[Option]";"[Kennzahl]"; _
"[Elementkombination]")
```

Die Formel kann z. B. wie folgt ausgeführt werden:

```
=SAPSetData("DS_1";C1;"NoScaling";"Menge";"0D_NW_CODE=1000")
```

10.3 Zusammenfassung

Nun kennen Sie sämtliche Formeln, die SAP Analysis for Microsoft Office zur Verfügung stellt. Sie verstehen die Einsatzgebiete und den Aufbau der einzelnen Funktionen. Dabei können Sie dieses Kapitel als Referenz nutzen, um bei Bedarf die Syntax nachzuschlagen.

Sie sind nun in der Lage, vorhandene Berichte um zusätzliche Funktionen zu erweitern. Sie können aber auch im formeloptimierten Modus höchst individuelle, passgenaue Berichte erstellen. Diese liefern nur die Informationen, die Sie für Ihre Analyse brauchen.

Ergänzend zu den Formeln können Sie Makros verwenden, um Ihre Arbeitsmappen weiter zu individualisieren. Diese werden in VBA erstellt und verwenden die von SAP ausgelieferten API-Methoden. Im nächsten Kapitel erkläre ich Ihnen die Details.

Kapitel 11
Makros verwenden

Nachdem Sie im vorangehenden Kapitel die Formeln kennengelernt haben, die Ihnen in SAP Analysis for Microsoft Office zur Verfügung stehen, gehe ich in diesem Kapitel auf die Makros ein. Mithilfe von Makros können Sie Ihre Arbeitsmappen noch benutzerfreundlicher gestalten, indem Sie individuelle Logik implementieren.

VBA-Makros

SAP Analysis for Microsoft Office enthält von Haus aus eine Menge API-Methoden, die die Kommunikation mit dem SAP-System über die Microsoft-Excel-Oberfläche ermöglichen. Diese API-Methoden können Sie in Makros der Skriptsprache *Visual Basic for Applications* (kurz *VBA-Makros*) verwenden. Damit ist es Ihnen möglich, kundeneigene Funktionalität auf der Basis von SAP Analysis for Microsoft Office zu implementieren und so Ihre Arbeitsmappen noch benutzerfreundlicher zu gestalten. Nach der Arbeit mit diesem Kapitel kennen Sie nicht nur die Syntax der einzelnen Methoden, sondern Sie können auch die jeweiligen Einsatzgebiete und die verschiedenen Methoden miteinander kombinieren.

Debugger verwenden

Wir fangen mit den Grundlagen an: In Abschnitt 11.1, »Makros anlegen«, zeige ich Ihnen, wie Sie ein Makro anlegen. Bevor Sie anfangen, selbst Makros in VBA zu programmieren, ist es wichtig, dass Sie diese lesen können. Hierbei werden Sie vom *Debugger* unterstützt. In Abschnitt 11.2, »Makros debuggen«, lernen Sie, wie Sie VBA-Makros debuggen können, um einzelne Programmschritte nachzuvollziehen und Fehler aufzuspüren. Anschließend stelle ich in Abschnitt 11.3, »Syntaxregeln zum Eingeben von Werten«, Syntaxregeln vor, die Sie beachten müssen.

Danach geht es an die Praxis. In Abschnitt 11.4, »Mit API-Methoden arbeiten«, bis Abschnitt 11.4.16, »SAPSuppressMessage«, zeige ich Ihnen alle Methoden, die Sie in Ihren VBA-Makros verwenden können. Dabei erkläre ich die einzelnen Parameter anhand von Beispielen, die mit vielen Screenshots veranschaulicht werden. Damit ist sichergestellt, dass Sie nach der Durcharbeitung dieser Abschnitte die Funktionsweise verstanden haben und eigene Makros anlegen können. Auch Tipps und Tricks aus der Praxis unterstützen Sie dabei.

Mit Callbacks arbeiten

Anschließend lernen Sie in Abschnitt 11.5, »Mit Callbacks arbeiten«, wie Sie mithilfe sogenannter *Callbacks* (Rückrufe) bei bestimmten Ereignissen vordefinierte Befehle ausführen können. So können Sie z. B. nach jeder Aktualisierung der Arbeitsmappe eine eigene Logik ausführen.

Sie können die Funktionen von SAP Analysis for Microsoft Office auch dazu verwenden, Formeln in VBA-Makros zu definieren. Wie das geht, zeige ich Ihnen in Abschnitt 11.6, »Formeln von SAP Analysis for Microsoft Office in Makros nutzen«. Dabei gebe ich Ihnen auch einen Tipp, wie Sie Ihre Programmierung in der Praxis vereinfachen können.

Designregeln anlegen

Außerdem können Sie Analysis-Makros nutzen, um die aus Kapitel 8, »Berichte formatieren«, bekannten Designregeln anzulegen und zu verwalten. So können Sie z. B. Zellen formatieren, neue Zeilen hinzufügen, die Zeilenhöhe fixieren sowie Designregeln auflisten und löschen. In Abschnitt 11.7, »Designregeln über Makro anpassen«, lernen Sie schließlich, wie es geht und worauf Sie bei der Definition der jeweiligen Parameter achten müssen. Dabei zeige ich Ihnen auch, wie Sie *Reverse Engineering* einsetzen, um ans Ziel zu gelangen.

11.1 Makros anlegen

Registerkarte für Entwicklertools einblenden

Bevor Sie ein Makro anlegen können, müssen Sie die Registerkarte **Entwicklertools** (Englisch *Developer Tools*) aktivieren. Gehen Sie dazu auf die Registerkarte **Datei**. Klicken Sie hier auf **Optionen** und **Menüband anpassen** ❶ (siehe Abbildung 11.1). Aktivieren Sie unter **Hauptregisterkarten** ❷ das Kästchen **Entwicklertools** ❸. Bestätigen Sie die Änderung mit dem Button **OK** ❹.

Makrosicherheit einstellen

Anschließend müssen Sie Makros und VBA aktivieren. Klicken Sie dazu auf die nun sichtbare Registerkarte **Entwicklertools**, und wählen Sie im Bereich **Code** die Funktion **Makrosicherheit** aus (siehe Abbildung 11.2).

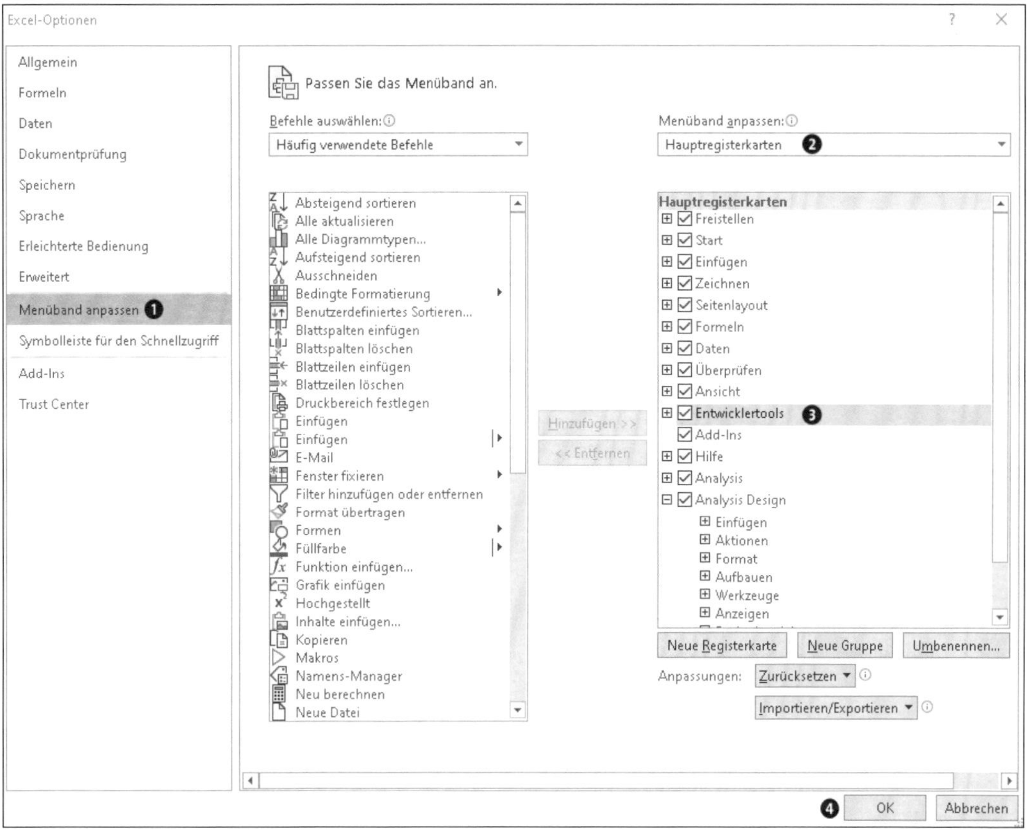

Abbildung 11.1 Entwicklertools einblenden

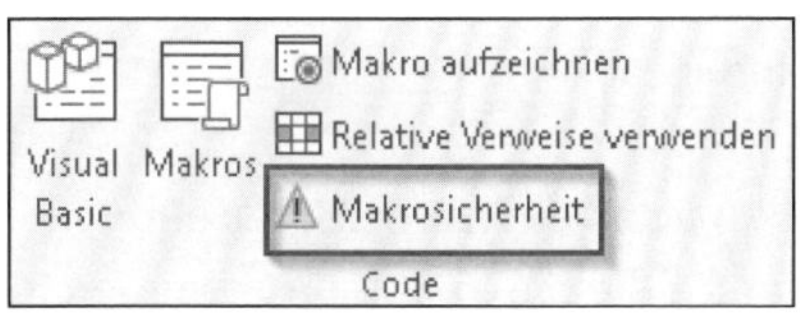

Abbildung 11.2 Makrosicherheit einstellen

Selektieren Sie im Bereich **Makroeinstellungen** den Button **Alle Makros aktivieren** ❶ (siehe Abbildung 11.3). Setzen Sie danach im Bereich **Makroeinstellungen für Entwickler** das Häkchen neben der Einstellung **Zugriff auf das VBA-Projektobjektmodell vertrauen** ❷. Bestätigen Sie die Änderungen anschließend über den Button **OK** ❸.

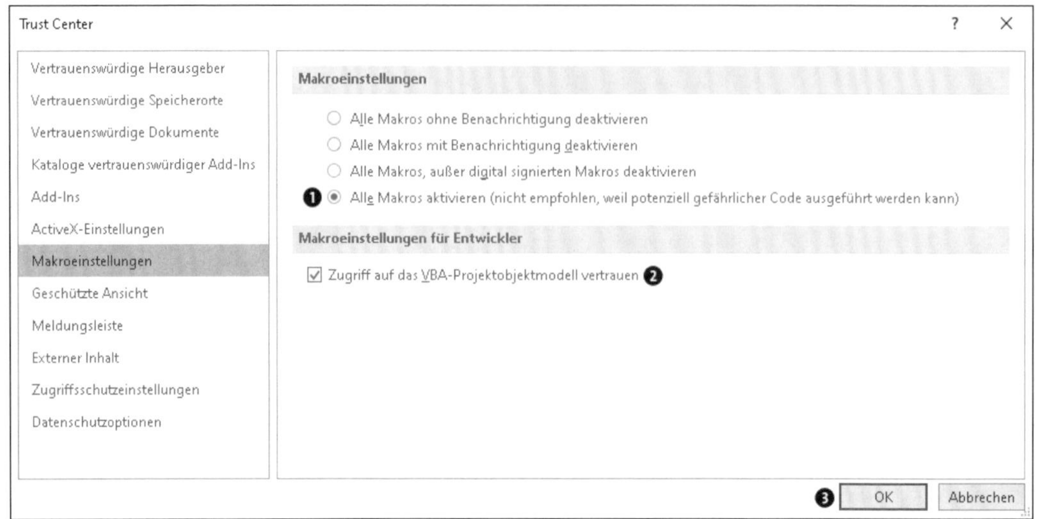

Abbildung 11.3 Makroeinstellungen

In die Entwicklungsumgebung wechseln

Um ein Makro anzulegen, müssen Sie zunächst in die Entwicklungsumgebung wechseln. Klicken Sie dazu auf der Registerkarte **Entwicklertools** auf **Visual Basic**, wie in Abbildung 11.4 dargestellt, oder nutzen Sie die Tastenkombination `Alt` + `F11`.

Abbildung 11.4 Entwicklungsumgebung anzeigen

Um ein Makro zu erstellen, müssen Sie zunächst ein neues *Modul* einfügen. Dieses dient gewissermaßen als Behälter für die Makros. Makros werden in Modulen gekapselt. Fügen Sie über **Einfügen • Modul** ein neues Modul ein (siehe Abbildung 11.5).

Sie können den Namen des Moduls anpassen, z. B. zu »Calculations«.

Erstes Makro erstellen

Nun können Sie Ihr erstes Makro erstellen. Geben Sie dafür den in Listing 11.1 dargestellten Code ein. Alle Makros beginnen mit `Sub`.

```
Sub HelloWorld()
MsgBox "Hello World!"
End Sub
```

Listing 11.1 Erstes VBA-Makro erstellen

Wenn Sie Ihr Makro mit der Taste F5 ausführen, erscheint eine Meldung. Gratulation! Sie haben soeben Ihr erstes VBA-Makro angelegt.

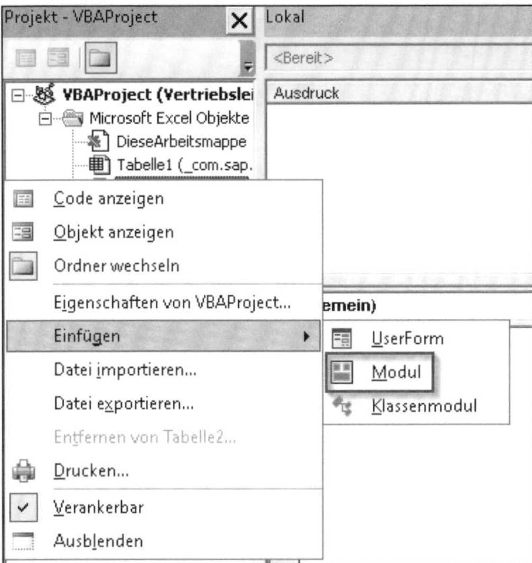

Abbildung 11.5 Modul einfügen

Makros im Menüband einbinden

Sie können Ihre angelegten Makros zur besseren Übersicht ins Menüband von Microsoft Excel einfügen. In Kapitel 12, »SAP Analysis for Microsoft Office konfigurieren«, zeige ich Ihnen, wie das geht. Eine andere Möglichkeit ist die XML-Anpassung. In dem Paper »How To Execute Planning Functions and Sequences from MS Office Ribbon« liefert SAP eine ausführliche Anleitung, inklusive VBA- und XML-Code.

11.2 Makros debuggen

Bevor Sie anfangen, selbst Makros in VBA zu programmieren, ist es wichtig, dass Sie VBA-Makros lesen können. Dadurch verstehen Sie, was ein Makro macht und wie die Ergebnisse der einzelnen Schritte zustande kommen.

Debuggen

Dabei unterstützt Sie der VBA-Debugger. Mit ihm können Sie den Programmablauf Schritt für Schritt nachverfolgen und sehen, wie die Werte zur Laufzeit verändert werden. Diesen Vorgang nennt man *Debuggen*. In diesem Abschnitt zeige ich Ihnen, wie Sie dabei vorgehen. Microsoft Excel bietet verschiedene Möglichkeiten, um die Änderungen der Werte während des Programmablaufs nachzuverfolgen.

Direkt- und Lokal-Fenster einblenden

Stellen Sie zunächst sicher, dass das Direktfenster und das Lokal-Fenster eingeblendet sind. In diesen werden die aktuellen Werte der Variablen angezeigt. Sie blenden die Fenster über die Registerkarte **Ansicht** ein (siehe Abbildung 11.6).

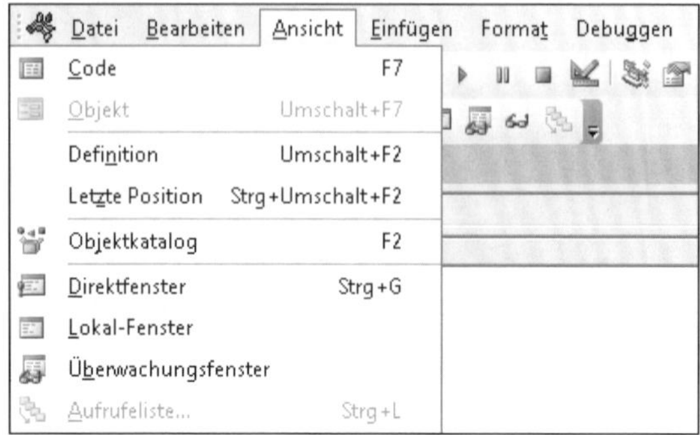

Abbildung 11.6 Direkt- und Lokal-Fenster einblenden

Blenden Sie außerdem die Symbolleiste **Debuggen** ein, damit Sie den Programmablauf steuern können (**Ansicht • Symbolleisten • Debuggen**, siehe Abbildung 11.7).

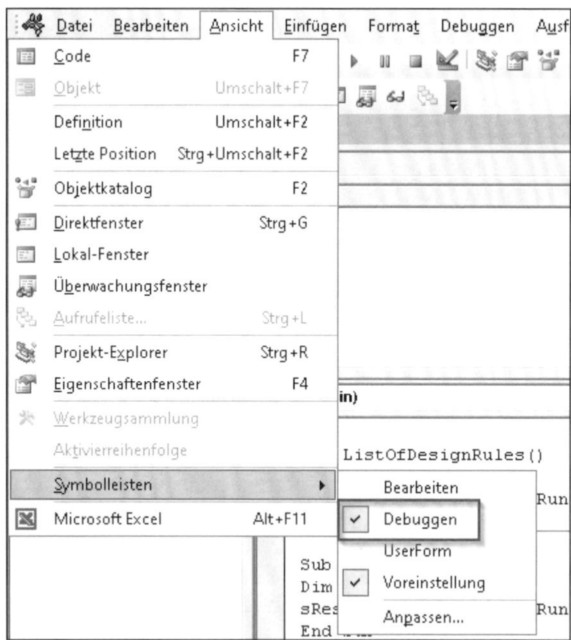

Abbildung 11.7 Symbolleiste »Debuggen« einblenden

Beispiel

Nun kann es losgehen. Ich erläutere den Prozess des Debuggens anhand des in Listing 11.2 dargestellten Beispiels.

```
Function MappeEx(strName As String) As Boolean

MappeEx = False
MappeEx = Dir(strName) <> ""

End Function

Sub TestDatei()
Const Datei = "C:\TestMappe.xlsx"

Debug.Print Datei

If MappeEx(Datei) = True Then
MsgBox "Die Datei existiert"
Else
MsgBox "Die Datei existiert nicht"
End If
End Sub
```

Listing 11.2 Beispielmakro mit Funktion

In diesem Beispiel haben wir eine Funktion, die durch ein Makro aufgerufen wird. In der Funktion `MappeEx` wird geprüft, ob eine bestimmte Datei existiert. Die Funktion selbst wird durch das Makro `TestDatei` aufgerufen. In diesem wird auch der Name der zu suchenden Datei bestimmt.

Rufen Sie über die Tastenkombination [Alt] + [F11] die Entwicklungsumgebung auf, legen Sie ein neues Modul an, und kopieren Sie den Code hinein.

11.2.1 Mit Haltepunkt arbeiten

Um in den Debugger-Modus zu springen, wird ein *Haltepunkt* benötigt. Wie der Name schon andeutet, unterbricht dieser den Programmablauf und hält das Makro an einer bestimmten Stelle an. Diese Stelle können Sie selbst bestimmen. Um einen Haltepunkt zu setzen, klicken Sie einfach auf die Leiste links vom Code (siehe Abbildung 11.8).

```
Sub TestDatei()
Const Datei = "C:\TestMappe.xlsx"

● Debug.Print Datei

If MappeEx(Datei) = True Then
```

Abbildung 11.8 Gesetzter Haltepunkt

Alternativ können Sie den Haltepunkt auch unter der eingeblendeten Symbolleiste **Debuggen** über den Button [Haltepunkt] setzen, wie in Abbildung 11.9 gezeigt, oder die Taste F9 drücken.

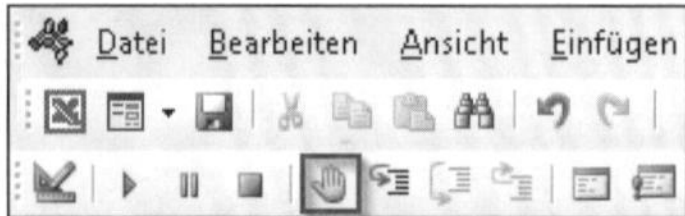

Abbildung 11.9 Haltepunkt einschalten

Code Schritt für Schritt analysieren

Wenn Sie nun das Makro starten (Taste F5), hält das Makro an dieser Stelle an. Sie haben drei Möglichkeiten zur Navigation, die Durchführung der sogenannten *Schritte*:

- Einzelschritt [Einzelschritt] (Taste F8)
- Prozedurschritt [Prozedurschritt] (Tastenkombination ⇧ + F8)
- Prozedur abschließen [Prozedur abschließen] (Tastenkombination Strg + ⇧ + F8)

Mit dem Einzelschritt gehen Sie die Anweisungen im Code Schritt für Schritt durch. Mit der Anweisung `Debug.Print Datei` geben Sie den Inhalt der Konstante `Datei` im Direktbereich aus (siehe Abbildung 11.10).

Abbildung 11.10 Wert der Konstante im Direktbereich ausgeben

Zugleich wird der Wert im Lokal-Fenster angezeigt (siehe Abbildung 11.11).

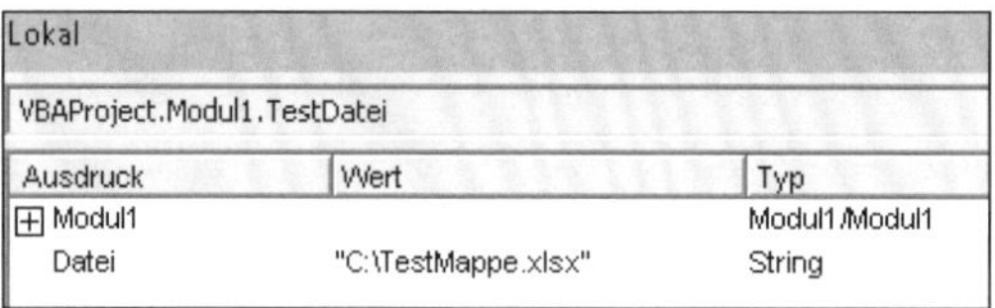

Abbildung 11.11 Wert im Lokal-Fenster ausgeben

Sie können aber auch einfach die Maus über die jeweilige Variable bzw. Konstante halten und so den Wert dieser Variable einsehen (siehe Abbildung 11.12).

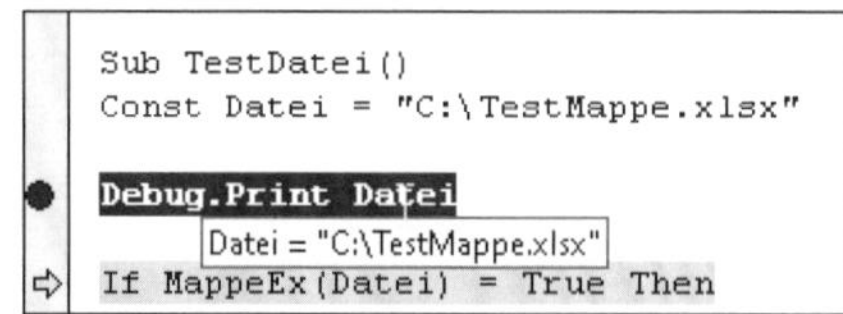

Abbildung 11.12 Wert beim Mouseover anzeigen

Prozedur abschließen

In der Zeile unter dem gesetzten Haltepunkt wird der Unterschied zwischen einem Einzel- und einem Prozedurschritt deutlich. Wenn Sie den Einzelschritt nutzen, springen Sie in die aufgerufene Funktion `MappeEx`. Das Debugging wird dann in der Funktion fortgesetzt. Somit laufen Sie Gefahr, sich in den Tiefen des Codes zu verlieren. Wenn Sie jedoch den Prozedurschritt benutzen, bleiben Sie auf der Ebene Ihres Makros, und das Ergebnis der Funktion wird angezeigt. Falls Sie sich mit dem Einzelschritt verirren, finden Sie über den Button **Prozedur abschließen** (auf der Registerkarte **Debuggen**) wieder zurück zu Ihrem Makro – auf die Oberfläche.

11.2.2 Überwachungsausdruck verwenden

Anstatt einen Haltepunkt zu setzen, können Sie auch einen sogenannten *Überwachungsausdruck* verwenden. Damit wird die Programmausführung automatisch angehalten, wenn eine Variable einen bestimmten Wert annimmt oder sich ändert. Nutzen Sie dazu den Menüpfad **Debuggen • Überwachung hinzufügen** (siehe Abbildung 11.13).

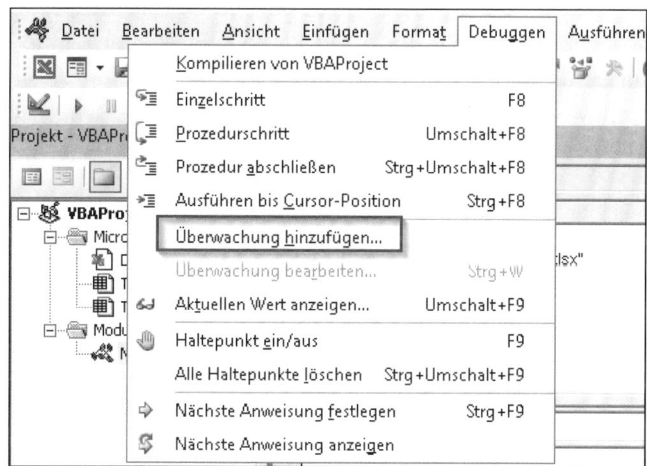

Abbildung 11.13 Überwachung hinzufügen

Überwachungsausdruck und Kontext festlegen

Hier können Sie den Ausdruck und die Art der Überwachung festlegen. In unserem Beispiel wollen wir die Programmausführung unterbrechen ❶, wenn sich der Wert des Ausdrucks `MappeEx` ❷ der Prozedur `MappeEx` ❸ ändert (siehe Abbildung 11.14).

Wenn Sie nun alle Haltepunkte löschen und das Makro mit der [F5]-Taste starten, springt die Ausführung in den Debugger-Modus, und zwar an der Stelle, an der sich der Wert `MappeEx` geändert hat.

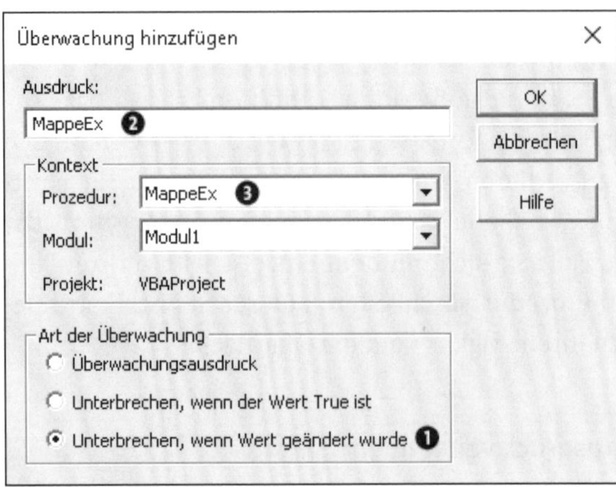

Abbildung 11.14 Überwachungsausdruck und Kontext festlegen

11.3 Syntaxregeln zum Eingeben von Werten

Syntaxregeln

Wenn Sie in Ihren Makros Elemente zum Filtern oder Werte für Eingabeaufforderungen eingeben, beachten Sie die in Tabelle 11.1 dargestellten Syntaxregeln. Ansonsten kann das Makro nicht sauber ablaufen. Für zusammengesetzte Merkmale müssen die vollständigen zusammengesetzten Schlüssel der jeweiligen Merkmale verwendet werden, z. B. `0FISCPER__0FISCVARNT` (mit zwei Unterstrichen) für eine Fiskalperiode.

Beschreibung	Beispiel
gleich	13
Wert ausschließen	!23
Wertebereich	1-7
Wertebereich ausschließen	!6-10
größer als	>9
Werte größer als Wertgrenze ausschließen	!>9
größer gleich	>=9
Werte größer gleich Wertgrenze ausschließen	!>=9
kleiner als	<13

Tabelle 11.1 Syntaxregeln

Beschreibung	Beispiel
Werte kleiner als Wertgrenze ausschließen	!<13
kleiner gleich	<=13
Werte kleiner gleich Wertgrenze ausschließen	!<=13
enthält Muster (z. B. alle Werte, die mit A beginnen). Diese Syntaxregel können Sie nicht zum Filtern verwenden.	A*
Werte mit Muster ausschließen (z. B. alle Werte, die mit A beginnen). Diese Syntaxregel können Sie nicht zum Filtern verwenden.	!A*
Hierarchieknoten des Merkmals	+[Merkmalsattribut]([technischer Name des Merkmals]) Beispiel: +1000(0COMP_CODE)
Hierarchieknoten des Textes	+[technischer Name des Hierarchieknotens](0HIER_NODE) Beispiel: +EUROPE(0HIER_NODE)
Semikolon als Trennzeichen für mehrere Werte	1-7; >13; !9
Escape-Zeichen – umgekehrter Schrägstrich ohne Leerzeichen	\ Wenn Sie eine Zeichenfolge mit einem Sonderzeichen aus diesen Syntaxregeln eingeben, können Sie einen umgekehrten Schrägstrich als Escape-Zeichen verwenden. So geben Sie z. B. die Zeichenfolge FU-BAR als FU\-BAR ein.

Tabelle 11.1 Syntaxregeln (Forts.)

11.4 Mit API-Methoden arbeiten

Nachfolgend finden Sie eine Übersicht aller API-Methoden, die Sie in Ihren VBA-Makros verwenden können. Die Parameter der jeweiligen Methoden werden anhand von Beispielen erklärt und durch viele Screenshots veranschaulicht.

11.4.1 SAPAddMessage

Wie Sie es von Einführungen in Programmiersprachen bestimmt her kennen, soll auch das Makro, mit dem wir starten, zur Ausgabe der einfachen Meldung »Hello world« führen. Um die Meldung zu definieren und zum Standarddialog für Meldungen hinzuzufügen, verwenden wir die API-Methode `SAPAddMessage`.

Parameter definieren

Rufen Sie die Methode über den Befehl `Application.Run` auf, und definieren Sie die Parameter `[Nachricht]`, `[Schweregrad]`, `[Details]` und `[Nachrichten-ID]`.

Über den Parameter `[Nachricht]` legen Sie den Meldungstext fest. Anschließend können Sie den Parameter `[Schweregrad]` definieren: `INFORMATION`, `WARNING`, `ERROR` oder `CRITICAL`. Dieser Parameter ist optional. Als Standardwert wird `INFORMATION` verwendet.

Anschließend können Sie über den Parameter `[Details]` einen Langtext mit zusätzlichen Informationen zur Meldung eingeben. Auch dieser Parameter ist optional.

Darüber hinaus können Sie über den Parameter `[Nachrichten-ID]` eine bestimmte Position im Nachrichtendialog definieren, an der die neue Nachricht hinzugefügt werden soll. Die neue Nachricht wird vor der angegebenen Nachrichten-ID eingefügt. Wenn die angegebene Nachrichten-ID im Nachrichtendialog nicht vorhanden ist, wird die neue Nachricht als letzte Nachricht hinzugefügt. Die Nachrichten-ID ist eine eindeutige Kennung für eine Nachricht, die im aktuellen Nachrichtendialog gültig ist. Sie kann mit der Funktion `SAPListOfMessages` (siehe Abschnitt 10.2.23, »SAPListOfMessages«) abgerufen werden. Der Parameter ist optional.

Parametrisierbare API-Methode SAPAddMessage

Die komplette Syntax ist in Listing 11.3 dargestellt:

```
lResult = Application.Run("SAPAddMessage", "[Nachricht]", _
"[Schweregrad]", "[Details]", "[Nachrichten-ID]")
```

Listing 11.3 Komplette Syntax der Methode SAPAddMessage

In Listing 11.4 sehen Sie ein Beispiel für das Makro:

```
Sub AddMessage()
Dim lResult As Long
lResult = Application.Run("SAPAddMessage", "Hello world!", _
"INFORMATION", "And I think to myself - what a wonderful world", "1")
End Sub
```

Listing 11.4 Makro zum Ausgeben einer Nachricht

Ergebnis des Makros

Dieses Makro gibt die in Abbildung 11.15 dargestellte Nachricht aus.

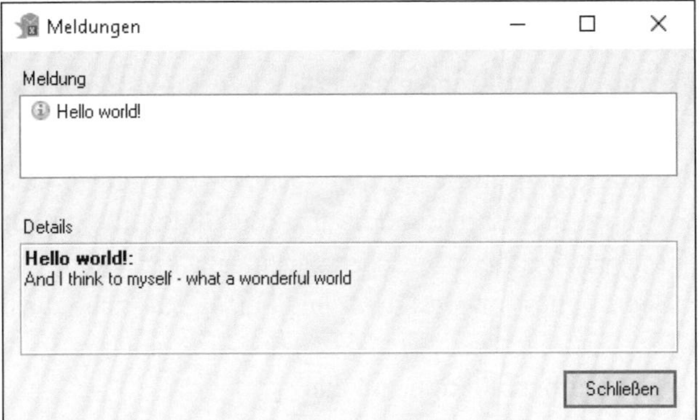

Abbildung 11.15 Ausgegebene Nachricht

Ausgabeparameter

Bei der Ausführung des Makros liefert das System (in unserem Beispiel über die Variable `lResult`) einen der folgenden Ausgabeparameter zurück:

- 0 – Ausführung fehlgeschlagen
- 1 – Ausführung erfolgreich

11.4.2 SAPCallMemberSelector

Über die API-Methode `SAPCallMemberSelector` können Sie die Standardwertehilfe, also die Elementauswahl, aus dem Arbeitsblatt heraus aufrufen. In Abbildung 11.16 sehen Sie ein Beispiel. Beachten Sie dabei, dass das InfoObject im Aufriss oder als freies Merkmal verfügbar sein muss.

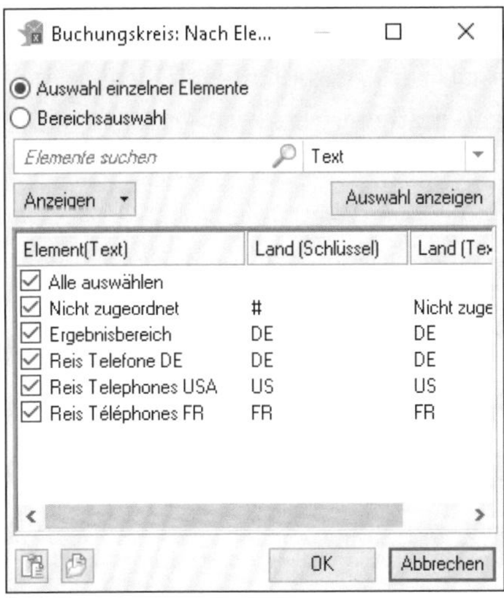

Abbildung 11.16 Über Makro aufrufbare Elementauswahl

Auch können Sie festlegen, dass die Auswahl direkt in einer Zelle angezeigt wird (über den Parameter [Referenzzelle]). Leider steht dabei nicht der gesamte Umfang der Elementauswahl zur Verfügung. So können Sie nicht ändern, wie Elemente in der Auswahl angezeigt werden (z. B. die Anzeige von **Schlüssel** auf **Text** ändern).

Im Planungsumfeld besteht oft die Anforderung, Variablen erst bei der Ausführung einer bestimmten Planungsfunktion abzufragen. Bei der Arbeit mit SAP Analysis for Microsoft Office öffnet sich die Eingabeaufforderung – im Gegensatz zum Web Application Designer – hierbei jedoch nicht automatisch. Sie können die API-Methode `SAPCallMemberSelector` auch nutzen, um die Variablen einer Planungsfunktion zu füllen.

Parameter definieren

Die Methode wird über den Befehl `Application.Run` aufgerufen und beinhaltet die Parameter `[Alias der Formel]`, `[Auswahltyp]`, `[Name]`, `[Referenzzelle]` und `[Anzahl ausgewählter Werte]`.

Geben Sie als `[Alias der Formel]` den Alias der Formel der Datenquelle oder des Planungsobjekts (Planungsfunktion oder -sequenz) an. Sie können den Alias beim Konfigurieren der Datenquelle bzw. des Planungsobjekts auf der Registerkarte **Komponenten** im Designbereich festlegen. Sie müssen diesen Parameter definieren, wenn die Variablen in der Arbeitsmappe nicht zusammengefasst sind. Wenn die Variablen in der Arbeitsmappe zusammengefasst sind, ist der Parameter optional.

Makro mit Auswahltyp PROMPT

Über den Parameter `[Auswahltyp]` können Sie die Auswahl definieren. Dabei stehen Ihnen die Optionen `PROMPT`, `FILTER`, `FILTER_MASTERDATA` und `PLAN_PARAMETER` zur Verfügung. Beim Auswahltyp `PROMPT` übernehmen Sie die Werte aus der Eingabeaufforderung. Wollen Sie stattdessen die Filterwerte nutzen, können Sie den Parameterwert `FILTER` verwenden. Benötigen Sie dagegen alle Stammdaten des Merkmals zur Auswahl, nutzen Sie den Auswahltyp `FILTER_MASTERDATA`. Über den Parameterwert `PLAN_PARAMETER` können Sie Variablen einer Planungsfunktion aufrufen.

Beim Auswahltyp `PROMPT` können Sie die Werte aus der Eingabeaufforderung übernehmen. Das Makro kann wie in Listing 11.5 aussehen.

```
Sub CallMemberSelector()
Dim vResult As Variant
vResult = Application.Run("SAPCallMemberSelector", _
"DS_1", "PROMPT", "0CALYEAR_CMMYA_001")
End Sub
```

Listing 11.5 Makro mit dem Auswahltyp PROMPT

Bei diesem Beispiel schränkt der Benutzer beim Aufrufen der Arbeitsmappe die gewünschten Jahre über die Variable 0CALYEAR_CMMYA_001 ein. Diese Variable ist im Filter der Query definiert. Über unser Makro greifen wir diese Auswahl auf. Die beim Aufrufen der Arbeitsmappe selektierten Jahre sind schon ausgewählt. Der Benutzer kann die Auswahl jedoch anpassen und erweitern. In Abbildung 11.17 sehen Sie ein Beispiel.

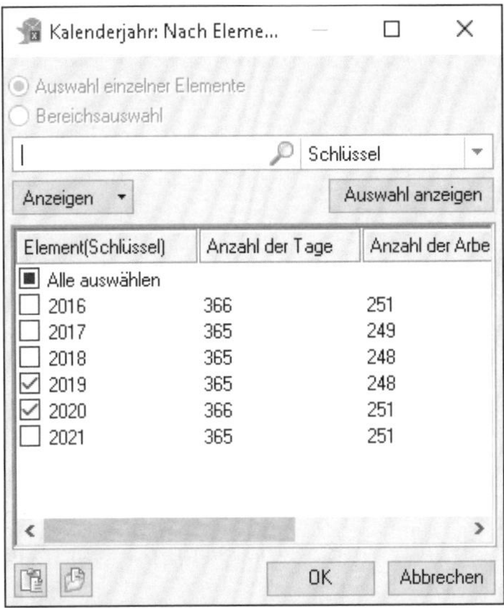

Abbildung 11.17 In der Variablen selektierte Werte

Makro mit Auswahltyp FILTER definieren

Oft ist es so, dass gewünschte Merkmale nicht über eine Variable beim Start der Mappe über die Eingabeaufforderung definiert werden. Wohl aber sind die Werte des Merkmals im Filter eingeschränkt. In diesem Fall können Sie den Parameterwert FILTER nutzen. Das Makro sieht dann wie in Listing 11.6 aus.

```
Sub CallMemberSelector()
Dim vResult As Variant
vResult = Application.Run("SAPCallMemberSelector", _
"DS_1", "FILTER", "0CALYEAR")
End Sub
```

Listing 11.6 Makro mit dem Auswahltyp FILTER

Bei der Ausführung werden in der Elementauswahl nur im Filter vorhandene Werte angeboten, was übersichtlicher ist (siehe Abbildung 11.18). Wenn Sie einen dynamischen Filter gesetzt haben, sind die gefilterten Werte vorausgewählt.

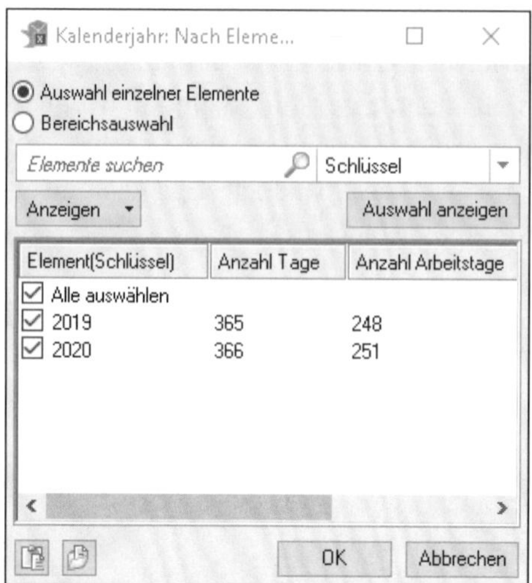

Abbildung 11.18 Im Filter vorhandene Werte anzeigen

Möchten Sie hingegen alle Stammdaten des Merkmals zur Auswahl haben, verwenden Sie den Auswahltyp FILTER_MASTERDATA.

Makro mit Auswahltyp PLAN_PARAMETER definieren

Über den Parameterwert PLAN_PARAMETER können Variablen, die in einer Planungsfunktion enthalten sind, aufgerufen werden. In Listing 11.7 sehen Sie ein Beispiel.

```
Sub CallMemberSelector()
Dim vResult As Variant
vResult = Application.Run("SAPCallMemberSelector", "PF_1", _
"PLAN_PARAMETER", "0FISCPER3_CMMYA_001")
End Sub
```

Listing 11.7 Makro mit dem Auswahltyp PLAN_PARAMETER

Die Auswahl des Benutzers können Sie über eine Zelle an die Planungsfunktion übergeben und anschließend die Funktion ausführen (siehe Abschnitt 11.4.3, »SAPSetFilter«). Das entsprechende Makro ist in Listing 11.8 zu sehen.

```
Sub StartPF()
Dim vResult As Variant
Dim lResult As Long
vResult = Application.Run("SAPCallMemberSelector", _
"DS_1", "PROMPT", "0FISCPER3_CMMYA_001")
'schreibe Auswahl in die Zelle D2
Tabelle2.Range("D2").Value = vResult
'starte Planungsfunktion
```

```
lResult = Application.Run("SAPExecutePlanningFunction", "PF_1")
End Sub
```

Listing 11.8 Makro zum Verwenden der Auswahl eines Benutzers in einer Planungsfunktion

Anstatt die Auswahl über eine Zelle an die Planungsfunktion zu übergeben, könnten Sie auch die API-Methode SAPSetPlanParameter (siehe gleichnamigen Abschnitt 11.4.4) verwenden. Das Makro könnte dabei wie in Listing 11.9 aussehen.

```
Sub StartPF()
Dim vResult As Variant
Dim lResult As Long
vResult = Application.Run("SAPCallMemberSelector", _
"DS_1", "PROMPT", "0FISCPER3_CMMYA_001")
'Übergebe die Auswahl
lResult = Application.Run("SAPSetPlanParameter", "PF_1", _
"0FISCPER3_CMMYA_001", vResult, "INPUT_STRING")
'starte Planungsfunktion
lResult = Application.Run("SAPExecutePlanningFunction", "PF_1")
End Sub
```

Listing 11.9 API-Methode SAPCallMemberSelector in Verbindung mit SAPSetPlanParameter verwenden

Zurück zur API-Methode SAPCallMemberSelector. Wie sich schon an den Beispielmakros erkennen lässt, können Sie beim Parameter [Name] den Namen der Variablen oder des Merkmals eingeben.

Referenzzelle festlegen

Mit dem optionalen Parameter [Referenzzelle] können Sie die Zelle festlegen, in der die Auswahl angezeigt wird. Geben Sie dazu die Koordinaten der Zelle ohne Anführungszeichen an. In Listing 11.10 finden Sie ein Beispiel.

```
Sub CallMemberSelector()
Dim vResult As Variant
vResult = Application.Run("SAPCallMemberSelector", _
"DS_1", "FILTER", "0CALYEAR", Tabelle2.Range("A1"))
End Sub
```

Listing 11.10 Makro zum Festlegen einer Referenzzelle

Mit dem Argument ActiveCell (ebenfalls ohne Anführungszeichen) wird die Auswahl in der gerade aktiven, also ausgewählten Zelle angezeigt (siehe Listing 11.11).

```
Sub CallMemberSelector()
Dim vResult As Variant
vResult = Application.Run("SAPCallMemberSelector", _
"DS_1", "FILTER", "0CALYEAR", ActiveCell)
End Sub
```

Listing 11.11 Makro zum Anzeigen der Auswahl in der gerade aktiven Zelle

Anzahl ausgewählter Werte steuern

Über den optionalen Parameter [Anzahl ausgewählter Werte] können Sie die Anzahl der ausgewählten Werte steuern. Dabei können Sie zwischen den Typen SINGLE, MULTIPLE und MULTIPLEBYRANGE auswählen. Wenn Sie als Anzahl ausgewählter Werte SINGLE nutzen, kann nur ein Element ausgewählt werden (siehe Abbildung 11.19).

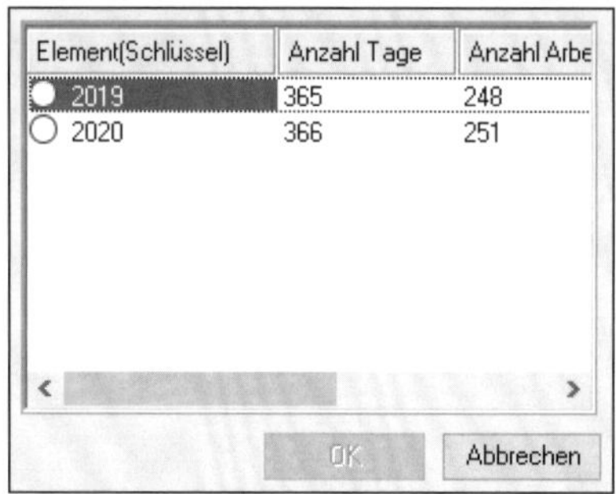

Abbildung 11.19 Auswahl von nur einem Element möglich

Wenn Sie MULTIPLE nutzen, kann der Benutzer mehrere Elemente auswählen. Über den Parameterwert MULTIPLEBYRANGE können Sie sich die Bereichsauswahl anzeigen lassen (siehe Abbildung 11.20).

Abbildung 11.20 Definierbares Intervall

Der Parameterwert MULTIPLEBYRANGE kann nicht zusammen mit dem Parameter [Referenzzelle] verwendet werden, da in diesem Fall nur der vereinfachte Dialog zur Verfügung steht. Das entsprechende Makro könnte wie in Listing 11.12 aussehen.

```
Sub CallMemberSelector()
Dim vResult As Variant
vResult = Application.Run("SAPCallMemberSelector", _
"DS_1", "FILTER", "0CALYEAR", "", "MULTIPLEBYRANGE")
End Sub
```

Listing 11.12 Makro zum Anzeigen der Bereichsauswahl

Parametrisierbare API-Methode

Die vollständige Syntax der API-Methode SAPCallMemberSelector ist in Listing 11.13 zu sehen.

```
vResult = Application.Run("SAPCallMemberSelector", _
"[Alias der Formel]", "[Auswahltyp]", "[Name]", [Referenzzelle], _
"[Anzahl ausgewählter Werte]")
```

Listing 11.13 Vollständige Syntax der API-Methode SAPCallMemberSelector

Ausgabeparameter

Bei der Ausführung des Makros liefert das System (in unserem Beispiel über die Variable vResult) einen der folgenden Ausgabeparameter zurück:

- InputString – enthält die ausgewählten Daten
- Error – wenn ungültige Daten ausgewählt wurden
- False – wenn der Auswahldialog abgebrochen wurde

[+]

Ausgewählte Werte zum Filtern nutzen

Sie können die Methode CallMemberSelector zusammen mit SAPSetFilter (siehe Abschnitt 11.4.3, »SAPSetFilter«) verwenden, um ausgewählte Werte zum Filtern zu nutzen. Bei dem in Listing 11.14 dargestellten Makro wird für das Merkmal OD_NW_CODE die Auswahl der Merkmalswerte angezeigt, und der Benutzer kann die benötigten Werte auswählen. Wenn die ausgewählten Daten gültig sind und der Dialog nicht abgebrochen wurde, wird über SAPSetFilter der Filter für das Merkmal OD_NW_CODE auf die ausgewählten Werte gesetzt.

```
Sub CallMemberSelector()
Dim vResult As Variant
vResult = Application.Run("SAPCallMemberSelector", _
"DS_1", "FILTER", "OD_NW_CODE")
If Not IsError(vResult) Then
```

```
If vResult <> False Then
Call Application.Run("SAPSetFilter", "DS_1", _
"OD_NW_CODE", vResult)
End If
End If
End Sub
```

Listing 11.14 Makro zum Verwenden ausgewählter Werte zum Filtern

11.4.3 SAPSetFilter

Über die Methode `SAPSetFilter` können Sie Merkmalswerte filtern. Beachten Sie dabei, dass Sie in einer gruppierten Kreuztabelle (siehe Abschnitt 7.3.1, »Berichte gruppieren«) nur die Merkmalswerte der Mastertabelle filtern können. Sie können diese Methode auch verwenden, um den Filter einer Planungsfunktion zu definieren.

Parameter definieren

Die Methode wird über den Befehl `Application.Run` gestartet und verwendet die Parameter `[Alias der Formel]`, `[Dimension]`, `[Element]` und `[Format]`.

Geben Sie als `[Alias der Formel]` den Alias der Formel der Datenquelle oder der Planungsfunktion an. Sie können den Alias beim Konfigurieren der Datenquelle bzw. der Planungsfunktion auf der Registerkarte **Komponenten** im Designbereich festlegen.

Geben Sie als Nächstes den technischen Namen des Merkmals (Parameter `[Dimension]`) an, nach dem gefiltert werden soll. Über den Parameter `[Element]` legen Sie den Merkmalsfilter fest. Dies kann der technische Schlüssel des Merkmalswertes oder auch eine Variable sein. Beachten Sie beim Eingeben der Werte die in Abschnitt 11.3, »Syntaxregeln zum Eingeben von Werten«, dargestellten Syntaxregeln. Der Wert `ALLMEMBERS` oder ein leerer Parameterwert löscht den Filter und wählt alle Merkmalswerte aus.

Über den Parameter `[Format]` legen Sie das Format fest, in dem die Filterwerte übergeben werden. Dabei stehen Ihnen die Optionen `TEXT`, `KEY`, `INTERNAL_KEY` und `INPUT_STRING` zur Verfügung. Bei `TEXT` wird ein Einzelelement als Text übergeben. Bei `KEY` wird der technische Schlüssel verwendet. Wenn Sie `INTERNAL_KEY` angeben, wird der interne Schlüssel benutzt. Bei einer komplexen Auswahl an Elementen verwenden Sie den Parameterwert `INPUT_STRING`. Der Parameter `[Format]` ist optional. Standardmäßig wird der Wert `INPUT_STRING` verwendet.

[«]

Interne und externe Schlüssel

In der Regel stimmt der interne Schlüssel mit dem externen Schlüssel überein. Dann spielt es keine Rolle, ob Sie KEY oder INTERNAL_KEY als Parameter nutzen.

Bei Zeitmerkmalen oder Merkmalen mit einer Konvertierungsroutine unterscheiden sich die Schlüssel jedoch. So lautet z. B. der interne Schlüssel für den Kalendertag 0CALDAY 20180308, während der externe Schlüssel 08.03.2018 lautet.

Parametrisierbare API-Methode

Die vollständige Syntax der API-Methode sieht wie in Listing 11.15 aus.

```
lResult = Application.Run("SAPSetFilter", "[Alias der Formel]", _
"[Dimension]", "[Element]", "[Format]")
```

Listing 11.15 Syntax der Methode SAPSetFilter

In dem in Listing 11.16 dargestellten Makro schränken wir den Filter für das Merkmal Produktgruppe (0D_NW_PRDGP) von der Datenquelle DS_1 auf die Produktgruppen Smartphone Mini, Smartphone Plus und Tablet Mini ein. Da es sich um eine Auswahl von mehreren Werten handelt, verwenden wir das Format INPUT_STRING.

```
Sub SetFilter()
Dim lResult As Long
lResult = Application.Run("SAPSetFilter", "DS_1", _
"0D_NW_PRDGP", "SM;SP;TM", "INPUT_STRING")
End Sub
```

Listing 11.16 Makro zur Einschränkung des Merkmals Produktgruppe

Ergebnis des Makros

Das Ergebnis nach der Ausführung des Makros ist in Abbildung 11.21 dargestellt. Der Bericht wird auf die ausgewählten Produktgruppen gefiltert.

		Menge	Umsatz	Preis
Buchungskreis	**Produktgruppe**	ST	EUR	EUR / ST
Reis Telefone DE	Smartphone Mini	300,000	15.000,00	50,00
	Smartphone Plus	500,000	50.000,00	100,00
	Tablet Mini	200,000	40.000,00	200,00
	Ergebnis	**1.000,000**	**105.000,00**	**105,00**
Reis Telephones USA	Smartphone Plus	2.000,000	200.000,00	100,00
	Tablet Mini	180,000	36.000,00	200,00
	Ergebnis	**2.180,000**	**236.000,00**	**108,26**
Gesamtergebnis		**3.180,000**	**341.000,00**	**107,23**

Abbildung 11.21 Gefilterte Produktgruppe

Filter einer Planungsfunktion setzen

Mit dem folgenden Makro setzen wir anschließend den Filter einer Planungsfunktion (siehe Listing 11.17). Das Ergebnis des Makros ist in Abbildung 11.22 zu sehen.

```
Sub SetFilter()
Dim lResult As Long
lResult = Application.Run("SAPSetFilter", _
"PF_1", "0CALYEAR", "2019", "INPUT_STRING")
End Sub
```

Listing 11.17 Makro zum Setzen des Filters einer Planungsfunktion

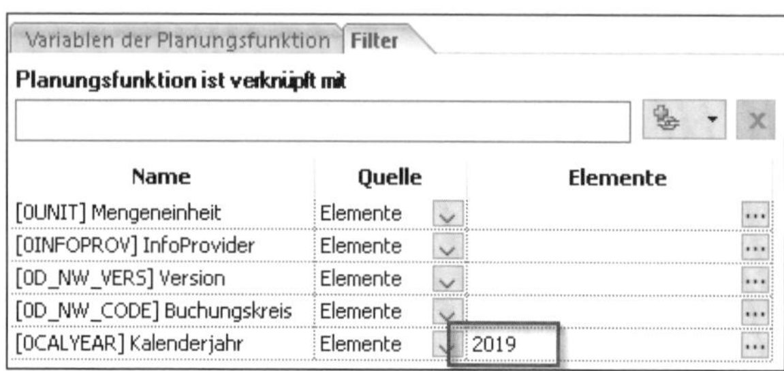

Abbildung 11.22 Gesetzter Filter einer Planungsfunktion

Methode SAPCallMemberSelector nutzen

Sie können die API-Methode `SAPSetFilter` mit `SAPCallMemberSelector` (siehe Abschnitt 11.4.2, »SAPCallMemberSelector«) kombinieren, um für die Benutzer die Auswahl der Filterwerte zu erleichtern.

Ausgabeparameter

Bei der Ausführung des Makros liefert das System (in unserem Beispiel über die Variable `lResult`) einen der folgenden Ausgabeparameter zurück:

- 0 – Ausführung fehlgeschlagen
- 1 – Ausführung erfolgreich

11.4.4 SAPSetPlanParameter

Mit der API-Methode `SAPSetPlanParameter` können Sie Werte für eingabebereite Variablen von Planungsobjekten (Planungsfunktionen und -sequenzen) definieren. Beachten Sie, dass dazu die Quelle der Variable als Anzeige definiert werden muss.

Parameter definieren

Zum Starten der Methode wird der Befehl `Application.Run` verwendet. Die Methode verfügt über die Parameter `[Alias der Formel]`, `[Variablenname]`, `[Variablenwert]` und `[Format]`.

Geben Sie zunächst als [Alias der Formel] den Alias für das verwendete Planungsobjekt an. Sie können den Alias ❷ beim Konfigurieren der Planungsfunktion ❶ auf der Registerkarte **Komponenten** im Designbereich festlegen (siehe Abbildung 11.23).

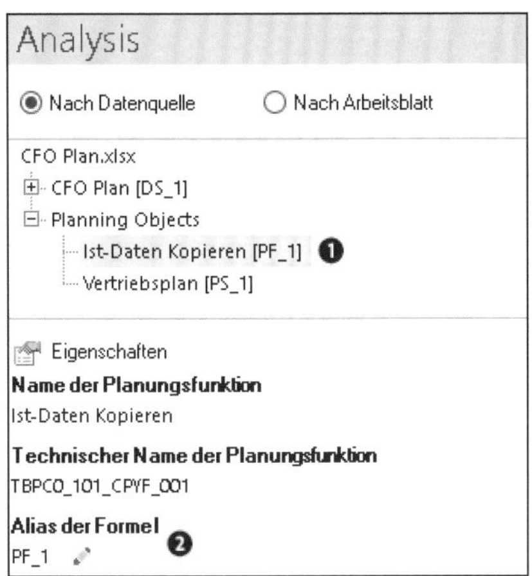

Abbildung 11.23 Alias der Planungsfunktion anpassen

Geben Sie als [Variablenname] den technischen Namen der zugehörigen Variable an. Über den Parameter [Variablenwert] übergeben Sie einen Wert an die Variable. Dies kann der technische Schlüssel eines Elements oder wiederum eine Variable sein. Beachten Sie beim Eingeben der Werte die in Abschnitt 11.3, »Syntaxregeln zum Eingeben von Werten«, dargestellten Syntaxregeln.

Über den Parameter [Format] legen Sie das Format fest, in dem die Filterwerte übergeben werden. Dabei stehen Ihnen die Optionen TEXT, KEY, INTERNAL_KEY, INPUT_STRING und LITERAL zur Verfügung. Bei der Auswahl von TEXT wird ein Einzelelement als Text übergeben. Bei der Eingabe von KEY wird der technische Schlüssel verwendet. Wenn Sie INTERNAL_KEY angeben, wird der interne Schlüssel benutzt. Beachten Sie bezüglich des internen und externen Schlüssels auch den Hinweiskasten in Abschnitt 11.4.3, »SAPSetFilter«. Bei einer komplexen Auswahl an Elementen verwenden Sie den Parameterwert INPUT_STRING. Bei Einzelelementen mit dem internen Schlüssel können Sie auch den Parameterwert LITERAL verwenden. Bei dessen Verwendung erfolgt keine unmittelbare Überprüfung des Wertes im Backend, wodurch die Performance gesteigert wird. Beachten Sie, dass diese Option nur bei Werten mit einem internen Schlüssel und der Syntaxregel *Gleich* (siehe Abschnitt 11.3, »Syntaxregeln zum Eingeben von Werten«) verfügbar ist. Der Parameter [Format] ist optional. Standardmäßig wird der Wert INPUT_STRING verwendet.

Parametrisierbare API-Methode

Die vollständige Syntax der Methode ist in Listing 11.18 dargestellt.

```
lResult = Application.Run("SAPSetPlanParameter", _
"[Alias der Formel]", "[Variablenname]", "[Variablenwert]", _
"[Format]")
```

Listing 11.18 Syntax der API-Methode SAPSetPlanParameter

Mit dem in Listing 11.19 dargestellten Makro können Sie die Variable `0CALYEAR_CMSYA_001` in der Planungsfunktion `PF_1` auf das Jahr 2019 setzen.

```
Sub SetPlanParameter()
Dim lResult As Long
lResult = Application.Run("SAPSetPlanParameter", "PF_1", _
"0CALYEAR_CMSYA_001", "2019", "INPUT_STRING")
End Sub
```

Listing 11.19 Makro zum Setzen eines Variablenwertes

Ergebnis des Makros

Das Ergebnis nach der Ausführung ist in Abbildung 11.24 zu sehen. Der Wert der Variable wird definiert. Beachten Sie, dass dabei die Auswahl **Anzeige** als Quelle der Variable definiert ist.

Abbildung 11.24 Definierte Variable der Planungsfunktion

[+]

API-Methode SAPCallMemberSelector nutzen

Sie können die API-Methode `SAPSetPlanParameter` mit `SAPCallMemberSelector` (siehe Abschnitt 11.4.2, »SAPCallMemberSelector«) kombinieren, um die Auswahl der Variablenwerte benutzerfreundlicher zu gestalten. In Listing 11.20 finden Sie ein Beispielmakro für diesen Anwendungsfall.

```
Sub StartPF()
Dim vResult As Variant
Dim lResult As Long
'Auswahldialog anzeigen
vResult = Application.Run("SAPCallMemberSelector", _
"DS_1", "PROMPT", "0FISCPER3_CMMYA_001")
'Übergebe die Auswahl
lResult = Application.Run("SAPSetPlanParameter", _
"PF_1", "0FISCPER3_CMMYA_001", vResult, "INPUT_STRING")
'Starte Planungsfunktion
```

```
lResult = Application.Run("SAPExecutePlanningFunction", "PF_1")
End Sub
```

Listing 11.20 Makro zum Übergeben ausgewählter Variablenwerte an eine Planungsfunktion

Ausgabeparameter

Bei der Ausführung des Makros liefert das System (in unserem Beispiel über die Variable `lResult`) einen der folgenden Ausgabeparameter zurück:

- 0 – Ausführung fehlgeschlagen
- 1 – Ausführung erfolgreich

11.4.5 SAPExecutePlanningFunction

Über die API-Methode `SAPExecutePlanningFunction` können Sie eine Planungsfunktion starten. Dadurch können Sie Planungsfunktionen über einen Button im Arbeitsblatt oder Menüband ausführen.

Parameter definieren

Diese Methode verfügt über einen einzigen Parameter: `[Alias der Planungsfunktion]`. Geben Sie hier den Formelalias der Planungsfunktion ein, z. B. `PF_1`. Sie können den Alias beim Konfigurieren der Planungsfunktion auf der Registerkarte **Komponenten** im Designbereich festlegen (siehe Abbildung 11.23).

Zum Aufrufen der Methode wird der Befehl `Application.Run` verwendet. Die vollständige Syntax der Methode `SAPExecutePlanningFunction` sieht dann wie in Listing 11.21 aus.

```
lResult = Application.Run("SAPExecutePlanningFunction", _
"[Alias der Planungsfunktion]")
```

Listing 11.21 Syntax der API-Methode SAPExecutePlanningFunction

Parametrisierbare API-Methode

In Listing 11.22 sehen Sie das dazugehörige Makro.

```
Sub ExecutePF()
Dim lResult As Long
lResult = Application.Run("SAPExecutePlanningFunction", "PF_1")
End Sub
```

Listing 11.22 Makro zum Starten einer Planungsfunktion

[+]

Planungsfunktionen im Menüband einbinden

Es bietet sich an, Planungsobjekte wie Planungsfunktionen und -sequenzen zur besseren Übersicht ins Menüband von Microsoft Excel einzufügen.

In dem Paper »How To Execute Planning Functions and Sequences from MS Office Ribbon« liefert SAP eine ausführliche Anleitung inklusive VBA- und XML-Code.

Ausgabeparameter

Bei der Ausführung des Makros liefert das System (in unserem Beispiel über die Variable `lResult`) einen der folgenden Ausgabeparameter zurück:

- 0 – Ausführung fehlgeschlagen
- 1 – Ausführung erfolgreich

[»]

Ausführung erfolgreich

Beachten Sie, dass **Ausführung erfolgreich** in diesem Zusammenhang bedeutet, dass bei der Ausführung selbst keine technischen Probleme aufgetreten sind. Probleme, die in der Logik der Planungsfunktion auftreten und zum Abbruch der Planungsfunktion führen können, bleiben unberücksichtigt. Auch wenn die Planungsfunktion mit einem Fehler endet, gilt sie als erfolgreich von SAP Analysis for Microsoft Office ausgelöst. Daher wird der Rückgabewert auf 1 (Ausführung erfolgreich) gesetzt.

Um Fehler in der Planungsfunktion selbst auszulesen, verwenden Sie die Funktion `SAPListOfMessages` (siehe Listing 11.23).

```
Sub ExecutePF()
  Dim lResult As Long
  Dim lResult1 As Variant

  lResult = Application.Run("SAPExecutePlanningFunction", "PF_1")
  lResult1 = Application.Run("SAPListOfMessages", "ERROR")
  If IsArray(lResult1) Then
    If UBound(lResult1) > 0 Then
      MsgBox ("Planungsfunktion mit einem Fehler beendet")
    End If
  End If
End Sub
```

Listing 11.23 Makro zum Auslesen von Fehlern einer Planungsfunktion

Weitere Informationen erhalten Sie in SAP-Hinweis 1942970.

11.4.6 SAPExecutePlanningSequence

Mit der API-Methode `SAPExecutePlanningSequence` können Sie eine Planungssequenz starten.

Parameter definieren

Diese Methode ist analog zu ihrem Pendant `SAPExecutePlanningFunction` aufgebaut und beinhaltet den `[Alias der Planungssequenz]` als Eingabeparameter. Sie können den Alias beim Konfigurieren der Planungssequenz auf der Registerkarte **Komponenten** im Designbereich festlegen (siehe Abbildung 11.25).

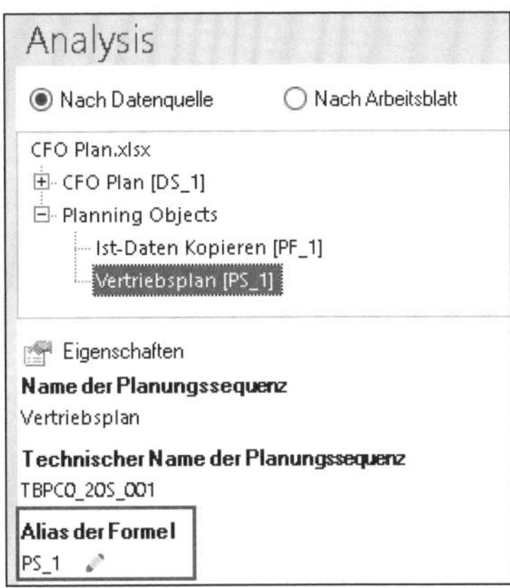

Abbildung 11.25 Alias der Planungssequenz konfigurieren

Parametrisierbare API-Methode

Zum Aufrufen der API-Methode wird der Befehl `Application.Run` verwendet. Die Syntax der Methode `SAPExecutePlanningSequence` ist in Listing 11.24 zu sehen.

```
lResult= Application.Run("SAPExecutePlanningSequence", _
"[Alias der Planungssequenz]")
```

Listing 11.24 Syntax der Methode SAPExecutePlanningSequence

In Listing 11.25 finden Sie ein entsprechendes vollständiges Makro.

```
Sub ExecutePS()
Dim lResult As Long
lResult = Application.Run("SAPExecutePlanningSequence", "PS_1")
End Sub
```

Listing 11.25 Makro für die Ausführung einer Planungssequenz

Planungssequenzen können Sie auch im Menüband einbinden. Sie finden den Tipp im Kasten in Abschnitt 11.4.5, »SAPExecutePlanningFunction«.

Ausgabeparameter

Bei der Ausführung des Makros liefert das System (in unserem Beispiel über die Variable `lResult`) einen der folgenden Ausgabeparameter zurück:

- 0 – Ausführung fehlgeschlagen
- 1 – Ausführung erfolgreich

[»]

Ausführung erfolgreich

Beachten Sie, dass **Ausführung erfolgreich** in diesem Zusammenhang bedeutet, dass bei der Ausführung selbst keine technischen Probleme aufgetreten sind. Probleme, die in der Logik der Planungssequenz auftreten und zum Abbruch der Planungssequenz führen können, bleiben unberücksichtigt. Auch wenn die Planungssequenz mit einem Fehler endet, gilt sie als erfolgreich von SAP Analysis for Microsoft Office ausgelöst. Daher wird der Rückgabewert auf 1 (Ausführung erfolgreich) gesetzt.

Um Fehler in der Planungssequenz selbst auszulesen, verwenden Sie die Funktion `SAPListOfMessages` (siehe Listing 11.26).

```
Sub ExecutePS()
  Dim lResult As Long
  Dim lResult1 As Variant

  lResult = Application.Run("SAPExecutePlanningSequence", "PS_1")
  lResult1 = Application.Run("SAPListOfMessages", "ERROR")
  If IsArray(lResult1) Then
    If UBound(lResult1) > 0 Then
      MsgBox ("Planungssequenz mit einem Fehler beendet")
    End If
  End If
End Sub
```

Listing 11.26 Makro zum Auslesen von Fehlern einer Planungssequenz

Weitere Informationen erhalten Sie in SAP-Hinweis 1942970.

11.4.7 SAPGetCellInfo

Über die Funktion `SAPGetCellInfo` können Sie, je nach Parametrisierung, den Alias der Datenquelle, den technischen Namen eines Merkmals oder einer Kennzahl bzw. den technischen Namen eines Merkmalswertes einer ausgewählten Zelle auslesen.

Parameter definieren

Die Methode wird über den Befehl `Application.Run` aufgerufen und enthält die Parameter `[Zelle]`, `[Eigenschaft]` und `[Filter]`.

Über den Parameter `[Zelle]` bestimmen Sie, welche Zelle ausgewertet werden soll. In Listing 11.27 sehen Sie ein Beispiel für die Verwendung von Zellenkoordinaten. Dabei wird die Zelle B4 in `Tabelle2` ausgelesen. `Tabelle2` ist standardmäßig der technische Name des ersten Arbeitsblatts, da `Tabelle1` intern von SAP verwendet wird. Sie können den technischen Namen des Arbeitsblatts in den Eigenschaften des VBA-Projekts anpassen. Das Eigenschaftenfenster befindet sich unterhalb des VBA-Projekts. Falls es nicht angezeigt wird, können Sie es über **Ansicht • Eigenschaftenfenster** oder über die [F4]-Taste einblenden.

```
Sub GetCellInfo()
Dim vResult As Variant
vResult = Application.Run("SAPGetCellInfo", Tabelle2.Range("B4"), _
"CROSSTAB")
End Sub
```

Listing 11.27 Makro zum Anzeigen des Namens der Kreuztabelle einer bestimmten Zelle

Alternativ können Sie über die Konstante `ActiveCell` die gerade ausgewählte Zelle auswerten (siehe Listing 11.28). Wenn Sie hierbei einen Bereich ausgewählt haben, der mehr als eine Zelle enthält, wird die Zelle in der oberen linken Ecke des Bereiches verwendet.

```
Sub GetCellInfo()
Dim vResult As Variant
vResult = Application.Run("SAPGetCellInfo", ActiveCell, "CROSSTAB")
End Sub
```

Listing 11.28 Makro zum Anzeigen des Namens der gerade ausgewählten Kreuztabelle

Über den Parameter `[Eigenschaft]` bestimmen Sie, welche Informationen zurückgegeben werden. Dabei stehen Ihnen die Optionen `DIMENSION`, `SELECTION`, `DATASOURCE` und `CROSSTAB` zur Auswahl.

Wenn Sie den Parameterwert `DIMENSION` verwenden und eine Zelle mit einem Merkmal auswählen, werden der Alias der Datenquelle und der technische Name des Merkmals ausgegeben. Das Merkmal wählen Sie über die Beschreibung, also in der Regel die Überschrift einer Spalte aus, z. B. die Zelle Buchungskreis (siehe Abbildung 11.26).

		Menge
Buchungskreis	**Kalenderjahr**	ST
Reis Telefone DE	2019	1.400,000
Reis Telephones USA	2019	2.180,000
Gesamtergebnis		**3.580,000**

Abbildung 11.26 Zelle des Merkmals auswählen

Wenn Sie nun das in Listing 11.29 gezeigte Makro ausführen, werden der Alias der Datenquelle und der technische Name des Merkmals ausgegeben. In Abbildung 11.27 sehen Sie das Ergebnis.

```
Sub GetCellInfo()
Dim vResult As Variant
vResult = Application.Run("SAPGetCellInfo", ActiveCell, "DIMENSION")
End Sub
```

Listing 11.29 Makro zum Auslesen der Merkmalsinformation einer aktiven Zelle

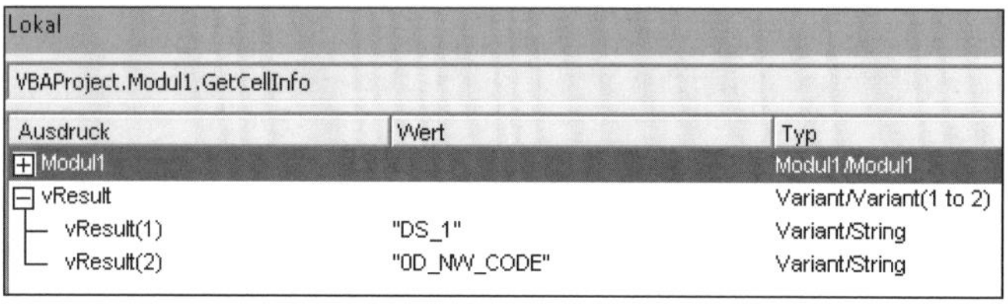

Lokal

VBAProject.Modul1.GetCellInfo

Ausdruck	Wert	Typ
⊞ Modul1		Modul1/Modul1
⊟ vResult		Variant/Variant(1 to 2)
vResult(1)	"DS_1"	Variant/String
vResult(2)	"0D_NW_CODE"	Variant/String

Abbildung 11.27 Alias der Datenquelle und der technische Name der Dimension anzeigen

Wenn Sie bei der Ausführung des in Listing 11.29 dargestellten Makros eine Kennzahl auswählen (siehe Abbildung 11.28), wird der technische Name der dahinterstehenden Struktur ausgegeben, jedoch nicht der Kennzahl selbst.

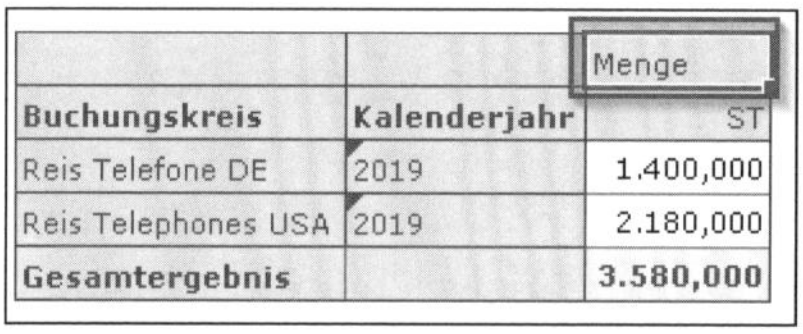

		Menge
Buchungskreis	**Kalenderjahr**	ST
Reis Telefone DE	2019	1.400,000
Reis Telephones USA	2019	2.180,000
Gesamtergebnis		**3.580,000**

Abbildung 11.28 Zelle mit Kennzahl auswählen

Das Ergebnis ist in Abbildung 11.29 zu sehen. Um den technischen Namen der Kennzahl auszulesen, verwenden Sie den Parameterwert `SELECTION`.

Lokal

VBAProject.Modul1.GetCellInfo

Ausdruck	Wert	Typ
⊞ Modul1		Modul1/Modul1
⊟ vResult		Variant/Variant(1 to 2)
vResult(1)	"DS_1"	Variant/String
vResult(2)	"05S6S1FWRZJC61XG51BFJPAVJ"	Variant/String

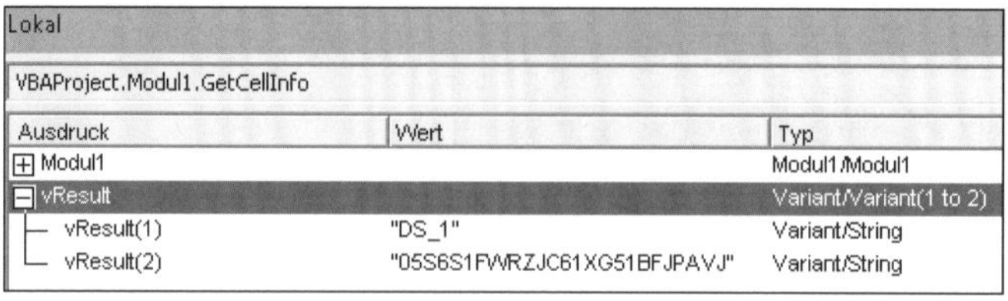

Abbildung 11.29 Technischen Schlüssel der Struktur anzeigen

Liste der Dimensionen eines Berichts ausgeben

Über den Parameterwert `SELECTION` erhalten Sie eine Liste der im Aufriss befindlichen Dimensionen als Ergebnis. Dabei enthält jeder Listeneintrag den

Alias der Datenquelle, den technischen Namen der Dimension und den technischen Schlüssel des Elements als Ergebnis. Wenn Sie eine Kennzahl auswählen, enthält der Listeneintrag den Alias der Datenquelle, den technischen Schlüssel der Kennzahlstruktur und den der Kennzahl selbst. Wenn Sie einen Kennzahlwert auswählen, erhalten Sie Informationen zu allen im Aufriss sichtbaren Dimensionen, die zu diesem Wert gehören, und die Informationen zu der Kennzahl selbst.

Schauen wir uns zur Verdeutlichung die folgenden Beispiele an. Es wird jeweils das in Listing 11.30 dargestellt Makro verwendet – allerdings wählen wir verschiedene Zellen aus.

```
Sub GetCellInfo()
Dim vResult As Variant
vResult = Application.Run("SAPGetCellInfo", ActiveCell, "SELECTION")
End Sub
```

Listing 11.30 Makro zum Auslesen der Selektion der aktiven Zelle

Zuerst wählen wir eine Zelle mit einem Merkmalswert aus, also z. B. Buchungskreis Reis Telefone DE (siehe Abbildung 11.30). Wenn Sie das Merkmal selbst (in diesem Beispiel Buchungskreis) auswählen, endet die Ausführung des Makros übrigens mit einem Fehler.

		Menge
Buchungskreis	**Kalenderjahr**	ST
Reis Telefone DE	2019	1.400,000
Reis Telephones USA	2019	2.100,000
Gesamtergebnis		**3.580,000**

Abbildung 11.30 Merkmalswert auswählen

Als Ergebnis wird eine Liste der Merkmale geliefert. Der erste Eintrag enthält zunächst den Alias der Datenquelle: DS_1. Danach folgt der technische Name des Merkmals. Für das Merkmal Buchungskreis lautet dieser 0D_NW_CODE. Anschließend wird der technische Schlüssel des ausgewählten Buchungskreises dargestellt. Der Schlüssel des Buchungskreises Reis Telefone DE lautet 1000 (siehe Abbildung 11.31). Im zweiten Eintrag sind die Informationen des dazugehörigen Kalenderjahrs zu sehen.

Wenn Sie eine Kennzahl auswählen, wie in Abbildung 11.28 dargestellt, enthält das Ergebnis den Alias der Datenquelle, den technischen Schlüssel der Kennzahlstruktur sowie den Schlüssel der Kennzahl selbst (siehe Abbildung 11.32).

Wenn Sie einen Kennzahlwert auswählen, wie in Abbildung 11.33 zu sehen, erhalten Sie alle Informationen auf einmal. Dazu zählen die Informationen zu der Kennzahl sowie zu allen dazugehörigen Merkmalen, die sich im Aufriss befinden.

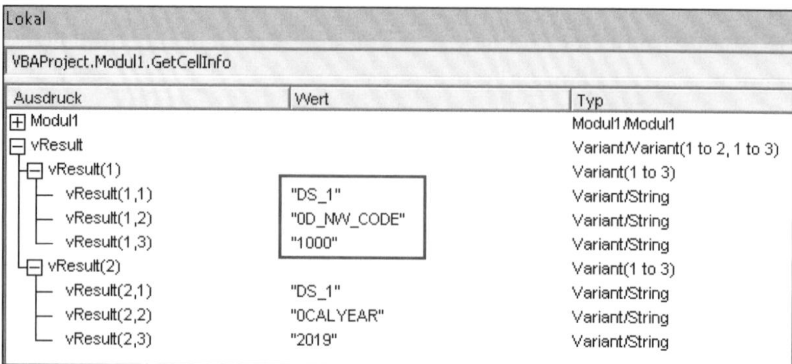

Lokal

VBAProject.Modul1.GetCellInfo

Ausdruck	Wert	Typ
⊞ Modul1		Modul1/Modul1
⊟ vResult		Variant/Variant(1 to 2, 1 to 3)
⊟ vResult(1)		Variant(1 to 3)
vResult(1,1)	"DS_1"	Variant/String
vResult(1,2)	"0D_NW_CODE"	Variant/String
vResult(1,3)	"1000"	Variant/String
⊟ vResult(2)		Variant(1 to 3)
vResult(2,1)	"DS_1"	Variant/String
vResult(2,2)	"0CALYEAR"	Variant/String
vResult(2,3)	"2019"	Variant/String

Abbildung 11.31 Informationen zur Selektion ausgeben

Lokal

VBAProject.Modul1.GetCellInfo

Ausdruck	Wert	Typ
⊞ Modul1		Modul1/Modul1
⊟ vResult		Variant/Variant(1 to 3)
vResult(1)	"DS_1"	Variant/String
vResult(2)	"05S6S1FWRZJC61XG51BFJPAVJ"	Variant/String
vResult(3)	"05S6S1FWRZJC61XG51BFJPH73"	Variant/String

Abbildung 11.32 Liste mit technischem Schlüssel der Struktur und der Kennzahl anzeigen

		Menge
Buchungskreis	**Kalenderjahr**	ST
Reis Telefone DE	2019	1.400,000
Reis Telephones USA	2019	2.180,000
Gesamtergebnis		**3.580,000**

Abbildung 11.33 Kennzahlwert auswählen

In unserem Beispiel handelt es sich um die Merkmale Buchungskreis und Kalenderjahr. In Abbildung 11.34 sehen Sie das Ergebnis.

Ausgabe einschränken

Sie können die Ausgabe über den Parameter `[Filter]` einschränken, indem Sie die auszuwertenden Merkmale explizit angeben. Wenn Sie mehrere Merkmale angeben möchten, verwenden Sie ein Semikolon als Trennzeichen (siehe Listing 11.31). Wenn Sie keine Merkmale angeben, werden alle Merkmale ausgewertet.

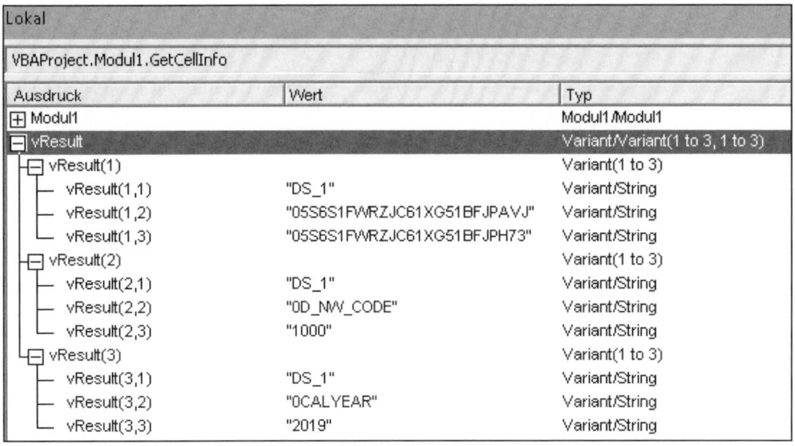

Lokal

VBAProject.Modul1.GetCellInfo

Ausdruck	Wert	Typ
⊞ Modul1		Modul1/Modul1
⊟ vResult		Variant/Variant(1 to 3, 1 to 3)
⊟ vResult(1)		Variant(1 to 3)
vResult(1,1)	"DS_1"	Variant/String
vResult(1,2)	"05S6S1FWRZJC61XG51BFJPAVJ"	Variant/String
vResult(1,3)	"05S6S1FWRZJC61XG51BFJPH73"	Variant/String
⊟ vResult(2)		Variant(1 to 3)
vResult(2,1)	"DS_1"	Variant/String
vResult(2,2)	"0D_NW_CODE"	Variant/String
vResult(2,3)	"1000"	Variant/String
⊟ vResult(3)		Variant(1 to 3)
vResult(3,1)	"DS_1"	Variant/String
vResult(3,2)	"0CALYEAR"	Variant/String
vResult(3,3)	"2019"	Variant/String

Abbildung 11.34 Alle Selektionen des ausgewählten Wertes anzeigen


```
Sub GetCellInfo()
Dim vResult As Variant
vResult = Application.Run("SAPGetCellInfo", ActiveCell, _
"SELECTION", "0CALYEAR;0D_NW_CODE")
End Sub
```

Listing 11.31 Makro zum Filtern der Ausgabe

Dieser Parameter ist nur für den Parameterwert `SELECTION` gültig. Für die Parameterwerte `DIMENSION`, `DATASOURCE` oder `CROSSTAB` müssen Sie keinen Wert angeben.

Über den Parameterwert `DATASOURCE` lesen Sie den Alias der Datenquelle für die ausgewählte Zelle aus. Das Beispielmakro sehen Sie in Listing 11.32. Als Ergebnis wird ein String mit dem Alias geliefert (siehe Abbildung 11.35).

```
Sub GetCellInfo()
Dim vResult As Variant
vResult = Application.Run("SAPGetCellInfo", ActiveCell, "DATASOURCE")
End Sub
```

Listing 11.32 Makro zum Auslesen des Alias der Datenquelle

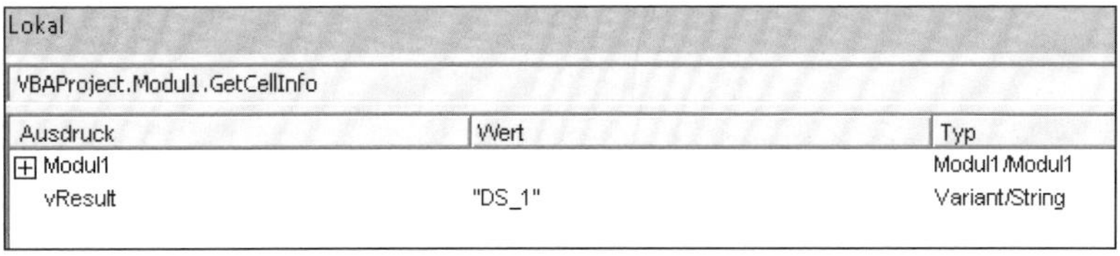

Lokal

VBAProject.Modul1.GetCellInfo

Ausdruck	Wert	Typ
⊞ Modul1		Modul1/Modul1
vResult	"DS_1"	Variant/String

Abbildung 11.35 Alias der Datenquelle als Ergebnis anzeigen

Über den letzten Parameterwert, `CROSSTAB`, erhalten Sie den Alias der Formel der Kreuztabelle als Ergebnis. Sie können den Alias beim Konfigurieren der Kreuztabelle auf der Registerkarte **Komponenten** im Designbereich festlegen (siehe Abbildung 11.36).

Das Beispielmakro dazu finden Sie in Listing 11.33.

```
Sub GetCellInfo()
Dim vResult As Variant
vResult = Application.Run("SAPGetCellInfo", ActiveCell, "CROSSTAB")
End Sub
```

Listing 11.33 Makro zum Auslesen des Alias der Kreuztabelle

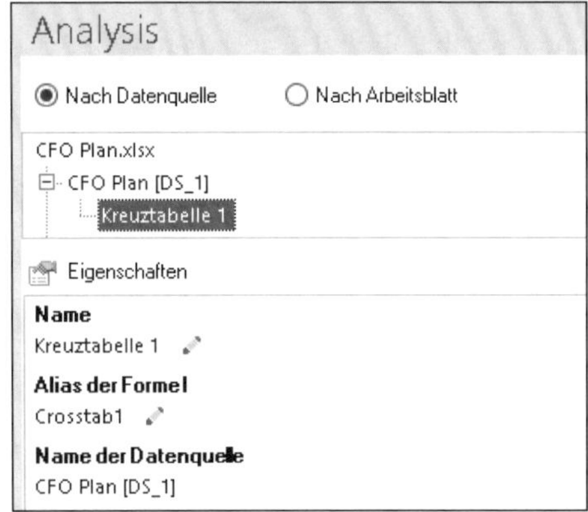

Abbildung 11.36 Alias der Kreuztabelle anpassen

Bei der Ausführung wird ein String mit dem Alias der Formel ausgegeben (siehe Abbildung 11.37).

Lokal

VBAProject.Modul1.GetCellInfo

Ausdruck	Wert	Typ
⊞ Modul1		Modul1/Modul1
vResult	"Crosstab1"	Variant/String

Abbildung 11.37 Alias der Kreuztabelle ausgeben

Parametrisierbare API-Methode

Die vollständige Syntax der API-Methode `SAPGetCellInfo` ist in Listing 11.34 abgebildet.

```
vResult = Application.Run("SAPGetCellInfo", Zelle, _
"[Eigenschaft]", "[Filter]")
```

Listing 11.34 Vollständige Syntax der Methode SAPGetCellInfo

In Listing 11.35 finden Sie ein Beispiel für das entsprechende Makro.

```
Sub GetCellInfo()
Dim vResult As Variant
vResult = Application.Run("SAPGetCellInfo", ActiveCell, _
"SELECTION", "0CALYEAR;0D_NW_CODE")
End Sub
```

Listing 11.35 Beispielmakro mit der Methode SAPGetCellInfo

11.4.8 SAPGetProperty

Mithilfe der API-Methode `SAPGetProperty` können Sie die Eigenschaften einer Datenquelle, Kreuztabelle oder Arbeitsmappe auslesen. Je nach Eingabeparameter wird die relevante Information als Ergebnis zurückgegeben.

Parameter definieren

Die Methode wird über den Befehl `Application.Run` ausgeführt und verfügt über die Parameter `[Name der Eigenschaft]` und `[Alias der Formel]`. Je nach verwendeter Eigenschaft können Sie entweder den Alias der Datenquelle oder den Alias der Kreuztabelle als Alias der Formel angeben. Sie können die Alias auf der Registerkarte **Komponenten** im Designbereich anpassen.

Wenn Sie die Eigenschaften `IsDataSourceActive`, `IsDataSourceEditable` oder `IsConnected` nutzen, verwenden Sie den Alias der Datenquelle. Bei der Eigenschaft `NumberOfNewLines` nutzen Sie den Alias der Kreuztabelle. Bei den übrigen Eigenschaften benötigen Sie keinen Alias, da diese sich nicht auf eine spezifische Datenquelle, sondern die gesamte Arbeitsmappe beziehen.

Als Parameter `[Name der Eigenschaft]` können Sie eine der folgenden Eigenschaften eingeben: `IsDataSourceEditable`, `IsDataSourceActive`, `IsConnected`, `NumberOfNewLines`, `IsAutoRefresh`, `HasChangedPlanData`, `ChangedCrosstabs`, `ChangedDatasources` oder `LastError`.

Eingabebereitschaft prüfen

Mit dem Parameterwert `IsDataSourceEditable` können Sie prüfen, ob eine Datenquelle eingabebereit ist. Der Befehl gibt einen booleschen Wert zurück: `WAHR` oder `FALSCH`. So gibt das in Listing 11.36 dargestellte Makro den Wert `WAHR` zurück, wenn die Datenquelle eingabebereit ist.

```
Sub GetProperty()
Dim vResult As Variant
vResult = Application.Run("SAPGetProperty", _
"IsDataSourceEditable", "DS_1")
End Sub
```

Listing 11.36 Makro zum Prüfen der Eingabebereitschaft einer Datenquelle

Verwenden Sie den Parameterwert IsDataSourceActive, um zu prüfen, ob die Datenquelle bereits aktualisiert wurde und verwendet werden kann. Der Befehl gibt einen booleschen Wert zurück: WAHR oder FALSCH. Mit dem Parameterwert IsConnected können Sie prüfen, ob die Datenquelle verbunden ist. Auch dabei wird ein boolescher Wert als Ergebnis zurückgegeben.

Anzahl neuer Zeilen auslesen

Über die Eigenschaft NumberOfNewLines können Sie die Anzahl neuer Zeilen der Kreuztabelle auslesen (siehe hierzu Abschnitt 6.5, »Planungsrelevante Einstellungen kennen«). Verwenden Sie dabei den Alias der Kreuztabelle. Dieser kann beim Konfigurieren der Kreuztabelle auf der Registerkarte **Komponenten** im Designbereich angepasst werden. In Listing 11.37 sehen Sie ein Beispiel für das Makro. Als Ergebnis wird die Anzahl neuer Zeilen ausgegeben, z. B. 5.

```
Sub GetProperty()
Dim vResult As Variant
vResult = Application.Run("SAPGetProperty", _
"NumberOfNewLines", "Crosstab1")
End Sub
```

Listing 11.37 Makro zum Auslesen der Anzahl neuer Zeilen

[+]

Anzahl neuer Zeilen festlegen

Sie können die Anzahl neuer Zeilen über die API-Methode SAPExecuteCommand mit dem Befehl NumberOfNewLines festlegen. Weitere Informationen finden Sie in Abschnitt 11.4.15, »SAPExecuteCommand«.

Aktualisierungsverhalten prüfen

Mit dem Parameterwert IsAutoRefresh können Sie überprüfen, ob die automatische Aktualisierung auf der Ebene der Arbeitsmappe aktiv oder angehalten ist. Sie können die automatische Aktualisierung über den Button **Aktualisierung unterbrechen** anhalten (siehe Abschnitt 2.2.7, »Aktualisierung unterbrechen«). Der Befehl gibt einen booleschen Wert zurück: WAHR oder FALSCH. Für diesen Parameterwert müssen Sie keine Datenquelle angeben. Das Makro sieht in diesem Fall wie in Listing 11.38 aus.

```
Sub GetProperty()
Dim vResult As Variant
vResult = Application.Run("SAPGetProperty", "IsAutoRefresh")
End Sub
```

Listing 11.38 Makro zum Prüfen des Aktualisierungsverhaltens

Das Aktualisierungsverhalten kann nicht nur auf der Ebene der Arbeitsmappe, sondern auch auf der Ebene der Datenquelle gesteuert werden. In letzterem Fall verwenden Sie den Befehl AutoRefresh. Um zu überprüfen, ob die automatische Aktualisierung für einzelne Datenquellen aktiv ist, geben Sie den Alias der Datenquelle als Parameter an. In Listing 11.39 finden Sie ein Beispielmakro.

```
Sub GetProperty()
Dim vResult As Variant
vResult = Application.Run("SAPGetProperty", "IsAutoRefresh", "DS_1")
End Sub
```

Listing 11.39 Makro zum Prüfen des Aktualisierungsverhaltens auf der Ebene der Datenquelle

Auf geänderte Planungsdaten prüfen

Verwenden Sie den Parameterwert HasChangedPlanData, um zu prüfen, ob die Arbeitsmappe geänderte Planungsdaten enthält. Geben Sie dabei keinen Alias der Datenquelle an, da sich diese Eigenschaft nicht auf eine bestimmte Datenquelle, sondern auf die gesamte Arbeitsmappe bezieht. In Listing 11.40 finden Sie ein Beispiel für das Makro.

```
Sub GetProperty()
Dim vResult As Variant
vResult = Application.Run("SAPGetProperty", "HasChangedPlanData")
End Sub
```

Listing 11.40 Makro zum Prüfen der Arbeitsmappe auf geänderte Planungsdaten

Geänderte Kreuztabellen abrufen

Über den Parameterwert ChangedCrosstabs können Sie die Kreuztabellen aufrufen, die seit der letzten Benutzeraktion geändert und deshalb nun in den Arbeitsblättern aktualisiert wurden.

Dieser Aufruf funktioniert nur innerhalb des Callbacks AfterRedisplay (siehe Abschnitt 11.5, »Mit Callbacks arbeiten«). In allen anderen Fällen führt er zu einem Fehler. Vor der Verwendung muss der Callback über das Ereignis (Event) Workbook_SAP_Initialize registriert werden. In Listing 11.41 finden Sie ein Beispiel für die Registrierung des Callbacks.

```
Public Sub Workbook_SAP_Initialize()
'Callback registrieren
Call Application.Run("SAPExecuteCommand", "RegisterCallback", _
"AfterRedisplay", "GetProperty")
End Sub
```

Listing 11.41 Makro zum Registrieren des Callbacks

Anschließend können Sie mit dem in Listing 11.42 dargestellten Code die geänderten Kreuztabellen abrufen.

```
Sub GetProperty()
Dim vResult As Variant
vResult = Application.Run("SAPGetProperty", "ChangedCrosstabs")
End Sub
```

Listing 11.42 Makro zum Abrufen geänderter Kreuztabellen

Das Ergebnis ist in Abbildung 11.38 zu sehen. Dabei werden der Alias der Kreuztabelle, der Name der Kreuztabelle und der Alias der Datenquelle angezeigt. Objekte, die gerade gelöscht wurden, sind nicht in der zurückgegebenen Liste enthalten.

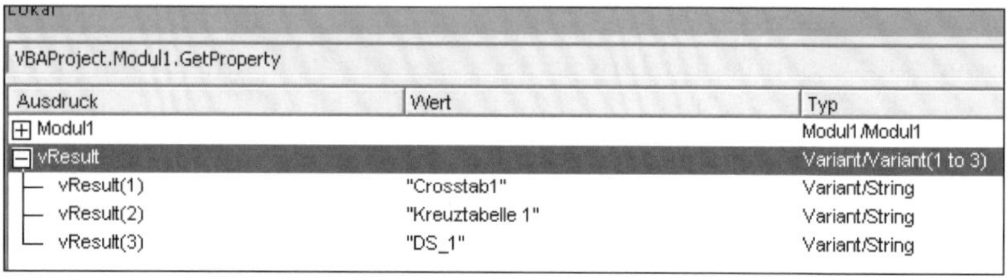

VBAProject.Modul1.GetProperty

Ausdruck	Wert	Typ
⊞ Modul1		Modul1/Modul1
⊟ vResult		Variant/Variant(1 to 3)
vResult(1)	"Crosstab1"	Variant/String
vResult(2)	"Kreuztabelle 1"	Variant/String
vResult(3)	"DS_1"	Variant/String

Abbildung 11.38 Geänderte Kreuztabellen anzeigen

Geänderte Datenquellen abrufen

Mit dem Parameterwert `ChangedDatasources` können Sie die Datenquellen aufrufen, die seit der letzten Benutzeraktion geändert wurden. Dieser Aufruf funktioniert nur innerhalb des Callbacks `AfterRedisplay` (siehe Abschnitt 11.5, »Mit Callbacks arbeiten«). In allen anderen Fällen führt er zu einem Fehler. Vor der Verwendung muss der Callback daher über das Ereignis (Event) `Workbook_SAP_Initialize` registriert werden. In Listing 11.43 finden Sie ein Beispiel für die Registrierung des Callbacks.

```
Public Sub Workbook_SAP_Initialize()
'Callback registrieren
Call Application.Run("SAPExecuteCommand", "RegisterCallback", _
"AfterRedisplay", "GetProperty")
End Sub
```

Listing 11.43 Makro zum Registrieren des Callbacks

Anschließend können Sie mit dem in Listing 11.44 dargestellten Code die geänderten Datenquellen abrufen.

```
Sub GetProperty()
Dim vResult As Variant
vResult = Application.Run("SAPGetProperty", "ChangedDataSources")
End Sub
```

Listing 11.44 Makro zum Abrufen von geänderten Datenquellen

Das Ergebnis ist in Abbildung 11.39 dargestellt. Dabei wird der Alias der Datenquelle mit Beschreibung angezeigt. Objekte, die gerade gelöscht worden sind, sind nicht in dem zurückgegebenen *Array* enthalten.

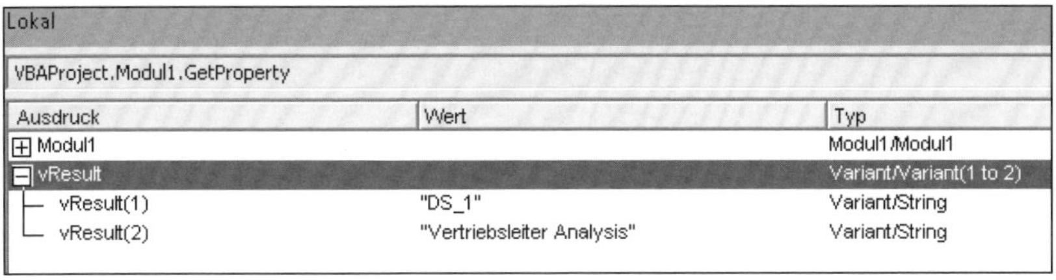

Lokal

VBAProject.Modul1.GetProperty

Ausdruck	Wert	Typ
⊞ Modul1		Modul1/Modul1
⊟ vResult		Variant/Variant(1 to 2)
vResult(1)	"DS_1"	Variant/String
vResult(2)	"Vertriebsleiter Analysis"	Variant/String

Abbildung 11.39 Geänderte Datenquellen anzeigen

Arrays

Ein Array stellt eine Datenstruktur dar, die mehrere Werte vom gleichen Datentyp in Form einer Liste enthält.

Letzten Fehler anzeigen

Verwenden Sie den Parameterwert `LastError` schließlich, um Informationen zu Fehlern zu erhalten, die beim Ausführen von API-Methoden und Funktionen von SAP Analysis for Microsoft Office aufgetreten sind. Dabei benötigen Sie keinen Alias der Datenquelle als Parameter, da sich diese Eigenschaft nicht auf eine bestimmte Datenquelle bezieht, sondern auf die gesamte Arbeitsmappe. In Listing 11.45 ist ein Beispiel für das Makro dargestellt.

```
Sub GetProperty()
Dim vResult As Variant
vResult = Application.Run("SAPGetProperty", "LastError")
End Sub
```

Listing 11.45 Makro zum Anzeigen des letzten Fehlers

Das Ergebnis der Funktion ist in Abbildung 11.40 zu sehen. Es werden der Fehlercode und die entsprechende Meldung angezeigt.

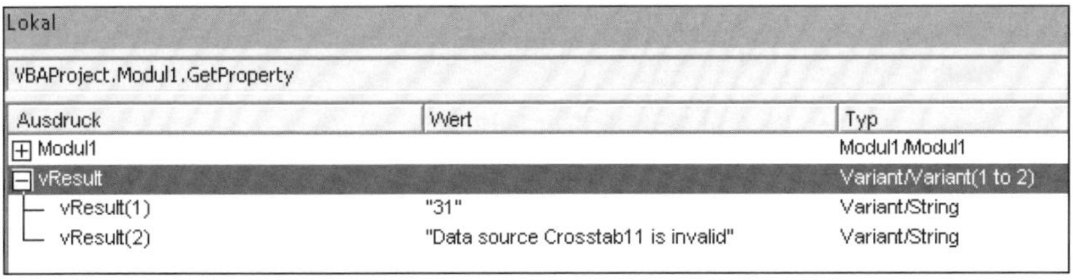

Lokal

VBAProject.Modul1.GetProperty

Ausdruck	Wert	Typ
⊞ Modul1		Modul1/Modul1
⊟ vResult		Variant/Variant(1 to 2)
vResult(1)	"31"	Variant/String
vResult(2)	"Data source Crosstab11 is invalid"	Variant/String

Abbildung 11.40 Fehlercode und Meldung anzeigen

Die Informationen können Sie auch einzeln abrufen. Verwenden Sie den in Listing 11.46 dargestellten Quelltext, um den Fehlercode abzufragen. Wenn Sie den Befehl ausführen, erhalten Sie in diesem Beispiel den Wert 31 als Ergebnis.

```
vResult= Application.Run("SAPGetProperty", "LastError", "Number")
```

Listing 11.46 Makro zur Abfrage des Fehlercodes

Wenn Sie nur die Fehlermeldung abrufen möchten, führen Sie den in Listing 11.47 dargestellten Befehl aus. Dabei wird der Text »Data source Crosstab1 is invalid« ausgegeben.

```
vResult= Application.Run("SAPGetProperty", "LastError", "Text")
```

Listing 11.47 Makro zur Abfrage der Fehlermeldung

Mögliche Fehler

In Tabelle 11.2 sehen Sie eine Liste der möglichen Fehler mit Fehlercode und Beschreibung.

Fehlercode	Meldung
Allgemeine kritische Fehler	
1	Es ist ein allgemeiner Fehler aufgetreten.
2	Es ist ein allgemeiner Fehler in einer der Datenquellen aufgetreten. Es handelt sich wahrscheinlich um einen Fehler im Backend-System oder um einen Fehler in der Kommunikation mit dem Backend-System.
3	Ein Fehler aus einem vorherigen Aufruf ist noch nicht behoben.
Fehler in Prüfungen vor der Ausführung	
10	Das BI-Add-in ist deaktiviert.
11	Mindestens eine Arbeitsmappe ist geschützt.
12	Die Variablenübertragung wurde angehalten.
13	Ein Callback wird ausgeführt.
14	Der Befehl ist nicht aktiviert.
15	Die Aktion ist zurzeit nicht zulässig.

Tabelle 11.2 Liste der möglichen Fehler mit Fehlercode und Beschreibung

Fehlercode	Meldung
Parameterfehler	
20	Ein Parameter fehlt.
21	Ein Parameter hat einen ungültigen Wert.
Fehler bei der Objektreferenz von SAP Analysis for Microsoft Office	
30	Keine aktive Arbeitsmappen-Anwendung.
31	Die angegebene Datenquelle ist ungültig. Der Alias ist möglicherweise falsch, oder die Datenquelle wurde noch nicht aktualisiert.
32	Der Alias kann nicht aufgelöst werden. Dies betrifft Makros, bei denen ein Alias möglicherweise eine Datenquelle oder ein Planungsobjekt ist.
33	Variablen wurden nicht zusammengefasst. Der Alias der Datenquelle muss angegeben werden.
34	Es ist keine Ergebnismenge für die angegebene Datenquelle vorhanden.
35	Mindestens eine Datenquelle muss über Eingabevariablen verfügen.
36	Es wurde eine Datenquelle angegeben, aber Variablen sind zusammengefasst.
37	Mindestens eine Datenquelle muss aktualisiert werden.
Fehler bei der Objektreferenz von SAP Analysis for Microsoft Office	
40	Ungültige Arbeitsblattreferenz.
41	Ungültige Zellenreferenz.
Allgemeine unkritische Fehler	
50	Es ist ein allgemeiner Fehler aufgetreten.
51	Anmeldung fehlgeschlagen.
Auswahlbezogene Fehler	
60	Einzelauswahl angefordert, aber Mehrfachauswahl wird verwendet.

Tabelle 11.2 Liste der möglichen Fehler mit Fehlercode und Beschreibung (Forts.)

Fehlercode	Meldung
61	Mehrfachauswahl angefordert, aber nur Einzelauswahl ist erlaubt.
Fehler beim Behandeln von Schnittstelleneinschränkungen	
70	Die maximale String-Länge wurde überschritten. Texte werden abgeschnitten.

Tabelle 11.2 Liste der möglichen Fehler mit Fehlercode und Beschreibung (Forts.)

Parametrisierbare API-Methode

Die Syntax der API-Methode SAPGetProperty ist in Listing 11.48 dargestellt.

```
vResult = Application.Run("SAPGetProperty", _
"[Name der Eigenschaft]", "[Alias der Formel]")
```

Listing 11.48 Syntax der Methode SAPGetProperty

11.4.9 SAPLogOff

Über die Methode SAPLogOff können Sie eine Arbeitsmappe vom Server trennen oder einen Neustart des Systems auslösen. So können Sie sich abmelden und erneut verbinden. Dies kann nötig sein, um bestimmte Werte zu aktualisieren, z. B. bei Änderungen im DataStore-Objekt (DSO) für direktes Schreiben und Stammdatenänderungen.

Parameter definieren

Um die Methode aufzurufen, verwenden Sie den Befehl Application.Run. Spezifizieren Sie den booleschen Parameter zum Neustart des Systems: Wenn Sie True verwenden, wird das System neu gestartet, bei False erfolgt kein Neustart. In Listing 11.49 finden Sie ein Beispielmakro. Bei ihm wird die Verbindung zum System neu gestartet.

```
Sub LogOff()
Dim lResult As Long
lResult = Application.Run("SAPLogOff", True)
End Sub
```

Listing 11.49 Makro zum Neustarten der Verbindung zum System

Parametrisierbare API-Methode

Die vollständige Syntax ist in Listing 11.50 dargestellt.

```
lResult = Application.Run("SAPLogOff", [Neustart Parameter])
```

Listing 11.50 Vollständige Syntax der API-Methode SAPLogOff

Bei der Ausführung des Makros liefert das System (in unserem Beispiel über die Variable lResult) einen der folgenden Ausgabeparameter zurück:

- 0 – Ausführung fehlgeschlagen
- 1 – Ausführung erfolgreich

11.4.10 SAPLogon

Um sich am System anzumelden, können Sie die API-Methode SAPLogon verwenden. Es wird das System der spezifizierten Datenquelle verwendet.

Parameter definieren

Die Methode wird über den Befehl Application.Run gestartet und verfügt über folgende Parameter: [Alias der Formel], [Mandant], [Benutzer], [Kennwort] und [Sprache].

Über den Parameter [Alias der Formel] spezifizieren Sie das System, an dem die Anmeldung erfolgen soll. Das System wird aus der angegebenen Datenquelle abgeleitet. Sie können den Alias beim Konfigurieren der Datenquelle auf der Registerkarte **Komponenten** im Designbereich festlegen.

Geben Sie als [Mandant] den Systemmandanten ein. Dieser Parameter wird nur bei der Anmeldung an einem SAP-BW-System verwendet. Anschließend spezifizieren Sie über die Parameter [Benutzer] und [Kennwort] den Benutzer und das zugehörige Kennwort. Über den Parameter [Sprache] können Sie die Anmeldesprache festlegen. Dieser Parameter ist optional.

In Listing 11.51 finden Sie ein Beispiel für ein entsprechendes Makro. Wenn Sie es ausführen, wird der Benutzer Muster-User mit dem Kennwort Musterpass am System der Datenquelle DS_1 mit dem Mandanten 100 und in deutscher Sprache angemeldet.

```
Sub LogOn()
Dim lResult As Long
lResult = Application.Run("SAPLogon", "DS_1", "100", _
"Musteruser", "Musterpass", "DE")
End Sub
```

Listing 11.51 Makro zum Durchführen der Anmeldung

Parametrisierbare API-Methode

Die vollständige Syntax lautet damit wie in Listing 11.52 gezeigt.

```
lResult = Application.Run("SAPLogon", "[Alias der Formel]", _
"[Mandant]", "[Benutzer]", "[Kennwort]", "[Sprache]")
```

Listing 11.52 Vollständige Syntax der API-Methode SAPLogon

Ausgabeparameter

Bei der Ausführung des Makros liefert das System (in unserem Beispiel über die Variable `lResult`) einen der folgenden Ausgabeparameter zurück:

- 0 – Ausführung fehlgeschlagen
- 1 – Ausführung erfolgreich

11.4.11 SAPMoveDimension

Mit der API-Methode `SAPMoveDimension` können Sie ein Merkmal innerhalb der Kreuztabelle verschieben. Sie können die Position eines Merkmals in der Kreuztabelle festlegen, ein Merkmal durch ein anderes Merkmal austauschen oder ein Merkmal in Bezug auf ein anderes Merkmal anordnen.

Parameter definieren

Zum Aufrufen der Methode wird der Befehl `Application.Run` verwendet. Die Methode selbst verfügt über die Parameter `[Alias der Datenquelle]`, `[Schlüssel der Dimension]`, `[Position]` und `[Identifikator]`.

Geben Sie als ersten Parameter den Alias der Formel für die Datenquelle an. Sie können den Alias beim Konfigurieren der Datenquelle auf der Registerkarte **Komponenten** im Designbereich festlegen. Anschließend geben Sie den technischen Namen des Merkmals (Parameter `[Schlüssel der Dimension]`) an, das Sie verschieben möchten.

Über den Parameter `[Position]` können Sie die Position des Merkmals in der Kreuztabelle festlegen. Dabei stehen Ihnen folgende Konstanten zur Verfügung:

- `AFTER` – um ein Merkmal zu einem anderen Merkmal zu verschieben
- `BEFORE` – um ein Merkmal vor ein anderes Merkmal zu verschieben
- `SWAP` – um ein Merkmal durch ein anderes Merkmal auszutauschen
- `ROWS` – um ein Merkmal in die Zeilen zu verschieben
- `COLUMNS` – um ein Merkmal in die Spalten zu verschieben
- `FILTER` – um ein Merkmal in den Hintergrundfilter zu verschieben

Zur genauen Bestimmung der Position wird der Parameter `[Identifikator]` verwendet. Wenn Sie für den Parameter `[Position]` die Werte `AFTER`, `BEFORE` oder `SWAP` verwenden, geben Sie den technischen Namen des Merkmals an, das als Referenz dient. Bei den Parameterwerten `ROWS`, `COLUMNS` oder `FILTER` geben Sie die Position als Index an. Dieser Index startet mit einer 1. Wenn der Index ungültig ist, wird das Merkmal nicht verschoben. Wenn kein Index spezifiziert ist, wird das Merkmal am Ende der Kreuztabelle eingefügt.

Parametrisierbare API-Methode

Die vollständige Syntax der Methode lautet wie in Listing 11.53 dargestellt.

```
lResult = Application.Run("SAPMoveDimension", _
"[Alias der Datenquelle]", "[Schlüssel der Dimension]", _
"[Position]", "[Identifikator]")
```

Listing 11.53 Vollständige Syntax der Methode SAPMoveDimension

Betrachten wir zur Verdeutlichung die in Abbildung 11.41 dargestellte Kreuztabelle. Diese möchten wir um das freie Merkmal Kalenderjahr OCALYEAR erweitern.

		Menge	Umsatz	Preis
Buchungskreis	**Produktgruppe**	ST	EUR	EUR / ST
Reis Telefone DE	Smartphone Mini	300,000	15.000,00	50,00
	Smartphone Plus	500,000	50.000,00	100,00
	Tablet Mini	200,000	40.000,00	200,00
	Ergebnis	**1.000,000**	**105.000,00**	**105,00**
Reis Telephones USA	Smartphone Plus	2.000,000	200.000,00	100,00
	Tablet Mini	180,000	36.000,00	200,00
	Ergebnis	**2.180,000**	**236.000,00**	**108,26**
Gesamtergebnis		**3.180,000**	**341.000,00**	**107,23**

Abbildung 11.41 Um ein zusätzliches Merkmal erweiterte Kreuztabelle

Beispielhafte Makros

Mit dem in Listing 11.54 dargestellten Makro wird das Merkmal Kalenderjahr nach dem Merkmal Buchungskreis eingefügt.

```
Sub MoveDimension()
Dim lResult As Long
lResult = Application.Run("SAPMoveDimension", "DS_1", "OCALYEAR", _
"AFTER", "OD_NW_CODE")
End Sub
```

Listing 11.54 Makro zum Einfügen des Kalenderjahrs nach Buchungskreis

Das Ergebnis ist in Abbildung 11.42 zu sehen.

			Menge	Umsatz	Preis
Buchungskreis	**Kalenderjahr**	**Produktgruppe**	ST	EUR	EUR / ST
Reis Telefone DE	2019	Smartphone Mini	300,000	15.000,00	50,00
		Smartphone Plus	500,000	50.000,00	100,00
		Tablet Mini	200,000	40.000,00	200,00
		Ergebnis	**1.000,000**	**105.000,00**	**105,00**
	Ergebnis		**1.000,000**	**105.000,00**	**105,00**
Reis Telephones USA	2019	Smartphone Plus	2.000,000	200.000,00	100,00
		Tablet Mini	180,000	36.000,00	200,00
		Ergebnis	**2.180,000**	**236.000,00**	**108,26**
	Ergebnis		**2.180,000**	**236.000,00**	**108,26**
Gesamtergebnis			**3.180,000**	**341.000,00**	**107,23**

Abbildung 11.42 Nach dem Buchungskreis eingefügtes Kalenderjahr

Im nächsten Makro (siehe Listing 11.55) verschieben wir das Merkmal Kalenderjahr mithilfe eines Index auf die erste Stelle in den Zeilen.

```
Sub MoveDimension()
Dim lResult As Long
lResult = Application.Run("SAPMoveDimension", "DS_1", "0CALYEAR", _
"ROWS", "1")
End Sub
```

Listing 11.55 Makro zum Verschieben des Kalenderjahrs auf die erste Stelle in den Zeilen

Das Ergebnis nach der Ausführung des Makros sehen Sie in Abbildung 11.43.

			Menge	Umsatz	Preis
Kalenderjahr	**Buchungskreis**	**Produktgruppe**	ST	EUR	EUR / ST
2019	Reis Telefone DE	Smartphone Mini	300,000	15.000,00	50,00
		Smartphone Plus	500,000	50.000,00	100,00
		Tablet Mini	200,000	40.000,00	200,00
		Ergebnis	**1.000,000**	**105.000,00**	**105,00**
	Reis Telephones USA	Smartphone Plus	2.000,000	200.000,00	100,00
		Tablet Mini	180,000	36.000,00	200,00
		Ergebnis	**2.180,000**	**236.000,00**	**108,26**
	Ergebnis		**3.180,000**	**341.000,00**	**107,23**
Gesamtergebnis			**3.180,000**	**341.000,00**	**107,23**

Abbildung 11.43 Auf die erste Position verschobenes Kalenderjahr

Über den Parameterwert `FILTER` können Sie ein Merkmal, inklusive momentan eingeschränkten Elementen, in den Hintergrundfilter verschieben. In unserem Beispiel ist der Filter auf die Elemente Smartphone Mini, Smartphone Plus und Tablet Mini eingeschränkt. Über das Makro in Listing 11.56 wird das Merkmal mit diesen Werten in den Hintergrundfilter verschoben.

```
Sub MoveDimension()
Dim lResult As Long
lResult = Application.Run("SAPMoveDimension", "DS_1", _
"0D_NW_PRDGP", "FILTER")
End Sub
```

Listing 11.56 Makro zur Definition der Merkmalswerte als Hintergrundfilter

In Abbildung 11.44 sehen Sie den definierten Hintergrundfilter.

Ausgabeparameter

Bei der Ausführung des Makros liefert das System (in unserem Beispiel über die Variable `lResult`) einen der folgenden Ausgabeparameter zurück:

- 0 – Ausführung fehlgeschlagen
- 1 – Ausführung erfolgreich

Abbildung 11.44 In den Hintergrundfilter verschobene Werte

11.4.12 SAPOpenWorkbook

Mit der Methode `SAPOpenWorkbook` können Sie eine Analysis-Arbeitsmappe öffnen, die auf einem SAP-BW-Server oder einer BI-Plattform abgelegt ist.

Parameter definieren

Die Methode wird über den Befehl `Application.Run` gestartet und verfügt über die Parameter `[Name]`, `[Alias der Formel]` und `[Variablen]`.

Geben Sie als `[Name]` den technischen Namen der Arbeitsmappe an, die Sie öffnen möchten. Der technische Name der Arbeitsmappe wird auf der Registerkarte **Informationen** im Designbereich angezeigt.

[+]

Technischen Namen über eine Formel herausfinden

Sie können den technischen Namen einer Arbeitsmappe auch über die Formel `=SAPGetWorkbookInfo("WorkbookName")` herausfinden. Weitere Informationen erhalten Sie in Abschnitt 10.2.9, »SAPGetWorkbookInfo«.

Geben Sie als Parameter `[Alias der Formel]` den Alias der Datenquelle oder eines Planungsobjekts (Planungsfunktion bzw. -sequenz) an, das als Referenz für das Zielsystem dient. Das Zielsystem ist das System, auf dem die zu öffnende Arbeitsmappe abgelegt ist und wird aus der angegebenen Datenquelle abgeleitet. Dieser Parameter ist notwendig, wenn mehrere Verbindungen in der Arbeitsmappe genutzt werden. Falls nur eine Verbindung existiert, ist dieser Parameter optional.

Arbeitsmappe ohne Variablen öffnen

Um eine Arbeitsmappe ohne Variablen zu öffnen, können Sie das in Listing 11.57 dargestellte Makro verwenden.

```
Sub OpenWorkbook()
Dim lResult As Long
lResult = Application.Run("SAPOpenWorkbook", "TBPCO_10W_0001", _
"DS_1")
End Sub
```

Listing 11.57 Makro zum Öffnen der Arbeitsmappe ohne Variablen

Komplizierter wird es, wenn Variablenwerte übergeben werden sollen. In diesem Fall können Sie den Parameter [Variablen] nutzen, um die in der Zielarbeitsmappe verwendeten Variablen zu füllen (siehe Abbildung 11.45).

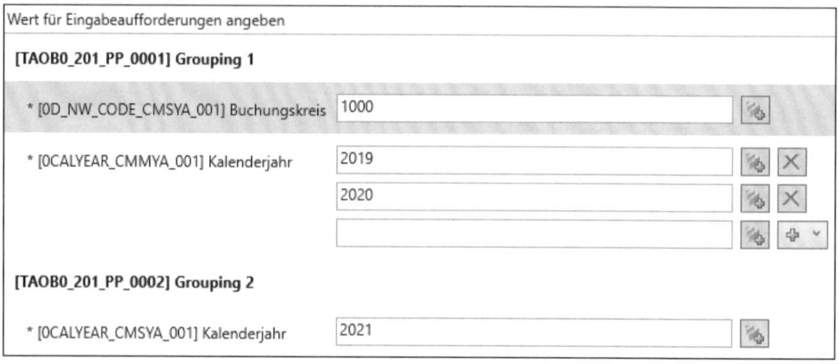

Wert für Eingabeaufforderungen angeben

[TAOBO_201_PP_0001] Grouping 1

* [0D_NW_CODE_CMSYA_001] Buchungskreis 1000

* [0CALYEAR_CMMYA_001] Kalenderjahr 2019

2020

[TAOBO_201_PP_0002] Grouping 2

* [0CALYEAR_CMSYA_001] Kalenderjahr 2021

Abbildung 11.45 Variablen ausfüllen

Geben Sie dazu den Alias der Datenquelle, den Namen der Variable und den Variablenwert an. Der Alias der Datenquelle ist nur notwendig, wenn eine Variable in verschiedenen Datenquellen genutzt wird, die Variablen nicht zusammengefasst sind (siehe Abschnitt 7.4, »Wichtige Einstellungen«) und Sie verschiedene Werte für dieselbe Variable angeben möchten.

Arbeitsmappe mit Variablen öffnen

In Listing 11.58 finden Sie ein Beispiel für die Übergabe der Variablenwerte. Dabei wird die Variable 0CALYEAR_CMMYA_001 mit den Werten 2019 und 2020 gefüllt.

```
Sub OpenWorkbook()
Dim lResult As Long
lResult = Application.Run("SAPOpenWorkbook", "TAOBO_20W_0003", _
"DS_1", "0CALYEAR_CMMYA_001", "2019;2020")
End Sub
```

Listing 11.58 Makro zum Übergeben von Variablenwerten

Sie können auch die Werte innerhalb eines Parameters übergeben (siehe Listing 11.59).

```
Sub OpenWorkbook()
Dim lResult As Long
lResult = Application.Run("SAPOpenWorkbook", "TAOBO_20W_0003", _
"DS_1", "0CALYEAR_CMMYA_001=2019;2020")
End Sub
```

Listing 11.59 Makro zum Übergeben von Variablenwerten innerhalb eines Parameters

Wenn mehrere Variablen in der Arbeitsmappe verwendet werden, funktioniert das Makro analog (siehe Listing 11.60).

```
Sub OpenWorkbook()
Dim lResult As Long
lResult = Application.Run("SAPOpenWorkbook", "TBPCO_20W_0001", _
"DS_1", "0CALYEAR_CMSYA_001", "2020", "0D_NW_CODE_CMSYA_001", "2000")
End Sub
```

Listing 11.60 Makro zum Füllen mehrerer Variablen

Wenn die Zielarbeitsmappe mehrere Datenquellen enthält und die Variablen nicht zusammengefasst sind, müssen Sie die Datenquelle angeben. Dabei können Sie die Variablen innerhalb eines Parameters übergeben (siehe Listing 11.61).


```
Sub OpenWorkbook()
Dim lResult As Long
lResult = Application.Run("SAPOpenWorkbook", "TAOBO_20W_0001", _
"DS_1", _
"[DS_1]0D_NW_CODE_CMSYA_001=1000; _
[DS_1]0CALYEAR_CMMYA_001=2019;[DS_2]0CALYEAR_CMSYA_001=2020")
End Sub
```

Listing 11.61 Makro zum Füllen von Variablen verschiedener Datenquelle innerhalb eines Parameters

Sie können aber auch zwecks besserer Übersicht mehrere Parameter für die Übergabe der Variablen nutzen. In Listing 11.62 sehen Sie ein entsprechendes Makro.

```
Sub OpenWorkbook()
Dim lResult As Long
lResult = Application.Run("SAPOpenWorkbook", "TAOBO_20W_0001", _
"DS_1", "[DS_1]0D_NW_CODE_CMSYA_001", "1000", _
"[DS_1]0CALYEAR_CMMYA_001", "2019", _
"[DS_2]0CALYEAR_CMSYA_001", "2020")
End Sub
```

Listing 11.62 Makro zum Übergeben von Variablen in mehreren Parametern

Beachten Sie, dass der Microsoft-Excel-Befehl `Application.Run` auf 30 Argumente beschränkt ist. Daher können Sie mit dieser Methode nur 14 Variablen oder 28 Wertekombinationen definieren. Wenn Sie mehr Variablen bzw. Kombinationen mit mehreren Werten festlegen wollen (z. B. mehrere durch Semikolon getrennte Elemente), können Sie auch mehrere Variablen in einem Parameter angeben (siehe Listing 11.63).

```
Sub OpenWorkbook()
Dim lResult As Long
lResult = Application.Run("SAPOpenWorkbook", "TAOBO_20W_0001", _
"DS_1", "[DS_1]0D_NW_CODE_CMSYA_001=1000", _
"[DS_1]0CALYEAR_CMMYA_001=2019;2020;[DS_2]0CALYEAR_CMSYA_001=2021")
End Sub
```

Listing 11.63 Makro zum Übergeben mehrerer Variablen in einem Parameter

Parametrisierbare API-Methode

Die komplette Syntax der Methode SAPOpenWorkbook ist in Listing 11.64 dargestellt.

```
lResult = Application.Run("SAPOpenWorkbook", "[Name]", _
"[Alias der Formel]", "[Variablen]")
```

Listing 11.64 Komplette Syntax der SAPOpenWorkbook-Methode

Ausgabeparameter

Bei der Ausführung des Makros liefert das System (in unserem Beispiel über die Variable lResult) einen der folgenden Ausgabeparameter zurück:

- 0 – Ausführung fehlgeschlagen
- 1 – Ausführung erfolgreich

11.4.13 SAPSetRefreshBehaviour

Die API-Methode SAPSetRefreshBehaviour ermöglicht es Ihnen, verschiedene API-Methoden nacheinander aufzurufen, ohne dass die Ergebnismengen aktualisiert und ein Meldungsdialog angezeigt wird.

Parameter definieren

Verwenden Sie zum Aufrufen der Methode den Befehl Application.Run, und definieren Sie die Parameter [Modus] und [Meldungsanzeige].

Über den Parameter [Modus] können Sie mit den Parameterwerten Off und On die Aktualisierung aus- bzw. einschalten. Über den Parameter [Meldungsanzeige] legen Sie anhand der Werte Off und On fest, ob Meldungen angezeigt werden oder nicht. Dieser Parameter ist optional. Standardmäßig wird die Einstellung Off verwendet.

Parametrisierbare API-Methode

Die vollständige Syntax der Methode lautet somit wie in Listing 11.65 dargestellt.

```
lResult = Application.Run("SAPSetRefreshBehaviour", "Off", "Off")
```

Listing 11.65 Syntax der Methode SAPSetRefreshBehaviour

In Listing 11.66 finden Sie ein Beispielmakro. Dabei wird die Aktualisierung ausgeschaltet und ein Filter für die Merkmale Buchungskreis und Produktgruppe gesetzt. Anschließend wird die Aktualisierung wieder eingeschaltet.

```
Sub SetRefreshBehaviour()
Dim lResult As Long
lResult = Application.Run("SAPSetRefreshBehaviour", "Off", "Off")
lResult = Application.Run("SAPSetFilter", "DS_1", "0D_NW_CODE", _
"1000")
lResult = Application.Run("SAPSetFilter", "DS_1", "0D_NW_PRDGP", _
"SP")
lResult = Application.Run("SAPSetRefreshBehaviour", "On", "On")
End Sub
```

Listing 11.66 Makro zum kurzfristigen Ausschalten der Aktualisierung

Ausgabeparameter

Bei der Ausführung des Makros liefert das System (in unserem Beispiel über die Variable lResult) einen der folgenden Ausgabeparameter zurück:

- 0 – Ausführung fehlgeschlagen
- 1 – Ausführung erfolgreich

11.4.14 SAPSetVariable

Mit der API-Methode SAPSetVariable können Sie Werte für eingabebereite Variablen in den Eingabeaufforderungen definieren.

Parameter definieren

Verwenden Sie zum Aufrufen der Methode den Befehl Application.Run, und definieren Sie die Parameter [Name der Variable], [Wert der Variable], [Format] und [Alias der Datenquelle].

Geben Sie für den Parameter [Name der Variable] den Namen oder den technischen Namen der Variable an, die verwendet werden soll. Spezifizieren Sie anschließend über den Parameter [Wert der Variable] den Wert, z. B. den technischen Schlüssel des Elements. Beachten Sie dabei die in Abschnitt 11.3, »Syntaxregeln zum Eingeben von Werten«, dargestellten Syntaxregeln.

Über den Parameter [Format] legen Sie das Format fest, in dem die Variablenwerte übergeben werden. Dabei stehen Ihnen die Optionen TEXT, KEY, INTERNAL_KEY, INPUT_STRING und LITERAL zur Verfügung. Bei der Eingabe von TEXT wird ein Einzelelement als Text übergeben. Bei der Verwendung von KEY wird der technische Schlüssel verwendet. Wenn Sie INTERNAL_KEY angeben, wird der interne Schlüssel benutzt. Beachten Sie bezüglich des internen und externen Schlüssels auch den Hinweiskasten in Abschnitt 11.4.3, »SAPSetFilter«. Bei einer komplexen Auswahl an Elementen verwenden

Sie den Parameterwert INPUT_STRING. Bei Einzelelementen mit internem Schlüssel können Sie auch den Parameterwert LITERAL verwenden. Bei diesem erfolgt keine unmittelbare Überprüfung des Wertes im Backend. Dadurch wird die Performance gesteigert. Beachten Sie, dass diese Option nur bei Werten mit einem internen Schlüssel und der Syntaxregel *Gleich* (siehe Abschnitt 11.3, »Syntaxregeln zum Eingeben von Werten«) verfügbar ist.

Geben Sie anschließend den Alias der Formel für die Datenquelle an. Sie können den Alias beim Konfigurieren der Datenquelle auf der Registerkarte **Komponenten** im Designbereich festlegen. Sie müssen diesen Wert definieren, wenn die Variablen der Arbeitsmappe nicht zusammengefasst sind. Wenn die Variablen zusammengefasst sind, können Sie ihn definieren, müssen es aber nicht.

Parametrisierbare API-Methode

Die vollständige Syntax der Methode ist in Listing 11.67 dargestellt.

```
lResult = Application.Run("SAPSetVariable", "[Name der Variable]", _
"[Wert der Variable]", "[Format]", "[Alias der Datenquelle]")
```

Listing 11.67 Syntax der Methode SAPSetVariable

In Listing 11.68 finden Sie ein Beispiel für das vollständige Makro. Dabei wird der Wert der Variable 0CALYEAR_CMMYA_001 in der Datenquelle DS_1 auf 2019 gesetzt.

```
Sub SetVariable()
Dim lResult As Long
lResult = Application.Run("SAPSetVariable", "0CALYEAR_CMMYA_001", _
"2019", "INPUT_STRING", "DS_1")
End Sub
```

Listing 11.68 Makro zum Definieren des Wertes einer Variable

Mehrere Variablenwerte auf einmal übergeben

Wenn Sie mehrere Variablen bestimmen möchten, können Sie den Befehl PauseVariableSubmit mit der Methode SAPExecuteCommand verwenden. In Listing 11.69 finden Sie ein Beispiel. Dabei werden die Variablen für das Kalenderjahr und den Buchungskreis gleichzeitig gesetzt.

```
Sub SetVariable()
Dim lResult As Long
lResult = Application.Run("SAPSetRefreshBehaviour", "Off")
lResult = Application.Run("SAPExecuteCommand", _
"PauseVariableSubmit", "On")
lResult = Application.Run("SAPSetVariable", "0CALYEAR_CMSYA_001", _
"2019")
lResult = Application.Run("SAPSetVariable", "0D_NW_CODE_CMSYA_001", _
```

```
"1000")
lResult = Application.Run("SAPExecuteCommand", _
"PauseVariableSubmit", "Off")
lResult = Application.Run("SAPSetRefreshBehaviour", "On")
End Sub
```

Listing 11.69 Makro zum gleichzeitigen Setzen mehrerer Variablenwerte

Ausgabeparameter

Bei der Ausführung des Makros liefert das System (in unserem Beispiel über die Variable `lResult`) einen der folgenden Ausgabeparameter zurück:

- 0 – Ausführung fehlgeschlagen
- 1 – Ausführung erfolgreich

11.4.15 SAPExecuteCommand

Über die API-Methode `SAPExecuteCommand` können Sie die in den folgenden Abschnitten näher erläuterten Befehle ausführen:

- `PlanDataTransfer`
- `PlanDataSave`
- `PlanDataReset`
- `PlanDataClientReset`
- `PlanDataToDisplayMode`
- `PlanDataToChangeMode`
- `PauseVariableSubmit`
- `Hide/Show`
- `ShowPrompts`
- `Refresh`
- `RefreshData`
- `AutoRefresh`
- `Restart`
- `NumberOfNewLines`
- `RegisterCallback`
- `UnregisterCallback`
- `SetFunctionalArea`
- `SaveBwComments`

Die Methode wird über den Befehl `Application.Run` gestartet. Anschließend wird als Parameter der jeweilige Befehl angegeben.

Die vollständige Syntax der Methode ist in Listing 11.70 dargestellt.

```
lResult= Application.Run("SAPExecuteCommand", "[Befehl]", _
"[Argumente des Befehls]")
```

Listing 11.70 Syntax der Methode SAPExecuteCommand

Parametrisierbare API-Methode

In den nachfolgenden Abschnitten gehe ich im Detail auf die einzelnen Befehle ein.

Bei der Ausführung des Makros liefert das System (in unserem Beispiel über die Variable `lResult`) einen der folgenden Ausgabeparameter zurück:

- 0 – Ausführung fehlgeschlagen
- 1 – Ausführung erfolgreich

PlanDataTransfer

Über den Befehl `PlanDataTransfer` werden die eingegebenen Planungsdaten erneut berechnet und die Kreuztabelle aktualisiert. Das Ergebnis gleicht der Ausführung über die Funktion **Neu berechnen** im Menübandbereich **Planung** (siehe Abschnitt 6.4.2, »Planungsdaten neu berechnen«).

Makro zum Neuberechnen von Planungsdaten

In Listing 11.71 sehen Sie ein Beispiel für das entsprechende Makro.

```
Sub ExecuteCommand()
Dim lResult As Long
lResult = Application.Run("SAPExecuteCommand", "PlanDataTransfer")
End Sub
```

Listing 11.71 Makro zum Neuberechnen von Planungsdaten

PlanDataSave

Mit dem Befehl `PlanDataSave` können Sie eingegebene Planungsdaten speichern. Das Ergebnis gleicht der Ausführung über die Funktion **Daten speichern** im Bereich **Planung** (siehe Abschnitt 6.4.4, »Planungsdaten speichern«).

Makro zum Speichern von Planungsdaten

Wenn Sie das in Listing 11.72 dargestellte Makro ausführen, werden die Planungsdaten gespeichert.

```
Sub ExecuteCommand()
Dim lResult As Long
lResult = Application.Run("SAPExecuteCommand", "PlanDataSave")
End Sub
```

Listing 11.72 Makro zum Speichern von Planungsdaten

PlanDataReset

Verwenden Sie den Befehl `PlanDataReset`, um die Planungsdaten zurückzusetzen, die seit dem letzten Speichern der Daten eingegeben wurden. Das Ergebnis gleicht der Ausführung über den Eintrag **Zum letzten gespeicherten Status** in der Auswahl **Zurück** im Bereich **Planung** (siehe Abschnitt 6.4.3, »Änderungen an Planungsdaten rückgängig machen«).

Makro zum Zurücksetzen auf Speicherstand

Wenn Sie das in Listing 11.73 abgebildete Makro ausführen, werden die eingegebenen Planungsdaten zum letzten gespeicherten Stand zurückgesetzt.

```
Sub ExecuteCommand()
Dim lResult As Long
lResult = Application.Run("SAPExecuteCommand", "PlanDataReset")
End Sub
```

Listing 11.73 Makro zum Zurückkehren zum letzten gespeicherten Stand

PlanDataClientReset

Verwenden Sie den Befehl `PlanDataClientReset`, um Planungsdaten zurückzusetzen, die seit der letzten Neuberechnung der Daten eingegeben wurden. Das Ergebnis gleicht der Ausführung über den Eintrag **Zum letzten konsistenten Client-Status** in der Auswahl **Zurück** im Bereich **Planung** (siehe Abschnitt 6.4.3, »Änderungen an Planungsdaten rückgängig machen«).

Makro zum Zurückkehren zur letzten Neuberechnung

In Listing 11.74 sehen Sie ein Beispiel für das vollständige Makro.

```
Sub ExecuteCommand()
Dim lResult As Long
lResult = Application.Run("SAPExecuteCommand", "PlanDataClientReset")
End Sub
```

Listing 11.74 Makro zum Zurückkehren zur letzten erfolgreichen Neuberechnung

PlanDataToDisplayMode

Verwenden Sie den Befehl `PlanDataToDisplayMode`, um bei der Planung vom eingabebereiten Modus in den Anzeigemodus zu wechseln. Das Ergebnis gleicht der Ausführung über den Button **Anzeigen** im Bereich **Planung** (siehe Abschnitt 6.4, »Änderungs- und Anzeigemodus verwenden«).

Makro zum Einschalten des Anzeigemodus

Wenn Sie das in Listing 11.75 dargestellt Makro ausführen, wird der Anzeigemodus eingeschaltet.

```
Sub ExecuteCommand()
Dim lResult As Long
```

```
lResult = Application.Run("SAPExecuteCommand", _
"PlanDataToDisplayMode")
End Sub
```

Listing 11.75 Makro zum Wechseln in den Anzeigemodus

Standardmäßig wird dieser Befehl für alle Datenquellen im Workbook ausgeführt. Ab der Version 2.8 SP15 von SAP Analysis for Microsoft Office können Sie auch individuelle Datenquellen spezifizieren. Ein Beispiel ist im Listing 11.76 dargestellt.

```
Sub ExecuteCommand()
Dim lResult As Long
lResult = Application.Run("SAPExecuteCommand",
"PlanDataToDisplayMode", "DS_2")
End Sub
```

Listing 11.76 Makro zum Wechseln einer Datenquelle in den Anzeigemodus

Falls Sie mit individuellen Datenquellen arbeiten, beachten Sie das folgende Verhalten: Wenn Sie z. B. ungesicherte Daten in der Datenquelle `DS_1` haben und bei der Datenquelle `DS_2` in den Anzeigemodus wechseln, werden Sie aufgefordert, die Daten in `DS_1` zu speichern oder zurückzusetzen. Um diese Meldung zu vermeiden, können Sie Befehle wie `PlanDataSave` oder `PlanDataReset` in Ihrem Makro verwenden.

PlanDataToChangeMode

Makro zum Einschalten des Eingabemodus

Verwenden Sie den Befehl `PlanDataToChangeMode`, um beim Planen von Daten in den eingabebereiten Modus zu wechseln. Das Ergebnis gleicht der Ausführung über den Button **Ändern** im Bereich **Planung** (siehe Abschnitt 6.4, »Änderungs- und Anzeigemodus verwenden«).

In Listing 11.77 sehen Sie ein entsprechendes Beispielmakro.

```
Sub ExecuteCommand()
Dim lResult As Long
lResult = Application.Run("SAPExecuteCommand",
"PlanDataToChangeMode")
End Sub
```

Listing 11.77 Makro zum Wechseln in den eingabebereiten Modus

Standardmäßig wird dieser Befehl für alle Datenquellen im Workbook ausgeführt. Ab der Analysis for Office Version 2.8 SP15 können Sie auch individuelle Datenquellen spezifizieren. Ein Beispiel ist im Listing 11.78 dargestellt.

```
Sub ExecuteCommand()
Dim lResult As Long
lResult = Application.Run("SAPExecuteCommand",
"PlanDataToChangeMode", "DS_2")
End Sub
```

Listing 11.78 Makro zum Wechseln einer Datenquelle in den eingabebereiten Modus

NumberOfNewLines

Mit dem Befehl `NumberOfNewLines` können Sie die Anzahl der neuen Zeilen für eine eingabebereite Kreuztabelle definieren. Übergeben Sie dazu den `[Alias der Formel]` der Kreuztabelle sowie die gewünschte Anzahl der Zeilen als Parameter. Sie können den Alias beim Konfigurieren der Kreuztabelle auf der Registerkarte **Komponenten** im Designbereich festlegen (siehe Abbildung 11.46).

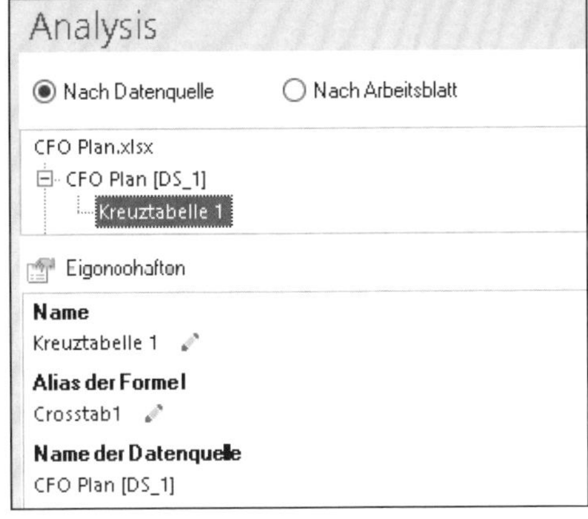

Abbildung 11.46 Alias der Kreuztabelle festlegen

Makro zum Hinzufügen neuer Zeilen

In Listing 11.79 finden Sie ein Beispielmakro, mit dem drei neue Zeilen zur Kreuztabelle mit dem Alias `Crosstab1` hinzugefügt werden.

```
Sub ExecuteCommand()
Dim lResult As Long
lResult = Application.Run("SAPExecuteCommand", "NumberOfNewLines", _
"Crosstab1", "3")
End Sub
```

Listing 11.79 Makro zum Hinzufügen neuer Zeilen

Das Ergebnis nach der Ausführung sehen Sie in Abbildung 11.47.

		Menge
Buchungskreis		ST
1000	Reis Telefone DE	100,000
2000	Reis Telephones USA	200,000
Gesamtergebnis		**300,000**

Abbildung 11.47 Tabelle mit drei hinzugefügten neuen Zeilen

Wenn Sie eine Zahl kleiner 0 als Parameterwert angeben, wird die Anzahl der neuen Zeilen auf die in der Auswahl **Planung: Anzahl an neuen Zeilen** (siehe Abschnitt 6.5.7, »Anzahl an neuen Zeilen definieren«) definierte Anzahl gesetzt.

Anzahl neuer Zeilen auslesen

Um die Anzahl neuer Zeilen auszulesen, können Sie die Methode `SAPGetProperty` mit dem Parameterwert `NumberOfNewLines` verwenden. Weitere Informationen erhalten Sie in Abschnitt 11.4.8, »SAPGetProperty«.

PauseVariableSubmit

Makro zum Pausieren

Verwenden Sie den Befehl `PauseVariableSubmit` mit dem Parameterwert `On`, um die Ausführung von Variablen anzuhalten. Verwenden Sie den Parameterwert `Off`, um fortzufahren. Wenn `PauseVariableSubmit` im Modus `On` ist, werden alle Analysis-Formeln und die meisten Analysis-Makros in SAP Analysis for Microsoft Office nicht ausgeführt. Folgende Makros bilden eine Ausnahme: `SAPAddMessage`, `SAPSetVariable`, `PauseVariableSubmit "Off"`.

In Listing 11.80 finden Sie ein Beispiel für die Verwendung des Befehls `PauseVariableSubmit`. Bei diesem werden die Variablen für das Kalenderjahr und den Buchungskreis gleichzeitig gesetzt, ohne dass die Kreuztabelle zwischendurch aktualisiert wird.

```
Sub SetVariable()
Dim lResult As Long
lResult = Application.Run("SAPSetRefreshBehaviour", "Off")
lResult = Application.Run("SAPExecuteCommand", _
"PauseVariableSubmit", "On")
```

```
lResult = Application.Run("SAPSetVariable", "0CALYEAR_CMSYA_001", _
"2019")
lResult = Application.Run("SAPSetVariable", "0D_NW_CODE_CMSYA_001", _
"1000")
lResult = Application.Run("SAPExecuteCommand", _
"PauseVariableSubmit", "Off")
lResult = Application.Run("SAPSetRefreshBehaviour", "On")
End Sub
```

Listing 11.80 Makro zum gleichzeitigen Setzen mehrerer Variablen

Hide und Show

Mit dem Befehl `Hide` können Sie Komponenten der Benutzeroberfläche von Analysis-Arbeitsmappen ausblenden. Dazu zählen Registerkarten von SAP Analysis for Microsoft Office (über den Parameterwert `Ribbon` können Sie die Registerkarten **Analysis** und **Analysis Design** ausblenden), das Kontextmenü (Parameterwert `ContextMenu`) und der Designbereich (Parameterwert `TaskPane`). Schließlich können Sie einzelne Registerkarten im Designbereich ausblenden. Über die Parameterwerte `Show Default` können Sie die versteckten Komponenten der Benutzeroberfläche wieder einblenden.

Die Änderung ist jeweils für die aktive Arbeitsmappe gültig, in der das Makro ausgeführt wurde. Wenn z. B. die Registerkarte **Analyse** in einer Arbeitsmappe ausgeblendet wurde und der Benutzer in eine andere Arbeitsmappe wechselt, ist die Registerkarte **Analyse** wieder sichtbar. Wechselt der Benutzer erneut in die erste Arbeitsmappe, ist die Registerkarte wieder ausgeblendet.

Makro zum Verstecken von Registerkarten

Nachfolgend verdeutliche ich die Funktionsweise der einzelnen Parameterwerte anhand von Beispielen. So können Sie über das Makro in Listing 11.81 die Registerkarten **Analysis** und **Analysis Design** verstecken.

```
Sub ExecuteCommand()
Dim lResult As Long
lResult = Application.Run("SAPExecuteCommand", "Hide", "Ribbon", _
"All")
End Sub
```

Listing 11.81 Makro zum Verstecken der Registerkarten »Analysis« und »Analysis Design«

Das Ergebnis ist in Abbildung 11.48 zu sehen – bzw. sehen Sie die Registerkarten gerade nicht.

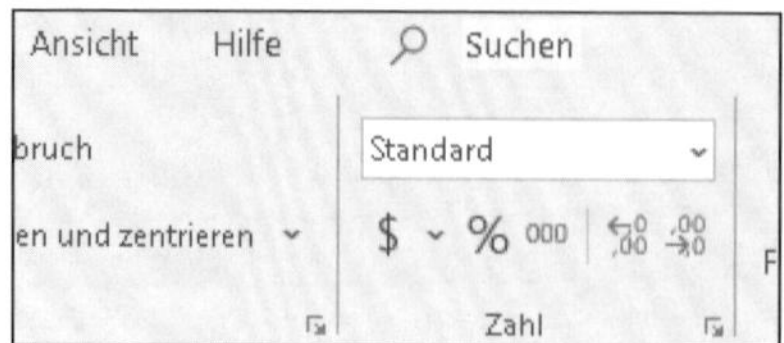

Abbildung 11.48 Versteckte Registerkarten »Analysis« und »Analysis Design«

Über die Parameterwerte `Show` und `Default` können Sie die Registerkarten wieder anzeigen. Das Makro dazu finden Sie in Listing 11.82.

```
Sub ExecuteCommand()
Dim lResult As Long
lResult = Application.Run("SAPExecuteCommand", "Show", "Ribbon", _
"Default")
End Sub
```

Listing 11.82 Makro zum erneuten Einblenden der Registerkarten

Nach der Ausführung des Makros sind die Registerkarten **Analysis** und **Analysis Design** wieder sichtbar (siehe Abbildung 11.49).

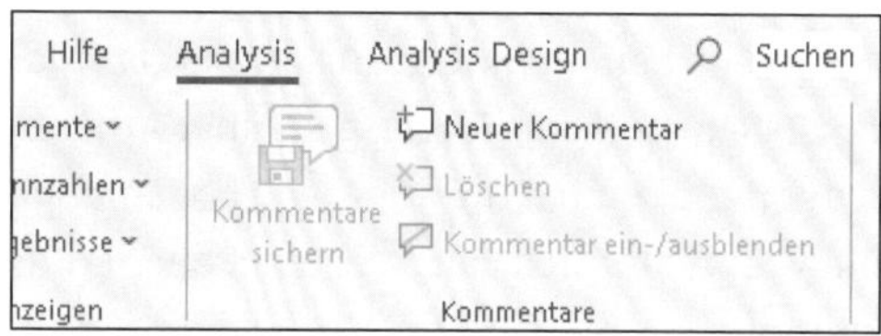

Abbildung 11.49 Eingeblendete Registerkarten »Analysis« und »Analysis Design«

Makro zum Verstecken von Einträgen des Kontextmenüs

Neben den Registerkarten können Sie auch für SAP Analysis for Microsoft Office spezifische Elemente aus dem Kontextmenü verstecken. Führen Sie dazu den Befehl `Hide` mit den Parameterwerten `ContextMenu All` aus (siehe Listing 11.83).

```
Sub ExecuteCommand()
Dim lResult As Long
lResult = Application.Run("SAPExecuteCommand", "Hide", _
"ContextMenu", "All")
End Sub
```

Listing 11.83 Makro zum Verstecken von Elementen aus dem Kontextmenü

Nach der Ausführung des Makros werden für SAP Analysis for Microsoft Office spezifische Einträge aus dem Kontextmenü entfernt (siehe Abbildung 11.50).

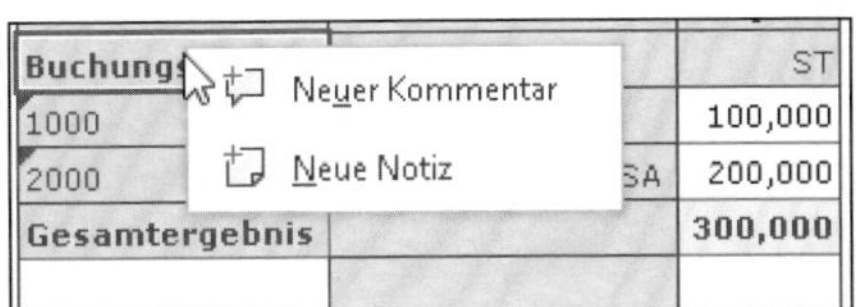

Abbildung 11.50 Kontextmenü mit versteckten Einträgen

Über das Makro in Listing 11.84 können Sie das Kontextmenü wieder vollständig anzeigen.

```
Sub ExecuteCommand()
Dim lResult As Long
lResult = Application.Run("SAPExecuteCommand", "Show", _
"ContextMenu", "Default")
End Sub
```

Listing 11.84 Makro zum Einblenden des Kontextmenüs

Das Ergebnis ist in Abbildung 11.51 zu sehen.

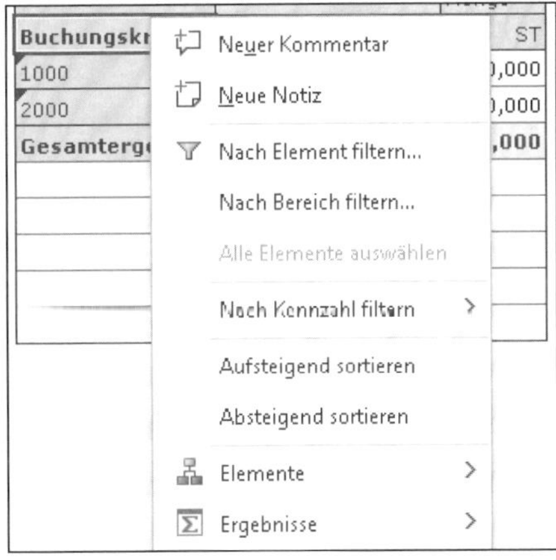

Abbildung 11.51 Vollständiges Kontextmenü

Makro zum Verstecken von Registerkarten des Designbereiches

Schließlich können Sie auch einzelne Registerkarten aus dem Designbereich ausblenden. Verwenden Sie dazu den Parameterwert `TaskPane`. Anschließend spezifizieren Sie, welche Registerkarte ausgeblendet werden soll. Dabei können Sie die Werte `Analysis` (Registerkarte **Analyse**), `Information` (Registerkarte **Informationen**), `Components` (Registerkarte **Komponenten**), `Designrules` (Registerkarte **Designregeln**) und `Comments` (Registerkarte **Kommentare**) verwenden.

In Listing 11.85 finden Sie ein Beispiel. In diesem wird die Registerkarte **Analyse** aus dem Designbereich ausgeblendet.

```
Sub ExecuteCommand()
Dim lResult As Long
lResult = Application.Run("SAPExecuteCommand", "Hide", "TaskPane", _
"Analysis")
End Sub
```

Listing 11.85 Makro zum Ausblenden der Registerkarte »Analyse«

Das Ergebnis ist in Abbildung 11.52 zu sehen.

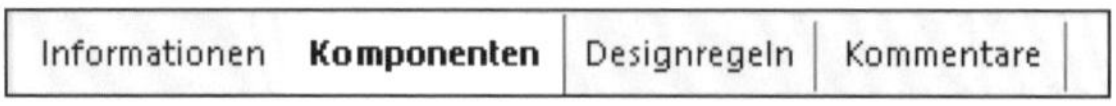

Abbildung 11.52 Versteckte Registerkarte »Analyse«

Die anderen Registerkarten blenden Sie aus, indem Sie im Makro den Parameterwert `Analysis` durch einen der anderen ersetzen.

Beachten Sie, dass Sie nicht alle Registerkarten gleichzeitig ausblenden können. Der Inhalt der letzten Registerkarte wird trotzdem angezeigt, obwohl die Registerkarte ausgeblendet wurde. Sie können also maximal vier der fünf Registerkarten ausblenden.

Über die Parameterwerte `Show` und `Default` können Sie alle Registerkarten im Designbereich wieder sichtbar machen. In Listing 11.86 sehen Sie ein entsprechendes Beispielmakro.

```
Sub ExecuteCommand()
Dim lResult As Long
lResult = Application.Run("SAPExecuteCommand", "Show", "TaskPane", _
"Default")
End Sub
```

Listing 11.86 Makro zum Einblenden aller Registerkarten des Designbereiches

In Abbildung 11.53 ist das Ergebnis zu sehen.

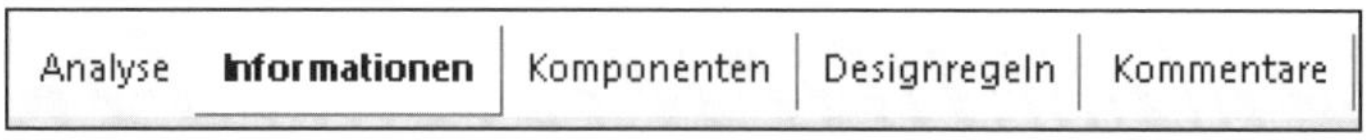

Abbildung 11.53 Alle Registerkarten des Designbereiches anzeigen

ShowPrompts

Mit dem Befehl `ShowPrompts` können Sie den Dialog für Eingabeaufforderungen anzeigen. Dabei können Sie entweder Eingabeaufforderungen für Arbeitsmappen oder Datenquellen aufrufen. Um den Dialog aufzurufen, müssen Sie zunächst die Datenquellen aktualisieren.

Makro zum Anzeigen von Eingabeaufforderungen

Verwenden Sie den Parameterwert `ALL`, um die Eingabeaufforderungen für alle Datenquellen und somit die gesamte Arbeitsmappe anzuzeigen. Wenn Sie das in Listing 11.87 dargestellte Makro ausführen, werden die Eingabeaufforderungen für alle Datenquellen in der Arbeitsmappe angezeigt (siehe Abbildung 11.54).

```
Sub ExecuteCommand()
Dim lResult As Long
lResult = Application.Run("SAPExecuteCommand", "ShowPrompts", "ALL")
End Sub
```

Listing 11.87 Makro zum Anzeigen der Eingabeaufforderungen

Wert für Eingabeaufforderungen angeben

[TAOB0_201_PP_0001] Grouping 1

* [0D_NW_CODE_CMSYA_001] Buchungskreis	1000
* [0CALYEAR_CMMYA_001] Kalenderjahr	2019
	2020

[TAOB0_201_PP_0002] Grouping 2

* [0CALYEAR_CMSYA_001] Kalenderjahr	2021

Abbildung 11.54 Eingabeaufforderungen einer Arbeitsmappe anzeigen

Das Ergebnis entspricht der Ausführung des Eintrags **Eingabeaufforderung für Arbeitsmappe** der Auswahl **Parameter & Variablen** im Bereich **Datenanalyse** (siehe Abbildung 11.55).

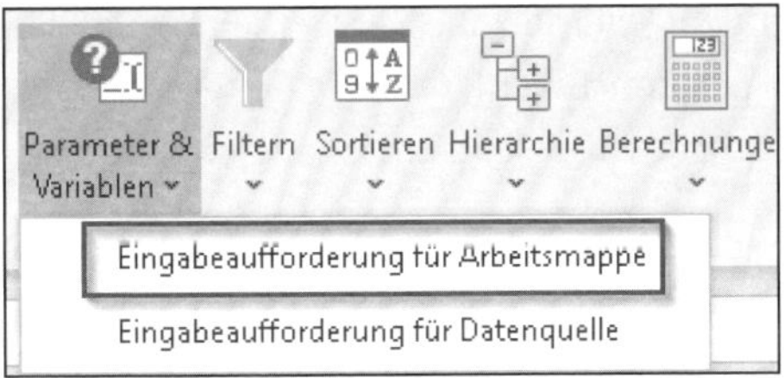

Abbildung 11.55 Eingabeaufforderung für Arbeitsmappe anzeigen

Neben der gesamten Arbeitsmappe können Sie auch Eingabeaufforderungen einzelner Datenquellen anzeigen. Allerdings ist dies nur möglich, wenn die Variablen in der Arbeitsmappe nicht zusammengefasst sind. In Listing 11.88 sehen Sie ein Beispiel. Wenn Sie dieses Makro ausführen, wird die Eingabeaufforderung für die Datenquelle `DS_1` angezeigt.

```
Sub ExecuteCommand()
Dim lResult As Long
lResult = Application.Run("SAPExecuteCommand", "ShowPrompts", "DS_1")
End Sub
```

Listing 11.88 Makro zum Anzeigen der Eingabeaufforderung einer Datenquelle

Das Ergebnis gleicht dem Ergebnis, das Sie über die Auswahl **Parameter & Variablen** und darin den Eintrag **Eingabeaufforderung für Datenquelle** im Bereich **Datenanalyse** erhalten, nachdem Sie eine Zelle der jeweiligen Datenquelle ausgewählt haben (siehe Abbildung 11.56).

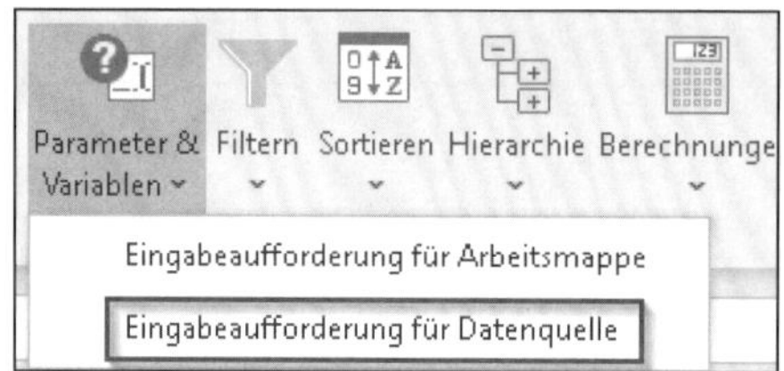

Abbildung 11.56 Eingabeaufforderung für Datenquelle anzeigen

Refresh

Wenn Sie in SAP Analysis for Microsoft Office mit VBA arbeiten, müssen Sie zunächst die verwendete Datenquelle aktualisieren. Sonst können Sie keine weiteren Aktionen ausführen. Sobald eine Verbindung zum System besteht, muss jede Datenquelle initial aktualisiert werden. Verwenden Sie dazu den Befehl `Refresh`. Dabei können Sie als Parameter den Alias einer Datenquelle oder eines Planungsobjekts (Planungsfunktion oder -sequenz) angeben, die aktualisiert werden sollen. Wenn Sie keinen Parameter angeben oder den Parameterwert `ALL` nutzen, werden alle Datenquellen und Planungsobjekte aktualisiert. Wenn Sie den Befehl `Refresh` für eine Datenquelle ausführen, die bereits aktualisiert wurde, werden alle zugehörigen Kreuztabellen neu aufgebaut.

Makros zum Aktualisieren von Datenquellen

Nachfolgend zeige ich Ihnen einige Beispielmakros. Wenn Sie das in Listing 11.89 dargestellte Makro ausführen, werden die Daten aller Datenquellen aktualisiert.

```
Sub ExecuteCommand()
Dim lResult As Long
lResult = Application.Run("SAPExecuteCommand", "Refresh")
End Sub
```

Listing 11.89 Makro zum Aktualisieren der Daten aller Datenquellen

Sie können Datenquellen auch separat aktualisieren (siehe Listing 11.90). Wenn Sie das beispielhafte Makro ausführen, werden die Daten der Datenquelle DS_1 aktualisiert.

```
Sub ExecuteCommand()
Dim lResult As Long
lResult = Application.Run("SAPExecuteCommand", "Refresh", "DS_1")
End Sub
```

Listing 11.90 Makro zum Aktualisieren einer spezifischen Datenquelle

Zusätzlich können Sie eine Liste von Datenquellen angeben, die aktualisiert werden sollen. Wenn Sie das in Listing 11.91 dargestellte Makro ausführen, werden die Daten der Datenquellen DS_1 und DS_2 aktualisiert.


```
Sub ExecuteCommand()
Dim lResult As Long
lResult = Application.Run("SAPExecuteCommand", "Refresh", _
"DS_1;DS_2")
End Sub
```

Listing 11.91 Makro zum Aktualisieren mehrerer Datenquellen

[+]

Prüfen, ob die Datenquelle initial aktualisiert wurde

Das initiale Aktualisieren einer Datenquelle nimmt einige Zeit in Anspruch. Daher bietet es sich an, mit der Methode SAPGetProperty und dem Parameterwert IsDataSourceActive (siehe Abschnitt 11.4.8, »SAPGetProperty«) zuerst zu prüfen, ob die Datenquelle schon aktiv ist und verwendet werden kann. In Listing 11.92 finden Sie ein entsprechendes Beispielmakro.

```
Sub IsDataSourceActive()

Dim vResult As Variant
Dim lResult As Long

'Ist die Datenquelle aktiv?
vResult = Application.Run("SAPGetProperty", _
"IsDataSourceActive", "DS_1")
If vResult = False Then

  'Wenn nicht, Datenquelle aktualisieren
  lResult = Application.Run("SAPExecuteCommand", _
```

```
  "Refresh", "DS_1")

End If
End Sub
```

Listing 11.92 Makro, um vor einer Aktualisierung zu prüfen, ob Datenquelle bereits aktiv

RefreshData

Mit dem Befehl `RefreshData` können Sie die transaktionalen Daten, also die Bewegungsdaten, einer Datenquelle aktualisieren. Dabei können Sie als Parameter den Alias einer Datenquelle angeben, die aktualisiert werden soll. Wenn Sie keinen Parameter angeben oder den Parameterwert `ALL` nutzen, werden alle Datenquellen aktualisiert.

Makro zum Aktualisieren von Bewegungsdaten

In Listing 11.93 finden Sie ein Beispielmakro.

```
Sub ExecuteCommand()
Dim lResult As Long
lResult = Application.Run("SAPExecuteCommand", "RefreshData", "DS_1")
End Sub
```

Listing 11.93 Makro zum Aktualisieren von Bewegungsdaten

AutoRefresh

Über den Befehl `AutoRefresh` steuern Sie das Aktualisierungsverhalten auf der Ebene der Datenquelle. Dieses ist unabhängig von der Funktion **Aktualisierung unterbrechen** (siehe Abschnitt 2.2.7, »Aktualisierung unterbrechen«) in der Arbeitsmappe. Eine Datenquelle (und die darauf aufbauende Kreuztabelle) wird nur dann automatisch aktualisiert, wenn die automatische Aktualisierung auf beiden Ebenen, der Ebene der Arbeitsmappe und der Datenquelle, aktiv ist.

Verwenden Sie den Parameterwert `Off`, um zu verhindern, dass eine oder mehrere Datenquellen automatisch nach einem Navigationsschritt aktualisiert werden. Mit dem Parameterwert `On` können Sie die automatische Aktualisierung wieder einschalten.

Makro zum Ausschalten von AutoRefresh

Wenn Sie das in Listing 11.94 gezeigte Makro ausführen, wird die Datenquelle `DS_1` nicht mehr bei jedem Navigationsschritt automatisch aktualisiert.

```
Sub ExecuteCommand()
Dim lResult As Long
```

```
lResult = Application.Run("SAPExecuteCommand", "AutoRefresh", _
"Off", "DS_1")
End Sub
```

Listing 11.94 Makro zum Ausschalten der automatischen Aktualisierung

Verwenden Sie das in Listing 11.95 dargestellte Makro, um die automatische Aktualisierung wieder einzuschalten.

```
Sub ExecuteCommand()
Dim lResult As Long
lResult = Application.Run("SAPExecuteCommand", "AutoRefresh", _
"On", "DS_1")
End Sub
```

Listing 11.95 Makro zum Einschalten der automatischen Aktualisierung

Aktualisierungsverhalten einer Datenquelle prüfen

Verwenden Sie die Methode `SAPGetProperty` mit dem Parameterwert `IsAutoRefresh` (siehe Abschnitt 11.4.8, »SAPGetProperty«), um das Aktualisierungsverhalten einer Datenquelle zu prüfen. In Listing 11.96 finden Sie ein beispielhaftes Makro.

```
Sub GetProperty()
Dim vResult As Variant
vResult = Application.Run("SAPGetProperty", "IsAutoRefresh", _
"DS_1")
End Sub
```

Listing 11.96 Makro zum Prüfen des Aktualisierungsverhaltens einer Datenquelle

Restart

Mit dem Befehl `Restart` können Sie eine Datenquelle neu starten. Dies hat denselben Effekt wie das Löschen und wieder Einfügen der Datenquelle. Der aktuelle Navigationszustand und die ausgewählten Werte der Eingabeaufforderungen bleiben erhalten. Nach dem Neustart werden neue Daten aus der Datenbank in die entsprechenden Kreuztabellen eingefügt.

Wenn Sie keine Datenquelle spezifizieren oder den Parameterwert `ALL` nutzen, werden alle Datenquellen neu gestartet. Sie können auch eine Liste von Datenquellen definieren, indem Sie diese durch Semikolons getrennt angeben (siehe Abschnitt 11.3, »Syntaxregeln zum Eingeben von Werten«).

Makro zum Neustarten einer Datenquelle

In Listing 11.97 finden Sie ein Beispielmakro. Bei diesem wird die Datenquelle `DS_1` neu gestartet.

```
Sub ExecuteCommand()
Dim lResult As Long
lResult = Application.Run("SAPExecuteCommand", "Restart", "DS_1")
End Sub
```

Listing 11.97 Makro zum Neustarten einer Datenquelle

RegisterCallback

Mit dem Befehl `RegisterCallback` können Sie einen Callback initiieren, der immer nach bzw. vor einem bestimmten Ereignis (Event) ausgeführt wird. Folgende Callbacks sind verfügbar:

- `AfterRedisplay`
- `BeforePlanDataSave`
- `BeforePlanDataReset`
- `BeforeMessageDisplay`
- `BeforeFirstPromptsDisplay`

Um einen Callback zu registrieren, muss der Befehl `RegisterCallback` im Rahmen des Events `Workbook_SAP_Initialize` ausgeführt werden. Dieser muss im VBA-Projekt im Objekt `DieseArbeitsmappe` ❶ eingetragen werden ❷. Das durch den Callback auszuführende Makro wird anschließend im Modul eingefügt ❸ (siehe Abbildung 11.57).

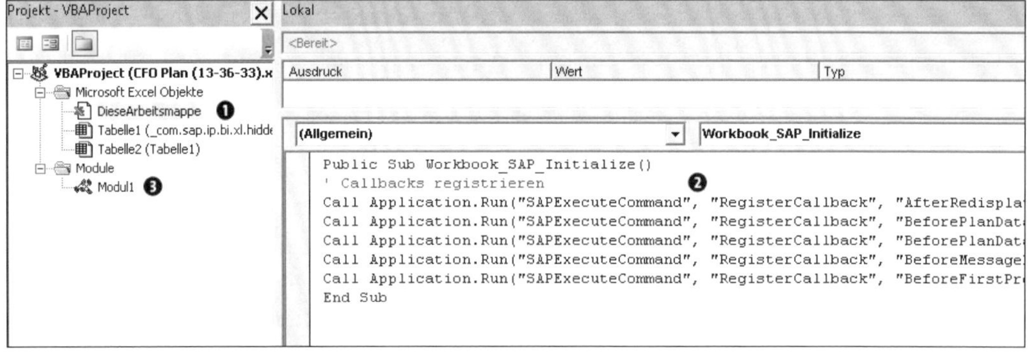

Abbildung 11.57 Callbacks registrieren

Makro zum Registrieren eines Callbacks

Betrachten wir das folgende Beispiel: Im Objekt `DieseArbeitsmappe` wird über das in Listing 11.98 dargestellte Makro der Callback `AfterRedisplay` registriert. Dieser soll bei jedem Ereignis (in diesem Fall Aktualisierung der Arbeitsmappe) das Makro `Callback_AfterRedisplay` ausführen.

```
Public Sub Workbook_SAP_Initialize()
' Callback registrieren
Call Application.Run("SAPExecuteCommand", "RegisterCallback", _
"AfterRedisplay", "Callback_AfterRedisplay")
End Sub
```

Listing 11.98 Makro zum Registrieren eines Callbacks

Bei jeder Aktualisierung ausgeführtes Makro

Die eigentliche Logik wird im Makro `Callback_AfterRedisplay` untergebracht. Das Makro zeigt z. B. nach jeder Aktualisierung eine Nachricht an (siehe Listing 11.99).

```
Sub Callback_AfterRedisplay()
MsgBox ("Diese Nachricht wird AfterRedisplay angezeigt")
End Sub
```

Listing 11.99 Makro zum Anzeigen einer Nachricht nach jeder Aktualisierung

Sie können jeden Callback nur einmal in einer Arbeitsmappe registrieren. Wenn Sie einen der Callbacks ein zweites Mal registrieren, wird die erste Registrierung überschrieben. Weitere Informationen zur Verwendung von Callbacks finden Sie in Abschnitt 11.4.16, »SAPSuppressMessage«.

UnregisterCallback

Um einen Callback nicht mehr auszuführen, verwenden Sie den Befehl `UnregisterCallback`. Wenn Sie z. B. das in Listing 11.100 dargestellte Makro ausführen, wird die Nachricht aus dem vorhergehenden Abschnitt nicht mehr bei jeder Aktualisierung angezeigt.

```
Sub UnregisterCallback()
Dim lResult As Long
lResult= Application.Run("SAPExecuteCommand", "UnregisterCallback", _
"AfterRedisplay")
End Sub
```

Listing 11.100 Makro zum Stoppen eines Callbacks

SetFunctionalArea

Mit dem Befehl `SetFunctionalArea` können Sie einen *Funktionsbereich* zur Analysis-Arbeitsmappe hinzufügen. Dieser ist auf eine Länge von 30 Zeichen begrenzt. Mithilfe eines Funktionsbereiches können Sie Informationen aus dem Backend eines SAP-BW-Systems an SAP Analysis for Microsoft Office übergeben. Dies geschieht mithilfe des Business Add-ins (BAdI) `RSAO_`

GET_INITIAL_APPL_CONTEXT (siehe den Hinweiskasten zum Implementieren des BAdI auf der nächsten Seite).

Die aus dem Backend übergebenen Informationen können Sie in vielen Einsatzszenarien verwenden. So können Sie z. B. Werte für die Vorbelegung von Variablen übergeben oder Registerkarten von SAP Analysis for Microsoft Office bzw. bestimmte Komponenten, basierend auf der Benutzerkonfiguration, ausblenden. Darüber hinaus können Sie auch prüfen, ob eine neuere Version von SAP Analysis for Microsoft Office verfügbar ist und Benutzer auffordern, die Software zu aktualisieren.

Ein Funktionsbereich muss festgelegt werden, bevor SAP Analysis for Microsoft Office eine Verbindung zum SAP-BW-System herstellt. Die Festlegung des Funktionsbereiches, genau wie die Registrierung der Callbacks, sollte im Objekt DieseArbeitsmappe ❶ über Workbook_SAP_Initialize erfolgen ❷ (siehe Abbildung 11.58).

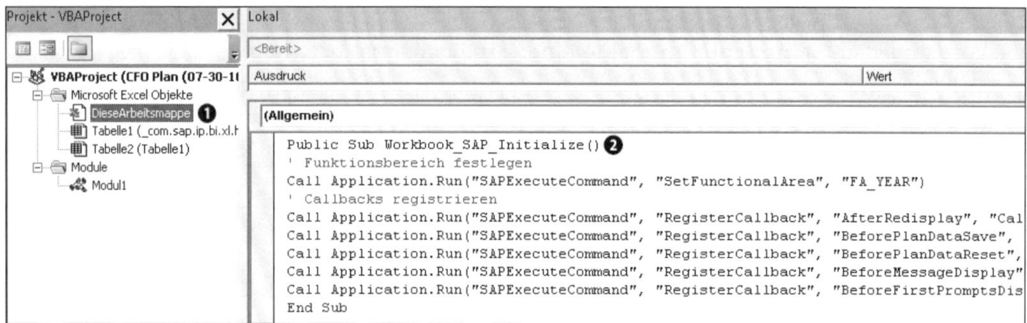

Abbildung 11.58 Funktionsbereich festlegen

Makro zum Aufrufen eines Funktionsbereiches

In Listing 11.101 finden Sie ein Beispiel für die Initialisierung. Dabei wird der Funktionsbereich FA_YEAR aufgerufen.

```
Public Sub Workbook_SAP_Initialize()
' Funktionsbereich festlegen
Call Application.Run("SAPExecuteCommand", "SetFunctionalArea", _
"FA_YEAR")
End Sub
```

Listing 11.101 Makro zum Abrufen des Funktionsbereiches

Die Anforderung zum Abrufen der Informationen wird einmalig an das SAP-BW-System gesendet, wenn eine Verbindung zu ihm hergestellt wird. Wenn eine Arbeitsmappe mit mehreren SAP-BW-Systemen verbunden ist, können Informationen aus jedem System abgefragt werden. Allerdings können Sie nur einen Funktionsbereich pro System zu Ihrer Arbeitsmappe hinzufügen.

Die Information wird in Form einer Zeichenkette (String) übertragen. Ein String ist ein elementarer Typ für Zeichenfolgen mit einer variablen Länge. Daher muss, unabhängig von der zu übertragenden Information, die Kodierung im SAP-BW-System als Zeichenkette erfolgen. Die Dekodierung kann anschließend in SAP Analysis for Microsoft Office erfolgen. Verwenden Sie dazu Trennzeichen wie Komma oder Semikolon.

BAdI implementieren

Um Informationen aus dem Backend zu übergeben, müssen Sie eine Implementierung des BAdI RSAO_GET_INITIAL_APPL_CONTEXT anlegen. Dies kann z. B. über Transaktion SE18 erfolgen (siehe Abbildung 11.59).

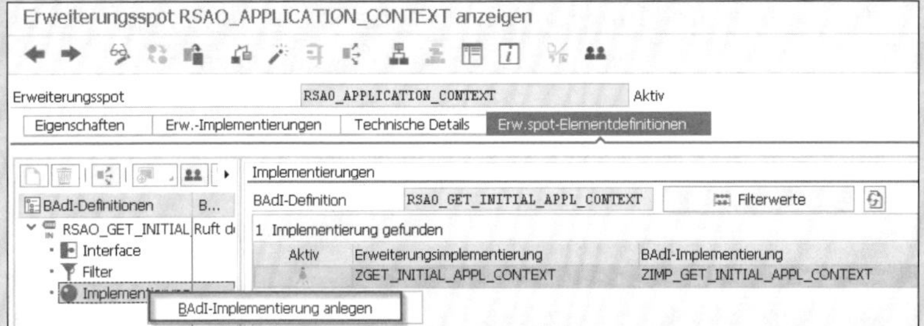

Abbildung 11.59 BAdI-Implementierung anlegen

Der Funktionsbereich wird anhand des Filters der BAdI-Implementierung mit dem Typ FUNCTIONAL_AREA bestimmt. In Abbildung 11.60 sehen Sie ein Beispiel.

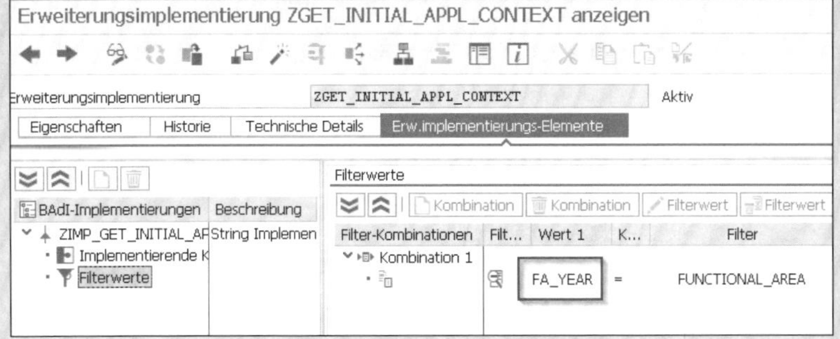

Abbildung 11.60 Funktionsbereich über Filter bestimmen

Die Information wird über die implementierende Klasse mithilfe des Parameters E_CONTEXT mit dem Typ STRING übergeben (siehe Abbildung 11.61).

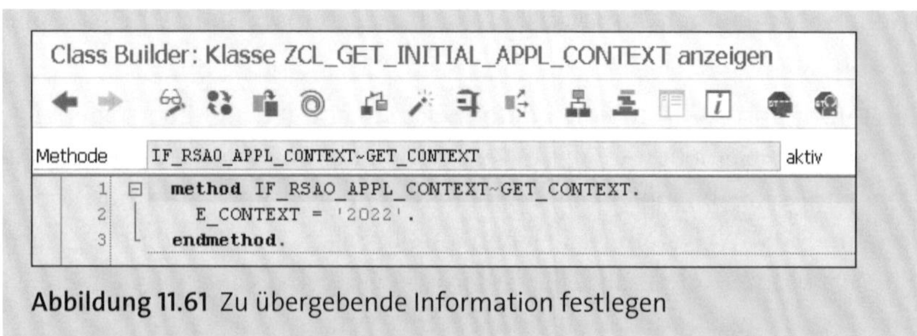

Abbildung 11.61 Zu übergebende Information festlegen

Nach der Initialisierung des Funktionsbereiches über `Workbook_SAP_Initialize` können Sie die gewünschten Informationen über den Befehl `SAPListOf` abrufen (siehe Abschnitt 10.2.17, »SAPListOf«, und Abschnitt 11.6, »Formeln von SAP Analysis for Microsoft Office in Makros nutzen«). Die Formel `=SAPListOf("CUSTOMAPPLCONTEXT")` liefert eine Liste mit drei Spalten: System-ID, Zeilennummer und Inhalt. In der dritten Spalte wird der über das BAdI `RSAO_GET_INITIAL_APPL_CONTEXT` definierte String ausgegeben.

Makro zum Abrufen eines BAdI-Wertes

Diese Information können Sie auch mithilfe des in Listing 11.102 dargestellten Makros abrufen.

```
Sub ListOf()
' Wert aus der dritten Spalte abfragen
Dim sResult As String
sResult = Application.Run("SAPListOf", "CUSTOMAPPLCONTEXT")(3)
End Sub
```

Listing 11.102 Makro zum Abrufen des Wertes aus dem BAdI

Den vom BAdI übergebenen Wert können Sie z. B. nutzen, um zentral einen Variablenwert, wie z. B. das Jahr, über einen Callback festzulegen (siehe Abschnitt 11.5.5, »BeforeFirstPromptsDisplay«). In Listing 11.103 finden Sie ein Beispiel. In diesem wird vor der Anzeige des Dialogs für Eingabeaufforderungen der Wert aus dem BAdI ausgelesen und die Variable für das Kalenderjahr ausgefüllt.

```
Sub Callback_BeforeFirstPromptsDisplay(dpNames As Variant)
Dim lResult As Long
Dim dpName As Variant
Dim sResult As String

' Wert aus dem BAdI abfragen
sResult = Application.Run("SAPListOf", "CUSTOMAPPLCONTEXT")(3)
' Variable füllen
    For Each dpName In dpNames
```

```
        If dpName = "DS_1" Then
lResult = Application.Run("SAPSetVariable", _
"0CALYEAR_CMMYA_001", sResult, "INPUT_STRING", "DS_1")
       End If
   Next

End Sub
```

Listing 11.103 Makro zum Nutzen des Wertes aus dem BAdI im Callback

Das Ergebnis ist in Abbildung 11.62 zu sehen.

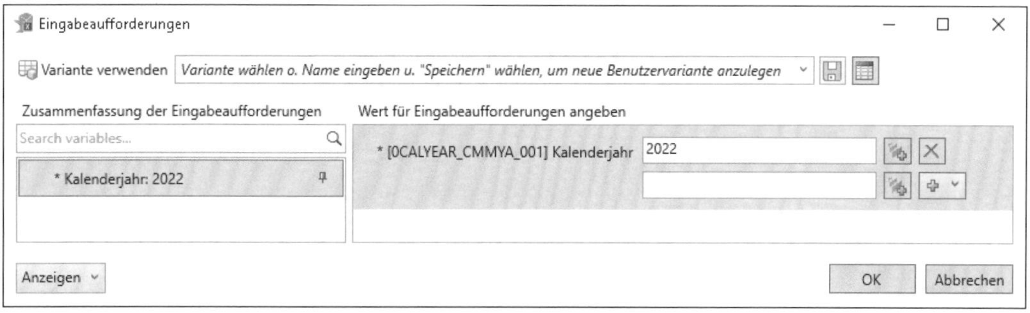

Abbildung 11.62 Als Variablenvorschlag übernommener Wert aus dem BAdI

SaveBwComments

Mit dem Befehl `SaveBwComments` können Sie eingegebene Kommentare speichern. Die eingegebenen Kommentare werden in dem von Ihnen spezifizierten DocumentStore-Objekt im BW-System gespeichert (siehe Abschnitt 7.4, »Wichtige Einstellungen«). Um ein DocumentStore-Objekt anzulegen, wird ein SAP-BW/4HANA-, BW-7.50- ab SP 23 oder ein BW-7.57-System benötigt. Das Ergebnis gleicht der Ausführung über die Funktion **Kommentare sichern** im Bereich **Kommentare** (siehe Abschnitt 5.2, »Kommentare anlegen«).

Makro zum Speichern von Kommentaren

Wenn Sie das in Listing 11.104 dargestellte Makro ausführen, werden die Kommentare in der Dokumentenablage des BW-Systems gespeichert.

```
Sub ExecuteCommand()
Dim lResult As Long
lResult = Application.Run("SAPExecuteCommand", "SaveBwComments")
End Sub
```

Listing 11.104 Makro zum Speichern von Kommentaren in BW

Die gespeicherten Kommentare werden automatisch aus dem SAP-BW-System geladen, wenn die Arbeitsmappe erneut geöffnet wird. Falls die Dokumentenablage in der Query unter der Einstellung **Standard-Document Store** gesetzt ist, werden die Kommentare auch dann automatisch angezeigt, wenn die Datenquelle in eine andere Arbeitsmappe eingefügt wird.

11.4.16 SAPSuppressMessage

Mit der API-Methode `SAPSuppressMessage` können Sie Nachrichten im Nachrichtendialog (siehe Abschnitt 2.2.8, »Navigationsschritte rückgängig machen«) unterdrücken, sodass diese nicht angezeigt werden. Diese Methode kann nur im Callback `BeforeMessageDisplay` verwendet werden (siehe Abschnitt 11.5, »Mit Callbacks arbeiten«, und Abschnitt 11.4.15, »SAPExecuteCommand«).

Verwenden Sie zum Ausführen der Methode den Befehl `Application.Run`, und bestimmen Sie den Parameter `[Nachrichten-ID]`.

Parametrisierbare API-Methode

In Listing 11.105 finden Sie die Syntax der Methode `SAPSuppressMessage`.

```
lResult = Application.Run("SAPSuppressMessage", "[Nachrichten-ID]")
```

Listing 11.105 Syntax der Methode SAPSuppressMessage

Die Nachrichten-ID ist die eindeutige Kennung einer Nachricht, die im aktuellen Nachrichtendialog gültig ist. Sie können die Nachrichten-ID mit der Funktion `SAPListOfMessages` abrufen (siehe Abschnitt 10.2.23, »SAPListOfMessages«, und Abschnitt 11.6, »Formeln von SAP Analysis for Microsoft Office in Makros nutzen«).

Leider ist diese ID eine fortlaufende Nummer, die sich mit jeder Nachricht verändert. Daher ist die Nachrichten-ID nicht wirklich nützlich. In der Praxis wollen Sie vermutlich eher eine bestimmte Art von Nachrichten, z. B. Informationen oder Warnungen, ausblenden.

Makro zum Ausblenden einer Nachrichtenklasse

Listing 11.106 zeigt ein Beispielmakro, über das Sie die Nachrichten-ID für eine bestimmte Nachrichtenklasse (in diesem Fall Informationen) ableiten können, um diese Nachrichten anschließend auszublenden.

```
Public Sub Callback_BeforeMessageDisplay()
Dim vMessageList As Variant
Dim vMessages As Variant
Dim vResult As Variant
Dim vMessageCount As Variant
Dim iCount As Integer
```

```
vMessageList = Application.Run("SAPListOfMessages", , "True")
vMessages = GetAsTwoDimArray(vMessageList) 'siehe InfoBox "Immer
   zweidimensionale Arrays verwenden" in Abschnitt 11.5.4
   (BeforeMessageDisplay)
vMessageCount = UBound(vMessages, 1)

For iCount = 1 To vMessageCount
 If vMessages(iCount, 5) = "INFORMATION" Then
  vResult = Application.Run("SAPSuppressMessage", _
vMessages(iCount, 1))
 End If
Next iCount

End Sub
```


Listing 11.106 Makro zum Ausblenden von Nachrichten der Art »Information«

Ausgabeparameter

Bei der Ausführung des Befehls liefert das System (in unserem Beispiel über die Variable `vResult`) einen der folgenden Ausgabeparameter zurück:

- 0 – Ausführung fehlgeschlagen
- 1 – Ausführung erfolgreich

11.5 Mit Callbacks arbeiten

Mithilfe sogenannter *Callbacks* (Rückrufe) können Sie bei bestimmten Ereignissen vordefinierte Befehle ausführen.

Folgende Callbacks sind in SAP Analysis for Microsoft Office verfügbar:

- `AfterRedisplay`
- `BeforePlanDataSave`
- `BeforePlanDataReset`
- `BeforeMessageDisplay`
- `BeforeFirstPromptsDisplay`

Standard-Callback

Daneben existiert ein Standard-Callback `Workbook_SAP_Initialize`. Dieser wird immer ausgeführt und kann verwendet werden, um die Initialisierungslogik der Arbeitsmappe festzulegen. Der Rückruf ist mit dem von Microsoft Excel definierten Ereignis `Workbook_Open` vergleichbar – allerdings wird er nach dem Ereignis von Microsoft Excel und nach der Standardinitialisierung von SAP Analysis for Microsoft Office ausgeführt. Wenn Sie z. B. eine Arbeitsmappe in Microsoft Excel öffnen und anschließend das Analysis-Add-In aktivieren, wird zunächst das Ereignis `Workbook_Open` beim Öffnen der Arbeitsmappe ausgeführt. Danach erfolgt die Standardinitialisierung von SAP Analysis for Microsoft Office, und der Rückruf `Workbook_SAP_Initialize` wird ausgeführt.

Callbacks registrieren

Während der Standard-Callback `Workbook_SAP_Initialize` automatisch ausgeführt wird, müssen die anderen Callbacks zunächst registriert werden. Um einen Callback zu registrieren, führen Sie den Befehl `RegisterCallback` im Rahmen des Events `Workbook_SAP_Initialize` aus. Im VBA-Projekt muss dieser im Objekt `DieseArbeitsmappe` ❶ eingetragen werden ❷. Das durch den Callback auszuführende Makro wird anschließend im Modul eingefügt ❸ (siehe Abbildung 11.63).

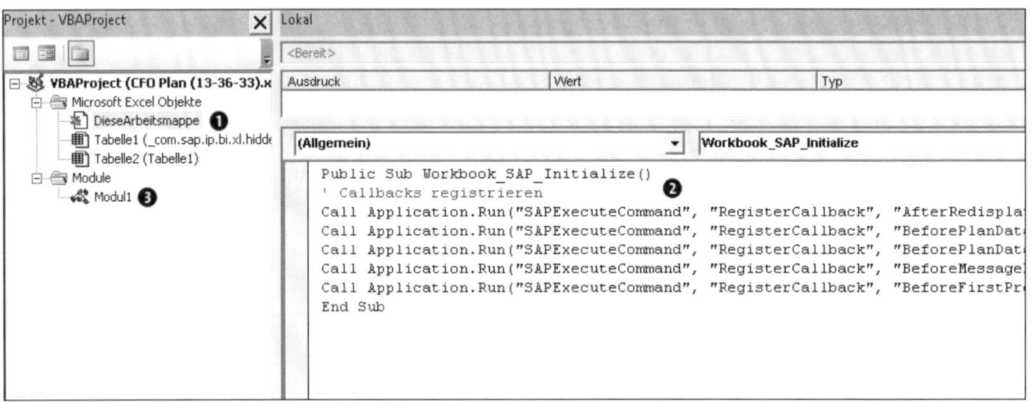

Abbildung 11.63 Callbacks im Rahmen von SAP_Workbook_Initialize registrieren

Sie können jeden Rückruf nur einmal in einer Arbeitsmappe registrieren. Wenn Sie einen der Rückrufe ein zweites Mal registrieren, wird die erste Registrierung überschrieben.

In Listing 11.107 sehen Sie ein Beispiel für die Registrierung der Callbacks. So führt z. B. der Callback `AfterRedisplay` das Makro `Callback_AfterRedisplay` aus.

```
Public Sub Workbook_SAP_Initialize()
' Callbacks registrieren
Call Application.Run("SAPExecuteCommand", "RegisterCallback", _
"AfterRedisplay", "Callback_AfterRedisplay")
Call Application.Run("SAPExecuteCommand", "RegisterCallback", _
"BeforePlanDataSave", "Callback_BeforePlanDataSave")
Call Application.Run("SAPExecuteCommand", "RegisterCallback", _
"BeforePlanDataReset", "Callback_BeforePlanDataReset")
Call Application.Run("SAPExecuteCommand", "RegisterCallback", _
"BeforeMessageDisplay", "Callback_BeforeMessageDisplay")
```

```
Call Application.Run("SAPExecuteCommand", "RegisterCallback", _
"BeforeFirstPromptsDisplay", "Callback_BeforeFirstPromptsDisplay")
End Sub
```

Listing 11.107 Makro zum Registrieren eines Callbacks

Der Callback `Workbook_SAP_Initialize` muss im Objekt `DieseArbeitsmappe` definiert werden. Die dadurch ausgelösten Makros sollten in einem Modul definiert werden. Wenn sie im Objekt `DieseArbeitsmappe` oder in einem Arbeitsblatt definiert sind, müssen sie bei der Registrierung vollständig referenziert werden. Verwenden Sie z. B. `DieseArbeitsmappe.[Makroname]` als Referenz.

Callback nicht mehr ausführen

Um einen Callback nicht mehr auszuführen, nutzen Sie den Befehl `UnregisterCallback`. Nachfolgend stelle ich die einzelnen Callbacks im Detail vor.

11.5.1 AfterRedisplay

Der Callback `AfterRedisplay` wird jedes Mal ausgeführt, wenn Ihre Arbeitsmappe neu angezeigt wird, z. B. wenn Sie Änderungen an der Arbeitsmappe vornehmen oder die Kreuztabelle nach einem Navigationsschritt aktualisiert wird. Der Callback `AfterRedisplay` wird nicht ausgeführt, wenn die Funktion **Aktualisierung unterbrechen** aktiv ist, es sei denn, der Benutzer verwendet die Funktion **Alles aktualisieren** (siehe Abschnitt 7.4.1, »Aktualisierungsverhalten festlegen«).

Diesen Callback können Sie z. B. verwenden, um die Formatierung der Arbeitsmappe automatisch anzupassen. Außerdem können Sie die Aufrufe `ChangedCrosstabs` und `ChangedDatasources` der Methode `SAPGetProperty` nur innerhalb dieses Callbacks ausführen.

Über den Parameterwert `ChangedCrosstabs` können Sie die Kreuztabellen aufrufen, die seit der letzten Benutzeraktion geändert wurden und die deshalb nun in den Arbeitsblättern aktualisiert wurden. Mit dem Parameterwert `ChangedDatasources` können Sie die Datenquellen aufrufen, die seit der letzten Benutzeraktion geändert wurden.

Letzte Aktualisierung anzeigen

Der Callback `AfterRedisplay` wird als Subroutine ohne Eingabeparameter definiert. In Listing 11.108 finden Sie ein Beispiel. Bei diesem wird in der Zelle A1 des Arbeitsblattes `Tabelle1` der Text »Letzte Aktualisierung:« angezeigt. In der Zelle A2 werden das Datum und die Uhrzeit angezeigt, zu denen die Arbeitsmappe letztmalig angezeigt wurde. Diese Information wird nach jeder erneuten Anzeige aktualisiert.

```
Sub Callback_AfterRedisplay()
ThisWorkbook.Worksheets("Tabelle1").Cells(1, 1).value = _
"Letzte Aktualisierung: "
ThisWorkbook.Worksheets("Tabelle1").Cells(1, 2).value = Now()
End Sub
```

Listing 11.108 Callback zum Anzeigen der letzten Aktualisierung

11.5.2 BeforePlanDataSave

Innerhalb des Callbacks `BeforePlanDataSave` können Sie eine Logik definieren, die jedes Mal ausgeführt wird, wenn ein Benutzer Planungsdaten speichert. So können Sie beispielsweise eine Planungsfunktion (siehe Abschnitt 11.4.5, »SAPExecutePlanningFunction«) oder -sequenz (siehe Abschnitt 11.4.6, »SAPExecutePlanningSequence«) ausführen.

Der Rückruf muss als Funktion definiert werden, die einen booleschen Wert ohne Eingabeparameter zurückliefert. Dabei werden Plandaten nur gespeichert, wenn die Funktion den Wert `True` zurückliefert. Bei `False` werden die Plandaten nicht gespeichert. So können Sie die Plandaten nur bei erfolgreicher Ausführung einer Planungsfunktion speichern (lesen Sie dazu die Fehlermeldungen aus, wie in Abschnitt 11.4.5, »SAPExecutePlanningFunction«, erklärt).

Speichern von Planungsdaten abfragen

In Listing 11.109 finden Sie ein Beispiel für eine solche Funktion. Wenn der Benutzer **Speichern** drückt, erfolgt nun eine Abfrage (siehe Abbildung 11.64). Bestätigt er diese mit **Ja**, werden die Plandaten gespeichert.

```
Function Callback_BeforePlanDataSave() As Boolean
Dim rAnswer As VbMsgBoxResult

rAnswer = MsgBox("Wollen Sie geplante Daten speichern?", vbYesNo, _
"Daten speichern")
If rAnswer = vbYes Then
Callback_BeforePlanDataSave = True
Else
Callback_BeforePlanDataSave = False
End If

End Function
```

Listing 11.109 Callback zum Speichern von Plandaten

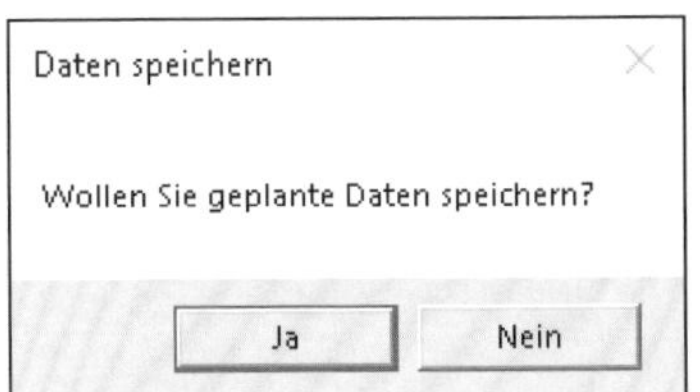

Abbildung 11.64 Abfrage vor dem Speichern der Planwerte

11.5.3 BeforePlanDataReset

Mithilfe des Callbacks `BeforePlanDataReset` können Sie eine Logik definieren, die jedes Mal ausgeführt wird, wenn ein Benutzer Plandaten auf den letzten gespeicherten Status zurücksetzt (Bereich **Planung** der Registerkarte **Analysis** über die Auswahl **Zurück** und darin über den Eintrag **Zum letzten gespeicherten Status**). So können Sie z. B. eine Sicherheitsabfrage einfügen, ob die Daten wirklich zurückgesetzt werden sollen. Dieser Callback wird nicht ausgeführt, wenn der Benutzer zum letzten konsistenten Client-Status wechselt (siehe Abschnitt 6.4.3, »Änderungen an Planungsdaten rückgängig machen«).

Zurücksetzen von Planungsdaten abfragen

Der Rückruf muss als Funktion definiert werden, die einen booleschen Wert ohne Eingabeparameter zurückliefert. Wenn die Funktion den Wert `False` zurückliefert, werden die Daten nicht zurückgesetzt. In Listing 11.110 sehen Sie ein Beispiel für den Einsatz des Callbacks. Jedes Mal, wenn ein Benutzer Planungsdaten eingibt und anschließend die Auswahl **Zurück** und darin den Eintrag **Zum letzten gespeicherten Status** auswählt, erscheint die Meldung »Wollen Sie geplante Daten wirklich zurücksetzen?« (siehe Abbildung 11.65). Wählt der Benutzer **Ja**, werden die Daten zum letzten gespeicherten Status zurückgesetzt – andernfalls werden die Daten nicht zurückgesetzt.

```
Function Callback_BeforePlanDataReset() As Boolean
Dim rAnswer As VbMsgBoxResult

rAnswer = MsgBox("Wollen Sie geplante Daten wirklich zurücksetzen?
", _
vbYesNo, "Daten zurücksetzen")
If rAnswer = vbYes Then
Callback_BeforePlanDataReset = True
Else
Callback_BeforePlanDataRest = False
```

```
End If

End Function
```

Listing 11.110 Callback für Sicherheitsabfrage vor dem Zurücksetzen von Planwerten

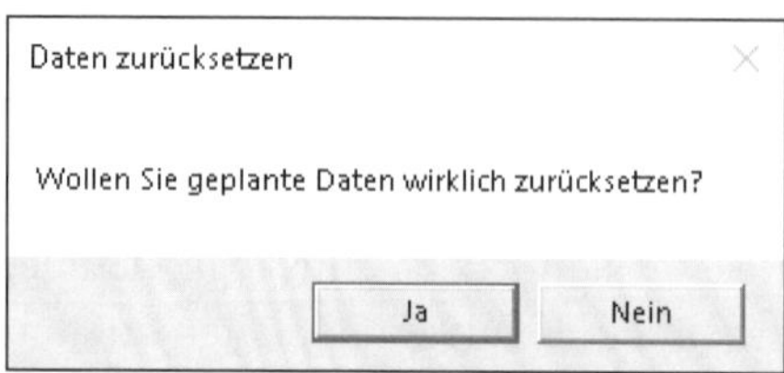

Abbildung 11.65 Sicherheitsabfrage vor dem Zurücksetzen der Daten

11.5.4 BeforeMessageDisplay

Wie der Name schon sagt, wird der Callback `BeforeMessageDisplay` vor der Anzeige des Nachrichtendialogs ausgeführt. Über diesen Callback können Sie beeinflussen, welche Nachrichten angezeigt werden. Zwei typische Anwendungsfälle sind z. B. das Unterdrücken von Nachrichten über die Methode `SAPSuppressMessage` (siehe Abschnitt 11.4.16, »SAPSuppressMessage«) oder das Hinzufügen von Nachrichten über die Methode `SAPAddMessage` (siehe Abschnitt 11.4.1, »SAPAddMessage«).

Informationen unterdrücken

In Listing 11.111 finden Sie ein Beispiel für den Einsatz des Callbacks. Hier wird über die Funktion `SAPListOfMessages` (siehe Abschnitt 10.2.23, »SAPListOfMessages«) mit dem Parameterwert `True` eine detaillierte Liste der Nachrichten abgerufen. An der fünften Position dieser Liste befindet sich der Schweregrad der Nachricht. In diesem Beispiel werden alle Nachrichten mit dem Schweregrad Information unterdrückt.

```
Public Sub Callback_BeforeMessageDisplay()
Dim vMessageList As Variant
Dim vMessages As Variant
Dim vResult As Variant
Dim vMessageCount As Variant
Dim iCount As Integer

vMessageList = Application.Run("SAPListOfMessages", , "True")
vMessages = GetAsTwoDimArray(vMessageList) _
'siehe InfoBox "Immer ein zweidimensionales Array ausgeben"
vMessageCount = UBound(vMessages, 1)
```

```
For iCount = 1 To vMessageCount
 If vMessages(iCount, 5) = "INFORMATION" Then
  vResult = Application.Run("SAPSuppressMessage", _
vMessages(iCount, 1))
 End If
Next iCount

End Sub
```

Listing 11.111 Callback zum Unterdrücken von Nachrichten

Immer zweidimensionales Array ausgeben

Je nach Ergebnis können Funktionen von SAP Analysis for Microsoft Office ein ein- (siehe Abbildung 11.66) oder zweidimensionales Array (siehe Abbildung 11.67) ausgeben.

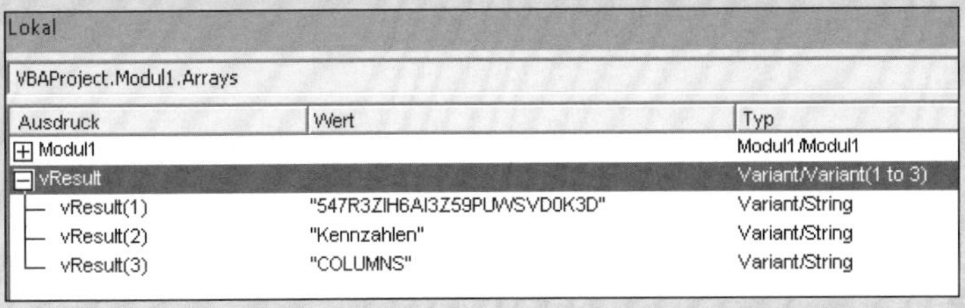

Lokal

VBAProject.Modul1.Arrays

Ausdruck	Wert	Typ
⊞ Modul1		Modul1/Modul1
⊟ vResult		Variant/Variant(1 to 3)
vResult(1)	"547R3ZIH6AI3Z59PUWSVD0K3D"	Variant/String
vResult(2)	"Kennzahlen"	Variant/String
vResult(3)	"COLUMNS"	Variant/String

Abbildung 11.66 Eindimensionales Array

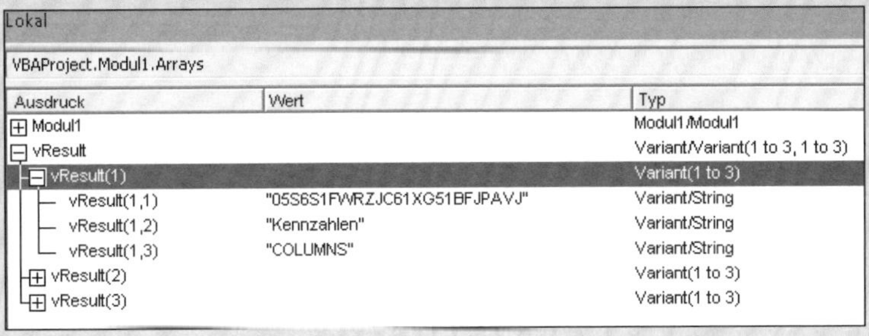

Lokal

VBAProject.Modul1.Arrays

Ausdruck	Wert	Typ
⊞ Modul1		Modul1/Modul1
⊟ vResult		Variant/Variant(1 to 3, 1 to 3)
⊟ vResult(1)		Variant(1 to 3)
vResult(1,1)	"05S6S1FWRZJC61XG51BFJPAVJ"	Variant/String
vResult(1,2)	"Kennzahlen"	Variant/String
vResult(1,3)	"COLUMNS"	Variant/String
⊞ vResult(2)		Variant(1 to 3)
⊞ vResult(3)		Variant(1 to 3)

Abbildung 11.67 Zweidimensionales Array

Um Ihre Programmierung einfacher zu gestalten, können Sie eine zusätzliche Funktion verwenden, um sicherzustellen, dass das Array immer zweidimensional ist. So können Sie immer davon ausgehen, dass es sich bei der Ergebnismenge um ein zweidimensionales Array handelt.

In Listing 11.112 sehen Sie ein Beispiel für eine solche Funktion.

```
Function GetAsTwoDimArray(value As Variant) As Variant
'Wenn der Wert Fehler ist, gib Fehler aus.
If IsError(value) Then
```

```
GetAsTwoDimArray = value
'Wert ist ein Array.
ElseIf IsArray(value) Then
'Prüfe, ob das Array zweidimensional ist.
'Checke den größten erlaubten Indexwert der 2. Dimension.
'Wenn keine zweite Dimension existiert, kommt es zu einem Fehler.
'Fehler ignorieren, wird lokal behandelt.
On Error Resume Next
Dim lIndex As Integer
Dim lErrorCode As Integer
lIndex = UBound(value, 2)
lErrorCode = Err.Number
'Fehlerbehandlung zurücksetzen.
On Error GoTo 0
If lErrorCode = 0 Then
'Kein Fehler = zweidimensionales Array.
GetAsTwoDimArray = value
Else
'Eindimensionales Array in zweidimensionales kopieren.
Dim i As Integer
Dim lArray() As Variant
ReDim lArray(1 To 1, 1 To UBound(value))
For i = 1 To UBound(lArray, 2)
lArray(1, i) = value(i)
Next
GetAsTwoDimArray = lArray
End If
Else
'Leer zurückgeben.
GetAsTwoDimArray = Empty
End If
End Function
```

Listing 11.112 Makro zum Ausgeben eines zweidimensionalen Arrays

11.5.5 BeforeFirstPromptsDisplay

Verwenden Sie den Rückruf `BeforeFirstPromptsDisplay`, um eine kundeneigene Logik vor der ersten Anzeige des Dialogs für Eingabeaufforderungen auszuführen. So können Sie z. B. Variablenwerte automatisch ausfüllen, Werte aus der Arbeitsmappe übernehmen oder dynamisch (z. B. »heute« oder »letzte Woche«) bestimmen.

Der Callback wird ausgelöst, wenn der Aufforderungsdialog zum ersten Mal aufgerufen wird. Wenn die Einstellung **Eingabeaufforderung bei initialer Aktualisierung anzeigen** nicht aktiv ist, werden die Variablen ohne den Dialog für Eingabeaufforderungen übernommen. Andernfalls werden die Variablen vorausgefüllt.

Der Callback `BeforeFirstPromptsDisplay` muss als Subroutine mit dem Eingabeparameter `dpNames As Variant` definiert werden. Dieser enthält die Alias der Datenquellen und muss angegeben werden, selbst wenn diese in der weiteren Logik nicht verwendet werden. Andernfalls wird das Makro nicht ausgeführt.

Variable vorbelegen

In Listing 11.113 sehen Sie ein Beispiel, in dem wir die Methode `SAPSetVariable` nutzen (siehe Abschnitt 11.4.14, »SAPSetVariable«), um den Wert der Variable `OCALYEAR_CMMYA_001` auf das Jahr 2020 zu setzen, bevor der Aufforderungsdialog zum ersten Mal angezeigt wird. Die Eingabevariable `dpNames` enthält alle Datenquellen-Alias, die aktuell verwendet werden. In diesem Beispiel wird nur die Datenquelle `DS_1` verwendet.

```
Sub Callback_BeforeFirstPromptsDisplay(dpNames As Variant)
Dim lResult As Long
Dim dpName As Variant
    For Each dpName In dpNames
        If dpName = "DS_1" Then
lResult = Application.Run("SAPSetVariable", "OCALYEAR_CMMYA_001", _
"2020", "INPUT_STRING", "DS_1")
        End If
    Next

End Sub
```

Listing 11.113 Callback zum Vorbelegen einer Variable

Das Ergebnis ist in Abbildung 11.68 zu sehen.

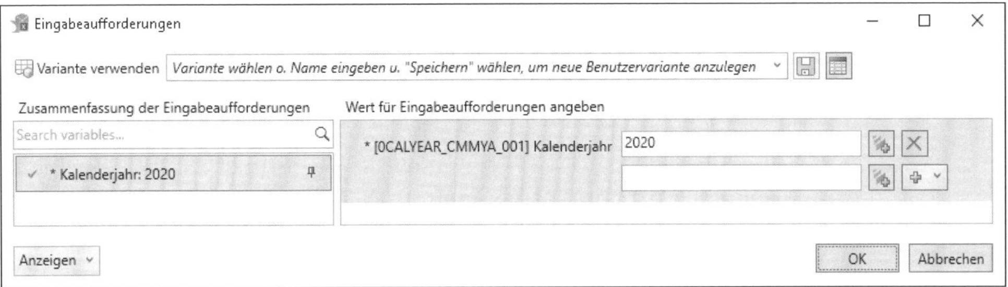

Abbildung 11.68 Vor der Anzeige der Eingabeaufforderung ausgefüllte Variable

11.6 Formeln von SAP Analysis for Microsoft Office in Makros nutzen

Sie können alle Formeln von SAP Analysis for Microsoft Office, die Sie aus Kapitel 10, »Mit Formeln arbeiten«, kennen, auch in VBA-Makros verwenden. Dabei entspricht der Rückgabewert einer Formel im Makro dem der Formel, die in einem Microsoft-Excel-Arbeitsblatt verwendet wird.

Je nach verwendeter Funktion bzw. Ergebnis der Funktion kann die Formel entweder einen Einzelwert (einzelne Zeichenfolge) oder eine Liste (*Array*) zurückgeben. Wenn die Liste nur eine Zeile enthält, handelt es sich um ein *eindimensionales Array*. Wenn die Liste mehrere Zeilen enthält, spricht man von einem *zweidimensionalen Array*. Um Ihre Programmierung zu vereinfachen, können Sie eine zusätzliche Funktion verwenden und so sicherstellen, dass Sie immer mit einem zweidimensionalen Array arbeiten. Im Kasten in Abschnitt 11.5.4, »BeforeMessageDisplay«, finden Sie einen Tipp, wie Sie immer zweidimensionale Arrays ausgeben.

Formel im Makro verwenden

Wenn Sie eine Formel im Makro verwenden möchten, nutzen Sie den Befehl `Application.Run` und geben den Namen der Formel als ersten Parameter an. Anschließend folgen die Argumente, die Sie auch zum Anlegen der Formel verwenden würden. Weitere Informationen über die Verwendung von Formeln erhalten Sie in Kapitel 10, »Mit Formeln arbeiten«.

In Listing 11.114 sehen Sie ein Beispiel: In diesem Makro wird über die Formelfunktion `SAPGetVariable` der Wert der Variable für das Kalenderjahr `0CALYEAR_CMMYA_001` ausgelesen.

```
Sub GetVariable()
Dim vResult As Variant
vResult = Application.Run("SAPGetVariable", "DS_1", _
"0CALYEAR_CMMYA_001", "VALUEASKEY")
End Sub
```

Listing 11.114 Makro zum Auslesen des Wertes einer Variablen

11.7 Designregeln über Makro anpassen

Sie können Makros aus SAP Analysis for Microsoft Office nutzen, um die aus Kapitel 8, »Berichte formatieren«, bekannten Designregeln anzulegen und zu verwalten. So können Sie z. B. Zellen formatieren (siehe Abschnitt 11.7.1, »SAPSetFormat«), neue Zeilen hinzufügen (siehe Abschnitt 11.7.2,

»SAPInsertLine«), die Zeilenhöhe fixieren (siehe Abschnitt 11.7.3, »SAPFixLineSize«) sowie Designregeln auflisten (siehe Abschnitt 11.7.4, »SAPListOfDesignRules«) und löschen (siehe Abschnitt 11.7.5, »SAPDeleteDesignRule«).

11.7.1 SAPSetFormat

Mit der API-Methode `SAPSetFormat` können Sie bestimmte Zellen hervorheben, indem Sie ein neues Format für die Zelle anwenden. Dabei können Sie zwischen den Zellenformatvorlagen von Microsoft Excel, SAP und selbst definierten Formatvorlagen wählen.

Parameter definieren

Nutzen Sie den Befehl `Application.Run`, um die Methode zu starten. Spezifizieren Sie anschließend folgende Parameter: `[Regel-ID]`, `[Alias der Datenquelle]`, `[Formatvorlage]`, `[Typ]` und `[Attribute]`, `[2. Typ]` und `[2. Attribute]`, `[Bereich]`, `[Achse]`.

Der Parameter `[Regel-ID]` wird dazu genutzt, die Regel in anderen Methoden adressieren zu können, z. B. um die Regel mit der Methode `SAPDeleteDesignRule` zu löschen. Wenn Sie keine ID angeben, wird diese automatisch vom System generiert.

Geben Sie anschließend als `[Alias der Datenquelle]` den Alias der Formel für die Datenquelle an. Sie können den Alias beim Konfigurieren der Datenquelle auf der Registerkarte **Komponenten** im Designbereich festlegen.

Geben Sie danach den Parameter `[Formatvorlage]` an, der genutzt werden soll. Sie können Zellenformatvorlagen von Microsoft Excel, SAP und selbst definierte Formatvorlagen nutzen.

Mit den Parametern erster und zweiter Typ und ihren Attributen definieren Sie einen Anker für den Bereich in der Kreuztabelle, auf den das ausgewählte Format angewendet werden soll. Der Anker wird mit zwei Parametern definiert: `[Typ]` und `[Attribute]`. Je nach Zellentyp werden unterschiedliche Attribute erwartet. Die Parameter `[2. Typ]` und `[2. Attribute]` verwenden dieselben Parameterwerte und dienen dazu, den Anker genauer zu spezifizieren. Im Folgenden erkläre ich die Funktionsweise der Anker anhand der Beispiele, sodass es verständlicher wird.

Parameter »Typ« und »Attribute« definieren

Als `[Typ]` können Sie eines der folgenden Argumente eingeben: `DIMENSION`, `MEMBER`, `RESULTMEMBER`, `HIERARCHYNODE`, `VIRTUALHEADER`, `VIRTUALDIMENSION`, `VIRTUALMEMBER` und `TUPLE`.

Merkmale formatieren

Wenn Sie z. B. eine Zelle des Merkmals formatieren möchten, nutzen Sie die Konstante `DIMENSION` für den `[Typ]`. Geben Sie anschließend den technischen Namen des Merkmals als `[Attribut]` an.

Makro zum Formatieren des Merkmals

In Listing 11.115 sehen Sie ein Beispielmakro. Dabei wird eine neue Designregel mit der ID `Format1` für die Datenquelle `DS_1` angelegt. Das Merkmal Produktgruppe wird dabei mit der Formatvorlage `SAPExceptionLevel5` formatiert.

```
Sub SetFormat()
Dim sResult As String
sResult = Application.Run("SAPSetFormat", "Format1", "DS_1", _
"SAPExceptionLevel5", "DIMENSION", "OD_NW_PRDGP")
End Sub
```

Listing 11.115 Makro zum Formatieren des Dimensionskopfes

Das Ergebnis nach der Ausführung ist in Abbildung 11.69 zu sehen. Die Zelle Produktgruppe wird genauso wie bei der manuellen Formatierung mit der Einstellung **Dimensionskopf** (siehe Abschnitt 8.1.2, »Zellen formatieren«) formatiert. Dabei wird die Formatierung nur auf die Überschrift selbst angewendet.

		Menge	Umsatz	Preis
Buchungskreis	Produktgruppe	ST	EUR	EUR / ST
Reis Telefone DE	Smartphone Mini	300,000	15.000,00	50,00
	Smartphone Plus	500,000	50.000,00	100,00
	Tablet Mini	200,000	40.000,00	200,00
	Tablet Plus	400,000	30.000,00	75,00
	Ergebnis	**1.400,000**	**135.000,00**	**96,43**
Reis Telephones USA	Smartphone Plus	2.000,000	200.000,00	100,00
	Tablet Mini	180,000	36.000,00	200,00
	Ergebnis	**2.180,000**	**236.000,00**	**108,26**
Gesamtergebnis		**3.580,000**	**371.000,00**	**103,63**

Abbildung 11.69 Überschrift des Merkmals Produktgruppe hervorheben

Die über das Makro erstellten Regeln erscheinen wie gewohnt auf der Registerkarte **Designregeln** und können wie gewöhnliche Regeln kopiert und verwaltet werden (siehe Abbildung 11.70). Weitere Informationen zur Administration von Designregeln erhalten Sie in Abschnitt 8.2, »Designregeln administrieren«.

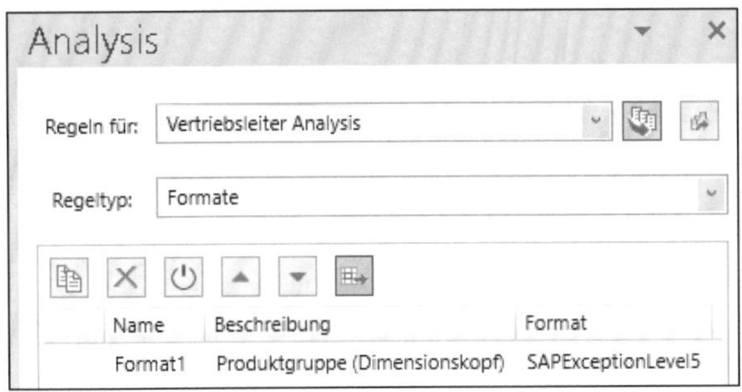

Abbildung 11.70 Formatierung auf der Registerkarte »Designregeln« anpassen

Merkmalswerte formatieren

Betrachten wir ein anderes Beispiel: Wenn Sie einen Merkmalswert formatieren möchten, z. B. die Produktgruppe Smartphone Plus, verwenden Sie die Konstante `MEMBER`. Anschließend müssen Sie den technischen Namen des Merkmals und des Merkmalswertes, getrennt durch ein Semikolon, angeben.

11

In Listing 11.116 sehen Sie ein Beispiel. In diesem formatieren wir die Zelle der Produktgruppe (technischer Name `OD_NW_PRDGP`) Smartphone Plus (technischer Name `SP`).

Makro zum Formatieren des Merkmalswertes

```
Sub SetFormat()
Dim sResult As String
sResult = Application.Run("SAPSetFormat", "Format1", _
"DS_1", "SAPExceptionLevel5", "MEMBER", "OD_NW_PRDGP;SP")
End Sub
```

Listing 11.116 Makro zum Formatieren des Merkmalswertes

Das Ergebnis nach der Ausführung des Makros ist in Abbildung 11.71 zu sehen.

		Menge	Umsatz	Preis
Buchungskreis	**Produktgruppe**	ST	EUR	EUR / ST
Reis Telefone DE	Smartphone Mini	300,000	15.000,00	50,00
	Smartphone Plus	500,000	50.000,00	100,00
	Tablet Mini	200,000	40.000,00	200,00
	Tablet Plus	400,000	30.000,00	75,00
	Ergebnis	**1.400,000**	**135.000,00**	**96,43**
Reis Telephones USA	Smartphone Plus	2.000,000	200.000,00	100,00
	Tablet Mini	180,000	36.000,00	200,00
	Ergebnis	**2.180,000**	**236.000,00**	**108,26**
Gesamtergebnis		**3.580,000**	**371.000,00**	**103,63**

Abbildung 11.71 Formatierter Merkmalswert

Alle Zellen, die die Produktgruppe Smartphone Plus enthalten, werden hervorgehoben. Das Ergebnis entspricht somit der Einstellung **Elementbereich** bei der manuellen Formatierung (siehe Abschnitt 8.1.2, »Zellen formatieren«).

Ergebniszelle formatieren

Makro zum Formatieren von Ergebniszellen

Neben dem Merkmalskopf und den einzelnen Merkmalswerten können Sie auch die Formatierung der Ergebniszelle anpassen. Verwenden Sie dazu die Konstante RESULTMEMBER, und geben Sie den technischen Namen der Dimension als Attribut an. In Listing 11.117 sehen Sie ein Beispiel.

```
Sub SetFormat()
Dim sResult As String
sResult = Application.Run("SAPSetFormat", "Format1", _
"DS_1", "SAPExceptionLevel5", "RESULTMEMBER", "OD_NW_PRDGP")
End Sub
```

Listing 11.117 Makro zum Formatieren von Ergebniszellen

In Abbildung 11.72 ist das Ergebnis nach der Ausführung zu sehen. Die Ergebniszellen des Merkmals Produktgruppe wurden hervorgehoben. Das Ergebnis entspricht somit der Einstellung **Ergebniselementkopf** bei der manuellen Formatierung (siehe Abschnitt 8.1.2, »Zellen formatieren«).

		Menge	Umsatz	Preis
Buchungskreis	**Produktgruppe**	ST	EUR	EUR / ST
Reis Telefone DE	Smartphone Mini	300,000	15.000,00	50,00
	Smartphone Plus	500,000	50.000,00	100,00
	Tablet Mini	200,000	40.000,00	200,00
	Tablet Plus	400,000	30.000,00	75,00
	Ergebnis	**1.400,000**	**135.000,00**	**96,43**
Reis Telephones USA	Smartphone Plus	2.000,000	200.000,00	100,00
	Tablet Mini	180,000	36.000,00	200,00
	Ergebnis	**2.180,000**	**236.000,00**	**108,26**
Gesamtergebnis		**3.580,000**	**371.000,00**	**103,63**

Abbildung 11.72 Ergebniszellen hervorheben

Hierarchieknoten formatieren

Sie können über die Methode SAPSetFormat auch Hierarchieknoten formatieren. Betrachten wir das folgende Beispiel: Unser Merkmal Produktgruppe (OD_NW_PRDGP) hat eine Hierarchie, die das externe Merkmal Produktkategorie (OD_NW_PRDCT) zur Strukturierung nutzt (siehe Abbildung 11.73). Die einzelnen Produktgruppen wie Tablet Plus und Tablet Mini gehören also zur Produktkategorie Tablet. Diese bildet den Knoten der Hierarchie.

Um einen Hierarchieknoten in der Kreuztabelle zu formatieren, wie in Abbildung 11.74 dargestellt, verwenden Sie die Konstante `HIERARCHYNODE`. Geben Sie anschließend den technischen Namen des Knotenmerkmals, des Merkmalswertes und des Merkmals an, zu der die Hierarchie gehört.

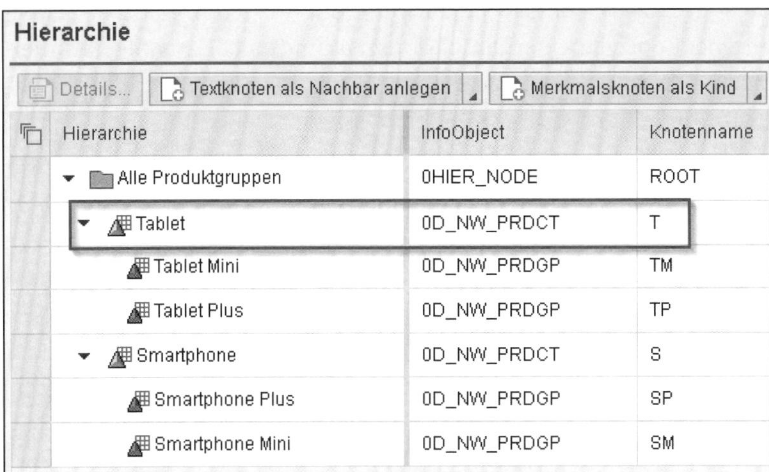

Hierarchie

Details... | Textknoten als Nachbar anlegen | Merkmalsknoten als Kind

Hierarchie	InfoObject	Knotenname
Alle Produktgruppen	0HIER_NODE	ROOT
Tablet	0D_NW_PRDCT	T
Tablet Mini	0D_NW_PRDGP	TM
Tablet Plus	0D_NW_PRDGP	TP
Smartphone	0D_NW_PRDCT	S
Smartphone Plus	0D_NW_PRDGP	SP
Smartphone Mini	0D_NW_PRDGP	SM

Abbildung 11.73 Hierarchie des Merkmals Produktgruppe

11

	Menge	Umsatz	Preis
Produktgruppe	ST	EUR	EUR / ST
[-] Alle Produktgruppen	3.580,000	371.000,00	103,63
[-] Tablet	780,000	106.000,00	135,90
Tablet Mini	380,000	76.000,00	200,00
Tablet Plus	400,000	30.000,00	75,00
[-] Smartphone	2.800,000	265.000,00	94,64
Smartphone Plus	2.500,000	250.000,00	100,00
Smartphone Mini	300,000	15.000,00	50,00

Abbildung 11.74 Hierarchieknoten hervorheben

Makro zum Formatieren von Hierarchieknoten

In Listing 11.118 finden Sie ein Beispielmakro für die Formatierung.

```
Sub SetFormat()
Dim sResult As String
sResult = Application.Run("SAPSetFormat", "Format1", _
"DS_1", "SAPExceptionLevel5", "HIERARCHYNODE", _
"0D_NW_PRDGP;T;0D_NW_PRDCT")
End Sub
```

Listing 11.118 Makro zum Formatieren von Hierarchieknoten

Neue Zellen formatieren

Zusätzlich zu den in der Query definierten Zellen können Sie in SAP Analysis for Microsoft Office neue Zeilen bzw. Spalten zum Aufriss hinzufügen (siehe Abschnitt 8.1.3, »Neue Zeilen und Spalten hinzufügen«). Über die Methode `SAPSetFormat` können Sie auch diese formatieren. Dabei wird zwischen einer Kopfzeile, einer Dimensionszeile und einer Elementzeile unterschieden. Diese werden über die jeweiligen Konstanten `VIRTUALHEADER`, `VIRTUALDIMENSION` und `VIRTUALMEMBER` adressiert.

Wenn Sie z. B. eine Zeile unter der Überschrift oder neben der Überschrift hinzufügen, handelt es sich um eine Kopfzeile (`VIRTUALHEADER`, siehe Abbildung 11.75). Um diese zu formatieren, müssen Sie neben der Konstanten `VIRTUALHEADER` auch die Regel-ID der neuen Zeile als Attribut angeben. Diese können Sie auf der Registerkarte **Designregeln** unter dem Regeltyp **Neue Zeilen** ablesen.

Neue Kopfzeile formatieren

In Listing 11.119 finden Sie ein Beispielmakro, über das die neu hinzugefügte Kopfzeile mit der ID `NewLine_1` hervorgehoben wird.

```
Sub SetFormat()
Dim sResult As String
sResult = Application.Run("SAPSetFormat", "Format1", "DS_1", _
"SAPExceptionLevel5", "VIRTUALHEADER", "NewLine_1")
End Sub
```

Listing 11.119 Makro zum Formatieren der Kopfzeile

Das Ergebnis ist in Abbildung 11.75 zu sehen.

		Menge	Umsatz	Preis
Buchungskreis	Produktgruppe	ST	EUR	EUR / ST
Reis Telefone DE	Smartphone Mini	300,000	15.000,00	50,00
	Smartphone Plus	500,000	50.000,00	100,00
	Tablet Mini	200,000	40.000,00	200,00
	Tablet Plus	400,000	30.000,00	75,00
	Ergebnis	**1.400,000**	**135.000,00**	**96,43**
Reis Telephones USA	Smartphone Plus	2.000,000	200.000,00	100,00
	Tablet Mini	180,000	36.000,00	200,00
	Ergebnis	**2.180,000**	**236.000,00**	**108,26**
Gesamtergebnis		**3.580,000**	**371.000,00**	**103,63**

Abbildung 11.75 Neue Kopfzeile hervorheben

[+]

Typ einer neuen Zeile abfragen

Manchmal ist der Typ einer neuen Zeile auf den ersten Blick nicht eindeutig. In diesem Fall können Sie Reverse Engineering und die Methode `SAPListOfDesignRules` nutzen, um den Typ der neuen Zeile herauszufinden. Das in Listing 11.120 dargestellte Makro listet alle neu eingefügten Zeilen auf.

```
Sub ListOfDesignRules()
Dim vResult As Variant
vResult = Application.Run("SAPListOfDesignRules", _
"DS_1", "NewLine")
End Sub
```

Listing 11.120 Makro zum Abfragen des Typs einer neuen Zeile

Sie können die zurückgegebene Liste im Lokal-Fenster auslesen (siehe Abschnitt 11.2, »Makros debuggen«). An zweiter Stelle der jeweiligen Ergebniszeile steht der Typ: `NewDimensionLine`, `NewHeaderLine` oder `NewMemberLine` (siehe Abbildung 11.76).

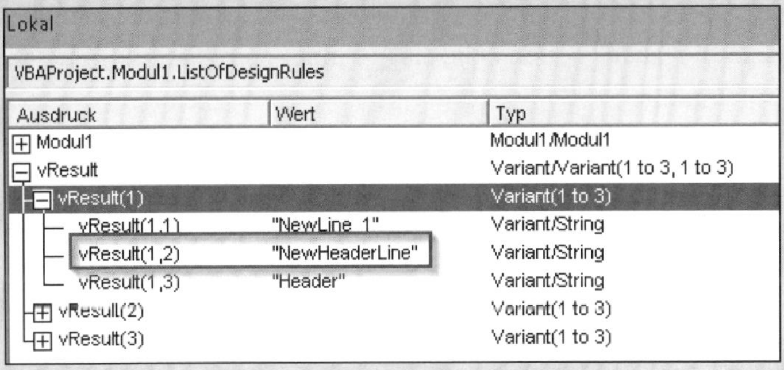

Lokal

VBAProject.Modul1.ListOfDesignRules

Ausdruck	Wert	Typ
⊞ Modul1		Modul1/Modul1
⊟ vResult		Variant/Variant(1 to 3, 1 to 3)
⊟ vResult(1)		Variant(1 to 3)
vResult(1,1)	"NewLine_1"	Variant/String
vResult(1,2)	"NewHeaderLine"	Variant/String
vResult(1,3)	"Header"	Variant/String
⊞ vResult(2)		Variant(1 to 3)
⊞ vResult(3)		Variant(1 to 3)

Abbildung 11.76 Neue Zeilen mit Zeilentyp auflisten

Neue Dimensionszeile formatieren

Wenn Sie eine Zeile oder Spalte vor oder nach einem Merkmal hinzufügen, handelt es sich um eine neue Dimensionszeile bzw. -spalte (`VIRTUALDIMENSION`). Verwenden Sie in diesem Fall die Konstante `VIRTUALDIMENSION`, und geben Sie die ID der neuen Zeile oder Spalte an (siehe Listing 11.121).

```
Sub SetFormat()
Dim sResult As String
sResult = Application.Run("SAPSetFormat", "Format1", _
"DS_1", "SAPExceptionLevel5", "VIRTUALDIMENSION", "NewLine_1")
End Sub
```

Listing 11.121 Makro zum Formatieren einer Dimensionszeile

Das Ergebnis nach der Ausführung des Makros sehen Sie in Abbildung 11.77.

			Menge	Umsatz	Preis
Buchungskreis	**Produktgruppe**		ST	EUR	EUR / ST
Reis Telefone DE	Smartphone Mini		300,000	15.000,00	50,00
	Smartphone Plus		500,000	50.000,00	100,00
	Tablet Mini		200,000	40.000,00	200,00
	Tablet Plus		400,000	30.000,00	75,00
	Ergebnis		**1.400,000**	**135.000,00**	**96,43**
Reis Telephones USA	Smartphone Plus		2.000,000	200.000,00	100,00
	Tablet Mini		180,000	36.000,00	200,00
	Ergebnis		**2.180,000**	**236.000,00**	**108,26**
Gesamtergebnis			**3.580,000**	**371.000,00**	**103,63**

Abbildung 11.77 Neue Spalte hervorheben

Neue Elementzeile formatieren

Wenn Sie eine Zeile vor bzw. nach einem bestimmten Merkmalswert oder allen Werten eines Merkmals einfügen (z. B. über die Einträge **Zeile Nach Smartphone Plus** oder **Zeile vor Elementen aus Produktgruppe** der Auswahl **Neue Zeilen**), handelt es sich um eine Elementzeile (`VIRTUALMEMBER`). Um eine solche Zeile zu formatieren, verwenden Sie die Konstante `VIRTUALMEMBER` und geben die ID der neuen Zeile als Attribut an. In Listing 11.122 sehen Sie ein Beispielmakro.

```
Sub SetFormat()
Dim sResult As String
sResult = Application.Run("SAPSetFormat", "Format1", "DS_1", _
"SAPExceptionLevel5", "VIRTUALMEMBER", "NewLine_1")
End Sub
```

Listing 11.122 Makro zum Formatieren einer Elementzeile

Das Ergebnis nach der Ausführung sehen Sie in Abbildung 11.78.

		Menge	Umsatz	Preis
Buchungskreis	**Produktgruppe**	ST	EUR	EUR / ST
Reis Telefone DE	Smartphone Mini	300,000	15.000,00	50,00
	Smartphone Plus	500,000	50.000,00	100,00
	Tablet Mini	200,000	40.000,00	200,00
	Tablet Plus	400,000	30.000,00	75,00
	Ergebnis	**1.400,000**	**135.000,00**	**96,43**
Reis Telephones USA	Smartphone Plus	2.000,000	200.000,00	100,00
	Tablet Mini	180,000	36.000,00	200,00
	Ergebnis	**2.180,000**	**236.000,00**	**108,26**
Gesamtergebnis		**3.580,000**	**371.000,00**	**103,63**

Abbildung 11.78 Neue Elementzeilen hervorheben

Datenzellen formatieren

Darüber hinaus können Sie über das Argument TUPLE eine Kombination von Merkmalswerten verschiedener Merkmale als Anker definieren. Geben Sie dazu neben dem Argument einen der folgenden Elementtypen mit den entsprechenden Attributen an: MEMBER mit dem technischen Namen des Merkmals und des Merkmalswertes als Attribut oder VIRTUALMEMBER mit der ID der neuen Zeile als Attribut. Daneben können Sie auch die Konstante RESULTMEMBER mit dem technischen Namen der Dimension als Attribut verwenden.

Menge eines bestimmten Buchungskreises formatieren

Das Argument TUPLE findet vor allem bei der Formatierung von Datenzellen Anwendung. So können Sie z. B. über das in Listing 11.123 vorgestellte Makro die Menge für den Buchungskreis Reis Telefone DE hervorheben. Dazu definieren wir ein Tupel aus dem Merkmal OD_NW_CODE mit der Ausprägung 1000 und der Kennzahl **Menge**. Bei der Kennzahl müssen Sie die technische ID der Struktur und anschließend die ID der Kennzahl angeben. Diese können Sie auf der Registerkarte **Analyse** im Designbereich auslesen, wenn Sie die Eigenschaftensicht einblenden (über **Anzeigen • Eigenschaftensicht einblenden**).

```
Sub SetFormat()
Dim sResult As String
sResult = Application.Run("SAPSetFormat", "Format1", "DS_1", _
"SAPExceptionLevel5", "TUPLE", "MEMBER;OD_NW_CODE;1000", _
"TUPLE", _
"MEMBER;547R3ZIH6AI5PCBGQ1NAD3UU8;547R3ZIH6AI5PCBGQ1V9LAI8W")
End Sub
```

Listing 11.123 Makro zum Hervorheben der Schnittmenge aus Buchungskreis 1000 und Kennzahl Menge

Das Ergebnis ist in Abbildung 11.79 zu sehen.

	Menge	Umsatz	Preis
Buchungskreis	ST	EUR	EUR / ST
Reis Telefone DE	1.400,000	135.000,00	96,43
Reis Telephones USA	2.180,000	236.000,00	108,26
Gesamtergebnis	**3.580,000**	**371.000,00**	**103,63**

Abbildung 11.79 Menge eines Buchungskreises hervorheben

Menge einer bestimmten Produktgruppe formatieren

In Listing 11.124 finden Sie ein anderes Beispiel: Nach der Ausführung dieses Makros werden die verkauften Mengen des Buchungskreises Smartphone Plus hervorgehoben (siehe Abbildung 11.80).

```
Sub SetFormat()
Dim sResult As String
```

```
sResult = Application.Run("SAPSetFormat", "Format1", "DS_1", _
"SAPExceptionLevel5", "TUPLE", "MEMBER;0D_NW_PRDGP;SP", _
"TUPLE", _
"MEMBER;547R3ZIH6AI5PCBGQ1NAD3UU8;547R3ZIH6AI5PCBGQ1V9LAI8W")
End Sub
```

Listing 11.124 Makro zum Hervorheben der Menge der Produktgruppe Smartphone Plus

Leider kann man über die Methode SAPSetFormat nur zwei Argumente zu Typ und Attributen definieren, daher ist es nicht möglich, ein Tupel aus mehreren Merkmalen zu bilden, wie z. B. Buchungskreis Reis Telefone DE, Produktgruppe Smartphone Plus und Kennzahl Menge.

		Menge	Umsatz	Preis
Buchungskreis	**Produktgruppe**	ST	EUR	EUR / ST
Reis Telefone DE	Smartphone Mini	300,000	15.000,00	50,00
	Smartphone Plus	500,000	50.000,00	100,00
	Tablet Mini	200,000	40.000,00	200,00
	Tablet Plus	400,000	30.000,00	75,00
	Ergebnis	**1.400,000**	**135.000,00**	**96,43**
Reis Telephones USA	Smartphone Plus	2.000,000	200.000,00	100,00
	Tablet Mini	180,000	36.000,00	200,00
	Ergebnis	**2.180,000**	**236.000,00**	**108,26**
Gesamtergebnis		**3.580,000**	**371.000,00**	**103,63**

Abbildung 11.80 Menge einer Produktgruppe hervorheben

[+]

Reverse Engineering der Tupel

Die Definition von Tupeln kann am Anfang als schwierig erscheinen. Daher hilft der folgende Trick: Legen Sie zunächst manuell, z. B. über die Auswahl **Zellen formatieren** im Bereich **Format** der Registerkarte **Analysis Design**, eine neue Formatierung an (siehe Abschnitt 8.1.2, »Zellen formatieren«). Lesen Sie diese anschließend über die Methode SAPListOfDesignRules (siehe Abschnitt 11.7.4, »SAPListOfDesignRules«) mit dem Parameterwert Format aus (siehe Listing 11.125).

```
Sub ListOfDesignRules()
Dim vResult As Variant
vResult = Application.Run("SAPListOfDesignRules", "DS_1", _
"Format")
End Sub
```

Listing 11.125 Makro zum Auflisten der Designregeln des Regeltyps »Formate«

Dieses Makro liefert an der dritten Stelle der Ergebniszeile die Definition der jeweiligen Formatierung. In Abbildung 11.81 sehen Sie ein Beispiel. An diesem können Sie sich bei der Erstellung eigener Makros orientieren. Sie können die zurückgegebene Liste im Lokal-Fenster auslesen (siehe Abschnitt 11.2, »Makros debuggen«).

Lokal

VBAProject.Modul1.ListOfDesignRules

Ausdruck	Wert
⊞ Modul1	
⊟ vResult	
vResult(1)	"Format_1"
vResult(2)	"Format"
vResult(3)	"Member(0D_NW_CODE;1000), Member(547R3ZIH6AI5PCBGQ1NAD3UU8;547R3ZIH6AI5PCBGQ1V9LAI8W)"

Abbildung 11.81 Tupel definieren

Parameter »Bereich« definieren

Nachdem Sie einen Anker gesetzt haben, können Sie über den optionalen Parameter `[Bereich]` den Bereich um den Anker herum formatieren. Sie können den Bereich über die Parameterwerte `CONTEXT`, `FIRST`, `SECOND` und `BOTH` bestimmen. In den nachfolgenden Beispielen erkläre ich diese Parameterwerte im Detail.

Ankerpunkt formatieren

Standardmäßig wird der Wert `CONTEXT` verwendet, wenn Sie keinen Bereich spezifizieren. Er stellt nichts anderes als den Anker dar, den Sie über die Parameter `[1. Typ]` und `[2. Typ]` sowie die `[Attribute]` festlegen. In Listing 11.126 finden Sie ein Beispielmakro.

```
Sub SetFormat()
Dim sResult As String
sResult = Application.Run("SAPSetFormat", "Format1", "DS_1", _
"SAPExceptionLevel5", "TUPLE", "MEMBER;0D_NW_PRDGP;SP", _
"TUPLE", _
"MEMBER;547R3ZIH6AI5PCBGQ1NAD3UU8;547R3ZIH6AI5PCBGQ1V9LAI8W", _
"CONTEXT")
End Sub
```

Listing 11.126 Makro zum Verwenden des Ankerpunktes als Bereich

Das Ergebnis ist in Abbildung 11.82 zu sehen.

		Menge	Umsatz	Preis
Buchungskreis	**Produktgruppe**	ST	EUR	EUR / ST
Reis Telefone DE	Smartphone Mini	300,000	15.000,00	50,00
	Smartphone Plus	500,000	50.000,00	100,00
	Tablet Mini	200,000	40.000,00	200,00
	Tablet Plus	400,000	30.000,00	75,00
	Ergebnis	**1.400,000**	**135.000,00**	**96,43**
Reis Telephones USA	Smartphone Plus	2.000,000	200.000,00	100,00
	Tablet Mini	180,000	36.000,00	200,00
	Ergebnis	**2.180,000**	**236.000,00**	**108,26**
Gesamtergebnis		**3.580,000**	**371.000,00**	**103,63**

Abbildung 11.82 Ankerpunkt formatieren

Bereich um Anker formatieren

Ausgehend von diesem Anker formatieren wir den Bereich um ihn herum. Mit dem Parameterwert FIRST formatieren Sie den Bereich links oder oberhalb des Ankers. Bei einem Tupel spielt die Reihenfolge der Argumente bei der Bestimmung des Bereiches eine Rolle. Mit dem in Listing 11.127 dargestellten Makro wird also die Produktgruppe Smartphone Plus formatiert, da diese sich links vom Anker befindet (siehe Abbildung 11.83).

```
Sub SetFormat()
Dim sResult As String
sResult = Application.Run("SAPSetFormat", "Format1", "DS_1", _
"SAPExceptionLevel5", "TUPLE", "MEMBER;0D_NW_PRDGP;SP", _
"TUPLE", _
"MEMBER;547R3ZIH6AI5PCBGQ1NAD3UU8;547R3ZIH6AI5PCBGQ1V9LAI8W", _
"FIRST")
End Sub
```

Listing 11.127 Makro zum Formatieren des Bereiches links vom Anker

		Menge	Umsatz	Preis
Buchungskreis	**Produktgruppe**	ST	EUR	EUR / ST
Reis Telefone DE	Smartphone Mini	300,000	15.000,00	50,00
	Smartphone Plus	500,000	50.000,00	100,00
	Tablet Mini	200,000	40.000,00	200,00
	Tablet Plus	400,000	30.000,00	75,00
	Ergebnis	**1.400,000**	**135.000,00**	**96,43**
Reis Telephones USA	Smartphone Plus	2.000,000	200.000,00	100,00
	Tablet Mini	180,000	36.000,00	200,00
	Ergebnis	**2.180,000**	**236.000,00**	**108,26**
Gesamtergebnis		**3.580,000**	**371.000,00**	**103,63**

Abbildung 11.83 Merkmalswert links vom Ankerbereich hervorheben

Mit dem Parameterwert SECOND formatieren Sie den Bereich rechts oder unterhalb des gesetzten Ankers. In Abbildung 11.84 sehen Sie ein Beispiel. Das Makro dazu finden Sie in Listing 11.128.

```
Sub SetFormat()
Dim sResult As String
sResult = Application.Run("SAPSetFormat", "Format1", "DS_1", _
"SAPExceptionLevel5", "TUPLE", "MEMBER;0D_NW_PRDGP;SP", _
"TUPLE", _
"MEMBER;547R3ZIH6AI5PCBGQ1NAD3UU8;547R3ZIH6AI5PCBGQ1V9LAI8W", _
"SECOND")
End Sub
```

Listing 11.128 Makro zum Formatieren des Bereiches rechts vom Anker

		Menge	Umsatz	Preis
Buchungskreis	**Produktgruppe**	ST	EUR	EUR / ST
Reis Telefone DE	Smartphone Mini	300,000	15.000,00	50,00
	Smartphone Plus	500,000	50.000,00	100,00
	Tablet Mini	200,000	40.000,00	200,00
	Tablet Plus	400,000	30.000,00	75,00
	Ergebnis	**1.400,000**	**135.000,00**	**96,43**
Reis Telephones USA	Smartphone Plus	2.000,000	200.000,00	100,00
	Tablet Mini	180,000	36.000,00	200,00
	Ergebnis	**2.180,000**	**236.000,00**	**108,26**
Gesamtergebnis		**3.580,000**	**371.000,00**	**103,63**

Abbildung 11.84 Kennzahlen rechts vom Ankerbereich hervorheben

Mit dem Parameterwert BOTH werden die Bereiche links und rechts (bzw. oberhalb und unterhalb) des Ankers formatiert (siehe Abbildung 11.85). Das Beispielmakro ist in Listing 11.129 zu sehen.

```
Sub SetFormat()
Dim sResult As String
sResult = Application.Run("SAPSetFormat", "Format1", "DS_1", _
"SAPExceptionLevel5", "TUPLE", "MEMBER;0D_NW_PRDGP;SP", _
"TUPLE", _
"MEMBER;547R3ZIH6AI5PCBGQ1NAD3UU8;547R3ZIH6AI5PCBGQ1V9LAI8W", "BOTH")
End Sub
```

Listing 11.129 Makro zum Formatieren der Bereiche links und rechts vom Anker

		Menge	Umsatz	Preis
Buchungskreis	**Produktgruppe**	ST	EUR	EUR / ST
Reis Telefone DE	Smartphone Mini	300,000	15.000,00	50,00
	Smartphone Plus	500,000	50.000,00	100,00
	Tablet Mini	200,000	40.000,00	200,00
	Tablet Plus	400,000	30.000,00	75,00
	Ergebnis	**1.400,000**	**135.000,00**	**96,43**
Reis Telephones USA	Smartphone Plus	2.000,000	200.000,00	100,00
	Tablet Mini	180,000	36.000,00	200,00
	Ergebnis	**2.180,000**	**236.000,00**	**108,26**
Gesamtergebnis		**3.580,000**	**371.000,00**	**103,63**

Abbildung 11.85 Merkmalswerte und Kennzahlen hervorheben

Parameter zweiter Typ und Attribute definieren

Beachten Sie, dass es notwendig ist, die Parameter [2. Typ] und [Attribute] zu definieren, bevor Sie den Parameter [Bereich] bestimmen. Sie können die Parameter [2. Typ] und die [Attribute] leer lassen (siehe Listing 11.130).

```
Sub SetFormat()
Dim sResult As String
sResult = Application.Run("SAPSetFormat", "Format1", "DS_1", _
"SAPExceptionLevel5", "MEMBER", "0D_NW_PRDGP;SP", "", "", "SECOND")
End Sub
```

Listing 11.130 Makro zum Festlegen der Parameter zweiten Typs und der Attribute

Parameter »Achse« definieren

Neben dem Bereich können Sie auch die [Achse] spezifizieren. Dieser Parameter ist optional und wird standardmäßig aus dem Kontext abgeleitet. Bei Tupel spielt dabei die Reihenfolge der Argumente eine Rolle. Sie können folgende Parameterwerte nutzen: PRIMARY, SECONDARY, ROW und COLUMN.

Achsen formatieren

Wenn Sie den Parameterwert PRIMARY nutzen, wird die Formatierung, abhängig vom Kontext, auf die primäre Achse angewendet. Bei SECONDARY wird die Formatierung auf die sekundäre Achse angewendet. Nutzen Sie den Parameterwert ROW, wird die Formatierung auf der Zeilenachse des angegebenen Bereiches angewendet und beim Parameterwert COLUMN auf die Spaltenachse. In Listing 11.131 finden Sie ein Beispiel, bei dem die primäre Achse formatiert wird.

```
Sub SetFormat()
Dim sResult As String
sResult = Application.Run("SAPSetFormat", "Format1", "DS_1", _
"SAPExceptionLevel5", "TUPLE", "MEMBER;0D_NW_PRDGP;SP", _
"TUPLE", _
```

```
"MEMBER;547R3ZIH6AI5PCBGQ1NAD3UU8;547R3ZIH6AI5PCBGQ1V9LAI8W", _
"BOTH", "PRIMARY")
End Sub
```

Listing 11.131 Makro zum Definieren der zu formatierenden Achse

Parametrisierbare API-Methode

Die vollständige Syntax der API-Methode `SAPSetFormat` lautet somit wie in Listing 11.132 dargestellt.

```
sResult = Application.Run("SAPSetFormat", "[Regel ID]", _
"[Alias der Datenquelle]", "[Formatvorlage]", "[Typ]", _
"[Attribute]", "[2. Typ]", "[2. Attribute]", "[Bereich]", "[Achse]")
```

Listing 11.132 Syntax des Befehls SAPSetFormat

Ausgabeparameter

Bei der Ausführung des Befehls liefert das System (in unserem Beispiel über die Variable `sResult`) die ID der Designregel als Ausgabeparameter zurück.

11.7.2 SAPInsertLine

Mithilfe der Methode `SAPInsertLine` können Sie neue Zeilen bzw. Spalten zu Ihrer Kreuztabelle hinzufügen. Dies funktioniert analog zum Menüeintrag **Neue Zeilen** (siehe Abschnitt 8.1.3, »Neue Zeilen und Spalten hinzufügen«), kann jedoch in Ihrer VBA-Programmierung verwendet werden.

Parameter definieren

Verwenden Sie den Befehl `Application.Run`, um die Methode auszuführen, und geben Sie folgende Parameter an: `[Regel-ID]`, `[Alias der Datenquelle]`, `[Position]`, `[Identifikator]` und `[Identifikator Attribute]`.

Der Parameter `[Regel-ID]` wird genutzt, um die Regel in anderen Methoden adressieren zu können, z. B. um die Regel mit der Methode `SAPDeleteDesignRule` zu löschen. Wenn Sie keine ID angeben, wird sie automatisch vom System generiert.

Geben Sie anschließend als `[Alias der Datenquelle]` den Alias der Formel für die Datenquelle an. Sie können den Alias beim Konfigurieren der Datenquelle auf der Registerkarte **Komponenten** im Designbereich festlegen.

Über den Parameter `[Position]` können Sie die Position der neuen Zeile bzw. Spalte in der Kreuztabelle festlegen. Dabei können Sie eine der folgenden Konstanten nutzen: `BEFORE` (vor), `AFTER` (nach), `BELOWHEADER` (unter der Überschrift) oder `BESIDEHEADER` (neben der Überschrift).

Zur genauen Bestimmung der Position wird der Parameter `[Identifikator]` verwendet. Geben Sie dazu eines der folgenden Elemente der Kreuztabelle an: DIMENSION (Merkmal), DIMENSIONRESULT (Ergebniszelle des Merkmals), DIMENSIONGROUP (alle Werte eines Merkmals), DIMENSIONMEMBER (Merkmalswert), HIERARCHYNODE (Hierarchieknoten) oder TUPLE (Tupel). Über die Konstante TUPLE können Sie eine Kombination von Merkmalswerten definieren, die sich auf einer Achse befinden.

Neue Spalte nach Merkmal einfügen

Anschließend bestimmen Sie über den Parameter [Identifikator Attribute] den Identifikator genauer. Wenn Sie z. B. die Parameterwerte DIMENSION (Merkmal), DIMENSIONRESULT (Ergebniszelle des Merkmals) oder DIMENSIONGROUP (alle Werte eines Merkmals) als [Identifikator] verwenden, geben Sie den technischen Namen des Merkmals an (siehe Listing 11.133). Bei der Ausführung des Makros wird eine neue Spalte nach dem Merkmal Buchungskreis (OD_NW_CODE) eingefügt.

```
Sub InsertLine()
Dim sResult As String
sResult = Application.Run("SAPInsertLine", "NewLine1", "DS_1", _
"AFTER", "DIMENSION", "OD_NW_CODE")
End Sub
```

Listing 11.133 Makro zum Einfügen einer neuen Spalte nach dem Merkmal Buchungskreis

Das Ergebnis ist in Abbildung 11.86 dargestellt.

			Menge	Umsatz	Preis
Buchungskreis		**Produktgruppe**	ST	EUR	EUR / ST
Reis Telefone DE					
		Smartphone Mini	300,000	15.000,00	50,00
		Smartphone Plus	500,000	50.000,00	100,00
		Tablet Mini	200,000	40.000,00	200,00
		Tablet Plus	400,000	30.000,00	75,00
		Ergebnis	**1.400,000**	**135.000,00**	**96,43**
Reis Telephones USA					
		Smartphone Plus	2.000,000	200.000,00	100,00
		Tablet Mini	180,000	36.000,00	200,00
		Ergebnis	**2.180,000**	**236.000,00**	**108,26**
Gesamtergebnis			**3.580,000**	**371.000,00**	**103,63**

Abbildung 11.86 Nach dem Merkmal Buchungskreis eingefügte Spalte

Neue Zeile nach Merkmalswert einfügen

Wenn Sie DIMENSIONMEMBER (Merkmalswert) für den Parameter [Identifikator] gewählt haben, geben Sie als Parameter [Identifikator Attribute] den technischen Namen des Merkmals und den Schlüssel des Merkmalswertes an. In Listing 11.134 sehen Sie ein Beispiel. Mit diesem Makro wird eine neue Zeile nach dem Buchungskreis mit dem Schlüssel 1000 (Reis Telefone DE) eingefügt.

```
Sub InsertLine()
Dim sResult As String
sResult = Application.Run("SAPInsertLine", "NewLine1", "DS_1", _
"AFTER", "DIMENSIONMEMBER", "OD_NW_CODE", "1000")
End Sub
```

Listing 11.134 Makro zum Einfügen einer neuen Zeile nach dem Merkmal Buchungskreis 1000

Das Ergebnis nach der Ausführung des Makros ist in Abbildung 11.87 zu sehen.

		Menge	Umsatz	Preis
Buchungskreis	**Produktgruppe**	ST	EUR	EUR / ST
Reis Telefone DE	Smartphone Mini	300,000	15.000,00	50,00
	Smartphone Plus	500,000	50.000,00	100,00
	Tablet Mini	200,000	40.000,00	200,00
	Tablet Plus	400,000	30.000,00	75,00
	Ergebnis	**1.400,000**	**135.000,00**	**96,43**
Reis Telephones USA	Smartphone Plus	2.000,000	200.000,00	100,00
	Tablet Mini	180,000	36.000,00	200,00
	Ergebnis	**2.180,000**	**236.000,00**	**108,26**
Gesamtergebnis		**3.580,000**	**371.000,00**	**103,63**

Abbildung 11.87 Nach dem Merkmalswert eingefügte Zeile

Neue Zeilen vor/nach den Hierarchieknoten einfügen

Mit der Konstante HIERARCHYNODE können Sie neue Zeilen vor bzw. nach einem Hierarchieknoten hinzufügen. Betrachten wir das folgende Beispiel: Unser Merkmal Produktgruppe (OD_NW_PRDGP) hat eine Hierarchie, die das externe Merkmal Produktkategorie (OD_NW_PRDCT) zur Strukturierung nutzt (siehe Abbildung 11.88).

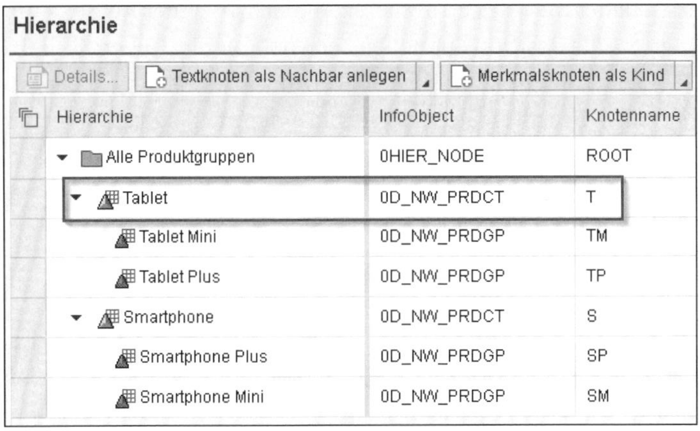

Hierarchie

Details... | Textknoten als Nachbar anlegen | Merkmalsknoten als Kind

Hierarchie	InfoObject	Knotenname
Alle Produktgruppen	0HIER_NODE	ROOT
Tablet	0D_NW_PRDCT	T
Tablet Mini	0D_NW_PRDGP	TM
Tablet Plus	0D_NW_PRDGP	TP
Smartphone	0D_NW_PRDCT	S
Smartphone Plus	0D_NW_PRDGP	SP
Smartphone Mini	0D_NW_PRDGP	SM

Abbildung 11.88 Hierarchie des Merkmals Produktgruppe

Die einzelnen Produktgruppen wie Tablet Plus und Tablet Mini gehören also zu der Produktkategorie Tablet. Diese bildet den Knoten der Hierarchie.

Um eine neue Zeile nach dem Hierarchieknoten hinzuzufügen, wie in Abbildung 11.89 dargestellt, verwenden Sie die Konstante HIERARCHYNODE. Geben Sie anschließend den technischen Namen des Knotenmerkmals, des Merkmalswertes und des Merkmals an, zu dem die Hierarchie gehört.

	Menge	Umsatz	Preis
Produktgruppe	ST	EUR	EUR / ST
[-] Alle Produktgruppen	3.580,000	371.000,00	103,63
[-] Tablet	780,000	106.000,00	135,90
Tablet Mini	380,000	76.000,00	200,00
Tablet Plus	400,000	30.000,00	75,00
[-] Smartphone	2.800,000	265.000,00	94,64
Smartphone Plus	2.500,000	250.000,00	100,00
Smartphone Mini	300,000	15.000,00	50,00

Abbildung 11.89 Nach Hierarchieknoten einfügte neue Zeile

In Listing 11.135 finden Sie das Makro zu unserem Beispiel.

```
Sub InsertLine()
Dim sResult As String
sResult = Application.Run("SAPInsertLine", "NewLine1", "DS_1", _
"AFTER", "HIERARCHYNODE", "0D_NW_PRDGP", "T", "0D_NW_PRDCT")
End Sub
```

Listing 11.135 Makro zum Einfügen einer neuen Zeile nach einem Hierarchieknoten

Neue Zeile über Tupel einfügen

Mithilfe des Arguments TUPLE können Sie eine Kombination von Merkmalswerten verschiedener Merkmale definieren, die sich auf einer Achse befinden. So können Sie die Position der neuen Zeile präzisieren. Geben Sie dazu den [Identifikator] und die [Attribute] als Array an. In Listing 11.136 finden Sie ein Beispiel. Beachten Sie, dass Sie bei einem Tupel Platzhalter für die anderen Attribute, wie z. B. den technischen Namen des Knotenmerkmals, des Merkmalswertes und des Merkmals, zu dem die Hierarchie gehört, angeben müssen.

```
Sub InsertLine()
Dim lResult As String
Dim sTupleArray(1) As String
sTupleArray(0) = "MEMBER;0D_NW_CODE;1000"
sTupleArray(1) = "MEMBER;0D_NW_PRDGP;SP"
```

```
sResult = Application.Run("SAPInsertLine", "NewLine1", "DS_1", _
"AFTER", "TUPLE", "", "", "", sTupleArray)
End Sub
```

Listing 11.136 Makro zum Hinzufügen einer neuen Zeile über Tupel

Das Ergebnis nach der Ausführung des Makros sehen Sie in Abbildung 11.90.

		Menge	Umsatz	Preis
Buchungskreis	**Produktgruppe**	ST	EUR	EUR / ST
Reis Telefone DE	Smartphone Mini	300,000	15.000,00	50,00
	Smartphone Plus	500,000	50.000,00	100,00
	Tablet Mini	200,000	40.000,00	200,00
	Tablet Plus	400,000	30.000,00	75,00
	Ergebnis	**1.400,000**	**135.000,00**	**96,43**
Reis Telephones USA	Smartphone Plus	2.000,000	200.000,00	100,00
	Tablet Mini	180,000	36.000,00	200,00
	Ergebnis	**2.180,000**	**236.000,00**	**108,26**
Gesamtergebnis		**3.580,000**	**371.000,00**	**103,63**

Abbildung 11.90 Über Tupel hinzugefügte neue Zeile

Parametrisierbare API-Methode

Die vollständige Syntax der Methode `SAPInsertLine` lautet damit wie in Listing 11.137 dargestellt.

```
sResult = Application.Run("SAPInsertLine", "[Regel ID]", _
"[Alias der Datenquelle]", "[Position]", "[Identifikator]", _
"[1. Attribut]", "[2. Attribut]", "[3. Attribut]", "[4. Attribut]")
```

Listing 11.137 Syntax der Methode SAPInsertLine

Bei der Ausführung des Befehls liefert das System (in unserem Beispiel über die Variable `sResult`) die ID der Designregel als Ausgabeparameter zurück.

11.7.3 SAPFixLineSize

Mit der Methode `SAPFixLineSize` können Sie die Breite neu eingefügter Zeilen bzw. Spalten definieren. Dabei wird eine neue Designregel angelegt.

Parameter definieren

Verwenden Sie zum Aufrufen der Methode den Befehl `Application.Run`, und spezifizieren Sie die Parameter `[Regel-ID]`, `[Alias der Datenquelle]`, `[ID der neuen Zeile]` sowie `[Breite]`.

Die fixierte Breite wird in einer eigenen Designregel gespeichert. Der Parameter `[Regel-ID]` wird genutzt, um die Regel in anderen Methoden zu adressieren – z. B. um sie mit der Methode `SAPDeleteDesignRule` zu löschen. Wenn Sie keine ID angeben, wird diese automatisch vom System generiert.

Geben Sie anschließend den Parameter `[Alias der Datenquelle]` an. Sie können ihn beim Konfigurieren der Datenquelle auf der Registerkarte **Komponenten** im Designbereich festlegen.

Danach geben Sie den Parameter `[ID der neuen Zeile]` an, dessen Breite Sie fixieren möchten. Geben Sie schließlich den Parameter `[Breite]` als eine ganzzahlige Zahl an. Die Maßeinheit für die Breite ist Pixel.

Beispielhaftes Makro

In Listing 11.138 finden Sie ein Beispielmakro. Über dieses legen wir für die Datenquelle `DS_1` eine neue Designregel mit der ID `LineSize1` an. Diese fixiert die Breite der neu eingefügten Zeile mit der ID `NewLine1` auf 23 Pixel.

```
Sub FixLineSize()
Dim sResult As String
sResult = Application.Run("SAPFixLineSize", "LineSize1", "DS_1", _
"NewLine1", "23")
End Sub
```

Listing 11.138 Makro zum Fixieren der Breite

Parametrisierbare API-Methode

Die vollständige Syntax der Methode `SAPFixLineSize` ist in Listing 11.139 zu sehen.

```
sResult = Application.Run("SAPFixLineSize", "[Regel ID]", _
"[Alias der Datenquelle]", "[ID der neuen Zeile]", "[Breite]")
```

Listing 11.139 Syntax der Methode SAPFixLineSize

Bei der Ausführung des Befehls liefert das System (in unserem Beispiel über die Variable `sResult`) die ID der Designregel als Ausgabeparameter zurück.

11.7.4 SAPListOfDesignRules

Mit der Methode `SAPListOfDesignRules` können Sie die für eine Datenquelle angelegten Designregeln auflisten.

Parameter definieren

Verwenden Sie zum Aufrufen der Methode den Befehl `Application.Run`, und geben Sie die Parameter `[Alias der Datenquelle]` sowie `[Typ]` an.

Spezifizieren Sie zunächst den Alias der Datenquelle. Sie können den Alias beim Konfigurieren der Datenquelle auf der Registerkarte **Komponenten** im Designbereich festlegen.

Geben Sie anschließend den `[Typ]` der Designregel an. Dabei können Sie folgende Parameterwerte verwenden: `All`, `NewLine`, `Format` und `LineSize`. Wenn Sie keinen Typ angeben oder den Parameterwert `All` nutzen, werden alle Designregeln der jeweiligen Datenquelle aufgelistet. Über den Typ `NewLine` können Sie alle neu eingefügten Zeilen bzw. Spalten anzeigen. Dabei können Sie auch nach dem Typ der neuen Zeilen unterscheiden, indem Sie die Parameterwerte `NewDimensionLine`, `NewHeaderLine` oder `NewMemberLine` nutzen (siehe Abschnitt 11.7.1, »SAPSetFormat«). Mit dem Parameterwert `Format` zeigen Sie die definierten Formatierungen an. Schließlich können Sie mit dem Wert `LineSize` die fixierten Breiten der neuen Zeilen auflisten.

Beispielhaftes Makro

In Listing 11.140 finden Sie ein Beispielmakro. Es führt dazu, dass die für die Datenquelle `DS_1` angelegten Designregeln vom Typ `Format` angezeigt werden (siehe Abbildung 11.91).

```
Sub ListOfDesignRules()
Dim vResult As Variant
vResult = Application.Run("SAPListOfDesignRules", "DS_1", "Format")
End Sub
```


Listing 11.140 Makro zum Auflisten aller Formatierungen

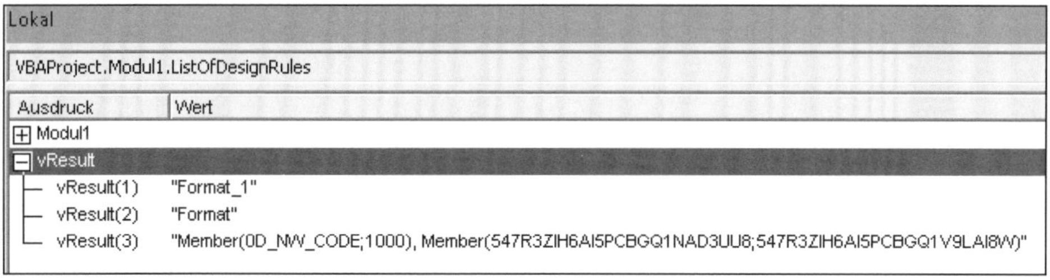

Lokal

VBAProject.Modul1.ListOfDesignRules

Ausdruck	Wert
⊞ Modul1	
⊟ vResult	
vResult(1)	"Format_1"
vResult(2)	"Format"
vResult(3)	"Member(0D_NW_CODE;1000), Member(547R3ZIH6AI5PCBGQ1NAD3UU8;547R3ZIH6AI5PCBGQ1V9LAI8W)"

Abbildung 11.91 Definierte Formatierung anzeigen

Parametrisierbare API-Methode

Die vollständige Syntax der Methode ist in Listing 11.141 zu sehen.

```
vResult = Application.Run("SAPListOfDesignRules", _
"[Alias der Datenquelle]", "[Typ]")
```

Listing 11.141 Syntax der Methode SAPListOfDesignRules

11.7.5 SAPDeleteDesignRule

Mit der Methode `SAPDeleteDesignRule` können Sie definierte Designregeln löschen.

Parameter definieren

Verwenden Sie zum Aufrufen der Methode den Befehl `Application.Run`, und geben Sie die Parameter `[Alias der Datenquelle]` und `[Regel-ID]` an.

Geben Sie zunächst den `[Alias der Datenquelle]` an. Sie können ihn beim Konfigurieren der Datenquelle auf der Registerkarte **Komponenten** im Designbereich festlegen. Spezifizieren Sie anschließend die ID der Designregel, die gelöscht werden soll. Wenn Sie keine ID angeben, werden alle Designregeln, die für diese Datenquelle angelegt wurden, gelöscht.

In Listing 11.142 finden Sie ein Beispiel, bei dem die für die Datenquelle DS_1 definierte Designregel Format1 gelöscht wird.

```
Sub DeleteDesignRule()
Dim lResult As Long
lResult = Application.Run("SAPDeleteDesignRule", "DS_1", "Format1")
End Sub
```

Listing 11.142 Makro zum Löschen der Designregel »Format1«

Parametrisierbare API-Methode

Die vollständige Syntax der Methode SAPDeleteDesignRule ist in Listing 11.143 dargestellt.

```
lResult = Application.Run("SAPDeleteDesignRule", _
"[Alias der Datenquelle]", "[Regel ID]")
```

Listing 11.143 Syntax der Methode SAPDeleteDesignRule

Bei der Ausführung des Befehls liefert das System (in unserem Beispiel über die Variable lResult) einen der folgenden Ausgabeparameter zurück:

- 0 – Ausführung fehlgeschlagen
- 1 – Ausführung erfolgreich

11.8 Zusammenfassung

Nach dem Durcharbeiten dieses Kapitels sind Sie nun in der Lage, Ihre mit SAP Analysis for Microsoft Office erstellten Arbeitsmappen um individuelle VBA-Makros zu erweitern. Sie kennen nicht nur die Grundlagen, sondern verstehen die Funktionsweise der einzelnen Befehle im Detail. Neben den von SAP ausgelieferten Methoden können Sie auch Callbacks verwenden, um bei bestimmten Ereignissen vordefinierte Makros auszuführen.

Dabei können Sie auch auf das breite Arsenal der Formeln von SAP Analysis for Microsoft Office zurückgreifen. Außerdem können Sie Makros aus SAP Analysis for Microsoft Office nutzen, um Designregeln anzulegen und zu administrieren.

Im nächsten Kapitel zeige ich Ihnen, wie Sie SAP Analysis for Microsoft Office durch Einrichten der Benutzeroberfläche, Bearbeiten der Benutzereinstellungen oder Ändern der technischen Konfiguration anpassen können.

Kapitel 12

SAP Analysis for Microsoft Office konfigurieren

SAP Analysis for Microsoft Office lässt sich flexibel konfigurieren. Sie können das Aussehen der Benutzeroberfläche individualisieren und eine Reihe von Einstellungen anpassen. In diesem Kapitel lernen Sie, wie es geht.

Sie können SAP Analysis for Microsoft Office entsprechend Ihren Bedürfnissen anpassen. So können Sie z. B. die Benutzeroberfläche individualisieren, indem Sie nicht benötigte Funktionen ausblenden und oft genutzte Funktionalitäten in den Vordergrund rücken.

In Abschnitt 12.1, »Benutzeroberfläche anpassen«, zeige ich Ihnen, wie Sie die Benutzeroberfläche anpassen können. Sie lernen außerdem, wie Sie neue Profile anlegen und konfigurieren können. Dabei können Sie das neue Profil als Standard festlegen, damit dieses beim Starten von SAP Analysis for Microsoft Office immer verwendet wird. Neben benutzerspezifischen Profilen können Sie auch zentrale Unternehmensprofile einrichten, die für alle Benutzer gelten.

Nachdem Sie gelernt haben, wie Sie die Benutzeroberfläche anpassen können, führe ich Sie in die Einstellungen von SAP Analysis for Microsoft Office ein. In Abschnitt 12.2, »Dialog ›Optionen‹«, stelle ich die grafische Oberfläche für Optionen vor, während ich in Abschnitt 12.3, »Technische Konfiguration«, auf die technische Konfiguration eingehe. Im Dialog **Optionen** können Sie neben benutzerspezifischen Einstellungen, wie z. B. die maximale Anzahl der im Filterdialog angezeigten Elemente, auch plattformrelevante Einstellungen sowie Konvertierungsoptionen konfigurieren.

Ab Abschnitt 12.3.1, »Grundlagen der technischen Konfiguration«, stelle ich die Grundlagen der technischen Konfiguration vor. Hierbei stehen Ihnen noch mehr Parameter zur Verfügung als im Dialog **Optionen**. Sie können außerdem festlegen, welche Einstellungen der Benutzer anpassen kann und welche Einstellungen zentral festgelegt werden sollen. Danach gehe ich im Detail auf die einzelnen Einstellungen ein.

Wenn Sie dieses Kapitel durchgearbeitet haben, können Sie nicht nur die Benutzeroberfläche nach Ihren Bedürfnissen anpassen, sondern auch das Verhalten von SAP Analysis for Microsoft Office über die Einstellungen steuern.

12.1 Benutzeroberfläche anpassen

Sie können die Benutzeroberfläche von SAP Analysis for Microsoft Office individuell an Ihre Bedürfnisse anpassen. So können Sie z. B. nur Funktionen anzeigen, die Sie häufig verwenden, und andere Funktionen zwecks besserer Übersichtlichkeit ausblenden. Darüber hinaus können Sie auch neue Menübereiche und Funktionen hinzufügen. Anpassbar sind das Menüband, das Kontextmenü, das Dateimenü (die Optionen der Registerkarte **Datei**) sowie der Designbereich (siehe Abbildung 12.1).

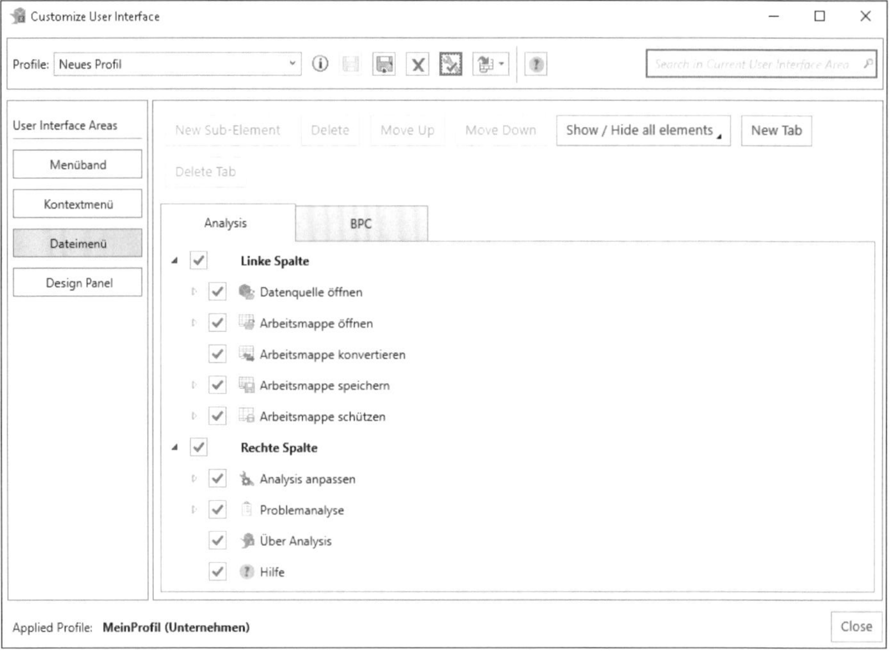

Abbildung 12.1 Benutzeroberfläche personalisieren

12.1.1 Profil anlegen

Arten von Profilen

Die Anpassungen der Benutzeroberfläche werden in einem sogenannten *Profil* gespeichert. Es existieren drei verschiedene Arten von Profilen. So wird zwischen einem *Benutzerprofil*, einem *Unternehmensprofil* und einem *eingebetteten Profil* unterschieden.

Benutzerprofil

Wenn Sie ein eigenes Profil erstellen, handelt es sich um ein Benutzerprofil. Wenn Sie noch keine Anpassungen vorgenommen haben, wird standardmäßig das Standardprofil angewendet. Es ist als schreibgeschützt markiert und kann nicht geändert oder gelöscht werden. Sie können aber auch ein eigens angepasstes Benutzerprofil als Standard setzen. Wie es geht, zeige ich Ihnen in Abschnitt 12.1.3, »Profil als Standard festlegen«. Außerdem ist es möglich, Benutzerprofile als schreibgeschützte Profile zu verwenden. So können Benutzerprofile freigegeben werden, ohne dass eine Kopie erforderlich ist. Schreibgeschützte Benutzerprofile werden in Abschnitt 12.1.6, »Schreibgeschützte Benutzerprofile verwenden«, behandelt.

[«]

Pfad zu Benutzerprofilen

Benutzerprofile werden unter folgendem Pfad abgelegt:

C:\Users\[Benutzername]\AppData\Roaming\SAP\Cof\User Interface

Unternehmensprofil

Als Administrator können Sie ein bestimmtes Profil für Ihr Unternehmen definieren und es Benutzern zur Verfügung stellen. Dieses Profil wird als *Unternehmensprofil* bezeichnet und kann durch Benutzer nicht verändert oder gelöscht werden. Außerdem können Sie das Unternehmensprofil als Standardprofil festlegen, um sicherzustellen, dass es Benutzern zugewiesen wird.

Darüber hinaus können Sie Ihren Benutzern das Erstellen eigener Profile untersagen. Dann können Benutzer nicht auf die Funktion **Benutzeroberfläche anpassen** zugreifen. In Abschnitt 12.1.5, »Unternehmensprofil einrichten«, zeige ich Ihnen, wie Sie Unternehmensprofile anlegen.

[«]

Pfad zu Unternehmensprofilen

Die Unternehmensprofile werden unter dem folgenden Pfad abgelegt:

C:\ProgramData\SAP\Cof\User Interface

Eingebettetes Profil

Weiter können Sie eingebettete Profile erstellen. Dabei handelt es sich um ein Benutzerprofil, das in eine Arbeitsmappe eingebettet ist. Wenn Sie diese Arbeitsmappe anderen Benutzern zur Verfügung stellen, wird standardmäßig das eingebettete Profil angewendet. In Abschnitt 12.1.4, »Profil in die Arbeitsmappe einbetten«, lernen Sie eingebettete Profile näher kennen.

Um ein Profil anzulegen, wählen Sie die Registerkarte **Datei** und hier **Analysis**. Selektieren Sie aus der Auswahl **Analysis anpassen** den Eintrag **Benutzeroberfläche anpassen** (siehe Abbildung 12.2).

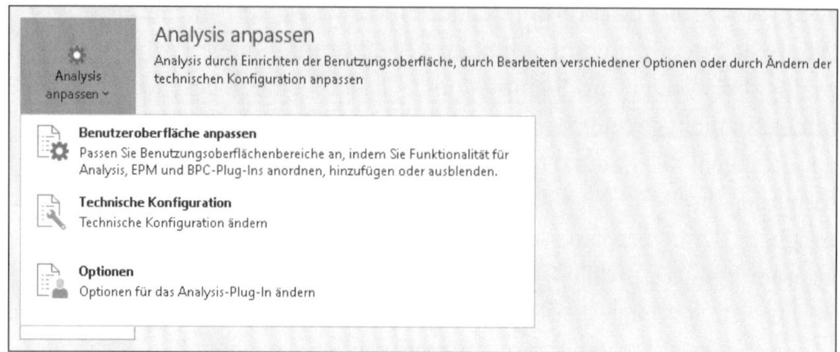

Abbildung 12.2 Benutzeroberfläche anpassen

Wenn Sie noch keine Anpassungen vorgenommen haben, wird standardmäßig das Standardprofil angewendet. Sie können es nicht ändern oder löschen. Das Standardprofil heißt treffenderweise **Standardprofil (schreibgeschützt)**.

Eigenes Profil erstellen

Um ein eigenes Profil zu erstellen, müssen Sie zunächst eine Kopie des Standardprofils anlegen. Klicken Sie dazu auf den Button ❶, und vergeben Sie einen Namen für das neue Profil ❷. Wenn Sie das neue Profil als Standard nutzen möchten, setzen Sie das Häkchen neben der Option **Set as Default Profile** ❸. Bestätigen Sie anschließend die Änderungen mit dem Button **OK** ❹ (siehe Abbildung 12.3).

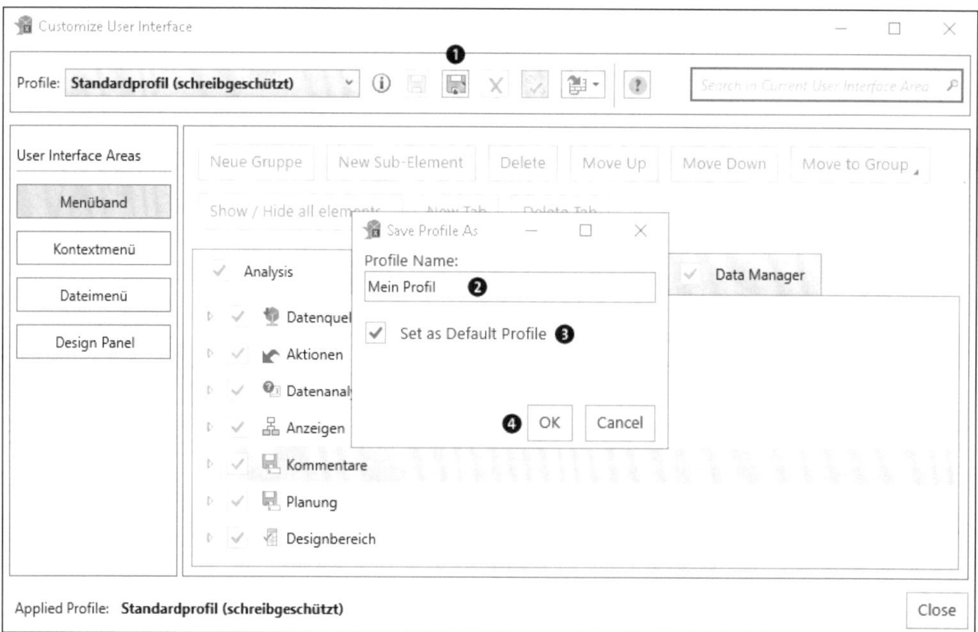

Abbildung 12.3 Neues Profil anlegen

12.1.2 Profil anpassen

Anpassungsoptionen

Nun können Anpassungen vorgenommen werden. Im linken Bereich, **User Interface Areas** ❶, wie es in Abbildung 12.4 zu sehen ist, können Sie die Benutzeroberflächen auswählen, die Sie anpassen möchten. Dabei können Sie das Menüband, das Kontextmenü, das Dateimenü und den Designbereich anpassen.

Rechts davon werden die Elemente des ausgewählten Bereichs angezeigt ❷. Sie können z. B. im Menüband einzelne Registerkarten ausblenden, die Reihenfolge der Funktionen anpassen oder neue Funktionen hinzufügen.

Über die Auswahlliste in der oberen linken Ecke können Sie Profile auswählen. Um den Namen eines ausgewählten Profils zu ändern, überschreiben Sie den bereits vorhandenen Namen und speichern die Änderung.

Rechts neben dem Profilnamen befindet sich die Bearbeitungsleiste. Hier können Sie Ihre Änderungen an einem Profil über den Button speichern ❸, ein neues Profil über den Button anlegen ❹ oder auch ein vorhandenes Profil über den Button löschen ❺. Sie können ein Profil über den Button als Standard setzen ❻ oder über den Button in die Arbeitsmappe einbinden ❼. Über den Button können Sie die Dokumentation über die Anpassung der Benutzeroberfläche aufrufen ❽.

Abbildung 12.4 Profil anpassen

In der Suchleiste, die sich in der oberen rechten Ecke befindet ❾, können Sie schnell nach jedem Vorkommen eines bestimmten Ausdrucks suchen, indem Sie den gewünschten Text eingeben. Die gefundenen Stellen werden gelb hervorgehoben. Das gerade angewendete Profil wird in der unteren linken Ecke angezeigt ❿.

Sie können ein angelegtes Profil anpassen, indem Sie vorhandene Bedienelemente neu anordnen, einblenden oder verstecken. Sie können aber auch eigene Registerkarten mit Menübereichen und benutzerspezifischen Elementen hinzufügen. In den nachfolgenden Abschnitten zeige ich Ihnen, wie das geht.

Elemente neu anordnen

»Move up«, »Move down« und »Move to Group«

Um Elemente neu anzuordnen, können Sie die Funktionen **Move Up**, **Move Down** und **Move to Group** nutzen (siehe Abbildung 12.5). Über **Move Up** (nach oben bewegen) und **Move Down** (nach unten bewegen) lassen sich Elemente nur innerhalb eines Knotenelements verschieben.

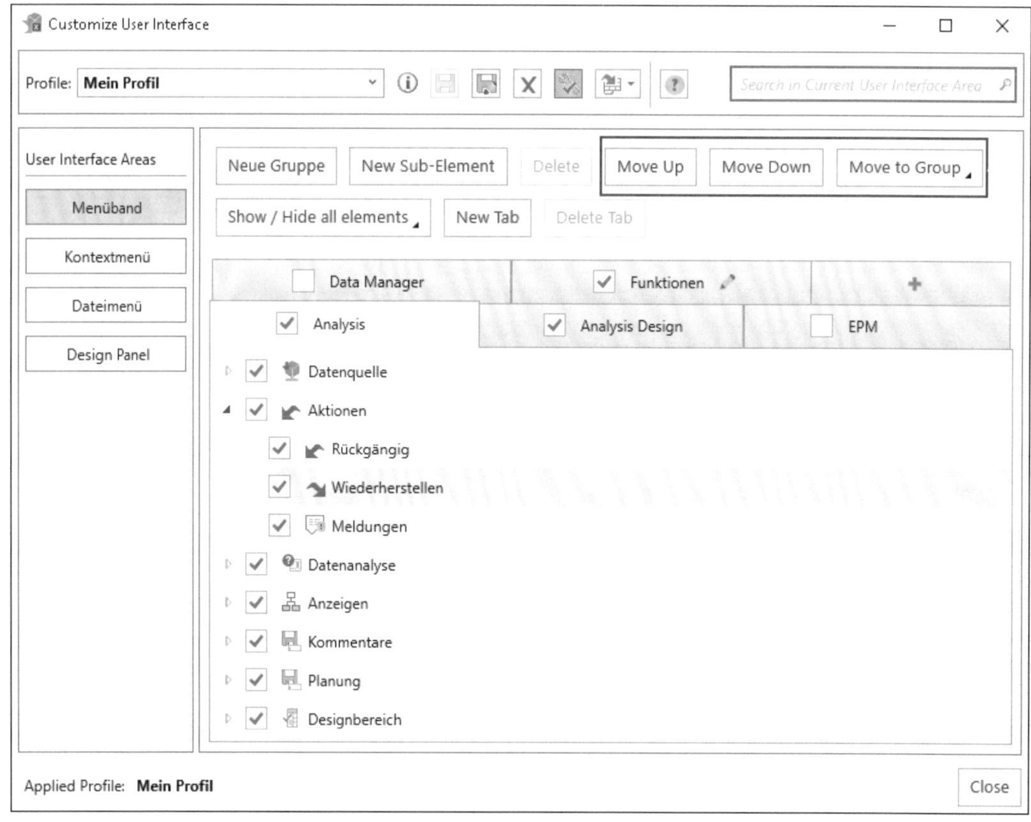

Abbildung 12.5 Elemente neu anordnen

Die Funktionen **Move to Group** verschiebt Elemente auf die erste Ebene ihres jeweiligen Bereichs – z. B. **Datenquelle**, **Aktionen** oder **Datenanalyse**. Verwenden Sie Drag & Drop, um ein Element innerhalb oder außerhalb eines Knotenelements auf eine beliebige Ebene zu verschieben.

Elemente ein- und ausblenden

Einzelne Elemente ein- bzw. ausblenden

Sie können auf drei verschiedenen Wegen Elemente ausblenden bzw. wieder anzeigen. Über die Funktion **Show / Hide all elements** ❶ können Sie alle Elemente einer gerade aktiven Registerkarte ausblenden (siehe Abbildung 12.6). Außerdem können Sie die Kontrollkästchen ❷ nutzen, um einzelne Elemente aus- oder einzublenden.

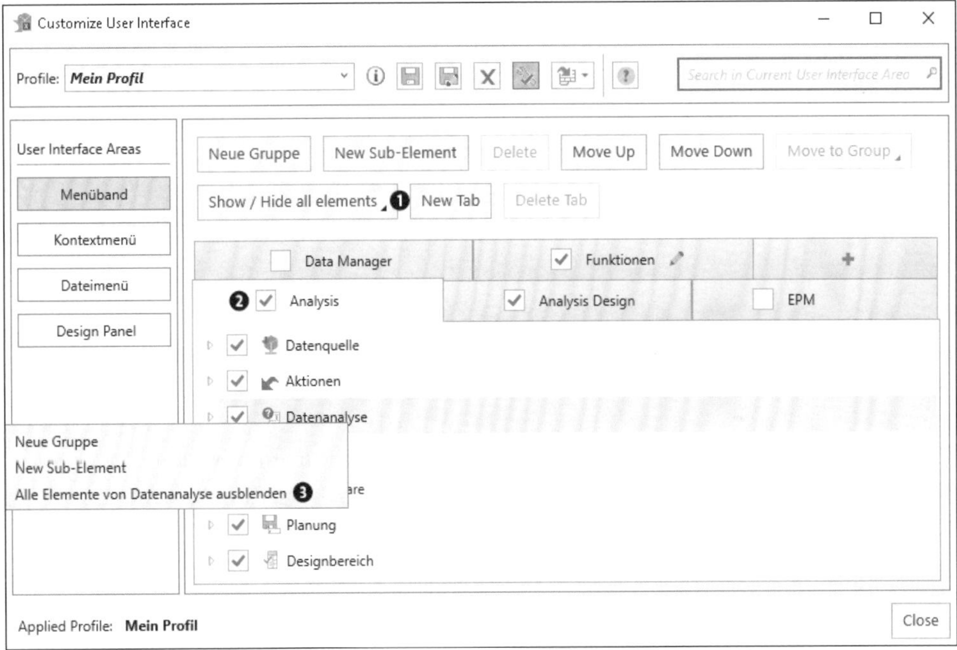

Abbildung 12.6 Elemente anzeigen oder ausblenden

Alle Elemente ein- bzw. ausblenden

Um alle Elemente eines Bereichs auszublenden oder anzuzeigen, selektieren Sie den Bereich, führen einen Rechtsklick aus und verwenden die Befehle **Alle Elemente von [Bereich] anzeigen** und **Alle Elemente von [Bereich] ausblenden** ❸.

Neue Elemente hinzufügen

Sie können auch neue Elemente zur Benutzeroberfläche hinzufügen. So können Sie z. B. eine neue Registerkarte hinzufügen ❶ (siehe Abbildung 12.7), um Elemente zu bündeln. Diese können Sie wiederum in Gruppen

(*Menübandbereiche*) ❷ unterteilen. Den Menübandbereichen können Sie Trennschaltflächen (*Auswahlfunktionen*), Drucktasten (*Funktionen* und *Buttons*), Umschaltflächen und Trennzeichen hinzufügen ❸.

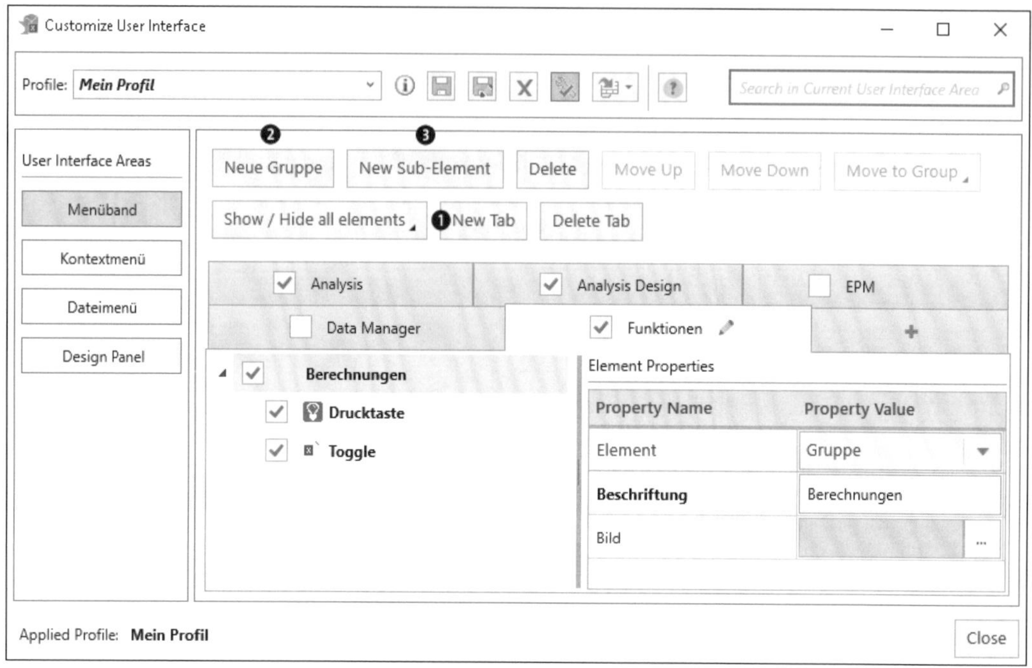

Abbildung 12.7 Neue Elemente hinzufügen

Eigenschaften neuer Elemente anpassen

Je nach Typ verfügen die einzelnen Elemente über individuelle Eigenschaften. So können Sie beim Element **Menü** die Beschriftung, die Größe und ein Bild definieren. Beim Element **Drucktaste** können Sie eine ID, die Beschriftung, ein auszuführendes Makro, die Größe und ein Bild definieren. Das Element **Trennschaltfläche** verfügt über dieselben anpassbaren Eigenschaften. Beim Element **Umschaltfläche** müssen Sie neben diesen Eigenschaften noch ein Makro für den Schaltflächenstatus definieren (siehe Abbildung 12.8). Nur das Element **Trennzeichen** verfügt über keine Eigenschaften.

ID ändern

Nachfolgend erläutere ich die Eigenschaften genauer. Die ID wird vom System automatisch angelegt, kann jedoch über das Kontrollkästchen **Display ID** angezeigt und verändert werden (siehe Abbildung 12.9). Wenn Sie die ID ändern, wird die ursprüngliche ID überschrieben – Sie können sie also nicht auf die automatisch generierte ID zurücksetzen. Die ID können Sie in VBA-Makros nutzen, dabei gelten folgende Syntaxregeln: Die ID muss eindeutig sein, sie darf keine Doppelpunkte enthalten, sie muss entweder mit einem

Buchstaben oder einem Unterstrich beginnen, und sie darf nur Buchstaben, Ziffern, Unterstriche, Bindestriche und Punkte enthalten.

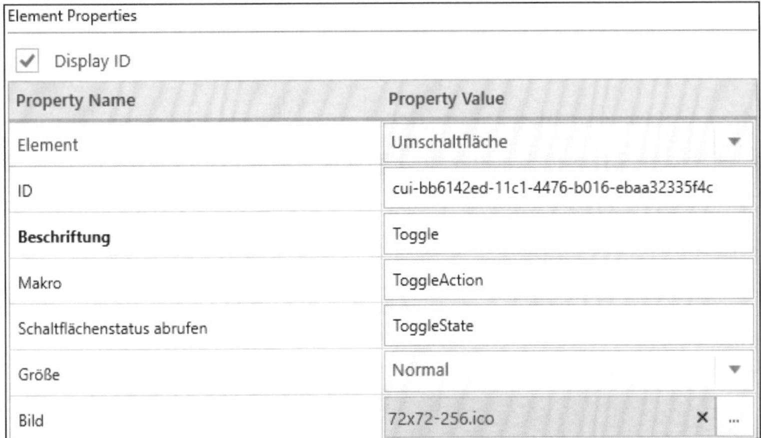

Abbildung 12.8 Übersicht über anpassbare Eigenschaften

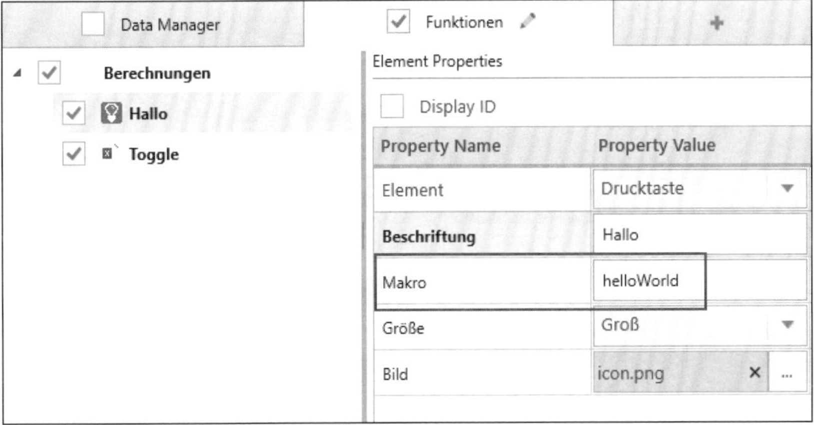

Abbildung 12.9 Auszuführendes Makro definieren

Geben Sie im Feld **Beschriftung** den Namen des Elements ein, der auf der Oberfläche angezeigt werden soll. Im Feld **Bild** können Sie ein Icon auswählen, das später neben der Beschriftung angezeigt wird. In der Auswahl **Größe** (Bildgröße) können Sie zwischen den Einträgen **Normal** oder **Groß** wählen.

Makro angeben

Im Feld **Makro** können Sie das Makro angeben, das beim Klicken auf den Button ausgeführt werden soll. Ein Makro kann auf eine der folgenden Arten definiert werden. So können Sie das Makro in einer **.xlam**-Datei definieren, die Sie als Add-in für Microsoft Excel aktivieren müssen. In diesem Fall geben Sie im Makrobereich den Namen der Datei ein, gefolgt von einem Ausrufezeichen, und dann den Namen des Makros, das Sie aufrufen möchten, z. B. `functions.xlam! helloWorld`. Wenn sich das Makro direkt in der aktuellen Arbeitsmappe befindet, geben Sie einfach den Namen des Makros in das Feld **Makro** ein, z. B. `helloWorld` (siehe Abbildung 12.9).

Beim Makro muss der erste Parameter als `control` vom Typ `IRibbonControl` definiert sein, auch wenn Sie diesen Parameter nicht verwenden. In Listing 12.1 finden Sie ein Beispiel.

```
Sub helloWorld(control As IRibbonControl)
MsgBox ("Hallo Welt")
End Sub
```

Listing 12.1 Makro zur Ausgabe einer Meldung beim Button-Klick

Umschaltfläche definieren

Bei einer Umschaltfläche müssen Sie außerdem einen booleschen Parameter definieren, der dem Zustand des Buttons (gedrückt oder nicht gedrückt) entspricht ❶. Außerdem müssen Sie ein Makro angeben, das den Status (gedrückt oder nicht gedrückt) festlegt ❷ (siehe Abbildung 12.10).

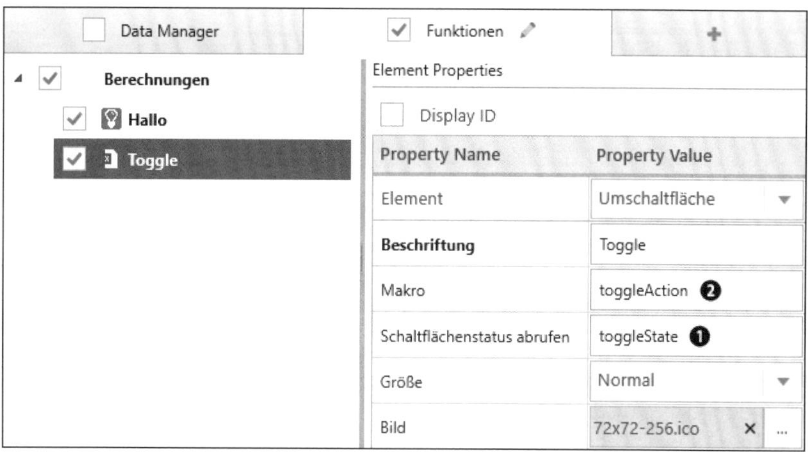

Abbildung 12.10 Eigenschaften einer Umschaltfläche definieren

In Listing 12.2 ist ein Beispiel für das Makro dargestellt. Dabei speichern wir den Status in einer Modulvariablen.

```
Dim bPressed As Boolean

Sub toggleAction(control As IRibbonControl, pressed As Boolean)
If pressed = True Then
MsgBox ("Aktiviert")
```

```
bPressed = True
ElseIf pressed = False Then
MsgBox ("Deaktiviert")
bPressed = False
End If
End Sub

Function toggleState(control As IRibbonControl) As Boolean
toggleState = bPressed
End Function
```

Listing 12.2 Makro für die Umschaltfläche

[«]

Neue Elemente über XML definieren

Sie können die Menübänder von Microsoft Office auch über XML erweitern und anpassen. So können Sie Ihre Applikationen weiter personalisieren.

Weitere Informationen zur Erweiterung von Menübändern erhalten Sie in der Dokumentation von Microsoft unter »Custom UI XML Markup Specification«. Außerdem liefert auch SAP in dem Paper »How To Execute Planning Functions and Sequences from MS Office Ribbon« eine ausführliche Anleitung – inklusive VBA- und XML-Code.

Wenn Sie eine individuelle Analysis-Applikation erstellen, können Sie die Verbindung zu SAP Analysis for Microsoft Office darstellen, indem Sie die neue Registerkarte neben der Registerkarte von SAP Analysis for Microsoft Office anordnen. Das Menüband wird durch eine XML Definition beschrieben, in der jedem Eintrag ein Identifikator zugeordnet wird. Die Registerkarte von SAP Analysis for Microsoft Office hat einen qualifizierten Identifikator (idQ) mit dem Namensraum `SapExcelAddIn` und der ID `com.sap.ip.bi.analysis.menu`.

In Listing 12.3 finden Sie ein Beispiel. In diesem wird eine neue Registerkarte **Funktionen** vor der Registerkarte **Analysis** mit dem Bereich **Berechnungen** und dem Button **Hallo** hinzugefügt.

```
<customUI
  xmlns="http://schemas.microsoft.com/office/2006/01/customui"
  xmlns:x="SapExcelAddIn">
<ribbon>
<tabs>
<tab id="myFunctionsTab" label="Funktionen"
     insertBeforeQ="x:com.sap.ip.bi.analysis.menu" >
<group id="myCalcGroup" label="Berechnungen" >
```

12

```
<button id="myButton" label="Hallo" imageMso="HappyFace"
        onAction="helloWorld" />
</group>
</tab>
</tabs>
</ribbon>
</customUI>
```

Listing 12.3 Neue Registerkarte über XML definieren

Sie können auch neue Menübandbereiche in die Registerkarte **Analysis** einfügen. In diesem Beispiel wird der Bereich **Berechnungen** mit dem Button **Hallo** hinzugefügt (siehe Listing 12.4).

```
<customUI
  xmlns="http://schemas.microsoft.com/office/2006/01/customui"
  xmlns:x="SapExcelAddIn">
<ribbon>
<tabs>
<tab idQ="x:com.sap.ip.bi.analysis.menu">
<group id="myCalcGroup" label="Berechnungen" >
<button id="myButton" label="Hallo" imageMso="HappyFace"
        onAction="helloWorld" />
</group>
</tab>
</tabs>
</ribbon>
</customUI>
```

Listing 12.4 Neuen Button auf der Registerkarte »Analysis« einfügen

Elemente des Kontextmenüs anpassen

Wenn Sie mit Elementen des Kontextmenüs arbeiten, können Sie außerdem zwei zusätzliche Eigenschaften definieren: **Aktivieren nur am** ❶ und **Ausgeblendet, wenn nicht aktiv** ❷ (siehe Abbildung 12.11).

Standardmäßig ist das Element, das Sie erstellen, im Kontextmenü aktiv und sichtbar. Sie können dies über die Eigenschaft **Aktivieren nur am** einschränken, sodass das Element nur in bestimmten Situationen aktiv ist. Dabei stehen Ihnen folgende Optionen zur Auswahl: **Analysis-Arbeitsblatt**, **Datenquelle**, **Aktive Datenquelle** und **Inaktive Datenquelle**. Wenn das Element nicht aktiv ist, können Sie es verstecken. Setzen Sie dazu das Häkchen neben **Ausgeblendet, wenn nicht aktiv**.

Abbildung 12.11 Eigenschaften von Elementen des Kontextmenüs anpassen

Elemente löschen

Um einzelne Elemente zu löschen, verwenden Sie die Funktion **Delete** ❶. Darüber hinaus können Sie mithilfe von **Delete Tab** ❷ eine ganze Registerkarte löschen (siehe Abbildung 12.12).

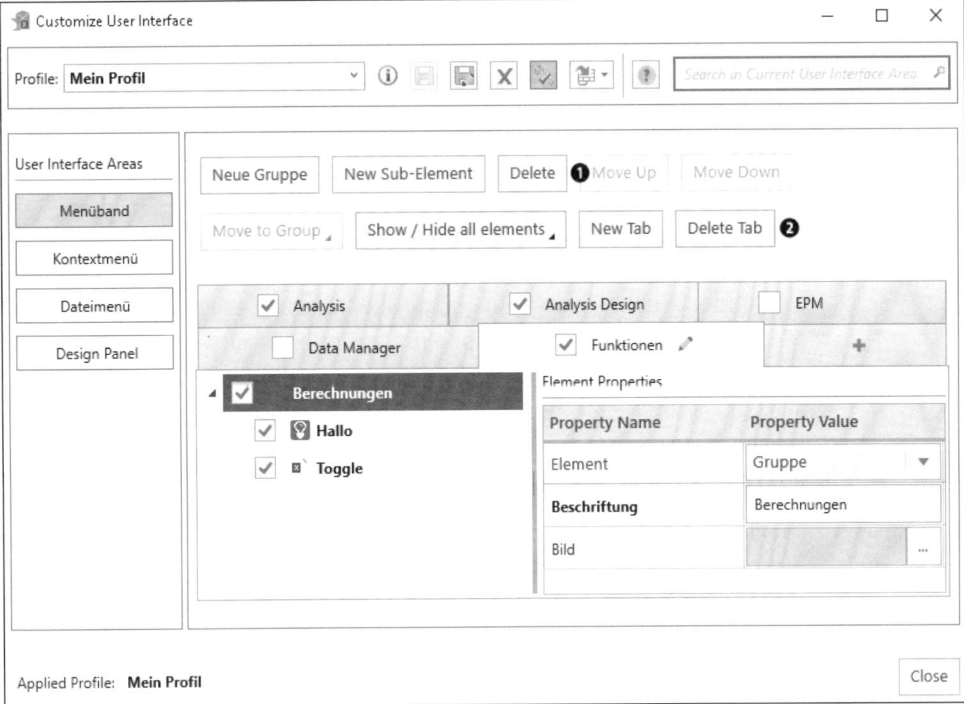

Abbildung 12.12 Elemente löschen

12.1.3 Profil als Standard festlegen

Neues Profil als Standard definieren

Wenn Sie keine Anpassungen vorgenommen haben, wird das Standardprofil angewendet. Sie können jedoch auch ein eigenes Profil als Standard definieren. Wenn Sie ein neues Profil anlegen, können Sie die Option **Set as Default Profile** aktivieren (siehe Abbildung 12.13). In diesem Fall wird das Profil beim Öffnen von SAP Analysis for Microsoft Office immer angewendet.

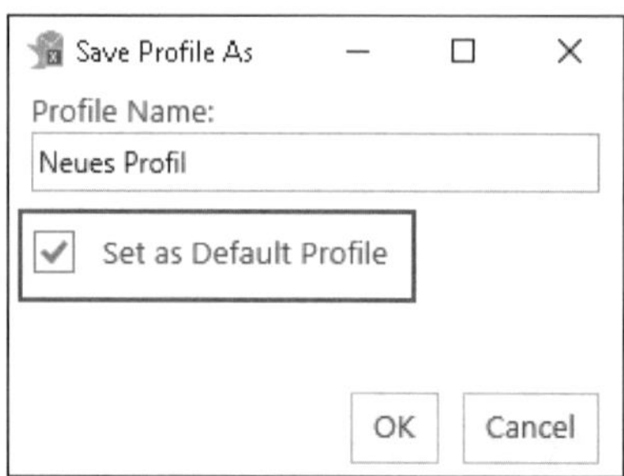

Abbildung 12.13 Neues Profil als Standard setzen

Vorhandenes Profil als Standard definieren

Alternativ können Sie ein bereits vorhandenes Profil als Standard definieren, indem Sie in der Bearbeitungsleiste den Button drücken (siehe Abbildung 12.14).

Abbildung 12.14 Vorhandenes Profil als Standard festlegen

12.1.4 Profil in die Arbeitsmappe einbetten

Sie können ein Benutzerprofil in eine oder mehrere Arbeitsmappen einbetten. Wenn Sie diese Arbeitsmappe mit anderen Benutzern teilen, wird das eingebettete Profil angewendet. Dabei werden alle anderen Profile, die eventuell vorhanden sind, ignoriert. Sie können zwar weiterhin andere Benutzerprofile ändern und erstellen, diese jedoch nicht auf die Arbeitsmappe mit dem eingebetteten Profil anwenden.

Um ein Profil in die Arbeitsmappe einzubinden, müssen Sie diese zunächst lokal speichern. Selektieren Sie anschließend im Dialog **Customize User**

Interface (Benutzeroberfläche anpassen, siehe Abschnitt 12.1.1, »Profil anlegen«) das gewünschte Profil, und wählen Sie den Button (**Profil einbetten**) aus. Nun können Sie über den entsprechenden Eintrag auswählen, ob Sie das Profil in eine oder mehrere Arbeitsmappen oder in die aktuelle Arbeitsmappe einbetten möchten (siehe Abbildung 12.15).

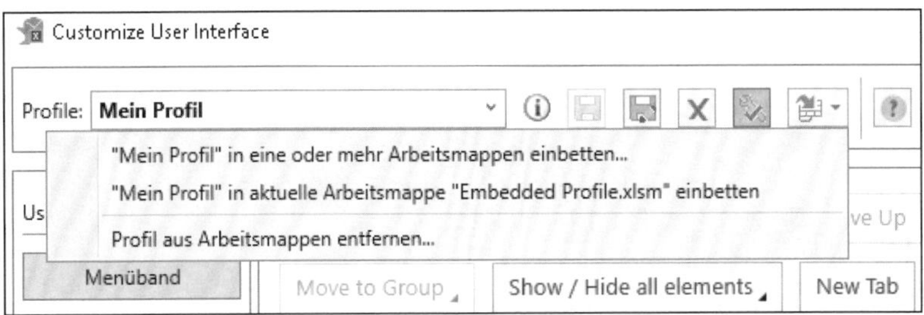

Abbildung 12.15 Profil einbetten

Profil in Arbeitsmappen einbetten

Wenn Sie sich für die erste Option entscheiden, müssen Sie im zweiten Schritt die Arbeitsmappen auswählen, in die das Profil eingebettet werden soll ❶ (siehe Abbildung 12.16). Diese werden der Liste hinzugefügt ❷. Über **Profil einbetten** ❸ können Sie den Prozess starten. Nach erfolgreicher Verarbeitung wird eine entsprechende Meldung angezeigt ❹.

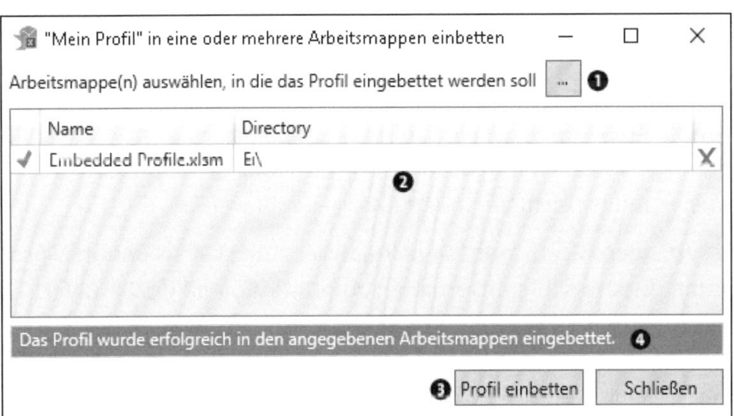

Abbildung 12.16 Erfolgreich eingebettetes Profil

Wenn Sie anschließend den Dialog **Customize User Interface** (Benutzeroberfläche anpassen) öffnen, erscheint eine Meldung, dass die Arbeitsmappe ein eingebettetes Profil enthält (siehe Abbildung 12.17).

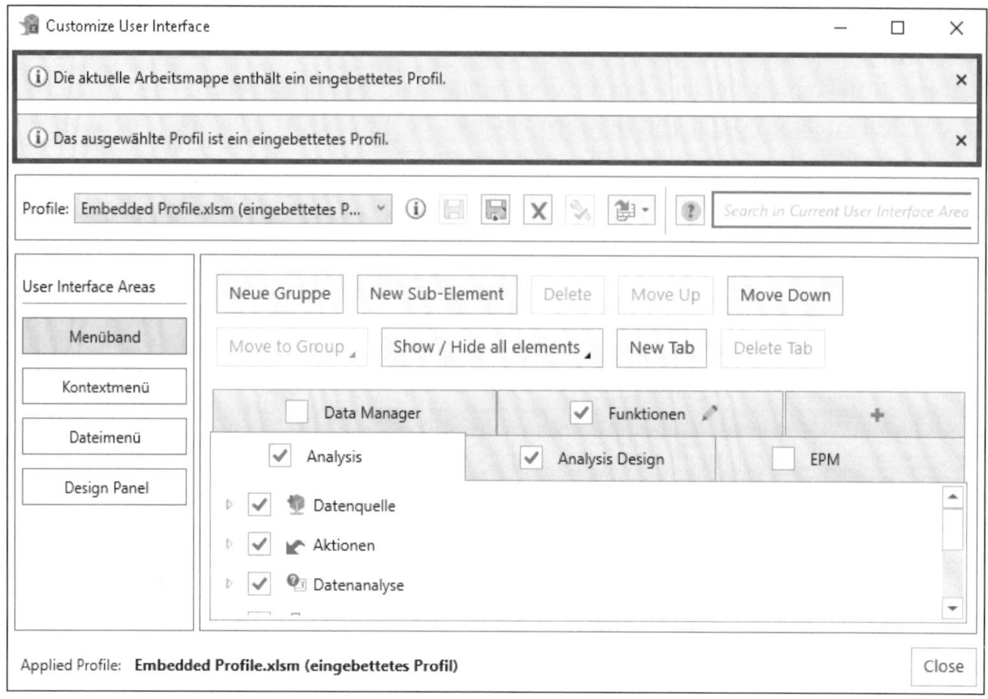

Abbildung 12.17 Hinweis zu eingebettetem Profil

12.1.5 Unternehmensprofil einrichten

Als Administrator können Sie ein Profil für das gesamte Unternehmen definieren und es Ihren Endbenutzern zur Verfügung stellen. Dieses Profil kann durch Benutzer nicht verändert oder gelöscht werden.

Profil als Unternehmensprofil definieren

Wenn Sie ein neues Profil anlegen, wird dieses zunächst als Benutzerprofil im Ordner **C:\Users\[Benutzername]\AppData\Roaming\SAP\Cof\User Interface** in Form einer XML-Datei abgelegt. Bilder werden im Ordner **Images** gespeichert. Um aus diesem Profil ein Unternehmensprofil zu machen, verschieben Sie die XML-Datei zusammen mit den Bildern in den Ordner **C:\ProgramData\SAP\Cof\User Interface**. Wenn Sie nun SAP Analysis for Microsoft Office starten, ist dieses Profil als Unternehmensprofil gekennzeichnet und kann nicht gelöscht oder verändert werden (siehe Abbildung 12.18).

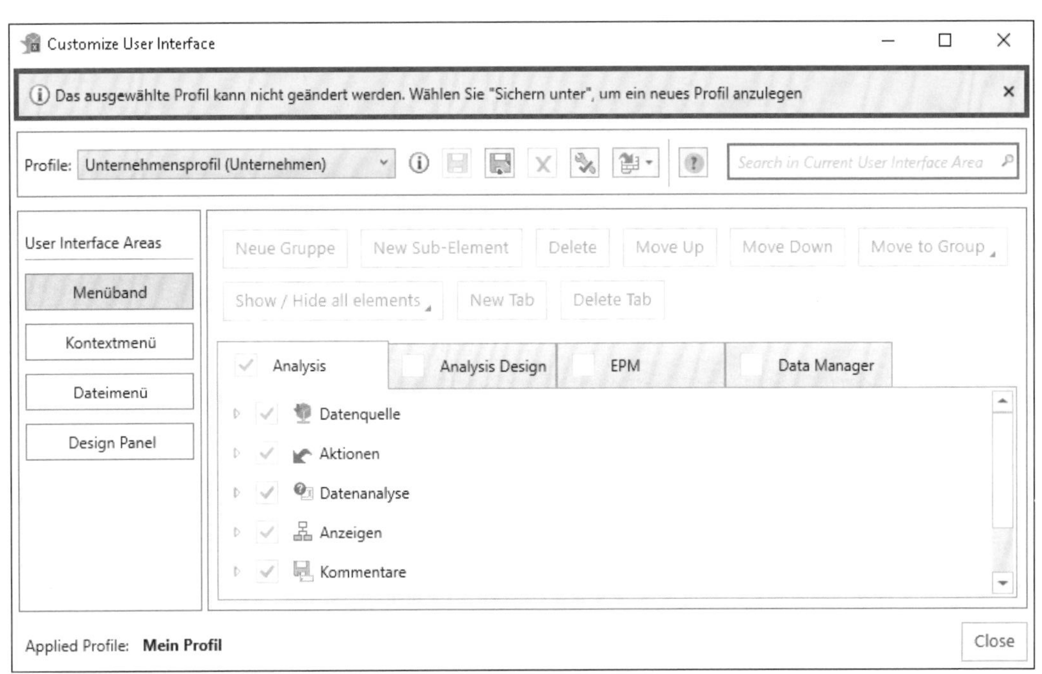

Abbildung 12.18 Nicht modifizierbares Unternehmensprofil

Unternehmensprofil anwenden

Hat ein Benutzer jedoch ein Benutzerprofil als Standard festgelegt, wird immer das Benutzerprofil angewendet. Um sicherzustellen, dass das Unternehmensprofil angewendet wird, müssen Sie die Konfigurationsdatei **Cof_app.config** im Ordner **C:\ProgramData\SAP\Cof** anpassen. Stellen Sie zunächst sicher, dass das Attribut `configurationLevel` der Parameter `AppBuilderDefaultProfilePath` und `AppBuilderExcelDefaultCompanyProfilePath` auf `PerMachine` eingestellt ist. In Listing 12.5 sehen Sie ein Beispiel. Damit werden die Benutzereinstellungen übergangen. Weitere Informationen zu den Einstellungen finden Sie in Abschnitt 12.3, »Technische Konfiguration«.

```
<section name="AppBuilderDefaultProfilePath"
         type="String" configurationLevel="PerMachine" />
<section name="AppBuilderExcelDefaultCompanyProfilePath"
         type="String" configurationLevel="PerMachine" />
```

Listing 12.5 Konfigurationsparameter festlegen

Geben Sie anschließend unter `AppBuilderExcelDefaultCompanyProfilePath` den vollständigen Pfad zu Ihrem Profil an (siehe Listing 12.6).

```
<!--default of 'AppBuilderExcelDefaultCompanyProfilePath':
value="" -->
<AppBuilderExcelDefaultCompanyProfilePath value="C:\ProgramData\SAP\
Cof\User Interface\Unternehmensprofil.xml"/>
```

Listing 12.6 Pfad zum Unternehmensprofil definieren

Nun wird das Unternehmensprofil bei jedem Start von SAP Analysis for Microsoft Office angewendet (siehe Abbildung 12.19).

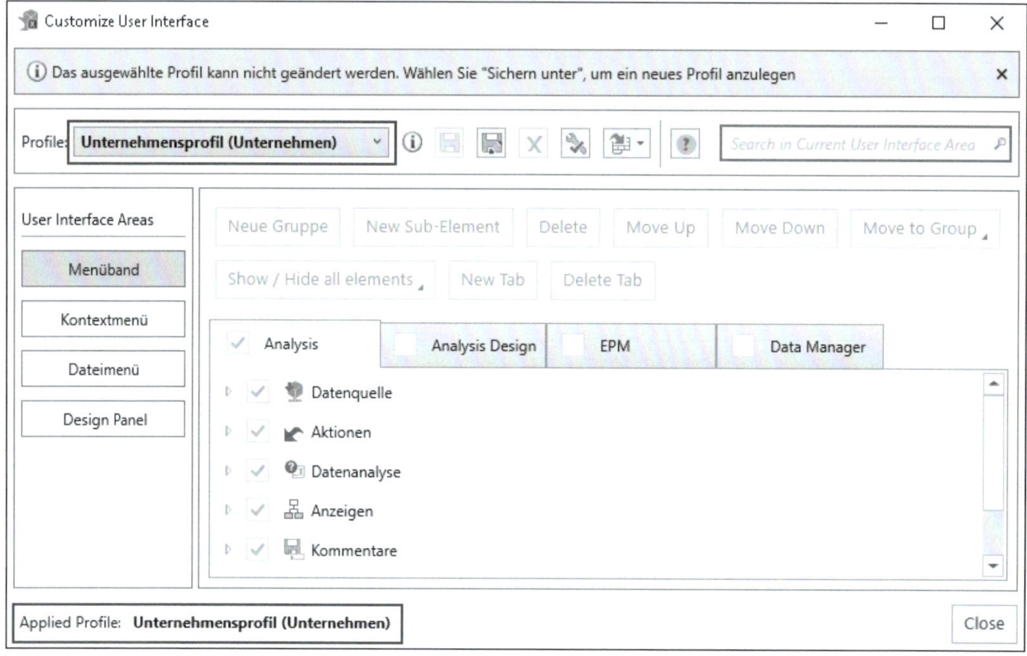

Abbildung 12.19 Standardmäßige Anwendung des Unternehmensprofils

Erstellen eigener Profile unterbinden

Darüber hinaus können Sie das Erstellen eigener Profile ganz unterbinden, indem Sie Benutzern die Möglichkeit nehmen, auf den Dialog **Customize User Interface** (Benutzeroberfläche anpassen) zuzugreifen. Setzen Sie dazu für den Parameter `CanCustomizeUserInterface` den Wert des Attributs `configurationLevel` auf `PerMachine` (siehe Listing 12.7).

```
<section name="CanCustomizeUserInterface"
         type="Boolean" configurationLevel="PerMachine" />
```

Listing 12.7 Zugriff auf die Anpassung der Benutzeroberfläche zentral steuern

Setzen Sie anschließend den Wert des Parameters `CanCustomizeUserInterface` auf `False` (siehe Listing 12.8).

```
<!--default of 'CanCustomizeUserInterface': value="True" -->
<CanCustomizeUserInterface value="False" />
```

Listing 12.8 Zugriff auf den Dialog »Benutzeroberfläche anpassen« verbieten

Danach haben Benutzer unter der Auswahl **Analysis anpassen** keinen Eintrag **Benutzeroberfläche anpassen** mehr (siehe Abbildung 12.20).

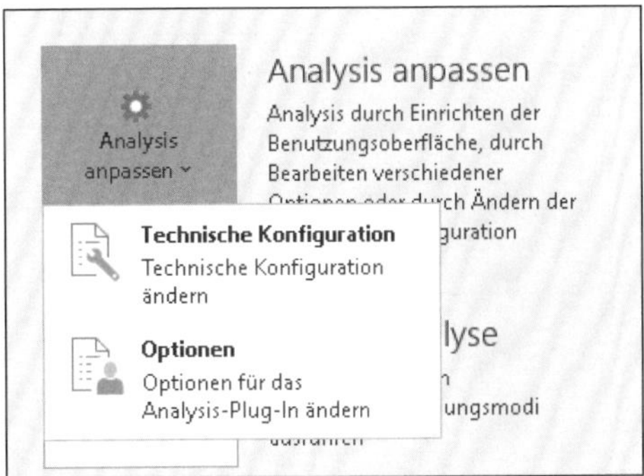

Abbildung 12.20 Keinen Eintrag »Benutzeroberfläche anpassen« vorhanden

12.1.6 Schreibgeschützte Benutzerprofile verwenden

Neben Unternehmensprofilen können Sie *schreibgeschützte Benutzerprofile* verwenden. In der Regel speichern Sie schreibgeschützte Profile auf einem Netzlaufwerk, damit auch andere Benutzer die Profile verwenden können. Schreibgeschützte Benutzerprofile verhalten sich wie normale Benutzerprofile, können jedoch nicht verändert werden. Sie benötigen keine Administratorrechte, um ein schreibgeschütztes Benutzerprofil anzulegen.

Schreibgeschütztes Benutzerprofil anlegen

Um einen Ordner für schreibgeschützte Benutzerprofile festzulegen, öffnen Sie die Datei **Cof_user_roaming.config** im Ordner **C:\Users\[Benutzername]\AppData\Roaming\SAP\Cof**. Geben Sie beim Parameter `AppBuilderReadOnlyProfileDirectories` den Pfad des Ordners an, der die Profile enthält. In Listing 12.9 sehen Sie ein Beispiel.

```
<AppBuilderReadOnlyProfileDirectories value="E:\Profiles" />
```

Listing 12.9 Pfad zu Profilen definieren

Sie können auch mehrere Ordner definieren, indem Sie diese mit einem Semikolon trennen (siehe Listing 12.10).

```
<AppBuilderReadOnlyProfileDirectories
value="E:\Profiles;E:\Profiles2" />
```

Listing 12.10 Mehrere Ordner mit Profilen definieren

Wenn Sie in schreibgeschützten Profilen Bilder verwenden, muss sich der Ordner mit dem Namen **Images** auf derselben Ebene befinden wie die Ordner, die Ihre Profile enthalten. Die Profile, die in diesen Ordnern abgelegt sind, sind nun verfügbar. Sie können jedoch nicht verändert werden und sind insofern schreibgeschützt (siehe Abbildung 12.21).

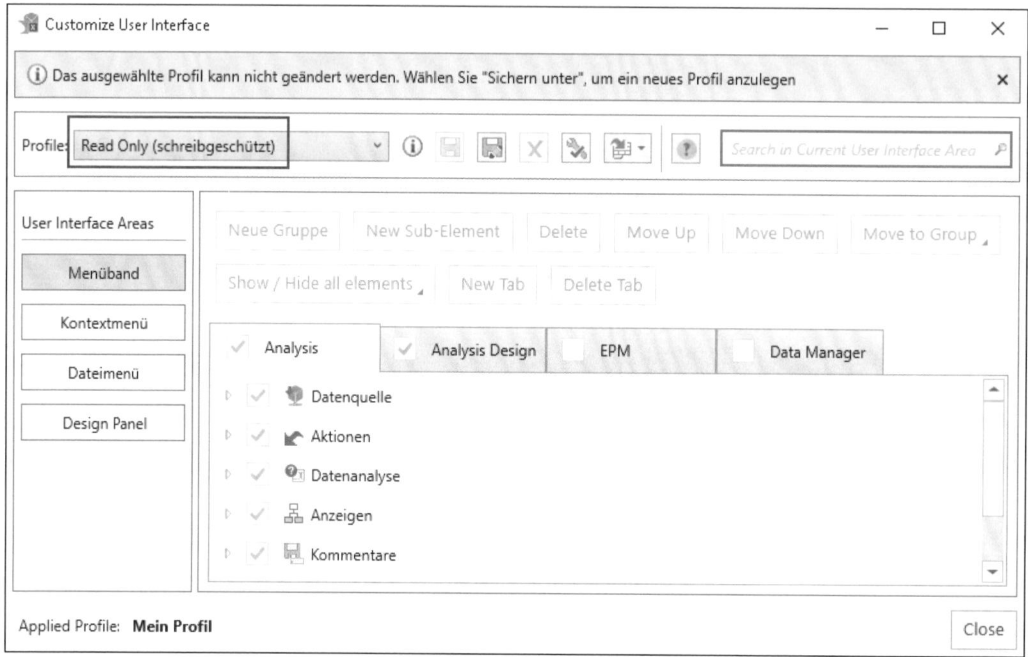

Abbildung 12.21 Schreibgeschütztes Benutzerprofil

12.2 Dialog »Optionen«

In diesem Abschnitt führe ich Sie in die Einstellungen von SAP Analysis for Microsoft Office ein. Im Dialog **Optionen** können Sie Benutzereinstellungen, wie z. B. die maximale Anzahl von im Filterdialog angezeigten Elementen, anpassen. Um die Optionen anzupassen, wählen Sie die Registerkarte **Datei** und hier **Analysis**. Selektieren Sie aus der Auswahl **Analysis anpassen** den Eintrag **Optionen** (siehe Abbildung 12.22).

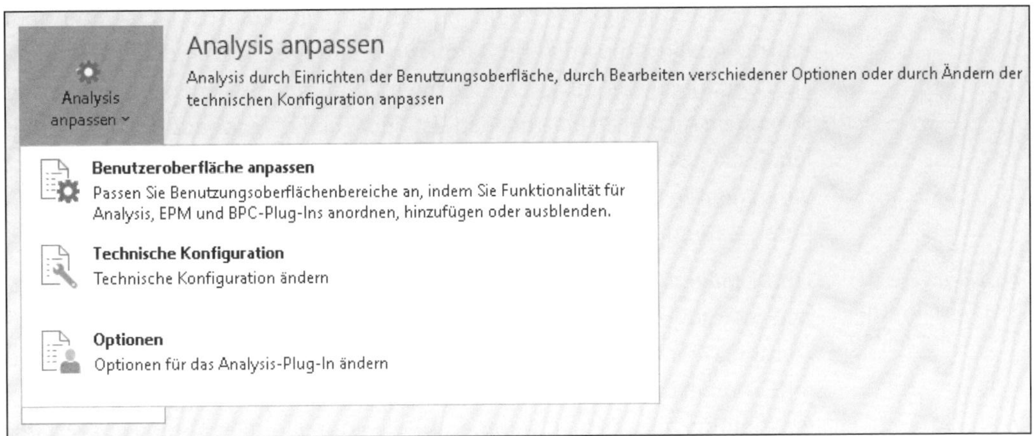

Abbildung 12.22 Optionen anpassen

Die Benutzereinstellungen erläutere ich in Abschnitt 12.2.1, »Registerkarte ›Benutzer‹«. In Abschnitt 12.2.2, »Registerkarte ›Erweitert‹«, gehe ich auf die erweiterten Einstellungen ein. Die plattformrelevanten Einstellungen finden Sie in Abschnitt 12.2.3, »Registerkarte ›Plattform‹«, während ich die Konvertierungsoptionen in Abschnitt 12.2.4, »Registerkarte ›Konvertierung‹«, behandle.

12.2.1 Registerkarte »Benutzer«

Anzahl angezeigter Datenquellen einschränken

In Abbildung 12.23 sehen Sie zunächst die Benutzereinstellungen. Hier können Sie definieren, wie viele Ihrer zuletzt verwendeten Datenquellen maximal angezeigt werden sollen.

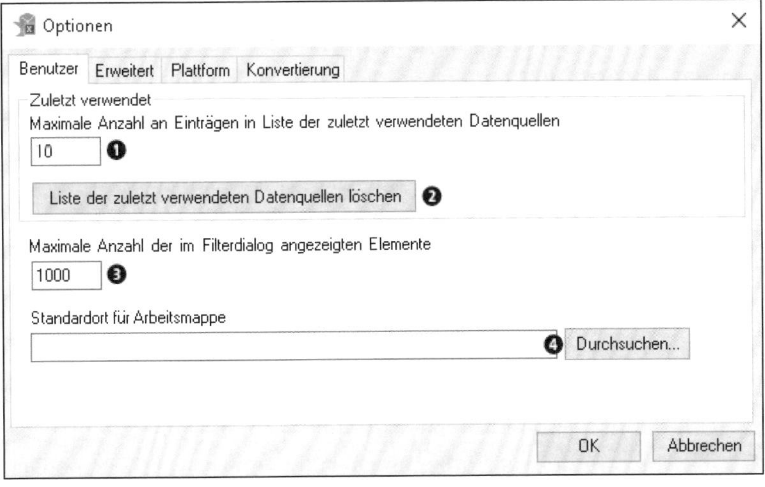

Abbildung 12.23 Benutzereinstellungen anpassen

Diese werden angezeigt, wenn Sie auf der Registerkarte **Datei** unter dem Eintrag **Analysis** die Auswahl **Datenquelle einfügen** verwenden. Um die Anzahl der aufgelisteten Datenquellen einzuschränken, geben Sie in das Feld **Maximale Anzahl an Einträgen in Liste der zuletzt verwendeten Datenquellen** ❶ die gewünschte Anzahl ein. Nutzen Sie die Funktion **Liste der zuletzt verwendeten Datenquellen löschen** ❷, um die Historie der zuletzt verwendeten Datenquellen zu löschen.

Anzahl angezeigter Filterelemente einschränken

Unter **Maximale Anzahl der im Filterdialog angezeigten Elemente** ❸ können Sie die Anzahl an Elementen festlegen, die im Filterdialog angezeigt werden. Geben Sie dazu in das Feld die entsprechende Zahl ein. Wenn Sie eine Dimension verwenden, die mehr Elemente enthält als in den Benutzereinstellungen festgelegt, werden nur die vom Benutzer aktuell ausgewählten Elemente angezeigt. Sie können allerdings die Suche nutzen, um alle Elemente anzuzeigen.

Über **Standardort für Arbeitsmappe** ❹ (in diesem Fall ist die deutsche Übersetzung ein wenig missverständlich, denn gemeint ist der Ort für die Standardarbeitsmappe) können Sie eine Standardarbeitsmappe definieren. Wie Sie Standardarbeitsmappen einsetzen, lernen Sie in Abschnitt 1.4, »Standardarbeitsmappe definieren«. Wählen Sie über **Durchsuchen** Ihre gespeicherte Arbeitsmappe aus. Bestätigen Sie schließlich Ihre Auswahl mit dem Button **OK** – die ausgewählte Arbeitsmappe wird als Standardarbeitsmappe gespeichert.

12.2.2 Registerkarte »Erweitert«

Auf der Registerkarte **Erweitert** können Sie das Verhalten von SAP Analysis for Microsoft Office weiter personalisieren (siehe Abbildung 12.24). Wählen Sie das Ankreuzfeld **Währungsumrechnung mit Query-Definition erweitern** ❶ aus, wenn die Option **Währungsumrechnung aus Query-Definition verwenden** im Dialog zur Währungsumrechnung für Kennzahlen zur Verfügung stehen soll. Sie gelangen zu diesem Dialog, indem Sie die Eigenschaftensicht im Designbereich einblenden.

Wenn alle zeitabhängigen Hierarchien für eine Dimension im Designbereich verfügbar sein sollen, wählen Sie das Ankreuzfeld **Alle zeitabhängigen Hierarchien auf der Registerkarte "Analyse" anzeigen** ❷ aus. Ist diese Einstellung nicht ausgewählt, ist nur die Hierarchie für den aktuellen Zeitraum im Designbereich verfügbar.

Filteroptionen einrichten

Wenn Sie die Option **Filterwerte beim Zuordnen einer Hierarchie übertragen** ❸ aktivieren, werden die vorhandenen Filterwerte so weit wie möglich übernommen, wenn einer Dimension eine Hierarchie zugeordnet wird.

Über den *Zugriffsmodus* können Sie festlegen, welche Merkmalswerte beim Filtern zur Auswahl stehen sollen. In Abschnitt 2.2.6, »Mit Hintergrundfiltern arbeiten«, erfahren Sie mehr über die Arbeit mit dem Zugriffsmodus. Die Auswahl **Zugriffsmodus** ist nur dann im Filtermenü verfügbar, wenn Sie in den erweiterten Optionen die Einstellung **Zugriffsmodus für Elementanzeige anzeigen** ❹ aktivieren. Standardmäßig ist diese Option deaktiviert. Ist diese Einstellung nicht ausgewählt, wird der Zugriffsmodus nicht im Menü angezeigt.

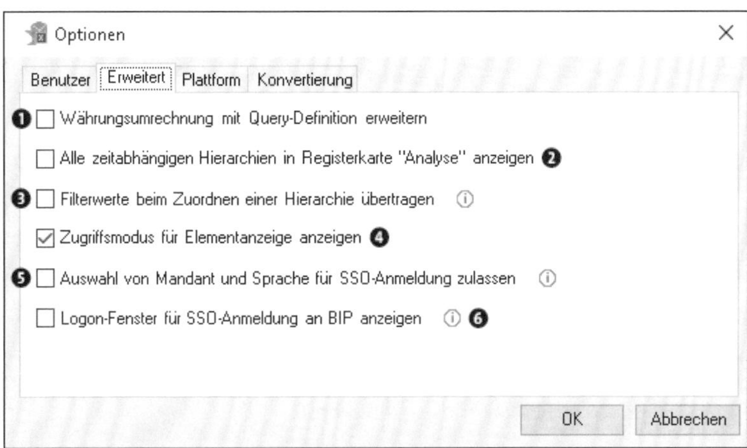

Abbildung 12.24 Erweiterte Einstellungen

Anmeldedialog einrichten

Wenn Sie möchten, dass beim Single Sign-On (SSO) der Dialog **Anmelden** angezeigt wird, aktivieren Sie das Kontrollkästchen **Auswahl von Mandant und Sprache für SSO-Anmeldung zulassen** ❺. So können Sie später in einem Anmeldedialog den Mandanten und die Anmeldesprache ändern. Bei Live-Verbindungen von SAP Analytics Cloud können Sie nur die Sprache auswählen. Die von Ihnen getroffene Auswahl überschreibt die in SAP Analytics Cloud festgelegte Einstellungen.

Wenn Sie die Option **Logon-Fenster für SSO-Anmeldung an BIP anzeigen** ❻ aktivieren, erscheint der Anmeldedialog bei der Verwendung von SSO mit einer Business-Intelligence-Plattform, sodass eine verfügbare BI-Plattform ausgewählt werden kann.

12.2.3 Registerkarte »Plattform«

In den Plattformeinstellungen können Sie eine bevorzugte Plattform auswählen, den Ort für die Kommentarspeicherung festlegen, Workbook-Caching aktivieren und das System der Arbeitsmappe ersetzen (siehe Abbildung 12.25).

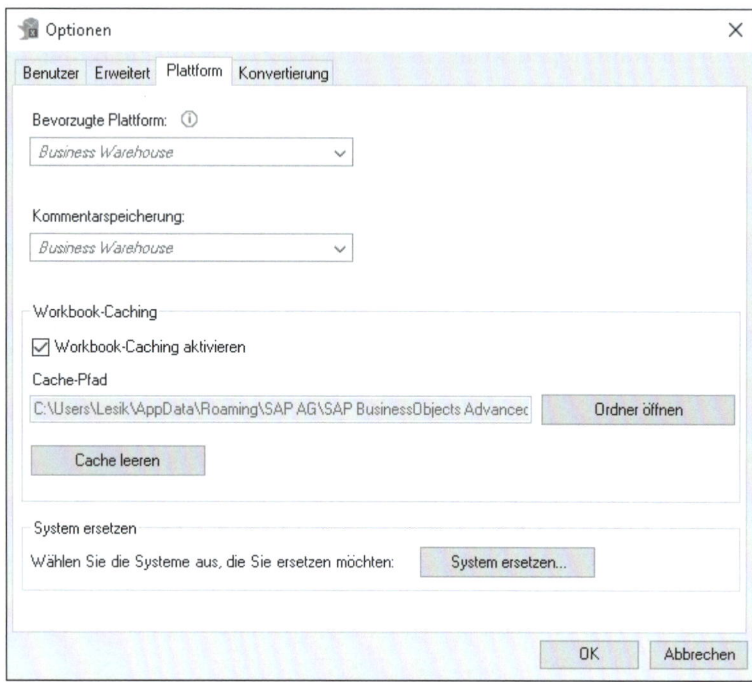

Abbildung 12.25 Plattformeinstellungen definieren

Bevorzugte Plattform definieren

Unter **Bevorzugte Plattform** legen Sie fest, welche Plattform standardmäßig bei der Anmeldung genutzt werden soll. So müssen Sie die Plattform nicht bei jedem Öffnen von SAP Analysis for Microsoft Office definieren. Sie können zwischen den Einträgen **Business-Intelligence-Plattform**, **SAP Analytics Cloud** und **Business Warehouse** wählen. Dabei umfasst die Einstellung **Business Warehouse** sowohl SAP Business Warehouse (kurz SAP BW) als auch SAP BW4/HANA.

Über die Auswahl **Kommentarspeicherung** können Sie definieren, ob Kommentare auf der Business-Intelligence-Plattform, im Business Warehouse oder überhaupt nicht gespeichert werden sollen. Weitere Informationen zur Arbeit mit Kommentaren erhalten Sie in Abschnitt 5.2, »Kommentare anlegen«.

Workbook-Caching aktivieren

Mithilfe der Option **Workbook-Caching** können Sie Kopien häufig verwendeter Analysis-Arbeitsmappen für den schnelleren Zugriff lokal speichern. Die Dokumente werden für jedes BW-System separat zwischengespeichert. Um die Zwischenspeicherung zu aktivieren, muss die Option **Workbook-Caching aktivieren** ausgewählt sein. Nach der Installation ist diese Option standardmäßig aktiviert. Über **Cache leeren** können Sie die zwischengespeicherten Dokumente löschen.

[«]

Caching aktivieren

Sie können das Caching auch über die Einstellung `IsCachingDocuments` im Dialog **Technische Konfiguration** aktivieren. Darüber hinaus können Sie über die Einstellung `DocumentCacheFolderPath` den Ordner für die Zwischenspeicherung festlegen. Weitere Information finden Sie in Abschnitt 12.3, »Technische Konfiguration«.

System ersetzen

Unter **System ersetzen** können Sie eins oder mehrere Systeme in der Arbeitsmappe ersetzen. Die Funktion **System ersetzen** ist nur aktiv, wenn die Arbeitsmappe mit einer Datenquelle geöffnet, aber nicht mit einem System verbunden ist. Sie können sich über das Kontextmenü (Rechtsklick) auf der Registerkarte **Komponenten** des Designbereichs vom System abmelden (siehe Abbildung 12.26).

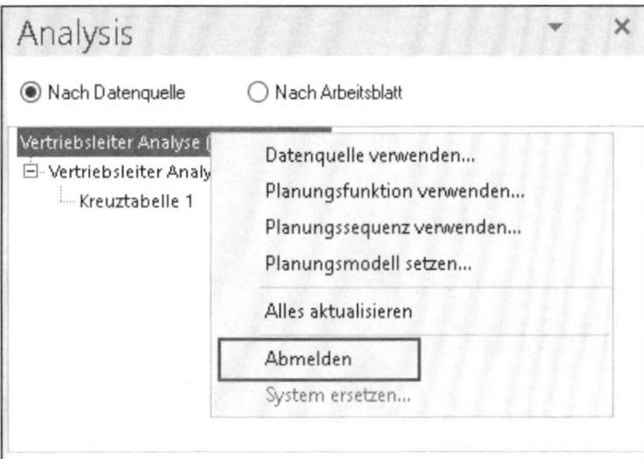

Abbildung 12.26 Vom System abmelden

[«]

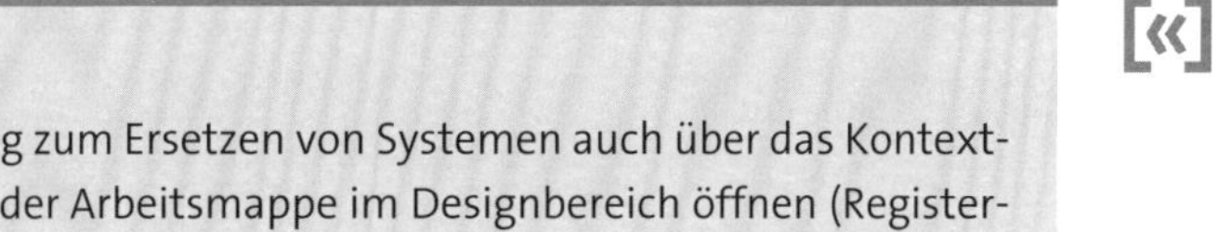

System ersetzen

Sie können den Dialog zum Ersetzen von Systemen auch über das Kontextmenü auf der Ebene der Arbeitsmappe im Designbereich öffnen (Registerkarte **Komponenten**), siehe Abbildung 12.27.

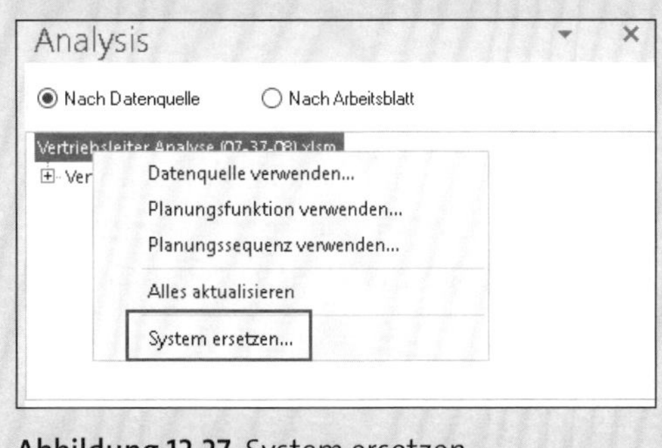

Abbildung 12.27 System ersetzen

Nachdem Sie auf den Button **System ersetzen** geklickt haben, öffnet sich ein neuer Dialog. Hier werden Informationen zu allen in der Arbeitsmappe verfügbaren Systemen angezeigt, kategorisiert nach System-ID oder nach Artefakt (siehe Abbildung 12.28).

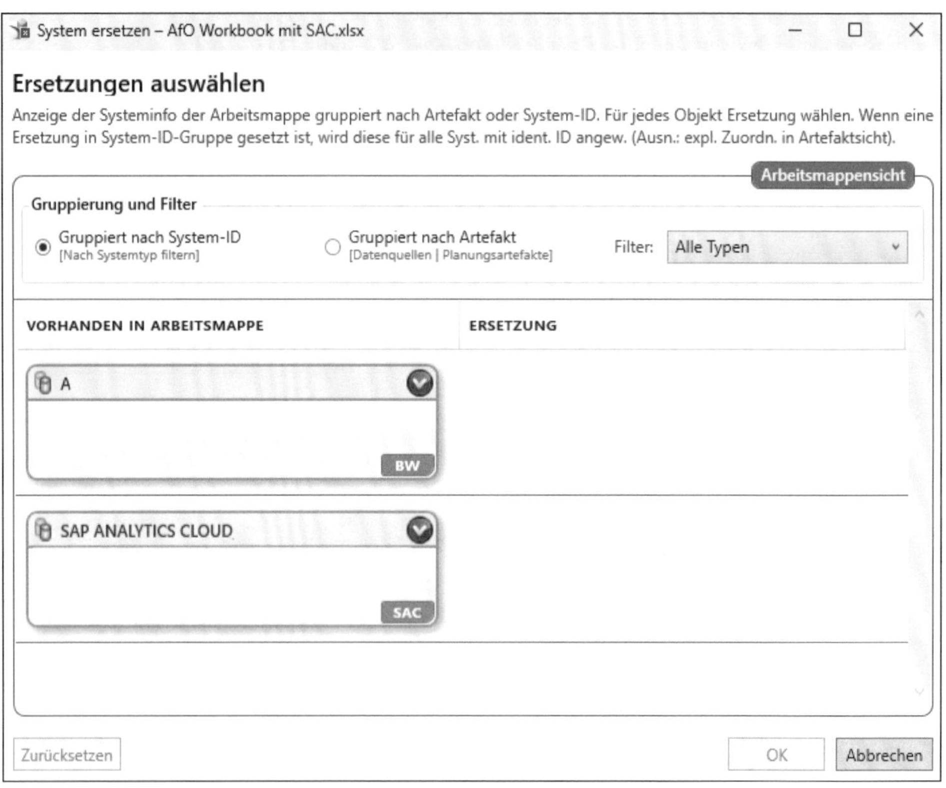

Abbildung 12.28 Gruppierung nach System-ID

Diese Ansichten stellen dieselben Informationen unterschiedlich dar. Während in der System-ID-Sicht nach Systemtyp gefiltert werden kann (z. B. SAP Business Warehouse oder SAP Analytics Cloud), wird in der Artefakt-Sicht nach Datenquellen und Planungsartefakten unterschieden (siehe Abbildung 12.29).

Über das Icon können Sie zusätzliche Systeminformationen wie z. B. Instanznummer, Mandant oder Sprache einblenden (siehe Abbildung 12.30). Um die Details wieder auszublenden, nutzen Sie das Icon . Beachten Sie, dass nicht alle Systeme über zusätzliche Eigenschaften verfügen. In diesem Fall ist das Icon ausgeblendet.

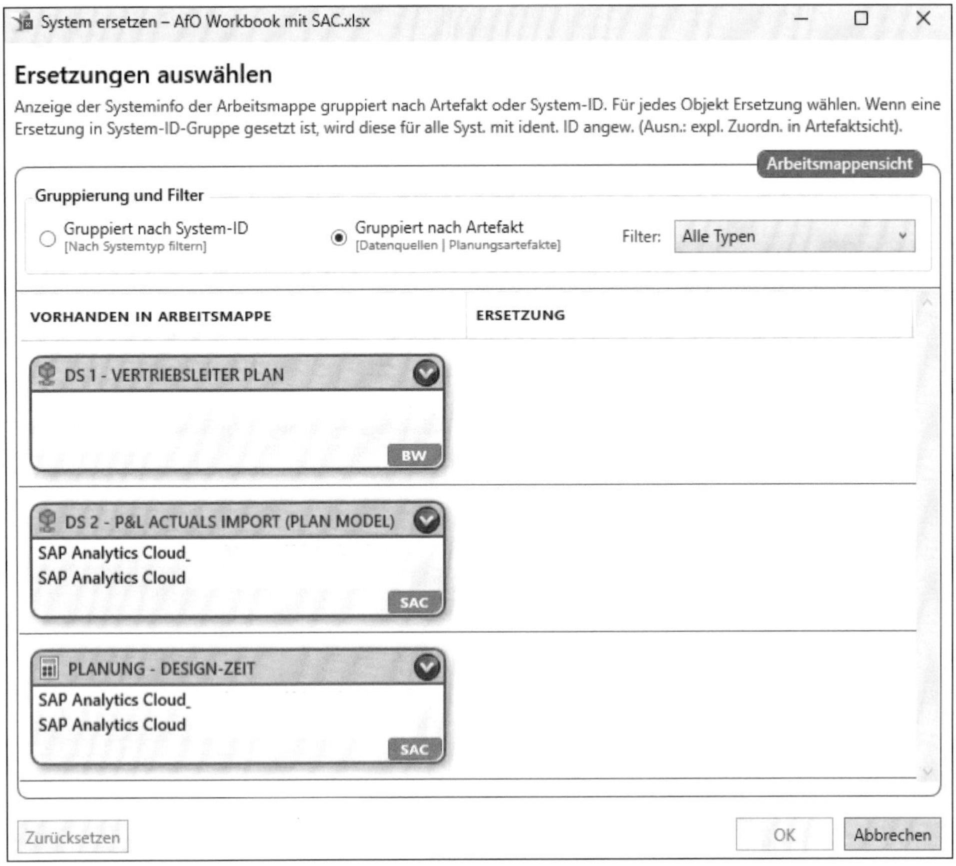

System ersetzen – AfO Workbook mit SAC.xlsx
Ersetzungen auswählen
Anzeige der Systeminfo der Arbeitsmappe gruppiert nach Artefakt oder System-ID. Für jedes Objekt Ersetzung wählen. Wenn eine Ersetzung in System-ID-Gruppe gesetzt ist, wird diese für alle Syst. mit ident. ID angew. (Ausn.: expl. Zuordn. in Artefaktsicht).
Arbeitsmappensicht
Gruppierung und Filter
Gruppiert nach System-ID
[Nach Systemtyp filtern]
Gruppiert nach Artefakt
[Datenquellen | Planungsartefakte]
Filter:
Alle Typen
VORHANDEN IN ARBEITSMAPPE
ERSETZUNG
DS 1 - VERTRIEBSLEITER PLAN
BW
DS 2 - P&L ACTUALS IMPORT (PLAN MODEL)
SAP Analytics Cloud_
SAP Analytics Cloud
SAC
PLANUNG - DESIGN-ZEIT
SAP Analytics Cloud_
SAP Analytics Cloud
SAC
Zurücksetzen
OK
Abbrechen

Abbildung 12.29 Gruppierung nach Artefakt

A
SystemNumber : 00
Client : 001
IsLocal : True
SsoEnabled : False
SncQuality : -1
SncNoSso : True
Uuid :
Language : DE
BW

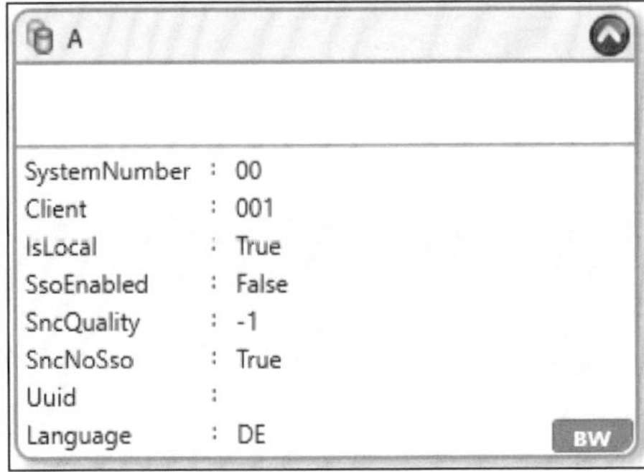

Abbildung 12.30 Details einblenden

Um das jeweilige System zu ersetzen, führen Sie Ihre Maus über den Bereich **Ersetzung**. Es erscheint die Meldung »Klicken Sie hier, um eine Ersetzung hinzuzufügen«. Nachdem Sie geklickt haben, werden Ihnen drei Schaltflächen angeboten: (**Ersetzung hinzufügen/ändern**), (**Ersetzung entfernen**), (**Ersetzung/vorhandenes System bearbeiten**). Wenn Sie auf das Icon (**Ersetzung hinzufügen/ändern**) klicken, können Sie das Zielsystem auswählen. Dabei wird Ihnen eine Übersicht der Systeme pro ausgewählte Landschaft präsentiert (siehe Abbildung 12.31).

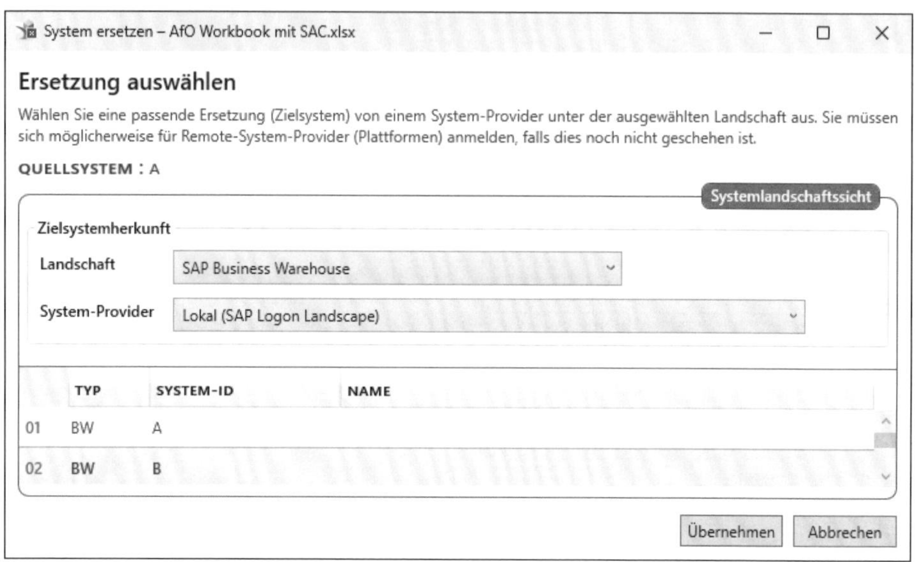

Abbildung 12.31 Ersetzung auswählen

Lokale und remote Landschaften

Über die Drop-down-Liste **Landschaft** können Sie die gewünschte Landschaft auswählen (siehe Abbildung 12.32). Dabei wird zwischen lokalen und remote Landschaften unterschieden. Die remote Landschaften sind mit dem Icon gekennzeichnet und enthalten die darin konfigurierten Verbindungen. So enthält zum Beispiel die Landschaft **SAP Analytics Cloud – Live-Verbindungen** alle Live-Verbindungen, die innerhalb von SAP Analytics Cloud konfiguriert wurden.

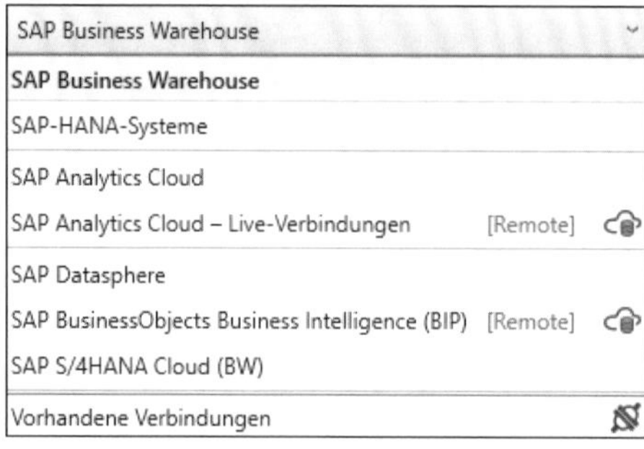

Abbildung 12.32 Landschaft auswählen

Wenn Sie z. B. ein SAP-Analytics-Cloud-System als Ziel definieren wollen, wählen Sie die SAP-Analytics-Cloud-Landschaft aus. Möchten Sie jedoch eine BW-Live-Verbindung innerhalb eines SAP-Analytics-Cloud-Systems auswählen, selektieren Sie zuerst die Landschaft **SAP Analytics Cloud – Live-Verbindungen** und anschließend das gewünschte System.

Wenn Sie eine remote Landschaft erstmalig auswählen, müssen Sie sich bei diesem System über die **Anmelden**-Schaltfläche einloggen, um die Liste der verfügbaren Systeme anzuzeigen. Sind Sie bereits angemeldet, ist die Schaltfläche **Anmelden** deaktiviert.

Schließlich können Sie über den Eintrag **Vorhandene Verbindungen** die in der Arbeitsmappe verwendeten Systeme anzeigen. So können Sie schnell die Verbindungen konsolidieren.

Nachdem Sie das gewünschte Zielsystem festgelegt haben, können Sie Ihre Auswahl mit **Übernehmen** bestätigen. Wenn Sie ein unpassendes System ausgewählt haben, ist die Schaltfläche ausgegraut. Tabelle 12.1 gibt Ihnen einen Überblick über zulässige Ersetzungen.

12

Quell-System		Ziel-System		Quelle und Ziel austauschbar
Typ	**Plattform**	**Typ**	**Plattform**	
SAP BW		SAP BW		
SAP BW		SAP BW	SAP BI Platform	Ja
SAP BW		SAP BW	SAP Analytics Cloud	Ja
SAP BW	SAP BI Platform	SAP BW	SAP Analytics Cloud	Ja
SAP BW	SAP Analytics Cloud	SAP BW	SAP Analytics Cloud	
SAP BW	SAP BI Platform	SAP BW	SAP BI Platform	
SAP BW		SAP S/4HANA Cloud (BW)		
SAP BW	SAP BI Platform	SAP S/4HANA Cloud (BW)		
SAP BW	SAP Analytics Cloud	SAP S/4HANA Cloud (BW)		

Tabelle 12.1 Zulässige Ersetzungen

Quell-System		Ziel-System		Quelle und Ziel austauschbar
Typ	Plattform	Typ	Plattform	
SAP HANA		SAP HANA		
SAP HANA		SAP HANA	SAP BI Platform	Ja
SAP HANA		SAP HANA	SAP Analytics Cloud	Ja
SAP HANA	SAP BI Platform	SAP HANA	SAP Analytics Cloud	Ja
SAP HANA	SAP Analytics Cloud	SAP HANA	SAP Analytics Cloud	
SAP HANA	SAP BI Platform	SAP HANA	SAP BI Platform	
SAP Analytics Cloud		SAP Analytics Cloud		
SAP S/4HANA Cloud (BW)		SAP S/4HANA Cloud (BW)		
SAP S/4HANA Cloud (BW)		SAP S/4HANA Cloud (BW)	SAP Analytics Cloud	
SAP S/4HANA Cloud (BW)	SAP Analytics Cloud	SAP S/4HANA Cloud (BW)	SAP Analytics Cloud	
SAP Datasphere		SAP Datasphere		
SAP Datasphere	SAP Analytics Cloud	SAP Datasphere	SAP Analytics Cloud	

Tabelle 12.1 Zulässige Ersetzungen (Forts.)

Nachdem Sie Ihre Auswahl bestätigt haben, gelangen Sie zurück zur Übersicht über alle in der Arbeitsmappe verfügbaren Systeme (siehe Abbildung 12.33). Über das Icon (**Ersetzung/vorhandenes System bearbeiten**) können Sie die Eigenschaften des Zielsystems bearbeiten (siehe Abbildung 12.34). Ich rate jedoch davon ab, irgendwelche Änderungen vorzunehmen, da die Eingabe von falschen Werten die Arbeitsmappe unbrauchbar machen kann.

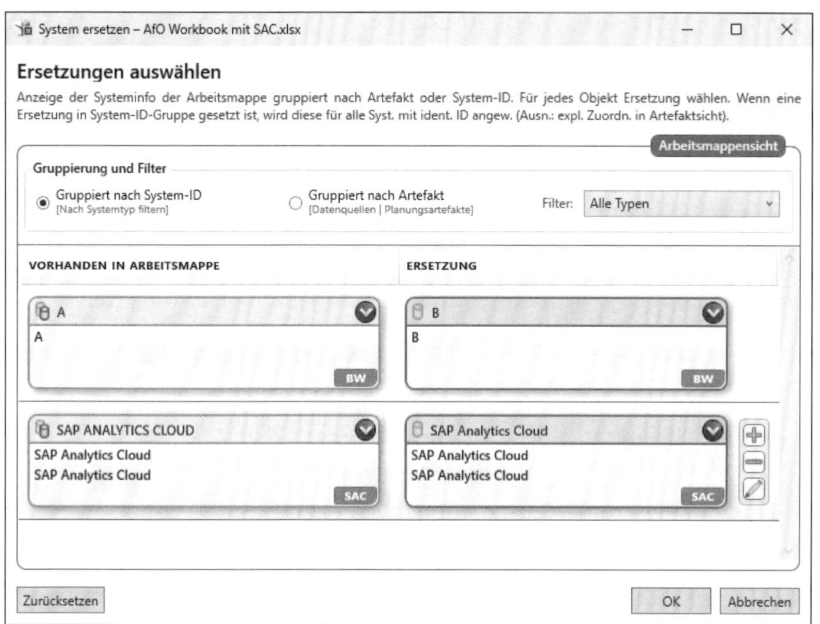

Abbildung 12.33 Ersetzung bestätigen

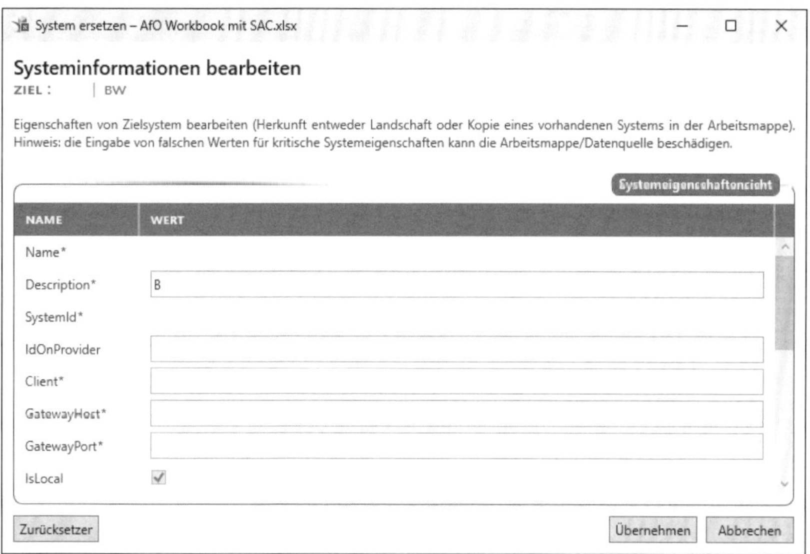

Abbildung 12.34 Systeminformationen bearbeiten

Nachdem Sie alle gewünschten Ersetzungen ausgewählt haben, können Sie mit **OK** bestätigen. Danach werden die Systeme ersetzt.

12.2.4 Registerkarte »Konvertierung«

Wie Sie in Abbildung 12.35 sehen, ist die Registerkarte **Konvertierung** in zwei Bereiche unterteilt: **Konvertierung der BEx-Arbeitsmappe** und **Analysis Views migrieren**.

Konvertierung einer BEx-Arbeitsmappe einrichten

Im Bereich **Konvertierung der BEx-Arbeitsmappe** können Sie spezifizieren, welche BEx-Analyzer-Objekte umgewandelt werden sollen und ob ein Konvertierungsprotokoll angelegt werden soll. Nähere Informationen zur Konvertierung erhalten Sie in Abschnitt 9.3.1, »Arbeitsmappe konvertieren«.

In der Auswahl **Konvertierungseinstellungen** ❶ können Sie zwischen den folgenden Einträgen wählen:

- **Alle konvertieren**
  Alle Objekte der Arbeitsmappe werden konvertiert.
- **Datenquellen und Kreuztabellen konvertieren**
  Datenquellen und Kreuztabellen werden konvertiert.
- **Nur Datenquellen konvertieren**
  Nur Datenquellen werden konvertiert.

In der Auswahl **Arbeitsmappe aktualisieren** ❷ können Sie zwischen den folgenden Einträgen wählen:

- **Immer**
  Die Arbeitsmappe wird nach der Konvertierung aktualisiert.
- **Nie**
  Nach der Konvertierung erfolgt keine Aktualisierung.
- **Einstellungen der Arbeitsmappe verwenden**
  Die Arbeitsmappe wird nach der Konvertierung gemäß den Einstellungen im BEx Analyzer aktualisiert.

In der Auswahl **Konvertierungsprotokoll** ❸ können Sie zwischen den folgenden Einträgen wählen:

- **Deaktiviert**
  Es wird kein Protokoll angelegt.
- **Auf neuem, eingeblendetem Blatt anlegen**
  Ein Protokoll wird erstellt und auf einem neuen Arbeitsblatt angezeigt.
- **Auf neuem, ausgeblendetem Blatt anlegen**
  Ein Protokoll wird erstellt, jedoch ist das Arbeitsblatt standardmäßig ausgeblendet.

Schließlich können Sie über **Nach der Konvertierung Dialog zum Sichern anzeigen** ❹ steuern, ob nach der Konvertierung automatisch der Dialog zum Sichern angezeigt werden soll.

Views aus Analysis 1.x konvertieren

Im Bereich **Analysis Views migrieren** können Sie Views, die mit SAP Analysis for Microsoft Office 1.x erstellt wurden und die SAP-HANA-Datenquellen enthalten, zu Views konvertieren, die Sie mit SAP Analysis for Microsoft Office 2.x verwenden können.

ODBC-Verbindungen (Open Database Connectivity) zu SAP HANA, die in früheren Analysis-Versionen verwendet wurden, werden seit Version 2.0 nicht mehr unterstützt. Aus diesem Grund können Sie in SAP Analysis for Microsoft Office 2.x keine Views öffnen, die mit SAP Analysis for Microsoft Office 1.x erstellt wurden. In SAP Analysis for Microsoft Office 2.x werden HTTP-Verbindungen für SAP-HANA-Datenquellen verwendet.

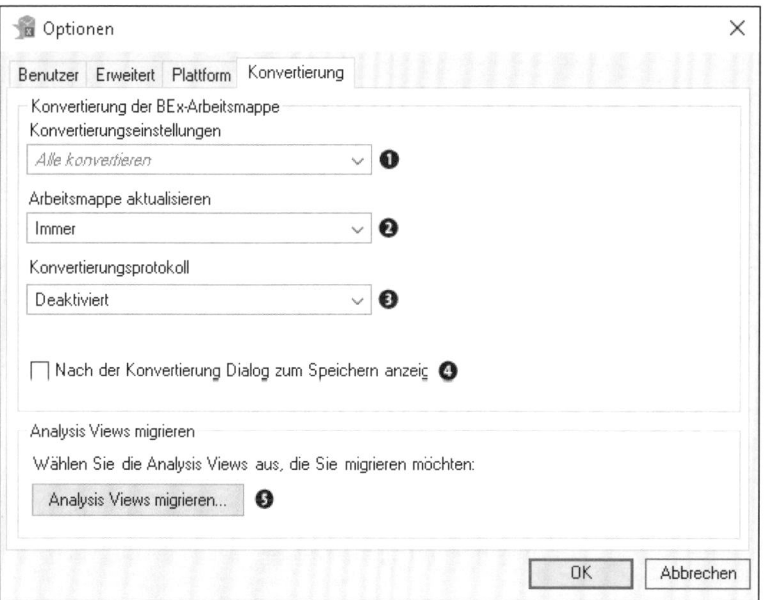

Abbildung 12.35 Konvertierungsoptionen

Über **Analysis Views migrieren** ❺ können Sie Views aus früheren Versionen von SAP Analysis for Microsoft Office migrieren. Dabei können Sie immer nur einen View konvertieren. Die konvertierten Views können anschließend in SAP Analysis for Microsoft Office 2.x geöffnet werden. Allerdings können sie nicht mehr in Version 1.x verwendet werden. Darüber hinaus können sie nicht mit anderen Clients verwendet werden, die JDBC-basierte (Java Database Connectivity) OLAP-Verbindungen verwenden, z. B. SAP Design Studio oder SAP Analysis for Microsoft Office für OLAP.

12.3 Technische Konfiguration

Nachdem Sie die Einstellungen im Dialog **Optionen** kennengelernt haben, stelle ich Ihnen in diesem Abschnitt die Grundlagen der technischen Konfiguration von SAP Analysis for Microsoft Office vor. Hierbei stehen Ihnen deutlich mehr Parameter zur Verfügung als im Dialog **Optionen**. Sie können außerdem festlegen, welche Einstellungen Benutzer anpassen können und welche zentral festgelegt werden. Neben der Administration über das Dateisystem steht Ihnen bei der technischen Konfiguration auch eine grafische Oberfläche zur Verfügung. Diese stelle ich in Abschnitt 12.3.2, »Technische Konfiguration in SAP Analysis for Microsoft Office ändern«, vor. Danach gehe ich im Detail auf die einzelnen Einstellungen von SAP Analysis for Microsoft Office als Add-in (siehe Abschnitt 12.3.3, »Einstellungen für das Add-in SAP Analysis for Microsoft Office«) und Plug-in (siehe Abschnitt 12.3.4, »Einstellungen für das Plug-in SAP Analysis for Microsoft Office«) ein.

12.3.1 Grundlagen der technischen Konfiguration

Dateien mit Einstellungen

Einstellungen von SAP Analysis for Microsoft Office werden als **config**-Dateien im System gespeichert. Als Administrator können Sie die Einstellungen in den Dateien **Cof_app.config**, **Ao_app.config**, **Bpc_app.config** und **Epm_app.config** pflegen. Diese Dateien befinden sich im Dateisystem unter **C:\ProgramData\SAP\Cof**. In der **Cof**-Datei werden die Einstellungen für das Add-in SAP Analysis for Microsoft Office als Ganzes gepflegt – in den anderen Dateien werden die Plug-in-spezifischen Einstellungen gepflegt. So werden in der **Ao**-Datei die Parameter für das Plug-in SAP Analysis for Microsoft Office gewartet, in der **Bpc**-Datei für das BPC-Plug-in (SAP Business Planning and Consolidation) und in der **Epm**-Datei für das EPM-Plugin (SAP Enterprise Performance Management). In diesem Abschnitt konzentrieren wir uns auf die Einstellungen von SAP Analysis for Microsoft Office.

Einstellungen in Konfigurationsdateien ändern

In diesen Dateien können Sie z. B. festlegen, ob Benutzer das Recht haben, eine Einstellung lokal zu ändern. Dies wird über das Attribut `configurationLevel` ❶ im Abschnitt `ConfigSections` ❷ gesteuert (siehe Abbildung 12.36). Hier ist für jede Einstellung eine Konfigurationsebene definiert. Die Standardstufe ist `UserRoaming`. Dies bedeutet, dass Benutzer die Einstellung lokal anpassen können. Wenn Sie die Konfigurationsebene in `PerMachine` ändern, kann die Einstellung von Benutzern nicht mehr lokal geändert werden.

Über das Attribut `configurationLevel` in `ConfigSections` steuern Sie also, wer die Einstellungen pflegen kann. Die Einstellungen selbst werden im Bereich darunter gepflegt. Im Kommentar zu den einzelnen Parametern wird immer der Standardwert des jeweiligen Parameters dargestellt. Dieser Wert wird standardmäßig verwendet, sofern nicht anders spezifiziert. In Abbildung 12.37 sehen Sie ein Beispiel.

```
<?xml version="1.0" encoding="utf-8" standalone="yes"?>
<configuration>
  <configSections> ❷
    <!--### BoeConfiguration ###-->
    <section name="BOESessionRefreshTime" type="Int32" configurationLevel="UserRoaming" /> ❶
    <section name="BOESystems" type="String" configurationLevel="UserRoaming" />
    <section name="DefaultLauncherScheme" type="String" configurationLevel="UserRoaming" />
    <section name="ForceWriteOlapConnectionInformationDuringWorkbookSave" type="Boolean" configurationLevel
    <section name="RetrieveMultilingualTexts" type="Boolean" configurationLevel="UserRoaming" />
    <section name="TwoFactorAuthenticationCertificate" type="String" configurationLevel="UserRoaming" />
    <section name="TwoFactorAuthenticationDisabled" type="Boolean" configurationLevel="UserRoaming" />
    <section name="TwoFactorAuthenticationUrl" type="String" configurationLevel="UserRoaming" />
    <!--### DataSourceConfiguration ###-->
```

Abbildung 12.36 Einblick in eine Konfigurationsdatei

```
<!--default of 'NoSystemMessages': value="False" -->
 <NoSystemMessages />
 <!--default of 'OpenDSTreeView': value="False" -->
 <OpenDSTreeView />
 <!--default of 'PreferredPlatform': value="0" -->
 <PreferredPlatform value="2" />
 <!--default of 'PromptForCertificate': value="False" -->
 <PromptForCertificate />
```

Abbildung 12.37 Werte der Parameter pflegen

[«]

Analysis-Updates

Wenn Sie die Einstellungen unter **C:\ProgramData\SAP\Cof** ändern, gehen Ihre Änderungen möglicherweise verloren, wenn Sie eine neue Version von SAP Analysis for Microsoft Office installieren. Daher sollten Sie die Datei mit den geänderten Einstellungen in einem anderen Ordner speichern. Nach der Installation der neuen Version können Sie die gespeicherte Datei wiederverwenden.

Dateien mit benutzerspezifischen Einstellungen

Benutzerspezifische Einstellungen können Sie im Ordner **C:\Users\[Benutzername]\AppData\Roaming\SAP\Cof** pflegen. Die Konfigurationsdateien lauten **Cof_user_roaming.config** und **Ao_user_roaming.config**. Diese Dateien werden automatisch erstellt, wenn Sie eine Einstellung im Dialog **Technische Konfiguration** ändern (siehe Abschnitt 12.3.2, »Technische Konfiguration in SAP Analysis for Microsoft Office ändern«). Sie können die Dateien auch manuell erstellen. Wenn eine Einstellung noch nicht vorhanden ist, können Sie diese aus den Dateien unter **C:\ProgramData\SAP\Cof** kopieren.

12.3.2 Technische Konfiguration in SAP Analysis for Microsoft Office ändern

Neben der direkten Verwaltung der Einstellungen in den Konfigurationsdateien können Sie die Einstellungen über den Dialog **Technische Konfiguration** in SAP Analysis for Microsoft Office anpassen. Dies ist wesentlich bequemer, denn die Oberfläche bietet neben besserer Übersichtlichkeit auch Filtermöglichkeiten.

Dialog »Technische Konfiguration« öffnen

Um den Dialog **Technische Konfiguration** aufzurufen, wechseln Sie auf die Registerkarte **Datei** und selektieren Sie **Analysis**. Wählen Sie anschließend unter **Analysis anpassen** den Eintrag **Technische Konfiguration** aus (siehe Abbildung 12.38).

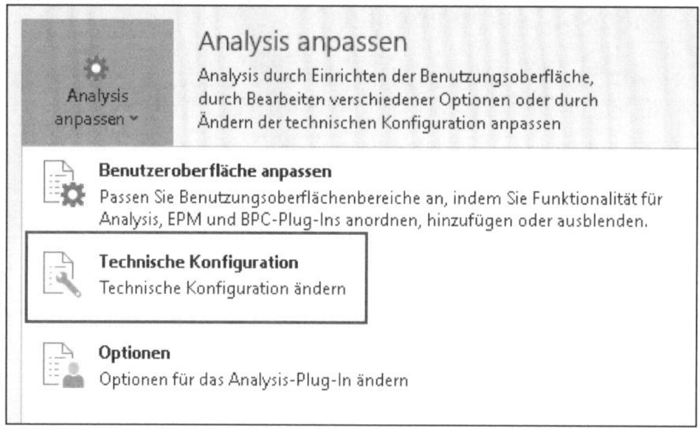

Abbildung 12.38 Technische Konfiguration öffnen

Einstellungen filtern

Es erscheint der in Abbildung 12.39 dargestellte Dialog. Über die Suchleiste ❶ können Sie nach einer bestimmten Einstellung suchen. Darüber hinaus können Sie auch die Einstellungen nach dem Präfix filtern ❷. Wenn Sie **Cof** auswählen, werden die Einstellungen für das Add-in SAP Analysis for Microsoft Office als Ganzes angezeigt. Die anderen Einstellungen sind Plug-in-spezifisch. So werden über das Präfix **Ao** die Parameter für das Plug-in SAP Analysis for Microsoft Office gewartet, über **Bpc** für das BPC-Plug-in, und **Epm** steht für das EPM-Plug-in. In diesem Abschnitt konzentrieren wir uns auf die Einstellungen von SAP Analysis for Microsoft Office.

Sie können auch über die Art der Einstellungen filtern. Wenn Sie in der Auswahl **Einstellungen** den Eintrag **Alle Einstellungen** ❸ wählen, werden alle Einstellungen angezeigt. Über den Eintrag **Alle vom Standardwert abweichenden Einstellungen** werden nur Einstellungen angezeigt, die bereits geändert wurden. Der Eintrag **Alle Einstellungen mit einem Wert in der Datei** zeigt alle Einstellungen an, die einen Wert in der entsprechenden Datei enthalten (z. B. **Ao_user_roaming.config**, wenn **Ao** als Präfix ausgewählt wurde, oder **Cof_user_roaming.config**, wenn **Cof** als Präfix ausgewählt wurde).

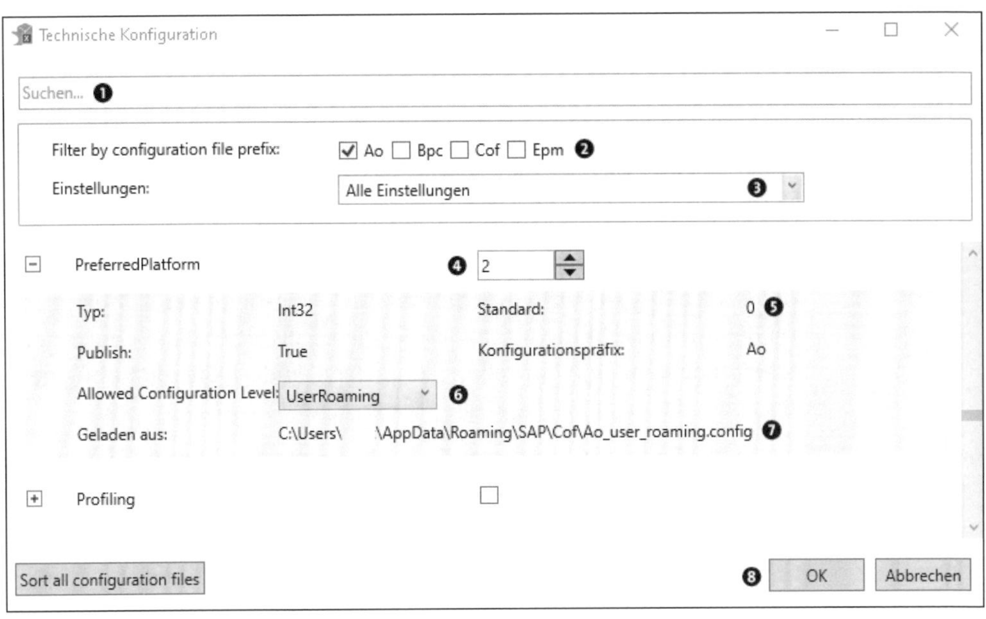

Abbildung 12.39 Dialog »Technische Konfiguration«

Ausgewählte Einstellung anpassen

Den Wert einer ausgewählten Einstellung können Sie direkt anpassen ❹. Je nach Typ können Sie das Kontrollkästchen für boolesche Werte aktivieren bzw. einen ganzzahligen Wert oder einen Text eingeben.

In der Detailansicht, die Sie über den [+] Plus-Button aufklappen können (in Abbildung 12.39 befindet sich dieser neben **PreferredPlatform**), erhalten Sie nähere Informationen zur jeweiligen Einstellung. Unter **Typ** erhalten Sie den erwarteten Typ des Wertes. Er kann `Bool` für boolesche Werte, `Int32` für ganzzahlige Werte oder String für Texte lauten. Bei booleschen Werten lautet der Wert `True` (wahr), wenn das Kontrollkästchen aktiviert ist.

Unter **Standard** ❺ wird der Standardwert der Einstellung zur Orientierung angezeigt. Dieser Wert wird standardmäßig verwendet, sofern nicht anders spezifiziert. Der Wert für **Publish** ist immer `True`. Dies bedeutet, dass die Einstellung öffentlich ist. Über **Allowed Configuration Level** ❻ können Sie die Konfigurationsebene anpassen. Die Konfigurationsebene kann entweder `UserRoaming` oder `PerMachine` sein (siehe Abschnitt 12.3.1, »Grundlagen der technischen Konfiguration«).

Benutzer können Einstellungen mit der Konfigurationsebene `UserRoaming` ändern. Die geänderten Einstellungen werden im Dateisystem unter **C:\Users\[Benutzername]\AppData\Roaming\SAP\Cof** gespeichert. Die Dateinamen für die geänderten Einstellungen lauten **Cof_user_roaming.config**, **Ao_user_roaming.config**, **Bpc_user_roaming.config** und **Epm_user_roa-**

ming.config. Diese Dateien werden automatisch erstellt, wenn Sie eine Einstellung über das Dialogfeld **Technische Konfiguration** ändern.

Ein Administrator kann die Einstellungen auch mit der Konfigurationsebene `PerMachine` ändern. Die geänderten Einstellungen werden im Dateisystem unter **C:\ProgramData\SAP\Cof** gespeichert. Die Dateinamen lauten **Cof_app.config**, **Ao_app.config**, **Bpc_app.config** und **Epm_app.config**.

Als Administrator können Sie für jede Einstellung die Konfigurationsebene von `UserRoaming` zu `PerMachine` ändern. Diese Einstellungen können dann von Benutzern nicht mehr geändert werden. Falls Sie es den Benutzern erlauben möchten, eine Einstellung zu pflegen, ändern Sie die Konfigurationsebene wieder zu `UserRoaming`.

Konfigurationspräfix deuten

Die entsprechende Datei können Sie auch anhand des Konfigurationspräfixes ableiten. Das Präfix **Cof** steht für das Add-in, **Ao** für das Plug-in SAP Analysis for Microsoft Office, **Bpc** für das BPC- und **Epm** für das EPM-Plug-in. Außerdem wird unter **Geladen aus** ❼ auch der Pfad zur Konfigurationsdatei im Dateisystem angezeigt.

Über den Button **OK** ❽ werden Ihre Änderungen gespeichert. Die geänderten Werte stehen anschließend im Dialog **Technische Konfiguration** und in den entsprechenden Dateien im Dateisystem zur Verfügung.

12.3.3 Einstellungen für das Add-in SAP Analysis for Microsoft Office

In diesem Abschnitt stelle ich die Einstellungen vor, die Sie für das Add-in SAP Analysis for Microsoft Office definieren können. Die Einstellungen werden in der Datei **Cof_app.config** abgelegt. Diese Konfigurationsdatei ist in mehrere Abschnitte unterteilt, die in Anhang A, »Einstellungen für das Add-in SAP Analysis for Microsoft Office«, im Detail erläutert werden.

- Im Abschnitt `ConnectionServiceConfiguration` können Sie die Einstellungen für den SAP-NCO-Trace (*SAP .NET Connector*) anpassen. Dieser wird verwendet, um ABAP-RFCs (Remote Function Calls) vom Client aus aufzurufen.
- Im Abschnitt `AppBuilderConfiguration` finden Sie profilrelevante Einstellungen.
- Über die Einstellungen im Abschnitt `DPPConfiguration` können Sie das Datenschutz-Pop-up-Fenster konfigurieren.
- Im Abschnitt `OfficeConfiguration` legen Sie fest, ob das Add-in SAP Analysis for Microsoft Office unterstützt werden soll, wenn die Microsoft-Office-Tools im eingebetteten Modus (auch als *automatisierter Modus* bezeichnet) ausgeführt werden.

- Über die Einstellung `clientProfiling` im Abschnitt `SupportConfiguration` können Sie den *Profiling-Modus* ein- und ausschalten. Eine detaillierte Erklärung finden Sie in Kapitel 13, »Problemanalyse«.
- Schließlich können Sie mit der Einstellung `MinorVersion` im Abschnitt `VersionConfiguration` eine Version angeben, die verwendet werden soll.

12.3.4 Einstellungen für das Plug-in SAP Analysis for Microsoft Office

In den folgenden Abschnitten werden die Einstellungen für das Plug-in SAP Analysis for Microsoft Office beschrieben, die Sie definieren können. Diese Einstellungen werden in der Datei **Ao_app.config** abgelegt. Die Konfigurationsdatei ist in mehrere Abschnitte unterteilt. In Anhang B, »Einstellungen für das Plug-in SAP Analysis for Microsoft Office«, finden Sie eine detaillierte Beschreibung:

- Im Abschnitt `BoeConfiguration` können Sie Einstellungen für Ihre BI-Plattform definieren.
- Im Abschnitt `DataSourceConfiguration` definieren Sie Einstellungen zur Datenquelle und zum System.
- Mithilfe der Parameter im Abschnitt `DateTimeConfiguration` können Sie die Darstellung von Zeit und Datum anpassen.
- Im Abschnitt `DocumentConfiguraiton` finden Sie die Einstellungen für Ihre Arbeitsmappe.
- Über die Einstellung im Abschnitt `FormulaConfiguration` können Sie die Zuweisung von Filterwerten steuern.
- Mithilfe der Parameter im Abschnitt `GridConfiguration` können Sie Einstellungen für die Kreuztabelle definieren.
- Im Abschnitt `HanaConfiguration` bestimmen Sie eine mögliche Zeitüberschreitung für eine SAP-HANA-HTTP-Verbindung.
- Über die Einstellungen im Abschnitt `NavPaneConfiguration` können Sie die Registerkarte **Analyse** im Designbereich konfigurieren.
- Im Abschnitt `NewLinesConfiguration` schalten Sie bei Bedarf die neue Zeilenvalidierung aus.
- Im Abschnitt `PlanningConfiguration` können Sie planungsrelevante Einstellungen festlegen.
- Mithilfe der Einstellungen im Abschnitt `SelectorConfiguration` passen Sie das Verhalten des Filterdialogs an.
- Über die Einstellungen im Abschnitt `TaskPaneConfiguration` können Sie den Designbereich konfigurieren.

- Im Abschnitt `UICommonConfiguration` können Sie Einstellungen anpassen, die die generelle Benutzeroberfläche betreffen.
- Mithilfe der Parameter im Abschnitt `UtilitiesConfiguration` passen Sie systemrelevante Parameter an.
- Im Abschnitt `VariableConfiguration` können Sie das Verhalten von Variablen definieren.
- Über die Parameter im Abschnitt `WaterfallChartConfiguration` legen Sie die Darstellung von Wasserfalldiagrammen fest.
- Im Abschnitt `WorkbookConversionConfiguration` können Sie die Einstellungen für die Konvertierung Ihrer Arbeitsmappen anpassen.

Darüber hinaus finden Sie in der Konfigurationsdatei auch veraltete Parameter, die das Aussehen der Benutzeroberfläche anpassen, wie z. B. `EnableWorkspaces` oder `ShowPlanningToolbar`. Diese sollten Sie nicht mehr nutzen, sondern Profile zum Anpassen der Benutzeroberfläche verwenden (siehe Abschnitt 12.1, »Benutzeroberfläche anpassen«).

12.4 Zusammenfassung

Sie haben nun gelernt, wie Sie die Benutzeroberfläche von SAP Analysis for Microsoft Office individualisieren. Sie können eigene Profile anlegen und diese bei Bedarf in Arbeitsmappen einbetten. Sie wissen aber auch, wie Sie mithilfe von Unternehmensprofilen dafür sorgen können, dass alle Benutzer auf dieselben Funktionalitäten Zugriff haben. Außerdem sind Sie in der Lage, auch als Nicht-Administrator Profile mit anderen Benutzern zu teilen.

Darüber hinaus können Sie das Verhalten von SAP Analysis for Microsoft Office über die Optionen steuern. Dabei kennen Sie benutzerspezifische Einstellungen ebenso wie plattformrelevante Einstellungen und Parameter für eine Konvertierung.

Außerdem sind Sie in der Lage, über die technische Konfiguration von SAP Analysis for Microsoft Office die Einstellungen nicht nur auf der Benutzerebene, sondern auch zentral festzulegen. Hier kennen Sie die wichtigsten Parameter für das Add-in von SAP Analysis for Microsoft Office ebenso wie für das Plug-in.

Wie bei jeder anderen Anwendung auch kommt es bei SAP Analysis for Microsoft Office manchmal zu unerwartetem Verhalten. Im nächsten Kapitel stelle ich daher Möglichkeiten der Problemanalyse vor und zeige Ihnen, wie Sie SAP Analysis for Microsoft Office nach einem Absturz wieder zum Laufen bringen.

Kapitel 13
Problemanalyse

Wie bei jedem anderen Programm kommt es auch bei SAP Analysis for Microsoft Office manchmal zu Fehlern. Einige Fehler sind bloß irritierend, während andere zum Absturz führen. In diesem Kapitel zeige ich Ihnen, wie Sie den Fehlern auf die Schliche kommen.

Bei der Arbeit mit SAP Analysis for Microsoft Office können, wie bei jedem anderen Programm auch, Fehler auftreten. Für die Suche nach der Fehlerursache bietet SAP Analysis for Microsoft Office verschiedene Tools an, auf die ich in diesem Kapitel eingehe. Während im *Support-Modus* (siehe Abschnitt 13.1.1, »Support-Modus«) Ausnahmen, Fehlermeldungen und ausgeführte Einzelschritte protokolliert werden, werden im *Profiling-Modus* (siehe Abschnitt 13.1.2, »Profiling-Modus«) auch Laufzeiten aufgezeichnet. Im *erweiterten Modus* (siehe Abschnitt 13.1.3, »Erweiterter Modus«) können Sie die Problemanalyse mithilfe weiterer Einstellungen personalisieren.

Manchmal ist ein aufgetretener Fehler so gravierend, dass er zum Absturz der gesamten Applikation führt. Wenn Microsoft Excel abstürzt, wird beim nächsten Start das Add-in SAP Analysis for Microsoft Office möglicherweise von der Microsoft-Anwendung deaktiviert. In Abschnitt 13.2, »Add-in SAP Analysis for Microsoft Office erneut aktivieren«, zeige ich Ihnen, wie Sie das Add-in wieder zum Laufen bringen.

13.1 Modi der Problemanalyse

Modus auswählen

Um Fehlern auf den Grund zu gehen, können Sie SAP Analysis for Microsoft Office in verschiedenen Modi der Problemuntersuchung ausführen. Sie können den Modus auswählen, wenn Sie über die Registerkarte **Datei** den Eintrag **Analysis** auswählen und anschließend auf die Auswahl **Problemanalyse** klicken (siehe Abbildung 13.1). Hier stehen Ihnen drei verschiedene Einträge zur Auswahl: **Supportmodus** ❶, **Profilingmodus** ❷ und **Erweiterter Modus** ❸.

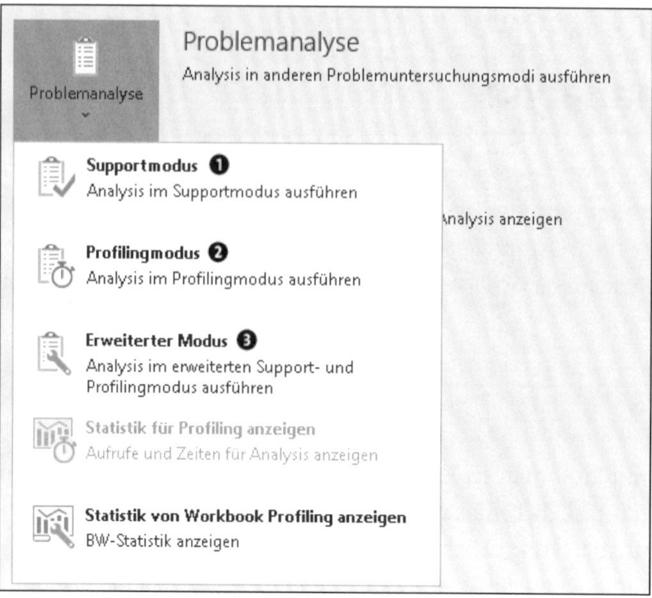

Abbildung 13.1 Modi der Problemanalyse

13.1.1 Support-Modus

Im Support-Modus speichert das System Ausnahmen, Fehlermeldungen und Traces (Aufzeichnung der Einzelschritte) im Protokoll. Außerdem ist das *BW-Server-Tracing* (siehe Abschnitt 13.1.3, »Erweiterter Modus«) aktiviert. Wenn der Support-Modus aktiviert ist, wird eine entsprechende Meldung im Bereich **Problemanalyse** angezeigt (siehe Abbildung 13.2).

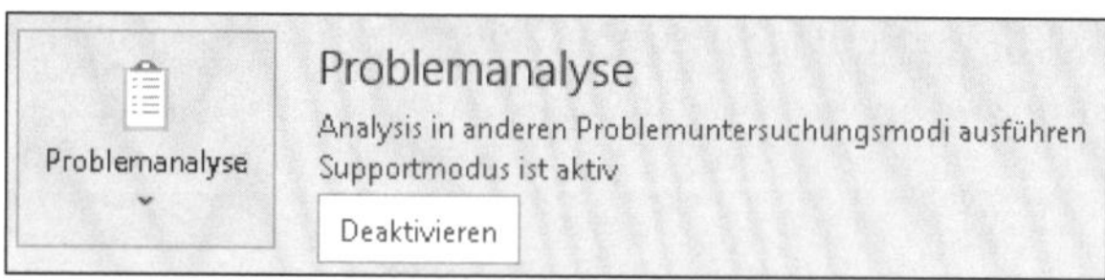

Abbildung 13.2 Aktivierter Support-Modus

[»]

Protokoll Speicherort

Die Protokolle und Traces werden als GLF-Dateien unter **C:\Users\[Benutzername]\AppData\Local\Temp\Sap\Cof** gespeichert.

13.1.2 Profiling-Modus

Im Profiling-Modus werden nur Ausnahmen und Fehlernachrichten gespeichert. Daneben ist das Profiling aktiv. So können Sie herausfinden, wie viel Zeit die Ausführung einzelner Aktionen in SAP Analysis for Microsoft Office in Anspruch nimmt. Neben dem Profiling wird auch das BW-Server-Tracing (siehe Abschnitt 13.1.3, »Erweiterter Modus«) aktiviert. Support-Modus und Profiling-Modus können gleichzeitig aktiv sein.

Statistik für Profiling anzeigen

Sie können im Profiling-Modus aufgezeichnete Aufrufe mit entsprechenden Zeiten anzeigen, indem Sie den Eintrag **Statistik für Profiling anzeigen** in der Auswahl **Problemanalyse** wählen (siehe Abbildung 13.3). Dieser Eintrag ist nur aktiv, wenn eine Statistik aufgezeichnet wurde.

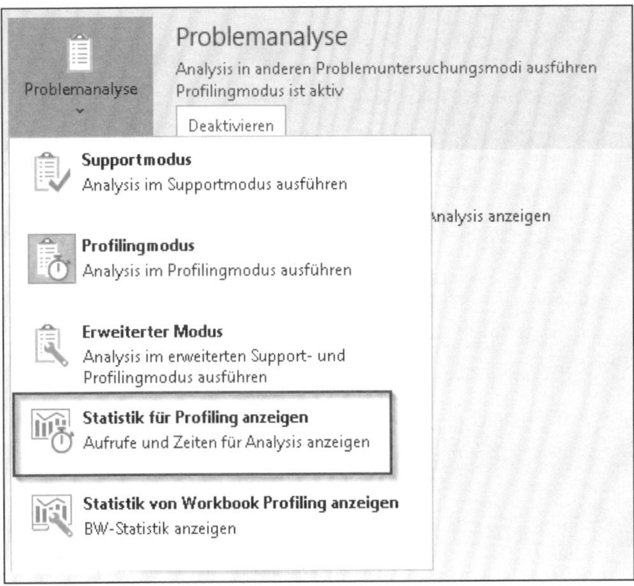

Abbildung 13.3 Statistik für Profiling anzeigen

Profiling-Statistik auswerten

In Abbildung 13.4 sehen Sie den Dialog **Client Profiling Statistics**. Hier werden die erfassten Interaktionen als Schritte in einer Baumansicht angezeigt ❶. Sie können zu jedem Schritt navigieren und Details anzeigen. So können Sie die Gesamtverarbeitungszeit pro Schritt (in ms) anzeigen, die Zeit, die der Benutzer in Dialogen verbracht hat, die Anzahl der RFC-Aufrufe (Remote Function Call) pro Schritt und die Zeit, die für RFC-Aufrufe aufgewendet wurde. Im Abschnitt **Update UI** können Sie einsehen, ob ein Navigationsschritt gegebenenfalls unerwartete RFC-Aufrufe verursacht hat. Das System berechnet die Nettozeiten als Unterschied zwischen Start- und Endzeit (abzüglich der Zeiten für andere Ereignisse, die in diesem Ereignis aufgerufen wurden).

Im unteren Bereich des Dialogs ❷ finden Sie eine Zusammenfassung mit der Zeit, die clientseitig für die Verarbeitung verwendet wurde (in ms), der

Anzahl der RFC-Aufrufe und der Zeit, die dafür verwendet wurde (in ms). Darüber hinaus wird die Zeit, die der Benutzer in Dialogen verbracht hat (in ms), angezeigt.

Sie können die Statistiken über die Auswahl **In neue Arbeitsmappe kopieren** ❸ in eine neue Arbeitsmappe oder in eine XML-Datei exportieren. Alternativ können Sie sie auch in die Zwischenablage kopieren. Über den Button **Clear** ❹ können Sie die Statistik löschen.

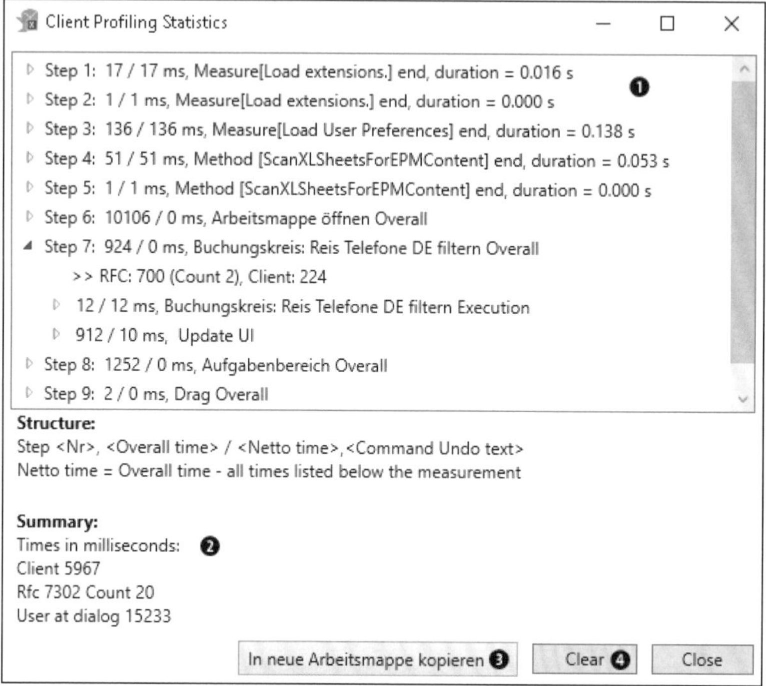

Abbildung 13.4 Profiling-Statistik

Modi deaktivieren

Berücksichtigen Sie, dass das Schreiben der Profiling-Statistik die Performance negativ beeinflussen kann. Sie können im Bereich **Problemanalyse** die Option **Deaktivieren** auswählen, um alle Modi der Problemanalyse zu deaktivieren, die nicht mehr benötigt werden (siehe Abbildung 13.5).

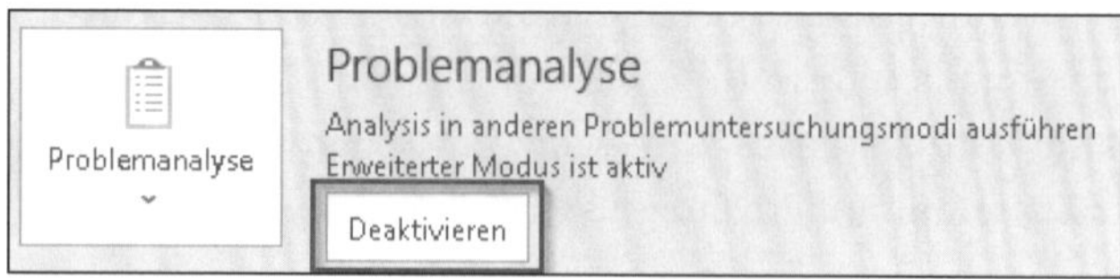

Abbildung 13.5 Problemanalyse deaktivieren

13.1.3 Erweiterter Modus

Im erweiterten Modus können Sie die Problemanalyse mithilfe von Einstellungen individuell gestalten (siehe Abbildung 13.6). Der Dialog **Erweiterter Support- und Profilingmodus** ist in zwei Registerkarten untergliedert: **Allgemein** (für alle Plug-ins) und **Analysis** (für das Plug-in SAP Analysis for Microsoft Office).

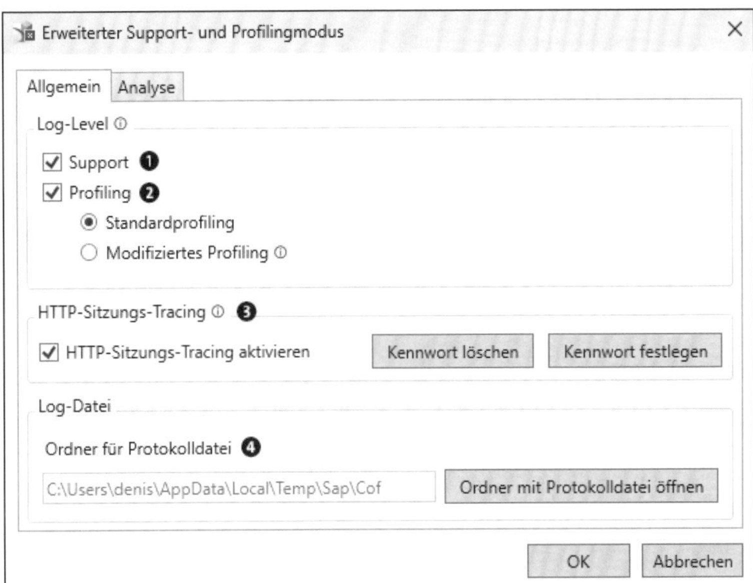

Abbildung 13.6 Allgemeine Einstellungen

Registerkarte »Allgemein«

Auf der Registerkarte **Allgemein** können Sie festlegen, welche Protokolle geschrieben werden. Wenn Sie **Support** ❶ auswählen, speichert das System Ausnahmen, Fehlermeldungen und Traces im Protokoll. Ist die Option **Profiling** ❷ ausgewählt, werden Ausnahmen und Fehlernachrichten gespeichert. Außerdem erfolgt die Aufzeichnung der Profiling-Statistik. Wenn Sie die Option **Profiling** aktivieren, können Sie zwischen den Einstellungen **Standardprofiling** und **Modifiziertes Profiling** wählen. Mit letzterer Einstellung wird kein Performance-Trace für das EPM Add-In geschrieben.

Profiling aktivieren

Sie können das Profiling auch über die Einstellung `ClientProfiling` im Dialog **Technische Konfiguration** aktivieren (siehe Abbildung 13.7). Starten Sie anschließend die Anwendung neu. Weitere Informationen finden Sie in Kapitel 12, »SAP Analysis for Microsoft Office konfigurieren«.

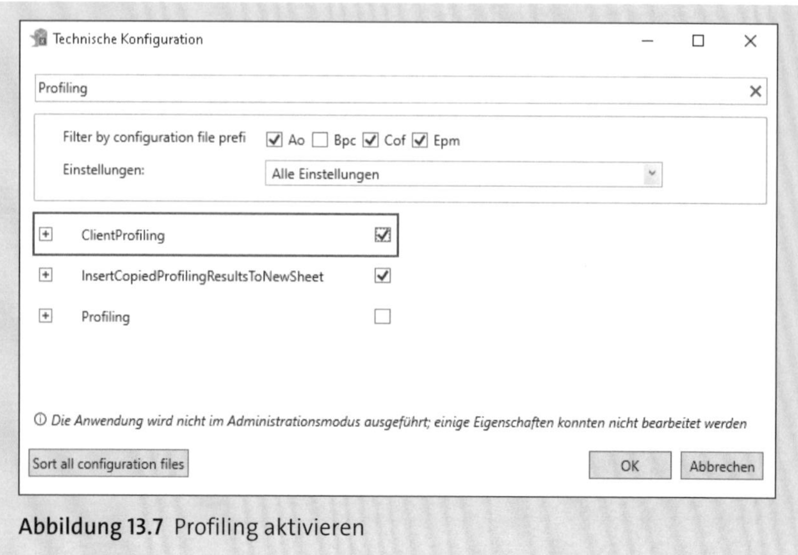

Abbildung 13.7 Profiling aktivieren

Im Bereich HTTP-Sitzungs-Tracing ❸ können Sie festlegen, ob ausgehende HTTP sowie HTTPS Abfragen mit entsprechenden Antworten aufgezeichnet werden. Das Protokoll wird in Form eines **.saz**-Archivs abgelegt und kann mit Werkzeugen wie Telerik Fiddler analysiert werden. Um die Trace-Datei vor unberechtigten Zugriffen zu schützen, nutzen Sie den Button **Kennwort festlegen**. Im nächsten Dialogfeld können Sie ein neues Kennwort für die **.saz**-Dateien festlegen oder das bestehende Kennwort ändern (siehe Abbildung 13.8). Um das Kennwort wieder zu entfernen, nutzen Sie den Button **Kennwort löschen**.

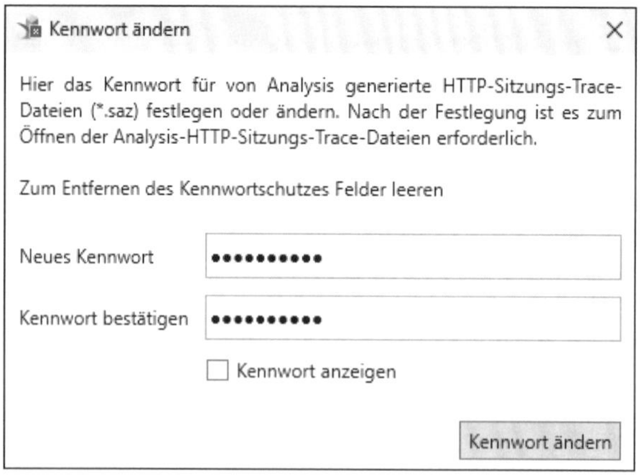

Kennwort ändern

Hier das Kennwort für von Analysis generierte HTTP-Sitzungs-Trace-Dateien (*.saz) festlegen oder ändern. Nach der Festlegung ist es zum Öffnen der Analysis-HTTP-Sitzungs-Trace-Dateien erforderlich.

Zum Entfernen des Kennwortschutzes Felder leeren

Neues Kennwort ••••••••••

Kennwort bestätigen ••••••••••

Kennwort anzeigen

Kennwort ändern

Abbildung 13.8 Kennwort ändern

[«]

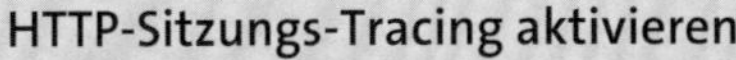

HTTP-Sitzungs-Tracing aktivieren

Um das HTTP-Session-Tracing zu aktivieren, können Sie auch die Einstellung `HttpSessionTracingEnabled` im Dialog **Technische Konfiguration** aktivieren. Als Systemadministrator können Sie auch das HTTP-Session-Tracing mit der Einstellung `AllowHttpSessionTracing` komplett deaktivieren. Das Ergebnis ist in Abbildung 13.9 dargestellt.

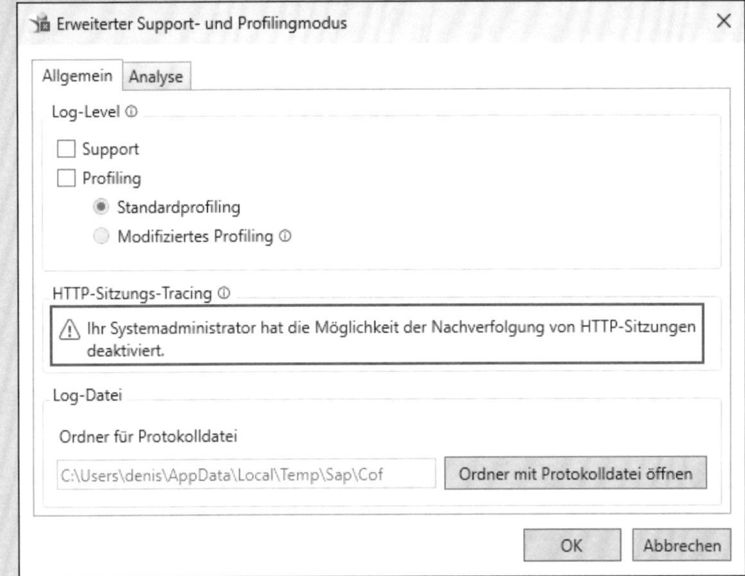

Abbildung 13.9 HTTP-Tracing deaktiviert

Weitere Informationen finden Sie in Kapitel 12, »SAP Analysis for Microsoft Office konfigurieren«.

13

Um zum Speicherort der Protokolle in Ihrem System zu springen, können Sie den Ordner für die Protokolldatei ❹ öffnen.

Registerkarte »Analysis«

Auf der Registerkarte **Analyse** können Sie die Einstellungen für das Plug-in SAP Analysis for Microsoft Office spezifizieren (siehe Abbildung 13.10).

Um den *Trace-Tool-Monitor* (Transaktion RSTT) von SAP BW zu aktivieren, wählen Sie die Einstellung **BW-Server-Tracing aktivieren** ❶. Die Umgebung des Trace-Tools enthält spezielle Werkzeuge zum Protokollieren und Abspielen von Traces. Sie können sie zur Konservierung und Analyse von Fehlerzuständen bzw. fragwürdigen Prozessverläufen nutzen. In Abbildung 13.11 sehen Sie ein Beispiel.

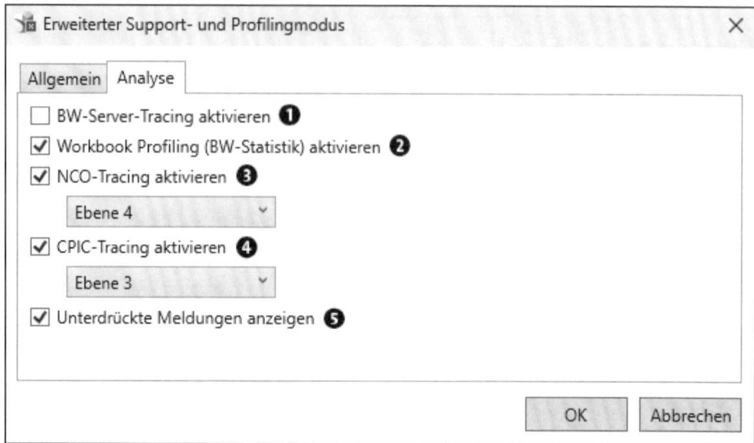

Abbildung 13.10 Einstellungen der Registerkarte »Analysis«

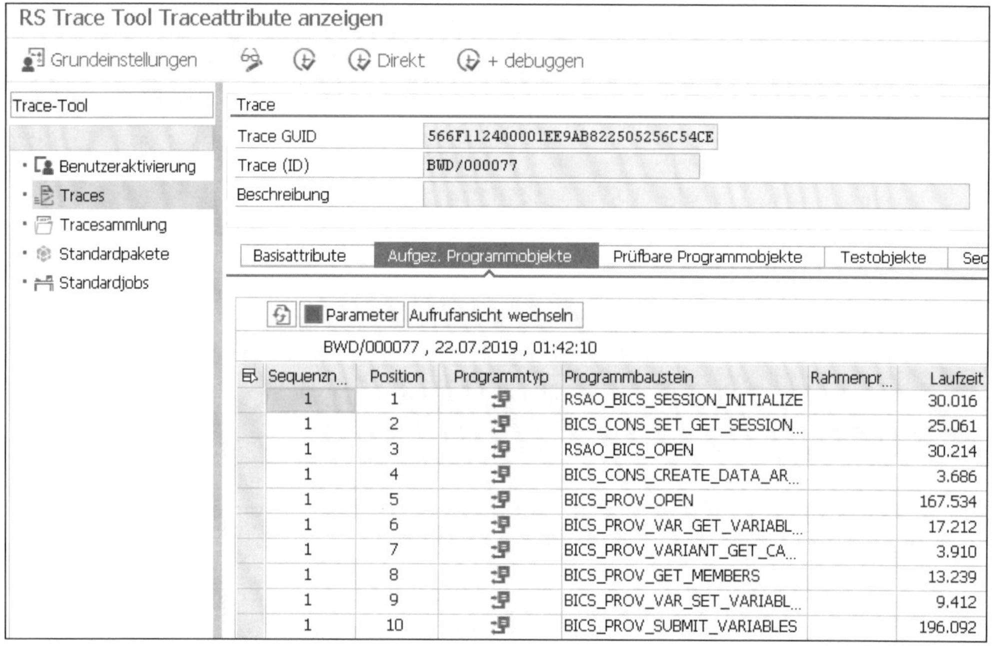

Abbildung 13.11 Auflistung aufgezeichneter Programmobjekte

[»]

BW-Server-Tracing aktivieren

Sie können das BW-Server-Tracing auch über die Einstellung `AbapTrace` im Dialog **Technische Konfiguration** aktivieren (siehe Abbildung 13.12). Starten Sie anschließend die Anwendung neu. Weitere Informationen finden Sie in Kapitel 12, »SAP Analysis for Microsoft Office konfigurieren«.

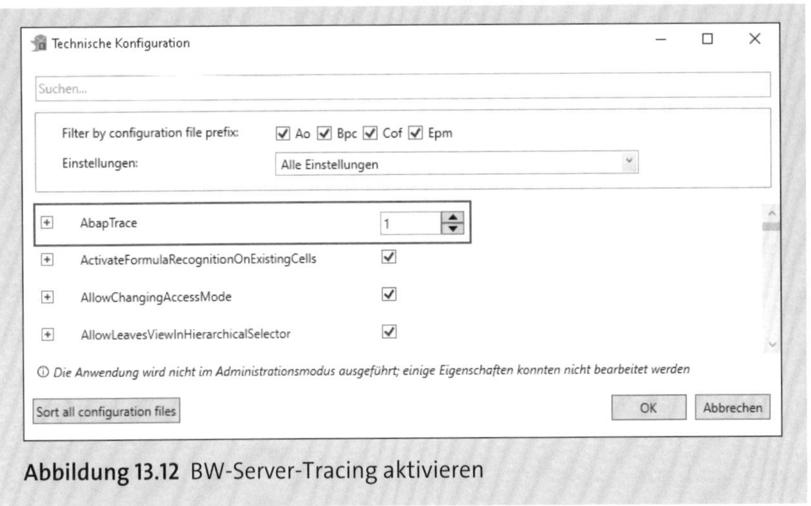

Abbildung 13.12 BW-Server-Tracing aktivieren

Query-Laufzeitstatistik aktivieren

Um die Query-Laufzeitstatistik von SAP BW zu aktivieren, wählen Sie das Ankreuzfeld **Workbook Profiling (BW-Statistik) aktivieren** ❷ (siehe Abbildung 13.10). Mit der Query-Laufzeitstatistik können Sie herausfinden, wie viel Zeit die Ausführung einzelner Benutzeraktionen in SAP Analysis for Microsoft Office und der Analytic Engine von SAP BW in Anspruch nimmt. Dabei zeichnet das System nur die performancekritischen Teile der Verarbeitung (sogenannte *Statistikereignisse*) auf.

[«]

Workbook Profiling aktivieren

Sie können das Workbook Profiling auch über die Einstellung **Profiling** im Dialog **Technische Konfiguration** aktivieren (siehe Abbildung 13.13). Starten Sie anschließend die Anwendung neu. Weitere Informationen finden Sie in Kapitel 12, »SAP Analysis for Microsoft Office konfigurieren«.

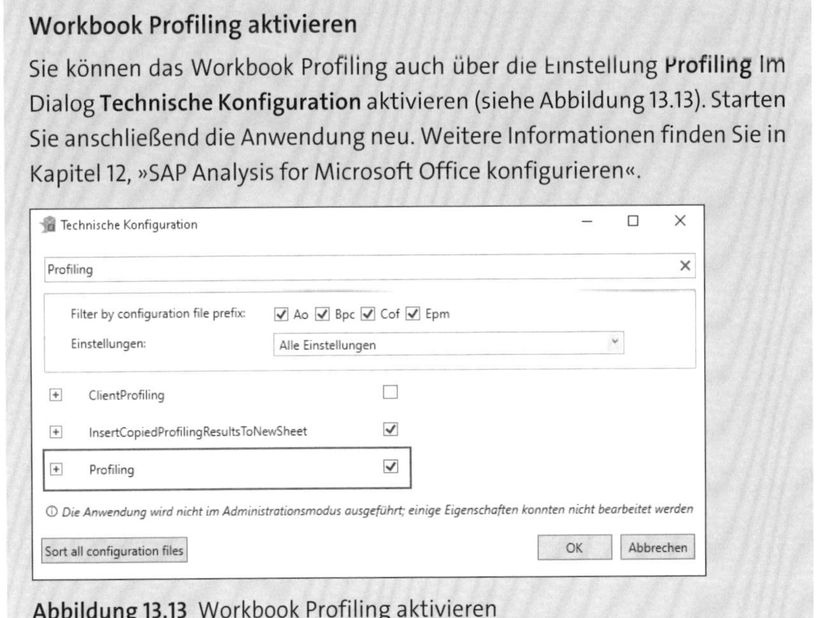

Abbildung 13.13 Workbook Profiling aktivieren

Sie können die aufgezeichnete Statistik anzeigen, indem Sie in der Auswahl **Problemanalyse** den Eintrag **Statistik von Workbook Profiling anzeigen** wählen (siehe Abbildung 13.14).

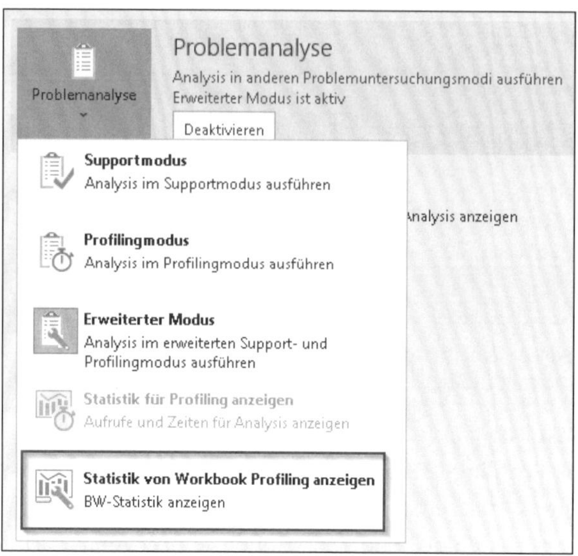

Abbildung 13.14 Statistik von Workbook Profiling anzeigen

Aufgezeichnete Statistik analysieren

Sie gelangen zu dem in Abbildung 13.15 dargestellten Dialog. In der Statistik können Sie die einzelnen Schritte inklusive Details zur Ausführungszeit einsehen ❶. Die Nettozeiten werden berechnet, indem die Laufzeit eines Ereignisses als Unterschied zwischen Start- und Endzeit (abzüglich der Zeiten für andere Ereignisse, die in diesem Ereignis aufgerufen wurden) kalkuliert wird. Über die Auswahlliste ❷ können Sie zu einer detaillierten Sicht wechseln. Darüber hinaus können Sie über den Button **Copy** ❸ die Statistik in die Zwischenablage kopieren.

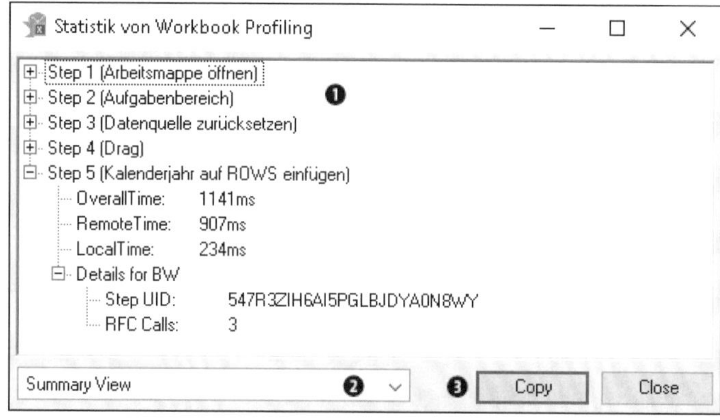

Abbildung 13.15 Statistik von Workbook Profiling

SAP-NCO-Trace protokollieren

Wenn Sie bei einer Fehlerbehebung mit dem SAP-Support zusammenarbeiten, werden Sie oft nach einem *SAP-NCO-Trace* gefragt. SAP Analysis for Microsoft Office verwendet den *SAP .NET Connector* (SAP NCO), um ABAP-RFCs vom Client aus aufzurufen. Über die Einstellung **NCO-Tracing aktivieren** ❸ (siehe Abbildung 13.10) können Sie die RFCs protokollieren. Daneben können Sie eine Ebene auswählen, wobei Ebene 4 die detaillierteste ist.

Neben den RFCs werden auch Informationen zum System aufgezeichnet. Die Protokolldateien werden über den Pfad **C:\Users\[Benutzername]\AppData\Local\Temp\Sap\Cof** abgelegt. Neben der Datei **dev_nco_rfc.log** finden Sie auch einige **nco_rfc_XXXX_Y.trc**-Dateien sowie die Protokolldateien im GLF-Format. Sie können alle Dateien zu einem Archiv komprimieren und zusammen an den SAP-Support schicken.

[«]

SAP-NCO-Tracing aktivieren

Sie können das SAP-NCO-Tracing auch aktivieren, indem Sie über die Einstellung `NcoTraceLevel` eine Trace-Ebene im Dialog **Technische Konfiguration** festlegen (siehe Abbildung 13.16). Starten Sie anschließend die Anwendung neu. Weitere Informationen finden Sie in Kapitel 12, »SAP Analysis for Microsoft Office konfigurieren«.

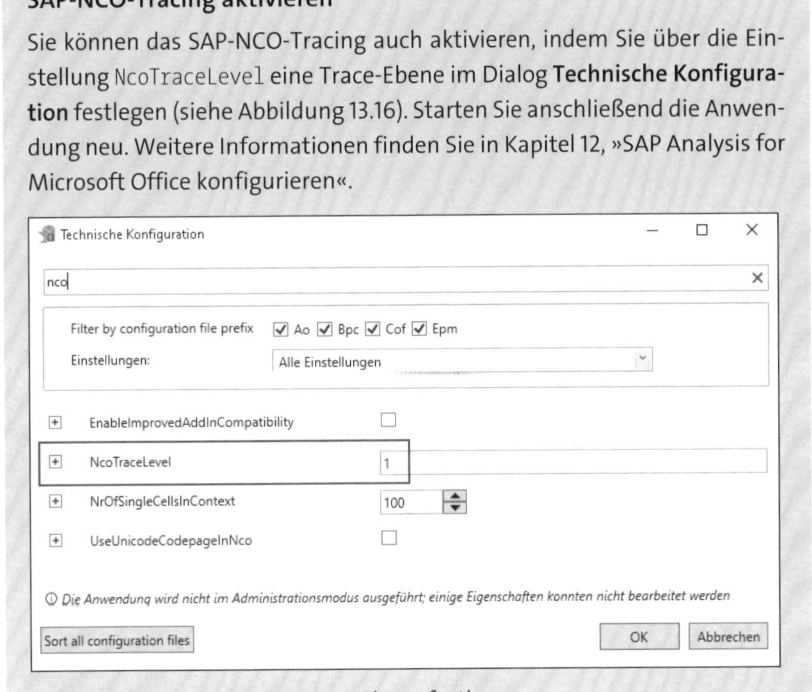

Abbildung 13.16 SAP-NCO-Trace-Ebene festlegen

CPIC-Protokoll erstellen

Neben dem SAP-NCO-Trace wird bei der Fehlerbehebung von SAP oft auch nach einem *CPIC-Protokoll* (*Common Programming Interface Communication*) gefragt. CPIC ist eine Kommunikationsebene unter JRFC (*Java Remote Function Call*) bzw. JCo (*Java Connector*). Um ein CPIC-Protokoll zu erstellen, aktivieren Sie die Einstellung **CPIC-Tracing aktivieren** ❹ (siehe Abbildung 13.10) und wählen eine Ebene aus. Ebene 3 bietet die meisten Details.

Wenn Sie anschließend mit SAP Analysis for Microsoft Office arbeiten, wird das CPIC-Protokoll in der Datei **nco_cpic_XXXXX.trc** unter **C:\Users\[Benutzername]\AppData\Local\Temp\Sap\Cof** gespeichert.

[»]

CPIC-Tracing aktivieren

Sie können das CPIC-Tracing auch aktivieren, indem Sie über die Einstellung `CpicTraceLevel` eine Trace-Ebene im Dialog **Technische Konfiguration** festlegen (siehe Abbildung 13.17). Starten Sie anschließend die Anwendung neu. Weitere Informationen finden Sie in Kapitel 12, »SAP Analysis for Microsoft Office konfigurieren«.

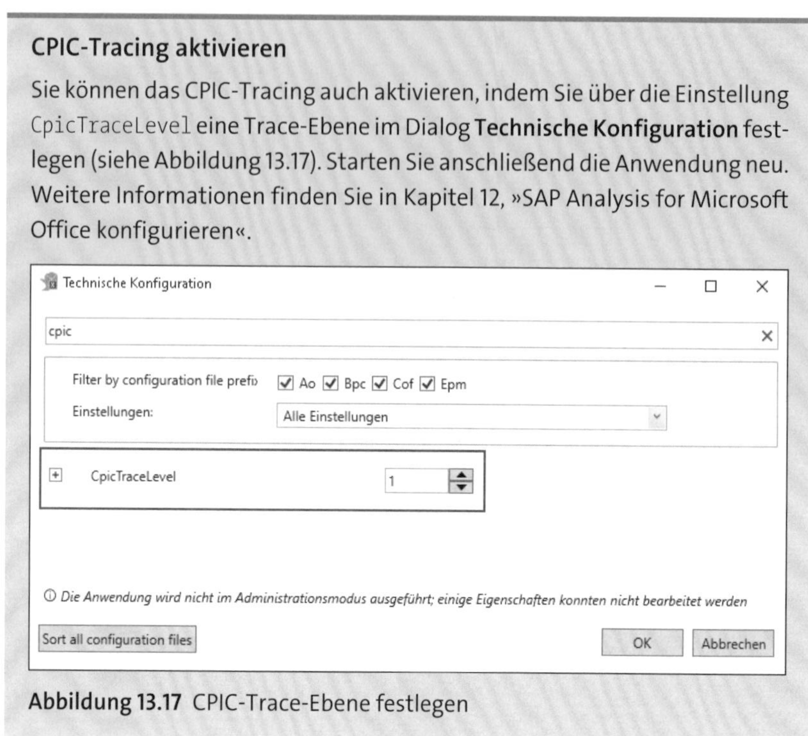

Abbildung 13.17 CPIC-Trace-Ebene festlegen

Wenn Sie bei der Fehlerbehebung sichergehen möchten, keine Nachricht zu verpassen, aktivieren Sie das Kontrollkästchen **Unterdrückte Meldungen anzeigen** ❺ (siehe Abbildung 13.10).

13.2 Add-in SAP Analysis for Microsoft Office erneut aktivieren

Manchmal ist ein aufgetretener Fehler so gravierend, dass er zum Absturz der gesamten Applikation führt. Wenn Microsoft Excel abstürzt, wird beim nächsten Start das Add-in SAP Analysis for Microsoft Office möglicherweise von der Microsoft-Anwendung deaktiviert. Sollte das der Fall sein, müssen Sie das Add-in in Microsoft Excel erneut aktivieren.

Öffnen Sie dazu SAP Analysis for Microsoft Office. Nach einem Absturz ist das Add-in nicht im Menü sichtbar. Wählen Sie daher auf der Registerkarte

Datei den Eintrag **Optionen** aus und anschließend im sich öffnenden Dialog **Excel-Optionen** den Eintrag **Add-Ins** ❶ (siehe Abbildung 13.18).

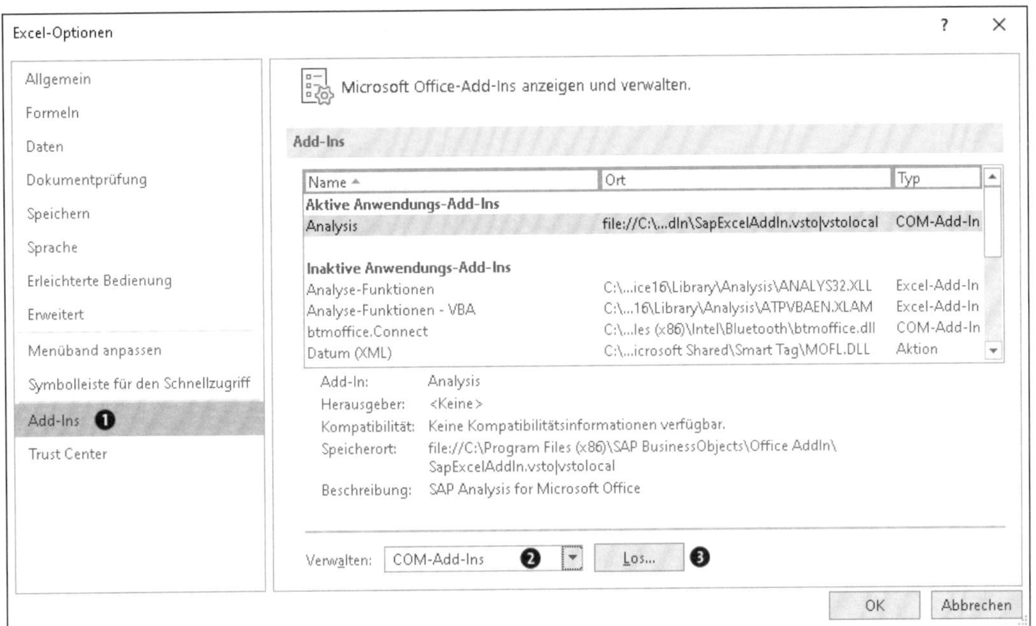

Abbildung 13.18 Dialog »Excel-Optionen«

Wählen Sie anschließend unter **Verwalten:** den Eintrag **COM-Add-Ins** aus ❷, und klicken Sie auf den Button **Los** ❸. Stellen Sie sicher, dass im Dialog **COM-Add-Ins** die Option **Analysis** aktiviert wurde (siehe Abbildung 13.19). Bestätigen Sie anschließend mit dem Button **OK**. Die Registerkarte **Analysis** ist nun wieder mit entsprechendem Menüband verfügbar.

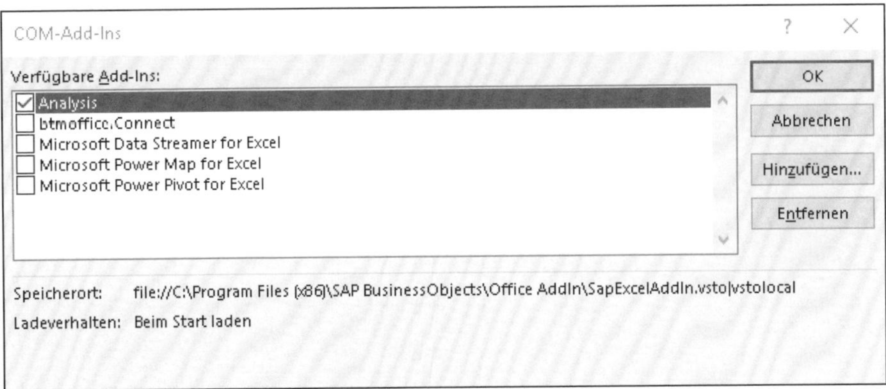

Abbildung 13.19 Add-in »Analysis« aktivieren

13.3 Zusammenfassung

In diesem Kapitel haben Sie verschiedene Modi der Fehleranalyse kennengelernt. Sie kennen den Unterschied zwischen dem Support- und dem Profiling-Modus und können bei Bedarf die Fehleranalyse um weitere Protokolle wie SAP-NCO- oder CPIC-Traces erweitern.

Falls die gesamte Applikation abstürzt und das Analysis-Add-in danach deaktiviert wurde, können Sie SAP Analysis for Microsoft Office wieder zum Laufen bringen. Nun sind Sie für den Fall der Fälle gewappnet.

Anhang

Anhang A
Einstellungen für das Add-in SAP Analysis for Microsoft Office

In diesem Abschnitt stelle ich die Einstellungen vor, die Sie für das Add-in SAP Analysis for Microsoft Office definieren können. Die Einstellungen werden in der Datei **Cof_app.config** abgelegt. Diese Konfigurationsdatei ist in mehrere Abschnitte unterteilt, die nachfolgend erläutert werden.

- Im Abschnitt `AppBuilderConfiguration` finden Sie profilrelevante Einstellungen.
- Im Abschnitt `ConnectionConfiguration` können Sie die Anzahl der parallelen Anfragen zu HANA-Systemen festlegen.
- Im Abschnitt `ConnectionServiceConfiguration` können Sie die Einstellungen für den SAP-NCO-Trace (*SAP .NET Connector*) anpassen. Dieser wird verwendet, um ABAP-RFCs (Remote Function Calls) vom Client aus aufzurufen.
- Über die Einstellungen im Abschnitt `DPPConfiguration` können Sie das Datenschutz-Pop-up-Fenster konfigurieren.
- Im Abschnitt `LandscapeConfiguration` können Sie das Caching von Verbindungen aktivieren.
- Im Abschnitt `LocaleConfiguration` können Sie die Spracheinstellungen konfigurieren.
- Im Abschnitt `OfficeConfiguration` legen Sie fest, ob das Add-in SAP Analysis for Microsoft Office unterstützt werden soll, wenn die Microsoft-Office-Tools im eingebetteten Modus (auch als *automatisierter Modus* bezeichnet) ausgeführt werden.
- Über die Einstellung `clientProfiling` im Abschnitt `SupportConfiguration` können Sie den Profiling-Modus ein- und ausschalten. Eine detaillierte Erklärung des Modus finden Sie in Kapitel 13, »Problemanalyse«.
- Im Abschnitt `TraceLogConfiguration` können Sie den Umfang der Protokoll- und Trace-Informationen festlegen.
- Schließlich können Sie mit der Einstellung `MinorVersion` im Abschnitt `VersionConfiguration` eine Version angeben, die verwendet werden soll.

Abschnitt »AppBuilderConfiguration«

Profileinstellungen vornehmen

Im Abschnitt `AppBuilderConfiguration` finden Sie profilrelevante Einstellungen (siehe Abschnitt 12.1, »Benutzeroberfläche anpassen«). In Tabelle A.1 sind die jeweiligen Einstellungen aufgelistet.

Einstellung und Einstellungswerte	Beschreibung
`AppBuilderCompany-ProfileDirectory="C:\ProgramData\SAP\Cof\User Interface"` (Standardwert)	Mit dieser Einstellung geben Sie den Pfad zu dem Verzeichnis an, in dem sich Ihre Unternehmensprofile befinden. Sie werden von einem Administrator verwaltet und können nicht von Benutzern verändert werden (siehe Abschnitt 12.1.5, »Unternehmensprofil einrichten«). Diese Einstellung kann nur von einem Administrator gepflegt werden.
`AppBuilderDefault-InterfaceArea=""` (Standardwert), `Con-textMenu`, `Backstage` oder `SidePanel`	Mit dieser Einstellung legen Sie fest, welcher Bereich der Benutzeroberfläche ausgewählt wird, wenn Sie den Dialog **Benutzeroberfläche anpassen** öffnen. Der Standardwert ist `""`. Dies bedeutet, dass beim Öffnen des Dialogs der Bereich **Menüband** ausgewählt ist. Sie können `ContextMenu` eingeben, um beim Öffnen des Dialogs den Bereich **Kontextmenü** zu aktivieren, `Backstage`, um den Benutzeroberflächenbereich **Dateimenü** zu aktivieren, und `SidePanel`, um den Bereich **SidePanel View** zu aktivieren. Beachten Sie, dass beim Schließen des Dialogs der derzeit aktive Bereich als Wert in der Einstellung gespeichert wird. Wenn Sie das Dialogfeld das nächste Mal öffnen, ist daher derselbe Bereich aktiv.
`AppBuilderDefault-ProfilePath=""` (Standardwert)	Mit dieser Einstellung geben Sie den Pfad zum Standardprofil an, das beim Starten von SAP Analysis for Microsoft Office angewendet wird. Der Pfad wird automatisch festgelegt, sobald ein Benutzer im Dialog **Benutzeroberfläche anpassen** ein Profil definiert und dann auf **Standardprofil** klickt (siehe Abschnitt 12.1.3, »Profil als Standard festlegen«). Nach der Installation ist kein Pfad definiert. Daher ist der Standardwert leer (`""`).

Tabelle A.1 Profilrelevante Einstellungen

Einstellung und Einstellungswerte	Beschreibung
`AppBuilderReadOnly-ProfileDirectories= "Pfad1; Pfad2"`	Mit dieser Einstellung geben Sie ein Verzeichnis oder eine Liste von Verzeichnissen an, in denen Benutzer Profile freigeben können, ohne eine Kopie erstellen zu müssen. Sie können einen einzelnen Pfad zu einem Verzeichnis oder Pfade zu mehreren Verzeichnissen eingeben. Die Pfade müssen dann als eine durch Semikolons getrennte Liste eingegeben werden. Der aktuelle Benutzer ist nicht der Eigentümer dieser Profile und kann sie nicht ändern (siehe Abschnitt 12.1.6, »Schreibgeschützte Benutzerprofile verwenden«).
`AppBuilderUserProfileDirectory= ""` (Standardwert)	Mit dieser Einstellung geben Sie den Pfad zu dem Verzeichnis an, in dem sich die aktuellen Benutzerprofile befinden. Der aktuelle Benutzer ist der Eigentümer dieser Profile und kann sie ändern. Jedes Mal, wenn er im Dialogfeld **Benutzeroberfläche anpassen** ein neues Profil erstellt, wird es in diesem Verzeichnis gespeichert. Nach der Installation ist kein Verzeichnis definiert, daher ist der Standardwert leer (""). Sobald ein Benutzer ein Profil speichert, wird der Pfad zum Verzeichnis automatisch festgelegt.
`AppBuilder-WindowHeight= -1` (Standardwert)	Mit dieser Einstellung können Sie die Höhe des Dialogs **Benutzeroberfläche anpassen** festlegen. Der Standardwert ist –1 Punkt. Der Wert wird automatisch angepasst, wenn ein Benutzer die Höhe des Dialogs in der Anwendung manuell ändert.
`AppBuilderWindow-Width= 900` (Standardwert)	Mit dieser Einstellung können Sie die Breite des Dialogs **Benutzeroberfläche anpassen** festlegen. Der Standardwert ist 900 Punkte. Der Wert wird automatisch angepasst, wenn ein Benutzer die Breite des Dialogs in der Anwendung manuell ändert.

Tabelle A.1 Profilrelevante Einstellungen (Forts.)

Einstellung und Einstellungswerte	Beschreibung
`CanCustomizeUserInterface= true` (Standardwert) oder `false`	Mit dieser Einstellung legen Sie fest, ob Benutzer berechtigt sind, die Benutzeroberfläche anzupassen und ihre eigenen Profile zu definieren. Nach der Installation ist der Standardwert `true`. Dies bedeutet, dass die Benutzer berechtigt sind, die Benutzeroberfläche anzupassen. Wenn Sie den Parameterwert auf `false` ändern, können sie die Benutzeroberfläche nicht mehr anpassen.

Tabelle A.1 Profilrelevante Einstellungen (Forts.)

Abschnitt »ConnectionConfiguration«

Anzahl der parallelen Anfragen zu HANA-Systemen festlegen

Im Abschnitt `ConnectionConfiguration` können Sie die Anzahl der parallelen Anfragen zu HANA-Systemen festlegen (siehe Tabelle A.2).

Einstellung und Einstellungswerte	Beschreibung
`DefaultConnectionLimit= 10` oder beliebiger ganzzahliger Wert	Wenn Sie eine Arbeitsmappe mit mehreren SAP-HANA-Datenquellen verwenden, wird beim Aktualisieren der Arbeitsmappe für jede Datenquelle ein Thread zum Abrufen der Ergebnismenge über http erstellt. (Beachten Sie, dass die Anzahl der parallelen Threads durch die Einstellung `MaxNumberOfParallelThreads` begrenzt sein kann.) Aufgrund einer Beschränkung im zugrunde liegenden .net-Framework erhält der SAP-HANA-Server maximal zwei HTTP-Anfragen parallel. Mit dieser Einstellung überschreiben Sie den .net-Standardwert. Der Standardwert ist 10. Das bedeutet, dass Analysis for Office bis zu 10 HTTP-Requests parallel erhalten kann. Sie können einen beliebigen ganzzahligen Wert für diese Einstellung eingeben.

Tabelle A.2 Anzahl der parallelen Anfragen zu HANA-Systemen festlegen

Abschnitt »ConnectionServiceConfiguration«

Einstellungen für den NCO-Trace anpassen

Im Abschnitt `ConnectionServiceConfiguration` können Sie die Einstellungen für den NCO-Trace (siehe Abschnitt 13.1.3, »Erweiterter Modus«) anpassen. In Tabelle A.3 finden Sie eine Übersicht über die relevanten Parameter.

Einstellung und Einstellungswerte	Beschreibung
`CpicTraceLevel= 0` (Standardwert), `1`, `2` oder `3`	Diese Einstellung kann für die SAP-Fehlerbehandlung verwendet werden. Common Programming Interface – Communication (CPIC) ist die Kommunikationsschicht unter JRFC (oder JCo). Mit dieser Einstellung legen Sie die gewünschte Ebene für das Tracing fest. Der Standardwert ist `0`, d. h. es findet kein Tracing statt. Sie können den Parameterwert auf `1`, `2` oder `3` ändern, wobei `3` die höchste und detaillierteste Stufe der Verfolgung darstellt. Wenn das Tracing aktiv ist, werden Protokolldateien im Ordner **%temp%** von Windows erstellt. Dort finden Sie eine **nco_cpic_XXX.trc**-Datei.
`CurrentCodePage= Kodierung für die aktuelle Codepage des Systems`	Wenn **saplogon.ini** verwendet wird, werden in einigen Fällen im Dialog **Datenquelle öffnen** Systemeinträge mit unleserlichen Zeichen angezeigt. Dies kann dadurch verursacht werden, dass sich die Kodierung des **saplogon.ini**-Inhalts von der Windows-Standardkodierung unterscheidet. Mit dieser Einstellung können Sie die Standard-Codepage überschreiben, indem Sie hier die entsprechende Codepage-Nummer eingeben.
`EnableIncludesIn-SapUiLandscapeXml=` `true` oder `false` (Standardwert)	Mit dieser Einstellung legen Sie fest, ob Includes in der **SapUiLandscape.xml**-Datei geladen werden. Der Standardwert ist `false`. Dies bedeutet, dass Includes in der **SapUiLandscape.xml**-Datei ignoriert werden. Wenn Sie den Parameterwert auf `true` ändern, werden Includes in **SapUiLandscape.xml**-Datei geladen. Beachten Sie, dass sich dies negativ auf die Leistung auswirken kann, da Includes von entfernten Speicherorten geladen werden. Bitte beachten Sie, dass verschachtelte Includes (zum Beispiel Includes in einer Include-Datei) nicht unterstützt werden.

Tabelle A.3 Einstellungen des SAP-NCO-Trace

Einstellung und Einstellungswerte	Beschreibung
NcoTraceLevel=0 (Standardwert), 1, 2, 3 oder 4	Diese Einstellung kann für die Fehlerbehandlung verwendet werden. SAP Analysis for Microsoft Office nutzt den SAP .NET Connector (SAP NCO) zum Aufrufen von ABAP-RFCs (Remote Function Calls) vom Client. SAP NCO unterstützt die Protokollierung von RFC-Traces. Mit der Einstellung legen Sie die gewünschte Stufe für die Nachverfolgung fest. Der Standardwert ist 0. Bei ihm findet keine Ablaufverfolgung statt. Sie können den Parameterwert auf 1, 2, 3 oder 4 ändern. Weitere Informationen erhalten Sie in Abschnitt 13.1.3, »Erweiterter Modus«.
NwbcTicketIssuer-Path= /sap/bc/nwbc/TicketIssuer	Diese Einstellung definiert den Standardpfad zum SAP NetWeaver Business Client Ticket Issuer auf dem Server.
SapWebGuiPath=/sap/bc/gui/sap/its/webgui	Diese Einstellung definiert den Standardpfad zum SAP Web GUI auf dem Server.
UseUnicodeCodepage-InNco= true oder false (Standardwert)	Mit dieser Einstellung legen Sie fest, ob ein Passwort für ein ABAP-System Sonderzeichen wie € enthalten darf. Der Standardwert ist false und erlaubt keine Sonderzeichen. Wenn Sie den Wert in true ändern, werden Sonderzeichen unterstützt. Sie sollten die Einstellung nur auf true setzen, wenn alle Ihre ABAP-Systeme Unicode verwenden.

Tabelle A.3 Einstellungen des SAP-NCO-Trace (Forts.)

Abschnitt »DPPConfiguration«

Einstellungen zum Datenschutz-Pop-up-Fenster anpassen

Im Bereich DPPConfiguration finden Sie Einstellungen zum Datenschutz-Pop-up-Fenster. Dieses weist die Benutzer darauf hin, keine personenbezogenen Daten in Freitextfeldern zu speichern. Die entsprechenden Parameter sind in Tabelle A.4 aufgeführt.

Einstellung und Einstellungswerte	Beschreibung
DPPPopup_enforce= 1 (Standardwert) oder beliebiger ganzzahliger Wert	Mit dieser Einstellung legen Sie fest, ob das Datenschutz-Pop-up-Fenster angezeigt werden soll, wenn SAP Analysis for Microsoft Office gestartet wird. Es wird angezeigt, solange der Wert für diese Einstellung höher ist als der Wert für die Einstellung DPP-Popup_shown. Sie können die Anzeige des Pop-up-Fensters auch erneut erzwingen, indem Sie den Wert für diese Einstellung auf einen höheren Wert als DPP-Popup_shown setzen. Der Standardwert ist 1. In diesem Fall wird das Pop-up-Fenster angezeigt, da der Standardwert für DPP-Popup_shown 0 ist.
DPPPopup_shown= 0 (Standardwert) oder beliebiger ganzzahliger Wert	Mit dieser Einstellung legen Sie fest, ob das Datenschutz-Pop-up-Fenster beim Starten von SAP Analysis for Microsoft Office erneut angezeigt werden soll. Dies geschieht, solange der Wert für diese Einstellung niedriger als der Wert von DPPPopup_enforce ist. Daher können Sie auch die Anzeige des Pop-up-Fensters erzwingen, indem Sie den Wert für diese Einstellung auf einen niedrigeren Wert als DPPPopup_enforce festlegen. Der Standardwert ist 0. Bei ihm wird das Pop-up-Fenster angezeigt, da der Standardwert für DPPPopup_enforce 1 beträgt. Wenn Sie im Pop-up-Fenster das Kontrollkästchen **Nicht mehr anzeigen** aktivieren, wird der Wert auf 1 gesetzt. Beim nächsten Start wird es entsprechend nicht mehr angezeigt, da beide Einstellungen denselben Wert haben.

Tabelle A.4 Einstellungen des Datenschutz-Pop-up-Fensters

Abschnitt »LandscapeConfiguration«

Caching von Verbindungen aktivieren

Im Abschnitt LandscapeConfiguration können Sie das Caching von Verbindungen aktivieren. Eine ausführliche Beschreibung finden Sie in der Tabelle A.5.

Einstellung und Einstellungswerte	Beschreibung
`CacheSapUiLandscapeXml= true` oder `false` (Standardwert)	Wenn Sie SAP Logon nicht installiert haben, können Sie diese Einstellung verwenden, um Daten zwischenzuspeichern (ähnlich wie bei SAP Logon) und die Verbindungen anzuzeigen, auch wenn die Online-Datei oder der Server, auf dem sich die Landschaftsdatei befindet, nicht verfügbar ist. Der Standardwert ist `false`. Dies bedeutet, dass das Caching nicht aktiviert ist. Wenn Sie den Parameterwert auf `true` ändern, wird die Zwischenspeicherung der Landscape XML-Datei aktiviert. Diese wird von Analysis for Office verwendet, um BW-Verbindungsinformationen zu erhalten (die im Dialog **Datenquelle auswählen** angezeigt werden). Der Pfad der XML-Datei (auf einem Dateiserver oder einer offenen HTTP-URL) kann entweder über die Umgebungsvariable `SAPLOGON_LSXML_FILE` oder in der Registry unter `HKEY_CURRENT_USER\SOFTWARE\SAP\SAPLogon\Options\LandscapeFileOnServer` gesetzt werden. (Diese Umgebungsvariable und der Registry-Eintrag sind auch für SAP Logon gültig.) Das Verzeichnis für zwischengespeicherte Dateien ist **%appdata%\Sap\LogonServerConfigCache**, und die Metadaten (Online-Quelle und lokaler Dateiname jeder zwischengespeicherten Datei) werden in die Datei **sapfilecache_Metadata.txt** im selben Ordner geschrieben. Bitte beachten Sie, dass SAP Logon den gleichen Ordner und die gleichen Dateien für die Zwischenspeicherung verwendet. Wenn Sie also SAP Logon verwenden, brauchen Sie diese Einstellung nicht zu aktivieren.

Tabelle A.5 Caching von Verbindungen aktivieren

Abschnitt »LocaleConfiguration«

Spracheinstellungen konfigurieren

Im Abschnitt `LocaleConfiguration` können Sie die Spracheinstellungen konfigurieren. In Tabelle A.6 finden Sie eine Übersicht über die möglichen Parameter.

Einstellung und Einstellungswerte	Beschreibung
`ClientLanguage= EN` oder beliebiger Wert (siehe Beschreibung)	Mit dieser Einstellung legen Sie die Sprache für alle Texte der Analysis-for-Office-Oberfläche fest. Der Standardwert ist `EN`. Dies bedeutet, dass die UI-Texte in Englisch angezeigt werden. Sie können für diese Einstellung einen der folgenden Werte eingeben: AR Arabic CS Czech DA Danish DE German EN English ES Spanish ET Estonian FI Finish FR French HE Hebrew HU Hungarian IT Italian JA Japanese KO Korean NL Dutch NO Norwegian PO Polish PT Portuguese RU Russian SK Slovak SV Swedish TH Thai TR Turkish UK Ukrainian ZF Traditional Chinese ZH Simplified Chinese Beachten Sie, dass die Einstellung `DetermineClientLanguageFromOfficeLanguage=true` diese Einstellung überschreibt.

Tabelle A.6 Spracheinstellungen konfigurieren

Einstellung und Einstellungswerte	Beschreibung
DetermineClientLanguageFromOfficeLanguage= true (Standardwert) oder false	Mit dieser Einstellung legen Sie fest, ob die Sprache von Microsoft Office die Sprache für Analysis for Office bestimmen soll. Diese Einstellung hat Vorrang vor der Einstellung ClientLanguage. Der Standardwert ist true. Dies bedeutet, dass die Sprache von Microsoft Office die Sprache für Analysis for Office bestimmt. Auch wenn Sie einen anderen Sprachwert für die Einstellung ClientLanguage eingeben, werden die Beschreibungen weiterhin in der von Ihnen gewählten Microsoft-Office-Sprache angezeigt. Wenn Sie den Parameterwert auf false ändern, bestimmt die Microsoft-Office-Sprache nicht mehr die Sprache von Analysis for Office. In diesem Fall greift die Einstellung ClientLanguage.

Tabelle A.6 Spracheinstellungen konfigurieren (Forts.)

Abschnitt »OfficeConfiguration«

Add-in-Unterstützung im eingebetteten Modus einstellen

Im Abschnitt OfficeConfiguration legen Sie fest, ob das Add-in SAP Analysis for Microsoft Office unterstützt werden soll, wenn Microsoft Office im eingebetteten Modus ausgeführt wird. In Tabelle A.7 finden Sie eine ausführliche Beschreibung der Einstellungswerte.

Einstellung und Einstellungswerte	Beschreibung
SupportEmbeddedMode= true oder false (Standardwert)	Diese Einstellung legt fest, ob das Add-in SAP Analysis for Microsoft Office unterstützt werden soll, wenn Microsoft-Office-Tools im eingebetteten Modus ausgeführt werden. Der Standardwert ist false – bei ihm wird das Add-in nicht unterstützt. Wenn Sie den Parameterwert in true ändern, wird das Add-in unterstützt.

Tabelle A.7 Einstellungen zur Add-in-Unterstützung bei der Ausführung von MS-Office-Tools im eingebetteten Modus

Einstellung und Einstellungswerte	Beschreibung
SupportEmbedded-Mode= true oder false (Standardwert) (Forts.)	Beim Wert true können Sie auch das Plug-in SAP Analysis for Microsoft Office mithilfe der Einstellung SupportAutomatedOffice in der Datei **Ao_app.config** deaktivieren. Beachten Sie, dass Microsoft keine Add-ins unterstützt, wenn ein MS-Office-Tool im eingebetteten Modus ausgeführt wird. Das Tool kann in ein anderes Fenster eingebettet sein, z. B. in ein anderes MS-Office-Tool oder ABAP-Programm. Auch wenn Microsoft Excel mit dem Parameter excel.exe - Embedding gestartet wird, werden keine Add-ins unterstützt. Es ist nicht ratsam, diese Einstellung zu ändern, da in vielen Szenarien, z. B. wenn das Tool in ein anderes Fenster eingebettet ist, Probleme auftreten, die nicht behoben werden können.

Tabelle A.7 Einstellungen zur Add-in-Unterstützung bei der Ausführung von MS-Office-Tools im eingebetteten Modus (Forts.)

Abschnitt »SupportConfiguration«

Profiling-Modus ein- und ausschalten

Über die Einstellung clientProfiling im Abschnitt SupportConfiguration können Sie den Profiling-Modus ein- und ausschalten (siehe Tabelle A.8).

Einstellung und Einstellungswert	Beschreibung
AllowHttpSession-Tracing= true (Standardwert) oder false	Mit dieser Einstellung legen Sie fest, ob Benutzer die Nachverfolgung von HTTP-Sitzungen aktivieren dürfen. Der Standardwert ist true. Das bedeutet, dass Benutzer das HTTP-Sitzungs-Tracing im Dialog **Erweiterter Support- und Profilingmodus** oder mit der Einstellung HttpSessionTracingEnabled aktivieren können (siehe Abschnitt 13.1.3, »Erweiterter Modus«). Wenn Sie den Parameterwert auf false ändern, können Benutzer das HTTP-Sitzungs-Tracing nicht mehr aktivieren.

Tabelle A.8 Einstellungen zum Profiling-Modus

Einstellung und Einstellungswert	Beschreibung
clientProfiling= true oder false (Standardwert)	Mit dieser Einstellung steuern Sie den Profiling-Modus (siehe Abschnitt 13.1.2, »Profiling-Modus«). Nach der Installation lautet der Standardwert false. Mit dem Wert true aktivieren Sie den Modus.
HttpSessionTracing-Enabled= true oder false (Standardwert)	Mit dieser Einstellung aktivieren Sie das Tracing von HTTP-Sitzungen (siehe Abschnitt 13.1.3, »Erweiterter Modus«). Der Standardwert ist false. Dies bedeutet, dass keine Trace-Dateien zu HTTP- und HTTPS-Sitzungen aufgezeichnet werden. Wenn Sie den Parameterwert auf true ändern, wird das HTTP-Sitzungs-Tracing aktiviert. Beachten Sie, dass das HTTP-Sitzungs-Tracing automatisch aktiviert wird, wenn Sie den Support- oder Profiling-Modus aktivieren.
InsertCopiedPro-filingResultsToNew-Sheet= true (Standardwert) oder false	Mit dieser Einstellung legen Sie fest, ob die Client-Profiling-Statistiken in eine neue Arbeitsmappe kopiert werden können. Der Standardwert ist true. Das bedeutet, dass Ihnen im Dialog **Statistik für Profiling anzeigen** die Option **In neue Arbeitsmappe kopieren** zur Verfügung steht (siehe Abschnitt 13.1.2, »Profiling-Modus«). Wenn Sie den Parameterwert auf false ändern, steht diese Option nicht länger zur Verfügung.

Tabelle A.8 Einstellungen zum Profiling-Modus (Forts.)

Abschnitt »TraceLogConfiguration«

Umfang der Trace-Informationen festlegen

Mit der Einstellung MinorVersion im Abschnitt TraceLogConfiguration können Sie den Umfang der Protokoll- und Trace-Informationen festlegen, die in der Datei **log.config** gespeichert werden sollen. In Tabelle A.9 finden Sie eine ausführliche Erklärung der Einstellungswerte.

Einstellung und Einstellungswert	Beschreibung
TraceLogLevel= Debug (Standardwert), Fatal, Error, Warn, Info, Verbose oder Off	Analysis for Office verwendet Apache log4net Framework zur Aufzeichnung von Log- und Trace-Informationen. Mit dieser Einstellung legen Sie den Umfang der Protokoll- und Trace-Informationen fest, die in der Datei **log.config** gespeichert werden sollen. Der Standardwert ist Debug. Sie können den Wert auf Fatal, Error, Warn, Info oder Verbose ändern. Wenn Sie den Wert auf Off ändern, werden keine Protokoll- und Trace-Informationen gespeichert. Weitere Informationen zu den Werten finden Sie in der Apache-log4net-Dokumentation.

Tabelle A.9 Umfang der Trace-Informationen festlegen

Abschnitt »VersionConfiguration«

Zu verwendende Version angeben

Mit der Einstellung `MinorVersion` im Abschnitt `VersionConfiguration` können Sie eine Version für SAP Analysis for Microsoft Office angeben, die verwendet werden soll. In Tabelle A.10 finden Sie eine ausführliche Erklärung der Einstellungswerte.

Einstellung und Einstellungswert	Beschreibung
MinorVersion= <ganzzahliger Wert der installierten Version> (Standardwert) oder beliebiger ganzzahliger Wert kleiner als die installierte Version	Mit dieser Einstellung können Sie eine Version angeben, die verwendet werden soll. Der Standardwert ist der ganzzahlige Wert der installierten Version, z. B. 3 für Version 2.3. Wenn Sie den Wert auf 1 ändern, wird Version 2.1 verwendet. Diese Einstellung kann nur von einem Administrator verändert werden.

Tabelle A.10 Einstellung zur verwendeten Version

Anhang B
Einstellungen für das Plug-in SAP Analysis for Microsoft Office

In den folgenden Abschnitten werden die Einstellungen für das Plug-in SAP Analysis for Microsoft Office beschrieben, die Sie definieren können. Diese Einstellungen werden in der Datei **Ao_app.config** abgelegt. Die Konfigurationsdatei ist in mehrere Abschnitte unterteilt:

- Im Abschnitt `BoeConfiguration` können Sie Einstellungen für Ihre BI-Plattform definieren.
- Im Abschnitt `BrowserBasedLogonDialogConfiguration` können Sie das Protokoll für die Verbindung zur SAP Analytics Cloud festlegen.
- Im Abschnitt `ConnectionConfiguration` definieren Sie Einstellungen für Verbindungen.
- Im Abschnitt `DataSourceConfiguration` definieren Sie Einstellungen zur Datenquelle und zum System.
- Mithilfe der Parameter im Abschnitt `DateTimeConfiguration` können Sie die Darstellung von Zeit und Datum anpassen.
- Im Abschnitt `DimensionSyncConfiguration` können Sie Einstellungen zum Zusammenführen von Dimensionen oder Kreuztabellen definieren.
- Im Abschnitt `DocumentConfiguraiton` finden Sie die Einstellungen für Ihre Arbeitsmappe.
- Im Abschnitt `ExternalBrowserConfiguration` können Sie Einstellungen zur Anmeldung auf SAP Analytics Cloud und SAP Datasphere festlegen.
- Über die Einstellung im Abschnitt `FormulaConfiguration` können Sie die Zuweisung von Filterwerten steuern.
- Mithilfe der Parameter im Abschnitt `GridConfiguration` können Sie Einstellungen für die Kreuztabelle definieren.
- Im Abschnitt `HanaConfiguration` bestimmen Sie eine mögliche Zeitüberschreitung für eine SAP-HANA-HTTP-Verbindung.
- Im Abschnitt `ModelingToolConfiguration` definieren Sie Einstellungen für die Funktion **Query Designer starten** im Bereich **Werkzeuge**.

- Über die Einstellungen im Abschnitt `NavPaneConfiguration` können Sie die Registerkarte **Analyse** im Designbereich konfigurieren.
- Im Abschnitt `NewLinesConfiguration` schalten Sie bei Bedarf die neue Zeilenvalidierung aus.
- Im Abschnitt `NumberFormatConfiguration` können Sie die Formatierung von Formelergebnissen steuern.
- Im Abschnitt `OpenDialogConfiguration` können Sie das Verhalten des Dialogs **Datenquelle auswählen** beeinflussen.
- Im Abschnitt `PlanningConfiguration` können Sie planungsrelevante Einstellungen festlegen.
- Im Abschnitt `SacConfiguration` finden Sie Einstellungen für SAP-Analytics-Cloud-Verbindungen.
- Mithilfe der Einstellungen im Abschnitt `SelectorConfiguration` passen Sie das Verhalten des Filterdialogs an.
- Im Abschnitt `SystemReplacementConfiguration` können Sie festlegen, ob der Systemtyp im Dialog **System ersetzen** angezeigt wird.
- Im Abschnitt `TableDesignConfiguration` können Sie den Modus für die Erstellung von Formeln konfigurieren.
- Über die Einstellungen im Abschnitt `TaskPaneConfiguration` können Sie den Designbereich konfigurieren.
- Im Abschnitt `UICommonConfiguration` können Sie Einstellungen anpassen, die die generelle Benutzeroberfläche betreffen.
- Mithilfe der Parameter im Abschnitt `UtilitiesConfiguration` passen Sie systemrelevante Parameter an.
- Im Abschnitt `VariableConfiguration` können Sie das Verhalten von Variablen definieren.
- Über die Parameter im Abschnitt `WaterfallChartConfiguration` legen Sie die Darstellung von Wasserfalldiagrammen fest.
- Im Abschnitt `WorkbookConversionConfiguration` können Sie die Einstellungen für die Konvertierung Ihrer Arbeitsmappen anpassen.
- Im Abschnitt `WorkbookspaceConfiguration` können Sie festlegen, ob die Funktionen für Arbeitsbereiche aktiviert werden sollen.

Darüber hinaus finden Sie in der Konfigurationsdatei auch veraltete Parameter, die das Aussehen der Benutzeroberfläche anpassen, wie z. B. `EnableWorkspaces` oder `ShowPlanningToolbar`. Diese sollten Sie nicht mehr nutzen, sondern Profile zum Anpassen der Benutzeroberfläche verwenden (siehe Abschnitt 12.1, »Benutzeroberfläche anpassen«).

Abschnitt »BoeConfiguration«

Im Abschnitt `BoeConfiguration` können Sie die Einstellungen für Ihre Business-Intelligence-Plattform (BI-Plattform) festlegen. In Tabelle B.1 finden Sie die relevanten Parameter.

Einstellungen für die BI-Plattform festlegen

Einstellung und Einstellungswerte	Beschreibung
`BOESystems`	Legt das System fest.
`DefaultLauncher-Scheme=""` (Standardwert) oder `https`	Legt fest, ob die Verbindung über HTTP oder das gesicherte HTTPS-Protokoll erfolgt.
`IncludeInstances-InInfoObjectSearch-Result=true` oder `false` (Standardwert)	Wenn Sie in Analysis for Office nach einer auf der BI-Plattform gespeicherten Arbeitsmappe suchen (über **Analysis • Arbeitsmappe öffnen • Arbeitsmappe auf der SAP-BusinessObjects-Business-Intelligence-Plattform öffnen**), können die Suchergebnisse mehr als eine Instanz derselben Arbeitsmappe enthalten. Die zusätzlichen Instanzen können unterschiedliche Dateigrößen haben. Wenn Sie jedoch in der Central Management Console (CMC) der BI-Plattform nach derselben Arbeitsmappe suchen, wird nur die ursprüngliche Arbeitsmappe in die Suchergebnisse aufgenommen. Mit dieser Einstellung können Sie festlegen, ob die zusätzlichen Instanzen Teil des Suchergebnisses in Analysis for Office sein sollen. Der Standardwert ist `false`. Dies bedeutet, dass die zusätzlichen Suchergebnisse nicht Teil des Suchergebnisses sind. Wenn Sie den Wert auf `true` setzen, werden die zusätzlichen Instanzen im Suchergebnis angezeigt.
`ReadOnlyBoeSystems-List=true` oder `false` (Standardwert)	Wenn eine Arbeitsmappe von BI Plattform/Launchpad aus gestartet wird, werden die vorhandenen BIP-Web-Service-URLs und Authentifizierungstypen im Dialogfeld **An SAP BusinessObjects Business Intelligence anmelden** überschrieben. Sie können auch manuell vom Benutzer geändert werden.

Tabelle B.1 Einstellungen für die BI-Plattform

Einstellung und Einstellungswerte	Beschreibung
`ReadOnlyBoeSystems-List=true` oder `false` (Standardwert) (Forts.)	Sie können dieses Verhalten vermeiden und die vorhandenen Webdienst-URLs und Authentifizierungstypen schreibgeschützt beibehalten, wie sie in der Analysis-for -Office-Benutzerkonfigurationsdatei unter **%appdata%\SAP\Cof\Ao_user_roaming.config** gepflegt werden. Bitte beachten Sie die Einstellung `BoeSystems`. Mit dieser Einstellung können Sie angeben, ob die BIP-Webdienst-URLs und Authentifizierungstypen verändert werden können. Der Standardwert ist `false`. Dies bedeutet, dass die URLs und Authentifizierungstypen des BIP-Webdiensts verändert werden können. Wenn Sie den Wert auf `true` setzen, sind die BIP Web Service URLs und Authentifizierungstypen schreibgeschützt.
`RetrieveMulti-lingualTexts=true` (Standardwert) oder `false`	Auf der BI-Plattform können der Name und die Beschreibung von Dokumenten und Ordnern übersetzt werden. Mit dieser Einstellung legen Sie fest, ob die übersetzten Texte in SAP Analysis for Microsoft Office verfügbar sein sollen. Der Standardwert ist `true`. Dies bedeutet, dass die übersetzten Namen in SAP Analysis for Microsoft Office verfügbar sind. Je nach gewählter Sprache sehen Sie die Originalversion oder eine übersetzte Version. Wenn Sie den Wert auf `false` setzen, ist in SAP Analysis for Microsoft Office nur die Originalversion verfügbar.
`TwoFactorAuthenti-cationCertifi-cate=[Zertifikat]`	Bei der Verwendung der Zwei-Faktor-Authentifizierung wird hier das ausgewählte Zertifikat definiert.
`TwoFactorAuthenti-cationDisabled=true` oder `false` (Standardwert)	Mit dieser Einstellung können Sie die Zwei-Faktor-Authentifizierung deaktivieren. Der Standardwert ist `false`. Das heißt, dass die Zwei-Faktor-Authentifizierung aktiviert wird, sobald eine URL in der Einstellung `TwoFactorAuthentication-Url` verfügbar ist.

Tabelle B.1 Einstellungen für die BI-Plattform (Forts.)

Einstellung und Einstellungswerte	Beschreibung
`TwoFactorAuthenticationDisabled=` `true` oder `false` (Standardwert) (Forts.)	Wenn Sie den Wert auf `true` setzen, wird die Zwei-Faktor-Authentifizierung deaktiviert, und Sie können sich bei einer anderen BI-Plattform anmelden. Sie müssen die BI-Plattform und Ihre Anmeldedaten im Anmeldedialog eingeben.
`TwoFactorAuthenticationUrl=[URL]`	Sie können die URL Ihrer BI-Plattform eingeben, die für die Zwei-Faktor-Authentifizierung (Single Sign-On, SSO) verwendet werden soll. Wenn Sie die URL einer BI-Plattform eingeben, wird die Zwei-Faktor-Authentifizierung für die Anmeldung verwendet. Nach der ersten Benutzung wird kein Anmeldedialogfeld angezeigt. Bei der ersten Anmeldung muss der Benutzer ein Client-Zertifikat auswählen. Wenn Sie sich bei einer anderen BI-Plattform anmelden wollen, können Sie die Zwei-Faktor-Authentifizierung deaktivieren, indem Sie den Parameter `TwoFactorAuthenticationDisabled` aktivieren.
`UseServerTypeParamForOlapConnections=` `true` oder `false` (Standardwert)	Mit dieser Einstellung können Sie festlegen, ob Analysis for Office den Hostnamen entsprechend dem Wert der Eigenschaft ServerType der OLAP-Verbindung prüfen und verwenden soll, um einen gültigen Hostnamen für die OLAP-Verbindung zu erhalten. Der Standardwert ist `false`. Das bedeutet, dass Analysis for Office den Hostnamen, der für die OLAP-Verbindung konfiguriert wurde, nicht prüft. Wenn die Verbindung ungültig ist, kann es zu einem Fehler kommen. Wenn Sie den Wert auf `true` setzen, prüft Analysis for Office den Hostnamen und nimmt ihn entsprechend dem Wert der in der OLAP-Verbindung definierten Eigenschaft `ServerType`. Die Verbindung funktioniert dann ordnungsgemäß. Weitere Informationen finden Sie im SAP-Hinweis 3151137 – BIP-OLAP-Verbindungsfehler »Partner nicht erreicht« in Analysis Office.

Tabelle B.1 Einstellungen für die BI-Plattform (Forts.)

Abschnitt »BrowserBasedLogonDialogConfiguration«

Protokolleinstellungen für SAP Analytics Cloud Verbindungen

Im Abschnitt `BrowserBasedLogonDialogConfiguration` können Sie die Einstellung für SAP Analytics Cloud Verbindungen definieren. In Tabelle B.2 finden Sie den relevanten Parameter.

Einstellung und Einstellungswerte	Beschreibung
`ForceHttpsScheme=true` (Standardwert) oder `false`	Mit dieser Einstellung legen Sie fest, ob die SAP Analytics Cloud-URLs für die Anmeldung auf das sichere HTTPS-Protokoll umgestellt werden sollen. Nach der Installation ist der Standardwert `true`. Dies bedeutet, dass die SAP Analytics Cloud-URLs auf HTTPS umgestellt werden, bevor das Anmeldefenster angezeigt wird. Wenn Sie den Parameterwert auf `false` ändern, werden die SAP Analytics Cloud-URLs nicht in HTTPS konvertiert.

Tabelle B.2 Einstellungen für SAP-Analytics-Cloud-Verbindungen

Abschnitt »ConnectionConfiguration«

Einstellungen für Verbindungen definieren

Im Abschnitt `ConnectionConfiguration` können Sie die Einstellungen für Verbindungen festlegen. In Tabelle B.3 finden Sie die relevanten Parameter.

Einstellung und Einstellungswerte	Beschreibung
`DefaultConnectionLimit=10` oder beliebiger ganzzahliger Wert	Wenn Sie eine Arbeitsmappe mit mehreren SAP-HANA-Datenquellen verwenden, wird beim Aktualisieren der Arbeitsmappe für jede Datenquelle ein Thread zum Abrufen der Ergebnismenge über HTTP erstellt. (Die Anzahl der parallelen Threads kann durch die Einstellung `MaxNumberOfParallelThreads` begrenzt werden.) Allerdings erhält aufgrund einer Beschränkung im zugrunde liegenden .net-Framework der SAP-HANA-Server maximal zwei HTTP-Anfragen parallel. Mit dieser Einstellung können Sie den .net-Standardwert überschreiben und die Anzahl der HTTP-Anfragen festlegen.

Tabelle B.3 Einstellungen für Verbindungen

Einstellung und Einstellungswerte	Beschreibung
DefaultConnection-Limit=10 oder beliebiger ganzzahliger Wert (Forts.)	Der Standardwert ist 10. Das bedeutet, dass Analysis bis zu zehn HTTP-Requests parallel empfangen kann. Sie können einen beliebigen ganzzahligen Wert für diese Einstellung eingeben.
EnableSacAsRepository =true oder false (Standardwert)	Mit dieser Einstellung legen Sie fest, ob SAP Analytics Cloud als Plattform verwendet werden soll. In diesem Fall können Sie Analysis-Arbeitsmappen im SAP Analytics Cloud Repository speichern und von dort aus öffnen. Der Standardwert ist false. Das bedeutet, dass SAP Analytics Cloud nicht als Plattform verwendet wird.
EnforceSystemTransport=true (Standardwert) oder false	Wenn Sie die Einstellung SystemTransportMap verwenden, um ein neues Ziel für die Datenquellen einer Arbeitsmappe zu definieren, können Sie mit der Einstellung EnforceSystemTransport das Verhalten der Arbeitsmappe für den Fall festlegen, dass auf die Datei systemtransportmap.xml nicht zugegriffen werden kann und kein Transport ausgeführt wird. Der Standardwert für diese Einstellung ist true. Das bedeutet, dass jede Datenquelle, die auf ein SAP-Analytics-Cloud- oder ein SAP-Datasphere-System in der Arbeitsmappe abzielt, nicht aktualisiert werden kann. Wenn Sie den Wert auf false setzen, werden die Datenquellen basierend auf der gespeicherten Verbindung aktualisiert.
InsecureConnection-WarningSuppress-Status=None (Standardwert), Undefined, NotReachable oder Undefined,NotReachable	Mit dieser Einstellung legen Sie fest, ob die Meldung über unsichere Verbindungen unterdrückt werden soll. Der Standardwert ist None. Dies bedeutet, dass die Meldung über unsichere Verbindungen immer angezeigt wird. Sie können den Wert auf Undefined ändern. In diesem Fall wird die Meldung nicht angezeigt, wenn die Verbindung den Status Undefined zurückgibt.

Tabelle B.3 Einstellungen für Verbindungen (Forts.)

Einstellung und Einstellungswerte	Beschreibung
InsecureConnection-WarningSuppress-Status=0None (Standardwert), Undefined, NotReachable oder Undefined,NotReachable (Forts.)	Alternativ können Sie den Wert auf NotReachable ändern. Dann wird die Meldung nicht angezeigt, wenn die Verbindung den Status NotReachable zurückgibt. Wenn Sie den Wert in Undefined,NotReachable ändern, wird die Meldung immer unterdrückt.
PreferDirectAssertionTickets=true (Standardwert) oder false	Wenn Sie versuchen, eine zweite OLAP-Verbindung herzustellen oder eine Arbeitsmappe von der BI-Plattform aus zu öffnen, wartet Analysis auf den Backend-RFC-Aufruf, um ein neues Wiedereintrittsticket RSAO_GET_REENTRY_TICKET für das BW-System zu erhalten. Wenn das Ticket nicht zurückgegeben wird, kann es vorkommen, dass Analysis for Office einfriert und nicht mehr reagiert. Wenn Sie den Wert auf false setzen, wird das Ticket über die BI-Plattform bezogen. Um diese Option zu verwenden, muss eine aktive Verbindung zur BI-Plattform vorhanden sein.
RouterStringCopyOption=None (Standardwert), SystemIdMatch, ExtendedPropertyMatch, Auto oder Force	In Analysis for Office haben Sie keine Möglichkeit, einen zusätzlichen SAP-Router-String in OLAP-Verbindungen zu pflegen. In der SAP-GUI-Landschaft können Sie zwar zusätzliche Router-Strings pflegen, aber Analysis for Office kann diese nicht aus dem jeweiligen Systemeintrag übernehmen. Mit dieser Einstellung können Sie festlegen, ob Analysis den Router-String aus dem jeweiligen Systemeintrag der SAP-GUI-Landschaft übernehmen soll. Der Standardwert ist None. Das heißt, dass die Router-Strings nicht aus der SAP-GUI-Landschaft kopiert werden. Wenn Sie den Wert auf SystemIdMatch ändern, vergleicht Analysis den Remote-BW-Systemeintrag mit der lokalen SAP-GUI-Landschaft anhand seiner System-ID. Wenn eine Übereinstimmung gefunden wird, kopiert die Analyse den Router-String aus der lokalen Landschaft.

Tabelle B.3 Einstellungen für Verbindungen (Forts.)

Einstellung und Einstellungswerte	Beschreibung
`RouterStringCopyOption=None` (Standardwert), `SystemIdMatch`, `ExtendedPropertyMatch`, `Auto` oder `Force` (Forts.)	Wenn Sie den Wert auf `ExtendedPropertyMatch` ändern, gleicht Analysis for Office den Eintrag des Remote-BW-Systems mit der lokalen SAP-GUI-Landschaft anhand anderer Eigenschaften wie `MessageServer` oder `ServerGroup` ab. Wenn eine Übereinstimmung gefunden wird, kopiert die Analyse den Router-String aus der lokalen Landschaft. Wenn Sie den Wert auf `Auto` ändern, versucht Analysis for Office, eine Übereinstimmung mit `ExtendedPropertyMatch` zu finden. Wenn keine Übereinstimmung gefunden wird, verwendet die Analyse `SystemIdMatch`, um eine Übereinstimmung in der SAP-GUI-Landschaft zu finden. Wenn Sie den Wert auf `Force` ändern, versucht Analysis for Office, eine Übereinstimmung mit `Auto` zu finden. Wenn keine Übereinstimmung gefunden wird, überschreibt sie den vorhandenen Router-String im Eintrag des Remote-BW-Systems (z. B. mit dem Wert vom Launcher).
`SystemTransportMap=''` (Standardwert) oder Pfad zu der `transportmap.xml` Datei	Normalerweise werden neue Arbeitsmappen in einer Entwicklungs- oder Testumgebung erstellt. Wenn Sie die Arbeitsmappen für andere Benutzer freigeben, sollten diese nicht die Daten eines Testsystems verwenden, sondern mit dem Produktivsystem arbeiten. Für die folgenden Verbindungen können Sie einen Systemtransport definieren, der verwendet wird, um eine Arbeitsmappe mit einem anderen System zu verbinden: ▪ SAP Analytics Cloud ▪ SAP Analytics Cloud – Live-Verbindungen ▪ SAP Datasphere Um einen Systemtransport zu definieren, müssen Sie eine Systemzuordnung in Form einer XML-Datei erstellen. In dieser Datei müssen Sie jedes Quellsystem der Arbeitsmappe mit einem Zielsystem abbilden. Mit dieser Einstellung geben Sie den Pfad zu der XML-Datei mit der Systemtransportabbildung an. Wenn kein Pfad definiert ist, wird die bestehende Verbindung in der Arbeitsmappe verwendet.

Tabelle B.3 Einstellungen für Verbindungen (Forts.)

Einstellung und Einstellungswerte	Beschreibung
`UseLocalSncInfoForRemoteConnections=true` (Standardwert) oder `false`	Auf der BI-Plattform können keine Secure-Network-Communication-(SNC-)Informationen in den OLAP-Verbindungen gepflegt werden. Analysis for Office kann jedoch die SNC-Informationen aus der `SAPUILandscape` Konfigurationsdatei lesen. Sie können die SNC-Informationen für Ihre Verbindung wiederverwenden, wenn das gleiche System in der OLAP-Verbindung auf der BI-Plattform und in der `SAPUILandscape` Datei gepflegt ist. Um die Wiederverwendung der SNC-Informationen zu ermöglichen, muss die Einstellung `UseLocalSncInfoForRemoteConnections` auf `true` gesetzt werden. Dies ist der Standardwert für diese Einstellung. Wenn Sie den Wert auf `false` setzen, ist die Wiederverwendung der SNC-Informationen für OLAP-Verbindungen deaktiviert.
`UseSacLiveHostnameInBwConnection=true` oder `false` (Standardwert)	Für SAP-Analytics-Cloud-Live-Datenverbindungen lädt Analysis for Office einen Launcher von der BW-Live-Instanz herunter. Dieser Launcher kann den Hostnamen/IP enthalten, der nur vom internen Netzwerk aus zugänglich ist. Analysis for Office kann jedoch immer auf die URL für das BW-System aus der SAP-Analytics-Cloud-Live-Datenverbindung zugreifen. Mit dieser Einstellung legen Sie fest, ob der Hostname aus der SAP-Analytics-Cloud-Live-Datenverbindung für den Aufbau einer BW/RFC-Verbindung verwendet werden soll oder nicht. Der Standardwert ist `false`. Dies bedeutet, dass Analysis for Office den Hostnamen/Servernamen aus dem Launcher verwendet, um die RFC-Verbindungen aufzubauen. Der Hostname der SAP Analytics Cloud-Live-Datenverbindung wird nicht für den Aufbau der BW/RFC-Verbindung verwendet. Wenn Sie den Parameterwert auf `true` setzen, verwendet Analysis for Office den Hostnamen/Servernamen der SAP-Analytics-Cloud-Live-Datenverbindung (diese URL ist von außerhalb des Netzwerks zugänglich), um die BW/RFC-Verbindung herzustellen.

Tabelle B.3 Einstellungen für Verbindungen (Forts.)

Einstellung und Einstellungswerte	Beschreibung
`UseSingleConnection-PerDestination=true` oder `false` (Standardwert)	Mit dieser Einstellung legen Sie fest, ob im folgenden Szenario nur eine Verbindung pro Backend-System hergestellt werden soll: ▪ Sie verwenden zwei oder mehr Datenquellen desselben Backend-Systems in Ihrer Arbeitsmappe. ▪ Die Eigenschaft **Variablen zusammenfassen** auf der Registerkarte **Komponenten** ist aktiviert. Eine Hierarchieknotenvariable wird in den Datenquellen verwendet, auf die zusammengeführte Variablen angewendet werden. Der Standardwert ist `false`. Dies bedeutet, dass für jede Datenquelle eine separate Verbindung hergestellt wird, die auf dasselbe Backend-System abzielt. Dies kann zu Programmfehlern bei der Ausführung der clientseitigen Variablen-Zusammenführung führen. Wenn Sie den Parameterwert auf `true` setzen, wird nur eine Verbindung pro Backend-System hergestellt, und die Zusammenführung von Variablen kann erfolgreich auf der Serverseite ausgeführt werden.

Tabelle B.3 Einstellungen für Verbindungen (Forts.)

Abschnitt »DataSourceConfiguration«

Einstellungen zur Datenquelle und zum System definieren

Im Abschnitt `DataSourceConfiguration` definieren Sie Einstellungen zur Datenquelle und zum System. In Tabelle B.4 finden Sie eine Übersicht.

Einstellung und Einstellungswerte	Beschreibung
`AllowChanging-AccessMode=true` oder `false` (Standardwert)	Mit dieser Einstellung legen Sie fest, ob der Zugriffsmodus (siehe Abschnitt 2.2.6, »Mit Hintergrundfiltern arbeiten«) aktiviert werden soll. Nach der Installation lautet der Standardwert `false` – der Zugriffsmodus für die Kreuztabelle und für das Dialogfeld **Nach Element filtern** ist entsprechend nicht verfügbar. Wenn Sie den Parameterwert auf `true` ändern, wird die Option **Zugriffsmodus** im Menü angezeigt.

Tabelle B.4 Einstellungen zur Datenquelle und zum System

Einstellung und Einstellungswerte	Beschreibung
DefaultBWQuery-Designer=0 (Standardwert) oder 1	Über die Funktion **Query Designer starten** können Sie direkt aus der Registerkarte **Analysis Design** heraus auf den BEx Query Designer oder die BW Modeling Tools zugreifen. Wenn beide Werkzeuge verfügbar sind, können Sie über eine Liste ein Werkzeug auswählen. Mit der Einstellung DefaultBWQuery-Designer legen Sie fest, welches Werkzeug geöffnet wird, ohne die Auswahlliste zu nutzen. Nach der Installation ist der Standardwert 0. Das bedeutet, dass die BW Modeling Tools geöffnet werden. Wenn Sie den Parameterwert auf 1 ändern, wird der BEx Query Designer geöffnet.
DisableBWDirect-Search=true oder false (Standardwert)	Mit dieser Einstellung legen Sie fest, ob für die Suche nach Datenquellen in BW-Systemen die direkte Suche oder die klassische Suche verwendet werden soll. Die direkte Suche ist schneller, kann aber in seltenen Fällen zu unvollständigen Ergebnissen führen. In diesem Fall empfiehlt SAP, auf die klassische Suche umzuschalten. Der Standardwert ist false. Dies bedeutet, dass Analysis for Office die direkte Suche für BW-Datenquellen verwendet. Wenn Sie den Parameterwert auf true ändern, wird die klassische Suche verwendet.
DoNotCumulateList-CalculationNull-Values=true oder false (Standardwert)	Mit dieser Einstellung legen Sie fest, wie nicht gebuchte Zellen in Listenberechnungen hinsichtlich der Akkumulation von Nullzellen behandelt werden. Nach der Installation ist der Standardwert false. Das bedeutet, dass Analysis for Office den für die letzte gebuchte Zelle berechneten Wert in den ungebuchten Zellen wiederholt, bis die nächste gebuchte Zelle den Wert ändert. Wenn Sie den Parameterwert auf true ändern, wird der Wert für die letzte gebuchte Zelle nicht in den ungebuchten Zellen wiederholt, die ungebuchten Zellen bleiben leer oder haben den Wert Null.

Tabelle B.4 Einstellungen zur Datenquelle und zum System (Forts.)

Einstellung und Einstellungswerte	Beschreibung
Enable-Preferred-Platform=true (Standardwert) oder false	Mit dieser Einstellung legen Sie fest, ob ein Benutzer im Dialog **Optionen** eine bevorzugte Plattform auswählen darf (siehe Abschnitt 12.2.3, »Registerkarte ›Plattform‹«). Nach der Installation lautet der Standardwert true, wodurch die Option **Bevorzugte Plattform** auf der Registerkarte **Plattform** angezeigt wird und der Benutzer die Auswahl ändern kann. Wenn Sie den Parameterwert auf false ändern, wird diese Option ausgeblendet, und der Benutzer kann die bevorzugte Plattform nicht ändern.
HierarchyLevelHide-AutoOffset=Default (Standardwert), " " (leer), X oder R	Sie können diese Einstellung verwenden, um die Performance der Funktion **Ebenen anzeigen** zu optimieren. Je nach Ihren Anforderungen können Sie Werte auch im RSADMIN-Parameter BICS_HRY_LVL_HIDE_AUTO_OFFSET angeben. Weitere Informationen zu diesem Parameter finden Sie im SAP-Hinweis »BICS: Performanceoptimierung für weitere ausgeblendete Hierarchieebenenszenarios«.
IgnoreQuery-Designer-Version Check=true oder false (Standardwert)	Um die Funktion **Query Designer starten** nutzen zu können, gilt für den BEx Query Designer die Mindestversion 7.20 SP10 oder 7.30 SP3. Mit der Einstellung IgnoreQueryDesignerVersionCheck legen Sie fest, ob die Version auf dem Computer überprüft werden soll. Der Standardwert für diese Einstellung ist false, sodass die Version überprüft wird. Die Funktion **Query Designer starten** im Bereich **Werkzeuge** kann nur ausgewählt werden, wenn die richtige Version installiert ist. Wenn Sie den Parameterwert auf true ändern, wird die Version nicht überprüft, und die Funktion **Query Designer starten** ist immer auswählbar.

Tabelle B.4 Einstellungen zur Datenquelle und zum System (Forts.)

Einstellung und Einstellungswerte	Beschreibung
`MaxNumberOf-ParallelThreads=10` (Standardwert) oder beliebiger ganzzahliger Wert	Mit dieser Einstellung definieren Sie die maximale Anzahl paralleler Prozesse, die SAP Analysis for Microsoft Office zum Öffnen der SAP-HANA-Datenquellen einer Arbeitsmappe verwenden kann. Der Standardwert ist 10. Das heißt, dass bis zu zehn SAP-HANA-Datenquellen mit parallelen Prozessen geöffnet werden können. Sie können für diese Einstellung einen beliebigen ganzzahligen Wert eingeben. Wenn Sie den Wert auf 1 oder niedriger festlegen, werden keine parallelen Prozesse verwendet. Die Datenquellen werden nacheinander geöffnet.
`NoSystem-Messages=` `true` oder `false` (Standardwert)	Mit dieser Einstellung legen Sie fest, ob Meldungen aus dem Backend-System angezeigt werden sollen oder nicht. Der Standardwert für diese Einstellung ist `false`. Dies bedeutet, dass Meldungen des Backend-Systems angezeigt werden. Wenn Sie den Wert auf `true` ändern, werden keine Systemmeldungen angezeigt.
`PreferredPlatform=0` (Standardwert), 1, 2, 3 oder 4	Mit dieser Einstellung definieren Sie die bevorzugte Plattform für Ihre SAP-Analysis-for-Microsoft-Office-Installation. Nach der Installation wird der Standardwert dieses Parameters auf 0 gesetzt – alle Plattformen sind aktiv. Der Benutzer muss dann die jeweilige Plattform bei der Anmeldung auswählen. Wenn Sie den Parameterwert auf 1 setzen, wird eine BI-Plattform als bevorzugte Plattform gesetzt. Beim Wert 2 wird SAP BW als Plattform aktiviert. Mit dem Parameterwert 3 wird die BI-Plattform im Kompatibilitätsmodus aktiviert, d. h. Arbeitsmappen in SAP Analysis for Microsoft Office werden im Kompatibilitätsmodus gespeichert. Sie entsprechen Microsoft-Excel-Arbeitsmappen, die in früheren BI-Plattformversionen verwendet wurden. Wenn Sie den Parameterwert auf 4 setzen, wird SAP Analytics Cloud als die bevorzugte Plattform gesetzt.

Tabelle B.4 Einstellungen zur Datenquelle und zum System (Forts.)

Einstellung und Einstellungswerte	Beschreibung
`PromptFor-Certificate=true` oder `false` (Standardwert)	Mit dieser Einstellung legen Sie fest, ob automatisch nach einem SSO-Zertifikat gesucht werden soll. Der Standardwert für diese Einstellung ist `false` – in diesem Fall wird automatisch nach dem Zertifikat gesucht. Wenn kein Zertifikat gefunden werden kann, muss der Benutzer eine Benutzer-ID und ein Kennwort eingeben. Wenn Sie den Parameterwert auf `true` ändern, müssen Sie das Zertifikat manuell eingeben
`RecentListSize=[Zahl größer oder gleich 1]`, Standardwert = 10	Diese Einstellung definiert die Anzahl der zuletzt geöffneten Datenquellen, die in der Auswahl **Datenquelle einfügen** angezeigt werden (siehe Abschnitt 1.2, »Datenquelle in eine Arbeitsmappe einfügen«). Sie können diese Nummer auch auf der Registerkarte **Benutzer** des Dialogs **Optionen** definieren (siehe Abschnitt 12.2.1, »Registerkarte ›Benutzer‹«).
`RemoveData-BeforeSaving=true` oder `false` (Standardwert)	Mit dieser Einstellung legen Sie fest, ob das Kontrollkästchen **Daten vor dem Speichern entfernen** auf der Registerkarte **Komponenten** im Designbereich standardmäßig für neue Arbeitsmappen ausgewählt ist. Wenn das Kontrollkästchen aktiviert ist, wird die Arbeitsmappe ohne Daten gespeichert. Wenn Sie die Arbeitsmappe erneut öffnen, werden keine Daten angezeigt. Um die Daten anzuzeigen, müssen Sie die Datenquellen manuell aktualisieren, indem Sie im Menüband die Funktion **Alle aktualisieren** wählen. Der Standardwert ist `false`. Das bedeutet, dass das Kontrollkästchen auf der Registerkarte **Komponenten** nicht als Standard ausgewählt ist. Wenn Sie den Parameterwert auf `true` ändern, wird das Kontrollkästchen beim Öffnen einer neuen Arbeitsmappe standardmäßig aktiviert.

Tabelle B.4 Einstellungen zur Datenquelle und zum System (Forts.)

Einstellung und Einstellungswerte	Beschreibung
ResultSetSize-Limit=-1, ganzzahliger Wert bis 500.000 oder leer (Standardwert)	Diese Einstellung definiert die maximale Anzahl von Kreuztabellenzellen, die für eine Datenquelle vom Server geladen werden. Wenn eine Datenquelle Daten für mehr Zellen als hier definiert enthält, wird eine Meldung angezeigt. Der Standardwert für diese Einstellung ist leer, und die maximale Anzahl von Zellen beträgt 500.000. Wenn Sie den Parameter auf eine bestimmte Zahl größer oder gleich 0 setzen, definieren Sie die maximale Anzahl von Zellen mit diesem Wert. Wenn Sie den Parameter auf -1 setzen, werden die im SAP-BW-System definierten Werte verwendet. In einem SAP-BW-System wird der Parameter in der Tabelle RSADMIN über den Eintrag BICS_DA_RESULT_SET_LIMIT_MAX festgelegt.
RfcBundling=true (Standardwert) oder false	Diese Einstellung bündelt RFC-Anfragen und wird von SAP empfohlen, wenn Sie in einer WAN-Umgebung (*Wide Area Network*) arbeiten, um den Netzwerkverkehr zu reduzieren. Nach der Installation lautet der Standardwert true.
SetMemberAccessMode-ForDependents=<no value> (Standardwert), MASTER_DATA, MASTER_DIMENSION_INITIAL oder MASTER_DIMENSION_ALWAYS	Mit dieser Einstellung legen Sie fest, wie der Zugriffsmodus der abhängigen Kreuztabellen bei der Gruppierung von Kreuztabellen eingestellt wird. Standardmäßig ist kein Wert gesetzt. Dies bedeutet, dass der Zugriffsmodus der Dimension in der abhängigen Kreuztabelle nicht geändert wird. Wenn Sie in der Master-Kreuztabelle und in der abhängigen Kreuztabelle unterschiedliche Zugriffsmodi für dieselbe Dimension verwenden, kann dies zu Problemen wie unerwartet leeren Zellen in der abhängigen Kreuztabelle und in seltenen Fällen zu Abbrüchen führen. Wenn Sie den Parameterwert auf MASTER_DATA ändern, wird der Zugriffsmodus "Stammdaten" (Werte in der Stammdatentabelle) zunächst für alle Dimensionen in den abhängigen Kreuztabellen verwendet. Sie können diesen Zugriffsmodus in den Eigenschaften der Dimension im Designbereich ändern (siehe Abschnitt 2.2, »Daten analysieren«).

Tabelle B.4 Einstellungen zur Datenquelle und zum System (Forts.)

Einstellung und Einstellungswerte	Beschreibung
SetMemberAccessModeForDependents=<no value> (Standardwert), MASTER_DATA, MASTER_DIMENSION_INITIAL oder MASTER_DIMENSION_ALWAYS (Forts.)	Wenn Sie den Parameterwert auf MASTER_DATA ändern, wird der Zugriffsmodus "Stammdaten" (Werte in der Stammdatentabelle) zunächst für alle Dimensionen in den abhängigen Kreuztabellen verwendet. Sie können diesen Zugriffsmodus in den Eigenschaften der Dimension im Designbereich ändern (siehe Abschnitt 2.2, »Daten analysieren«). Wenn Sie den Wert des Parameters auf MASTER_DIMENSION_INITIAL ändern, wird der Zugriffsmodus der Master-Dimension zunächst für alle abhängigen Dimensionen verwendet. Wenn Sie den Zugriffsmodus der Hauptdimension nach der Gruppierung der Kreuztabelle ändern, wird der neue Modus nicht an die abhängigen Dimensionen weitergegeben. Sie können diesen Zugriffsmodus in den Eigenschaften der Dimension im Designbereich ändern. Wenn Sie den Parameterwert auf MASTER_DIMENSION_ALWAYS ändern, wird der Zugriffsmodus der Hauptdimension immer für alle abhängigen Dimensionen verwendet. Wenn Sie den Zugriffsmodus der Hauptdimension nach der Gruppierung der Kreuztabelle ändern, wird der neue Modus an die abhängigen Dimensionen weitergegeben. Sie können diesen Zugriffsmodus nicht mehr in den Eigenschaften der Dimension im Designbereich ändern.
SubsequentRefreshDefault=TransactionDataOnly (Standardwert) oder LogOffReconnect	Mit dieser Einstellung legen Sie das Standardverhalten bei der Ausführung der Funktion **Alle aktualisieren** fest. Nach der Installation lautet der Standardwert TransactionDataOnly. Bei ihm werden für alle Datenquellen, die in einer Arbeitsmappe online sind, die Transaktionsdaten aktualisiert. Wenn Sie den Parameterwert auf LogOffReconnect ändern, werden die Verbindungen erneut hergestellt.

Tabelle B.4 Einstellungen zur Datenquelle und zum System (Forts.)

Einstellung und Einstellungswerte	Beschreibung
`TransferFilter-ValuesWhile-Assigning-Hierarchy=` `true` oder `false` (Standardwert)	Mit dieser Einstellung legen Sie fest, ob Filterwerte einer Dimension übertragen werden, wenn der Dimension eine Hierarchie zugeordnet wird. Der Standardwert ist `false`. Das heißt, dass keine Filterwerte übertragen werden. Wenn Sie ihn in `true` ändern, werden die Werte so weit wie möglich übertragen.
`UseDataSource-DeltaUpdate= true` (Standardwert) oder `false`	Mit dieser Einstellung legen Sie fest, ob in SAP Analysis for Micrsoft Office nur die Deltadaten oder die vollständigen Daten einer Datenquelle neu geladen und aktualisiert werden sollen. Nach der Installation lautet der Standardwert `true` – es werden nur die Deltadaten der Datenquelle aktualisiert. Ändern Sie den Parameterwert auf `false`, werden die vollständigen Daten der Datenquelle neu geladen.

Tabelle B.4 Einstellungen zur Datenquelle und zum System (Forts.)

Abschnitt »DateTimeConfiguration«

Darstellung von Zeit und Datum anpassen

Im Abschnitt `DateTimeConfiguration` können Sie die Darstellung von Zeit und Datum anpassen. In Tabelle B.5 finden Sie eine Übersicht der relevanten Einstellungen.

Einstellung und Einstellungswerte	Beschreibung
`EnableNativeFormatting=true` oder `false` (Standardwert)	SAP Analysis for Microsoft Office gibt Datums- und Zeitwerte im Textformat wieder. Die systemeigenen Microsoft-Excel-Formate Datum und Uhrzeit werden nicht verwendet. Mit dieser Einstellung aktivieren Sie native Microsoft-Excel-Formate in SAP Analysis for Microsoft Office. Der Standardwert ist `false`, bei ihm werden native Microsoft-Excel-Formate nicht verwendet. Wenn Sie den Wert in `true` ändern, gibt SAP Analysis for Microsoft Office Datums- und Zeitwerte als systemeigene Microsoft-Excel-Formate für Datum und Uhrzeit aus.

Tabelle B.5 Einstellungen für Datum und Zeit

Einstellung und Einstellungswerte	Beschreibung
ShowUtcTimeStamps-InDataCells=true oder false (Standardwert)	Mit dieser Einstellung legen Sie fest, ob UTC-Zeitstempel oder lokalisierte Zeitstempel in Datenzellen angezeigt werden. Der Standardwert ist false. Das heißt, es werden lokalisierte Zeitstempel in den Datenzellen angezeigt. Wenn Sie den Wert auf true ändern, werden UTC-Zeitstempel angezeigt.

Tabelle B.5 Einstellungen für Datum und Zeit (Forts.)

Abschnitt »DimensionSyncConfiguration«

Einstellungen zum Zusammenführen definieren

Im Abschnitt DimensionSyncConfiguration können Sie die Einstellung zum Zusammenführen von Dimensionen und Kreuztabellen definieren. In Tabelle B.6 finden Sie den relevanten Parameter.

Einstellung und Einstellungswerte	Beschreibung
MatchDimensionsBy-Text=true oder false (Standardwert)	Für das Gruppieren von Kreuztabellen und die Verknüpfung von Dimensionen verwendet Analysis die Dimensionsnamen, um Master- und abhängige Dimensionen abzugleichen (siehe Kapitel 7, »Berichte gestalten«). Daher ist die Option **Zusammenführen** nicht aktiviert, wenn die Berichte Dimensionen mit unterschiedlichen Namen, aber der gleichen Beschreibung enthalten. Mit dieser Einstellung legen Sie fest, ob die Dimensionsbeschreibungen für den Abgleich der Dimensionen zwischen Master- und abhängigen Dimensionen verwendet werden sollen. Der Standardwert ist false. Das bedeutet, dass nur die Dimensionsnamen zum Abgleich von Master- und abhängiger Dimension verwendet werden. Wenn Sie den Parameterwert auf true ändern, werden die Dimensionsnamen und -beschreibungen zum Abgleich zwischen Master- und abhängiger Dimension verwendet. Im ersten Schritt versucht Analysis for Office, die Dimensionsnamen abzugleichen. Wenn es keine Übereinstimmung gefunden wird, versucht Analysis for Office, die Dimensionsbeschreibungen abzugleichen.

Tabelle B.6 Einstellungen zum Zusammenführen

Abschnitt »DocumentConfiguration«

Einstellungen für Arbeitsmappe festlegen

Im Abschnitt `DocumentConfiguraiton` finden Sie die Einstellungen für Arbeitsmappen. Die möglichen Einstellungen sind in Tabelle B.7 aufgelistet.

Einstellung und Einstellungswerte	Beschreibung
`DefaultWorkbookPath=[Pfad der Standard-arbeitsmappe]`	Verwenden Sie diese Einstellung, um den Pfad zur Standardarbeitsmappe im Verzeichnis zu definieren (siehe Abschnitt 1.4, »Standardarbeitsmappe definieren«).
`IsCachingDocuments=true` (Standardwert) oder `false`	Mit dieser Einstellung legen Sie fest, ob die Zwischenspeicherung (*Caching*) aktiviert werden soll. Nach der Installation lautet der Standardwert `true` – die Zwischenspeicherung ist aktiv. Wenn Sie den Parameterwert auf `false` ändern, ist die Zwischenspeicherung deaktiviert.
`DocumentCacheFolder-Path=""` (Standardwert)	Mit dieser Einstellung können Sie den Standardpfad zum Cache-Verzeichnis überschreiben. SAP-Analysis-for-Microsoft-Office-Arbeitsmappen werden im Verzeichnis **sapaocache** gespeichert, das sich unter dem Temp-Verzeichnis (**%temp%**) des Benutzers befindet. Es ist nicht möglich, den spezifischen Pfad zu Arbeitsmappen zum Abschnitt **Vertrauenswürdiger Speicherort** (im Microsoft Excel Trust Center unter **Excel-Optionen**) von Microsoft Excel hinzuzufügen. Dies liegt daran, dass Microsoft das Hinzufügen von Pfaden zum vertrauenswürdigen Speicherort, die auf ein Verzeichnis unterhalb des temporären Benutzerverzeichnisses verweisen, bei der Arbeit mit MS Office 2010 oder höher nicht zulässt. Wenn Sie den Standardpfad zum Cache-Verzeichnis überschreiben möchten, können Sie den Pfad jedoch in dieser Einstellung angeben.
`EnablePreferredDocumentStorage=true` (Standardwert) oder `false`	Mit dieser Einstellung legen Sie fest, ob ein Benutzer einen bevorzugten Ort zum Speichern von Kommentaren über die Einstellung **Kommentarspeicherung** auf der Registerkarte **Plattform** des Dialogs **Optionen** auswählen darf (siehe Abschnitt 12.2.3, »Registerkarte ›Plattform‹«).

Tabelle B.7 Für Arbeitsmappen relevante Einstellungen

Einstellung und Einstellungswerte	Beschreibung
EnablePreferredDocumentStorage=true (Standardwert) oder false (Forts.)	Nach der Installation lautet der Standardwert true, wodurch Benutzer Änderungen vornehmen können. Wenn Sie den Parameterwert auf false ändern, wird die Einstellung **Kommentarspeicherung** ausgeblendet, und der Benutzer kann den bevorzugten Ort für die Kommentarspeicherung nicht ändern.
PreferredDocumentStorage=0, 1 oder 2 (Standardwert)	Mit dieser Einstellung definieren Sie den bevorzugten Speicherort für Kommentare in SAP Analysis for Microsoft Office. Nach der Installation von SAP Analysis for Microsoft Office wird der Standardwert dieses Parameters auf 2 gesetzt. Das bedeutet, dass die bevorzugte Plattform zum Speichern von Kommentaren SAP BW ist. Wenn Sie den Parameterwert auf 1 setzen, wird Ihre SAP-BI-Plattform als Speicherort für Kommentare verwendet. Wenn Sie den Wert auf 0 setzen, werden Kommentare nicht gespeichert.
StylesCountPerformanceTreshold=2000 (Standardwert) oder beliebiger ganzzahliger Wert	Die Anzahl der in einer Arbeitsmappe verwendeten Formate kann die Leistung von SAP Analysis for Microsoft Office verringern. Mit dieser Einstellung geben Sie die Anzahl der Formate an, die in Arbeitsmappen verwendet werden können, bevor eine Warnmeldung angezeigt wird. Die Standardgrenze ist 2000. Dies bedeutet, dass eine Warnmeldung angezeigt wird, wenn in einer Arbeitsmappe mehr als 2.000 Formate verwendet werden. Sie können für diese Einstellung einen beliebigen ganzzahligen Wert eingeben. Bei dem Wert 0 ist die Warnung deaktiviert, und es wird nie eine Meldung angezeigt.

Tabelle B.7 Für Arbeitsmappen relevante Einstellungen (Forts.)

Abschnitt »ExternalBrowserConfiguration«

Einstellungen zur Anmeldung auf SAP Analytics Cloud und SAP Datasphere

Im Abschnitt ExternalBrowserConfiguration können Sie Einstellungen für den externen Browser definieren, der bei der Anmeldung zu SAP Analytics Cloud und SAP Datasphere verwendet wird. In Tabelle B.8 sind die relevanten Parameter aufgelistet.

Einstellung und Einstellungswerte	Beschreibung
`AutomaticLogoffInSeconds= 20` (Standardwert) oder beliebiger ganzzahliger Wert	Mit dieser Einstellung legen Sie die Zeit (in Sekunden) fest, die Analysis for Office wartet, um das externe Browserfenster zu schließen, das für die Anmeldung bei SAP Analytics Cloud verwendet wird. Der Standardwert ist `20`. Das bedeutet, dass das externe Browserfenster nach 20 Sekunden geschlossen wird.
`UseExternalBrowserForDwcLogon=true` (Standardwert) oder `false`	Mit dieser Einstellung legen Sie fest, ob Analysis einen externen Browser für die Anmeldung an SAP Datasphere verwenden soll. Der Standardwert ist `true`. Dies bedeutet, dass der externe Browser verwendet wird, um eine Verbindung zu SAP Datasphere herzustellen. Ein externes Fenster Ihres Standard-Browsers wird geöffnet, um sich bei SAP Datasphere anzumelden. Wenn Sie den Parameterwert auf `false` ändern, wird der eingebettete Browser für die Verbindung verwendet.
`UseExternalBrowserForSacLogon=true` (Standardwert) oder `false`	Mit dieser Einstellung legen Sie fest, ob Analysis for Office einen externen Browser verwenden soll, um sich bei SAP Analytics Cloud anzumelden. Der Standardwert ist `true`. Das bedeutet, dass der externe Browser verwendet wird, um eine Verbindung zu SAP Analytics Cloud herzustellen. Für die Anmeldung bei SAP Analytics Cloud wird ein externes Fenster Ihres Standard-Browsers geöffnet. Wenn Sie den Parameterwert auf `false` ändern, wird der eingebettete Browser für die Verbindung mit SAP Analytics Cloud verwendet.

Tabelle B.8 Einstellungen zur Anmeldung auf SAP Analytics Cloud und SAP Datasphere

Abschnitt »FormulaConfiguration«

Zuweisung von Filterwerten steuern

Im Abschnitt `FormulaConfiguration` können Sie die Zuweisung von Filterwerten steuern. In Tabelle B.9 erhalten Sie eine Übersicht über die möglichen Einstellungen.

Einstellung und Einstellungswerte	Beschreibung
SapGetDataClient-SideValidationOnly=true oder false (Standardwert)	Wenn Sie mit der Funktion SAPGetData arbeiten (siehe Kapitel 10, »Mit Formeln arbeiten«), können Sie mit dieser Einstellung festlegen, ob bereitgestellte Member-Werte im Backend validiert werden sollen. Da die Backend-Validierung zusätzliche RFC-Aufrufe verursacht, könnte es die Performance verbessern, wenn die Backend-Validierung nicht ausgeführt wird. Der Standardwert ist false. Das bedeutet, dass bereitgestellte Mitgliedswerte, die in der Kreuztabelle nicht verfügbar sind, im Backend validiert werden. Wenn es sich um ein gültiges Element handelt, gibt SAPGetData eine leere Zeichenfolge zurück. Ist das Element ungültig, gibt SAPGetData den Fehler #VALUE! zurück. Wenn Sie den Parameterwert auf true ändern, findet keine Backend-Validierung für die Ausprägungen statt, die nicht in der Kreuztabelle verfügbar sind. SAPGetData gibt den Fehler #VALUE! für gültige und ungültige Mitglieder zurück.
SAPGetDataReturns-ZeroIfNoValue=true oder false (Standardwert)	Wenn Sie mit der Funktion SAPGetData (siehe Kapitel 10, »Mit Formeln arbeiten«) arbeiten, kann die Formel einen Fehler oder ein leeres Ergebnis zurückgeben. Mit dieser Einstellung legen Sie fest, dass die SAPGetData-Formel im Falle eines Fehlers oder eines leeren Ergebnisses 0 zurückgibt. So können Sie das Ergebnis der Formel in weiteren Excel-Berechnungen verwenden. Der Standardwert ist false. Dies bedeutet, dass das Ergebnis der Formel ein Fehler oder eine leere Ergebnismenge sein kann. Wenn Sie den Parameterwert auf true ändern, gibt die SAPGetData-Formel 0 anstelle eines Fehlers oder eines leeren Ergebnisses zurück.

Tabelle B.9 Zuweisung von Filterwerten steuern

Einstellung und Einstellungswerte	Beschreibung
`SetFilterComponent-ApplyToAllData-Sources=true` (Standardwert) oder `false`	In SAP Analysis for Microsoft Office können Sie über die Registerkarte **Analysis Design**, Bereich **Einfügen**, eine Filterkomponente einfügen (siehe Abschnitt 8.4.4, »Filterkomponenten einfügen«). Wenn Ihre Arbeitsmappe mehr als eine Datenquelle enthält, wird der Dialog **Datenquelle auswählen** angezeigt, in dem Sie die Datenquellen für den Filter definieren können (siehe Abbildung B.1). 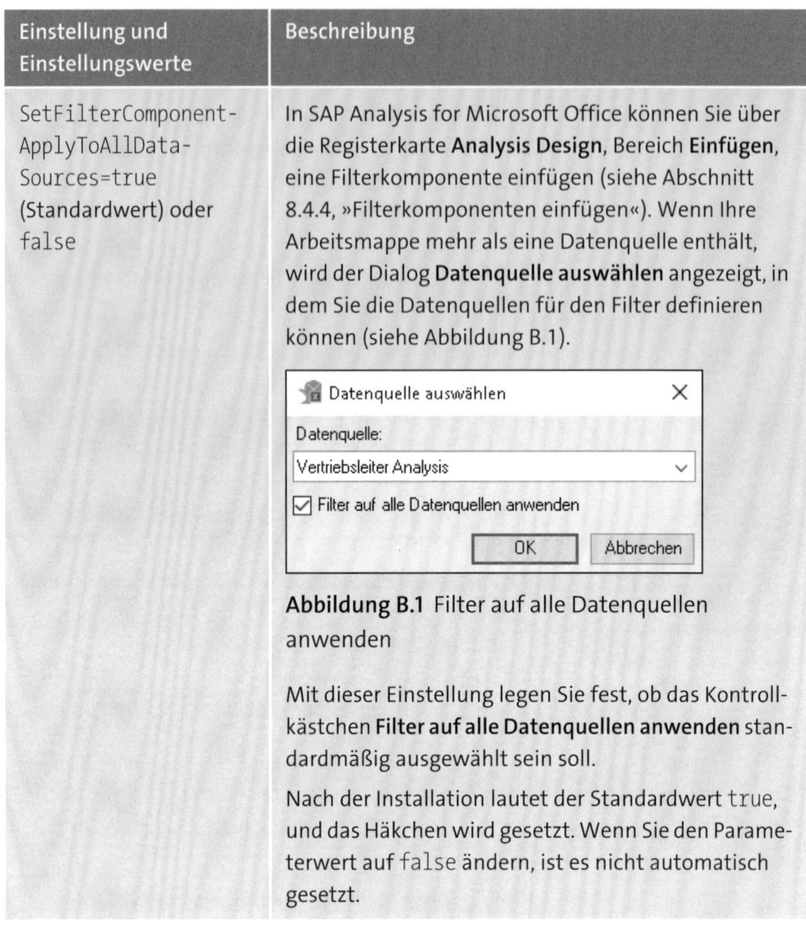 **Abbildung B.1** Filter auf alle Datenquellen anwenden Mit dieser Einstellung legen Sie fest, ob das Kontrollkästchen **Filter auf alle Datenquellen anwenden** standardmäßig ausgewählt sein soll. Nach der Installation lautet der Standardwert `true`, und das Häkchen wird gesetzt. Wenn Sie den Parameterwert auf `false` ändern, ist es nicht automatisch gesetzt.

Tabelle B.9 Zuweisung von Filterwerten steuern (Forts.)

Abschnitt »FormulaEditorConfiguration«

Häufigkeit der Formelvalidierung festlegen

Im Abschnitt `FormulaEditorConfiguration` können Sie festlegen, wie oft Formeln validiert werden. In Tabelle B.10 stelle ich den Parameter vor.

Einstellung und Einstellungswerte	Beschreibung
`FormulaExpression-ValidationInterval=2` (Standardwert) oder beliebiger ganzzahliger Wert	Sie können in SAP Analysis for Microsoft Office eigene Berechnungen über Formeln definieren (siehe Kapitel 10, »Mit Formeln arbeiten«). Diese Formeln werden regelmäßig validiert.

Tabelle B.10 Zeitintervall für Validierung festlegen

Einstellung und Einstellungswerte	Beschreibung
FormulaExpression-ValidationInterval= 2 (Standardwert) oder beliebiger ganzzahliger Wert (Forts.)	Mit dieser Einstellung legen Sie hierbei die Anzahl der Sekunden fest. Der Standardwert ist 2, sodass Formeln alle zwei Sekunden nach Ihrer letzten Änderung im Formeleditor überprüft werden.

Tabelle B.10 Zeitintervall für Validierung festlegen (Forts.)

Abschnitt »GridConfiguration«

Einstellungen für Kreuztabelle definieren

Im Abschnitt GridConfiguration können Sie Einstellungen für Kreuztabellen vornehmen. Die Optionen sind in Tabelle B.11 aufgelistet.

Einstellung und Einstellungswerte	Beschreibung
EnableDoubleClick= true (Standardwert) oder false	Mit dieser Einstellung legen Sie fest, ob ein Element mit einem Doppelklick gefiltert werden kann. Nach der Installation lautet der Standardwert true. Das heißt, über einen Doppelklick auf die Zelle wird ein Filter angelegt. Wenn Sie den Parameterwert auf false ändern, ist diese Funktion deaktiviert.
NrOfSingleCellsIn-Context= [größer oder gleich 1], Standardwert 100	Diese Einstellung definiert die maximale Anzahl an Zellen einer Kreuztabelle, die zum Ausführen von Analyseoptionen, z. B. Filtern, ausgewählt werden können. Sind in einer Kreuztabelle mehr Zellen als definiert ausgewählt, werden die Analyseoptionen deaktiviert.

Tabelle B.11 Einstellungen zu Kreuztabellen

Abschnitt »HanaConfiguration«

SAP-HANA-HTTP-Verbindungen definieren

Im Abschnitt HanaConfiguration können Sie eine Zeitüberschreitung für SAP-HANA-HTTP-Verbindungen definieren. In Tabelle B.12 finden Sie eine Erläuterung des Parameters HanaHttpConnectionTimeout.

Einstellung und Einstellungswerte	Beschreibung
`HanaHttpConnection-Timeout=-1` (Standardwert) oder beliebiger ganzzahliger Wert	Hierüber legen Sie fest, wie lange SAP Analysis for Microsoft Office darauf wartet, dass eine Verbindung zu einem SAP-HANA-HTTP-Server hergestellt ist. Der Standardwert ist -1. Das bedeutet, dass keine Zeitüberschreitung definiert ist. Die Einheit des Einstellungswertes ist ms. Wenn Sie beispielsweise den Wert `60.000` angeben, wartet SAP Analysis for Microsoft Office 60.000 ms, ob die Verbindung hergestellt wird. Wenn innerhalb des festgelegten Zeitraums keine Verbindung hergestellt werden kann, wird in SAP Analysis for Microsoft Office eine Meldung angezeigt.

Tabelle B.12 Zeitüberschreitung für SAP-HANA-HTTP-Verbindungen definieren

Abschnitt »ModelingToolConfiguration«

Einstellungen zum Start des Query Designers

Im Abschnitt `ModelingToolConfiguration` definieren Sie Einstellungen für die Funktion **Query Designer starten** im Bereich **Werkzeuge** (siehe Kapitel 9, »Mit Hilfsmitteln und Werkzeugen arbeiten«). In Tabelle B.13 finden Sie eine Auflistung der relevanten Parameter.

Einstellung und Einstellungswerte	Beschreibung
`DnsResolveHostFor-ModelingTools=true` (Standardwert) oder `false`	Wenn Sie die Funktion **Query Designer starten** ausführen, kann der Vorgang fehlschlagen, weil die DNS-Hostnamenauflösung, die beim Erstellen der **.7xbex**-Startdatei durch Analysis for Office durchgeführt wird, einen Hostnamen liefert, zu dem das Modellierungswerkzeug keine Verbindung herstellen kann. Gründe dafür können sein, dass das BW-System nicht erreichbar ist oder sich von dem physischen Hostnamen unterscheidet, der durch die DNS-Auflösung erhalten wurde. Mit dieser Einstellung legen Sie fest, ob der Hostname beim Erstellen der **.7xbex**-Startdatei für Modellierungswerkzeuge per DNS-Lookup überprüft werden soll.

Tabelle B.13 Einstellungen zum Start des Query Designers

Einstellung und Einstellungswerte	Beschreibung
`DnsResolveHostFor-ModelingTools=true` (Standardwert) oder `false` (Forts.)	Der Standardwert ist `true`. Dies bedeutet, dass der Hostname per DNS-Lookup überprüft wird. Wenn Sie den Wert des Parameters auf `false` ändern, wird keine DNS-Abfrage durchgeführt, und der ursprüngliche Hostnameneintrag wird beibehalten.
`ForceIncludeTicket-InToolLauncher=true` (Standardwert) oder `false`	Wenn Sie die Funktion **Query Designer starten** ausführen, könnte der Vorgang aufgrund eines Programmfehlers fehlschlagen, weil das Reentrance-Ticket aus dem BW-System nicht in der von Analysis for Office erstellten ***.7xbex**-Startdatei enthalten ist, da die OLAP-Systeminformationen als SSO-fähig markiert wurden. Mit dieser Einstellung legen Sie fest, ob ein Wiedereintrittsticket immer in die von Analysis for Office erzeugte ***.7xbex**-Startdatei aufgenommen werden soll. Der Standardwert ist `true`. Dies bedeutet, dass das Wiedereintrittsticket immer in die **.7xbex**-Startdatei aufgenommen wird. Wenn Sie den Parameterwert auf `false` ändern, wird ein Wiedereintrittsticket nur dann in die ***.7xbex**-Startdatei aufgenommen, wenn die Quellsysteminformationen nicht als SSO-fähig markiert wurden.
`SkipPreferringSys-temIpAddressOver-HostName=true` oder `false` (Standardwert)	Mit dieser Einstellung legen Sie fest, ob die Launcher-Datei für den BEx Query Designer über die IP-Adresse des jeweiligen BW-Systems oder über dessen Hostnamen erzeugt wird. Der Standardwert ist `false`. Dies bedeutet, dass die IP-Adresse für die Generierung der Launcher-Datei verwendet wird. Wenn die IP Adresse des BW-Systems von dem Client, auf dem Analysis for Office installiert ist, nicht erreichbar ist, kann es zu einem RFC-Fehler kommen. Wenn Sie den Parameterwert auf `true` ändern, wird die Launcher-Datei für den BEx Query Designer unter Verwendung des Hostnamens des entsprechenden BW-Systems generiert.

Tabelle B.13 Einstellungen zum Start des Query Designers (Forts.)

Abschnitt »NavPaneConfiguration«

Registerkarte »Analyse« des Designbereichs konfigurieren

Im Abschnitt `NavPaneConfiguration` können Sie die Registerkarte **Analyse** im Designbereich konfigurieren. In Tabelle B.14 finden Sie eine Übersicht über die relevanten Parameter.

Einstellung und Einstellungswerte	Beschreibung
`ShowAllHierarchies=` `true` oder `false` (Standardwert)	Mit dieser Einstellung legen Sie fest, ob alle zeitabhängigen Hierarchien einer Dimension im Designbereich angezeigt werden sollen. Der Standardwert lautet `false`. Wenn Sie den Wert auf `true` ändern, werden alle verfügbaren Hierarchien angezeigt.
`ShowProperties= true` oder `false` (Standardwert)	Mit dieser Einstellung steuern Sie, ob der Bereich **Eigenschaften** auf der Registerkarte **Analyse** angezeigt wird. Der Standardwert lautet `false`, was bedeutet, dass der Bereich **Eigenschaften** ausgeblendet ist. Wenn Sie den Wert auf `true` ändern, wird der Bereich angezeigt.

Tabelle B.14 Einstellungen für die Registerkarte »Analyse« im Designbereich

Abschnitt »NewLinesConfiguration«

Funktion »Neue Zeilenvalidierung« ausschalten

Im Abschnitt `NewLinesConfiguration` können Sie die Funktion **Neue Zeilenvalidierung** (siehe Kapitel 6, »Mit Planungsapplikationen arbeiten«) bei Bedarf ausschalten (siehe Tabelle B.15).

Einstellung und Einstellungswerte	Beschreibung
`UseNewLinesLegacy-Mode=true` oder `false` (Standardwert)	Mit dieser Einstellung legen Sie fest, in welchem Modus Plandaten in neuen Zeilen eingegeben werden. Nach der Installation lautet der Standardwert `false`. Das bedeutet, dass die neue Zeilenvalidierung für die Eingabe von Plandaten verwendet wird (siehe Abschnitt 6.2, »Daten manuell planen«). Der Modus gilt für BW-Systeme ab Version SAP BW/4HANA SP8 oder SAP BW 7.50 SP12. Bei früheren BW-Versionen wird automatisch der Legacy-Modus angewendet. Wenn Sie den Parameterwert auf `true` ändern, wird die neue Zeilenvalidierung ausgeschaltet und der Legacy-Modus für Datenquellen aller BW-Systeme verwendet.

Tabelle B.15 Neue Zeilenvalidierung ausschalten

Abschnitt »NumberFormatConfiguration«

Im Abschnitt NumberFormatConfiguration können Sie die Formatierung von Formelergebnissen steuern (siehe Abschnitt 7.4, »Wichtige Einstellungen«). Die relevanten Parameter sind in der Tabelle B.16 aufgelistet.

Formatierung von Formelergebnissen definieren

Einstellung und Einstellungswerte	Beschreibung
ApplyNumberFormatsForFormulas=LegacyMode (Standardwert), Off, OnWithDecimalPlacesAndUnits, OnWithDecimalPlaces oder OnWithUnits	Mit dieser Einstellung legen Sie fest, wie die Datenzellen bei der Verwendung von Formeln formatiert werden. Die Definition dieser Einstellung wird auf alle Datenquellen in einer Arbeitsmappe angewendet. Der Standardwert ist LegacyMode. Das bedeutet, dass Werte in Datenzellen mit Dezimalstellen und Einheiten angezeigt werden. Allerdings kann Analysis for Office dabei nur Zahlenformate für maximal fünf Formeln darstellen. Wenn Sie mehr Formeln verwenden, können Sie auf den Parameterwert OnWithDecimalPlacesAndUnits umschalten. Wenn Sie den Parameterwert auf Off ändern, wird kein Zahlenformat in Datenzellen angewendet. Wenn Sie den Parameterwert auf OnWithDecimalPlacesAndUnits ändern, werden die Werte in den Datenzellen mit Dezimalstellen und Einheiten angezeigt. Dieser Modus hat keine Formelbegrenzungen und bietet bessere Performance als der LegacyMode. Wenn Sie den Parameterwert auf OnWithDecimalPlaces ändern, werden die Werte in den Datenzellen mit Dezimalstellen, aber ohne Einheiten angezeigt. Wenn Sie den Parameterwert auf OnWithUnits ändern, werden die Werte in den Datenzellen mit Einheiten, aber ohne Dezimalstellen angezeigt.
ChangeNumberFormatToTextForFilterComponent=true (Standardwert) oder false	Mit dieser Einstellung legen Sie fest, ob Analysis for Office Zellen, die mit der Formel SAPSetFilterComponent auf zeitbezogenen Dimensionen definiert wurden, als Text formatieren soll (siehe Kapitel 10, »Mit Formeln arbeiten«). Der Standardwert ist false. Dies bedeutet, dass Zellen nicht als Text formatiert werden. Wenn Sie den Parameterwert auf true ändern, wird das Zellenformat **Text** angewendet.

Tabelle B.16 Formatierung von Formelergebnissen steuern

Abschnitt »OpenDialogConfiguration«

Einstellungen für den Dialog »Datenquelle auswählen«

Im Abschnitt OpenDialogConfiguration können Sie das Verhalten des Dialogs **Datenquelle auswählen** beeinflussen. Die relevanten Einstellungen sind in der Tabelle B.17 zu finden.

Einstellung und Einstellungswerte	Beschreibung
RememberSearch-ObjectType=true oder false (Standardwert)	Im Dialog **Datenquelle auswählen** können Sie nach allen Objekten eines Systems oder nach Objekten eines Objekttyps suchen. In BW-Systemen können Sie z. B. nach allen Objekten, InfoProvidern, Queries oder Query Views suchen. Mit dieser Einstellung legen Sie fest, ob Ihre Auswahl für den Objekttyp für die nächste Verwendung von Analysis for Office gespeichert werden soll. Der Standardwert für diese Einstellung ist false. Das bedeutet, dass der ausgewählte Objekttyp im Dialog **Datenquelle auswählen** nicht gespeichert wird. Wenn Sie den Parameterwert auf **true** ändern, wird der ausgewählte Objekttyp gespeichert und beim nächsten Mal standardmäßig selektiert.
SearchObjectTypeBw=All (Standardwert)	Mit dieser Einstellung wird ein Objekttyp im Dialog **Datenquelle auswählen** für BW-Systeme vorausgewählt. Der Standardwert ist All. Das bedeutet, dass im Suchdialog die Option **Alle** vorausgewählt ist. SAP empfiehlt, den Standardwert nicht zu ändern.
SearchObjectType-Hana=Cube (Standardwert)	Mit dieser Einstellung wird ein Objekttyp im Dialog **Datenquelle auswählen** für HANA-Systeme vorausgewählt. Der Standardwert ist Cube. SAP empfiehlt, den Standardwert nicht zu ändern.

Tabelle B.17 Verhalten des Dialogs »Datenquelle auswählen« anpassen

Abschnitt »PlanningConfiguration«

Planungsrelevante Einstellungen festlegen

Im Abschnitt PlanningConfiguration können Sie planungsrelevante Einstellungen festlegen. In Tabelle B.18 finden Sie eine Übersicht.

Einstellung und Einstellungswerte	Beschreibung
Activate-Formula-Recognition-OnExisting-Cells=true (Standardwert) oder false	Mit dieser Einstellung legen Sie fest, ob Formeln in eingabebereiten Zellen als Designregeln vom Typ **Formeln** gespeichert werden. Der Standardwert ist true. Bei ihm werden Formeln, die eingabefähigen Zellen hinzugefügt werden, als Designregeln vom Typ **Formeln** gespeichert. Sie können auf der Registerkarte Designregeln geändert werden. Wenn Sie den Wert in false ändern, werden die Formeln nicht im Designbereich gespeichert.
BicsNewLine-FillInitial=true (Standardwert) oder false	Standardmäßig versucht SAP Analysis for Microsoft Office, Werte neuer Zeilen anhand von Merkmalsbeziehungen abzuleiten (siehe Abschnitt 6.2, »Daten manuell planen«). Wenn keine Merkmalsbeziehungen definiert sind, können Sie mithilfe des Parameters BICS_NEW_LINE_FILL_INITIAL= X in der Tabelle RSADMIN die Zellen mit initialen Werten (#, unzugeordnet) füllen (siehe Abschnitt 6.2, »Daten manuell planen«). Diese Einstellung ist aber oft wenig sinnvoll, da sie zu unerwünschten Planwerten führen kann. Mit der Einstellung BicsNewLineFillInitial definieren Sie das Verhalten auf der Ebene von SAP Analysis for Microsoft Office. Der Standardwert ist true, wodurch Zellen mit initialen Werten (#, unzugeordnet) gefüllt werden. Wenn Sie den Wert auf false ändern, füllt SAP Analysis for Microsoft Office die Zellen nicht.
CheckForNewData-WhilePauseRefresh-Active=true (Standardwert) oder false	Diese Einstellung ist relevant für die Arbeit mit den planungsbezogenen Befehlen der VBA-Methode SAPExecuteCommand (siehe Kapitel 10, »Mit Formeln arbeiten«) und kann helfen, die Anzahl von BICS_PROV_GET_RESULT_SET zu reduzieren. Weitere Informationen findem Sie im SAP-Hinweis 3111916 – Planung: PlanDataSave und SAPSetRefreshBehaviour.

Tabelle B.18 Planungsrelevante Einstellungen

Einstellung und Einstellungswerte	Beschreibung
`EnableAdvancedFormulaReferences=true` oder `false` (Standardwert)	Bitte beachten Sie, dass diese Einstellung derzeit nicht für den produktiven Einsatz vorgesehen ist. SAP empfiehlt, sie nur zu Testzwecken zu aktivieren. Mit dieser Einstellung legen Sie fest, dass Zellbezüge, die von Formeln in der Kreuztabelle referenziert werden, auf anderen Blättern der gleichen Arbeitsmappe liegen können. Das Standardverhalten in Analysis for Office ist, dass sich die Kreuztabelle und die referenzierten Zellen auf demselben Blatt der Arbeitsmappe befinden müssen. Der Standardwert ist `false`. Das bedeutet, dass die referenzierte Zelle sich auf demselben Blatt befinden muss wie die Kreuztabelle. Wenn Sie den Wert auf `true` ändern, können sich die Kreuztabelle und die referenzierten Zellen auf unterschiedlichen Blättern befinden. Die referenzierten Zellen können Werte und Formeln enthalten. Zum Beispiel: Ihre Kreuztabelle befindet sich auf Blatt1, und Sie geben die Werte auf Blatt2 ein. Dann können Sie die Zellen von Blatt2 in Ihrer Kreuztabelle auf Blatt1 referenzieren. Beachten Sie die aktuellen Einschränkungen: ▪ Die referenzierten Zellen können sich auf verschiedenen Blättern befinden, aber die Kreuztabelle und die referenzierten Zellen müssen sich in derselben Arbeitsmappe befinden. ▪ Die referenzierte Zelle, die Sie in Ihrer Kreuztabelle verwenden, darf keine Verweise auf andere Zellen enthalten.
`IgnoreCaseForNewLineCharacteristics=true` oder `false` (Standardwert)	Mit dieser Einstellung legen Sie fest, ob bei Texten für Merkmalswerte, die in eine neue Zeile eingegeben werden, die Groß- und Kleinschreibung beachtet werden soll. Der Standardwert ist `false`. Das bedeutet, dass der Text unter Berücksichtigung der Groß- und Kleinschreibung behandelt wird und ein Merkmalswert, der sich nur in der Groß- oder Kleinschreibung von dem erwarteten Wert auf dem Server unterscheidet, nicht akzeptiert wird.

Tabelle B.18 Planungsrelevante Einstellungen (Forts.)

Einstellung und Einstellungswerte	Beschreibung
IgnoreCaseForNew-LineCharacteristics= true oder false (Standardwert) (Forts.)	Wenn Sie den Wert auf true ändern, wird der eingegebene Wert als Text in Großbuchstaben behandelt. Auch hier wird ein Mitgliedswert, der sich nur in der Groß- oder Kleinschreibung von dem erwarteten Wert auf dem Server unterscheidet, nicht akzeptiert.
InputReady-Cells-ValueHelp-Member-AccessMode=P	Mit dieser Einstellung legen Sie den Modus der Wertehilfe für eingabebereite Zellen fest. Der Standardwert ist P (für Planung). Bei ihm werden Werte gemäß Merkmalsbeziehungen in der Wertehilfe angezeigt. Weitere Informationen zu den vorhandenen Modi finden Sie in SAP-Hinweis 2180059.
NumberOfNew-Lines=5 (Standardwert) oder beliebiger ganzzahliger Wert	Mit dieser Einstellung legen Sie die Anzahl neuer Zeilen fest (siehe Abschnitt 6.5.7, »Anzahl an neuen Zeilen definieren«). Der Standardwert ist 5 – den Kreuztabellen werden also fünf neue Zeilen hinzugefügt.
PlanningFunction-UploadFolder="" (Standardwert)	Mithilfe von Planungsfunktionen oder -sequenzen können Sie Werte aus einer Datei hochladen. Mit dieser Einstellung legen Sie einen Standardordner fest, der geöffnet wird, um eine Datei auszuwählen, wenn Sie eine Planungsfunktion bzw. -sequenz ausführen. Der Standardwert ist "". Dies bedeutet, dass kein Standardordner definiert ist. In diesem Fall öffnet Analysis for Office den Ordner, den Sie beim letzten Mal für die Auswahl einer Datei verwendet haben. Wenn Sie bei dieser Einstellung einen Pfad zu einem Ordner angeben, wird beim Ausführen einer eine Planungsfunktion bzw. -sequenz immer dieser Ordner zur Auswahl einer Datei geöffnet.
ReassignPFLink-FilterOnInitial-Refresh=true oder false (Standardwert)	Mit dieser Einstellung legen Sie fest, ob bei der initialen Aktualisierung der Planungsfunktion alle Dimensionen mit dem Filterobjekt oder der Datenquelle verknüpft werden sollen. Der Standardwert ist false. Dies bedeutet, dass die Dimensionen nicht mit dem Filterobjekt oder der Datenquelle verknüpft werden.

Tabelle B.18 Planungsrelevante Einstellungen (Forts.)

Einstellung und Einstellungswerte	Beschreibung
ReassignPFLink-FilterOnInitial-Refresh=true oder false (Standardwert) (Forts.)	Wenn diese Einstellung auf true gesetzt ist, verknüpft die initiale Aktualisierung der Planungsfunktion alle Dimensionen mit dem Filterobjekt oder der Datenquelle mit nicht leeren Filterwerten. Eine solche Verknüpfung einer Dimension wird nicht vorgenommen, wenn die Dimension bereits eine Verknüpfungs- oder Zellenkonfiguration verwendet oder wenn ein Mitgliedswert konfiguriert ist. Weitere Informationen finden Sie im SAP-Hinweis 2851131 »Filter einer Planungsfunktion nicht gesetzt«.
ShowNewLinesOnTop=true oder false (Standardwert)	Mit dieser Einstellung legen Sie fest, ob die neuen Zeilen unterhalb oder oberhalb Ihrer Kreuztabelle eingefügt werden sollen. Der Standardwert ist false, wodurch neue Zeilen am unteren Rand der Kreuztabelle hinzugefügt werden. Wenn Sie den Wert auf true ändern, werden neue Zeilen am oberen Rand hinzugefügt.
TimerSetPlanQueries-ToDisplayMode=-1 (Standardwert) oder beliebiger ganzzahliger Wert	Mit dieser Einstellung legen Sie die Zeit in Minuten fest, die Analysis for Office wartet, um Planungsqueries vom Änderungsmodus in den Anzeigemodus zu setzen. Der Standardwert ist -1. Das bedeutet, dass Planungsqueries nicht in den Anzeigemodus versetzt werden. Sie können für diese Einstellung einen beliebigen ganzzahligen Wert eingeben, um die Zeit für den Wechsel in Minuten zu definieren. Wenn Sie z. B. den Wert 5 eingeben, zeigt Analysis for Office nach fünf Minuten ohne Navigation einen Dialog an, der darüber informiert, dass die Queries in den Anzeigemodus versetzt werden. Der Benutzer kann den Dialog abbrechen, und die Queries bleiben im Änderungsmodus. Wenn der Dialog nicht abgebrochen wird, werden die Queries in den Anzeigemodus gesetzt. Mit der Einstellung TimerDialogDisplayTime können Sie die Zeit festlegen, die der Dialog vor dem Wechsel angezeigt wird.

Tabelle B.18 Planungsrelevante Einstellungen (Forts.)

Abschnitt »SacConfiguration«

Im Abschnitt SacConfiguration finden Sie Einstellungen für SAP-Analytics-Cloud-Verbindungen. Die Optionen sind in Tabelle B.19 aufgelistet.

Einstellungen für SAP-Analytics-Cloud-Verbindungen

Einstellung und Einstellungswerte	Beschreibung
LastSelectedSac-System="" (Standardwert)	Diese Einstellung ist relevant für die Arbeit mit Analysis, Edition für SAP Analytics Cloud. Der Standardwert für diese Einstellung ist "". Das bedeutet, dass noch keine Verbindung zu einer SAP Analytics Cloud hergestellt wurde. Nach der Verbindung zu einem SAP-Analytics-Cloud-System merkt sich Analysis die zuletzt verwendete Verbindung für die nächste Sitzung. Diese Verbindung ist dann bei der nächsten Verwendung von Analysis vorausgewählt.
SacHttpSessionPing-Interval=180 (Standardwert) oder beliebiger ganzzahliger Wert	Mit dieser Einstellung legen Sie die Zeit fest, die Analysis for Office wartet, bevor eine regelmäßige HTTP-Ping-Anfrage an SAP Analytics Cloud gesendet wird, um die Sitzung aufrechtzuerhalten. Der Standardwert ist 180. Das bedeutet, dass Analysis for Office die Anfrage alle 180 Sekunden sendet. Sie können einen beliebigen ganzzahligen Wert für diese Einstellung eingeben, um die Zeit für die nächste Ping-Anforderung zu definieren.

Tabelle B.19 Einstellungen für SAP-Analytics-Cloud-Verbindungen

Abschnitt »SelectorConfiguration«

Im Abschnitt SelectorConfiguration können Sie das Verhalten des Filterdialogs anpassen. In Tabelle B.20 finden Sie eine Übersicht über die relevanten Parameter.

Verhalten des Filterdialogs anpassen

Einstellung und Einstellungswerte	Beschreibung
AllowLeaves-ViewInHierarchical-Selector=true (Standardwert) oder false	Das Ändern des Anzeigemodus von Hierarchie auf Blätter kann abhängig von der Anzahl der Ebenen und Blätter, die die Hierarchie enthält, sehr lange dauern. Daher können Sie mit dieser Einstellung festlegen, ob die Blätteransicht für Hierarchien im Filter- und Eingabeaufforderungsdialog aktiviert werden soll.

Tabelle B.20 Verhalten des Filterdialogs anpassen

Einstellung und Einstellungswerte	Beschreibung
`AllowLeaves-ViewInHierarchical-Selector=true` (Standardwert) oder `false` (Forts.)	Der Standardwert ist `true`. Dies bedeutet, dass die Blätteransicht aktiviert ist. Wenn Sie den Parameterwert auf `false` ändern, wird die Blätteransicht deaktiviert.
`DoSelectorHierarchy-ExplicitSelection=` `true` oder `false` (Standardwert)	Mit dieser Einstellung legen Sie das Verhalten des Dialogs **Nach Element filtern** (siehe Abschnitt 2.2.6, »Mit Hintergrundfiltern arbeiten«) für Hierarchien fest. Bei Hierarchien bedeutet die Auswahl eines Knotens im Filterdialog automatisch auch die Auswahl seiner untergeordneten Elemente (Blätter). Umgekehrt bedeutet die Auswahl aller Blätter auch die Auswahl des entsprechenden Knotens. Dies ist das Verhalten für den Standardwert `false`. Wenn Sie den Wert auf `true` ändern, verhält sich die Hierarchieauswahl anders. Die Auswahl eines Knotens bedeutet immer noch die Auswahl aller Blätter. Sie können jedoch alle untergeordneten Blätter auswählen, ohne den entsprechenden Knoten automatisch auszuwählen. Wenn neue untergeordnete Elemente in der Hierarchie verfügbar sind, werden sie nicht automatisch ausgewählt, solange der Knoten nicht ausgewählt ist.
`EnableMassDataSelector=true` (Standardwert) oder `false`	Mit dieser Einstellung legen Sie fest, ob der Filterdialog für Massendaten aktiviert werden soll. In Abbildung B.2 sehen Sie ein Beispiel. Nach der Installation lautet der Standardwert `true`. Das bedeutet, dass der Filterdialog für Massendaten geöffnet wird, wenn die in den Benutzereinstellungen festgelegte maximale Anzahl von Einträgen erreicht ist. Wenn Sie den Parameterwert auf `false` ändern, wird der Filterdialog für Massendaten nicht geöffnet.

Tabelle B.20 Verhalten des Filterdialogs anpassen (Forts.)

Einstellung und Einstellungswerte	Beschreibung
`EnableNodeTextClick-InFilterDialog=true` (Standardwert) oder `false`	Im Filterdialog können Sie ein Mitglied auswählen, indem Sie das Kontrollkästchen oder den Text neben dem Kontrollkästchen anklicken. Mit dieser Einstellung legen Sie fest, ob die Auswahl eines Mitglieds durch einen Klick auf den Text aktiviert werden soll. Der Standardwert ist `true`. Das bedeutet, dass Sie ein Mitglied auswählen können, indem Sie auf das Kontrollkästchen und den Text neben dem Kontrollkästchen klicken. Wenn Sie den Parameterwert auf `false` ändern, können Sie ein Mitglied nur durch Anklicken des Ankreuzfeldes auswählen.
`EnforceDatePicker-ForCalendarDayVariable=true` oder `false` (Standardwert)	Mit dieser Einstellung legen Sie fest, ob für eine Variable vom Typ **Kalendertag** eine Datumsauswahl aktiviert werden soll (siehe Abbildung B.3). Nach der Installation lautet der Standardwert `false` – es ist keine Datumsauswahl aktiviert. Stattdessen werden Datumswerte aus dem Backend abgerufen, in SAP Analysis for Microsoft Office validiert und schließlich als Liste angezeigt. Dies kann länger dauern als die Anzeige einer Datumsauswahl. Wenn Sie den Parameterwert auf `true` ändern, wird die Datumsauswahl aktiviert. Sie wird direkt angezeigt, ohne die Werte aus dem Backend abzurufen. Eine Validierung findet nicht statt, da davon ausgegangen wird, dass das ausgewählte Datum gültig ist.
`FetchMemberLimit=1000` (Standardwert) oder beliebiger ganzzahliger Wert	Mit dieser Einstellung legen Sie die maximale Anzahl der Einträge fest, die im Dialog **Nach Element filtern** zur Auswahl stehen. Wenn Sie eine Dimension filtern, die mehr Elemente enthält als hier definiert, werden nur die aktuell ausgewählten Elemente angezeigt. Sie können jedoch nach allen Elementen suchen. Sie können die maximale Anzahl der Einträge auch in den Benutzereinstellungen von SAP Analysis for Microsoft Office festlegen (siehe Abschnitt 12.2.1, »Registerkarte ›Benutzer‹«).

Tabelle B.20 Verhalten des Filterdialogs anpassen (Forts.)

Einstellung und Einstellungswerte	Beschreibung
PasteMemberParsing-Options=All (Standardwert) oder Single-Members	Mit dieser Einstellung legen Sie fest, wie Zeichen wie das Minuszeichen (–) interpretiert werden, wenn Sie die Optionen **Aus Zwischenablage einfügen** und **Aus Datei einfügen** im Dialog **Nach Element filtern** verwenden (siehe Abschnitt 2.2, »Daten analysieren«). Der Standardwert ist All. Das bedeutet, dass Werte mit einem Minuszeichen, zum Beispiel 'abc-xyz', als Intervalle interpretiert werden. Wenn Sie den Parameterwert auf SingleMember ändern, wird das Beispiel 'abc-xyz' als ein einzelnes Element mit dem Namen 'abc-xyz' interpretiert. Wenn Sie ein Intervall mit diesen Werten definieren wollen, können Sie Leerzeichen verwenden: 'abc - xyz' Weitere Informationen erhalten Sie im SAP-Hinweis 2422924 »Eingefügte Elemente, die - enthalten oder mit <, > und ! beginnen, werden als Intervalle oder Intervalle behandelt«.
PropagateSelection-InStructures=true oder false (Standardwert)	Mit dieser Einstellung definieren Sie das Verhalten hierarchischer Strukturen im Filterdialog (siehe Abschnitt 2.2.6, »Mit Hintergrundfiltern arbeiten«). In Merkmalshierarchien führt die Auswahl eines Knotens zur Auswahl aller untergeordneten Elemente und umgekehrt. Bei hierarchischen Strukturen ist die Auswahl eines Knotens im Filterdialog unabhängig von der Auswahl seiner untergeordneten Elemente. Dies ist das Verhalten für den Standardwert false. Wenn Sie den Wert auf true ändern, verhalten sich hierarchische Strukturen im Filterdialog wie Merkmalshierarchien.
SearchFetchMember-Limit=10000 (Standardwert) oder beliebiger ganzzahliger Wert	Mit dieser Einstellung legen Sie die maximale Anzahl der Werte fest, die im Dialog **Nach Element filtern** als Ergebnis einer Suche angezeigt werden. Der Standardwert ist 10000. Dies bedeutet, dass bis zu 10.000 Werte angezeigt werden. Sie können einen beliebigen ganzzahligen Wert für diese Einstellung eingeben.

Tabelle B.20 Verhalten des Filterdialogs anpassen (Forts.)

Einstellung und Einstellungswerte	Beschreibung
SearchFetchMemberLimit=10000 (Standardwert) oder beliebiger ganzzahliger Wert (Forts.)	Enthält das Ergebnis mehr Werte als hier definiert, erhalten Sie einen Hinweis im Dialog.
UseSeparateDisplaySettingsForFilterDialog=true oder false (Standardwert)	Wenn Sie den Filterdialog zum ersten Mal öffnen, verwendet dieser die gleichen Anzeigeeinstellungen wie die Kreuztabelle. Wenn zum Beispiel die Werte einer Dimension in der Kreuztabelle als Schlüssel und Text angezeigt werden und der Filterdialog für diese Dimension geöffnet wird, zeigt der Filterdialog die Werte ebenfalls mit Schlüssel und Text an. Sie können die Anzeigeeinstellungen für die Werte im Filterdialog ändern, und wenn der Dialog geschlossen und später in der Sitzung erneut geöffnet wird, werden die zuletzt verwendeten Anzeigeeinstellungen genutzt – unabhängig davon, was derzeit in der Kreuztabelle eingestellt ist. Wenn die Arbeitsmappe jedoch gespeichert und geschlossen wurde und danach erneut geöffnet wird, übernimmt der Filterdialog wieder die Anzeigeeinstellungen aus der Kreuztabelle. Mit dieser Einstellung legen Sie fest, ob die im Filterdialog definierten Anzeigeeinstellungen mit der Arbeitsmappe gespeichert werden sollen. Der Standardwert ist false. Dies bedeutet, dass die Anzeigeeinstellungen für den Filterdialog nicht mit der Arbeitsmappe gespeichert werden. Wenn Sie den Parameterwert auf true ändern, werden die Anzeigeeinstellungen für den Filterdialog mit der Arbeitsmappe gespeichert.

Tabelle B.20 Verhalten des Filterdialogs anpassen (Forts.)

Abbildung B.2 Elementauswahl bei Überschreitung des Grenzbereichs

Abbildung B.3 Standardmäßig angezeigte Datumsauswahl

Abschnitt »SystemReplacementConfiguration«

Dialog »System ersetzen« konfigurieren

Im Abschnitt `SystemReplacementConfiguration` können Sie festlegen, ob der Systemtyp im Dialog **System ersetzen** angezeigt wird (siehe Kapitel 12, »SAP Analysis for Microsoft Office konfigurieren«). In Tabelle B.21 finden Sie eine Übersicht.

Einstellung und Einstellungswerte	Beschreibung
`ShowSystemTypeIn-ReplacementUi=true` (Standardwert) oder `false`	Mit dieser Einstellung legen Sie fest, ob der Systemtyp im Dialogfeld **System ersetzen** angezeigt werden soll. Der Systemtyp könnte z. B. BW sein. Der Standardwert ist `true`. Das bedeutet, dass der Systemtyp angezeigt wird. Wenn Sie den Parameterwert auf `false` ändern, wird der Systemtyp nicht mehr angezeigt.

Tabelle B.21 Dialog »System ersetzen« konfigurieren

Abschnitt »TableDesignConfiguration«

Modus für die Erstellung von Formeln konfigurieren

Im Abschnitt `TableDesignConfiguration` können Sie den Modus für die Erstellung von Formeln konfigurieren (siehe Kapitel 8, »Berichte formatieren«). Die Tabelle B.22 enthält eine Übersicht.

Einstellung und Einstellungswerte	Beschreibung
`UseLegacyModeFor-FormulaContext=true` oder `false` (Standardwert)	Mit dieser Einstellung legen Sie den Modus für die Erstellung von Formeln innerhalb einer Tabelle fest. Wenn Sie eine Formel in einer Tabelle erstellen, werden nur die inneren Dimensionen, die eine Zelle definieren, für den Kontext verwendet, z. B. die Spalte und der nächstgelegene Dimensionswert. Wenn ein Wert mehrfach in der inneren Dimension vorkommt, wird die Formel mehrfach in der Tabelle angewendet. In früheren Analysis-Versionen wurden alle Dimensionswerte, die den Kontext einer Zelle definieren, in die Formel einbezogen und nicht nur die inneren. Der Standardwert ist `false`. Das bedeutet, dass nur die innerste Dimension Teil des Kontexts für die Formel ist. Wenn Sie den Wert auf `true` ändern, wird das frühere Verhalten angewandt und alle Dimensionswerte einer Zelle werden zur Definition des Kontexts für die Formel verwendet.

Tabelle B.22 Modus für die Erstellung von Formeln konfigurieren

Abschnitt »TaskPaneConiguration«

Designbereich konfigurieren

Im Abschnitt TaskPaneConfiguration können Sie den Designbereich konfigurieren. In Tabelle B.23 erhalten Sie eine Übersicht über die möglichen Einstellungen.

Einstellung und Einstellungswerte	Beschreibung
TaskPaneDockPosition= 1 (Standardwert)	Mit dieser Einstellung legen Sie fest, wo der Designbereich eingefügt werden soll. Der Standardwert ist 1. Bei ihm wird der Designbereich rechts im Fenster eingefügt. Sie können den Parameter auf 2 ändern, um den Designbereich links einzufügen, oder auf 3, um ihn oben einzufügen, bzw. auf 4, um den Designbereich unten einzufügen. Wenn Sie den Parameter auf 0 ändern, schwebt der Designbereich frei und kann auf eine beliebige Position verschoben werden.
TaskPaneHeight=975 (Standardwert)	Mit dieser Einstellung definieren Sie die Höhe des Designbereichs. Die Höhe ist nur relevant, wenn der Designbereich oben oder unten angezeigt wird. Der Standardwert beträgt 975 Punkte.
TaskPaneWidth=498 (Standardwert)	Mit dieser Einstellung legen Sie die Breite des Designbereichs fest. Die Breite ist nur relevant, wenn der Designbereich links oder rechts angezeigt wird. Der Standardwert beträgt 498 Punkte.

Tabelle B.23 Konfiguration des Designbereichs

Abschnitt »UICommonConfiguration«

Einstellungen der Benutzeroberfläche anpassen

Im Abschnitt UICommonConfiguration können Sie Einstellungen, die die generelle Benutzeroberfläche betreffen, anpassen. In Tabelle B.24 sind die relevanten Parameter aufgelistet.

Einstellung und Einstellungswerte	Beschreibung
AllowInsecureConnections=Yes, No, NoInsecure, Prompt (Standardwert) oder PromptInsecure	Mit dieser Einstellung können Sie festlegen, wie sich Analysis for Office bei unsicheren Verbindungen verhält. Die Einstellung prüft auch, ob eine Verbindung nicht erreichbar (Timeout-Ausnahmen, Proxy-Probleme, 404-http-Statuscode) oder undefiniert (nicht autorisiert oder andere Ausnahmen) ist. Es könnte eine Aufforderung angezeigt werden, um zu entscheiden, ob eine unsichere Verbindung fortgesetzt oder abgebrochen werden soll. Der Standardwert ist Prompt. Das bedeutet, dass eine Aufforderung angezeigt wird. Wenn Sie den Parameterwert auf Yes ändern, stellt Analysis for Office alle, auch unsichere, Verbindungen her, ohne die Aufforderung anzuzeigen. Wenn Sie den Parameterwert auf No setzen, werden unsichere Verbindungen blockiert. Wenn Sie den Parameterwert in NoInsecure ändern, wird die Aufforderung bei nicht erreichbaren und undefinierten Verbindungen angezeigt. Unsichere Verbindungen werden blockiert. Wenn Sie den Parameterwert auf PromptInsecure ändern, wird die Aufforderung bei unsicheren Verbindungen angezeigt. Nicht erreichbare und undefinierte Verbindungen werden blockiert.
CheckInfoAreasAuthorization=true oder false (Standardwert)	In SAP-BW-Systemen können Sie über das Berechtigungsobjekt S_RS_FOLD festlegen, ob InfoAreas in Dialogen der BEx-Werkzeuge angezeigt werden sollen. Auch wenn im SAP-BW-System festgelegt ist, dass keine InfoAreas angezeigt werden sollen, sind sie weiterhin im Dialog **Datenquelle öffnen** sichtbar. Mit dieser Einstellung legen Sie fest, ob die InfoAreas in SAP Analysis for Microsoft Office angezeigt werden sollen. Der Standardwert ist false. Das bedeutet, dass sie angezeigt werden. Wenn Sie den Parameterwert auf true ändern, werden sie nicht mehr angezeigt.

Tabelle B.24 Einstellungen der Benutzeroberfläche anpassen

Einstellung und Einstellungswerte	Beschreibung
`DisplayMixedValues=true` oder `false` (Standardwert)	In Analysis for Office werden die Ergebnisse von Berechnungen mit gemischten Einheiten (z. B. Menge und Währung) nicht in der Kreuztabelle angezeigt, stattdessen wird in den entsprechenden Datenzellen ein Sternchen angezeigt. Mit dieser Einstellung können Sie festlegen, ob die Ergebnisse von Berechnungen mit gemischten Einheiten in der Tabelle angezeigt werden sollen. Der Standardwert ist `false`. Dies bedeutet, dass nicht die Ergebnisse, sondern das Sternchen angezeigt wird. Wenn Sie den Parameterwert auf `true` ändern, werden die Ergebnisse der Berechnungen und das Sternchen in den entsprechenden Datenzellen angezeigt.
`EnableWarningForFailedSnc=true` (Standardwert) oder `false`	Wenn Analysis for Office keine sichere Verbindung (SNC) zu dem ausgewählten BW-System herstellen kann, kann ein Dialog angezeigt werden, in dem Sie wählen können, ob Sie: ■ erneut mit SNC versuchen, eine sichere Verbindung herzustellen ■ ohne SNC versuchen, eine unsichere Verbindung herzustellen ■ Abbrechen, ohne eine Verbindung herzustellen Beachten Sie, dass die Einstellung `AllowInsecureConnections` die Optionen in diesem Dialog beeinflusst. Wenn diese Einstellung auf `Yes` oder `Prompt` gesetzt ist, wird die Option »Ohne SNC versuchen« aktiviert. Wenn sie auf `No` gesetzt ist, wird die Option »Ohne SNC versuchen« deaktiviert. Mit dieser Einstellung legen Sie fest, ob der Dialog, dass eine sichere Verbindung nicht hergestellt werden konnte, angezeigt werden soll. Der Standardwert ist `true`. Dies bedeutet, dass der Dialog angezeigt wird. Wenn Sie den Parameterwert auf `false` ändern, wird der Dialog nicht angezeigt und Analysis for Office versucht automatisch, eine unsichere Verbindung herzustellen, auch wenn die Einstellung `AllowInsecureConnections` auf `No` gesetzt ist.

Tabelle B.24 Einstellungen der Benutzeroberfläche anpassen (Forts.)

Einstellung und Einstellungswerte	Beschreibung
ForceFullyCompounded-Keys=true oder false (Standardwert)	Mit dieser Einstellung legen Sie fest, ob die Anzeige der vollständig geklammerten Schlüssel für Werte erzwungen werden soll, auch wenn das geklammerte Merkmal im Filter eingeschränkt ist (z. B. Kontenplan und Sachkonto). Der Standardwert ist false. Dies bedeutet, dass vollständige geklammerten Schlüssel nicht angezeigt werden. Wenn Sie den Parameterwert auf true ändern, wird die Anzeige der vollständig geklammerten Schlüssel erzwungen.
ForceRefreshConnectionInfo=true oder false (Standardwert)	Mit dieser Einstellung legen Sie fest, ob SNC-Informationen (*Secure Network Communications*) aus der Launcher-Datei oder aus der lokalen Datei **SAPUI-Landscape.xml** gelesen werden. Der Standardwert ist false. Ist er gesetzt, werden SNC-Informationen aus der Launcher-Datei gelesen. Wenn Sie den Parameterwert auf true ändern, werden nur SNC-Informationen aus der lokalen Datei **SAPUILandscape.xml** verwendet. Aus diesem Grund empfiehlt SAP nicht, die Einstellung auf true zu setzen.
MessagePopup-Severity="" (Standardwert), Error, Warning oder Success	Mit dieser Einstellung legen Sie fest, ob Nachrichten abhängig vom Schweregrad der Nachricht in einem Pop-up-Fenster oder in einem Nachrichtendialog in der unteren linken Ecke angezeigt werden sollen. Critical ist die schwerwiegendste Kategorie, Success die harmloseste. Der Schweregrad Success entspricht dem Schweregrad Information in SAP Analysis for Microsoft Office. Der Standardwert ist "", d. h., dass nach der Installation kein Wert definiert wurde – es werden nur Meldungen mit dem Schweregrad Critical in einem Pop-up-Fenster angezeigt. Weniger dringliche Nachrichten (Error, Warning oder Success) werden im Nachrichtendialog angezeigt.

Tabelle B.24 Einstellungen der Benutzeroberfläche anpassen (Forts.)

Einstellung und Einstellungswerte	Beschreibung
`MessagePopup-Severity=""` (Standardwert), `Error`, `Warning` oder `Success` (Forts.)	Sie können den Parameterwert auf `Error`, `Warning` oder `Success` ändern. Wenn Sie einen Schweregrad auswählen, werden alle Nachrichten mit diesem oder einem höheren Schweregrad angezeigt.
`ShowSuppressed-Messages=true` oder `false` (Standardwert)	Mit dieser Einstellung legen Sie fest, ob Nachrichten angezeigt werden sollen, die mit der API-Methode `SAPSuppressMessage` unterdrückt werden (siehe Abschnitt 11.4.16, »SAPSuppressMessage«). Dies kann im Debugging und bei der Fehlersuche nützlich sein. Der Standardwert ist `false` – bei ihm werden unterdrückte Meldungen nicht angezeigt. Wenn Sie den Parameterwert auf `true` ändern, werden die unterdrückten Meldungen angezeigt.
`TextKeyDisplay=Default` (Standardwert), `TextKey`, `Key-Text`, `Key` oder `Text`	Mit dieser Einstellung definieren Sie die Elementanzeige im Designbereich. Der Standardwert ist `Default`. Das bedeutet, dass eine im Query Designer getroffene Auswahl verwendet wird. Sie können den Parameterwert in einen der aufgelisteten Werte ändern.

Tabelle B.24 Einstellungen der Benutzeroberfläche anpassen (Forts.)

Abschnitt »UtilitiesConfiguration«

Systemrelevante Parameter anpassen

Im Abschnitt `UtilitiesConfiguration` können Sie systemrelevante Parameter anpassen. In Tabelle B.25 finden Sie eine Übersicht der Einstellungen.

Einstellung und Einstellungswerte	Beschreibung
`AbapTrace=1` oder `0` (Standardwert)	Mit dieser Einstellung aktivieren Sie das SAP-BW-Server-Tracing (siehe Abschnitt 13.1.3, »Erweiterter Modus«). Der Standardwert ist `0`, was bedeutet, dass das Tracing deaktiviert ist. Mit dem Wert `1` aktivieren Sie es. Sie können die Einstellung auch im Dialog **Erweiterter Support- und Profilingmodus** aktivieren (siehe Abschnitt 13.1.3, »Erweiterter Modus«).

Tabelle B.25 Übersicht über systemrelevante Parameter

Einstellung und Einstellungswerte	Beschreibung
AlwaysDoApplication-Steps=true oder false (Standardwert)	Mit dieser Einstellung legen Sie fest, wann Statistiken in die Tabelle RSDDSTAT_OLAP geschrieben werden. In dieser werden die OLAP- und Frontend-Laufzeiten gespeichert. Der Standardwert ist false. Bei ihm werden Statistiken geschrieben, wenn SAP Analysis for Microsoft Office geschlossen wird. Wenn es unerwartet beendet wird, z. B. bei einem Timeout auf einem virtuellen Desktop, werden die Einträge nie in die Tabelle RSDDSTAT_OLAP geschrieben. Wenn Sie den Parameterwert auf true ändern, werden die Einträge nach jeder in SAP Analysis for Microsoft Office ausgeführten Aktion geschrieben, ohne dass es hierfür geschlossen werden muss. Beachten Sie, dass sich dies möglicherweise negativ auf die Performance auswirkt.
BexAdvancedMode=true oder false (Standardwert)	Mit dieser Einstellung legen Sie fest, ob das Ankreuzfeld **Währungsumrechnung aus Query-Definition verwenden** im Währungsumrechnungsdialog für Kennzahlen verfügbar sein soll. Sie gelangen zu diesem Dialog, indem Sie die Eigenschaftensicht im Designbereich einblenden. Nach der Installation lautet der Standardwert false. Das heißt, das Ankreuzfeld ist nicht verfügbar. Wenn Sie den Parameterwert auf true ändern, wird es im Dialog angezeigt.
CancelPopupDelay=5 Sekunden (Standardwert) oder beliebiger ganzzahliger Wert	Mit dieser Einstellung legen Sie fest, nach wie vielen Sekunden der Abbruchdialog (**Daten vom Server abrufen**) angezeigt werden soll, wenn eine Datenaktualisierung vom Server (SAP BW und SAP HANA) angefordert und die Kreuztabelle neu aufgebaut wird. Dies kann beim Einfügen einer Datenquelle oder beim Navigieren durch die Daten der Fall sein. Beim Standardwert 5 wird der Abbruchdialog nach fünf Sekunden angezeigt.

Tabelle B.25 Übersicht über systemrelevante Parameter (Forts.)

Einstellung und Einstellungswerte	Beschreibung
`CancelPopupDelay=5` Sekunden (Standardwert) oder beliebiger ganzzahliger Wert (Forts.)	Wird der Abbruchdialog angezeigt, haben Sie zwei Möglichkeiten: Die erste Möglichkeit ist, **Abbrechen** zu verwenden, um die Serveranfrage abzubrechen. Im nachfolgenden Dialog können Sie dann **Neu starten** auswählen, um zur Arbeitsmappe zurückzukehren, wobei die Datenquelle aktiv ist. Alternativ wählen Sie **Schließen**, um zur Arbeitsmappe zurückzukehren. In diesem Fall ist die Datenquelle offline. Wenn Sie die Serveranfrage nicht abbrechen, wird das Dialogfenster automatisch ausgeblendet, sobald die Serveranforderung abgeschlossen ist.
`Profiling=true` oder `false` (Standardwert)	Mit dieser Einstellung aktivieren Sie die Query-Laufzeit-Statistik von SAP BW. Sie können sie auch im Dialog **Erweiterter Support- und Profilingmodus** über den Eintrag **Analysis** (Registerkarte **Datei**) aktivieren, indem Sie das Häkchen neben **Workbook Profiling (BW-Statistik) aktivieren** setzen. Weitere Informationen finden Sie in Abschnitt 13.1.3, »Erweiterter Modus«.
`ShowSsoLogonDialog=true` oder `false` (Standardwert)	Mit dieser Einstellung legen Sie fest, ob bei der Verwendung von SSO mit einer SAP-BW-Plattform der Dialog **Anmelden** angezeigt werden soll. Der Standardwert ist `false` – bei ihm wird der Anmeldedialog nicht angezeigt. Wenn Sie den Parameterwert auf `true` ändern, wird der Anmeldedialog angezeigt und der Benutzer kann den Client und die Anmeldesprache ändern. Sie können diese Einstellung auch auf der Registerkarte **Erweitert** des Dialogs **Optionen** aktivieren (siehe Abschnitt 12.2.2, »Registerkarte ›Erweitert‹«).
`ShowSsoLogonDialogBip=true` oder `false` (Standardwert)	Mit dieser Einstellung legen Sie fest, ob bei der Verwendung von SSO mit einer BI-Plattform der Dialog **Anmelden** angezeigt werden soll. Der Standardwert ist `false`, d. h., dass der Dialog nicht angezeigt wird. Wenn Sie den Parameterwert auf `true` ändern, wird der Anmeldedialog angezeigt, und der Benutzer kann Client und Anmeldesprache ändern.

Tabelle B.25 Übersicht über systemrelevante Parameter (Forts.)

Einstellung und Einstellungswerte	Beschreibung
ShowSsoLogonDialog-Bip=true oder false (Standardwert) (Forts.)	Sie können die Einstellung auch auf der Registerkarte **Erweitert** des Dialogs **Optionen** aktivieren (siehe Abschnitt 12.2.2, »Registerkarte ›Erweitert‹«).
SkipLogonToBIPDia-log=true oder false (Standardwert)	Voraussetzung für diese Einstellung ist, dass alle Plattformen aktiviert sind und keine bevorzugte Plattform angegeben ist. Mit dieser Einstellung legen Sie fest, ob bei der Auswahl einer Datenquelle als erster Schritt der Dialog **Anmeldung bei SAP BusinessObjects BI-Plattform** angezeigt werden soll. Der Standardwert ist false. Dies bedeutet, dass der Dialog der erste Schritt bei der Auswahl einer Datenquelle ist. Sie können sich an einer BI-Plattform anmelden und eine Datenquelle auswählen. Alternativ können Sie den Dialog manuell überspringen und sich an einem anderen Quellsystem anmelden. Wenn Sie den Parameterwert auf true ändern, wird das Dialogfeld **Logon to SAP BusinessObjects BI platform** nicht angezeigt, und das Dialogfeld **Datenquelle auswählen** wird als erster Schritt geöffnet, in dem Sie eines Ihrer Quellsysteme auswählen und sich dort anmelden können.
SupportAutomated-Office= true oder false (Standardwert)	Mit dieser Einstellung legen Sie fest, ob das Plug-in SAP Analysis for Microsoft Office unterstützt werden soll, wenn Microsoft Office im eingebetteten Modus (auch *automatisierter Modus* genannt) ausgeführt wird. Der Standardwert ist false. Wenn Sie den Parameterwert auf true ändern, wird das Plug-in unterstützt. Diese Einstellung wird nur ausgewertet, wenn Sie die Einstellung SupportEmbeddedMode in der Datei **Cof_app.config** auf true setzen (siehe Abschnitt 12.3.3, »Einstellungen für das Add-in SAP Analysis for Microsoft Office«).

Tabelle B.25 Übersicht über systemrelevante Parameter (Forts.)

Einstellung und Einstellungswerte	Beschreibung
`TimerDialogDisplayTime=60` (Standardwert) oder beliebiger ganzzahliger Wert	Mit der Einstellung `TimerSetPlanQueriesToDisplayMode` können Sie die Zeit definieren, die Analysis for Office wartet, um Planungsqueries vom Änderungsmodus in den Anzeigemodus zu setzen. Vor dem Wechsel in den Anzeigemodus wird ein Dialog angezeigt, um den Benutzer zu informieren. Mit dieser Einstellung legen Sie die Zeit in Sekunden fest, die der Informationsdialog angezeigt wird, bevor die Queries in den Anzeigemodus gesetzt werden. Der Standardwert ist `60`. Dies bedeutet, dass der Dialog 60 Sekunden lang angezeigt wird. Ein Benutzer kann den Dialog abbrechen und die Queries bleiben im Änderungsmodus. Wird der Dialog nicht abgebrochen, werden die Queries nach Ablauf der festgelegten Zeit in den Anzeigemodus versetzt. Sie können für diese Einstellung einen beliebigen ganzzahligen Wert eingeben, um die Zeit in Sekunden zu definieren.
`UndoStackSize=10` (Standardwert)	Mit dieser Einstellung legen Sie die Anzahl der Schritte fest, die mit der Funktion **Rückgängig** bzw. **Wiederherstellen** von SAP Analysis for Microsoft Office rückgängig gemacht oder wiederholt werden können. Der Standardwert ist `10`.

Tabelle B.25 Übersicht über systemrelevante Parameter (Forts.)

Abschnitt »VariableConfiguration«

Verhalten von Variablen definieren

Im Abschnitt `VariableConfiguration` können Sie das Verhalten von Variablen definieren. Die relevanten Parameter erläutere ich in Tabelle B.26.

Einstellung und Einstellungswerte	Beschreibung
`AllowFlatPresentationForHierarchyNodeVariables=true` oder `false` (Standardwert)	Der Standardwert ist `false`. Das bedeutet, dass die erste Hierarchie aus den Merkmalshierarchien der Hierarchievariablen zugewiesen wird und die Wertehilfe für die Hierarchieknotenvariable auf dieser Hierarchie basiert.

Tabelle B.26 Verhalten von Variablen steuern

Einstellung und Einstellungswerte	Beschreibung
`AllowFlatPresentationForHierarchyNodeVariables=true` oder `false` (Standardwert) (Forts.)	Wenn Sie den Parameterwert auf `true` setzen, erhalten Sie eine flache Liste von Werten in der Wertehilfe, wenn keine Hierarchievariable ausgewählt ist.
`AllowLiteralMemberForNodesInHana=true` oder `false` (Standardwert)	Wenn Sie eine Arbeitsmappe mit einer SAP-HANA-Datenquelle öffnen, die eine nach Hierarchieelementen gefilterte Dimension enthält, können Sie eine hohe Anzahl von HTTP-Aufrufen beobachten. Diese werden zum Abrufen der Mitglieder der Hierarchie genutzt. Mit dieser Einstellung können Sie festlegen, ob die Anzahl der Aufrufe reduziert werden soll. Der Standardwert ist `false`. Dies bedeutet, dass die Anzahl der Aufrufe nicht reduziert wird. Wenn Sie den Parameterwert auf `true` setzen, wird die Anzahl der Aufrufe reduziert.
`AllowLiteralMemberSelectionsInVariablesHana=true` (Standardwert) oder `false`	Mit dieser Einstellung legen Sie fest, ob die Werte, die Sie für eine Variable eingeben, gegen das SAP-HANA-System validiert werden oder nicht. Der Standardwert ist `true`. Das bedeutet, dass die Werte nicht gegen das SAP-HANA-System validiert werden, aber Analysis for Office prüft trotzdem, ob das Format und der Datentyp korrekt sind. Wenn Sie die Werte nicht validieren, kann sich die Performance in Analysis for Office verbessern. Wenn Sie den Parameterwert auf `false` setzen, validiert Analysis die eingegebenen Werte anhand des SAP-HANA-Systems.
`DisplayCompoundAsKeys=true` oder `false` (Standardwert)	Mit dieser Einstellung definieren Sie die Anzeige von Variablen im Dialog für Eingabeaufforderungen (siehe Kapitel 3, »Mit Eingabeaufforderungen arbeiten«). Beim Standardwert `false` werden die Variablen als Text (Beschreibung) angezeigt.

Tabelle B.26 Verhalten von Variablen steuern (Forts.)

Einstellung und Einstellungswerte	Beschreibung
`DisplayCompoundAs-Keys=true` oder `false` (Standardwert) (Forts.)	Bei geklammerten Merkmalen ist die Beschreibung möglicherweise nicht eindeutig. Um zusammengesetzte Merkmale als Schlüssel anzuzeigen, können Sie den Parameterwert auf `true` setzen.
`MergeVariables= true` oder `false` (Standardwert)	Mit dieser Einstellung legen Sie fest, ob die Einstellung **Variablen zusammenfassen** auf der Registerkarte **Komponenten** im Designbereich aktiviert ist, wenn Sie eine neue Arbeitsmappe erstellen. Nach der Installation lautet der Standardwert `false` – die Einstellung ist beim Erstellen einer neuen Arbeitsmappe entsprechend nicht aktiviert. Sie können dies ändern, indem Sie das Kontrollkästchen für einzelne Arbeitsmappen aktivieren oder den Parameterwert auf `true` setzen. Die Einstellung ist dann immer aktiviert, wenn Sie eine neue Arbeitsmappe erstellen.
`OperatorContainsPat-tern=true` oder `false` (Standardwert)	Mit dieser Einstellung legen Sie fest, ob die Operatoren **Contains Pattern** (CP) und **Excludes Pattern** (! CP) für die Eingabeaufforderung aktiviert werden sollen. Damit können Sie Merkmalswerte nach bestimmten Mustern suchen. Beim Standardwert `false` können die Operatoren nicht für die Eingabeaufforderung verwendet werden. Um diese Operatoren für die Eingabeaufforderung zu aktivieren, setzen Sie den Parameterwert auf `true`.
`PreferLeavesOver-NodesInInputString=` `true` (Standardwert) oder `false`	Mit dieser Einstellung legen Sie fest, ob bei einem Eingabestring das entsprechende Blatt oder ein gleichnamiger Knoten ausgewählt werden soll, wenn beide dieselbe Beschreibung haben. Der Standardwert ist `true`. Dies bedeutet, dass das Blatt ausgewählt wird.
`PromptWhenInserting-DataSource=true` (Standardwert) oder `false`	Mit dieser Einstellung definieren Sie das Verhalten des Dialogs **Eingabeaufforderungen** beim Einfügen einer neuen Datenquelle.

Tabelle B.26 Verhalten von Variablen steuern (Forts.)

Einstellung und Einstellungswerte	Beschreibung
PromptWhenInserting-DataSource=true (Standardwert) oder false (Forts.)	Nach der Installation lautet der Standardwert true. Er bewirkt, dass der Dialog immer automatisch angezeigt wird, wenn Sie eine Datenquelle mit Variablen einfügen. Wenn Sie den Parameter auf false setzen, wird der Dialog **Eingabeaufforderungen** nur angezeigt, wenn die Datenquelle Pflichtvariablen enthält.
ReResolveDependent-HierarchyNode-Variables=true oder false (Standardwert)	Bei der Eingabe von Werten für eine Hierarchieknotenvariable in der Eingabeaufforderung, bei der die Hierarchie über eine Hierarchievariable gesetzt wird, kann die Hierarchieknotenvariable einen falschen Wert haben, wenn sie vor der Hierarchievariable eingegeben wird. Das erneute Auflösen von abhängigen Hierarchieknotenvariablen kann notwendig sein, da der Eingabestring unabhängig von der Verarbeitungsreihenfolge verarbeitet wird. Mit dieser Einstellung legen Sie fest, ob die Neuauflösung der abhängigen Hierarchieknotenvariablen aktiviert werden soll. Der Standardwert ist false. Dies bedeutet, dass die Neuauflösung deaktiviert ist. Wenn Sie den Parameterwert auf true setzen, werden die abhängigen Hierarchieknotenvariablen neu aufgelöst, bevor die Variablenwerte endgültig übermittelt werden.
ShowDSVariantsFor-WorkbooksWithOneDS=true oder false (Standardwert)	Mit dieser Einstellung legen Sie den Modus für den Dialog **Eingabeaufforderungen** fest, wenn Sie ein Dokument vom SAP-BW-Server aus öffnen, das genau eine Datenquelle enthält. Der Standardwert ist false. Das heißt, dass Eingabeaufforderungen im Dokumentmodus geöffnet werden. Wenn Sie den Parameterwert auf true ändern, wird der Dialog im Datenquellenmodus geöffnet. Nähere Informationen zu den verschiedenen Modi erhalten Sie in Abschnitt 3.2.3, »Modi für das Arbeiten mit Varianten«.

Tabelle B.26 Verhalten von Variablen steuern (Forts.)

Einstellung und Einstellungswerte	Beschreibung
`SynchronizeCompoundedVariables=` `true` oder `false` (Standardwert)	Mit dieser Einstellung legen Sie fest, ob die Werte für geklammerte Variablen bei der manuellen Eingabe der Werte überprüft werden sollen. Der Standardwert ist `false`. Das bedeutet, dass die manuell eingegebenen Werte für geklammerte Variablen standardmäßig nicht geprüft werden. Dies hat zur Folge, dass Analysis for Office den eingegebenen Wert nicht richtig validieren kann, da der neue Wert der geklammerten Variablen möglicherweise noch nicht mit dem Server synchronisiert wurde. Wenn Sie den Parameterwert auf `true` ändern, synchronisiert Analysis for Office mit dem Server, bevor der Wert geändert wird.
`UseKeyForHierarchySelection=true` oder `false` (Standardwert)	Mit dieser Einstellung legen Sie fest, ob die Auswahl von Hierarchievariablen im Eingabeaufforderungsdialog text- oder schlüsselbasiert erfolgt. Der Standardwert ist `false`. Dies bedeutet, dass die Auswahl der Hierarchievariablen im Dialog textbasiert erfolgt: ▪ Die Texte stehen in der ersten Spalte, die Schlüssel in der zweiten Spalte. ▪ Die Liste der verfügbaren Hierarchien wird nach Text sortiert. ▪ Die Autovervollständigung der Textbox innerhalb der Dropdown-Liste verwendet Texte. Wenn Sie den Parameterwert auf `true` ändern, erfolgt die Auswahl der Hierarchievariablen im Dialog schlüsselbasiert: ▪ Die Schlüssel befinden sich in der ersten Spalte, die Texte in der zweiten Spalte. ▪ Die Liste der verfügbaren Hierarchien ist nach Schlüsseln sortiert. ▪ Die Autovervollständigung der Textbox innerhalb der Dropdown-Liste verwendet Schlüssel.

Tabelle B.26 Verhalten von Variablen steuern (Forts.)

Einstellung und Einstellungswerte	Beschreibung
UseQueryVariantsFor-Views=true oder false (Standardwert)	Mit dieser Einstellung legen Sie fest, ob Sie im Eingabeaufforderungsdialog die gespeicherten Varianten des Views oder die Varianten der für den View verwendeten Query sehen. Der Standardwert ist false. Dies bedeutet, dass Sie die Variante des Views im Eingabeaufforderungsdialog sehen. Wenn Sie den Wert des Parameters auf true ändern, werden die Varianten der für die View verwendeten Query im Eingabeaufforderungsdialog angezeigt.

Tabelle B.26 Verhalten von Variablen steuern (Forts.)

Abschnitt »WaterfallChartConfiguration«

Darstellung von Wasserfalldiagrammen anpassen

Im Abschnitt WaterfallChartConfiguration können Sie die Darstellung von Wasserfalldiagrammen anpassen. In Tabelle B.27 finden Sie eine Übersicht der Parameter.

Einstellung und Einstellungswerte	Beschreibung
RGBValueColumns=#808080 (Standardwert)	Mit dieser Einstellung definieren Sie über einen hexadezimalen Farbcode die Farbe für die Spalten, die die Start- und Endwerte darstellen. Der Standardwert lautet #808080. Bei ihm werden die Spalten grau angezeigt.
RGBValueNegative=#FF000C (Standardwert)	Mit dieser Einstellung legen Sie über einen hexadezimalen Farbcode die Farbe für negative Deltawerte fest. Beim Standardwert #FF000C werden negative Werte rot angezeigt.
RGBValuePositive=#90CE00 (Standardwert)	Mit dieser Einstellung legen Sie über einen hexadezimalen Farbcode die Farbe für positive Deltawerte fest. Beim Standardwert #90CE00 sind positive Werte grün.

Tabelle B.27 Darstellung von Wasserfalldiagrammen anpassen

Abschnitt »WorkbookConversionConfiguration«

Konvertierung von Arbeitsmappen einstellen

Im Abschnitt `WorkbookConversionConfiguration` passen Sie die Einstellungen für die Konvertierung von Arbeitsmappen an. Tabelle B.28 gibt Ihnen einen Überblick über die möglichen Einstellungen.

Einstellung und Einstellungswerte	Beschreibung
`EnableWorkbook-Conversion=true` (Standardwert) oder `false`	Mit dieser Einstellung legen Sie fest, ob die Konvertierung von mit dem BEx Analyzer erstellten Arbeitsmappen aktiviert ist. Die Einstellungen für die Konvertierung finden Sie auf der Registerkarte **Konvertierung** im Dialog **Optionen**. Nach der Installation lautet der Standardwert `true`. Das bedeutet, dass die Funktion **Arbeitsmappe konvertieren** im Menüband verfügbar ist (**Datei • Analysis**) und auch die Registerkarte **Konvertierung** im Dialog **Optionen** angezeigt wird (siehe Abschnitt 12.2.4, »Registerkarte ›Konvertierung‹«). Wenn Sie den Parameterwert auf `false` ändern, wird beides ausgeblendet, und der Benutzer kann keine Konvertierung durchführen. Wenn Sie die Einstellung `EnableAnalysisViewConversion` aktivieren, wird die Registerkarte **Konvertierung** in SAP Analysis for Microsoft Office angezeigt – der Menübandeintrag **Arbeitsmappe konvertieren** wird jedoch ausgeblendet. Sie sollten den Eintrag aber zusätzlich über ein angepasstes Profil ausblenden (siehe Abschnitt 12.1, »Benutzeroberfläche anpassen«), da er nur mit Verzögerung aus dem Menüband entfernt wird.
`EnableAnalysisView-Conversion= true` oder `false` (Standardwert)	Mit dieser Einstellung legen Sie fest, ob auf der Registerkarte **Konvertierung** (**Datei • Analysis • Optionen • Konvertierung**) der Bereich **Analysis Views migrieren** angezeigt wird. Nach der Installation lautet der Standardwert `false`. Der Bereich **Analysis Views migrieren** ist jedoch weiterhin sichtbar, solange die Einstellung `EnableWorkbookConversion` auf `true` gesetzt ist.

Tabelle B.28 Einstellungen für eine Konvertierung von Arbeitsmappen

Einstellung und Einstellungswerte	Beschreibung
EnableAnalysisView-Conversion=true oder false (Standardwert) (Forts.)	Wenn Sie den Parameterwert auf true ändern, werden die Registerkarte **Konvertierung** und der Bereich **Analysis Views migrieren** auch dann angezeigt, wenn die Einstellung EnableWorkbookConversion auf false festgelegt ist. Sie können also die Migration der SAP-Analysis-for-Microsoft-Office-Views nicht unabhängig von der Migration der BEx-Arbeitsmappen ausschalten.
ConversionType=0 (Standardwert), 1 oder 2	Mit dieser Einstellung legen Sie fest, welche Objekte einer BEx-Arbeitsmappe konvertiert werden sollen. Der Standardwert für diesen Parameter ist 0 und bedeutet, dass alle Objekte konvertiert werden. Wenn Sie den Parameterwert auf 1 setzen, werden Datenquellen und Kreuztabellen konvertiert. Wenn Sie den Wert auf 2 ändern, werden nur Datenquellen konvertiert.
LogType=0 (Standardwert), 1 oder 2	Mit dieser Einstellung legen Sie fest, ob bei der Konvertierung ein Protokoll erstellt werden soll. Der Standardwert für diesen Parameter ist 0 – es wird kein Protokoll erstellt. Wenn Sie den Parameterwert auf 1 setzen, wird ein Protokoll erstellt und in einer Arbeitsmappe angezeigt. Wenn Sie den Wert auf 2 setzen, wird ein Protokoll erstellt und in einem ausgeblendeten Arbeitsblatt gespeichert.
RefreshType=0 (Standardwert), 1 oder 2	Mit dieser Einstellung legen Sie fest, ob Arbeitsmappen nach der Konvertierung aktualisiert werden sollen. Beim Standardwert dieses Parameters, 0, werden Arbeitsmappen immer aktualisiert. Wenn Sie den Parameterwert auf 1 setzen, wird die Arbeitsmappe nicht aktualisiert. Wenn Sie den Wert auf 2 festlegen, wird die Arbeitsmappe nach der Konvertierung aktualisiert, wenn die Einstellung **Arbeitsmappe beim Öffnen aktualisieren** auf der Registerkarte **Komponenten** im Designbereich ausgewählt ist.

Tabelle B.28 Einstellungen für eine Konvertierung von Arbeitsmappen (Forts.)

Einstellung und Einstellungswerte	Beschreibung
ShowSaveDialog=true oder false (Standardwert)	Mit dieser Einstellung legen Sie fest, ob nach einer Konvertierung der Arbeitsmappe der Dialog **Speichern** angezeigt werden soll. Der Standardwert ist false, was bedeutet, dass der Dialog nicht angezeigt wird. Wenn Sie den Parameterwert auf true ändern, wird er angezeigt.

Tabelle B.28 Einstellungen für eine Konvertierung von Arbeitsmappen (Forts.)

Abschnitt »WorkbookspaceConfiguration«

Arbeitsbereichsoptionen aktivieren

Im Abschnitt WorkbookspaceConfiguration können Sie festlegen, ob die Funktionen für Arbeitsbereiche angezeigt werden. Dies betrifft die Einträge **Neu laden** und **Hinzufügen** im Reiter **Analysis Design** (siehe Abschnitt 7.1, »Berichte mit lokalen Daten erweitern«) sowie den Reiter **Arbeitsbereiche** im Dialog **Datenquelle auswählen**. Die Tabelle B.29 enthält eine Übersicht.

Einstellung und Einstellungswerte	Beschreibung
EnableWorkspaces=true (Standardwert) oder false	Mit dieser Einstellung legen Sie fest, ob die Arbeitsbereichsoptionen aktiviert werden sollen. Der Standardwert ist true. Das bedeutet, dass die Arbeitsbereichoptionen aktiviert sind und die Menüeinträge in der Leiste sichtbar sind. Wenn Sie den Parameterwert auf false ändern, werden die Menüeinträge in der Leiste nicht angezeigt, und der Benutzer kann die Arbeitsbereichoptionen nicht verwenden.

Tabelle B.29 Arbeitsbereichsoptionen aktivieren

Anhang C
Glossar

Aggregationsebene Basis für eine eingabereite Plan-Query. Die Aggregationsebene beschreibt die Granularität der Planung und definiert, welche Merkmale und Kennzahlen in Datensätzen gefüllt werden können. Sie legt die Ebene fest, auf der Plandaten erfasst bzw. geändert werden können. Planer planen in Abhängigkeit von ihrer jeweiligen Aggregationsebene.

Arbeitsmappe Microsoft-Excel-Datei, die mehrere Arbeitsblätter enthält. Sie können der Arbeitsmappe eine oder mehrere Queries hinzufügen. Die Arbeitsmappe kann anschließend einer oder mehreren Rollen zugeordnet werden.

Arbeitsstatus Ermöglicht die Sperrung eines Datenbereichs in der Planung. So können Werte vor Änderungen geschützt werden. Dabei übersteuert der Arbeitsstatus die Schreibrechte eines Benutzers für einen bestimmten Bereich. Im Vergleich zu einer Datenscheibe ist das Arbeitsstatuskonzept flexibler. Das ermöglicht, Verantwortungsbereiche zu definieren und verantwortlichen Personen zuzuordnen.

Berechtigung Autorisiert zur Ausführung einer bestimmten Aktion im SAP-System. Jede Berechtigung basiert auf einem Berechtigungsobjekt. Sie definiert einen oder mehrere zulässige Werte für die Berechtigungsfelder, die ein Berechtigungsobjekt enthält. Berechtigungen werden in Profilen zusammengefasst, die einem Benutzer zugeordnet werden.

Berechtigungsobjekt Element des Berechtigungskonzepts. Berechtigungsobjekte ermöglichen die Definition von komplexen Berechtigungen. Ein Berechtigungsobjekt kann bis zu 10 Berechtigungsfelder umfassen. Diese werden mit einer UND-Verknüpfung geprüft. Dabei wird ermittelt, ob ein Benutzer eine bestimmte Aktion ausführen darf. Damit die Berechtigungsprüfung erfolgreich abläuft, muss der Benutzer die Prüfung für jedes im Objekt enthaltene Feld bestehen.

Berechtigungsprofil Element des Berechtigungskonzepts. Berechtigungsprofile geben Benutzern technischen Zugriff auf das SAP-System. Während Berechtigungen dem Benutzer über Rollen zugeordnet werden, wird im Hintergrund auch ein Profil zugewiesen. Ein Profil beinhaltet individuelle Berechtigungen. Profile werden meistens automatisch generiert. Es existieren jedoch besondere Profile, z. B. SAP_ALL, die manuell zugewiesen werden können. Wenn ein Profil einem Benutzer zugewiesen wird, besitzt dieser alle im Profil definierten Berechtigungen.

Business Add-In (BAdI) Objektorientierte Erweiterungsoption und damit die am weitesten entwickelte Erweiterungsart. Hauptmerkmal eines BadIs ist, dass es einen Mechanismus bereitstellt, um die Funktionalität einer bestimmten Funktion anzupassen.

Business Application Programming Interface (BAPI) Schnittstelle, die einzelne SAP-Komponenten miteinander oder mit Komponenten anderer Hersteller verknüpft.

Business Content Vordefinierte Informationsmodelle in SAP Business Warehouse (SAP BW).

Business Explorer (BEx) Reporting-Anwendung in SAP BW.

CompositeProvider Enthält selbst keine Daten, sondern führt Daten aus mehreren InfoProvidern (z. B DataStore-Objekten) zusammen und stellt sie in einen gemeinsamen Kontext.

Customer-Exit Von SAP vordefinierte Möglichkeit, um ausgelieferte Programme zu erweitern. So können Kundenanforderungen, die nicht im Standard enthalten sind, umgesetzt werden. Dadurch ist es z. B. möglich, Variablenwerte mit eigener Logik abzuleiten.

DataStore-Objekt (DSO) Dient als Ablage (Speicher) für Daten auf granularer Ebene. Ein DSO beinhaltet einen konsolidierten Datenbestand aus einer oder mehreren Quellen. Dieser Datenbestand kann mit einer BEx-Query abgerufen und ausgewertet werden.

Dimension → Merkmal.

Disaggregation (Top-down-Verteilung) Unterstützt die manuelle Dateneingabe innerhalb der Planung. Eine Disaggregation ermöglicht die manuelle Eingabe von Planwerten auch bei aggregierten Werten. Die veränderten Werte werden auf alle Datensätze, die zum aggregierten Wert der Zelle beitragen, heruntergebrochen.

FOX-Formel Ermöglicht eine flexible Implementierung von eigenen Planungsfunktionen, um Anforderungen abzudecken, die mit Standardplanungsfunktionen nicht erfüllt werden. So haben Sie die Möglichkeit, Anweisungen von Bedingungen abhängig zu machen, Schleifenkonstrukte zu bauen und Meldungen auszugeben.

Hierarchie Bildet eine Struktur ab, die bestimmten Regeln folgt. Die Strukturelemente einer Hierarchie sind Knoten. Diese stehen in der folgenden Beziehung zueinander: Es existiert genau ein oberster Knoten. Außer dem obersten Knoten ist jedem Knoten genau ein anderer Knoten direkt übergeordnet. Dementsprechend können jedem Knoten mehrere andere Knoten direkt untergeordnet sein. Knoten, denen keine anderen Knoten zugeordnet sind, werden als Endknoten bezeichnet. Jeder Knoten der Hierarchie, mit Ausnahme des obersten Knotens oder der Endknotens, stellt gemeinsam mit allen untergeordneten Knoten eine Teilhierarchie dar. Dabei ist der fragliche Knoten der oberste Knoten für diese Teilhierarchie.

InfoArea Dient der Gliederung von Objekten von SAP BW, z. B. von InfoProvidern oder InfoObjects, in semantischen Ordnern. Eine InfoArea kann weitere als Unterknoten enthalten.

InfoCube Mehrdimensionales Datenmodell in SAP BW. Ein InfoCube dient zur Ablage und Auswertung von Kennzahlen.

InfoObject Betriebswirtschaftliches Auswertungsobjekt, wie z. B. Kunden oder Umsätze, werden in SAP BW als InfoObjects modelliert. Sie untergliedern sich in Merkmale (z. B. Kunde), Kennzahlen (z. B. Umsatz), Einheiten (z. B. Währung), Zeitmerkmale (z. B. Jahr) und technische Merkmale (z. B. Request-Nummer).

InfoProvider Quelle von Daten. Dies kann je nach Kontext ein CompositeProvider, DSO oder ein InfoObject sein.

Inverse Formel Ermöglicht es, auch auf Formeln zu »planen«. Inverse Formeln stellen nichts anderes als eingabebereite Formeln dar. Zu jedem eingabebereiten Bestandteil der Formel muss in Form einer inversen Formel eine Regel definiert werden, die festlegt, wie das SAP-System auf diesen Bestandteil zurückrechnet.

Kennzahl Zahl, die in präziser und konzentrierter Form über wichtige zahlenmäßig erfassbare Tatbestände und Entwicklungen informiert. Kennzahlen sind quantitative Größen, die mathematische Operationen ermöglichen. Sie erlauben eine quantifizierbare Messung der technischen, betriebswirtschaftlichen und personellen Leistung im Unternehmen.

Merkmal Bezeichnung für betriebswirtschaftliche Objekte, die sich zur aggregierten Auswertung eignen (z. B. Buchungskreis, Einkaufsorganisation, Werk, Material). Merkmale sind Bestandteile von

Informationsstrukturen. Kennzahlen werden periodisch zu Merkmalen kumuliert. Zu jedem Merkmal existieren Merkmalswerte (Elemente). Beispielsweise kann es zum Merkmal Buchungskreis die Werte Buchungskreis DE oder Buchungskreis 1000 geben.

Merkmalsbeziehung Dient dazu, die Datenkonsistenz bezüglich Kombinationen von Merkmalen zu sichern. Mithilfe von Merkmalsbeziehungen können Sie Regeln definieren, um zulässige Kombinationen von Merkmalswerten zu überprüfen. Darüber hinaus können Sie auch Regeln festlegen, nach denen das SAP-System aus Merkmalen Werte für weitere Merkmale ableiten kann.

Modell Wird innerhalb einer SAP-Business-Planning-and-Consolidation-Umgebung (SAP BPC) erstellt. Typischerweise handelt es sich um einen InfoProvider vom Typ CompositeProvider oder Advanced DSO. Ein Modell ist eine Sammlung von mehreren Merkmalen. Basierend auf ihm können Sie Daten planen, konsolidieren oder berichten. So können Sie ein Modell für eine Kostenstellenplanung verwenden, um Ist-Werte mit einem Plan auf der Ebene der Kostenstellen zu vergleichen; oder Sie verwenden ein Modell für die Konsolidierung, um finanzielle Ergebnisse Ihrer Organisation auszuweisen.

Navigation Analyse von Daten durch die Anzeige unterschiedlicher Sichten. Über die verschiedenen Navigationsfunktionen, wie z. B. **Als Filterwert festhalten**, können Sie verschiedenen Sichten auf Ihre Daten erzeugen. Das Wechseln der Sichten wird als Navigation bzw. Navigationsschritt bezeichnet. Die erste Sicht, der Standardaufriss, wird in der Query-Definition bestimmt.

Online Analytical Processing (OLAP) Bezeichnet die Software zur Entscheidungsunterstützung, die Benutzern eine schnelle Auswertung von Informationen erlaubt. Die Informationen können in mehrdimensionalen Sichten und Hierarchien zusammengefasst werden.

Planungsfunktion Dient im Rahmen der Planung zur systemgestützten Bearbeitung bzw. Erzeugung von Daten. Dabei liefert SAP standardmäßig eine Reihe vorgefertigter Funktionen, wie z. B. Kopieren, Umwerten oder auch die Prognose, um den Aufbau von Planungsapplikationen zu erleichtern.

Planungssequenz Dient der Gruppierung von Planungsfunktionen inklusive Filtern. Die Planungssequenz ermöglicht es, Planungsfunktionen in bestimmter Reihenfolge nacheinander auszuführen.

Query Zusammenstellung einer Auswahl von Merkmalen und Kennzahlen zur Analyse von Daten in einem InfoCube oder DSO. Eine Query bezieht sich immer genau auf einen InfoProvider, während beliebig viele Queries zu einem InfoProvider definiert werden können. Eine Query wird definiert, indem Sie InfoObjects der Datenquelle (InfoProvider) auswählen und durch die Verteilung auf Filter, Zeilen, Spalten und freie Merkmale eine Sicht auf die Daten festlegen.

Rolle Kombination aus ähnlichen Positionen die einen gemeinsamen Aufgabenbereich definieren.

Umgebung Ausgangspunkt zur Erstellung von Modellen oder Anwendungen in SAP BPC. Dabei handelt es sich um einen Funktionsbereich, der die Anwendungen oder Modelle umfasst, die mit einem spezifischen Geschäftssegment verbunden sind. So können Sie z. B. eine Umgebung für Vertriebsanwendungen und eine andere für die Personalplanung erstellen. Sämtliche Funktionen, z. B. Business Process Flows und Sicherheitsregeln, sind innerhalb einer Umgebung gekapselt.

Variable Platzhalter für veränderliche Werte. Wird zum Hinterlegen und Adressieren von Daten unter einem bestimmten Namen in einem bestimmten Format verwendet.

Der Autor

Denis Reis ist Business Intelligence Consultant bei PwC und gibt sein Wissen aus dem SAP-Projektalltag als Buchautor weiter. Er hat spannende Projekte bei vielen namhaften Unternehmen erfolgreich umgesetzt. Zu seinen Spezialgebieten zählen SAP Business Intelligence, SAP Integrated Planning, SAP Business Planning and Consolidation sowie SAP Analysis for Microsoft Office. Darüber hinaus lehrte er Projektmanagement und Controlling an der Wiesbaden Business School. In seinen Büchern verzichtet der in Zürich lebende Familienmensch auf komplizierte Darstellungen und bringt das SAP-Wissen auf den Punkt.

Index

F

W

Z